2012年10月16日，中国农业科学院召开干部大会，宣布干部任免事宜。中共中央决定，陈萌山同志任中国农业科学院党组书记（副部长级）。

2012年7月10日，农业部部长韩长赋到中国农业科学院柑橘研究所视察。

2012年1月9日，中国农业科学院召开2012年院工作会议。

2012年4月21日，由中国农业科学院农业经济与政策顾问团等单位共同主办的中国农村经济论坛在重庆开幕。

2012年10月25日，中国植物保护学会成立50周年庆祝大会暨农作物重大病虫科学防控高层论坛在北京举行。

2012年12月1日，《中国农业科学》英文版创刊10周年纪念暨第五届世界农业科学前沿论坛在北京举行。

中国水稻研究所主持的“后期功能性超级杂交稻育种技术及应用”获2011年度国家技术发明奖二等奖。

中国农业科学院作物科学研究所主持的“玉米高产高效生产理论及技术体系研究与应用”获2011年度国家科学技术进步奖二等奖。

中国农业科学院油料作物研究所主持的“高产高含油量广适应性油菜中油杂11的选育与应用”获2011年度国家科学技术进步奖二等奖。

中国农业科学院北京畜牧兽医研究所主持的“仔猪健康养殖营养饲料调控技术及应用”获2011年度国家科学技术进步奖二等奖。

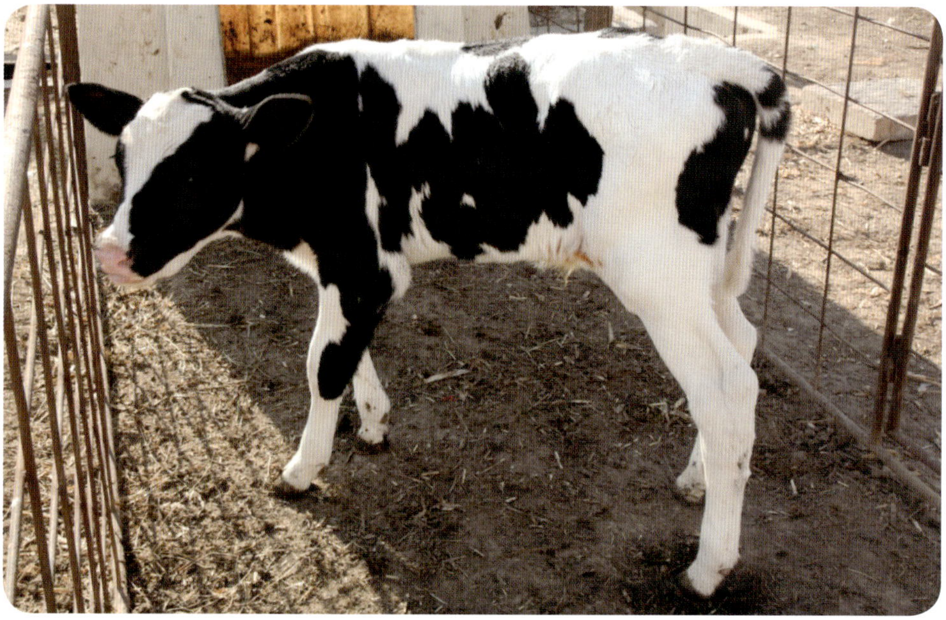

2012年3月18日凌晨，中国农业科学院北京畜牧兽医研究所通过剖腹产获得1头体细胞克隆公牛。这是我国首次采用体细胞克隆新方法获得荷斯坦种公牛后代。图为出生7日龄公牛。

中国农业科学院北京畜牧兽医研究所成功选育出饲料转化率与瘦肉率高、皮脂率低、肉质好、抗病力强的“Z型北京鸭瘦肉型配套系”，有望扭转国外肉鸭品种垄断我国市场的局面。

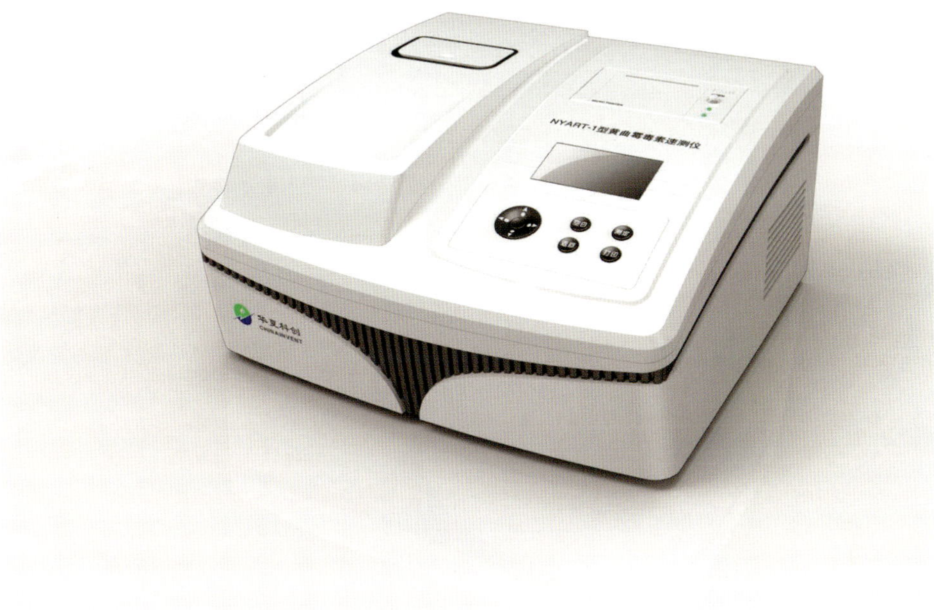

中国农业科学院油料作物研究所开发出黄曲霉毒素系列速测仪器，破解了黄曲霉毒素高灵敏快速准确定量检测技术难题。图为NYART-1型黄曲霉毒素速测仪。

农业部南京农业机械化研究所研发的农用无人直升机自动控制技术达到国际领先水平。

中棉所70

中国农业科学院棉花研究所联合全国40多家单位成功创制了优质纤维、优质大铃转基因抗虫棉花种质新材料，标志着我国第二代转基因棉花新品种研究取得重大突破。

麦茬机械化免耕覆秸精量播种

麦茬免耕覆秸精量播种大豆的中期（左）和后期长势（右）

中国农业科学院作物科学研究所研发的大豆免耕覆秸播种技术，有效解决了麦秸处理、大豆保苗和土壤培肥难题，初步建立了基于秸秆还田的土壤培肥制度和高度轻简化的节本生产体系，增产增收效果显著，具有广阔推广应用前景。

2012年3月10日，中国农业科学院棉花研究所举行棉花生物学国家重点实验室揭牌典礼。

2012年4月28日，我国著名农业机械工程专家、农业部南京农业机械化研究所和我国高校农业工程系的奠基人蒋耀先生百岁华诞祝寿会在深圳举行。

2012年7月4日，中国农业科学院研究生院举行研究生毕业典礼暨学位授予仪式。2012年全院毕业生突破千人，其中，全日制博士学位204人、硕士学位493人、专业学位硕士343人、同等学力硕士9人。

2012年10月29日，中国农业科学院3位专家荣获何梁何利基金奖。其中，作物科学研究所王连铮研究员（中）、万建民研究员（左）获科学与技术进步奖，棉花研究所李付广研究员（右）获科学与技术创新奖。

2012年12月3日，中国农业科学院植物保护研究所吴孔明院士（左）、作物科学研究所何中虎研究员（中）、上海兽医研究所童光志研究员（右）荣获第四届中华农业英才奖。

2012年9月8日，中国农业科学院蔬菜花卉研究所张友军研究员荣获求是杰出青年成果转化奖，是全国10名获奖者中农业科研领域的唯一一位。

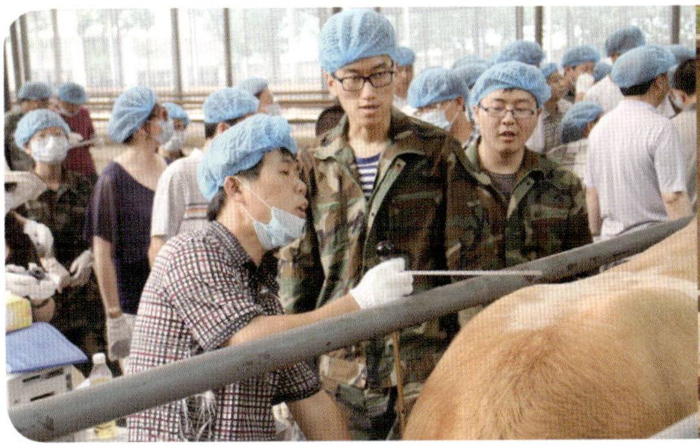

2012年，中国农业科学院共组织科技下乡55 000人/天，组织举办现场展示观摩会、技术培训咨询等活动4 000多次，培训基层技术人员和农民110多万人次，派遣16名科技干部在新疆维吾尔自治区、西藏自治区等地挂职锻炼，为地方农业农村经济发展作出了贡献。

2012年，中国农业科学院及院属各单位同地方人民政府和企业签署科技合作协议80多项。

2012年3月6日，中国农业科学院作物科学研究所与京、内蒙古、辽、黑、豫5省（直辖市、自治区）的8家种子企业签署玉米种业科企联合创新合作协议，旨在创建玉米商业化育种新机制方面实现突破。

2012年1月13日，中国农业科学院春节团拜会在北京举行。农业部部长韩长赋向为我国农业科技进步作出突出贡献的广大科技工作者致以新春祝福。

2012年11月21日，中国农业科学院召开干部大会，传达学习党的十八大精神。

2012年6月26日，中国农业科学院召开纪念建党91周年暨创先争优表彰大会。

2012年7月25日，中国农业科学院与解放军艺术学院举办军民共建20周年暨八一拥军座谈会。

2012年12月17日，中央国家机关妇女工作委员会授予中国农业科学院妇女工作委员会“全国妇女创先争优先进集体”称号。

2012年4月25～28日，中国农业科学院纪委书记及纪检监察干部培训班在成都举办。

2012年9月22日，中国农业科学院第六届职工运动会在北京举行。

2012年5月9日，来自中国农业科学院的11对新人在国家农业科技展示园参加集体婚礼。

中国农业科学院年鉴

2012

中国农业科学院办公室　编

中国农业科学技术出版社

图书在版编目（CIP）数据

中国农业科学院年鉴．2012／中国农业科学院办公室编．—北京：中国农业科学技术出版社，2013．12
ISBN 978－7－5116－1376－9

Ⅰ．①中…　Ⅱ．①中…　Ⅲ．①中国农业科学院－2012－年鉴　Ⅳ．①S－242

中国版本图书馆 CIP 数据核字（2013）第 215863 号

责任编辑　鱼汲胜　史咏竹
责任校对　贾晓红

出 版 者　中国农业科学技术出版社
北京市中关村南大街 12 号　邮编：100081
电　　话　(0)13671154890(编辑室)　(010)82109702(发行部)
(010)82109709(读者服务部)
传　　真　(010)82106624
网　　址　http://www.castp.cn
经 销 者　各地新华书店
印 刷 者　北京东方宝隆印刷有限公司
开　　本　787 mm×1 092 mm　1/16
印　　张　58　　插页　16
字　　数　1 280 千字
版　　次　2013 年 12 月第一版　2013 年 12 月第一次印刷
定　　价　268.00 元

《中国农业科学院年鉴 2012》

编 辑 委 员 会

目 录

一、总 类

二、科研创新

三、科技兴农

四、国际合作

五、人事管理与人才建设

六、计划财务管理与条件建设

七、研究生教育与管理

八、综合政务管理

九、党建、反腐败与精神文明建设

十、人物介绍

十一、大事记

十二、附 录

一、总　类

中国农业科学院召开干部大会　宣布中央关于院主要领导同志调整的决定

2012 年 10 月 16 日，中国农业科学院召开干部大会，宣布干部任免事宜。中共中央决定，陈萌山同志任中国农业科学院党组书记（副部长级）。

中组部干部四局局长夏崇源宣布了中央决定并讲话。农业部部长、党组书记韩长赋出席会议并作重要讲话。中国农业科学院原党组书记薛亮、新任党组书记陈萌山分别讲话。会议由农业部副部长、中国农业科学院院长李家洋主持，农业部人事劳动司司长曾一春，农业部科技教育司司长唐珂，中组部干部四局四处调研员、副处长田相泰出席会议。

夏崇源在讲话中指出，这次中国农业科学院党组书记调整，是一次正常的新老交替，是中央根据干部任职年龄有关规定和干部交流精神，从中国农业科学院工作需要和领导班子建设实际出发，通盘考虑、慎重研究决定的。薛亮同志担任农科院党组书记以来，先后与翟虎渠、李家洋同志一道，团结带领一班人，认真学习邓小平理论和“三个代表”重要思想，深入贯彻落实科学发展观，大力推进农业科技创新，加快科研成果转化应用，为推进科技兴农战略和农业现代化作出了积极贡献。薛亮同志能够切实履行抓班子、带队伍职责，发挥党组核心作用，带头贯彻执行民主集中制，坚持“两手抓”，积极培育素质高、能力强、作风硬的科研人才队伍，增强了农科院内部凝聚力和向心力，赢得了大家的充分信赖和高度评价。

夏崇源指出，作为一位老党员，薛亮同志始终坚定理想信念，与党中央保持高度一致，对党的事业充满感情。参加工作 40 多年来，始终把党和国家工作大局放在首位，在每个岗位上都兢兢业业，全身心投入，为“三农”和农业科技工作付出了艰苦努力和辛勤汗水，作出了很大贡献。他工作思路清晰，重点突出，组织领导能力比较强。作风深入，考虑问题细致，处理问题比较稳妥。公道正派，坚持原则，为人朴实，待人宽厚、谦和，要求自己比较严格。由于年龄原因，薛亮同志从农科院领导岗位上退下来，相信他仍会一如既往地关心和支持农科院的工作，也会一如既往地关心国家农业科技事业的发展。

夏崇源介绍了陈萌山同志的情况。他指出，陈萌山同志政治立场坚定，阅历比较丰富，有党务工作经验和行政管理能力，对“三农”总体情况、农业科技、科研情况都比较熟悉；思路清晰，重点突出，组织领导和协调能力比较强；工作勤勤恳恳，善于学习，肯于钻研，适应能力比较强；坚持原则，敢抓敢管，作风硬朗；为人正派，团结同志，要求自己比较严格。中央认为，陈萌山同志是中国农业科学院党组书记的合适人选。相信大家一定会以高度的政治责任感，把思想和行动统一到中央决定精神上来，积极支持陈萌山同志的工作，以实际行动拥护中央的决定，实现这次党组书记职务的顺利交接和工作的平稳过渡。

韩长赋部长在会上作了重要讲话。韩部长充分肯定了薛亮同志在农科院工作期间取得的显著成绩，代表农业部党组坚决拥护中央关于陈萌山同志任中国农业科学院党组书记的决定。韩长赋指出，陈萌山同志长期在农业部工作，熟悉农业农村经济工作，了解农业科技发展情况。特别是近年来，在推进现代农业和新农村建设过程中，紧紧围绕“两个千方百计、两个努力确保”的中心任务，当好参谋助手，做好服务工作，勤于组织协调，工作兢兢业业，顾大局、负责任，取得显著成绩，是农科院党组书记的合适人选。

韩长赋指出，作为我国农业科技进步的领头羊、重大农业科技研发的主力军、农业科研工作的国家队，中国农业科学院要在基础理论研究、前沿技术研发、种质资源创新、领军人才培养、重大科研协作以及农业科技管理体制机制创新等方面，始终走在全国农业科技系统前列，真正做到代表中国农业科技最高水平，引领中国农业科技发展方向，占领世界农业科技制高点，为推进新的农业科技革命作出重大贡献。

韩长赋对推动中国农业科学院的改革发展提出三点要求。一是大力加强领导班子建设，为世界一流农业科研院所建设提供坚强的组织保证。要加强思想政治建设，积极探索走有中国特色的农业科技发展道路；加强民主集中制建设，切实增强领导班子的团结与解决自身问题的能力；加强作风建设，进一步树立真抓实干、清正廉洁的良好形象。二是大力加强干部人才队伍建设，为农业科技创新事业发展提供有力支撑。要坚持德才兼备、以德为先标准，重视管理干部培养，切实把“素质好、讲团结、实绩突出”的干部提拔到重要岗位；不拘一格，广纳贤才，造就一批一流领军人才和科研团队；加强海外高层次人才创新创业基地建设，充分发挥重大农业科研项目和重点科研基地引才、聚才、育才的重要作用；创新用人体制机制，充分调动科研人员创新积极性；高度重视青年后备人才引进、培养，促进青年人才脱颖而出。三是大力加强创新能力建设，夯实中国农业科学院创世界一流科研院所的基础。要突出抓好农业重大关键技术和课题研究，努力将农科院建成国家农业科技新思想、新理论、新技术和重大科技命题的策源地；强化科技推广与服务，真正做到“把论文写在大地上，把成果送进农民家”；大力推进农业科研体制改革，切实增强农科院发展活力和科研实力。

薛亮表示，坚决拥护中央决定，完全拥护夏崇源局长和韩长赋部长重要讲话，热忱欢迎陈萌山同志来农科院工作。多年来与农科院的广大干部职工在一起，建立了深厚的友情，感谢大家的支持和帮助。衷心祝愿农科院在李家洋院长、陈萌山书记的领导下，不断地兴旺发展。

陈萌山表示，衷心感谢中央和农业部党组的信任。他说，中国农业科学院是国家级综合性农业科研机构，有着悠久的历史、光荣的传统，为解决我国农业农村经济发展中基础性、方向性、全局性、关键性重大科技问题，推动现代农业发展作出了重要贡献。能够有幸参加到中国农业科学院的伟大事业中来，深感使命光荣、责任重大。他表示，一定坚决落实中央和农业部党组的要求部署，在以家洋同志为班长的班子领导下，薛亮同志打下的良好工作基础上，继续推动事业发展，努力做到政治坚定，虚心学习，团结至上，勤奋工作，严格自律，真心服务，与大家一起，努力把农科院建设得更加美好，为“三农”事业发展作出更大贡献。

李家洋在讲话中表示，农科院领导班子和广大干部职工坚决拥护中央的决定。他说，党中央决定陈萌山同志任中国农业科学院党组书记，是中央着眼于农科院领导班子建设需要考虑，作出的重要决定。他要求，全院广大干部职工要切实把思想和行动统一到中央决定精神上来，认真学习、全面贯彻夏崇源局长和韩长赋部长重要讲话精神，紧紧抓住当前农业科技发展的历史机遇，强化农业科技自主创新，强化农业科技人才队伍和干部队伍建设，强化科技成果转化应用，强化农业科技国际合作交流，努力多出一流的科技成果，培养一流的创新人才，创造一流的工作业绩，将中国农业科学院办成世界一流的农业科研机构，为全国农业科技事业的跨越式发展作出新的更大的贡献。

简　介　陈萌山，男，汉族，1957年8月出生，湖北省黄梅县人。1974年4月参加工作，1977年3月加入中国共产党。1982年华中农学院农学专业毕业，高级农经师。1993年3月起历任中国种子集团公司副总经理、党总支副书记，中国乡镇企业总公司总经理兼党委书记，全国农业技术推广服务中心主任、党委副书记，全国农业技术推广服务中心主任、党委书记，农业部种植业管理司司长，农业部总经济师、办公厅主任。2012年10月任中国农业科学院党组书记。

解放思想　开拓创新　跨越发展

——中国农业科学院2012年工作报告

农业部副部长、中国农业科学院院长　李家洋

（2012年1月9日）

各位代表，同志们：

中国农业科学院2012年工作会议今天开幕了。这次会议的主要任务是，全面贯彻落实中央一号文件、中央农村工作会议和全国农业工作会议精神，认清农业科技发展的新形势和新要求，分析我院发展基础和面临的挑战，科学谋划发展新思路、新举措，研究部署2012年工作，动员全院干部职工解放思想、开拓创新、扎实工作，为实现我院新时期跨越发展而努力奋斗。下面，我代表院领导班子作工作报告。

一、认清形势，迎接农业科技发展新挑战

（一）充分认识农业科技发展新形势、新要求

"十二五"时期，世情、国情、农情继续发生深刻变化，农业和农村经济发展仍然处于可以大有作为的重要机遇期，同时也面临诸多风险挑战。从国际经济形势发展来看，世界经济复苏不确定因素增多，经济仍呈下行趋势；贫困人口增加，农产品价格波动加大，全球气候变化对农业影响增大，低碳和可持续发展要求提高。从全国农业和农村经济发展来看，我国粮食产量连续八年增加，农民收入持续较快增长，粮食综合生产能力已达到5亿吨以上，农业农村经济发展提升到新的水平。但在工业化、城镇化快速发展的新形势下，农业农村经济发展滞后、城乡发展不协调的矛盾越来越突出；耕地、水等资源的刚性约束进一步加剧，生态环境保护的压力越来越大，以资源大量消耗为代价的传统生产方式难以为继；农业劳动力成本迅速上升，比较效益不断降低，农业生产正在进入高成本阶段。我国已到了必须更加依靠科技进步促进现代农业发展的历史新阶段。

当前，世界农业科技正在孕育新的革命性突破，生物技术、信息技术等高新技术迅猛发展，带动并加快了农业科技创新的进程，以生物组学技术、转基因技术、数字农业

技术为代表，全球农业科技正进入创新集聚爆发和新兴产业加速成长时期；欧美等农业科技强国和大跨国公司在农业生物技术领域已占据优势地位，正逐步加大进入我国市场的力度和速度；巴西、印度等新兴经济体国家农业科技竞争力也显著增强。世界各国抢占未来农业科技发展制高点的竞争更加激烈。

科技进步始终是我国农业农村经济发展的主要动力源泉。新中国成立以来，农业科技对农业增长的贡献率已由“一五”时期的不足20%提高到“十一五”期末的52%，但与建设“高产、稳产、优质、高效、生态、安全”现代农业的新要求相比，与国际农业科技先进水平相比，还存在着巨大的差距。在新的历史时期，我国农业科技创新的任务更加艰巨：围绕保障粮食等主要农产品有效供给，促进农民持续增收和实现农业可持续发展的重大战略任务，必须提高种子科技创新能力，培育高产、稳产、优质、多抗、专用的突破性新品种，实行良种良法配套，不断提高单产水平；必须提高重大动物疫情疫病和植物病虫害防控科技创新能力，为动植物产品的数量和质量安全提供保障；必须提高农业物质装备科技创新能力，加强农机农艺融合技术研发，提升防灾减灾技术水平；必须提高农产品贮藏加工科技创新能力，提高农产品附加值，加速推进农业产业化；必须提高农业资源环境科技创新能力，研究开发精准平衡施肥技术、保护性耕作技术、节水节能技术、养殖业清洁生产技术、废弃物资源化利用技术等。

作为农业科研的国家队，我们一定要认清形势，不畏艰难，承担起发展我国农业科学技术的历史重任，解放思想、开拓创新，致力于攻克新阶段农业发展的科学难关和技术瓶颈，引领全国农业科技创新，为转变农业发展方式，促进农业发展、农民增收、农村繁荣以及农业农村经济持续平稳发展提供强大的科技支撑，为提升我国农业和农业科技的国际竞争力作出应有的贡献。

（二）中国农业科学院已具备跨越发展的良好基础

经过50多年的发展，特别是近10年来，中国农业科学院围绕建设“三个中心、一个基地”战略目标，各项建设取得显著成效，为新时期跨越发展奠定了良好基础。

一是自主创新能力不断提升。“十五”以来，共承担9 000多项科技项目，获奖成果700余项，其中，国家级奖一等奖6项、二等奖48项、省部级奖400多项，取得了超级稻、矮败小麦、转基因抗虫棉、禽流感疫苗、口蹄疫疫苗、双低油菜、高油大豆、植酸酶玉米等一批具有自主知识产权、世界领先的重大科技成果。学科不断优化，初步形成了包含9大学科群、41个重点学科，布局相对完整的现代农业科学体系。基本建设财政总投资超过26亿元，已建成或正在建设“农作物基因资源与基因改良国家重大科学工程”、“国家农业生物安全科学中心”、“国家农业图书馆”等一批重大科研设施。目前，我院拥有国家重点实验室6个和部级重点开放实验室、国家动植物改良（育种）中心、国家工程技术研究中心、国家工程实验室、工程技术中心、国家级和部级野外台站等一大批重大基础条件平台，为加快科技创新提供了良好的条件保障。

二是对产业的支撑能力显著增强。10 年来，我院累计推广农作物新品种 3 000多个，农业新技术近2 000余项，新品种新技术累计推广20 亿亩（1 公顷 =15 亩，1 亩≈667 平方米，全书同）以上、畜禽新品种 15 亿头（只），有力促进了农业农村经济的发展；我院科学家承担了国家产业技术体系 17 个首席科学家、182 个岗位专家的职责，为农业产业发展提供了技术支持。全院科技产业收入连续 10 年稳定增长，年均增长率超过 17%，累计实现产业收入近 80 亿元。

三是国际合作交流不断扩展。与 81 个国家、33 个国际组织、6 个跨国公司以及盖茨基金会等建立合作关系，13 个国外机构在我院设立了驻华办事处，与美国、日本、荷兰等国家及国际玉米小麦改良中心等共建联合实验室/研究中心 23 个；组织申请各类国际合作项目 1 458项，争取国际合作总经费超过 6. 5 亿元；组织承办了“国际水稻大会”、“国际植保大会”等一大批在国际农业科技界有影响的大型国际会议；获得一定外事审批权，为我院开展农业科技国际合作交流创造了有利条件。

四是人才建设取得重要进展。通过组织实施“杰出人才工程”，面向海内外招聘了一大批人才，已在各学科领域发挥领军作用；形成了拥有 12 名院士、2 200多名高级职称人员为主的创新人才队伍；组建了 13 个院级优秀科技创新团队、90 个所级重点科技创新团队；落实了一批中央千人计划人选。研究生教育快速发展，拥有 7 个博士一级学科和 44 个博士授权点和一大批硕士授权点，连续九年以农学门类第一名获评“全国一流研究生院”。

五是财政资金保障能力稳步提升。财政预算规模稳定增长，近 5 年尤为迅速，“十一五”期间全院财政拨款收入总规模持续增加，年均增长 21. 3%。修缮购置专项累计支持我院 634 个项目，使院属各单位科研设施陈旧落后的面貌彻底改观。基本科研业务费专项有效、稳定地支持了我院开展自主选题研究，促进了创新能力的持续提升。在各专项资金支持下，我院科学仪器装备大幅增加。

六是创新文化建设取得突出成绩。从理念文化、标识文化、制度文化、园区文化 4 个方面全面推进创新文化建设。制定《中国农业科学院职工守则》和《中国农业科学院科技人员道德准则》，从思想教育入手，提高科技人员思想政治素质和职业道德水平；进行院所文化形象设计，创作传唱院歌、所歌，树立正气，增强职工凝聚力；提炼以“祁阳站精神”为代表的我院创新文化核心价值理念，创作中外农业科学家画像、编辑出版《农科英才》，弘扬和树立献身科学的精神和团结协作、积极进取的团队意识，营造激励创新、勇于创新、善于创新并宽容失败的创新文化氛围，为形成创新人才辈出、创新成果不断涌现的良好局面发挥了重要作用。

七是党建工作的政治保障作用更加坚实。全面推进党的建设，保持共产党员先进性教育、学习实践科学发展观、创先争优活动取得显著成效，党委的政治核心作用、党支部的战斗堡垒作用和党员的先锋模范作用更加突出；以完善惩治和预防腐败体系为重点，全面落实党风廉政建设责任制，切实加强反腐倡廉建设。为全院中心工作的开展及和谐院所建设提供了坚强的政治、思想和组织保障。

2011年我院各项工作继续呈现良好发展态势，实现“十二五”良好开局。制定发布了《中国农业科学院“十二五”发展规划》《中国农业科学院“十二五”科技发展规划》以及有关专项规划。科研立项创历史新高，获科技计划项目1 400项，合同经费12.6亿元，5项成果通过国家奖评审。棉花生物学国家重点实验室立项建设，2个国家工程实验室获准立项，农业部19个综合性重点实验室、23个专业性实验室及19个科学观测实验站获批建设；国家农业图书馆、生物安全科学中心、新乡综合试验基地等重大科技设施建设进展顺利。中巴农业联合实验室、国际马铃薯中心亚太中心等国际合作平台建设稳步推进。研究生教育稳步发展，新增生物学、生态学、草学3个博士一级学科。财政预算规模稳定增长，全院财政拨款收入21.66亿元，比上年增长15.15%，经费结构逐步优化，投入机制不断改善。全院新增中央预算内基本建设投资4.04亿元，比上年增长36.4%。党建工作、党风廉政建设、创新文化建设和离退休人员管理与服务工作持续推进，保障了我院各项事业的稳步发展。2011年，我院喻树迅、吴孔明研究员光荣当选中国工程院院士，这既是对两位研究员突出业绩和重要贡献的肯定，也是我院加强人才培养的硕果，必将进一步带动我院高层次人才队伍建设迈上新的台阶。在此，我代表院党组向喻树迅、吴孔明两位研究员表示衷心的祝贺！

（三）新阶段中国农业科学院跨越发展面临的挑战

在认真总结成绩，肯定已有工作基础的同时，我们也清醒地认识到，要实现我院新时期跨越发展，还面临许多重大挑战。从新阶段农业农村经济发展的科技需求来看，我院重大原创性成果、关键核心技术突破还比较少，自主创新能力仍有待提高；从国内外科技竞争的态势来看，我院的优势地位还不突出，对我国农业科技的引领作用和产业发展的支撑作用还需要进一步提升。从我院自身发展来看，也还存在许多制约因素：一是高层次领军型人才缺乏。在国内外有重大影响的科学家和创新团队不多，“国家杰出青年基金”等后备人才不足，作为科研生力军的研究生招生数量及博士后人才数量偏低。二是科技基础条件建设滞后。全院大多数研究所的科技设施、科技平台和试验基地建设与国内外先进水平相比还有明显差距，尚未形成在全国科学布局的试验基地体系，京区研究所的试验用地严重不足。三是学科布局还需进一步优化。全院研究所之间、研究所内部存在学科方向不明确、学科发展不平衡、学科布局重复等问题，存在一些传统优势学科弱化、新兴学科发展不强、交叉综合学科尚未形成的问题。四是科学事业费不足。经费结构不合理，保障水平不均衡，人员费和公用经费等基本支出经费尤其短缺，“有钱打仗、无钱养兵”的现象普遍存在。五是科技成果转化机制尚不健全。尚未建立稳定的农业科技向农业主产区快速转化渠道；全院知识产权运用、保护和管理的水平不高，专业人才短缺；科技产业开发的能力和水平亟待加强。六是农业宏观战略研究薄弱。全院尚未建立宏观战略研究的组织制度体系，国内外有影响力的专家学者不多，对国家农业及农业科技政策和战略决策的话语权和影响力有待提升。

这些挑战与问题，既给我院的发展带来了压力，同时也是我们的工作动力所在、发展空间所在。只要我们勇于迎接挑战，深刻剖析问题，创新工作思路，扎实开展工作，就一定能够赢得跨越发展的主动权。

二、把握机遇，实现我院发展新跨越

今年的中央一号文件及前不久召开的中央农村工作会议、全国农业工作会议突出强调农业科技创新问题，把推进农业科技创新作为新时期促进农产品稳定增产和发展现代农业的根本出路，将出台一系列重大政策措施，在我国农业科技发展史上具有重大里程碑意义。这是党中央、国务院高瞻远瞩、审时度势，在新形势下加快推进“三化同步”、发展现代农业的重大部署，十分及时，催人奋进。我们一定要紧紧抓住这一重大历史机遇，奋发努力，推动我院各项事业发展实现新跨越，引领带动全国农业科技事业新发展。

（一）深刻领会中央精神，切实增强加快农业科技创新的使命感和紧迫感

中央一号文件关于农业科技的论述高屋建瓴、思想深刻、内涵丰富，为推进农业科技创新指明了方向、明确了思路。我们一定要认真学习研究、深刻领会精神实质，按照农业部的统一安排，把思想和行动统一到中央的决策部署上来。

中央一号文件明确了农业科技的定位：实现农业持续稳定发展、确保农产品长期有效供给，根本出路在科技。明确了农业科技的定性：农业科技具有明显的公共性、基础性、社会性，要大幅度增加农业科技投入，保证财政农业科技投入增幅高于财政经常性收入增幅，稳定支持农业基础性、前沿性、公益性科技研究。明确了农业科技的定向：要着眼长远发展，超前部署农业前沿技术和基础研究，力争在世界农业科技前沿领域占有重要位置；要面向产业需求，着力突破重大关键技术和共性技术，切实解决科技与经济脱节问题。

中央一号文件关于农业科技定位、定性和定向的深刻阐述，表明我国已经到了必须更加依靠科技进步促进现代农业发展的历史新阶段。我们要深刻认识科技进步在新阶段农业发展中的重要地位，全力加强科技创新能力建设，为农业农村经济发展提供有力的科技支撑；要深刻认识农业科技与农业经济紧密结合的极端重要性，立足我国基本国情，把保障国家粮食安全作为首要任务，依靠科技切实提高土地产出率、资源利用率和劳动生产率；要深刻认识农业科技的公共性、基础性、社会性的重要内涵，切实履行公益性研究职责，为转变农业发展方式提供更多、更强大的科技保障。

中央一号文件对依靠科技创新驱动，引领支撑现代农业建设作出了全面部署，明确了下一步科技创新工作的重大任务，我们一定要认真贯彻落实。要进一步明确农业科技创新方向，做到“顶天立地”，顶天就是要达到国际科技前沿高峰，立地就是在农业科

技产业化、农业生产应用过程中发挥关键作用。切实在农业科技前沿和基础研究上取得突破，在农业发展的关键技术和共性技术上取得突破。要进一步突出农业科技创新重点，大力加强农业基础研究，加快推进前沿技术研究，着力突破农业技术瓶颈。要进一步完善农业科技创新机制，加强与各农业科研院所、农业大学的协同创新，健全现代院所制度，完善农业科研评价机制，加快农业技术转移和成果转化。要进一步改善农业科技创新条件，加强重大科研条件平台建设，加强试验示范基地和科研基础设施建设，加强国际合作交流、引进消化吸收国外先进农业技术和理念。我们必须牢牢把握中央一号文件的精神实质、切实增强加快农业科技创新的使命感和紧迫感，提升整体实力，不断提高对全国农业科技事业发展的引领能力和对产业发展的支撑能力。

（二）认真把握农业科技发展新要求，明确我院中长期发展目标

我国农业科技发展已经进入新的历史阶段，通过科技进步实现创新驱动、内生增长，是现代农业发展的根本出路。经过改革开放特别是近10年的快速发展，中国农业科学院已进入“蓄势待发、跨越发展”的新阶段，中央对于农业科技的重要决策，为我们创造了新的发展条件，我们必须牢牢把握这一重大历史机遇，认真谋划跨越发展新目标、创新跨越发展新思路，推动我国农业科技改革发展迈出新步伐、取得新进展。

未来5年到10年，中国农业科学院的发展总目标是：建设世界一流农业科研院所。要按照“引领创新、支撑产业、开放合作、和谐有序”的总要求，全面提升学术水平和影响力，成为国家农业科技创新新思想、新理论、新技术和重大科技命题的策源地；全面提升对高层次科研人才的吸引力和凝聚力，成为国家农业高层次科研人才的培养基地和创新创业基地；全面提升宏观决策咨询能力，成为国家“三农”问题和农业科技发展战略研究的学术重镇。

经过5年到10年的建设，要更加凸显中国农业科学院在我国农业科技发展中的引领作用并逐步达到主导作用，在解决我国农业产业发展全局性、战略性、关键性技术问题上的核心作用，在国际学术界的骨干作用并达到引领作用，支撑我国农业农村经济社会持续发展，带动我国农业科技整体实力率先进入世界前列，促进新的农业科技革命蓬勃发展。要进一步弘扬中国农业科学院的核心价值和精神，将建院50多年来积淀的优良科研传统与作风，即严谨求实的科学精神、潜心研究的执著精神、刻苦攻关的奋斗精神、勇攀高峰的创新精神、爱国为民的奉献精神以及具有鲜明时代特征的“祁阳站精神”发扬光大，成为我院乃至全国农业科技战线的旗帜和推进农业科技事业发展的强大精神动力。

（三）科学谋划新思路，扎实推动我院跨越发展

我们要从跨越发展的高度出发，解放思想，科学谋划，努力破解制约我院发展的观

念、体制、机制和管理障碍，切实抓住机遇，乘势而上。

一要把握新时期农业科技发展方向。要面向世界农业科技前沿，以现代农业发展为导向，加强农业基础性、前沿性科学研究，抓好生物技术等农业高新技术研究，在重大农业科学基础研究和关键技术研发上占领制高点，争取新突破。围绕国家农业农村发展的目标和需求，大力推进产业目标导向的应用基础研究、应用研究和试验示范工作，努力在基础理论和方法方面取得一批重大突破性成果，在关键技术和共性技术方面取得一批重大自主创新成果，在农业生产、加工和可持续发展方面取得一批重大实用技术成果。

二要加强农业和农业科技宏观战略研究。组织院有关研究所、中心围绕国家农业和农业科技发展的重大战略问题和热点问题开展前瞻性、综合性学术研究，提高中国农业科学院在重大政策建议、重大战略咨询上的话语权、影响力和权威性。要与中国科学院、中国工程院、中国社会科学院、重点农业大学、省农业科学院等联合举办农业科技发展高层论坛，围绕中国特色农业现代化建设、农业科技创新等重大问题，提出政策建议，打造知名品牌。要建立我院发展战略研讨会制度，每年就国家及我院科技发展中的重大问题进行研讨，创建我院及各研究所发展的思想交流平台，为国家有关部门提供决策支持，为院所发展提供思想保证。

三要着力提升农业科技自主创新能力。要大力加强院所学科体系建设，强化传统优势学科，发展新兴学科，重视扶持交叉综合学科，建立重点突出、优势明显、相对完整的现代农业学科体系。要大力加强人才队伍建设，人才是科研的关键，要千方百计地吸纳人才、千方百计地培养人才、千方百计地关注青年人才的成长。要以科研人才队伍建设为核心，抓好科研、科辅、转化和管理四支人才队伍建设，将薪酬体系建设与人才队伍建设紧密结合，对作出重要贡献的各类人才实施重奖制度。要大力加强科技条件建设，抓好重大科研基础设施项目的实施，重点加强信息网络工程、国家农业动植物种质资源库和基地、国家和省部级重点实验室、国家级基础性工作和基础数据库建设，加强研究试验基地和区域性研究示范中心建设。

四要着力强化产业支撑能力。要始终坚持科技服务产业发展的根本方向，培育和推动形成一批重大学术性成果和实用性成果，加快科技成果转化，将先进的科学技术尽快转化为现实生产力。要紧紧围绕中央及上级有关部门关于新阶段全国农业农村发展的各项重大工作部署，积极开展科技兴农行动。要全力承担国家农业产业技术体系的工作，促进科研与产业紧密结合，推动产学研联合协作。要积极加强与各地方人民政府的合作，参加国家现代农业示范基地及现代农业综合开发示范园区建设，为地方依靠科技进步转变农业发展方式做贡献。要加强援疆、援藏工作力度，做好老、少、边、穷地区科技扶贫工作，做好农业科技救灾等应急工作。要提高知识产权的管理和经营水平，促进全国农业知识产权联盟的建设与发展，把知识产权的转移转化作为扶持农业企业发展壮大的重要举措抓紧抓好。

五要着力推动现代院所建设。要按照“以人为本，民主办院”的指导方针，问计于一线的科技和管理工作者，广泛听取他们的真知灼见，加强院务公开，确保广大职工享有院务的知情权、参与权和监督权。要按照现代科技发展的要求，加快建设“职责明确、评价科学、开放有序、管理规范”的现代科研院所制度，包括科辅、支撑人员的评价制度。进一步完善现代科研院所科学管理体系，加强院所学术委员会建设，深化完善院所长负责制，建立完善对研究所、科技人员、科技成果等方面科学合理可行的评价制度。对各研究所来说，要根据行业特点和各所实际，明确未来发展定位，明确对所在行业产业发展和学术发展中应做的贡献；要根据全院学科布局和各自优势，科学界定一批重点学科领域，小的研究所确定3～4个重点学科领域，大的研究所可以多确定一些重点学科领域，要做到学科重点明确、凝聚力量；要从人才队伍建设、科技资源配置、管理制度完善和创新文化发展4个方面，加强各研究所支撑保障条件建设，确保目标实现和应有的贡献。

六要全面加强国内外科研协作。要坚持开放办院，根据新时期农业科技发展的重大任务，积极推进全国农业科研协作，积极推进国际合作与交流。要通过开展协同攻关、科技资源共享、学科共建以及研究生联合培养等多种形式，加强和推进全国农业科研工作大联合、大协作。要围绕现代农业示范区和优势农产品生产区域的建设与发展，建立区域性科技合作网络和科技转化示范平台，共同推进农业科技成果的转化推广，全面提升科技服务“三农”的能力和效果。要通过联合实验室共建、项目合作、知识产权共享、科技人员交流及组织国际学术会议等多种方式，多层次、多渠道推进实质性的国际科技合作，加快提升我院科技创新及相关工作国际化水平。

七要强力推进党建和创新文化建设。要以改革创新精神全面推进党的思想、组织、作风、制度和反腐倡廉建设，努力把我院党建工作提高到新的水平，为我院跨越发展提供有力的政治、思想和组织保证。要把党在新时期关于农业和农业科技工作的路线方针政策与我国古老的农业文明、现代科学精神、时代精神紧密结合，把创新文化建设与各项工作紧密结合，深入挖掘中国农业科学院核心价值和优良传统，真正形成扎根“三农”，以人为本、以研为先，尊重劳动、尊重知识、尊重人才、尊重创造，团结协作、积极向上的创新氛围。

三、开拓创新，认真做好2012年工作

2012年是“十二五”规划承上启下的重要一年，要根据全院工作的总体布局，重点做好以下工作。

（一）围绕农业部统一部署做好农业科技促进年工作

按照农业部“全国农业科技促进年”的活动要求，制定我院2012年农业科技促进年活动方案。以品种培育、良种良法配套、农机农艺结合技术和防灾减灾技术为重点，

加强科研攻关和集成配套；遴选推广一批主导品种和主推技术，为实施超级稻“双增一百”、玉米“双增两百”及全国粮棉油糖高产创建等重点科技兴农活动提供技术和产品支持。

加强与地方人民政府及有关企事业单位的农业科技合作，积极推动国家现代农业示范区建设。继续实施“三百”科技支农行动，重点拓展我院在粮、棉、油、生猪、奶牛等大宗农产品主产区的科技支撑、科技示范和科技服务作用。加大援疆（新疆维吾尔自治区，全书简称新疆、疆）、援藏（西藏自治区，全书简称西藏、藏）工作力度。积极探索开展与种子企业的合作共建，推动育繁推一体化发展。

加大科技产业开发和扶持力度，推进全院科技产业规模化发展。加强现代企业制度建设，提高企业的决策水平和核心竞争力，做强做大科技企业。加强新品种权、专利等知识产权的创造、运用和保护力度，提高院所两级知识产权管理水平和实际效益。

（二）启动实施“现代农业科研院所建设行动”

根据现代农业科研院所建设的总体要求，各研究所要充分发挥学术委员会、职工大会的作用，研究制定本所行动方案。要明确“十二五”及2020年研究所发展定位；要明确“十二五”期间可能取得的重要科技成果和对农业产业发展能够作出的重大贡献；要明确研究所的重点学科领域；要从人才队伍及薪酬体系建设、科技项目争取和科技条件建设、科技评价和绩效评估等管理制度建设、党建和创新文化发展4个方面，明确各所建设的具体举措；要明确2012年至2015年各年度的建设任务、年度目标和考核指标。各研究所要积极行动起来，把今年作为“建设行动”的启动年，作为统领本单位各项工作的抓手，求真务实，持续抓紧抓好。今年5~6月份，院里将集中研讨各研究所的行动方案，对各个研究所未来的发展规划，特别是在学科定位、重大的科技产出突破、人才队伍建设、重要举措等方面进行系统梳理。

院机关各部门要着力增强对院属各单位的服务能力、对全院各项事业发展的调控能力，积极配合、支持各单位的现代化建设；要从全院现代院所建设的整体布局出发，突出抓好全院学科调整、重大项目立项、重大成果培育、人才队伍建设、科技条件建设、国际合作与交流、管理制度完善、党建和创新文化发展，要明确“十二五”期间各年度的目标、任务和措施。

（三）加强重大科技计划立项实施和重大成果培育

紧紧围绕现代农业发展需求和国家目标导向，研究提出重大科技选题，扎实做好项目储备，及时做好各类科技计划项目的申报和立项工作。特别做好各类科技计划中重点项目的立项，加强杰出青年项目、创新研究群体项目的申报立项工作。建立院所两级“十二五”重点项目清单，加强项目管理信息化建设，做好重点项目关键环节管理和全程服务工作。

加强全国农业科研协作，进一步深化与省级农科院、农业高校的院院合作、院校合作，通过联合开展科技项目和人才培养等，拓展合作的广度和深度。依托现代农业产业技术体系和农业部重点实验室学科群平台体系，开展科技创新联合体试点。加强院属各所相关相近学科联合协作，推动所与所之间重点学科、重点平台的共建共享，推进园艺科学、资源高效利用等研究中心建设。

加强重大成果培育，制定全院科技成果管理指导意见和配套措施，做好今后四年有望获得国家奖科技成果的挖掘培育工作；修订我院科技成果奖励办法，强化学术委员会成果推荐机制；做好全院各类奖项的申报工作；推动学科评价机制建设，开展各学科领域高水平论文评选试点。

（四）加强各类人才队伍和创新团队的建设

继续深化人事制度改革，组织实施好事业单位分类改革和绩效工资分配改革，进一步完善有利于科技创新的考核评价制度和薪酬体系，健全以聘用制为核心的人事管理制度，逐步建立起能吸引人才、留住人才，能激励人才干事业、出成果的制度条件，提升我院对人才的吸引力。

加大“千人计划”、“青年千人计划”和“杰青”等领军人才、骨干人才的培养和引进，组织开展第二批院级优秀科技创新团队遴选工作，健全完善团队管理运行机制和人才梯次配备。加大科技人员教育培训力度，加强科研辅助人才队伍、管理人才队伍、产业开发和推广人才队伍的建设。

创新干部选拔任用机制，优化班子整体结构，加强领导班子和干部队伍建设，提升管理决策水平和推动科学发展的能力。加强干部培训和实践锻炼，继续推进机关年轻干部下基层锻炼。

转变研究生教育理念和发展思路，健全制度，大力提高研究生数量和质量，特别是博士生质量和数量。提高研究生补贴，改善学习生活条件，吸引优秀生源。调整博士后管理制度，提高待遇，扩大招收规模。积极与教育部沟通，争取扩大博士生招生数量。优化教师队伍，改进教学科研管理，提升教学质量，提高优秀博士论文数量，提高研究生学术论文水平。

（五）加强预算管理，积极争取财政专项支持

充分利用国家财政政策，进一步优化全院财政经费结构，提高预算编制的前瞻性、科学性和预算管理效果。充分发挥科技经济政策研究中心的平台作用，积极与有关部门汇报沟通，争取对我院更大强度的长期稳定支持。

努力争取国家财政支持，提高基本支出经费，特别是人员经费保障水平。积极组织申

报基本支出定员定额试点，争取缩小离退休人员津补贴资金缺口。争取基本业务费等稳定支持项目经费不断增长。加大运转费项目申报力度，做好修缮购置专项三期规划编报。

（六）加强重大科技设施、平台和试验基地建设与管理

着力加强重大科技设施建设，努力提高国际化水平。积极推进农业微生物、重大动物疫病、耕地质量与土壤改良等重大科技设施立项建议工作。确保国家农业图书馆、国家农业生物安全科学中心年内建成交付使用。推动国家动物疫病防控生物安全高级别实验室、国家口蹄疫参考实验室、国家畜禽改良研究中心等重大科技设施建设取得实质性进展。

强化科技平台运行管理，增强平台运行效能和领域牵头作用。全力做好“作物基因资源与分子育种”等国家重点实验室、国家工程实验室、国家工程研究中心的立项和管理工作。加强农业部综合实验室、专业重点实验室和观测试验站建设，充分发挥牵头实验室作用。全面启动 13 个农业部农产品质量安全风险评估实验室建设，启动首批院级农产品质量安全风险评估中心建设。扩大农作物种质资源、微生物资源、家养动物种质资源和农业科学数据等重大科技资源平台共享范围，提高服务能力。抓紧院所信息化项目建设，提高全院信息化水平。

提升核心专业试验基地的功能条件，加强综合试验基地建设和运行管理。重点抓好新乡综合试验基地功能条件建设和科研试验工作，积极谋划京区研究所试验基地、海南创新基地等综合性试验基地项目。加快研究所主要专业性试验基地的升级改造，新建一批重要试验基地。积极推进深圳生物育种创新研究院的建设。

（七）积极推进国际合作事业深入发展

紧紧围绕国家外交战略和农业科技创新的需求，积极谋划“以我为主、互惠共赢”的深层次国际科技合作。积极推动“中国农业科技全球战略布局方案”的实施，落实我院在巴西农科院、美国康乃尔大学等机构设立联合实验室；继续加强和拓展多双边合作以及与跨国公司、基金会等的战略合作伙伴关系，为高层次、宽领域、全方位的国际农业科技合作奠定基础；大力推进国际马铃薯中心亚太中心、国际原子能机构-中国核农学中心等国际合作平台建设，加快我院的国际化进程；适时发起并积极参与国际化大型科研计划，提高我院的科技创新能力和水平；有针对性地组织大型国际会议，不断提升我院的国际地位和影响力；注重国际合作人才培养和团队建设，为实现我院国际合作的长远目标提供保障。

（八）加强党建与文化建设

深入贯彻落实党的十七届六中全会精神，大力开展以创新文化为重点的文化建设。

深入推进精神文明建设，加强和改进新形势下的群众工作，加大人文关怀和心理疏导力度。充分发挥工青妇组织联系群众的桥梁纽带作用，开展经常性“送温暖”活动和丰富多彩的群众性文体活动。认真落实好老干部的“两项待遇”，改善老干部活动条件，完善向老干部通报情况制度，改进离退休职工的管理与服务工作。办好我院第六届职工运动会。

认真做好党的十八大代表推选工作，认真学习、贯彻和落实中央各项重大决策部署。深入推进创先争优活动，做好先进基层党组织、优秀共产党员等先进集体和个人的评选表彰。深入贯彻《中国共产党党和国家机关基层组织工作条例》，继续做好抓基层打基础工作，加大党务干部培养和培训力度，不断提高党建工作科学化水平，增强党组织的凝聚力。

（九）持续开展党风廉政建设和反腐败工作

坚持标本兼治、综合治理、惩防并举、注重预防的方针，认真学习贯彻中纪委七次全会和农业部党风廉政建设工作会议精神，扎实推进教育、制度、监督、惩治等各项工作。进一步贯彻落实《关于实行党风廉政建设责任制的规定》。加强廉政文化建设，营造领导干部模范遵守党纪国法、风清气正的氛围。把贯彻落实《廉政准则》与完善制度结合起来，进一步健全制度，规范程序，深化我院廉政风险防控机制建设。创新巡视工作方式方法，做好院党组重大决策执行情况的督促检查工作。进一步加强对基建、政府采购招投标、科研经费使用、成果转化等领域的廉政监督。继续做好来信来访工作，坚决查处违纪违法案件。

（十）加强院所环境治理和后勤保障工作

加强院部大院统一规划和环境整治，既要优美、舒适、安全，又要有利于科技成果转化。要积极推进大院中区控规调整。加强院所出租房屋管理，组织实施好基础设施改造工程，建设与现代科研院所相适应的环境秩序。提高后勤保障能力，改善服务质量，提高食堂对本单位职工的服务水平，增加职工休闲健身场所，抓好职工居住环境综合治理，改善社区服务水平。加强安全生产工作，坚决杜绝重大安全事故发生。

各位代表，同志们，经过“十五”、“十一五”的发展，中国农业科学院已经进入到历史发展的新阶段。在全国农业农村经济发展更加依靠科学技术的历史发展时期，我们的担子更重，任务更艰巨，发展前景也更广阔。只要我们把握机遇，扎扎实实推进各项改革创新举措，深化完善现代农业科研院所建设，全面提升中国农业科学院的整体实力，就一定能焕发出新的活力，为我国农业农村经济的持续稳定发展作出新的更大贡献。

今年下半年，党的十八大即将召开，我们一定要按照中央的要求，以饱满的精神状态，努力扎实工作，为十八大召开、为 2012 年农业农村经济发展作出新的贡献。再有 10 多天就是我国传统的新春佳节，各单位、各部门要关心困难职工和离退休职工的工作和生活，使他们和大家一起，过一个祥和快乐的春节。在此，我也代表院党组，向在座的各位并通过你们，向全院干部职工以及离退休职工、学生、访问学者等拜个早年。祝大家在新的一年里身体健康，工作顺利，家庭美满，生活幸福！

谢谢大家。

中国农业科学院关于表彰2012年度研究所评价和机关考核优秀单位的通知

农科院人［2013］38号

根据院属研究所评价和机关工作任务执行情况考核测评结果，现将2012年度发展实力、发展速度、人均实力前5位的研究所和机关综合考核、单项考核前3位的部门公布如下：

一、研究所评价

1. 发展实力：作物科学研究所、植物保护研究所、农业资源与农业区划研究所、中国水稻研究所、哈尔滨兽医研究所；

2. 发展速度：农产品加工研究所、上海兽医研究所、农业部沼气科学研究所、农业质量标准与检测技术研究所、烟草研究所；

3. 人均实力：植物保护研究所、作物科学研究所、北京畜牧兽医研究所、上海兽医研究所、农业资源与农业区划研究所。

二、机关任务执行情况考核

（一）综合考核

人事局、院办公室、科技管理局。

（二）单项考核

1. 工作作风：人事局、院办公室、直属机关党委；
2. 业务水平：人事局、财务局、科技管理局；
3. 工作效率：人事局、科技管理局、院办公室；
4. 部门职责完成情况：人事局、院办公室、财务局。

经院党组会议研究，决定对上述单位予以表彰。希望受到表彰的单位振奋精神，再接再厉，切实发挥示范引领作用。全院各单位都要立足岗位，创先争优，全面贯彻落实党的十八大精神，以更加开阔的视野，更加务实的作风，锐意进取，扎实工作，为推动我院跨越式发展、加快建设“世界一流农业科研院所”作出新的更大的贡献。

中国农业科学院

2013 年 2 月 8 日

二、科研创新

中国农业科学院2012年科研计划执行情况

2012年，在农业部等上级部门的大力支持和关怀下，在院党组的统一组织领导下，全院广大科技人员和干部职工坚决贯彻中央决策部署和农业部党组的要求，紧紧围绕“建设世界一流农业科研院所”的战略目标，全面启动现代农业科研院所建设行动，优化学科布局，凝练优势领域，进一步强化科研项目实施管理和重大科技成果培育，科技创新能力和科研产出水平不断提高，科技支撑和服务能力持续增强，科研工作取得新成效，一批科研项目取得重大突破。2012年全院新增主持科研项目1 559项，合同经费总额14.7亿元；取得科技成果155项，其中，获奖成果96项，以第一完成单位获国家奖8项，省部级奖23项。有96个农作物新品种通过国家或省级审定，获新品种保护权8个，国家专利507项，其中，发明专利383项，新兽药证书5个，软件著作权80个；公开发表论文5 166篇，其中，SCI、EI等收录1 506篇，出版科技专著205部。

一、作物学科集群

种质资源收集保存与利用：收集国内外水稻、小麦、玉米、棉花、大豆、油菜、花生以及各种小宗作物种质资源7 900余份。完成水稻、小麦、玉米、大豆、高粱等14类作物8 285份种质入长期库保存，长期保存合计373 359份；长期库种质生活力监测5 164份。完成水稻、小麦、玉米、大豆等9类作物5 609份入中期库保存，中期保存合计222 891份。新品种保藏库接收水稻、小麦、玉米、大豆、棉花、油菜等审定品种572份和新品种保护繁殖材料1 744份，提供5 809份供DUS测试和565份供DNA鉴定。繁殖更新入库小宗作物930份，棉花150份，花生300份。

完成了近1万份各类作物种质资源新编目数据整理和汇交。制定了水稻、小麦、玉米、大豆、油菜和棉花6种农作物审定品种的数据标准，建立了数据库原型，并逐步开展了河北、山东等6省自1978年以来省级审定品种数据的收集、整理和汇交。向全国科研院校提供种质共20 365份次，向全国提供作物种质资源信息共享服务80万人次。建立了水稻核心种质与玉米核心自交系主要品种的系谱数据库。建立了烟草种质资源繁殖更新技术体系，制定了烟草种质资源描述规范和数据标准，构建了446份核心种质的指纹图谱，建立了烟草种质资源信息与实物共享系统。

种质资源鉴定评价：完成各类粮食作物种质资源抗病虫、抗逆、品质等相关性状鉴定评价15 687份次。完成2 000余份水稻种质资源的基本农艺性状与耐冷、耐盐、抗灰飞虱等性状的鉴定。完成5 123份次小麦材料对4种病虫害的抗性鉴定。鉴定了5 211份次玉米种质资源对12种病虫害的抗性。完成水稻、小麦、玉米各200份和166份大豆主要营养成分测定。完成800份大豆资源的考察，发现综合表型较好的资源4份；完成220份大豆资源对2个大豆疫霉菌株抗性鉴定；对200份花生育成品种及骨干亲本进行鉴定，发掘出优异材料7份。对1 083份大麦种质进行了脂肪氧化酶活性鉴定，筛选出高β-葡聚糖含量大麦种质9份，农艺性状优良、适应性强的燕麦和荞麦种质8份。完成了1 162份次食用豆资源对6种病虫害抗性鉴定和150份红小豆淀粉与蛋白测定。完成近900份麻类资源的鉴定与评价，筛选得到优异亚麻资源150份、红麻6份、耐盐碱黄麻6份。筛选获得高香气、抗病的烟草育种基础材料27份；获得性状优良的烤烟新品系40余个。筛选得到高产、抗逆、抗病等优异甜菜材料49份。

新种质与材料创制：育成4个转*Xa*21基因水稻恢复系材料；创制高产、优质、耐冷、功能性等水稻新材料10份。利用电离辐照雌雄配子和利用山羊草杀配子染色体的方法，建立了高效诱导小麦及外源染色体变异的技术体系，可规模化创制分子染色体工程材料，培育出性状优异的小麦新材料162份，创制携带8个外源基因组的小麦基础材料510份；创制转基因小麦多小花特性DH系400多份。创制新型棉花骨干亲本材料6份，选育不育株率达50%的核不育系2份，创造不育系败育彻底的转基因抗虫胞质不育系和恢复系各6份，及高抗黄萎病、优质大铃、丰产、抗虫兼抗除草剂等亲本材料10份。配制了大豆抗锈组合6个、抗炭疽组合3个；发掘、创制出134份优异、特异芝麻新种质。创制红麻新材料25份，筛选出10个表现突出的优良品系；配制黄麻杂交组合20个，获得优异单株及株系120个；组配苎麻远缘杂交组合21个、常规杂交组合14个。

分子生物学：开发了4个水稻抗稻瘟病基因*Pi*25相关功能标记与24个产量相关功能标记。研究发现水稻基因*Spl*11负调控程序性细胞死亡和抗病防卫反应，并在长日照条件下促进水稻开花。获得水稻卷叶性状功能基因*OsOCU*1、*PCI*1和早花基因*OsEF*1，揭示了*OsEF*1的调控机制，并对水稻多分蘖基因*HTD*2进行了功能研究。发现小麦矮秆基因*Rht*10是由于矮秆基因*Rht-D*1*b*所在区域发生了大片段复制而形成。克隆了小麦细胞氧化还原酶基因*TaCKX*6-*D*1，证明其与千粒重有关。创制了玉米突变体库，建立了高效的玉米种质创新和功能基因挖掘的技术体系和数据平台。发现ARF家族基因在不同氮营养条件下参与调控侧根生长发育。

绘制完成二倍体棉花雷蒙德氏棉全基因组图谱，构建了陆地棉栽培种内高密度遗传图谱，首次利用海陆回交近交系群体构建覆盖棉花全基因组的遗传图谱，共发现与品质、产量等性状相关的QTLs共109个，发现多个参与棉花生殖和纤维发育的基因。完成了棉花纤维细胞次生壁加厚期的SSH-cDNA文库的构建，得到有174个SSR标记位点的38个连锁群，确定了棉花显性无腺体候选基因。克隆得到大麻THCA合成酶、CBDA合成酶基因和苎麻Gln合成酶基因，开发了1 827个苎麻SSR标记，分析发现其中79个具有多态性。

开展了14个油菜品系的重测序，分析鉴定出78万多个单位点SNP；构建了油菜关联分析核心群体，定位了一批菌核病抗性、主花序有效角果数、抗裂角、蒴果长度、单株蒴果数、每蒴籽粒数等相关QTLs和3个贡献率较高且多年多点稳定的含油量相关QTLs；克隆验证了6个与氮磷钾吸收利用相关的基因，发现BnAP2转录因子具有调控油菜种子发育并影响粒重的功能。完成了大豆荚粒性状QTLs的精细定位。完成世界上首个芝麻高密度遗传连锁图谱构建，得到2个株高相关QTLs，初步获得2个紧密连锁的显性雄性不育标记。

遗传育种：水稻新品种“两优817”、“中广优2号”分别通过安徽和广西两省的审定；“天优华占”和“中早35”被农业部认定为超级稻品种，“中早35”被确定为长江中下游早籼早中熟组品种区试对照；“中早39”连续两年亩产超过600千克的超级稻产量指标；“中浙优1号”、“中浙优8号”、“中嘉早17”等年推广近1 000万亩。

小麦新品种“中麦175”推广283万亩，居北部冬麦区首位；“轮选987”夏收面积173万亩，居北部冬麦区第二位；15个轮选系列品种及“中麦875”等9个品系分别进入国家和省级区域试验。创制出8个农艺性状好且抗条锈病基因明确的小麦高代品系参加区试。

玉米新品种“中试856”在黄淮海生态区试验中表现突出，平均亩产704千克，“中试1101”在东华北春玉米区联合试验中表现优良；“中单909”、“中单808”、“中单815”累积推广近500万亩；新组合“中试593”和“中试518”进入天津市生产试验；“中单868”、“中糯321”、“中单909”和“中单青贮601”分别通过河南、北京等省市审定。

完成5个陆地棉重组自交系群体的构建；利用优良骨干亲本与不育系标记材料育成省级以上区试的苗头新组合14个；利用优良骨干亲本配置杂交组合，选育出强优势棉花杂交种5个；配制人工杂交组合20个，胞质不育三系新组合27个；杂交棉CRI08-2参加国家黄河流域区试，CRI08-1参加河北省区试预备试验；20个新材料继续开展多年多点试验。

大豆航天诱变新品系“中作103”在辽宁省区试中平均亩产达172.0千克/亩，增产极显著；“中黄54”和“中黄61”通过国家审定，“中黄63”等6个品种通过省级审定；建立了3种较为高效的大豆遗传转化方法，可有效缩短转化周期，提高转化效率。首次合成了携带野生甘蓝全套基因组的人工甘蓝型油菜；高产油量杂交组合11-zy293在国家区试中平均产油量95.63千克/亩，含油量49.57%，在参试品种中含油量最高、产油量增加幅度最大；创制的油菜新品系YN171含油量达64.8%，创造了世界纪录。

选育获得多荚多粒豌豆新品系“中豌9号”；“中烟204”等4个烤烟新品种通过山东省审定；新配制甜菜优良杂交组合180个，筛选出适合东北区域种植的品种4个。

栽培生理：水稻钵形毯状秧苗机插技术在20余省应用，年推广超过1 000万亩，实现增产稻谷36 605.9万千克，增产增效9.13亿元。组装配套形成的玉米高产潜力突破栽培技术模式在新疆生产建设兵团（全书简称新疆兵团）创造了小面积单产1 410.3千克/亩的全国纪录。对麦茬地夏大豆免耕覆秸播种技术进行了示范，初步建立了基于秸秆还田的土壤培肥制度和高度轻简化的节本生产体系。深入研究了套作棉花化学调控技术，发现提前移栽或播种有利于短季棉—小麦两熟提高周年全田产量，研究了棉花密度倍增及宽窄双行种植模式。研究表明喷施多效唑降低油菜株高的最适时期是在缩茎段开始加速伸长的初期。确定了亚麻播种密度、氮磷钾肥料量的最佳配比，增产可达17%。

二、园艺学科集群

种质资源：收集保存果树新种质205份，葡萄82份，西甜瓜96份，茶树50份，山葡萄、软枣桃等特色浆果种质资源90份。繁殖更新入库果树226份，葡萄26份，西甜瓜330份。开展了苹果气候资源数字化图集编制工作，对700余份资源进行萌芽期、花期调查，筛选出12个优良品种；筛选出优异李种质5份、极抗寒种质12份；完成了1 236份葡萄种质的表型性状调查。对580份甜瓜种质资源进行了霜霉病和白粉病抗性鉴定和评价。对50份茶树资源进行系统鉴定，得到9份优异种质；筛选出41份品质优良的茶树材料，5份物候期较晚的高氨基酸、低咖啡因特异资源，1个适合机采的茶树品种。

分子生物学：完成栽培番茄全基因组的精细序列分析，获得高质量的基因组序列，鉴定出约3.5万个基因，其中，97.4%已精确定位，发现了番茄果实进化的基因组学基础。建立了黄瓜突变体库，得到了无卷须、果瘤小、叶茎无毛等重要品质性状突变体材料；绘制完成黄瓜种质资源指纹图谱，构建了基因组单倍型图谱，发现了叶片苦味的关键突变；初步建立黄瓜代谢组学分析技术平台和化学数据库，完成清香物质和苦味物质代谢途径候选基因初步分析；开展黄瓜单性结实果实发育的转录组学研究，对9个候选基因进行了初步功能鉴定。完成了300份番茄资源的基因组测序及200份白菜群体的重测序。组装完成83%的甘蓝基因组，已覆盖98%的基因区。

克隆获得苹果抗性相关的MYB转录因子、GRAS家族转录调节子基因各1个；筛选出可能与中矮1号矮化相关的梨基因4个；初步获得桃单果重性状的QTLs，完成140份桃种质的基因组重测序。克隆获得茶树抗寒相关基因32个，获得了几乎所有茶树MYB类转录因子的序列信息；得到1个可筛选茶树高可可碱、低咖啡碱资源的功能标记；克隆得到5个茶树O-甲基转移酶基因；进一步完善了茶树SSR遗传连锁图谱，检测到8个与儿茶素和EGCG含量连锁的QTLs；克隆得到一批茶苗不定根快速形成和茶树冷驯化相关基因。

遗传育种：“中杂107”番茄、“中甘101”甘蓝、“锦秋1号”和“绿健85”大白菜通过农业部品种鉴定，“中农28”和“中农18”黄瓜、“中椒107”和“中椒0808”辣椒通过山西省认定，“中农116”黄瓜、“圆杂16”和“长杂8号”茄子通过安徽省登记，“中薯21”马铃薯通过甘肃省审定。甘蓝显性雄性不育大规模制种获得成功。

配制大果山定子×宫藤富士、寒富×红果子、寒富×红肉苹果等组合，获得杂交种子1 000余粒，培养杂种实生苗1 169株，保有杂种实生苗2.3万余株。创制杜梨和褐梨远缘杂交群体，获得杂交种子1 200粒。筛选出苹果和梨初选优系35个，决选优系6个，配制李杂交组合8个。配制具有耐贮、半矮生、黄肉鲜食等特点的桃杂交组合85个，筛选抗性砧木优系12个，构建了普通生长型和半矮生型桃的杂交群体。获得葡萄杂种实生苗5 651株，配制杂交组合5个，获杂交种子1万粒，酿酒葡萄新品种“华葡1号”通过了辽宁省备案，选育酿造干红山葡萄酒新品种“雪兰红”、五味子新品种“嫣红”。选育出10个综合性状优良的茶树新品系。继续改良已有的高番茄红素和高瓜氨酸西瓜品种，筛选高维生素C、低糖、高谷胱甘肽等功能性品种。

栽培生理：形成了蔬菜规模化高效育苗操作和管理技术模式。建立了丘陵和山地果园的土壤墒情及养分快速检测技术系统，集成创新果园水肥一体化精准灌溉和施肥技术2项。研究了不同颜色果袋对苹果果实品质的影响，研发出专用果袋。开展果园行间各绿肥种质资源生长势及演替规律研究，对梨园绿肥利用模式进行示范与推广。提出了埋土防寒区便于机械化操作的葡萄高光效省力化树形和叶幕形，制定了详细的整形修剪技术规范；研发出用于不同栽培目的的葡萄专用果袋；研发出东北地区葡萄品种“夏黑”植物生长调节剂的安全使用技术和果穗整形技术；制定了设施葡萄促早栽培适宜品种的评价标准，初步形成叶片抗衰老栽培技术。对全国桃主产区栽培模式及设施栽培情况进行了调查，开展了桃新品种区试与配套栽培技术研究示范。研究了“3414”测土配方施肥法在露地西瓜生产上的应用，初步集成了东北露地中晚熟西瓜栽培模式及滴灌模式下施肥一体化技术。

建立了一套基于CI-600技术适合茶园根系生长的原位研究方法，发现每年重修剪的茶园产量显著低于轻修剪和深修剪方式，明确了不同修剪程度对茶树氮吸收利用的影响；提出了不同酸化程度的茶园土壤酸化改良剂用量。

病虫害防控：开展了性信息素迷向剂+喷药铲除苹果蠹蛾示范，研究了套袋和磷化铝熏蒸技术对苹果蠹蛾的防控效果；完成河南省及周边共42个苹果腐烂病菌菌株的致病性检测，明确了不同地区病害发生的主要原因，开展了苹果腐烂病防治技术研究。建立苹果对腐烂病抗性室内鉴定方法，筛选出有拮抗作用的内生菌HFn3及促进病斑愈合的3种化学药剂。在葡萄主产区开展了葡萄病毒病的调查，检测了葡萄卷叶病毒的分布，对来源于新疆维吾尔自治区（以下简称新疆）等省（区、市）的77个鲜食葡萄样品进行了病毒检测，明确了带毒情况，建立了多种葡萄病毒RT-PCR检测方法。探索天敌塔六点蓟马果园高效利用释放技术，研究了果园害螨越冬基数及释放时期对天敌控害效果的影响。明确了中国柑橘黄龙病各发病省的病害发生发展动态，系统研究了橘全爪螨种群在16个柑橘品种上的种群动态，筛选出绝对抗性品种1个和高抗品种2个；筛选出10余种对柑橘红蜘蛛、蚜虫和根腐病效果较好的药剂，筛选获得抗性更高的捕食螨品系。成功构建了甜瓜坏死斑点病毒的全长基因双元表达载体，获得了黄瓜绿斑驳花叶病毒、瓜类褪绿黄化病毒、中国南瓜曲叶病毒全长基因组，构建了中国南瓜曲叶病毒的侵染性克隆。明确了茶树*LOX*3基因表达受到炭疽病侵染的抑制；研制出2种茶尺蠖病毒制剂的水分散粒剂和白僵菌孢子油悬浮剂，筛选出对茶尺蠖、小绿叶蝉诱集效果较好的杀虫灯各 1 种。

三、畜牧学科集群

畜禽资源与遗传育种：家养动物种质资源共享平台加快运行，构建了国家重要濒危动物遗传资源的 3 个地方畜禽品种体细胞保存库；获得 36 个与猪肉质性状水平显著关联、62 个与免疫性状显著关联的 SNP 位点，开发出 10 个新的猪产肉性状基因标记，用于快长、薄膘、肉质优种猪选育；鉴定出调控成肌细胞分化的 miRNA 分子并提出其网络调控模式；成功构建了北京黑猪肌内脂肪含量预测模型，开发了可实现种猪繁育参数“云计算”的“山黑猪繁殖育种网络数据库平台”。

完成肉牛主导品种和杂交群体存栏数量及遗传背景调查，进行了资源群体扩群，核心母牛群已达 2 000头，完成了 737 头母牛的生产性能测定。进行了牛胚胎和卵母细胞表观遗传研究，诱导并获得了 iPS 细胞。组建甘南牦牛选育核心群 5 群 1 157头。

调查了多角山羊资源状况，采集了组织和血液样品并进行了群体选配；分析了我国特有的 3 个高原山羊品种转录组 SNP 差异，发现绵羊不同发育阶段肌肉组织 miRNA 组成差异；构建了绵羊全基因组 CNV 图谱，通过 microRNAome 测序与生物信息学分析，发现了与山羊繁殖季节性与高繁殖力相关的基因多态性。建立了甘肃细毛羊超细品系育种基础群，核心群数量扩大到 1 124只，综合品质提高。

完成北京油鸡保种群继代繁育，研发了一种利用微卫星标记鉴定北京油鸡的技术，得到胸肌重、生长和腿肌重等性状相关标记及候选基因，初步确定了 14 个肉鸡肉质性状相关的重要候选基因；完成对肉鸡新品系肌内脂肪含量和淋巴细胞比率上选系一个世代的继代选育。瘦肉型北京鸭各项生理指标得到进一步优化，完成 3 个肉脂型北京鸭配套系的继代选育工作，并更新了核心群。

动物生物技术与繁殖：获得了肌肉生长抑制素（MSTN）基因敲除克隆梅山猪、MSTN 基因双敲除猪、转生长素基因猪、载体改进后 MSTN 基因敲除猪共 4 种转基因猪新材料。开展转 sFat-1 基因猪安全评价研究，未发现对小鼠健康的毒副作用；研制转基因动物安全评价新技术标准 2 项。研究应用超排技术，共获得荷斯坦奶牛、转基因奶牛、蒙贝利亚杂交母牛等可用胚胎 1 793枚；研究了不同添加物对卵母细胞成熟、基因表达及其受精能力的影响；通过体细胞克隆技术获得荷斯坦种公牛和澳大利亚牛后代各 1 头。获得转脂肪酸结合蛋白基因克隆牛 4 头，其中，2 头目前体况健康平稳。建立了一种简单安全的精原干细胞移植受体制备方法，进行了精子成熟过程基因表达差异检测分析，表明精子细胞中可能存在特异性基因表达和剪接方式。

特种动物遗传资源与繁育：对“东丰梅花鹿”、“敖东梅花鹿”提纯复壮，建立了新的“东丰梅花鹿”核心群。建立梅花鹿抗结核、抗布病复选核心群，开展了抗病候选基因 *SLC11A1* 的克隆工作。制定了吉林标准黑貂选种选配性状评定标准和水貂繁殖期饲养管理技术操作规程、发情鉴定标准、繁殖营养体况标准等，集成了水貂高繁殖成活技术一套。

特种动物生物技术与饲养：初步组装了中国梅花鹿全基因组，利用双向凝胶电泳法鉴定出鹿茸不同部位差异表达蛋白和与鹿茸再生相关的差异表达蛋白各10个；成功建立并优化了独特的细胞共培养系统，可模拟活体条件，使鹿茸干细胞与其微环境中的其他细胞进行有效相互作用；收集鹿茸不同再生时期的角柄骨膜，探寻刺激鹿茸血管和神经完全再生物质。制定了水貂准备配种期、妊娠期和产仔哺乳期6个绿色安全饲料配方，平均利用率提高9%，窝平均成活数提高1.2只；研究确定了提高水貂产仔成活的最佳配种方式、日粮维生素A适宜添加水平和繁殖期各阶段日粮中锰、铜的适宜添加水平。

动物营养：完成了仿生消化法与体内法测试猪禽饲料有效能值研究，制备了模拟消化液；探讨了早期断奶仔猪肠上皮细胞氧化与损伤及二氢杨梅素的调控作用。揭示了我国奶牛饲喂玉米秸秆型日粮牛奶品质偏低的营养学基础，阐明了不同fNDF日粮条件下乳脂肪与乳蛋白前体物在瘤胃、小肠和乳腺转化的物质代谢通路，证实了赖氨酸和蛋氨酸调控乳蛋白合成的信号通路，集成提出了奶牛营养升级技术方案；开发了奶牛日粮优化、TMR日粮养分诊断及代谢中间产物计算系统；研究获得了荷斯坦奶牛在不同季节、胎次下主要乳成分的变化规律，建立了代谢中间产物定量模型。提出了奶牛饲草“均衡供应”概念，从“营养需求、饲料价值、供应量”等方面初步建立了奶牛饲草料“均衡供应评价标准体系”。建立了肉羊日粮消化能、代谢能和小肠可消化蛋白质与各营养成分间的回归关系，得出羔羊增重和饲料转化比不同性状日粮的最佳NDF含量，得出钙、钠、钾、镁净生长需要量，建立了不同NDF含量日粮饲喂肉羊的甲烷排放量预测模型。

完成了0~3周龄、4~6周龄肉鸡玉米—豆粕型实用饲粮中铁、磷的最低需要量研究及标准磷利用率和不同有机铁产品的理化特性分析，研究了不同形态锌对肉鸡胰脏金属硫蛋白基因表达的影响和在小肠中吸收的分子机制。确定了不同能量水平下蛋鸡适宜的粗蛋白水平，研究了木聚糖酶和植酸酶对日粮能量水平的影响，制定了蛋鸡典型饲料配方一套；明确了必需氨基酸的需要量及比例，建立产蛋高峰期蛋鸡标准回肠可消化氨基酸理想模式，研究了锌、胆碱、吡咯喹啉醌添加水平对产蛋鸡生产性能、蛋品质等的影响，阐明了雌激素对蛋鸡肝脏脂肪沉积的调节规律。明确了北京鸭氨基酸及维生素B_6等的营养需要量，获得了2_5-OH-D_3相对维生素D_3的生物学效价，测定了9种鸭饲料原料的代谢能。

应激机制与环境控制：提出了猪舒适环境评价指标体系，形成了低应激生产技术，建立了与畜禽舒适健康相关的若干生化指标。研究了应激对猪肉嫩度、肉色等表观性状的影响，及高温对肉种鸡繁殖性能、热应激理化和分子指标的影响，建立了通过测定肉鸡粪便皮质酮代谢物评价温热舒适度的新方法。研究了孵化期间不同波长光照调控肉仔鸡肌肉生长的机理。

饲料及饲料添加剂：开展了仔猪代乳品的组方研究及示范应用，建立了“双营养强化模式”，证实芽孢杆菌与乳酸菌单独或组合使用均能改善仔猪生长性能和肠道健康；创新了秸秆酶法制备纤维寡糖技术，可减少猪养殖过程的碳氮排放，组建了年产 2 万吨的饲用果胶寡糖生产线。研制了牛羊营养舔砖专用模具，优化了牛羊营养缓释剂和营养舔砖生产工艺，建立试验示范点 22 个。明确了肉仔鸡日粮中添加适量葡多酚可促进生长，调节免疫机能；证实核苷酸等 6 种肉鸡饲料添加剂均可显著提高肌肉肌苷酸的含量，改善风味；针对典型肉鸡玉米—杂粕型日粮类型，研究了不同调质温度对植酸酶活性的影响。完成了 14 类无机和有机矿物元素添加剂标准的研究。研究了挤压膨胀加工工艺在饲料生产中的应用，可显著提高淀粉糊化度与蛋白质溶解度，降低脲酶活性。

研究表明，高水平混合植物蛋白替代鱼粉对花鲈的存活率和生长不利；研究确定了养成期异育银鲫饲料中蛋氨酸和牛磺酸的需求量；证实淬灭酶可阻止或缓解斑马鱼细菌性病害发生；利用酶工程技术制备几丁质酶，饲料添加后能显著提高罗非鱼的饲料利用率和对病原菌的免疫保护率。

饲料生物技术：通过提高折叠转运相关蛋白表达量和基因敲除等技术，构建了新一代毕赤酵母表达系统，植酸酶、木聚糖酶、甘露聚糖酶等多种饲料用酶表达量较原有高效表达菌株提高了 0.5 ~8 倍。获得多个具有特殊性质的果胶酶及其新基因，其中，一个多聚半乳糖醛酸酶综合性质优良，适合饲料工业应用。确立了甘露聚糖酶在 15 吨发酵罐上的高细胞密度稳定发酵工艺一套。

进行重组靶向抗菌肽的纯化及靶向性研究，实现了高效纯化，表达产物能够适应不同条件下的 pH 值变化；实现了抗菌肽 NZ2114 及衍生肽 MP1102 基因在毕赤酵母中的高效分泌表达，产物在较宽 pH 值范围内具有抗金黄色葡萄球菌活性，热稳定性好；证实杂合肽 LHP 对金黄色葡萄球菌具有很高的抗菌活性高；对抗菌肽 Arenicin-3 及突变体 NZ17074 进行了高效表达，测定了抗菌谱，验证了表达产物增加大肠杆菌外膜渗透性的作用机制。

饲料资源与利用：实测了我国东北地区奶牛常用 20 种饲料原料的营养成分参数。完成了 10 种醋糟样品中 18 种氨基酸和 9 种矿物元素、中性洗涤纤维等含量的检测。完成了玉米秸秆、小麦秸秆和稻秸等 21 种肉羊常用粗饲料 71 个样品的基本营养成分分析，发现糯玉米秸秆营养质量优于小麦秸和玉米秸秆。研究了沙棘籽粕在蛋鸡饲料中的适宜添加剂量及对蛋营养素含量与产蛋性能的影响。完成了麸皮等小麦加工副产物化学成分及营养价值分析。建立了近红外预测玉米可消化氨基酸的模型。

牧草资源与遗传育种：收集 1 849份种质资源材料，繁殖更新 774 份，补充数据（图像）5 000个（幅），完成 269 份牧草的抗性评价工作，完成新疆 39 份野生苜蓿遗传多样性分析研究，初步确定了雀麦属、冰草属等重点属种牧草种质资源地理分布。

构建了紫花苜蓿关联群体，筛选到与褐斑病抗性和产量性状相关的分子标记，开展了盐诱导基因的高通量测序；将冷诱导转录因子 CBF1 转入苜蓿，以期改良其抗寒性。创制抗褐斑病、耐盐、早熟高产紫花苜蓿等牧草新品系共 14 个，登记牧草新品种 2 个，

“兴安花苜蓿”、“中草4号扁蓿豆”已进行了区试。建立了牧草航天育种资源圃和试验区，“兰航1号紫花苜蓿”参加了品比试验，鲜草产量较对照平均提高16.9%，干草粗蛋白含量达20.08%。

饲草生产与利用：初步筛选了适宜沙区和盐碱地种植栽培的牧草品种，建立了苜蓿密度调控、施肥、灌溉、人工授粉、杂草防除等技术方案，提出了人工草地放牧稳衡利用与苜蓿鲜贮技术，研发出牧草种植专用肥。建立“中草3号紫花苜蓿”原种繁育基地150亩，健全了新品种四级繁育体系，开展高产栽培与示范4 450亩。完成了玉米、苜蓿、直穗鹅观草等6种饲草青贮发酵过程中微生物种群变化研究，筛选出优良乳酸菌GI37，筛选得到能源草发酵优良菌株12个。建立了我国牧草种子生产区划管理系统SeedMS。

蜜蜂与昆虫授粉：建立了蜜蜂种质资源及优良蜂资源数据库，评价蜂资源17 550余群；形成了完善的特有蜜蜂资源保护体系，完成收集、评价、筛选、复壮及保存优良蜂群活体60群以上，近交系保持在10群以上；结合形态特征和DNA条形码验证，修订了华北地区80种熊蜂的分类地位；开展了抗螨高产、优质蜂王浆高产蜂种的选育与中试工作，在全国多地建立了示范保种场。完善了蜂授粉效率测定方法，明确了设施桃园密林熊蜂和意大利蜜蜂传粉对花粉萌发和花粉管生长速率的影响；初步明确了气候因素、蜂群摆放格局及管理措施对蜜蜂授粉效果的影响，提出提高授粉效果的技术措施；完成了黄土高原和青藏高原地区昆虫授粉行为及效果研究。

开发了新的蜜蜂饲料添加剂配方，饲喂实验表明，抗病力和抵御不良环境的能力有所增强，生产水平提高10%以上。建立了一套完整的蜜蜂脑神经细胞内游离钙离子测量技术，明确了溴氰菊酯对其浓度的影响规律，测定了常用杀虫剂和杀螨剂对蜜蜂的毒性。开展了中华蜜蜂工蜂触角感觉神经元膜蛋白原核表达研究；确定了欧幼病病原及伴生菌粪肠球菌的分子诊断技术，制定了诊断技术规程；开展了中华蜜蜂囊状幼虫病流行病学调查及防控关键技术研究，建立了荧光定量PCR快速检测方法；调查了中国熊蜂微孢子虫感染情况；开展了小蜂螨流行病学研究，完善了螨害防治蜂群管理技术，掌握了无污染残留抗螨蜂药施用技术。

建立了中华蜜蜂和意大利蜜蜂雄蜂卵期不同发育阶段的蛋白质组参考图谱，发现了一批差异表达蛋白；克隆了小峰熊蜂蜂毒主要毒蛋白基因并进行了结构功能研究；发现熊蜂蜂王、雄性蜂与蜜蜂的显著生殖机理差异。

四、兽医学科集群

动物免疫生物学：进行了马属动物天然免疫限制因子对逆转录病毒限制作用及机理研究，发现了一系列新的细胞天然免疫分子；探索了马属动物SAMHD1蛋白抗病毒作用机理，继续开展*Trim5*a基因特性研究；进一步探索发现了马传贫病毒*rev*基因的新功能。初步发现猪细小病毒感染能引起猪I型干扰素及相关信号传导因子转录实相发生变化。建立了 HBK-SPF 鸭的 4 个主要组织相容性复合体（MHC）单倍型群，分析了不同 MHC 单倍型鸡对马力克氏病的遗传抗性与 NK 细胞相关性。比较了流感病毒感染野生型和 *p*53 基因敲除小鼠的发病和差异基因表达情况，证实 *p*53 基因具有抗流感病毒感染的作用。

动物流感：在全国范围内开展动物流感的监测与流行病学调查，共采集病原学样品 3 600余份，血清学样品 15 000余份；评估了现有禽流感疫苗对新发流感毒株的保护效率，经农业部批准对灭活疫苗种毒进行更新，获得 4 个产品规程；禽流感细胞灭活疫苗获得三类新兽药证书。对 H1N1 甲流病毒和 H5N1 基因重排病毒研究表明，两亲本病毒基因间高度兼容，且多种组合的重组病毒对小鼠致病性显著增强；在不同致病性病毒感染的宿主内发现可能与病毒致病性相关的 13 个差异表达蛋白。获得了 H9N2 亚型禽流感病毒 6 个内部基因的重组病毒，制备出灭活疫苗，免疫保护效果良好。建立了高敏感性的 H3、H5 和 H9 亚型禽流感病毒单重和三重荧光定量方法。

禽传染病：分离到 300 余株禽类重要疫病毒株，分析了病毒的血清型、基因型、病毒分布、流行趋势和遗传演化规律；完成了国家水禽基因库疾病和 500 多份野鸟免疫抑制病的检测工作。揭示了禽白血病病毒对蛋鸡和肉鸡致病力增强的分子机制。首次证实鸡气囊是新城疫病毒（NDV）进化的最佳场所，建立了 NDV 气囊传代毒力增强实验模型，并结合反向遗传技术和微型基因组平台开展毒力进化的分子机理研究。研究了传染性法氏囊病、马立克氏病、新城疫、网状内皮组织增生症等病毒的致病机理，推进禽网状内皮组织增生症基因工程亚单位疫苗、新城疫-鸡传染性支气管炎二联活疫苗的新兽药申报工作，创制了鸡传染性支气管炎新型疫苗。用杆状病毒和昆虫细胞表达系统成功表达了鸭病毒性肝炎（DHV）的 P1 蛋白，表达产物具有良好的免疫原性；构建了 DHV 的自杀性 DNA 疫苗，免疫反应强。

口蹄疫：制备出生产性能好、抗原匹配性高、抗原谱广、生物安全性高且具有标识的疫苗株，利用重组 A 型疫苗株和已筛选的高效疫苗毒株，研制了口蹄疫 O、亚洲 I 和 A 型悬浮培养三价灭活疫苗；建立了多表位疫苗技术平台，申报了猪 O 型口蹄疫广谱灭活疫苗临床试验；分别研制了 A 型和亚洲 I 型口蹄疫合成肽疫苗；完成了 O 型口蹄疫 2 个基因型和 1 个突变株空衣壳腺病毒表达疫苗的实验室研究，建立了免疫组合基因筛选家蚕高效表达系统，筛选了高效表达毒株。收集了 2000—2012 年边境 5 省流行病学历史资料，检测猪牛羊和野生动物血清等 5 000余份。完成感染抗体试纸条的临床试验，成功建立了 5 种病毒非结构蛋白的血清学检测方法，建立了新一代疫苗免疫效果检测的固相竞争 ELISA 方法。

猪传染病：绘制完成了猪繁殖与呼吸综合征病毒全基因组编码蛋白与宿主蛋白相互作用图谱，鉴定出在病毒进入细胞过程中发挥决定性作用的蛋白，深入研究了病毒修复过程；发现新流行毒株与现有疫苗株抗原性有显著差异，构建了具有基因治疗与免疫作用的双效疫苗双表达载体，研制的 ELISA 检测试剂已申报新兽药证书。完成了嵌合载体猪瘟疫苗的实验室研究，深入研究了病毒 Npro 蛋白与宿主蛋白相互作用的分子机制。

发现猪圆环病毒2型2a和2b亚型毒株灭活疫苗具有完全交叉保护。确定了我国猪群中至少存在6个血清型的猪轮状病毒，发现2011—2012年猪流行性腹泻病毒流行毒株的S基因存在碱基缺失和插入现象。"猪传染性胃肠炎、猪流行性腹泻、猪轮状病毒（G5型）三联活疫苗"已进入新兽药复核试验。建立了猪链球菌PCR检测方法，开展了外源营养依赖型疫苗的改进工作。建立了埃博拉病毒荧光定量RT-PCR检测方法，以及检测病毒扎伊尔亚型和苏丹亚型的一步法MGB荧光定量RT-PCR方法，灵敏度高，特异性好。获得了重组H1N1猪流感病毒灭活疫苗候选株，制成灭活疫苗，免疫保护效果理想。

外来病与烈性传染病：布氏杆菌病单抗竞争ELISA诊断试剂盒已通过新兽药申报的复核试验和注册终审；羊种布氏杆菌M5-90株bp-26基因缺失标记疫苗通过了申报生物安全证书的专家终审；针对尼帕脑炎、西尼罗病毒、裂谷热、拉沙热、爱博拉出血热等新发烈性人兽共患病，继续开展防控制剂的前瞻性研究；以新城疫和水泡性口炎病毒为载体，构建了一系列重组病毒活载体候选疫苗，完成小鼠等实验动物的安全性和免疫原性评估；开展了蓝舌病、乙脑与西尼罗脑炎灭活疫苗及病毒样颗粒疫苗的储备研究，建立了检测技术平台。

大动物病：建立了牛分枝杆菌重组蛋白及牛IFN-γ重组蛋白表达和纯化技术平台，完成了1株人源牛分枝杆菌全基因组草图绘制，首次发现该菌中存在分泌型DNA核酸酶；首次发现牛支原体一个新的可变表面脂蛋白具有特异性黏附牛呼吸道上皮细胞的能力；牛巴氏杆菌/梭菌/Leachii支原体、传染性鼻气管炎/呼吸道合胞体病毒/3型副流感病毒2个三联灭活疫苗研究获得阶段性进展；建立了牛腺病毒3型感染的豚鼠实验动物模型。慢病毒免疫机理研究发现，EIAV负调节区NREAP-1基序数目的增加与体外复制能力正相关、与致病力负相关；基本建立了EHV1型和4型、非洲马瘟和马动脉炎检测方法。

草食动物传染病：建立了小反刍兽疫病毒免疫胶体金及ELISA抗体及抗原检测体系，研发了cELISA试剂盒，建立了RT-LAMP与纳米金检测技术，采用反向遗传学技术开展基因工程疫苗研究，继续推进重组山羊痘病毒活载体疫苗研发。建立了山羊传染性胸膜肺炎PCR和LAMP检测技术，及IHA和免疫胶体金诊断方法，绵羊肺炎支原体ELISA抗体检测试剂盒获二类新兽药证书。

血吸虫病：表达纯化了日本血吸虫硫氧还蛋白过氧化物酶和四跨膜蛋白Tetraspanins-1大亲水区，检测表明，这2种蛋白具有良好的免疫原性和抗原性；研究了不同性发育时期miRNA表达情况，探索了宿主血液中血吸虫miRNA分子的检测方法；基因工程疫苗pVAX1/SjTGR诱导小鼠产生了显著的保护效果，构建了抱雌沟蛋白的DNA疫苗pVAX1/SjGCP，在动物保护实验中获得了37.93%的减虫率，及44.06%和65.46%的肝脏与粪便减卵率。

动物寄生虫病：首次报道了麝猫后睾吸虫、土耳其斯坦东毕吸虫等多种吸虫的线粒体全基因组序列，并研究了寄生虫及宿主的遗传变异与系统发育。从不同基因型弓形虫虫株速殖子中鉴定出 52 个新 miRNA 和一批差异表达蛋白。建立了羊巴贝斯虫荧光定量 PCR 方法，开展了羊巴贝斯虫、泰勒虫全基因组测序工作，筛选了抗巴贝斯虫特效药。研究了亚洲璃眼蜱和麻点璃眼蜱的生物学特性，初步建成我国主要 9 个蜱种的 miRNA 表达谱数据库；从镰形扇头蜱唾液腺中克隆了免疫球蛋白结合蛋白，研究了与不同宿主 IgG 的结合作用。研究了多头带绦虫的重要功能蛋白，建立了犬棘球绦虫粪抗原-ELISA 试剂盒。重组高效表达了巴贝西虫一个可溶性截短型抗原，敏感性良好。开展鸡球虫亚单位疫苗研究，重组蛋白 His-*Et*eIF3d 免疫保护可使卵囊减少 41% ~57%，病变记分降低 33% ~42%。开展了微小隐孢子虫 2 个多价亚单位疫苗和核酸疫苗的免疫保护性研究，表达产物具有较好的反应原性和免疫原性。

宠物疫病与兽医公共卫生：开展了犬瘟热、犬细小病毒流行病学调查，建立了分子诊断技术，利用分子生物学手段分析其流行规律；完成犬细小病毒北京代表毒株、犬瘟热天然弱毒株的分离、鉴定及生物学特性研究工作，共获得 6 株病毒分离株；建立了重组蛋白发酵工艺，优化了犬细小病毒病治疗性球蛋白与白蛋白生产工艺；熟化了犬瘟热鸡胚细胞活疫苗规模化生产技术。继续推进狂犬病新型防控疫苗研发，研究建立表达狂犬病毒 GN 双基因的家蚕表达系统，筛选出有效佐剂；研制了犬弓形虫、狂犬病胶体金试纸条诊断试剂盒。成功表达了犬 α 干扰素的 2 个亚型突变体。

特种动物疫病防控：建立了梅花鹿主要传染病血清学、分子生物学诊断方法与体系，研制出鹿黏膜病核酸疫苗和结核病 PCR 诊断试剂盒。熟化了水貂细小病毒性肠炎细胞灭活疫苗和狐狸脑炎活疫苗规模化生产技术，改进并建立了符合 GMP 要求的规模化生产工艺流程。

中兽医与兽药：针对奶牛子宫内膜炎和不发情，确定了治疗奶牛卵巢囊肿和持久黄体的中药制剂催情助孕液的生产工艺，完成了药理学实验与毒性研究，制成了子宫灌注剂，临床筛选出疗效好的中药方剂 1 个。推进防治畜禽病原混合感染的中兽药复方“射干地龙颗粒”、“根黄分散片”的新兽药申报工作。完善了畜禽呼吸道疾病防治新兽药“菌毒清”的中试生产工艺，制定了产品质量标准及生产技术规范，建立中试生产线 1 条，生产药物 1 000万 ml，并开展示范推广。测定了不同浓度苦豆子总碱及其环糊精包合物的抑菌效果，开展了喹噁啉类兽药主要代谢物的细胞毒性及分子机理研究，采用消减杂交法研究了喹烯酮对细胞基因表达的影响，检测了地克珠利对球虫蛋白激酶 C 受体表达的影响。

五、农业资源与环境学科集群

农业气象：系统分析了 1961—2010 年中国气温、降水、辐射等气候因子变化趋势对粮食产量的贡献，结果表明这些变化趋势抵消了同期 8.6% 的产量增加幅度。编制完成《中国农业气候资源图集》初稿和中国农业气候资源数字化图集，建立完成统一的全国农业气候资源数据库。开展了高寒草地净第一性生产力对地形因素的响应分析，探讨了青藏高原未来气候变化特征。对引进的农业生产系统模型 APSIM 进行了数据模拟和有效性验证。

完成小麦苗情远程诊断管理系统的开发与测试，建立起基于苗情诊断和气象预报的小麦减灾、避灾及灾后补救技术措施；构建了系统化的小麦干热风及玉米热害指标体系，初步完成小麦干热风灾害时空分布规律制图。引进冬小麦低温存活模型与诊断管理技术，研究了作物低温生理胁迫指标与诊断方法，初步设计了基于田间尺度、针对低温冷害及霜冻害的移动便携式监测解决方案，进行了系统集成实验和田间信息采集。在开放式 CO_2 富集条件下，从华北地区常规小麦品种中筛选出具有较强抗旱能力的品种 2 个。

旱作节水农业：确定了以小麦拔节期气孔导度初步评价足水条件下品种产量水分利用效率的指标，提出了中度气孔导度、高羧化效率和大收获指数的多指标联合品种鉴选策略，明确了孕穗期和开花期的土壤水分阈值，建立了小麦品种抗旱、节水、稳产、高产等性状的综合评价模型、优良品种选择模型和数据库，在华北地区冬小麦/夏玉米作物中进行了抗旱集成技术试验，增产抗旱效果明显。继续研制抗旱节水材料与制剂，研发出氮肥营养吸附性功能保水剂，吸纯水倍率大于 1 000g/g；制备出磷矿粉复合淀粉基高吸水性材料，原料成本显著降低；开发出库源分配多糖醇植物营养新型制剂，蒸腾抑制生物活性更加稳定，突破了絮凝失活的制剂瓶颈。

作物高效用水：开展了主要大田作物需水规律与需水量、不同水分对产量和品质的影响、土壤预测和灌溉预报、农田排水与水资源高效利用技术等研究，建立了基于天气预报信息估算作物需水量的方法，初步明确了主要作物的需水过程，提出了水分调质指标及灌溉模式，完成了作物需水信息多维查询系统架构设计。

农业水资源安全利用：对灌区开发利用的地表水、地下水等常规水源和雨水、再生水、污水等非常规水源的开发利用类型与特点进行了调查，研究了灌区多水源循环过程与水量协调转化模式，对水资源进行综合评价，研发了灌区地下水分布式智能化监控等关键技术，提出了水量控制和水质控制两种地下水安全灌溉运行模式。研究发现再生水灌溉处理对番茄根际具有明显的增温效果，并能提高根际微生物活性、氮素激发效应与利用效率，促进非根际土壤矿质营养向根际土壤迁移。

土壤与肥料：初步构建了稻田土壤质量档案和缺素数据库，研究了不同培肥措施下中低产稻田的土壤肥力演变规律，开展了潜育化中低产稻田障碍因子消除及定向培育、稻田地力提升、华中高产稻田土壤维持培肥等技术的研究与示范。明确了部分农田基础地力演变特征、土壤有机质和全氮等地力关键要素的演变特征。针对农业应对气候变化与保护性耕作，筛选出 5 项土壤水肥调控与利用技术。以东北黑土、西北黄绵土等主要耕地类型为对象，初步探索了不同类型中低产田地主导障碍因子及其形成机制，开展了不同障碍农田因子土壤调理剂复合配方试验，系统集成了有机质提升与库容扩增、养分均衡化与提升等技术，并进行了试验示范。

在潮土、黑土、红壤等不同土壤上进行了玉米、小麦、水稻等转基因养分高效利用育种价值评估；继续开展肥料养分持续高效利用机理与途径研究；在 15 个省的主栽作物上进行了有机无机复合肥与增值复合（混）肥肥效试验；完成利用磷矿直接生产复合肥中试装置新管式反应器的设计制作，进行了世界首台复合肥在线粒度仪的试验和调试，研制出 2 套智能配肥机。

农业环境控制与修复： 初步提出了典型污灌区主要污染物分布特征与影响机制，研究了针对污灌农田、盐渍化土壤、城郊障碍农田和风沙区土壤的植物与微生物、土壤调理剂、腐植酸等修复技术。构建了农村水污染控制机制与政策框架，提出了基于污染物排放空间分异和区域管控目标差异的分区分类管理策略。筛选到两种可用于不同污水处理方式的微藻，优化集成了农村生活污水厌氧消化处理技术，研发了农村户用生活垃圾厌氧干发酵消化装置与工艺。创新了农村污水高效生物生态处理、农业与农村固体废物循环利用、农田氮磷控源减排、坡地径流污染综合控制 4 套面源污染综合防控技术体系，并形成了相关操作规范。

探讨了不同类型土壤中砷的结合形态及含量特征，明确了与植物吸收砷的关系，初步筛选出对五价砷具有低吸收能力的耐性蔬菜种类；了解了洞庭湖区稻田铜、砷、镉、汞、铅等重金属含量及污染特征。研究了海泡石原矿等不同钝化剂的作用机理，以及海泡石、石灰和磷酸盐等对镉污染污灌区和镉、铅复合污染稻田土壤的钝化修复效应，建立了以新型杂化材料和磷酸盐复配使用为基础的水田土壤重金属污染钝化修复技术。开展了大田条件下新型除草剂硝磺草酮的残留消解动态规律、重金属复合污染条件下的吸附与解吸规律研究。研发了施用土壤钝化材料降低蔬菜镉吸收的技术，研究了镉低积累油菜低量吸收镉的生理生化机理。开展了全生物降解土壤覆盖材料的研发工作，合成了聚丁二酸丁二醇酯与富马酸和聚乙二醇共聚物。

农业环境监测与评估： 构建了我国农业源温室气体数据库，规范了监测方法与技术规程，明确了不同控制技术的减排效果。开发农业面源污染调查数据采集系统，在全国 6 大区域建立了 33 个重点监测点，启动了全国农业面源污染调查工作。开展了部分典型村镇环境调查与监测，形成了村镇环境评价指标筛选、环境污染诊断与承载力评价、风险源识别等技术方案，设计了村镇环境预警平台的三层结构框架。初步完成“典型区域农业土壤及粮食作物中几种有害元素环境背景值”、“全国二次污灌普查”、“全国重金属污染源”、“典型区域农产品产地及农产品质量安全风险评估监测”等数据的收集与挖掘分析。

农业环境工程： 进行了猪场污水原水及沼液贮存过程中的气体排放测定研究，探索了厌氧发酵对碳氮转化和气体排放的影响，开发了畜禽废弃物温室气体自动监控系统。研究了猪粪堆肥过程中含氮和含碳气体的排放量、排放规律及回收技术，研发出处理速度快、效果好的死猪堆肥处理技术，补充完善了“生猪产业体系猪场环境标准及废弃物处理数据库”。揭示了不同生理阶段奶牛甲烷排放规律，确定了肉桂油等植物精油促进瘤胃发酵和抑制甲烷排放的适宜剂量；发现奶牛长期使用矿物舔砖后肠道甲烷排放量明显减少，而养殖场污水在贮存过程中总固体含量对温室气体排放具有显著影响。研究了 NSP 复合酶和芽孢杆菌复合制剂调控肉鸡舍有害气体排放技术，以及不同温度对排泄物 NH_3、H_2S 产生的影响。

率先设计出植物工厂移动式 LED 光源系统，研发出节能调控模式及调控硬件装置，可使初期投入成本降低 75%，种植生菜能耗降低 34%，比使用荧光灯降低能耗 74%；研发出日光温室主动蓄热与热泵系统结合的技术装备，可大幅提高北方地区冬季温室夜晚温度。

草原监测与评价：确定了北方防风固沙重要区经济利用限值评估流程和功能基线评定技术体系，确定了通过遥感图像提取的基线盖度为 30.47%。继续开展青藏高寒草原植被、土壤、水质和气象监测。综合评估了基于灌溉饲草合理布局的草原生态系统功能，利用遥感对草地植被和 ET 进行监测，完成了我国四大牧区草原植被变化年动态遥感监测和荒漠草原植物优势度变化等研究。完成了 2012 年草原返青、全国草原植被长势、牧区和半牧区草畜平衡等监测报告。

草原生态与可持续发展：率先开展欧亚温带草原东缘生态样带资源环境变化和利用研究，收集了中俄蒙气象、土壤植被、社会经济等数据。对草原地块信息采集软件进行了功能扩展，实现了全国三维虚拟草原的彩色显示和任意一点地理信息查询。对内蒙古草原区气候变化的趋势和特征进行了系统调研分析。

通过研究系统效益及草畜平衡模式，提出了适宜南方北亚热带地区人工草地山羊放牧系统的技术模式，以及羔羊放牧和舍饲交替优化管理措施，及半干旱地区禾本科牧草集雨种植模式。确定了荒漠草原自由放牧、划区轮牧、围栏禁牧的碳平衡，研究了不同放牧利用程度和植被类型草原土壤碳储量分布与变化；研究了鄂尔多斯沙地生态系统碳通量及环境要素变化特征，提出放牧家畜温室气体减排对策。研究了不同草地利用方式下贝加尔针茅草原土壤氨氧化细菌与氨氧化古菌的多样性，及其与多种环境因素的相互关系。

继续监测长爪沙鼠种群数量，明确了伞群追寄蝇、黑袍卷须寄蝇等是草地螟优势寄生性天敌并研究了其寄生特性，测定了亚洲小车蝗不同日龄成虫飞行肌中的 5 种重要酶蛋白。提出草原火险等级划分与火灾预报的方法、公式和模型并进行验证，拟合准确率达 96%。

农业区域发展：深入基层开展农村土地现状典型用户调查，分析土地整理影响因素、趋势及对粮食生产能力的影响；创新园区规划设计方法，完成了《宁夏（农垦）国家现代农业示范区建设总体规划（2011—2015）》《廊坊现代农业发展规划（2012—2015）》等项目；运用全维信息处理技术，集成开发了三维农业区域规划平台系统。

植物病害：发现条锈菌、白粉菌群体高温适应能力和寄生适合度显著增强，越冬区域向高海拔地区发展，秋季菌源基地范围明显扩大；定位了 4 个抗条锈病 QTLs；对 15 个省份、175 个采样点的小麦赤霉病菌进行种和毒素化学型检测，鉴定出南方和北方优势群体；获得 2 个新的小麦孢囊内切葡聚糖酶基因，发现其在小麦禾谷孢囊线虫寄生过程中发挥了重要作用。发现水稻白叶枯病菌中一个全新的双组份系统 PdeK/PdeR 可特异性调控病毒毒性；以水稻条纹病毒的 CP 蛋白为诱饵筛选灰飞虱 cDNA 文库，发现卵黄蛋白原在病毒的经卵传播发挥重要作用；从稻瘟菌和灰霉菌中分离纯化了引起烟草 HR 反应的新免疫蛋白并研究了生物学功能。对棉花黄萎病致病菌进行了基因组测序与重测序，开展了菌群地理分布调查，揭示了种群进化与毒力分化的正相关性，发现 7 个与毒力高度关联的基因簇。揭示了低温伤害是促使棉花轮纹斑病发生并导致叶片衰老的关键因素。在青枯菌 Po82 中发现一个全新的 III 型效应子 hopAF1 编码基因，其产物可抑制拟南芥的先天免疫反应。明确了我国桃树病毒的种类，建立了多重 RT-PCR 检测体系。

植物虫害：针对玉米、水稻、小麦、棉花、蔬菜及果树等农作物的主要害虫玉米螟、桃蛀螟、二化螟、盲椿象、蚜虫、蓟马、草地螟、黏虫及地下害虫等，研究了主要发生规律、为害特点、环境影响、取食行为、繁殖能力和种群演替规律，并进行了生物、物理、化学等多种防治措施的改进、集成与应用示范。通过雷达监测，初步明确了我国重要迁飞性害虫迁飞规律并建立了预警体系。筛选出多个 Bt 蛋白作用的靶标位点并进行了功能验证。从寄主植物—害虫—天敌昆虫三级间通讯机制出发，开展寄主植物挥发物鉴定、嗅觉识别与行为调控机理等研究。构建并完善天敌活体资源库，引进斯氏钝绥螨等捕食螨资源，新开发蠋蝽、红肩瓢虫、鼎湖山新小绥螨等天敌产品，开发了人工饲料，掌握了烟蚜茧蜂、七星瓢虫等滞育调控技术，革新了大草蛉、巴氏新小绥螨扩繁工艺，优化了天敌昆虫释放技术并示范应用。

杂草鼠害：研究了假高粱主要化感物质动态分布及其对土壤微生物的效应和播娘蒿对 AHAS 抑制剂类除草剂的抗药性分子机制，明确了节节麦在我国的适生区，完成了 30 个抗药性监测点的调查和样品采集，建立了千金子与水稻产量及产量损失关系的适用数学模型，研究了氨氯吡啶酸与不同助剂组合对不同生育期刺萼龙葵的生长抑制效果。继续开展哈尔滨褐家鼠季节性繁殖调控机制研究，发现雄鼠睾丸重量、睾酮水平和曲精细管直径的季节变化规律。

农药：首次筛选出具有很高田间诱捕活性的盲蝽性诱剂；设计合成系列结构新颖的铜绿丽金龟性信息素二效价化合物；将菊酸结构引入喜树碱，得到 2 个有活性的目标化合物；进行了农药缓控释体系载药性能和室内生测试验，开展了无人机低空喷雾防治小麦、玉米害虫技术研究。明确熏蒸剂棉隆和氯化苦能显著增加土壤中氧化亚氮的释放量。率先将手性固定性与串联质谱技术结合，建立了国际先进的手性残留分析方法，灵敏度提高 100 倍，并研究了典型三唑类手性农药在设施蔬菜和土壤中的环境行为。

构建了虫生真菌原生质体遗传转化平台，构建了蜡蚧轮枝菌突变体文库，研究了 18 种化学农药与绿僵菌的相容性。从野外昆虫体表分离到多个侵染西花蓟马的真菌菌株，筛选出具有高致病性的白僵菌 RSB 菌株，明确了白僵菌 SZ-26 悬乳剂对葱上烟蓟马的良好防效，建立了野外施用技术。研究了微生物杀菌剂发酵和后处理技术，研发了蔬菜育苗基质微生物添加剂、秸秆降解微生物强化剂等产品。研究了武夷菌素活性成分提取方法，进行了相关基因克隆及功能验证。

研制了纳米生物农药新剂型，构建了“阿维菌素—介孔活性炭”载药系统，缓释效果良好，载药量显著提高；制备了可控释放农药的纳米级二氧化硅载药粒子，单分散性好，可调范围广；构建了“井冈霉素—海藻酸钙”纳米缓控释微球，可有效延长井冈霉素持效期；制备了“丙环唑—阿维菌素”微乳剂，融合了阿维菌素的杀虫作用和丙环唑的杀菌作用，减少了有机溶剂用量。

外来入侵生物防控：分析了紫茎泽兰、豚草、三叶鬼针草和黄顶菊等入侵菊科植物导致土壤微生物群落结构变化与反馈效应的规律。完善了豚草天敌广聚萤叶甲、豚草卷蛾和空心莲子草天敌莲草直胸跳甲的规模化生产技术，筛选出可与天敌昆虫协同应用的除草剂，建立了评价天敌昆虫控草效果的多光谱冠层扫描技术。完善了以生物防治为核心的豚草和空心莲子草持续治理技术体系，并在多省大面积推广应用。初步分析了黄顶菊入侵对不同生境地表土壤动物群落多样性的影响趋势，深入研究了少花蒺藜草和刺萼龙葵对水分、养分的利用情况，证实了利用菊芋替代控制的可行性。建立刺萼龙葵生态防控示范区 20 亩，深入研究了生态替代与化学防治技术。

建立了蓟马类和实蝇类害虫 DNA 条形码鉴定技术，实现了远程比对鉴定；发现 B 型和 Q 型烟粉虱耐高温能力与热击蛋白高表达量相关，建立了海氏桨角蚜小蜂和浅黄恩蚜小蜂联合控制烟粉虱的生防技术，并在华北和新疆棉田应用；研究了三叶斑潜蝇和美洲斑潜蝇的竞争取代因素，提出了可延缓三叶斑潜蝇竞争取代、扩散和灾变的策略。

转基因生物安全：系统分析了华北地区棉田捕食性天敌及其主要捕食对象棉蚜的种群演化规律，证实随着 Bt 棉花大面积种植及化学农药减少使用，捕食性天敌种群快速上升，有效抑制了伏蚜的种群发生，并促进相邻田块、作物上天敌种群的建立和扩增，研究成果入选年度“中国科学十大进展”。构建了实验室条件下评价转基因水稻对草蛉潜在影响的试验体系，系统评价了转 cry2Aa 水稻对草蛉的生态影响；明确了稻田不同节肢动物暴露于 Bt 蛋白的途径和程度；系统研究了我国近年培育的 5 个转基因 Bt 水稻中杀虫蛋白的时空表达，评价了对二化螟的抗虫效果，研究了抗 Cry1Ac 二化螟种群在 Bt 水稻上的适合度；测定了不同地区 8 个种群二化螟对 Cry1Ab 和 Cry1Ca 毒素的敏感性。研究了转 *cry1Ie* 玉米对节肢动物群落结构和种群动态的影响，以及转 *cry1Ah* 基因玉米对蚯蚓生长发育和体内酶活性的影响。构建了我国农作物转基因技术风险评价模型，确定了转基因技术在应用中的风险等级。

微生物资源与利用：国家微生物资源平台引进菌种 51 株，收集入库 600 株，累计完成复核鉴定 1 500株，复制保藏备份累计完成5 000余份，分离筛选小型丝状真菌和细菌 500 株。杂交获得平菇优良品种 2 个，系统选育 2 个；杂交获得白灵菇优良品种 2 个，系统选育 5 个；选育出杏鲍菇品种 1 个。研究明确了秀珍菇和杏鲍菇栽培适宜含水量，获得杏鲍菇工厂化袋栽优化环境控制模式，明确了白灵菇培养基适宜含氮量与最佳氮源。新分离厌氧微生物 6 株，初步鉴定了其分类地位，并开始对利用木糖产氢的菌株 FSC-14-3 进行生理生化鉴定。富集、驯化丙酸厌氧降解菌群 8 个，解析了群落结构，探索建立以 ack 基因为探针的互营菌监测与定量方法。研究了石油烃降解产甲烷过程中的微生物学机理，获得了不同温度条件下石油烃降解产甲烷富集物，研究了微生物类群。

六、农业工程与机械学科集群

灌溉技术与工程：确定了流量可调式喷头的结构形式和技术指标，研制设计出一种多功能轻小型灌溉机组；研制的管式土壤剖面水分测量、针式土壤水分测量和新型茎变差3种传感器，稳定性、准确性和适用性均有提高；研制了基于蒸发量监测的灌溉预警装置，建立了区域遥感土壤水分动态监测技术，研发出基于手机短信的农田智能控制灌溉系统、节能精量阀门控制技术和灌溉智能决策系统。

农田排水技术与工程：研究了淹水对玉米株高和叶面积指数的影响，并开展了稻田淹灌与暗排、明排对比试验。对长江流域76个站点、淮河流域30个站点的降雨资料进行了整理、分析，系统分析了旱涝灾害时空发生规律与分布形态，确定了涝渍发生的频率、强度等指标。

农林生物质转化工程：开展了竹子生物质及其废弃物资源前处理技术研究，进行了乙醇发酵和菌种改造研究，建立了1种新的纤维素生物质糖化过程，可降低酶解成本并提高糖化效率。设计了一种利用油菜秸秆为原料的生物燃料生产工艺路线，设计完成一套气爆预处理装置。建成2个单元容积156m^3干发酵库和50m^3的隧道式干发酵罐，完成秸秆低耗、高效粉碎技术示范及应用。首次系统研究了纤维素生物质转化过程中呋喃甲醛和乙醇对模式能源微生物的影响，筛选得到一批重要的环境胁迫相关基因。

沼气工程：在不接种、接种好氧污泥、接种厌氧污泥条件下成功启动了废水脱氮与沼气脱硫耦联反应器，获得了功能菌。开展各类秸秆在不同条件下的发酵特性试验，完成20m^3秸秆干发酵及上螺旋出料中试装置设计加工，研发了一种多元物料快速预处理装置，研究了秸秆干发酵罐内机械出料技术，完成沼气厌氧干发酵库体保温增温系统与沼气余热循环利用技术研究。研究了反应器构型和负荷对猪粪半干发酵产沼气的影响。在沼液无堵塞均匀布水与喷灌技术方面取得了突破。制定了川东平行岭谷区大型养猪场集中型沼气技术规范1部，指导建设示范工程2个。

耕种机械：研制出稻麦（油）轮作田复式作业插秧新机具，并通过生产验证；开展水稻工厂化、智能化育苗及机械化移栽播种、油菜垄盖侧植摆栽、超级稻精量插秧等机械技术研究；初步筛选出机械化、半机械化棉花育制钵机，完成钵体苗移栽机总体方案设计。开发了适应水稻、小麦、油菜等多种作物的通用型精量排种器；设计了玉米免耕施肥精密播种机和一阶集排式气力输送播种机；完成适应小麦条播种的正位条施肥机具总体方案设计；为解决排种量不稳定的问题，开发了可调压力式地轮驱动排种系统；完成麦茬全秸秆覆盖花生免耕播种机和气吸式花生膜上播种机的试制试验。设计改进了履带式和轮式两种有机肥翻抛机。

收获机械：完成花生两行联合、分段收获4种设备的熟化与产业化生产，以及花生四行联合收获机图纸设计；完成甘薯起垄、移栽、切蔓、收获6种机具的试制试验，实现了小批生产；完成4LT-A型甜菜联合收获机的试制试验与检测，以及4DLB-2型大蒜联合机的优化提升、试验与检测；研发的4SY-2型油菜割晒机可以与联合收获机底盘配套，采用链齿式输送带完成油菜禾秆的输送；完善了茶园机械化成套技术设备；设计了叶类蔬菜智能化收获技术机和青大豆豆荚智能化采收机；完成滚筒式切割器、组控式升降控制机构、套筒式平衡仿行机架等棉花打顶机关键部件的结构设计，制定了单体仿形式棉花打顶机设计方案；完成4MZ-2.6指杆式采棉机关键部件的改进。

农产品加工机械：熟化提升了5B-600型种用花生包衣机，创新研制6BH-800型花生脱壳机，筛选提升花生荚果分级与清选设备，研制了粮油作物干燥试验台与箱式通风干燥机，研究了花生荚果等物料固定床干燥特性，建立了花生荚果深床干燥模型。设计制造了小型真空冷冻和微波冷冻联合干燥试验台。开展了蔬菜种子丸粒化技术装备中试与熟化。进一步完善了名优绿茶设施摊青设备，研制成功1条香茶全自动生产线和可调式连续理条机。

植保及资源化利用机械：开发出适用于水田、旱地、果园等的植保机械7种，建立了专用植保机械立式风送喷洒分布测试平台和航空喷洒技术研究平台；继续研制专用植保风洞及喷洒测试系统、专用旋翼飞机农药喷洒飘移测试模型。研发出食用菌栽培基质粉碎用双喂料口粉碎机，满足了不同秸秆的粉碎要求，研发出菌渣颗粒燃料成型机，完成了菌棒表面打孔增氧机和菌包分离机的优化改进设计。

草地机械：改进设计了免耕播种机犁刀盘结构，克服了入土深度不够和缠草的弊病，还能疏松土壤，减小开沟阻力；研发了新型全封闭结构式排种器，解决了在风势较大的环境中种子被风吹走、吹偏等问题；优化改进打结器零件工装，完成了零件检测分析试验；完成了捡拾压捆机所有零部件工装的设计研制，试制样机1台。

七、农产品质量安全与加工学科集群

农产品污染物检测技术：建立了148种常用或残留超标频率较高农药的串联质谱库。合成有机磷类、菊酯类、磺酰脲类农药半抗原，完成与载体蛋白的偶联，构建了完全抗原并免疫小鼠；合成了磺酰脲类、三嗪类和三唑类特异性人工抗体聚合物；制备得到三唑磷农药单克隆抗体，建立了荧光标记与竞争性检测方法。明确了6种手性多氯联苯对映体在莲藕生长期内的选择性富集行为和分布变化规律。开发了检测莱克多巴胺的化学发光间接竞争免疫分析法和ELISA快速筛选检测试剂盒，建立了间接竞争液相芯片法，可同时检测猪肉中的莱克多巴胺与克伦特罗残留。

农产品风险预警与评估：对谷物、油料等农产品或初加工产品的生物毒素等食物危害因子进行连续动态摸底排查评估，形成23份农产品质量安全风险监测与评估技术报告。分别制定了部级、省级、地级和县级农产品质检机构建设标准。

农产品质量安全管理：撰写了《关于推进农产品质量安全监管示范县创建的指导意见》和《农产品中农业投入品污染防控机制研究报告》；参与撰写《农产品质量安全

合格证明管理办法》。完成了我国农产品质量安全网络舆情信息监测年度分析报告。组织评议 WTO 涉农技术性贸易措施通报 262 项，就国外技术性贸易措施提出对外意见 37 份、对内预警建议 28 份。

油料质量安全： 研制出黄曲霉毒素免疫层析试纸条、免疫亲和荧光速测仪等一系列高灵敏检测技术产品，打破了发达国家的技术垄断；首次创建了黄曲霉毒素阳性噬菌体展示抗体库，研制出 2 种重组单链抗体，灵敏度达 0.01～0.18ng/ml，为迄今报道灵敏度最高的黄曲霉毒素重组单链抗体。

果品质量安全： 开展了果品产地质量安全风险专项检测，明确了主要大宗果品的套袋、主要病虫害、农药使用、贮藏保鲜和安全指标水平等情况，发现苹果、梨、葡萄、桃果实样品农药残留量与果袋存在相关关系。建立了基于液液微萃取，QuEChERS 等快速前处理技术的柑橘农药多残留、农药类环境激素及违禁添加物等的高通量确证分析技术，并广泛应用。

茶叶质量安全： 建立了茶饮料中 106 种农药残留的 UPLC-MS/MS 测定方法，建立了分散固相萃取、同位素稀释—超高压液相色谱—串联质谱快速测定茶叶中甲基硫菌灵和多菌灵的方法。建立了西湖龙井茶区的主要指示元素同位素比率等 57 个指标的数据库，发现钒、铝、铁等元素可能成为判定西湖龙井真伪的指标。

畜产品质量安全： 对生乳质量安全关键风险因子开展了系统研究分析，初步形成我国生鲜乳质量安全隐患分析体系，在全国 31 家生鲜乳质检机构推广应用。建立了生鲜乳中 β-内酰胺类兽药残留风险预警体系。对 6 省份抽检生鲜乳样品 65 批次，检测了抗寄生虫类药物伊维菌素及阿维菌素，摸清了养殖过程中上述药物的残留情况。从 6 个省抽取生产、经营和使用环节的青贮饲料、青绿饲料和精料补充料 117 批次，完成杀虫剂敌敌畏和敌百虫含量检测。建立了同时测定牛奶中多种激素的液相色谱质谱联用法。更新升级了《生鲜乳质量安全监测信息上报系统》，分析了相关安全监测数据。建设了生猪散养模式溯源数据平台并开始应用；初步建立了基于 9 种脂肪酸的有机猪肉溯源识别模型。研究了盐酸克伦特罗在山羊体内的蓄积、残留、消除规律；获得了适合增强盐酸克伦特罗拉曼光谱的纳米金表面增强剂，可将溶液中的信号强度增加 1×10^5 倍。

蜂产品质量安全： 建立了有机磷农药检测方法，检测了氟氨氰菊酯在蜂巢系统、巢脾和蜂蜜中的残留变化，完成氟胺氰菊酯、红霉素和林可霉素 3 种药物在蜂群中的药物代谢规律研究。建立了一套蜂蜜溯源性识别分析技术，新开发了基于便携式手提电脑的蜂场溯源信息采集研究软件系统，开展了追溯系统的熟化与中试推广。分析了不同产地和不同品种蜂蜜稳定同位素与矿物元素的指纹特征和分布范围。建立了以蜂蜜 α-淀粉酶肽质量指纹图谱鉴别掺假蜂蜜的方法，确定了蜂产品中生物毒素的检测方法，建立了蜂蜜样品无损分析技术及识别模型，以及蜂胶中酚酸类化合物的快速测定方法。

饲料质量检测与评估： 构建了上百种动物饲料添加物的串联质谱信息库；建立了玉米蛋白粉、豆粕等大宗饲料原料样品质量指标快速检测技术；建立完善饲料添加剂近红外指纹图谱库，包含 3 122个光谱图，并建立了鉴别操作规程；研究建立了维生素 C 类饲料添加剂的近红外定标模型，实现了利用显微拉曼技术对产品的质量稳定性、一致性的快速检测；利用X射线衍射技术，实现对磷酸氢钙、硫酸铜、氧化锌等10种常用微量元素添加剂中金属元素有效成分含量测定。检测了9省区酒糟蛋白饲料磺胺类、β-内酰胺类等71种抗生素含量；初步确定了6大类15种不同原料来源的26种饲料原料有毒有害成分与抗营养因子主要的检测指标；进行了河北、山东、四川、陕西、天津5省市常规饲料中重金属及真菌毒素摸底排查；开展动物养殖中改变产品表观类和虚增蛋白类非法添加物的结构信息库与快速便携式定性检测产品研究；建立了豆粕和麸的快速真伪鉴别方法。建立了牧草及草产品中麦角碱等15种有害生物碱的检测方法。进行了大豆黄酮、稀土壳聚糖螯合盐对异育银鲫的安全性评价，明确了在水产饲料中添加的安全限量；研究确定二甲基-β-丙噻啶对罗非鱼生理生化等均无负面影响。

饲料质量控制：制定了饲料企业生产质量安全管理流程，研究提出了提高配料精度和准确度的解决方案，确定了用于溯源管理的从原料采购到产品销售的全过程记录信息，制定了条形码编码规则。进行了畜禽、水产配合饲料加工工艺参数优化与标准化生产研究。初步研究了饲料贮藏期间产品品质变化的主要评价指标，研究了水分含量、水分活度对产品质量安全的影响规律。研究确定了包括加工质量、营养和卫生指标等的乳猪颗粒料质量评价指标。

粮食加工：构建了小麦馒头、白盐面条品质评价方法与指标体系，确定了对制品品质有显著影响的原料品质指标，筛选出分别适宜馒头和面条加工的小麦品种（系）共29个。证实小麦实验制粉工艺能够有效去除脱氧雪腐镰刀菌烯醇（DON），统粉中DON含量最高能比籽粒减少70%。探索了不同加工处理方式对甘薯蛋白结构、功能及消化特性等的影响规律，证明了高压蒸煮甘薯蛋白作为食品工业新型蛋白资源的优异特性。

畜产品加工：建立了羊肉香肠和蒸煮羊肉加工适宜性评价标准和评价方法2套，完成了我国20种主要肉羊品种加工适应性评价。初步构建了UHT乳及巴氏乳加工品质评价体系，构建了产品货架期预测模型。继续开展骨血高值化利用技术研究，优化获得硫酸软骨素提取率达到12.65%的酶解提取方法，系统研究了不同工艺对骨胶蛋白提取率和骨素营养成分的影响，确定了制备肉味调味料的最佳工艺及配方，形成了一套完整的骨素及其衍生产品工程化生产设备，开发出高附加值骨素等4大类系列新产品。

油料产品加工：测定了不同花生品种的蛋白质亚基、脂肪酸、维生素E及氨基酸含量，完成了152个品种的凝胶型和溶解型蛋白质加工适宜性评价及45个品种的油用加工适宜性评价。发现微波预处理能显著提高油脂中维生素E、甾醇、多酚含量。优化了双螺旋压榨技术，解决了油料脱皮（壳）后低温压榨易滑膛的技术难题。开发出亚麻籽专用脱胶技术与设备。建立了新型油脂高效提质清洁精炼技术。

果品加工：建立了苹果制干和制汁加工适宜性评价核心指标体系与评价模型，筛选出适宜制干加工品种207个和适宜制汁加工品种200个。完成229个柑橘品种品系的加工适应性评价和数据库建立，开发出柠檬鲜片保护剂及试制产品；开发了《柑橘加工数据库资源管理系统》。

蜂产品加工：研究表明油菜蜂花粉中槲皮素苷和 3 种苷元对受损肝细胞具有很好的保护作用，确立了蜂花粉核苷类成分提取的最终优化条件，建立了能同时测定 4 种核苷类成分的高效液相色谱法；鉴定出中国蜂胶主要活性成分为酚类、醛类及酯类化合物；形成了蜂王浆咀嚼片加工新工艺 1 套，开发了新产品 1 种。

麻类综合加工利用：优化了苎麻剥麻后副产物青贮技术，研制出塑料膜地窖青贮和小包装圆捆青贮等简便实用的技术；形成了“麻—牛—麻”循环利用苎麻青贮饲料技术，可替代 30% 精饲料。获得苎麻副产物贮藏技术 2 种，获得红麻栽培杏鲍菇技术 1 套。通过改进生产技术，使麻地膜生产成本降低了 11%；研发出麻育秧膜，在水稻机插育秧中示范应用，效果良好。

茶叶加工：确定了芽形红茶的加工工艺流程及技术参数，研制出芽形、卷曲形、扁形等特色红茶产品。进一步优化了 γ-氨基丁酸茶的脱咖啡因工艺，脱除率可达 98.55%。研制出冷泡型颗粒绿茶加工技术，品质指标优异，并开发出冷泡绿茶粉。

人参产品加工：开展了人参多糖、蛋白、多肽提取制备方法及生物活性研究，建立了提取分离工艺标准；进一步优化人参多肽咀嚼片中试产品的生产工艺参数，制定了质量标准；确定了 2 个人参复方保健品配方，研制人参颗粒茶等食品 2 个、饮料 1 个；研究了人参提取物皂苷成分质量控制技术，建立炮制新工艺 1 项。

八、农业信息与经济学科集群

农业信息管理：开展国外大型数据库系统范畴体系应用分析，建立了已有的理、工、农、医各专业领域范畴类目与 DDC 类目之间的映射关系。完成了信息组织与数字图书馆技术的基础数据处理与规范化，进行了科研实体的抽取和学术关系计算及网络原型系统构建，完善了体系架构和服务功能设计。

农业信息技术：提出了具有自组织能力的作物生长过程数据智能处理方法和调控技术，实现了农田环境数据自更新式处理和自进化式决策，大面积用于农田智能水肥管理。实现了小麦、玉米等作物的生产管理竞争决策，提高了大田复杂系统下的生产精准管理能力。研发出多个适宜上网本及 3G 手机终端的农技服务模块及移动终端界面，可向农民提供双向互动服务。完善了基层农技推广体系信息化应用与示范推广平台，在北京市大兴区等示范区实现了基层农技推广队伍实时管理、农业生产数据快速采集、生产信息实时交流、生产技术培训、网络农民书屋个性推送等农技推广工作的信息化。

农业信息分析：创建了分区域、分阶段的农产品生产风险早期识别技术和评估模型，实现了对县级和省级小麦产量的提前准确预测。构建完成了包含 3 个系统的农产品数量安全智能分析与预警平台，初步完成中国各类农产品均衡模型预测软件，创建了农业巨灾风险概率分布模型和风险易损性模型，实现了猪肉、牛奶消费需求量高精度集成预测。建立了与水稻热害相关的历史气象和实时气象数据库，已实现查询、统计等功能，初步建立了基于 GIS 的水稻高温热害监测和预警系统。研发建立了马铃薯产业经济信息平台，探讨了价格变动规律，创建了价格波动模拟模型。

农业遥感与信息：利用信息熵模型模拟了过去 60 年我国水稻潜在适宜区时空变化，研究了实际扩展区与潜在适宜区间的对应关系，为明确气候变化对我国粮食生产系统的影响机理奠定了基础。建立了基于 CLUE-S 模型的农作物空间格局动态变化模拟，完成了东北地区过去 30 年主要农作物空间格局动态变化过程的再现和未来 40 年变化趋势预测。开展全球变化背景下农作物空间格局动态变化与响应机理研究，在国内首次研究提出了空间化属性数据与遥感数据融合提取区域农作物空间格局的新技术，构建了农作物空间格局先验概率密度函数。系统完成了全国主要农作物遥感估产、农业灾害、农业资源监测等工作，上报农情遥感监测与评价信息 107 期。建立大气、土壤、干旱、干热风、低温、洪涝发生等级、评价指标体系和监测预警系统。研制了第三代远程可视化农情田间监视器。完成了农业遥感监测系统 BioMA 模型系统平台的引进及初步消化吸收，建立了空间信息资源目录体系。

产业经济与政策：向中共中央办公厅提供构建中国特色粮食安全观等粮食安全方面的建议 5 篇；重新分析了淘汰甲基溴对中国农业经济的影响，对调整和完善中国农业行业淘汰甲基溴方案提出建议；开展我国生猪、肉牛产业波动规律及财政调控对策研究，构建了我国生猪、肉鸡产品供需分析与局部均衡模型。

技术经济与政策：测算了 2012 年我国农业技术进步贡献率指标；完成了蜂产业技术体系的经济、社会效益评价理论、方法及相关指标研究；对 11 个农产品的市场价格长短期波动特征及供需情况进行分析，提出了相应的政策措施；参与编制国家现代农业示范区建设水平考核评价指标。

农产品市场与贸易：完成了大麦产业链分析，开展了大麦成本收益与国际比较；完成了蛋鸡市场价格影响因素、传递效应、走势预测等分析，研究了鸡蛋贸易形势与比较优势；完成了外商在中国粮食发展与影响分析；完成薯类产业发展现状与前景、马铃薯产业区域布局影响因素等分析。全面参与了 FAO 商品委员会的各次磋商会议，完成了粮食安全形势分析报告和全球农业投资分析；以柑橘、苹果、茶叶为例分析了我国优势农产品出口面对的问题与主要影响因素，提出了相关政策建议。

农村发展与政策：测算出我国不同时期的农村贫困线；开展农民专业技术协会与合作社关系及信息化建设研究；继续跟踪研究我国农户的风险管理行为和农业保险政策问题，积极推进农业互助保险的政策与实践；完成农业产业化融资的理论框架分析与模型初步设计；开展了农业水、土和草场资源保护利用政策与机制研究，完成草场退化状况调查与原因分析；从高效、可持续利用水资源的角度提出了南水北调工程的最优可行方案；提出从农户层面防治农业面源污染、应对气候变化对西部地区粮食安全、秸秆循环型农业发展模式、农村沼气管护机制等的政策措施建议。

中国农业科学院2012年科技成果统计表

成果总数	获奖成果总计	以第一完成单位获奖													以参加单位获奖									鉴定未获奖成果
		合计	国家奖			省部级奖				院级奖			社会力量奖	其他奖	合计	国家奖			省部级奖					
			小计	一等	二等	小计	一等	二等	三等	小计	一等	二等				小计	一等	二等	小计	特等	一等	二等	三等	
155	96	80	8	2	6	23	2	13	8	20	8	12	12	17	16	4	1	3	12	1	1	6	4	59

注：同一成果获不同级别奖励，只统计高级别奖

中国农业科学院2012年获奖成果

一、获国家奖成果

序号	成果名称	第一完成人	获奖单位	获奖种类	获奖等级
1	广适高产优质大豆新品种中黄13的选育与应用	王连铮	作科所	科技进步奖	一等
2	中国小麦条锈病菌源基地综合治理技术体系的构建与应用	陈万权	植保所	科技进步奖	一等
3	畜禽粪便沼气处理清洁发展机制方法学和技术开发与应用	董红敏	环发所	科技进步奖	二等
4	主要农作物遥感监测关键技术研究及业务化应用	唐华俊	资划所	科技进步奖	二等
5	优质乳生产的奶牛营养调控与规范化饲养关键技术及应用	王加启	牧医所	科技进步奖	二等
6	优质早籼高效育种技术研创及新品种选育应用	胡培松	水稻所	科技进步奖	二等
7	柑橘良种无病毒三级繁育体系构建与应用	周常勇	柑橘所	科技进步奖	二等
8	猪产肉性状相关重要基因发掘、分子标记开发及其育种应用	李　奎	牧医所	技术发明奖	二等

二、获省部级奖成果

序号	单位	成果名称	第一完成人	获奖类别	获奖等级
1	油料所	功能脂质特色资源高值化利用关键技术的研究与应用	黄凤洪	湖北省科技进步奖	一等
2	特产所	西洋参新品种选育、规范化栽培及系列产品开发	王英平	吉林省科技进步奖	一等
3	蔬菜所	设施蔬菜安全高效生产的根区改良关键技术研究与应用	张志斌	北京市科技进步奖	二等
4	水稻所	稻瘟病不同抗病基因的聚合效应分析及广谱、持久抗病体系的构建	陈红旗	浙江省科技进步奖	二等
5	棉花所	早中熟陆地棉新品种中棉所49的选育及推广技术应用	严根土	新疆维吾尔自治区科技进步奖	二等
6	郑果所	优质抗病西瓜新品种翠丽的选育及应用	孙德玺	河南省科技进步奖	二等
7	郑果所	早熟苹果新品种华硕的培育与示范推广	阎振立	河南省科技进步奖	二等
8	兰州牧药所	甘肃省旱生牧草种质资源整理整合及利用研究	杨志强	甘肃省科技进步奖	二等
9	草原所	优质草产品生产加工与高效利用关键技术	孙启忠	内蒙古自治区科技进步奖	二等
10	环保所	重要转基因作物检测与监测技术研究与应用	杨殿林	天津市科技进步奖	二等
11	沼科所	沼气发酵功能微生物强化技术研究与集成示范	邓　宇	四川省科技进步奖	二等
12	作科所	玉米产量性能优化及其高产技术创新与应用	赵　明	北京市科技进步奖	二等
13	植保所	一种植物免疫蛋白诱抗剂的研究与利用	邱德文	北京市科技进步奖	二等
14	加工所	酵母源葡萄糖耐量因子（GTF）的结构解析与功能评价	吕加平	北京市科技进步奖	二等

（续表）

序号	单位	成果名称	第一完成人	获奖类别	获奖等级
15	蜜蜂所	蜂王浆优质高效生产和质量安全评价新技术研究与应用	吴黎明	北京市科技进步奖	三等
16	饲料所	肉鸡动态营养需要与生产性能预测模型技术研究与应用	蔡辉益	北京市科技进步奖	三等
17	质标所	基于分子印迹技术的高效识别样品前处理技术及应用	王　静	北京市科技进步奖	三等
18	水稻所	水稻穗腐病研究及防控关键技术集成与示范	黄世文	浙江省科技进步奖	三等
19	棉花所	高产型杂交棉新品种中棉所 53 号的选育与推广	杨代刚	安徽省科技进步奖	三等
20	油料所	抗病、高产和广适应芝麻新品种中芝 12 的选育及应用	赵应忠	湖北省科技进步奖	三等
21	特产所	毛皮动物细小病毒分子流行病学调查及疫苗研制与推广	闫喜军	吉林省科技进步奖	三等
22	资划所	草原植被及其水热生态条件遥感监测理论方法与应用	徐　斌	北京市科技进步奖	三等

三、获中国农业科学院科学技术成果奖成果

序号	成果名称	第一完成人	获奖单位	获奖等级
1	玉米产量性能优化及其高产技术创新与应用	赵　明	作科所	一等 *
2	蔬菜规模化高效育苗技术集成示范与推广	尚庆茂	蔬菜所	一等
3	五味子栽培和加工转化关键技术研究	艾　军	特产所	一等
4	重要、濒危畜禽品种遗传资源体外保存方法和技术研究	马月辉	牧医所	一等
5	恶性杂草空心莲子草持续治理关键技术研究与应用	万方浩	植保所	一等
6	高致病性猪繁殖与呼吸综合征病原分离鉴定及弱毒疫苗的研制与应用	童光志	哈尔滨兽医所	一等
7	南方稻田绿肥-水稻高产高效清洁生产体系集成及示范	曹卫东	资划所	一等

（续表）

序号	成果名称	第一完成人	获奖单位	获奖等级
8	油茶籽高效加工利用关键技术的研究与应用	黄凤洪	油料所	一等
9	农业经济空间信息服务关键技术与应用（中国农业经济电子地图）	诸叶平	信息所	一等
10	高产高效优质油菜中油杂12的选育与应用	胡　琼	油料所	二等
11	桃产业技术标准的研究、制定与应用	朱更瑞	郑果所	二等
12	乔砧苹果树节本省工高效生产关键技术研究与示范	程存刚	果树所	二等
13	苎麻、黄红麻剥麻机械的研制与应用	龙超海	麻类所	二等
14	河西走廊退化草地营养循环及生态治理模式研究	常根柱	兰州牧药所	二等
15	肉鸡动态营养需要与生产性能预测模型技术研制	蔡辉益	饲料所	二等 *
16	牛结核病病原生态学和流行病学研究	刘思国	哈尔滨兽医所	二等
17	新型兽用纳米载药系统研究与应用	张继瑜	兰州兽医所	二等
18	中国水稻纹枯病鉴别体系、病菌遗传、抗源筛选及防控关键技术研究与应用	黄世文	水稻所	二等
19	极细链格孢激活蛋白生物农药创制	邱德文	植保所	二等
20	基于墒情监测的灌区高效用水技术研究	段爱旺	灌溉所	二等
21	冷鲜羊肉加工关键技术研究与应用	张德权	加工所	二等
22	蜂王浆优质高效生产和质量安全评价新技术研究与应用	吴黎明	蜜蜂所	二等 *
23	油菜全程机械化关键技术研究与集成示范	吴崇友	农机化所	二等

注：＊为本年度所获最高奖励等级

四、获社会力量奖成果

序号	成果名称	单位	第一完成人	获奖类别	获奖等级
1	中国亚热带三种恶性入侵杂草持续治理关键技术研究与应用	植保所	万方浩	中国植物保护学会科学技术奖	一等
2	小麦黄矮病病原鉴定、抗源筛选及关键防控技术研究与应用	植保所	王锡锋	中国植物保护学会科学技术奖	一等
3	新型生物农药武夷菌素的创制及应用	植保所	张克诚	中国植物保护学会科学技术奖	二等
4	分子识别及分散固相萃取样品前处理技术及应用	质标所	王　静	中国分析测试协会科学技术奖	二等
5	无人驾驶自动导航低空施药技术	农机化所	梁　建	中国植物保护学会科技奖	二等
6	我国主要植烟土壤氮素矿化特性与供氮潜力及应用研究	资划所	李志宏	国家烟草总局	三等
7	生物质成型燃料加工装备技术	农机化所	肖宏儒	中国机械工业科学技术	三等
8	烟草 cDNA 文库构建及重要基因表达谱研究	烟草所	王元英	国家烟草专卖局	三等
9	山东仓储片烟霉变规律、安全指标与防霉技术研究	烟草所	孔凡玉	国家烟草专卖局	三等

五、作为参加单位获国家级奖和省部级奖成果

序号	成果名称	获奖类别	获奖等级	第一完成单位	本单位获奖排序	本单位完成人	本单位完成人排名
环发所	流域农业面源污染形成机理与防控技术研究	环保部科技进步奖	二等	中国环境科学研究院	第二	杨正礼	第四
资划所	南方丘陵农田秸秆—菌业开发耦合体系与循环利用关键技术	福建省科学技术进步奖	二等	福建省农业科学院农业生态研究所	第四	胡清秀	第五

（续表）

序号	成果名称	获奖类别	获奖等级	第一完成单位	本单位获奖排序	本单位完成人	本单位完成人排名
郑果所	梨自花结实性种质资源与应用	国家科技进步奖	二等	南京农业大学	第二	李秀根 杨　健 王　龙 王苏珂	第二、第六、第八、第十
哈尔滨兽医所	P3 和 P4 实验室生物安全技术与应用	国家奖	二等	中国合格评定国家认可中心	第三	吴东来	第四
兰州牧药所	秦王川灌区次生盐渍化土壤的生物改良技术与应用研究	省部级奖	三等	兰州市农业科技研究推广中心	第五	张怀山	第五
上海兽医所	兔出血症病毒致病机理及诊断方法研究	浙江省科学技术奖	三等	浙江省农业科学院	第二	刘光清	第一
特产所	重要动物病毒病防控技术研究与应用	国家科技进步奖	一等	军事医学科学院军事兽医研究所	第三	程世鹏 闫喜军 吴　威	第三、第十、第十五
作科所	抗除草剂谷子新种质创制与利用	国家科技进步奖	二等	河北农林科学院	第二	王天宇	第一
作科所	水稻粳稻杂种优势利用相关基因挖掘与新品种培育	教育部技术发明	一等	南京农业大学	第二	万建民	第一
作科所	江西水稻优异种质资源发掘、创制研究与应用	江西省科学技术进步奖	二等	江西省农业科学院水稻研究所	第二	韩龙植	第三
作科所	航天诱变选育系列小麦新品种龙辐麦 17、18 及其应用研究	黑龙江省科技进步奖	三等	黑龙江省农科院作物育种所	第二	刘录祥	第二

（续表）

序号	成果名称	获奖类别	获奖等级	第一完成单位	本单位获奖排序	本单位完成人	本单位完成人排名
植保所	物种多样性控制病虫害技术体系构建及应用	云南省科技进步奖	特等	云南农业大学	第二	陈万权 段霞瑜	第三、第十二
植保所	生物农药武夷菌素的研究和应用	山东省科技进步奖	二等	山东完胜生物农药有限公司	第二	张克诚 曾洪梅 袁会珠 孙　蕾	第一、第四、第五、第六
植保所	玉米螟大区域绿色防控技术模式研究与推广应用	黑龙江省政府科技进步奖	二等	黑龙江省植检植保站	第三	王振营	第三
加工所	小麦籽粒质量分析及利用技术研究	陕西省科学技术进步奖	二等	西北农林科技大学	第二	魏益民 郭波莉 张　波	第一、第五、第十
加工所	高品质奶酪及酸乳的产业化开发与关键技术	上海市科技进步奖	三等	光明乳业	第二	吕加平	第三名

中国农业科学院2012年获奖科技成果简介

一、国家级奖

1．广适高产优质大豆新品种中黄13的选育与应用

主要完成单位 中国农业科学院作物科学研究所

主要完成人员 王连铮，赵荣娟，王岚等

起 止 时 间 1992年1月至2007年12月

获 奖 情 况 2012年国家科技进步奖一等奖

内 容 提 要

黄淮海地区是我国大豆第二大产区，大豆年种植面积3 500万亩，产量占全国1/3。该项目针对该区南北跨度大，生态条件复杂，品种适应范围窄、单产低、品质差等突出问题，开展广适高产优质大豆新品种选育与应用研究，取得重要进展和显著成效。

（1）建立了广适高产大豆育种技术体系，创制广适新种质。提出了不同纬度与遗传远缘的亲本杂交培育广适大豆的育种新方法，创建了广适高产大豆育种技术体系。该体系以不同纬度、遗传远缘、性状互补3类种质为亲本，以异地加代、早代淘汰、高肥水筛选为手段，结合多个熟期与耐瘠薄、耐涝、抗花叶病毒等抗性鉴定，在室内和跨区田间适应性鉴定的基础上，筛选、创制了广适、抗逆性强的大豆新种质，为培育广适高产大豆新品种奠定技术和材料基础。

（2）培育出广适高产优质大豆新品种中黄13，实现了大豆育种新突破。“中黄13”主要技术指标为：①适应性广。先后通过国家以及安徽、河南、湖北、陕西、山西、北京、天津、辽宁、四川9个省市审定，适宜种植区域从29°N～42°N，跨3个生态区13个纬度，是迄今国内纬度跨度最大、适应范围最广的大豆品种。中黄13光周期钝感，蓝光受体基因（*GmCRY1a*）研究结果揭示了其适应性广的分子机理。②高产。在黄淮海地区创亩产312.4千克的大豆高产纪录，在推广面积最大的安徽省区试平均亩产202.7千克，增产16.0%，全部25个试点均增产，产量列参试品种首位。③优质。蛋白质含量高达45.8%，籽粒大，商品品质好。④多抗。抗倒伏，耐涝，抗花叶病毒病、紫斑病，中抗胞囊线虫病。

（3）建立了中黄13育繁推一体化推广模式，实现了大面积应用。提出了产地环境条件、群体产量结构、生育时期指标和精确定量栽培技术要点，制定了适合不同地区春/夏播种植的定量栽培技术规程，通过高产示范、原种生产以及“科研单位—推广部

门—种子公司—种植农户”的育繁推一体化的推广模式，实现了全国 14 个省市大面积推广应用。2007 年以来年种植面积连续 4 年居全国首位，已累计推广 5 000多万亩。2005 以来连续 7 年被农业部列为全国大豆主导品种，是自 1995 年以来唯一年推广面积超千万亩的大豆品种。

获中国和韩国新品种权各 1 项，是国内首次获国际植物新品种权的大豆品种。发表论文 70 篇，其中在 PNAS 等 SCI 期刊上发表论文 10 篇。出版《大豆遗传育种学》和《现代中国大豆》专著 2 部。另外，以中黄 13 为广适高产大豆骨干亲本已培育出新品系 308 个，其中参加国家和省级区试新品系 38 个。

该项目整体提升了我国大豆育种水平，促进了黄淮海地区大豆生产的发展，对保障我国食物安全和农民增收作出了重要贡献。

2．中国小麦条锈病菌源基地综合治理技术体系的构建与应用

主要完成单位　中国农业科学院植物保护研究所，西北农林科技大学，中国农业大学，全国农业技术推广服务中心，甘肃省农业科学院植物保护研究所，四川省农业科学院植物保护研究所，天水市农业科学研究所，甘肃省植保植检站，四川省农业厅植物保护站，甘肃省农业科学院小麦研究所

主要完成人员　陈万权，康振生，马占鸿，徐世昌，金社林，姜玉英，蒲崇建，沈　丽，宋建荣，王保通，张忠军，赵中华，彭云良，张跃进，刘太国

起止时间　1991 年 10 月 1 日至 2008 年 12 月 31 日

获奖情况　2012 年国家科技进步奖一等奖

内容提要

小麦条锈病是一种高空远距离传播的毁灭性病害，严重影响小麦生产和粮食安全。病害大流行可造成小麦减产 40% 以上，甚至绝产，其有效防控是长期的国际难题。项目组从 1991 年起开展全国大协作，对中国小麦条锈病菌源基地综合治理技术体系进行了连续 18 年的科技攻关，取得重大创新与突破。

①发现中国小麦条锈病存在秋季菌源和春季菌源两大菌源基地，查清了菌源基地的精确范围与关键作用，明确了病害源头与治理重点区域，研发出病害早期定量分子诊断和以菌源基地秋季菌源数量为基础的病害大区流行异地测报技术，预测预报吻合率 100%。②系统揭示了基因突变、异核作用和遗传重组是条锈菌毒性变异的主要途径，病菌毒性小种的产生和发展是导致品种抗锈性“丧失”的关键，寄主抗病基因筛选是前提，生态环境胁迫是诱因。建立了品种抗锈性鉴定评价与病菌毒性变异监测的技术平台。③首次提出“重点治理越夏易变区、持续控制冬季繁殖区和全面预防春季流行区”的病害分区治理策略，创建了以生物多样性利用为核心，以生态抗灾、生物控害、化学减灾为目标的小麦条锈病菌源基地综合治理技术体系。

出版著作8部，发表研究论文328篇，其中，SCI/EI源期刊论文66篇、核心期刊论文222篇；制定国家、行业和地方标准3项，获得国家专利5项和其他知识产权6项；培养研究生151名，其中，博士研究生30名。

该成果在生产上大规模推广应用，防病保产效果极其显著。2009—2011年在全国8省（市、区）累计推广应用23 067.2万亩，有效控制了条锈病的暴发流行，增收节支93.32亿元，为国家粮食生产9连增作出了重大贡献。同时，丰富和发展了《植物病害分子流行学》和《植物生态病理学》理论、技术和方法，为国家小麦条锈病的防控决策提供了重要科学依据和技术支撑，作为“公共植保、绿色植保”的典型范例，为研究其他气传病害提供了借鉴和参考。总体研究处于国际领先地位，经济、社会和生态效益巨大。

3. 优质乳生产的奶牛营养调控与规范化饲养关键技术及应用

主要完成单位 中国农业科学院北京畜牧兽医研究所，浙江大学，河南农业大学，天津市畜牧兽医研究所，中国农业大学，北京三元食品股份有限公司，天津梦得集团有限公司，传喜（北京）乳业工程科技发展有限公司

主要完成人员 王加启，刘建新，卜登攀，高腾云，王文杰，周凌云，杨红建，陈历俊，李胜利，于　静

起止时间 1996年1月至2008年12月

获奖情况 2012年国家科技进步奖二等奖

内容提要

该项目针对我国牛奶质量普遍偏低、优质乳生产不足的重大产业难题，以优质乳生产为主线，根据我国饲料资源和奶牛养殖实际情况，围绕奶牛生产优质乳的营养调控技术和规范化饲养技术开展了系统研究及应用，揭示了我国奶牛生产实际中乳脂肪和乳蛋白偏低的内在机理，创建了以粗饲料组合优化和蛋白质饲料高效利用为核心提高乳脂率和乳蛋白率的奶牛营养调控关键技术，使生鲜乳的乳脂肪和乳蛋白含量显著提高，分别达到3.5%和3.1%，解决了乳脂肪、乳蛋白偏低制约奶牛生产优质乳的技术难题；揭示了奶牛合成共轭亚油酸和活性乳蛋白的调控机理，创建了提高生鲜乳共轭亚油酸（CLA）、免疫球蛋白IgG和乳铁蛋白Lf含量调控技术，使生鲜乳中CLA、Ig和Lf含量显著提高，实现了富含活性脂肪酸和活性蛋白的乳制品产业化生产；揭示了奶牛围产期、泌乳高峰期、热应激时期牛奶品质下降的机制，研发了针对这3个关键时期的系列营养调控技术和专用饲料产品，建立了奶牛生产优质乳规范化饲养技术，制定了优质乳生产全过程控制的《良好农业规范　奶牛控制点与符合性规范》（GAP）等国家和地方标准11项，规范了奶牛养殖过程管理。

项目的核心技术已作为全国奶牛科技入户示范工程和中国奶业协会的主推技术得到应用，已在全国20多个市（县）培训奶农20余万人次，提升了奶牛养殖水平和从业

人员素质，提高了牛奶品质、饲料转化效率，增加了养殖户收益；生产的优质生鲜乳有助于增强消费者的信心，开发的"CLA 牛奶"等系列乳制品丰富了市场特色乳制品的供给，近三年在 190 多万头奶牛中推广应用，经济效益和社会效益显著，应用前景广阔。

4. 猪产肉性状相关重要基因发掘、分子标记开发及其育种应用

主要完成单位 中国农业科学院北京畜牧兽医研究所

主要完成人员 李 奎，赵书红，刘 榜，唐中林，樊 斌，余 梅

起 止 时 间 1996 年 1 月至 2008 年 12 月

获 奖 情 况 2012 年国家科技发明奖二等奖

内 容 提 要

针对产肉性状基因发掘困难和可用标记缺乏等制约因素，创建了基因资源高效发掘及分子标记开发利用技术体系，并开展育种应用。主要发现和发明如下。

（1）创建了高效基因资源发掘技术体系，实现了大规模发现猪产肉性状相关基因。首次提出了基于比较发育遗传学和比较转录组学发掘猪产肉性状基因资源的研究策略，创建了 FineQTL、DigiCGA、MiRFinder、M-GLGI 等方法，建立了以高通量技术为基础的高效基因资源发掘技术体系。首次系统绘制中外猪品种 28 个发育时间点的骨骼肌基因和非编码 RNA 图谱，发现了产肉性状候选基因 2 036个（567 个为首次报道）和非编码 RNA 775 个（255 个为首次报道），鉴定了 50 个产肉性状新基因的功能。

（2）开发出 10 个新的产肉性状基因标记，构建了猪分子标记辅助育种体系。改良并运用 DHPLC、Sequenom 和限制性酶切等技术，建立快速、准确的基因分型方法，新开发出 10 个适用性广、高效简便、成本低廉的产肉性状基因标记。在建立单基因标记辅助选择 BLUP 育种模型的基础上，发展、应用多重标记-性状回归分析等方法，构建遗传效应优化的多基因育种模型进行遗传评估，选择有利基因型个体开展选种选配，建立了标记辅助育种体系。

（3）开展快长、薄膘、肉质优种猪选育，取得了显著社会经济效益。选育出生长快、瘦肉率高、肉质优的"鄂青一号"，2005 年获国家商标注册权，已成为湖北省自创品牌猪。2009—2011 年共推广选育的优质猪 249. 3 万头，推广量逐年增加，应用前景广阔。

获得 10 项发明专利和 1 项软件著作权。在 Genome Biology、Cell Research 等国际著名刊物发表 SCI 论文 54 篇（IF >3 的 9 篇，最高 IF 为 7. 17），被引 522 次（他引 390 次）；CNKI 数据库收录 20 篇，被引 158 次（他引 152 次）。论文被权威专著 The Genetics of the Pig 多次引用。DigiCGA 以独立一章入编国际著名分子生物学技术系列丛书，MiRFinder 被引入台湾省成功大学研究生课程。

5. 主要农作物遥感监测关键技术研究及业务化应用

主要完成单位 中国农业科学院农业资源与农业区划研究所

主要完成人员 唐华俊，王长耀，周清波，毛留喜，刘海启，陈仲新，刘　佳，张庆员，吴文斌，王利民

起止时间 1998 年 1 月至 2008 年 12 月

获奖情况 2012 年国家科技进步奖二等奖

内容提要

从 1998 年开始，国内 10 多家农业遥感研究优势单位 200 余人经过 10 余年的联合攻关与应用，围绕“农作物空间信息获取—信息分析—信息应用与服务”的主线，创建了多源多尺度农作物遥感监测技术体系，并首次创建了天（遥感）地（地面）网（无线传感网）一体化的农作物信息获取技术，在国内率先研制了面向农作物遥感监测的光谱响应诊断技术，研发了全面覆盖农作物和农田环境参数的定量反演算法和模型，建立了国内唯一稳定运行超过 10 年的国家农作物遥感监测系统（CHARMS），成为国际地球观测组织（GEO）向全球推广的农业遥感监测系统之一。

经过专家鉴定，该项目成果整体上达到了国际先进水平，在业务化运行系统方面具有独创性，在探索小麦品种识别研究方面达到了国际领先水平。项目构建的国家农作物遥感监测系统（CHARMS-China Agriculture Remote Sensing Monitoring System）和先进对地观测技术及农业应用系统，获得国际同行的高度肯定。项目相关技术和系统已经成为农业部系统的主要运行系统，为国家农业主管部门科学管理和决策提供了信息服务，系统运行精度和可信度得到了国家发改委、农业部等部门的高度评价。

项目成果在完成研究和试应用后，首先在农业部进行推广应用。自 2002 年起，农业部相关司局利用项目成果进行了全国主要粮食产区的小麦、水稻、玉米、大豆等主要农作物种植面积、长势、产量和土壤墒情的动态监测，为掌握粮食生产形势、指导农业生产、进行宏观决策提供了大量的信息服务。2004 年起，成果产生的农作物动态监测信息纳入“国家农情信息发布日历”，成为农业部粮食信息会商的主要信息源之一。2007 年开始，成果应用于国家发展和改革委员会的全国农业生产形势的动态监测和分析，为优化粮食生产布局、相关政策措施制定提供了重要技术支撑。2010 年开始，成果产生的农作物长势、墒情监测信息被纳入《农业农村经济重要数据月报》，直送国务院和相关部委领导参阅，目前已被采用 30 余期，成果得到吴邦国委员长、回良玉副总理等党和国家领导人以及农业部近三任部长的充分肯定。从 2003 年起，项目成果先后在黑龙江、吉林、河南、山东、山西、四川和江西等 31 个省（市、自治区）进行了推广应用，填补了无省级农作物遥感业务化运行系统的空白，为当地农业主管部门提供了及时、准确的农情信息服务。

截止到 2010 年，实现我国主要农作物监测面积累计达 89 亿亩，产生间接经济效益达 108 亿元。

6. 畜禽粪便沼气处理清洁发展机制方法学和技术开发与应用

主要完成单位　中国农业科学院农业环境与可持续发展研究所，中国农业大学，杭州能源环境工程有限公司，山东民和牧业股份有限公司，中国社会科学院城市发展与环境研究所，清华大学，恩施土家族苗族自治州农业技术推广中心

主要完成人员　董红敏，李玉娥，董泰丽，李　倩，董仁杰，陈洪波，韦志洪，周行雨，朱志平，万运帆等

起 止 时 间　2006 年 1 月至 2010 年 12 月

获 奖 情 况　2012 年国家科技进步奖二等奖

内 容 提 要

该项目针对我国畜禽粪便污染严重、温室气体排放量大、沼气处理减排潜力大和适合我国特点的沼气处理 CDM 方法和技术几乎空白等众多问题，以创新方法学机制、提高粪便资源利用率技术水平、实现减排和收益为目标，通过多学科产学研协同攻关，取得了多项创新与突破。

该项目建立了全球第一个户用沼气 CDM 方法学，该方法学设定了其适用的条件、建立了户用沼气 CDM 项目减排量核算的计算公式和户用沼气 CDM 的监测方法。该方法学的建立使得包括我国在内的广大发展中国家开发量大、分散的户用沼气 CDM 项目成为可能，对定量核算农村沼气减排贡献并获得经济补偿具有重要意义。该方法学的提出丰富了农业温室气体研究的理论和方法，被专家鉴定为属于原始创新方法、处于国际领先水平，并被联合国清洁发展机制专家委员会批准为“农户/小规模农场的农业活动甲烷回收方法学”（AMS-III. R），成为定量核算和监测户用沼气温室气体减排效果的国际通用方法。

创建了“大型养殖场畜禽粪便沼气处理 CDM 工艺”，实现了我国畜禽粪便处理利用工艺的新突破。围绕提高原料浓度实现高产气率、改进冬季增温保温技术保证高效稳定运行、开发沼液处理减少二次发酵产生温室气体泄漏等关键技术，提出了水解与机械相结合的高浓度粪便除砂技术、高浓度原料低能耗搅拌技术、冬季厌氧罐增温保温、沼液浓缩和利用技术，突破了解决高浓度原料高含砂、难搅拌、冬季产气低和沼液二次污染等疑难问题的技术瓶颈，该创新工艺实现了大型沼气高浓度粪便、高容积产气率常年持续稳定运行，比常规工艺产气率提高 50%，为开发 CDM 项目和保证 CDM 项目温室气体减排效果奠定了技术基础，被专家鉴定为处于世界领先水平。

在国内首次研究集成了适用于不同规模化养殖场的畜禽粪便沼气处理 CDM 技术模式，建立了 CDM 项目开发可行性指标和基线监测等技术规程，为促进国际环境补偿机制的应用提供了工具。率先开展了不同规模 CDM 项目的示范，成果已在河南等 16 个省的 203.3 万个农村户用沼气、116 个养殖场 CDM 项目、300 个养殖场废弃物处理工程中应用。

成果被写入《中国应对气候变化方案》和《中国应对气候变化白皮书》，用于我国参加哥本哈根、德班等气候大会谈判对案中。采用该方法学估算的我国户用沼气减排量由温家宝总理在哥本哈根气候大会上向全世界宣布，展示了农业减排成就。

7. 优质早籼高效育种技术研创及新品种选育应用

主要完成单位 中国水稻研究所，湖南省水稻研究所，湖南金健米业股份有限公司

主要完成人员 胡培松，赵正洪，唐绍清，黄发松，王建龙，罗 炬，周 斌，张世辉，应杰政，吕燕梅

起止时间 1991 年 1 月至 2008 年 12 月

获奖情况 2012 年国家科技进步奖二等奖

成果简介

该成果针对长江中下游稻区早稻籽粒灌浆成熟期特殊生态条件和高温逼熟等导致稻米品质差的技术难题，从稻米品质温度钝感材料发掘入手，结合品质快速鉴定技术，开展大分离群体选择，攻克了早籼稻品质改良的技术难关，建立了优质早籼高效育种技术体系。

（1）提出了利用稻米品质温度钝感特异材料培育我国优质早籼稻品质的创新思路：针对长江中下游稻区早稻籽粒灌浆成熟期特殊生态条件，利用异地、异季、人工气候箱温控试验，筛选到在不同环境条件下品质变异系数小、优质的 D50、H1000、Jefferson 等品质温度钝感材料，并应用于优质早籼培育，成为优质早籼品质改良的核心亲本。

（2）研创了稻米品质高效鉴定技术平台，被国内外同行广泛高效利用：根据早籼品质育种的特点，构建了包括“稻米品质温度钝感材料的筛选鉴定方法”、“整精米率快速鉴定方法”和“稻米直链淀粉含量的简易测定方法”等高效优质早籼品质鉴定技术；利用温度钝感材料 D50 构建了株系间生育期接近，适合早稻品质遗传研究的重组自交系及衍生群体，定位了稻米蒸煮和外观品质等 QTLs，间接验证了我们早期提出的利用大分离群体进行优质高产抗病品种综合选育技术路线的科学性，为新品种选育奠定了基础。

（3）培育了一批品质达部颁二级标准的早稻品种，初步解决了优质与高产、优质与抗病的矛盾：利用筛选的 Jefferson 等稻米品质温度钝感材料，结合自主创新的快速鉴定技术、大群体打破不良连锁和分子标记辅助选择等高效育种技术，开展优质早籼育种，育成的中鉴 100、湘早籼 31 号、中鉴 99-38、中优早 5 号、中佳早 2 号等优质、高产、抗病新品种，其稻米品质主要指标达部颁二级优质米标准。其中中优早 5 号、中鉴 100、中鉴 99-38 先后获得国家优质专用农作物后补助。

（4）集成了保优高产高效生产技术，提升了优质早籼的效益和产业化水平：通过农业跨越计划和成果转化等项目的实施，在湖南、江西、湖北等进行品种和生产技术的集成与示范；多家企业以优质早籼中鉴 100、中鉴 99-38 等为主要原料进行产业化开发，创建了“金健银针”等优质配方米品牌，带动了稻米加工企业的规模化发展。育成的

中鉴 100、湘早籼 31、中鉴 99-38 等优质早籼品种审定后迅速成为长江中下游稻区主推优质早籼品种，成果累计推广应用 8 175. 2 万亩，实现农民增收 18. 26 亿元，创造了显著的社会经济效益。

8. 柑橘良种无病毒三级繁育体系构建与应用

主要完成单位 柑橘研究所（西南大学），重庆市农业技术推广总站，广西壮族自治区柑橘研究所，全国农业技术推广服务中心

主要完成人员 周常勇，熊　伟，白先进，唐科志，吴正亮，李　莉，赵小龙，李太盛，张才建，杨方云，夏平友，吴厚玖，邓崇岭，周　彦，罗雪峰

起止时间 1986 年 7 月至 2008 年 03 月

获奖情况 2012 年国家科技进步奖二等奖

内容提要

该成果在国际上率先建立微量快速柑橘病原核酸模板制备技术，国内首次系统建立全套 15 种病毒类和检疫类病害的分子检测技术体系，研发 8 种检测试剂盒、芯片和疫苗，并大规模应用于无病毒母树的筛选和定期再鉴定，检测效率大幅提升，累计检测 12. 6 万样次；明确我国柑橘病毒类病害的种类和分布，探明重要病原的起源、流行规律、致病机理和时空分布模型；创立黄龙病联防联控和村规民约防控模式，突破高通量实时快速监测瓶颈，建立溃疡病预警系统，支撑我国首个柑橘非疫区建设和指导大规模疫病防控。建立柑橘茎尖嫁接脱毒技术，国际首创茎尖脱毒效果早期评价技术，使无毒化进程由 3 年缩短为 1 年，创建世界最大的无病毒原种库；构建国家级母本园和采穗圃、省级采穗圃、地方繁育场为主体的柑橘良种无病毒三级繁育体系，苗木在圃时间由 3 年缩短至 1. 5 年，投产和丰产期提早 2 ~ 3 年，被农业部确定为主推技术。该体系技术在检测效率、育苗质量、保障机制、推广模式等方面有革新性进步，繁推速度具有三级放大效应，在全国快速形成 1. 14 亿株的无病苗年繁育能力，保障了我国柑橘大发展安全用苗需求和产业安全。成果全国覆盖率 85%，累计新增产值 77. 8 亿元。该成果对水果行业科技水平整体提升产生了重要推动和示范带动作用。

二、省部级奖

1. 功能脂质特色资源高值化利用关键技术的研究与应用

主要完成单位 中国农业科学院油料作物研究所

主要完成人员 黄凤洪，邓乾春，黄庆德，刘大川，钮琰星，李文林，杨　湄，郭萍梅，万楚筠，刘昌盛，许继取，刘　晔，郑明明，周新平，杨金娥

起止时间 2006年2月至2012年4月

获奖情况 2012年湖北省科技进步奖一等奖

内容提要

项目针对我国功能脂质特色资源加工技术水平低的现状，结合我国现代文明疾病以慢性非传染疾病为主的特点，以亚麻、紫苏、油茶籽和微生物油脂等我国特色资源为研究和开发对象，进行功能脂质特色资源高值化利用关键技术的研究与应用，鉴定成果2项，居国际先进水平，被授权国家专利5项，其中，发明专利4项，获得保健食品批文1项。主要内容和特点包括以下几项。

（1）建立特色资源功能油脂的提质生产技术，显著提高特色资源功能油脂的品质。针对功能油脂特色资源的原料特点，以开发高品质和高营养价值油脂为目的，建立了功能油脂提质生产技术：①针对微生物油脂等采用普通脱胶技术效率低的问题，采用超声波辅助油脂酶法脱胶，与传统酶法脱胶相比处理时间缩短50%以上，减少酶的用量40%以上；②采用易于分离且本身为食品的萃取剂进行亚麻油萃取脱苦，达到脱除苦味物质产生源、完全消除苦味的效果；③开发紫苏油粉末油脂制备技术，显著提高油脂稳定性和使用范围。

（2）突破了新型脂质功能因子的绿色制备工艺技术瓶颈，开发出构效明确的功能脂质因子。以特色资源功能油脂中富含的主要功能成分多不饱和脂肪酸为功能素材，研究并建立了绿色安全的无溶剂催化和固定化酶法催化酯交换技术及配套的连续化逆流旋转塔式反应装置，解决了酶法合成脂肪酸甾醇酯工艺技术中成本高、反应效率低等问题；产物纯度大于95%，得率大于80%，且具有显著的降脂活性。

（3）攻克了功能脂质高值化技术难题，开发出功能脂质健康产品。以上述功能油脂与脂质功能因子为素材，采用高效乳化技术、胶囊化技术、营养强化技术等现代食品加工技术研发了具有降血脂作用和促进生长发育作用的重组新型营养油、具有缓解视疲劳功能的中油牌爱星软胶囊等高附加值功能食品，具有适用人群广、安全性好、生物活性显著等优点。

将以上成果组装集成，在湖北、湖南、甘肃、河北、江西等省10家特种油料加工龙头企业及健康功能产品生产企业推广应用，解决企业生产技术难题，近3年新增利润2.3亿多元，税收8 000多万元，显著提高了企业生产效益，带动了产业发展、农民增收和就业岗位增加。

2. 西洋参新品种选育、规范化栽培及系列产品开发

主要完成单位 中国农业科学院特产研究所

主要完成人员 王英平，张　辉，郑殿家，张连学，李　刚，姚春林，金银萍，刘振蛟，齐俊生，赵晓龙，田永全，崔东河，朴承熙，孙国刚，许成俊

起止时间 2006年9月至2011年12月

获 奖 情 况　2012 年吉林省科技进步奖一等奖

内 容 提 要

该项目通过理论创新、技术攻关和集成应用，突破西洋参优良品种选育、规范化栽培技术、绿色生产技术规程、西洋参新产品加工等难点，重点解决了西洋参规范化生产技术体系、青支生成的物质和形成途径、加工控制条件等关键技术问题。创建了我国第一个西洋参种质资源圃，经多年引种驯化培育出适合延边地区栽培的新品种“中农洋参 1 号”，形成由优良品种、生物防病、合理施肥、复式调光棚等成果组装配套的西洋参规范化生产技术体系，修订吉林省地方标准《绿色西洋参生产技术规程》，开展了西洋参生物发酵转化研究。选育出西洋参新品种 1 个，获得国家专利 3 项，实用新型专利 1 项，建立了适合我国西洋参规范化生产的管理模式，并开发出以西洋参为主要原料的功能产品 24 种。在全国创建了 18 个示范基地，累计推广 3.5 万余亩，占全国总面积的 24%，培训农民 6 000余人次，新增经济效益 23 478.4万元，减少化学农药施用量 2 000 多吨，减少伐林 15 000余亩，取得了显著的经济、社会和生态效益。

通过项目实施，实现了西洋参“优良种源—产地加工—产品开发—相关标准”的集成创新，为我国的西洋参产业的可持续性发展提供了技术支撑和示范。

3. 玉米产量性能优化及其高产技术创新与应用

主要完成单位　中国农业科学院作物科学研究所

主要完成人员　赵　明，董志强，李从锋，边少锋，刘　鹏，齐　华，李潮海，高聚林，薛吉全，马　玮，丁在松，张　宾，张相英，侯海鹏，徐　江

起 止 时 间　2004 年 3 月 1 日至 2011 年 12 月 30 日

获 奖 情 况　2012 年北京市科技进步奖二等奖

内 容 提 要

围绕国家粮食安全战略与国家“粮食丰产科技工程”重点项目规划，该项目基于“三大粮食作物可持续超高产共性理论与技术模式研究”课题中玉米高产理论与技术相关研究内容，历时 8 年，构建了玉米产量性能优化 3 个层次的理论分析体系，发明了 3 项高产关键技术，集成了 3 个区域特色的高产高效技术体系，有效地提升了我国玉米高产的理论与技术水平。

（1）构建了产量性能优化的理论体系。①创立“三合模式”的产量分析综合体系。以产量构成、光合性能、源库三个产量分析体系内在联系为基础，建立“三合模式”的综合分析体系，明确了体系的层次性和数质量属性；②建立产量性能的定量公式及其因素动态模型。提出了产量性能 MLAI × D × MNAR × HI = EN × GN × GW 的定量公式，建立了平均叶面积（MLAI）等产量性能动态模型；③提出了产量性能调节效应的补偿增产机制。确定了不同栽培技术措施对产量性能各参数的调节效应，分析出了正负调节效应的补偿性，提出超补偿是技术增产的主要基础。

（2）发明了多项玉米高产关键技术（获专利8项）。①发明了玉米立式条带深旋一体化播种技术。针对玉米耕层浅、犁底层坚实等突出问题，发明了立式条带深旋精量一体化播种机，明确了条带深旋对产量性能的正向调节效应；②研发出了新型玉米高产稳产生长调节剂。针对玉米密植高产中倒伏、早衰等突出问题，基于生长调节剂互补增效的原理，研制出了兼具多种调节效应的生长调节剂，明确了化控高产稳产的调节效应，并形成专利产品；③创新了新型种植方式。为进一步发挥群体结构性增产技术效应，发明了玉米“四穴成方”、大小行双季交替、品种耐密鉴定种植等新型密植高产种植模式，示范效果良好。

（3）集成创新了区域特色的高产技术体系。在我国北方春玉米、黄淮海夏玉米、西北春玉米主产区，以土壤深松根层优化、化控抗倒扩穗、耐密群体构建等关键技术为核心，创新了具有区域特色的技术体系，多点多年小面积实现了春玉米（吉林、辽宁、陕西）和夏玉米（山东、河南）亩产超1 000千克，大面积实现亩产超800千克，取得良好增产增收效果。

针对我国玉米生产中的关键障碍因素，基于作物产量性能优化理论和关键技术创新，集成了区域特色的玉米高产创新技术体系。项目实施期间，玉米平均增产77. 31千克/亩，累计推广3 669. 85多万亩，总增产28. 37亿千克，累计增收51. 92亿元，取得良好的社会经济和生态效益。

4. 设施蔬菜安全高效生产的根区改良关键技术研究与应用

主要完成单位 中国农业科学院蔬菜花卉研究所，东北农业大学，宁夏回族自治区农业技术推广总站，北京市大兴区蔬菜技术推广站

主要完成人员 张志斌，贺超兴，吴凤芝，王怀松，赵 玮，杨恩庶，闫 妍，贺忠群，王锐竹，杨明宇

起止时间 2004年1月至2010年12月

获奖情况 2012年北京市科技进步奖二等奖

内容提要

我国设施蔬菜栽培面积5 000多万亩，已成为农业结构调整和农民增收的重要支柱产业。但设施连年种植蔬菜后，土壤地力下降，微生物群落劣化，土传病害等连作障碍导致设施蔬菜栽培难度加大，而改善根区环境是克服设施蔬菜产量低、品质差、效益低的根本措施。本成果通过轮套作减轻病害的土壤微生物机理研究，研究创新菌根菌育苗、伴生栽培、轮套作栽培、有机土栽培、肥水气一体量化、土壤高温热水消毒、土壤生态修复7项根区环境改良的关键技术，研究建立了设施蔬菜安全高效生产技术体系，取得了重大创新。重要自主创新点如下：

（1）研究明确了轮套作减轻病害的土壤微生物机理，为合理栽培制度及土壤生态环境调控提供了理论依据。应用化感作用（相生相克）原理，创新了传统的栽培制度，首次开发出“小麦—黄瓜”伴生栽培模式、利用秸秆等废弃物配制的富有机土及其不

同栽培模式和无污染的生态型土壤修复剂。新模式使蔬菜平均产量提高 26.2%，改善了品质，克服了连作障碍，保障了设施蔬菜土壤的可持续利用。

（2）建立了土壤高温热水消毒与蔬菜菌根苗相结合的土壤连作障碍控制与微生物恢复技术体系。燃煤式土壤热水消毒效果和安全性优于蒸汽和化学药剂消毒，且设备成本较国外同类产品下降了 70% 以上，对土壤根线虫防治率达 95% 以上。首次在蔬菜上成功开发出利用丛枝菌根真菌的蔬菜菌根苗技术，提高了蔬菜产量和品质，用于消毒土壤的根区微生物恢复，实现土壤的生态平衡。

（3）研发出设施蔬菜肥、水、气（CO_2）一体化施用装置，将温室蔬菜增施 CO_2 与根区肥水量化管理相结合，实现了肥水精确管理和高效利用，减少了氮肥随水下漏造成的污染，较常规栽培节水 60%，节肥 30%，肥水利用率显著提高。

项目集成设施蔬菜安全生产的根区改良关键技术，使蔬菜产品可达国家有机食品标准，实现了设施蔬菜的优质高产和均衡供应。为推广交流新技术，项目组编写技术培训资料 4 本，在国内外园艺学核心期刊上发表技术宣传和研究论文 119 篇，出版著作 9 部，加快了新技术的推广。应用新技术可使温室蔬菜单产比普通栽培增产 20% 以上，营养品质显著改善，肥水利用率大幅度提高，节肥 30% 以上，节水 60%。近 3 年累计在全国技术示范和辐射面积 189 万亩，创社会经济效益 59.7 亿元，节省农业投入 3.3 亿元，效益显著，应用前景良好。

5. 稻瘟病不同抗病基因的聚合效应分析及广谱、持久抗病体系的构建

主要完成单位　中国水稻研究所

主要完成人员　陈红旗，朱旭东，毛雪琴，沈　瑛，倪　深，王跃星

起 止 时 间　2002 年 1 月至 2011 年 12 月

获 奖 情 况　2012 年浙江省科技进步奖二等奖

内 容 提 要

研究我国生产上使用的主要不育/保持系，对稻瘟病的抗谱情况；同时鉴定作为抗源的供体亲本的抗性情况。从而建立不同抗稻瘟病基因与不同稻瘟病菌株之间遗传关系的信息库，信息资料对指导今后水稻的抗稻瘟病育种具有实际的参考价值。

研究建立了稻瘟病基因聚合的技术体系：①人工接种和病圃鉴定相结合的方式获得广谱抗源；②筛选特异性菌株和紧密连锁标记；③采用杂交进行基因重组，人工接种特异性菌株与分子标记辅助选择，聚合稻瘟病基因。该研究聚合稻瘟病基因 Pi-1、Pi-2 和 Pi-33，稻瘟病抗病性由原来单个基因的抗谱 53% ~63% 提高到 97%，初步探明了稻瘟病广谱、持久抗性遗传机制。利用构建稻瘟病基因聚合技术体系进行杂交稻分子育种，选育出的不育系中金 2A，具有优质、异交习性好和高抗稻瘟病（聚合 3 个稻瘟病基因）等特点。中金 2A 已测配、选育出高抗稻瘟病的杂交组合（中金 2A/R0463）。相关研究

选题结合我国水稻抗稻瘟病育种实践，具有明显的创新性，研究结果对水稻分子育种具有指导意义；选育的材料可直接用于水稻抗病育种，推动我国水稻抗稻瘟病育种的发展。

6. 早中熟陆地棉新品种中棉所49的选育及推广技术应用

主要完成单位 中国农业科学院棉花研究所，新疆维吾尔自治区种子管理总站

主要完成人员 严根土，卢守文，余　青，黄　群，王新华，赵淑琴，李汉华，潘登明，艾先涛，许红霞，赵新华，付小琼

起止时间 2000年1月至2012年9月

获奖情况 2012年新疆维吾尔自治区科技进步奖二等奖（2012年11月26日公示）

内容提要

该项目围绕中棉所49新品种的选育、良种繁殖、示范推广、配套生产技术及市场销售和服务网络的构建等开展研究，为品种产量稳定性差、比强度偏低、枯（黄）萎病日趋严重的南疆棉花生产提供了优良的品种及技术支撑，对南疆和东疆棉花生产、棉农增收做出了突出贡献。项目采用的技术方法和路线合理，数据、资料可靠，分析论证科学，难度很大，规模和工作量很大。

该项目在品种选育技术上创造性的运用了“多生态区混选—混种棉花选育方法”，并围绕中棉所49的示范推广和产业化开展了系列配套研究，发明了鉴定棉花新品种真实性和纯度方法、棉花种子快速发芽试验方法，并起草了由农业部发布的相应标准3项；制定了中棉所49种植技术规范6项。项目研究属国内首创，技术达到国内领先水平。

2005—2010年，中棉所49累计在新疆推广面积2 646.5万亩，平均单产籽棉415.2千克，平均亩增产籽棉15.2千克。按1992年农业部科技司发布的农业科研成果经济效益计算方法计算，中棉所49年均社会经济效益32 453万元，累计社会经济效益194 717.8万元。2006—2010年，中棉所49种子销售约5万吨，收入2亿元，企业利税5 000万元。项目技术成熟，经济和社会效益很大，并仍将有广阔的市场前景，应用价值特别重大。

7. 优质抗病西瓜新品种翠丽的选育及应用

主要完成单位 郑州果树研究所

主要完成人员 孙德玺，刘君璞，邓　云，徐小军，高　艳，安国林，李卫华，朱迎春，张玉海，朱耀华

起止时间 2004年1月至2010年5月

获奖情况 2012年河南省科技进步奖二等奖

内容提要

针对河南省保护地西瓜栽培面积不断扩大，生产上急需优质抗病抗逆高产的保护地

栽培西瓜品种的现状，中国农业科学院郑州果树研究所依托自身优势，组织科研人员开展了保护地栽培早熟西瓜新品种选育工作，并得到了“十一五”国家科技支撑计划项目支持，历时 6 年选育成高产、抗病、优质西瓜新品种翠丽，2010 年通过河南省农作物品种审定委员会审定。其主要性状如下。

全生育期 96 天，果实发育期 28 天。植株长势稳健，分枝性中等，根系发达，第一雌花着生节位第 6 节，雌花间隔 6 节；果实高圆型，果型指数 1.05，果皮绿色上覆墨绿锯齿条，略带果粉，外形美观，皮厚 1.1cm，单瓜重 5～6 千克；瓤色红，酥脆多汁，口感风味好，正常条件栽培中心可溶性固形物含量 12%、边部 9%。平均单瓜种子数 300 粒，千粒质量 55g 左右。早春保护地栽培条件下每亩产量 2 000～3 500 千克。中抗枯萎病，田间病毒病发病较轻，适宜保护地和露地地膜覆盖栽培。生产试验表明该品种耐旱，抗病抗逆性强，适应性广，坐果能力强，果实商品率高，丰产、稳产，不裂果，耐贮运。

经过多年多点区域试验和生产试验证实，比对照品种“京欣 1 号”增产明显，最高增幅达 28.85%；枯萎病、病毒病发病率均明显低于对照，田间裂果率也明显低于对照品种。

针对翠丽西瓜进行了以提高品质和产量以及节本为目的的一系列栽培技术研究，包括嫁接、合理密植、整枝、配方施肥、肥水一体化、病虫害综合防治等，同时还进行了西瓜健康种子生产技术研究，建立了适合翠丽各种栽培模式的栽培技术规程和健康种子生产技术规程，实现了良种良法配套，为西瓜新品种翠丽的推广应用奠定了坚实基础。

由于翠丽具有高产、优质、抗病、耐裂的优点，在早熟西瓜品种中综合性状处于领先水平。目前已在河南、山东、黑龙江、吉林、河北、湖北等地广泛推广应用，累计推广面积 20 万亩以上，新增社会效益 7 500万元。其中 2011 年建立示范基地 6 处，种子生产基地 2 处，示范推广 12 万亩，实现直接经济效益 25 万元，具有广阔的应用前景。翠丽的选育与应用使我省西瓜品种结构进一步优化，加快了西瓜品种的更新换代，一定程度上促进了我国西瓜产业的发展。

8. 早熟苹果新品种华硕的培育与示范推广

主要完成单位 中国农业科学院郑州果树研究所

主要完成人员 阎振立，过国南，张恒涛，张顺妮，张瑞萍，刘珍珍，张建国，杨学奎，徐世彦，刘　君

起 止 时 间 1996 年 1 月至 2010 年 12 月

获 奖 情 况 2012 年河南省科技进步奖二等奖

内 容 提 要

该项目是在“九五”农业部科技攻关、“十五”国家科技攻关、863、“十一五”国家科技支撑等多项课题的资助下，通过有性杂交和分子育种技术手段相结合，聚合多个优异基因，历时 15 年培育成早熟、优质、耐贮藏的苹果新品种，2009 年通过河南省

林木品种审定。

育成的红色、大果型、耐贮藏的早熟苹果新品种华硕，打破了现有苹果早熟品种不耐贮藏、货架期短的共有缺点，具有以下突出优良性状

成熟早：果实发育期110天左右，郑州地区8月初成熟。

果实大：平均单果重242克，最大果重达650克，是典型的大果型品种，符合我国及东南亚消费者好大的需求。

着色鲜艳：果实底色绿黄、充分成熟后底色黄白，果面着鲜红色，着色面积达70%，个别果实可达全红。

品质优良：肉质中细，脆而多汁，果肉硬度10.1千克/cm^2，可溶性固形物含量13.9%，可滴定酸含量0.42%，酸甜适口，风味浓郁。

贮藏性好：成熟果实在普通室温下贮藏30天以上，肉质仍能保持松脆而不沙化，具有较长的货架期；在冷藏条件下其果实可延续供应到富士成熟上市，市场供应期较长。

结果性状好、丰产：华硕早果性好，新建果园3年即可结果，高接树次年结果；坐果率高、无采前落果。其果实可于开始着色后提前采收上市，也可到果实充分成熟达到其应有品质后采收，克服了苹果早熟品种采前落果的缺点。

田间表现抗苹果斑点落叶病、白粉病等叶部病害；高抗苹果枝干轮纹病；由于果实在7月底已成熟采收，有效避开了苹果的炭疽病、轮纹病等发病时期。

该品种2005年起陆续在河南三门峡、周口、商丘、孟州、巩义和陕西、山东等地开始示范，随后逐步在示范地及周边地区推广应用，深受示范户和经销商的好评，多数示范地均出现了果农乐于发展、竞相种植，经销商乐于销售，高价收购的现象。

截止到2012年4月，华硕在全国已累计推广面积4.6万余亩，其中20%果园已进入结果期，年产量近1 800万千克，年产值7 000余万元，累计新增社会经济效益1.56亿元。

9. 甘肃省旱生牧草种质资源整理整合及利用研究

主要完成单位 中国农业科学院兰州畜牧与兽药研究所

主要完成人员 杨志强，时永杰，田福平，张小甫，宋　青，牛晓荣，胡　宇

起止时间 2005年3月至2011年10月

获奖情况 2012年甘肃省科技进步奖二等奖

内容提要

本项研究属于农业研究领域中的草业科学，应用基础研究，研究成果适用于牧草种质资源保护、牧草栽培、牧草新品种选育、资源开发利用、环境治理、草地植被恢复等农业及资源环境领域。

该研究结合生产实际，通过对甘肃省旱生牧草种质资源的调查、收集、整理整合，进行旱生牧草种的繁殖更新、高产栽培及利用技术等方面的研究，同时建立旱生牧草种

质资源圃，主要研究内容如下。

（1）通过对甘肃省 12 个市、州，59 个县、区的旱生牧草种质资源的调查。共搜集甘肃省旱生牧草种质资源 1 808份，其中野生种质资源 324 份，属 32 科 96 属 292 种，采集图像资料 6 300余张。

（2）依据《植物种质资源共性描述规范》对 1 308份甘肃省旱生牧草种质资源进行整理整合及数字化表达；累计向国家长期库和 E-平台门户网站提交了 410 份种质的共性描述及 1 230张图片。

（3）完成 500 份重点牧草种质资源的繁殖更新、标志性数据信息的补充采集及 211 份种质的实物共享。

（4）完成并出版《沙拐枣属牧草种质资源描述规范和数据标准》《黑麦草种质资源描述规范和数据标准》《冷地早熟禾种质资源描述规范和数据标准》和《长柔毛野豌豆种质资源描述规范和数据标准》4 部专著。

（5）对甘肃省黄土高原及河西走廊地区珍稀、濒危及特异旱生牧草种质资源进行抢救性收集。引种栽培沙拐枣、蒙古扁桃、梭梭、白梭梭、华北驼绒藜、乌拉尔甘草等 67 种濒危及珍稀旱生牧草种质资源。

（6）研究了补血草属野生种质资源的分布、开发利用价值及栽培技术，建立了黄花补血草等补血草属种质资源的组织快繁技术体系；选育出了耐旱丰产苜蓿新品系“杂选 1 号”。

（7）建立甘肃省优异旱生牧草繁育基地 100 公顷，开展了 45 种旱生牧草种质资源栽培技术和种子繁育研究。种植旱生牧草种质资源 21. 27 万亩，直接经济效益 2 502. 51 万元，间接经济效益约 1. 45 亿元。为甘肃省旱生牧草种质资源保护、筛选培育优良牧草新品种及合理开发利用旱生牧草提供了理论依据和技术支撑。

10. 优质草产品生产加工与高效利用关键技术

主要完成单位 中国农业科学院草原研究所

主要完成人员 孙启忠，玉　柱，徐春城，侯向阳，刘爱萍，陶　雅，李　峰

起 止 时 间 2003 年 7 月至 2009 年 12 月

获 奖 情 况 2012 年内蒙古自治区科技进步奖二等奖

内 容 提 要

在我国农牧交错区开展了优质适生饲草选育与应用、饲草高效栽培管理、饲草多样化产品优质调制加工及其质量安全检测与高效利用等 5 方面技术的研究。

选育出科尔沁尖叶胡枝子、林西直穗鹅观草 2 个牧草新品种。

提出了苜蓿集雨播种及秋末保温保墒技术，使苜蓿成苗率和越冬率分别达到 95. 0% 和 93. 7% ，产草量明显提高，采用优化技术使寒旱区苜蓿、驼绒藜及盐碱地混播草地建植成功率达 90% 以上。

优化了 16 种豆科、禾本科草本和灌木青贮技术、饲草型 TMR 调制技术和工艺，研

发出苜蓿干草调制技术和草颗粒配方及加工工艺。

通过研究分析测定苜蓿、羊草及青贮玉米等当中的有害物质，建立了质量安全检测与评价技术体系。

申请国家发明专利 3 项，制定 1 个国家标准、3 个行业标准和 10 个地方标准。

在内蒙古、青海等省区 23 个旗（县）建立示范区 7 个，推广面积达 7.24 万 hm^2，其中，栽培草地占 45.0%，饲料基地占 55%，干草产量由 2 250 千克/hm^2 提高到 6.5t/hm^2，青贮玉米（干物质）产量由 7.5t/hm^2 提高到 18.5t/hm^2，加工饲草 1 000万 t，其中青贮饲料 75%，成型草产品 25%。推广面积为 23.8 hm^2，经济效益达 10.36 亿元，并取得显著的生态、社会效益。

11. 重要转基因作物检测与监测技术研究与应用

主要完成单位 农业部环境保护科研监测所，山东省农业科学院植物保护研究所

主要完成人员 杨殿林，路兴波，修伟明，孙红炜，赵建宁，李 刚，张贵龙，宋晓龙，皇甫超河，刘红梅，赖 欣，王 慧

起 止 时 间 2006 年 1 月至 2011 年 12 月

获 奖 情 况 2012 年天津市科学技术进步奖二等奖

内 容 提 要

该项目以棉花、玉米、大豆和水稻等重要转基因作物为对象，研发了转基因作物及其产品成分检测技术和环境安全检测技术，研究了棉花、玉米、大豆和水稻等重要转基因作物外源重组 DNA 序列通用元件、基因特异性、构建特异性和品系特异性；研究了转基因作物对农田土壤养分、土壤酶活性、土壤微生物、土壤动物、基因漂移和地上生物多样性影响，建立了转基因作物及其产品成分定性定量检测技术和环境安全检测技术，以及环境监测信息数据库。研发了 12 项快速、稳定、灵敏、准确、应用范围广的转基因作物及其产品成分检测技术；6 项转基因作物环境监测技术；制定了国家标准。研制的标准和监测技术在全国 22 个转基因生物检测机构中推广和应用，取得了显著的经济效益、社会效益和生态效益。为推进转基因生物产业化的健康发展，保障国家粮食安全、食品安全和生态安全起到了重要的技术支撑作用，具有广阔的应用前景。

12. 沼气发酵功能微生物强化技术研究与集成示范

主要完成单位 沼气科学研究所

主要完成人员 邓 宇，尹小波，胡国全，马诗淳，承磊，李 强，刘来雁

起 止 时 间 2006 年 6 月至 2011 年 5 月

获 奖 情 况 2012 年四川省科技进步奖二等奖

内 容 提 要

该成果针对我国沼气发酵技术中存在的原料转化率低、启动慢、低温产气难等问

题，通过系统的研究，将微生物应用基础研究与沼气发酵工艺相结合，创新性地提出沼气发酵功能微生物强化技术，并在沼气池和沼气工程中进行应用示范。本技术通过建立世界先进水平的厌氧微生物长期保藏技术平台，提高沼气发酵体系中的微生物数量和活性，改善沼气发酵状况，提高沼气产量。本技术可提高沼气产量 20% 以上，沼气发酵启动时间缩短 1/3；促进偏低温条件下的发酵；快速调整和修复沼气发酵的异常情况。已在我国的四川、西藏、北京等 11 个省市自治区 1 万余口沼气池及 6 座沼气工程中进行了推广应用，实现了新建沼气池和沼气工程的快速启动，提高了发酵原料转化率和高效稳定运行，对推动我国沼气建设和促进生态农业发展具有重要的意义。该成果已在厌氧微生物长期保藏技术方面取得授权实用新型专利 2 项；在沼气发酵复合菌系构建技术方面获得授权发明专利 2 项；在沼气发酵复合菌剂研发方面获得授权实用新型专利 1 项，申请国家发明专利 2 项；发表文章 40 篇。

13. 肉鸡动态营养需要与生产性能预测模型技术研制

主要完成单位 中国农业科学院饲料研究所

主要完成人员 蔡辉益，刘国华，常文环，张 姝，郑爱娟，王 苑，闫海洁

起 止 时 间 2008 年 1 月至 2011 年 12 月

获 奖 情 况 2012 年北京市科技进步奖三等奖

内 容 提 要

该成果由中国农业科学院饲料研究所蔡辉益研究员主持研发，在国家肉鸡产业技术体系专项（CARS-42）、“十一五”国家科技支撑项目（2006BAD12B01）和农业部“948”引进项目（2008-Z4）支持下获得。项目承担单位于 2008 年引进国际最先进的肉鸡生长预测和营养优化软件——BroilerOpt 软件及其源代码，经过消化吸收改造，并经过反复试验，研发出了适于我国肉鸡生产状况的肉鸡动态营养需要与生长预测模型技术。

该成果突破了传统的静态的动物营养理论，在国内首次引入了机制性动物生长预测模型理论，模拟肉鸡生长的动态过程，模拟营养和环境因素的变化，基于屠宰试验，建立日龄为自变量的肉鸡动态生长模型；基于营养剖分理论，建立能量和氨基酸动态需要模型；并对所建立的 133 个和 485 个模型参数进行了集成，开发出适合我国饲养实际的肉鸡动态营养需要与生产性能预测模型技术；并在许多大中型一条龙肉鸡饲养企业进行了验证、优化与推广。

该成果实现了根据营养水平和饲料配方预测肉鸡生产性能指标，从而大幅提升了大型养殖企业的决策和管理水平；能够根据肉鸡品种、日龄、性别、上市日龄、上市体重等指标制定最优营养供给、最低成本的饲料配方，从而大大降低养殖成本、提高养殖收益，也降低了肉鸡排泄物对生态环境的影响；能够根据肉鸡胸肌、腿肌等不同部位的市场需求，调整胸肌、腿肌产出比例的营养参数与养殖方案；更重要的是该成果引入了时间变量，实现了肉鸡生长动态预测和营养需要的动态决策，填补了国内在肉鸡动态营养

与生产性能预测领域的空白，为实现我国肉鸡精准饲养提供了技术保障，对其他动物生长模型的研究开发也具有重要的借鉴意义。尤其适用于产供销一条龙肉鸡企业。

肉鸡的精准饲养与经济效益提升一直是我国养殖业和饲料工业发展中的一项重大课题。该技术一经试用便受到了众多大型肉鸡企业的欢迎。2010—2011 年经北京华都肉鸡公司、山东六和集团规模化验证，该模型技术预测值与实际生产实测值的拟合度均在 95% 以上，优化后的饲料转化率可提高 6.8%，优化后的鸡只饲养成本最多可降低 19.16%，经济效益达到 430 万元以上。北京挑战农业科技有限公司采用该软件对肉鸡饲料配方和饲养方案进行优化，饲料转化率提高 7.32%，饲料成本降低 0.86 元/只，新增经济效益 272 万元。可以预见，该技术的大面积应用将有力推动我国肉鸡精准营养与养殖技术水平的提升，对促进肉鸡养殖业可持续发展具有重要理论与实际意义。2011 年 4 月，该成果获得国家版权局颁发的《计算机软件著作权登记证书》。

14. 蜂王浆优质高效生产和质量安全评价新技术研究与应用

主要完成单位 中国农业科学院蜜蜂研究所

主要完成人员 吴黎明，胡福良，薛晓锋，彭文君，郑火青，赵　静，周　萍，金水华，李　熠，陈兰珍，张翠平，陈　芳，周金慧，张金振，魏文挺，王　鹏，黄京平

起 止 时 间 2003 年 1 月至 2011 年 9 月

获 奖 情 况 2012 年北京市科技进步奖三等奖

内 容 提 要

我国是世界上最大的蜂王浆生产和出口大国，年产蜂王浆 4 000多 t，生产量和出口量占世界总产量和总贸易量的 90% 以上。但蜂王浆产业依然存在生产效率低、产量稳定性差、品质较差、新鲜度和安全性指标评价方法不足等关键技术难题。

2003 年起，项目组针对我国蜂王浆产业存在的系列技术难题，从制约蜂王浆优质高效生产的关键环节以及质量安全评价新技术开发等方面入手开展了研究和应用，对我国蜂王浆生产模式和品质、安全性评价技术的创新产生了重要影响，整体技术达到国际先进水平。

成果已获国家授权发明专利 10 项；修订农业行业标准 1 项；发表论文 43 篇，其中，SCI 收录 14 篇；国际蜂业联合会 Eva Crane 奖 1 项。

（1）通过研究蜂王浆生产蜂群的高效健康管理和饲料补给技术，利用分子辅助标记优选母群和哺育群，创新多王群饲养技术和日龄一致幼虫供给方法，研制成功蜂王浆优质高效生产关键配套技术，提高了生产效率，为推动蜂王浆生产模式的变革提供了技术支撑。

（2）在蜂王浆新鲜度评价领域取得突破，建立了 6 项蜂王浆新鲜度评价新技术，提出了相关的评价指标和阈值，为科学评价蜂王浆新鲜度提供了理论依据和技术手段。

（3）在系统分析蜂王浆中兽药残留成因的基础上，结合养蜂实际，研究建立了蜂

王浆中四环素族、氯霉素、链霉素、磺胺类、氟喹诺酮类等兽药残留的简易检测方法，适用于小企业和地方质检部门推广使用；研究建立了能同时测定蜂王浆中27种主要抗生素类药物的检测方法，可满足生产加工及出口企业快速检测蜂王浆兽药残留的需求。

（4）据中国农业科学院农业经济研究所成果效益分析报告：该成果已经为社会产生经济效益6 646万元。在经济效益计算年内，平均每年能为社会增加收入5 574.61万元；成果每1元科研费用，在经济效益计算年限内，平均每年可为创造2.81元的纯收益。

15. 基于分子印迹技术的高效识别样品前处理技术及应用

主要完成单位 中国农业科学院农业质量标准与检测技术研究所

主要完成人员 王　静，佘永新，金　芬，邵　华，金茂俊，杜欣蔚，王培龙，王　淼，李国营，史晓梅，徐思远

起止时间 2007年8月至2011年2月

获奖情况 2012年北京市科技进步奖三等奖

内容提要

本成果主要基于分子识别原理，结合目标物化学结构特性，研制出具有高度“类”特异性和选择性的分子印迹聚合物，并进一步制备分子印迹固相萃取（MIP-SPE）柱，实现三嗪类农药、磺酰脲类农药、氯霉素和三聚氰胺等的特异性分离富集。创新性地研制出表面等离子共振仪（SPR）核心敏感部件——分子印迹敏感芯片，并在此基础上建立了SPR-MIP敏感芯片检测技术。

研制的三嗪类MIP-SPE小柱实现了17种三嗪类农药高效分离富集和测定，解决了传统SPE柱吸附特异性差、洗脱步骤复杂、再生能力弱等问题。与国外同类产品相比，增加了特异性吸附分析物的种类，提高了吸附效率。建立了富集技术应用体系，回收率64%～117%。研制的磺酰脲类MIP-SPE柱能同时分离富集氯磺隆和单嘧磺隆、噻吩磺隆，填补了国内外氯磺隆和单嘧磺隆MIP-SPE柱的空白。建立的磺酰脲类MIP-SPE富集技术应用体系，回收率75%～110%。在合成分子印迹膜的基础上，开展了分子印迹膜—芯片—表面等离子共振检测氯磺隆的创新性研究，方法检出限50μg/千克，线性范围50～1 000μg/千克，为实现小分子物质检测奠定基础。研制的氯霉素、三聚氰胺MIP及其MIP-SPE小柱，对氯霉素、三聚氰胺具有高度的特异性和选择性。建立了氯霉素、三聚氰胺MIP-SPE富集技术应用体系，回收率范围分别为91.8%～118.9%，71%～84%。

该项目开发的分子印迹快速检测技术和产品，不仅具有选择性高、快速、灵敏的技术优势，且成本仅为国外同类产品售价1/20，且MIP-SPE柱可再生，重复使用30次以上（氯霉素MIP-SPE使用70次后回收率为81%）。该成果不仅打破了国外技术垄断的局面，而且有创新和发展。

16. 水稻穗腐病研究及防控关键技术集成与示范

主要完成单位 中国水稻研究所

主要完成人员 黄世文，施 德，王 玲，盛仙俏，刘连盟，朱金良，董文忠，吴树业，吴增琪，陈将赞，寿建尧，杨晓农，潘以葆

起止时间 2003年1月至2011年12月

获奖情况 2012年浙江省科技进步奖三等奖

内容提要

水稻穗腐病是近年大面积发生、流行和危害的一种稻穗（谷）病害，目前我国发病面积达80万～100万公顷。水稻感染穗腐病后不但减少产量，还因病菌产毒而危害人体健康。随着氮肥施用量增加，耕作栽培制度变更以及气候条件变化等，穗腐病的发生日益加重。一般减产5%～10%，严重时穗发病率达90%，造成绝收。之前我国穗腐病的研究力量分散、薄弱，未组织过全国（部、省）联合攻关研究。对穗腐病防控技术研究相对滞后，致使防治效果不甚理想。在国家农业科技支撑计划、浙江省重大项目、浙江省“三农五方”科技协作项目以及中央级公益性科研院所专项资金等资助下，中国水稻研究所组织我省植保专家和市（县）农技人员合作，对水稻穗腐病及其防控关键技术进行了较为系统的研究。在病害发生、流行规律、主（次）侵染病原、寄主与病原菌互作、抗性鉴定技术、水稻对穗腐病抗性和病害综合防控技术等方面开展了卓有成效的工作，取得了一系列阶段性成果。

该项目明确了穗腐病是由多种真菌侵染的复合病害。层出镰刀菌是主侵染菌、次侵染菌为新月弯孢菌、澳大利亚平脐蠕孢菌和细交链孢菌。明确了主侵染菌的毒素为伏马毒素。掌握了病菌的侵染、定殖和繁殖的模式，病害发病中心形成以及在时间和空间上的扩展方式。了解了气候因子对病害发生、流行的影响，建立了病害流行预测预报方案。基于自然诱发和人工接种鉴定技术，确立了水稻品种抗穗腐病的鉴定体系。明确了病害参数与产量间的关系。评价了当前浙江省主栽品种（组合）对穗腐病的抗病性状况。申请国家发明专利3项（授权1项）；发表论文13篇（SCI 2篇［IF=3.0］）；出版相关图书、挂历、小册子6本，赠送67 300多本。培养硕士研究生10余人，培训基层农技员和稻农6 290多人次。集成了多套防控穗腐病的简便技术，在浙江、湖南和安徽三省十多个市（县）示范、应用，累计推广面积703.53万亩、每亩平均增收175.79元，每季稻平均减少用药1.30次。

17. 高产型杂交棉新品种中棉所53号的选育与推广

主要完成单位 中国农业科学院棉花研究所

主要完成人员 杨代刚，周关印，匡冬萍，周晓箭，马雄风等

起止时间 2003年3月至2011年12月

获 奖 情 况　2012 年安徽省科技进步奖三等奖

内 容 提 要

该项成果具有以下几个突出优势：①高产稳产。2004—2005 年安徽省棉花新品种区域试验汇总结果，该品种籽棉亩产 254.15 千克，比对照种皖杂 40 增产 15.84%；皮棉亩产 105.58 千克，比对照种皖杂 40 增产 13.47%，增产极显著。多数试点增产幅度较大，连年增产。区试汇总报告评价该品种“丰产稳产性较好，属高产型品种”。②结铃性强。2004—2005 年安徽省棉花品种区域试验汇总结果，该品种亩成铃 51 994 ~ 68 831个，比对照种皖杂 40 平均多7 439 ~ 12 164个。③适应性较广。安徽棉区跨淮北、江淮丘陵和沿（长）江 3 个不同类型的棉区，该品种在 2004—2005 年安徽省区域试验的 13 个试点次均表现出优良的综合性能，在湖北荆州、江西九江和湖南常德等棉区引种种植，均表现出显著的杂种优势。④纤维品质优良。⑤种植面积较大，社会效益显著。该品种自 2006 年审定以来，在皖、鄂、湘、赣等省棉区大面积推广和引种种植，所种之处，普遍增产增收。据统计，该品种 2006—2011 年累计种植 418 万亩，新增社会经济效益 14.86 亿元。

18. 抗病、高产和广适应芝麻新品种中芝 12 的选育及应用

主要完成单位　中国农业科学院油料作物研究所

主要完成人员　赵应忠，刘红艳，危文亮，吴　坤，杨敏敏，李金树，付　玲

起 止 时 间　1995 年 1 月至 2011 年 12 月

获 奖 情 况　2012 年湖北省科技进步奖三等奖

内 容 提 要

芝麻是我国重要的特色优质高效油料作物。长期以来受病菌危害、气候异常、品种遗传基础狭窄等诸多因素影响，现有推广品种大多表现产量不高、不稳和适应性不强。针对上述情况，项目单位以菲律宾引进的抗病性强、适应性广的品种 CLSU-9 与本地高产优质品种宜阳白杂交，经系谱法选择育成了高产、抗病和广适应芝麻新品种中芝 12。通过院地、院企多元合作开展良种良法配套技术集成、示范与推广，实现了推广面积的最大化，对芝麻产业发展起到重要推动作用。

（1）是长江流域首个利用地理远缘外引优异种质与本地优良地方品种杂交培育的芝麻新品种。DNA 指纹图谱分析表明，中芝 12 与现有育成品种的遗传差异大，拓宽了我国芝麻品种的遗传基础，对芝麻遗传资源、育种理论和方法创新有重要参考价值。

（2）是湖北省“九五”、“十五”期间培育的首个高产、广适应芝麻新品种。在湖北省区试中，中芝 12 平均亩产 80.88 千克，比对照鄂芝 2 号增产 14.32%，且两年 13 点次均增产，增产点次占 100%，是湖北省 1996—2005 年期间单产水平最高、增产幅度最大且增产点次率达 100% 的新品种。

（3）是湖北省“九五”、“十五”期间唯一一个兼抗茎点枯病和枯萎病两大主要芝麻病害的抗病品种。在湖北省区试和全国区试中，中芝 12 的茎点枯病病情指数分别比

鄂芝2号和豫芝4号低35.9%和30.65%，相对病情指数是1996—2005年湖北省区试及2002—2003年全国区试中最低的；其枯萎病病情指数分别比两对照种低17.8%和55.98%，也达到了较高的抗性水平。

（4）籽粒商品性好、品质优良。中芝12平均含油量56.09%，最高达60.68%，蛋白质含量20.11%，种皮纯白，籽粒大，商品性好，综合品质达优质标准，被相关外贸企业和加工企业指定为主要收购品种。

通过院企、院地多元合作的模式，在湖北及邻近省份开展中芝12良种良法的示范推广。据不完全统计，2005—2011年中芝12在湖北及河南、安徽、江西、江苏等省累计推广种植1 098.2万亩，增收节支总额达9.52亿元。

19. 毛皮动物细小病毒分子流行病学调查及疫苗研制与推广

主要完成单位 中国农业科学院特产研究所

主要完成人员 闫喜军，吴　威，程世鹏，柴秀丽，赵建军，张海玲，张　蕾，白　雪

起止时间 2004年1月至2011年12月

获奖情况 2012年吉林省科技进步奖三等奖

内容提要

该项研究采用流行病学、病原生物学、现代免疫学、生物制品学以及分子生物学技术开展了水貂细小病毒性肠炎灭活疫苗产业化关键技术研究，通过项目攻关，完成了水貂、狐狸、貉细小病毒分子流行病学研究，培育了水貂细小病毒和2型犬细小病毒检验用强毒株；培育了免疫原性优良的水貂细小病毒生产毒种，并研制出水貂细小病毒性肠炎灭活疫苗，完成了疫苗的安全性试验和效力试验；完成了水貂细小病毒性肠炎灭活疫苗临床试验；建立疫苗生产基础毒种种子批；对影响规模化生产关键工艺参数进行了研究和筛选，解决限制生产的工艺技术难题，使疫苗实现产业化生产。申报水貂细小病毒性肠炎灭活疫苗制造及检验试行规程（草案），并获得新兽药注册证书和生产文号。本项研究研制了水貂细小病毒性肠炎灭活疫苗，并在攻克疫苗产业化生产中的关键技术问题基础上，进行技术集成和配套，实现水貂细小病毒性肠炎灭活疫苗产业化生产，并有效地进行了水貂细小病毒性肠炎疫苗的推广应用，满足毛皮动物产业发展的需要。

20. 草原植被及其水热生态条件遥感监测理论方法与应用

主要完成单位 中国农业科学院农业资源与农业区划研究所

主要完成人员 徐　斌，杨秀春，李召良，覃志豪，王道龙，杨　智，毛克彪，刘海启，朱晓华，陶伟国，缪建明，杨　季，刘　佳，高懋芳，金云翔

起止时间 2002年1月至2010年7月

获 奖 情 况　2012 年北京市科技进步三等奖

内 容 提 要

该项目由中国农业科学院农业资源与农业区划研究所、农业部草原监理中心、中国科学院地理科学与资源研究所等多家单位联合攻关，围绕“草原植被及其水热生态条件遥感监测理论方法与应用”研究内容，以草原植被和水热条件遥感监测的关键技术为主线，以各种技术的耦合与集成为突破口，集成多部门集体智慧，开展多学科综合研究，取得了重大突破和创新。

（1）该项目融合卫星遥感数据与大量草原地面调查资料，构建了分区域草原产草量宏观高精度遥感监测模型。攻克了草原植被参量模型参数和分级标准的确立以及草原数据库、空间分析和应用模型等耦合、集成的关键性难题，建立了草原植被参量遥感监测模型及其监测系统，率先实现了对中国草原产草量、植被长势和返青的全面遥感监测，并不断创新完善推广和应用。

（2）在计算以县级单元的草畜平衡监测中所涉及的草原产草量、补饲等指标的基础上，建立了数据采集、标准制订、模型构建、结果运算的规范化体系，2005 年率先实现了对我国牧区、半牧区县级单元草畜平衡状况的宏观监测，约占全国草原的 67%，并完善提高、推广应用。

（3）在区域地表蒸散发估算方面，发展了一种新的全遥感一源蒸散发反演模型，提高了植被稀疏区蒸散发估算精度；提出了利用 MODIS 数据直接估算晴天地表净辐射的新方法；建立了微波指数土壤含水量以及以 TM 为数据源的地表温度遥感定量单窗反演算法；提出了基于辐射能的地表温度验证新方法以及陆地表层时空多变要素的普适性尺度转换方法。

（4）建立了中国草原旱情遥感监测的方法、标准和参数体系，并研发了草原植被旱情遥感监测系统，在生长季以旬为单位进行监测应用。

2005—2011 年，每年对草原植被、草畜平衡累计年监测面积达到 1 293万 km^2，每年为农业部撰写 10 余个报告，20 余万字，监测结果应用到全国草原管理部门，产生巨大社会效益。已获计算机软件著作权 10 项；发表论著 190 余篇，其中，SCI 收录 28 篇，EI 收录 54 篇。

三、院级奖

1. 恶性杂草空心莲子草持续治理关键技术研究与应用

主要完成单位　中国农业科学院植物保护研究所，湖南省植物保护研究所，福建省农业科学院植物保护研究所，中国农业科学院农业环境与可持续发展研究所，中国科学院武汉植物园，重庆双丰化工有限公司，江苏省农业科学院

主要完成人员　万方浩，王　韧，郭建英，罗源华，周忠实，傅建炜，张国良，

卢新民，聂亚锋，赵家永，陈志谊，丁建清，刘雨芳，李彦宁，史梦竹

起止时间 1987年1月至2011年12月

获奖情况 2012年中国农业科学院科学技术成果一等奖

内容提要

空心莲子草为世界十大恶性入侵杂草之一，在我国导致巨大的经济损失，破坏生物多样性，严重威胁人畜健康。项目组经24年研究，在阐明空心莲子草生物生态学特性和种群扩张机制的基础上，研发了生物防治、化学应急处理等关键防治技术，集成创新了我国亚热带区入侵杂草空心莲子草持续治理技术体系并推广应用。

（1）首次阐明了空心莲子草的生物生态学特性与灾变机制。明确了空心莲子草在我国的发生规律与危害：入侵后快速扩张至18个省（市）区，在亚热带区危害面积达到2 200万亩，每年造成近11.0亿元的直接经济损失；揭示了空心莲子草具有繁殖速度快、竞争力与抗逆性强等种间竞争的优势特征；阐明了其种群快速增长的机制——空心莲子草耐受逆境条件的生态可塑性。

（2）筛选出优势专性生防天敌昆虫，确证了其安全性与控害效能。

筛选出优势专性天敌昆虫莲草直胸跳甲，确证了其寄主专一性与安全性；明确了其较广的气候适应性、很强的繁殖和扩散能力、极好的控害潜能。

（3）率先研发了以生物防治为核心的关键防治技术。①研制出天敌昆虫“三步简易生产法”，建立了天敌早春种群助增释放与人工大量助迁技术。②筛选出空心莲子草高效生防菌莲子草假隔链格孢SF-193，研制出孢子悬浮水剂和固体粉剂的生产技术；创制了3种控制空心莲子草的高效低毒环境友好专用型除草剂；研发了天敌昆虫、微生物制剂与专性除草剂三位一体控制技术，对空心莲子草的控制效果达90%以上。

（4）首次集成创新了亚热带空心莲子草区域减灾与持续治理技术体系。针对空心莲子草在我国亚热带分布特征与区域控制需求，创新了居世界领先地位的生防天敌昆虫和微生物制剂持续控制、化学防治应急控制与处理等关键防治技术，在此基础上，构建了不同立地条件下的区域减灾和持续治理技术体系。

该项成果技术成熟。1988年以来在我国进行推广应用，近三年累计应用1 622万亩次；增收节支合计16亿元。获国家发明专利2项；制定行业、地方、企业标准共7项；创制除草剂产品3个；发表论文56篇（SCI 7篇）。

2. 高致病性猪繁殖与呼吸综合征病原分离鉴定及弱毒疫苗的研制与应用

主要完成单位 中国农业科学院哈尔滨兽医研究所

主要完成人员 童光志，田志军，周艳君，安同庆，彭金美，蔡雪辉，仇华吉，王洪峰，王牟平，刘景利

起 止 时 间　2006 年 4 月至 2011 年 2 月

获 奖 情 况　2012 年中国农业科学院科学技术成果一等奖

内 容 提 要

该项目主要内容：①确定了引起“高热综合症”疫情的病原是猪繁殖与呼吸综合征（PRRS）病毒变异株（HP-PRRSV），分离到了典型的病原代表毒株 HuN4 株，明确了该类病毒对猪具有高致死率和其独特的分子特征，建立了 RT-PCR 鉴别诊断方法，证实该病在我国及东南亚地区已广泛存在，以上研究结果为农业部将 HP-PRRS 列为我国一类动物疫病提供了科学依据。②通过解决 HP-PRRSV 不易适应细胞和细胞适应毒对猪致病能力快速降低的技术难题，建立了 HP-PRRSV HuN4 株仔猪感染模型，感染仔猪临床发病症状典型，致死率高，重复性好。2007—2008 年农业部通过该模型评价了当时国内已有的 PRRS 疫苗预防 HP-PRRS 的效果，结果证实已有疫苗均不能有效预防该病，提出应研制 HP-PRRS 活疫苗来预防该病，以上研究结果为国家选择正确的 HP-PRRS 防控技术提供了事实依据。③将 HP-PRRSV HuN4 株在 Marc-145 细胞上系列传代和 3 次蚀斑克隆纯化创制成功了安全、有效，临床保护率超过 90% 的高致病性猪繁殖与呼吸综合征活疫苗（HuN4-F112 株），针对不同猪群（种猪群和商品猪群）制定了科学的免疫程序和相应的鉴别诊断技术，疫苗免疫猪群出栏率提高 10% 以上，为我国有效控制 HP-PRRS 的发生提供了重要技术保障。该项目研制的高致病性猪繁殖与呼吸综合征活疫苗（HuN4-F112 株）获国家二类新兽药证书、生产文号、国家发明专利和上海市高新技术成果转化项目，该疫苗已转让 4 家疫苗生产企业生产，获技术转让费 2 900万元。发表研究论文 11 篇，累计引用 587 次，培养博硕研究生 15 名。2 年来在国内 21 个省、区、市销售疫苗 8 145万头份，销售额 7 807. 41万元，上缴税费 993. 32 万元，实现利润 4 115. 78万元，创社会经济效益 10 亿元以上。

3. 蔬菜规模化高效育苗技术集成示范与推广

主要完成单位　中国农业科学院蔬菜花卉研究所

主要完成人员　尚庆茂，张志刚，冷　杨，魏家鹏，董春娟，桑毅振，王娟娟，高　苹，房嫚嫚

起 止 时 间　2004 年 1 月 1 日至 2012 年 2 月 16 日

获 奖 情 况　2012 年中国农业科学院科学技术成果一等奖

内 容 提 要

针对我国普遍采用土壤为基础介质的平畦或营养钵育苗技术方式，育苗规模小、技术标准缺乏、病虫草害严重、应对自然灾害能力弱等问题，项目组开展了穴盘为育苗容器、草炭为基础介质的蔬菜规模化高效育苗关键技术研究与集成，研究开发了蔬菜育苗基质标准化生产技术、蔬菜种子热水（或次氯酸钠）-福美双复合高效消毒处理技术、蔬菜苗期因发育阶段的梯度精量灌溉施肥技术、环境调控-生长抑制剂施用幼苗徒长综合控制技术、化学诱抗-自然驯化相结合的幼苗抗性诱导技术等，并与蔬菜种类、建设

规模、现代农装相嵌合，集成年育苗量200万～500万株、500万～1 000万株、>1 000万株蔬菜规模化高效育苗操作技术模式和管理技术模式。项目实施期间，制定了《蔬菜育苗基质》、《蔬菜穴盘育苗通则》农业行业标准2项，《蔬菜集约化育苗场建设》农业工程建设标准1项，提出蔬菜种子复合高效消毒技术规程2个，申报国家发明专利12项（已获授权5项），获授权的国家实用新型专利11项，发表科技论著62篇（部），集成蔬菜规模化高效育苗模式3类，完成农业部组织鉴定的科技成果3项。2008年开始，技术成果被连续列入农业部蔬菜生产主推技术，在全国各地推广应用，取得显著社会经济效益。

4. 油茶籽高效加工利用关键技术的研究与应用

主要完成单位 中国农业科学院油料作物研究所

主要完成人员 黄凤洪，李文林，刘昌盛，邓乾春，周新平，黄庆德，钮琰星，杨 湄，万楚筠，彭宣炎，郭萍梅，程小英，杨金娥，许继取，郑明明

起止时间 2002年3月至2011年12月

获奖情况 2012年中国农业科学院科学技术成果一等奖

内容提要

主要技术内容：该项目紧紧围绕制约油茶籽高效加工与多层次增值的产业化重大关键技术问题，进行油茶籽脱壳低温压榨、清洁低温炼制、茶皂素提取、茶籽营养油深加工技术的研究与产业化开发。

技术经济指标：①首次采用挤压和碾磨以及风筛复合分离原理，研制出了原理新颖独特、快速高效的油茶籽脱壳分离装置，油茶籽脱壳率≥98.5%，仁中含壳≤4%、壳中含仁≤1%。②采用双螺旋以及榨螺和榨圈联合压榨的原理，并独创性地设置多段带刀刃刮刀机构，突破了油茶籽低残油低温压榨技术难题，开发出的低温榨油机压榨饼残油<4%，低于国内外报道指标。③首次研究建立了油茶籽脱壳低温压榨低温炼制新型工艺技术，开发出的“低温压榨油”达到压榨一级茶籽油标准；生产成本比现有常规工艺降低31%以上，加工利润提高53%以上。④首次研究建立了从茶籽饼粕中超声波辅助提取茶皂素的新型工艺技术，茶皂素纯度>90%，具有工艺简捷、成本低、产品附加值高等显著特点。⑤通过脂肪酸重组技术，采用活性追踪的方法，以油茶籽油为主，适量添加其他功能油脂及天然微量营养成分，设计和筛选出具有调节血脂和改善生长发育作用的两种新型功能油脂。

知识产权情况：该项目已获得国家专利4项，其中发明专利3项、实用新型专利1项；申请国家专利5项，其中发明专利4项、实用新型专利1项；油茶籽高效加工技术及关键设备的开发研究均为自主创新并拥有知识产权。

推广应用及效益情况：该项目成果已在湖北、江西、湖南、福建等地10多家企业成功应用，开发出了“得尔乐”、“四季春”、“得尔乐”、“华饴”、“林之神”、“茶香物

语”、“本草天香”等品牌的高级茶籽油、营养油和茶皂素等系列产品，显著提升了产品质量和市场竞争力，2004—2011 年，项目共获得新增产值 21. 66 亿元，新增利税 3. 83 亿元，显著地提升了我国油茶籽的加工技术经济水平和产业竞争力。通过项目的实施，建设了多个油茶种植基地，有力的推动了“企业 + 农户”的订单农业模式，提高了农民种植油茶的积极性，促进了农业种植结构的调整，为农民增收开辟了新途径。

5. 重要、濒危畜禽品种遗传资源体外保存方法和技术研究

主要完成单位　中国农业科学院北京畜牧兽医研究所

主要完成人员　马月辉，关伟军，何晓红，浦亚斌，李向臣，赵倩君，傅宝玲，刘长青，李林凤，张文秀，李长丽，李　梅

起 止 时 间　2001 年 1 月至 2011 年 12 月

获 奖 情 况　2012 年中国农业科学院科学技术成果一等奖

内 容 提 要

该项目针对重要及濒危畜禽种质资源，在四川等 17 个省区畜禽种质资源动态变化调研过程中，新发现了 79 个畜禽种质资源，建立了畜禽种质资源信息系统；提出了畜禽种质资源保护和开发利用方案。综合运用多学科的理论和方法，对我国畜禽种质资源进行科学、系统的鉴定和评价，筛选出对畜牧科技和经济发展有重要作用以及处于濒危状态的畜禽种质资源。建立了牛、绵羊、山羊、猪、马、鸡、鸭、鹅等物种细胞库构建的技术体系，研究并解决了畜禽种质资源体外细胞制备最佳方法、最优实验材料的选择、组织样品保存、血清与培养基优化培养、无抗生素体外细胞培养、污染预防与消除、细胞系保存和新型细胞培养器具研制等决定体外细胞材料数量和质量的关键技术难题，被授权国家专利 15 项。制定国家标准 4 项。利用建立的细胞库技术体系和遗传评价结果为依据，构建了 84 个重要和濒危畜禽品种的群体细胞库。同时对其进行了形态、微生物、细胞活率、细胞活力、细胞生长规律、核型、同工酶、细胞凋亡、细胞融合、重组胚制备、干细胞系建立以及外源基因表达等决定细胞质量的技术检测和研究，授权国家专利 15 项。该细胞库是世界唯一专门化保存畜禽体细胞遗传资源的最大细胞库，达到国际先进水平，2006 年被评为“国内十大科技新闻”之一。

6. 南方稻田绿肥—水稻高产高效清洁生产体系集成及示范

主要完成单位　中国农业科学院农业资源与农业区划研究所

主要完成人员　曹卫东，徐昌旭，聂　军，耿明建，林新坚，刘春增，郭熙盛，鲁剑巍，王允青，潘兹亮，王建红，高菊生，张　辉，陈云峰，白金顺

起 止 时 间　2004 年 5 月至 2011 年 12 月

获 奖 情 况 2012年中国农业科学院科学技术成果一等奖

内 容 提 要

该项目由中国农业科学院农业资源与农业区划研究所组织皖、赣、浙、闽、湘、鄂、豫等9家单位，以冬闲田削减、化肥减施、耕地质量提升、清洁稻米生产为主要目标，开展了长达8年的大规模联合试验研究和示范，形成适应现代农业需要的稻区绿肥—水稻高产高效清洁生产的完整技术体系。主要进展如下。

（1）抢救性梳理、挖掘和丰富了我国绿肥作物种质资源。引进、整理和评价种质资源1 500多份次，初步建立了稻田绿肥作物种质资源库。定向选育了7个紫云英新品种。

（2）突破了限制稻田绿肥作物发展的关键技术瓶颈。在绿肥作物多样性种植、水稻机械收割留高茬迟播紫云英、紫云英轻简高效播种及管理和翻压、绿肥作物专用肥料及根瘤菌、绿肥与稻草碳氮互济、绿肥-水稻肥料运筹、紫云英生产沼气、紫云英种子生产与加工等技术方面取得创新和进展。

（3）组装集成了我国稻区绿肥—水稻高产高效清洁生产技术体系。建立了一系列稻田绿肥生产利用技术规程，形成了以提升水稻高产稳产能力的绿肥生产利用技术、基于绿肥作物生产利用的清洁稻米生产养分管理技术为核心的南方稻田冬绿肥-水稻高产高效清洁生产利用技术体系。

（4）明确了绿肥在南方现代水稻生产中的贡献及作用机制。研究指出了绿肥种植翻压可以替代20% ~40%的化肥用量，水稻产量提升10%以上。通过剖析30年定位试验，证明绿肥提升水稻生产能力的主要机制是为水稻生长发育创造了良好的土壤物理、化学、生物环境。

该项目发表论文80篇，出版著作4部。制定绿肥相关技术规程13项、地方标准2项。获得新品种认定7个、新产品登记3个、专利授权3项。培训农技人员和农户2万多人次。4年累计示范及推广面积24.7多万hm^2，增产稻谷13.4多万t，增效4.3亿多元；节约氮磷钾肥2.0多万t（折纯）；生物固氮1.1多万t、固碳94万t。

7. 农业经济空间信息服务关键技术与应用平台（中国农业经济电子地图）

主要完成单位 中国农业科学院农业信息研究所，农业部市场与经济信息司

主要完成人员 诸叶平，陈丽水，雪 燕，鄂 越，海占广，刘升平，李韶民，陈冬冬，邓 飞，张建兵，杨福运，孙开梦，薛 领，李世娟，崔晓阳

起 止 时 间 1996年1月至2011年12月

获 奖 情 况 2012年中国农业科学院科学技术成果一等奖

内 容 提 要

该成果在已有30余年的农业经济基础资料数据库的基础上，针对长序列、行政区

划不断变动、统计单位不统一等系列问题，开展了数据规范化处理研究；针对长期以来缺少农业经济信息分析工具，特别是缺少灵活性强、适应行业需求的信息技术手段等问题，集成应用计算机、GIS、GPS、模型和智能技术，围绕中国农业经济数据库建设与管理、区域粮食作物分析与优化布局决策分析技术、农业常态灾害与突发事件专题分析、农村居民收入差距分析、农产品市场价格动态分析、基于 Agent 的农业经济分析与群决策和农业经济电子地图数据服务平台构建等 7 个核心内容，开展了以规范化的数据管理为基础、系统性的数据分析为关键、直观化的数据决策服务为目的技术体系研究。

该成果深度挖掘了多年分县农村基础资料数据和分省农业统计资料数据，提出了农业经济信息时空分析与地图服务方法、数据转换接口方法、中国农业经济电子地图标准化数据处理方法和数据智能纠错方法，制定了完整、可靠的农业基础数据采集规范；提出了农业经济时空信息快速处理与分析方法，研发了可灵活进行横向扩展和纵向延伸的中国农业经济电子地图平台；实现了多模式的中国农业经济电子地图智能服务，通过电脑、手机、PDA、网络不同终端开展地图服务；提出了基于地图的农业突发事件快速分析方法，研建了农业常态灾害预测预警模型和灾害专题定制分析方法，构建了具有多种灾害分析报告生成、灾害动态数据分析的农业突发事件分析系统；提出了可定制农业生产优化布局建模方法，研发了具有灵活建模功能的农业生产优化布局组件和决策支持系统；创建了基于 Agent 的农业经济信息分析与辅助决策系统原型。

该项成果在国内外进行了广泛学术交流，多次在具有影响的国际会议上发表论文，并作报告，发表研究论文 47 篇（其中，SCI 收录 2 篇，EI 收录 9 篇）；申请受理发明专利 1 项，获软件著作权 11 个，成果形成的相关软件已在农业部各司局、全国 31 个省区全面推广应用，并向其他行业应用拓展和向乡级延伸。

8. 五味子栽培和加工转化关键技术研究

主要完成单位　中国农业科学院特产研究所

主要完成人员　艾　军，赵景辉，李　刚，金银萍，许世泉，张宝香，逄世峰，侯　微，孙成贺，孙　海，张　瑞，刘继永，郑培和，焉　石，刘俊霞

起 止 时 间　2007 年 1 月至 2010 年 12 月

获 奖 情 况　中国农业科学院科学技术成果一等奖

内 容 提 要

（1）收集保存资源 200 份，建立五味子种质资源圃，完成评价体系标准的制定，开展五味子种质资源的系统评价，筛选优异资源 3 个，选育五味子新品种 1 个；建立五味子无性快繁技术体系，解决了地下横走茎产生的技术难题。

（2）确定五味子的果色遗传为细胞核遗传，红色及黄色果皮由 1 对等位基因控制，红色对黄色为显性遗传；筛选出五味子黄色果皮的 RAPD 分子连锁标记，并通过 SRAP 标记获得与红色果皮相关的分子标记；通过分子标记辅助选种选育黄果优系 2 个。

（3）确定五味子花性分化临界期，通过调控使五味子的雌花分化比率达60%左右；确立五味子栽培的适宜架式。

（4）研发晚霜防治技术措施，防效达75%；筛选出病虫害防治农药3种，建立综合防治技术体系；筛选五味子适宜肥料种类配比或生长调节物质5种。

（5）明确五味子炮制成分变化规律；建立五味子提取过程近红外在线检测技术体系；研发五味子叶茶、木脂素美白化妆品等五味子新产品23个。

（6）发表学术论文22篇，制定相关标准20个。

（7）获国家发明专利2项，审定五味子新品种1个，制定相关标准20个。

（8）在吉林省通化、靖宇和长白等县建立良种繁育基地，为生产提供良种及技术，推动优质栽培规模的扩大，新增利润1 577.7万元。开发的五味子系列产品，已推广到吉林特研药业有限公司、吉林敖东洮南药业股份有限公司等9家企业，增加了企业的经济效益，新增利润3 821.8万元。2007—2011年累计新增利润5 399.5万元。

9. 极细链格孢激活蛋白生物农药创制

主要完成单位 中国农业科学院植物保护研究所

主要完成人员 邱德文，杨秀芬，曾洪梅，刘 峥，郭立华，袁京京，周利辉，王 勇

起止时间 1986年1月至2005年11月

获奖情况 2012年中国农业科学院科学技术成果二等奖

内容提要

该项目自主研制的极细链格孢激活蛋白是通过诱导植物抗病性来控制病害的新型生物农药，拥有自主知识产权。该蛋白不直接杀死植物病原菌，而是通过调动或增强植株自身的免疫功能，控制或减轻病害的发生和发展，提高作物产量和品质。该项研究自2002年院长基金一级人才项目支持以来，先后得到国家"973计划"、"863计划"项目和北京市科技项目的支持。成果申报单位在开展了极细链格孢菌株鉴定与分子改良、蛋白纯化与鉴定、基因克隆与表达、蛋白结构与功能、诱导植物抗病性作用机制的基础研究上，进一步开展了激活蛋白工业化生产技术研究和田间应用效果评价，2009年，3%极细链格孢激活蛋白获得了农业部药检所农药登记证，成为我国自主研制的第一个蛋白质农药。

利用反向遗传学方法从极细链格孢菌（Alterneria tenuissima）中克隆出新功能激活蛋白基因peaT1；构建了激活蛋白基因peaT1的大肠杆菌和毕赤酵母表达系统；获得了高效表达的基因工程菌株E. coli PeaT1和P. pastoris PeaT1。确定了重组表达蛋白具有诱导烟草对TMV的抗性、提高水稻幼苗抗旱性和促进小麦低温生长的功能；探讨了PeaT1激活蛋白诱导多种植物抗病、促生长的作用机制。研究揭示激活蛋白PeaT1是通过启动植物SA信号传导途径，促进抗病相关物质积累，激发植物提高对病原菌的抗性；研究发现在烟草细胞膜上有PeaT1的结合蛋白，并用BIFC和Co-IP技术进行了体

内和体外结合验证。明确了 PeaT1 激活蛋白诱导烟草抗烟草花叶病毒（TMV）的作用机理。激活蛋白通过降低烟草叶片中病毒 RNA 和外壳蛋白的含量、干扰 TMV 外壳蛋白的体外聚合阻碍病毒粒子的形成；获得了激活蛋白 PeaT1 蛋白单晶体，选用小角散射、X-衍射等技术获得了 PeaT1 中 NAC 结构域的空间结构，得到了 PeaT1 的三级结构模型。圆二色谱分析证明，PeaT1 结构中的 β 折叠是维持 PeaT1 二级结构稳定的骨架结构，结构模型中的孔洞是稳定的耐热中心。

开展了极细链格孢产激活蛋白发酵培养基和发酵条件的研究，建立了规模化发酵工艺，创制了国内首次登记的 3% 激活蛋白可湿性粉剂，产品已在全国多个地区多种作物上应用。田间试验结果表明，激活蛋白与其他技术配合使用对辣椒、番茄和烟草病毒病控制效果达到 65% 以上，同时具有明显的增产和改善品质的作用。

该项目由项目申请单位独立完成，具有自主知识产权。研究期间获得 3 项国家发明专利（ZL 01128666.0；ZL 03124744.X；ZL 200610152700.8），发表主要相关论文 40 余篇，出版《植物免疫与植物疫苗——研究与实践》和《蛋白质农药》专著两部。

10. 基于墒情监测的灌区高效用水技术研究

主要完成单位　中国农业科学院农田灌溉研究所

主要完成人员　段爱旺，刘祖贵，刘战东，巩文军，高　阳，王声锋，尚三林，王景雷，宋　妮，陈智芳，申孝军，吕谋超，王和洲

起 止 时 间　2006 年 1 月至 2011 年 12 月

获 奖 情 况　2012 年中国农业科学院科学技术成果二等奖

内 容 提 要

成果“基于墒情监测的灌区高效用水技术研究”为国家高技术研究计划（863 计划）“作物用水信息实时采集设备”（2006AA100209）课题中的部分内容，属于农业技术领域。其主要技术内容如下。

（1）主要农作物需水规律及高效用水技术。明确了冬小麦、夏玉米的需水量与需水规律，探明了不同时期水分亏缺对冬小麦和夏玉米生长发育、耗水量及产量形成的影响；建立了冬小麦和夏玉米产量与耗水量的关系模型，确定了不同生育阶段的水分敏感指数及需水关键期；运用动态规划方法构建不同水文年型冬小麦和夏玉米的优化灌溉制度。

（2）墒情监测与灌溉预报。确定了区域土壤墒情监测的布点方法及合理取样数目；根据土壤墒情、作物生长状况、气象因子建立了墒情预测和灌溉预报模型；明确了墒情判别指标及灌溉预报体系。

（3）灌区水资源的优化配置。以焦作市广利灌区为实例，明确了灌区水资源的实时监测与变化预测方法；进行了轮灌区的合理划分，提出了灌区高效运行组织管理措施与运行机制。

取得的技术经济指标：明确小麦、玉米的需水量与需水规律以及不同供水条件对作

物生长发育的影响规律；阐明适应区域特点的节水高效灌溉制度；建立融合土壤墒情监测、气象因子和作物生长状况的多因子墒情预测和灌溉预报模型，与实测结果比，预报灌水时间的误差低于 2 天。

该成果的创新性表现在：创新性地建立了基于积温的作物系数模拟模型、基于天气预报的参考作物蒸散量逐日预报模型，同时对参考作物蒸散量计算公式进行了评价，基于风速因素对 Hargreaves 公式进行了修正，建立了考虑随机降水的冬小麦优化灌溉制度。通过对模型修正建立的土壤墒情和灌溉预报模型，显著提高了预报精度，从而提升了灌区管理的精准度和管理的科学性。

成果推广应用情况：从 2008 年 10 月冬小麦播种开始，在河南省焦作市广利灌区、新乡市人民胜利渠灌区、商丘市睢阳区进行了成果的示范推广。该项成果能够提前预测并告知用水户未来一段时间的土壤墒情及可能的灌溉时间及灌水量，因此灌区管理部门和农户能够提前进行灌溉准备，确保整个灌区范围内作物都能得到适时适量灌溉，既满足作物水分需求，又可节约灌溉用水量。至 2011 年 6 月小麦收获后统计，3 个示范区 3 年累计推广 65 万亩，节水 2 635. 0万 m^3，冬小麦增产 2 110. 0万千克，累计增收节支总额 4 300余万元。

11. 中国水稻纹枯病鉴别体系、病菌遗传、抗原筛选及防控关键技术研究与应用

主要完成单位 中国水稻研究所

主要完成人员 黄世文，郭泽建，潘学彪，王 玲，王政逸，周而勋，肖放华，鲁国东，陈旭君，陈卫良，左示敏，王海华，刘连盟

起止时间 1997 年 1 月至 2011 年 12 月

获奖情况 2012 年中国农业科学院科学技术成果二等奖

内容提要

水稻纹枯病不论是发生频率、发生面积还是危害造成的损失均居水稻各病害之首。由于缺乏抗原材料，抗纹枯病育种进展缓慢，生产上种植的品种（组合）多为感病或高感。纹枯病防治主要依靠农药制剂，长期使用单一制剂存在抗药性风险。过去我国纹枯病研究力量分散，未组织过全国性的联合攻关，全国无统一的鉴别寄主、鉴别菌株，也无统一的评价技术和操作规程，各地同行的研究结果无法比对。中国水稻研究所联合中国农业大学、扬州大学、浙江大学等国内多家著名大专院校与科研院所的专家、学者，经多年合作研究，取得了重要成果。

项目组研制并规范了“温室苗期”和“大田成株期”水稻抗纹枯病鉴定的操作技术规程及评价标准；确定了 5 个水稻品种、5 个纹枯病菌为鉴别寄主和鉴别菌株；为深入研究和利用纹枯病菌—寄主相互作用机制提供了基础技术平台。鉴定了 10 多个省的 3 428份水稻品种的纹枯病抗性，测定了 1 280株纹枯菌的致病力。获得了 2 份对纹枯病

抗性较好的种质 ZH5 和 YSBR1，精细定位了 2 个抗纹枯病数量性状位点 qSB-11LE 和 qSB-9Tq，开展了分子标记辅助育种，获得进入品种区域试验的抗性改良系，抗纹枯病遗传育种研究取得重要进展。发展和完善了“作物纹枯病菌快速、简便分离技术”，初步建立了水稻纹枯病菌的遗传转化体系，完成了基因组部分序列的测定与分析，阐明了水稻纹枯病菌的遗传变异特征，为纹枯病菌功能基因组学研究、致病相关基因的生物学功能鉴定与寄主互作的机理研究等奠定了基础。获得了一些受水稻纹枯病菌诱导表达的基因，水稻抗纹枯病机理研究取得了进展。进一步明确了纹枯病发病规律：病原菌的侵染方式、田间小气候的湿度是病情发展的关键制约因素，不同耕种方式（手插秧、机插秧和直播稻）对田间纹枯病的发生有重要影响。通过试验、示范，研究集成了以“抗（耐）病品种、栽培方式、水肥管理、低毒农药”相结合的多套水稻纹枯病可持续综合防控技术，在多省大面积示范、应用，取得了很好的经济、社会和生态效益。

12. 高产高效优质油菜中油杂 12 的选育与应用

主要完成单位　中国农业科学院油料作物研究所

主要完成人员　胡　琼，梅德圣，张春雷，马　霓，陈玉峰，刘　佳，付　丽，鄂文弟，赵　启，鲁剑巍，付桂萍，陈遵东，荣维国，李晓琴，余有桥

起止时间　1991 年 1 月至 2011 年 12 月

获奖情况　2012 年中国农业科学院科学技术成果二等奖

内容提要

该成果采用多亲本复合杂交，选育出具有完全自主知识产权的高产、稳产、优质杂交油菜新品种中油杂 12；在系统研究其养分吸收与积累规律，开展全程机械化研究和示范的基础上，建立了科学的高产高效栽培技术；通过科研单位与种业公司合作开发，促进了该成果的转化，产生了显著的社会和经济效益。

中油杂 12 的主要特点：①丰产性好：在 2003—2005 年湖北省油菜区试中，两年平均亩产 201.68 千克，比对照中双 9 号增产 15.03%，居第一位，是湖北省油菜区试中首个平均亩产超过 200 千克的新品种；在 2004—2006 年长江中游区试中，比对照中油杂 2 号增产 5.62%，居第一位，是国家油菜区试中首个比中油杂 2 号增产 5% 以上的新品种。②产油量高：2003—2005 年湖北省区试亩产油量 84.38 千克，比对照中双 9 号增加 19.83 千克，增产幅度达 21.32%。2004—2006 年国家区试亩产油量比对照中油杂 2 号增产 9.07%。③稳产性强：在湖北省和国家长江中游区试 3 个年度共 40 个试验点次中增产点次占 80%。④种子纯度好，制种安全性高。⑤养分利用率高。

建立了中油杂 12 高产高效栽培技术：通过精确研究中油杂 12 的物质积累和各种必须营养元素的吸收规律，确定了合理的肥料用量、比例和施肥方式。开展中油杂 12 全程机械化农艺研究，明确了中等肥力下，中油杂 12 直播密度为 2 万株时，不倒伏，不影响机械收获，单产可达 200 千克以上。探明了在 90% 以上角果呈现枇杷黄时为联合

收获最佳时期，总损失率小于7%。在此基础上制订了科学的高产高效栽培技术规程。

推广应用情况：建立了“种子生产总经销公司 + 市场代销网络 + 示范宣传”市场化开发营销模式，构建了中油杂12快速转化大平台。制定了中油杂12亲本繁殖技术规程和杂交制种技术规程，建立了准确、快速的室内种子纯度分子检测技术，形成了规范的中油杂12种子质量全程控制技术体系。2006年以来，在湖北、江西、湖南、安徽等省累计推广种植1 654.7万亩，总经济效益8.42亿元，为农业经济发展和农民增产增收作出了重要贡献。

13. 苎麻、黄红麻剥麻机械的研制与应用

主要完成单位 中国农业科学院麻类研究所

主要完成人员 龙超海，吕江南，王绍文，何宏彬，马 兰，王志军，沈迪辉，何超群，庹年初，金关荣，曾志祥，田先明，郭 斌，潘其辉，周 志

起止时间 2000年1月至2011年12月

获奖情况 2012年中国农业科学院科学技术成果二等奖

内容提要

该研究成果包括6BM-350型、4BM-260型苎麻剥麻机和4HB-480型黄红麻剥皮机，共获实用新型专利3项，均为中国农业科学院麻类研究所自主研制成功的新一代剥麻机械。

4BM-260型苎麻剥麻机有如下特点：鲜茎出麻率较高，一般大于5%；原麻生产率高于单滚筒苎麻剥麻机，一般在10千克/h以上；操作简便、喂料顺畅、剥麻损失小、工作性能稳定，生产效率较高、剥麻质量达到《苎麻》国标要求等优点。该机已获得国家实用新型专利（专利号：ZL 200920259409.X）。

6BM-350型苎麻剥麻机主要由剥麻装置、压板装置、机架和传动装置所组成，该机剥麻滚筒上一般安装有16块打板，打板安装时一般沿滚筒旋转方向后倾8°~15°角，并将工作面倒角，这样可以减轻打麻者的劳动强度和麻纤维的损伤。该结构较为简单，操作轻便、剥麻质量较好。

4HB-480型黄红麻剥皮机剥净率>90%，鲜皮生产率达到1 000千克/h以上，具有结构紧凑，性能可靠，操作安全，剥皮效率高等特点，方便田间移动或在场地进行黄、红麻剥皮作业，能大大减轻劳动强度，剥皮沤麻可减少水源污染，有效改善生产生活环境。“黄麻或红麻剥皮机”获实用新型专利（ZL201120011151.9）。可广泛使用于黄红麻种植大户、工厂等。

至2011年底，4BM-260型苎麻剥麻机、6BM-350型苎麻剥麻机和4HB-480型黄红麻剥皮机在长沙桑铼特农业机械设备有限公司等厂家生产，已累计推广2 000多台，分别在湖南省沅江市、南县、张家界市，重庆市涪陵区，浙江省杭州市萧山区，江西省宜春市等麻类主产区推广应用，累计剥制苎麻、黄红麻150余万亩。

14. 乔砧苹果树节本省工高效生产关键技术研究与示范

主要完成单位 中国农业科学院果树研究所，葫芦岛市园艺研究所，葫芦岛市中农果业科技开发有限责任公司，绥中县果树技术推广总站

主要完成人员 程存刚，李　敏，李　壮，赵德英，仇贵生，厉恩茂，徐　锴，张彦昌，袁继存，闫文涛，李成志，武雅娟，吴玉星

起 止 时 间 2007 年 1 月至 2011 年 12 月

获 奖 情 况 2012 年中国农业科学院科学技术成果二等奖

内 容 提 要

该研究属于节本省工高效生产技术的基础研究领域。研究内容针对我国苹果主产区乔砧苹果园郁闭、果品质量差、管理技术繁琐、病虫害发生严重等问题，率先开展乔砧华红苹果的细长纺锤形整形修剪技术研究以及配套的提质增效花果管理技术、果园省力化土壤管理及高效施肥和安全节本高效病虫害防控技术研究。通过技术的实施，简化了修剪方法，提高工作效率，解决了制约我国苹果生产的乔砧密植方式潜在的果园郁闭问题，形成了“乔砧华红苹果简单化整形修剪技术”，“壁蜂授粉技术”，“果树疏花疏果技术”，“果实套袋技术”，“果园生草技术”，“安全节本高效病虫害防控”等技术。通过技术的实施应用简化果园管理技术，降低了生产成本，提高了果实品质，确保了果品的安全性。

项目实施过程中各项技术在辽宁苹果产区累计推广面积达 6.1 万亩，累计经济效益达 10 256.96万元，增加了果农收入、提升了区域产业生产水平、活跃了地方经济。依托项目开展技术培训，共计开展各类培训 298 次，培训果农 32 980人次，对提高我国果农素质和促进我国苹果产业健康发展发挥了重要的作用。该成果有实用性强、操作简单、早果丰产等特点，且解决了乔砧果园后期的果园潜在的郁闭问题，得到了同行业科研部门、技术推广应用部门以及生产者的充分肯定。此项技术虽然以华红苹果为试材，但对目前生产上主栽的富士、元帅、嘎拉等均具参考价值，应用前景广阔。

15. 牛结核病病原生态学和流行病学研究

主要完成单位 中国农业科学院哈尔滨兽医研究所，哈尔滨维科生物技术开发公司

主要完成人员 刘思国，刘慧芳，司　微，王春来，于申业，王牟平

起 止 时 间 2006 年 1 月至 2011 年 6 月

获 奖 情 况 中国农业科学院科学技术成果二等奖

内 容 提 要

牛结核病（Bovine tuberculosis）主要是由牛分枝杆菌（*Mycobacterium bovis*）和结核分枝杆菌（*Mycobacterium tuberculosis*）引起的一种人畜共患的慢性消耗性传染病，在世界各国均有发生，其传染流行严重地影响到畜牧业的持续健康发展，并威胁着人类健

康，控制牛结核病具有重大的公共卫生学意义。但是我国目前的牛结核病流行状况并不十分清楚，制定具体的根除措施和补偿方案还缺乏足够的数据支持和令人信服的科学依据，背景不明是我们对牛结核病的防控遇到的最大障碍之一。该项目应用常规的流行病学和分子流行病学相结合的研究方法，从整体上提高了我国牛结核病的基础研究水平，充分了解和掌握了我国牛结核病的流行特点和流行规律，为有针对性地进行免疫预防奠定坚实的基础。项目属基础研究领域。

（1）牛分枝杆菌的分离、鉴定与保藏。①细菌分离培养鉴定结果显示，间接ELISA与细菌学检查符合率（59.7%）远比PPD变态反应与细菌学检查的符合率（4.0%）高，表明ELISA检测具有较好的特异性。②通过流行病学调查，初步了解了牛结核病在全国范围内的感染情况，发现我国不同地区不同牛场PPD阳性率1.08%～60%不等，间接ELISA检测血清中的抗体0.33%～30.7%的牛显示结核抗体阳性，总体阳性率约为1.8%，部分牛场结核病疫情严重，高达30.7%。③该研究完成了对东北、华北、华南、西北部分地区不同饲养模式牛场的样品采集工作。共分离抗酸菌111株。其中，非结核分枝杆菌为68株；结核分枝杆菌复合物为43株，包括15株牛分枝杆菌（牛型）和28株结核分枝杆菌（人型）。表明非结核分枝杆菌在我国流行情况比较严重，干扰着牛结核病的检疫，造成了结核病检疫的假阳性。

（2）牛结核病检测的方法学研究　该研究建立了间接ELISA、PCR、间隔区寡核苷酸分型（Spoligotyping）和数目可变串联重复序列—结核分枝杆菌散在分布重复单元（VNTR-MIRU）基因分型等检测和分型方法。应用Spoligotyping和VNTR-MIRU方法分型表明，我国结核杆菌分离株呈现出多种基因型，其中，16株具有独特的基因型。而分型方法的联合使用，将有效提高牛结核病的分子流行病学调查和病原学的监测效果。该项目获得发明专利1项，发表研究论文33篇，其中，SCI研究论文8篇，SCI研究论文被引用21次。

16. 河西走廊退化草地营养循环及生态治理模式研究

主要完成单位　中国农业科学院兰州畜牧与兽药研究所

主要完成人员　常根柱，周学辉，杨红善，路　远，苗小林，马军福，李兴福，冯明斑，那·巴特尔，焦　婷，侯彦会

起止时间　2007年4月至2010年10月

获奖情况　2012年中国农业科学院科学技术成果二等奖

内容提要

项目研究以技术培训为起点，以河西走廊放牧利用退化草地生态系统的营养循环及盈缺研究为突破口，取得了如下成果。

（1）通过技术培训，使项目区技术人员和农牧民技术骨干增强了合理利用草地资源的意识，提高了科学放牧与管理水平。编写并印发科普培训教材350本，在景泰县、肃南裕固族自治县、肃北蒙古族自治县、永昌县的项目区共培训人员247人次。

（2）通过草地生态环境资源和科学放牧管理方法的调查研究，针对当地生产实际，发现总结出了制约项目区草地生态畜牧业发展的 6 个问题；挖掘整理出 10 条科学放牧管理方法及乡土知识。

（3）通过河西走廊放牧利用退化草地营养循环动态研究，得出了不同放牧方法对退化草地生态系统具有显著影响的结论；提出了荒漠类草原的家畜采食率等于牧草利用率的 50% 为中牧，低于 50% 为轻牧，高于 50% 为重牧的技术指标；提出了高寒半荒漠草地的合理载畜量为 0.5 ~ 1 羊单位/hm^2；提出了高山细毛羊冷季放牧补饲技术方案。

（4）通过将氮素示踪技术应用于退化荒漠草地的营养研究结果表明，科学施氮有利于退化草地生态系统的恢复。提出了退化草地的合理施氮量：轻度、中度和重度退化草地分别为 20 ~ 30g/m^2、15 ~ 20g/m^2、12 ~ 15g/m^2。

（5）完成了河西走廊放牧利用荒漠草原生态系统退化的成因分析及等级划分。以未退化放牧草地为对照，将荒漠退化草原分为轻度退化、中度退化和重度退化 3 级；研究提出了《河西走廊放牧利用退化荒漠草原等级划分技术方案》。

（6）在完成退化草地成因分析及等级划分的基础上，研究提出了《河西走廊放牧利用退化荒漠草原生态系统综合治理技术及模式》。

（7）引进、栽培驯化成功蓝茎冰草、中间偃麦草（引进品种）和黄花矶松（自主驯化野生栽培种）等旱生草品种用于荒漠草原补播更新，使草原植被覆盖度由 30% 提高到 75%；取得名称为“一种黄花矶松的人工栽培方法”的发明专利 1 项（已收到《授予发明专利权通知书》，专利号：ZL201010265320.1）。

（8）培养草业科学博士、硕士研究生各 1 名，通过了论文答辩；出版研究论文专辑 1 本；在国内核心期刊发表论文 25 篇，其中，一级学报 4 篇（被引用 37 次）。

成果在项目区推广应用 3 年，累计新增产值 1.59 亿元，新增利润 1.14 亿元，增收节支 1.28 亿元，经济效益和社会、生态效益明显。本研究成果为自主创新。知识产权归属于中国农业科学院兰州畜牧与兽药研究所。

17. 新型兽用纳米载药系统研究与应用

主要完成单位　中国农业科学院兰州畜牧与兽药研究所

主要完成人员　张继瑜，周绪正，李　冰，吴培星，李剑勇，牛建荣，魏小娟，李金善，刘更新，胡宏伟，杨亚军，刘希望，王　婧，张　杰，李均亮

起 止 时 间　2006 年 1 月至 2011 年 11 月

获 奖 情 况　2012 中国农业科学院科学技术成果二等奖

内 容 提 要

1. 主要技术内容

该技术成果合成了 1 种具有抗病毒、抗菌活性的生物纳米材料，研制了 2 种分别适用于伊维菌素和青蒿琥酯的纳米载药系统，并开展了技术的应用验证研究，表明了良好

的物理化学稳定性、生物安全性、生物活性以及广阔的应用前景。主要技术发明包括以下4个方面。

（1）壳聚糖复合物纳米载体材料的合成。选用天然、价廉、无毒的壳聚糖作为载体材料，合成了可特异性结合组织细胞表面糖链蛋白质靶位的水溶性的唾液酸寡糖—壳聚糖复合物，建立的靶向给药纳米载体材料，合成工序简单，造价低廉，合成的复合物具有良好的生物相容性和生物降解性。研究结果表明，该材料即可作为纳米药物载体材料，同时本身还具有显著的靶向抗病毒和抗菌作用。此项技术获得国家发明专利1项：唾液酸寡糖—壳聚糖复合体及其制备方法和应用，专利号：200610011918.1。

（2）伊维菌素纳米载药系统的研制。筛选不同表面活性剂、油相、助表面活性剂等，建立了 Cremophor RH40—1，2-丙二醇（PEG400）—油酸乙酯—水体系，采用滴定法绘制伪三元相图建立了伊维菌素纳米载药系统。通过纳米生物兽药的生物活性与体外稳定性测定，对载药系统的性能进行了理化性质评价，结果表明载药系统载药性能良好，物理化学性质稳定，纳米特性显著。此项技术获得国家发明专利1项：一种伊维菌素纳米乳药物组合物及其制备方法，专利号：200810150354.9。

（3）青蒿琥酯纳米载药系统的研制。选择不同表面活性剂、油相、助表面活性剂，经过工艺优化，根据体系形成纳米乳的难易程度、载药量和稳定性等，建立了 HS-15/SLP/丙三醇/EO/超纯水最佳体系，并采用滴定法绘制伪三元相图建立了青蒿琥酯纳米载药系统。此项技术获得国家发明专利1项：一种青蒿琥酯纳米乳药物组合物及其制备方法，专利号：200810150353.4。

（4）伊维菌素和青蒿琥酯纳米载药系统的应用。应用研制的2种纳米载药系统，研制了伊维菌素和青蒿琥酯纳米药物，并通过药效学和毒理学研究，对纳米兽药新制剂进行了评价。青蒿琥酯纳米乳在靶动物羊体内的药代动力学研究表明，药物半衰期延长，生物利用度高，毒性低，使用安全便捷。青蒿琥酯纳米乳抗动物附红细胞体病临床药效研究表明，青蒿琥酯纳米乳与其他药物相比，效果显著。青蒿琥酯纳米乳对羔山羊焦虫病的治疗效果显著高于传统药物，具有长效性特点。

2. 技术经济指标

（1）研制筛选出了适合兽用药物的壳聚糖纳米药物载体1种；

（2）构建了具有缓释与靶向功能的兽药纳米载药系统2种；

（3）创制了具有缓释与靶向功能、半衰期延长的伊维菌素、青蒿琥酯纳米兽药新剂型2种；

（4）完成了青蒿琥酯纳米兽药的体外筛选及临床药效研究；

（5）完成了青蒿琥酯纳米载药系统的安全性评价；

（6）通过对青蒿琥酯纳米载药系统在靶动物羊的体内代谢研究，评价了其缓释功能、半衰期延长及生物利用度提高等特点。

3. 知识产权情况

该项成果获得国家发明专利3项、发表学术论文20余篇，知识产权为兰州畜牧与兽药研究所所有。

4. 推广应用及效益情况

我国是畜牧业大国，动物寄生虫病、病毒病和细菌病严重威胁畜牧业生产的健康持续发展。新型兽用纳米载药系统的研究可广泛应用于抗动物寄生虫病和病毒等微生物疾病防治药物的制备开发。就抗寄生虫和抗病毒药物而言，长效、缓释和靶向定位给药是国际上新药研发的主要方向和热点。

纳米技术在新药研发中的应用近年来在国内外受到了广泛的重视，我国相继启动了有关的 973、863 研究计划。该项目新型兽用纳米载药系统的研究，解决了兽用药物在体内半衰期短、靶向性差、药物利用率低以及药物溶解性特定要求等问题，可开发出新型、高效、安全的纳米生物药物剂型。本技术应用前景广阔，可适用于同类药物新型制剂的开发，具有良好的经济效益、社会效益和推广应用前景，可推动我国兽药研究和生产技术的进步，增强我国兽药企业在国内外的兽药市场竞争能力。

18. 油菜全程机械化关键技术研究与集成示范

主要完成单位　农业部南京农业机械化研究所

主要完成人员　吴崇友，易中懿，金诚谦，石　磊，李云昌，谢奇珍，李耀明，张春雷，张　敏，袁文胜，胡志超，王忠群，曹光乔，梁苏宁，闵启超，张文毅

起止时间　2007 年 1 月至 2010 年 12 月

获奖情况　2012 年中国农业科学院科学技术成果二等奖

内容提要

油菜全程机械化关键技术研究与集成示范项目属于公益性行业（农业）科研专项，项目编号：3-58，2007 年由农业部立项，执行期 4 年，2011 年 7 月农业部组织有关专家对该项目进行了会议验收。

该项目针对我国油菜生产机械化水平低、收获损失率高、农机与农艺不协调等影响油菜生产发展的重大问题开展研究与集成示范。通过 4 年实施，研究攻克了精量直播技术、免（少）耕播种、施肥、开畦沟联合作业技术、油菜裸苗移栽技术、割晒机茎秆强制输送铺放技术、自走式捡拾脱粒机的捡拾脱粒技术、油菜联合收割技术、油菜籽高效清选技术、油菜种子/菜籽机械烘干技术、油菜角果抗裂角性的鉴定方法、油菜生产农机农艺配套技术等 10 项关键技术。研发了 2BF-3 型油菜精少量直播机、2BFK-6 型复式作业油菜直播机等 10 种生产装备。筛选部分农艺性状适合机械化的油菜品种 9 个，选育部分性状适合机械化的油菜品种 8 个。制定技术标准 3 项，农艺技术规程 6 项。取得油菜高效种植技术与装备、油菜机械化分段收获技术与装备、油菜联合收获割技术与装备、适合机械化的油菜品种与栽培技术、油菜机械化生产区域技术模式和技术体系等 5 项标志性成果。首次提出从适合机械化的品种筛选培育、栽培技术优化、生产装备研究改进三个方面协调推进我国油菜全程机械化技术。提出了直播优先，能播不栽，当栽

则栽，栽而高效，两法并举，因地制宜，“三技”融合，协调推进的油菜全程机械化技术路线。标志性成果中2BCY-3型油菜直播机、2BKY-6F型复式作业油菜直播机和2ZL-2型油菜移栽机性能达国内领先水平，实现产品化，开畦沟复式作业直播机提高工效40倍。4SY-2.0油菜割晒机和4SJ-1.8型油菜捡拾脱粒机收获总损失率低于6%。4LYZ-2.0A油菜联合收割机和4LL-2.0Y油菜联合收割机，达到国内领先水平，适收状态下直播油菜收获损失率小于8%。由上述收获装备构成自主知识产权、适合我国油菜生产方式和条件的油菜收获技术，在世界上首次实现轮作油菜高效、低损失收获。项目发表论文29篇，EI/SCI收录11篇。申报专利33项，已授权21项，其中发明专利6项；培养技术骨干18名、硕博士42名。建立示范基地14个，示范点17个，机械化技术示范面积20.19万亩，新品种推广210.1万亩，增产2 881万千克，获经济效益1.5亿元。

中国农业科学院 2012 年获得的其他形式成果

2012 年获得专利清单

序号	专利名称	类别	授权公告日	专利号	发明人（设计人）	单位
1	一种农杆菌介导的四倍体硬粒小麦 Stewart 的遗传转化方法	发明专利	2012. 5. 20	ZL200910085236. 9	夏兰琴	作科所
2	一种小麦穗发芽抗性相关基因及其应用	发明专利	2012. 6. 7	ZL200610089190. 4	夏兰琴	作科所
3	一种作物昆虫共育箱	实用新型专利	2012. 10. 3	ZL201220079402. 1	万建民等	作科所
4	水稻品种抗褐飞虱主基因 Bph3 的分子标记方法	发明专利	2012. 7. 25	ZL201010536622. 8	万建民等	作科所
5	一种植物株高相关蛋白及其编码基因与应用	发明专利	2012. 7. 4	ZL200910236964. 5	万建民等	作科所
6	植物低温生长相关蛋白及其编码基因与应用	发明专利	2012. 5. 2	ZL200910236965. X	万建民等	作科所
7	一种植物雄性育性相关蛋白及其编码基因与应用	发明专利	2012. 3. 14	ZL200910236963. 0	万建民等	作科所
8	一种植物叶绿体发育相关蛋白及其编码基因与应用	发明专利	2012. 3. 14	ZL200910079568. 6	万建民等	作科所

（续表）

序号	专利名称	类别	授权公告日	专利号	发明人（设计人）	单位
9	一种小麦组织培养的方法	发明专利	2012. 6. 20	ZL200910237362. 1	叶兴国、杜丽璞等	作科所
10	一种植物转化载体	发明专利	2012. 6. 20	ZL201010293247. 9	叶兴国、杜丽璞等	作科所
11	一种植物黄矮病抗性相关蛋白及其编码基因和应用	发明专利	2012. 5. 30	ZL200910237361. 7	张增艳、辛志勇、赵　丹、杜立璞、徐惠君、李　宁、黄　茜	作科所
12	一种植物抗黄矮病相关蛋白 TiD-PK1 及其编码基因与应用	发明专利	2012. 9. 5	ZL200910237948. 8	张增艳、陈　亮、辛志勇、高兰英、徐惠君、刘　艳	作科所
13	大豆开花调节基因 GmCIB4、其编码蛋白及应用	发明专利	2012. 5. 23	ZL201010241045. X	林辰涛、李宏宇、孟颖颖	作科所
14	大豆开花调节基因 GmCIB6、其编码蛋白及应用	发明专利	2012. 7. 4	ZL201010241037. 5	林辰涛、李宏宇、孟颖颖	作科所
15	一种矮败水稻培育方法及其所用到的 DNA	发明专利	2012. 9. 21	ZL201110045310. 1	赵开军、王　坚、王春连、高　英、刘丕庆	作科所
16	编码杀虫蛋白基因 Cry1Ab-Ma、其表达载体及应用	发明专利	2012. 8. 29	ZL201010574708. X	李新海等	作科所
17	玉米低氮逆境下高籽粒数目优异等位基因功能分子标记的开发与应用	发明专利	2012. 10. 10	ZL201010263549. 1	谢传晓、李新海、陈现平等	作科所

（续表）

序号	专利名称	类别	授权公告日	专利号	发明人（设计人）	单位
18	拟南芥 SRPR1 在植物逆境胁迫中的作用	发明专利	2012. 6. 20	ZL201010292194. 9	李文学、潘晓英	作科所
19	辅助鉴定具有不同千粒重性状小麦的方法及其专用引物	发明专利	2012. 7. 25	ZL201010127756. 4	夏先春、马冬云、何中虎	作科所
20	鉴别小麦为携带哪种 Glu-A3 蛋白亚基品种的专用引物及其应用	发明专利	2012. 3. 14	ZL200910086133. 4	何中虎、王林海、夏先春	作科所
21	一种辅助鉴定弱冬性小麦的方法及其专用引物	发明专利	2012. 9. 26	ZL201010145950. 5	贾继增、孙清明、高丽锋、周荣华	作科所
22	一种小麦千粒重相关蛋白及其编码基因与应用	发明专利	2012. 10. 3	ZL201010147326. 9	贾继增、张　磊、高丽锋、周荣华	作科所
23	一种辅助筛选不同千粒重小麦的方法及其专用标记	发明专利	2012. 1. 25	ZL201010033991. 5	宿振起、郝晨阳、王兰芬、董玉琛、张学勇	作科所
24	一种诱导型启动子	发明专利	2012. 7. 4	ZL200910237908. 3	温小杰、蒲　文、郝晨阳等	作科所
25	一种抗逆相关蛋白 TaSnRK2. 3 及其编码基因与应用	发明专利	2012. 8. 27	ZL201110144767. 8	毛新国、张洪映、景蕊莲	作科所
26	植物抗逆相关蛋白及其编码基因 TaERECTA 与应用	发明专利	2012. 5. 9	ZL200810246712. 6	毛新国、景蕊莲、昌小平	作科所
27	植物耐逆相关的蛋白 TaSnRK2. 8 及其编码基因与应用	发明专利	2011. 12. 21	ZL201010121894. 1	张洪映、毛新国、景蕊莲	作科所

（续表）

序号	专利名称	类别	授权公告日	专利号	发明人（设计人）	单位
28	一种紫茎泽兰中绿原酸的提取工艺	发明专利	2012. 7. 18	ZL200710098997. 9	曹坳程、侯　婧、吴建平、何　兰、田　宇、郭美霞	植保所
29	二甲基二硫作为土壤熏蒸剂的应用技术	发明专利	2012. 3. 28	ZL200810000854. 4	曹坳程、宋兆欣、郭美霞、王秋霞、赵　云	植保所
30	一种防治线虫、土传病害的混合农药胶囊制剂	发明专利	2012. 3. 21	ZL200810000984. 8	郭美霞、王秋霞、曹坳程、陶俊德、赵　云、宋兆欣	植保所
31	一种防治线虫、土传病害的混合农药胶囊制剂	发明专利	2012. 3. 21	ZL200810000982. 9	王秋霞、曹坳程、郭美霞、陶俊德、宋兆欣、赵　云	植保所
32	一种防治线虫、土传病害的农药胶囊制剂	发明专利	2012. 3. 21	ZL200810000983. 3	曹坳程、郭美霞、王秋霞、陶俊德、赵　云、宋兆欣	植保所
33	CpTI 酶联免疫检测试剂盒、其制备方法及应用	发明专利	2012. 8. 8	ZL200810106451. 8	张永军、张　莹、陈　洋、许　冬、吴孔明	植保所
34	一种小地老虎幼虫人工饲料及其配制方法和应用	发明专利	2012. 4. 25	ZL200810112399. 7	张永军、陆　琼、谷少华、陆宴辉、吴孔明	植保所

（续表）

序号	专利名称	类别	授权公告日	专利号	发明人（设计人）	单位
35	一种同时检测3类镰刀菌毒素的快速分子检测方法与应用	发明专利	2012. 11. 14	ZL200910250238. 9	张昊等	植保所
36	一种Q型烟粉虱特异性SCAR引物及快速PCR检测方法与试剂盒	发明专利	2012. 5. 30	ZL200910083559. 4	张桂芬、刘　循、万方浩、郭建英、刘万学	植保所
37	一种新的细胞色素P450基因、表达蛋白及其用途	发明专利	2012. 3. 28	ZL200910249857. 6	李　梅、蒋细良、刘卫德、曾凡荣、黄啟良、李凤敏	植保所
38	水稻黑条矮缩病毒冰冻毒源的活化方法	发明专利	2012. 5. 23	ZL200910241900. 4	李　莉、王锡锋、董海波、李红伟、周广和、刘　艳、吴蓓蕾	植保所
39	改造的Bt基因mvip3Aa11、mcry2Ab4、其基因组合及应用	发明专利	2012. 5. 23	ZL200910242040. 6	张　杰、郎志宏、梁革梅、宋福平、束长龙、黄大昉	植保所
40	一种小麦叶锈菌单克隆抗体及应用	发明专利	2012. 1. 25	ZL200910241557. 3	高　利、陈万权、刘太国	植保所
41	植物种子携带细菌性黑斑病致病菌的快速检测方法	发明专利	2012. 8. 1	ZL201010191521. 1	赵廷昌、王华杰、胡　俊	植保所
42	一种高效杀虫真菌及其用途	发明专利	2012. 5. 30	ZL201010538328. 0	农向群、刘春琴、张泽华、王广君	植保所

（续表）

序号	专利名称	类别	授权公告日	专利号	发明人（设计人）	单位
43	一种人工大量饲养天敌隐翅虫的方法	发明专利	2012. 7. 4	ZL201010116859. 0	王伯明、徐学农、姜晓环、王恩东、范青海、张金平、胡　毅、吴胜勇	植保所
44	一种检测尖孢镰刀菌的 PCR 方法及试剂盒	发明专利	2012. 6. 27	ZL201010570957. 1	李　园、曹坳程、郭美霞	植保所
45	辣椒疫霉荧光定量 PCR 检测法及检测试剂盒	发明专利	2012. 6. 27	ZL201010567807. 5	李　园、曹坳程、郭美霞	植保所
46	一种大螟的人工饲料，其制备方法及饲养方法	发明专利	2012. 7. 4	ZL201010536643. X	韩兰芝、韩　超、彭于发	植保所
47	鉴定转基因抗虫棉中 cry1Aa 基因表达框的 PCR 方法	发明专利	2012. 6. 6	ZL201010143752. 5	谢家建、孙　爻、张永军、彭于发	植保所
48	转基因抗虫棉 GK12 的转化体特异性 PCR 检测方法	发明专利	2012. 8. 15	ZL201010143932. 3	谢家建、王奕海、张永军、孙　爻、彭于发	植保所
49	鉴定转基因玉米中植酸酶基因表达框构建的 PCR 方法	发明专利	2012. 9. 5	ZL201010143835. 4	谢家建、孙　爻、彭于发	植保所
50	一种黏虫的人工饲料，其制备方法及饲养方法	发明专利	2012. 10. 24	ZL201010197333. X	蒋善军、罗礼智	植保所
51	一种棉花抗草甘膦鉴定方法	发明专利	2012. 9. 5	ZL201010604559. 7	李香菊、梁革梅、崔海兰	植保所

（续表）

序号	专利名称	类别	授权公告日	专利号	发明人（设计人）	单位
52	RSV 和 RBSDV 的 RNA 干涉载体、构建方法及应用	发明专利	2012. 5. 23	ZL201010276101. 3	李　莉、李红伟、王锡锋	植保所
53	水稻条纹病毒 RNA 干涉载体、构建方法及应用	发明专利	2012. 6. 27	ZL201010276066. 5	李　莉、李红伟、王锡锋	植保所
54	对鳞翅目害虫高毒力的杀虫基因 cryX 及其应用	发明专利	2012. 8. 1	ZL201010196386. X	耿丽丽、束长龙、刘东明、张　杰、宋福平、黄大昉	植保所
55	发根农根菌介导的花生根诱导体系的建立方法及应用	发明专利	2012. 11. 14	ZL201110180112. 6	耿丽丽、束长龙、张　杰、宋福平、黄大昉	植保所
56	检测小麦三种锈菌的单克隆抗体、免疫荧光方法及试剂盒	发明专利	2012. 9. 5	ZL201010591010. 9	高　利、陈万权、刘太国、刘　博	植保所
57	一种麻醉活跃昆虫的操作装置	发明专利	2012. 6. 27	ZL201010196623. 2	张永军、梁革梅、吴　敌、吴孔明、郭予元	植保所
58	美洲斑潜蝇的特异性快速 PCR 检测方法及所用的 SS-COI 引物和试剂盒	发明专利	2012. 5. 24.	ZL201110024841. 2	张桂芬、刘万学、万方浩、郭建英、张金良	植保所
59	棉蚜的特异性快速 PCR 检测方法及所用的 SCAR 引物和试剂盒	发明专利	2012. 9. 19.	ZL201110024845. 0	万方浩、吴　霞、张桂芬、郭建英、刘万学	植保所

（续表）

序号	专利名称	类别	授权公告日	专利号	发明人（设计人）	单位
60	一种防治根结线虫、土传病原真菌和杂草的混合使用技术	发明专利	2012. 9. 5	ZL201110048427. 5	毛连纲、颜冬冬、王秋霞、李　园、郭美霞、曹坳程	植保所
61	昆虫自主飞行监测系统和分析方法	发明专利	2012. 10. 17	ZL201110051190. 6	程云霞、罗礼智	植保所
62	一种小麦矮腥黑粉菌的检测方法及特异性 SCAR 标记	发明专利	2012. 11. 14	ZL201110051411. X	高　利、陈万权、刘太国	植保所
63	一种小麦矮腥黑粉菌的快速检测方法及其特异性 SCAR 标记	发明专利	2012. 11. 14	ZL201110051404. X	高　利、陈万权、刘太国	植保所
64	一种小麦矮腥黑粉菌的特异性单克隆抗体及免疫荧光检测方法	发明专利	2012. 11. 14	ZL201110424715. 6	高　利、陈万权、刘太国、刘　博	植保所
65	双抗大麦黄矮病毒和小麦矮缩病毒的 RNA 干涉载体构建方法及在小麦遗传转化中的 RNA 干涉载体、构建方法及应用	发明专利	2012. 11. 12	ZL201010619909. 7	王锡锋、庞俊兰、吴蓓蕾、刘　艳	植保所
66	一种新型的简易固相萃取装置	实用新型专利	2012. 5. 30	ZL201120305641. X	毛连纲、颜冬冬、谢红薇、王秋霞、李　园、郭美霞、曹坳程、赵　云、赵海滨、吴篆芳、马涛涛	植保所
67	用于袋装害虫天敌释放的专用挂钩	实用新型专利	2012. 11. 28	ZL201120570053. 9	王恩东、徐学农、王伯明、姜晓环、胡　毅、蒋洪丽、黄　和	植保所

（续表）

序号	专利名称	类别	授权公告日	专利号	发明人（设计人）	单位
68	一种东方百合试管鳞茎的培育方法	发明专利	2012. 1. 8	ZL200910092648. 5	刘　春、明　军、穆　鼎	蔬菜所
69	用于快速检测杀虫剂对烟粉虱毒力的试剂盒及药膜玻璃管	实用新型专利	2012. 3. 14	ZL201120220222. 6	王少丽、张友军、铁敏媛、胡小超、徐宝云	蔬菜所
70	诱导茄子小孢子形成胚状体的方法及其专用培养基	发明专利	2012. 3. 21	ZL200810227014. 1	连　勇、刘富中、陈钰辉、孙振英	蔬菜所
71	番茄雌核发育培养方法	发明专利	2012. 6. 23	ZL200810119236. 1	杜永臣、王孝宣、高建昌、国艳梅、朱德蔚	蔬菜所
72	一种牡丹种子育苗容器和采用该容器的快速育苗方法	发明专利	2012. 8. 29	ZL201010569561. 5	张秀新、吴　蕊、薛璟祺	蔬菜所
73	截形叶螨的 SCAR 标记及特异性 PCR 检测方法与试剂盒	发明专利	2012. 11. 14	ZL201110167577. 8	王少丽、戴宇婷、张友军、徐宝云、吴青君	蔬菜所
74	一种春甘蓝种质留种的方法	发明专利	2012. 12. 14	ZL201110211317. 6	方智远、孙培田、刘玉梅、杨丽梅、庄　木、王晓武、张扬勇	蔬菜所
75	一种秸秆炭材料的制备方法与应用	发明专利	2012. 11. 6	ZL200910181160. X	赵解春、张庆忠、宋吉青	环发所
76	农作物产量信息实时测量方法、系统及装置	发明专利	2012. 11. 2	ZL200910259379. 7	武永峰、宋吉青、刘布春	环发所

（续表）

序号	专利名称	类别	授权公告日	专利号	发明人（设计人）	单位
77	水花生叶甲越冬保种繁育技术	发明专利	2012. 11. 1	ZL201010001110. 1	张国良、付卫东、刘　坤、韩　颖	环发所
78	一种沼液浓缩和清液达标排放的方法和设备	发明专利	2012. 9. 5	ZL201010534257. 7	董红敏、朱志平、隋倩雯	环发所
79	利用沙打旺替代控制黄顶菊的方法	发明专利	2012. 8. 31	ZL201010558869. X	付卫东、张国良、张瑞海、韩　颖、张衍雷	环发所
80	微生物菌剂及其制备方法和生成生物腐植酸的方法	发明专利	2012. 8. 22	ZL200910241362. 9	朱昌雄、叶　婧、刘丽辉、郭　萍、俞晓芸、李瑞波、田云龙	环发所
81	一种植物蒸腾抑制材料的制备及使用方法	发明专利	2012. 8. 1	ZL200810180048. X	宋吉青、李茂松、赵解春	环发所
82	土壤中五氯苯酚的定量检测方法	发明专利	2012. 7. 4	ZL200910091336. 2	王亚男、牛书涛、董一威、贺小蔚、汪聪慧	环发所
83	一种农药助剂及其制备方法	发明专利	2012. 11. 14	ZL200810103522. 9	李　正、韩福宏	环发所
84	农药助剂及其制备方法	发明专利	2012. 11. 14	ZL200810103519. 7	李　正、韩福宏	环发所
85	一种超声波雾化栽培装置	实用新型专利	2012. 11. 14	ZL201220069542. 0	程瑞锋、杨其长、魏灵玲、刘文科	环发所
86	一种固载型 TiO_2 光催化装置	实用新型专利	2012. 11. 10	ZL201120333126. 2	刘文科、杨其长、邱志平	环发所

（续表）

序号	专利名称	类别	授权公告日	专利号	发明人（设计人）	单位
87	水生植物框吊式盆栽浮床	实用新型专利	2012. 10. 12	ZL201220228447. 0	罗良国、赵天成、刘汝亮、朱东海、秦丽欢	环发所
88	水生植物镶套式盆栽浮床	实用新型专利	2012. 10. 12	ZL201220228426. 9	罗良国、赵天成、刘汝亮、朱东海、秦丽欢	环发所
89	一种农田非典源污染原位消解方法	实用新型专利	2012. 7. 25	ZL201010601587. 3	冯永忠、杨世琦、曹艳春、杨银禄、谢晓军、任广鑫	环发所
90	稻田渗漏量测量装置	实用新型专利	2012. 7. 11	ZL201120468399. 8	张爱平、杨正礼、杨世琦、张晴雯、刘汝亮	环发所
91	稻田侧条施肥播肥机	实用新型专利	2012. 7. 11	ZL201120468397. 9	张爱平、刘汝亮、杨世琦、杨正礼、张晴雯等	环发所
92	一种专门用于太阳能蓄积的供暖温室	实用新型专利	2012. 7. 4	ZL201120380004. 9	方　慧、张　义、杨其长	环发所
93	一种适用于温室的水幕帘集放热装置	实用新型专利	2012. 6. 20	ZL201120379384. 4	方　慧、张　义、杨其长	环发所
94	一种主动蓄热的温室集中供热系统	实用新型专利	2012. 6. 20	ZL201120379735. 1	张　义、方　慧、杨其长	环发所
95	一种微型纳米 TiO_2 光催化消毒装置	实用新型专利	2012. 5. 25	ZL201120486555. 3	刘文科、杨其长	环发所

（续表）

序号	专利名称	类别	授权公告日	专利号	发明人（设计人）	单位
96	可自动降温开顶式气室	实用新型专利	2012. 4. 18	ZL201120302004. 7	万运帆、高清竹、李玉娥、郭亚奇、干珠扎布、秦晓波、刘　硕、马　欣	环发所
97	区分牛病原性和非病原性分枝杆菌感染的试剂盒及方法	发明专利	2012. 9. 26	ZL200910081829. 8	朱鸿飞、侯绍华、郝辉等	牧医所
98	一种小反刍兽疫病毒的RT-LAMP试剂盒	发明专利	2012. 8. 14	ZL200910090325. 2	李　刚、李　伟、赫尔曼·昂格尔	牧医所
99	一种检测犬细小病毒LAMP试剂盒	发明专利	2012. 8. 19	ZL200910090012. 7	李　刚、张　坤、范晓娟	牧医所
100	一种草料压缩容器	实用新型专利	2012. 10. 24	ZL201220062996. 5	李向林、何　峰、万里强等	牧医所
101	一种饲料筛分装置	实用新型专利	2012. 10. 24	ZL201220062993. 1	何　峰、李向林、万里强、袁庆华	牧医所
102	一种集热干燥装置	实用新型专利	2012. 10. 24	ZL201220062992. 7	陈本建、李向林、何峰等	牧医所
103	一种制备同时表达多个基因的转基因动物的方法	发明专利	2011. 12. 14	ZL201010034318. 3	李　奎、鞠辉明、樊俊华等	牧医所
104	一种培育猪生长激素表达量增强的转基因动物的方法	发明专利	2012. 5. 9	ZL20101102427. 4	李　奎、鞠辉明、郑新明等	牧医所
105	一种检测猪初生重和断奶重性状的方法及其专用试剂盒	发明专利	2012. 4. 18	ZL200910089696. 9	李　奎、何文波、唐中林等	牧医所

（续表）

序号	专利名称	类别	授权公告日	专利号	发明人（设计人）	单位
106	一种生产猪生长激素的方法及其专用 DNA 片段	发明专利	2012. 6. 6	ZL201010033947. 4	鞠辉明、白立景、李奎等	牧医所
107	利用模拟母猪的抚慰声音减缓仔猪断奶应激的方法	发明专利	2011. 11. 23	ZL201110161027. 5	顾宪红、胡华伟、张俊辉	牧医所
108	一种植酸酶及其生产菌株、生产方法	发明专利	2012. 7. 4	ZL200910086513. 8	佟建明、董晓芳、王志红等	牧医所
109	养殖环境调节剂、制备方法及其在畜禽养殖业中的应用	发明专利	2012. 4. 25	ZL200910241835. 5	张军民、马悦培、时建忠	牧医所
110	畜禽饲料用复合乳化剂	发明专利	2012. 8. 22	ZL200810210811. 9	张军民、武中会、赵青余	牧医所
111	一种辅助检测母猪产仔数性状的方法及其专用试剂盒	发明专利	2012. 5. 23	ZL200910238629. 9	张龙超、王立贤、赵克斌、颜　华	牧医所
112	一种检测猪肉品质性状的方法及专用引物对	发明专利	2012. 5. 23	ZL201010270230. 1	张龙超、王立贤、颜华等	牧医所
113	一种猪呼吸系统疾病抗病育种方法及其专用试剂盒	发明专利	2012. 5. 23	ZL200810226313. 3	王立贤、乔莉娟、颜华等	牧医所
114	感染熊蜂的微孢子虫的分子检测技术	发明专利	2012. 5. 9	ZL200910158234. 8	李继莲、彭文君、吴　杰、陈文锋、安建东、黄家兴、罗术东	蜜蜂所
115	一种用于设施作物授粉的蜜蜂饲养箱	发明专利	2012. 5. 9	ZL201010224537. 8	安建东、黄家兴、国占宝、李继莲、罗术东、吴　杰	蜜蜂所

（续表）

序号	专利名称	类别	授权公告日	专利号	发明人（设计人）	单位
116	一种饲养熊蜂的饲料及其制备、饲喂方法	发明专利	2012. 7. 4	ZL200910235263. X	罗术东、彭文君、吴　杰、安建东、李继莲、黄家兴	蜜蜂所
117	印度谷螟荧光 PCR 检测方法	发明专利	2012. 9. 5	ZL201010224538. 2	黄家兴、安建东、罗术东、李继莲、吴　杰	蜜蜂所
118	一种蜜蜂授粉强度控制专用箱	发明专利	2012. 10. 31	ZL201010505038. 6	罗术东、安建东、吴　杰、李继莲、黄家兴	蜜蜂所
119	一种蜂王捕捉器	实用新型专利	2012. 5. 30	ZL201120324998. 2	石　巍、丁桂玲、刘之光、吕丽萍	蜜蜂所
120	一种蜂王人工授精仪	实用新型专利	2012. 5. 30	ZL201120324990. 6	石　巍、吕丽萍、丁桂玲、刘之光	蜜蜂所
121	一种蜂王浆新鲜度检测试纸、其制备及应用	发明专利	2012. 10. 3	ZL200710176322. 1	李建科、潘映红、国占宝、冯　毛、张朝晖	蜜蜂所
122	蜂花粉超临界二氧化碳破壁方法	发明专利	2012. 6. 13	ZL200810007855. 1	孙丽萍、徐响等	蜜蜂所
123	一种评价蜂王浆贮存条件适合性的方法	发明专利	2012. 4. 25	ZL200810223497. 8	吴黎明、胡福良、薛晓锋、赵　静、李　熠、周金慧	蜜蜂所
124	一种蜂王浆品质的评价方法	发明专利	2012. 7. 25	ZL200810223379. 7	吴黎明、胡福良、薛晓锋、赵　静、李　熠、周金慧	蜜蜂所

（续表）

序号	专利名称	类别	授权公告日	专利号	发明人（设计人）	单位
125	一种评价蜂王浆贮存条件适合性的方法	发明专利	2012. 5. 19	ZL200810223381. 4	吴黎明、胡福良、薛晓锋、赵　静、李　熠、周金慧	蜜蜂所
126	蜂产品组合物及其制备方法	发明专利	2012. 4. 25	ZL200810225313. 1	吴黎明、薛晓锋、田文理、赵　静、周金慧、陈兰珍	蜜蜂所
127	一种测定蜂王浆软胶囊中 10-HAD 含量的高效液相色谱测定方法	发明专利	2012. 2. 15	ZL200810225920. 8	薛晓锋	蜜蜂所
128	一种宽温度适用性的酸性葡聚糖酶 AGL9A 及其基因和应用	发明专利	2012. 2. 1	Zl200910244494. 7	姚　斌、柏映国、石鹏君、孟　昆、罗会颖、王亚茹、袁铁铮、杨培龙、黄火清	饲料所
129	一种耐碱中温木聚糖酶 XY-NAM6 及其基因和应用	发明专利	2012. 7. 4	ZL200910242378. 1	姚　斌、石鹏君、柏映国、邱振华、杨培龙、王亚茹、孟　昆、罗会颖、袁铁铮、赵　珩、黄火清	饲料所
130	一种来源于瘤胃的中性植酸酶 CP53 及其基因和应用	发明专利	2012. 3. 7	ZL200910242377. 7	姚　斌、黄火清、石鹏君、罗会颖、杨培龙、袁铁铮、王亚茹、柏映国、孟　昆、史秀云	饲料所

（续表）

序号	专利名称	类别	授权公告日	专利号	发明人（设计人）	单位
131	一种双功能木聚糖酶 XYNBE18 及其基因和应用	发明专利	2011. 6. 6	ZL200910235941. 2	姚　斌、石鹏君、刘　欣、罗会颖、柏映国、黄火清、杨培龙、孟　昆、赵　珩、王亚茹、史秀云、袁铁铮	饲料所
132	一种酸性淀粉酶 AMYA4 及其基因和应用	发明专利	2012. 6. 6	ZL201010219720. 9	姚　斌、柏映国、石鹏君、孟　昆、罗会颖、王亚茹、袁铁铮、杨培龙、黄火清	饲料所
133	一种低温木聚糖酶 XYNGR40 及其基因和应用	发明专利	2012. 6. 6	ZL201010238563. 6	姚　斌、孟　昆、王国增、王亚茹、杨培龙、石鹏君、袁铁铮、黄火清、罗会颖、柏映国、史秀云	饲料所
134	一种在毕赤酵母中有效地表达阳离子抗菌肽的方法	发明专利	2012. 7. 25	ZL201010239550. 0	姚　斌、黄火清、杨培龙、罗会颖、石鹏君、袁铁铮、王亚茹、柏映国、孟　昆、史秀云	饲料所

（续表）

序号	专利名称	类别	授权公告日	专利号	发明人（设计人）	单位
135	一种动物肠黏膜提取物及其制备方法与应用	发明专利	2011. 11. 30	ZL201010117682. 6	周志刚、姚　斌、刘玉春、张宇婷、何夙旭、曹亚男、石鹏君	饲料所
136	辅助鉴定乳杆菌属菌株的专用引物及其应用	发明专利	2011. 11. 7	ZL201010171765. 3	周志刚、王雯雯、姚　斌、曹亚男、刘玉春、何夙旭、石鹏君、孟　昆	饲料所
137	N－乙酰高丝氨酸内酯酶—木聚糖酶融合蛋白及其编码基因和应用	发明专利	2012. 2. 8	ZL201010251451. 4	周志刚、张美超、姚　斌、曹亚男、何夙旭、刘玉春、孟　昆、杨培龙	饲料所
138	在酵母中高效表达 N－酰基高丝氨酸内酯酶的 DNA 及其构建的工程菌	发明专利	2012. 6. 27	ZL201010239510. 6	周志刚、张宇婷、姚　斌、曹亚男、张美超、何夙旭、刘玉春、孟　昆	饲料所
139	一种耐热 N－酰基高丝氨酸内酯酶 Aii-AI96 及其编码基因与应用	发明专利	2012. 8. 22	ZL201010541821. 8	周志刚、曹亚男、姚　斌、张美超、何夙旭、刘玉春、张宇婷、毛　玮	饲料所
140	一种水产动物消化道菌群计数方法及其专用引物	发明专利	2012. 8. 2	ZL200910087942. 7	周志刚、何夙旭、姚　斌、曹亚男、刘玉春、孟　昆、石鹏君、杨培龙	饲料所

（续表）

序号	专利名称	类别	授权公告日	专利号	发明人（设计人）	单位
141	一种用于畜禽养殖业的天然植物饲料添加剂	发明专利	2012. 7. 4	ZL200910169699. 3	刁其玉、张乃峰	饲料所
142	多菌种发酵制备含共轭亚油酸优质菜籽蛋白的方法	发明专利	2012. 7. 11	ZL200910091010. X	中国农业科学院饲料研究所　陈志敏	饲料所
143	一种幼雏鸡开口料及其制备方法与使用方法	发明专利	2012. 11. 7	ZL201110101595. 6	常文环、刘国华、郑爱娟、张　姝、蔡辉益	饲料所
144	海藻糖合成酶及其编码基因与它们的应用	发明专利	2012. 4. 16	ZL200910007259. 8	丁宏标	饲料所
145	授权：一种小分子（＜15KD）发酵饲用多肽的制备方法及发酵植物性饼粕	发明专利	2012. 11. 5	ZL200910169501. 1	中国农业科学院饲料研究所 王建华	饲料所
146	水溶性大豆多糖涂膜保鲜剂	发明专利	2012. 6. 27	ZL200910091512. 2	李　俊、李　宁、李军国、秦玉昌、牛力斌、董颖超	饲料所
147	防止液体抽检样品随意销毁或更换的容器	实用新型专利	2012. 9. 1	ZL201220212660. 2	李　俊、李军国、秦玉昌、牛力斌、董颖超、谷　旭	饲料所
148	一种双摄像头耳挂架	实用新型专利	2012. 8. 1	ZL201220405703. 9	李　俊、李军国、秦玉昌、牛力斌、董颖超、谷　旭	饲料所

（续表）

序号	专利名称	类别	授权公告日	专利号	发明人（设计人）	单位
149	大豆叶酸合成关键酶 ADCS 及其基因和应用	发明专利	2012. 9. 28	ZL200810118022. 3	张春义、范云六、梁秋菊	生物所
150	一种植物抗逆蛋白 MASTER 及其编码基因的应用	发明专利	2012. 6. 20	ZL200810118022. 2	路铁刚、郑　霞、孙学辉、吴金霞、张治国	生物所
151	一种控制植物生长的蛋白及其编码基因与应用	发明专利	2012. 9. 5	ZL200910241867. 5	王志勇、种　康、路铁刚、白明义、张莉颖、朱佳瑛、王　昊	生物所
152	植物发育相关蛋白及其编码基因和应用	发明专利	2012. 6. 6	ZL200910237795. 7	王志勇、种　康、路铁刚、白明义、张莉颖、朱佳瑛、林文慧	生物所
153	植物耐逆性相关蛋白及其编码基因和应用	发明专利	2012. 4. 18	ZL201010034214. 2	权瑞党、王友华、张海文、张执金、黄荣峰	生物所
154	农杆菌介导喷花转基因方法及应用	发明专利	2012. 5. 2	ZL201010268447. 9	郭三堆、孟志刚、张　锐、石雅丽	生物所
155	一个棉花体细胞胚发生受体类激酶基因及其应用	发明专利	2012. 7. 4	ZL201010190474. 9	郭三堆、石雅丽、张　锐	生物所
156	棉花绿色组织高效表达的 GhPsbP 启动子	发明专利	2012. 6. 3	ZL201010190461. 1	郭三堆、周　焘、张　锐、杨大伟	生物所

（续表）

序号	专利名称	类别	授权公告日	专利号	发明人（设计人）	单位
157	苘麻 epsps 基因及其应用	发明专利	2012. 8. 18	ZL201010255908. 9	郭三堆、张　锐、周　焘、孟志刚	生物所
158	通过重组多型汉逊酵母以组成型方式高效表达和生产 T_4 溶菌酶的方法	发明专利	2012. 4. 25	ZL201010158438. 4	王　楠、刘德虎、李刚强	生物所
159	乙肝病毒包膜小蛋白及中蛋白基因在苜蓿中的诱导性表达	发明专利	2012. 5. 16	ZL200610078765. 2	刘德虎、李刚强、徐妙云、魏昭荣、王跃驹	生物所
160	假黑盘菌素成熟多肽二聚体融合蛋白及其制备方法	发明专利	2012. 7. 25	ZL201010149905. 7	王　楠、潘春刚、李刚强、刘德虎	生物所
161	通过重组瑞氏木霉以诱导型方式高效表达和生产 T_4 溶菌酶的方法	发明专利	2012. 9. 5	ZL201010158453. 9	王　楠、刘德虎、李刚强	生物所
162	表达多外源基因的昆虫生物反应器的构建及其应用	发明专利	2012. 11. 5	ZL201110142492. 4	张志芳等	生物所
163	狂犬病毒抗原的制备方法	发明专利	2012. 1. 11	ZL200810127520. 3	柳继省、张志芳等	生物所
164	提高生物辐射抗性的基因及其应用	发明专利	2012. 1. 25	ZL200910210575. 5	张　维、周正富、袁梦龙、陈　明、林　敏	生物所
165	提高了热稳定性及蛋白酶抗性的环化植酸酶	发明专利	2012. 2. 22	ZL200810117596. 8	平淑珍、赵仲麟、林　敏、陆　伟、陈　明、张　维、燕永亮	生物所

（续表）

序号	专利名称	类别	授权公告日	专利号	发明人（设计人）	单位
166	GENES FOR IMPROVING SALT TOLERANCE AND DROUGHT TOLERANCE OF PLANT AND THE USES THEREOF	国外发明专利	2012. 4. 10	US 8，153，861 B2	Lin Min、Chen Ming、Wang Jin、Pan Jie、Zhou Zhengfu、Zhang Wei、Lu Wei、Ping Shuzhen	生物所
167	AN EPSP SYNTHASE WITH HIGH GLYPHOSATE RESISTANCE AND ITS ENCODED SEQUENCE	国外发明专利	2012. 6. 26	US 8，207，403 B2	Lin Min、Liang Aimin、Lu Wei、Li Liang、Chen Ming、Zhang Wei、Ping Shuzhen	生物所
168	一种增强植物抗旱等抗逆性的基因及其应用	发明专利	2012. 9. 5	ZL200910241556. 9	陈　明、杨明坤、张　维、林　敏	生物所
169	快速联检耐盐 HIN 和 IrrE 蛋白的金标试剂盒	实用新型专利	2012. 9. 19	ZL201220079450. 0	陈　明、张　维、江世杰、林　敏	生物所
170	转基因成分四联检测试剂盒	实用新型专利	2012. 9. 19	ZL201220078379. 4	林　敏、张　维、陈　震、陆　伟、陈　明	生物所
171	一种类芽孢杆菌中性植酸酶	发明专利	2012. 9. 26	ZL201110260332. X	平淑珍、赵忠麟、燕永亮、陆　伟、林　敏	生物所

（续表）

序号	专利名称	类别	授权公告日	专利号	发明人（设计人）	单位
172	一种原位确定作物蒸散量的方法	发明专利	2012. 6	ZL200810239423. 3	龙怀玉	资划所
173	一种胶冻样类芽孢杆菌及其配养方法和培养基	发明专利	2012. 7. 4	ZL201010276707. 7	李　俊、李　力、沈德龙、姜　昕、马鸣超等	资划所
174	一种长效锌肥及其制备方法	发明专利	2012. 7. 24	ZL200910087592. 4	曹卫东、吴翠霞、吕　霞	资划所
175	盐碱地控抑盐系统	实用新型专利	2012. 11. 14	ZL201120402004. 4	逄焕成、李玉义、任天志、靳存旺、李二珍、杨柳青、严慧峻、魏由庆、王　婧、李　华、赵永敢	资划所
176	环保型多功能农用土面营养液膜及其制备方法	发明专利	2012. 8. 8	ZL201110168370. 3	蔡典雄、武雪萍、赵全胜、吴会军、查　燕、张建君、庄　严、谢晓红、侯　刚	资划所
177	产 ACC 脱氨酶并拮抗多种病原真菌的大豆根际固氮菌及其用途	发明专利	2012. 11. 21	ZL201110197670. 3	孙建光、徐　晶、高　淼、胡海燕	资划所
178	一种长柄木霉及其在防治蔬菜病害中的应用	发明专利	2012. 11	ZL201110118264. 3	顾金刚、李世贵、阮志勇、张晓霞、马晓彤、张瑞颖、左学梅、王爱民	资划所

（续表）

序号	专利名称	类别	授权公告日	专利号	发明人（设计人）	单位
179	用于除臭的复合微生物菌剂	发明专利	2012. 9. 19	ZL201010572453. 3	顾金刚、李世贵、龚明波、姜瑞波、张晓霞、阮志勇、马晓彤、张瑞颖	资划所
180	一种真菌代谢产物及其作为除草剂的用途	发明专利	2012. 4. 18	ZL201010000237. 1	邓　晖、牛永春	资划所
181	一种弯孢属菌株及其用于防除杂草的用途	发明专利	2012. 4. 18	ZL201010001011. 3	邓　晖、牛永春	资划所
182	一种溶磷草酸青霉菌 P8	发明专利	2012. 3. 28	ZL200810118076. 9	范丙全	资划所
183	猴头菇的液体深层发酵培养方法	发明专利	2012. 1. 11	CN201010109627. 2	张金霞、黄晨阳、陈　强、高　巍	资划所
184	一种快速检测白灵侧耳出菇性能的方法	发明专利	2012. 7. 18	CN201010173430. 5	张金霞、黄晨阳、陈　强、高　巍	资划所
185	黄伞多糖及制备工艺	发明专利	2012. 6. 20		胡清秀	资划所
186	草地植被覆盖度的模拟装置	实用新型专利	2012. 2. 22	ZL201120259254. 7	闫玉春、辛晓平、杨桂霞、王　旭	资划所
187	油菜花粉提取物及其制备方法与应用	发明专利	2012. 7. 18	ZL201110095120. 0	邱　静、柴婷婷、赵　静、吴黎明、杨曙明、王雪青	质标所
188	一种农产品溯源终端及农产品质量安全全程追溯系统	实用新型专利	2012. 2. 1	ZL201120237860. 9	刘世洪、郑火国、胡海燕、崔运鹏、贺鹏举、苏晓路	信息所

（续表）

序号	专利名称	类别	授权公告日	专利号	发明人（设计人）	单位
189	便携式农产品市场信息采集器	实用新型专利	2012. 8. 15	ZL201120541204. 8	许世卫、李志强、李哲敏、张永恩、孔繁涛、吴建寨、李干琼	信息所
190	农产品市场监测预警系统	实用新型专利	2012. 10. 29	ZL201120540963. 2	许世卫、李哲敏、李志强、孔繁涛、张永恩、李干琼、吴建寨	信息所
191	地下滴灌系统主汽装置	发明专利	2012. 2. 1	ZL201120240718. X	高胜国、黄修桥、冯俊杰、李　辉	灌溉所
192	房屋雨水收集装置	实用新型专利	2012. 8. 15	ZL201220005811. 7	郭冬冬、温　季、郭树龙、谢成春、宰松梅	灌溉所
193	黄土高原丘陵果树集雨灌溉装置	实用新型专利	2012. 3. 7	ZL201120175638. 0	温　季、宰松梅、郭冬冬、郭树龙、谢成春	灌溉所
194	黄土高原丘陵区梯级温室的集雨自压灌溉系统	实用新型专利	2012. 1. 18	ZL201120182129. 0	温　季、宰松梅、郭树龙、郭冬冬、谢成春	灌溉所
195	抗旱补充灌溉系统	发明专利	2012. 7. 4	ZL201110056846. 3	高胜国、黄修桥、翟国亮、冯俊杰、范永申、韩启彪	灌溉所

（续表）

序号	专利名称	类别	授权公告日	专利号	发明人（设计人）	单位
196	脉冲滴灌系统	发明专利	2012. 3. 28	ZL201110074154. 1	高胜国、黄修桥	灌溉所
197	一种 T-max 植物茎流方法及其装置	发明专利	2012. 3. 28	ZL201010125429. 5	高胜国、高任翔	灌溉所
198	一种初期雨水弃流的雨水收集装置	实用新型专利	2012. 8. 15	ZL201220004704. 2	郭冬冬、温　季、郭树龙、辛松梅	灌溉所
199	一种滴灌装置	实用新型专利	2012. 7. 11	ZL201120385724. 4	翟国亮、孙景生、邓　忠、冯俊杰、张文正、刘　杨、刘　浩	灌溉所
200	一种防雨棚降雨自动移动装置	发明专利	2012. 7. 4	ZL201110056866. 0	高胜国、段爱旺、孟兆江、李金山、段福义、刘　扬	灌溉所
201	一种具有收卷清洗滴灌带功能的移动灌溉设备	实用新型专利	2012. 1. 4	ZL201120180979. 7	温　季、辛松梅、郭树龙、郭冬冬、谢成春	灌溉所
202	一种可调节容积的初雨水收集装置	实用新型专利	2012. 8. 15	ZL201220005364. 5	郭树龙、温　季、郭冬冬、谢成春、姜　新	灌溉所
203	一种路面雨水收集及利用系统	实用新型专利	2012. 9. 5	ZL201220005812. 1	姜　新、温　季、郭冬冬、郭树龙、谢成春	灌溉所

（续表）

序号	专利名称	类别	授权公告日	专利号	发明人（设计人）	单位
204	一种毛细给水器	发明专利	2012. 5. 23	ZL201010229046. 2	肖俊夫、宋毅夫、刘战东、南纪琴、陈玉民	灌溉所
205	一种太阳能抽水灌溉装置	实用新型专利	2012. 1. 11	ZL201120175592. 2	温　季、辛松梅、郭冬冬、郭树龙、谢成春	灌溉所
206	一种微灌系统施肥罐	实用新型专利	2012. 8. 15	ZL201120555225. 5	邓　忠、翟国亮、冯俊杰、宗　杰、张文正、贾艳辉、孙　浩	灌溉所
207	一种用于绿化带的太阳能雨水灌溉装置	实用新型专利	2012. 8. 15	ZL201220005365. X	郭冬冬、温　季、郭树龙、姜　新、李　军	灌溉所
208	一种雨水多用途利用系统	实用新型专利	2012. 1. 6	ZL201220005235. 6	郭冬冬、温　季、郭树龙、姜　新、李　军	灌溉所
209	一种雨水收集分质利用装置	实用新型专利	2012. 8. 29	ZL201220005813. 6	郭树龙、温　季、郭冬冬、辛松梅	灌溉所
210	一种雨水收集装置	实用新型专利	2012. 9. 5	ZL201220005231. 8	郭树龙、温　季、郭冬冬、辛松梅	灌溉所
211	一种雨水收集综合利用系统	实用新型专利	2012. 9. 5	ZL201220004705. 7	郭树龙、温　季、郭冬冬、姜　新	灌溉所

（续表）

序号	专利名称	类别	授权公告日	专利号	发明人（设计人）	单位
212	一种折射式微喷头	实用新型专利	2012. 6. 6	ZL201120366118. 8	冯俊杰、翟国亮、邓　忠、刘　杨、付根生、李明臣、贾艳辉	灌溉所
213	主副流道微喷头旋转体	实用新型专利	2012. 8. 15	ZL201220005234. 1	温　季、温　新、郭树龙、郭冬冬、辛松梅	灌溉所
214	一种水稻叶形控制基因 SRN1 及其应用	发明专利	2012	ZL200910258795. 5	钱前等	水稻所
215	水稻叶形控制基因 NRL1 及其用途	发明专利	2012	ZL200910262020. 5	钱前等	水稻所
216	通过籽粒小型化改良不育系提高杂交稻制种效率的方法	发明专利	2012. 5. 9	ZL200910096400. 6	朱旭东等	水稻所
217	通过恢复系籽粒大型化改良提高杂交稻制种效率的方法	发明专利	2012. 7. 25	ZL201010005329. X	朱旭东等	水稻所
218	一种简化杂交稻制种程序提高制种生产效率的方法	发明专利	2012. 9. 5	ZL200910300956. 2	朱旭东等	水稻所
219	从非变性聚丙烯酰胺胶中回收和纯化 DNA 片段的方法	发明专利	2012. 6. 27	ZL200910100944.	朱玉君、庄杰云、樊叶杨	水稻所
220	水稻抗稻瘟病基因 Pi25 的特异性分子标记及其专用引物	发明专利	2012. 3. 7	ZL200910152617. 4	陈　洁、吴建利、庄杰云、施勇烽	水稻所
221	检测抗稻瘟病等位基因的特异性 PCR 分子标记	发明专利	2012. 10. 20	ZL200910155609. 5	朱玉君、庄杰云、樊叶杨、应杰政	水稻所

（续表）

序号	专利名称	类别	授权公告日	专利号	发明人（设计人）	单位
222	一种水稻香味基因及功能标记	发明专利	2012. 6. 20	ZL201010103607. 4	胡培松、唐绍清、邵高能、罗　炬、焦桂爱、魏祥进、唐　傲	水稻所
223	钵形毯状秧苗育秧方法	发明专利	2012. 5. 9	ZL200710069435. 1	朱德峰、陈惠哲、徐一成、赵　匀	水稻所
224	水稻种子纸带及育秧方法	发明专利	2012. 2. 8	ZL201010127013. 7	朱德峰、陈惠哲、徐一成	水稻所
225	宽窄行水稻插秧机	发明专利	2012. 1. 25	ZL201010127011. 8	徐一成、朱德峰、陈惠哲、李　革	水稻所
226	钵碗连通式钵形毯状秧苗育秧盘	发明专利	2012. 5. 23	ZL200710069436. 6	朱德峰、徐一成、陈惠哲、赵　匀	水稻所
227	钵形毯状秧苗育秧盘	发明专利	2012. 5. 23	ZL200710066907. 8	徐一成、朱德峰、陈惠哲	水稻所
228	多功能钵形毯状秧苗育秧盘	发明专利	2012. 11. 14	ZL201110054620. X	徐一成、朱德峰、陈慧哲	水稻所
229	一种培育健壮水稻机插秧苗的浸种剂及其生产工艺	发明专利	2012. 6. 27	ZL200810092918. 8	王　熹、陶龙兴	水稻所
230	油菜结荚期还田做绿肥提高水稻产量的种植方法	发明专利	2012. 8. 29	ZL2011101203338. 7	章秀福、王丹英、徐春梅、陈　松	水稻所
231	微纳气泡水灌溉水稻的增氧栽培法	发明专利	2012. 2. 22	ZL201010185406. 3	金千瑜、朱练峰、禹盛苗、欧阳由男	水稻所

（续表）

序号	专利名称	类别	授权公告日	专利号	发明人（设计人）	单位
232	氯虫苯甲酰胺与毒死蜱复配农药	发明专利	2012. 8. 8	ZL201010104685. 6	赖凤香、胡国文、傅　强、胡　阳、罗　举	水稻所
233	转基因水稻科丰 6 号的旁侧序列及定性 PCR 检测方法	发明专利	2012. 6. 20	ZL201010158858. 2	王渭霞	水稻所
234	茚虫威与仲丁威复配农药	发明专利	2012. 9. 19	ZL201010104646. 6	胡国文、傅　强、胡　阳、罗　举、赖凤香	水稻所
235	禾长蠕孢菌孢子的培养方法	发明专利	2012. 5. 16	ZL201010209596. 8	段桂芳、杨　爽、张建萍、余柳青	水稻所
236	一种减缓或避免稗草产生抗药性的移栽稻田杂草防治方法	发明专利	2012. 12. 2	ZL201010108787. 5	陆永良、余柳青	水稻所
237	一种减缓或避免稗草产生抗药性的直播稻田杂草防治方法	发明专利	2012. 8. 22	ZL201010108786. 0	陆永良、余柳青	水稻所
238	水稻纹枯病菌融合群判定的鉴定方法	发明专利	2012. 6. 20	ZL200910156620. 3	王　玲、黄世文、刘连盟	水稻所
239	一种重组膦丝菌素乙酰转移酶的制备方法	发明专利	2012. 6. 20	ZL201010177058. 5	王　玲、刘连盟、黄世文	水稻所
240	一体化水稻无土机插育秧基质块	实用新型专利	2012. 9. 26	ZL201220167003. 0	张均华、朱练峰、金千瑜、禹盛苗	水稻所
241	新型钵形毯状秧苗育秧盘	实用新型专利	2012. 1. 11	ZL20112005029. 5	徐一成、朱德峰、陈慧哲	水稻所

（续表）

序号	专利名称	类别	授权公告日	专利号	发明人（设计人）	单位
242	一种柔性表面的外槽轮式播种器	实用新型专利	2012. 2. 28	ZL201120159772. 1	徐一成、朱德峰、陈慧哲、李　革、应火冬	水稻所
243	一种水稻田间育秧播种器	实用新型专利	2012. 1. 11	ZL201120139949. 1	徐一成、朱德峰、陈慧哲、李　革、应火冬	水稻所
244	一种集成式防种子霉变存储系统	实用新型专利	2012. 9. 26	ZL201220044889. X	张玉屏、朱德峰、顾敏明、李新华	水稻所
245	田间环境参数无线传输技术与方法	实用新型专利	2012. 9. 26	ZL201220046817. 9	张玉屏、朱德峰、顾敏明、李新华	水稻所
246	一种全喂入联合收割机中的割下物输送装置	实用新型专利	2012. 5. 30	ZL201120317116. X	徐一成、陈培敏等	水稻所
247	纵轴流式脱粒装置	实用新型专利	2012. 3. 28	ZL201120217361. 2	徐一成、陈培敏等	水稻所
248	与棉花纤维强度主效基因连锁的SSR 标记	发明专利	2012. 11. 28	ZL200910162731. 5	袁有禄等	棉花所
249	棉花真叶直接分化组织培养方法及其专用培养基	发明专利	2012. 11. 21	ZL200910238159. 6	张朝军等	棉花所
250	一种用于陆地棉抗黄萎病性状辅助选择育种的分子标记	发明专利	2012. 11. 7	ZL201010294455. 0	王红梅等	棉花所
251	一种与植物耐旱相关的蛋白GaTPSP 及其编码基因与应用	发明专利	201. 9. 26	ZL200910093812. 4	李付广等	棉花所

（续表）

序号	专利名称	类别	授权公告日	专利号	发明人（设计人）	单位
252	棉花再生苗生根方法及其专用培养基	发明专利	2012. 9. 26	ZL200910238061. 0	李付广等	棉花所
253	棉花杂交种的纯度检测方法	发明专利	2012. 7. 11	ZL200910076747. 4	匡猛等	棉花所
254	棉花南繁干子播种方法	发明专利	2012. 7. 4	ZL200910081304. 4	张西岭等	棉花所
255	南繁棉花低位喷灌方法	发明专利	2012. 6. 6	ZL20101010183. 6	张西岭等	棉花所
256	一种水力自动冲根机	发明专利	2012. 5. 23	ZL201010228433. 4	毛树春等	棉花所
257	一种植物耐旱相关蛋白 P5CS 及其编码基因与应用	发明专利	2012. 5. 30	ZL200910093811. X	李付广等	棉花所
258	一种抗蚜性转基因棉花的鉴定方法	发明专利	2012. 5. 9	ZL201010284011. 9	雒珺瑜等	棉花所
259	一种用于棉花品种真实性鉴定的 DNA 指纹检测方法	发明专利	2012. 2. 29	ZL201010199362. X	匡猛等	棉花所
260	海南棉花露天无叶扦插方法	发明专利	2012. 2. 1	ZL201010002688. 9	张香娣等	棉花所
261	一种昆虫卵破碎装置	实用新型专利	2012. 8. 15	ZL201120410102. 2	张帅等	棉花所
262	一种植物小种子消毒装置	实用新型专利	2012. 7. 4	ZL201120381212. 0	于霁雯等	棉花所
263	一种油菜每角粒数性状主效基因位点及应用	发明专利	2012. 8. 31	ZL201110154442. 8	王汉中、师家勤、刘贵华、王新发、华　玮、黄顺谋	油料所
264	一种油菜千粒重性状主效基因位点及应用	发明专利	2012. 8. 23	ZL201110236050. 6	王汉中、师家勤、刘贵华、王新发、华　玮、黄顺谋	油料所

（续表）

序号	专利名称	类别	授权公告日	专利号	发明人（设计人）	单位
265	一种油菜耐湿抗性紧密相关的分子标记及制备方法和应用	发明专利	2012. 8	ZL2010101147886. 4	张学昆、陆光远	油料所
266	一种油菜雄性不育恢复基因分子标记的制备方法及应用	发明专利	2012	ZL201110099608. 0	胡　琼、李云昌、郝建铁、梅德圣、付　丽、李英德、徐育松	油料所
267	一种鉴定芝麻发芽期耐湿性的方法	发明专利	2012. 6. 27	ZL201010507286. 4	张秀荣、王林海、张艳欣、孙　建、危文亮、张晓燕	油料所
268	一种鉴定芝麻茎点枯病和枯萎病病原致病性的方法	发明专利	2012. 9. 5	ZL201010565405. 1	张秀荣、王林海、黎冬华、张艳欣、危文亮	油料所
269	花生高油酸材料的快速鉴定方法	发明专利	2012. 3. 7	ZL200910273250. 1	雷　永、廖伯寿、姜慧芳、王圣玉、黄家权、晏立英	油料所
270	大豆非组织培养植株再生方法及其应用	发明专利	2012. 1. 4	ZL201010270559. 8	单志慧、沙爱华、陈海峰、陈李淼、郝青南、孙佃臣、田星星	油料所
271	大豆锈菌分子探针及应用	发明专利	2012. 6. 6	ZL201010281377. 0	单志慧、沙爱华、陈海峰、陈李淼、郝青南、孙佃臣、田星星	油料所

（续表）

序号	专利名称	类别	授权公告日	专利号	发明人（设计人）	单位
272	一种机械化收获冬油菜的方法	发明专利	2012. 4. 25	ZL201110034784. 6	马　霓、张春雷、李光明、李　俊、李云昌、胡　琼、廖　星	油料所
273	复合微生物肥料及其制备方法	发明专利	2012. 6. 20	ZL201010130961. 6	胡小加、廖　星、余常兵、李银水、刘胜毅、江木兰、谢立华	油料所
274	一种超声辅助农杆菌介导的植物 in planta 遗传转化方法	发明专利	2012. 10. 3	ZL201010298516. 0	伍晓明、吕晓丹、张天瑶、李　俊、李　浩、闫贵欣、高桂珍	油料所
275	甘蓝型油菜抗病相关基因 BnWRERF50 及其应用	发明专利	2012. 8. 29	ZL201110024607. X	刘胜毅、汪承刚、周　琣、董彩华、黄军艳、刘越英	油料所
276	甘蓝型油菜 BnPABP3 启动子及制备方法和应用	发明专利	2012. 9. 19	ZL201110122101. 2	刘胜毅、石　磊、董彩华、黄军艳、刘越英	油料所
277	甘蓝型油菜抗病相关基因 BnERF56 及其应用	发明专利	2012. 6. 27	ZL201010230380. X	刘胜毅、汪承刚、黄军艳、董彩华、刘越英	油料所
278	甘蓝型油菜 BnPABP5-3 启动子及制备方法和应用	发明专利	2012. 11. 4	ZL201110122104. 6	刘胜毅、石　磊、董彩华、刘越英	油料所

（续表）

序号	专利名称	类别	授权公告日	专利号	发明人（设计人）	单位
279	甘蓝型油菜 BnGLABRA2 启动子及制备方法和应用	发明专利	2012. 10. 3	ZL200910273323. 7	白泽涛、董彩华、刘胜毅、柴国华、黄军艳、刘越英	油料所
280	甘蓝型油菜 BnPABP8 启动子及制备方法和应用	发明专利	2012. 10. 3	ZL201110139887. 9	刘胜毅、石　磊、董彩华	油料所
281	甘蓝型油菜 BnPABP2 启动子的制备方法及其应用	发明专利	2012. 8. 29	ZL201110122108. 4	刘胜毅、石　磊、董彩华、黄军艳、刘越英	油料所
282	一种油菜 DNA 分子 Bnoleosin1 基因和应用	发明专利	2012. 6. 6	ZL200910062250. 7	华　玮、胡志勇、王汉中、刘贵华、王新发	油料所
283	油菜含油量主效基因位点及应用	发明专利	2012. 8. 27	ZL200910063481. X	王汉中、华　玮、刘　静、刘贵华、王新发、杨　庆、孙美玉、黄顺谋	油料所
284	油菜生长调节因子 GRF2 及应用	发明专利	2012. 10. 10	ZL201010196095. 0	王汉中、华　玮、刘　静、刘贵华、王新发、杨　庆	油料所
285	转基因水稻 TT51-1 转化事件外源载体整合位点全序列及其应用	发明专利	2012. 4. 25	ZL200810048245. 6	卢长明、吴　刚、武玉花、肖　玲、曹应龙、李　均	油料所

（续表）

序号	专利名称	类别	授权公告日	专利号	发明人（设计人）	单位
286	杂交瘤细胞株 1C11、其产生的抗黄曲霉毒素通用单克隆抗体及其应用	发明专利	2012. 6. 27	ZL201010245095. 5	李培武、李　鑫、张道宏、张　奇、张　文、丁小霞、姜　俊、陈小媚	油料所
287	快速检测黄曲霉毒素总量的高灵敏度免疫层析试纸条及其制备方法	发明专利	2012. 8. 22	ZL201010245801. 6	李培武、张道宏、张　奇、张　文、丁小霞、姜　俊、陈小媚	油料所
288	杂交瘤细胞株 2C9、其产生的抗黄曲霉毒素 M1 单克隆抗体及其应用	发明专利	2012. 10. 3	ZL201110108230. 6	李培武、管　笛、李　鑫、张　奇、张　文、丁小霞、姜　俊、陈小媚	油料所
289	I 型拟除虫菊酯类通用半抗原化合物及其合成方法	发明专利	2012. 6. 6	ZL200810197899. 5	李培武、张　奇、张　文、谢立华、丁小霞、姜　俊、陈小媚	油料所
290	一种制备甾醇脂肪酸酯的绿色工艺方法	发明专利	2012. 2. 8	ZL200810236883. 0	黄凤洪、钮琰星、邓乾春、刘昌盛、杨　湄	油料所
291	一种具有缓解视疲劳作用的保健食品及其制备方法	发明专利	2012. 9. 5	ZL201010117213. 4	黄凤洪、邓乾春、黄庆德、杨金娥、万楚筠	油料所

（续表）

序号	专利名称	类别	授权公告日	专利号	发明人（设计人）	单位
292	一种用于生产植物甾醇酯的磁性固定化酶的制备方法	发明专利	2012. 11. 28	ZL201110138426. X	黄凤洪、郑明明、郭萍梅、李文林	油料所
293	一种油脂脱酸方法	发明专利	2012. 6. 27	ZL200910272820. 5	黄凤洪、刘昌盛、杨　湄、黄庆德、李文林	油料所
294	一种含亚麻籽油的洗面膏及制备方法	发明专利	2012. 6. 6	ZL201010547965. 4	黄凤洪、杨金娥、黄庆德、邓乾春、李文林	油料所
295	一种含油废水处理并回收油的方法及其装置	发明专利	2011. 12. 21	ZL200910061424. 8	黄凤洪、万楚筠、李文林、黄庆德、杨　湄	油料所
296	一种微波预处理油料作物种子的方法	发明专利	2012. 9. 5	ZL201010229100. 3	黄凤洪、杨　湄、刘昌盛、李文林、黄庆德	油料所
297	固体吸附和真空滤油精炼压榨亚麻籽油的方法	发明专利	2012. 10. 3	ZL201010535505. X	黄庆德、杨金娥、邓乾春、郑　畅、杨　湄	油料所
298	一种食用亚麻籽油萃取脱苦技术	发明专利	2012. 5. 3	ZL200910272105. 1	黄庆德、邓乾春、刘昌盛、杨　湄	油料所
299	微波辅助酶解油料饼粕蛋白生产活性多肽的方法	发明专利	2012. 5. 30	ZL200910062276. 1	陈　洪、董绪燕、李菊芳、魏　芳	油料所

（续表）

序号	专利名称	类别	授权公告日	专利号	发明人（设计人）	单位
300	丝胞酵母 21148 三磷酸甘油酯启动子序列及其克隆方法	发明专利	2012. 5. 9	ZL200910063346. 5	江木兰、王　萍、万　霞、张银波	油料所
301	免疫用抗原乳化装置	实用新型专利	2012. 1. 4	ZL201120156984. 4	李培武、管　笛、张　文、张　奇、丁小霞	油料所
302	黄曲霉毒素测量装置	实用新型专利	2012. 1. 4	ZL201120156991. 4	李培武、管　笛、张　文、张　奇、姜　俊、丁小霞	油料所
303	一种可连续生产的层叠组合式固态发酵系统	实用新型专利	2012. 5. 23	ZL201120313105. 4	黄凤洪、万楚筠、钮琰星、黄　茜、李文林	油料所
304	双螺杆榨油机的防滑膛装置	实用新型专利	2012. 10. 31	ZL201220054606. X	黄凤洪、李文林	油料所
305	一种智能一体化酯交换反应设备	实用新型专利	2012. 2. 1	ZL201120129529. 5	黄凤洪、郭萍梅、万楚筠、郑明明、李文林	油料所
306	育苗基布及其制造方法	发明专利	2012. 7. 4	ZL201010207756. 5	王朝云、吕江南、易永健、汪洪鹰、李　懋、谭石林	麻类所
307	大麻鲜茎剥皮机	实用新型专利	2012. 10. 10	ZL201220116953. 0	吕江南、龙超海、马　兰、何宏彬	麻类所
308	桃带叶强迫休眠栽培方法	国家发明	2012. 7. 2	ZL200910220557. 8	王海波、刘凤之、王孝娣、王宝亮、程存刚、魏长存、何锦兴、刘万春	果树所

（续表）

序号	专利名称	类别	授权公告日	专利号	发明人（设计人）	单位
309	葡萄防寒埋藤机	实用新型专利	2012. 6. 3	ZL201120498932. 5	王海波、郝志强、刘凤之、王孝娣、张成福、徐　勇、张敬国、魏长存	果树所
310	一种诱虫液毛细管散发装置	实用新型专利	2012. 3. 9	ZL201120303652. 4	陈汉杰、涂洪涛、张金勇	郑果所
311	一种加工颗粒绿茶的方法	发明专利	2012. 7. 25	ZL201010039564. 8	叶阳等	茶叶所
312	一种 γ-氨基丁酸茶粉加工方法	发明专利	2012. 10. 3	ZL201110007686. 3	林智等	茶叶所
313	一种茶叶植物染料染棉纤维的方法	发明专利	2012. 4. 25	ZL201010281680. 0	林智等	茶叶所
314	一种扁形名优绿茶的加工方法	发明专利	2012. 2. 29	ZL200910098769. 0	尹军峰等	茶叶所
315	一种特色醇味茶的加工方法	发明专利	2012. 9. 5	ZL201110052534. 5	尹军峰等	茶叶所
316	一种发酵红茶饮料的生产工艺	发明专利	2012. 2. 1	ZL200810121831. 9	尹军峰等	茶叶所
317	离子交换树脂载体固定多酚氧化酶的方法	发明专利	2012. 2. 29	ZL200810121635. 1	江和源等	茶叶所
318	一种用于诱集云杉八齿小蠹的引诱剂	发明专利	2012. 11. 21	ZL200910101313. 5	孙晓玲等	茶叶所
319	减毒沙门氏菌及其应用	发明专利	2012. 9. 26	ZL201110061628. 9	刘思国、刘慧芳、王秀梅、于申业、王牟平、司　微、杨　志	哈尔滨兽医所

（续表）

序号	专利名称	类别	授权公告日	专利号	发明人（设计人）	单位
320	抗禽网状内皮组织增生症 gp90 蛋白的单克隆抗体及其应用	发明专利	2012. 10. 24	ZL201010518065. 7	王云峰、石星明、赵　妍、王　玫	哈尔滨兽医所
321	I 型犬腺病毒弱毒疫苗株及其应用	发明专利	2012. 1. 11	ZL201010244961. 9	刘大飞、张洪英、曲连东、王牟平、刘立奎	哈尔滨兽医所
322	犬瘟热弱毒疫苗株及其应用	发明专利	2012. 4. 8	ZL201010244964. 2	刘大飞、张洪英、曲连东、刘春国、王牟平	哈尔滨兽医所
323	犬细小病毒弱毒疫苗株及其应用	发明专利	2012. 8. 22	ZL201010244838. 7	刘大飞、姜一曈、张洪英、林　欢、戚　亭	哈尔滨兽医所
324	表达亚洲 1 型口蹄疫病毒 VLP 的重组腺病毒及其应用	发明专利	2012. 2. 8	ZL201010114532. X	于　力、周国辉、王海伟、王　芳	哈尔滨兽医所
325	抗口蹄疫病毒的单克隆抗体及其识别的表位和应用	发明专利	2012. 5. 23	ZL200810171257. 8	于　力、赵　磊、周国辉、张春媛	哈尔滨兽医所
326	O 型口蹄疫病毒变异株及其编码基因和应用	发明专利	2012. 2. 8	ZL201010160669. 9	于　力、杨德成、于永忠、周国辉	哈尔滨兽医所
327	嵌合狂犬病病毒株 rLEP333Q-L（H）的构建及其生物学功能的研究	发明专利	2012. 4. 25	ZL201010121637. 8	步志高、陶丽红、葛金英、王喜军	哈尔滨兽医所
328	表达禽流感病毒 H9 亚型 HA 蛋白的重组新城疫 LaSota 弱毒疫苗株	发明专利	2012. 6. 13	ZL200810222776. 2	步志高、陈化兰、葛金英	哈尔滨兽医所

（续表）

序号	专利名称	类别	授权公告日	专利号	发明人（设计人）	单位
329	马传染性贫血病毒致病强毒株驴胎皮肤细胞适应株及应用	发明专利	2012. 5. 23	ZL200910180318. 1	林跃智、周建华、李　利、曹学智、姜成刚、王雪峰、马　建、吕晓玲	哈尔滨兽医所
330	检测绵羊肺腺瘤病毒的 LAMP 引物及应用	发明专利	2012. 11. 14	ZL201010274280. 7	刘霄卉、马雪恩、罗军荣、周建华	哈尔滨兽医所
331	抗 H3N8 亚型马流感病毒单克隆抗体及其用途	发明专利	2012. 5. 30	ZL201010139024. 7	郭　巍、相文华、才　琳、赵立平、闫　妍、黄文强	哈尔滨兽医所
332	马流感病毒核蛋白单克隆抗体及其制备方法和应用	发明专利	2012. 10. 24	ZL201110105382. 0	郭　巍、相文华、赵立平	哈尔滨兽医所
333	牛传染性鼻气管炎病毒重组毒株、其构建方法及应用	发明专利	2012. 7. 4	ZL200710129866. 2	薛　飞、朱远茂、童光志、王延辉	哈尔滨兽医所
334	鸡传染性法氏囊病病毒重组弱毒疫苗株及其应用	发明专利	2011. 12. 21	ZL201010215328. 7	王笑梅、祁小乐、高玉龙、高宏雷、秦立廷、王永强、高　立	哈尔滨兽医所
335	检测 A 亚群禽白血病病毒的环介导等温扩增反应引物	发明专利	2012. 1. 4	ZL201010528610. 0	王笑梅、王永强、高玉龙、高宏雷、秦立廷、祁小乐	哈尔滨兽医所
336	检测 B 亚群禽白血病的环介导等温扩增反应引物	发明专利	2012. 8. 22	ZL201010528615. 3	王笑梅、王永强、高宏雷、高玉龙、秦立廷、祁小乐	哈尔滨兽医所

（续表）

序号	专利名称	类别	授权公告日	专利号	发明人（设计人）	单位
337	西尼罗病毒 NS1 蛋白单克隆抗体及其识别的 B 细胞表位和应用	发明专利	2012. 6. 27	ZL201010541635. 4	吴东来、杨　涛、刘霓红、王　群、孙恩成、林　燕、田　野	哈尔滨兽医所
338	一种琼脂凝胶制孔器	实用新型专利	2011. 12. 28	ZL201120042436. 9	刘家森、曲连东、郭东春、姜　骞、原冬伟、林　欢、司昌德	哈尔滨兽医所
339	慢病毒基因转移载体、其制备方法和应用	发明专利	2012. 6. 27	ZL200710097756. 2	韩凌霞、童光志、曲连东、司昌德、于海波、孟庆文、姜　骞、刘家森、孙成群	哈尔滨兽医所
340	鉴别内源性和外源性禽白血病病毒的三重 PCR 试剂盒	发明专利	2012. 7. 25	ZL201010153921. 3	韩凌霞、司昌德、周　刚	哈尔滨兽医所
341	抗水禽细小病毒 VP3 蛋白单克隆抗体	发明专利	2012. 2. 8	ZL201010246095. 7	张　云、刘　明	哈尔滨兽医所
342	乙型脑炎病毒 PrM/M 蛋白 B 细胞抗原表位多肽及其应用	发明专利	2012. 3. 21	ZL200910160656. 9	华荣虹、步志高	哈尔滨兽医所
343	H7 亚型禽流感病毒 RT-LAMP 检测试剂盒及其应用	发明专利	2012. 8. 22	ZL201010598106. 8	包红梅、王秀荣、陈化兰、李雁冰、田国彬、熊永忠	哈尔滨兽医所

（续表）

序号	专利名称	类别	授权公告日	专利号	发明人（设计人）	单位
344	一种重组复制缺陷性腺病毒载体H5N1亚型流感基因工程疫苗	发明专利	2012. 6. 6	ZL200810239333. 4	乔传玲、吴运谱、杨焕良、陈　艳、辛晓光、陈化兰	哈尔滨兽医所
345	腺病毒/甲病毒复制子嵌合载体猪瘟疫苗及其应用	发明专利	2012. 6. 27	ZL201010297576. 0	仇华吉、孙　元、李宏宇、李　娜	哈尔滨兽医所
346	用于可视化检测猪瘟病毒野毒株的RT-LAMP引物	发明专利	2012. 4. 18	ZL200910180317. 7	仇华吉、张兴娟、孙　元、刘大飞	哈尔滨兽医所
347	鉴别PRVgE缺失疫苗株和野毒株的试剂盒	发明专利	2012. 4. 30	ZL201010146353. 4	崔尚金、张超范	哈尔滨兽医所
348	一种快速检测猪细小病毒的环介导等温扩增试剂盒	发明专利	2012. 4. 30	ZL201010146356. 8	崔尚金、陈长木	哈尔滨兽医所
349	牛源荚膜A型巴氏杆菌及其分离鉴定和应用	发明专利	2012. 4. 18	ZL201010115552. 9	于　力、马文戈、姜志刚	哈尔滨兽医所
350	一种黄花矶松的人工栽培方法	发明专利	2012. 3. 14	ZL201010265320. 1	周学辉	兰州牧药所
351	治疗畜禽实热证的中药复方药物	发明专利	2012. 5. 23	ZL201010255476. 1	严作廷	兰州牧药所
352	具有喹喔啉母环的两种化合物及其制备方法	发明专利	2011. 2. 16	ZL200810001173. X	梁剑平	兰州牧药所
353	丁香酚阿司匹林酯药用化合物制剂的制备方法	发明专利	2012. 8. 29	ZL200910221080. 2	李剑勇	兰州牧药所
354	治疗奶牛子宫内膜炎的药物	发明专利	2012. 7. 4	ZL201110058750. 0	严作廷	兰州牧药所
355	治疗卵巢性不孕症的药物	发明专利	2012. 9. 19	ZL201110059925. X	严作廷	兰州牧药所

（续表）

序号	专利名称	类别	授权公告日	专利号	发明人（设计人）	单位
356	玛曲欧拉羔羊当年育肥出栏全价颗粒饲料及其制备	发明专利	2012. 10. 17	ZL201210253877. 2	丁学智	兰州牧药所
357	降低放牧牦牛瘤胃甲烷释放的复合营养舔砖及其制备方法	发明专利	2012. 7	ZL201110385548. 9	丁学智	兰州牧药所
358	一种体外生产牦牛胚胎的方法	发明专利	2012. 1	ZL201210206870. 5	郭　宪	兰州牧药所
359	检测绵羊繁殖能力的试剂盒及其使用方法	发明专利	2012. 10. 10	ZL201110025287. X	岳耀敬	兰州牧药所
360	治疗反刍动物铅中毒的药物	发明专利	2012. 8. 8	ZL201110060207. 4	荔　霞	兰州牧药所
361	凝胶斑点切取器	实用新型专利	2012. 11. 7	ZL201220154782. 0	董书伟	兰州牧药所
362	组合式高通量组合凝胶染色柜	实用新型专利	2012. 9. 5	ZL201220148189. 5	董书伟	兰州牧药所
363	一种凝胶条带切取器	实用新型专利	2012. 9. 17	ZL201220190390. X	董书伟	兰州牧药所
364	牛子宫细胞取样刷	实用新型专利	2012. 11. 7	ZL201220184139. 2	严作廷	兰州牧药所
365	便携式电动奶牛子宫冲洗器	实用新型专利	2012. 11. 17	ZL201220185390. 0	严作廷	兰州牧药所
366	牲畜饲料混合车	实用新型专利	2012. 10. 3	ZL201220099659. 3	乔国华	兰州牧药所
367	一种方便野外保定牦牛的简易保定架	实用新型专利	2012. 10. 10	ZL201220094105. 4	曾玉峰	兰州牧药所
368	一种放置牛羊舔砖的专用支架	实用新型专利	2012. 9. 5	ZL201220004831. 2	刘世祥	兰州牧药所
369	奶牛专用矿物质营养舔砖支架	实用新型专利	2012. 9. 5	ZL201220020019. 9	齐志明	兰州牧药所

（续表）

序号	专利名称	类别	授权公告日	专利号	发明人（设计人）	单位
370	口蹄疫病毒双效疫苗载体、其制备方法及用途	美国专利	2012. 5. 22	8183220	柳纪省、杨彬、兰喜、殷相平、白银梅、韩晓荣、李学瑞、李宝玉、方玉萍、李志勇	兰州兽医所
371	狂犬病毒抗原的制备方法	发明专利	2012. 1. 11	ZL200810127520. 3	柳纪省、张志芳、殷相平、易咏竹、李江涛、李轶女、李志勇、张韵、李宝玉、李学瑞、杨彬、兰喜、白银梅、沈桂芳、舒惠国	兰州兽医所
372	高致病性蓝耳病的检测方法	发明专利	2012. 3. 7	ZL200810133893. 1	刘永生、陈豪泰、张杰、孙德惠、马丽娜	兰州兽医所
373	猪囊尾蚴病重组基因、疫苗及其制备方法	发明专利	2012. 5. 9	ZL200710305254. 4	才学鹏、丁军涛、王颖、陈晓宇、骆学农、郑亚东、景志忠	兰州兽医所
374	检测鸭疫里默氏杆菌的试剂盒及方法	发明专利	2012. 6. 20	ZL201010516857. 0	郑福英、邱昌庆、蔺国珍、周继章、曹小安、宫晓炜	兰州兽医所

（续表）

序号	专利名称	类别	授权公告日	专利号	发明人（设计人）	单位
375	一种猪囊尾蚴病间接 ELISA 检测试剂盒及其制备方法	发明专利	2012. 6. 27	ZL200810108465. 3	才学鹏、张少华、景志忠、骆学农、郭爱疆、郑亚东、贾万忠、窦永喜	兰州兽医所
376	鉴别诊断牛环型泰勒虫的试剂盒及方法	发明专利	2012. 7. 4	ZL201010542130. X	殷　宏、罗建勋、刘爱红、关贵全、刘志杰、刘军龙、李有全、马米玲、牛庆丽	兰州兽医所
377	一种弓形虫快速检测试剂盒及其制备方法	发明专利	2012. 8. 1	ZL201010526397. X	张德林、王　萌、王艳华、付宝权、李文卉	兰州兽医所
378	羊口蹄疫病毒 ASIAL 型多表位重组疫苗及制备方法	发明专利	2012. 8. 15	ZL200910259363. 6	邵军军、常惠芸、王景峰、丛国正、林　彤、独军政、高闪电	兰州兽医所
379	牛口蹄疫病毒 ASIAL 型多表位重组疫苗及制备方法	发明专利	2012. 9. 5	ZL201010122010. 4	常惠芸、邵军军、王景峰、丛国正、林　彤、独军政、高闪电	兰州兽医所
380	一种 CPGDNA 新型佐剂及其制造方法和含有该佐剂的疫苗	发明专利	2012. 9. 5	ZL200510009137. 4	景志忠、才学鹏、蒙学莲、王佩雅、窦永喜、骆学农、李　辉、郑亚东	兰州兽医所

（续表）

序号	专利名称	类别	授权公告日	专利号	发明人（设计人）	单位
381	O 型口蹄疫抗体水平检测试纸及制备方法	发明专利	2012. 9. 5	ZL200710194664. 6	蒋　韬、梁　仲、王超英、杨亚民、刘西兰、陈　娟、张　军、翟国元、才学鹏、卫广森、刘湘涛、刘在新、任维维、智晓莹、祁光宇	兰州兽医所
382	用于检测牛流行热病毒的试剂盒及其应用	发明专利	2012. 9. 5	ZL201210163349. 9	郑福英、邱昌庆、蔺国珍、周继章、曹小安、宫晓伟	兰州兽医所
383	口蹄疫病毒样颗粒及制备方法和用途	发明专利	2012. 10. 10	ZL201010251915. 1	孙世琪、郭慧琛、杨顺利、沈小燕、尹双辉、尚佑军、刘湘涛、殷　宏、才学鹏	兰州兽医所
384	蜱体内检测莱姆病病原的检测试剂盒	发明专利	2012. 10. 17	ZL200910005012. 2	殷　宏、罗建勋、关贵全、杨吉飞、牛庆丽、马米玲、高金亮、刘志杰、李有全、刘军龙、任巧云	兰州兽医所

（续表）

序号	专利名称	类别	授权公告日	专利号	发明人（设计人）	单位
385	一种环介导恒温扩增引物在制备检测羊无浆体病原的试剂中的用途	发明专利	2012. 10. 17	ZL201010542863. 3	殷　宏、罗建勋、马米玲、刘志杰、杨吉飞、关贵全、李有全、刘爱红、任巧云、刘军龙、牛庆丽	兰州兽医所
386	仔猪大肠埃希氏菌 K88ac-K99-ST1-LTB 四价基因工程灭活疫苗生产用菌株及其构建方法和灭活疫苗生产方法	发明专利	2012. 10. 24	ZL201010282781. X	才学鹏、卫广森、许崇波、窦永喜	兰州兽医所
387	吡喹酮注射剂及其制备方法和应用	发明专利	2012. 2. 1	ZL200910057668. 9	朱传刚、林矫矫、张　磊、汪勇沛、陆　珂	上海兽医所
388	一种生产大片吸虫组织蛋白 L1 的方法	发明专利	2012. 5. 2	ZL200710039981. 0	何国声、郭　敏、徐梅倩、高兴春、曹　杰、朱顺海、黄　燕、赵其平、李家诚、庞　程、米荣升	上海兽医所
389	日本血吸虫重组多表位抗原及其表达、纯化方法与应用	发明专利	2012. 4. 18	ZL200810040382. 5	林矫矫、傅志强、章登吉、周伟芳、陆　珂、石耀军、刘金明、李　浩、朱传刚	上海兽医所

（续表）

序号	专利名称	类别	授权公告日	专利号	发明人（设计人）	单位
390	日本血吸虫 β-catenin 基因、蛋白及用途	发明专利	2012. 5. 2	ZL201010239053. 0	苑纯秀、李红飞、王孝波、冯新港、杨健美、林矫矫	上海兽医所
391	快速诊断家畜日本血吸虫病试纸条及其制备方法	发明专利	2012. 5. 2	ZL200610024699. 0	林矫矫、彭运潮、柴春彦、刘金明、李　浩、刘春艳、傅志强、石耀军、陆　珂、胡述光	上海兽医所
392	日本血吸虫 Frizzled9 基因、蛋白及用途	发明专利	2012. 5. 23	ZL201010224645. 5	王孝波、苑纯秀、李红飞、冯新港、杨健美	上海兽医所
393	柔嫩艾美耳球虫钙依赖蛋白激酶基因及应用	发明专利	2012. 7. 4	ZL201010253537. 0	董　辉、韩红玉、黄　兵、李　洋、姜连连、赵其平、朱顺海、马卫娇、程　军、曾艳波	上海兽医所
394	微小隐孢子虫 Th 多表位基因和融合蛋白及其应用	发明专利	2012. 8. 1	ZL201010190205. 2	陈兆国、李　艳、米荣升、黄　燕、周　鹏	上海兽医所
395	一种镰形扇头蜱的抗凝血分子 Rhipilin-1 的基因序列和重组表达与应用	发明专利	2012. 5. 9	ZL200910053692. 5	周金林、石　磊、周勇志、李　庄、向飞宇	上海兽医所

（续表）

序号	专利名称	类别	授权公告日	专利号	发明人（设计人）	单位
396	一种亚洲璃眼蜱的组胺结合蛋白HaHBP的基因序列和重组表达与应用	发明专利	2012. 5. 23	ZL200910053693. X	周金林、李　庄、石　磊、周勇志、郭凤瑀	上海兽医所
397	一种鸭源常见细菌多重PCR检测试剂盒及其检测方法	发明专利	2012. 11. 7	ZL201110093695. 9	于圣青、胡青海、韩先干、丁　铲、仇旭升、宋翠萍	上海兽医所
398	检测犬猫钩端螺旋体的荧光定量PCR方法及其引物和检测试剂盒	发明专利	2012. 10. 10	ZL201010138082. 8	丁　铲、陈鸿军、于圣青、宋翠萍、仇旭升、胡青海、韩先干	上海兽医所
399	鼠尾静脉注射固定装置	实用专利	2012. 10. 3	ZL201220040894. 3	马志永、史子学、魏建超、邵东华、王少辉、李蓓蓓、赵凡凡、沈　强、张书萧、刘　喆、蒋春英、刘萍萍、姚建楠、杨传定	上海兽医所
400	日本血吸虫SjLGL基因的siRNA及其应用	发明专利	2012. 10. 31	ZL201110139530. 0	金亚美、石艳丽、刘萍萍、杨云霞、刘金明、林矫矫	上海兽医所

（续表）

序号	专利名称	类别	授权公告日	专利号	发明人（设计人）	单位
401	重组杆状病毒及其构建方法和应用	发明专利	2012. 9. 19	ZL201010115505. 4	袁世山、郑　浩、高　飞、郑　浩、郑海红、韦祖樟、龙进学、刘长龙、庄金山、于丹丹、孙　志、王小敏、邓　宇、李燕华、蔺　涛、周　艳、刘　萍	上海兽医所
402	灰黄链霉菌及其在植物病害生物防治中的应用	发明专利	2012. 2. 8	ZL201010155500. 4	徐林波等	草原所
403	细黄链霉菌	发明专利	2012. 5. 30	ZL201010155900. 5	徐林波等	草原所
404	一株细黄链霉菌在苜蓿病害防治中的应用	发明专利	2012. 5. 9	ZL201010155523. 5	徐林波等	草原所
405	紫花苜蓿高效组织培养再生方法	发明专利	2012. 7. 4	ZL201010270899. 0	徐春波等	草原所
406	一种草地螟性诱剂	发明专利	2012. 6. 27	ZL200910080557. 7	刘爱萍等	草原所
407	草地螟性诱剂的合成及其应用	发明专利	2012. 6. 20	ZL200910080576. 2	刘爱萍等	草原所
408	区分犬瘟热病毒疫苗株和野毒株的一段序列和一个酶切位点	发明专利	2012. 8. 22	ZL200710056023. 4	王凤雪	特产所
409	自动电刺激采精器	实用新型专利	2012. 10. 20	ZL201220327394. 8	赵伟刚	特产所

（续表）

序号	专利名称	类别	授权公告日	专利号	发明人（设计人）	单位
410	一种成分均衡的人参制品及制备方法	发明专利	2012. 1. 18	ZL201010216798. 5	赵景辉	特产所
411	一种采用高电压脉冲电场技术生产五味子提取物的方法	发明专利	2012. 4. 25	ZL200910067123. 6	赵景辉	特产所
412	一种控制污染土壤上叶菜类蔬菜蓄积镉的方法	发明专利	2012. 2	ZL201002486444. 4	唐世荣、方华为、傅芳生、孙克群、冯人伟、储信建	环保所
413	利用植物促生菌与 CO_2 联合作用提供植物修复效率的方法	发明专利	2012. 11	ZL201010600934. 0	唐世荣、廖上强、郭军康、丁永祯、宋正国、王芳丽	环保所
414	一种利用观赏植物红苋修复镉污染土壤的方法	发明专利	2012. 8	ZL201010248670. 7	丁永祯、唐世荣、傅芳生、宋正国、邓小芳、郭军康、周　莉、孙克群	环保所
415	一种抗重金属植物促生菌制剂及其施用方法	发明专利	2012. 5	ZL200910070348. 7	郭军康、唐世荣、宋正国、居学海、丁永祯、赵玉杰	环保所
416	一种巯基修饰海泡石重金属吸附剂的制备方法	发明专利	2012. 9	ZL201110227759. X	梁学峰、徐应明、王　林、孙约兵、孙　扬、秦　旭	环保所
417	一种采用本地种控制黄顶菊入侵的方法	发明专利	2012. 2	ZL201010031324. 3	皇甫超河、杨殿林、张静妮、赖　欣、李　刚	环保所

（续表）

序号	专利名称	类别	授权公告日	专利号	发明人（设计人）	单位
418	一种纳滤膜进水的预处理方法	发明专利	2012. 9	ZL201010583294. 7	张克强、安　毅、林玲玲、王　风	环保所
419	生态沟渠氮磷拦截潜流坝	实用新型专利	2012. 9	ZL201120429774. 8	赵建宁、张贵龙、杨殿林、秦　伟、宋晓龙	环保所
420	一种用于无公害农产品生产数据采集的试验箱	实用新型专利	2012. 9. 1	ZL201220192953. 9	郑向群	环保所
421	一种便携式土壤原状采样器	实用新型专利	2012. 9	ZL201120512448. 3	师荣光、赵玉杰、周其文、郑向群、刘书田、张铁亮、李晓华	环保所
422	利用微生物菌株 18D-TA 厌氧降解羽毛角蛋白的方法	国家发明专利	2012. 11. 28	ZL201110245892. 8	邓　宇	沼科所
423	自脱硫水压式沼气池	实用新型专利	2012. 9. 26	ZL201220060227. 1	李　强、胡国全、尹小波、朱能敏、王海江、王守彪、达娃拉姆、洛松次仁	沼科所
424	一种处理生活垃圾的厌氧—准好氧生物反应器	实用新型专利	2012. 10. 11	ZL201220003837. 8	韩智勇、梅自力、罗　涛	沼科所
425	可自流排砂的沼气发生装置	实用新型专利	2012. 8. 22	ZL201120342497. 7	罗　涛、梅自力、陈　闯、韩智勇	沼科所

（续表）

序号	专利名称	类别	授权公告日	专利号	发明人（设计人）	单位
426	厢式连续进出料厌氧消化器	实用新型专利	2012. 7. 18	ZL201120531585. 1	吴　楠、梅自力、符征鸽、罗　涛、雷云辉、孔垂雪、刘　刈、刘景涛	沼科所
427	秸秆厌氧发酵折流式出料装置	实用新型专利	2012. 8. 15	ZL201120514636. X	李淑兰	沼科所
428	仿形调节杆装置	发明专利	2012. 1. 25	ZL200910027270. 0	石　磊、吴崇友、金诚谦、梁苏宁、	农机化所
429	油菜割晒机	发明专利	2012. 7. 4	ZL201010172174. 8	金诚谦、吴崇友、卢　晏、金　梅	农机化所
430	油菜割晒机横向拨动机构	发明专利	2012. 5. 9	ZL201010172156. X	金诚谦、吴崇友、涂安富、唐宗义	农机化所
431	微型播种机	实用新型专利	2012. 2. 8	ZL201120209527. 7	陈长林、梁苏宁、闵启超、唐宗义、	农机化所
432	变性椭圆齿轮多栽植臂分插机构	实用新型专利	2011. 9. 28	ZL201120133435. 5	张　敏、吴崇友、张文毅、袁文胜	农机化所
433	气流输送式集中排种系统	实用新型专利	2012. 8. 22	ZL201120548433. 2	张　敏、吴崇友、沐森林	农机化所
434	通用型排种器	实用新型专利	2012. 8. 29	ZL201120548472. 2	张　敏、吴崇友、金诚谦、胡敏娟	农机化所
435	播种开沟器	实用新型专利	2012. 8. 29	ZL201120548446. X	胡敏娟、吴崇友、张　敏、袁文胜	农机化所

（续表）

序号	专利名称	类别	授权公告日	专利号	发明人（设计人）	单位
436	自控集棉箱	实用新型专利	2012. 10. 10	ZL201220050028. 2	张玉同、石　磊、吴崇友、沐森林	农机化所
437	一种耙棉装置	实用新型专利	2012. 10. 10	ZL201220064024. X	张玉同、梁　建、石　磊、吴崇友	农机化所
438	复指杆式棉花收获机采摘台	实用新型专利	2012. 10. 10	ZL201220065216. 2	沐森林、张玉同、石　磊、吴崇友	农机化所
439	机载高效清棉装置	实用新型专利	2012. 9. 10	ZL201220022524. 7	张玉同、石　磊、吴崇友	农机化所
440	棉桃清分装置	实用新型专利	2012. 6. 28	ZL201220021954. 7	张玉同、石　磊、吴崇友	农机化所
441	自走复指式采棉机	实用新型专利	2012. 8. 20	ZL201220053349. 8	张玉同、石　磊、吴崇友	农机化所
442	一种海芦笋脱粒机	发明专利	2012. 9. 27	ZL201110026145. 5	陈长林	农机化所
443	自走式棉秆拔秆切碎收获机	实用新型专利	2012. 8	ZL201120567303. 3	陈明江、陈永生、朱德文、平英华、胡　桧、曲浩丽、李瑞容、杨雅婷、宋　锋	农机化所
444	茎秆切碎机喂料机构	实用新型专利	2012. 7	ZL201120567302. 9	陈永生、陈明江、胡　桧、平英华、朱德文、曲浩丽、李瑞容、杨雅婷	农机化所

（续表）

序号	专利名称	类别	授权公告日	专利号	发明人（设计人）	单位
445	组合式沼气池进料系统	实用新型专利	2011. 12	ZL201120162368. X	朱德文、李瑞容、陈永生、曲浩丽	农机化所
446	沼气秸秆原料粉碎浸泡混合多功能一体化处理	实用新型专利	2011. 11	ZL201120098305. 2	朱德文、李瑞容、陈永生、曲浩丽	农机化所
447	多功能一体化有机肥田间作业施肥机	实用新型专利	2012. 10	ZL201220104297. 2	朱德文、李瑞容、邱建兴、李　冲、陈永生、曲浩丽、吴爱兵	农机化所
448	设施栽培机械化耕作深度智能调节装置	实用新型专利	2012. 1	ZL201220053115. 3	胡　桧、陈永生、杨雅婷	农机化所
449	一种厨用超声波臭氧组合清洗设备及其清洗方法	发明专利	2012. 1. 18	ZL201010184046. 5	胡志超、王海鸥、吴　峰、曹士锋、陈有庆、彭宝良、胡良龙、王建楠、张会娟、陆秉宏	农机化所
450	果蔬微波冷冻干燥脱水加工方法	发明专利	2012. 10. 17	ZL201010184053. 5	胡志超、王海鸥、吴　峰、曹士锋、钟　挺、胡良龙、彭宝良、王建楠、陈有庆、顾峰玮	农机化所
451	半喂入式花生摘果机	发明专利	2012. 4. 25	ZL201010505996. 3	计福来、胡志超、曹士锋、胡良龙、顾峰玮、田立佳、于向涛、曹明珠、张延化、张会娟	农机化所

（续表）

序号	专利名称	类别	授权公告日	专利号	发明人（设计人）	单位
452	水平喂入式花生摘果机	发明专利	2012. 4. 25	ZL201010506009. 1	田立佳、胡志超、陈有庆、彭宝良、王海鸥、计福来、谢焕雄、钟　挺、吴　峰、王建楠	农机化所
453	一种割台搅龙多指伸缩送料机构	发明专利	2012. 9. 5	ZL201110032477. 4	钟　挺、于向涛、张延化、王海鸥、王　冰、曹明珠、顾峰玮、邓奎武、王建楠、高学梅	农机化所
454	联合收割机清选机构	发明专利	2012. 8. 8	ZL201110032463. 2	钟　挺、胡志超、顾峰玮、张延化、曹明珠、于向涛、王　冰、吴　峰、彭宝良、刘敏基	农机化所
455	一种可实现秧蔓折弯输送的半喂入花生摘果机	实用新型专利	2012. 5. 30	ZL201120376917. 3	张延化、胡志超、陈友庆、田立佳、计福来、刘敏基	农机化所
456	可调式花生脱壳机旋转打杆机构	实用新型专利	2012. 7. 4	ZL201120403018. 8	王建楠、胡志超、谢焕雄、刘敏基、高学梅、彭宝良、胡良龙、王海鸥、张会娟、陈有庆	农机化所

（续表）

序号	专利名称	类别	授权公告日	专利号	发明人（设计人）	单位
457	一种可起垄收获的多功能甘薯作业机	实用新型专利	2012. 10. 24	ZL201220053536. 6	胡良龙、胡志超、计福来、王　冰、田立佳、于向涛、张会娟、顾峰玮、曹明珠	农机化所
458	垄地用切蔓装置	实用新型专利	2012. 10. 24	ZL201220066880. 9	田立佳、胡良龙、胡志超、彭宝良、王　冰、计福来、于向涛、张会娟、顾峰玮、刘敏基、高学梅	农机化所
459	作物叶片雾滴持留量测定装置	实用新型专利	2012. 6. 20	ZL201120355868. 5	吕晓兰等	农机化所
460	一种电磁泵注入式混药装置	发明专利	2012. 6. 27	ZL201010298655. 3	薛新宇等	农机化所
461	移动式动态雾量分布性能在线测试系统	发明专利	2011. 11. 9	ZL200910264414. 4	薛新宇等	农机化所
462	基于 GPS 导航的无人机施药作业自动控制系统及方法	发明专利	2012. 12	ZL201010508046. 6	薛新宇等	农机化所
463	一种茶园修边机	发明专利	2012. 9. 19	ZL201110131337. 2	肖宏儒	农机化所
464	一种绿茶杀青理条设备	发明专利	2012. 11. 7	ZL201110337603. 7	肖宏儒	农机化所
465	一种小型乘坐履带式茶园管理机	实用新型专利	2012. 10. 3	ZL201220000668. 2	肖宏儒	农机化所

（续表）

序号	专利名称	类别	授权公告日	专利号	发明人（设计人）	单位
466	一种手工吸虫机	实用新型专利	2012. 6. 13	ZL201120402685. 4	肖宏儒	农机化所
467	一种翻土机	实用新型专利	2012. 7. 11	ZL201120425821. 1	肖宏儒	农机化所
468	一种绿茶杀青理条设备	实用新型专利	2012. 7. 11	ZL201120423640. 5	肖宏儒	农机化所
469	土壤病虫害微波防治设备	实用新型专利	2012. 7. 25	ZL201120448233. X	肖宏儒	农机化所
470	粉碎机输送强制喂料、过载保护装置	实用新型专利	2012. 7. 25	ZL201120447290. 6	王明友	农机化所
471	一种茶园修边机	实用新型专利	2012. 1. 11	ZL201120162360. 3	肖宏儒	农机化所
472	背负式茶叶采摘机	实用新型专利	2012. 3. 28	ZL201120271644. 6	秦广明	农机化所
473	定量有序上料机	实用新型专利	2012. 3. 28	ZL20112071663. 9	秦广明	农机化所
474	自走式吸虫机	实用新型专利	2012. 3. 28	ZL201120271650. 1	肖宏儒	农机化所
475	一种双喂料口粉碎机	实用新型专利	2012. 8. 28	ZL201220243203. X	王明友	农机化所
476	一种组合式粉碎机	实用新型专利	2012. 9. 15	ZL201220243277. 3	宋卫东	农机化所
477	一株枯草芽孢杆菌及其在真菌病害防治中的应用	发明专利	2012. 9. 12	ZL201110093435. 4	张成省、孔凡玉、王　静	烟草所
478	一株短小芽孢杆菌及其在防病促生中的应用	发明专利	2012. 12. 26	ZL201110146683. 8	王　静、孔凡玉、张成省	烟草所
479	实蝇类昆虫饲养装置	实用新型专利	2012. 10. 17	ZL201220002960. 8	刘浩强、李鸿筠、冉　春、姚廷山、胡军华、王进军、赵志模	柑橘所

（续表）

序号	专利名称	类别	授权公告日	专利号	发明人（设计人）	单位
480	柑橘皮渣发酵饲料的生产工艺	发明专利	2012. 5. 30	ZL200910191132. 6	吴厚玖、王　华、孙志高、黄作根、郭　莉	柑橘所
481	一种脐橙缺素黄化矫治多元叶面肥及其制备和使用方法	发明专利	2012. 1. 4	ZL200910104098. 4	彭良志、淳长品、江才伦、曹　立、凌丽俐、雷　霆	柑橘所
482	一种缩短杂交柑橘童期的方法	发明专利	2012. 1. 25	ZL201010210503. 3	曹　立、彭良志、淳长品、江才伦	柑橘所
483	柑橘十种主要病害病原的基因芯片	发明专利	2012. 10. 31	ZL201010282983. 4	周常勇、王雪峰、李中安、杨方云、宋　震、周　彦、唐科志、刘金香、刘科宏	柑橘所
484	柑橘衰退病毒的 RT-LAMP 快速检测方法	发明专利	2012. 12	ZL201110300775. 7	周常勇、王永江、李中安、苏华楠、唐科志、周　彦、黄爱军	柑橘所
485	一株酿酒酵母及其在吸附黄曲霉毒素中的应用	发明专利	2012. 7. 4	ZL201010109125. X	刘　阳、刘　畅、邢福国	加工所
486	一株寡养单胞菌及其应用	发明专利	2012. 7. 18	ZL201010592274. 6	刘　阳、赵辉欣、邢福国	加工所
487	一种从甘薯渣中提取果胶的新方法	发明专利	2012. 5. 23	ZL200810016671. 9	木泰华、韩俊娟、曹媛媛、梅　新	加工所

（续表）

序号	专利名称	类别	授权公告日	专利号	发明人（设计人）	单位
488	甘薯提取物及其应用	发明专利	2012. 9. 19	ZL200910089215. 4	木泰华、李鹏高、熊志冬	加工所
489	一种制备甘薯全粉的方法	发明专利	2012. 9. 19	ZL200910077799. 3	木泰华、何伟忠	加工所
490	高β-葡聚糖含量的酿酒酵母突变株及其应用	发明专利	2012. 5	ZL201010188411. X	王　强、刘红芝	加工所
491	一种透明质酸——海藻酸钠复合水凝胶及其制备方法	发明专利	2012. 5	ZL200910237605. 1	王　强、陈永浩、刘红芝、刘　丽	加工所
492	一种竹笋提取物及其制备方法	发明专利	2012. 12	ZL201010242490. 8	王　强、林　倩、刘红芝	加工所
493	一种畜禽骨素热压抽提装置	实用新型专利	2012. 7. 10	ZL201120473478. 8	张春晖	加工所
494	一种下排渣吊笼	实用新型专利	2012. 11. 12	ZL201220262566. 8	张春晖	加工所
495	一种畜禽骨素及其衍生物开发集成中试化设备	实用新型专利	2012. 10. 17	ZL201220262558. 3	张春晖	加工所
496	一种新型排渣漏斗	实用新型专利	2012. 11. 2	ZL201220263890. 1	张春晖	加工所
497	一种番茄营养咀嚼片及其制备方法	发明专利	2012. 5. 9	ZL20091082328. 1	毕金峰、丁玉平、方　蕾、姚学平、曾　萃、董　维、方　芳	加工所
498	一种枸杞营养咀嚼片及其制备方法	发明专利	2012. 10. 3	ZL200910082329. 6	毕金峰、丁玉平、曾　萃、姚学平、方　蕾、董　维、方　芳	加工所

（续表）

序号	专利名称	类别	授权公告日	专利号	发明人（设计人）	单位
499	一种膨化槟榔芋条及其制备方法	发明专利	2012. 11. 25	ZL201110049484. 5	毕金峰、于静静、丁媛媛、王　沛、白沙沙、公丽艳、王　轩、吕　健、杨爱金	加工所
500	一种制备裂褶菌多糖的方法及专用培养基	发明专利	2012. 2. 1	ZL200910090405. 8	周素梅、王　强、钟　昕、高利忠、刘红芝、陈　聪	加工所
501	一种金莲花清凉花果茶饮料及其制备方法	发明专利	2012. 8. 8	ZL201110036715. 9	周素梅、林伟静、李春红、钟　葵、王　燕	加工所
502	一种着味酥脆花生休闲食品及其制备方法	发明专利	2012. 9. 19	ZL201110051195. 9	周素梅、张春辉、李春红、陈　聪、林伟静、路　威、张梅红	加工所
503	一种豆衣凉茶及其制备方法	发明专利	2012. 5. 9	ZL201110030142. 9	周素梅、罗可大、李日翔、林伟静、杨　娜、段玉权、李树华、袁　兵、王　燕	加工所

（续表）

序号	专利名称	类别	授权公告日	专利号	发明人（设计人）	单位
504	一种速溶三豆复合营养粉及其制备方法	发明专利	2012. 5. 9	ZL201110026118. 8	周素梅、罗可大、李日翔、林伟静、杨　娜、段玉权、李树华、袁　兵、王　燕	加工所
505	一株乳酸菌及其应用	发明专利	2012. 10. 3	ZL201010568459. 3	吕加平、李红娟、刘　鹭、张书文、孙　洁、孔凡丕、孙　卓	加工所
506	一株高自溶度乳酸菌及其在干酪中的应用	发明专利	2011. 9. 14	ZL201110089685. 8	吕加平、刘　鹭、孙　卓、孙　洁	加工所
507	一种测定辐解产物2-十二烷基环丁酮的方法	发明专利	2012. 2. 1	ZL200810102864. 9	哈益明、王　锋、周洪杰	加工所

2012 年新药登记目录

序号	名称	类别	批准时间	证书号	主要完成人	单位
1	重组禽流感病毒（H5N1 亚型）灭活疫苗（细胞源、Re-5 株）	三类	2012. 6. 21	（2012）新兽药证字 15 号	田国彬、曾显营、陈化兰、李雁冰、施建忠	哈尔滨兽医所

（续表）

序号	名称	类别	批准时间	证书号	主要完成人	单位
2	绵羊肺炎支原体 ELISA 抗体检测试剂盒	二类	2012. 6. 29	（2012）新兽药证字 27 号	逯忠新、赵　萍、贺　英、储岳峰、高鹏程	兰州兽药所
3	水貂犬瘟热活疫苗（CDV3-CL 株）	三类	2012. 6. 1	（2012）新兽药证字 22 号	闫喜军、赵建军	特产所
4	10% 氟硅唑水乳剂（江苏建农农药化工有限公司）	农药正式登记	2012. 1. 9	PD20120028	陈福良	植保所
5	3% 甲维盐阿维菌素苯甲酸盐微乳剂（河南省博爱惠丰生化农药有限公司）	农药正式登记	2012. 10. 17	PD20121538	陈福良	植保所

2012 年获软件著作权目录

序号	软件名称	批准时间	登记号	著作权人	单位
1	中国农业防灾减灾预警系统 V1.0	2012. 11. 28	2012SR115078	环发所，刘布春	环发所
2	适应技术优先等级评价工具	2012. 9. 20	2012SR035864	环发所，居　辉	环发所
3	牧草肥料管理系统	2012. 4. 16	2012SR029211	牧医所	牧医所
4	牧草生长网络数据库系统	2012. 5. 2	2012SR034576	牧医所	牧医所
5	吉林精气神猪场繁殖管理系统软件	2012. 8. 20	2012SR076053	牧医所	牧医所
6	吉林精气神猪场生产计划模拟系统软件	2012. 8. 20	2012SR076041	牧医所	牧医所

（续表）

序号	软件名称	批准时间	登记号	著作权人	单位
7	生猪屠宰环节数据记录系统	2012. 10. 30	2012SR102078	牧医所	牧医所
8	生猪养殖环节数据记录系统	2012. 10. 30	2012SR102276	牧医所	牧医所
9	三维农业区域规划平台系统（VRG-A. Design）V1. 0	2012. 7. 30	2012SR057796	吴永常	资划所
10	粮食安全预警系统	2012. 12	2012R11L28442	邓　辉、吴永常	资划所
11	遥感数据快速批量处理系统	2012. 12		邓　辉	资划所
12	精准施肥机控制系统	2012. 5. 9	2012SR036518	资划所；贵州省烟草公司遵义市公司	资划所
13	精准施肥机养分管理软件	2012. 5. 9	2012SR036516	资划所；贵州省烟草公司遵义市公司	资划所
14	农产品质量安全追溯系统	2012. 5	2012SR034136	陈　松	质标所
15	国家农产品质量安全监测信息平台数据上报系统 V2. 0	2012. 12. 3	2012SR118415	陈志军	质标所
16	国家农产品质量安全监测信息平台数据分析系统 V2. 0	2012. 12. 3	2012SR118410	陈志军	质标所
17	国家农产品质量安全监测信息平台综合管理系统 V2. 0	2012. 12. 3	2012SR118406	陈志军	质标所
18	中国连续型基准剂量反应评估 V1. 0 软件	2012. 12. 7	2012SR118544	李　耘	质标所
19	涝渍农田排水设计软件	2012. 9. 20	2012SR089545	周新国等	灌溉所

（续表）

序号	软件名称	批准时间	登记号	著作权人	单位
20	Excel 实用统计分析包软件	2012. 8. 23	2012SR078188	水稻所	水稻所
21	茸鹿育种信息计算机管理系统	2012. 5. 12	软著登字第 0409355 号	赵伟刚	特产所
22	农产品产地土壤重金属数据挖掘系统软件 V1. 0	2012. 10. 11	2012SR095015	环保所	环保所
23	测土配方生态平衡施肥触屏系统软件 V1. 0	2012. 10. 11	2012SR095074	环保所	环保所
24	测土配方生态平衡施肥专家系统软件 V1. 0	2012. 10. 10	2012SR094566	环保所	环保所
25	粮食生产潜力预测系统软件 V1. 0	2012. 10. 10	2012SR094484	环保所	环保所
26	粮食估产系统 V1. 0	2012. . 6. 13	2012SR118532	环保所	环保所
27	测土配方生态平衡施肥移动终端系统软件 V1. 0	2012. 6. 4	2012SR118536	环保所	环保所
28	测 土 配 方 生 态 平 衡 施 肥 售 肥 系 统 V1. 0	2012. 6. 6	2012SR110301	环保所	环保所
29	省级测土配方生态平衡施肥管理系统软件 V1. 0	2012. 6. 20	2012SR110368	环保所	环保所
30	中国烟草突变体资源生物信息库和利用平台系统	2012. 6. 20	2012SR103862	烟草所	烟草所
31	COS 标记开发系统	2012. 6	2012SR103863	烟草所	烟草所
32	烟草 cSNP 数据管理系统 V1. 0	2012. 6	2012SR103860	烟草所	烟草所

（续表）

序号	软件名称	批准时间	登记号	著作权人	单位
33	烟草 EST 数据库及分析系统 V1.0	2012.7	2012SR103861	烟草所	烟草所
34	桃小食心虫环境驱动预测模型软件	2012.7	2012R11S055253	植保所	植保所
35	地方农委信息化水平调研系统	2012.6	2012R11S126750	信息所	信息所
36	各级农科院信息化调研系统	2012.6	2012R11S126746	信息所	信息所
37	农业企业信息化调研系统	2012.6	2012R11S126744	信息所	信息所
38	区县主管机关信息化调研系统	2012.6	2012R11S126747	信息所	信息所
39	县域农业农村信息化测评报表生成系统	2012.7	2012R11S126751	信息所	信息所
40	县域农业农村信息化测评过程管理系统	2012.7	2012R11S126749	信息所	信息所
41	县域农业农村信息化测评体系管理系统	2012.7	2012R11S126754	信息所	信息所
42	县域农业农村信息化测评系统	2012.10	2012R11S130433	信息所	信息所
43	农业农村信息化调研数据标准化系统	2012.10	2012R11S130438	信息所	信息所
44	用户权限管理系统	2012.10	2012R11S126748	信息所	信息所
45	农业应急专题分析系统	2012.1.10	2012R11L003774	信息所	信息所
46	中国农业经济电子地图单机版系统	2012.1.10	2012R11L003763	信息所	信息所
47	中国农业经济市场价格分析系统	2012.1.10	2012R11L003376	信息所	信息所

（续表）

序号	软件名称	批准时间	登记号	著作权人	单位
48	基于网络的中国农业经济电子地图系统	2012. 1. 10	2012R11L003135	信息所	信息所
49	网络农业信息时空特征提取系统（简称：时空因素提取）V1.0	2012. 1. 31	2012SR005549	信息所	信息所
50	精品果园果品溯源系统（简称：果品溯源）V1.0	2012. 1. 31	2012SR005554	信息所	信息所
51	农业范畴体系构建系统	2012. 8. 16	2012SR075810	信息所	信息所
52	中国 CIARD 论坛系统	2012. 8. 16	2012SR075480	信息所	信息所
53	中国农业科技文献查新服务平台 V1.0	2012. 6. 16	2012SR051642	信息所	信息所
54	农业应急专题分析系统 V1.0	2012. 7	2012SR015974	信息所	信息所
55	领域知识服务系统 V1.0	2012. 11. 27	2012SR114713	信息所	信息所
56	互联网资源加工整合系统 V1.0	2012. 11. 27	2012SR114717	信息所	信息所
57	农业科技文献数字化整合系统 V1.0	2012. 11. 27	2012SR114746	信息所	信息所
58	互联网 Web 服务监控系统 V1.0	2012. 11. 27	2012SR115020	信息所	信息所
59	资源管理与存储系统 V1.0	2012. 11. 27	2012SR114484	信息所	信息所
60	参考咨询系统 V1.0	2012. 11. 27	2012SR115021	信息所	信息所
61	中文农业科学引文数据系统 V1.0	2012. 11. 27	2012SR115019	信息所	信息所

（续表）

序号	软件名称	批准时间	登记号	著作权人	单位
62	农业科学数据加工整合系统 V1.0	2012.11.27	2012SR114757	信息所	信息所
63	转基因生物安全快速反应管理和服务平台 V1.0	2012.11.2	2012SR104163	信息所	信息所
64	农产品消费综合查询与预测系统 V1.0	2012.11.2	2012SR005467	信息所	信息所
65	农产品预警数据整理平台 V1.0	2012.11.2	2012SR005466	信息所	信息所
66	农产品价格查询与综合预警系统 V1.0	2012.11.2	2012SR005469	信息所	信息所
67	中国居民食物消费与营养素转换系统 V1.0	2012.11.2	2012SR005645	信息所	信息所
68	粮食及农副产品市场价格短期预警系统 V1.0	2012.11.2	2012SR013990	信息所	信息所
69	粮食及农副产品生产分析及预警系统 V1.0	2012.11.2	2012SR014593	信息所	信息所
70	粮食及农副产品消费需求量预测系统 V1.0	2012.11.2	2012SR014005	信息所	信息所
71	农产品决策表达可视化分析系统 V1.0	2012.11.2	2012SR013997	信息所	信息所
72	农产品海量远程信息资源协同管理系统 V1.0	2012.11.2	2012SR013993	信息所	信息所

（续表）

序号	软件名称	批准时间	登记号	著作权人	单位
73	中国农产品市场信息管理系统 V1.0	2012. 11. 2	2012sr109410	信息所	信息所
74	中国农产品市场价格信息查询系统 V1.0	2012. 11. 2	2012sr109386	信息所	信息所
75	中国农产品市场信息管理系统 V1.0	2012. 11. 2	2012sr109410	信息所	信息所
76	中国农产品市场分析与预警系统 V1.0	2012. 11. 2	2012sr109382	信息所	信息所
77	农产品生产风险水平测定与展示系统 V1.0	2012. 11. 2	2012SR117622	信息所	信息所
78	基于 ArcGIS 的农产品生产时空格局模拟系统 V1.0	2012. 11. 2	2012SR117273	信息所	信息所
79	农产品市场价格传导分析与短期预测系统 V1.0	2012. 11. 2	2012SR117686	信息所	信息所
80	智能化粮食生产消费协调度测定系统 V1.0	2012. 11. 2	2012SR118198	信息所	信息所

2012 年品种权登记目录

序号	品种名称	作物种类	培育人（第一、第二）	申请国	公告日	公告号	品种权人
1	春优 172	水稻	吴明国、林建荣	中国	2012. 5. 1	CNA003499G	水稻所、浙江农科种业有限公司
2	春优 958	水稻	吴明国、林建荣	中国	2012. 5. 1	CNA003518G	水稻所
3	中优 161	水稻	庄杰云、屠国庆、黄得润	中国	2012. 5. 1	CNA20080702. 1	水稻所
4	中棉所 77	棉花	张永山、姚金波	中国	2012. 7. 1	CNA008938E	棉花所
5	航麦 901	小麦	刘录祥等	中国	2012. 9. 1	CNA009176E	作科所
6	航麦 287	小麦	刘录祥等	中国	2012. 9. 1	CNA009181E	作科所
7	CB037	小麦	林志珊	中国	2012. 7. 1	CNA008910E	作科所
8	中植棉 L15991	棉花	简桂良、卢美光	中国	2012. 11. 1	20070156. 8	简桂良、卢美光

中国农业科学院 2012 年科技论文等有关数据统计表

单位	科技论文（篇）						院选核心期刊收录（篇）					科技著作（部）						获得专利（个）		获植物新品种权	审定品种	新农药兽药	软件著作权
	总计		第一作者、通讯作者		参与发表		小计	SCI 核心期刊			中文核心期刊	总计		第一著者		参编							
	总数	其中：SCI/EI 收录	总数	其中：SCI/EI 收录	总数	其中：SCI/EI 收录		总数	顶尖期刊	核心期刊		总数	其中：专著	总数	其中：专著	总数	其中：专著	总数	其中：发明专利				
作科所	432	199	396	176	36	23	241	105	1	104	136	16	7	14	6	2	1	27	26	3	25		
植保所	381	178	329	155	52	23	107	68	2	66	39	18	18	10	10	8	8	40	38	1	2	2	1
蔬菜所	210	49	172	37	38	12	58	12	1	11	46	4	0	4				7	6		12		
环发所	141	45	127	42	14	3	29	9		9	20	17	10	15	10	2		22	10				2
牧医所	246	108	180	86	66	22	73	26		26	47	15	4	9	3	6	1	17	14				6
蜜蜂所	72	18	68	14	4	4	8	6		6	2	5	0	4		1		14	12				
饲料所	117	41	109	33	8	8	53	25		25	28	2	2	2	2			21	19				
生物所	132	50	125	48	7	2	33	30		30	3	4	0	2		2		23	21				
农经所	131	3	95	3	36		9	1		1	8	19	15	17	15	2							
资划所	337	95	292	95	45	0	75	17		17	58	18	10	15	9	3	1	15	13				5

（续表）

单位	科技论文（篇）						院选核心期刊收录（篇）					科技著作（部）						获得专利（个）		获植物新品种权	审定品种	新农药兽药	软件著作权
	总计		第一作者、通讯作者		参与发表		小计	SCI核心期刊			中文核心期刊	总计		第一著者		参编							
	总数	其中：SCI/EI收录	总数	其中：SCI/EI收录	总数	其中：SCI/EI收录		总数	顶尖期刊	核心期刊		总数	其中：专著	总数	其中：专著	总数	其中：专著	总数	其中：发明专利				
信息所	238	23	225	22	13	1	16	4		4	12	1	0			1		3					46
加工所	157	39	145	32	12	7	21	6		6	15	6	2	5	2	1		23	19				
质标所	55	18	51	14	4	4	7	5		5	2	1	0			1		1	1				5
灌溉所	73	10	70	8	3	2	8	0		0	8	6	3	5	2	1	1	23	6				1
水稻所	170	49	134	23	36	26	45	10		10	35	5	4	4	3	1	1	34	26	3	17		1
棉花所	101	18	101	18	0	0	28	2	1	1	26	5	0	3		2		15	13	1	2		
油料所	162	63	141	51	21	12	66	14		14	52	15	7	8		7	7	43	38		6		
麻类所	28	6	23	4	5	2	2	0		0	2	1	1			1	1	2	1		2		
果树所	98	5	74	4	24	1	10	0		0	10	3	0	1		2		2	1		1		
郑果所	102	6	65	5	37	1	12	2		2	10	5	1	3	1	2		1			13		
茶叶所	122	18	107	17	15	1	12	6		6	6	5	0	4		1		8	8				
哈尔滨兽医所	228	110	203	90	25	20	99	28		28	71	4	3			4	3	31	30			1	
兰州兽医所	255	124	174	97	81	27	57	21		21	36	2	1	1		1	1	17	17			1	

（续表）

单位	科技论文（篇）						院选核心期刊收录（篇）					科技著作（部）						获得专利（个）		获植物新品种权	审定品种	新农药兽药	软件著作权
	总计		第一作者、通讯作者		参与发表		小计	SCI核心期刊			中文核心期刊	总计		第一著者		参编							
	总数	其中：SCI/EI收录	总数	其中：SCI/EI收录	总数	其中：SCI/EI收录		总数	顶尖期刊	核心期刊		总数	其中：专著	总数	其中：专著	总数	其中：专著	总数	其中：发明专利				
兰州牧药所	140	13	140	13	0	0	7	1		1	6	4	4	4	4			20	11				
上海兽医所	225	95	208	82	17	13	57	29		29	28	1	1			1	1	15	14				
草原所	118	7	81	5	37	2	7	0		0	7	2	2	1	1	1	1	6	6		2		
特产所	178	26	173	21	5	5	16	6		6	10	9	0	6		3		4	3		4	1	1
环保所	104	25	91	23	13	2	16	1		1	15	3	3	3	3			10	7				8
沼科所	43	14	33	10	10	4	5	4		4	1	2	2			2	2	6	1				
农机所	73	11	68	9	5	2	10	3		3	7	0	0					49	15				
烟草所	95	12	93	10	2	2	7	1		1	6	0	2		2			2	2		4		4
柑橘所	95	10	95	10			16	2		2	14	3	0	3				6	5		2		
甜菜所	25	4	25	4			0					0	0								4		
蚕业所	66	14	66	14			13				13	0	0										
农业遗产室	16		16				0					4	3	4	3								
合计	5 166	1 506	4 495	1 275	671	231	1 223	444	5	439	779	205	105	147	76	58	29	507	383	8	96	5	80

中国农业科学院科技平台目录

一、科技创新平台

（一）重点实验室

国家重点实验室

序号	实验室名称	依托单位
1	植物病虫害生物学国家重点实验室	植保所
2	动物营养学国家重点实验室	牧医所、中国农业大学
3	水稻生物学国家重点实验室	水稻所、浙江大学
4	兽医生物技术国家重点实验室	哈尔滨兽医所
5	家畜疫病病原生物学国家重点实验室	兰州兽医所
6	棉花生物学国家重点实验室	棉花所、河南大学

省部共建国家重点实验室

序号	实验室名称	依托单位
1	特种经济动物分子生物学省部共建国家重点实验室	特产所

综合性农业部重点实验室

序号	实验室名称	依托单位
1	农业部作物基因资源与种质创制重点实验室	作科所
2	农业部麦类生物学与遗传育种重点实验室	作科所
3	农业部作物有害生物综合治理重点实验室	植保所
4	农业部园艺作物生物学与种质创制重点实验室	蔬菜所

（续表）

序号	实验室名称	依托单位
5	农业部薯类作物生物学与遗传育种重点实验室	蔬菜所
6	农业部农业环境重点实验室	环发所
7	农业部动物营养与饲料学重点实验室	牧医所
8	农业部农产品加工重点实验室	加工所
9	农业部农业基因组学重点实验室（北京）	生物所
10	农业部植物营养与肥料重点实验室	资划所
11	农业部农业信息技术重点实验室	资划所
12	农业部农产品质量安全重点实验室	质标所
13	农业部水稻生物学与遗传育种重点实验室	水稻所
14	农业部棉花生物学与遗传育种重点实验室	棉花所
15	农业部油料作物生物学与遗传育种重点实验室	油料所
16	农业部兽用药物与兽医生物技术重点实验室	哈尔滨兽医所
17	农业部动物疫病病原生物学重点实验室	兰州兽医所
18	农业部农村可再生能源开发利用重点实验室	沼科所
19	农业部现代农业装备重点实验室	农机化所

专业性（区域性）农业部重点实验室

序号	实验室名称	依托单位
1	农业部作物生理生态重点实验室	作科所
2	农业部北京大豆生物学重点实验室	作科所
3	农业部旱作节水农业重点实验室	环发所
4	农业部设施农业节能与废弃物处理重点实验室	环发所
5	农业部畜禽遗传资源与种质创新重点实验室	牧医所
6	农业部授粉昆虫生物学重点实验室	蜜蜂所
7	农业部饲料生物技术重点实验室	饲料所

（续表）

序号	实验室名称	依托单位
8	农业部农业微生物资源收集与保藏重点实验室	资划所
9	农业部面源污染控制重点实验室	资划所
10	农业部农业信息服务技术重点实验室	信息所
11	农业部作物需水与调控重点实验室	灌溉所
12	农业部生物毒素检测重点实验室	油料所
13	农业部麻类生物学与加工重点实验室	麻类所
14	农业部园艺作物种质资源利用重点实验室	果树所
15	农业部果树育种技术重点实验室	郑果所
16	农业部茶树生物学与资源利用重点实验室	茶叶所
17	农业部兽用药物创制重点实验室	兰州牧药所
18	农业部动物寄生虫学重点实验室	上海兽医所
19	农业部牧草资源与利用重点实验室	草原所
20	农业部特种经济动物遗传育种与繁殖重点实验室	特产所
21	农业部产地环境质量重点实验室	环保所
22	农业部烟草生物学与加工重点实验室	烟草所
23	农业部蚕桑遗传改良重点实验室	蚕业所

农业科学观测实验站

序号	实验站名称	依托单位
1	农业部新乡小麦高效育种技术科学观测实验站	作科所
2	农业部核辐射农业生物科学观测实验站	作科所
3	农业部锡林郭勒草原有害生物科学观测实验站	植保所
4	农业部桂林有害生物科学观测实验站	植保所
5	农业部廊坊农作物有害生物科学观测实验站	廊坊基地
6	农业部蔬菜作物基因资源与种质创制北京科学观测实验站	蔬菜所

（续表）

序号	实验站名称	依托单位
7	农业部寿阳农业环境与作物高效用水科学观测实验站	环发所
8	农业部兽用药物与兽医生物技术北京科学观测实验站	牧医所
9	农业部华北动物遗传资源与营养科学观测实验站	牧医所
10	农业部祁阳农业环境科学观测实验站	资划所
11	农业部呼伦贝尔农业环境科学观测实验站	资划所
12	农业部华北设施栽培与施肥科学观测实验站	德州实验站
13	农业部商丘农业环境科学观测实验站	灌溉所
14	农业部作物基因资源与种质创制浙江科学观测实验站	水稻所
15	农业部作物基因资源与种质创制辽宁科学观测实验站	果树所
16	农业部作物基因资源与种质创制河南科学观测实验站	郑果所
17	农业部草原畜牧业装备科学观测实验站	草原所
18	农业部大理农业环境科学观测实验站	环保所
19	农业部西南地区果树科学观测实验站	柑橘所

中国农业科学院重点开放实验室

序号	实验室名称	依托单位
1	中国农业科学院作物种质资源与生物技术重点开放实验室	作科所
2	中国农业科学院作物遗传改良与生物技术重点开放实验室	作科所
3	中国农业科学院粮棉油料作物生理与栽培重点开放实验室	作科所
4	中国农业科学院植物病虫害生物学重点开放实验室	植保所
5	中国农业科学院农药化学与应用技术重点开放实验室	植保所
6	中国农业科学院生物入侵与生物防治重点开放实验室	植保所
7	中国农业科学院杂草鼠害生物学与治理重点开放实验室	植保所
8	中国农业科学院园艺作物遗传与生理重点开放实验室	蔬菜所
9	中国农业科学院农业环境与气候变化重点开放实验室	环发所

（续表）

序号	实验室名称	依托单位
10	中国农业科学院旱作节水农业重点开放实验室	环发所
11	中国农业科学院动物营养学重点开放实验室	牧医所
12	中国农业科学院家养动物遗传资源与种质创新重点开放实验室	牧医所
13	中国农业科学院牧草遗传改良与利用重点开放实验室	牧医所
14	中国农业科学院授粉昆虫生物学重点开放实验室	蜜蜂所
15	中国农业科学院饲料生物技术重点开放实验室	饲料所
16	中国农业科学院农产品加工与质量控制重点开放实验室	加工所
17	中国农业科学院农作物分子生物学与生物技术重点开放实验室	生物所
18	中国农业科学院国家农业政策分析与决策支持系统重点开放实验室	农经所
19	中国农业科学院植物营养与养分循环重点开放实验室	资划所
20	中国农业科学院资源遥感与数字农业重点开放实验室	资划所
21	中国农业科学院土壤质量重点开放实验室	资划所
22	中国农业科学院智能化农业预警技术与系统重点开放实验室	信息所
23	中国农业科学院农产品质量与食物安全重点开放实验室	质标所
24	中国农业科学院农业水资源高效安全利用重点开放实验室	灌溉所
25	中国农业科学院水稻生物学重点开放实验室	水稻所
26	中国农业科学院棉花遗传改良重点开放实验室	棉花所
27	中国农业科学院油料作物生物学重点开放实验室	油料所
28	中国农业科学院茎纤维生物质与工程微生物重点开放实验室	麻类所
29	中国农业科学院麻类遗传育种与生物加工重点开放实验室	麻类所
30	中国农业科学院果树种质资源与育种技术重点开放实验室	果树所
31	中国农业科学院果树生长发育与品质控制重点开放实验室	郑果所
32	中国农业科学院茶及饮料植物产品加工与质量控制重点开放实验室	茶叶所
33	中国农业科学院兽医生物技术重点开放实验室	哈尔滨兽医所

（续表）

序号	实验室名称	依托单位
34	中国农业科学院动物流感重点开放实验室	哈尔滨兽医所
35	中国农业科学院人兽共患病重点开放实验室	哈尔滨兽医所 兰州兽医所
36	中国农业科学院家畜疫病病原生物学重点开放实验室	兰州兽医所
37	中国农业科学院草食动物疫病重点开放实验室	兰州兽医所
38	中国农业科学院新兽药工程重点开放实验室	兰州牧药所
39	中国农业科学院动物寄生虫学重点开放实验室	上海兽医所
40	中国农业科学院兽药安全评价与兽药残留研究重点开放实验室	上海兽医所
41	中国农业科学院草地资源生态重点开放实验室	草原所
42	中国农业科学院特种经济动物种质资源遗传改良重点开放实验室	特产所
43	中国农业科学院农业环境与农产品安全重点开放实验室	环保所
44	中国农业科学院能源微生物重点开放实验室	沼科所
45	中国农业科学院农业机械重点开放实验室	农机化所
46	中国农业科学院烟草遗传改良与生物技术重点开放实验室	烟草所
47	中国农业科学院柑橘学重点开放实验室	柑橘所
48	中国农业科学院北方糖料作物资源与利用重点开放实验室	甜菜所
49	中国农业科学院蚕桑遗传改良与生物技术重点开放实验室	蚕业所
50	中国农业科学院草地农业系统学重点开放实验室	草原生态所
51	中国农业科学院家禽遗传资源评价与繁育重点开放实验室	家禽所
52	中国农业科学院甘薯遗传改良重点开放实验室	甘薯所

（二）品种改良中心、种质库圃

国家农作物、畜禽改良中心（分中心）

序号	改良中心（分中心）名称	依托单位
1	国家小麦改良中心	作科所
2	国家大豆改良北京分中心	作科所
3	国家蔬菜改良中心	蔬菜所
4	国家畜禽分子育种中心	牧医所
5	国家牛奶质量改良中心	牧医所
6	国家水稻改良中心	水稻所
7	国家棉花改良中心	棉花所
8	国家油料作物改良中心	油料所
9	国家麻类作物育种中心	麻类所
10	国家苹果育种中心	果树所
11	国家桃、葡萄改良中心	郑果所
12	国家茶树改良中心	茶叶所
13	国家烟草改良中心	烟草所
14	国家柑橘品种改良中心	柑橘所
15	国家糖料改良中心	甜菜所
16	国家蚕桑育种中心	蚕业所
17	国家禽类实验动物种子中心	哈尔滨兽医所
18	国家牧草改良中心	草原所
19	国家食用菌改良中心	资源区划所
20	国家瓜果改良中心	郑州果树所

国家级农作物种质库

序号	种质库名称	依托单位
1	国家作物种质长期库	作科所
2	国家农作物种质资源保存中心	作科所
3	国家蔬菜中期库	蔬菜所
4	国家水稻中期库	水稻所
5	国家棉花中期库	棉花所
6	国家油料作物中期库	油料所
7	国家麻类作物中期库	麻类所
8	国家西甜瓜中期库	郑果所
9	国家牧草中期库	草原所
10	国家烟草中期库	烟草所
11	国家甜菜中期库	甜菜所

国家级农作物种质圃

序号	种质圃名称	依托单位
1	国家种质北京多年生小麦野生近缘植物圃	作科所
2	国家种质海南野生棉圃	棉花所
3	国家种质武昌野花生圃	油料所
4	国家种质沅江苎麻圃	麻类所
5	国家种质兴城梨、苹果圃	果树所
6	国家种质郑州桃、葡萄圃	郑果所
7	国家种质杭州茶树圃	茶叶所
8	国家种质多年生牧草圃	草原所
9	国家种质左家山葡萄圃	特产所
10	国家种质重庆柑橘圃	柑橘所
11	国家种质镇江桑树圃	蚕业所
12	国家种质徐州甘薯试管苗库	甘薯所

（三）工程技术研究中心

国家工程技术研究中心

序号	工程中心名称	依托单位
1	国家昌平综合农业工程技术研究中心	中国农业科学院
2	国家饲料工程技术研究中心	中国农业大学、饲料所
3	国家油菜工程技术研究中心	华中农业大学、油料所
4	国家茶产业工程技术研究中心	茶叶所
5	国家柑橘工程技术研究中心	柑橘所

（四）农产品质量安全风险评估实验室、研究中心

农业部农产品质量安全风险评估实验室

序号	实验室名称	依托单位
1	农业部稻米产品质量安全风险评估实验室（杭州）	水稻所
2	农业部谷物产品质量安全风险评估实验室（北京）	作科所
3	农业部油料产品质量安全风险评估实验室（武汉）	油料所
4	农业部奶产品质量安全风险评估实验室（北京）	牧医所
5	农业部蔬菜产品质量安全风险评估实验室（北京）	蔬菜所
6	农业部果品质量安全风险评估实验室（郑州）	郑果所
7	农业部果品质量安全风险评估实验室（兴城）	果树所
8	农业部柑橘产品质量安全风险评估实验室（重庆）	柑橘所
9	农业部茶叶产品质量安全风险评估实验室（杭州）	茶叶所
10	农业部蜂产品质量安全风险评估实验室（北京）	蜜蜂所
11	农业部农产品质量安全生物性危害因子风险评估实验室（北京）	植保所
12	农业部农产品质量安全环境因子风险评估实验室（天津）	环保所
13	农业部农产品加工质量安全风险评估实验室（北京）	加工所

中国农业科学院农产品质量安全风险评估研究中心

序号	中心名称	依托单位
1	中国农业科学院谷物产品质量安全风险评估研究中心	作科所
2	中国农业科学院农产品农药残留与生物危害风险评估研究中心	植保所
3	中国农业科学院蔬菜产品质量安全风险评估研究中心	蔬菜所
4	中国农业科学院奶产品质量安全风险评估研究中心	牧医所
5	中国农业科学院蜂产品质量安全风险评估研究中心	蜜蜂所
6	中国农业科学院农产品加工质量安全风险评估研究中心	加工所
7	中国农业科学院食用菌质量安全风险评估研究中心	资划所
8	中国农业科学院稻米产品质量安全风险评估研究中心	水稻所
9	中国农业科学院棉花质量安全风险评估研究中心	棉花所
10	中国农业科学院油料产品质量安全风险评估研究中心	油料所
11	中国农业科学院麻类产品质量安全风险评估研究中心	麻类所
12	中国农业科学院兴城果品质量安全风险评估研究中心	果树所
13	中国农业科学院郑州果品质量安全风险评估研究中心	郑果所
14	中国农业科学院茶叶质量安全风险评估研究中心	茶叶所
15	中国农业科学院兰州畜产品质量安全风险评估研究中心	兰州牧药所
16	中国农业科学院特种经济动植物产品质量安全风险评估研究中心	特产所
17	中国农业科学院农产品产地环境风险评估研究中心	环保所
18	中国农业科学院烟草产品质量安全风险评估研究中心	烟草所
19	中国农业科学院柑橘质量安全风险评估研究中心	柑橘所
20	中国农业科学院蚕业产品质量安全风险评估研究中心	蚕业所

二、科技支撑平台

（一）重大科学工程、工程实验室、工程研究中心

国家重大科学工程

序号	名称	依托单位
1	农作物基因资源与基因改良国家重大科学工程	作科所
2	国家农业生物安全科学中心	植保所

国家工程实验室

序号	名称	依托单位
1	作物分子育种国家工程实验室	作科所
2	作物细胞育种国家工程实验室	蔬菜所
3	棉花转基因育种国家工程实验室	棉花所
4	耕地培育技术国家工程实验室	资划所
5	作物高效用水与抗灾减损国家工程实验室	环发所

国家工程研究中心

序号	名称	依托单位
1	动物用生物制品国家工程研究中心	哈尔滨兽医所
2	生物饲料开发国家工程研究中心	饲料所

（二）野外台站

国家级野外台站

序号	野外台站名称	依托单位
1	全国农作物种质资源野外观测研究圃网	作科所
2	全国农业土壤肥力效益野外研究站网络	资划所
3	南方红黄壤地区农业生态环境监测试验站	资划所
4	内蒙古呼伦贝尔草原生态系统国家野外科学观测研究站	资划所
5	河南商丘农田生态系统国家野外科学观测研究站	灌溉所

农业部野外科学观测试验站

序号	野外台站名称	依托单位
1	农业部迁西燕山生态环境重点野外科学观测试验站	资划所
2	农业部洛阳旱地农业重点野外科学观测试验站	资划所
3	农业部呼伦贝尔草甸草原生态环境重点野外科学观测试验站	资划所
4	农业部祁阳红壤生态环境重点野外科学观测试验站	资划所
5	农业部昌平潮褐土生态环境重点野外科学观测试验站	资划所
6	农业部德州农业资源与生态环境重点野外科学观测试验站	资划所
7	农业部长白山野生生物资源重点野外科学观测试验站	特产所
8	农业部杭州茶树资源重点野外科学观测试验站	茶叶所
9	农业部寿阳旱地农业重点野外科学观测试验站	环发所
10	农业部鄂尔多斯沙地草原生态环境重点野外科学观测试验站	草原所
11	农业部沙尔沁牧草资源重点野外科学观测试验站	草原所
12	农业部玉树高寒草原资源与生态环境重点野外科学观测试验站	草原生态所
13	农业部沅江麻类资源重点野外科学观测试验站	麻类所
14	农业部廊坊有害生物防治重点野外科学观测试验站	植保所

（续表）

序号	野外台站名称	依托单位
15	农业部锡林浩特草原有害生物防治重点野外科学观测试验站	植保所
16	农业部兴城北方落叶果树资源重点野外科学观测试验站	果树所
17	农业部武昌花生资源重点野外科学观测试验站	油料所
18	农业部商丘农业资源与生态环境重点野外科学观测试验站	灌溉所
19	农业部兰州黄土高原生态环境重点野外科学观测试验站	兰州牧药所
20	农业部昌平畜禽资源重点野外科学观测试验站	牧医所
21	农业部新乡矮败小麦重点野外科学观测试验站	作科所
22	农业部大理农业生态环境重点野外科学观测试验站	环保所
23	农业部镇江桑树资源重点野外科学观测试验站	蚕业所
24	农业部徐州甘薯资源重点野外科学观测试验站	甘薯所

中国农业科学院野外科学观测试验站

序号	野外台站名称	依托单位
1	中国农业科学院祁阳红壤生态环境野外科学观测试验站	资划所
2	中国农业科学院呼伦贝尔草甸草原生态环境野外科学观测试验站	资划所
3	中国农业科学院洛阳旱地农业野外科学观测试验站	资划所
4	中国农业科学院迁西燕山生态环境野外科学观测试验站	资划所
5	中国农业科学院昌平潮褐土生态环境野外科学观测试验站	资划所
6	中国农业科学院德州农业资源与生态环境野外科学观测试验站	资划所
7	中国农业科学院长白山野生生物资源野外科学观测试验站	特产所
8	中国农业科学院杭州茶树资源野外科学观测试验站	茶叶所
9	中国农业科学院寿阳旱地农业野外科学观测试验站	环发所

（续表）

序号	野外台站名称	依托单位
10	中国农业科学院鄂尔多斯沙地草原生态环境野外科学观测试验站	草原所
11	中国农业科学院沙尔沁牧草资源野外科学观测试验站	草原所
12	中国农业科学院玉树高寒草原资源与生态环境野外科学观测试验站	草原所
13	中国农业科学院沅江麻类资源野外科学观测试验站	麻类所
14	中国农业科学院廊坊有害生物防治野外科学观测试验站	植保所
15	中国农业科学院锡林浩特草原有害生物防治野外科学观测试验站	植保所
16	中国农业科学院兴城北方落叶果树资源野外科学观测试验站	果树所
17	中国农业科学院武昌花生资源野外科学观测试验站	油料所
18	中国农业科学院商丘农业资源与生态环境野外科学观测试验站	灌溉所
19	中国农业科学院兰州黄土高原生态环境野外科学观测试验站	兰州牧药所
20	中国农业科学院昌平畜禽资源野外科学观测试验站	牧医所
21	中国农业科学院新乡矮败小麦野外科学观测试验站	作科所
22	中国农业科学院大理农业生态环境野外科学观测试验站	环保所
23	中国农业科学院镇江桑树资源野外科学观测试验站	蚕业所
24	中国农业科学院徐州甘薯资源野外科学观测试验站	甘薯所
25	中国农业科学院新乡有害生物防治野外科学观测试验站	植保所
26	中国农业科学院天水有害生物防治野外科学观测试验站	植保所
27	中国农业科学院桂林有害生物防治野外科学观测试验站	植保所
28	中国农业科学院廊坊数字水肥野外科学观测试验站	资划所
29	中国农业科学院密云生态农业野外科学观测试验站	资划所
30	中国农业科学院鄂托克旗牧草资源与育种野外科学观测试验站	牧医所
31	中国农业科学院杭州水稻种质资源野外科学观测试验站	水稻所

（续表）

序号	野外台站名称	依托单位
32	中国农业科学院长江中下游棉花野外科学观测试验站	棉花所
33	中国农业科学院平安油菜育种野外科学观测试验站	油料所
34	中国农业科学院进贤红壤地区油料作物野外科学观测试验站	油料所
35	中国农业科学院汉川转基因油料作物环境安全野外科学观测试验站	油料所
36	中国农业科学院武清转基因生物农田生态系统影响野外科学观测试验站	环保所
37	中国农业科学院藁城农业生态环境野外科学观测试验站	环保所
38	中国农业科学院彭州农产品产地环境野外科学观测试验站	环保所
39	中国农业科学院南京农业机械野外科学观测试验站	农机化所
40	中国农业科学院郑州果树瓜类野外科学观测试验站	郑果所
41	中国农业科学院阿克苏果树瓜类野外科学观测试验站	郑果所
42	中国农业科学院青岛烟草资源与环境野外科学观测试验站	烟草所
43	中国农业科学院张掖牧草及生态农业野外科学观测试验站	兰州牧药所
44	中国农业科学院苏尼特温带荒漠草原资源与生态环境野外科学观测试验站	草原所
45	中国农业科学院太仆寺旗草地资源生态监测与评价野外科学观测试验站	草原所
46	中国农业科学院葫芦岛落叶果树生理生态及有害生物野外科学观测试验站	果树所
47	中国农业科学院新乡农业水土环境野外科学观测试验站	灌溉所
48	中国农业科学院廊坊蔬菜资源野外科学观测试验站	蔬菜所
49	中国农业科学院信息农业野外科学观测试验站	信息所
50	中国农业科学院数字化文献信息服务系统野外科学观测试验站	信息所
51	中国农业科学院岳阳农业环境野外科学观测试验站	环发所
52	中国农业科学院那曲高寒草原生态与气候变化野外科学观测试验站	环发所

（续表）

序号	野外台站名称	依托单位
53	中国农业科学院密云农业环境野外科学观测试验站	环发所
54	中国农业科学院共和农业环境野外科学观测试验站	环发所
55	中国农业科学院兰州农业环境野外科学观测试验站	环发所 兰州牧药所
56	中国农业科学院永宁农业环境野外科学观测试验站	环发所
57	中国农业科学院大荔农业环境野外科学观测试验站	环发所
58	中国农业科学院崇明农业环境野外科学观测试验站	环发所
59	中国农业科学院东营农业环境野外科学观测试验站	环发所
60	中国农业科学院西昌烟草资源与环境野外科学观测试验站	烟草所

（三）现代农业产业技术体系

现代农业产业技术体系技术研发中心

序号	产业	名称	依托单位
1	水稻	国家水稻产业技术研发中心	水稻所
2	玉米	国家玉米产业技术研发中心	作科所
3	小麦	国家小麦产业技术研发中心	作科所
4	大豆	国家大豆产业技术研发中心	作科所
5	大麦青稞	国家大麦青稞产业技术研发中心	作科所
6	谷子糜子	国家谷子糜子产业技术研发中心	作科所
7	食用豆	国家食用豆产业技术研发中心	作科所
8	马铃薯	国家马铃薯产业技术研发中心	蔬菜所
9	油菜	国家油菜产业技术研发中心	油料所
10	棉花	国际棉花产业技术研发中心	棉花所
11	麻类	国家麻类产业技术研发中心	麻类所

（续表）

序号	产业	名称	依托单位
12	茶叶	国家茶叶产业技术研发中心	茶叶所
13	食用菌	国家食用菌产业技术研发中心	资划所
14	大宗蔬菜	国家大宗蔬菜产业技术研发中心	蔬菜所
15	肉鸡	国家肉鸡产业技术研发中心	牧医所
16	水禽	国家水禽产业技术研发中心	牧医所
17	蜂	国家蜂产品技术研发中心	蜜蜂所

现代农业产业技术体系功能研究室

序号	产业	名称	依托单位
1	水稻	育种与繁育研究室	水稻所
2	水稻	栽培与土肥研究室	水稻所
3	玉米	病虫害防控研究室	植保所
4	玉米	栽培与土肥研究室	作科所
5	小麦	加工研究室	加工所
6	食用豆	病虫害防控研究室	作科所
7	食用豆	栽培与土肥研究室	作科所
8	食用豆	综合研究室	信息所
9	马铃薯	育种研究室	蔬菜所
10	马铃薯	产业经济研究室	资划所
11	油菜	病虫害防控研究室	油料所
12	油菜	加工研究室	油料所
13	油菜	设施与设备研究室	农机化所
14	花生	病虫害防控研究室	油料所
15	花生	机械研究室	农机化所
16	胡麻	综合研究室	油料所

（续表）

序号	产业	名称	依托单位
17	棉花	病虫害防控研究室	植保所
18	棉花	育种与种子研究室	棉花所
19	棉花	栽培与土肥研究室	棉花所
20	麻类	加工研究室	麻类所
21	麻类	设施设备研究室	麻类所
22	麻类	育种研究室	麻类所
23	甜菜	育种与种子研究室	甜菜所
24	甜菜	机械研究室	甜菜所
25	蚕桑	病虫害防控研究室	蚕业所
26	蚕桑	养蚕与桑树栽培研究室	蚕业所
27	茶叶	病虫害防控研究室	茶叶所
28	茶叶	加工研究室	茶叶所
29	茶叶	栽培与茶园机械研究室	茶叶所
30	茶叶	产业经济研究室	茶叶所
31	大宗蔬菜	病虫害防控研究室	蔬菜所
32	大宗蔬菜	育种与种子研究室	蔬菜所
33	西甜瓜	病虫害防控研究室	植保所
34	西甜瓜	栽培与耕作研究室	郑果所
35	西甜瓜	综合研究室	农经所
36	苹果	育种与资源利用研究室	果树所
37	梨	遗传与育种研究室	郑果所
38	葡萄	病虫害防控研究室	植保所
39	葡萄	育种研究室	郑果所
40	葡萄	栽培研究室	果树所
41	桃	栽培与综合研究室	郑果所

（续表）

序号	产业	名称	依托单位
42	牧草	产业经济研究室	农经所
43	牧草	栽培与草地管理研究室	草原所
44	奶牛	环境控制研究室	牧医所
45	奶牛	疾病控制研究室	兰州牧药所
46	肉牛牦牛	遗传育种与繁殖研究室	牧医所
47	肉羊	疾病控制研究室	兰州兽医所
48	肉羊	加工研究室	加工所
49	肉羊	营养与饲料研究室	饲料所
50	绒毛用羊	疾病控制研究室	兰州兽医所
51	蛋鸡	产业经济研究室	农经所
52	蛋鸡	营养与饲料研究室	牧医所
53	肉鸡	疾病控制研究室	哈尔滨兽医所
54	肉鸡	生产与环境控制研究室	牧医所
55	蜂	病虫害防控与质量监督研究室	蜜蜂所
56	蜂	育种与授粉研究室	蜜蜂所
57	柑橘	栽培与耕作研究室	柑橘所
58	柑橘	病虫害防控研究室	柑橘所

现代农业产业技术体系综合试验站

序号	产业	名称	依托单位
1	水稻	祁阳综合试验站	资划所
2	小麦	德州综合试验站	资划所
3	麻类	沅江苎麻试验站	麻类所
4	苹果	葫芦岛综合试验站	果树所
5	葡萄	左家综合试验站	特产所

（续表）

序号	产业	名称	依托单位
6	葡萄	豫西与黄土高原综合试验站	郑果所
7	桃	郑州综合试验站	郑果所
8	牧草	鄂尔多斯综合试验站	草原所

（四）农产品加工技术研发中心、分中心

国家农产品加工技术研发中心、分中心

序号	中心名称	依托单位
1	国家农产品加工技术研发中心	加工所
2	国家油菜籽加工技术研发专业分中心	油料所
3	国家杂粮加工技术研发专业分中心	作科所
4	国家饲料加工技术研发专业分中心	饲料所
5	国家柑橘加工技术研发专业分中心	柑橘所
6	国家茶叶加工技术研发专业分中心	茶叶所
7	国家蜂产品加工技术研发专业分中心	蜜蜂所
8	国家人参鹿茸加工技术研发专业分中心	特产所

三、科技服务平台

（一）质检中心

国家质检中心

序号	质检中心名称	依托单位
1	国家饲料质量监督检验中心（北京）	质标所
2	国家化肥质量监督检验中心（北京）	资划所
3	国家植保机械质量监督检验中心	农机化所

部级质检中心

序号	质检中心名称	依托单位
1	农业部谷物品质监督检验测试中心	作科所
2	农业部植物抗病虫性及农药监督检验测试中心（北京）	植保所
3	农业部转基因植物环境安全监督检验测试中心（北京）	植保所
4	农业部蔬菜品质监督检验测试中心（北京）	蔬菜所
5	农业部畜牧环境设施设备质量监督检验测试中心（北京）	环发所
6	农业部奶及奶制品质量监督检验测试中心（北京）	牧医所
7	农业部转基因动物及饲料安全监督检验测试中心（北京）	牧医所
8	农业部蜂产品质量监督检验测试中心（北京）	蜜蜂所
9	农业部辐照产品质量监督检验测试中心	加工所
10	农业部微生物肥料和食用菌菌种质量监督检验测试中心	资划所
11	水利部节水灌溉设备质量检测中心	灌溉所
12	农业部稻米及制品质量监督检验测试中心	水稻所
13	农业部转基因植物环境安全监督检验测试中心（杭州）	水稻所
14	农业部棉花品质监督检验测试中心	棉花所
15	农业部转基因植物环境安全监督检验测试中心（安阳）	棉花所
16	农业部油料及制品质量监督检验测试中心	油料所
17	农业部转基因植物环境安全监督检验测试中心（武汉）	油料所
18	农业部麻类产品质量监督检验测试中心	麻类所
19	农业部果品及苗木质量监督检验测试中心（兴城）	果树所
20	农业部果品及苗木质量监督检验测试中心（郑州）	郑果所
21	农业部茶叶质量监督检验测试中心	茶叶所
22	农业部实验动物质量监督检验测试中心（哈尔滨）	哈尔滨兽医所
23	农业部动物毛皮及制品质量监督检验测试中心（兰州）	兰州牧药所
24	农业部特种经济动植物及产品质量监督检验测试中心	特产所

（续表）

序号	质检中心名称	依托单位
25	农业部环境质量监督检验测试中心	环保所
26	农业部转基因生物生态环境安全监督检验测试中心（天津）	环保所
27	农业部沼气产品及设备质量监督检验测试中心	沼科所
28	机械工业旋耕机械产品质量监督检测中心	农机化所
29	机械工业茶叶加工机械质量监督检测中心	农机化所
30	农业部烟草产业产品质量监督检验测试中心	烟草所
31	农业部转基因烟草环境安全监督检验测试中心（青岛）	烟草所
32	农业部转基因植物用微生物环境安全监督检验测试中心（北京）	生物所
33	农业部柑橘及苗木质量监督检验测试中心	柑橘所
34	农业部甜菜品质监督检验测试中心	甜菜所
35	农业部蚕桑产业产品质量监督检验测试中心（镇江）	蚕业所

（二）参考实验室

国家参考实验室

序号	实验室名称	依托单位
1	国家牛传染性胸膜肺炎参考实验室	哈尔滨兽医所
2	国家禽流感参考实验室	哈尔滨兽医所
3	国家口蹄疫参考实验室	兰州兽医所

获 OIE 认可的参考实验室

序号	实验室名称	依托单位
1	OIE 禽流感参考实验室	哈尔滨兽医所
2	OIE 马传染性贫血参考实验室	哈尔滨兽医所

（续表）

序号	实验室名称	依托单位
3	OIE 马流感 twinning 实验室	哈尔滨兽医所
4	OIE 口蹄疫参考实验室	兰州兽医所

（三）科技基础条件平台

国家科技基础条件平台

序号	平台名称	依托单位
1	国家农作物种质资源平台	作科所
2	国家微生物资源平台	资划所
3	家养动物种质资源平台	牧医所
4	农业科学数据共享中心	信息所

建设一流现代院所　支撑服务现代农业

——李家洋在中国农业科学院七届二次学术委员会上的讲话

（2012 年 3 月 30 日）

各位委员、同志们：

上午好！今天春光明媚，艳阳高照，在这个春意盎然的美好时节，中国农业科学院第七届学术委员会第二次会议在北京召开，首先我代表中国农业科学院对各位委员的到来表示热烈的欢迎，对各位委员长期以来对中国农业科学院的大力支持表示衷心的感谢！

今年的中央一号文件和刚刚闭幕的全国“两会”，再一次把“三农”发展，特别是依靠农业科技创新、保障农产品安全供给等提到了更加重要的战略高度，体现出党中央、国务院对发展农业科技、依靠科技进步解决“三农”问题，确保国家粮食安全的信心和决心。今年年初召开的中国农业科学院工作会议，确立了今后 10 年左右的发展目标，就是要建设“世界一流农业科研院所”。今天，我们在这里召开会议，主要任务是借助各位专家委员的智慧，共同分析中国农业科学院科技工作面临的新形势、新任务，集思广益，探讨现代科研院所建设的新思路和新举措，推动中国农业科学院跨越发展，整体提升科技自主创新能力，为推动现代农业发展提供支撑和服务。

下面，我代表中国农业科学院就 3 个方面作一探讨，请委员们讨论。

一、审视新形势　把握新机遇

“十二五”时期是我国农业科技整体实力率先跻身世界前列的关键时期，也是我院跨越发展、建设一流现代院所的关键阶段。

（一）中央一号文件为科技创新和跨越发展指明了方向

今年的中央一号文件特别强调：要不断加强农业科技创新，依靠科技创新驱动，引领支撑现代农业建设，增强农产品安全供给保障能力。其中，最突出的特点就是明确了农业科技的发展定位、定性和定向，为未来农业科技创新和跨越发展指明了方向。定位上，明确了实现农业持续稳定发展、长期确保农产品有效供给，根本出路在科技，强调农业科技是确保国家粮食安全的基础支撑，是突破资源环境约束的必然选择，是加快现代农业建设的决定力量。定性上，明确了农业科技具有显著的公共性、基础性、社会性，要求把农业科技摆上更加突出的位置，大幅度增加农业科技投入，推动农业科技跨越发展，为农业增产、农民增收、农村繁荣注入强劲动力。定向上，明确了农业科技要着眼长远发展，超前部署农业前沿技术和基础研究，力争在世界农业科技前沿领域占有重要位置；要面向产业需求，着力突破农业重大关键技术和共性技术，切实解决科技与经济脱节等问题。

农业科技“三定”的深刻阐述，指明了农业科技创新的方向，也给我们农业科研机构吃了一颗“定心丸”。在我国农业科技进入快速发展的重要历史时期，中国农业科学院应如何进一步定位、定性和定向，找准我们的发展方位，这是摆在我们面前并需要我们深入思考的问题。

中国农业科学院作为从事农业科研的国家队，必须充分认识到科技进步在新阶段农业发展中的重要地位，充分认识到农业科技与农业经济紧密结合的极端重要性，充分认识到农业科技公共性、基础性和社会性的重要内涵。要立足产业需求，瞄准科技前沿，按照支撑和引领现代农业发展的要求，努力做到“顶天立地”——“顶天”就是要瞄准国际农业科技前沿，攀登科技高峰，塑造和提升我院的国际学术影响力；“立地”就是突破和创新一批重大科研成果，在农业科技产业化、农业生产应用过程中发挥关键作用。这个要求非常高，是我们多次讨论得出的共识，就是要真正为国家战略发展作出贡献。

我们要始终把握公益性科研机构的基本性质，不断强化基础性、公益性科学研究，强化农业科技的社会化服务，创新发展机制，激发创新活力；要始终把握现代农业发展方向，瞄准世界农业科技前沿，不断强化农业基础研究、前沿技术创新、生产关键与共性技术攻关，不断提高自主创新能力，充分发挥科技在现代农业建设中的支撑和引领作用；要始终把握世界一流农业科研院所的基本特征，进一步明确我院发展的重点学科领域、重点研究方向和重点研究选题，构建我院学科发展与建设体系，不断推进学科团队建设、科技平台和基地建设、创新机制和文化建设，攻克农业发展中的重大科学问题和技术难题，真正发挥一流农业科研院所的支撑和引领作用。

（二）世界科技迅猛发展助推农业科技进入快车道

当前，世界科学和技术迅猛发展并高度融合，推动着传统学科的不断综合与交叉，催生出一批新兴、交叉学科，为农业科技的发展提供了新的方法和手段；生物技术、信息技术、工程技术等高技术迅猛发展，为加快农业科技发展注入了新的活力，必将助推一场新的农业科技革命。在科技和经济全球化发展的历史背景下，世界各国都在农业科技发展上进行了战略调整，在不断强化本国资源和市场的同时，进一步统筹国内、国际两个大局，并充分利用国内、国际两大资源，以获得合作与竞争的主动权。我国经过30多年的改革开放，已经在世界经济发展中奠定了良好的基础，农业科技发展开始进入快车道。

作为农业科技创新的国家队，我们必须把握学科发展方向，不断加强农业基础科学和前沿技术的探索和创新，不断培育新兴战略产业的生长点，依靠创新驱动，促进我国经济发展，增强国家综合实力。同时，有责任、有义务组织开展国际合作与交流，主动参与竞争，担当起进军世界农业科技的排头兵之重任。

（三）现代农业发展对农业科技提出了更高要求

我们应清楚地认识到，依靠科技第一生产力的作用，支撑和确保国家粮食安全、生态安全、农民增收和农业可持续发展，是我国现代农业建设与发展的永恒目标；积极发展战略性新兴生物产业、促进农业发展方式转变，是现代农业发展的时代要求；在工业化、城镇化深入发展中同步推进农业现代化，是加快发展现代农业的必然趋势。在我国农业生产、经营方式不断变革的新时期，现代农业的特征更加明显，迫切需要用现代科学技术改造农业、加强农业、发展农业，用现代物质条件装备农业，大幅提升科技对现代农业发展的驱动与引领能力，农业科技发展面临着许多新的问题和挑战。

中国农业科学院作为农业科研的国家队，必须围绕农业转型升级过程中的各类矛盾和问题，以构建良种与良法配套、农艺与农机融合、节本与增效兼顾、增产与减损并举、生产与生态协调发展的农业生产技术体系为重点，不断加强科技创新，在现代农业建设中积极发挥科技支撑和引领作用。

总之，我院科技发展既面临着难得的机遇，也面临着诸多挑战。我们要坚定信心，始终把握农业科技的公共性、基础性和社会性特征，按照“顶天立地”、“跨越发展”的要求，不断提高自主创新能力，力争通过10年左右的努力，把我院建设成为“世界一流的农业科研院所”。

二、谋划新思路　推动新跨越

我们提出今后10年左右建设国际一流农业科研院所的发展目标，是基于国家强农、惠农、富农的政策支持和新时期现代农业的发展需求，是基于世界经济全球化和科学技术迅猛发展的形势要求，是基于我院建院55年特别是过去10年以来建设与发展的基础和条件。建设世界一流科研院所的目标对我们来说不是望尘莫及、高不可攀的，而是有成功样板可学的，并且经过努力是完全可以实现的。

（一）把握一流科研院所的基本特征，明确努力方向

纵观国际上一流的科研机构，普遍具有以下几个特征。

1. 拥有居领先地位的优势学科领域

凡是一流的科研机构，能够在国际科技界享有崇高的威望，都拥有一个或数个居领先地位的优势学科领域。例如，英国洛桑试验站100多年来就是以土壤肥料学科为主的综合研究试验中心，至今仍然处于国际一流的土壤肥料试验中心地位。法国农业科学院是目前世界上最有科研实力和竞争力的农业研究组织之一，其规模与我院相似，为了保证科学研究内容符合社会经济发展的需求，在院级层面设置了环境、森林与农业，植物和植物产品，牲畜和畜牧产品，人类营养与食品卫生，社会、经济与决策，以及农业、发展与展望6大研究系统，重点发展植物生物学、畜牧与动物营养、环境与农艺学、动物遗传等17个学科领域。跟他们相比，我院的研究领域、方向还比较宽泛，优势学科不多；在国际上学科领域特色不明显，什么都想做，研究方向与重点发散，学界影响不强。

2. 拥有知名的科学家和优秀研究团队

纵观一流科研机构或组织，都有一批相关学科领域的著名专家、教授或举世公认的学术权威，也建有由他们领衔的若干个在前沿领域开拓创新的科学家团队。例如，英国剑桥大学分子生物学实验室不仅集聚了一批世界著名的科学家，拥有克里克、沃森等20余位诺贝尔奖获得者，而且建有66个全球分子生物学领域的著名研究团队，成为世界科学史上当之无愧的著名研究机构。为了积聚优秀的科学家，许多科研机构还通过各种人才遴选引进计划，聘用知名科学才俊。例如，大家都比较熟悉的、国内很多单位与之建立联系的日本国际农林水产业科学研究中心（JIRCAS），为充实研究人员力量，每年都从发展中国家招聘研究人员开展合作研究。国际水稻研究所（IRRI）每年均要面向全球公开招聘知名科学家。相比之下，我院目前一些重点学科领域还缺乏领军型人才，总数也偏少，部分科学家在国际上的学术地位、领军作用还不够，特别是提出与主导国际性科研大项目的科学家就更少，研究团队整体实力还不强。

3. 拥有引领学科发展和不同时期产业重大需求的科研选题

随着科学技术的发展和全球经济社会形势的变化，绝大多数一流科研机构均有明确的中长期发展研究计划、重点研究领域和发展方向。这些领域和方向都是随着形势的变化有所调整的。例如，美国贝尔实验室是信息科技界公认的最具有代表性的研究机构，始终沿着电力通信科技这条路线发展，近80年中经过5次研发方针的转变，从而使其保持了持续科技创新的优势，领跑了信息技术革命。我院近年来构建了学科体系并取得成效，但由于多方面原因，有些学科领域的研究选题还未能反映世界科技前沿，也未能反映如粮食安全、食物营养等国家重大战略需求，老的不想丢，新的没有完全开展起来，有些学科仍存在科研跟着项目跑的现象，选题漂浮不定，还没有做到项目围绕学科

来做。

4. 拥有装备精良和较大规模的科研设施条件

一流的科研院所必然拥有高级别的重大科技设施、精良的实验室装备条件，以及标准化、规模化、布局合理、有稳定运行支持的试验基地平台等。例如，美国斯坦福大学的直线加速器中心、同步辐射实验室在高能物理、计算机技术、集成电路等方面就一直处于世界领先地位，拥有该领域最精良的仪器与设施条件。又如，英国洛桑试验站占地330 公顷，比中国农业科学院北京的总部还大。美国农业部农业研究局（ARS）设有 8 个区域农业研究中心，仅贝兹维尔农业研究中心就占地 7 000英亩（1 英亩≈ 4 047平方米，全书同），拥有现代化温室 2. 4 公顷，并有大面积作物试验区以及各种现代化试验设备。相比之下，我院目前院部及 31 个研究所虽拥有农口唯一的 2 个国家级重大科技设施，以及 6 个国家重点实验室，但总量与“国家队”还不匹配；试验基地虽然总体规模达到了 7 万亩，但大多数土地是临时租赁，不少试验工作还采取“打游击”方式。因此，我院在重大科技平台和试验基地建设方面离一流农业科研院所还有较大差距。

5. 非常注重人才的培养和发展

加强创新型人才的使用和培养，是一流院所发展的持续动力。在客座人员引进以及研究生培养方面，不少科研机构把招纳客座研究人员、博士后作为重要手段，持续不断地吸纳和补充各类创新人才，以满足科研工作的需要。有些科研机构还自建研究生院（例如，法国农业科学院等），或通过与大学共建、联合培养等方式培养自己的研究生。在科技人员在职培训方面，多数机构通过与高等院校等联合，开展科技人员的知识更新和方法、技能的培训。例如，国际水稻研究所与菲律宾大学等签订培训合同，开展在职培训等。与之相比，我院的客座研究人员、博士后等流动创新人才数量不足，博士后总数只有 220 余人，客座人员 260 余人，体量上还未成为我院科技创新的一支重要力量。尽管我院拥有农口科研单位中唯一的研究生院，但目前的全日制研究生招生规模不足1 000人，博士研究生刚刚超过 200 人，尚不能满足研究所日益增加的科研任务需要。

6. 建有符合科研特点的运行管理机制

由于各国传统文化及行政体制的不同，一流研究机构的管理体制与运行机制也不一样，但也存在几个共同点：一是农业科研的公益性地位突出，政府财政稳定支持力度大，增强了科研机构的自主性；二是建立知识产权保护机制，调动团队协作创新积极性；三是在人才、项目等方面具有较强的开放意识；四是有一套完善的人才评价与科研评价制度。例如，德国马普学会目前年度财政经费约 14 亿欧元，主要经费分别由联邦政府和州政府提供，很小一部分来自于政府科技计划项目经费和私人捐助。美国农业研究局（ARS）与 51 个国家有合作关系，这些合作通常采取共同发表研究结果、共同申报专利互相保护知识产权、建立战略性国际研究交流网络等来确保科研工作的顺利开展。而我院目前的科研经费 70% ~80% 来自于国家各类科技计划，属于竞争性、限制性经费，自主性科研经费非常缺乏，院长、所长不能自主安排重大科研课题、自主开展人才引进等。在绩效管理、科技评价、成果评审、学科布局等方面尚未系统形成整套制度。

7. 形成自己独特的创新理念、治学传统和学术文化

国际一流的研究机构，毫无例外都具有良好的研究环境，注重学术交流与合作，在治学理念和创新文化方面具有自身独有的特色。例如，德国马普学会用较大量经费支持200多个实验室，鼓励长期开展基础科研，积极营造宽松的和富于激奋的研究环境，宣扬“自己做”和“自己学”的传统，重视学科交叉和交流研讨，培育有利于创新的传统、学风和氛围。这些年来，我院积极推行创新文化建设，在理念文化、标识文化、制度文化以及院区文化等方面取得非常好的进展，但离现代院所制度建设的要求还有差距。

总之，世界一流科研院所具有显著的特征，其发展壮大也有规律可循。只要我们充分地借鉴这些一流院所的成功经验与成熟做法，突出我们的办院办所特色，体现我们的学科特点，塑造我们的治学特质，就一定能寻找到适合自己的一流农业科研院所建设之路。

（二）厘清发展思路，明确重点任务

当前，我院处于一个蓄势待发、跨越发展的良好时期。“跨越发展”主要就是瞄准一流现代院所的发展，是突破重要制约因素的发展，是建立现代科研院所制度的发展，是有力支撑现代农业的发展。因此，我们要充分利用和发挥好有行业部门支持、有全国农业科研体系依托、有丰富种质资源支撑等独特的优势，科学谋划思路，找准工作切入点。

一是把握农业科技发展方向，培植、培优和培强一批重点学科领域。要围绕农业和农业科技发展中的重大科学和技术问题，积极开展战略性、前瞻性研究，把握发展方向。面向产业需求，把服务全国农业、农村经济发展作为农业科技活动的出发点和落脚点，确立优先领域、主攻方向和重点任务，加大重大品种、关键技术、重大产品、重要标准等研发力度，强化技术系统集成，创新成果转化机制，提高成果转化率和科技贡献率；面向科技前沿，积极开展农业基础研究和高新技术研究，突破农业科学前沿理论和技术，抢占科技制高点，在现代农业发展和战略性新兴产业中发挥支撑、引领作用。在找准方向的同时，要强化学科建设，着力优化学科领域布局，凝练学科发展方向，聚焦学科发展重点，全面确立我院的重点学科领域、重点研究方向和重点研究选题；着力突出学科的“特”、“优”、“精”，从特色学科、优势学科出发，每个研究所确立一定数量的，比如3～5个重点学科领域，体现学科的“精”。要强化学科引导，推动项目、平台、团队、制度等要素向学科集聚，加快培育和形成一批具有世界影响的农业学科中心，实现研究所从研究任务发散型到优势学科引导型的跨越发展。

二是强化能力建设，策划、设计和建设一批大平台、大基地。要立足全院重点学科布局和发展方向，按照培优、培强重点学科、特色学科领域和培植新兴学科领域的目标要求，在国家、部省和院 3 个层级系统筹划，力争新建一批国家级重大科学工程、重点实验室、工程技术研究中心等骨干科技平台，和一批具有相当规模及水准的综合性、专业性试验基地；通过修缮、提质等方式，系统增强各学科领域已建平台和试验基地的设施装备条件，突出软硬件建设，提高平台、基地运行效率，特别是共享机制，全面增强优势特色学科领域科技平台和试验基地的系统性、配套性，大力提升学科建设条件支撑能力，实现科技平台和试验基地由单一化建设向体系化发展的跨越。

三是突破条件限制，引进、培养和造就一批杰出人才、创新团队。要不断克服经费、政策等条件限制，创新人才团队评价和激励机制，着重强化“科研、管理、推广、服务”4 支队伍建设，合理调配各类人员比例结构，提高进人门槛，改善学缘结构，优化我院人才结构体系。着重强化“青年千人计划”、“千人计划”和“杰出青年”等骨干人才培养和引进，并按照人才岗位与重点学科发展相匹配的原则，进行全院统一人才评价与招聘，充分发挥其在科研工作中的主体作用。坚持服务科研方向，不断优化硕博结构，努力扩大研究生招生规模，特别是增加博士研究生数量，进一步强化博士后队伍建设，力争在站博士后达到600 人左右的规模，使流动创新人才发展成为科技创新中的有生力量。同时，要以培优重点学科领域为核心，以“领军人才—骨干人才—科研助理—流动人员”为人才结构，建设一批优秀创新团队；积极筹措和集聚各方面的经费资源，推动创新团队可持续建设和发展；要构架创新团队的组织形式，除一些学科前沿领域、特殊研究方向采用 PI 制外，要构造形成由若干个科研组构成的学科领域研究的大团队，从而实现科技创新由领衔人才主导向学科团队主攻的跨越式发展。

四是提高统筹能力，谋划、培育和转化一批重大成果。要强化顶层设计，突出关键节点管理。在项目组织上，必须统筹产业需求和学科特点，遴选和设置一批具有引领性、带动性的重大科研项目选题，积极争取国家主体科技计划的支持，不断提升项目占位水平和份额；积极获取国家长期稳定的经费支持，统筹安排学科发展和产业发展重大项目。在科研产出上，必须突出产业引导和学术引导，并贯穿科研活动的全过程，既要培育和推动形成一批重大实用性成果，突出对产业的实际贡献，又要引导培育和推动形成一批有重大影响的学术性成果和核心技术，突出对学科的学术贡献，让论文既写在科学的殿堂里，也写在广阔的田野上，实现“顶天立地”。在成果应用上，必须创新转化机制，强化成果集成，转变服务方式，汇集人员力量，通过技术转让、技术转移和自主转化等不同方式，定点对接支持国家现代农业示范区、农业科技园等建设，定区对接服务国家粮食主产区、畜牧优势区、特色经济区等发展，深度挖掘成果的经济有效性，大幅提升成果转化率，大幅提升我院服务区域和国家农业发展的社会贡献力和影响度，实现科研成果由数量增长向学术与产业贡献的跨越。

五是加大协同创新力度，搭建、推动和形成一批紧密合作联盟。要把握科技大联合、大合作形势和国际化战略布局特点，努力构建国内、国际相互支撑的农业科技协同创新机制。国内方面，通过有计划地推进与中科院、社科院、省市农科院、农业院校等开展学科共建，联合开展农业重大问题调研、组织开展重大项目联合攻关，共建联合研究中心、转化基地、示范基地等科技联盟，营造资源共享平台，大力提升我院在全国农业科技体系中的地位和影响，实现由松散性科研协作向实质性紧密联合的跨越。国际方面，通过有计划地推动国际合作全球战略布局，积极拓宽合作渠道，共同争取和组织实施国际性重大合作项目，推动农业前沿技术和关键技术的协同创新，打造国内与国际相互联结、相互推动的农业技术联盟，提升国际合作与交流层次，大力推动我院科技自主创新能力和国际影响力的提升，实现由被动合作向主导合作的跨越。

六是贯穿“以人为本、以研为先”理念，构建现代农业科研院所制度与文化。要牢牢树立“以研为先”的思想，推动各项工作围绕“科研”这个中心开展，推动各类资源向“科研”这个中心集聚，形成“一切为了科研、一切服务科研”的工作理念和局面。要牢牢树立“以人为本”的思想，积极构建吸引人、留住人、激励人、造就人的发展机制和尊重知识、尊重劳动、尊重人才、尊重创造的创新氛围，实现人的全面发展。要力戒“小进即满”和“小富即安”思想，充分认识到科学技术发展无止境，始终胸怀农业科研国家队使命，认真谋划科技发展，努力拼搏，奋斗不息，把事业做大、做强。要力戒“固步自封”的观念，解放思想，开拓创新，包容新事物，接纳新思想，把眼界放宽，把手脚放开。要按照“职责明确、评价科学、开放有序、管理规范”的原则，进一步加快建设现代科研院所制度，重点完善学术委员会制度、院所长负责制和考核评价制度，建立现代科研院所科学管理体系，实现由传统管理向现代院所制度管理的跨越。

三、立足新起点　再创新业绩

1. 2011 年学术委员会工作回顾

2011 年，我院组建了第七届学术委员会，组织召开了七届一次学术委员会会议。一年来，学术委员会和各位委员积极发挥学术咨询、评议作用，在院科技发展规划编制、科技成果培育与评审、学科建设、学术交流等方面开展了大量卓有成效的工作。一是积极为院“十二五”科技发展规划及科技平台、试验基地专项规划等献计献策，推动我院“十二五”科技发展规划及其专项规划的发布实施。二是积极推动重大选题建议和项目立项，通过院、所共同努力，2011 年我院共获得新增主持各级各类科研项目 1 399项，合同经费 12.6 亿元，项目数量和经费创历史新高，在国家重大专项等主体计划中继续保持优势份额。三是指导构建全院“十二五”国家奖成果培育计划和工作方案，成功组织申报并获得各类奖励成果 88 项，其中，获国家奖成果 4 项，获省部级奖 16 项，中华农业科技奖 15 项。四是成功推动棉花生物学国家重点实验室获科技部立项建设，获批 42 个农业部重点实验室、19 个科学观测实验站建设和 13 个农产品质量安全风险评估实验室建设，完成了依托我院的 5 个国家重点实验室和国家昌平农业综合工程技术研究中心的评估，推动了廊坊园区、新乡基地等综合试验基地建设。五是积极参与科技兴农工作并取得新成效，20 多位专家先后分别参加了科技部、中国工程院等组织的科技列车沂蒙行、2011 年中央院士专家咨询服务活动、专家广西行等活动；开展了对黑龙江农垦、广东江门、甘肃张掖、宁夏贺兰等国家现代农业示范区的对点支持与服务，在粮棉油高产创建、科技入户、农技人员培训等科技兴农活动和援疆、援藏活动中发挥了积极作用。六是组织开展了一系列国内外重大学术活动，以院学术委员会名义组织、发起了相关重要学术会议、学术报告活动等10余次，为科技创新创造了浓厚的学术氛围。

总之，2011年我院科技各项工作取得了比较显著的成绩和进步，为“十二五”及未来5～10年的跨越发展奠定了坚实基础，也都凝聚了翟虎渠同志和各位委员的智慧和心血。在此，我谨代表院学术委员会向各位委员表示衷心的感谢！特别感谢院外的专家委员对中国农业科学院的支持和帮助！

2. 2012年学术委员会工作安排

2012年是我院开展一流农业科研院所建设的起步之年，任务十分艰巨，责任更加重大。立足新起点，我们要牢牢把握一流科研院所的基本特征，紧扣学科引领主线，紧跟产业发展形势，紧随世界科技前沿，以推动项目、平台、基地、团队、机制等资源向优势和特色学科集聚为方向，以增强学科领域的持续研究能力为着力点，认真履行职责，为我院建设与发展发挥重要作用。

一是指导全院学科调整与建设方案编制。今年我院将按照一流农业科研院所建设的要求，重新梳理和构建学科调整与建设方案。争取上半年各个研究所按照学科领域、研究重点提出学科调整意见，并审议形成院级学科建设方案并反馈到研究所，下半年统一发布全院学科调整与建设方案。请各位委员在方案编制过程中积极发挥作用，为我院的学科发展主线和方向把脉。

二是积极推动重大项目发展。围绕产业发展需求和学科发展前沿，积极指导院、所开展重大选题调研和凝练，建立学科项目和产业项目储备库；积极推荐项目选题建议，推动我院在国家主体科技计划、部委专项计划等重点、重大项目，特别是杰青（国家杰出青年科学基金，余同）、优青（优秀青年科学基金，余同）、创新群体等的立项，提高立项成功率；突出抓好重点、重大项目的实施指导，提升实施质量和成果水平。每个研究所都要发挥好所学术委员会的作用，积极组织专家论证、咨询，以推动项目的深度研究与有效管理。

三是注重重大学术性成果和实用性成果的产出引导。按照“顶天立地”要求，我院将围绕高水平学术性成果和实用性成果产出，出台相关制度措施，以推动成果培育工作取得实效。今天会议还准备了一个我院关于进一步促进重大科技成果产出的指导意见征求意见稿，请各位委员提出宝贵意见和建议。同时，请各位委员在我院国家奖成果推荐工作机制中发挥积极作用，重点指导好国家奖成果的培育与遴选，做好2012年度各种奖项的申报咨询与评审，以提升获奖等次或获奖成功率。关于今年我院科技成果奖的评审，将根据刚刚新修订的管理办法进行，对比往年有了较大调整，主要是将按科技进步、科学发明、自然科学等进行分类评奖。过一会儿，学术委员会秘书长王小虎还要做详细说明。总体上希望委员们坚持科学、公正、公平的原则，严格按照评审条件和标准进行评审，一定要做到程序严格、评审规范。

四是为学科团队建设出谋划策。在学科建设方案框架下，我院将依据“学科领域—研究方向—重点选题”的学科层级布局，在学科领域与重要的研究方向组建一批创新团队。院里也将加大高水平创新领军人才、青年创新人才的引进力度，创造条件争取高层次科研项目，加大扶持力度。请各位委员对我院创新团队建设工作加强指导，广求学术资源，积极为团队和科技人员创造条件，研究提出创新团队管理措施、分类评价与激励制度，推动协同创新，激发创新活力，努力提高学科团队的学术水平和领军人才的学术影响。

五是指导策划骨干科技平台和试验基地建设。按照一流科研院所的建设要求，我院将加大重点学科领域的重大平台、基地建设力度，力争在重大科学工程、重点实验室、工程技术中心、综合试验基地、骨干专业试验基地等方面有新的进展。希望大家立足学科前沿和产业发展重大需求，积极调研，帮助凝练条件建设需求，策划设计一批骨干科技平台和核心基地，指导完善建设与管理制度，推动发挥我院相关平台在相关领域的牵头作用。

六是大力推动成果转化与科技兴农。今年是“全国农业科技促进年”，我院将按照农业部的统一部署，做好国家现代农业示范区建设“接对”活动和超级稻“双增一百”、玉米“双增二百”等科技行动，探索科技服务新形式，组织一批研究所建立科技推广团队全年全程对点服务，推动成果快速持久转化；同时深化与地方政府的科技合作，组织做好援疆援藏、定点扶贫和宣传展示等工作，为现代农业发展提供强有力支撑。希望各位委员积极参与，加强指导，推动成果转化、院地合作和科技兴农工作取得新的成效。

七是推动建立和完善现代院所制度。按照一流现代院所建设的要求和“科技立院、人才强院、民主办院、开放兴院”的理念，充分借鉴国内外成熟经验和先进做法，以激励创新为导向，以调动科技人员积极性为核心，以科技评价和薪酬制度为重点，建立和完善现代院所制度。制度建设中，更加需要各位委员为机制创新、创新制度与文化建设等建言献策，推动建立良好的科研环境。

八是促进学术交流与科技合作。发挥学术委员会学术阵地功能，组织开展农业重大问题调研，为国家提出重大政策建议，为院所发展提供思想保证；组织召开和参与国际性、全国性、专业性学术研讨会和农业科技发展高层论坛，推动学术交流与合作；要积极推动院院合作、院校合作、院企合作，构建一批新型科研协作创新联合体；要积极引导拓展我院国际合作领域、提升国际合作成效，推动实施“走出去”战略，提升我院的国际学术影响。

各位委员，今年是实施“十二五”规划承上启下的关键之年，也是落实 2012 年中央一号文件、推进农业科技创新发展的重要之年。党中央、国务院对农业科技的高度重视和英明决策，为我们做好各项工作提供了坚强保障和坚实基础。学术委员会作为我院学术咨询、参谋、评议机构，要紧紧围绕“跨越发展”这个主题和“一流现代院所建设”这条主线，以高度的责任感和求真务实的作风，认真履责，扎实工作，再创业绩，为一流现代科研院所建设作出新的贡献！

谢谢大家！

李家洋在院2012年国家自然科学基金重大项目发展工作会上的讲话

（2012年2月14日）

同志们：

今天，我们在这里组织召开院2012年国家自然科学基金重大项目发展工作会议，主要任务是动员和部署今年我院国家自然科学基金项目申报工作，开展基金政策形势分析和项目申请技能培训，积极推动重点、重大、优青、杰青及创新研究群体等重大项目立项。

我们非常荣幸地邀请到了国家自然科学基金委生命科学部杜生明常务副主任，来作关于国家自然科学基金“十二五”尤其是2012年的资助政策、重点领域和申报形势报告；同时，也请到我院吴孔明、张友军、李奎、李付广4位具有丰富经验的专家，与大家分别交流重点项目、杰青项目等申请书撰写、项目答辩等技巧，以及项目评审要求、注意事项等，以使大家更好地掌握今年项目的申报形势、项目申请书编写和答辩的技巧。在这里，我代表院里对杜主任及其他4位专家表示衷心的感谢！

下面，我就进一步加强我院基础研究工作，推动自然基金项目，特别是重点、杰青等重大项目立项工作谈3点意见。

一、高度重视农业基础研究工作

大家知道，基础研究是以认识自然现象，探索自然规律，获取新知识、新原理、新方法等为主要目的的重要科技活动，是促进农业技术创新的重要动力，是培育创新人才和团队的重要摇篮，是研究所学科建设与发展的基础保障。无论从国际上还是国内来看，基础研究水平和质量是一个科研院所乃至一个国家科技创新能力的核心要素，从根本上决定着一个科研院所乃至一个国家的原始性创新能力。正如美国国家科学院院士普林斯顿大学教授葛乐思所指出的那样，基础研究是一切学科的本源，没有基础研究就如人没有头一样，没有对自然界奥秘的探究精神就难有科学发明。不仅如此，一个国家能否有效地引进、消化国外的先进技术并有所创新，也与本国的基础研究水平密切相关。面对当前突飞猛进、日新月异的新科技革命浪潮，许多国家政府都把加强基础研究作为提高科技创新能力和国家核心竞争力的战略选择，基础研究的发展水平直接反映了一个国家的科学实力和知识基础。谁掌握了基础研究的科学前沿，意味着谁就掌握了重要的科技竞争主动权。

我认为，农业基础研究之所以重要，除了国家战略层面的重大意义之外，对于我院推动世界一流科研院所建设、实现新时期跨越发展的战略目标也具有十分重要的意义。

第一，农业基础研究是提升农业科技自主创新能力的动力源泉。农业科研工作，就是不断创造知识并利用这些知识去发明新的技术、产品的系统性工作，是科学和技术的高度融合。农业基础研究为新的技术发明和创造提供理论前提。正因为有了杂种优势理论，才有了杂交水稻、超级稻新品种的重大突破。如今，我国农业科技创新处于一个艰难的爬坡期。只有不断加强基础研究，突破重大基础理论和方法，才能为农业科技的创新提供源源不断的知识源泉。按照中央的精神和要求，中国农业科学院要在农业科技创新中做到“顶天立地”，就是要进一步突出农业科技创新重点，大力加强农业基础研究，加快推进前沿技术研究，着力突破农业技术瓶颈，切实增强加强农业科技创新的使命感和紧迫感，提升整体实力，不断提高中国农业科学院对农业科技的学术贡献力和产业贡献力。

第二，农业基础研究是培养创新人才和学科团体的重要摇篮。农业基础研究是一项创新性强、风险性大的工作，最能锻造出一代又一代创新意识、创新思维、创新能力强，洞察力、意志力和创造力强的创新型科技人才。因为基础研究培育的是求真唯实的创新精神、科学的思维方式和尊重客观规律的作风。丁颖、金善宝、李竞雄、鲍文奎等一大批老一辈科学家，以及吴孔明、陈化兰、钱前等新一代科学家，他们在水稻起源、小麦遗传育种、玉米杂种优势利用、植物多倍体、病虫害发生发展规律等方面取得了重大的理论突破，才取得了相应的创新成就。我院作科所、植保所、水稻所等单位之所以在创新成果上不断涌现，就是因为有一批批科学家和科研团队在基础前沿不断探索，为研究所科技事业的发展提供源源不断的知识动力。实践证明，基础研究不仅需要高水平的科研人才，也能培育和塑造出真正懂得科学研究的创新人才和创新团队。

第三，农业基础研究是推动院所学科建设与发展的重要途径。2012 年院工作会议确立了我院未来 5 到 10 年的发展总目标是：建设世界一流农业科研院所。学科建设是农业科研院所科技事业发展的核心，是世界一流科研院所建设的重要基础工程，是科研院所科技创新能力和核心竞争力的重要标志。只有不断加强基础研究，强化学科理论、方法和技术体系建设，才能发挥学科在院所建设与发展中的引领作用，才能不断提升研究所学术贡献和产业贡献能力，推动院所的可持续发展。

二、着力做好自然科学基金重点、重大、杰青等项目立项工作

国家自然科学基金是国家支持基础研究的主渠道之一。近年来，国家自然科学基金项目结构不断优化，资助项目数和经费强度不断增大，积极营造了自由探索和创新研究氛围，极大地推动了我国基础研究工作。我院也及时抓住了这一难得的机遇，“十一五”以来科学基金项目申报立项工作取得了较大的发展。据科技局统计，“十一五”期

间，我院共组织申报自然基金项目 2 739项，获准立项 537 项，经费总额达 1.2 亿元，年度经费从“十五”期间不足 2 000万元持续突破、增加到 2010 年的 4 700万元。与 2010 年相比，2011 年立项总数增加 63 项，达到 233 项，资助经费翻番，突破了亿元大关。这些数据表明，经过全院上下的努力，我院基础与应用基础研究的综合实力大幅度增强，改变了以往基础研究薄弱的情形，显现出我院在农业基础研究领域与中国科学院、大学系统“三足鼎立”的新格局，为我院建设世界一流的科研院所，实现跨越发展奠定了良好的基础。

但是，综合比较分析，我们还存在较多的实际问题。一是院内各所间立项水平参差不齐。据科技局的统计，目前我院有 1/3 的研究所已经具有较好的基础，面上项目总数上升到一个台阶，重点项目有所突破，但在杰青、创新群体项目等方面还没有体现应有的地位；1/3 的研究所尽管在面上项目等立项上取得了一定突破，但立项规模不稳定，没有突破重点、杰青等项目。另外还有 1/3 研究所在自然基金立项上依然较弱。二是全院重点、重大、杰青等高影响力的项目偏少，创新群体项目仍处空白。尽管我院“十一五”期间在项目总数和经费规模等取得了突破性的进步，但项目的水平和档次还较低。“九五”以来，我院共有 12 人获杰青项目资助，远远不及中科院一个遗传发育所的水平；创新研究群体项目还没有实现零的突破，严重影响到我院学科及学科团队的竞争力。三是与其他一些院校横向相比，差距较大。目前，国内各主要科研单位、大学都将主持自然科学基金项目数量作为衡量单位科研实力的重要标志，尤其是科学基金的重点、重大、杰青以及创新群体等高水平项目的多少，在很大程度上体现了一个单位的科研实力、发展能力、科学管理水平和领导的重视程度。目前我院拥有科研人员近 6 000人，而 2011 年最多年份申报项目数却不足 1 000项，获资助数 233 项，而中国农业大学有教师队伍约 1 600人，不到我院科技人员总数的 1/3，共申报 581 项，获得资助 182 项，经费达到 1.13 亿元，这其中的差距在于重点项目、杰青项目、创新群体项目数远远超过我院。分析这些问题产生的主要原因：一是部分研究所领导对基金项目、特别是基础研究的重要性认识不够；二是部分科技人员对基础研究也存在认识不到位问题，高级职称科研人员在重点、重大、杰青等项目申报中的主体作用发挥不够；三是缺乏科学合理的激励和引导机制，农业应用基础研究的氛围不浓等。

为此，我们必须从战略高度来认识和正视这些问题，着力推动我院高水平科学家积极申报国家自然科学基金重点、重大、杰青和创新研究群体等项目，促使我院科学基金立项水平迈上一个新台阶。

三、做好今年自然科学基金重大项目发展工作的几点要求

第一，各单位一定要高度重视基金重大项目的组织申报工作。要求加大组织力度，广泛动员，积极申报，采取切合实际、行之有效的措施，提升面上项目、青年基金项目的申请规模，在重点、重大、优青、杰青以及创新研究群体等项目的申请上有较大

突破。

第二，强化措施积极推动重点、重大、杰青等项目立项。各单位要组织全体科研人员认真分析国家战略需求和科技发展形势，了解国家基金重点支持的领域和方向，找准与国家战略和产业需求对接的切入点和突破口，高度凝练研究方向，组织申报相关项目，进一步提高项目申报规模。同时，创造一定的条件，着重动员和激励具有高级职称、特别是具有研究员、教授等正高级职称的科研人员，要积极申报重点、重大、杰青等项目，并以主持该类项目为荣，推动重点项目、重大研究计划项目、优青项目、杰青项目、创新研究群体项目等的更多立项。

第三，强化基础研究政策激励与引导。要制定重点、重大、优青、杰青和创新群体项目的培育计划，积极激励和保护科研人员申报自然基金、开展基础研究，充分利用基本业务费等自主科研基金进行引导和培育。充分发挥研究所学术委员会、科研处管理服务职能，采取多种形式，努力提高项目申请质量和立项成功率。院科技管理局也要在政策解读、能力培训、申报指导、跟踪服务等方面创新机制，与研究所齐抓共管，整体提升我院科学基金项目、特别是重大项目申报立项和组织实施水平。

同志们，院里专门召开如此规模的重大项目发展工作会，足以看出院里对推进基础研究工作、特别是自然基金重点、重大、杰青等项目立项工作的高度重视。我相信，只要大家坚定信心，真抓实干，通过院所共同努力，我院 2012 年自然科学基金重大项目立项工作一定会取得更大的成绩。

谢谢大家。

刘旭在院2012年国家自然科学基金重大项目发展工作会上的总结讲话

（2012年2月14日）

同志们：

经过半天紧张有序的努力，我院2012年国家自然科学基金重大项目发展工作会议马上就要结束了。刚才，李家洋院长从我院新时期跨越发展的角度，强调了加强基础研究工作的重要性，阐述了基金重点、重大、优青、杰青、创新群体等项目对推动我院学科建设和世界一流现代院所建设与发展的重要意义，提出了推动我院基金重大项目发展的具体要求；国家自然科学基金委生命科学部杜生明常务副主任就国家自然科学基金2012年重点支持方向、支持方式及相关政策等给我们作了一个系统深入、内容丰富的报告，对我院今年乃至今后几年基金重大项目申报等起到了很好的指导作用；我院吴孔明院士、李奎研究员、张友军研究员、李付广研究员（副所长）4位专家分别从项目申请、评审程序、答辩技巧以及相关注意事项等不同角度作了非常精彩的报告，相信在座的各位专家受益颇多。

国家自然科学基金是国家支持基础研究的主渠道之一。近年来，国家自然科学基金项目结构不断优化，资助项目数和经费强度不断增大，积极营造了自由探索和创新研究氛围，极大地推动了我国基础研究工作。我院也及时抓住了这一难得的机遇，“十一五”以来科学基金项目申报立项工作取得了较大的发展。据科技局统计，“十一五”期间，我院共组织申报自然基金项目2 739项，获准立项537项，经费总额达1.2亿元，年度经费从“十五”期间不足2 000万元持续突破、增加到2010年的4 700万元。与2010年相比，2011年立项总数增加63项，达到233项，资助经费翻番，突破了亿元大关。这些数据表明，经过全院上下的努力，我院基础与应用基础研究的综合实力大幅度增强，改变了以往基础研究薄弱的情形，显现出我院在农业基础研究领域与中国科学院、大学系统“三足鼎立”的新格局，为我院建设世界一流的科研院所，实现跨越发展奠定了良好的基础。

但是，综合比较分析，我们还存在较多的实际问题。一是院内各所间立项水平参差不齐。据科技局的统计，目前我院有1/3的研究所已经具有较好的基础，面上项目总数上升到一个台阶，重点项目有所突破，但在杰青、创新群体项目等方面还没有体现应有的地位；1/3的研究所尽管在面上项目等立项上取得了一定突破，但立项规模不稳定，没有突破重点、杰青等项目。另外还有1/3研究所在自然基金立项上依然较弱。二是全院重点、重大、杰青等高影响力的项目偏少，创新群体项目仍处空白。尽管我院“十一五”期间在项目总数和经费规模等取得了突破性的进步，但项目的水平和档次还较低。“九五”以来，我院共有12人获杰青项目资助，远远不及中科院一个遗传发育所的水平；创新研究群体项目还没有实现零的突破，严重影响到我院学科及学科团队的竞争力。三是与其他一些院校横向相比，差距较大。目前，国内各主要科研单位、大学都将主持自然科学基金项目数量作为衡量单位科研实力的重要标志，尤其是科学基金的重点、重大、杰青以及创新群体等高水平项目的多少，在很大程度上体现了一个单位的科研实力、发展能力、科学管理水平和领导的重视程度。目前我院拥有科研人员近6 000人，而2011年最多年份申报项目数却不足1 000项，获资助数233项，而中国农大有教师队伍约1 600人，不到我院科技人员总数的1/3，共申报581项，获得资助182项，经费达到1.13亿元，这其中的差距在于重点项目、杰青项目、创新群体项目数远远超过我院。分析这些问题产生的主要原因：一是部分研究所领导对基金项目、特别是基础研究的重要性认识不够；二是部分科技人员对基础研究也存在认识不到位问题，高级职称科研人员在重点、重大、杰青等项目申报中的主体作用发挥不够；三是缺乏科学合理的激励和引导机制，农业应用基础研究的氛围不浓等。

为此，我们必须从战略高度来认识和正视这些问题，着力推动我院高水平科学家积极申报国家自然科学基金重点、重大、杰青和创新研究群体等项目，促使我院科学基金立项水平迈上一个新台阶。

下面，我就贯彻落实本次会议精神，推动我院今年自然基金重大项目发展工作提出4点具体要求。

一、认真贯彻落实本次会议精神，高度重视今年基金重大项目申报

各研究所要高度重视，认真贯彻落实本次会议精神和李院长的讲话要求，将推动基金重大项目立项作为提升研究所学科建设水平和推动现代院所制度建设的手段来抓。会后，各位副所长、科研处长要及时向所长汇报这次会议精神，并向广大科研人员传达本次会议精神，鼓励科研人员积极申报相关项目，认真对待、高度重视、下苦功夫，确保今年项目申报数不低于去年，争取全院项目申报总数突破1000项，并在基金重点、重大、优青、杰青和创新群体项目等申请和立项上有较大突破。

二、创新引导和激励机制，切实发挥高级职称研究人员的申报主体作用

研究所要创新引导和激励机制，出台扶持政策和制度，积极支持和培育重点、重大、杰青等项目，切实发挥高级职称研究人员在申报重点、杰青等项目中的积极性和主

体作用。鼓励有条件的研究所，对积极申报并通过学术委员会评审的项目给予一定的前期资助；对申报成功的重点、杰青等项目给予一定比例的经费配套支持；制定职称晋升、年度考核等管理办法，向主持自然基金项目，特别是重点、重大、优青、杰青等项目的科技人员进行政策倾斜。

三、抓紧时间，做好项目的指导和把关

现在离提交申报书的时间仅剩1个多月了，希望研究所和广大科研人员抓紧时间，苦练内功，把好项目申报书质量关。首先，要求申请人从关键科学问题出发，系统了解国内外研究进展，多花心思，反复凝练，提出自己的研究内容等，写好申请书。其次，要积极发挥研究所学术委员会的作用，邀请学术委员会中与专业结合较为紧密的专家指导项目选题、研究内容、研究方案、进行预答辩等。科研处也可以聘请院内外各研究方向有丰富经验的基金申报和评审专家，有效指导基金申请，对申请项目的题目、研究方向、研究路线和研究手段等内容给予专业的指导和学术性的把关，提出质疑和指导，有利于提高基金申报质量。

四、管理部门认真履行职责，做好形式把关和学科选择

鉴于每年都会出现因形式审查不通过而丧失申报机会的情况，今年特别要求各所科研处要做好形式把关，管理人员要认真研读基金委申请指南中的限项规定，对政策做到心中有数，对申报书认真把关。同时做好学科选择，避免出现学科扎堆。今年将对申报环节出现纰漏的研究所科研管理部门等给予通报批评。

科技局要重点对研究基础较好的研究所和专家，就重点、重大、优青、杰青和创新研究群体项目等，邀请专家指导凝练科学问题，在项目申报、项目评审等环节上，做好评审动态跟踪、项目答辩指导、专家沟通等工作，给予多方面支持。

我相信，在全院上下的共同努力下，今年我院自然基金项目立项，特别是重点、重大、优青、杰青以及创新研究群体项目等立项工作一定能够取得理想的成绩。

今天的会议到此结束，谢谢大家。

刘旭在农产品质量安全风险评估研究中心建设启动暨质检中心工作研讨会上的讲话

（2012 年 9 月 5 日）

各位领导，各位专家，同志们：

上午好！

中国农业科学院农产品质量安全风险评估研究中心建设启动暨质检中心工作研讨会今天在兰州召开了！我院举办这次研讨会得到了农业部主管司局领导的高度重视，农业部农产品质量安全监管局金发忠副局长亲临指导。另外，我们还邀请了中国水产科学院黄海水产研究所翟毓秀研究员、浙江省农科院农产品质量标准研究所王强研究员和院质量标准研究所钱永忠研究员到会为大家作报告。

大家知道，农产品质量安全事关人民身体健康和生命安全，事关农民增收和农业发展，党中央、国务院高度重视。为了加强农产品质量安全学科建设，实现与农业部农产品质量安全风险评估体系建设工作相对接，经过前期策划、方案制定、广泛申报和专家评审等工作环节，我院最近批准命名了 20 个院级农产品质量安全风险评估研究中心。这次会议的主题就是启动院级农产品质量安全风险评估研究中心建设工作，促进质检中心科研与检测工作相结合，提升我院农产品质量安全检测和科学研究的能力和水平，推进农产品质量安全学科建设与发展，更好地为保障国家农产品质量安全提供科技支撑与服务。

一、加强风险评估研究工作，对于推动我院学科建设和保障国家农产品质量安全具有重要意义

根据农业部的规划，“十二五”期间，我国将以农兽药残留标准制定、检验检测、质量追溯、风险评估和“三品一标”为抓手，完善标准、检测、认证体系，建立风险评估、应急处置、执法监管体系，全面提升农产品质量安全水平，努力确保不发生重大农产品质量安全事件。我院开展风险评估研究中心建设工作，是保障国家农产品质量安全的需要，是实现与农业部农产品质量安全风险评估工作相对接的需要，也是加强我院农产品质量安全学科建设的需要。

一是保障国家农产品质量安全的需要。风险评估是《中华人民共和国农产品质量

安全法》和《中华人民共和国食品安全法》对农产品质量安全、食品安全确立的一项最基本法律制度，也是国际社会对农产品质量安全和食品安全管理的最通行做法。对农产品质量安全实施风险评估，既是政府依法履行监管职责、及时发现和预防农产品质量安全风险隐患的客观需要，也是农产品质量安全科学管理和构建统一、规范的农产品质量安全标准体系的现实需要。“十二五”期间，农业部把确保农产品质量安全摆在更加突出的位置，全面加强监管工作，不断提升监管水平，着力提升农产品市场竞争力，确保农产品有效供给和消费安全。我院作为重要的技术支撑单位，必须加快推进农产品质量安全风险评估的研究工作。

二是实现与农业部农产品质量安全风险评估工作相对接的需要。2011 年，农业部在全国启动建设以国家农产品质量安全风险评估研究中心为龙头、专业性（区域性）风险评估实验室为主体、主产区风险评估定位监测站点为基础的风险评估体系，批准建设了首批 65 家农业部农产品质量安全风险评估实验室，标志着我国农产品质量安全风险评估工作迈出了重要一步。依托我院从事农产品质量安全研究的人才队伍，在现有院属质检中心基础上，命名建设一批院级农产品质量安全风险评估研究中心，促进农产品质量安全风险评估研究工作的开展，实现与农业部农产品质量安全风险评估体系相对接是非常必要的。

三是加强我院农产品质量安全学科建设的需要。农产品质量安全风险评估就是对农产品安全危害因素的认定、评估、控制和预防，是农产品质量安全管理的重要技术基础。农产品质量安全风险评估已成为发达国家制定农产品质量安全标准、技术法规的必要手段，也是仲裁国际贸易纠纷的基本准则。国际上对农产品质量安全实施风险评估已实现常态化、例行化、规范化和批量化，在人才队伍、仪器设备、实验室建设、经费投入等方面呈快速强化态势。而我国整个风险评估工作与当前农产品质量安全依法监督和科学管理的需求相比，还有很大差距，与发达国家相比，在风险评估技术和风险管理预警等方面还有很多工作需要跟进。比如说，缺乏成熟的农产品安全性风险评估理论与技术，难以准确掌握农产品质量安全风险；缺乏科学合理的安全使用技术，难以有效控制农产品质量安全风险；缺乏简单快速样品前处理、准确高效的快速检测及精准检测技术，难以有效监测农产品质量安全；农产品质量安全标准体系不完善、配套性差，难以客观评价农产品质量安全。因此，建设院级农产品质量安全风险评估研究中心，加强农产品质量安全学科建设，为国家农产品质量安全工作提供科技支撑，显得尤为重要。

二、我院质检中心的研究能力和手段进一步提高，农产品质量安全学科发展进入新阶段

在农业部的关心与指导下，目前我院共建有 38 个国家和部级质检中心。经过多年来的建设与发展，我院各质检中心充分发挥自身的科技、人才和条件等优势，不断强化内部运行管理，各质检中心在运行管理、检测能力和服务水平等方面得到了进一步加

强，人员素质和检测水平也得到了进一步提高，特别是在农产品质量安全研究方面得到了显著提升，为我国农产品质量安全宏观决策和市场监管提供了强有力的技术支撑。

一是进一步强化了农产品质量安全风险评估科学研究的能力和手段。在农业部的大力支持下，通过《全国农产品质量安全检验检测体系建设规划》的实施，我院已有15个中心得到质检体系基本建设项目的资助，共获得政府投资3.78亿元，购置仪器设备2 240台套，质检中心的条件能力得到了进一步提升，已经具备了从事开展农产品质量安全科学研究的能力和手段。这些农产品质量安全研究机构以检测带科研、以科研促检测，为我国农产品质量监督检验测试工作提供了一流的服务，为农产品质量安全管理工作提供了强有力的科技支撑。

二是形成了开展农产品质量安全科学研究的工作基础。我院在农产品质量安全科学研究方面积累了较好的工作基础。首先，开展了大量农产品质量安全检测技术研究工作，积累了大批监测数据，在产品品质与营养、危害因子的形成机理，揭示已知或未知危害因子的同一性与差异性规律等方面进行了较深入的研究。其次，开展了农产品质量标准、新参数检测技术方法的创新研究和验证工作，制定或修订了许多产品质量标准和检测技术标准，填补了许多国内空白。特别是农业部油料产品质检中心的“双低油菜全程质量控制标准”获得了2009年国家科技进步二等奖，实现了农业标准国家奖励“零”的突破。另外，各质检中心依托多年来的工作积累，通过对农产品质量安全检测结果的分析，开展了风险评估、风险论证等研究工作，对于有效推动我国农产品质量安全风险监测与评估、风险预警与防范、风险交流与应对奠定了科研基础。

三是已经启动了13个农业部农产品质量安全风险评估实验室的建设工作。农业部年初启动了首批农产品质量安全风险评估实验室建设工作，在18个专业领域布局建设了36个专业性风险评估实验室。其中，依托我院相关研究所建设了13个专业性风险评估实验室，涉及12个专业领域。这充分说明这些年来我院无论在农产品质量安全学科发展和科学研究，还是在农产品质量检测技术服务等方面的工作都得到了农业部的充分认可。同时，通过建设农业部农产品质量安全风险评估实验室，使我们进一步加深了对农业部农产品质量安全风险评估技术体系建设工作的理解，也为我院开展院级农产品质量安全风险评估研究中心建设工作理清了思路，指明了方向。

三、抓好风险评估研究中心建设工作，开创农产品质量安全研究工作新局面

今年发布的中央一号文件《关于加快推进农业科技创新持续增强农产品供给保障能力的若干意见》明确提出，将“开展质量安全风险评估”作为持续推动农业稳定发展的重要工作内容。推进农产品质量安全风险评估研究中心建设，将是我院今后一个时期建设和发展农产品质量安全学科一项非常重要的工作内容之一。

一是要牢牢抓住学科建设这个纲，谋划布局我院风险评估研究中心建设工作。学科

建设是科研院所科技事业发展的核心，是世界一流科研院所建设的重要基础工程，是科研院所科技创新能力和核心竞争力的重要标志。目前我院正在研究制定《中国农业科学院学科体系建设框架方案》，将以“学科集群—学科领域—研究方向”为基本框架构建学科体系，“农产品质量安全与加工”作为一个学科集群，是我院重点发展的 8 大学科集群之一。在该学科集群中，设置了质量安全检测与评价、风险预警与评估、质量安全过程控制、质量安全管理等近 20 个学科领域，并将农产品质量安全风险监测与评估列为风险预警与评估学科领域的一个重要研究方向，充分体现了解决农产品质量安全问题的根本需求。此次我院命名建设 20 个风险评估研究中心，将其作为培育和发展该学科的重要平台，目的就是为了进一步提升该学科的科学研究和技术创新能力，进而推动该学科的发展。各研究所和质检中心要牢牢抓住学科建设这个纲，合理设置研究方向，凝练中心科学发展目标；要从项目、人才、资金投入等方面，推动各类科技资源向农产品质量安全学科聚集；要加强国际合作与交流，了解和追踪本学科领域国际前沿动态，通过集成创新和自主创新，提升学科国际影响力和竞争力，把农产品质量安全学科打造成我院“拳头”学科。

二是要围绕国家需求和学科发展需要，把握好风险评估研究中心的建设思路和目标。在建设思路上，要把风险评估研究中心的建设与国家保障农产品质量安全的需求，以及我院发展农产品质量安全学科的需要结合起来，要充分利用现有农业部农产品质量安全风险评估实验室和相关农产品质量监督检验测试中心等机构队伍，重点建设一批院级农产品质量安全风险评估研究中心，完善我院农产品质量安全风险评估三级体系。力争到 2015 年，全院建成国家农产品质量安全风险评估中心 1 个、部级农产品质量安全风险评估实验室 15 个左右、院级农产品质量安全风险评估研究中心 20 个左右；形成农产品质量安全学科领域全覆盖，科学技术研究与质量安全监管工作相结合，装备先进、功能完善、运转高效、支撑有力的农产品质量安全风险评估研究体系。

三是要进一步明确研究中心功能定位，突出抓好农产品质量安全研究工作。各风险评估研究中心要结合各自特点和优势，进一步明确风险评估研究中心的功能定位，认真凝练研究中心研究方向和目标任务。我院风险评估研究中心的功能定位是：重点开展农产品质量安全科学基础理论、方法和应用技术研究，为农产品质量安全工作提供科技支撑；积极参与国家农产品质量安全风险评估和风险监测工作，为国家提供决策咨询和服务。各研究中心要围绕这一功能定位，抓好以下两个方面的工作：一方面，要积极承担农产品质量安全风险评估、风险监测和风险交流任务，为国家提供决策咨询和服务；另外一方面，要重点开展农产品质量安全科学基础理论、方法和应用技术研究工作，逐步建立农产品质量安全学科理论体系。具体来说，就是要加强农产品质量安全风险理论和关键技术研究，建立农产品质量安全风险监测、评估与预警技术体系；加强农产品中主要污染物残留、富集、迁移及消解动态研究，建立农产品质量安全过程控制技术体系和溯源追踪技术体系；加强农产品质量安全检验检测技术研究及产品研发，建立农产品质量安全监测技术体系；加强农产品质量安全标准研究和标准物质研究，健全农业标准体系，为提升我国农产品质量安全水平提供强有力的技术支撑。

四是加强运行机制创新与条件能力建设，为农产品质量安全研究工作提供保障。风险评估研究中心实行主任负责制，由中心主任负责中心的日常运行管理和业务工作；研究中心要根据相关产品风险评估的需要，设置若干个研究室，分别开展基础理论、风险排查评估和控制技术等研究工作；鼓励研究中心根据需要建立学术委员会，负责中心学术咨询和重大问题的审议；院里根据工作需要，组织风险评估研究中心开展学术研讨、风险交流和技术培训；定期对风险评估研究中心进行验收评估和绩效考核，对考核优秀的研究中心优先推荐升级。院里将在基本建设专项资金、中央公益性科学事业单位修缮购置专项资金中对风险评估研究中心的条件能力建设工作予以重点支持，并在重大科研命题和基本科研业务费等方面对风险评估研究中心予以适当倾斜，以支持研究中心的发展。各研究所要在项目申报、人才引进与培养和条件建设等方面向风险评估研究中心倾斜，积极支持研究中心的建设与发展。

四、进一步提升质检中心管理能力和业务水平，推动质检中心工作再上新台阶

当前我国农产品质量安全的水平呈现稳中有升、逐步向好的发展态势，农产品质量安全隐患还很多，形势不容乐观。

具体表现为：成效显著与问题突出并存，监管力度加大与问题多发易发并存，群众对质量安全期望值不断上升与隐患短期内难以消除并存。我院各质检中心要增强危机感和紧迫感，狠抓规范管理、强化队伍建设、提升工作质量、提高检测水平。要以科研促检测、检测带科研，不断提升科研与检测水平，推进质检中心工作再上新台阶，为我国农产品质量安全提供科技支撑。

一是要加强制度建设，提高人员素质。首先要加强对农产品质量安全相关法律法规学习，不断提高广大检验人员的政治素质、职业道德水准和法律意识，要用制度和纪律保证质检队伍的纯洁，维护质检队伍形象。要积极应对农产品质量安全应急事件，主动组织专家进行科普宣传、科学解疑释惑。

二是要强化内部管理，提高业务水平。加强实验室质量体系监管，确保检测工作的质量。规范质检工作程序，严格按照质量体系文件要求运行，确保检验工作科学、规范、公正，确保检验数据客观准确。加强对外学术交流与人员培训，及时摸清和掌握农产品质量安全存在的问题，积极参与国内外检测机构能力比对，学习先进检测技术，提高检测水平。

三是要认真做好质检中心到期复评审工作。要以农业部农产品质检中心机构考核、审查认可和计量认证为契机，组织内审员积极开展内部审核和管理评审工作，做到提前发现问题，提早进行整改。不断完善质检中心质量体系建设工作，确保质检工作的科学性、公正性、权威性。要认真按照有关食品检验机构管理办法和实验室工作管理办法要

求，严格工作程序，建立健全科学管理机制。

四要拓展质检中心发展空间。各质检中心要充分发挥我院人才技术优势，开拓工作思路，扩大业务服务范围，增强自我发展空间。要加强与业务主管部门的沟通与协调，争取各类项目支持。要从承担国家任务向社会服务延伸，从技术服务向自主创新延伸，为我国农产品质量安全监管工作发挥更大作用。

同志们，参加这次研讨会的各位代表都是质检中心和风险评估研究中心的业务骨干，是我院从事农产品质量安全研究工作的核心力量。此次研讨会非常重要，会后要尽快向所长汇报，并组织中心工作人员认真学习贯彻，把会议精神落实到具体工作实践中，不断提高和完善风险评估研究中心和质检中心的科研与管理水平，推进农产品质量安全学科建设，为国家农产品质量安全工作作出更大的贡献。我相信，通过大家的共同努力，这次研讨会一定会取得圆满成功！

最后，再一次向农业部以及金发忠副局长对农科院多年来的支持、向各位专家以及中国农业科学院兰州畜牧与兽药研究所对此次会议的支持表示衷心的感谢！

谢谢大家！

三、科技兴农

中国农业科学院2012年科技兴农工作总结

2012年，在农业部的直接领导下，中国农业科学院积极贯彻落实“中央一号文件”精神和农业部“全国农业科技促进年活动”部署，在建设“世界一流科研院所”和“顶天立地”发展目标的指导下，专门成立成果转化局，组织全院科技力量积极开展科技兴农工作，不断加大成果转化力度，强化科技支撑和服务“三农”的能力。

一年来，组织专家开展了粮棉油高产创建、园艺作物标准园创建、水稻“双增一百”和玉米“双增二百”、测土配方施肥技术推广等10多项农业科技促进年活动，推广了一批水稻、玉米、小麦、蔬菜等作物新品种和牛、羊、鸡等畜禽新品种以及配套实用技术和新产品，建立和完善了一批各类科技示范基地，为构建良种与良法配套、农艺与农机结合、节本与增效兼顾、增产与减损并举、生产与生态协调发展的农业生产技术体系，为加速科技成果转化，保障国家粮食安全、生态安全、农民增收和农业可持续发展提供了强有力的科技支撑。

据不完全统计，2012年，全院共组织科技下乡55 000人/天，组织举办现场展示观摩会、技术培训咨询等活动4 069次，培训基层技术人员和农民112.5万人次；发放技术资料260万份，推广新品种260个，推广新技术263项，推广总面积4.19亿亩；推广畜禽1.08亿头（羽）。

一、积极开展农业科技促进年活动，为我国粮食生产“九连增”做贡献

按照农业部“全国农业科技促进年”活动部署，结合中国农业科学院的实际情况，组织开展了以解决农业生产实际技术需求、提高基层农业科技水平为目标的“中国农业科学院科技促进年活动”，制定了《中国农业科学院科技促进年活动实施方案》，成立了以主管院领导为负责人的活动领导小组，开展了粮棉油高产创建、园艺作物标准园创建、水稻“双增一百”和玉米“双增二百”、测土配方施肥技术推广、病虫害统防统治等10多项专项活动，编印了《中国农业科学院科技促进年工作简报》，宣传我院活动情况及工作成效。

（一）开展了粮棉油高产创建活动

组织开展了东北春玉米“一增二改三防”大面积增产增效栽培技术模式、“中单

909”密植高产配套栽培技术模式以及沿江水旱轮作区高产低碳稻作技术模式的示范推广工作。在东北地区建立了4个技术集成与示范基地，示范区春玉米籽粒增产12.5%～26.2%，氮肥生产效率提高12.5%～78.1%，水生产效率提高16.8%～26.2%。在安徽、湖北、四川、宁夏回族自治区（全书简称宁夏）、江苏等地建立水旱轮作高产低碳稻作技术试验示范研究基地7个，筛选适宜品种2个，研制了3套适宜不同经营模式的稻麦多功能播种机和1套双行开沟机，初步形成了适宜不同生产规模与生态类型区的稻作生产技术模式3套，连续4年被列为农业部重点推广技术。推广的玉米新品种“中单909”及其配套密植高产栽培技术，增产8.3%～43.8%，在东北、华北建立9个示范基地，推广210万亩。依托国家油菜产业技术体系，组织专家在鄂、湘、赣、皖、豫、云、贵、川等地创建了38个油菜高产创建示范片，实施核心高产创建面积30万亩，平均单产204.2千克，增产15%以上。主推棉花轻简育苗移栽技术，加快棉业现代化生产进程。

通过一系列卓有成效的活动，研发创建了一批促进粮、棉、油增产增效的实用技术。通过示范推广，辐射带动了周边地区农业生产技术水平的提高，为我国粮食生产“九连增”提供了强有力的技术支撑。

（二）开展了园艺作物标准园创建工作

在北京、河北、辽宁、山东等地创建果树新品种和新技术标准示范园16个。重点示范了我院选育的苹果新品种“华红”、“华月”，梨新品种“早金香”、“香红蜜”、“华金”、“华酥”以及梨矮化砧木“中矮”系列，集中示范了苹果矮化集约高效栽培、梨密植栽培、葡萄高光效整形修剪、花果提质增效管理、生草覆盖、节水灌溉、肥水耦合等新型栽培管理技术。在北京市大兴区建立“红香酥”等新品种标准示范梨园2 000亩，大部分品种3年开花结果，6年亩产达到2 500千克，优质果率80%以上。在福建、上海、浙江、广西壮族自治区（以下简称广西）、广东和海南等地对茶园建设与生产情况进行了调查，提出了标准化生产建议。

（三）开展了水稻“双增一百”和玉米“双增二百”活动

启动了水稻科技“百名专家联百县”活动，开展了技术培训、新品种和新技术展示与示范。在黑龙江、湖南等地的26个县试验示范新品种10个、新技术5项，建立的“国稻7号”百亩示范片平均亩产781.7千克，“国稻9号”亩产786.6千克。推广超级稻“中嘉早”系列品种500万亩，推广机插秧高产栽培技术1 500万亩。

编写了玉米“双增二百”科技行动教材《北方春玉米田间种植手册》，发行74 000册，发行《东北地区“双增二百”技术挂图》11万套。在玉米不同生长环节开展技术培训和指导，为玉米增产提供技术服务。

（四）开展了测土配方施肥技术推广活动

组织专家先后赴吉林、辽宁等省的县、乡、村和大型农场开展测土配方施肥技术培训与指导，举办技术培训班50多期，培训技术骨干和农业生产一线人员30 000余人。在一些乡村建立了测土配方施肥示范区，指导农民应用测土配方施肥技术。经过推广测土配方施肥技术，小麦、玉米平均每亩节肥20千克、增产50千克、增效150元。指导海拉尔农垦局建立了基于地理信息系统的测土配方施肥技术体系，实时指导每一块地的施肥情况，推广300万亩，节约化肥9千吨，增产粮食7.5万吨。在河南、河北、山东等地分别举行了棉花测土配方施肥现场会、培训讲座、技术咨询等活动，直接培训基层技术人员240人，推广棉田测土配方施肥技术35万亩，每亩节省肥料投入42元，增产籽棉34.4千克，增效138元，35万亩示范棉田合计增效节本6 300万元。

（五）开展了病虫害统防统治工作

蔬菜专家在大连等地举办设施蔬菜病虫害防治技术培训班4次，培训农技人员270人，农民300人。草业专家在内蒙古培训牧草虫害监测技术人员及农牧民200多人次。棉花专家深入田间进行棉花病虫害防治技术现场指导，在黄河流域棉区培训130余技术人员。果树专家深入河南、陕西等地，开展生物防治技术培训，取得良好的防治效果。茶叶专家举办茶树病虫害防治培训班13期，及时发布茶树植保信息，指导农户防治病虫害。

（六）开展了防灾减灾技术推广工作

组织专家参加农业部冬春季短期气候预测和春旱形势研判会商，撰写了相关分析报告；开展了棉花灾情预测预判和数字农情科技研究，为及时准确研判灾情提供科技支撑，提出防渍、扶理倒伏棉株和抢收黄熟铃指导意见；开展了小麦“假旺长”灾情和成灾原因分析，提出了具体控制措施；制定了马铃薯抗旱、防冻预案；提出了烟草抗洪涝灾害综合技术方案和技术措施，挽回1 000多万元损失；制定了养蜂抗灾生产应对预案，派专家现场技术指导，收到了良好的效果；组织专家修订了《重大农业自然灾害应急预案》，编写10期防灾减灾信息简报，开通了中国农业防灾减灾网。

（七）开展了农业科技信息进农家活动

在河北省怀来县17个乡镇200个村安装广播节点6 000多个，实现100%乡镇覆盖、71.6%村级覆；采用GPS定位方法开展了猕猴桃资源调查，有效提高了工作效率和准确度；建成了棉花科技信息网、中国无土栽培信息网、设施葡萄协作信息网；完成了甘南科技信息服务平台藏文版的设计开发工作，构建了小麦苗情监控物联网，为小麦苗情诊断、防灾减灾决策管理实时提供准确信息。

（八）开展了农机技术推广与培训活动

组织农机专家开展了以“做好三结对、办好一热线、建好三平台”为主题的“农机 313 工程”，分区域、分季节组织实施服务“三农”系列活动。举办了“2012 年全国水稻生产全程机械化技术培训班”，来自江苏、上海等 10 余省（市）的农机管理、技术推广及企业的 43 位学员参加培训。在山东高密举办了首届全国果园农机研发与应用现场观摩会，现场展示了开沟机、埋藤防寒机、碎草机等 11 种机械设备，来自山东省、新疆生产建设兵团（全书简称新疆兵团或兵团）、中粮集团以及烟台张裕葡萄酿酒股份有限公司、王朝葡萄酿酒有限公司、中信国安和拉菲企业集团等 100 多个单位的 200 多位代表参加。研发与畜牧业生产密切相关的割草机、切割机、打捆机等机械及其关键配件，累计示范 3 000多亩，培训技术人员和农牧民 200 多人。

（九）开展了畜牧兽医科技行动

在山东、河南、江苏、广东等地举行畜禽疫病相关技术培训和产品推介会 20 次，培训基层兽医、大型养殖企业技术人员 3 330人。在黑龙江、吉林等地建立了“猪圆环病毒 2 型灭活疫苗（LG 株）”临床推广示范基地 10 个，免疫效果确实，攻毒保护率达 96%，免疫期 6 个月，接种猪群死淘率下降 8%，出栏提早 5 ~ 7 天，保健用药减少 30%，每头猪增收 50 元。奶牛科技入户工程专家组先后在北京、黑龙江、河北、河南、安徽等地举办 8 次奶牛生产技术培训班，累计培训技术人员近 1 000人，入户指导 30 多次，发放技术资料 1 000余份。

（十）开展了农产品贮藏加工行动

组织开展了“走基层、进企业、送技术”活动，科研人员深入农产品加工企业开展服务，指导企业生产与研发工作。举办了全国农产品加工百家院所百家企业对接活动，发布 230 余项技术，对接 113 项，签约金额 4 亿多元。农产品黄曲霉毒素快速检测技术及速测仪研制取得重大突破，达到国际领先水平，改变了长期以来依赖国外并受制于人的局面。

（十一）开展了种业科技与企业合作

与北京德农种业有限公司、北京屯玉种业有限责任公司等 8 家企业签署玉米种业科企合作协议；与吉林延边鹏浩生态治理有限公司合作开展了大豆“中黄35”万亩繁种与示范项目，繁殖原种100多万千克；与全国近百家种子企业合作，推广“中蔬”牌100多个蔬菜新品种种子10多万千克，面积近300万亩；中棉种业科技股份有限公司与深圳创世纪转基因有限公司、湖北惠民种业科技有限公司等9家单位结成联盟，共同开发棉花种业；与中国种子集团合作启动了“油菜和花生新品种培育与扩繁”课题；与湖北省种子公司合作开发“双低”油菜，以“品种转让、销售分成”的方式开展合作，销售油菜种子80万千克，推广400多万亩。

二、加快科技成果转化应用，促进现代农业发展

（一）转化应用了一大批农作物新品种

粮食作物：在水稻主产区示范推广水稻新品种“国稻7号”、“国稻9号”、“中浙优8号”、“中浙优1号”、“中嘉早17”、“中早39”等，“中嘉早17”2012年继续列为全国主推品种，“中嘉早”系列品种推广面积达500万亩；“中早39”连续两年亩产超过“超级稻确认”的600千克指标；继续在全国推广矮败小麦育种技术，迄今已有上百个单位应用，累计育成品种42个，推广1.95亿亩；推广玉米新品种“中单808”500多万亩，“中单909”2011年通过审定，2012年推广了210万亩，获得转让收入1.2亿元，创玉米新品种推广速度和作物单品种转让纪录；推广“中黄13”、“中黄33”、“中黄35”、“中黄37”等大豆新品种1 500多万亩，其中，推广“中黄13”900多万亩，连续6年成为我国大豆种植面积最大的品种，已累计推广7 000多万亩。

蔬菜：示范推广雄性不育甘蓝新品种“中甘18”、“中甘21”、“中甘101”、“中甘192”等30万亩，创社会经济效益9亿多元；示范推广甜辣椒品种“中椒105”、“中椒107”、“中椒0808”等3.8万亩，创经济效益6.84亿元；推广番茄新品种“中杂15”、“中杂109”、“中杂201”等1.6万亩，创经济效益2.4亿元。同时推广加工番茄新品种“IVF1106”、“IVF3155”、“IVF6172”、“IVF6193”等5万亩，创经济效益1.5亿元；示范推广黄瓜新品种“中农18”、“中农28”、“中农116”等1.2万亩，创经济效益1.25亿元；示范推广白菜新品种“中白76”、“中白81”、“绿健85”等9万亩，创经济效益5 800万元；示范推广青花菜、花椰菜新品种“中青8号”、“中青9号”、“中花1号”等1万亩，创经济效益5 000多万元；示范推广茄子新品种“长杂8”、“9318”、“园杂16”等1 200亩，创经济效益1 600万元；示范推广菜用豆新品种“早无筋”等5 000多亩，创经济效益1 500多万元；推广绿叶蔬菜新品种“蔬菠1号”、“蔬菠2号”等3 000多亩，创经济效益900多万元；示范推广适合不同用途马铃薯“中薯3号”、“中薯5号”、“中薯7号”等12个新品种，其中，推广“中薯5号”1 074.8万亩，新增经济效益29.89亿元。

棉花：在新疆、黄河和长江流域三大棉区推广“银棉 8 号”以及中棉所 41、中棉所 43、中棉所 63 等三系杂交抗虫棉新品种 1 150万亩，占长江流域种植面积 15%，占新疆棉区 60%，实现社会经济效益 8.5 亿元，中棉所 63 已经连续 3 年被农业部列为国家主推品种，并创造了亩产籽棉过 1 千斤的最高纪录。

油料：示范推广双低油菜“中油杂 11”、“中农油 6 号”、“中双 9 号”、“中双 10 号”、“中双 11 号”、“阳光 2009”等新品种 1 341万亩，创造经济社会效益达 18.5 亿元；推广花生“中花 6 号”、“中花 8 号”、“中花 16”等品种 302 万亩，创造经济社会效益达 3 亿元。

果树：示范推广苹果新品种“华红”、“华月”、“华富”，梨新品种“早金香”、“香红蜜”、“五九香”、“华酥”以及葡萄新品种“华葡 1 号”等 13 个自主选育的新优品种 7 500亩，新增社会经济效益达 1 350万元。

其他：示范推广了“中烟 103”、“中烟 203”、“中烟 204”等新品种 150 多万亩，新增产值 1.5 亿元以上；在湖北、四川推广茶叶良种“中茶 108”、“中茶 302”5 000亩；示范推广中草药“吉梗 1 号”、西洋参“中农洋参 1 号”等新品种，直接经济效益 418.9 万元。

（二）集成转化了一批新技术

粮食方面：累计推广超级稻高产栽培关键技术 1.69 亿亩，增产稻谷 894.49 万吨；推广水稻钵形毯状秧苗机插技术，在黑龙江、吉林等地建立示范点 20 多个，开展了机插秧高产栽培技术示范，面积超过 1 500万亩；在浙江、贵州等地推广稻田季节性干旱危害特征及干旱防控高产技术；在浙江、湖南、安徽三省推广穗腐病防控简便技术 703.53 万亩，平均每亩增收 175.79 元，每季稻平均减少用药 1.3 次。

油料方面：在江西、湖南、湖北、云南等 10 余省示范推广油料脱壳冷炸制取优质食用油和饼粕新型工艺、油脂高效提质清洁精炼工艺、重组新型营养油工艺、双低油菜芥酸和硫甙速测、黄曲霉毒素速测等新技术，创造社会经济效益达 10 亿元，其中，黄曲霉毒素速测技术达国际领先水平，对保障我国食品安全有重要意义。

果蔬方面：推广设施蔬菜生态高值无土栽培关键技术 10 万亩，累计纯收益约 3.64 亿元，同时推广蔬菜育苗技术 2 000余亩；在辽宁、山东等地推广设施果树现代生产技术 5 万多亩，新增经济效益 1 亿元以上；在辽宁、新疆等地推广富硒果品生产技术 1 万亩，新增经济效益 1 000万元以上；在新疆等地示范推广“红地球”葡萄生物调控技术 1.5 万多亩，新增社会经济效益 1 500多万元。

畜牧方面：在北京、河北等地推广犊牛早期培育新技术 2 500余头，平均每头犊牛节省培育成本 440 元；将有自主知识产权的高饲料效率、高胸肉率的瘦肉型北京鸭配套系分别转让给山东新希望六和集团和内蒙古塞飞亚农业科技有限公司，建立起了产、学、研联合育种机制，开展联合育种，制定了 5 年市场占有率 50% 的目标，有望打破国外肉鸭品种占据我国大部分市场的格局；利用免耕播种技术在内蒙古自治区（全书简称内蒙古）建立人工草地1 200亩，推广荒漠草原承载力与家畜配置综合技术5 000亩，创经济效益700万元；推广应用O型、Asia1型和A型口蹄疫液相阻断ELISA抗体检测、口蹄疫病毒非结构蛋白3ABC抗体检测、口蹄疫病毒多重RT-PCR和定型PCR诊断6个试剂盒，检测样品近1 000万头（份）；推广梅花鹿优质高效繁育技术，提高梅花鹿良种普及率30%，茸鹿群体产茸性能提高19%，创直接经济效益1 000多万元。

环保方面：在北京、江苏、辽宁、山东等地推广植物LED光源节能高效生产技术500余套，示范温室面积10多万平方米，直接经济效益275万元；在天津等地推广农田土壤重金属原位钝化修复技术500亩，新增经济效益800万元；推广重要转基因作物检测与监测技术、农业面源污染生态防控技术等，有效控制了地表水质；在内蒙古、河南生产和销售发明专利微灌沙石过滤器，分享10%的销售利润；在山西、河南应用抗旱用管道式灌溉系统关键设备1 300亩，带动农民增收15万元。

其他方面：在重庆、四川、江苏、江西等地推广丘陵山地小型农机的各种技术12万亩；推广棉花工厂化育苗和机械化移栽技术，育苗4 800万株，栽种面积1.5万亩；集成推广烟叶“8点式精准密集烘烤工艺”40万亩，新增产值7 000万元以上；示范应用“农信采”等信息产品，为我国农产品监测预警提供有力的技术和数据支撑。

（三）推广应用了一批新产品

推广应用双螺旋低残油低温榨油机、油菜籽脱皮分离装置、油茶籽脱壳机、专利营养油、调节血脂的康欣宁软胶囊、缓解视力疲劳的爱星软胶囊等产品360台（套），创造社会经济效益7.2亿元；在江西等地示范推广新型沼气灯816户，每盏每年可节约用电146度，节支73元；示范推广中烟有机肥10 120吨，实现经济效益100多万元；示范推广环保型饲料和仔猪代乳品8.4万头，创经济效益约300万元；示范推广口蹄疫O型MYA98灭活疫苗，创产值2亿元，推广应用羊TIT免疫双胎疫苗4.5万头（份），平均提高母羊产羔率20%以上；推广茶毛虫和茶尺蠖病毒杀虫剂16万亩，防治效果在85%以上。

（四）积极推介宣传我院的科技成果

2012年，我院主办和参加各类科技博览会、洽谈会和咨询会等200多次，积极推介宣传我院的科技成果，促进科技成果的转化。和辽宁省人民政府共同举办了第十六届锦州农业科技博览会，展出新成果100多项、实物20多件，发放技术资料2万多份，在现场进行了无人驾驶直升机自动导航低空低量航拍和施药演示，有关专家应邀作了现代农业方面的学术报告；参加了第十二届中国（寿光）国际蔬菜科技博览会；参加了第九届中国·海峡项目成果交易会，展示了20余项技术；参加了第六届生物产业大会，展示 50 余项技术。

三、开展了科技服务与技术培训，有效提高了基层农技人员和农民的技术水平

为了落实农业部为农民办实事的工作部署，结合我院新品种、新产品、新技术的示范推广，组织科技人员深入生产一线，通过组织举办现场展示观摩会、技术培训咨询等多种形式，培训基层技术人员和农民，推广先进实用技术，依靠科技促进农业产业结构调整，增加农民收入。

种植业方面：依托小麦、玉米、大豆、水稻等产业技术体系，组织举办科技培训班 2 386次，培训县级技术骨干和各类农技人员 72 278人次，现场指导农民 425 862人次，举办作物新品种、新技术、高产创建示范观摩会 115 场，参加 26 814人次，发放“水稻穗腐病机理及防控关键技术”等相关技术资料 2 万多册；以专题报告、技术培训、新成果展示等形式，在河北、安徽、山西、陕西、福建、山东、内蒙古等地进行甘蓝、胡萝卜、马铃薯等作物育种栽培、工厂化育苗、病虫害防治等技术培训活动 30 多次，培训基层农技人员和农户 5 000多人次；举办作物重要病虫害防治技术讲座 1 000多次，指导培训技术人员和农民 30 000多人次；棉花专家在湖南、河北等 9 省举办轻简育苗技术培训班 40 场，现场指导 60 次，培训 3 300人次。中棉种业科技股份有限公司在山东东营成立农民学校，不定期举办棉花专业知识培训班，培训基层人员 6 000多人次，赠送《图说棉花基质育苗移栽》3 000册，“图说棉花轻简育苗移栽技术规程”5 000份，技术光盘 100 张，在中央人民广播电台农博士在线节目为农民解答有关棉花生产技术问题，收到了很好的效果；油料作物科技人员下乡 260 人次，举办各种技术培训 45 次，培训农技人员和农村实用人才 2. 8 万人次，发放各种科普和实用技术资料 3 万余份；依托国家苹果、梨产业体系以及农业科技成果转化资金项目的实施，在北京、辽宁、河北、山东、山西、陕西、河南、新疆、黑龙江、吉林等地共组织举办各种形式的果树技术培训活动 231 次，开展科技下乡 1 021人次，直接培训基层技术人员与果农 51 641人次，发放技术资料 27 350份，推广新品种、新技术 14 万亩，新增社会经济效益 2 亿多元；在浙江、贵州、四川等地派出茶叶科技人员 1 300人次深入茶区，帮助企业和茶农解决生产中的问题，组织举办现场展示、技术培训等 52 期，培训 4 500多人次，把优良茶树品种、生物农药、专用肥等科技产品及相关栽培、加工等多项实用技术送到茶农手中，发放科技资料等 6 000多份；在湖北、云南等地推广烟草土壤改良、新品种替代、赤星病防治等新技术 31 万亩，举办 3 500场培训，培训人员 23 万余人次，烟农新增直接经济效益 1. 52 亿元；在湖南、浙江、河南举办麻类种植技术培训会 4 次，培训技术人员 300 多人。

畜牧业方面：在北京、河北、上海、海南、安徽、山西、黑龙江等地先后组织举办 76 次肉鸡、水禽、肉牛、奶牛、生猪等产业生产技术培训班，实地指导 18 次，累计培

训养殖户和技术人员8 000人次，对北京、天津等地的养殖场进行技术指导和服务，建立起了规范的准入制度、饲养制度等；派出28位疫苗专家在全国28个省、市、自治区举办各类技术服务活动284场，参加人员达30 000人次，接诊猪病样品5 264个，检测指标15 401个；禽病样214份，检测指标642个，血清学检验5 416份，分子诊断检测样品162份，解答咨询4 650人次，挽回经济损失5 000多万元；畜牧专家在甘肃、青海等地开展肉牛牦牛科学养殖等技术培训，培训牧民1 000多人次，发放《牦牛养殖实用技术问答》《轻简化实用技术》等技术资料1 000余册；在内蒙古、新疆等地派出草业科技人员663人次，通过技术培训、现场指导、科技咨询等方式，发放技术材料500余份，举办各类培训班8次，培训农牧民2 250人；在山西、河北、江苏、湖北、四川、重庆、安徽、福建、山东、云南、河南、江西、北京、东北三省、海南、广西、广州、陕西、宁夏、浙江等地举办152期蜂业管理技术培训班，培训11 449人次，发放技术资料9 760份，发放蜂药30 000份。

其他方面：组织开展了农产品加工"走基层、进企业、送技术"活动，在河北、河南、山东、内蒙古、湖南、黑龙江、安徽等地举办科技成果对接会及项目洽谈会，指导企业生产与研发工作；举办农机现场观摩、培训咨询共26次，培训农民和技术人员4 750人次，发放技术资料2 800份，促进了农机科技快速进园、到社、入户；在河北省等地建设沼渣、沼液农田高效示范基地，培训技术人员100余人，发放资料630余册；在湖南、宁夏等地举办"水体与土壤污染防治修复技术"等培训会6期，培训农技人员和示范户350余人。

四、积极开展院地合作，搭建成果转化平台

（一）对接国家现代农业示范区建设

2012年，按照农业部的统一部署，我院与农业部规划设计院共同承办了"农业部部属农业科研院校与国家现代农业示范区专项对接活动"，并组织院属研究所与相关示范区开展了专项对接活动，我院作物科学、蔬菜花卉等17个研究所与宁夏农垦、河南、江苏等地的38个国家现代农业示范区签署合作协议41份，与8个示范区达成了合作意向，在粮食作物、经济作物、畜牧兽医、资源环境等领域开展广泛深入的合作，为国家现代农业示范区的建设与发展提供技术支持。为落实签署的科技合作协议，水稻研究所与黑龙江农垦联合举办了"水稻机插秧新技术现场观摩会"，展示农机农艺融合新技术。

（二）继续推进与地方政府的合作

我院先后与江西省人民政府、镇江市人民政府、北京雷力集团等地方政府和企业签署了 9 项科技合作协议。有关研究所与吉林市、青州市等签订了 70 多项技术合作协议，联合实施合作项目，与地方政府开展实质性合作，为我院科技成果转化搭建平台。继续在 24 个省 123 个县开展综合示范县建设和单项重点产业技术示范推广，不断加大科技成果的辐射带动作用。建立和完善各类示范基地 265 个，形成了每个研究所有几个示范县和若干个专项技术或成果示范基地的局面。通过科技示范，促进了科技成果的转化，带动了农业增效和农民增收。

（三）推进我院现代农业综合示范县（区）发展

北京市大兴区：启动实施了 6 个我院与北京市大兴区第四期科技合作项目，投入经费 590 万元。其中，高效奶业技术示范与推广项目完成了 5 个奶牛场的调研，针对发现的问题编写了《TMR 质量监测评价技术规程》和奶牛档案模版，推广奶牛性控精液 550 剂，开展了 7 次培训，培训各级防疫人员及养殖户等 60 余人；梨果贮藏项目开展了西洋梨贮藏保鲜技术及非化学催熟技术研究与示范，培训果农及技术人员 100 人次。院地合作的“大兴模式”进一步完善。

廊坊广阳区：组织实施了早熟优质抗病梨新品种“华金”示范、蔬菜新品种引进及有机栽培技术推广应用、奶牛及犊牛饲养中生态环保益生物质应用技术的集成与示范、奶牛养殖小区 TMR 饲喂技术 4 个示范推广项目，示范推广犊牛早期培育新技术和优质青贮饲料制备技术 1 200余头，组织举办现场会 2 次，培训人员 300 人次。示范推广绿龙苦瓜、翠豇、苦苣、番茄等蔬菜新品种 20 多个。

（四）积极向企业转让科技成果

水稻研究所与海南神农大丰种业科技股份有限公司签署科企产学研战略合作暨共建中国野生稻保护与利用研究中心框架协议，授权其开发优质杂交稻品种“中优 218”；与金健米业签订了产学研战略合作协议，就资源共享、成果转化、创新人才培养等方面开展全面的合作；授权浙江农科种业有限公司独家开发与经营“国稻 7 号”，建立了推广新模式；与绵阳市雅超农业科技有限责任公司签订“中 68A”、“中恢 286”、“中恢 8006”转化协议。

农机化所与江苏宇成动力集团达成科技成果转化协议，研发 4HLB-2 型花生联合收获机、4H-800 型花生收获机和 4HZB-2 型花生摘果机；与溧水县中顺农机服务专业合作社合作，研制具有国内先进水平的玉米分级设备；与重庆华世丹机械制造有限公司合作，研制高性能旋耕机灭茬设备。

哈尔滨兽医研究所与企业签订技术转让协议20余份，合同金额4 500余万元。“猪繁殖与呼吸综合征活疫苗（CH-1R株）”转让浙江诺倍威、乾元浩2家企业；“猪传染性胃肠炎与猪流行性腹泻二联疫苗”转让中牧实业、四川华派等9家企业；“鸡新城疫、鸡传染性支气管炎二联活疫苗”转让天津瑞普、哈药生物2家企业。

五、积极开展科技援疆援藏和定点扶贫工作，促进边疆地区农业发展

2012年，利用我院科技和人才优势，不断加强科技资源、科技成果在新疆、西藏和相关贫困地区聚集，先后有5名院领导赴新疆、西藏等地考察指导工作，第七批援疆的5名干部继续在新疆农业科研部门挂职，1名同志在西藏农牧科学院挂任副院长，10名科技干部继续在定点扶贫地区挂职，为新疆、西藏和相关贫困地区经济社会发展服务。

（一）深入开展科技援疆援藏工作，促进民族地区农业农村经济发展

2012年，全院与新疆、西藏等有关研究机构联合承担27个科技项目，经费3 370万元；联合建立和完善试验示范基地48个，组织科技下乡836人次，为新疆和西藏培训基层技术人员和农牧民2万人次，培养研究生20人，培养“西部之光”访问学者等高级研究和管理人员170人；推广新品种56个，面积500万亩；推广新技术38项，面积56万亩；创造社会经济效益约3亿元。

1. 开展了广泛的科技合作

与新疆、西藏有关地区和部门开展了广泛的对口合作共建工作。油料所与新疆农科院经济作物研究所、新疆农垦科学院等单位签署了合作协议，在新品种引进示范等方面开展了研究；环发所与新疆庆华能源集团有限公司就设施园艺 CO_2 固碳减排研究与示范项目进行合作，合同经费108万元；兰州兽医所与青海省动物疫病预防控制中心共建动物疫病防控新技术试验示范基地；环发所帮助西藏农牧科学院共建农业资源环境研究所，捐助了价值百万元的科研仪器设备，双方将在人才培养、条件建设、项目合作等方面开展深入的合作，为西藏农牧业发展提供科技服务。

2. 开展了技术示范与推广工作

针对新疆、西藏农业生产实际，在有关地区重点开展了蔬菜、果树、青稞等优良品种选育和配套技术推广工作。蔬菜专家通过承担北京市援疆项目，为和田地区筛选出辣椒、番茄、黄瓜、茄子等适宜栽培的品种10余个，并制定了相应的栽培管理技术规程；果树专家在新疆生产建设兵团开展了葡萄避雨栽培生产技术推广示范，完成了葡萄新品种小棚架栽培模式的改造和应用，提升了当地葡萄产业发展水平，同时开展了提高桃树

种植水平和果实品质等方面技术的指导，直接培训技术人员 300 多人次；生物防治专家同新疆石河子农业科技开发研究中心合作开展了全生物降解地膜系列产品试验示范，构建了规范的技术评价体系，遴选出适宜的生物降解地膜 2 种，培训技术人员 10 人；节水灌溉专家在阿克苏农一师建设了示范基地，初步确定了棉花各生育阶段的适宜灌溉控制指标，提出了小定额高频灌溉水分管理模式，并培训了一批技术人员；大麦青稞专家多次赴西藏、青海开展科技培训和新品种、新成果示范工作，累计示范“藏青 320”、“藏青 311”等青稞品种及粮草双高增产技术 1 万多亩，平均每亩增产 28.94 千克，同时与西藏春光食品有限公司等企业开展了绿色青稞生产技术示范，增产 13%，显著提高了农牧民收入和企业效益。

3. 科技服务与培训成效显著

积极做好科技服务工作。在关键季节选派专家到新疆、西藏有关地区举办技术培训，现场指导生产。玉米专家在新疆举办玉米高产与标准化生产技术培训和观摩会 5 次，培训 800 多人次；蔬菜专家为新疆墨玉县农业技术推广中心及和田地区农技中心培训技术人员 60 多人，与新疆石大科技有限公司合作，培训加工番茄新品种栽培技术人员 80 余名，推广 5 万多亩，创造社会经济效益 1.4 亿元，同时为西藏农科院蔬菜所和青海省农科院提供了马铃薯种薯，支持当地马铃薯产业的发展；果树专家在鲜食葡萄标准化生产技术、设施葡萄现代生产技术、香梨病害防治等方面开展了一系列的调查研究，开展了现场指导和技术培训工作，累计培训技术人员 1 000多人次；还对西藏林芝地区的老果园改造进行技术指导与规划，完成了沿尼洋河水果产业带的发展规划，指导栽培生产技术；沼气专家完成了新疆阿克陶玉麦乡沼气工程、新疆兵团农二师三十四团沼气工程、泽普县养殖基地大型沼气工程、疏勒县养殖基地大中型沼气工程等的初步设计；信息专家开展了农业科技文献信息调研及信息服务交流活动，讲授了文献信息检索知识、获取信息资源途径等。

4. 合作实施研究项目进展顺利

通过共同承担国家和地方各类科技项目，与新疆、西藏等有关科研单位联合开展了资源收集、新品种引进与示范、育种、栽培等合作研究，带动了新疆、西藏农业科技实力的提升。作物科学所与新疆石河子大学联合申请了国家科技支撑计划课题“新疆自然资源精细遥感监测技术与应用”，通过项目实施培养博士生 5 人，硕士生 7 人；与新疆农垦科学院联合承担国家科技支撑计划项目，开展了新疆大豆新品种培育与扩繁研究，在新疆石河子地区开展了示范与高产创建工作，“中黄 35”在新疆塔城地区创 421.37 千克的单产纪录；郑州果树所与新疆农业发展有限公司合作申请了自治区科技项目“设施葡萄优质高效栽培技术引进试验及产业化示范”，建成 100 个设施葡萄日光大棚，精选出了适宜种植的优良品种；植保所与新疆、西藏有关科研单位承担了国家公益性行业科研专项“草原虫害监测预警及防控技术研究与示范”，在新疆、西藏有关地区建立了草原蝗虫研究与防治示范基地，有效控制了当地草原蝗虫的为害；草原所与青海省科技厅共同承担了国家科技支撑项目“重点牧区生产生态生活保障技术集成与示范”，在玉树藏族自治州新建5 000亩黑土滩人工草地，防治草地病虫鼠害2 000亩；兰州兽医所与新疆、西藏、青海的有关科研机构共同承担了公益性行业科研专项“放牧动物蠕虫病防控技术研究与示范”，与石河子大学承担了973项目“重要人兽共患胞内寄生菌流行特征及病原致病机制研究”；哈尔滨兽医所与新疆农业大学共同申报国家科技支撑计划“马匹疫病诊断及综合防控技术研究与示范”，获900万元经费支持，还与新疆动物防疫监督所合作开展了牛、羊布病流行病学的研究工作，与新疆畜牧科学院共建兽医生物技术和兽用药物创制学科群实验基地，与新疆动物防疫监督所开展了马传贫、马流感监测工作，对1 017份马血清进行了抗体检测；牧医所承担了西藏重大科技专项课题“优质草产品生产、加工和贮藏技术研究与示范”，解决了西藏干草捆和成型饲料生产上的关键技术问题，形成了适宜西藏条件，符合家畜需要的高品质干草捆加工工艺技术以及安全低成本优质的成型饲料生产工艺技术。

（二）继续实施定点扶贫计划，扶持贫困地区特色农业产业发展

2012年，全院在湘西、湖北省恩施土家族自治州（全书简称恩施）等定点扶贫地区开展科技服务80余次，举办培训班106期，培训技术人员和农民3万多人次，赴定点扶贫县考察300多人次，派出包括3名所局级的10名干部前往贫困地区挂职，直接投入项目资金100万元，帮助引进项目7个、技术10项、人才3人、各类资金260万元。

配合科技下乡，茶叶所向恩施地区捐赠价值近40万元的防虫板、太阳能杀虫灯、单人修剪机等茶园设施物品，进行了为期3天的茶园病虫害绿色防控和标准化与机械化茶叶生产技术培训，培训茶叶大户、技术人员270余人，帮助鹤峰县建成年产300吨的速溶茶生产线和年产1 500吨茶渣发酵有机肥生产线，帮助孝感市建成年出圃2 000万株的茶树良种示范与繁育基地，并帮助引进茶树优良品种，开展了技术咨询。茶叶专家为四川青川茶厂、合作社的35名学员举办了为期28天的茶叶加工培训班，还组织16名育种、栽培、植保、加工、经济专家，分成3个小组深入湄谭县、正安县、印江县、德江县、纳雍县、都匀市、雷山县、开阳县等地举办技术培训，22个县的茶叶主管、技术推广、专业合作社的1 288名人员参加了培训；结合湘西区域优势和地方特色，特产所挂职干部提出了“公司＋品牌＋基地＋农户”的现代农业生产模式，将订单收购、标准化养殖相结合，坚持走生态无污染生产路线，创建优质品牌。

按照甘肃省委“联村联户、为民富民”的工作部署，兰州兽医所和兰州牧药所领导带队，深入甘南藏族自治州有关村镇进行实地调研，建立了上下联动、全员参与、分工负责的长效工作机制，确定了改良畜群结构、引进优良草种、加强动物疫病防控和修建饮水工程等帮扶计划，完成了牦牛品种改良项目，投资6万余元为牧民引进、赠送了10头青海大通种牦牛，投资20余万元修建饮水工程，解决了2个联系村人畜饮水问题，派专家在甘南藏族自治州开展了科技培训，赠送肉牛、肉羊养殖和疫病防治技术

资料。

水稻所继续在浙江省永嘉县大岙乡开展结对帮扶工作，帮助开发出“周大伯”牌富铁生态大米，提升了水稻生产附加值，并在加工、品牌开发和营销策略等方面提供咨询和指导。同时，筹措经费 10 万元，开展引种示范和新技术应用等工作。

按照湖北省委脱贫奔小康试点工作领导小组的要求，油料所在大悟县开展了万亩花生高产创建活动，争取项目经费 20 万元，培育出适合大别山区种植的抗青枯病高产高油花生新品种“中花 21”，提出了花生病害防治技术措施和高产栽培技术，在大悟新城镇试种的“中花 21”获得亩产 410 千克的高产纪录，平均增产 30%。

根据四川省委“部门帮村”结对帮扶的工作精神，沼气所派科技人员到广安市、华蓥市挂职，开展了户用沼气池技术指导和户用沼气 CDM 机制检查工作，建设农业技术推广站 10 个，对农户开展了种植业技术、沼气技术、土肥技术、畜禽养殖技术等培训，全年培训技术人员 1 700人次。

中国农业科学院科研试验基地目录

（1）综合试验基地

序号	基地名称	基地面积（亩）	产权		所属单位	备注
			有产权面积（亩）	无产权租赁期限（年）		
1	河南新乡综合试验基地	4 217	212	50	农科院	5所入驻（作科所、植保所、环发所、灌溉所、郑果所）
2	河北廊坊农业高新技术产业园	2 000	200	50	农科院	8所入驻（作科所、蔬菜所、牧医所、饲料所、生物所、资划所、草原所、特产所）
3	北京南口综合试验基地	800	800		农科院	8所入驻（作科所、蔬菜所、牧医所、环发所、蜜蜂所、饲料所、加工所、质标所）

（2）专业试验基地

序号	基地名称	基地面积（亩）	产权		所属单位	备注
			有产权面积（亩）	无产权租赁期限（年）		
1	北京海淀作物试验基地	280	280		作科所	
2	北京昌平作物试验基地	664	664			位于马池口地区
3	海南三亚作物南繁试验基地	352		30		

（续表）

序号	基地名称	基地面积（亩）	产权		所属单位	备注
			有产权面积（亩）	无产权租赁期限（年）		
4	河南新乡小麦育种试验基地	130	130		作科所	农业部新乡矮败小麦重点野外科学观测试验站
5	北京顺义作物试验基地	1 640	40	20		
6	河北沽源小麦夏繁试验基地	110	10	30		
7	吉林公主岭作物试验基地	220		30		
8	内蒙古锡林浩特草原有害生物监测与防治试验基地	500	300	50	植保所	农业部锡林浩特草原有害生物防治重点野外科学观测试验站
9	河北廊坊农业有害生物监测与防治试验基地	523	523			农业部廊坊有害生物防治重点野外科学观测试验站
10	吉林公主岭农业有害生物监测与防治试验基地	200	200			
11	广西桂林农业有害生物监测与防治试验基地	160	160			
12	新疆库尔勒农业有害生物监测与防治试验基地	200	200			
13	甘肃天水农业有害生物监测与防治试验基地	57	57			
14	山东长岛农业有害生物监测与防治试验基地	30		30		

（续表）

序号	基地名称	基地面积（亩）	产权		所属单位	备注
			有产权面积（亩）	无产权租赁期限（年）		
15	北京海淀蔬菜花卉试验基地	75	75		蔬菜所	
16	北京顺义蔬菜试验基地	300		15		
17	山西寿阳旱地农业试验基地	160	20	30	环发所	农业部寿阳旱地农业重点野外科学观测试验站
18	西藏那曲高寒草地生态与气候变化试验基地	2 000	2 000			
19	湖南岳阳农业环境试验基地	142	22	20		
20	北京顺义农业环境试验基地	1 146	37.31	18		
21	福建海西农业环境试验基地	15.52	15.52			
22	北京昌平畜牧试验基地	288	288		牧医所	位于马池口地区，农业部昌平畜禽资源重点野外科学观测试验站
23	内蒙古鄂尔多斯鄂托克旗牧草资源与育种试验基地	1 062		20		
24	天津武清畜牧试验基地	1 860	60	30		
25	北京平谷北方棉花生物技术育种试验基地	200		20	生物所	
26	海南三亚棉花南繁试验基地	77		20		

（续表）

序号	基地名称	基地面积（亩）	产权		所属单位	备注
			有产权面积（亩）	无产权租赁期限（年）		
27	湖北麻城长江流域棉区棉花生物技术育种试验基地	120		20	生物所	
28	海南乐东生物技术试验基地	100		23	生物所	
29	辽宁营口生物技术试验基地	105	20		生物所	
30	北京昌平潮褐土生态环境试验站	28	28		资划所	位于马池口地区，农业部昌平潮褐土生态环境重点野外科学观测试验站
31	内蒙古呼伦贝尔草原生态系统试验基地	2 040	40	50	资划所	内蒙古呼伦贝尔草原生态系统国家野外科学观测研究站
32	山东德州盐碱土壤改良试验基地	305	245	50	资划所	农业部德州农业资源与生态环境重点野外科学观测试验站
33	北京海淀国家土壤肥力与肥料效益监测站网	320			资划所	分散在全国各地各单位，由原国家计委统一购置产权土地，部分土地归我院资划所所有
34	河南洛阳旱地农业试验基地	130	130		资划所	农业部洛阳旱地农业重点野外科学观测试验站
35	北京密云土壤肥料试验基地	128		50	资划所	
36	湖南祁阳红壤农业生态试验基地	680	680		资划所	南方红壤地区农业生态环境监测试验站
37	河北迁西燕山生态环境试验站	172	172		资划所	农业部迁西燕山生态环境重点野外科学观测试验站

（续表）

序号	基地名称	基地面积（亩）	产权		所属单位	备注
			有产权面积（亩）	无产权租赁期限（年）		
38	河北承德国家食用菌改良中心试验基地	50	50		资划所	
39	江西进贤土壤肥料试验基地	90	90		资划所	
40	广东江门农业试验站	50	50		资划所	
41	河北定兴新农村信息化试验示范基地				信息所	与当地政府合作建设
42	河北怀来新农村信息化试验示范基地				信息所	与当地政府合作建设
43	江苏苏州农业信息化试验示范基地				信息所	与苏州稼泰丰农业科技公司合作建设
44	河南新乡作物需水量试验基地	27	27		灌溉所	
45	河南商丘农业资源与生态环境试验站	88	46	30	灌溉所	河南商丘农田生态系统国家野外科学观测研究站
46	河南洪门水资源安全利用试验基地	18	18		灌溉所	
47	海南三亚水稻南繁试验基地	359	5	20	水稻所	
48	浙江富阳水稻试验场	2 000	2 000		水稻所	

（续表）

序号	基地名称	基地面积（亩）	产权		所属单位	备注
			有产权面积（亩）	无产权租赁期限（年）		
49	海南三亚棉花试验基地	623	88	40	棉花所	国家种质海南野生棉圃
50	安徽合肥杂交棉试验基地	130	30	15	棉花所	
51	新疆石河子早熟棉育种试验基地	112	112		棉花所	
52	新疆阿克苏中早熟棉试验基地	594		10	棉花所	
53	河南郑州棉花试验基地	90	15	40	棉花所	
54	河南安阳棉花试验基地	2 488	2 488		棉花所	
55	青海平安油菜夏繁试验基地	200	200		油料所	
56	湖北汉川油料转基因安全检测与试验基地	143	143		油料所	
57	湖北阳逻油料作物试验基地	835	835		油料所	
58	湖北武昌油料作物试验基地	300	300		油料所	国家种质武昌野生花生圃，农业部武昌花生资源重点野外科学观测试验站
59	江西进贤油料作物试验基地	180	90		油料所	
60	湖南沅江麻类作物试验基地	569	569		麻类所	农业部沅江麻类资源重点野外科学观测试验站
61	湖南长沙苎麻与野生纤维植物资源圃	127		20	麻类所	国家作物种质资源长沙苎麻圃
62	湖南长沙望城麻类创新试验基地	150	/	30	麻类所	

（续表）

序号	基地名称	基地面积（亩）	产权		所属单位	备注
			有产权面积（亩）	无产权租赁期限（年）		
63	辽宁兴城砬山北方落叶果树试验基地	3 180	3 180		果树所	国家果树种质兴城梨圃，农业部兴城北方落叶果树资源重点野外科学观测试验站
64	辽宁兴城温泉果树试验基地	500	500			国家果树种质兴城苹果圃
65	辽宁绥中果树栽培试验基地	130		30		
66	新疆哈密果树瓜类试验基地	2 000	0.7	60	郑果所	0.7 亩为建设用地
67	河南郑州果树瓜类试验基地	450	450			国家果树种质郑州桃圃、葡萄圃
68	郑州荥阳果树瓜类试验基地	846	3.7	50		
69	新疆阿克苏果树试验基地	350	350			其中，0.7 亩建设用地
70	浙江杭州茶叶试验基地	280	280		茶叶所	国家种质杭州茶树圃，农业部杭州茶树种质资源重点野外科学观测试验站
71	浙江淳安茶叶加工试验基地	15	15			
72	浙江杭州茶叶所区试验基地	360	360			其中，建设用地 250 亩
73	云南普洱茶试验基地	1 500	1.95	30		1.95 亩为建设用地
74	浙江淳安文昌潭头茶叶试验基地	300	30	30		
75	黑龙江哈尔滨南山试验场	2 100	2 100		哈尔滨兽医所	

（续表）

序号	基地名称	基地面积（亩）	产权		所属单位	备注
			有产权面积（亩）	无产权租赁期限（年）		
76	甘肃兰州大洼山畜牧试验基地	2 400	2 400		兰州牧药所	农业部兰州黄土高原生态环境重点野外科学观测试验站
77	甘肃张掖旱生牧草种子繁育试验基地	3 200	3 200			
78	内蒙古呼和浩特农牧交错区试验基地	5 080	5 080		草原所	国家种质多年生牧草资源圃，农业部沙尔沁牧草资源重点野外科学观测试验站
79	内蒙古锡盟苏尼特荒漠草原试验基地	8 300	20	5		产权面积 20 亩为建设用地，其余部分：480 亩每 5 年续签一次，其他与牧民合作。
80	内蒙古鄂尔多斯十二连城沙地草原试验基地	5 000		30		农业部鄂尔多斯沙地草原生态环境重点野外科学观测试验站
81	内蒙古鄂尔多斯达拉特沙地草场改良试验基地	5 000	500	40		
82	青海玉树青藏高寒草原试验基地	5 010	10	10		农业部玉树高寒草原资源与生态环境野外科学观测试验站
83	内蒙古锡盟太仆寺旗典型草原试验示范基地	3 000		30		
84	吉林昌邑左家特种经济动植物试验基地	1 160	1 160		特产所	农业部长白山野生生物资源重点野外科学观测试验站，国家果树种质左家山葡萄圃
85	吉林昌邑左家国家特种经济动物遗传资源保存试验基地	57	3.5			

（续表）

序号	基地名称	基地面积（亩）	产权		所属单位	备注
			有产权面积（亩）	无产权租赁期限（年）		
86	云南大理农业生态环境试验基地	162	20	30	环保所	农业部大理农业生态环境重点野外科学观测试验站
87	天津武清农业生态环境试验基地	64		30		
88	四川成都公兴沼气发酵中试基地	66	20	40	沼科所	
89	江苏南京溧水农业机械化技术试验基地	200	200		农机所	
90	山东即墨烟草试验基地	488	27	30	烟草所	
91	山东青州烟草试验基地	700	700			

中国农业科学院 2012 年度科技开发调查统计简况

据院属 33 个单位报来的《中国农业科学院 2012 年度科技开发情况调查表》统计：

一、2012 年开发收入情况

2012 年全院开发毛收入 111 053.44 万元，支出 80 275.47 万元，开发纯收入 30 777.97万元。

二、2012 年开发纯收入构成情况

表 1　2012 年开发纯收入构成情况表　（单位：万元）

项目	合计	其中					
		技术转让收入	其他技术收入	经营收入	房地产收入	其他收入	附属单位上交收入
开发纯收入	30 777.97	6 865.02	11 730.71	5 575.09	2 067.51	4 379.84	159.80
占比		22.30%	38.11%	18.11%	6.72%	14.23%	0.52%

三、2012 年开发纯收入层次构成情况

表 2　2012 年开发纯收入层次构成情况表　（单位：万元）

项目	合计	1 000 万元以上（7 个单位）	500 万 ~ 1 000 万元（7 个单位）	100 万 ~ 500 万元（9 个单位）	50 万 ~ 100 万元（2 个单位）	50 万元以下（8 个单位）
纯收入	30 777.97	23 236.29	5 263.21	2 151.61	108.56	18.3
占比		75%	17%	7%	1%	0.06%

表3　2012 年开发纯收入超过 1 000 万元的单位情况表

（单位：万元）

单位	净收入
茶叶所	1 270.03
兰州兽医所	1 646.1
油料所	2 501.01
植保所	3 000
饲料所	3 317.27
哈尔滨兽医所	4 498.88
特产所	7 003

四、2012 年人均创收层次构成情况

2012 年被统计单位人均创收 4.72 万元，比 2011 年 3.35 万元上升 40%，其中，人均创收超过 2 万元的有 15 个单位，占被统计单位的 45.45%，人均创收低于 2 万元的有 17 个单位，占被统计单位的 51.51%。

五、其他方面情况

2012 年签订各种合同 1 403 项，成交金额 78 972.78万元，当年实收金额 44 000.3 万元。技术（产品）开发推广的直接经济效益在 100 万元以上的共 26 项。有 97 个项目，转让 115 次，转让总收入 19 343.48万元。

六、附　表

表一　中国农业科学院 2012 年开发收入情况汇总表
表二　中国农业科学院 2012 年科技开发经费投入情况汇总表
表三　中国农业科学院 2012 年科技开发人员投入情况汇总表
表四　中国农业科学院 2012 年合同签订情况汇总表
表五　中国农业科学院 2012 年技术转让情况汇总表
表六　中国农业科学院 2012 年科技企业基本情况表

表一

中国农业科学院2012年开发收入情况汇总表

（单位：万元）

序号	填报单位	总收入			技术转让收入			其他技术收入			经营收入			房地产收入			其他收入			附属单位上交收入
		收入	支出	净收入	收入	支出	净收入	收入	支出	净收入	收入	支出	净收入	收入	支出	净收入	收入	支出	净收入	
1	作科所	4 088.00	3 956.00	132.00	702.00	654.00	48.00	1 185.00	1 101.00	84.00				1 800.00	1 800.00		401.00	401.00		
2	资划所	2 089.00	1 951.00	138.00	20.00		20.00	1 152.00	1 053.00	99.00				814.00	799.00	15.00	103.00	99.00	4.00	
3	植保所	15 746.00	12 746.00	3 000.00	130.00	130.00		2 116.00	2 116.00		13 500.00	10 500.00	3 000.00							
4	蔬菜所	4 591.00	4 541.00	50.00				3 651.00	3 601.00	50.00				820.00	820.00		120.00	120.00		
5	环发所	549.43	549.43					436.80	436.80					22.63	22.63		90.00	90.00		
6	牧医所	1 563.43	684.58	878.85	533.00	159.90	373.10	941.07	511.02	430.05				53.56	13.66	39.90				35.80
7	蜜蜂所	1 316.10	759.10	557.00	780.00	448.70	331.30	159.22	73.95	85.27				200.00	91.00	109.00	176.88	145.45	31.43	
8	饲料所	3 544.57	227.30	3 317.27	54.00	1.90	52.10	199.84	8.81	191.03				140.18	25.32	114.86	3 150.55	191.27	2 959.28	
9	加工所	2 105.00	1 907.00	198.00				835.00	637.00	198.00				405.20	405.20		864.80	864.80		
10	生物所	901.60	386.22	515.38	665.90	386.22	279.68										235.70		235.70	
11	农经所	531.85	531.85					8.57	8.57					523.28	523.28					
12	信息所	2 253.63	2 015.91	237.72				1 639.11	1 436.67	202.44	377.75	342.47	35.28	236.77	236.77					
13	质标所	986.00	986.00					724.00	724.00								262.00	262.00		
14	灌溉所	240.81	129.99	110.82	7.00		7.00	72.00	64.70	7.30	152.65	65.29	87.36				9.16		9.16	
15	水稻所	2 605.16	1 715.00	890.16	944.05	548.00	396.05	469.02	305.00	164.02	60.80	58.00	2.80	480.60	456.00	24.60	650.69	348.00	302.69	
16	棉花所	727.73	727.73		112.00	112.00		502.60	502.60								113.13	113.13		
17	油料所	4 587.17	2 086.16	2 501.01	192.00		192.00	3 253.25	1 787.82	1 465.43				1 141.92	298.34	843.58				

（续表）

序号	填报单位	总收入			技术转让收入			其他技术收入			经营收入			房地产收入			其他收入			附属单位上交收入
		收入	支出	净收入	收入	支出	净收入	收入	支出	净收入	收入	支出	净收入	收入	支出	净收入	收入	支出	净收入	
18	麻类所	570.42	172.80	397.62	45.00	17.00	28.00	6.28	0.50	5.78	182.70	12.50	170.20				336.44	142.80	193.64	
19	果树所	289.94	143.48	146.46				107.11	63.64	43.47	182.83	79.84	102.99							
20	郑果所	1 878.25	1 096.60	781.65				1 828.00	1 046.35	781.65				35.00	35.00		15.25	15.25		
21	茶叶所	2 719.03	1 449.00	1 270.03	30.00	16.80	13.20	2 482.61	1 422.64	1 059.97				45.22	9.56	35.66	61.20		61.20	100.00
22	哈尔滨兽医所	19 070.78	14 571.90	4 498.88	18 220.78	13 858.40	4 362.38	850.00	713.50	136.50										
23	兰州兽医所	10 974.02	9 327.92	1 646.10	4 981.40	4 234.19	747.21	2 796.15	2 376.73	419.42							3 196.47	2 717.00	479.47	
24	兰州牧药所	855.38	803.28	52.10				12.26	11.03	1.23	543.17	522.31	20.86	279.80	251.80	28.00	20.15	18.14	2.01	
25	上海兽医所	93.00	93.00											93.00	93.00					
26	草原所	393.05	424.75	-31.70				4.00	4.00		0.45	32.15	-31.70	368.00	368.00		20.60	20.60		
27	特产所	15 279.00	8 276.00	7 003.00				6 305.00	963.00	5 342.00	7 940.00	6 279.00	1 661.00				1 034.00	1 034.00		
28	环保所	508.00	508.00					490.00	490.00								18.00	18.00		
29	沼科所	353.91	297.45	56.46				209.72	178.57	31.15	144.19	118.88	25.31							
30	农机化所	2 755.00	2 428.00	327.00	20.00	5.00	15.00	2 197.00	2 094.00	103.00	194.00	157.00	37.00	151.00	76.00	75.00	193.00	96.00	97.00	
31	烟草所	4 173.00	3 319.00	854.00				4 149.00	3 319.00	830.00										24.00
32	研究生院	947.83	161.66	786.17										943.27	161.36	781.91	4.56	0.30	4.26	
33	出版社	1 766.35	1 302.36	463.99							1 766.35	1 302.36	463.99							
	合计	111 053.44	80 275.47	30 777.97	27 437.13	20 572.11	6 865.02	38 781.61	27 050.90	11 730.71	25 044.89	19 469.80	5 575.09	8 553.43	6 485.92	2 067.51	11 076.58	6 696.74	4 379.84	159.80

表二

中国农业科学院2012年科技开发经费投入情况汇总表

（单位：万元）

序号	填报单位	合 计	国家拨款	地方拨款	主管部门拨款	本所自身投入	国外投入	其他
1	植保所	200				200		
2	蔬菜所	800				800		
3	蜜蜂所	1 032	815	12		205		
4	饲料所	145	120	25				
5	质标所	2 194			364			1 830
6	棉花所	35	35					
7	油料所	1 886. 74	100	20		1 766. 74		
8	麻类所	400				400		
9	郑果所	717	60	57		600		
10	哈尔滨兽医所	12 222. 32	9 188. 03	194. 55	725. 08		108. 5	2 006. 16
11	兰州兽医所	1 616. 17				1 616. 17		
12	特产所	1 929. 06	589	1 314. 9		25. 16		
13	沼科所	544. 94	468. 94		76			
14	农机化所	842		86	195	561		
15	烟草所	2 194			364			1 830
16	加工所	400				400		
	合计	27 158. 23	11 375. 97	1 709. 45	1 724. 08	6 574. 07	108. 5	5 666. 16

表三

中国农业科学院2012年科技开发人员投入情况汇总表

序号	填报单位	当年末在编职工数	其中职工数人员数	从事科技开发人员数			专职科技开发人员中							兼职科技开发人员中						
				合计	专职	兼职	科技人员	行政人员	工人	高级职称	中级职称	初级职称	其他	科技人员	行政人员	工人	高级职称	中级职称	初级职称	其他
1	作科所	346	250	12	12		11		1	1	7	2	2							
2	资划所	308	229	60	12	48	12			5	6	1		48			39	8	1	
3	植保所	221	191	64	3	61	3			3				61			50	11		
4	蔬菜所	207	97	36	22	14	11	7	4	6	7	5	4	14			13	1		
5	环发所	166	121	13		13								10	3		12	1		
6	牧医所	159	135	5	3	2	3			1	2			2			2			
7	蜜蜂所	96	79	95	72	23	57		15	26	29	2	15		21	2	11	6	5	1
8	饲料所	110	85	19	19		14	5		6	13									
9	加工所	126	113	60	5	55	3	2		1	2	2		55			19	16	20	
10	生物所	125	111	1		1									1			1		
11	农经所	95																		
12	信息所	260	222	41	41		12	6	23	5	10		26							
13	质标所	72	69	72		72								55	14	3	29	33	7	3
14	灌溉所	145	70	22		22								15		7	4	7	4	7
15	水稻所	214	113	14	14		11	3		3	4	1	6							
16	棉花所	404	200	59	59	0	24	7	28	6	4		49							

（续表）

序号	填报单位	当年末在编职工数	其中职工数人员数	从事科技开发人员数			专职科技开发人员中							兼职科技开发人员中						
				合计	专职	兼职	科技人员	行政人员	工人	高级职称	中级职称	初级职称	其他	科技人员	行政人员	工人	高级职称	中级职称	初级职称	其他
17	油料所	257	197	56	19	37	15	2	2	8	9		2	37			35	2		
18	麻类所	175	90	61		61								54		7	15	34	5	7
19	果树所	218	90	36	15	21	10	2	3	2	5	8		15		6	2	12	7	
20	郑果所	199	171	111	26	85	22	1	3	3	10	9	4	81		4	33	33	11	8
21	茶叶所	156	118	130	32	98	16	2	14	2	12	2	16	91	6	1	45	39	12	2
22	哈尔滨兽医所	445	293	295	295		143	31	121	24	101	34	136							
23	兰州兽医所	292	246	126	71	55	58	2	11	13	18	5	35	55			13	14	28	
24	兰州牧药所	203	166	24	6	18	6			1	4	1		12		6	2	6	4	6
25	上海兽医所	114	87																	
26	草原所	167	119	15		15								8		7	5	6	4	
27	特产所	503	362	124	124		81	8	35	7	22	60	35							
28	环保所	127	109	28	6	22	4	1	1	2	2	2		20	1	1	7	9	4	2
29	沼科所	108	88	18		18								18			9	4	4	1
30	农机化所	232	196	46	31	15	22	7	2	5	16	9	1	13	2		4	6	5	
31	烟草所	195	150	54	28	26	28			10	11	7		26			13	10	3	
32	研究生院	78																		
	合计	6 523	4 567	1 697	915	782	566	86	263	140	294	150	331	690	48	44	362	259	124	37

表四

中国农业科学院2012年合同签订情况汇总表

序号	填报单位	合同总数（份数）	合同交易总金额（万元）	当年实收金额（万元）	技术合同总数（份数）				其他合同总数（份数）		合同买方类型（份数）					
					技术开发	技术转让	技术咨询	技术服务	产品销售	其他	政府部门	科研机构	大、中专院校	大、中型企业	乡镇企业	其他
1	作科所	14	339	339		14								5		9
2	资划所	38	1 466	1 208		1	24	13			6			32		
3	植保所	185	3 046	3 046		9		176				45	20	117		3
4	蔬菜所	4	3 651	3 651				4			4					
5	环发所	78	529.43		5		2	69		2	10	32	17	5		14
6	牧医所	27	1 599.34	725.1	11	9		7			1	1	2	23		
7	蜜蜂所	2	1 250	480		2										2
8	饲料所	13	157	114	1	5		7						13		
9	加工所	16	8 068	835	13		1	2			1			15		
10	生物所	1	200	200		1								1		
11	信息所	5	71	44	5						2	2		1		
12	质标所	20	475	365				20				8		12		
13	灌溉所	6	113	79		2		4				2	1	1	2	
14	水稻所	27	1 160	425		18				9	2			25		
15	棉花所	188	20 195			2			145	41		10		160		18

（续表）

序号	填报单位	合同总数（份数）	合同交易总金额（万元）	当年实收金额（万元）	技术合同总数（份数）				其他合同总数（份数）		合同买方类型（份数）					
					技术开发	技术转让	技术咨询	技术服务	产品销售	其他	政府部门	科研机构	大、中专院校	大、中型企业	乡镇企业	其他
16	油料所	14	724	288	4	3		2	5					14		
17	麻类所	2	75	75	1	1								1	1	
18	果树所	80	99.46	80.76				80			1	76	2	1		
19	郑果所	56	280	225	7			20	23	6	5			7	16	28
20	茶叶所	85	819	846.28	6	9	2	68			18	5		3	58	1
21	哈尔滨兽医所	47	21 917	19 070.78	10	35		2				2		27		18
22	兰州兽医所	72	5 888.45	5 669.85	1	2			69		16			53		3
23	兰州牧药所	119	335	207	2		1	6	110		8		1	83	27	
24	特产所	1	90	90				1						1		
25	环保所	35	520	490			20	15			3	2	2	23	3	2
26	沼科所	142	354	302			27	115						142		
27	农机化所	84	1 402.1	995.49	33	1		3	44	3	2	2	1	47	32	
28	烟草所	42	4 149	4 149	37			5						42		
	合计	1 403	78 972.78	44 000.3	136	114	77	619	396	61	79	187	46	854	139	98

表五 **中国农业科学院2012年技术转让情况汇总表**

序号	技术转让项目名称	转让次数	转让收入（万元）	填报单位
1	中洛1号小麦品种使用权转让	1	70	作科所
2	玉米新品种中单909技术转让	1	158	作科所
3	玉米新品种“中单808”转让	1	41	作科所
4	中单868品种转让	1	50	作科所
5	大豆品种中黄57技术转让	1	30	作科所
6	中麦175	1	10	作科所
7	中麦176	1	15	作科所
8	小麦品种中麦155使用权转让	1	10	作科所
9	中麦895	1	50	作科所
10	新冬37	1	14	作科所
11	小麦品种中麦13技术转让	1	20	作科所
12	一种玉米抗低温增产调节剂及其制备方法	1	10	作科所
13	一种小麦抗低温抗倒伏增产调节剂及其制备方法	1	10	作科所
14	一种水稻抗低温抗倒伏扩穗粒增产调节剂及其制备方法	1	10	作科所
15	燕麦扩穗增粒抗倒伏调节剂制备方法及其应用	1	10	作科所
16	转Bt基因抗虫棉调节剂及其应用	1	10	作科所
17	玉米新品种合作选育	1	30	作科所
18	玉米新品种合作选育	1	40	作科所
19	冬小麦品种“中麦8号”转让	1	20	作科所
20	水稻品种中稻1号使用权转让	1	34	作科所
21	中饲1877小黑麦品种转让	1	10	作科所
22	“中单308”玉米新品种转让	1	50	作科所
23	利用农业有机废弃物生产高效多功能生物有机肥的关键技术及工艺	1	20	资划所
24	一种大量制备黏帚霉厚垣孢子的方法	1	30	植保所

（续表）

序号	技术转让项目名称	转让次数	转让收入（万元）	填报单位
25	一种地衣芽孢杆菌菌株（B-0A12）及其制剂	1	30	植保所
26	一种海带寡糖制备技术	1	100	植保所
27	灰葡萄孢植物免疫蛋白技术	1	100	植保所
28	噻虫嗪粉体种衣剂技术	1	12	植保所
29	高功效农药及施用技术	1	100	植保所
30	41%速效行草甘膦水剂生产加工新技术	1	360	植保所
31	御医水溶肥生产加工工艺技术	1	240	植保所
32	21%阿维菌素微胶囊悬浮剂生产加工工艺技术	1	200	植保所
33	一种黄曲霉毒素 B_1 的速测方法专利	1	138	油料所
34	亚麻籽油脱苦技术专利	1	36	油料所
35	重组新型“茶籽油营养油技术专利”	1	18	油料所
36	中苜4号使用权许可	1	30	牧医所
37	中苜2号使用权许可	1	30	牧医所
38	中苜3号使用权许可	2	60	牧医所
39	Z型北京鸭新品系使用权许可	2	870	牧医所
40	“无棣苜蓿”品种使用权许可	1	18	牧医所
41	“苜蓿提取物（苜草素）生产技术成果”	1	40	牧医所
42	一种猪脂肪沉积相关蛋白及其编码基因与应用	1	15	牧医所
43	一种玉米青贮专用添加剂专利独占实施许可	1	4	饲料所
44	低温木聚糖酶专利权转让	1	12	饲料所
45	低温半乳糖苷酶专利权转让	1	12	饲料所
46	双功能木聚糖酶专利权转让	1	13	饲料所
47	宽温度适用性酸性葡聚糖酶专利权转让	1	13	饲料所
48	春优618	1	5	水稻所

（续表）

序号	技术转让项目名称	转让次数	转让收入（万元）	填报单位
49	春江糯6号	1	10	水稻所
50	中优9332	1	20	水稻所
51	天优H145	1	20	水稻所
52	株两优35	1	60	水稻所
53	中香一号	1	10	水稻所
54	中68A	1	50	水稻所
55	内5优8012	1	40	水稻所
56	无土育秧基质	1	100	水稻所
57	广两优7203	1	80	水稻所
58	天优6号	1	30	水稻所
59	Bt+CpTI双价杀虫基因发明专利实施许可合同	1	300	生物所
60	有机磷农药降解酶发酵生产技术	1	30	生物所
61	有机磷降解酶突变体专利技术	1	200	生物所
62	两种编码杀虫蛋白质基因和双价融合表达载体及其应用	1	20	生物所
63	两种编码杀虫蛋白质基因和双价融合表达载体及其应用	1	15	生物所
64	两种编码杀虫蛋白质基因和双价融合表达载体及其应用	1	50	生物所
65	两种编码杀虫蛋白质基因和双价融合表达载体及其应用	1	50	生物所
66	转植酸酶基因玉米	1	0.9	生物所
67	FD-150型翻堆机技术转让	1	20	农机化所
68	发明专利转让“一种SSR分子指纹鉴定方法”	1	7.5	棉花所
69	发明专利转让“棉花抗虫绿色纤维新品种的选育方法”	1	7.5	棉花所
70	短季棉中2604品种技术转让	1	77	棉花所
71	中棉所66品种技术转让与服务	1	20	棉花所
72	油溶蜂胶深加工关键技术研究及产品开发	1	180	蜜蜂所

（续表）

序号	技术转让项目名称	转让次数	转让收入（万元）	填报单位
73	蜂王浆保鲜剂的研究及生产工艺开发	1	300	蜜蜂所
74	安全高效蜂胶深加工关键技术研究及产品开发	1	150	蜜蜂所
75	不易结晶蜂蜜深加工关键技术研究及产品开发	1	150	蜜蜂所
76	苎麻生物脱胶工艺技术	1	45	麻类所
77	口蹄疫常规疫苗生产技术	1	5 000	兰州兽医所
78	山羊传染性胸膜肺炎灭活疫苗生产技术	1	200	兰州兽医所
79	鸡传染性支气管炎活疫苗（LDT3-A 株）、鸡新城疫和鸡传染性支气管炎活疫苗（LDT3-A 株）二联活疫苗	4	1 000	哈尔滨兽医所
80	重组禽流感病毒（H5N1 亚型，Re-5 株）细胞灭活疫苗	1	150	哈尔滨兽医所
81	猪传染性胃肠炎与猪流行性腹泻二联	2	560	哈尔滨兽医所
82	猪传染性胃肠炎、猪流行性腹泻、猪轮状病毒三联活疫苗	2	400	哈尔滨兽医所
83	禽流感二价灭活疫苗（H5N1，Re-6 株 + H9N2，Re-2 株）	3	1 200	哈尔滨兽医所
84	猪繁殖与呼吸综合征活疫苗（CH-1R）种毒、生产工艺	2	1 200	哈尔滨兽医所
85	鸡传染性支气管炎活疫苗（LDT3-A 株）	1	0.075	哈尔滨兽医所
86	重组禽流感灭活疫苗（H5N1，Re-6 株）	7	3 966	哈尔滨兽医所
87	高致病性猪蓝耳病疫苗种毒、生产工艺	2	332	哈尔滨兽医所
88	一种微灌系统自洁净过滤器	1	6	灌溉所
89	微灌砂石过滤器水气同时冲洗装置	1	1	灌溉所
90	名优绿茶安全清洁连续化加工生产线关键设备及配套技术	1	4.5	茶叶所
91	针芽形名优绿茶品质提升关键加工技术集成与应用	1	17	茶叶所
92	绿茶鲜茶固体饮料及其生产工艺专利许可	1	5	茶叶所
93	一种提高 γ-氨基丁酸含量的茶叶加工方法专利许可	2	38	茶叶所
94	茶树专用复混肥配方转让	1	8	茶叶所
95	一种扁形绿茶加工方法专利许可	1	3	茶叶所
96	一种茶叶加工的匀叶装置专利许可	1	1	茶叶所
97	可多层叠加的茶叶摊青柜架专利许可	1	1	茶叶所

表六

中国农业科学院2012年科技企业基本情况表

截至2012年12月31日，我院及所属事业单位对外投资设立各类科技企业90个，其中，国有法人独资和国有资本控股的59个，国有资本参股的31个。59个科技企业资产总额211 919.01万元，负债总额92 983.37万元，所有者权益109 717.01万元，分别同比增加17.85%、22.72%和14.78%；国有资本及权益总额109 717.01万元，保值增值率104.15%；资产负债率43.88%；缴纳税费12 117.99万元。2012年实现营业收入131 329.83万元，增加7.26%，净利润19 747.92万元。资产报酬率12.5%，实现劳动生产总值53 187.76万元，社会贡献总值47 322.66万元。

序号	1	2	3	4	5	6	7
企业名称	水利部中国农科院农灌所科技开发中心	新乡中灌节水工程技术有限公司	浙江国稻高科技种业有限公司	中国水稻研究所科技咨询开发服务部	杭州阳陂湖农业科技有限公司	浙江大地农作物产品安全质量检测中心	河南省安阳中国农业科学院棉花研究所科技贸易公司
成立时间	1988年4月	2007年7月	1997年9月	1990年4月	2012年10月	2001年12月	1994年6月
注册资本（万元）	50	300	3 000	200	100	15	1 000
公司类型	法人独资	有限责任	有限责任	法人独资	法人独资	法人独资	法人独资
法定代表人	吕谋超	段爱旺	程式华	倪建平	汪森煜	程式华	喻树迅
总经理	吕谋超		李春生	倪建平	汪森煜		喻树迅
经营范围	农田水利技术开发技术转让技术咨询技术服务	节水灌溉，给排水工程，园林工程，环保工程规划设计施工	农作物种子和大米生产销售，水稻生产，技术开发咨询服务	技术咨询技术服务，科研仪器及农业机械化产品销售	淡水渔业生态养殖技术，水稻病虫害防控技术研发，农产品销售	农作物产品安全质量检测服务	棉种销售，技术咨询，技术服务
主办单位	灌溉所	灌溉所	水稻所	水稻所	水稻所	水稻所	棉花所

（续表）

序号	8	9	10	11	12	13	14
企业名称	中棉种业科技股份有限公司	安阳惠民科技咨询服务有限责任公司	三亚中棉科技服务有限公司	武汉中油科技新产业有限公司	武汉中油种业科技有限公司	武汉中油大地希望种业有限公司	武汉中油阳光种业科技有限公司
成立时间	2009年9月	2008年7月	2006年3月	2000年6月	2004年12月	2004年12月	2005年12月
注册资本（万元）	5 000	50	50	3 000	500	500	500
公司类型	股份有限	有限责任	有限责任	有限责任	有限责任	有限责任	有限责任
法定代表人	喻树迅	李付广	喻树迅	王汉中	刘贵华	李云昌	张学昆
总经理	刘金海	李付广	张西岭	廖伯寿	黄加华	徐育松	邹崇顺
经营范围	棉种销售，技术推广，技术服务	技术咨询和技术服务	科研试验基地建设和科技服务	新技术新品种新成果研发推广，农产品加工及生物制品研发	新技术新品种新成果研发推广，油菜品种的生产经营和销售	农作物新品种新技术新成果研制推广，种子销售，技术服务，农机及配套设备销售	新品种新技术研制推广，种子销售，技术服务，农机及配套设备销售
主办单位	棉花所	棉花所	棉花所	油料所	油料所	油料所	油料所

（续表）

序号	15	16	17	18	19	20	21
企业名称	武汉中油天隆种业科技有限公司	武汉中油康尼科技有限公司	武汉中油科技服务有限公司	中国农业科学院麻类研究所新技术推广中心	中国农业科学院果树研究所兴城绿安果业科技发展部	葫芦岛市中农果业科技开发有限责任公司	兴城果研科技咨询服务有限责任公司
成立时间	2005年5月	2003年3月	2007年12月	1994年6月	2003年6月	2009年3月	2008年8月
注册资本（万元）	100	118	30	50	40	10	10
公司类型	有限责任	有限责任	有限责任	法人独资	法人独资	有限责任	有限责任
法定代表人	周新安	黄凤洪	金河成	熊和平	刘凤之	刘凤之	程存刚
总经理	吴学军	黄庆德	金河成	熊和平		刘凤之	程存刚
经营范围	新品种新技术新成果研发，种子销售	食用油和油脂产品及设备生产销售，保健食品，农副产品批发零售	油料作物基地建设和科研田间试验管理	麻类作物种子、种苗，麻类加工机具及麻类科技成果转化	果树苗木开发和技术咨询服务	果树的技术服务技术咨询，果袋和化肥销售	果树的技术转让技术咨询技术服务
主办单位	油料所	油料所	油料所	麻类所	果树所	果树所	果树所

（续表）

序号	22	23	24	25	26	27	28
企业名称	郑州科丰脱毒种苗有限公司	郑州宏科园林景观工程有限公司	郑州金穗果袋有限责任公司	新河中果果业科技发展有限公司	杭州龙冠实业有限公司	杭州中茶技术服务公司	杭州中农质量认证中心
成立时间	2002 年 5 月	2004 年 5 月	2005 年 4 月	2008 年 5 月	1996 年 3 月	1994 年 1 月	2003 年 6 月
注册资本（万元）	100	1 100	50	100	211	50	300
公司类型	有限责任	有限责任	有限责任	有限责任	有限责任	法人独资	法人独资
法定代表人	刘君璞	刘君璞	方金豹	刘君璞	杨亚军	杨亚军	杨亚军
总经理	叶永刚	栗纪轩	杨朝选	尹喆	姜爱芹	杨亚军	傅尚文
经营范围	果树种苗的生产经营	园林绿化工程施工及苗木花卉，草坪种植与销售	果袋的加工生产和销售	果业科研生产加工销售，中高档新奇特果品及加工销售，农业综合开发技术服务	茶叶，茶具，茶叶包装，茶制品等生产加工批发	茶叶及制品，茶叶加工机械，茶树苗，农药肥料，技术咨询推广服务	茶叶有机产品的认证服务
主办单位	郑果所	郑果所	郑果所	郑果所	茶叶所	茶叶所	茶叶所

（续表）

序号	29	30	31	32	33	34	35
企业名称	江西绿康天然产物有限责任公司	中国茶叶股份有限公司	哈尔滨维科生物技术开发公司	哈尔滨动物生物技术国家工程研究中心有限公司	哈尔滨长展农业科技开发有限责任公司	中农威特生物科技股份有限公司	中国农业科学院 中兽医研究所药厂
成立时间	2002年1月	2000年10月	1992年10月	2010年12月	2012年12月	2003年6月	1984年10月
注册资本（万元）	1 340	18 000	3 000	3 000	100	5 000	11.6
公司类型	有限责任	股份有限	法人独资	有限责任	有限责任	股份有限	法人独资
法定代表人	单江闽	朱福堂	孔宪刚	孔宪刚	孔宪刚	殷宏	杨志强
总经理	单江闽	贾鹏	高士军	王笑梅	魏凤祥	张云德	苏鹏
经营范围	茶叶提取物生产销售经营	茶叶加工贸易，茶叶咖啡可可商品进出口及国内销售业务	畜禽用生物制品的生产销售	动物疫病防治技术及产品的研发监测生产和销售	兽用生物制品原材料服务，动物疫病防控技术转让，科研试验动物基地条件	家畜口蹄疫灭活疫苗系列的生产经营	兽用兽药疫苗的生产加工销售
主办单位	茶叶所	茶叶所	哈尔滨兽医所	哈尔滨兽医所	哈尔滨兽医所	兰州兽医所	兰州牧药所

（续表）

序号	36	37	38	39	40	41	42
企业名称	兰州先锋草业工程技术有限公司	兰州西部草业工程技术研究有限公司	中国农业科学院兰州牧药所综合试验站	上海动健生物科技有限公司	内蒙古中农草业发展有限公司	吉林中特生物技术有限责任公司	吉林特研科技有限公司
成立时间	2000年12月	2000年9月	1984年6月	2012年12月	2005年7月	2005年6月	2006年4月
注册资本（万元）	100	110	175	3 000	500	200	60
公司类型	有限责任	有限责任	法人独资	有限责任	有限责任	有限责任	有限责任
法定代表人	杨志强	刘自学	杨志强	童光志	侯向阳	杨福合	孙长伟
总经理	时永杰	吴序卉		丁铲	杨玉平	吴威	高选东
经营范围	草产品生产加工，农牧园林机械，园林工程规划设计，科技开发咨询服务	草坪草，牧草，水保植物种子，种苗和设施设备的产业化生产研发	科研基地实验技术服务	从事生物技术领域内的技术开发，技术转让，技术咨询，技术服务	草业开发推广，技术服务，草产品生产经营	特种经济动物生物制品研制生产销售	特种动植物产品生产经营所需物资备购销售，物业管理经营
主办单位	兰州牧药所	兰州牧药所	兰州牧药所	上海兽医所	草原所	特产所	特产所

（续表）

序号	43	44	45	46	47	48	49
企业名称	吉林特研药业有限公司	吉林帝尔农业科技开发有限责任公司	天津市东方绿色技术发展公司	农业部成都能源环境工程设计所	成都环能国际合作公司	农业部成都沼气研究所科技开发公司	江苏大浩科技实业有限公司
成立时间	2002 年 4 月	2004 年 7 月	1992 年	1993 年 2 月	1994 年 4 月	1994 年 5 月	2004 年 8 月
注册资本（万元）	200	100	25	300	54.8	50	500
公司类型	有限责任	有限责任	法人独资	法人独资	法人独资	法人独资	有限责任
法定代表人	杨福合	董学	陈璐	梅自力	任晓斌	彭德全	胡志超
总经理	齐俊生	李光玉	张俊亭	邓良伟	张密		黄振新
经营范围	中成药制造生产和经营	饲料加工生产和销售	环境检测产品经营，技术咨询技术服务	工业沼气工程设计和小型工业及民用建筑设计	能源环境工程，技术咨询服务，技术转让培训	沼气能源，环境工程设计，资源利用，检测节能和产品开发	农林机电，化工涂料的开发，食品生产销售
主办单位	特产所	特产所	环保所	沼科所	沼科所	沼科所	农机化所

（续表）

序号	50	51	52	53	54	55	56
企业名称	南京春浩科技有限公司	中国农业科学院烟草研究所青岛科技开发中心	玉溪中烟种子有限责任公司	北京中农作科技发展有限公司	北京中品开元种子有限公司	北京特品降脂燕麦开发公司	中国农业科学院植物保护研究所廊坊农药中试厂
成立时间	2004年8月	2004年10月	2001年8月	1987年11月	2000年4月	1993年6月	1994年4月
注册资本（万元）	150	3	2 000	1 000	50	60	500
公司类型	有限责任	法人独资	有限责任	有限责任	有限责任	法人独资	法人独资
法定代表人	侯志浩	陈刚	赵振山	万建民	王述民	王述民	冯平章
总经理	侯志浩	陈刚	马文广	王步军	任军	白建军	冯平章
经营范围	科技开发，成果产业化，技术转让咨询服务	烟草农业技术咨询服务，成果转化，农药销售	烟草种子市场化，烟草种子技术生产和管理	销售农作物种子及自育杂交种	生产经营甜玉米糯玉米特种玉米种子	生产加工销售燕麦保健品	杀虫剂，杀菌剂，除草剂，植物生产调节剂，农药技术咨询服务
主办单位	农机化所	烟草所	烟草所	作科所	作科所	作科所	植保所

（续表）

序号	57	58	59	60	61	62	63
企业名称	北京中保绿农高新科技有限公司	北京中蔬园艺良种研究开发中心	北京蔬卉科技开发公司	北京中环易达农业科技有限公司	北京中环易达设施园艺科技有限公司	北京中畜阳光牧业科技发展有限公司	北京华谷生物营养科技发展有限公司
成立时间	2003年4月	1988年	1993年8月	1999年9月	2008年7月	2002年	1999年6月
注册资本（万元）	450	500	30	100	100	100	250
公司类型	有限责任	法人独资	法人独资	有限责任	有限责任	有限责任	有限责任
法定代表人	吴孔明	杜永臣	杜永臣	梅旭荣	梅旭荣	李明	李明
总经理	冯平章	刘伟	梁励	王沼滨	魏灵玲	张军民	张敏红
经营范围	农药销售	蔬菜良种及相关领域的技术开发转让咨询服务	花卉肥料农药及相关的农业生产资料	非法律法规规定禁止的经营活动	温室主题公园规划设计，无土栽培设施技术供应，种子种苗营养液，各种种植技术咨询服务	饲料及其添加剂产品加工及销售	饲料添加剂及饲料生产销售，技术产品出口，鸡蛋和生鸡销售
主办单位	植保所	蔬菜所	蔬菜所	环发所	环发所	牧医所	牧医所

（续表）

序号	64	65	66	67	68	69	70
企业名称	北京中畜东方草业科技有限责任公司	北京中农蜂蜂业技术开发中心	北京中蜜科技发展有限公司	北京万物合生物科技有限公司	天津博菲德科技有限公司	北京精准动物营养研究中心	北京天可瀚传媒科技有限公司
成立时间	2003年11月	1981年1月	2002年9月	2011年12月	2011年4月	2000年11月	2006年4月
注册资本（万元）	100	35	200	500	2 000	300	100
公司类型	有限责任	法人独资	有限责任	法人独资	有限责任	有限责任	有限责任
法定代表人	王加启	吴杰	吴杰	蔡辉益	蔡辉益	屠焰	蔡辉益
总经理	吕会刚	刘建平	刘建平	王金全		段学民	王湘黔
经营范围	生产经营牧草草种和豌豆种子	蜂业技术研发推广，蜂产品生产销售	生产经营蜂产品蜂产品研制开发	饲料及其添加剂产品开发与生产销售，技术服务	生物饲料开发国家工程研究中心的组建运营	水产饲料及其添加剂，代乳粉，预混料的生产经营	杂志广告，技术咨询，论坛培训
主办单位	牧医所	蜜蜂所	蜜蜂所	饲料所	饲料所	饲料所	饲料所

（续表）

序号	71	72	73	74	75	76	77
企业名称	北京特迅农产品检测技术有限公司	北京中农盛世农业科技有限公司	北京龙科方舟生物工程技术中心	北京华思联认证中心	北京科佰瑞生物技术有限公司	创世纪转基因技术有限公司	中咨国业工程规划设计【北京】有限公司
成立时间	2010年7月	2008年7月	2001年9月	2003年12月	2005年	1998年8月	2010年7月
注册资本（万元）	200	200	100	360	500	10 000	100
公司类型	有限责任	有限责任	有限责任	有限责任	有限责任	有限责任	有限责任
法定代表人	蔡辉益	蔡辉益	谯士彦	刘同占	林敏	吴开松	王道龙
总经理	周志刚	梅霖	谯士彦	李燕松	吴燕民	吴开松	高万清
经营范围	饲料及其添加剂产品技术检测和销售，技术转让咨询服务	销售定型包装食品，饮料，酒，水果，蔬菜，茶叶	饲料安全工程建设，组装转化成果，研发高新技术产品	质量管理体系，食品安全管理体系，饲料产品，农业规范认证	技术咨询，技术转让，技术服务	农业高新科技产品研发，农作物种子批发零售，兴办实业，进出口业务，皮棉销售	工程勘探设计
主办单位	饲料所	饲料所	饲料所	饲料所	生物所	生物所	资划所

（续表）

序号	78	79	80	81	82	83	84
企业名称	北京金农信息高科技有限责任公司	农牧产品开发杂志社	北京海淀国际农业开发中心	北京立业时代图书经销中心	北京中农研科技服务中心有限公司	北京中农科技术开发公司	北京中固生物新技术开发公司
成立时间	2004年11月	1999年11月	1988年6月	1993年6月	2003年12月	1988年7月	1988年12月
注册资本（万元）	150	60	11	70	60	500	110
公司类型	有限责任	法人独资	法人独资	法人独资	有限责任	法人独资	法人独资
法定代表人	许世卫	冯艳秋	邵长磊	李锁平	韩惠鹏	吴胜军	雷茂良
总经理	王文生	冯艳秋	邵长磊	李锁平		葛正淼	牛力平
经营范围	信息技术研发服务信息工程建设	期刊出版，技术培训，信息咨询，文化艺术交流	草坪草种植，农作物和牧草种子销售，技术开发服务	图书营销	技术培训和住宿接待	生命科学生物工程产品研发，农产品加工，销售保健食品，技术开发服务	物业管理和技术服务
主办单位	信息所	信息所	信息所	出版社	研究生院	中国农业科学院	中国农业科学院

（续表）

序号	85	86	87	88	89	90
企业名称	北京泛太科技发展有限公司	北京中农种业有限责任公司	北京中农福得绿色科技有限公司	北京市中农良种有限责任公司	北京中农世纪虫草科技发展中心	北京中农仪拓科技发展有限责任公司
成立时间	1994 年 4 月	2003 年 12 月	2002 年 8 月	1993 年 9 月	2004 年 3 月	2000 年 11 月
注册资本（万元）	4 680	4 100	1 000	1 500	200	50
公司类型	中外合作	有限责任	有限责任	有限责任	法人独资	有限责任
法定代表人	陈万金	崔亚超	屈冬玉	罗全起	张富	孟子园
总经理	史志国	王卫中	郭春雨	王振乾	李育慧	孟子园
经营范围	写字楼的出租与经营管理	农作物种子生产经营，技术服务	绿色有机无公害农产品生产经营	农作物种子生产经营	冬虫夏草的培育及其保健品销售	电子产品，仪器仪表，通信设备，宽带服务
主办单位	中国农业科学院	中国农业科学院	中国农业科学院	中国农业科学院	中国农业科学院	后勤服务中心

锦州市人民政府与中国农业科学院科技合作协议书

（2012 年 3 月 27 日）

为促进农业科技创新，持续增强农产品供给保障能力，推动锦州由传统农业大市向现代农业强市转变，经过广泛协商和充分讨论，锦州市人民政府与中国农业科学院一致同意在科技成果转化、示范基地建设、技术交流、人才培养及产学研相结合等方面开展合作共建，达成如下协议。

一、基本原则

按照“优势互补、互惠互利、共同发展”的原则，通过合作，科学配置资源，促进地方经济与科技相结合，合理构建农业产业布局和现代农业产业技术体系，提高锦州地区农业科技创新能力，达到科技创新、成果孵化、人才培养等目的。

合作将充分利用锦州市政策、资金、市场等资源条件，发挥中国农业科学院成果、人才、科技平台等优势，促进科技与生产的结合，加快中国农业科学院科技成果在锦州地区转化，服务地方经济建设，促进锦州地区现代农业产业的发展。

二、合作领域

（一）共同举办农业科技博览会

中国农业科学院全力支持由锦州市人民政府承办的每年一届的中国锦州农业科技博览会，积极组织所属单位展览展示新品种、新产品、新技术等新成果。

（二）共建试验示范基地

根据中国农业科学院技术优势和锦州市农业产业发展实际需求，重点在大田作物、蔬菜、果树生产以及畜禽养殖等方面开展合作，共建农业新品种新技术试验示范基地，辐射带动周边地区农业生产技术水平的提高，促进科技成果的转化，推动锦州地区农业产业技术的升级。

（三）支持当地农业产业的发展

加强中国农业科学院所属研究所与锦州市有关企业在新产品、新工艺、新技术等领域开展深层次合作，为企业技术创新提供技术支持，提高农业企业生产的科技含量，提高经济效益。

（四）广泛开展学术交流

充分发挥中国农业科学院在国际国内的学术地位和社会影响力，积极与锦州农业科学院、锦州市农业机械化研究所、锦州市农业技术推广站等有关单位开展学术交流活动。

（五）联合培养实用技术人才

结合科技合作的开展，中国农业科学院不定期地到锦州开展技术讲座、技术咨询、技术示范等活动，为锦州培养各种实用人才，提升锦州市农业技术人员的水平和能力。

三、合作形式与保障条件

合作形式包括技术咨询服务、成果转让、委托研究、联合攻关及建立试验示范基地等。

锦州方面邀请中国农业科学院人员进行项目调研、考察、鉴定、论证、咨询等活动，由锦州提供相关费用。

中国农业科学院与锦州开展的合作项目优先列入锦州市科技计划，并给予经费支持。

双方提出的具体合作项目，由双方合作单位另行签署专项协议或合同，明确双方责任、权利与义务。

四、组织领导

为保证合作顺利进行，中国农业科学院指定中国农业科学院科技管理局、锦州市人民政府指定锦州市科学技术和知识产权局负责具体合作的组织、协调和落实工作。双方进行经常性的信息交流，原则上每年召开一次工作会议，总结协议执行情况，协商解决存在的问题。

本协议自签字之日起生效，有效期 5 年。未尽事宜，由双方协商补充完善。

锦州市人民政府

签字：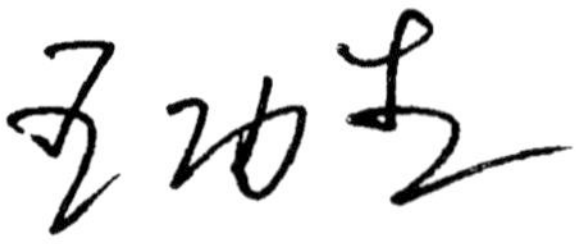

二〇一二年三月二十七日

中国农业科学院

签字：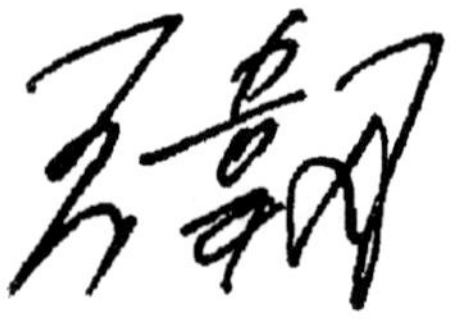

二〇一二年三月二十七日

中国农业科学院与修武县人民政府农业科技合作协议书

为增强农业科技创新能力，加快农业科技发展和农业转型升级，以农业部和国台办批复的修武台湾农民创业园为依托，着力打造海峡两岸高科技成果转化示范基地，带动区域农业又好又快发展，中国农业科学院与修武县人民政府决定建立长期稳定的农业科技合作关系，经双方友好协商，达成以下协议。

一、合作背景

中国农业科学院是我国农业科技战线的主力军和国家队，在农业科技人才、农业重大基础研究、应用研究和农业高科技研发等方面具有优势，拥有一大批先进、适用的农业技术成果。修武县有着得天独厚的生态、地力、产业、文化优势，特别是拥有河南省唯一的国家级台湾农民创业园。双方加强合作，对于推动农业技术提档升级，加快农业科技成果运用转化，实现产学研资源整合，优化农业产业结构，推动农业产业全面可持续发展具有重要意义。

二、合作宗旨

按照优势互补、互惠互利、共同发展的原则，促进地方经济与科技相结合，合理构建产业布局，科学配置地方资源，搭建起运转高效的农业产业体系，提高地方科技创新能力，实现科技创新、成果孵化、人才培训的多重功能。

三、合作内容

（一）建设信息咨询和项目合作平台

围绕修武县台湾农民创业园（以下简称台创园）的现代农业发展，建立信息交流渠道和项目合作机制，对现代农业技术应用、现代农业发展途径与问题、台湾精致农业与本地传统农业的对接融合、现代农业企业发展与品牌建设等提供信息咨询服务；对农业重大工程、重大专项、农业产业化等项目的申报和实施提供咨询建议，双方共同努力向各级有关部门争取项目支持；修武县提供财政支持，聘请中国农业科学院专家担任农业科技顾问，参与并指导获批项目的实施，积极推进中国农业科学院所属科研、推广部门与地方的业务对接。

（二）建设高档农产品合作研发平台

利用修武当地特色农产品优势，双方组织专家共同建立研究团队，在良种培育、现代农业管理、有机农业发展、特色农产品产业化、农业品牌建设推广等方面，开展广泛合作与项目攻关，帮助修武县建立特色农产品良种繁育体系、现代农业管理体系、绿色有机农业产业化体系，提高现代农业建设与抗风险能力，建设特色农业产业园区。

（三）建设农业科技成果转化平台

双方在修武县共建农业高新技术成果转化基地。中国农业科学院将其研制的、有利于推动现代农业发展的新品种、新技术、新产品优先在台创园示范推广；为修武县申请国家相关的产业化项目提供技术支撑；帮助修武台创园建设特色精致农业发展体系；协助修武台创园引进农业投资项目。修武县支持中国农业科学院在修武创办高新技术企业和进行合作开发。

（四）建设农业科技信息交流和人才培养平台

中国农业科学院发挥科技、人才、项目优势，以台创园为实践基地，围绕传统农业向现代农业转变的议题，通过开放科研平台、合作研究、学术交流等形式，双方互派人员进行交流学习和实践活动，促进修武现代农业发展和现代农民培养。修武邀请中国农业科学院专家来修开展现代农业科技合作、推广、讲座等活动，为中国农业科学院科研人员提供与现代农业发展相关的科研、示范、推广的基地和必要的工作、生活条件。

四、合作组织

为做好双方农业科技合作工作，双方同意成立领导小组。组长由中国农业科学院和修武县人民政府主要领导担任。领导小组下设联络办公室，成员由中国农业科学院科技管理局、修武县农业工作领导小组成员单位负责人组成。

五、协议附则

1. 本协议未尽事宜由双方协商决定。
2. 本协议为框架协议，双方开展的具体合作内容将另行签订合作协议。
3. 本协议一式肆份，双方各持贰份。
4. 本协议自签字之日起生效。

中国农业科学院	修武县人民政府
签字：	签字：
二〇一二年四月十五日	二〇一二年四月十五日

中国农业科学院与广东省农业厅
农业科技合作协议书

为贯彻落实2012年中央一号文件和《农业部　广东省人民政府共同推进广东现代农业科技强省建设合作备忘录》精神，充分发挥中国农业科学院作为国家级农业科研机构的优势科技创新资源、杰出人才队伍和服务地方农业农村经济发展的地位和作用，结合加快推进广东农业产业转型升级，大力推动现代农业科技强省建设的迫切需要，中国农业科学院和广东省农业厅经友好协商，就依靠科技创新驱动，共同推进双方在农业科技领域的全面合作达成如下协议。

一、合作内容

（一）开展农业科技决策咨询

共同组织专家，围绕广东省农业区域发展战略、资源开发利用等相关重大科技问题，开展战略研究和咨询活动；参与广东省农业发展规划、农业科技发展规划的研究；对农业重大工程、重大专项、农业产业化和综合开发等项目的申报和实施提供咨询建议。

（二）开展农业科技协作攻关

针对广东省在农业增效、农民增收、农村生态环境安全等方面存在的重大技术瓶颈问题，双方组织有关专家共同研究，开展协作攻关。重点在分子生物育种技术、特优种质资源创新、新品种选育、节本增效技术、农业无公害生产技术、标准化生产技术、规模化生产技术、农产品质量安全关键技术、农业减灾技术等事关国家粮食安全和主要农产品有效供给的共性关键技术上合作攻关。

（三）加强农业科技产业对接

广东省农业厅支持中国农业科学院在广东建立成果转化基地，将其研制的新品种、新技术、新产品优先在广东省示范、推广应用。将中国农业科学院深圳生物育种创新研究院等已在建的科研基地作为支持重点。共同推动部省共建广东现代农业科技强省的合作内容，进一步加快推进建设国家级现代农业示范区、华南农业科技创新中心、生物育种中心和成果转化中试基地。

（四）加强农业科技交流合作和人才培训

中国农业科学院应充分发挥其农业科技国际交流和合作优势，为广东省开展农业科技国际合作提供信息服务。积极推动双方开展学术研讨和技术交流活动。中国农业科学院通过开放科研平台、学术交流、客座研究和联合培养研究生等形式，为广东省培养各类农业科技人才。

（五）加强农业科研院所合作

双方积极推动院省农业科研单位进行业务对接，在动植物育种、植物保护、重大疫病防控、农业资源与环境保护、农业农村经发展政策等领域开展全方位合作研究。

二、合作组织

双方共同成立农业科技合作协调领导小组，中国农业科学院和广东省农业厅有关领导为组长，中国农业科学院有关部门及院属相关研究所和广东省有关农业科研教学单位为成员单位，负责落实合作事宜。

三、附　则

本协议未尽事宜由双方另行协商。

本协议为框架协议，双方开展的具体合作内容将另行签订合作协议。

本协议一式肆份，双方各执两份。本协议有效期 5 年，双方代表签字并加盖公章后生效。

中国农业科学院　　　　广东省农业厅

代表（签字）：　　　　代表（签字）：

二〇一二年五月七日　　　　二〇一二年五月七日

江西省人民政府与中国农业科学院合作共建鄱阳湖生态经济区现代农业科技创新示范基地协议书

甲方：江西省人民政府

乙方：中国农业科学院

经双方协商，在 2008 年 12 月 19 日双方共同签署的《江西省人民政府与中国农业科学院科技合作协议》框架下，现就共同建设鄱阳湖生态经济区现代农业科技创新示范基地达成如下协议。

一、合作背景

为推动鄱阳湖生态经济区现代农业的发展，江西省人民政府拟在高安市建设 6 000 亩的鄱阳湖生态经济区现代农业科技创新示范基地。该基地位于鄱阳湖生态经济区内的高安市相城镇，有山、有水、有田、有林，土地结构完整，生态环境良好，具有江南地区典型的地理地貌特征。中国农业科学院作为农业科研的国家队，充分利用自身技术、成果、人才、信息等科技资源优势，致力于推进鄱阳湖生态经济区农业科研发展。

二、共建目标

双方坚持优势互补、互惠互利、全面合作、注重实效的原则，根据鄱阳湖生态经济区建设整体规划要求，按照“生态效益好、经济效益高、社会效益大”的总体目标，以科技共建为手段，通过学科建设、人才培训、专家服务、项目推动、成果展示等方式，共同将鄱阳湖生态经济区现代农业科技创新示范基地建设成国内一流的现代农业科技创新示范基地，为江西乃至全国现代农业发展提供技术支撑。

三、共建内容

1. 双方共同对基地进行规划和建设。江西省农业科学院承担具体建设任务。

2. 双方联合申报国家重大项目和有关国际合作项目，共同开展合作研究，推动基地发展。

3. 双方积极将研发和引进的最新农业科技成果在基地进行试验、示范，并在鄱阳湖生态经济区乃至江西全省进行辐射推广和产业化开发。

4. 甲方在基地中划拨200亩国有农业科研用地作为乙方建设高标准设施农业和科研试验用地，并为乙方办理国有土地使用证。乙方试验示范用地不足的部分由江西省农业科学院负责在基地内安排解决。

5. 乙方在江西挂牌成立“中国农业科学院鄱阳湖生态经济区现代农业科技创新示范基地”，充分利用国家队一流的技术、成果优势，组织实施重大科技成果的试验、示范工作，并为江西现代农业发展提供智力支持和高端人才培训。

四、共同管理

成立由甲、乙双方领导和专家组成的基地建设协调推进工作机构，对基地建设进行统一决策、组织、协调。江西省农业科学院具体负责落实。

本协议未尽事宜，由双方另行协商。

本协议一式四份，双方各执二份，自签字之日起生效。

江西省人民政府

代表签字：

二〇一二年五月二十九日

中国农业科学院

代表签字：

二〇一二年五月二十九日

中国农业科学院与巴彦淖尔市人民政府农业科技合作协议书

为加快巴彦淖尔市传统农业向现代农业转变，加速科技成果在农业生产中的转化和推广，实现农业大市向农业强市跨越，助推新农村新牧区各项建设目标，经巴彦淖尔市人民政府与中国农业科学院友好协商，决定共同建立长期稳定的农业科技合作关系，达成如下协议。

一、合作背景

中国农业科学院是国家级综合性农业科研机构，具有明显的科技人才、科技创新、科技成果等优势。巴彦淖尔市（以下简称巴市）是国家西部大开发的重点区域，是全国著名的粮、油、糖商品和名、优、特、绿色食品基地。双方加强合作，共同推动巴市农业技术升级，加快农业科技成果运用转化，实现产学研资源整合，优化巴市农业产业结构。

二、合作宗旨

按照优势互补、互惠互利、共同发展的原则，促进地方农业经济与科技相结合，合理构建产业布局，科学优化配置地方资源，搭建起运转高效的农业产业体系，提高地方科技创新能力，实现科技创新、成果孵化、人才培养的多重功能。

三、合作内容

（一）建设战略研究和咨询活动工作平台

围绕巴市农业区域发展战略、资源开发利用等相关重大科技问题，开展战略研究和咨询活动；结合巴市农业产业建设规划，承接东部产业转移的示范区建设规划，对农业重大工程、重大专项、农业产业化等项目的申报和实施提供咨询建议；巴市为中国农业科学院提供优惠政策，聘请中国农业科学院专家担任农业科技顾问或直接参与、指导农业重大项目实施。

（二）建设农业高新技术合作研发平台

针对巴市在农业产业化、农民增收、农村生态环境安全等方面存在的重大技术问题，双方组织有关专家共同研究，开展协作攻关。围绕粮食、经济作物、畜禽和农产品加工等产业发展，重点在新品种研发及高产稳产技术集成、畜禽良种引进及繁育体系建设、设施蔬菜品种选育和引进、病虫害防治技术、农产品深加工等领域开展联合攻关，推动科技资源交流与联合研发，逐步建立农业科研的长期合作关系。

（三）建设农业科技成果转化平台

在巴市辖区现代农业示范区内设立中国农业科学院巴彦淖尔市高新农业技术示范基地，重点推进巴市现代农业示范区建设。中国农业科学院将其研发的、适用于巴市发展现代农业的新品种、新技术、新产品优先在巴市试验、示范、推广、应用；为申请国家相关的产业化项目提供技术支撑，促进产业升级和结构调整；帮助巴市打造国内优质粮、油、肉、菜生产基地和交易中心；协助巴市引进农业投资伙伴。巴彦淖尔市要积极配合、协助中国农业科学院在巴市创办、领办高新技术企业或进行合作开发。

（四）建设农业科技人才培养平台

发挥中国农业科学院的科技、人才资源优势，以现代农业生产、加工、经营为主要内容，通过开放科研平台、合作研究、学术交流等形式，为巴彦淖尔市培养高级农业科技管理和各类实用人才，巴市为中国农业科学院科研人员提供与本地农业发展相关的科研、示范、推广的基地和必要的工作、生活条件。

（五）建设农业科技信息服务平台

中国农业科学院发挥技术以及国内外科技交流优势，与巴彦淖尔市合作建设农业科技信息平台，为巴市开展农业科技国际、国内交流合作提供信息服务。共同组织院士、专家来巴市开展农业科技合作高端论坛，为加快巴彦淖尔现代农业发展进行针对性研讨。

（六）建设合作申请项目工作平台

双方建立信息交流共享渠道，积极推进所属科研、推广部门的业务对接。围绕巴彦淖尔市发展现代农业主导产业的关键技术问题，双方合作向国家、内蒙古自治区有关部门申请项目技持，同时巴彦淖尔市要对合作项目申报给予财政支持。

四、合作组织

双方成立领导小组。组长由中国农业科学院和巴彦淖尔市人民政府分管领导担任。领导小组下设联络办公室，成员由中国农业科学院成果转化局、巴彦淖尔市农牧业局等有关部门负责人组成。

五、协议附则

1. 本协议未尽事宜由双方另行协商。具体合作项目另行签订合作协议，并由双方组织相关部门实施。

2. 本协议有效期为 5 年，签字盖章后生效。协议期满后，经双方协商后可再行续约。

3. 本协议一式四份，双方各执二份。

中国农业科学院

代表签字：

二〇一二年六月二日

巴彦淖尔市人民政府

代表签字：

二〇一二年六月二日

镇江市人民政府与中国农业科学院科技合作协议

镇江区位优势独特，农业发展基础良好。中国农业科学院是我国农业科研的核心团队，具有较强的科研创新能力和杰出的人才队伍。为了充分发挥双方优势，共同推进在农业科技领域的全方位合作，促进镇江农业科技创新、成果转化和农业现代化建设，经协商，双方达成如下协议。

一、开展科技决策和咨询活动

围绕镇江区域农业发展战略、资源开发利用等相关重大科技问题，共同组织专家开展战略研究和咨询活动；中国农业科学院参与镇江市农业发展规划、农业科技发展规划的研究，对农业重大工程、重大专项、农业产业化等项目的申报和实施提供咨询建议。

二、开展农业科技协作攻关研究

双方组织专家研究镇江市在农业园区建设、特色产业发展、农民增收、农村生态环境保护等方面存在的重大技术难题，并开展协作攻关。重点在特优种质资源创新、新品种选育、高效农业技术、有机农业生产技术、标准化生产技术、规模化生产技术、农业减灾技术等领域开展合作攻关。

三、加强农业科技产业对接

中国农业科学院在镇江建立成果转化基地，将其研制的新品种、新技术、新产品优先在镇江示范、推广应用。镇江市为中国农业科学院在镇江开展的试验示范工作提供优惠政策，支持中国农业科学院的科技成果在镇江转化以及创办高新技术企业或进行合作开发。

四、加强农业科技人才培训合作

中国农业科学院通过开放科技平台、学术交流、客座研究和联合培养研究生等形式，为镇江市培养各类农业高级研究人才。

五、加强双方科研单位业务对接

双方积极推动所属科研单位进行业务对接，在动植物育种、植物保护、水稻、茶果高效栽培、重大疫病防治、农业资源与环境保护等领域开展全方位合作研究。

六、成立农业科技合作协调领导小组

镇江市人民政府和中国农业科学院有关领导为组长，中国农业科学院成果转化局和镇江市科学技术局、镇江市农业委员会为成员单位，负责落实合作事宜。

本协议自签字之日起生效，有效期 5 年；具体合作项目另行签订专项协议。未尽事宜双方另行协商。

镇江市人民政府	中国农业科学院
代表（签名）：	代表（签名）：
二〇一二年六月十日	二〇一二年六月十日

蚌埠市人民政府与中国农业科学院农业科技战略合作协议

为加强蚌埠市人民政府与中国农业科学院农业科技合作，加快蚌埠市农业现代化进程，蚌埠市人民政府与中国农业科学院经过友好协商，达成如下战略合作协议。

一、合作宗旨

按照“优势互补、突出重点、互惠互利、共同发展”的原则，充分发挥中国农业科学院科技、人才以及蚌埠市资源、区域优势，共同推进农业科技创新和成果转化，在都市农业、农业机械、农村能源、现代种业等方面取得新突破，促进蚌埠市现代农业的发展。

二、合作内容

（一）共建农业科研示范基地

中国农业科学院在蚌埠市建立农业科研示范基地，蚌埠市提供必要条件和政策支持。

（二）合作开展农业机械研发与推广

充分利用蚌埠市毗邻粮食主产区及规模化牧草产业快速发展的优势，在蚌埠建立农业机械研究及中试基地，引进优秀农业机械生产企业落户蚌埠，把蚌埠建成农机研发、生产、推广基地。

（三）共同推动都市农业发展

发挥中国农业科学院中环易达设施园艺科技有限公司都市农业科技优势，在蚌埠市建设都市农业示范基地，蚌埠市提供项目和相关政策支持。

（四）建设农村能源项目

中国农业科学院指导、协助蚌埠市在大型畜禽养殖场建设农业能源项目，或帮助引进投资建设农业能源项目，发展农业新能源，蚌埠市提供政策支持。

（五）加强现代种业科技合作

中国农业科学院与蚌埠市种业企业合作，把研发的新品种优先在蚌埠市繁育推广。

（六）加强农业科技人才培养

中国农业科学院发挥科技、人才优势，通过开放科技平台、合作研究、学术交流、培养推广硕士等形式，为蚌埠市培养农业科技管理和各类实用人才。

三、合作机制

为保障科技合作工作，双方成立领导小组。组长由蚌埠市人民政府和中国农业科学院分管领导担任；成员由中国农业科学院成果转化局、蚌埠市农委、有关集团等有关部门组成。

四、协议附则

本协议未尽事宜由双方另行协商。具体合作项目另行签订专项协议，并由双方组织相关部门实施。

本协议有效期为 5 年，签字盖章后生效。协议期满后，经双方协商后可再行续约。

本协议一式四份，双方各执二份。

蚌埠市人民政府　　　　中国农业科学院

代表（签字）：　　　　代表（签字）：

二〇一二年七月二十四日　　　　二〇一二年七月二十四日

中国农业科学院与安康市人民政府农业科技战略合作协议

为推动农业科技创新和成果转化，加快秦巴地区脱贫致富步伐，共同推进安康市现代农业发展和特色农业产业开发，经友好协商，中国农业科学院与安康市人民政府决定建立全面、长期、稳定的合作关系，并达成如下协议。

一、合作背景

中国农业科学院是国家级综合性农业科研机构，科研、人才和信息优势明显，在解决我国农业科研的基础性、方向性、关键性重大科技问题、科技兴农、科技扶贫等方面发挥着重要作用。安康市地处陕西省南部，气候温和，资源丰富，汉江自西向东流经全境，是国家“南水北调”中线工程重要水源地，全国最大的富硒地带，同时也是国家确定的秦巴连片贫困地区。中国农业科学院与安康市人民政府全面合作，对于加快安康市现代农业发展、繁荣农村经济、促进农民增收具有十分重要的意义。

二、合作宗旨

本着“优势互补、互利共赢、共建共享、持续发展”的原则，充分发挥中国农业科学院科技、人才、信息以及安康市特色、资源等优势，共同推进农业科技创新和成果转化，为安康市现代农业和农村经济发展提供强有力的科技支撑。

三、合作内容

（一）加强规划指导

中国农业科学院帮助安康市人民政府制定和完善全市现代农业发展规划、特色产业发展规划、统筹城乡发展规划，促进区域经济社会协调可持续发展。

（二）共建研发平台

中国农业科学院对安康市建设的中国（安康）富硒产品研发中心提供技术支持，

争取设立国家级富硒产品质量监督检验中心，研究制定富硒产品质量标准，支持申报国家标准，健全检验检测体系，建立产品追溯体系，对产品实行全程质量控制，为产品研发、成果转化搭建平台。

（三）加快人才培养

中国农业科学院对安康市发展现代农业和特色产业进行技术指导。共同规划，地方筹资，中国农业科学院在安康建立院士（专家）工作站、博士工作站，通过开放科研平台、学术交流、合作研究、技术培训等形式，为安康市培养农业科研领军人才和各类实用技术人才。

（四）推进成果转化

中国农业科学院为安康市现代农业发展以及产品开发提供技术支持，中国农业科学院拥有的新品种、新技术、新产品等最新成果优先在安康市推广应用。在安康市合作共建中国农业科学院产学研基地和高新技术成果示范转化基地。

（五）加强信息服务

中国农业科学院充分发挥人才和国际国内影响力等优势，在安康市合作建立农业科技信息平台，为安康市现代农业发展和特色产业开发提供科技、信息支持。

（六）加大扶持力度

中国农业科学院优先将有关产业发展项目安排在安康市实施；安康市人民政府每年安排一定财政资金，对合作项目给予配套扶持。

四、合作组织

（一）成立合作工作领导小组

成立“中国农业科学院—安康市人民政府战略合作协调领导小组”，下设办公室，分别设在中国农业科学院成果转化局和安康市农业局，负责战略合作日常联络和具体合作事项的落实。

（二）建立联席会议制度

定期召开联席会议，开展互访、实地考察活动，推进战略合作不断向纵深发展。

五、附　则

本协议未尽事宜由双方另行协商决定。
本协议有效期5年，自签字之日起生效。协议期满后，双方可协商续签合作协议。
本协议一式四份，双方各执二份。

中国农业科学院

代表（签字）：

二〇一二年九月十六日

安康市人民政府

代表（签字）：

二〇一二年九月十六日

中国农业科学院与中国农业电影电视中心合作协议

甲　方：中国农业科学院
法定代表人：李家洋
地　址：北京中关村南大街 12 号　　邮编：100081
联系人：任庆棉　　联系电话：010－82105543　　传真：010－82105192

乙　方：中国农业电影电视中心
法定代表人：傅玉祥
地　址：北京市海淀区中关村南大街 10 号　　邮编：100081
联系人：王　旋　　联系电话：13910165090　　传真：010－82101785

甲乙双方经友好平等协商，甲方委托乙方利用《乡约》栏目平台，就资源互换，无偿为节目拍摄地农村提供农业新品种、新技术及农业技术咨询，利用双方优势服务“三农”进行合作达成共识，并签订本协议。

一、合作期限及合作内容

1. 合作期限：2013 年 1 月 1 日至 2013 年 12 月 31 日。

2. 合作权益

A. 甲方负责：

1. 每期向《乡约》栏目组提供《中国农业科学院农业新品种新技术新产品汇编》一册，并配有《服务指南》（附件）；

2. 每期节目录制后，由拍摄地自愿邀请，与甲方协商派出专家前往当地提供免费的现场技术指导、技术培训和技术咨询。

3. 根据拍摄地农业产业的特色和优势，有选择性地为拍摄地赠送新技术成果（例如：种子、种苗、兽药、种畜、种禽等），为拍摄地产业提供技术支持。

4. 甲方专家前往当地差旅费用自付，所提供的农业技术、项目、产品必须是国家有关部门审核通过可以推广应用的，并享有最终解释权。

5. 在甲方为拍摄地提供服务的过程中，如因品种、技术导致不良后果发生争议与纠纷，由甲方负责与拍摄地协商解决，乙方不承担任何责任。

B. 乙方负责：

1. 每期节目中主持人代表栏目组现场赠送《中国农业科学院农业新品种新技术新

产品汇编》一册。

2. 主持人口播："在这里我代表栏目组赠送您《中国农业科学院农业新品种新技术新产品汇编》，并由中国农业科学院为您提供免费的上门培训服务和技术指导"。

3. 字幕："本书由中国农业科学院提供"。

二、版权归属

本节目的版权归乙方即中国农业电影电视中心（中央电视台第七套农业节目）所有。

三、违约责任

本协议生效后，甲乙双方都应严格遵守，若有违约，违约方应承担相应的违约责任：

1. 协议生效后，一方不履行协议义务或者履行协议不符合约定的，应当承担继续履行、采取补救措施或者赔偿损失等违约责任；协议生效后，一方违反本协议的、不承担或不及时、不充分承担本协议规定的相关义务的，守约方得以书面形式通知违约方终止违约行为，违约方应及时采取有效补救措施，并赔偿守约方因此遭受的损失。

2. 一方违约，造成另一方不能履行、或履行本协议显失公平的，守约方得以书面形式通知违约方解除本协议、或中止相关义务的履行，并可要求违约方赔偿因此遭受的损失。

3. 赔偿的损失包括直接经济损失和间接经济损失，间接经济损失包括但不限于律师费用、诉讼及仲裁费用及差旅费等。

四、解决争议的方法

双方因协议的解释或履行产生争议，由双方协商解决。协商不成，双方均有权向协议签署地的人民法院起诉。

五、协议的终止和续签

1. 合作期限到期，本合同自行终止。

2. 任何一方终止协议，需提前一个月以书面形式通知对方，并说明正当终止理由，由双方签字代表协商终止协议。

3. 乙方在圆满完成甲方要求的前提下，甲方保证就上述合作在协议期内不再与第三方签约相应协议。

4. 由于战争、地震、火灾等法定人力不可抗拒因素导致的工作中断，双方均不承担责任，待条件恢复后，由双方协商确定协议变更内容。

5. 在协议实施过程中，甲乙双方须严格按照国家有关法律法规办事，遵守宣传纪律，恪守职业道德，任何一方发现对方的行为违反本协议的此项条款，均有权终止合作协议，并保留进一步追究相关责任的权利。

六、其　他

本协议书一式肆份，甲乙双方各执贰份，具有同等法律效力。

甲方：中国农业科学院

法定代表人（或授权代表）：

二〇一二年十月十二日

乙方：中国农业电影电视中心

法定代表人（或授权代表）：

二〇一二年十月十二日

附件

中国农业科学院技术服务指南

中国农业科学院创建于1957年，担负着国家农业科技创新、培养高级人才、组织全国协作、开展国际合作、服务宏观决策的工作任务，着力解决农业与农村经济发展中的基础性、方向性、全局性、前瞻性等重大问题和关键技术，引领全国农业科技的发展。中国农业科学院十分重视与地方的合作，积极为地方农业经济发展服务，先后与20多个省（市、自治区）建立了合作关系，在全国各地建立了1 000多个科技示范点，为农业生产和现代农业发展提供强有力的技术支撑。

为了促进地方农业农村经济的发展，提高农业生产科技含量，为“三农”发展服务，中国农业科学院愿意为地方政府、广大农民朋友提供有关科技服务。

一、服务内容

针对不同地区农业生产的实际和特色产业发展需求，中国农业科学院可提供相应的技术服务，内容包括：

1. 作物生产技术：玉米、小麦、水稻、大豆、杂粮等粮食作物以及果树、蔬菜、茶叶、油菜、烟草、桑、麻等经济作物栽培及病虫害防治技术；

2. 畜牧养殖技术：猪、牛、羊等家畜，鸡、鸭、鹅等家禽以及特种经济动物的饲养及疫病防治；

3. 农产品贮藏加工技术：大宗粮食、蔬菜、水果、肉、奶等农产品贮藏保鲜及加工；

4. 农业机械与沼气科技：各种类型农业机械使用与维护培训，农村沼气工程设计与使用技术指导；

5. 环境保护：农村环境及生态保护技术指导；

6. 其他：其他有关农业生产技术。

二、服务方式

充分利用中国农业科学院的人才、技术、成果、平台等方面的优势，根据地方主导农业和特色产业发展的需求，组织有关研究所相关领域的专家开展技术服务，包括：

1. 技术培训：采取课堂讲授的形式，为当地农技推广员、农业技术员讲授先进实用的农业科学技术；

2. 示范指导： 在生产现场为农业生产大户、农业合作组织、广大农户操作示范，讲解传授生产关键技术；

3. 技术咨询： 采用答疑的形式，现场解答基层农技人员和农户提出的技术问题；

4. 赠送成果： 向当地农技部门、农户赠送中国农业科学院研发的新品种、新产品、新技术等科技成果，提高当地农业生产科技水平。

三、组织形式

由地方政府农业主管部门向中国农业科学院提出技术需求，中国农业科学院成果转化局协调有关研究所的专家到当地开展技术服务。专家往返旅费可由中国农业科学院自行解决；当地政府负责开展技术服务的组织工作，包括场地布置、人员召集、安排专家食宿、活动交通工具等。

四、服务对象与期限

本服务对象仅限于中央电视台第七套农业节目《乡约》栏目采访的地区，由当地农业部门指派专人与中国农业科学院成果转化局对接。

电话：010－82105543

服务期限：2013 年 1 月 1 日至 2013 年 12 月 31 日

中国农业科学院与黑龙江垦区国家现代化大农业示范区科技合作协议

（2012 年 11 月）

为了支持国家现代农业示范区的建设与发展，推动农业科技创新和成果转化，经研究协商，中国农业科学院与黑龙江垦区国家现代化大农业示范区决定建立全面、长期、稳定的合作关系，达成如下协议。

一、合作背景

中国农业科学院是国家级农业科研机构，具有明显的技术、人才和成果优势，在科技创新和解决我国粮食、畜牧等领域重大科技问题以及科技兴农等方面发挥着重要作用；黑龙江省农垦经过 60 多年的建设与发展，已经成为我国耕地规模最大、现代化程度最高、综合生产能力最强的国家重要商品粮基地和粮食战略后备基地，代表着中国现代农业发展方向。双方加强全面合作，实现强强联合，有利于加快现代农业发展，对于推动农业产业技术升级，加速科技成果转化，提升农业科技水平，提高黑龙江垦区农业综合生产能力，增强农业竞争优势，促进科技成果转化及农业和农村经济持续快速发展，带动农民增收具有重要意义。

二、合作宗旨

本着“优势互补、互利共赢、共同发展”的原则，充分发挥中国农业科学院的科技、人才、成果以及黑龙江垦区国家现代化大农业示范区的资源、区域等优势，共同推进农业科技创新和成果转化，为黑龙江垦区国家现代化大农业示范区建设和发展提供强有力的科技支撑。

三、合作内容

（一）共建试验示范基地

在黑龙江垦区国家现代化大农业示范区共建建三江、九三等试验示范基地，共同开展粮食、奶肉牛、生猪等方面的研究与试验示范工作。针对示范区在粮食、奶肉牛、生猪等方面存在的技术问题，双方组织有关专家开展合作研究，重点在农作物育种手段和种质资源创新、种子质量快速检测、种植模式和高效栽培技术、植保和配方施肥技术、节水农业及面源污染处理、农机与农艺同步发展配套等关键技术，“两牛一猪”品种改良、规模化、标准化饲养和健康养殖技术、优质牧草改良和种植、畜禽疾病防控和畜禽粪便利用等技术，提高大马力机械利用率和效益、多功能复式作业机具、智能化控制等研发，开发营养、功能、生物、绿色、有机等健康食品及高附加值农产品深加工技术、质量检测技术等领域开展联合攻关。

（二）合作推广农业技术

中国农业科学院研发的最新科技成果优先在黑龙江垦区现代化大农业示范区集成示范推广。围绕示范区在粮食、奶肉牛、生猪产业发展的关键技术问题，合作向国家及地方政府申请有关科技推广和成果转化项目，推动科技成果的转化。

（三）加快人才培养

中国农业科学院对黑龙江垦区国家现代化大农业示范区发展现代农业进行技术指导，在黑龙江垦区国家现代化大农业示范区建立中国农业科学院博士工作站，通过开放科研平台、学术交流、技术培训等形式，为黑龙江垦区国家现代化大农业示范区培养各类实用技术人才。可以采取中国农业科学院的专家到垦区兼职，提供科技服务，垦区科技人才到中国农业科学院挂职等形式，共建人才培养和实验实习基地。

（四）宏观研究平台共建

中国农业科学院可组织相关领域的专家学者，在黑龙江垦区建立定期调研的长效机制，共同研究制约中国现代化大农业发展的体制机制及政策性等问题，包括农业及畜牧业产业发展问题、农业信息处理、利益分配机制、优质产品供给等，提出政策性建议。创建中国特色的现代化大农业理论体系，更好地发挥现代化大农业的示范带动作用。

四、合作组织

成立“中国农业科学院—黑龙江垦区国家现代化大农业示范区科技合作领导小组”，领导小组组长由中国农业科学院和黑龙江省农垦总局领导担任，成员由中国农业科学院成果转化局及相关研究所、黑龙江省农垦总局科学技术局及相关部门、农垦科学院、各相关管理局负责人组成。领导小组下设办公室，分别设在中国农业科学院成果转化局和黑龙江省农垦总局科学技术局，负责落实具体合作事宜。

中国农业科学院、黑龙江省农垦总局建立联席会议和高层会晤制度，领导小组负责研究确定合作的重要项目，协调解决合作中遇到的主要问题，研究和议定进一步加强合作的意见。双方领导小组办公室具体负责科技合作的组织、协调、跟踪、监督等管理工作，定期沟通业务工作进展情况，研究合作中遇到的具体问题，提出解决的意见和建议。

五、附　则

本协议未尽事宜由双方另行协商决定。

本协议有效期 5 年，自签字之日起生效。协议期满后，双方可协商续约。

本协议一式二份，双方各执一份。

中国农业科学院

代表（签字）：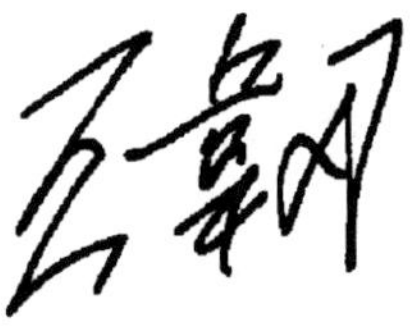

二〇一二年十一月六日

黑龙江垦区
国家现代化大农业示范区

代表（签字）：

二〇一二年十一月六日

中国农业科学院与中粮集团有限公司科技战略合作框架协议

（2012 年 11 月）

甲方：中国农业科学院
地址：北京市海淀区中关村南大街 12 号

乙方：中粮集团有限公司
地址：北京市朝阳区朝阳门南大街 8 号

中国农业科学院是国家级综合性农业科研机构，担负着全国农业重大基础与应用基础、应用研究和高新技术研究的任务，着力解决农业及农村经济发展中基础性、方向性、全局性、关键性重大科技问题，是我国农业科技体系的主力军和国家队，在学科、技术、人才等方面具有强大优势，拥有一批先进、适用的农业科技成果。

中粮集团有限公司是中国领先的农产品、食品领域多元化产品和服务供应商，致力于利用不断再生的自然资源为人类提供营养健康的食品、高品质的生活空间及生活服务。自 1994 年以来，一直名列美国《财富》杂志全球企业 500 强，居中国食品工业百强之首。

为了加强院企合作，加速科技协同创新和成果转化应用，构建产学研用良性互动机制，推动我国粮油食品产业高端发展，推进产业整体升级，实现科技与经济的有机结合，甲乙双方决定建立长期稳定的战略合作伙伴关系，开展多层次、全方位的战略合作。经双方协商一致，达成以下框架合作协议。

一、合作原则

信守承诺、真诚合作、立足发展、面向未来、优势互补、互惠互利。

二、合作宗旨

在《国家中长期科学和技术发展纲要（2006—2020 年）》和《国家“十二五”科学和技术发展规划》的指导下，甲乙双方按照国家有关法律的规定，开展科技战略合作，创新院企合作模式，建立信息、技术等资源共享机制，积极推进科学研究、技术服务及成果孵化平台的建设，促进产学研用一体化发展，加快我国营养健康研究领域的科技创新，着力解决国人特有营养健康问题，提高食品安全保障水平和可持续发展能力。

三、合作内容

（一）双方皆承认对方为战略合作伙伴。

（二）双方将共同策划并推动在粮油加工、果蔬加工、农兽药残留检测、重金属检测、生物毒素检测、饲料、养殖、肉制品、乳制品、茶叶、风险评估、标准与法规制定等重点领域的高新技术和产业化研究，培育和转化一批具有自主知识产权的、国际先进的技术成果和具有市场优势与竞争力的产业化产品。

（三）双方将积极创造条件开展博士、博士后以及各类人才的联合培养工作。甲方充分发挥学科、技术、人才等优势，乙方以其行业龙头地位、全产业链布局和成果转化推广优势，通过委托培养、定向培养或客座研究等方式，共同致力于培养农产品深加工、粮油食品研发、食品质量与安全、动物营养与饲料、营养健康等领域专业型人才，联合打造上中下游紧密衔接的科技创新队伍。

（四）双方将共同推动在农产品深加工、粮油食品研发、食品质量与安全、动物营养与饲料、营养健康等领域的技术研发、成果熟化、孵化与产业化等科技平台建设，创新合作机制，推动平台资源共享，为双方的可持续发展和核心竞争力的提升提供支撑。

（五）双方将在都市农业优质品种引进、设施农业、休闲农业、农业景观、城乡一体化生态体系构建等领域开展深入合作，推动全球先进技术与产业在中粮生态谷园区的引进与转化。

（六）双方将共同推动在生态农业、农产品深加工、粮油食品研发、食品质量与安全、动物营养与饲料、营养健康等领域联合申报国家科技计划项目和创新能力条件建设项目，建立多方投入机制，共同探讨联合基金资助模式。

（七）双方将积极探讨并加强在大米、面粉、油脂、饲料、肉食、茶叶、乳制品等产业层面的交流与合作，着力推动在学术交流、成果转化、知识产权等方面的深入合作，并在此基础上，进一步拓宽渠道，建立更广泛更深层次的合作伙伴关系。

四、合作组织

为做好双方农业科技战略合作工作，双方同意成立领导小组，负责合作重大事项的决策。组长由中国农业科学院和中粮集团有限公司分管领导担任。领导小组下设工作小组，负责工作衔接，日常事务管理等。成员由中国农业科学院科技管理局、中粮营养健康研究院和中粮置地生态谷公司等有关部门负责人组成，工作小组不定期地召开协调会议，推动有关合作事项的具体落实。

五、其　他

（一）甲乙双方的合作没有排他性，双方在合作的同时，都可以与其他相应的伙伴进行合作。

（二）由于不可抗力或者其他不可预见并对其发生后果不能防止或避免的，致使本协议有关条款无法履行或不能继续履行，双方协商后，本协议自动终止，双方均不承担违约责任。

（三）甲乙双方任何一方欲提前终止协议，需提前一个月通知对方；如一方擅自终止协议，另一方将保留对违约方追究违约责任的权利。

（四）双方可就本协议的未尽事宜签订书面补充协议，补充协议与本协议具有同等法律效力。

（五）本协议为战略合作框架协议，合作项目中具体事宜需在正式合作合同中进一步予以明确，战略合作框架协议与正式合作合同构成不可分割的整体，作为甲乙双方合作的法律文件。

六、协议的生效

（一）本协议期限为 5 年，自双方法定代表人或授权代表签字并加盖公章之日起生效。

（二）本协议一式陆份，双方各执叁份，具有同等法律效力。

甲方：中国农业科学院（盖章）

授权代表：

联系人：

二〇一二年十一月二十九日

乙方：中粮集团有限公司（盖章）

授权代表：

联系人：

二〇一二年十一月二十九日

四、国际合作

中国农业科学院2012年国际合作工作概况

国际合作局

2012年，国际合作局坚持以科学发展观为指导，深入贯彻落实党的十八大精神，紧紧围绕我院“世界一流农业科研院所”建设目标和我院国际合作“十二五”发展规划的目标任务，坚持“以我为主、面向全球、服务创新、合作共赢”原则，强化国际合作服务于农业科技创新、服务于国家外交和服务于农业科技“走出去”战略，以“战略研究、伙伴拓展、平台建设、项目建设、资源引进、‘走出去’和能力建设”为抓手，不断创新工作思路，改进工作方法，提升工作效率，各项工作取得显著成效。

一、成为国务院科研人员因公出国分类管理首批试点单位，切实根本解决了科研人员出国难问题

在我院等单位多次建议和积极推动下，外交部、科技部、监察部和财政部四部委于2012年5月31日联合下发了《关于开展科研人员因公临时出国分类管理试点工作的通知》(外外管函［2012］119号)，我院被确定为首批科研人员因公临时出国分类管理试点单位之一，自2012年7月1日开始实施。

我院高度重视此项工作，按照上级有关要求，精心组织，科学部署，强化措施，使该项工作扎实有序地开展。制定了《中国农业科学院科研人员因公临时出国分类管理实施办法（试行)》(农科院［2012］201号)，详细规定了我院科研人员因公临时出国实施分类管理的具体做法和要求。编制了《中国农业科学院落实科研人员因公临时出国分类管理试点工作方案》，部署了我院推进科研人员因公临时出国分类管理试点一年内的详细工作安排。按照外外管函［2012］119号精神和农业部要求，编制了《中国农业科学院2012年科研人员因公临时出国分类管理计划》，每项出访计划均有明确的出访目的、出访任务、出访必要性和拟通过出访解决的关键问题。为了严格落实外外管函［2012］119号精神，我局专门组织举办了《中国农业科学院第五期外事培训班》，详细解读了开展科研人员因公临时出国分类管理试点工作方案和管理细则。通过制度建设，人员培训，保证了政策的执行力度。

在审批过程中，我局按照“确有必要，于我有利”的原则，本着既扩大对外交流与合作，又严格执行国家科研人员因公临时出国分类管理各项规定，对出访的邀请单位、出访日程、出访任务、出访人员、出访目的、经费来源、预期成果进行审核，严格把关。按照要求，院属各单位均实行外事专人管理，对出访团组实行事前公示和事后公

开制度，确保信息公开，接受群众监督。

为确保我院科研人员因公临时出国分类管理试点工作的有序进行和取得实效，及时发现和解决问题，我局于 2012 年 10 月 29 日至 11 月 19 日会同院科技局、人事局、财务局、监察局组成检查组对院属各单位执行情况进行了抽查，检查的内容包括：①出国任务检查；②事前公示情况；③事后公开情况；④经费使用情况；⑤执行效果；⑥专人负责管理情况，等等。从检查的总体情况来看，各单位均能按照《中国农业科学院科研人员因公临时出国分类管理试点工作实施办法（试行）》（农科院［2012］201 号）文件要求执行，做到出访公务目的明确、具有实质内容，出访人员身份与出访任务相符，团组结构合理，审批程序规范，预算符合要求。各单位能够较好做到出访报批过程专人管理、经费先行审核、事前公示、事后公开、审批过程规范、严格控制出访天数，并保证全过程的公开和透明。

由于制度健全、措施有力，保证了我院实施科研人员因公临时出国分类管理试点工作半年来各项工作有序开展。

二、围绕“世界一流”目标，狠抓强化战略伙伴拓展

根据我院建设“世界一流”目标和我国农业科技合作全球布局的需要，积极开拓我院与国外世界一流重点科研单位和国际组织的合作关系，与越南农科院、美国北卡罗来纳州立大学、美国密苏里大学、美国佛罗里达大学、墨西哥国家林农牧业研究院、美国密歇根州立大学、加拿大农业与农业食品部、澳大利亚悉尼大学、智利国家农牧研究院、罗马尼亚农业大学、德国联邦风险评估研究所、瑞典农业大学、芬兰农业食品研究院、孟山都公司、国际生物多样性中心、国际食物政策研究所、非洲能力建设基金会、先锋海外公司、拜耳作物科学公司、国际水稻研究所、国际玉米小麦改良中心、比尔及梅琳达·盖茨基金会、非洲水稻中心等新（续）签署合作谅解备忘录（合作协议）24 份，并拓展了与荷兰科伯特农业有限公司和美国陶氏益农公司的合作关系，为我院与这些国外单位的长远合作奠定了基础。

为积极落实与国家外国专家局签署的合作框架协议，我院与国家外国专家局共同签署了《引进国外智力为农业科技服务行动计划》，旨在全面提升我院农业外国智力引进和高层次人才培养工作，加速实现我院以人才建设助推“世界一流农业科研院所建设”的目标。

充分利用国防科工局设在我院的中国 IAEA/RCA 核农学协调办公室的平台作用，深化合作伙伴关系。受国防科工局委托，我院以国家原子能机构国家代表特别助理的身份，担任亚太地区核科技合作协定（RCA）轮值主席国主席，主持召开了 RCA 国家代表会、RCA 成员国大会等一系列活动，完成了 2014—2015 年度 RCA 项目的征集、呈报、评议的工作，协调 RCA 地区办公室主任的遴选工作。通过积极参与 RCA 地区各项活动，为我院与 RCA18 个成员国间开展核农学国际合作奠定了基础。协调我院哈尔滨

兽医研究所和上海兽医研究所作为合伙单位，与国际原子能机构共同申报欧盟第七框架项目。

协助国家自然科学基金委启动与CGIAR下属研究中心的合作项目，积极组织我院科学家申报国家自然科学基金委员会启动的与CGIAR下属研究中心的合作项目。

利用代表团出访，积极开拓我院与国外科研单位、国际组织的合作关系，包括开拓了我院与泛美开发银行、秘鲁农业创新研究院、国际黄麻组织、孟加拉农科院、国际林业研究中心、亚太地区农业研究机构联合会等的合作关系。

积极利用国外代表团的来访机会，拓展我院与相关国外科研单位、国际组织、基金会等的合作。多次与美国《科学》杂志沟通，促成了双方在能力建设、宣传等方面达成合作意向，《科学》杂志副刊定于2013年5月对我院的科研情况进行专刊宣传报道。

三、加强平台建设，努力探索国际合作新方式

在我局的积极努力下，促成了中巴农业科学联合实验室于2012年8月8日在巴西挂牌成立，这是我国在海外建立的第一个农业科学联合实验室。中国全国政协副主席、中国科技部长万钢、巴西农业部长里贝罗、我国驻巴西大使李金章、巴西农牧业研究院长佩德罗参加了揭牌仪式。中巴农业科学联合实验室在巴西成功挂牌标志着我国农业科技实施全球布局的重要一步，具有里程碑意义。

经我局组织推荐，我院植物保护研究所获得科技部“农业生物安全国际联合研究中心”认定，这是科技部在农业行业认定的第一个国际联合研究中心，农业环境与可持续发展研究所也获得科技部的“设施农业国际科技合作基地”称号。同时，我局还组织完成我院6个国家引进国外智力成果示范推广基地的申报工作。

加大了国际联合实验室的工作力度，与意大利巴里大学联合建立的“中—意果树科学联合实验室”，是我国与意大利在果树学领域建立的第一个联合实验室，对中意双方果树产业的发展具有积极的推动意义；与北爱尔兰农业食品与生物科学研究所（AFBI）联合成立“肉品加工联合研究中心”，就肉品非热加工、肉品品质评价与分级等方面开展长期合作研究；与俄罗斯科学院基础与试验生物学研究所成立“草地生态与可持续利用联合实验室”，使我院的国际联合实验室数量增加到27家。

为了充分发挥已有合作平台的作用，加大了对已有联合实验室、研究中心的建设。特别是促进利用我国对CGIAR的定向捐款，以资助合作项目和平台建设的形式向一些经费相对薄弱联合实验室、研究中心提供资金支持51万美元以增加扶持力度。审议并通过了MOA－CABI生物安全联合实验室2012年工作计划，确立了2012年重点开发项目以及加入CABI智慧联盟可行性调研等。

加强了对国家科研机构与国际组织驻京办事处的管理工作，积极协助CIMMYT、IRRI、CABI招聘助理工作人员，协助各办事处办理工商注册、相关请进和派出工作，大力推进各办事处与国内相关科研单位开展合作，并协助各办事处完成人员变更的申报

和改善办公环境等工作，有效促进了驻京办事处工作的开展和作用的发挥。

此外，积极协助农业部协调 CGIAR 和国家原子能机构（IAEA）与我国的合作，取得明显效果。

四、狠抓项目建设，合作经费再创新高

充分利用已有的国际合作渠道和合作伙伴关系，大力争取各类国际合作项目。大力组织申请部委重大专项，在推进国家自然基金与 CGIAR 合作专项申请等方面实现了有效占位。

组织申请科技部重大专项、政府间合作项目、对外援助项目、培训班项目等项目 33 项，获得批准 20 项，批准经费 5 880万元；组织申请农业部国际交流与合作专项、亚洲区域合作专项共 65 项，获得批准 35 项，批准经费 1 010万元；组织申请教育部留学基金委项目、留学回国人员科研启动基金项目 68 项，获得批准 35 项，批准经费 770万元；组织申报国家外国专家局引进国外技术和管理人才项目 41 项和高端外国专家项目 10 项，目前已获批 10 项，批准经费 87.5 万元。获得国外国际合作项目 41 项，经费 15 647.8万元（其中，比尔 · 盖茨基金会绿色超级稻项目二期延续项目 1 项，经费 1 500万美元）。此外，获得自然基金委国际合作项目 4 项，经费 715 万元；国防科工局经费资助项目 1 项，经费 10 万元；获得财政部 APEC 基金 1 项，35 万元。

本年度我院共计申请项目 306 项，获得批准 147 项，总经费达 2.41553 亿元，比 2011 年增长 56.5%。无论是政府间合作项目和对外援助项目，还是农业部国际交流与合作专项和亚洲区域合作专项，无论是教育部留学基金委项目和留学回国人员科研启动基金项目，还是国外的重大国际项目，都取得了新突破。

五、团组派出精心策划，专家请进严格规范

围绕建设“世界一流科研院所”目标，2012 年我院精心策划 16 个院级代表团赴美国、加拿大、巴西、阿根廷、墨西哥、秘鲁、乌拉圭、印度、孟加拉国、泰国、印度尼西亚、韩国、柬埔寨、菲律宾、新加坡、缅甸、英国、德国、罗马尼亚、瑞士、奥地利、俄罗斯、南非、博茨瓦纳等地进行调研交流或合作洽谈，摸清了与国际一流研究所的重点机构和组织合作的优先领域和机制，为启动下一步全面合作打好基础。

全年共派出因公临时出国（境）团组 604 个 1 228人次到国外进行高层学术交流、合作研究、培训、合作洽谈、参加国际会议等任务，既洞察了国际学术前沿和研究进展，也带来了很多合作契机。

全年共邀请外宾 869 批 1 169人次到我院进行学术交流、合作研究、讲学、合作洽谈等。严格按照上级要求对请进人员进行资格、背景和来访目的审查，保证来访成效。全年共接待国外重要代表团 44 批（包括副国级代表团 1 次，部长团 12 次，校长、院

长、所长代表团31次），增进了国外同行对我国农业科技发展的了解，促成了合作意向的达成。

六、举办高层国际会议，扩大我院国际影响

为了洞察重要领域国际科技前沿动态，充分利用国际信息和智力资源，提升我院国际影响，2012年我院共组织举办各种国际学术会议、科学家峰会、专题研讨会等49次，与会总人数达5 533人（其中，外宾总人数1 438人），包括第九届国际燕麦大会、第六届国际杂草科学大会、第十八届国际食用菌大会、第13届国际禾谷类锈病和白粉病大会、第四届全球锈病协作网会议、中英全球主要人畜共患病研讨会、中美农业战略合作规划研讨会等重要国际学术会议。通过举办这些会议，不仅了解了国际相关领域的研究前沿，深化了与国外科研机构的联系，拓展了合作领域，同时提升了我院的国际影响力和参与组织国际活动的能力。

七、强化能力建设，提升国际化水平

为培养国际合作骨干力量和团队，按照院党组统一部署，与人事局合作，选派24名不同领域的科研骨干赴加拿大圭尔夫大学参加我院组织的第四期加拿大英语强化培训班，进行专门英语培训和学术交流。利用中国政府对CGIAR的定向捐款，从中国农业科学院、广东省农业科学院、中国热带农业科学研究院等单位选取9人到国际玉米小麦改良中心、国际食物政策研究所、国际生物多样性中心、国际家畜研究所等单位开展短期合作研究。利用国家留学基金项目，派作科所、植保所、蔬菜所、牧医所、农经所、资划所、环发所、生物所、哈尔滨兽医所、上海兽医所、兰州兽医所、水稻所、油料所、特产所、家禽所15个研究所38人（其中，高级研究学者2人、访问学者20人、博士后2人、博士研究生6人、联合培养博士研究生8人）赴美国、英国、德国、比利时、荷兰、澳大利亚、日本、菲律宾等国深造学习。此外，我院研究生院已有30名研究生获得先正达奖学金（2人）、拜耳奖学金（8人）、孟山都奖学金（20人），总金额计14.25万元。

组织举办了“中国农业科学院第五期外事培训班”、“第十七届全国农科院系统外事协作网会议”、“2013年国家公派出国留学工作会议”和“院属各单位护照签证专办员培训班”，邀请外交部、农业部、留学基金委相关司局领导以及我院相关领导对外事管理人员进行专项相关知识培训，有效提升了我院国际合作系统的管理水平和能力。

同时，我院还邀请了美国《科学》杂志负责国际协作、运营与出版全球总编比尔·莫兰（Bill Moran）先生在我院举办“全球范围内的科学职业生涯定位”讲座，美国《科学》杂志副编辑克里斯汀·米勒（Kristen Mueller）博士作“如何在《科学》杂志上发表学术论文”报告，荷兰瓦赫宁根大学和研究中心校长兼董事会主席阿洛托·

戴克豪森（AaltDijkhuizen）博士作“高科技农业：经济和环境的最佳选择”的演讲，美国密苏里大学副校长在研究生院作题为“密苏里大学教学与研究”的演讲，英国斯特林大学荣誉教授詹姆斯·穆尔（James Muir）和伦敦学院大学环境管理学荣誉教授、中英可持续农业创新协作网发展顾问戴维·诺斯（David Norse）教授进行关于英国政府科学办公室“前瞻性项目——食品和农业的未来：全球可持续性的机遇与挑战”的演讲，美国田纳西州立大学农业、人文和自然科学院院长 Chandra Reddy 作“农业的机遇和挑战”报告，前欧盟科研总司高级官员米歇尔·格诺维斯（Michele Genovese）博士作了“欧盟框架计划项目申请与展望”专题报告，邀请外交部外管司林松添司长来我院进行“国际形势与中国外交”专题讲座。与联合国际应用生物科学中心（CABI）共同举办了“科技英语写作培训班”。通过这些报告、讲座和培训，既对提升我院科技人员的学术论文的质量和层次及了解国际学术动态具有较大帮助，又对科技人员开阔国际视野和提高政治觉悟具有良好效果。

八、加强种质资源引进，储备创新物质基础

利用与俄罗斯、美国、菲律宾、巴西、墨西哥、东南亚等国家和地区建立的友好合作关系，有针对性地从遗传资源丰富的国家引进了 6 253份作物种质资源，通过隔离检疫，登记入国家库临时保存，并分发给相关研究室进行繁种与鉴定。引进的作物种质资源包括：从美国、加拿大等引进玉米、小麦、食用菌 1 409份，从俄罗斯引进水稻、玉米、小麦、食用豆类、棉花等种质资源 426 份，从南美洲地区（巴西、阿根廷等）引进大豆、小麦、棉花种质资源 1 966份，从墨西哥引进小麦、玉米种质资源 1 639份，从东南亚（越南、缅甸等）引进深水稻、野生稻、玉米、食用豆、高粱、蔬菜、果树及其他作物种质资源 813 份。

从俄罗斯全俄瓦维洛夫植物研究所（VIR）俄罗斯国家植物种质资源库引进牧草种质资源 880 份，通过隔离检疫、繁殖更新、鉴定评价、编目入国家基因库保存基因资源 400 份。

在我院与巴西农业科学院联合实验室的合作框架下，开展了与巴西农科院的种质资源交换与引进利用合作。双方确定了 3 000份的资源交换清单，供对方选择。2012 年交换 500 份种质资源，以后每年交换 1 000份种质资源。2012 年交换的作物种质资源主要包括水稻、小麦、玉米、大豆、食用豆、棉花、甜菜等。与智利国家农科院签订了合作协议，明确了将每年交换 1 000份作物种质资源计划。

2012 年度，我院从海外引进各类种质资源共计 7 633份。

九、加大“走出去”步伐，积极拓展海外业务

2012 年，我院哈尔滨兽医研究所在埃及禽流感专供疫苗稳定销售基础之上，开展

了禽病常规苗在埃及的注册工作，同时积极筹备埃及禽流感系列专供疫苗的研发合作工作。同时，疫苗产品继续出口至越南、印尼以及中国香港地区。2012 年累计疫苗销量为2.4 亿羽（份），诊断试剂 3 298瓶，国际贸易销售总额约 245 万美元。

我院哈尔滨兽医研究所还完成了香港禽流感疫苗、越南猪圆环病毒疫苗等注册工作。马来西亚疫苗注册工作、印尼和孟加拉国禽流感专供疫苗合作研发工作进展顺利，开拓了东南亚和非洲国家疫苗市场，相关产品逐步实现了在海外市场的多元化，创造了可喜的经济效益和社会效益。

在机构“走出去”方面，我院根据全国农业科技全球战略规划，在巴西农牧研究院（Embrapa）挂牌成立“中巴农业科学联合实验室”，制定了中巴种质资源交换工作计划和中巴生物技术工作计划，签署了中巴联合实验室管理协议；推进了我院在美国设立“中美生物防治联合实验室”工作计划，并就建立中美农业信息与政策研究工作组达成一致意见，研究提出了中美农业信息与政策联合实验室概要设计方案；与荷兰瓦赫宁根大学就建立“全球食品安全科技联盟”进行了磋商，与欧盟委员会农业委员达契安·乔罗什就建立“中国—欧盟农业科学联合实验室”达成共识，与西班牙巴塞罗那大学就共建“中欧分子生物学联合实验”、与德国哥廷根大学就共建“农业资源环境联合实验室”、与瑞典农业大学就共建“农业环境联合实验室”进行了沟通，为下一步推进联合平台建设打下了坚实基础；与罗马尼亚农业大学签署了在罗创建“中罗农业科技园”示范项目的合作协议书，并推动“中罗科技园项目”列入两国政府间合作项目；在组织专家赴非洲马里、贝宁和乍得进行 3 国的棉花生产现状、种质资源分布、植棉机械的应用现状、棉花产后加工现状考察的基础上，牵头制定了非洲 3 国棉花援助行动计划，提交了“如何发挥科研院所在援外工作中的作用”的报告，并完成“关于对非洲棉花四国援助举措落实工作方案”，项目预算为 1.14 亿元，现已报请商务部部常务会批准。

受科技部委托，2012 年我院作物科学研究所、沼气研究所和研究生院举办了 3 个发展中国家培训班，就“农作物分子育种技术”、“发展中国家农村能源与环境卫生技术”和“资源高效利用型植物工厂技术”进行短期培训，受到普遍欢迎。

经我局推荐，农业经济与发展研究所蒋和平研究员获得“第四届中非友好贡献奖”；比利时根特大学埃里克·范·兰斯特（Eric Van Ranst）教授和国际应用生物科学中心（CABI）德国籍专家乌尔里希·库尔曼（Ulrich Kuhlmann）博士分别获中国政府颁发的“友谊奖”。

十、强化信息宣传，提升我院影响力

我局高度重视外事宣传工作，把抓好国际合作新闻宣传作为推动我院国际合作发展的重要内容。利用我院接待外宾高层团组多、承担重大国际合作项目多、重大合作平台建设项目多、重大国际活动多的优势，通过各种媒体及时对最新进展、最新成果、最新人物、重要事件等进行宣传报道，共发布宣传新闻 139 条，受到社会广泛关注和高度评价。

为了加大国际合作对外宣传力度，2012 年我局着力改版升级院英文网站并及时更新宣传内容，全年更新英文网站 76 次，更新英文新闻 130 篇，约 3.6 万字。更新制作了“中国农业科学院英文简介”，作为外事宣传材料供出国团组、来访团组和外事重大活动散发宣传，扩大我院国际影响。启动了“中国农业科学院简介”外文视频项目的制作，已完成素材收集、中英文脚本、重要内容补充拍摄和部分制作工作，此外文视频宣传片将采用多语言配音，更加方便于对不同区域和语言背景人群进行宣传，对提升我院国际影响具有积极意义。

为了加强院内宣传、工作通报和重点工作部署，我局下发了《中国农业科学院国际合作“十二五”发展规划》，积极参加《2012 中国农业科学院科技发展报告》和《中国农业科学院 2011 年年鉴》的编写工作，印发《中国农业科学院 2011 年度国际合作工作汇编》《中国农业科学院 2011 年度国际合作统计资料汇编》《中国农业科学院“十一五”引智成果示范推广基地成果汇编》和《出国服务袖珍手册》等宣传材料。

总之，2012 年，我局把外事宣传工作作为重要工作之一，取得显著成效，被评为“中国农业科学院信息宣传工作先进单位”。

十一、规范外事管理，提高服务效率

2012 年，我局在成功推进科研人员因公临时出国分类管理试点工作的基础上，以“规范管理，提升效率”为核心，狠抓制度建设、服务平台建设和服务能力提升，在组团出访、外宾请进、项目申报、国际会议审批、护照签证办理等方面规范化程度显著提升，服务效率大大提高。

在出国（境）计划、国际会议管理与出国和来访审批等方面，严格规范管理，编制了《2012 年因公出国（境）及国际会议计划》，严格计划审核和各项登记制度，并根据国家有关规定建立各项审批流程和制度，规范运行各项出访、请进和会议的审核审批工作。在效率方面，要求在提交材料审核达标的情况下，局内运转不超过“一个工作日”的审批制度，并实施责任追究。由于制度明确，要求严格，极大提升了办事效率。

在项目申报方面，我局本着“公平、公正、透明”原则，完善项目申报程序，及时下发项目征集通知，公平筛选及上报。由于能够做到“通知及时、催办有力、把关严格、上报提早、沟通协调有方”，使得我院的国际合作项目申报命中率较高。

在护照签证办理管理中，建立了专用护照签证管理系统（OA）和无缝沟通的超级短信消息平台，为出访护照签证办理和管理提供了极大便利。为配合外交部领事司电子护照系统以及签证申请表格二维码程序的应用，特别设计开发了适用我院的填表特点的填表软件，实现了与外交部二维码管理电子化接轨，并启动了中国农业科学院第二代签证护照管理系统研发。年度新办护照 426 本，注销过期护照 153 本，催缴长期未归还护照 23 本，护照在库率达到 93%。

中国农业科学院和加拿大农业与农业食品部关于农业科学研究与人才交流合作的谅解备忘录

（2012 年 6 月）

中华人民共和国（简称“中国”）中国农业科学院和加拿大农业与农业食品部（简称“加农业部”），以下共同简称为“合作方”；

鉴于中国农业科学院作为国家级农业科研机构，隶属于中华人民共和国农业部，在科学研究与创新、科技兴农、发展农业现代化、培养高层次科研人才、开展国内外农业科技交流与合作等方面发挥着重要的作用；

鉴于加拿大农业与农业食品部，作为加拿大联邦政府的一个部门，其职责是提供信息、研究与技术、政策和项目服务等，以实现粮食系统的安全、环境的健康及创新发展；

鉴于 2007 年 1 月 16 日在北京签订的《中华人民共和国政府和加拿大政府关于科学技术合作的协定》、2009 年 12 月 3 日在北京签署的《中华人民共和国教育部和加拿大农业与农业食品部关于科学技术合作与人才培养的谅解备忘录》以及 2010 年 4 月 12 日在北京签署的《中华人民共和国农业部与加拿大农业及农业食品部农业及相关领域合作谅解备忘录》；

鉴于合作方在农业科学研究、人才培养、技术转让、产业示范以及农业和食品行业的未来发展等方面对两国拥有共同利益；

鉴于合作方经讨论与协商，拟议建立为促进农业科学研究和人才交流的合作框架；

达成以下共识。

目　标

（一）本谅解备忘录（简称“备忘录”）的目标是建立一合作框架，以促进合作方在农业、农业食品和环境科技等领域开展合作；

优先领域

（二）合作的优先领域将包括以下内容，但不局限于此：

1. 种质资源；
2. 畜牧业、饲草业；
3. 节水与高效农业技术；
4. 农业生态环境；
5. 功能食品和生物制品。

合作形式

（三）合作方将在本备忘录框架下拟议多种合作形式，包括：
1. 加强人员和学生交流，包括科研及管理人员的交流；
2. 发展合作活动，包括联合研究项目、联合实验室、联合会议等活动；
3. 促进区域现代农业示范，包括建立农业科技实验农场。

（四）合作方经各方书面同意，可邀请中国和加拿大的利益相关者或者其他的政府部门、科研机构及产业协会等参与在本备忘录框架下的各种形式的合作。

管理与协调

（五）合作方将组建一个联合委员会，其成员来自双方的组织并由他们各自的代表组成协调员，管理、协调与本备忘录相关的各项事宜。

（六）合作方将确保他们各自的代表向联合委员会定期提交关于业已开展的各项合作活动的报告。

联合建议书和筹资

（七）在开展涉及本备忘录范围内的各种合作形式前，合作方将按照各自的政策和指导方针为此准备一份联合建议书（简称“建议书”）。

（八）

1. 合作方的每一方将承担己方参与的在本备忘录下开展的各项活动的费用。

2. 在建议书中，合作方可以决定合作一方将承担合作方中任何另一方的费用，但工资除外。

3. 合作方明确每项活动的安排将取决于他们各自的资金、资源和人员的到位情况。

4. 合作方开展的所有活动将遵循各自国家所适用的法律、法令、规章、政策和指导方针。

（九）关于人员和学生的交流，合作方将保证每一建议书应提及：

1. 接收来访人员和学生的合作一方将为来访者提供安全和健康的环境，以方便他们从事相关的活动；

2. 合作方将保证来访人员和学生将遵循接收方国家所适用的法律、法令、规章、政策和指导方针而开展活动;

3. 派遣方应采取适当的措施，为其派遣人员和学生的健康和安全提供所需的保险承保或接收方认可的任何其他补偿措施。

知识产权

（十）一旦在本备忘录范围内开展的活动产生商业性知识产权，合作方将预先明确任何知识财产的所有权和任何与这些所有权有关的其他条款，在一特定的具法律约束力的文本中表明。

杂　项

（十一）

1. 本备忘录不具有法律约束力。

2. 本备忘录的任何条款都不改变合作方之间可能有的任何其他安排。

解释和实施

（十二）合作方将通过友好协商或洽谈解决在本备忘录的解释或实施过程中产生的任何分歧。

代　表

（十三）合作方指定以下人员作为各方的代表，负责本备忘录的有关事项和生效后的联合活动:

中国农业科学院的代表:

国际合作局，局长

地址：中国北京市中关村南大街 12 号（邮编：100081）

电子邮箱：kjin@ caas. net. cn

电话： +86 －10 －82109476

传真： +86 －10 －62174060

加拿大农业与农业食品部的代表:

国际科技合作局，局长

地址：AAFC – ISCB，1341 Baseline Road，Tower 5，Room 5 –244

Ottawa，Ontario，Canada K1A 0C5

电子邮箱：isct-ecsi@ agr. gc. ca

电话：1 －613 －773 －1831

传真：1 －613 －773 －1833

（十四）如更换代表，合作方的有关一方将以书面形式通知另一方。

生效和有效期

（十五）

1. 本备忘录于最后签字之日起生效，有效期为五（5）年。合作方经各方书面同意后可以延长本备忘录的有效期。

2. 合作方经书面同意可以在任何时候对本备忘录进行修订。

3. 合作方中任何一方可以通过提前九十（90）天向对方发出书面通知的形式终止本备忘录。其终止不影响由一建议书所涵盖的以及在本备忘录终止时业已开始的活动。

本合作备忘录于 2012 年　　月　　日在签署，所签署的中文、英文和法文的文本各两份，每种文本均具有同等效力。合作方的工作语言为英文。

中华人民共和国中国农业科学院 代表 李家洋 院长	加拿大农业与农业食品部 代表 卓迪 · 阿兰德 副部长助理
2012 年　月　日	2012 年　月　日

中国农业科学院与非洲能力建设基金会合作谅解备忘录

（2012 年 7 月）

本谅解备忘录（简称备忘录）于 2011 年 9 月 15 日起草，签订方为：

非洲能力建设基金会（简称 ACBF）
地址为：
津巴布韦·哈拉雷·Jason Moyo 大道与 Sam Nujoma 大街路口·
ZB 大厦·七层·1562 邮箱

执行秘书 Frannie LÉAUTIER 博士被授权签署此备忘录

和

中国农业科学院（简称 CAAS）
地址为：
中国·北京·中关村南大街 12 号·北京 100081

副院长王韧博士被授权签署此备忘录

（以下简称“单方”或“双方”）

鉴于 ACBF 对于非洲发展所面临的挑战有着丰富的工作经验，并已建立了一个区域合作网络，并通过该网络能够可持续地执行能力建设项目；

鉴于 CAAS 主要职责为服务于中国的农业和农村发展，培训农民科技务农，着重于战略与应用研究以解决重大科技问题；

鉴于 ACBF 和 CAAS 有意愿合作并协调其在非洲相关能力建设方面的举措，同时考虑到双方在促进非洲国家可持续能力发展的共同兴趣，决定就共同感兴趣的领域开展合作。

1. 双方同意在如下领域开展合作

a）为非洲农业科技转化开展能力建设方面的战略合作，包括但不限于：

i. 为非洲农业科技转化开展人员及机构能力建设领域的合作；

ii. 针对非洲农业发展人员组织科技考察和技术博览会等活动。

b）联合探索和寻求中国其他机构对 CAAS 和 ACBF 的合作提供技术和资金支持。

2. 活动领域

根据各自的运营机制和流程，双方同意在共同感兴趣和共赢的领域，依据可行的年度计划开展合作，具体细节将专门起草一个相关活动安排协议。

3. 合作范围

i. 双方不因本备忘录建立合资企业。

ii. 双方的合作应建立在非排他性的基础上。

iii. 本备忘录框架下的所有活动都应遵循单独的相关活动安排协议。

iv. 每一方将指定一位高级官员作为联络人，以制定工作计划，包括确定合作的阶段性成果和目标，从而达到签署相关活动安排协议的目的。

4. 一般性条款

i. 双方在任何时候都保持法律、组织和财务的自主与独立性。任何一方不能以任何形式替代和约束另一方，也不以任何形式对另外一方的行为负责。

本备忘录下由 ACBF 开展的所有活动应建立在不以营利为目的的基础上，并以理事会的决定和行政决策为准，包括与利益发生冲突的一些决定。

ii. 除另有明确的书面同意，每一方都需承担在备忘录实施过程中所产生的各自的费用和开支。

iii. 如有需要，对于一致达成的相关安排，双方同意分担联合执行活动时所产生的费用和开支。

iv. 如一方需要使用另一方的注册商标、版权、专利、机构标识和其他知识产权，应提供单独的书面协议。双方同意，任何一种形式的所有权、版权、工业产权和知识产权，例如（但不仅限于）根据备忘录或备忘录所附带的协议，任何一方提供的软件、数据库、信息、著作、材料或资产，都只属于提供方，除非另有该方的书面同意。本备忘录未授权使用任何一方的商标或任何其他知识产权。

v. 本备忘录从签署之日开始生效，有效期为两年。如双方认可并同意，可以延长。一旦此备忘录框架下的合作不能满足一方的期望或需求，任何一方提出终止该备忘录，需至少提前三个月以书面形式通知对方。

vi. 相关活动安排协议中出现的任何争议，由双方协商解决，或根据相关活动安排协议中所阐明的条款内容进行裁决。

vii. 本备忘录中的条款不涉及 ACBF 及其成员的特权和豁免。

viii. 本备忘录只有经过双方同意并以书面形式才能修改。

5. 审查

双方将每年审查备忘录及合作情况。

6. 本备忘录经双方授权代表正式签署后，即刻生效。

7. 一致性条款

本备忘录代表双方的共同意愿，由中英两种文字形成，中英文文本具有同等效力。

兹证明，双方签字并注明日期。

由中国农业科学院同意并授权签署：

签　名：	
姓　名：	王韧博士
职　务：	副院长
日　期：	

由非洲能力建设基金会同意并授权签署：

签　名：	
姓　名：	Frannie LÉAUTIER 博士
职　务：	执行秘书
日　期：	

中国农业科学院与墨西哥农林牧研究院 科技合作协议

（2012 年 4 月）

中国农业科学院，为隶属中国农业部的公立科研机构，总部设在中国北京市中关村南大街 12 号，法人代表是院长李家洋博士（以下简称 CAAS），与墨西哥农牧林研究院，隶属墨西哥农牧业农村发展渔业和食品部的公立科研机构，总部设在 Progreso 5，Distrito Federal，Coyoacán，Barrio de Santa Catarina，C. P. 04010），法人代表总干事 PedroBrajcich Gallegos 博士（以下简称 INIFAP，西班牙首字母略缩词），在此法律文件中，共同称为“双方”，拥有共同感兴趣的领域，希望拓展农业科技合作研究项目和交流。

双方认识到：鼓励和加强两国农业合作的重要性。

双方有兴趣：在双方业务领域内，开展与其职责相关的农业、畜牧、自然资源、农业食品科学技术领域的合作。

双方考虑到：中国农业科学院与墨西哥农牧林研究院的科技合作协议。

第一条 目 的

在现有基础上，为扩展农业可持续发展领域的合作并加强在机制能力方面的建设，双方将在农业、畜牧、自然资源、农业食品科学技术领域开展科技合作项目。

第二条 合作范围

合作将包括但不限于以下领域。

（a）科学研究：

— 联合或协作开展研究项目；

— 提供必要的技术或科学帮助；

— 交换数据和遗传资源，包括种子和遗传族群；

— 为了加强一方研究能力或正在承担的特定研究任务，双方为此同意的其他活动。

（b）人员培训：

— 从一方或其机构内临时选派科学或技术人员，到另一方或其机构工作；可以是借调、访问学者、经双方同意的具有一定互惠条件或非互惠条件的互访。

— 科技培训；
— 科技人员互访，参与研究活动；
— 支持研究生培训，提高其技能和学识。
（c）知识传播：
— 双方人员参加研讨会、专题会和其他学术会议。
（d）双方同意的其他活动。

第三条　科技合作项目（TCP）

双方通过执行科技合作项目（TCP）开展合作，TCP 应明确规定：
— 必要性和目标；
— 工作计划；
— 每一方投入的人力、物力和经费；
— 每一方的权利和义务；
— 合作过程中产生的或合作成果的知识产权问题，包括植物新品种、合作范围内获得以及有效应用于商业的知识产权；
— 主要研究人员（PI）；
— 被认为必要的其他信息。

第一项　双方签署 TCP 将成为本合作协议的合法部分。

第二项　对在 CAAS 和 INIFAP 实习的有关大学的学生，双方应详细描述、讨论并签订一个简明 TCP，同时考虑“实习折中条款”，指明学生的相关责任：
— 明确项目中承担的责任；
— 实习目的；
— 工作计划；
— 研究方法；
— 实习期间获得成果的知识产权归属；
— 参与项目各方的义务，包括实习期的经费支持和其他所需安排；
— 导师；
— 必要的其他活动。

第四条　计划、监督和评估

联合活动的确定、TCP 的开发和实习生的参与等，所有联合活动的监督和评估应在本协议第十二条中确定的联系人的协调下执行。

第五条　遗传资源

双方同意以科学为目的交换种质资源，应严格遵从双方国家法律。

第六条　第三方参与

本合作协议条款不阻止任何一方单独执行、或与第三方合作执行本合作协议中 TCP 涉及的领域研究。

第七条　结果传播

双方特此同意，不发布任何可能妨碍授予合作过程或成果知识产权的信息。

第一项　应尽承诺放在了本条款的最前面。在宣传或出版本合作协议涉及 TCP 取得的任何成果时，每一方都应被署名，同时注明合作项目和参与研究人员的名字。

第二项　双方同意，一方宣传或出版任何信息，均需在上述宣传或出版前至少十五（15）天向另一方提出，以便获得另一方书面许可。

第三项　如果十五（15）天内未收到回复，一方视为已向另一方通告，被自动授权宣传或出版上述信息。

第四项　任何一方宣传或出版本合作协议涉及 TCP 活动的部分成果，要完全单独负责信息的应用性和准确性。在这种情况下，由于宣传或出版信息的使用或者应用，导致任何所谓直接或间接伤害，从而引起司法或法庭外活动，另一方不负连带负责。

第八条　意外情况

任何一方由于政府行为、交替、转让或任何其他法律批准行为而改变其合作实体或停止其活动，有义务公文陈述改变、转让、中止关于知识产权的条款。

第一项　任何意外导致的不可预知的损失或侵害，被影响方将向另一方提出书面报告，旨在修改先前制定的承诺，但不能免除任何应支付给受影响方的费用。

第二项　每一方应根据各自国家的法律法规，在 TCP 执行过程中提供充足的保障，防止各方的损失与利益侵害。

第九条　知识产权

在执行 TCP 中取得的结果，一方进行任何具有商业价值和/或知识产权再次开发，需遵守中华人民共和国和墨西哥合众国的法律及适用的国际法。

第十条　经费支持

每一方应利用自己的经济资源，并根据其预算，支持本协议认可的 TPC 活动。

第十一条　法律机构关系

各方均为独立管理机构。双方没有如合并、联合或风险契约等关系，一方也不负于另一方任何劳动责任。

第十二条　代表和联系方式

以下人员被授权任命、并指定担当双方联系人，处理本合作协议相关的及以后的联合活动。

中国农业科学院：
贡锡锋
国际合作局副局长
北京中关村南大街 12 号 邮编：100081
墨西哥农林牧研究院：
Salvador Fernandez-Rivera
研究、创新与合作协调员
Av. Progreso No. 5, Barrio de Santa Catarina, DelegaciónCoyoacán,
México, D. F. , C. P. 04010
墨西哥
双方应书面告知各自代表的替换。

第十三条　有效期

本合作协议自签署之日起生效，有效期五（5）年。一方在本合作协议终止前一百八十（180）天可以通知另一方，通过签署附加条款将本合作协议顺延 5 年或终止协议。

单独项：当一方无法履行本合作协议条款时，另一方则有权利书面提出取消和终止正在执行的 TCP，前者需要补偿提出取消终止项目方在执行过程中的损失。

中国农业科学院和墨西哥农林牧研究院双方合法代表以中文和西班牙文签署本合作协议，一式两份，两份具有同等效力，以昭信守。

第十四条 仲 裁

如在本协议解释和应用中产生分歧，一方应告知另一方，以便获得另一方意见，由双方共同解决。

中国农业科学院院长 李家洋博士	墨西哥农林牧研究院总干事 Pedro Brajcich Gallegos 博士
北京，2012 年 4 月 6 日	北京，2012 年 4 月 6 日

中国农业科学院与美国北卡罗莱纳州立大学合作备忘录

（2012 年 5 月）

中国农业科学院与美国北卡罗莱纳州立大学（以下简称“北卡州立大学”）（两者在下文中简称“双方”），具有共同感兴趣的科研领域，希望在生物入侵和害虫治理领域开展项目合作研究。

第一条　目　标

此合作备忘录由中国农业科学院和美国北卡州立大学共同制定，旨在通过开展野外和实验室合作研究及相关技术、信息交换，共同应对植物病害、虫害及杂草的传播。

第二条　共同责任

中国农业科学院和美国北卡州立大学将共同致力于：

一、加强双方在生物入侵和害虫治理领域的合作，具体如下。

（一）建立一个开展联合研究与学术交流的平台，例如，中美有害生物综合治理研究中心。

（二）重点开展以下领域的合作（任何修改及添加须经双方书面同意）。

1. 鉴定对方境内对己方农业生产具有潜在威胁的病虫害，并合作研究控制植物病害和田间管理的策略。

2. 共同研究转基因昆虫对作物保护、人类健康及转基因作物的影响。

3. 在中美两国间研究气候变化对生物入侵的影响。

4. 其他与作物保护相关的领域，如转基因作物。

二、共同参与专家学者的培训，内容包括动植物检疫方法、风险分析程序及双方应采取的相应的动植物保护措施。

三、互派代表团，共同召开研讨会，实现科研人员的互访和动植物研究的信息共享。

四、汉语和英语同为会议语言。会议期间，双方会议主席将配备各自的翻译人员。

第三条　中国农业科学院责任

中国农业科学院需：

1. 指定中国农业科学院植物保护研究所生物入侵研究室主任万方浩作为其授权代表，负责管理本备忘录下协作开展的各项活动；

2. 确定中方基于此备忘录将履行或承担的工作和职责。如可行，中方应提供基于此备忘录而设的办公室具体信息及其地址。

第四条　北卡州立大学责任

北卡州立大学需：

1. 指定北卡州立大学害虫综合治理中心国际项目副主任 Yulu XIA 为其授权代表，负责管理本备忘录下协作开展的各项活动；

2. 确定北卡州立大学基于此备忘录将履行或承担的工作和职责。如可行，北卡州立大学应提供基于此备忘录的特设办公室具体信息及其地址。

第五条　联合研究结果的所有权

一方的研究结果或发现如不需要使用另一方的保密信息或技术，则该方独享其独立获得之结果及发现。若在开展联合研究项目期间，双方均予以贡献创造了一项发明、设计或成果，并且该发明、设计或成果因获得、申请及/或持有专利保护或其他任何专利权的原因不能分割，双方同意共同获得、申请、及/或持有取得的相关知识产权。

双方应努力在个案基础上就有关申请、获得、及/或持有上述权利达成一致意见。上述知识产权需要授权第三方使用时，授权方应尽到通知的义务。如若发生授权，授权方应向另一方给予适当的经济补偿。如果属于双方共同所有的知识产权，则按照法律的规定进行授权。

所有用于与合作事宜相关的知识产权将依然归属提供该知识产权之一方。在合作事宜进一步发展和履行过程中创造的知识产权的归属，应由双方经协商签署的特定研究协议的条款决定。在创造知识产权之前，双方应努力就知识产权之归属达成一致意见。

根据双方机构关于公共记录的司法权限，凡任一机构不同意使用或向任何他人公开的归属一方的与该合作备忘录相关的机密信息，未经另一方同意不得以任何形式予以通告。

第六条　非财政义务声明

此备忘录内容及其延伸内容视资金获得情况而定。涉及此备忘录内容的任何资金的使用，需遵照政府财政法规和/或参与者获取资金的管理政策规定的条款和方式进行。各参加方将使用和管理其自有资金以执行此备忘录。本备忘录没有授权资金或贵重物品的转移。如果财政资源需要转移，参加者之间需另行签署协议。

第七条　附　则

本协议自签字之日起开始生效，有效期5年。任何一方欲终止本协议，须提前6个月以书面形式通知对方。

本协议用英文和中文签署，一式两份，双方各持一份，具有同等法律效力。

2012年　　月　　日于美国北卡罗来纳州罗利市。

中国农业科学院 李金祥 副院长	美国北卡州立大学 Warwick Arden 教务长兼常务副校长
2012年　月　日	2012年　月　日

中国农业科学院与罗马尼亚美亚集团 Coutinho Caro + Co 公司合作协议

（2012 年 2 月）

背景：

中国和罗马尼亚具有悠久的传统友谊，随着双边贸易往来不断扩大，农业科技领域的高层互访和合作为造福两国的社会和经济发展发挥了越来越重要的作用。

中国农业科学院和罗马尼亚农林科学院于 2003 年签署了合租谅解备忘录，此后双边合作不断深入发展。2011 年 12 月，中国农业科学院翟虎渠教授率高级代表团赴罗马尼亚访问，拜会了集团下属独立咨询公司总裁 Adrian Catalin Zdrobis 先生，就建立中国—罗马尼亚农业科技园进行磋商。在此期间，翟虎渠还被罗马尼亚农林科学院授予外籍院士、罗马尼亚农业大学授予荣誉博士。

2012 年 2 月 15 日，Adrian Catalin Zdrobis 先生一行访问了中国农业科学院，受到翟虎渠教授和王韧副院长等的热情接待，双方讨论了在罗马尼亚建立中国—罗马尼亚农业科技园（以下简称“科技园”）的有关事宜，并达成共识。双方一致同意将在严格遵守中国和罗马尼亚两国的有关法律、法规及双边协定的前提下，共同致力于推进科技园的筹备和建设。

鉴此，双方一致达成如下共识：

第一条　目标和任务

双方联合在建立科技园旨在在罗马尼亚展示现代农业技术，通过开展高产安全食品、可再生能源、农产品加工和贸易等相关活动推动经济社会和环境的可持续发展。该项目将优化中国和罗马尼亚技术和资源的应用，特别是在研究成果的转化，为双方的农业可持续发展和粮食安全作出贡献。

科技园主要活动包括但不限于开展作物种植、家畜养殖、植物工厂示范以及清洁能源利用等相关的生产和经营。

第二条　中国农业科学院的责任和义务

为推进科技园的筹备和建设，中国农业科学院承诺：

1. 为园区的设计、建造和经营提供咨询服务和技术支持；

2. 推荐中资企业作为经营主体参与科技园的相关运营和管理；

3. 推荐中资银行作为投资伙伴参与科技园的建设；

4. 选派一名至二名专家作为联络员赴罗马尼亚，参与科技园的规划、建设等有关业务。

第三条 Adrian Catalin Zdrobis 先生的责任和义务

1. 提供科技园所需土地，第一阶段不少于5万公顷；

2. 中方联络员的工资和相应的福利待遇（包括工作场所、食宿交通、医疗保险等）将另行单独签署协议；

3. 与罗马尼亚政府有关部门和机构联系，落实科技园建设所需一切必要的法律手续和程序。

第四条 双方共同的责任和义务

1. 共同商定科技园的面积、选址、土壤条件、气候环境及科技园定位和功能等相关事宜；

2. 未来科技园的运营、管理等其他事宜，双方将在适当时候另行签订合作协议予以明确；

3. 2012年上半年，中国农业科学院将派遣一个专家代表团访问罗马尼亚，联合美亚集团共同考察科技园的选址，并共同商讨有关事宜。代表团的国际旅费由中国农业科学院承担，在罗马尼亚期间的食宿交通等费用均由美亚集团承担。

第五条 生效和终止

本备忘录自双方签字之日起生效，有效期至双方另行正式签署合作协议；期间，任何一方均有权终止本备忘录，但须以书面形式通知对方。

本备忘录于2012年2月21日在北京用英文签署，一式两份，双方各执一份，同等有效。

中国农业科学院代表 王 韧 副院长	美亚集团代表 Adrian Catalin Zdrobis 独立咨询公司总裁
2012年2月21日	2012年2月21日

五、人事管理与人才建设

中国农业科学院2012年人事人才工作综述

2012年，在院领导班子的正确领导下，我院人事人才工作坚持以邓小平理论、“三个代表”重要思想和科学发展观为指导，紧密围绕“建设世界一流科研院所，实现跨越发展”的中心任务，求真务实、开拓创新，统筹兼顾、狠抓落实，较好地完成了全年各项任务，在服务院所建设方面发挥了积极作用。

一、创新机制、优化结构，科研人才队伍建设开创新局面

一是围绕现代科研院所建设需求，着力创新人才工作机制。认真落实《中国农业科学院“十二五”科技人才队伍发展规划》，重点组织实施好“两院院士”、“千人计划”、“国家特支计划”等领军人才的引进和培养工作。起草《中国农业科学院“青年英才计划”管理办法》，建立健全青年创新人才引进和培养机制。起草《关于完善收入分配机制促进人才队伍建设的意见》，积极探索有利于科技创新的薪酬体系建设。制定印发《中国农业科学院公开招聘人员暂行办法》，进一步规范进人程序，严把进人质量。

二是积极发挥职称评审的激励和导向作用。组织完成2011年度专业技术职务评审工作，共评审通过了正高级72人，副高级149人。积极谋划加快我院技术推广、成果转化高层次人才队伍建设步伐，积极向农业部请示汇报，首次争取到全国农业技术推广研究员的推荐指标，共推荐12人申报并全部通过。部署开展2012年度专业技术职务评审工作，在模拟测试和广泛征求意见的基础上，首次研究提出了我院科研主系列正高级、副高级职称评审参考标准，引导各单位进一步规范评审程序，提高评审工作质量。

三是完善管理体制，推动我院博士后工作持续快速发展。顺利完成博士后管理工作职能由研究生院调整到人事局的相关工作。根据李家洋院长重要批示，拓宽生源渠道，扩大规模。通过积极争取，获批新增5个计划内招收指标，成功申请草学博士后流动站。全年招收博士后研究人员112人，在站人数突破300人，是我院博士后在站人数最多的一年。精心组织博士后基金申请工作，全院共有26人获得全国博士后基金面上资助，1人获得博士后基金特别资助，共获资助基金148万，是获奖人数和获奖金额最多的一年。制定印发了《中国农业科学院关于进一步加强博士后工作的意见》《中国农业科学院博士后工作管理办法》《中国农业科学院博士后工作奖励规定》等规章制度，调整了博士后管理委员会人员组成，举办了“博士后管理人员业务培训班”，博士后管理工作进一步规范。

四是加快海外高层次人才创新创业基地建设工作。根据中央要求，积极做好“千人计划”总结评估工作。继续做好“千人计划”引进工作，资划所获批引进 1 名人选。做好 2012 年“千人计划”部分项目申报工作，1 人入选。选派 1 名专家参加“千人计划”国家特聘专家研修班。

五是加强我院专家评选推荐工作，进一步提高社会知名度和影响力。经逐级推荐评审，吴孔明等 23 人荣获中华农业英才奖等荣誉。推荐政府特殊津贴候选人 22 名，推荐 10 人为“国家特支计划”百千万工程领军人才，2 人为科技部“创新人才推进计划”中青年创新领军人才，钱前团队为重点领域创新团队。推荐万建民等 8 人参加人社部组织的高级专家技术服务活动，推荐 17 位专家为各类专业技术职务评审专家。推荐留学人员择优资助项目 29 项，1 人申报 2012 年度高层次留学回国资助项目。

二、选贤任能、提升能力，领导班子和干部队伍建设取得新进展

一是圆满完成首批任期制试点单位考核。精心组织、周密安排，圆满完成水稻所等 7 个单位任期届满考核以及环发所届中考察工作。积极探索干部考核新办法，推行业绩公示，为干部群众评价、推荐提供客观依据。突出“德”的考核，采取干部述职先述“德”、民意测验必测“德”、个别谈话要谈“德”的方式，全面落实以德为先的要求。

二是积极推进竞争性选拔工作。积极组织参加农业部 2012 年副局级领导干部竞争上岗和“80 后”副处级干部竞争上岗，实现新突破，我院 1 名同志被录用为部属单位副局级干部、1 名“80 后”同志被录用为副处级干部。加强对院属单位竞争上岗工作的指导，全面贯彻民主、公开、竞争、择优方针，协助北京畜牧所等 13 个单位完成竞争性选拔干部工作，提升了选人用人的公信度，激发了干部队伍的生机和活力。

三是不断优化领导班子和干部队伍结构。全年提请部党组研究我院司局级干部任免 59 人次；提请院党组研究所局级干部任免 45 人次，其中提拔正局级干部 3 人、正所局级干部 8 人、副所局级干部 3 人。完成对 6 个研究所党委、纪委换届批复指导工作。局务会讨论院机关处级干部任免 49 人次、院属单位处级干部任免备案 89 人次。办理院机关工作人员管理岗位定级 21 人次。接收 2 名地方干部到我院有关单位挂职锻炼。

四是加大干部教育培训力度。成功举办第五期南京英语培训班和第四期加拿大英语强化培训班，共计 53 名科研骨干参加了培训。举办了“中国农业科学院农业科技产业与知识产权培训班”。组织京区 21 名司局级干部参加中央和国家机关司局级干部选学培训班。全年共选派 70 余人参加中组部、农业部等上级部门组织的多个培训班次。组织 53 名司局级干部参加中国干部网络学院在线学习，有针对性地帮助干部提高党性觉悟和能力素质。注重培养青年干部，组织我院青年干部参加农业部中青年干部学习论坛和每月讲坛活动，累计选派 200 余人次，我院 6 篇论文入选各分论坛获奖论文。

五是加强干部实践锻炼和交流轮岗。积极做好选派所局级后备干部、有发展潜力的优秀年轻干部参加援疆、扶贫和到地方挂职锻炼。做好第一批机关年轻干部实践锻炼总

结和第二批启动工作，选派 8 名同志分赴院属 7 个京外单位进行锻炼。积极探索建立符合农科院特点的干部交流办法，拓宽交流渠道，推动机关与研究所、单位内部、院内外单位之间的干部交流，把干部参加教育培训、实践锻炼和交流轮岗等作为选拔任用的重要依据。

六是扎实做好干部监督工作。协助中组部、农业部完成 2011 年度院领导班子和院领导年度考核测评、干部选拔任用“一报告两评议”工作。完成院属单位 2011 年度任务目标和全院所局级领导干部考核工作。抓好领导干部选拔任用监督工作。在干部考察工作中，坚持做好事前预告、任前公示。坚持所局级领导干部任前征求纪检监察部门意见和任免前谈话制度，全年进行所局级领导干部任免前谈话 32 人次。坚持选人用人离任检查制度，对 1 位院属单位党政主要负责人组织开展了离任前履行干部选拔任用工作职责情况民主评议。严格执行领导干部个人有关事项报告制度，组织完成全院 83 名司局级以上领导干部和 953 名处级干部向上级报告个人重大事项。配合做好 4 个研究所的巡视工作。

三、超前谋划、深入调研，干部人事制度改革取得新突破

一是进一步完善机构，理顺职能。推动农业部食物与营养发展研究所筹建和成果转化局成立，积极做好职能确定、人员调配、内设机构批复等相关工作。协助特产研究所理顺所局级干部地方协管关系。积极参与推动现代科研院所建设的相关工作，办理 15 个单位内设机构的调整审批工作，加强相关政策研究和调研沟通，提前考虑下一步事业单位分类改革方案。组织开展摸底和调查研究，积极探索完善我院机构编制管理的相关办法。

二是进一步完善岗位聘用和管理工作。调研梳理我院三四级管理岗位聘任及工资待遇情况，起草了《我院所局级干部三四级管理岗位聘用及工资待遇情况的工作报告》，调整制定切合我院实际的三四级管理岗位的管理原则与办法。组织开展工勤技能岗位设置与聘任情况调查，指导研究所做好工勤岗位聘任工作，重视发挥工勤队伍支撑作用。

三是做好工资总额争取工作，进一步规范管理。积极争取部里对院属单位工资总额的支持，做大分配“蛋糕”。根据科研发展需要，做好工资总额的追加及调整工作。认真测算编报 2012 年度职工人数和工资总额计划，严肃收入分配纪律，首次明确对 6 个超总额发放的院属单位进行核减。

四是围绕人事人才工作热点难点问题积极开展调查研究。配合我局承担的专项课题《农业现代科研院所人事人才制度建设研究》《中国农业科学院完善人才评价和干部选拔机制的问题研究》《农业科技创新团队绩效评价的构建》《中国农业科学院所局级领导干部职务任期管理的实践与探究》等，有计划地组织调研，由局领导带队，先后赴部分省院、有关研究所开展专题调研，提高了发现问题、研究问题、解决问题的能力和水平。

四、落实政策、加强领导，离退休管理能力与服务水平迈上新台阶

一是坚决执行党的离退休政策，做好“两费”的落实与医疗保障等服务工作。加强与机关离退休人员的沟通，利用团拜、慰问、学习、会议等形式向离退休人员通报院里科研、开发等情况，进一步畅通渠道，更加主动地关心离退休人员的思想和生活，关注他们的思想动态和有关诉求。全年针对老同志走访、慰问、探视、祝寿共计 830 余人次。组织完成院部大院老同志“迎春节文艺演出”。组织了机关离退休人员节前困难补助的推荐、评议、上报和补助金发放。完成院机关离退休职工 260 多人、京区高干医疗待遇 130 多人年度体检等工作。

二是加强离退休党总支建设。提出了院离退休工作领导小组换届的工作建议。完成院机关离退休总支换届，增加了一批年富力强、有一定群众基础的同志进入新一届总支委员会。注意发挥好党组织在政治学习、沟通情况、凝聚人心、传递信息方面的重要作用。组织观看《中国国防安全大战略讲座》《信仰》《七个“怎么看”》等党性教育录像片。组织召开总支“两优一先”表彰暨纪念中国共产党成立 91 周年红歌会，离退休职工 200 人参加。组织参加部离退休干部局和院直属机关党委举办的“党办主任培训班”、“学习贯彻十八大培训班”等 4 个培训班，近 70 人次参加培训。

三是积极争取经费支持。针对当前物价上涨、人员增加、任务增加、活动站装修以及老党员党费交纳标准下调等客观情况，专项请示院党组同意从明年起增加活动经费 10 万元。组织了我院“接待费额度”问题调研工作，专门就“解决离退休工作接待费额度”问题向院里进行了汇报和请示。

四是做好纪念老干部政策出台 30 周年工作。组织我院部分离退休职工参加中组部征文活动。组织参加农业部老干部工作先进工作者评选工作，我院 5 名同志被评为农业部离退休工作先进工作者。组织参加农业部文艺汇演和体育比赛活动。组织 60 余件作品参加全国中老年书画摄影大奖赛，其中，15 件作品获奖。

五是做好农业部老年活动中心“分中心”管理服务工作。加强场地条件建设，健全完善内部管理制度。完成“分中心”年度运行费筹集和交费。组织 17 个文体活动组织开展活动。坚持为老同志做好小电影放映，受到老同志欢迎。认真做好农业部老年大学管理和服务工作。先后组织 20 批次，700 多人参加春游、秋游活动。成功组织举办了方悴农同志“百岁寿诞”祝寿活动，反响良好。

六是做好院老科技工作者协会的工作。认真做好老有所为工作。积极做好协会的组织工作和业务活动开展，完成协会理事会并常务理事会的换届工作。

五、积极落实、完善提高，各项人事基础工作取得新成效

一是做好工资日常管理和福利待遇落实工作。组织进行劳资统计业务培训，就事业

单位工资制度的历史沿革、基本工资核定管理、绩效工资改革等内容对全院组织人事干部进行了系统培训。全年累计完成京区单位正常增加薪级工资、各类工资异动审批2 638人次。为10个地方下放工资审批权限的京外单位进行工资审批，累计1 800余人次。组织做好防暑降温费、取暖补贴等相关福利政策的落实。认真做好信访接待工作。

二是认真做好人事劳动统计工作。组织完成人事劳动统计会审，对全院各类人员情况进行全面统计。加强对统计数据的研究分析，编印《中国农业科学院人事劳动统计资料汇编》，为院领导和各部门决策提供参考依据，促进了劳资统计工作的科学化、规范化建设。

三是扎实做好公开招聘和调配工作。按照《公开招聘人员暂行办法》规定，认真组织全院公开招聘人员工作。2012年全院共计接收新职工206人，于8月举办新职工岗前培训班。组织京区单位开展2009—2011年接收高校毕业生全面检查工作。根据工作需要，接收军队转业干部1人。审核上报30人解决夫妻分居调配偶进京材料，已办理成功18人。认真组织编报2013年补充工作人员计划。

四是做好访问学者培养管理。组织完成农业部2011年度30名“西部之光”访问学者和新疆西藏特培学员培养工作。落实2012年度24名“西部之光”访问学者和新疆西藏特培学员接收工作。承办农业部2011年度“西部之光”访问学者、新疆西藏特培学员“现代农业自主创新和产业技术能力提升”专题研修班，以及总结座谈会和2012年欢迎会。

五是认真做好出国（境）人员审查工作。全年办理因公出国（境）政审948人次，因私出国（境）人员审查38人次。完成京区单位因私出国境人员备案变更92人次。将京区研究所处级干部因私出国（境）的审批权限下放到研究所。制定印发《进一步加强备案人员因私出国（境）证件管理的暂行办法》，进一步加强管理，提高工作效率和服务能力。

中国农业科学院组织机构图

院长、党组书记

副院长、党组副书记、党组成员

院 机 关

- 院办公室
- 科技管理局
- 人 事 局
- 财务局
- 基本建设局
- 国际合作局
- 成果转化局
- 直属机关党委
- 监察局

后勤服务中心（局）

中国农业科学院研究生院

在京研究所

- 作物科学研究所
- 植物保护研究所
- 蔬菜花卉研究所
- 农业环境与可持续发展研究所
- 北京畜牧兽医研究所(中国动物卫生与流行病学中心北京分中心)
- 蜜蜂研究所
- 饲料研究所
- 原子能利用研究所（农产品加工研究所）
- 生物技术研究所
- 农业经济与发展研究所
- 农业资源与农业区划研究所
- 农业信息研究所
- 农业质量标准与检测技术研究所（农业部农产品质量标准研究中心）
- 农业部食物与营养发展研究所

中国农业科学技术出版社(中国农业科学院农业传媒与传播研究中心)

京外研究所

- 农田灌溉研究所
- 中国水稻研究所
- 棉花研究所
- 油料作物研究所
- 麻类研究所
- 果树研究所
- 郑州果树研究所
- 茶叶研究所
- 哈尔滨兽医研究所(中国动物卫生与流行病学中心哈尔滨分中心)
- 兰州兽医研究所(中国动物卫生与流行病学中心兰州分中心)
- 兰州畜牧与兽药研究所
- 上海兽医研究所(中国动物卫生与流行病学中心上海分中心)
- 草原研究所
- 特产研究所
- 农业部环境保护科研监测所
- 农业部沼气科学研究所
- 农业部南京农业机械化研究所
- 烟草研究所

共建单位

- 柑橘研究所
- 甜菜研究所
- 蚕业研究所
- 农业遗产研究室
- 水牛研究所
- 草原生态研究所
- 家禽研究所
- 甘薯研究所

中国农业科学院及院属单位领导人员名单

（截至 2012 年 12 月 31 日）

院长：李家洋
党组书记：陈萌山
党组副书记、副院长：唐华俊
副院长：王　韧　刘　旭　李金祥　吴孔明
党组纪律检查组组长：史志国
党组成员：陈萌山　李家洋　唐华俊　王　韧
　　　　　刘　旭　李金祥　吴孔明　史志国
　　　　　魏　琦

院办公室

主任：汪飞杰
副主任：方宜文（兼）　孙东升　姜梅林（女）

科技管理局

局长：王小虎（兼，正局级）
副局长：王长江　陆建中

人事局

局长：魏　琦（兼）
副局长：李增玉　汪学军　李奇剑

财务局

副局长：刘瀛弢（女）　范　静（女）

基本建设局

副局长：周　霞（女）　夏耀西

国际合作局

局长：张陆彪
副局长：贡锡锋　申和平　冯东昕（女）

成果转化局

局长：袁龙江
副局长：吴胜军　潘燕荣　王登山

直属机关党委

常务副书记：高淑君（女）
副书记：林定根（正所级）

监察局

局长、党组纪检组副组长：张逐陈
副局长：姜维民（正所级）　林聚家

后勤服务中心（局）

主任、党委副书记：卢玉明
党委书记、副主任：方宜文
副主任、党委副书记、纪委书记：赵玉林
副主任：孙启刚

研究生院

院长：李家洋（兼）
常务副院长、党委书记：韩惠鹏

副院长、党委副书记、纪委书记：李思经（女）
副院长：刘荣乐　孙　红（女）

作物科学研究所

所长：万建民
党委书记、副所长：张保明
副所长、纪委书记：齐秀改（女）
副所长：王述民　曹永生

植物保护研究所

党委书记、副所长：张步江
副所长、纪委书记：陈万权
副所长：邱德文　郑永权

蔬菜花卉研究所

所长、党委副书记：杜永臣
党委书记、副所长：孙日飞
副所长、纪委书记：张宝玺
副所长：胡　鸿（女）　王晓武

农业环境与可持续发展研究所

所长、党委副书记：梅旭荣
党委书记、副所长：栗金池（女）
副所长、纪委书记：张燕卿（副局级）
副所长：董红敏（女）　朱昌雄

北京畜牧兽医研究所（中国动物卫生与流行病学中心北京分中心）

所长（主 任）、党委副书记：李　明
党委书记、副所长（ 副主任）：袁学志
副所长（副主任）、党委副书记、纪委书记：文　杰

副所长（副主任）：王加启　韩雪松

蜜蜂研究所

所长、党委副书记：吴　杰
党委书记：谢双红
副所长、纪委书记：周　玮
党委副书记：刘凤彦
副所长：彭文君

饲料研究所

所长、党委副书记：齐广海
党委书记、副所长：康　威
副所长、纪委书记：吕春生*
副所长：姚　斌*

原子能利用研究所
（农产品加工研究所）

所长、党委副书记：戴小枫
党委书记、副所长：舒文华
副所长、纪委书记：王志东*
副所长：王　强*王凤忠*
党委副书记：赵俊辉*

生物技术研究所

所长：林　敏
党委书记、副所长：王晓举
副所长：路铁刚　张洪岭　张春义
党委副书记、纪委书记：孙丽萍（女）

农业经济与发展研究所

所长、党委副书记：秦　富

党委书记、副所长：任爱荣（女）
副所长、纪委书记：马　飞
副所长：王济民

农业资源与农业区划研究所

所长：王道龙
党委书记、副所长：陈金强
副所长：徐明岗　周清波　郭同军　邱建军

农业信息研究所

所长、党委副书记：许世卫
党委书记、副所长：刘继芳
党委副书记、副所长、纪委书记：刘　俐（女）
副所长：孟宪学　王文生

农业质量标准与检测技术研究所（农业部农产品质量标准研究中心）

所长（主任）、党委副书记：叶志华
党委书记、副所长（副主任）：李恩普（女）
副所长（副主任）：钱永忠
副所长（副主任）、纪委书记：苏晓鸥

农业部食物与营养发展研究所

所长：王小虎
副所长：王东阳　秦玉昌

中国农业科学技术出版社

社长、直属党支部书记：骆建忠（副所级）
总编辑：张应禄（副所级）

农田灌溉研究所

所长、党委副书记：段爱旺
党委书记、副所长：黄修桥
副所长、纪委书记：周子奎
副所长：齐学斌

中国水稻研究所

所长、党委副书记：程式华
党委书记：方　军
党委副书记、纪委书记：方　向*
副所长：李西明*　胡培松*　钱　前*

棉花研究所

所长、党委书记：李付广
党委副书记、副所长：侯志勇*
副所长：王坤波*　刘金海*
党委副书记、纪委书记：宋国立*

油料作物研究所

所长、党委书记：王汉中
党委副书记、副所长、纪委书记：李光明
副所长：王移收　廖　星　廖伯寿　黄凤洪

麻类研究所

所长、党委书记：熊和平
党委副书记、副所长、纪委书记：王朝云
副所长：贺德意　臧巩固　李德芳　黄志辉

果树研究所

所长：刘凤之

党委书记、副所长：郝志强
副所长、党委副书记、纪委书记：丛佩华
副所长：陆致成　程存刚

郑州果树研究所

所长、党委副书记：刘君璞
党委书记、副所长：王志强
副所长：方金豹　王力荣　刘崇怀

茶叶研究所

所长、党委副书记：杨亚军
党委书记、副所长：姜仁华
副所长、纪委书记：江用文*
副所长：鲁成银*　阮建云*

哈尔滨兽医研究所
（中国动物卫生与流行病学中心哈尔滨分中心）

所长（主任）：孔宪刚
党委书记、副所长（副主任）：高士军
副所长（副主任）：魏凤祥　王笑梅（女）　步志高
副所长（副主任）、纪委书记：赵国辉
党委副书记：夏长友

兰州兽医研究所
（中国动物卫生与流行病学中心兰州分中心）

所长（主任）、党委副书记：殷　宏
党委书记、副所长（副主任）：张永光
副所长（副主任）：罗建勋*　刘湘涛*
党委副书记、纪委书记：赵海燕（女）*

兰州畜牧与兽药研究所

所长、党委副书记：杨志强
党委书记、副所长：刘永明
副所长、纪委书记：张继瑜*
副所长：阎　萍（女）*

上海兽医研究所
（中国动物卫生与流行病学中心上海分中心）

所长（主任）：童光志
党委书记、副所长（副主任）：杨　瑾（女）
党委副书记、副所长（副主任）、纪委书记：林矫矫（正所级）
副所长（副主任）：丁　铲　徐富荣

草原研究所

所长、党委副书记：侯向阳
党委书记、副所长：王育青
副所长、纪委书记：李志勇

特产研究所

所长、党委副书记：杨福合
党委书记、副所长：程世鹏
副所长：孙长伟　王英平　李光玉
党委副书记：田　欣

农业部环境保护科研监测所

所长、党委副书记：任天志
党委书记、副所长：朱　岩
副所长：李玉浸（正所级）　周其文
副所长、纪委书记：陈　璐

农业部沼气科学研究所

所长、党委副书记：李　谦
副所长：胡国全　邓　宇

农业部南京农业机械化研究所

党委书记、副所长：曹曙明
副所长、纪委书记：梁　建
副所长：陈巧敏　胡志超

烟草研究所

所长、党委副书记：王元英
党委书记、副所长：管　辉
副所长：王树声
副所长、纪委书记：张忠锋
党委副书记、副所长：赖燕萍（女）

（注：“＊”为院党组2013年1月4日研究决定。）

中国农业科学院2012年院属各单位人员情况统计表

序号	单位	职工总数	专业技术人员					管理人员							工勤技能人员				
			小计	正高级	副高级	中级	初级及以下	小计	相当副部	正司局级	副司局级	正处级	副处级	科级及以下	小计	技工一级	技工二级	技工三级	技工四级及以下
	全院合计	7 272	4 842	793	1 293	2 009	747	824	3	27	41	198	135	420	1 606	16	195	1 036	359
	京内合计	2 740	2 001	451	622	723	205	440	3	13	22	108	65	229	299	14	94	158	33
	京外合计	4 532	2 841	342	671	1 286	542	384		14	19	90	70	191	1 307	2	101	878	326
1	院机关	193	62	24	31	7		131	3	3	10	35	14	66					
2	后勤中心	201	44		2	35	7	59			3	9	3	44	98	1	29	57	11
3	研究生院	78	55	15	10	22	8	11		1		1	3	6	12		1	5	6
4	作科所	345	277	81	91	88	17	26		1		3	5	17	42	2	10	28	2
5	植保所	214	180	51	62	58	9	18		1		5	4	8	16	2	7	7	
6	蔬菜所	207	155	34	47	59	15	23		1		4	3	15	29	4	7	16	2
7	环发所	166	121	20	32	55	14	39			2	19	5	13	6		3	1	2
8	牧医所	159	128	36	43	41	8	15		2	1	1	3	8	16		9	7	
9	蜜蜂所	96	71	13	19	32	7	10		1		5	1	3	15	2	6	4	3
10	饲料所	110	95	18	32	40	5	12			1	5	3	3	3			2	1
11	加工所	127	103	15	21	35	32	11			1	3	5	2	13		4	8	1

注：本表数据以工资统计口径为准。即以本人实际执行的岗位工资类别进行分类统计

（续表）

序号	单位	职工总数	专业技术人员					管理人员							工勤技能人员				
			小计	正高级	副高级	中级	初级及以下	小计	相当副部	正司局级	副司局级	正处级	副处级	科级及以下	小计	技工一级	技工二级	技工三级	技工四级及以下
12	生物所	125	108	27	36	34	11	14		1		2	4	7	3	1	1	1	
13	农经所	95	85	24	30	25	6	8		1		1		6	2	1		1	
14	资划所	277	240	57	77	96	10	29			1	6	4	18	8		2	5	1
15	信息所	261	207	27	66	66	48	21		1	2	5	5	8	33	1	13	15	4
16	质标所	72	63	8	19	28	8	6			1	2	3		3		2	1	
17	出版社	14	7	1	4	2		7				2		5					
18	灌溉所	145	101	12	25	50	14	9			1	4	1	3	35		2	32	1
19	水稻所	531	197	30	55	70	42	41		1	1	7	7	25	293		14	192	87
20	棉花所	424	198	25	56	78	39	28			2	7	4	15	198		12	180	6
21	油料所	258	180	24	47	96	13	18		1	1	3	8	5	60		3	46	11
22	麻类所	175	86	18	18	39	11	18				3	3	12	71		2	58	11
23	果树所	217	87	11	14	42	20	31		1	1	4	9	16	99		5	63	31
24	郑果所	199	157	16	42	80	19	14		2		4	2	6	28		3	22	3

注：食物营养所为新成立单位，3 名职工按照工资关系分别统计在院机关、饲料所、信息所

（续表）

序号	单位	职工总数	专业技术人员					管理人员							工勤技能人员				
			小计	正高级	副高级	中级	初级及以下	小计	相当副部	正司局级	副司局级	正处级	副处级	科级及以下	小计	技工一级	技工二级	技工三级	技工四级及以下
25	茶叶所	156	113	17	32	52	12	10		1		3	1	5	33		7	18	8
26	哈尔滨兽医所	445	299	40	59	160	40	26		1	2	5	4	14	120		3	104	13
27	兰州兽医所	292	236	32	44	114	46	16			1	2	3	10	40		8	19	13
28	兰州牧药所	203	146	13	42	70	21	22			1	9	3	9	35		5	28	2
29	上海兽医所	114	89	15	21	46	7	14			2	3	2	7	11				11
30	草原所	166	104	11	31	41	21	17		2	1	7	2	5	45	2	26	11	6
31	特产所	503	320	14	42	139	125	44		1	2	11	5	25	139		1	35	103
32	环保所	129	115	15	25	63	12	11			4	2		5	3			3	
33	沼科所	108	85	11	18	27	29	15		1		3	5	6	8			2	6
34	农机化所	232	178	17	54	59	48	19		1		6	6	6	35		4	26	5
35	烟草所	195	129	19	38	54	18	21		2		6	3	10	45		3	36	6
36	祁阳站	17	9	1	3	3	2	6					1	5	2			2	
37	德州站	15	11	1	5	3	2	2						2	2			1	1
38	廊坊基地	8	1				1	2				1	1		5		3		2

中国农业科学院 2012 年院属各单位专业技术人员情况统计表

序号	单位	专业技术人员总数	职称情况				学历情况			学位情况		年龄情况						专家情况				
			正高级	副高级	中级	初级及以下	研究生	大学	大专及以下	博士	硕士	35 岁及以下	36 ~ 40 岁	41 ~ 45 岁	46 ~ 50 岁	51 ~ 54 岁	55 岁及以上	两院院士	国家级专家	部级专家	政府特贴	百千万人才
	全院总计	5 480	842	1 429	2 291	918	3 018	1 715	747	1 705	1 602	2 030	778	719	1 013	502	438	11	4	89	109	42
	机关小计	189	34	67	55	33	102	77	10	41	66	60	18	36	31	21	23	4		4	7	1
	京内合计	2 341	483	697	872	289	1 525	601	215	1 034	583	759	334	342	503	222	181	9	3	46	73	28
	京外合计	3 139	359	732	1 419	629	1 493	1 114	532	671	1 019	1 271	444	377	510	280	257	2	1	43	36	14
1	院办	31	13	10	3	5	25	5	1	14	10	7	1	7	5	2	9	4		4	7	1
2	科技局	15	4	5	5	1	11	3	1	7	3	5	3	2	1	4						
3	人事局	21		6	9	6	8	11	2	1	8	8	1	6	1	3	2					
4	财务局	31		14	14	3	12	18	1	3	11	12	6	4	6	2	1					
5	基建局	19	3	6	5	5	7	12		3	6	7	1	5	3	1	2					
6	国合局	27	6	7	8	6	19	7	1	8	11	10	1	8	3	4	1					
7	转化局	20	3	9	3	5	7	9	4	4	5	2	4	2	8	2	2					
8	机关党委	13	2	5	6		8	5		1	7	5	1	1	2	1	3					
9	监察局	12	3	5	2	2	5	7			5	4		1	2	2	3					

（续表）

序号	单位	专业技术人员总数	职称情况				学历情况			学位情况		年龄情况						专家情况				
			正高级	副高级	中级	初级及以下	研究生	大学	大专及以下	博士	硕士	35岁及以下	36~40岁	41~45岁	46~50岁	51~54岁	55岁及以上	两院院士	国家级专家	部级专家	政府特贴	百千万人才
10	后勤中心	72		4	47	21	2	31	39		5	2	5	23	18	18	6					
11	研究生院	62	16	10	26	10	37	23	2	15	32	28	4	7	17	5	1				1	
12	作科所	298	83	91	102	22	195	65	38	159	57	72	37	42	87	31	29	1		10	14	7
13	植保所	192	51	63	63	15	147	33	12	130	24	57	36	23	45	13	18	1	1	7	5	1
14	蔬菜所	173	35	50	66	22	95	63	15	63	43	53	30	29	26	21	14	1	1	4	9	3
15	环发所	160	29	43	69	19	119	27	14	76	43	64	20	20	31	15	10				5	2
16	牧医所	142	37	46	48	11	97	38	7	83	27	46	23	16	36	13	8	1		8	10	6
17	蜜蜂所	79	14	23	35	7	36	42	1	14	20	33	11	8	17	6	4					
18	饲料所	101	17	36	43	5	80	13	8	53	27	20	32	23	17	6	3			3	2	2
19	加工所	114	16	23	40	35	85	20	9	44	41	62	9	9	15	8	11				3	
20	生物所	111	28	36	38	9	81	21	9	65	22	35	19	17	29	6	5	1	1	3	6	5
21	农经所	90	25	31	29	5	66	20	4	50	18	25	12	11	24	10	8				1	
22	资划所	254	56	78	103	17	198	44	12	147	43	75	43	43	55	18	20			7	7	1

（续表）

序号	单位	专业技术人员总数	职称情况				学历情况			学位情况		年龄情况						专家情况				
			正高级	副高级	中级	初级及以下	研究生	大学	大专及以下	博士	硕士	35岁及以下	36～40岁	41～45岁	46～50岁	51～54岁	55岁及以上	两院院士	国家级专家	部级专家	政府特贴	百千万人才
23	信息所	222	29	70	72	51	129	63	30	67	81	92	19	29	38	26	18				2	
24	质标所	69	8	21	34	6	46	21	2	22	29	34	14	5	13	1	2				1	
25	食物营养所	3	3				3			2	1				3							
26	出版社	10	2	5	2	1	7		3	3	4	1	2	1	1	4	1					
27	灌溉所	119	12	27	53	27	51	45	23	25	47	38	16	8	35	15	7					
28	水稻所	219	30	58	82	49	109	76	34	53	73	79	35	25	52	16	12			4	2	2
29	棉花所	222	27	60	86	49	58	109	55	36	49	76	17	37	51	27	14	1	1	5	4	3
30	油料所	198	24	50	110	14	131	37	30	82	51	79	27	16	44	14	18			14	5	3
31	麻类所	95	18	18	41	18	43	34	18	18	33	44	10	5	20	6	10			2	1	
32	果树所	102	13	19	49	21	62	22	18	11	51	48	14	13	7	11	9					
33	郑果所	171	18	43	87	23	70	65	36	11	70	69	24	12	28	27	11					
34	茶叶所	119	17	35	54	13	39	63	17	14	40	43	21	22	18	10	5	1		1	1	
35	哈尔滨兽医所	325	37	64	174	50	166	113	46	116	67	125	66	53	32	28	21			2	4	2

（续表）

序号	单位	专业技术人员总数	职称情况				学历情况			学位情况		年龄情况						专家情况				
			正高级	副高级	中级	初级及以下	研究生	大学	大专及以下	博士	硕士	35岁及以下	36～40岁	41～45岁	46～50岁	51～54岁	55岁及以上	两院院士	国家级专家	部级专家	政府特贴	百千万人才
36	兰州兽医所	249	32	46	122	49	136	88	25	73	85	91	55	33	40	17	13				5	2
37	兰州牧药所	166	15	47	81	23	87	46	33	25	62	56	24	16	34	21	15			1	1	
38	上海兽医所	100	17	24	50	9	61	29	10	48	21	46	13	21	11	2	7			5	3	2
39	草原所	120	15	38	46	21	66	48	6	29	42	52	2	5	23	25	13				2	
40	特产所	364	16	52	160	136	143	135	86	46	111	174	34	62	34	26	34			7	3	
41	环保所	115	15	25	63	12	79	28	8	35	44	66	20	8	9	10	2					
42	沼科所	79	11	19	27	22	38	35	6	12	25	39	8	6	11	5	10			2	1	
43	农机化所	196	18	57	66	55	66	88	42	8	72	72	30	19	30	11	34				1	
44	烟草所	155	22	42	58	33	77	44	34	29	65	64	27	16	24	9	15				3	
45	祁阳站	13	1	3	7	2	6	3	4		6	5	1		4		3					
46	德州站	11	1	5	3	2	4	6	1		4	4			3		4					
47	廊坊基地	1				1	1				1	1										

中国农业科学院 2001—2012 年全院离退休人员变化情况统计表

类别 年份	离退休人员情况							中共党员	高级专业技术职务	
	小计	离休干部	退休干部	工人	退养	退职	街道代管		正高级	副高级
2001 年	5 576	436	3 062	1 878	84	53	63			
2002 年	5 653	416	3 123	1 907	85	62	60	2 021	823	1 230
2003 年	5 728	400	3 201	1 933	73	61	60	2 080	871	1 276
2004 年	5 866	389	3 299	1 980	72	73	53	2 079	873	1 285
2005 年	5 901	375	3 314	2 034	73	64	41	2 228	870	1 279
2006 年	5 363	331	3 054	1 810	71	56	41	2 028	771	1 164
2007 年	5 453	318	3 104	1 872	66	55	38	1 937	770	1 169
2008 年	5 486	300	3 141	1 879	65	64	37	1 875	821	1 221
2009 年	5 563	282	3 209	1 915	66	57	34	1 919	830	1 200
2010 年	5 647	268	3 281	1 955	56	56	31	2 084	829	1 225
2011 年	5 729	250	3 359	1 969	54	62	35	2 121	839	1 249
2012 年	5 813	232	3 437	1 989	60	61	34	2 159	834	1 263

中国农业科学院2012年院属各单位离退休人员情况统计表

序号	单位	离退休人员情况							中共党员	高级专业技术职务	
		小计	离休干部	退休干部	工人	退养	退职	街道代管		正高级	副高级
	全院总计	5 813	232	3 437	1 989	60	61	34	2 159	834	1 263
	京内小计	2 064	108	1 569	317	43	4	23	977	463	625
	京外小计	3 749	124	1 868	1 672	17	57	11	1 182	371	638
1	院机关	401	35	238	93	24	2	9	252	44	77
2	研究生院	42	4	31	5	1	1		24	12	9
3	作科所	349	18	272	53	3		3	153	95	119
4	植保所	146	7	114	20	3		2	51	35	42
5	蔬菜所	153	9	109	32	1		2	66	36	43
6	环发所	80	3	77					38	23	32
7	牧医所	162	5	123	28	5		1	66	34	45
8	蜜蜂所	85	2	69	13			1	37	17	26
9	饲料所	15		15					8	6	2
10	加工所	134	3	105	24	1	1		63	25	46
11	生物所	15		11	4				6	5	1

（续表）

序号	单位	离退休人员情况							中共党员	高级专业技术职务	
		小计	离休干部	退休干部	工人	退养	退职	街道代管		正高级	副高级
12	农经所	54	3	50	1				34	20	23
13	资划所	197	11	167	11	4		4	71	43	89
14	信息所	189	8	147	32	1		1	86	48	62
15	质标所	25		25					14	10	7
16	食物营养所	0									
17	出版社	17		16	1				8	10	2
18	灌溉所	119	8	74	33	4			43	19	34
19	水稻所	663	3	143	498		19		128	33	36
20	棉花所	346	7	125	212		2		60	28	23
21	油料所	208	6	100	102				79	20	42
22	麻类所	110	2	41	63	4			44	11	13
23	果树所	220	6	111	102	1			66	10	36
24	郑果所	147	13	80	53		1		54	13	33

（续表）

序号	单位	离退休人员情况							中共党员	高级专业技术职务	
		小计	离休干部	退休干部	工人	退养	退职	街道代管		正高级	副高级
25	茶叶所	120	3	72	31	2	12		45	22	28
26	哈尔滨兽医所	326	20	164	142				98	33	51
27	兰州兽医所	155	3	106	44		2		42	32	41
28	兰州牧药所	174	10	136	28				68	33	59
29	上海兽医所	63	3	46	14				27	14	15
30	草原所	133	4	102	27				56	25	35
31	特产所	348	13	161	159		4	11	80	12	35
32	环保所	101	4	78	18		1		54	17	34
33	沼科所	98	2	87	9				56	8	37
34	农机化所	243	13	167	54	6	3		108	26	65
35	烟草所	143	4	63	63		13		66	15	18
36	祁阳站、德州站、廊坊基地	32		12	20				8		3

2012年中国农业科学院专家获各种奖项、荣誉称号

国家自然科学基金委创新研究群体科学基金获得者

水稻所：钱　前　稻类遗传育种学创新团队

国家自然基金委杰出青年科学基金获得者

蔬菜所：黄三文　　饲料所：姚斌

国家自然基金委优秀青年科学基金获得者

植保所：陆宴辉　　哈尔滨兽医所：王晓钧

第八批“千人计划”入选者名单

资划所：李召良

国家科技进步奖

一等奖第一完成人

作科所：王连铮　　植保所：陈万权

二等奖第一完成人

牧医所：王加启　李　奎　　资划所：唐华俊

环发所：董红敏　　水稻所：胡培松　　柑橘所：周常勇

中华农业英才奖

作科所：何中虎　　植保所：吴孔明　　上海兽医所：童光志

何梁何利基金

科学与技术进步奖

院机关：王连铮

作科所：万建民

科学与技术创新奖

棉花所：李付广

中国农业科学院2011年度晋升专业技术职务任职资格人员名单

院机关

研 究 员：张应禄 周 霞 王长江
副研究员：杨永坤 芦桂兰 任红艳 马秀勇
助理研究员：邱国梁 赵锡海 缴 旭 云 飞 喻冰晓 石明桢 韩 姝 韩 冰

研究生院

研 究 员：于子荣
副研究员：王海胜 于向鸿
助理研究员：安凤玲 夏 晨 王 秋

作物科学研究所

研 究 员：李英慧 吴传银 董志强
编 审：刘根泉
副研究员：赵秀琴 高 英 李慧慧 郭会君 邹 枨 李为喜 王红武
副 编 审：闫春玲
高级实验师：杜丽璞
助理研究员：鲁玉清 肖永贵 李 斌 王 智 张鲁燕 郑成岩 王 轲 慈晓科 王文生 张金梅 邢丽丽 何娟娟 张丽娜 邓艾兴

植物保护研究所

研 究 员：王忠跃 蒋红云 刘晓辉
编 审：王 音
副研究员：李云河 崔海兰 尹 娇 周忠实 高玉林 刘文德

副　编　审：杨晓玲
高级实验师：王树英
助理研究员：宁约瑟　彭　琦　张　昊　李祥瑞　姜　雷

蔬菜花卉研究所

研　究　员：贺超兴　吴青君
副 研 究 员：王海平　茆振川　张扬勇　陈钰辉　毛胜利
助理研究员：陈兰英　杜平萍　董春娟　程　锋　张　慧　苗　晗　杨学勇
尚　铁　贾瑞冬　冯锡刚　张晓辉

农业环境与可持续发展研究所

研　究　员：熊　伟　高清竹　张国良
副 研 究 员：潘　婕　范中南　李巧珍　耿　兵　黄金丽
助理研究员：李　阔　王靖轩　郭　莹　段　然　李　峰　叶　婧

北京畜牧兽医研究所

研　究　员：赵桂苹　张之宣
编　　　审：李　琍
副 研 究 员：牟玉莲　王学敏　侯绍华　狄　冉
助理研究员：王爱辰　郝　月

蜜蜂研究所

研　究　员：陈黎红
副 研 究 员：李继莲　周金慧
助理研究员：黄京平　果文帅　方小明　刘之光　吴艳艳　房　宇
实　验　师：张　杨

饲料研究所

研　究　员：李秀波
副 研 究 员：滕　达　柏映国　黄火清
助理研究员：刘义明

农产品加工研究所

研　究　员：王凤忠　周素梅
副 研 究 员：刘红芝　张　波　范　蓓
助理研究员：赵　华　王　莹　周　露　赵月菊

生物技术研究所

研　究　员：张　伟　任茂智
副 研 究 员：徐妙云　初晓宇　王　远　张秀杰
助理研究员：王国增　王维轩

农业经济与发展研究所

研　究　员：毛世平　黄　仁　高琼瑶
副 研 究 员：詹　玲　钟　钰　郭静利　侯丽薇
助理研究员：王海东

农业资源与农业区划研究所

研　究　员：武雪萍　杨俐苹　赵林萍　卢昌艾　文石林
副 研 究 员：范分良　雷秋良　黄　青　翟丽梅　卢艳丽　叶立明　刘红芳
助理研究员：朱丽丽　保万魁　曲积彬　陈学渊　马鸣超　唐鹏钦

农业信息研究所

研　究　员：胡　林　于迎建
编　　　审：张以民
研 究 馆 员：皮介郑
副 研 究 员：冯建中　吴建寨　陈冬冬　崔时宁　张永恩
副研究馆员：李　迪
副　编　审：孙鲁娟　郭燕枝
助理研究员：郑　莹　刘海龙　王　克　鲜国建　牛　倩　张学彪
编　　　辑：彭　华　陈慧萍　王礤礤　赵伶俐　李　楠
馆　　　员：刘敏娟

农业质量标准与检测技术研究所

副 研 究 员：刘全吉
助理研究员：毛雪飞　陈志军　李　阳　贾　铮　张星联　赵　燕　杨云霞

中国农业科学技术出版社

副　编　审：崔改泵

农田灌溉研究所

研　究　员：肖俊夫
副 研 究 员：高　阳
助理研究员：强小嫚　韩启彪　贾艳辉　陈智芳　高　青　李中阳　王帘里

中国水稻研究所

研　究　员：黄世文　张光恒　姜仁华
副 研 究 员：熊　杰　樊叶杨　王渭霞　牟仁祥　张建萍
助理研究员：曹国强　张均华　王跃星　刘连盟　邵高能　徐春春　李凤博
编　　　辑：葛　磊

棉花研究所

研　究　员：张朝军　宋美珍　阎　俊
副 研 究 员：庞朝友　陈　伟　商海红　王国平　马小艳　张　帅
助理研究员：朱海勇　陈　弟　李　伟　吴　嫚　阴祖军　王彩香
实　验　师：孙春喜

油料作物研究所

研　究　员：华　玮　陈　洪
副 研 究 员：黄　毅　陈碧云　丁小霞　万　霞　许继取　曹应龙　张树杰
助理研究员：姜　俊　郑明明　刘　芳　童超波　张兆威　梁　焯　李　俊
曾新华　李　冉　陈玉峰　黄顺谋

麻类研究所

研　究　员：陈安国　陈建华
副研究员：刘头明　许　英　易永健
助理研究员：彭　瑛　朱作华　李　懋　廖丽萍　黄思齐
实　验　师：孙志明

果树研究所

研　究　员：姜淑苓
副研究员：张利义　王孝娣　贾　华
副　编　审：郝红梅
助理研究员：厉恩茂　范旭东　欧春青　孟照刚　姜云斌　康霞珠

郑州果树研究所

研　究　员：曹尚银　刘三军
副研究员：刘丽锋　徐小军　王吉明
助理研究员：张彦予　鲁振华　王　丽　于巧丽　汤文静　苏艳丽　高启明
工　程　师：于志强
农　艺　师：李海红　杨书涛
编　　　辑：樊　辉
馆　　　员：孙景娥
实　验　师：李卫华

茶叶研究所

研　究　员：傅尚文
副研究员：袁海波　韦　康　王丽鸳　杨珍伟　张新忠
助理研究员：伊晓云　孙逸钊　章剑扬　尤韶华
编　　　辑：李书魁

哈尔滨兽医研究所

研　究　员：辛九庆　王晓钧　邓国华　田志军

副 研 究 员：李　媛　朱远茂　李伟杰　何希君　贾洪林　孙百明　丛传书
助理研究员：苟春天　徐姗姗　王　宇　王　钰　袁　婧　刘大飞　林　欢
武嘉男　刘晓丽　郑　君　李江南　王雪峰　陈利苹　戚　亭
杨德成　徐青元　王　刚
工　程　师：王　栋　张珂智　魏　一　邢国华

兰州兽医研究所

研　究　员：张　杰　贾万忠　刘永生
副 研 究 员：刘志杰　储岳峰　独军政　刘学荣
高级实验师：张永兴
助理研究员：孙德惠　马丽娜　高闪电　付元芳　牛庆丽　张　韵　李潇萍
江永琴　周东辉

兰州畜牧与兽药研究所

研　究　员：蒲万霞
副 研 究 员：郭　宪　陆金萍　尚若锋　孔繁矼
助理研究员：李宠华　岳耀敬　褚　敏　张世栋　辛蕊华　王春梅　张小甫
杨亚军　师　音　李　冰　张　凯　陈　靖　王胜义　王小辉

上海兽医研究所

研　究　员：刘光清　张丽芳
副 研 究 员：张厚双　闫丽萍　仇旭升　韦祖樟
助理研究员：胡永鑫　王少辉　李蓓蓓　谭　磊　单同领　朱礼倩

草原研究所

研　究　员：陈立波　王照兰
副 研 究 员：刘一凌　王　慧　丁　勇　李　平
助理研究员：王　宁　王　海　石红霄　陶　雅　文蒙德

特产研究所

研　究　员：陈立志

副研究员：王　雷　张宝香　苌群红　郑培和　温永俊
助理研究员：朱洪伟　张海华　李亚丽　杨　春　胡　博　白　雪　刘中文
刘琳玲　闫梅霞　杨　颖　范书田　廉士珍　于德和　金美伶
张　瑞　关一鸣　贺　超　刘佰林　杨　峰　徐佳萍
工程师：孙　瑶
农艺师：秦俊吉
会计师：郑慧瑾

农业部环境保护科研监测所

研究员：高尚宾
副研究员：丁永帧　徐亚平　师荣光　孙约兵
助理研究员：曹洪涛　赵长海　郭军康　赵　润　刘书田　方　堃　张铁亮
李晓华　梁学峰　郑顺安　林大松　陈　春　王　慧　廉　菲
周　炜　陈珊珊

农业部沼气科学研究所

副研究员：吴　进　陈文平　谭芙蓉
助理研究员：徐　娟　邱　坤　祝其丽　潘　科　冉　毅　席　江
实验师：魏　红

农业部南京农业机械化研究所

研究员：石　磊　陈永生　薛新宇
副研究员：丁　艳　王海鸥　钟成义
副编审：何生保
助理研究员：陈　青　任彩红　胡敏娟　王建楠　金　梅　王　新　王祎娜
工程师：王　俭

烟草研究所

研究员：郭承芳　刘贯山
副研究员：王绍美　马兴华　申莉莉　任　民　王卫锋
助理研究员：林樱楠

中国农业科学院公开招聘人员暂行办法

（2012 年 3 月 8 日）

第一章　总　则

第一条　为适应建设世界一流农业科研院所的需要，规范新进人员的管理，保证新进人员的质量，根据人力资源和社会保障部、农业部有关规定和我院实际情况，制定本办法。

第二条　院属各单位、院机关各部门编制内补充工作人员（包括应届高校毕业生、博士后出站人员、留学回国人员及其他调入人员），除国家政策性安置、按干部管理权限由部党组和院党组任命及涉密岗位等确需通过其他方式选拔任用人员外，均需按照本办法实行公开招聘。高层次人才引进按有关规定执行。

第三条　公开招聘工作，要坚持公平竞争、择优录用的原则，坚持统一程序、分级实施的原则；要坚持与学科建设和人才发展规划相结合，与人才梯队建设和结构优化相结合；要切实做到信息公开、过程公开、结果公开。

第四条　人事局负责对全院公开招聘工作进行指导、监督和管理；负责院属京区各单位公开招聘计划的核定，院机关各部门公开招聘计划的制定；负责院属京区各单位（机关各部门）公开招聘的笔试组织工作。院属各单位（除院属京区单位参加人事局组织的统一笔试外）在严格执行招聘计划和招聘程序的前提下，自主开展公开招聘的各项工作。

第二章　招聘范围、条件和程序

第五条　公开招聘应面向社会，符合条件的人员均可报名应聘。

第六条　应聘人员必须具备下列条件：

（一）遵守宪法和法律；

（二）具有良好的品行；

（三）具备与招聘岗位相适应的基本素质、业务能力和身体条件；

（四）具有大学本科以上学历（科研岗位须具有硕士研究生以上学历，科研辅助岗位可放宽至大专学历），年龄不超过 35 周岁，社会调入人员年龄不超过 45 周岁。

第七条　接收应届高校毕业生，不得招录未纳入教育部统一招生计划的军校毕业生、网络教育毕业生、定向培养或委托培养毕业生、社会实践生、成人高等教育或自学考试毕业生。

第八条 为促进我院科技人才队伍保持合理的学缘结构，应严格控制招录本单位培养的研究生数量，原则上不超过当年招录毕业生总数的30%。

第九条 公开招聘应在经批准的招聘计划内，按下列程序进行：

（一）发布招聘信息；

（二）受理应聘人员报名，对资格条件进行审查；

（三）考试、考核；

（四）健康体检；

（五）根据考试、考核、体检结果，确定拟聘人选；

（六）公示招聘结果；

（七）报人事局备案；

（八）签订聘用合同，办理聘用手续。

第三章 招聘计划、信息发布与资格审查

第十条 公开招聘计划由用人单位负责编制，于每年的9月底京区各单位报院人事局审核批准，京外单位报院人事局备案。招聘计划应包括核定的编制数及空岗数、招聘岗位及条件、招聘人数、招聘方式等内容。

第十一条 根据人力资源和社会保障部的要求，京区单位招聘应届高校毕业生，北京生源的录用比例要达到招聘总数的30%。

第十二条 招聘留学回国人员、博士后出站人员不占用当年的毕业生招聘指标。

第十三条 公开招聘工作每年组织一次。应根据人事局核准的招聘计划，京内单位于每年年初在院网、本单位网上公开发布招聘信息。京外单位按照地方要求的时间，发布招聘公告。

招聘信息应载明招聘单位的情况、招聘范围、条件、程序和时间安排、招聘办法、报名方法等内容。发布时间不少于7个工作日。招聘信息一经公布，应当严格执行，不得随意更改。

第十四条 各单位对报名人员的资格条件进行审查，确定符合条件的人员参加考试。原则上每个岗位报名人数达到3人（含）以上，方可实施招聘。

第四章 考试、考核与体检

第十五条 考试内容应为招聘岗位所必需的综合知识、专业知识、业务能力和工作技能等。可根据专业、岗位特点确定考试的具体内容和方式。考试采取笔试、面试等方式进行。

第十六条　院机关和院属京区单位的笔试，按照统一时间、分别组织的方式进行。笔试内容分基础素质和专业能力两部分。基础素质部分由人事局组织命题，专业能力部分由各单位命题。京外单位根据地方要求，自行命题、自主考试。

根据笔试成绩，每个岗位按照不少于 3 人确定面试人选。

第十七条　院机关招聘面试由人事局负责组织实施，院属单位招聘面试由各单位负责组织实施。根据面试成绩，每个岗位按照 1∶2 的比例确定考核人选。

第十八条　由各单位组织对考核人选的思想政治表现、道德品质、业务水平和能力等情况进行考核，并对应聘人员资格条件进行复查。

第十九条　对考核合格的人员，由各招聘单位组织体检，体检项目及标准参照《公务员录用体检通用标准》执行。

第五章　接收与调入

第二十条　根据考试、考核和体检结果，经招聘单位领导班子集体研究，择优确定拟聘人选。

第二十一条　对拟聘用人选在院网或用人单位网上进行公示，公示期一般为 7 天。

第二十二条　对公示合格的应届高校毕业生，京内单位于 4 月底前报人事局审核，并提交相关材料。经人事局审核并报送农业部审批后，由毕业生培养学校、用人单位签订《毕业生就业协议书》。京外单位于 7 月底前报人事局备案。

第二十三条　每年 7 月是应届高校毕业生到各录用单位集中报到时间。拟录用人员凭教育部签发的毕业生《就业报到证》报到。

第二十四条　每年 10 月是京区单位办理应届高校毕业生京外生源落户手续的时间，逾期将不予办理。对有子女的硕士及以上学位的毕业生，可按照单位所在地方有关规定，办理子女户口随迁手续。

第二十五条　对公示合格的除应届高校毕业生以外的拟聘人员，京内单位需报人事局局务会议备案同意后，办理有关调入或接收手续。京外单位于 7 月底前报人事局备案。

第二十六条　院属单位之间的人员调动，在不突破编制、职数和岗位数的前提下，经双方单位协商同意后按有关规定办理调动手续。

第六章　聘用管理

第二十七条　新进人员到用人单位报到后，各单位要与其签订聘用合同，由用人单位和本人双方协商签订。合同期限一般为 3～5 年，新进人员的试用期为 6 个月，试用期包括在聘用合同期限内。

第二十八条　院每年统一组织对新录用的人员进行岗前培训，各单位也要组织进行入院、入所教育。

第二十九条 试用期满前，应进行试用期满考核。考核要遵照客观公正、注重实绩的原则。考核内容主要是思想政治表现、职业道德、组织纪律、工作态度、业务水平、工作能力、工作业绩和团结协作等方面。重点考核其对岗位的适应能力和履行职责的情况。考核结果分合格与不合格。

第三十条 考核结果作为继续聘用或解除聘用合同的依据，并存入个人档案。对考核合格的人员可继续执行聘用合同；考核不合格的人员须终止并解除聘用合同。

第七章 纪律与监督

第三十一条 公开招聘人员实行回避制度。

凡与聘用单位负责人有夫妻关系、直系血亲关系、三代以内旁系血亲或者近姻亲关系的应聘人员，不得应聘该单位的人事、财务、纪检监察岗位，以及有直接上下级领导关系的岗位。

聘用单位负责人和招聘工作人员在办理人员聘用事项时，涉及与本人有上述亲属关系或者其他可能影响招聘公正的，应当回避。

第三十二条 对违反公开招聘纪律的应聘人员，视情节轻重取消考试或聘用资格；对违反本规定招聘的受聘人员，一经查实，应当解除聘用合同，予以清退。

第三十三条 对违反公开招聘纪律的工作人员，视情节轻重调离招聘工作岗位或给予处分；对违反公开招聘纪律的其他相关人员，按照有关规定追究责任。

第八章 附 则

第三十四条 本办法自下发之日起执行，原《中国农业科学院高校毕业生接收管理办法》（农科院人［2006］298 号）同时废止，院其他有关招聘工作规定，如与本办法相抵触，以本办法为准。

第三十五条 本办法由院人事局负责解释。

中国农业科学院关于进一步加强博士后工作的意见

（2012 年 5 月 18 日）

为贯彻落实《国家中长期人才发展规划纲要（2010—2020 年）》和人力资源与社会保障部、全国博士后管理委员会《博士后事业发展“十二五”规划》精神，深入实施“人才强院”战略，促进博士后工作持续、健康发展，进一步发挥博士后制度在培养高层次创新型人才、推动科技创新中的独特作用，根据《中国农业科学院“十二五”科技人才队伍发展规划》的要求，现就进一步加强我院博士后工作提出如下意见。

一、我院博士后工作的总体思路和工作目标

1. 博士后工作亟待加强。我院博士后工作自 20 世纪 90 年代初起步以来，逐步发展，现已形成一定规模的博士后队伍。博士后在我院科技创新中发挥了重要作用，已成为保障我院科技创新队伍可持续发展的一支重要力量。但是，我院博士后工作也存在管理制度不完善、工作机制不健全、招收覆盖面和规模不大、培养素质不够高等问题。为把我院建设成为世界一流农业科研院所，实现跨越式发展，必须进一步加强博士后工作。

2. 博士后工作总体思路。我院博士后工作要紧紧围绕院中心工作，围绕“人才强院”战略开展。按照健全制度、创新机制、优化布局、扩大规模、增加投入、提高质量的要求，通过调整管理制度，理顺工作关系，不断提高管理、服务水平；通过积极改善条件，增强影响力和吸引力，扩大招收覆盖面和规模；通过创新工作机制，不断提高培养质量，充分发挥博士后在我院科技创新和人才队伍建设中的生力军作用。

3. “十二五”博士后工作目标。到 2015 年，年进站博士后达 200 人左右，在站博士后达 500 人左右；全院 85% 研究所招收博士后，争取京区研究所全覆盖。完善管理制度，创新工作机制，形成一个制度健全、管理规范、投入保障有力、适应我院跨越发展并具有农业科研特色的博士后工作格局。

二、完善博士后管理制度

4. 充分发挥院博士后管理委员会作用。中国农业科学院博士后管理委员会负责制

定我院博士后工作规章制度，对博士后工作重大问题进行研究和决策，审定各研究所博士后招收计划，负责全院博士后工作的指导、协调和监督，以及优秀博士后、博士后工作先进单位和先进个人的评选和表彰。每两年召开一次博士后工作会议，定期举办博士后管理工作人员培训班。博士后管理委员会由分管院领导、人事局、科技局、财务局、后勤服务中心、研究生院和部分研究所负责人组成。博管会办公室设在人事局，负责博士后日常管理工作，科技局、财务局、后勤服务中心、研究生院协助做好有关管理和服务工作。

5. 加强研究所博士后管理工作。研究所要把博士后工作切实纳入研究所科研工作和人才工作总体规划，制定研究所博士后工作发展规划，建立健全管理制度，创新工作机制，改进工作方式，不断提高博士后工作质量，提高服务水平。研究所要成立博士后工作领导小组，负责本单位博士后工作的指导、协调和监督。博士后工作领导小组由所领导、人事处和科研处负责人等组成。人事部门承担博士后的日常管理工作，配备专门的博士后管理工作人员；科研、财务和后勤保障等部门配合做好有关管理和服务工作。将博士后队伍建设、培养质量和发挥博士后作用等情况纳入研究所目标考核体系。

6. 加强博士后在站管理。修改完善博士后工作管理办法，重点抓好进站筛选、中期考核、出站评审等关键环节，制定符合实际的考核标准。健全考核评价、奖励激励等措施，加强以创新性科研成果和创新性思维能力为核心评价标准的博士后绩效考核、评估工作。

7. 充分发挥合作导师的主导作用。进一步增强合作导师在博士后招收、使用、培养和质量管理过程中的作用，强化研究所、合作导师和博士后之间的工作协议管理。将招收博士后的数量和指导博士后的效果，作为评价合作导师人才培养与团队建设业绩的重要内容纳入考核体系。

8. 建立博士后工作的奖励制度。每年开展一次优秀博士后评选表彰活动，对做出重大科技创新和发表高水平科技论文的博士后，授予“中国农业科学院优秀博士后”称号。每两年开展一次博士后培养单位和工作人员的评选表彰活动，对取得显著成绩的单位和个人授予“中国农业科学院博士后工作先进单位”和“中国农业科学院博士后工作先进个人”称号。

9. 合理确定博士后在站时间。根据农业科研特点和科研工作需要，合理确定博士后在站时间，保证完成一个试验周期，取得工作协议规定的研究成果。

三、创造有利于博士后工作的条件

10. 增加博士后流动站数量和覆盖面。争取新增农业工程、草学博士后流动站。鼓励和支持研究所将博士后流动站作为吸引和考察博士毕业生、培养高素质科技骨干的渠道，积极引进科研工作急需的、有培养潜力的优秀博士进站工作，不断扩大博士后招收规模。支持和帮助没有招收博士后的研究所，创造条件吸引优秀博士后来所工作。

11. 拓宽博士后招收渠道。鼓励研究所与博士后工作站联合招收博士后，通过科研项目促进与博士后工作站之间的联合，在培养高素质人才的同时，加速我院科研成果转化。积极吸引留学回国博士入站，帮助他们尽快适应国内科研环境，择优留所工作。支持研究所招收国外优秀青年人才从事博士后科研工作，接收“非洲国家科研人员来华博士后研究”项目人员，努力建立与国际接轨的更加开放的培养机制。

12. 形成多元化的经费投入机制。用好国家博士后日常管理经费，资助博士后开展学术交流和科技咨询服务、补助博士后公寓物业及取暖费用、资助联谊会活动、办理博士后商业保险等。支持博士后申请博士后基金、自然科学基金等各种科研项目，增加科研工作经费。研究所要加大投入力度，用好基本科研业务费项目，积极资助博士后开展科学研究。积极争取地方、部门和社会民间等多方资源，拓宽博士后工作经费渠道，形成国家、院、所和社会等多元化的经费投入机制。

13. 落实博士后待遇。博士后作为工作人员享受研究所在职职工同等待遇，纳入研究所人事管理。要按国家有关规定，落实博士后人事、组织关系、福利和医疗保障等待遇，按在职人员办理住房公积金和社会保险。创造条件提高博士后收入水平，保持不低于研究所同等资历工作人员及本地区博士后平均收入水平。为博士后的配偶工作安排及未成年子女入学（托）等提供便利。

14. 提高招收博士后的硬件条件。积极创造条件，筹建博士后公寓，提高住房补助标准，解决博士后在站期间住房问题；不断改善博士后的办公、试验和生活条件，使博士后能够专心致力于科研工作和自身学术事业的发展，增强我院对优秀人才的吸引力。

15. 加强博士后学术交流与合作。加大博士后学术交流的力度，鼓励和支持研究所举办博士后学术论坛和学术交流活动，聘请一流专家与博士后交流，提高交流质量和水平；支持博士后在站期间参加国际会议，申报“香江学者计划”；支持博士后联谊会开展学术交流、业余文化生活等活动，发挥他们在博士后交流与服务方面的积极作用。

16. 拓宽博士后培养途径。鼓励和引导博士后将提高科研水平与服务“三农”相结合，开展科技咨询与服务，探索多渠道培养博士后的模式。

17. 扩大我院博士后工作影响力。积极宣传我院博士后工作政策和优秀博士后的工作业绩；与博士培养单位保持紧密联系，建立长期的合作关系；定期举行面向全国的网上招收工作，积极参加有关博士后招收洽谈会、就业引荐会等。努力形成多方支持博士后工作的良好氛围，不断促进我院博士后工作向更高的目标和层次发展。

中国农业科学院博士后工作管理办法

（2012年8月20日）

第一章　总　则

第一条　为进一步加强我院博士后管理工作，推动博士后工作持续健康发展，充分发挥博士后制度在培养高层次创新型人才、推动科技创新中的独特作用，根据《博士后管理工作规定》（国人部发［2006］149号）和有关文件精神，结合我院实际，特制定本办法。

第二条　我院博士后科研流动站（以下简称“流动站”）是在具有博士学位授予权的一级学科内，经人社部批准可以招收博士后研究人员的组织。

博士后研究人员（以下简称“博士后”）是指获得博士学位、在站内从事一定时期科学研究的人员。

第三条　我院博士后流动站的一级学科所涵盖的具有博士学位授予权的二级学科（专业）均可招收博士后。

第四条　博士后管理工作坚持“公开、平等、竞争、择优”的原则，注重提高质量，不断扩大规模，健全完善制度，以保证科技创新工作的需要。

第二章　管理机构

第五条　中国农业科学院博士后管理委员会（以下简称“院博管会”）负责制定我院博士后工作规章制度，对博士后工作重大问题进行研究和决策，审定各研究所博士后招收计划，负责全院博士后工作的指导、协调和监督，以及优秀博士后的评选和表彰。

院博管会委员由分管院领导、人事局、科技局、财务局、后勤服务中心、研究生院和部分研究所负责人组成。

第六条　院博管会办公室设在人事局，负责博士后日常管理工作。成员由院人事局、财务局、后勤服务中心和研究生院有关人员组成。

第七条　研究所成立博士后工作领导小组，负责本单位博士后工作的指导、协调和监督。博士后工作领导小组由所领导、人事处和科研处负责人等组成。

人事部门承担博士后的日常管理工作，配备专门的博士后管理工作人员；科研、财务和后勤保障等部门配合做好有关管理和服务工作。

第三章　博士后招收

第八条　招收博士后的合作导师资格：

1. 在国内本学科领域内具有一定影响和学术地位的在岗博士生导师；

2. 科研经费充足，有条件为博士后提供必要的经费支持。

第九条　合作导师职责：

1. 确定博士后研究计划，商定博士后研究课题，审查其开题报告，并制定其科研目标、任务和考核指标；

2. 定期检查指导博士后科研工作，确保博士后顺利完成研究课题，并取得预期的研究成果；

3. 审核博士后各类科研基金的申请；

4. 配合人事部门做好博士后的各类考核工作；

5. 做好博士后的日常管理，关心博士后生活。

第十条　博士后申请资格：

1. 具有博士学位，热爱农业科研事业，具有科研创新能力和团队协作精神；

2. 品学兼优，身体健康，年龄一般在 40 周岁以下；

3. 在职人员申请博士后必须全脱产；

4. 在我院获得博士学位人员不得在我院同一个一级学科从事博士后研究工作。

第十一条　进站程序：

1. 公布计划。各研究所于每年 10 月底前向院博管会办公室报送下一年度博士后招收计划，经院博管会批准后统一公布。

2. 个人申请。申请人根据公布的博士后招收信息，向相关研究所提交申请材料。研究所全年受理博士后进站申请。

3. 研究所考核。研究所组织不少于 5 人的考核小组，采取报告与答辩方式，对申请者的科研能力、学术水平、科研成果、研修计划、综合素质等进行考核，择优确定拟招收人员，进行网上审核，并将相关材料于每季度末月 10 日前上报院博管会办公室。

4. 院博管办审核。院博管办于每季度末集中办理博士后进站相关审核手续，发放录用通知书。

5. 进站。申请人通过中国博士后网进行预约并到人社部博士后管理部门办理审批手续后，与研究所签订《中国农业科学院博士后工作协议书》，持录用通知书到研究所报到。

第十二条　进站申请需提交的材料：

1.《博士后申请表》；

2.《中国农业科学院博士后进站申请表》；

3. 两封专家推荐信（须含本人的博士导师推荐信一份）；

4.《博士后科研流动站设站单位学术部门考核意见表》;
5.《博士后进站审核表》;
6. 博士学位复印件或博士论文答辩决议书（须加盖博士毕业学校研究生院学位办公章）;
7.《中国农业科学院博士后工作协议书》;
8. 体检表（县级以上医院）;
9. 由申请者所在单位组织人事部门出具的政审鉴定材料;
10. 身份证复印件;
11. 留学归国人员须提交我国驻外使馆教育处提供的证明信;
12. 在职博士后应提交所在单位同意其脱产从事博士后研究工作的证明材料。

第四章 在站管理

第十三条 博士后纳入各研究所人事管理，其人事、组织关系、住房补贴、福利待遇等比照本单位同等人员对待。博士后实行岗位绩效工资制度，也可按协议执行，不得低于本单位同等资历人员的收入水平。博士后在站工作期间，计算工龄，不占研究所编制。出站后直接留院工作的，在站工作期间计算院龄。统分博士后应与研究所职工享受同等的医疗保障待遇，享受工会会员待遇。院博管会办公室为统分博士后统一办理住院及意外伤害保险。

第十四条 博士后进站时，研究所负责统分博士后的人事档案调入和管理，并为其办理工作证，负责其计划生育管理工作。为在职博士后建立博士后期间档案。为进站的应届博士毕业生办理专业技术职务初聘手续（初聘时间可从进站之日起计算）。

第十五条 研究所应对统分博士后进行年度考核，《年度考核表》存入个人档案，考核合格后办理工资晋档手续。

第十六条 统分博士后进站报到后，由院博管会办公室为其办理北京市常住户口，纳入院博士后专户管理。博士后凭人社部博士后管理部门介绍信和其他有效证明材料，到公安户政管理部门办理户口迁出和落户手续，其配偶及未成年子女可以随其流动，但其户口不能随博士后落户，应按有关规定到当地公安派出所办理暂住手续。

第十七条 统分博士后在站期间，可凭人社部博士后管理部门的介绍信，在其子女暂住户口所在地办理入幼儿园、上小学和初中，报考（转入）高中以及报考高等院校或中等专业学校等事宜，享受当地常住户口居民的同等待遇。

第十八条 博士后在站期间，不能申请到国外做博士后研究和进修。根据研究项目需要，研究所可安排其出国参加国际学术会议或进行短期学术交流，也可以短期出国进行合作研究和实验工作，时间一般不超过 3 个月。出国相关手续的办理及相关证件的管理由研究所负责。

第十九条 博士后进站 1 年后，研究所要组织由同行专家组成的考核小组（不少于 5 人）对其进行中期考核，依据《博士后工作协议书》规定，对一年来科研工作的进展、敬业精神、科研能力及存在的问题等方面进行考察，填写《博士后人员中期考核表》，上报院博管会办公室。

第二十条　博士后在站期间，须服从研究所管理，遵守各项规章制度，参加政治学习和业务活动。党、团员应参加党、团的组织生活。

第二十一条　符合高级专业技术职务申报条件的统分博士后，在离站前可参加院高级专业技术职务任职资格评审，评审条件严格按照在职人员标准执行。拟留院工作的博士后，应在留院后申报相应专业技术职务任职资格。

第二十二条　我院对博士后实行目标管理、绩效评价和奖励惩处的政策。院博管会每年对研究成果突出、表现优秀的博士后给予表彰和奖励，研究所也应结合年度考核进行表彰和奖励，对中期考核不合格的博士后予以劝退和解约。

第二十三条　研究所应为博士后营造良好的科研工作环境，加强在站博士后的职业道德建设、爱国主义教育和知识产权意识的培养。

第五章　出站与退站

第二十四条　博士后在站工作时间为 2 年，一般不超过 3 年，承担国家重大项目，获得国家自然科学基金、国家社会科学基金等国家基金资助项目或中国博士后科学基金特别资助项目的博士后，可根据项目和课题研究的需要延长在站时间。延期申请需经研究所同意，并报院博管会备案。

博士后工作期满后应按时出站，确有需要可转到另一个流动站或工作站从事博士后研究工作，从事博士后研究工作最长不超过 6 年。

第二十五条　博士后工作期满，须向研究所提交博士后研究报告和工作总结等书面材料。研究所成立评审小组（一般由 5 ~ 9 人组成，其中至少 1 名院外同行专家），博士后作出站报告，评审小组根据《博士后工作协议》对博士后科研工作、个人表现等进行评定，形成书面材料归入其档案。

第二十六条　出站考核合格的博士后，向研究所提交相关材料，由研究所工作人员审核无误后报送院博管会办公室审核。

第二十七条　博士后出站需提交以下材料：

1. 《博士后研究人员工作期满登记表》
2. 《博士后研究人员工作期满业务考核表》
3. 《博士后研究人员工作期满审批表》
4. 《博士后期满出站科研工作评审表》
5. 《博士后研究报告》（严格按照格式编写）
6. 《中国博士后科学基金资助金项目总结报告》
7. 《用人单位接收函》

8.《离站手续清单》

第二十八条 院博管会办公室审核无误后，发放《博士后证书》，博士后持《博士后证书》和相关材料到人社部博士后管理部门办理出站手续。凭人社部博士后管理部门的介绍信和其他有效证明材料，到当地公安户政管理部门办理本人和配偶及未成年子女的户口迁出和落户手续。

第二十九条 博士后工作期满出站，除有协议的以外，其就业实行双向选择、自主择业。

第三十条 博士后在站期间，因个人原因不适宜继续做博士后研究工作，或申请不继续做博士后研究工作的，根据合作导师要求或本人申请并经所在研究所同意，由院博管会办公室审核并报人社部博士后管理部门批准后办理退站手续。

第三十一条 博士后在站期间，有下列情形之一的，应予退站：

1. 考核不合格的；
2. 在学术上弄虚作假，影响恶劣的；
3. 受警告以上行政处分的；
4. 无故旷工连续15天或一年内累计旷工30天以上的；
5. 因患病等原因难以完成研究任务的；
6. 未经同意出国逾期不归超过30天的；
7. 其他情况应予退站的。

第三十二条 退站人员不再享受国家对期满出站博士后规定的相关政策，其户口和档案一律迁回生源地。

第六章　联合招收

第三十三条 经国家批准的博士后工作站可以按照“优势互补、互惠互利、保证质量、共同受益”的原则，与我院各研究所联合招收博士后。

第三十四条 工作站与研究所联合招收博士后，需向院博管会递交申请，并同时提交工作站简介及上级批准建站文件。待批准后，院博管会与工作站签订《联合招收博士后协议书》。招收博士后时，由联合招收博士后的研究所与工作站及博士后签订《联合培养博士后协议书》后办理进站手续。研究所提供科研支持和专家指导，帮助工作站做好联合招收工作。

第三十五条 博士后的福利、工资待遇及科研工作任务按协议书执行。在站期间人事关系及户口放在工作站，并由工作站管理。

第三十六条 联合招收博士后正式进站后，工作站需每年每人向院博管会支付1.5万元导师指导费和管理费。

第七章　博士后经费和公寓管理

第三十七条　博士后经费来源于国家下拨的博士后日常经费、研究所筹资及合作导师课题经费等。

第三十八条　国家下拨的博士后日常经费由院博管会统筹安排使用，按研究所博士后招收数量下拨。研究所须单独立账，专款专用。对违反规定使用不当的，按照有关财务规定处理。

第三十九条　根据国家博士后管理的有关规定，院博管会从国家下拨的博士后日常经费中按不超过3%的比例提取博士后管理工作经费，由院博管会办公室掌握使用，并定期向院博管会报告经费使用情况。

第四十条　院博士后公寓，由院博管会办公室负责安排，后勤服务中心进行管理。京外研究所可根据本单位情况为博士后安排住房。博士后办理出站手续后，须在1个月内迁出博士后公寓。

第八章　科研资助

第四十一条　博士后应积极申报中国博士后科学基金、国家自然科学基金、国家社会科学基金、基本科研业务费等科研项目。

第四十二条　博士后科学基金设面上资助和特别资助两种方式。按照《中国博士后科学基金资助规定》进行申报。

第四十三条　院博士后联谊会和各研究所应积极组织举办辅导讲座，帮助博士后提高项目申请能力和成功率。

第九章　附　则

第四十四条　本办法由中国农业科学院人事局负责解释。

第四十五条　本办法自发布之日起开始施行，2011年7月15日印发的《中国农业科学院博士后工作管理办法》同时废止。

中国农业科学院优秀博士后奖励规定

（2012 年 8 月 20 日）

为吸引更多优秀人才来我院博士后流动站从事研究工作，鼓励在站博士后不断取得高水平成果，根据《博士后管理工作规定》（国人部发［2006］149 号）和《中国农业科学院关于进一步加强博士后工作的意见》（农科院人［2012］110 号）精神，特制定本规定。

第一条 优秀博士后奖励坚持“公开、公平、公正”的原则，充分体现服务创新、尊重人才、注重贡献的理念。

第二条 院博士后管理委员会负责评选表彰的组织领导和审核工作，院博士后管理委员会办公室负责日常工作。

第三条 优秀博士后奖每年评选表彰一次，奖励名额一般按在站人数的 5% 控制，最多不超过 15 人。

第四条 申报条件：

热爱祖国，遵纪守法，恪守科学道德，有严谨的治学态度、强烈的事业心和开拓创新精神，在站期满 1 年的博士后，并具备下列条件之一。

1. 国家级、省部级或院级科技成果奖励的主要完成人；

2. 以第一作者在 SCI、EI、SSCI、CSSCI 等期刊上发表以中国农业科学院下属研究所为第一单位的高水平研究论文；

3. 已转让并取得突出经济效益的国家发明专利的前三完成人；

4. 有较高的学术水平和研究能力，对研究所学科建设和科研工作做出积极贡献，已成为本研究领域的学术骨干。

第五条 评选程序：

1. 个人申报。填写《中国农业科学院优秀博士后申请表》，提供相关奖励、论文、专利、科研成果鉴定材料等证明材料。

2. 组织推荐。研究所负责资格审查和组织推荐工作，于每年年底前将申报材料报院博士后管理委员会办公室。

3. 评审确定。院博士后管理委员会办公室负责对报送的推荐人选材料进行审查，报院博士后管理委员会评审，以适当方式将评审结果予以公示。

第六条　奖励措施：

1. 颁发“中国农业科学院优秀博士后”证书和2 000元奖金，研究所按照不低于1：1比例进行配套奖励；

2. 优先推荐留院工作；

3. 优先推荐为“中国优秀博士后”候选人。

第七条　本办法自发布之日起生效。

第八条　本办法由中国农业科学院人事局负责解释。

中国农业科学院
因私出国（境）证件管理暂行办法

（2012 年 11 月 14 日）

第一条 为进一步做好我院因私出国（境）管理工作，根据国家有关规定和《中共农业部党组关于进一步做好因私出国（境）管理工作的通知》（农党组发［2005］40号），结合我院实际情况，制定本办法。

第二条 本办法适用于院属各单位、院机关各部门列入因私出国（境）登记备案范围内的人员。

第三条 各单位要严格按照中国农业科学院人事局《关于进一步加强因私出国（境）人员管理工作的通知》（农科人综函［2012］71 号）的要求，对登记备案人员申请因私出国（境）进行审批。凡登记备案人员申领的普通护照、往来港澳通行证、大陆居民往来台湾通行证等因私出国（境）证件均须交单位集中保管。

第四条 各单位要严格落实责任制，单位主要负责人负责本单位因私出国（境）管理工作的组织领导，人事部门作为主要责任部门承担日常管理工作。

第五条 按照干部管理权限，遵照严格程序、层层把关的原则，各级组织人事部门对备案人员因私出国（境）证件实行集中统一管理，分级负责。

（一）院属京区各单位领导班子成员和院机关备案人员因私出国（境）证件由院人事局统一管理；

（二）院属京区各单位处级及以下备案人员因私出国（境）证件由本单位人事部门负责管理；

（三）京外单位备案人员因私出国（境）证件由本单位人事部门负责管理，定期将证件管理情况报院人事局备案；

（四）在备案范围内的离退休人员因私出国（境）证件，原则上由各单位统一管理。

第六条 登记备案人员因私出国（境）需使用证件时，由申请人持《农业部工作人员因私出国（境）审批表》和《因私出国（境）证件领用申请表》，到人事部门审批，经批准后方可领取证件。回国后 1 周之内要将有关证件交回保管部门，因故缓交的，须书面说明。

第七条 各单位要加强对因私出国（境）政策的宣传和解释工作，对领导干部及涉密人员要加强教育、严格程序、重点管理。

第八条　各单位要做好因私出国（境）证件管理，指定专人做好证件的催收、保管、登记、定期核查和年终备案等工作。对申领、补发证件的人员要及时登记备案，做好政策解释工作。

第九条　各单位要建立责任制度，严肃纪律、严格程序，妥善保管，确保安全。对不按规定办理登记备案和证件审查，越权办理审批手续，造成国家和单位利益损失的，要追究直接责任人和主管领导的责任。

第十条　对未按规定期限上交因私出国（境）证件的人员，要进行通报批评。对在办理因私出国（境）审批手续中弄虚作假，骗取因私出国（境）证件的人员，一经发现要立即报告上级组织部门、纪检监察机关和发证机关，按相关规定处理。

第十一条　各单位应于每年 1 月 5 日前将上年度《中国农业科学院因私出国（境）证件信息备案表》报送院人事局。

第十二条　各单位可按照本办法要求，结合本单位实际，制定本单位因私出国（境）证件管理实施细则。

第十三条　本办法自印发之日起施行，由院人事局负责解释。

附表：1. 中国农业科学院因私出国（境）证件信息备案表

2. 中国农业科学院所局级领导干部因私出国（境）证件领用申请表

附表 1

中国农业科学院因私出国（境）证件信息备案表

单位（盖章）： 年 月 日

序号	姓名	性别	职务	职级		证件名称	证件号码	有效期限	保管部门	备注
				所局级	处级					
1										
2										
3										
4										
5										
6										
7										

单位负责人： 联系人： 联系电话：

附表 2

中国农业科学院所局级领导干部因私出国（境）证件领用申请表

<table>
<tr><td>姓　名</td><td></td><td>单位及职务</td><td colspan="2"></td><td>联系方式</td><td></td></tr>
<tr><td>证件名称及号码</td><td colspan="3"></td><td>本年度
第几次领用</td><td colspan="2"></td></tr>
<tr><td>出国（境）时间及事由</td><td colspan="6">时间：　　年　月　日至　　年　月　日
事由：</td></tr>
<tr><td>申请人承诺</td><td colspan="6">本人将在出国（境）返回后一周之内将证件交由证件管理部门集中保管。

申请人：　　　　　年　　月　　日</td></tr>
<tr><td>所在单位意见</td><td colspan="6">负责人签字：　　　　　单位盖章：
年　　月　日</td></tr>
<tr><td>备注</td><td colspan="6"></td></tr>
</table>

经办人签字：　　　　　　　　　　　　　　　　　　年　月　日

关于罗炳文同志免职退休的通知

农党组发［2012］40号

中国农业科学院党组：

经部党组2012年6月13日会议研究，决定：免去罗炳文同志的中国农业科学院党组副书记、纪律检查组组长、直属机关党委书记职务，请按规定办理退休手续。

农业部党组

2012年6月19日

关于魏琦、贾连奇职务任免的通知

农任字［2012］61 号

中国农业科学院：

经部党组 2012 年 8 月 22 日会议研究，决定：魏琦任中国农业科学院人事局局长，自任职之日起上岗试用，试用期一年；免去贾连奇的中国农业科学院人事局局长职务。

农业部

2012 年 8 月 29 日

关于魏琦、贾连奇同志职务任免的通知

农党组发［2012］62号

中国农业科学院党组：

经部党组2012年8月22日会议研究，决定：魏琦同志任中国农业科学院党组成员，自任职之日起上岗试用，试用期一年；免去贾连奇同志的中国农业科学院党组成员职务。

农业部党组

2012年8月29日

关于转发陈萌山、薛亮同志职务任免的通知

农党组发［2012］73号

部机关各司局、部属各单位：

中共中央2012年9月27日中委［2012］261号文通知：陈萌山同志任中国农业科学院党组书记（副部长级），免去薛亮同志的中国农业科学院党组书记职务。

农业部党组

2012年11月1日

关于唐华俊等3同志任职的通知

农党组发［2012］77号

中国农业科学院党组：

经部党组2012年10月29日会议研究，决定：唐华俊同志任中国农业科学院党组副书记（排在陈萌山同志之后）；吴孔明同志任中国农业科学院党组成员，史志国同志任中国农业科学院纪律检查组组长、党组成员，自任职之日起上岗试用，试用期一年。

农业部党组

2012年11月8日

关于吴孔明任职的通知

农任字［2012］101号

中国农业科学院：

经部党组2012年10月29日会议研究，决定：吴孔明任中国农业科学院副院长，自任职之日起上岗试用，试用期一年。

农业部

2012年11月8日

李金祥在中国农业科学院机关年轻干部下基层实践锻炼第一批总结暨第二批启动会上的讲话

（2012 年 10 月 12 日）

同志们：

以今天的会议为标志，2011 年机关年轻干部实践锻炼活动圆满结束了，今年的实践锻炼活动将正式开始。刚才，大家都做了很好的交流发言，听了以后，我也很受启发。下面，我讲 4 点意见。

一、第一批实践锻炼活动取得显著成效

从大家的发言中可以看出，参加第一批实践锻炼的 5 位年轻同志，都能踏下心来、放下架子、扑下身子，全身心地投入到实践锻炼中去，收获了沉甸甸的实践锻炼成果，其中饱含着大家对科研人员、对本职工作、对农业科研事业的真挚感情，展现出良好的精神风貌，让我们看到了你们这一代青年人的责任和担当。在此，我代表院党组对同志们取得的成绩表示衷心的祝贺！

第一批实践锻炼活动的成效，概括起来主要体现在以下 4 个方面。

一是密切了联系，增进了感情。这样长时间的深入研究所科研一线，与科研人员近距离相处，对于大家来说还是第一次。第一次参与到研究所的具体行政工作当中，第一次跟随科研人员进入田间地头，第一次亲身感受科研过程的艰辛和科研成果的来之不易，研究所的文化传统、科研人员的钻研精神给大家留下了深刻印象，坚定了大家服务农业科研、做好本职工作的责任感和使命感。在同吃同住同劳动的沟通交流中形成了深厚情谊，也促进了机关与研究所的互相理解，拉近了机关与科研一线的距离。

二是了解了所情，架起了桥梁。一年的实践锻炼中，大家通过虚心向所里的同事请教、阅读专业书籍、座谈调研等形式，对研究所的科学研究、党政管理、精神文化等情况有了比较全面的了解，对当前农业科研工作有了更直观的认识。通过开展专题调研，撰写调研报告，发现和反映了许多新情况，有许多新思考新感受，为日后做好本职工作提供了重要参考。同时，大家能够充分融入研究所工作，认真履行岗位职责，在明确自身定位的前提下，积极发挥自身优势和所学专长，为研究所的发展贡献了自己的力量，真正做到到位不越位，帮忙不添乱，得到所里的高度认可。比如，擅长基建管理的同志积极参与到研究所基建项目的申请、建设等过程；擅长财务管理的同志帮助试验站建立

电子台账；擅长综合管理的同志积极为研究所行政管理工作提出合理化建议，等等。

三是提升了能力，锤炼了作风。大家都反映，通过这次实践锻炼活动，真正贴近了科研一线，锤炼了吃苦耐劳、求真务实的作风，增强了服务科研一线、解决实际问题的能力。与机关工作不同，研究所工作具体，情况复杂，京外研究所还涉及与地方部门的沟通协调，农业科研工作专业性强、周期长、条件艰苦。大家在不同岗位的实际工作中，学到了科研业务知识，学会了如何调查研究、如何与一线科研人员打交道、如何处理实际问题，增长了多方面才干。此次实践锻炼地点都在京外，有的试验场站条件也相对艰苦。大家离开熟悉的生活环境，克服了个人和家庭等方面的许多实际困难，立足岗位，扎实锻炼，坚定了党性，锤炼了作风，磨练了意志。

四是营造了氛围，发挥了作用。总的来看，此次机关年轻干部实践锻炼活动达到了预期效果，得到各方面的肯定，为机关年轻干部实践锻炼活动开了个好头，在院机关形成了倡导干部实践锻炼的良好氛围，同时也推动了院系统干部实践锻炼活动的深入开展。在此次活动的带动下，院属单位也积极开展干部实践锻炼活动，比如，北京畜牧兽医研究所制定新入职年轻干部赴基地锻炼计划，首批安排 5 名新进所青年职工赴基地开展为期两个月的实践锻炼；研究生院启动了年轻干部实践锻炼活动，组织 21 位青年职工深入学生班级担任班主任，了解学生情况，为学生做好服务。

首批机关青年干部下基层实践锻炼活动的成功，离不开院党组和各单位各部门领导的高度重视，离不开广大年轻干部的积极参与，离不开人事局和各单位组织人事部门的有力组织。下一步，我们要继续做好第一批实践锻炼工作的总结宣传，拓展干部实践锻炼渠道，探索建立干部实践锻炼的长效机制，努力推进我院干部实践锻炼工作深入开展。

二、充分认识组织年轻干部下基层实践锻炼的重大意义

当前，我院正处在跨越发展和建设现代农业科研院所的关键时期，机遇和挑战并存。面对繁重艰巨的任务，必须建设一支政治坚定、业务过硬、作风扎实的干部队伍，为做好农业科技创新工作提供坚强的支撑和保证。青年干部是院机关干部队伍的生力军，是执行院党组工作部署的重要力量，在研究政策、制定规划、推动落实等工作环节发挥着重要作用。近年来，由于特定的时代环境和在京单位招录制度等客观原因，新进院机关的青年干部，大都是离开家门进校门、出了校门进机关门的“三门”干部，学历高、眼界宽、思维活跃是大家身上的鲜明特点，但其中很多人缺乏对研究所实情和科研一线的了解、缺乏对基层困难和科研人员辛苦的体验、缺乏严格的党性锻炼和艰苦环境的历练。从这点上来看，组织院机关年轻干部下基层实践锻炼，非常必要，也非常紧迫。

首先，组织年轻干部实践锻炼，是落实中央和部党组关于加强青年干部培养要求的重要举措。党中央高度重视青年干部的基层实践锻炼工作。党的十七届四中全会强调，

鼓励年轻干部到基层工作，有计划安排年轻干部到艰苦地区、复杂环境、关键岗位砥砺品质、锤炼作风、增长才干。胡锦涛总书记在纪念共青团成立 90 周年大会上，进一步鼓励广大青年自觉到基层一线去，到艰苦环境中去，到祖国和人民最需要的地方去，在实践的熔炉中增长见识、砥砺品质、强化本领，努力成为可堪大用、能负重任的栋梁之材。农业部党组高度重视青年干部基层锻炼工作，专门研究制定《关于坚持干部深入基层和加强实践锻炼的意见》，就全面加强青年干部实践锻炼做了系统安排。贯彻落实中央、部党组要求，院党组研究制定了《中国农业科学院机关年轻干部实践锻炼管理试行办法》，有计划分批次安排机关年轻干部到院属京内、外研究所或地方对口联系单位进行为期 1 年的实践锻炼。这是项事关长远和大局的工作，从第一批开展的情况看，效果很好，将来还要坚持抓下去。

其次，组织年轻干部实践锻炼，是加强我院干部队伍建设的迫切需要。青年者，国家之魂。青年兴则国家兴，青年强则国家强。对院系统来说，青年干部是农业科研事业发展的希望和未来，担负着承前启后、推动发展的历史使命。源源不断培养造就一大批经过艰苦复杂环境磨练的优秀年轻干部，是关系农业科研事业继往开来、薪火相传的根本大计。干部在基层成长，干部到基层培养，是我们党一贯的用人方针。无论是革命、建设时期，还是改革开放时期，我们党都注意把有潜力的年轻干部派到基层接受锻炼和考验，在基层实践中培养干部。这些年，院机关和院属单位招录了一大批青年干部，为推进农业科研事业发展注入了新生力量和新鲜血液。初步统计，在院机关，40 岁以下的干部占一半左右，35 岁以下的干部占 1/3 左右；在院系统，40 岁以下青年干部近 3 000人，青年干部正在成为我院干部队伍的主力军。这些青年干部都是同龄人中的佼佼者，经过层层考试选拔，一路过关斩将，最终脱颖而出，可以说是百里挑一，学历高、专业强、基础素质好，有朝气、有激情、有抱负，思维活跃、接受新生事物快、条条框框少，是大有希望、大有作为的一代。但同时也带来了一个突出问题，就是从学校直接进机关的干部越来越多，机关中具有基层工作经历的干部越来越少，机关干部队伍结构性问题非常突出。院机关干部队伍中，有一半左右无基层工作经历，35 岁以下的干部中无基层工作经历的超过 80%。这种情况如果得不到改善，就会造成干部队伍结构的缺陷，一方面会造成机关干部脱离农业科研一线、脱离研究所发展实际的危险，一方面又存在机关青年干部因为缺少实践锻炼而难当重任的隐患，这应当引起我们高度关注。院党组实施“院机关年轻干部实践锻炼”，目的就是要下决心让青年干部抓紧补上基层锻炼这一课，切实改善和优化干部队伍结构。

第三，组织年轻干部实践锻炼，是促进青年干部自身成长的现实需要。马克思主义的唯物史观和认识论认为，人的才干的增长离不开社会实践。青年干部要想真正创造无愧于时代、无愧于青春年华的业绩，真正成为值得信赖、堪当重任的一代，就必须在深入基层的实践中历练成长。胡锦涛总书记指出：“凡是在各种领导岗位上有所作为、成绩突出的干部，都是注重实践锻炼特别是基层实践锻炼，在丰富生动的实践中成长起来的，这已经成为一种规律性的现象。”习近平同志曾说：“农村基层的工作经历是人生的一个坐标，有了这个经历，就更清楚地知道什么是群众、如何尊重群众，知道什么叫实事求是、如何尊重事实。”李源潮同志也多次指出，要树立重视基层的用人导向，让优秀人才到基层去，让机关干部从基层来。基层舞台大、天地宽、机会多，是实践的主战场，是思想创新、政策创新的源头。院机关的青年干部只有深入研究所开展实践锻炼，才能了解研究所关切的问题，全面掌握当前研究所发展的形势，深切感知我们工作中存在的不足和努力的方向，回来后才能有的放矢地制定政策、做出决策，从而不断提高我们工作的针对性和时效性。只有深入研究所与干部职工打成一片，才能近距离从他们身上学到知识和智慧，总结出服务科研工作的有效方法，不断提高自己处理实际问题的能力。只有深入研究所亲自参加科研活动，亲身体验农业科研的艰难和科研人员的辛苦，才能不断拉近与科研人员之间的距离、养成吃苦耐劳的作风，不断增进对农业科研事业的真挚感情。

三、更加自觉地在实践锻炼中砥砺品质、锤炼作风、增长才干

实施“院机关年轻干部实践锻炼”，是院党组培养锻炼干部的重大举措，对选派锻炼的干部来说，也是提升素质、提高能力的难得机会。当前，我院改革发展的任务很重，特别是现代农业科研院所建设的任务非常紧迫。在这样一个关键节点让大家接受实践锻炼，是院党组着眼事业发展长远需要作出的重要安排，也寄托着对年轻干部尽快成长为栋梁之才的殷切期望。希望大家不负重托，不辱使命，珍惜机会，奋发有为，扎扎实实地补好健康成长所必须的四门课。

第一，要自觉砥砺品质，补好坚定人生理想的信念课。前不久，习近平同志在《求是》上撰文《领导干部要带头保持党的纯洁性》中特别提到，保持思想上的纯洁性，最重要的是保持对共产主义的坚定信念，对中国特色社会主义的坚定信念。组织青年干部深入基层实践锻炼是保持党的纯洁性的重要途径，是坚定干部理想信念的重要实践。一是要解决“成长为了谁”的问题，明确为广大科研人员服务，为农业科技创新服务，为农业发展、农民增收、农村繁荣做贡献的责任和使命，振奋精神，找准前进的方向；二是要解决“成长依靠谁”的问题，明确广大科研人员在农业科技创新中的主体地位和作用，虚心好学，找到前进的动力；三是要解决“我到底是谁”的问题，摆正自己的位置，正确处理个人和集体的关系，小我和大我的关系，主动把个人的理想和奋斗融入到建设中国特色社会主义的共同理想和奋斗中，自觉把为党和人民建功立业作为自己的人生目标和价值追求，从而进一步坚定献身农业科研事业的信心和决心。

第二，要密切联系群众，补好热爱农业科研的感情课。密切联系群众，是党的优良传统和作风，也是我们党 90 余年奋斗历程的宝贵经验。“心系群众鱼得水，背离群众树断根。”对于中国农业科学院机关干部来说，保持党同人民群众的血肉联系，很重要的一点就是培养与广大科研人员的深厚感情。与科研人员的深厚感情，是在共同生活、共同奋斗、做好服务的实践中逐步培养和发展起来的。“知屋漏者在宇下，知政失者在

草野。”干部光呆在机关大院里，既不了解科研工作，也不了解科研人员，很难与普通科研人员有深厚感情；只有在研究所摸爬滚打过的干部，才能深刻地了解科研人员，才会对科研人员有深厚感情，才有根基成长为一名自觉服务科研的干部。到研究所实践锻炼，是接触科研、了解科研、服务科研的好机会。要真正做到谋划工作思路向科研人员问计，查找工作中的问题听取科研人员意见，改进工作措施向科研人员请教，衡量工作成效由科研人员评判。要争取办上几件值得研究所科研人员记住的好事实事，不枉自己到研究所锻炼这一回。

第三，要自觉实践锻炼，补好解决实际问题的能力课。“纸上得来终觉浅，事非经过不知难。”提高解决实际问题的能力，必须到基层经受实际锻炼。“基层一年功、胜读十年书。”大家到基层锻炼，肯定会遇到许多在机关没有碰到的事情，甚至是一些长期没有解决的难题。要坚决克服“镀金”思想，敢于担当，敢于负责，主动到“急、难、险、重”的岗位上接受锻炼，直面矛盾，解决问题。大家在实践锻炼中，一是要多向具有丰富基层工作经验的同志虚心讨教，看他们是如何正确地处理上级与下级、全局与局部的关系，如何正确地处理主要矛盾和次要矛盾，如何把政策条文变为实际举措取得实效的，学习他们综合协调和分析解决问题的工作方法，不断培养系统思考、统筹兼顾的能力；二是要多向实践学习，发扬理论联系实际的学风，把本职工作和基层实际紧密结合起来，把理论知识和实践经验紧密结合起来，注重研究新情况、新问题，把基层实践中好的做法和经验，总结上升为更好地推动工作的政策建议；三是要多向科研人员学习，学习他们的科研知识和经验，学习他们艰苦创业、勤奋踏实、敬业奉献的宝贵品质和优良作风，学习如何用科研人员乐意接受的方式来服务科研，学习如何用科研人员认可的方法解决实际问题。大家更要把在实践锻炼中学到的本领、增长的才干运用到今后的工作中，做立足本职创先争优的典范。

第四，要注重磨练意志，补好锤炼品格意志的作风课。“艰难困苦，玉汝于成。”越是条件苦、困难多的地方，越能坚定理想信念，越能塑造坚韧不拔的品格和艰苦奋斗的作风，也越能体现一个干部的人生追求和人生价值。为了切实达到实践锻炼的目的，我们规定驻研究所基地（场、站）时间不得少于半年，在总结去年工作的基础上，今年将安排每位实践锻炼干部分批分次到祁阳站锻炼两个月。刚才有的同志在发言中也提到，相对院机关的工作环境，那里的条件仍要差一些，工作和生活的环境比较艰苦，大家一定要有充分的思想准备。只有在这样的环境下，才能使青年干部锻炼品格、磨练意志，培养吃苦耐劳、艰苦奋斗的优良作风。大家要多看看地方的群众，多看看身边的同事，不抱怨、不埋怨、不搞特殊化。要适应基层的状况，知难而进，迎难而上，肯吃苦、能吃苦、不叫苦，以坚强的党性、扎实的作风、清廉的形象赢得信任和支持。

四、努力为年轻干部实践锻炼创造良好条件

今年是我院实施“机关年轻干部实践锻炼”的第二年，各单位、各部门要统一思

想，总结经验，精心组织，扎实推进，确保年轻干部受锻炼、队伍建设出活力。

第一，要舍得放。刚才付静彬同志也谈到，把有发展潜力的年轻业务骨干派出去实践锻炼，对于年轻干部自身成长和部门中心工作推进都大有好处。今年，许多部门都把有培养前途但缺乏基层工作经验的年轻业务骨干派出去了，这很好。这不仅有利于年轻干部本人成长，也有利于本部门干部队伍建设和事业发展。希望派出部门把人派出后，要真正放手，真正让干部全身心地投入到实践锻炼。

第二，要善于用。接收单位要根据实践锻炼干部的特点和特长，用其所长，充分发挥实践锻炼干部的专业和技术优势，给他们交任务、压担子，安排有丰富基层工作经验的同志对他们进行“传帮带”，安排实践锻炼干部到多个岗位锻炼，帮助他们健康成长，全面提高素质能力。

第三，要管得好。各单位、各部门要切实加强对实践锻炼干部的管理，严格执行制度规定，不断提高实践锻炼干部管理的规范化水平。人事局作为“院机关年轻干部实践锻炼”的组织者和推动者，要充分发挥好牵头抓总的作用，履行好协调、服务职能，加强跟踪教育培养和管理考核，及时了解掌握实践锻炼干部的思想动态和工作表现，注意发现先进典型，总结推广好做法好经验，推动年轻干部实践锻炼工作深入健康开展。

同志们，当前中国农业科技事业正处于快速发展的大好时期，青年干部朝气蓬勃，风华正茂，干事创业正当其时。希望大家珍惜机会，在建设“世界一流现代农业科研院所”伟大实践的广阔舞台上，努力创造一流业绩，演绎一段精彩人生，收获一份成长历练，给组织和自己交上一份满意的答卷。

学习贯彻十八大精神　全面加强我院人事人才工作

——魏琦在中国农业科学院“两研会”上的讲话

（2012 年 11 月 29 日）

同志们：

在中国共产党第十八次全国代表大会胜利闭幕不久，在全国上下正在掀起深入学习领会十八大精神的热潮之际，院里召开这次两研会，既是对十八大精神的进一步深入学习领会，也是以实际行动贯彻落实家洋院长提出以更昂扬的精神状态和更有力的工作措施，推进中国农业科学院跨越式发展要求的具体体现。根据会议安排，我结合分管工作谈一些认识和体会。

一、充分认识加强人事人才工作对全面提高党的建设科学化水平的重要意义

党的十八大报告对全面提高党的建设科学化水平作出了全面部署，提出要以改革创新精神全面推进党的建设新的伟大工程，要围绕加强党的执政能力建设、先进性和纯洁性建设这条主线，坚持解放思想、改革创新，坚持党要管党、从严治党，全面加强党的思想建设、组织建设、作风建设、反腐倡廉建设、制度建设。人事人才工作作为党的建设工作重要组成部分，担负着为经济社会发展提供组织保障和智力支持的重要职责，要以党的十八大精神为指导，不断增强做好工作的自觉性和坚定性。

（一）建设高素质执政骨干队伍是走中国特色社会主义道路的根本保证

十八大报告指出，坚持和发展中国特色社会主义，关键在于建设一支政治坚定、能力过硬、作风优良、奋发有为的执政骨干队伍。要优化领导班子配备和干部队伍结构，注重从基层一线培养选拔干部；加强和改进干部教育培训，提高干部素质和能力；加大培养选拔优秀年轻干部力度，重视培养选拔女干部和少数民族干部，鼓励年轻干部到基层和艰苦地区锻炼成长。

建设高素质的领导班子和干部队伍，是加强党的执政能力建设，保持党的先进性和纯洁性的必然要求。随着我国改革发展进入关键时期，领导干部身上滋生不正之风的现

实危险性在增加，个别领导干部身上也确实存在一些问题，如不思进取、得过且过，漠视群众、脱离实际，形式主义、官僚主义，弄虚作假、虚报浮夸，铺张浪费、贪图享受，阳奉阴违、我行我素，独断专行、软弱涣散，以权谋私、骄奢淫逸，等等，这是对党的战斗力的极大削弱。要充分认识建设高素质执政骨干队伍的重要意义，坚持党管干部原则，坚持五湖四海、任人唯贤的干部路线，坚持德才兼备、以德为先，坚持注重实绩、群众公认。突出科学发展导向，综合评价干部的德才表现，使各方面优秀干部充分涌现，为建设中国特色社会主义事业各尽其能、才尽其用。

（二）深化干部人事制度改革是全面建成小康社会目标的客观要求

十八大报告指出，全面建成小康社会，必须以更大的政治勇气和智慧，不失时机深化重要领域改革。要不断深化干部人事制度改革，全面准确贯彻民主、公开、竞争、择优方针，扩大干部工作民主，提高民主质量，完善竞争性选拔干部方式，提高选人用人公信度。要完善干部考核评价机制，促进领导干部树立正确的政绩观。健全干部管理体制，从严管理监督干部，加强党政正职、关键岗位干部培养选拔。

党的组织路线是为指导思想和政治路线服务的，指导思想和政治路线确定之后，组织工作就要及时跟进。只有进一步深化干部人事制度改革，形成干部选拔任用科学机制，才能更好地为科学发展选干部、配班子、建队伍、聚人才。要深刻认识深化干部人事制度改革，是解决干部工作中突出问题、提高选人用人公信度的迫切需要，通过改革来解决一些长期制约发展的深层次矛盾和问题。要通过深化干部人事制度改革，进一步推动社会主义民主政治健康发展，为全面建成小康社会营造更加有利的体制机制环境。

（三）加强人才队伍建设是落实创新驱动发展战略、实现农业现代化的紧迫需要

十八大报告指出，要实施创新驱动的发展战略，把科技创新摆在国家发展全局的核心位置。要加快发展现代农业，增强农业综合生产能力，确保国家基础设施建设和重要农产品有效供给。要加快确立人才优先发展的战略布局，造就规模宏大、素质优良的人才队伍，推动我国由人才大国迈入人才强国。统筹推进各类人才队伍建设，实施重大人才工程，加大创新创业人才培养支持力度。充分开发利用国内国际人才资源，积极引进和用好海外人才。

进入新世纪以来，党中央、国务院高度重视人才工作，先后召开了全国人才工作会议，颁布了人才规划，立足国家现实和长远发展需要，围绕提高国家核心竞争力和实现科学发展，对人才工作作出了战略部署。十八大对人才工作又提出了新的更高要求，充分体现了新的历史条件下我们党对工作任务、发展使命和执政规律的科学把握，对人才资源在落实创新驱动发展战略、实现农业现代化建设中的重要价值和作用的深刻理解，

是党中央在新时期作出的重大战略决策，标志着党对人才问题认识的深化。农业农村人才是我国人才队伍的重要组成部分。发展现代农业，推进社会主义新农村建设，实现农业科技创新的跨越式发展，关键在人才。我们必须牢固树立科学的人才观和人才是第一资源的观念，深刻认识重视农业农村人才就是重视“三农”事业的未来，培养农业农村人才就是打牢“三农”发展的基础，切实增强责任感和紧迫感，不断开创农业农村人才工作的新局面。

当前，院系统组织人事干部，要把深入学习领会十八大精神作为当前的首要政治任务，尤其是要加强对人事人才相关论述的学习，既要自己带头学，也要组织大家共同学，要努力做到早学一步，学深一点，吃透精神、把握实质、联系实际、推动工作，要把中央的要求转化为做好工作的自觉行动、具体措施，为全面提高党的建设科学化水平作出应有贡献。

二、深刻理解做好新时期我院人事人才工作的紧迫性和必要性

家洋院长和萌山书记在我院传达学习十八大精神党员干部大会上强调指出，全面完成党的十八大提出的农业农村经济工作各项任务，必须加强自身建设，切实提高农业农村经济工作能力和水平。从我院实际情况看，近年来人事人才工作取得了一定的成绩，但面对新的形势和任务，仍然还存在不小的差距，我们一定要按照家洋院长提出的要求，进一步认清形势，积极应对挑战，站在全局和时代的高度，切实增强做好人事人才工作的使命感和紧迫感。

（一）认真总结近年来我院人事人才工作取得的经验和成绩

近年来，我院在大力调整和完善学科设置的基础上，根据学科和人才梯队建设需要，先后启动了杰出人才工程、科技创新团队建设工程，被确定为国家首批“海外高层次人才创新创业基地”；通过深化干部人事制度改革，一批优秀的科研和管理干部先后走上了领导岗位，在人事人才方面取得了很显著的成绩，也积累了一些宝贵经验。

一是建立了一支在国内外有一定影响力的农业科研骨干队伍。截至目前，全院现有专业技术人员 5 306人。其中，正高级 838 人，副高级 1 426人。现有两院院士 11 人、外籍院士 5 人，“千人计划”入选专家 5 人，国家自然科学基金委创新研究群体 1 个，杰出青年科学基金获得者 15 人，优秀青年科学基金获得者 2 人，中国青年科技奖获得者 12 人；中华农业英才奖获得者 7 人，农业科研杰出人才及其创新团队 40 人（个），国家产业技术体系首席科学家 18 人、岗位专家 177 人。国家级突出贡献专家 24 人、部级突出贡献专家 163 人、省级专家 69 人、政府特殊津贴专家 947 人、国家“百千万人才工程”人选 43 人、全国杰出专业技术人才与团队 4 人（个）。尤其在近两年，科研骨干人才成长的步伐进一步加快，海外高层次引进取得了可喜成绩。

二是领导班子和干部队伍建设得到不断加强。认真贯彻《干部选拔任用工作条例》，加强领导班子和干部队伍建设，树立正确的用人导向。组织召开中国农业科学院领导班子和干部队伍建设会议，印发《院党组关于加强领导班子与干部队伍的意见》。“十一五”以来全院共有33个领导班子进行了换届，共任免所（局）级领导干部440人次，其中提任所（局）级干部106人，平均年龄45.4岁。2010年5月中组部、农业部联合检查组对我院2008年以来选人用人工作情况进行了专项检查，满意和基本满意率之和平均为93.4%，群众对我院选人用人工作总体评价较好。逐步加大竞争性选拔干部的工作力度，做好后备干部和年轻干部的教育培养工作。积极探索符合我院实际的干部选拔任用机制，逐步加大竞争性选拔干部工作力度。2006年以来，院机关共组织3次公开招聘。稳定保持了近100名左右的正、副所级后备干部队伍，并注重针对性培养，实行动态管理。通过挂职锻炼、交流任职、博士服务团、援疆援藏、院机关年轻干部下基层锻炼、学习培训等多渠道推动干部培养锻炼，干部队伍的综合素质和管理能力逐步提高。

三是院属单位布局和平台建设得到进一步优化。优化组织结构体系，积极为科研发展搭建平台。逐步健全院机关内设机构。2007年，组建财务局（科技产业发展办公室）和基本建设局。2009年，监察与审计局更名为监察局。2012年，推动成立成果转化局。加强研究所学科平台建设。2006年，完成我院4个畜牧兽医研究所更名挂牌工作。先后依托有关研究所成立了国家农产品加工技术研发中心、国家畜禽改良中心、农业部农产品质量标准研究中心等。2012年，推动成立农业部食物与营养发展研究所。这些研究所、中心的成立为我院农业科技创新能力和国际竞争力的提升，以及做好农产品质量安全工作，提供了强有力的技术支撑。

四是科学规范的收入分配管理机制初步建立。稳步推进岗位聘用制和收入分配改革，探索建立科学的管理办法和分配体系，保障职工和离退休人员的待遇水平。2008年，启动了岗位设置和聘用管理工作。研究制定了《中国农业科学院岗位设置管理暂行规定》及专业技术、管理、工勤3类岗位聘用办法并组织实施，做好聘后管理工作。2006年，组织完成全院工资制度改革，建立岗位绩效工资制。不断探索以岗位绩效工资制为主体、多种分配形式并存的收入分配制度，起草了《关于完善收入分配机制促进人才队伍建设的意见》（讨论稿），初步提出对突出贡献的科研人员实施特殊奖励的办法，探索制定院收入分配指导线，规范收入分配秩序。

（二）清醒认识到人事人才工作距离现代科研院所建设还存在较大差距

客观分析，我院人才队伍建设与实现现代农业科研院所建设的目标还存在很大的差距和较为突出的问题。主要表现在以下几个方面。

一是高端人才匮乏。目前，农业领域有两院院士130余人，我院仅有11人（其中70岁以上的7人）。我院现有国家杰出青年科学基金获得者11人，与中科院涉农研究所和中国农业大学相比明显偏低（中科院遗传所28人、地理所13人、植物所15人、微生物所14人，中国农业大学38人）。缺乏高水平的创新群体，至今没有国家自然基金委“创新研究群体”项目（中科院遗传所3个、植物所3个，中国农业大学5个，华中农业大学3个）。在担任973首席科学家、“十二五”863主题专家组专家以及现代农业产业技术体系首席科学家等重要科技计划的高层专家方面，我院与中科院涉农研究所和部分农业大学相比人数明显偏少。**二是学科分布不平衡。**传统学科人才济济，新兴学科和交叉学科人才匮乏，难以适应世界农业科技迅猛发展的需要。**三是年轻的课题主持人和学科带头人才匮乏，青年学科带头人的后备力量不足。**人才流失和引进困难的现象比较严重，京外研究所和中西部地区研究所尤为突出；博士研究生和博士后招收人数严重不足，质量不高，难以满足科研业务量快速增长的需要。**四是对科辅、转化队伍的重要性认识不够。**科辅、转化队伍发展滞后，高水平人才匮乏，支撑能力不强。**五是缺乏人才培养与引进的可持续资金支持，对全院人才队伍建设的调控能力不强。**近些年从中央部委到各个省份、地市，从科研院所到高校，推出了很多引才项目，比如“长江学者”、“百人计划”、“泰山学者”“闽江学者”等。这些人才专项在吸引优秀人才、凝聚创新团队、推动学科建设和科技创新等方面发挥了积极的作用。我院至今没有这样的人才专项，与中科院涉农研究所、农业高等院校的人才差距越拉越大，高端人才引领作用难以有效发挥。**六是科技人才的引进、培养、评价、激励机制不健全，还不能完全适应现代农业科技工作的需要。**一方面考核评价过于频繁，科技计划项目实施过程中各项检查、考评、总结过多，科研人员难以专注科学研究。另一方面，科研单位年度考核和聘期考核流于形式，尚未真正执行到位，考核结果与岗位、绩效等联系不紧密。考核评价指标缺乏科学性，评价指标过度量化，针对不同研究类型、研究目标和研究阶段的评价指标体系没有真正建立起来。

此外，我们在领导班子和干部队伍建设方面，还存在行政色彩浓厚，年轻后备干部缺乏，干部培养缺少针对性等问题；在内部收入分配方面，还存在总体水平偏低和横向比较差距过大等问题；在机构和人员配备方面，还存在忙闲不均、不够精干高效等问题。对这些问题，我们一定要高度重视，采取切实有效的措施，在今后的工作中认真改进，要按照建设世界一流农业科研院所的要求，建立有国际竞争力的人事人才制度和管理体系，使一流人才愿意来、留得住、用得好，营造有利于各类人才成长和干事创业的良好环境。

三、认清形势，明确目标，以改革创新的精神做好下一步人事人才工作

党的十八大为未来一个时期党和国家工作指明了方向。目前，院里的发展目标也已经明确，就是要实现跨越式发展，做到顶天立地。要按照家洋院长提出的“抢”、“快”、“高”、“特”、“破”五字要求，按照萌山书记提出的“以科学务实的态度来谋

事，雷厉风行的作风抓落实”的要求，进一步增强宏观思维、战略思维和责任感、使命感，以改革创新的精神攻坚克难，扎实做好下一步人事人才工作。

（一）我院人事人才工作的指导思想

下一步我院人事人才工作指导思想是：以科学发展观为指导，紧紧围绕院党组建设世界一流科研院所的总体目标，围绕中心、突出重点、创新机制、服务发展，重点“抓住一条主线、坚持三个原则、做好六项工作”，为实现我院跨越式发展提供有力人才支撑和组织保障。

抓住一条主线：就是人事人才工作必须紧紧围绕提高我院科技创新水平，加快实施人才强院战略，实现跨越发展这条主线来开展。

坚持三个原则：一是毫不动摇坚持党管干部、党管人才的原则。要坚持党对干部人事工作路线、方针、政策的统一领导，坚持五湖四海、任人唯贤，坚持德才兼备、以德为先，坚持注重实绩、群众公认，深化干部人事制度改革，使各方面优秀干部充分涌现、各尽其能、才尽其用。要认真落实《中央办公厅关于进一步加强党管人才工作的意见》和李源潮同志在加强党管人才工作会上的重要讲话精神，遵循人才成长规律和人才资源开发规律，建立科学的人才评价体系，制定合理的绩效评估指标和评估办法，对人才进行分类识别与管理，不断提高人才工作科学化水平，把各类人才的积极性、创造性引导好，保护好，发挥好。切实加强人才队伍建设的组织领导与统筹协调，进一步完善人才工作运行机制。二是毫不动摇坚持围绕中心、服务大局的原则。坚持三个始终，就是始终把人事人才工作置于推进我院现代农业科研院所建设的大局中去谋划，始终把人事人才工作置于不断提高我院科技自主创新能力的实践中去推进，始终把人事人才工作置于努力营造有利于各类人才成长的服务中去评价。要找准服务发展大局的着力点和结合点，主动了解大局，自觉服从大局，积极维护大局，有效服务大局，统筹做好领导班子建设、干部队伍建设，高层次人才队伍建设、收入分配改革、离退休管理服务等各项人事人才工作，实现人才资源的优化配置。要努力建设规模适当、结构合理、素质精良、充满活力的科研、科辅、转化和管理 4 支队伍，为建设世界一流农业科研院所提供强有力的制度保障和人才支撑。三是毫不动摇坚持推动体制机制创新的原则。人才发展的关键在体制机制，体制机制的活力来自改革创新。我们要进一步开阔眼界、开阔思路、开阔胸襟，不断破除束缚人才成长、脱颖而出的思想观念和制度障碍，坚定不移地推进干部人事制度改革，加大政策创新和突破力度，激发人才创造活力。要不断完善干部选拔任用机制、考核评价机制、管理监督机制、激励保障机制，形成广纳群贤、人尽其才、能上能下、公平公正、充满活力的中国特色社会主义干部人事制度体系；要以落实国家人才发展规划为主线，以实施重大人才工程为抓手，扎实推进人才强国、人才强院战略各项任务的落实。

（二）重点做好六项工作

1. 以高层次人才队伍建设为重点，统筹抓好各层次人才队伍建设

一是着力加强科技创新团队建设。围绕我院根据国家重大科技需求和科技发展前沿确定的学科框架体系，分期分批启动，重点建设300个左右国内一流的精干、高效的创新团队。

二是围绕现代科研院所建设工程目标进一步加强高层次人才队伍建设。认真落实《中国农业科学院“十二五”科技人才队伍发展规划》，重点组织实施好“两院院士”、“千人计划”、“国家杰青”、“国家特支计划”等领军人才的引进和培养工作。

三是组织实施“青年英才计划”，加强青年创新人才培养。针对现有高层次创新人才不足的问题，为保证创新团队建设的需要，吸引具有国际视野和高水平的学科带头人和青年创新人才。以“青年英才计划”为牵引，完善管理，加强支持，改进服务，加大优秀青年人才引进和培养力度，建立健全青年英才培养机制。在未来5~10年，每年全职引进50名左右优秀青年人才，重点引进35岁以下具有3~5年博士后工作经历的国内外优秀青年。

四是全面实施博士后推进计划。为进一步发挥博士后制度在吸引和培养人才、促进人才流动、促进学术交流和学科交叉、推动科技创新等方面的独特作用，全面实施博士后推进计划。前期已印发《中国农业科学院关于进一步加强博士后工作的意见》《中国农业科学院博士后工作管理办法》和《中国农业科学院博士后工作奖励规定》。下一步将继续完善博士后工作管理制度，创新工作机制，扩大招生规模，增加经费投入，认真落实博士后待遇，增强我院对优秀人才的吸引力。力争到2015年，年进站博士后达200人以上，在站博士后达500人以上，使每个创新团队有2名以上博士后从事合作研究。

2. 理顺完善机构设置和职能定位，积极稳妥地推进干部人事制度改革

一是理顺我院管理三级、四级岗位聘用及工资管理工作。积极参与推动现代科研院所建设的相关工作，在下一步事业单位分类改革中，积极争取理顺关系，明确相关研究所的公益性定位，帮助解决目前制约拟转企所发展的根本性问题。理顺我院管理三级、四级岗位聘用及工资管理工作，争取解决当前京内、京外所不一致，一类所和二类所不一致，院机关和京内研究所不一致的问题，通过前一段与人事司积极沟通，已有了一些初步进展，形成了一个工作方案。

二是健全完善干部选拔任用机制，加大竞争性选拔干部力度。重视所局级干部和关键岗位干部的选拔任用，注重在基层一线培养和选拔干部。加大干部年轻化力度，着眼于培养选拔一批70年代出生的所局级干部，争取到2015年领导班子要形成有不同年龄段干部构成的梯队配备。逐步加大竞争性选拔干部力度，进一步解放思想，为特别优秀的人才发挥聪明才智搭建舞台，让优秀人才在竞争中上岗，在竞争中脱颖而出。

三是健全完善干部考核评价机制。重视对干部的德和工作实绩的考察，重视分类考核，建立符合农业科研单位特点的考核评价体系。改进和完善《院属单位年度任务目标考核暂行规定》《农科院干部年度考核暂行办法》等考核办法，增强考核工作的科学性和准确性。进一步加大对考核结果的使用，把考核结果与干部的培养教育、提拔使用有机结合起来。

四是健全完善干部管理监督机制。严格执行干部选拔任用工作“一报告两评议”、离任检查等制度，强化对干部选拔任用工作的监督，进一步提高我院选人用人公信度。加强领导干部经济责任审计、个人有关事项报告、巡视工作、民主生活会等工作，提高监督效能，形成监督合力。坚持干部交流制度。积极稳妥地推进研究所领导干部任期制试点工作，抓紧研究出台符合现代科研院所建设需要的任期制办法。

3. 以现代院所建设需求为出发点，大力加强干部队伍能力建设

一是加强思想政治建设。以思想理论建设为根本，以党性教育为核心，以道德建设为基础，增强自我净化、自我完善、自我革新、自我提高的能力，努力建设学习型、服务型、创新型的领导班子和干部队伍。

二是加强干部教育培训。健全完善所局级及后备干部培训机制，加大自主教育培训力度，积极争取名额选派干部参加中组部、农业部等上级部门调训，提高领导干部的综合素质。

三是优化班子专业知识结构。注重吸引和造就一批擅长成果转化的人才充实到所局级干部队伍，努力构建一支由战略科学家、科研管理专家、党政管理专家、优秀科技骨干组成的，以中青年为主体，富于创新活力，开拓进取、精干高效的领导干部队伍。

四是加强干部实践锻炼。积极选派所局级及后备干部参加援藏、援疆、博士服务团、扶贫等挂职锻炼工作，统一组织选派管理骨干到地方挂职锻炼，继续实施院机关年轻干部到基层锻炼活动，提高解决实际问题和驾驭复杂局面的能力。

五是加强干部交流轮岗。探索建立符合现代农业科研院所特点的干部交流办法，拓宽交流渠道，推动机关与研究所、机关及研究所内部、与院外单位之间的干部交流，进一步增强干部队伍生机活力。把干部参加教育培训、实践锻炼和交流轮岗等经历做为领导干部选拔任用的重要依据。

4. 以建立科学人才评价体系为导向，积极推进收入分配制度改革

按照以研为先、以岗定薪、优绩优酬、岗变薪变的原则，深化收入分配制度改革。在开展分类评价的基础上，完善以业绩为导向、以岗位绩效工资制为主体，多种分配形式并存的薪酬体系，形成院宏观指导、总量调控，研究所内部搞活、合理分配的管理格局。

一是建立以岗位绩效工资制为主体，多种分配形式并存的薪酬体系。根据职工所承担的岗位职责、胜任能力及工作业绩确定绩效工资水平，绩效工资一般分为基础性绩效和奖励性绩效两部分。不同类型岗位人员的绩效工资构成可适当区别。对在国家和我院有重大需求或重点发展学科领域引进的拔尖人才，加大奖励力度。探索技术专利、知识产权等多种要素参与分配，发挥激励导向作用。

二是建立特殊岗位津贴和突出贡献奖励制度。对院士、院科技创新体系设立领域专家、团队首席专家和岗位专家，以及地处艰苦偏远地区或经济条件困难的研究所引进具有博士学位的青年人才等采取给予每年定额的特殊岗位津贴制度。对获国家自然科学基金创新研究群体资助的学术带头人、国家杰出青年科学基金资助专家、长江学者特聘教授和获国家优秀青年科学基金资助专家采取给予一次性突出贡献奖励制度。

三是进一步完善收入分配宏观调控机制。建立职工收入情况调查机制。每年核定院属单位工资总额和绩效工资总量。建立职工收入正常增长机制，使职工收入与经济发展水平、地域水平、行业特点相适应。探索建立院工资增长指导线制度，引导院属单位合理分配。探索争取通过工资总额的办法解决引进人才的高水平工资待遇问题。

四是进一步规范收入分配秩序。统筹协调，保持合理的收入差距。完善与考核结果紧密相关的收入分配方案，妥善控制收入差距。明确重点，规范不同岗位分配秩序。强化监督，建立考评和责任追究制度。

5. 认真落实政策，不断提升管理服务水平，为老同志办好实事

一是落实好老同志政治待遇和生活待遇。从政治上关心、尊重老同志，定期向老同志通报情况，重大问题征求老同志的意见，发挥老同志的作用。按时足额发放离退休生活补贴，定期走访慰问，帮助老同志解决医疗、生活等方面的问题，让老同志真正感受到组织的温暖。

二是丰富老同志业余生活。不断改善离退休职工的学习活动环境，组织开展各类文化活动，创新活动形式，丰富老同志业余生活。

三是为老同志办好实事。完成院离退休工作领导小组、老科协和管委会的换届工作，加强对离退休工作的组织领导。认真做好“农业部老干部活动分中心”的各项建设工作，制定管理制度和应急预案。安装活动站摄像系统和老同志语音通知系统。做好老年大学管理等工作。通过不断加强离退休管理与服务，真正做到让党组放心，为我院科技发展、稳定大局创造良好环境。

6. 不断加强人事部门自身建设，着力打造模范部门和过硬队伍

一是深入学习贯彻党的十八大精神，用科学发展观统领各项人事人才工作。学习好、宣传好、贯彻好、落实好党的十八大精神，是当前和今后一个时期组织人事系统的首要政治任务，也是我们做好今后各项人事人才工作的前提和保证。制定计划、周密安排、精心组织，使我院广大组工干部深刻领会党的十八大精神实质，统一思想，提高认识。要围绕主题、把握实质、明确要求，理论联系实际，确保学习成效。

二是不断加强组工干部队伍能力建设。搭建能力建设平台，强化业务培训和实践锻炼，推动组工干部不断开阔眼界、开阔思路、开阔胸襟，想问题、善研究、干实事，增强改革创新的意识和本领。积极组织院系统组工干部参加上级部门举办的或我院自主组织的各类培训，不断加强能力建设。

三是大力加强作风建设。进一步弘扬组织部门政治坚定、公道正派、求实创新、清正廉洁的优良作风，建设先进组工文化，牢固树立组工干部可信、可亲、可敬、可靠良好形象。积极创造条件，引导组工干部特别是青年组工干部深入基层调研和加强实践锻炼，在服务基层中树立和强化群众观点，锻炼党性、砥砺意志、提升能力、增长才干。

四是切实抓好党风廉政建设。认真落实党的十八大有关要求，加强廉洁从政教育，筑牢反腐倡廉思想防线。引导组工干部切实加强廉洁自律，做到经得住诱惑、耐得住寂寞、守得住清贫，始终保持共产党人的蓬勃朝气、昂然锐气和浩然正气。严格贯彻《廉政准则》，执行组工干部“十严禁”、“五条禁令”等纪律规定，进一步从严管理干部。

魏琦在农业部2012年度“西部之光”访问学者新疆和西藏特培学员欢迎座谈会上的讲话

（2012年10月31日）

各位领导、各位专家，同志们：

今天我们齐聚一堂，共同欢迎农业部2012年“西部之光”访问学者、新疆和西藏特培学员。在此，我代表中国农业科学院党组，代表李家洋院长，向各位访问学者、特培学员表示诚挚而热烈的欢迎！向中组部人才工作局、人社部专技司、农业部人事司的领导，以及支持我院“西部之光”、新疆和西藏特培工作的专家和同志们表示衷心的感谢！在访问学者和特培学员即将全面开始研修之际，农业部组织召开欢迎座谈会，有关各方齐聚一堂，交流座谈，了解情况，听取建议，明确任务，布置工作，对于推进培养计划顺利开展具有重要意义。按照会议安排，下面我代表中国农业科学院作个发言。

在中组部、人社部、农业部各级领导的关心、支持和帮助下，在院属相关研究所和院研究生院通力配合下，在培养导师悉心指导下，我院通过不断改进管理方式，完善工作机制，改善工作生活环境，创造研修学习条件，圆满完成了174名“西部之光”访问学者的培养工作。今年，我部承担了24位“西部之光”访问学者、2位西藏特培学员和1位新疆特培学员的培养任务。目前，访问学者和特培学员已报到完毕。

为使各位访问学者对我院有一个概括了解，下面我简要介绍一下我院的情况。我院成立于1957年，是农业部直属的国家级农业科研机构，全院现有31个专业研究所、1个研究生院、1个出版社。全院有在职职工近8 000人，其中，科技人员5 306人，高级专业技术职务人员2 324人，两院院士11人，“新世纪百千万人才工程”国家级人选43人。

“十五”以来，我院按照“三个中心、一个基地”的发展战略，从学科、人才和平台3个方面进行了大刀阔斧的改革。研究确定了作物科学、畜牧兽医科学、农业微生物学等9大学科群，41个一级学科和173个二级学科的学科框架。先后实施了人才—团队—基地“三步走”的人才建设系统工程，共招聘到一级岗位杰出人才43人，二级岗位124人，三级岗位239人；遴选产生了13个院级优秀科技创新团队和90个所级重点科技创新团队；为建好农业领域首个国家级人才基地，我院决定实施海外高层次人才引进“1351计划”，目前已招聘5位“千人计划”入选专家。同时，我院在科技条件平台建设上，系统谋划，加大力度，形成了以国家重大科学工程为龙头，重点实验室、质检中心、野外台站、种质资源库等相配套的初具规模的农业科技平台体系。

“十五”以来，我院共承担国家及行业各类科技项目（课题）5 572项，经费总额43.4 亿元；获得国家级奖一等奖 5 项、二等奖 40 项，省部级奖 400 多项。

各位访问学者均来自西部地区的农业科研或推广部门，可以说这里是你们进修的理想之地。

我院高度重视“西部之光”访问学者培养工作。按照上级的统一部署和要求，在农业部人事劳动司的直接指导下，本着服务西部、对口支援的原则，积极协调落实访问学者和特培学员接收培养单位、培养导师，切实把落实“西部之光”、新疆和西藏特培计划作为一项重要任务，纳入到支持西部大开发的总体规划和我院高层次农业科研人才培养基地建设的具体工作中。按照中组部文件精神和农业部提出的强化统一管理的要求，从第一批学者开始，农业部系统的“西部之光”访问学者、新疆和西藏特培学员统一由我院集中管理，具体工作由我院人事局和研究生院承担。

为做好培养工作，加强规范管理，在总结首批访问学者培养管理工作的基础上，我院于 2005 年研究制定了《“西部之光”访问学者培养管理办法》，对培养导师选派、培养计划拟定和实施、经费使用管理、组织考核等工作进行了明确要求和详尽说明。在人才配备方面，承担访问学者指导任务的导师都是我院相关学科领域的带头人或者优秀科技骨干，大多承担着 973、863、转基因专项和现代农业技术体系等重大课题，具有较高的学术水平。在生活条件方面，研究生院在访问学者日常管理、生活起居等方面做了大量工作，力求营造一个更加宽松和舒适的学习生活环境。

访问学者一年的访问研修工作基本上都在研究所度过，在培养导师的辛勤指导下完成。因此，我院要求院属有关研究所和培养导师要充分认识到为西部培养优秀人才是我们义不容辞的责任和使命。要求接收培养任务的研究所要有一位所级领导负责此项工作，人事部门负责具体工作。安排落实培养导师，提供必要的办公科研条件，为访问学者和特培学员研修创造条件，帮助他们解决在院期间学习、工作和生活等方面的实际问题。要求研究生院负责访问学者和特培学员的学习培养、食宿安排和生活服务保障工作，按照研究生管理模式进行管理，并为访问学者和特培学员旁听专业课程和借阅图书提供便利条件。要求培养导师积极发挥传、帮、带作用，一是要帮助访问学者和特培学员根据派出地区的实际需要、研究兴趣和方向等来共同商定研修计划和培养目标；二是尽可能地安排访问学者和特培学员参与重大科学研究项目，提高他们的研究水平和操作技能，使其能够在学习过程中不仅了解到国家农业科学的主要研究方向和动态，并且学习到先进的科学试验技术及技能；三是多安排访问学者和特培学员参加国际、国内的学术交流活动，为他们开阔思路，掌握信息动态创造条件，使他们真正学有所获；四是推进合作，架起我院与西部各省市沟通交流的桥梁，以往很多访问学者和特培学员在导师的帮助和指导下，为其所在地区的农业科技改善作出了突出的贡献。

在去年中组部举办的“西部之光”访问学者培养工作研讨会上，我院作为培养单位代表在会上作了典型发言。我院“西部之光”访问学者培养的主要做法和成效得到了中组部相关领导的肯定和高度评价，我们深受鼓舞。前几批“西部之光”、新疆和西藏特培计划的实施，已经取得了可喜的成绩。一些地区已经与我院在科学研究、人才培养、资源信息共享等方面展开了良好的合作，对西部地区的人才队伍建设和科技工作的发展起到了积极的推动作用。

最后，我还想对在座的访问学者和特培学员提几点希望。

希望你们珍惜这次研修机会，结合自身优势，全面提升科研能力和综合素质。

一是注重拓宽知识面，提高科研能力和综合素质。希望大家通过参与培养导师的研究课题、项目，学习课题研究的基本方法和研究规律，了解本学科领域的学术前沿动态和发展趋势，努力提高把握科研发展趋势的能力；通过接受国内农业科技领域最好的专业技能训练，获得更多的专业知识，掌握先进的科学实验技能，全面提高科研能力和学术技术水平，为将来返回工作岗位承担更多、更重的科研任务奠定基础。

二是积极参加院、所学术活动，广泛开展学术交流。“十五”以来，我院加快了“三个中心、一个基地”战略目标的建设步伐，取得了一些令世界瞩目的科技成果，农业科技创新水平得到了迅速提高，提升了我院在国内外农业科技界的学术地位，我院每年都将组织和承办众多国际会议、学术研讨会以及科技咨询等大型科技活动。这给大家提供了难得的了解农业科技前沿和发展趋势，以及与国际知名农业科学家交流的机会。你们将有机会与来自世界各地的农业专家、学者，来自国内各高校、科研单位的院士、专家一道共同探讨世界农业科技发展方向、我国农业科技创新与发展等问题。同时，也希望各位学者与我院各学科领域的高级专家多接触，通过各种方式进行学术交流，讨论学术问题，提高学术见解。

三是结合地方实际，利用我院优势，积极为区域经济发展献计献策。我院拥有国家和部级重点实验室、国家农作物改良中心、国家和部级质量监督检验检测中心、农业领域唯一的国家农作物重大科学工程中心、全国最大的农业图书馆、国家农作物种质资源库等各类科技资源和科研平台。希望大家充分利用我院的科技信息、实验平台及人才资源，结合西部地区的发展需要和农业生产实际，开展一些有实际应用价值的科学研究，切实为西部地区农业发展解决一些实际的问题；同时，也要注重将我院先进的科技理念和科技成果与西部地区的农业、农村经济发展相结合，积极为西部地区社会主义新农村建设提供科技支撑。

同志们，你们作为新一批访问学者，你们的辛勤汗水和累累硕果预示着西部地区的美好未来。最后，希望你们满怀“发展西部，振兴西部”的雄心壮志，不辜负组织、领导和同事的重托，认真学习，刻苦钻研，多出成果，以优异的成绩来回报组织的重托。

六、计划财务管理与条件建设

中国农业科学院 2012 年财务管理工作概况

2012 年，我院财务管理工作围绕院党组中心任务，以迎接十八大召开为动力，继续深入贯彻落实科学发展观，强化全心全意服务科研的理念，坚持求真务实的工作作风，围绕实施农业科技创新工程、推进我院现代院所建设扎实开展各项工作，在上级有关部委和院属各单位、院机关各部门的大力支持和配合下，圆满完成了全年工作任务。

一、2012 年工作总结

（一）科研保障能力进一步提升

1. 预算规模持续稳定增长

在全院上下共同努力下，2012 年全院财政拨款收入 22.83 亿元，比 2011 年增加 1.16 亿元，增幅为 5.35%。其中，年初预算批复 21.09 亿元，预算追加 1.74 亿元。

2. 经费结构进一步优化

积极争取全院规范离退休津贴所需资金，申请追加京外 9 个单位退休人员津贴 5 293.2万元。

2013 年部门预算结构在 2012 年基础上进一步改善：①基本支出增加 0.73 亿元（其中，人员经费 0.55 亿元、公用经费 0.18 亿元）；②住房改革支出资金，在财政大幅调减农业部财政经费保障率和我院住房改革经费需求大幅增长的情况下，我院住房改革资金增加 0.15 亿元，保障率达 98%；③财政专项经费增加 4.33 亿元，其中，新增创新工程经费 3 亿元，增加特产所、油料所、农机化所运转费总计 678.4 万元。至此，我院已有 18 个单位获得运转费长期稳定支持，资金总计 6 228.4万元；修购专项经费增加 0.49 亿元。

3. 加快预算执行进度管理，提高财政资金使用效益

按照财政管理科学化、精细化精神，进一步加强全院预算执行管理，加快预算执行进度，提高财政资金使用效益。2012 年全院预算支出 23.45 亿元（含上年结转资金），执行进度为 85.99%，比 2011 年提高 2.41 个百分点。财政专项经费预算执行方面，2012 年度修购专项预算执行进度为 83.28%；全院基本科研业务费专项预算执行进度达到了 97.99%，其中院本级为 93.19%，分别比去年同期提高 3 个百分点和 10 个百分点。

（二）全院财务管理水平进一步提高

1. 修购专项三期规划顺利完成

组织成立我院规划编制领导小组和工作小组，召开规划编制工作会议，明确规划原则和重点，组织召开我院 2013—2015 年度修缮购置专项工作规划及 2013 年度修缮购置项目申报答辩会，牵头编制我院 2013—2015 年度修购专项总体规划，顶层设计了院级统筹重大项目、公共安全、共建共享、前沿优势和特色新兴 5 类重点项目，并组织院属 30 个单位完成规划编报以及 2013 年度项目申报。规划共申报 15 亿元、191 个项目。

积极配合上级部门、完成修购专项三期规划（以下简称规划）调研、成效宣传和前期论证，并在正式布置后，协助农业部组织完成了规划编写布置、规划方案研讨和规划评审会议等工作，为三期规划编报提供了有效保障。

2. 制度建设体系更加完善

在 2011 年组织编印《财务管理工作文件选编》的基础上，进一步加强财务管理制度体系建设，继续完善我院财务管理制度体系、规范财务管理工作。

一是对主管部门出台的新规定，结合我院特点进行细化，做好衔接，同时结合我院执行中发现的新问题，认真进行研讨，及时修正改进。

二是结合院机关实际制定相关制度，规范机关财务管理。完善了院本级经费审批事项，进一步加强院本级财务管理，规范内部制度；制定院本级公务卡实施细则并发放公务卡使用手册，进一步深化国库集中支付，规范公务支出行为；制定《中国农业科学院院机关固定资产管理暂行办法》，规范了院机关资产配置、使用、处置各个环节的管理，在制度上健全和完善院机关固定资产管理的有效监管体系。

3. 财务管理更加规范

组织召开 2012 年院财务工作会议暨领导干部财务培训班，围绕把我院建设成为“世界一流农业科研院所”的目标，总结近两年全院财务管理工作的成绩和不足，统一思想，提高认识，创新思路，为提高全院财务保障能力奠定了基础，为全院今后一段时期财务工作指明了方向。

组织开展全院财务检查。对作科所等 10 家单位进行了重点检查，通过检查了解了研究所实际情况，加强了沟通和效率，进一步规范了研究所的财务管理。

推进全院公务卡制度实施。加强公务卡制度培训，组织做好公务卡使用前期准备工作，为确保全院公务卡顺利实施打下牢固基础；组织开展院机关公务卡强制结算实施，起草了院本级公务卡实施细则，对实施公务卡进行宣传、培训，并发放使用手册，进一步深化国库集中支付，规范公务支出。

配合审计署农林水审计局对院本级进行 2012 年预算执行审计；接受财政部财政评审中心对作物基因重大工程竣工财务决算的评审。

4. 以提高效率为目标，推动财务管理信息化建设

（1）启用农业财政项目管理系统，进行农业财政项目申报。全院共申报农业财政项目470个，资金规模超2亿元。农业财政项目申报完成后，我院对管理系统使用情况和管理流程，认真进行归纳和分析，向主管部门提出进一步完善系统设计的意见和建议，并就《农业财政项目管理系统使用管理暂行办法》提出了具体建议。

（2）结合首都科技条件平台建设，在全院推广使用“大型仪器设备共享信息管理系统”。通过系统可及时了解我院大型仪器设备的总量、分布、使用率等数据，初步实现使用动态管理，有效提升利用效率，推动共享，为我院大型仪器设备的合理配置和科学管理提供有效保障。

（3）使用财政部行政事业单位资产管理信息系统对国有固定资产进行有效管理和完成数据上报。全院各单位已使用该系统开展对固定资产进行登记、使用和数据查询、报废处置等日常管理工作并完成了财政部、国务院机关事务管理局、农业部下达我院上报2011年度国有资产管理信息数据和国有资产决算报告工作。

（4）依托科技经济政策研究中心承担多项全国性科技专项信息管理系统相关工作，包括信息系统开发、升级完善和运行工作。做好数据支撑工作，利用各类信息系统按照要求研究分析数据，为上级部门做好数据支撑工作。

5. 组织业务培训，提高财务人员业务水平

组织全院公务卡制度、农业财政项目和大型仪器设备管理培训，帮助财务人员学习掌握业务流程和实务，提高财务人员业务水平。

6. 日常服务保障高质量运行

在日常财务管理中着力提倡甘当配角、乐于奉献的服务精神，树立认真细致、刻苦勤奋的工作态度。一年来全院财务人员以保障科研、服务科研为己任，以高质量的财务工作保证了科研工作的顺利进行。

组织编制2011年部门决算；督导2012年预算执行；完成2013年各项预算编制“一下”下达和“二上”编报，2013年部门预算全院财政拨款25.68亿元，比2012年增加5.21亿元，增幅25.45%；及时做好各类预算调整、追加；上报国库用款计划，保证资金及时到位；统计编报各类数据、报表；做好基建财务、三公经费和公费医疗管理工作；布置和完成全院2011年国有资产保值增值考核工作，2011年全院国有资产保值增值率为103.17%；编制全院国有资产年度配置计划和2011年度国有资产决算报告；组织编报政府采购计划，填报政府采购执行情况和信息统计，全院2012年度政府采购计划合计金额91 360.46万元，其中，院机关18 938.75万元；完成进口产品申报材料的审报批程序，全院2012年度共有48个项目申报政府采购进口产品，申报仪器设备数量581台套，金额16 122.84万元；部署完成我院各单位土地和房屋类固定资产情况调查统计；完成4个所长（主任）的任期经济责任审计；对基建项目和修购项目工程审计和竣工财务决算审计进行监督管理，完成基建项目和修购项目工程审计共33项，送审金额51 205.23万元，审减9 077.70万元，审定金额42 138.53万元，综合审减率为

17.71%，竣工财务决算审计19项，审计金额26 786.32万元；组织完成2012年度修购项目实施方案编报及批复，全年分两批批复项目61个；配合农业部完成2013年度修购项目评审，据部门预算“一下”控制数，我院共27个单位的56个项目获2013年度修购项目支持3.16亿元；强化修购项目预算执行督导和管理，加强基本科研业务费专项预算执行管理；开展2007—2010年度修购项目的验收，年内对15个研究所的31个项目进行了验收，项目金额总计1.5258亿元；组织完成2007—2009年度已完成验收修购项目验收材料的收集、整理和上报；协助农业部编写完成《农业部科学事业单位修缮购置专项实施成效巡礼》，并编写完成《中国农业科学院“十一五”修缮购置专项成果集粹》和《中国农业科学院2007年度修购项目验收总结报告》；按时完成基本科研业务费项目评审立项；协助农业部组织开展2013年度国家重大科学仪器设备开发专项项目申报相关工作；实现科技经济政策研究中心内部管理规范化。

（三）进一步加大院本级房地产开发项目管理力度

1. 房地产项目经营收益稳定增长

寰太大厦的出租率接近100%，经营收入比上年增长5.5%；天作国际和科技培训楼（艺海）租金收入稳定，支持了我院科技事业的发展。

2. 房地产开发项目管理取得新进展

经过多方努力，寰太大厦取得《房屋使用权证书》，为泛太公司顺利开展经营活动奠定了良好基础；推动中国农业科技国际交流中心项目（2号地）进展，办理了《国有土地使用权出让合同》《建设用地规划许可证》、项目规划设计方案的复函、人防咨询意见、园林绿化局的园林审查意见等文件，初步落实了项目拆迁的安置房源。

3. 配合做好科技培训楼（艺海）违规增加建筑面积的处理工作

院领导非常重视艺海问题，就艺海问题决定成立了专门工作小组，全力配合北京市规划委员会执法大队对科技培训展示楼（艺海）的后续处理工作。

（四）领导交办的其他工作保质保量完成

1. 参与谋划我院“农业科技创新工程”相关工作，积极建言献策、沟通协调，为推进科技创新工程建设做出努力

在院创新工程领导小组的领导下，完成创新工程经费管理情况调研和经费需求分析测算，在此基础上完成创新工程预算申报，其中，2013年预算“一下”控制数为3亿元。

2. 承担中宣部怀柔基地温室建设有关工作（略）

二、2013 年工作思路

2013 年我局将围绕院党组中心工作，继续深入贯彻落实十八大精神，积极谋划实施农业科技创新工程，着力推进财政经费“更多、更好、更快、更有效”地投入，为我院实现跨越式发展提供更有力的财务保障。

1. 加强调查研究，摸清科研需求，增强预算编制科学性

2. 积极建言献策，进一步扩大预算规模，优化经费结构

3. 加强队伍建设，创新管理手段，提高财务管理能力

中国农业科学院 2012 年基本建设工作总结和 2013 年工作重点

（2012 年 12 月 26 日）

第一部分　2012 年工作总结

2012 年，基本建设局在院党组的正确领导下，按照中国农业科学院“建设世界一流农业科研院所”战略目标和“顶天立地”、“跨越发展”的要求，围绕提升科技创新保障能力的目标，面对人员“上调、外派、下挂”的极度短缺，克服施工单位施工组织不力、结算纠纷难以调解的极度困难，承受基建投资执行进度缓慢的极大压力，全局职工以高度的政治责任意识和饱满的精神状态，攻坚克难，为我院科技创新提供了有力的科研基础条件支撑。

一、编制规划，着力抓好重大题材，着力抓好衔接落实

始终突出“规划引领发展”的主线，按照“立足当前、科学前瞻”的原则，全力推进土地利用规划、创新能力条件建设规划等工作。

配合编制《全国农业科技创新能力条件建设规划》。安排专人跟踪《全国农业科技创新能力条件建设规划》的编制工作，先后 3 次协调部、院领导召开专题会议，准确、及时反馈我院意见。目前，我院在规划内中央投资 273 132万元，占规划投资总额的 65.8%；规划建设创新平台和重点实验室 73 个，占规划项目总数的 55.3%；7 个重大设施平台、17 个试验基地和 2 个野外观测台站已纳入规划建设内容。

编制大院综合治理规划和停车场（位）规划。落实院领导指示，迅速组建规划编制班子，在较短时间内完成调研、勘察，规划系统分析了院部大院环境现状、形成原因、根本症结和大院停车位情况及停车需求，提出了大院综合管理思路和整治改造方案，以及当前、近期和未来 10 年的停车位规划方案，为下一步环境改造和综合治理奠定了理论基础。

配合编制院所园区规划和院本级修缮购置规划。围绕现代科研院所建设的要求，结合新上项目、年度投资计划及在建项目执行进度等，对 11 个研究所的所区、基地园区规划进行了调研，配合成果转化局推进基地园区规划的编制；协调成果转化局、后勤服务中心等共同编制院本级修缮购置规划（2014—2017 年）。

推动大院中部科研区用地控规调整。2012 年 4 月，协调设计单位完成了《中部科研区控规调整可行性研究》，并向北京市规划委员会作了详细汇报。该委就控规调整问题提请内部论证会，但受我院艺海开发建设等历史遗留问题影响，控规调整方案未能顺利通过。

二、争取投资，着力抓好结构优化，着力抓好重大项目

按照“保重点、调结构”的原则，据实申报投资计划，既保障重点项目，又覆盖基本需求，既稳步增长，又优化比例结构。采取“多汇报、紧跟踪”的策略，推进重大项目审批。

投资结构进一步优化。2012 年全年获得中央预算内投资 32 374万元，其中，部门自身能力建设投资和高技术产业化类投资比 2011 年增加 730 万元。全年新立项项目 11 个，在评项目 17 个，立项总投资 12 065万元，单个项目的平均投资规模由上一年的 832.39 万元增长到 1 096.82万元，增长 31.77%。

推进重大项目审批。与资划所协商成立项目筹划小组，每月至少沟通一次，共同推进国家耕地资源与土壤改良研究中心项目建议书的编制工作。与生物所协同做好前期工作，谋划中国农业科学院生物技术研究中心项目的申报途径和方式。紧密跟踪国家畜禽改良研究中心项目的初步设计评审工作，畅通农业部、畜牧所之间的信息反馈渠道，坚持每两周协调一次部、院、所三级关系，6 月底前批复总投资 2.17 亿元，本年度下达投资 5 300万元。

三、加快进度，着力降低在建项目个数，着力减少沉淀资金

按照“确保安全生产、确保工程质量”的总体要求，想尽一切办法，调动一切可利用资源，攻坚克难促进度。

多管齐下，督导项目执行进度。在科学分析项目情况、管理情况、个别项目重点沟通的基础上，与研究所共同制定较为合理的形象进度目标及资金使用计划。通过电话督办、现场检查等方式了解研究所在建项目情况，必要时邀请专家进行专项检查并帮助研究所查找症结，解决问题。每月通报在建项目的形象进度和结余资金，每季度统计结余资金超过 500 万元的在建项目进展，对于连续 6 个月项目进展明显滞后于进度目标的单位，联合部计划司约谈“一把手”，通过以上方式，使研究所能够清楚实际进度与年初目标的差距、采取有效措施促进项目实施。同时，对于申请竣工验收的项目，指定专人与部计划司、工程中心保持密切沟通，推进项目早日通过验收并取得工程验收合格证。在院所的共同努力下，全年完成投资 5.51 亿元，与上年同比增加 51.79%；沉淀资金 2.03 亿元，与上年同比减少 52.79%；在建项目个数由 84 个下降到 69 个，40 个项目通过或申请竣工验收。重大项目取得实质性突破，国家生物安全中心基本完工；国家口蹄

疫参考实验室开始进行自动控制系统招标及深化设计；哈尔滨兽医研究所生物安全实验室完成地上一层框架施工及保温养护；国家畜禽改良中心12月3日开工。

攻坚克难，推进院机关项目收尾。图书馆项目在几次出现工地停工和半停工的情况下，约请施工方高层领导人进行对话，寻求双方都能接受的切合点，在确保资金安全的基础上，加大变更洽商完善手续和预算的审核力度，安排专人办理国库直接支付手续，协调解决施工单位施工周转金的困难，督导施工单位在年底前全面完成建设任务。同时，为加快报告厅设备安装调试、接待室装修施工进度，确保在1月10日完成了全部任务，保证了工作会议的顺利召开。马连洼住宅项目在施工单位不配合而无法进行结算审计的情况下，与施工单位反复沟通国家政策、法律法规和合同明确约定的内容，使其明白政策界限，缓解和降低双方矛盾，促进了结算审计进度。中关村院区改造项目提前发布公告争取职工和住户的理解，协调施工单位加班加点，尽量减少交通影响，经过半年的努力，院落形象明显改观。海南综合实验基地建设项目于12月底通过验收，新疆基地、新乡基地开展工程结算及审计工作。2012年，院机关管理的13个在建项目中，5个项目通过或申请验收，7个项目完成或基本完成结算审计，1个项目基本完成建设内容。全年完成投资1.53亿元。

四、提升能力，着力创新服务方式，着力开展自主选学

争做“学习型、服务型、创新型”组织，做好服务与督导，着力提升基本建设科学化管理水平。

编制项目实施指南。系统总结院机关项目实施过程的管理经验，编制《中国农业科学院基本建设项目实施指南》，用来指导和规范我院基建项目实施行为，确保建设行为的合法性、科学性、合理性和经济性。

建设管理信息系统。为简化工作流程，提高工作效率，规范管理行为，借院所信息化建设之力，与软件系统的技术支持单位共同设计开发基建项目管理信息子系统，目前该系统完成测试，率先进入试运行。

开展案例解析活动。针对项目验收中常见的档案不规范、账目设置不准确等问题，与院办档案管理部门联合，邀请部属事业单位以其自身建设项目为例介绍管理经验，选取烟草所、水稻所、哈尔滨兽医所、兰州牧药所、沼科所在建项目作为案例，邀请经常参加我院项目验收的专家点评，自编符合农科院管理实际的归档要求，参会人员反响热烈，收获很大，在后续项目检查与验收中，据专家反映，各单位的项目规范化管理水平普遍提高，特别是在档案管理方面有了根本性的转变。

深化职工自主选学。围绕基建局对职工“能识图、知流程、懂法规、精专业”的业务能力要求，聘请专家举办了基建项目合同管理和建筑基础知识（上、下）3次业务培训。3名职工参加了2种执业资格7门专业课程的考试；2名职工通过建筑专业成人考试并开始系统学习。

第二部分　2013 年工作思路与重点工作

2013 年，基本建设局将在党的十八大提出的“实施创新驱动发展战略”精神的指引下，进一步增强推动我院跨越式发展的信心和决心，进一步增强做好我院科研基础条件建设的使命感和责任感，围绕新时期我院战略目标，切实转变工作作风，强化精准服务意识，大力推动“开放的、世界一流的、引领全国农业科技协同创新的公共平台”和“大规模综合性试验基地”类项目的谋划与建设，实现基本建设从生存型向发展型的根本转变，促进农业科研大联合、大协作，为科技创新、尤其是为“协同创新”提供有力保障。

一、瞄准“创新工程”的重大命题，紧扣“通州院区”的重大行动，全力推进现代科研院所条件建设

以推动实现“学科集群—学科领域—研究方向”三级学科体系为基础的创新能力提高为目标，按照“培强优势学科领域平台的系统性，推动培优传统特色学科领域平台的升级，搭建培植新兴学科领域的新平台”的要求，充分利用现有资源，与相关行业建设规划相衔接，整合研究力量，围绕 15 个重大命题，着手谋划作物科学、畜牧兽医科学、农业资源与环境科学、农业应用微生物等优势学科群内符合国家重点实验室基础条件的重大科研基础设施。

通州院区是我院谋划建设的新型国家农业科技创新平台。基建局紧扣这个行动，深刻领会院党组对通州院区的战略定位，充分挖掘中关村院区、马连洼院区的发展空间，主动与农业部、发改委等部门密切沟通，全力配合新院区领导小组推进北京田间试验中心项目，做好建设项目的规划设计，以重大建设项目安排为重点，统筹做好常规项目布局。

二、规划引领发展，谋划重大项目，强力推进院所科研基础设施条件建设

继续做好我院基建“十二五”规划与《全国农业科技创新能力条件建设规划》的衔接。大力推动国家种质库项目可行性研究报告编制并争取获得批复，力促中国农业科学院生物技术研究中心、国家耕地资源与土壤改良研究中心立项，协调推进果树所砬山基地、油料所进贤基地、茶叶所嵊州基地、烟草所即墨基地、环保所大理基地 5 个基地的初步设计取得批复和蔬菜所科研楼、植保所生防楼取得立项。

指导院属单位编制基本建设中长期规划，编制新增建设用地、100 亩（含）以上且存在发展空间的原有建设用地、600 亩（含）以上且存在发展空间的实验用地的土地利用规划，为推进现代院所建设、实现中国农业科学院跨越式发展提供科研基础设施条件

保障。

三、转变工作作风，强化精准服务，大力推进在建项目执行进度

按照“深入调研、科学分析、统筹安排”的方法，坚持“从严略紧、新旧联动”的原则，指导研究所准确制定 2013 年年度进度目标、科学测算 2014 年年度投资计划，实现保持我院基本建设工作快速持续平稳发展的同时，逐步消化历史沉淀资金。

增强责任意识，强化精准服务。采用专人跟踪、专家解惑、现场调研等方式，努力做到一个单位一个服务方案，有什么问题解决什么问题。督导国家生物安全中心做好工程结算和竣工验收准备工作，推进生物安全高等级实验室、口蹄疫参考实验室、国家畜禽改良中心建设。

按照“精而管用”的原则，修订《基本建设管理办法（试行）》，推行《中国农业科学院基本建设项目实施指南》，正式启用“基建项目管理信息系统”，不断优化促进项目建设进度的管理措施。

树立“不怕事、不避事、不拖事、不畏责”，“多沟通、常汇报、快决断”的雷厉风行的工作作风，提升预判力、协调力和执行力，全面完成农业科技展示园、新疆基地、新乡基地的竣工验收，力争完成图书馆项目的竣工备案和中关村院区改造项目的预验收。

四、开展研讨交流，加强学习培训，不断推进管理队伍能力建设

院党组围绕我院跨越式发展，谋划了现代院所制度建设、农业科技创新工程和通州新院区建设三大行动。每两年召开一次的全院基建工作会定于 2013 年 5 月召开，此次会议将围绕科研基础设施建设如何支撑现代科研院所建设、如何切实加快在建项目执行进度等展开深入研讨，统一思想，明确方向，落实行动。

在全院范围内，继续开展以如何编制规划、做好项目文本、制定规范合同等为主题的典型项目解析活动。在基建局内部，继续开展自主选学活动，鼓励具备条件的年轻同志系统学习工程管理知识并取得一项从（执）业资格。通过学习与培训，培养一批了解农业科技，懂基建、懂程序、会管理、善沟通协调的复合型人才。

科技经济政策研究中心 2012 年工作概况

2012 年，在财政部、农业部和中国农业科学院各级领导的关心支持下，科技经济政策研究中心（以下简称研究中心）围绕自身承担的工作重点，较圆满地完成了各项工作和上级领导交办的各项事务。在 2012 年内，研究中心重点完善管理信息系统功能模块，并认真做好各类信息系统地升级维护和技术服务等工作；继续组织开展科技经济政策相关研究，签订了 2012 年度研究中心课题委托书；提供了优质高效的会议服务。现将工作汇报如下。

一、2012 年主要工作

一年来，研究中心承担的信息系统开发完善、数据维护分析、决策支持、课题研究及会议服务等工作均顺利完成，达到了预期目标，全年中心保持正常运转。

（一）升级改造专项信息管理系统，丰富完善通用项目管理信息系统开发平台，初步搭建中心数据仓库，构建农业研究与发展系统分析与决策支持系统

1. 中央级科学事业单位修缮购置专项资金项目管理信息系统升级改造和其他系统功能完善工作

一是根据财政部的管理需求，同时，针对旧系统处理能力不足以支撑众多用户单位，部分模块运行不稳定的情况，在通用项目管理信息系统开发平台的基础上全力研制新一代的修购专项管理信息系统。经过半年多的研制，于 2011 年 8 月份顺利完成新旧系统的切换，实现了中介机构评审以及中央财政终审功能的稳定运行。在 2012 年上半年，实现了基层单位申报、部门审核功能的上线运行，新系统的运行稳定，界面美观，操作方便，受到用户的好评。

二是进一步做好现有信息管理系统功能完善工作。在 2011 年工作的基础上，对《公益性行业科研专项经费预算管理系统》《国家重点实验室仪器设备购置专项管理信息系统》《中国农业科学院基本科研业务费管理信息系统》《农业部重点实验室管理信息系统》《中央补助地方科技基础条件专项管理信息系统》和《专项预算执行进度统计系统》6 个系统进行了功能升级完善工作。重点在系统总体架构、界面友好性、用户易

用性、系统和数据安全等方面完善功能，并及时解决用户在使用过程中遇到的问题。

三是丰富和完善通用项目管理信息系统开发平台。在通用项目管理信息系统开发平台的基础上，完成了《中央级科学事业单位修缮购置专项资金项目管理信息系统》的升级改造，不但缩短了新系统开发的周期，也提高了系统的运行稳定性。在开发具体管理信息系统的同时，也不断丰富和完善项目管理信息系统开发平台。实践证明通用平台的设计框架合理，通用性强，性能稳定，达到了设计要求，为将来新的项目管理信息系统的研制提供了一个良好的工具。

2. 做好现有系统的数据维护和技术支持工作，保障系统安全运行

在2012年内完成对《中央级科学事业单位修缮购置专项资金项目管理信息系统》《公益性行业科研专项经费预算管理系统》和《国家重点实验室科研仪器设备经费管理系统》等5个系统的数据维护和技术支持工作。每个系统全年的平均登陆次数达4万多次，确保各个管理系统运行畅通，顺利完成各项数据处理和信息发布工作。

3. 初步构建农业研究与发展系统分析与决策支持系统

经过5年的发展，科技经济政策研究中心积累了大量的数据，如中央级修缮购置专项项目库和经费库，国家重点实验室仪器设备专项项目库和经费库等。这些数据都分散在不同的管理信息系统中，不利于对这批数据进行综合分析，更谈不上利用这些数据支持领导决策。在2012年，采用数据仓库技术，通过数据清洗，将不同来源的数据整合成科技条件数据、科研单位数据、科研项目数据、科研经费数据、科研人才数据等，为宏观决策支持提供数据支持。同时，研发了农业研究与发展系统分析与决策支持系统，对整合的数据进行了初步的分析。充分利用中心负责研发和运行维护多项科技信息管理系统的优势，初步建立了我国农业R&D系统分析与宏观决策支持系统。

（二）组织开展科技经济政策相关研究，签订2012年度课题委托合同书

在2012年继续组织开展科技经济政策相关研究，委托课题3项。

（1）“中国农业科学院绩效评价方案研究”。立足于绩效评价理论与方法的探索，建立符合农业科学研究活动规律和中国农业科学院发展战略的农科院两级评价体系，致力于提升中国农业科学院的创新能力，推动农科院建立起更加合理的价值导向，推动科研机构人事制度、经费管理制度等的改革。

（2）“全球植被物候期遥感产品生产技术研究”。针对植被物候遥感提取中的技术难点问题进行攻关，在卫星组网数据集的支持下，提出针对不同植被类型物候期参数反演算法和技术，形成全球物候参数反演的技术算法体系和数据产品生成的技术流程与规范，为全球尺度1 km的物候参数产品生产提供技术支撑。

（3）“中国油菜产业生产潜力及发展对策研究”。从我国南方冬闲田开发利用、油菜种植带北移等方面出发，探讨到2020年和2030年我国油菜面积、单产、总产和产油量发展潜力，研究提出促进油菜产业持续健康发展的政策措施，为国家在发展油菜生产

保障食用油供给安全方面提供决策依据。

（三）加强建设管理，各项服务保障工作规范有序

1. 完成中心全年各项委托合同签订工作

完成中心2012全年各类委托服务合同的签订与款项支付工作，包括房屋租赁、绿化、网络通信、数据服务、维修5份合同，合计金额209.8万元。签订“中国农业科学院绩效评价方案研究”、“全球植被物候期遥感产品生产技术研究”和“中国油菜产业生产潜力及发展对策研究”3份委托研究合同，合计金额120万元。

2. 加强制度建设，完善内部管理

根据工作实际，制定了《科技政策中心管理系统团队工作制度》《科技经济政策中心软件系统运行规范与指南》《科技政策中心管理系统团队软件系统研发规范与指南》《科技政策中心管理系统团队数据与报表制作规范》4项制度，进一步完善规范科技经济政策中心数据部研究人员的工作标准和服务标准。

3. 保障中心正常运行，为上级部门领导提供优质会议服务

完成各项保障和服务工作，确保中心正常运转。全年内承接了不同规模的各类办公会议和座谈会，高效、细致、周到的会议服务工作得到了参会有关领导的好评。

4. 预算编制严格细致，为正常运转提供经费保障

研究中心年度预算编制工作严格细致，保障了研究中心有效运转，确保了课题研究、专项管理信息系统更新等工作顺利开展。部门预算安排2013年度专项经费400万元，用于委托课题、保障中心运转的房租、聘用人员、办公等支出，包括：委托课题经费120万元，房租140万元，网线租赁18万元，软件开发、修缮工程等委托业务费50万元，办公费10万元，水电费2万元，印刷费5万元，调研差旅费用、临时聘用人员劳务费、其他商品和服务等费用支出55万元。

二、存在的问题

本年度研究中心在信息管理系统开发服务和科技经济政策课题研究等方面均完成了各项重点工作任务，尤其是信息系统开发和数据信息服务方面取得的成果和进步，得到了上级部门和使用单位的充分肯定。分析中心目前存在的问题，主要表现在两个方面。一是由于基础研究信息累积时间较短、研究中心自身研究队伍力量薄弱等因素，在研究和课题管理方面需要进一步加强。二是需要进一步加强中心内部管理，根据工作实际需要主动调整日常管理，保障中心各项工作正常开展。

三、2013 年工作重点

经初步商议，拟在 2013 年做好以下工作。

（一）加快推进管理信息系统平台化，进一步提高系统的稳定性和易用性

在农业部重点实验室管理信息系统的基础上，逐步把《中国农业科学院基本科研业务费管理信息系统》《农业部中央级科学事业单位修缮购置专项资金项目管理信息系统》《公益性行业科研专项经费预算管理系统》移植到管理信息系统平台上。

（二）加强数据分析研究工作，提升研究工作质量

在初步建立的我国农业 R&D 数据仓库和我国农业 R&D 系统分析与宏观决策支持系统的基础上，进一步开展模型研制与数据分析工作，为相关的科技经济政策研究提供良好的定量分析平台。

（三）强化自身管理，维持中心正常运行

一是进一步加强内部管理，根据工作实际调整中心日常工作部署，保障中心正常运行。二是加强课题管理，梳理历年中心研究课题合同。三是积极开展对外交流，拓展研究中心对外交流渠道。2013 年，中心将在做好各项职能工作的同时，完成好上级领导交办的其他任务。

中国农业科学院修缮购置专项总体规划

（2013—2015 年）

目 录

（二）建设重点
1. 公共设施项目
2. 公共安全项目
3. 共建共享项目
4. 优势前沿项目
5. 特色新兴项目
（三）共享方案
四、经费概算与进度安排
（一）经费概算
1. 总量
2. 公共设施
3. 重点项目
（二）进度安排
1. 年际均衡
2. 年内安排
3. 共建共享优先
五、保障机制与主要措施
（一）目标聚焦，管理创新
（二）条块结合，促进共享
（三）瞄准目标，精心梳理
（四）客观科学，扎实完备
（五）坚持原则，控制规模

图表目录

前　言

“十二五”时期是我国农业科技整体实力率先跻身世界前列的关键时期，也是我院实现跨越发展、建设世界一流现代科研院所的关键阶段。为显著改善科研基础条件，着力搭建“共建共享共用”重大设施平台，依据《国家中长期科学和技术发展规划纲要(2006—2020 年)》、《农业科技发展“十二五”规划（2011—2015 年)》和《中国农业科学院“十二五”发展规划（2011—2015 年)》等，制定本规划。

本规划以“提升能力”为主题，定位于“仪器设备国际一流、设施现代”的较高水平，按照梯次推进现代农业科研院所建设的战略布局，一部分研究所率先实现跨越发展，成为具有较强国际竞争力和重要影响力的研究机构；一部分研究所经过填平补齐、谋划发展，逐步达到国内领先或先进的水平。本规划按研究所职能定位，在前二期项目支持和三期规划申报的基础上，顶层设计了院级统筹重大公共设施、公共安全、共建共享、前沿优势和特色新兴 5 类重大重点项目，构建了符合修购专项支持范围、基本覆盖全院科研基础条件完善建设的项目体系。

本规划是全院修购专项三期规划的总体框架，各研究所在其指导下，按照顶层设计、共建共享、统筹安排、突出重点、优化配置的原则，编制本单位的修购专项规划。

一、规划背景

（一）形势与任务

当前，世界农业科技正在孕育新的革命性突破，生物技术、信息技术等高新技术迅猛发展，带动并加快了农业科技创新的进程。全球农业科技正进入创新集聚爆发和新兴产业加速成长时期，世界各国抢占未来农业科技发展制高点的竞争更加激烈。

“十二五”时期，我国农业和农村经济发展仍然处于可以大有作为的重要机遇期。我国粮食产量连续 8 年增加，农民收入持续较快增长，农业农村经济发展提升到新的水平。

同时，城乡发展不协调的矛盾越来越突出，耕地、水等资源的刚性约束进一步加剧，生态环境保护的压力越来越大，农业劳动力成本迅速上升，农业生产正在进入高成本阶段，以大量消耗资源为代价的传统生产方式难以为继。我国已到了必须更加切实依靠科技进步促进现代农业发展的历史新阶段。

2012 年，党中央、国务院连续第九年发布以“三农”为主题的中央一号文件，明确指出实现农业持续稳定发展、长期确保农产品有效供给，根本出路在科技，要把农业科技摆上更加突出的位置。

作为国家级综合性公益性农业科研机构，我院不断优化学科，初步形成了包含 8 大学科集群、41 个重点学科，布局相对完整的现代农业科学体系，当前处于一个蓄势待发、跨越发展的良好时期。

围绕保障粮食等主要农产品有效供给，促进农民持续增收和实现农业可持续发展的重大战略任务，立足产业需求，瞄准科技前沿，按照支撑和引领现代农业发展的要求，2012 年初，我院进一步确立了今后 10 年左右要建设“世界一流农业科研院所”的发展目标，努力做到“顶天立地”。

（二）修购专项成效与预期

“十一五”以前，由于没有专门的资金来源，我院科研基础条件长期未得到有效改善，院所面貌陈旧，各项基础设施不能满足需求，科研装备数量不足、功能落后，严重影响了我院科研创新能力提升。

2006 年，中央财政设立了“中央级科学事业单位修缮购置专项（以下简称修购专项）”，并陆续谋划、部署了两期规划共 7 年的集中持续投入，已成为我院科研基础条件建设和改善的重要资金渠道。截至 2012 年，我院 30 个单位共获得专项资金 19. 88 亿元。2006—2008 年，修购专项一期规划重点是瞄准“填平补齐，扶危济困”。2009 - 2012 年，二期规划主题思路为“突出重点，集聚优势，整合资源，共建共享”，瞄准“谋划发展”，重点加强了基地建设和共建共享试点，并力争使每个单位每年均能获得专项资金支持。

在修购专项支持下，我院共修缮房屋 33. 5 万平方米，其中，科研用房 23. 1 万平方米，办公室用房 4. 1 万平方米，公共服务用房 46 万平方米，设备用房 1. 5 万平方米；改造科研基地 77 个、温室 67 个、网室 24 个、旱棚 15 个，土壤改良 384. 6 万平方米，其他 83 项；购置仪器设备 5 289台（件）、金额 9. 5 亿元，支撑了 149 个实验室、9 个农业部科学观测试验站、22 个质检中心、3 个分析测试中心、6 个改良中心（分中心）、9 个工程技术中心、32 个试验基地、24 个野外科学观测台站等的条件建设；升级改造仪器设备 168 台（件），金额 2 484万元。

通过修购专项的支持，我院科研条件得到极大改善，研究所面貌焕然一新，促进了一批科研平台的建设，有力支撑了农业科技创新能力建设，孵化了大量重点科研项目，科研人员精神和科研积极性高涨，获得了一大批国家重大农业科研成果。

（三）科研基础条件现状与问题

中国农业科学院成立于 1957 年，直属研究所 31 个，其中，13 个设在北京，18 个分布在全国 14 个省、市、自治区，加上院部、研究生院和出版社，共 34 个直属单位；与其他省或科研教学单位共建的研究所 8 个，分布于 5 个省（自治区）；担负着全国农业重大基础与应用基础、应用研究和高新技术产业开发研究的任务，致力于解决农业及农村经济建设中基础性、方向性、全局性、关键性重大科技问题，是推进我国农业科技自主创新和产业技术体系建设的重要支撑和推动我国农业发展方式转变的重要力量。研究领域覆盖我国主要农作物、畜禽与特种经济动植物的遗传育种、栽培饲养、疾病防治、产后加工，质量标准与检测，农业经济与农村发展，农业可持续发展与环境保护，农业工程以及农业高新技术等。

按照2020年我国农业科技整体实力进入世界先进前列和支撑农业产业持续发展的总体要求，我院发展的总目标是经过“十二五”的发展，在我国农业科技事业发展中发挥服务全局、骨干引领和示范带动作用，成为在世界上有重要影响的一流研究机构。其中具体发展目标包括：自主创新取得显著成效，实现重大理论和重大技术突破30项左右，育成重大动植物新品种50个以上，获得技术专利500项以上；学科建设进一步优化，培优15~20个具有国际影响的优势学科领域，培强25~30个具有国内优势的重点学科领域，作物科学、畜牧兽医科学、资源与环境科学等优势学科群进入世界先进行列，前瞻布局一批前沿、交叉、新兴的学科方向，培植5~8个对未来发展影响重大的学科生长点；研究所创新能力显著增强，1/3的研究所实现跨越发展，成为国际同领域具有较强竞争力和重要影响的研究机构，1/3的研究所达到国内先进水平；支撑产业发展的能力大幅提升，主推20项左右重大集成技术，建立4~5个技术转移中心，200个左右技术示范基地，推动高新技术产业化发展，打造4~5个优势产业集群；科研保障体系更加高效，建设5个左右具有国际一流实验条件与设施装备的重大工程，建成10个左右规模效益明显、战略布局合理的综合性试验基地，着力打造3~5个基础设施条件一流的国际现代科研院所。

截至2011年年底，中国农业科学院共有在职职工7 200余人，其中，科技人员5 200余人，高级职称2 091人，两院院士11人，国家级专家24人，省部级专家220人，政府特殊津贴专家964人，“新世纪百千万人才工程”国家级人选44人。固定资产总额35亿元，其中科研仪器设备56万台（件）、金额17.8亿元；20万元以上仪器设备2003台（件）、金额9.6亿元；200万元以上仪器设备35台（件），金额1亿元。国家重大科学工程、国家重点实验室、省部共建国家重点实验室、国家工程研究中心和技术研究中心、国家参考实验室、世界动物卫生组织（OIE）认可的参考实验室、国家工程实验室、国家改良中心（分中心）、国家种质库（圃）、国家级野外台站、国家质检中心等各类国家级科技平台近70个，农业部重点实验室、科学观测实验站、质检中心、现代农业产业技术体系研发中心、功能研究室、综合实验站等部级科技平台170个，以及院所级各类科技平台110个。

从现有科研基础条件来看，尽管全院科研基础条件建设已取得很大成绩，但整体看来，我院科研条件装备水平尚无法与发达国家同等地位的农业科研机构相比，与我院职能定位和科研发展保障需求也存在不少差距。主要集中体现为：

——公共设施条件呈“短板”

各研究所进行了满足个性化需求的科研基础条件改善，而院综合试验基地、研究所相对集中院所区的水、暖、电、气、道路等公共设施投入不足，保障能力缺乏，成为制约各单位科研基础条件发挥作用的“短板”；综合性、大规模、高通量设备设施缺少，难以开展规模化联合攻关研究；作为现行科研基础条件的重要组成，全院科研网络环境严重滞后于科研工作需求，低于国家网络安全性要求。

——公共安全问题凸现

科研基础条件设施装备长期以来以满足当时需求为主，缺乏前瞻性考虑，普遍存在标准低，整体水平偏低。随着时代进步和科研发展，消防、抗震、废水、废弃物排放、易燃易爆与有毒有害物品存放等避免危及公共安全或人身安全的科研辅助设施设备不符合标准。

——共建共享需要推进

重点实验室、大型先进仪器设备的协作共用、开放共享取得一定成效，但科研条件资源仍有待进一步整合，开放共享仍有待进一步推进。核心仪器设备与设施、前处理和后处理的设施设备配套不足，投入产出效率不高；作为农业科研第二实验室的试验基地增加迅速，缺少有效整合。

——前沿优势需持续培优

原创性基础研究、前沿新兴研究领域，以及综合性、储备性、孵化性研究所需的科研基础条件建设水平较低。国际上同步开展的农业科技前沿学科研究所需的科研条件需要及时跟进和补充；我国农业科研的传统领域和特色优势学科所需的科研条件需要持续支持。

——特色新兴亟需加强

原有农业科研基础条件装备集中满足大作物相关学科领域，部、院、所各级确定的优势学科领域的科研需求，各小作物学科领域、我国农业科研特色学科领域的科研基础条件设施装备仍亟需持续加大投入。

我院新时期的历史重任和创新需求，建设“世界一流现代农业科研院所”的目标，对科研条件提出了更高要求，迫切需要改造提升现有科技创新平台功能和设施装备水平，迫切需要科研基础条件建设持续稳定、较大强度的投入。

二、指导思想、基本原则、建设目标

（一）指导思想

瞄准建设“世界一流农业科研院所”的战略目标，按照“顶天立地”、“跨越发展”的要求，三期规划要围绕国内产业重大需求和国际农业科技前沿，以提升科技创新能力为核心，统筹规划全院科技创新平台，综合利用基本建设、修购专项和科研项目等投入渠道，着力建设重大科研基础设施，建立起定位清晰、布局合理、功能强大的现代农业科研基础条件创新体系、支撑体系与服务体系，具备国内领先、世界一流农业科技创新中心必备的硬件保障，为提升自主创新能力，实现跨越式发展提供强有力的条件支撑。

（二）基本原则

1. 明确定位，顶层设计

立足农业发展战略、科技发展趋势、公益性科研职能定位，院级充分发挥统一组织和协调作用，规划好全院科技创新平台框架，围绕全院科研重点目标、任务，结合项目单位的科研优势、研究重点、基础条件和人员队伍（包括科研、管理和技术支撑人员）现状等，以“提升能力”作为基本目标；院属各单位应以院级顶层设计为指导，立足本单位现有的存量资源，结合科研优势和研究重点、基础条件和人员队伍等现状安排项目，并做好项目实施中的组织和管理工作。

2. 整合资源，共建共享

基于前两期修购专项规划和项目工作，立足本单位现有存量资源，有选择、有重点、有步骤地安排支持有一定基础条件和有突出创新能力的后续基础条件建设，以资金增量激活资源存量，集中使用有限资金，形成集聚效应，放大和提升已形成的科研能力。

统筹协调财政科技专项、基本建设投资、科研项目等各渠道资源，有效衔接国家和部、院、所有关建设和发展规划，综合考虑科研布局、功能区域和现实条件，谋划对全院科研发展有重要支撑作用的新一批项目体系，在总结试点经验的基础上逐步推进搭建“共建、共享、共用”重大设施平台。

3. 统筹安排，合理布局

以我国农业产业发展对科技创新的实际需求为出发点，围绕主要农产品产前、产中和产后的关键技术链条进行科研基础条件建设布局。遵循农业科研规律，合理布局核心区和试验基地台站，强化农业试验基地、科学观察台站网络的功能与作用。在研究所内部，以科技发展和学科建设规划为指导，着力解决制约学科体系建设中基础条件的短板问题，做好修购专项建设项目的布局，重视不同环节仪器设备装备的水平匹配，以及与基础设施条件间的功能匹配。

4. 突出重点，分步实施

以院所综合科研能力建设为根本出发点，以“学科群”建设为重点，不断提升农业部重点实验室、实验站等科研创新基地的物质装备水平，加强人才培养与引进，创新管理机制，努力造就一流的装备、一流的人才、一流的管理，切实发挥修购专项对项目单位科研能力建设和科技创新工作的积极推动作用。同时，根据行业特色、本单位的科研优势和学科特色认真规划，找准现有条件与近期、中期、长期发展目标间的差距进行重点建设，例如安全、短板、优势、特色、综合等科研条件建设内容，统筹安排，分步建设。

5. 充分论证，优化配置

根据财政部三期规划编制有关政策要求，在全面摸清本单位科技基础条件现状和需求的基础上，充分考虑项目立项的必要性和紧迫性，充分考虑预算执行的合理性和可行性，实事求是、客观准确、适度灵活地编制修购专项规划。从全院科研发展和资源统筹的大局出发，把握修购专项资金支持方向、支持范围、支持重点，优化资源配置效率，实行项目申报与关键节点预算执行进度挂钩制度，奖优惩劣，科学设计和分配单位控制规模、具体项目和年际布局。

（三）建设目标

1. 提升院所综合科研能力

在修购专项支持下，通过修缮、改造、升级等方式，以前两期修购专项规划和其他渠道投入为基础，系统增强各学科领域已建平台和试验基地的设施装备条件，突出软硬件建设，提高平台、基地运行效率，实现科技平台和试验基地由单一化建设向体系化发展的跨越。

2. 保障现代科研院所建设

一流的科研院所必然拥有高级别的重大科技设施、精良的实验室装备条件，以及标准化、规模化、布局合理、有稳定运行支持的试验基地平台等。修购专项三期规划项目定位于“仪器设备国际一流、设施现代”高水平，要立足全院重点学科布局和发展方向，在国家、部省和院 3 个层级系统筹划，按照现代科学研究高端实验室的建设标准和要求进行装备和改造，推动建设一批国家级重大科学工程、重点实验室、工程技术研究中心等骨干科技平台，并建设一批具有相当规模及水准的综合性、专业性试验基地。

3. 支撑农业科技顶天立地

“顶天”就是要瞄准国际农业科技前沿，攀登科技高峰，塑造和提升我院的国际学术影响力；“立地”就是突破和创新一批重大科研成果，在农业科技产业化、农业生产应用过程中发挥关键作用。经过建设，我院科研平台条件将进一步明显改善，开放共享程度显著提高，使瞄准国际农业科技前沿的研究可行，实现“顶天”，并以条件设施先进、功能完备、管理完善的农业科研试验示范基地为保障，推进农业科技产业化、农业生产应用。同时，全面增强优势特色学科领域科技平台和试验基地的系统性、配套性建设，建立健全共享机制，大力提升学科建设条件支撑能力。

三、规划布局与建设重点

（一）规划布局

1. 整合资金渠道，建设现代院所

按照世界一流现代科研院所建设目标和要求，通过修购专项开展科研基础条件建设，必须有效衔接国家和部、院、所有关建设和发展规划，与院所中长期发展规划衔接，充分发挥院级统筹协调能力，加强顶层设计，与基本建设投资和科研项目等渠道资源整合，形成合力，分工配合，明确前两期修购专项规划执行基础上的三期规划重点支持方向和内容，实事求是地编制规划和设计提出具体项目库，避免重复投入。

2. 加强顶层设计，共建公共设施

按照注重搭建“共建、共享、共用”重大设施平台的规划要求，综合考虑科研布局、功能区域和现实条件，谋划对全院科研发展有重要支撑作用的新一批项目体系。同时，按照“先修后购”的基本原则，针对多个研究所的公共基础设施需求，院统一规划安排了重大设施平台项目，并统筹设计了公共安全、共建共享、前沿优势、特色新兴4类重点项目。

3. 选择共享模式，推进共建共享

以修购专项支持形成的科研设施设备等科研基础条件为切入点，建立所有具备共享性的科研基础条件纳入共建共享共用范畴的机制，构建研究所内完全共享，区域内、学科领域内和院内有选择进行共享两大基本共享模式，提高科研设施设备的综合使用效益。

4. 重点扶优扶强，发挥集聚效应

按照培优、培强重点学科、特色学科领域和培植新兴学科领域的目标要求，通过修购专项集中支持基础条件好、发展优势强的研究所，实现研究所从研究任务发散型到优势学科引导型的跨越发展，打造基础设施在国内外有较强示范性的现代科研院所，充分发挥专项资金的集聚效应。

5. 消除安全隐患，维护环境友好

基于对院（所）区基础设施安全隐患筛查和调研，通过修购专项进行维修改造，对危及公共安全的实验废液、废气、废物等建立起标准规范的排放与处理系统，实现设施安全，维护生态环境安全。同时，加强院所环境整治，创造整洁、美观、便利、现代化的工作与生活环境，构建生态友好的环境景观，推动形成协调统一、文化特色鲜明的现代农业科研院区、所区，使科研人员身心愉悦，工作积极性得到提高，科研工作更加蓬勃开展。

（二）建设重点

1. 公共设施项目

对院网升级、电改造和院级综合试验基地升级等 3 类院所区重大公共基础设施，进行科学规划和系统改造，统筹安排了院网升级、南口基地电改造、农业科技展示园，以及新乡和深圳研究院综合试验基地完善 5 个重大公共设施的改善，分别由院机关有关职能局统筹负责，选定研究所承担申报、实施等具体工作。

2. 公共安全项目

对消防、抗震加固、废弃物处理、易燃易爆、有毒有害物品存放、科研网络环境等涉及公共或人身安全的内容，进行前面筛查，统筹安排和设计项目内容，重点支持，争取消除安全隐患。重点包括了科研建（构）筑物的设施设备、消防、安防，水、电、气等基础设施，试验动物禽舍、隔离修缮改造等具体内容。

3. 共建共享项目

重点支持共建共享理念突出、措施明确、二期规划安排共享试点成效显著的项目。以科研核心区和试验基地为依托，统筹考虑科研核心区各级实验室的科研仪器设备购置和升级改造，继续完善和提升综合、区域综合试验基地科研辅助房屋和基础设施的条件，重点推进搭建实验室和试验基地的共建共享设施平台。

4. 优势前沿项目

重点支持能发挥资金集聚效应、对科研成果产出支撑预期效果明显的优势项目。在现有基础上，根据国际农业科技发展趋势，并按照培优、培强重点学科领域的要求，继续加强科研基础条件，重点统筹安排科研仪器设备更新换代、技术进步的新增购置和升级改造。

5. 特色新兴项目

重点支持特色学科发展、新兴交叉领域，以及创新团队建设、人才引进等项目。通过科研基础条件的整体改善、重点保障与倾斜扶持，吸引和聚集国内与国际一流农业科技人才，为推动我国农业科研特色学科和新兴交叉领域发展，以及为培养和造就一批科研优势突出、特色鲜明、竞争有力、在国内外具有一定影响力的创新人才与团队提供切实条件支撑。

（三）共享方案

依托现有农业科研条件建设投资渠道，我院从农业科研机构功能定位、学科领域和区域位置等多方因素进行统筹规划，在动植物新品种培育、重大动物疫病防控、农业环境监测等重大领域，以部门重点实验室、野外科学观测台站、中心实验室为依托，重点支持科研基础条件较好、开放共享措施切实可行、有突出创新能力的核心区实验室、公共实验室、区域试验基地和综合试验基地，构建农业科技信息资源共享体系。建立大型科学仪器设备与相应信息、技术服务等远程网络虚拟共享平台，搭建共建共享公共平台和行业服务平台，从单位内部、单位相对集中区域、学科领域、行业和部门等多个层面，积极开展共建共享探索，促进实现农业科技资源的共享和高效利用。

建立、健全以共享机制为核心的管理制度，重大公共设施由院所统一规划、统筹实施建设，完全共建共享。对具备共享性的科研设施设备纳入共享管理体系，实行“1+X”共享模式：在保证研究所内部全面实施共享的基础上，根据设施设备可供单位所在区域、学科领域和院内各研究所进一步共享情况，有所侧重地选择区域、学科或院内共享的模式。同时，以修购专项资金投入形成的科研设施设备共享为纽带，带动其他渠道资金形成的科研基础条件共享，并以此为契机，推动学术交流和发展。

四、经费概算与进度安排

（一）经费概算

1. 总量

按照农业部下达的指导性规划控制数，根据我院承担的农业科技任务和各研究所科研基础条件改善的需求，以及未来3年我院科研基础条件建设的目标，充分考虑与基本建设、科研项目经费的分类与匹配进行测算，2013—2015年，我院拟申请中央级科学事业单位修缮购置专项资金15亿元。

从年度分布来看，2013年拟申请5.21亿元，2014年5.44亿元，2015年4.35亿元，根据单位实际需求内容、申报资格，以及具体项目申报和实施的现实可操作性等情况进行小幅调整。

从项目类型分布来看，房屋修缮、基础设施改造、仪器设备购置、仪器设备升级改造4类项目分别拟申请支持2.01亿元、5.76亿元、7.05亿元和0.18亿元，所占比例和额度测算见表1、图1。

从项目顶层规划设计来看，重大重点项目经费规模约11.66亿元，其中，公共设施项目拟申请2.09亿元，公共安全项目拟申请2.88亿元，共建共享项目拟申请1.81亿元，前沿优势项目拟申请3.31亿元，特色新兴项目拟申请1.57亿元，合计占总规划额度的80%。支持比例和额度测算见表2、图2和图3。

2. 公共设施

公共设施主要支持院级公共网升级、院所区和试验基地公共用电改造、试验基地公共设施完善改造3类，包括院网、南口基地、农业科技展示园、新乡基地、深圳研究院试验基地5个院级统筹重大公共设施平台的项目内容，共拟申请2.09亿元，支持比例和额度测算见表3。

3. 重点项目

根据院级顶层设计，重点支持公共安全、共建共享、前沿优势、特色新兴4类项目，拟申请9.57亿元，支持比例和额度测算见表2、图2。

（二）进度安排

1. 年际均衡

未来3年，基本按照年度均衡的原则安排各年度经费，对部分项目编制了分年预算，跨年实施项目经费规模约5.00亿元，与年度实施项目经费规模呈1∶2比例，额度测算见图4。年际经费安排将根据单位修购专项规划实际申报情况进行调整，并根据实际需求小幅调整年度申报仪器设备购置项目的内容。

2. 年内安排

根据顶层设计和单位申报资格情况，安排有房屋修缮类、基础设施改造类、仪器设备购置类和仪器设备升级改造类经费，以及院级统筹重大公共设施、公共安全、共建共享、前沿优势和特色新兴等重点支持项目，基于项目实施、财务管理的规律和周期，科学安排预算执行计划，详见图5。

3. 共建共享优先

按照整体谋划、突出重点和共建共享的原则，我院未来3年修购专项重点优先支持院级统筹重大公共设施项目和四类重点项目，全面推进共建共享，共计划安排约12亿元，根据仪器设备技术更新换代和其他渠道投入情况等进行申报调整。

五、保障机制与主要措施

在前两期修购专项规划中，我院按照财政科学化精细化管理要求，加强顶层设计、建章立制、建立健全管理队伍，完善三级管理人员制度，实现了全过程规范化管理，取得了显著成效。修购专项三期规划以“能力提升”为基本目标，也要求规划实施管理提出了能力提升要求，聚焦管理重点，推进管理创新。

（一）目标聚焦，管理创新

在部、院、所三级管理框架内，进一步发挥由分管院领导负责，财务局、基建局、科技管理局、成果转化局、人事局和院办公室相关人员共同组成的规划领导小组的统筹协调作用。院级继续加强院级管理部门、研究所领导小组、项目实施小组三级管理运行机制，做好全院修购专项全过程管理。同时，优化单位主管领导、分管处长与联络人构成的三级管理人员制度，所级继续坚持领导小组制度，由所长任组长，财务、科技、后勤、纪委、研究室负责人等共同参与，负责单位的专项组织管理工作。上下级之间、不同部门之间组织到位、分工明确、沟通顺畅、责任到人。

（二）条块结合，促进共享

在二期规划共享试点基础上，探索灵活、高效的农业科研基础条件运行机制，积极创造开放条件，向上级主管部门呼吁建立协作共用基金，为开放共享机制的建立提供保障。确保农业科研人员享有平等使用科研基础条件的机会，实现资源共享、信息互动。科研基础条件建成使用后，要研究探讨持续投入的机制，保障正常、高效运行。

（三）瞄准目标，精心梳理

项目立项前应深入调查、充分论证，高度重视收集整理完备的基础数据，对现有基础条件成竹在胸，集中针对科研基础条件集中存在的公共设施、公共安全、共建共享、前沿优势、特色新兴5类重点问题，按照修购专项定位、支持范围，以及研究所定位和发展需求，精心梳理科研基础条件支撑保障和完善内容，科学设计具体项目和归类，合理安排经费预算，争取最大限度的发挥存量资源的使用效益。

（四）客观科学，扎实完备

基于科研基础条件改善实际需求，指导各项目单位做好修缮改造项目的可行性研究、尤其是对于当年不能完成的项目编制分年预算，以及充分做好购置大型仪器设备的选型和询价论证等基础性工作，确保突出院级顶层设计思路和要求，保证项目立项的充分可行性和基础数据的真实准确性，提高申报文本质量，确保申报成功率。

编制项目实施方案应继续坚持实事求是、科学合理的原则，遵循自然规律、经济规律，在依据充分的基础上进行经费预算，将实施过程中的调整减少到最低程度，保证项目顺利实施并按期通过验收。

（五）坚持原则，控制规模

在摸底调研和各研究所申报的专项潜在需求基础上，院级严格按照农业部核定的指导性规划控制数，从全院科研发展和资源统筹的大局出发，统筹安排和顶层设计修购专项资金支持方向、支持范围、支持重点，合理分布各研究所的控制规模，并在控制规模内指导其具体项目设计和年际布局。

2012年8月

附　件

表 1　项目类型规模测算表　　（单位：亿元）

年度	合计	房屋修缮	基础设施改造	仪器设备购置	仪器设备升级改造
合计	15.00	2.01	5.76	7.05	0.18
2013 年	5.22	0.48	2.50	2.18	0.06
2014 年	5.44	0.80	2.14	2.41	0.09
2015 年	4.35	0.73	1.13	2.46	0.03

表 2　顶层设计项目规模测算表　　（单位：亿元）

序号	重点项目	内容	比例	金额
	合计		100%	15.02
1	公共设施	对院公共网络、综合试验基地的道路、水、电、暖、气等公共设施部分进行升级和完善改造的项目	14%	2.09
2	公共安全	消防、抗震加固、废弃物处理、易燃易爆、有毒有害物品存放等涉及公共或人身安全的条件内容	19%	2.88
3	共建共享	共建共享理念突出、措施明确、二期规划安排共享试点成效显著的项目	12%	1.81
4	前沿优势	能发挥资金集聚效应、对科研成果产出支撑预期效果明显的优势项目	22%	3.31
5	特色新兴	特色学科发展、新兴交叉领域、以及创新团队建设、人才引进等项目	11%	1.57
6	其他项目	上述重大重点项目内容以外的常规性科研基础条件完善内容	22%	3.36

表3　重大公共设施项目规模测算表　　（单位：亿元）

序号	重大公共设施	类型	内容	比例	金额
合计				100%	2.09
1	院网升级	院公共网升级	院公共网络平台升级	48%	1.01
2	南口基地电改造	公共用电改造	综合试验基地公共用电改造	18%	0.38
3	农业科技展示园完善	试验基地公共设施完善	综合试验基地道路、水、暖、气等公共设施部分的完善改造	17%	0.35
4	新乡基地完善			12%	0.25
5	深圳研究院基础设施			5%	0.10

注：重大公共设施项目占总规划额度的14%

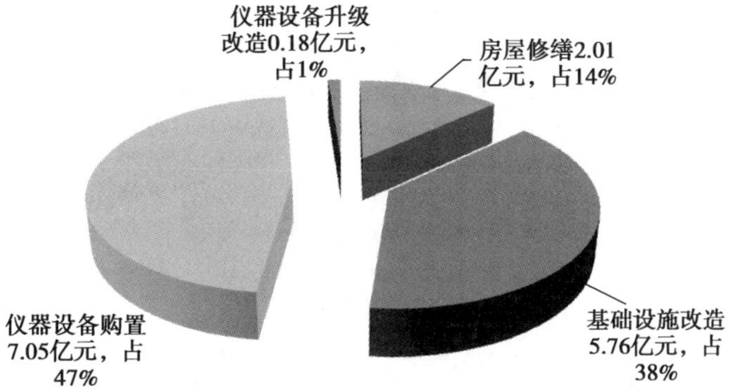

图1　项目类型经费规模测算分布

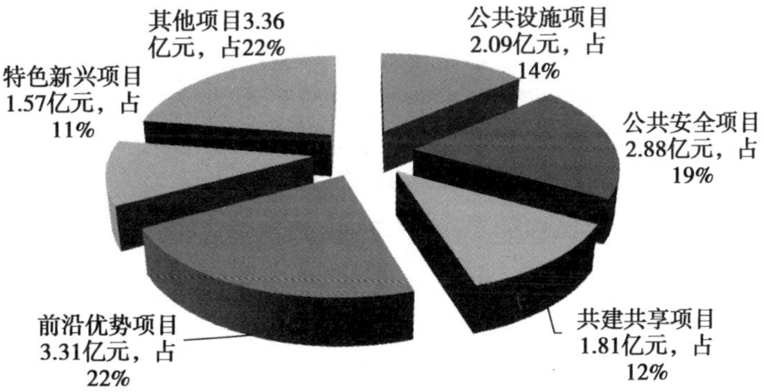

图2　顶层设计项目规模测算分布

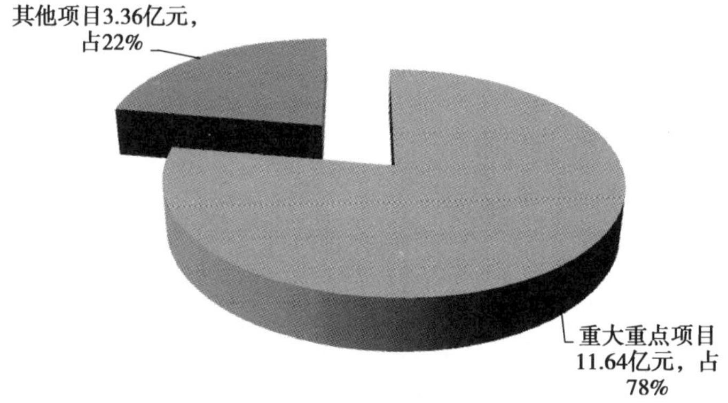

图 3　顶层设计项目经费规模分布

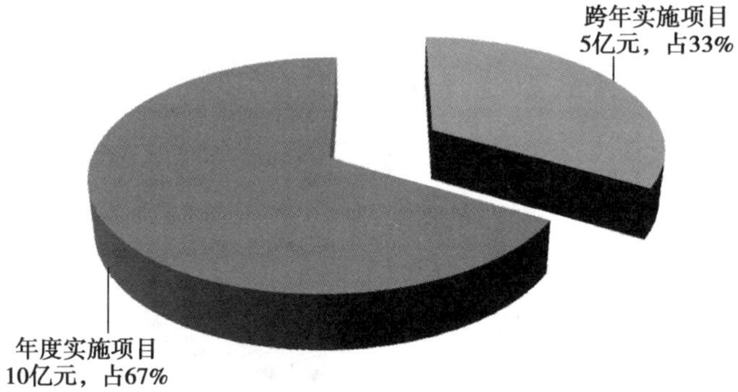

图 4　跨年实施项目经费规模测算分布

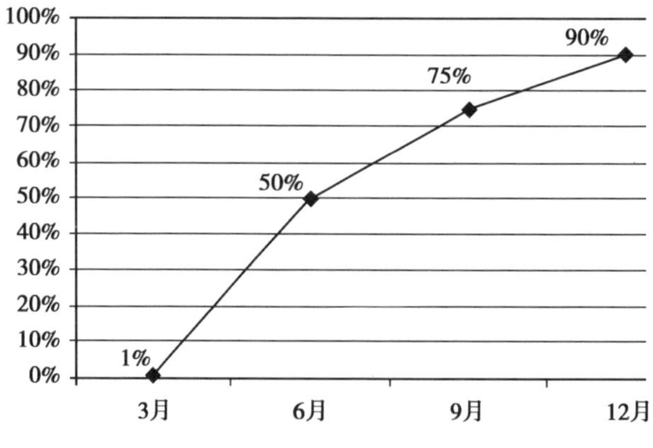

图 5　预算执行计划进度

中国农业科学院2012年公共预算财政拨款收入支出决算表

（金额单位：万元）

支出功能分类科目编码（类 款 项）	科目名称	上年结转和结余	本年收入 合计	本年收入 其中：基本建设资金收入	本年支出 合计	本年支出 基本支出	本年支出 项目支出	年末结转和结余
	栏次	1	2	3	4	5	6	7
	合计	68 986.7	228 274.5	33 109.0	230 787.9	73 912.1	156 875.8	66 473.3
202	外交	11.1	155.0		158.2		158.2	7.9
20299	其他外交支出	11.1	155.0		158.2		158.2	7.9
2029901	其他外交支出	11.1	155.0		158.2		158.2	7.9
206	科学技术	39 125.6	175 738.2	19 725.0	172 020.1	54 331.1	117 689.0	42 843.7
20602	基础研究	21 631.6	26 691.5	15 425.0	27 577.6	993.0	26 584.7	20 745.5
2060201	机构运行		993.0		993.0	993.0		
2060204	重点实验室及相关设施	13 884.7	20 943.0	14 925.0	19 659.5		19 659.5	15 168.2
2060206	专项基础科研	7 730.4			2 153.1		2 153.1	5 577.3
2060299	其他基础研究支出	16.6	4 755.6	500.0	4 772.1		4 772.1	
20603	应用研究	5 062.1	110 806.7		112 067.0	53 338.1	58 728.9	3 801.9
2060301	机构运行	1 303.9	52 544.7		53 338.1	53 338.1		510.5
2060302	社会公益研究	2 789.4	58 051.0		58 118.8		58 118.8	2 721.7
2060303	高技术研究		25.0		25.0		25.0	
2060399	其他应用研究支出	968.8	186.0		585.1		585.1	569.7
20604	技术研究与开发	110.7	1 000.0		1 021.4		1 021.4	89.4

（续表）

支出功能分类科目编码（类/款/项）	科目名称	上年结转和结余	本年收入：合计	本年收入：其中：基本建设资金收入	本年支出：合计	本年支出：基本支出	本年支出：项目支出	年末结转和结余
	栏次	1	2	3	4	5	6	7
	合计	68 986.7	228 274.5	33 109.0	230 787.9	73 912.1	156 875.8	66 473.3
2060402	应用技术研究与开发	110.7			21.4		21.4	89.4
2060403	产业技术研究与开发		1 000.0		1 000.0		1 000.0	
20605	科技条件与服务	12 204.2	36 740.0	4 300.0	30 821.2		30 821.2	18 123.1
2060503	科技条件专项	11 177.1	33 410.0	970.0	28 013.1		28 013.1	16 574.0
2060599	其他科技条件与服务支出	1 027.1	3 330.0	3 330.0	2 808.1		2 808.1	1 549.0
20609	科技重大专项	116.9	500.0		532.9		532.9	84.0
2060901	科技重大专项	116.9	500.0		532.9		532.9	84.0
207	文化体育与传媒	4 600.5	3 212.6	3 100.0	3 635.3	113.2	3 522.1	4 177.8
20701	文化	4 600.0	3 100.0	3 100.0	3 522.1		3 522.1	4 177.8
2070104	图书馆	4 600.0	3 100.0	3 100.0	3 522.1		3 522.1	4 177.8
20705	新闻出版	0.6	112.6		113.2	113.2		
2070505	出版发行	0.6	112.6		113.2	113.2		
208	社会保障和就业	280.1	3 978.1		4 138.5	4 138.5		119.7
20805	行政事业单位离退休	280.1	3 978.1		4 138.5	4 138.5		119.7
2080502	事业单位离退休	280.1	3 978.1		4 138.5	4 138.5		119.7
211	节能环保	15.1	525.0		524.2		524.2	15.8
21104	自然生态保护	15.1	525.0		524.2		524.2	15.8
2110402	农村环境保护	15.1	525.0		524.2		524.2	15.8
213	农林水事务	23 999.0	34 650.8	10 284.0	39 829.4	4 847.2	34 982.2	18 820.4
21301	农业	23 999.0	34 650.8	10 284.0	39 829.4	4 847.2	34 982.2	18 820.4

（续表）

支出功能分类科目编码（类/款/项）	科目名称	上年结转和结余	本年收入：合计	本年收入：其中：基本建设资金收入	本年支出：合计	本年支出：基本支出	本年支出：项目支出	年末结转和结余
	栏次	1	2	3	4	5	6	7
	合计	68 986.7	228 274.5	33 109.0	230 787.9	73 912.1	156 875.8	66 473.3
2130102	一般行政管理事务	2.0	100.0		102.0		102.0	
2130104	事业运行	1 375.4	5 380.2		6 689.9	4 760.2	1 929.7	65.7
2130106	技术推广与培训	4 261.3	10 411.0	5 387.0	10 375.5		10 375.5	4 296.8
2130108	病虫害控制	5 640.4	905.0		3 774.7		3 774.7	2 770.7
2130109	农产品质量安全	2 227.6	6 084.0		7 195.8		7 195.8	1 115.8
2130110	执法监管		2 678.0	2 467.0	2 083.9		2 083.9	594.1
2130111	统计监测与信息服务	373.6	1 967.0		1 995.1		1 995.1	345.5
2130112	农业行业业务管理	67.8	495.0		385.7		385.7	177.2
2130114	对外交流与合作	130.1	642.0		714.0		714.0	58.1
2130124	农业组织化与产业化经营		20.0		16.8		16.8	3.2
2130125	农产品加工与促销	634.7	420.0	420.0	723.3		723.3	331.4
2130126	农村公益事业	733.6	236.0		794.7		794.7	174.9
2130135	农业资源保护与利用	440.5	3 049.0		2 843.0		2 843.0	646.5
2130199	其他农业支出	8 111.8	2 263.6	2 010.0	2 134.9	87.0	2 047.9	8 240.5
221	住房保障支出	955.4	10 014.9		10 482.2	10 482.2		488.0
22102	住房改革支出	955.4	10 014.9		10 482.2	10 482.2		488.0
2210201	住房公积金	183.7	7 032.0		7 116.2	7 116.2		99.5
2210202	提租补贴	90.7	478.1		518.8	518.8		50.0
2210203	购房补贴	680.9	2 504.8		2 847.2	2 847.2		338.6

中国农业科学院2012年行政事业类项目收入支出决算表

（金额单位：万元）

支出功能分类科目编码	科目名称（项目）	资金来源：合计	上年结转和结余：小计	上年结转和结余：其中：财政拨款结转和结余	财政拨款	其他资金	支出数：合计	支出数：财政拨款	支出数：其他资金	年末结转和结余：合计	年末结转和结余：其中：财政拨款结转和结余
类 款 项	栏次	1	2	3	4	5	6	7	8	9	10
	合计	183 631.6	22 829.1	20 255.2	122 557.2	38 245.3	155 129.5	117 363.0	37 766.5	28 502.1	25 449.4
202	外交	166.1	11.1	11.1	155.0		158.2	158.2		7.9	7.9
20299	其他外交支出	166.1	11.1	11.1	155.0		158.2	158.2		7.9	7.9
2029901	其他外交支出	166.1	11.1	11.1	155.0		158.2	158.2		7.9	7.9
206	科学技术	159 354.1	18 646.6	16 088.2	102 475.6	38 232.0	133 819.6	96 067.1	37 752.5	25 534.5	22 496.6
20602	基础研究	12 027.8	1 289.9	925.2	10 273.6	464.4	8 885.3	8 402.7	482.7	3 142.5	2 796.1
2060204	重点实验室及相关设施	6 943.2	925.2	925.2	6 018.0		4 147.1	4 147.1		2 796.1	2 796.1
2060299	其他基础研究支出	5 084.7	364.7		4 255.6	464.4	4 738.2	4 255.6	482.7	346.4	
20603	应用研究	71 258.6	5 951.9	3 758.2	58 262.0	7 044.7	65 275.8	58 728.9	6 547.0	5 982.8	3 291.4
2060302	社会公益研究	70 078.8	4 983.1	2 789.4	58 051.0	7 044.7	64 665.7	58 118.8	6 547.0	5 413.1	2 721.7
2060303	高技术研究	25.0			25.0		25.0	25.0			

（续表）

项目		资金来源					支出数			年末结转和结余	
支出功能分类科目编码	科目名称（项目）	合计	上年结转和结余		财政拨款	其他资金	合计	财政拨款	其他资金	合计	其中：财政拨款结转和结余
			小计	其中：财政拨款结转和结余							
类 款 项	栏次	1	2	3	4	5	6	7	8	9	10
	合计	183 631.6	22 829.1	20 255.2	122 557.2	38 245.3	155 129.5	117 363.0	37 766.5	28 502.1	25 449.4
2060399	其他应用研究支出	1 154.8	968.8	968.8	186.0		585.1	585.1		569.7	569.7
20604	技术研究与开发	1 110.7	110.7	110.7	1 000.0		1 021.4	1 021.4		89.4	89.4
2060402	应用技术研究与开发	110.7	110.7	110.7			21.4	21.4		89.4	89.4
2060403	产业技术研究与开发	1 000.0			1 000.0		1 000.0	1 000.0			
20605	科技条件与服务	43 617.1	11 177.1	11 177.1	32 440.0		27 381.3	27 381.3		16 235.9	16 235.9
2060503	科技条件专项	43 617.1	11 177.1	11 177.1	32 440.0		27 381.3	27 381.3		16 235.9	16 235.9
20609	科技重大专项	31 339.8	116.9	116.9	500.0	30 722.9	31 255.8	532.9	30 722.9	84.0	84.0
2060901	科技重大专项	31 339.8	116.9	116.9	500.0	30 722.9	31 255.8	532.9	30 722.9	84.0	84.0
211	节能环保	540.1	15.1	15.1	525.0		524.2	524.2		15.8	15.8
21104	自然生态保护	540.1	15.1	15.1	525.0		524.2	524.2		15.8	15.8
2110402	农村环境保护	540.1	15.1	15.1	525.0		524.2	524.2		15.8	15.8
213	农林水事务	23 571.4	4 156.4	4 140.9	19 401.6	13.4	20 627.5	20 613.5	14.0	2 943.9	2 929.0
21301	农业	23 571.4	4 156.4	4 140.9	19 401.6	13.4	20 627.5	20 613.5	14.0	2 943.9	2 929.0

（续表）

项目		资金来源					支出数			年末结转和结余	
支出功能分类科目编码	科目名称（项目）	合计	上年结转和结余		财政拨款	其他资金	合计	财政拨款	其他资金	合计	其中：财政拨款结转和结余
			小计	其中：财政拨款结转和结余							
类 款 项	栏次	1	2	3	4	5	6	7	8	9	10
	合计	183 631.6	22 829.1	20 255.2	122 557.2	38 245.3	155 129.5	117 363.0	37 766.5	28 502.1	25 449.4
2130102	一般行政管理事务	102.0	2.0	2.0	100.0		102.0	102.0			
2130104	事业运行	1 995.4	1 375.4	1 375.4	620.0		1 929.7	1 929.7		65.7	65.7
2130106	技术推广与培训	6 035.1	1 011.1	995.6	5 024.0		5 327.8	5 327.2	0.6	707.3	692.4
2130108	病虫害控制	918.4	13.4	13.4	905.0		918.4	918.4			
2130109	农产品质量安全	6 863.2	779.2	779.2	6 084.0		5 928.5	5 928.5		934.7	934.7
2130110	执法监管	211.0			211.0		205.2	205.2		5.8	5.8
2130111	统计监测与信息服务	2 340.6	373.6	373.6	1 967.0		1 995.1	1 995.1		345.5	345.5
2130112	农业行业业务管理	562.8	67.8	67.8	495.0		385.7	385.7		177.2	177.2
2130114	对外交流与合作	785.5	130.1	130.1	642.0	13.4	727.4	714.0	13.4	58.1	58.1
2130124	农业组织化与产业化经营	20.0			20.0		16.8	16.8		3.2	3.2
2130126	农村公益事业	236.0			236.0		236.0	236.0			
2130135	农业资源保护与利用	3 452.7	403.7	403.7	3 049.0		2 806.2	2 806.2		646.5	646.5
2130199	其他农业支出	48.6			48.6		48.6	48.6			

中国农业科学院2012年修购专项资金情况

2012年度，中国农业科学院共获中央级科学事业单位修缮购置专项资金批复项目61个，资金26 640万元。平均每个研究所获批修购专项资金951万元。项目平均规模为437万元。

其中，房屋修缮类项目5个、资金1 780万元，基础设施改造类项目25个、资金9 455万元，仪器设备购置类项目27个、资金15 115万元，仪器设备升级改造项目4个、资金290万元。

中国农业科学院2012年度中央级科学事业单位修缮购置专项资金项目批复情况

（单位：个、万元）

序号	预算编目	单位名称	专项批复	
			数量	金额
—	—	合计	61	26 640
1	125161001	农业部沼气科学研究所	1	660
2	125161002	农业部环境保护科研监测所	2	565
3	125161003	中国农业科学院（本级）	2	1 410
4	125161004	中国农业科学院研究生院	0	0
5	125161005	中国农业科学院农业经济与发展研究所	1	300
6	125161008	中国农业科学院农业信息研究所	3	495
7	125161009	中国农业科学院作物科学研究所	3	1 345
8	125161010	中国农业科学院蔬菜花卉研究所	3	740
9	125161012	中国农业科学院农业环境与可持续发展研究所	1	740
10	125161013	中国农业科学院农业资源与农业区划研究所	3	1 230

（续表）

序号	预算编目	单位名称	专项批复	
			数量	金额
11	125161014	中国农业科学院植物保护研究所	3	1 120
12	125161015	中国农业科学院农产品加工研究所	2	505
13	125161016	中国农业科学院棉花研究所	5	1 540
14	125161017	中国农业科学院油料作物研究所	6	830
15	125161018	中国农业科学院果树研究所	1	185
16	125161019	中国农业科学院郑州果树研究所	3	640
17	125161021	中国农业科学院茶叶研究所	1	505
18	125161023	中国农业科学院烟草研究所	2	595
19	125161024	中国农业科学院麻类研究所	1	635
20	125161028	中国农业科学院北京畜牧兽医研究所	1	975
21	125161029	中国农业科学院蜜蜂研究所	1	260
22	125161030	中国农业科学院哈尔滨兽医研究研	3	1 685
23	125161031	中国农业科学院兰州兽医研究医	1	990
24	125161032	中国农业科学院兰州畜牧与兽药研究所	2	3 440
25	125161033	中国农业科学院草原研究所	2	340
26	125161034	中国农业科学院特产研究所	2	1 105
27	125161035	中国农业科学院上海兽医研究所	1	795
28	125161036	中国水稻研究所	0	0
29	125161038	中国农业科学院饲料研究所	2	2 210
30	125161039	中国农业科学院生物技术研究所	3	800

中国农业科学院2012年基本科研业务费项目评审情况汇总表

（单位：个、万元）

序号	单位编码	单位名称	2012年合计		其中：增量预算	
			项目数	预算数	项目数	预算数
—	—	合计	577	11 408	104	2 842
1	125161002	农业部环境保护科研监测所	17	525	2	85
2	125161003	中国农业科学院（本级）	99	1 751	57	1 271
3	125161004	中国农业科学院研究生院	11	90		
4	125161005	中国农业科学院农业经济与发展研究所	34	317	5	77
5	125161008	中国农业科学院农业信息研究所	34	310	3	100
6	125161009	中国农业科学院作物科学研究所	18	1 365	3	150
7	125161012	中国农业科学院农业环境与可持续发展研究所	32	434	2	44
8	125161013	中国农业科学院农业资源与农业区划研究所	45	570	3	90
9	125161014	中国农业科学院植物保护研究所	19	500	2	80
10	125161016	中国农业科学院棉花研究所	35	700	2	40
11	125161017	中国农业科学院油料作物研究所	31	620	4	140
12	125161028	中国农业科学院北京畜牧兽医研究所	48	595	6	130
13	125161030	中国农业科学院哈尔滨兽医研究所	27	836	2	110
14	125161032	中国农业科学院兰州畜牧与兽药研究所	49	820	5	190
15	125161033	中国农业科学院草原研究所	17	335		
16	125161035	中国农业科学院上海兽医研究所	33	405	2	90
17	125161036	中国水稻研究所	11	845	4	125
18	125161039	中国农业科学院生物技术研究所	17	390	2	120

中国农业科学院2012年度国有资产概况

全院2012年末国有资产共计909 870.98万元，其中，流动资产444 362.92万元、对外投资20 424.29万元、固定资产净值438 730.13万元、无形资产6 353.64万元。其中，26个单位国有资产总量超过1亿元，占全院国有资产总量的93.63%。

各项资产比例如下图所示。

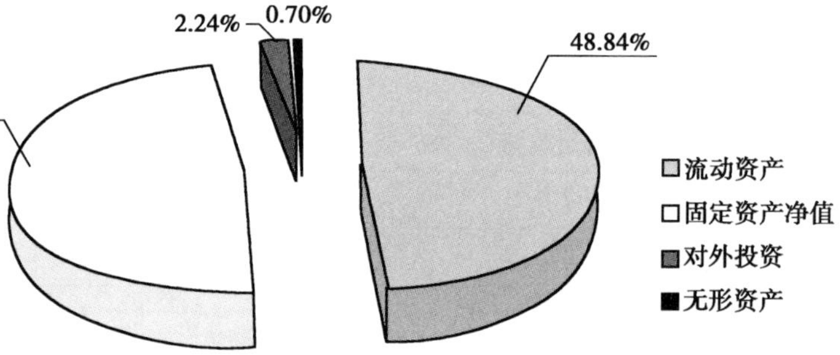

中国农业科学院2012年末资产状况一览表 （单位：万元）

序号	单位名称	资产总额	流动资产	对外投资	固定资产净值	无形资产	净资产合计
1	合计	909 870.98	444 362.92	20 424.29	438 730.13	6 353.64	654 126.05
2	农业部沼气科学研究所	5 465.96	2 393.93	135.00	2 485.37	451.65	4 084.03
3	农业部环境保护科研监测所	10 598.60	3 906.47	0.00	6 692.14	0.00	7 598.86
4	中国农业科学院（本级）	87 495.09	66 723.56	4 000.00	16 771.53	0.00	68 452.79
5	中国农业科学院研究生院	12 069.88	5 192.33	128.00	6 749.55	0.00	10 112.62
6	中国农业科学院农业经济与发展研究所	5 683.05	4 327.71	0.00	1 355.34	0.00	2 511.60
7	中国农业科学院农业质量标准与检测技术研究所	8 314.31	4 237.06	0.00	4 077.25	0.00	4 811.77
8	中国农业科学院农业信息研究所	37 923.83	7 629.71	201.00	30 093.13	0.00	33 372.91

（续表）

序号	单位名称	资产总额	流动资产	对外投资	固定资产净值	无形资产	净资产合计
9	中国农业科学院作物科学研究所	72 100.70	35 714.03	276.21	35 734.47	375.99	40 843.17
10	中国农业科学院蔬菜花卉研究所	31 966.39	12 722.04	450.00	18 794.35	0.00	21 348.58
11	中国农业科学院农业环境与可持续发展研究所	28 049.29	6 448.97	244.38	21 355.94	0.00	21 572.32
12	中国农业科学院农业资源与农业区划研究所	33 045.82	13 657.85	85.00	19 172.42	130.55	22 516.42
13	中国农业科学院植物保护研究所	35 015.08	19 482.46	654.00	14 878.62	0.00	20 360.02
14	中国农业科学院农产品加工研究所	15 080.08	8 166.04	0.00	6 914.04	0.00	7 831.43
15	中国农业科学院棉花研究所	32 449.28	8 397.59	45.00	23 886.69	120.00	26 612.50
16	中国农业科学院油料作物研究所	39 909.84	20 297.16	2 604.13	13 388.22	3 620.33	27 164.12
17	中国农业科学院果树研究所	9 180.00	2 005.95	120.00	7 054.06	0.00	7 778.39
18	中国农业科学院郑州果树研究所	9 734.25	2 875.59	161.00	6 697.66	0.00	7 726.01
19	中国农业科学院茶叶研究所	21 383.13	9 347.61	1 102.80	10 927.55	5.18	13 511.49
20	中国农业科学院烟草研究所	27 453.74	18 254.58	203.00	8 653.68	342.47	17 859.79
21	中国农业科学院麻类研究所	11 664.83	4 320.77	42.06	6 172.01	1 130.00	8 607.87
22	中国农业科学院农田灌溉研究所	7 547.26	1 939.57	62.00	5 545.70	0.00	5 734.89
23	中国农业科学院北京畜牧兽医研究所	35 950.74	19 487.18	507.00	15 943.11	13.45	22 938.10
24	中国农业科学院蜜蜂研究所	8 580.57	1 801.62	198.00	6 580.94	0.00	7 517.54

（续表）

序号	单位名称	资产总额	流动资产	对外投资	固定资产净值	无形资产	净资产合计
25	中国农业科学院哈尔滨兽医研究所	69 622.05	43 939.79	880.00	24 677.26	125.00	55 897.51
26	中国农业科学院兰州兽医研究所	72 475.87	37 369.08	2 400.00	32 706.80	0.00	61 794.34
27	中国农业科学院兰州畜牧与兽药研究所	15 288.17	6 241.21	51.00	8 995.96	0.00	12 615.59
28	中国农业科学院草原研究所	11 626.71	2 571.91	39.00	8 976.80	39.00	9 959.58
29	中国农业科学院特产研究所	23 192.58	13 716.18	578.56	8 897.84	0.01	12 978.42
30	中国农业科学院上海兽医研究所	16 233.57	5 573.10	100.00	10 560.47	0.00	11 717.87
31	中国水稻研究所	53 389.43	24 978.86	1 788.15	26 622.42	0.00	40 432.30
32	农业部南京农业机械化研究所	15 479.17	6 047.72	448.00	8 983.44	0.00	10 437.33
33	中国农业科学院饲料研究所	17 720.49	10 202.52	776.00	6 741.97	0.00	11 546.24
34	中国农业科学院生物技术研究所	24 693.94	11 458.48	2 075.00	11 160.47	0.00	13 606.21
35	中国农业科学技术出版社	3 487.25	2 934.29	70.00	482.96	0.00	2 273.45

中国农业科学院2012年度政府采购情况

2012年，全院政府采购预算金额61 567.95万元，实际采购金额59 632.81万元。实际采购相对预算的节约资金总额1 935.14万元，总节约率3.14%。其中，货物类节约金额599.50万元，节约率2.50%；工程类节约金额1 248.29万元，节约率3.50%；服务类节约金额87.34万元，节约率4.49%。

一、政府采购资金来源

实际采购中财政性资金55 248.37万元，占总采购金额的92.65%；其他资金4 384.44万元，占总采购金额的7.35%。

二、政府采购构成情况

实际采购中货物类采购金额23 369.04万元，占总采购金额的39.19%；工程类采购金额34 407.54万元，占总采购金额的57.70%；服务类采购金额1 856.23万元，占总采购金额的3.11%。

三、政府采购组织形式

实际采购中集中采购金额3 636.30万元，占总采购金额的6.10%，分散采购金额55 996.51万元，占总采购金额的93.90%。

四、政府采购方式

实际采购中公开招标采购金额56 217.02万元（占总采购金额的94.27%）；邀请招标采购金额2 963.35万元，竞争性谈判采购金额201.35万元，询价采购金额186.10万元，单一来源采购金额65.00万元。

五、政府采购合同授予

实际采购中进口采购金额9 898.68万元，占总采购金额的16.60%；国内采购金额

49 734. 13万元，占总采购金额的 83. 40%。

六、节能专项统计

实际采购中节能节水专项同类产品采购金额 9 841. 79万元，节能节水采购金额 9 795. 76万元，占总采购金额的 99. 53%；非节能节水采购金额 46. 03 万元，占总采购金额的 0. 47%。

七、环保专项统计

实际采购中环保专项同类产品采购金额 11 389. 30万元，环保采购金额 11 268. 27万元，占总采购金额的 98. 94%；非环保采购金额 121. 03 万元，占总采购金额的 1. 06%。

中国农业科学院2012年基本建设项目检查情况报告

按照《农业部关于开展2012年农业建设项目专项检查工作的通知》（农计发[2012]3号）要求，我院制订了《中国农业科学院2012年基本建设项目检查方案》，全院64个项目开展了自查，在此基础上，基建局组织业务指导员、专家等对16个单位的33个项目进行了抽查。现将检查情况报告如下。

一、项目概况

院属单位自查的64个项目，总投资为104 702万元，其中，中央预算内投资104 138万元，单位自筹资金564万元。截至检查之日，已到位总投资71 251万元，其中，中央预算内投资70 687万元，单位自筹资金564万元；实际完成支出投资56 848.11万元，其中，中央预算内投资56 284.11万元，单位自筹投资564万元。

院组织抽查的33个项目，总投资为56 491万元，其中，中央预算内投资56 427万元，单位自筹资金64万元。截至检查之日，已到位总投资33 890万元，其中，中央预算内投资33 826万元，单位自筹资金64万元；实际完成支出投资28 705.34万元，其中，中央预算内投资28 641.34万元，单位自筹投资64万元。

抽查项目中，已完成验收的项目有11个，已委托验收的项目有2个，已向农业部申报验收的项目有2个，已基本完工的项目有11个，在施项目7个。

二、项目管理情况

（一）资金到位与管理情况

被抽查的16个单位的33个项目，中央预算内投资、单位自筹资金均已全部到位；各单位均制定了专门的基建财务管理办法，并按照管理办法进行管理。在资金使用上能够做到专款专用，专账管理。

（二）制度与管理队伍建设情况

针对基本建设项目头绪多、任务重、时间紧的特点，各单位通过认真总结，相继出台了行之有效的管理办法。抽查的 16 个建设单位都制定了基本建设项目管理办法、财务管理办法、仪器设备采购管理办法等，为基本建设项目管理提供了制度保障。

2010 年来基本建设“片区互助管理”活动的开展，对我院各单位的基本建设管理队伍建设起到了极大的促进作用，一些建设单位聘请了专业的技术人员或接收应届毕业生充实基建队伍，有效提高了基建管理水平。

（三）“四制”的落实情况

1. 项目法人负责制。被抽查的各单位均实施了“项目法人负责制”，成立项目领导小组，绝大部分单位均由单位法定代表人担当项目领导小组组长，主管基本建设工作的副所长担任执行小组组长。各单位基本成立了一支由基建、财务、科研及后勤等部门相关人员所组成的基建管理队伍，明确分工，责任到人，“项目法人负责制”总体落实较好。

2. 监理制。被抽查的 33 个项目均按要求聘请了有相关资质的监理单位作为工程的监理。大部分监理单位能够遵守国家对工程建设领域监理工作的各项要求，但也存在项目建设过程中，监理人员变动不稳定的现象，在检查中，我院已要求各单位加强监理合同的执行力度，提高对监理人员的监督管理，确保监理队伍稳定到位。

3. 合同制。被抽查的各项目单位均能按要求签订合同，部分项目的合同不够严谨，如：代理人在无授权委托书的情况下签订合同，合同缺少日期、账号、单位地址等；在合同履行过程中，未严格按合同条款执行等问题。检查组明确提出要求，特别是对于尚未执行完毕的合同，须及时补充完善相关内容。

4. 招投标制。被抽查的单位对招投标工作重视程度较高，严格执行批复的招标方式和组织形式，慎重选择招投标代理机构，严格审查招标文件，在当地招投标规定允许的范围内，控制招标成本。

（四）工程质量情况

各建设单位对工程建设质量都很重视，建设单位负责人和项目管理人员经常深入项目现场，检查工程质量。选择的设计单位和施工单位都具备相应资质。应该实行监理制的项目都选择了有相应资质的监理单位，对质量进行有效控制。抽查的 33 个项目中，仅 1 个项目存在工程质量问题，但经过建设单位认真整改，工程质量合格并通过了竣工验收。

（五）档案管理情况

抽查的33个项目的档案管理比较规范，对项目前期、招投标、工程施工、工程竣工结算及审计、财务决算及审计、有关决议的会议纪要等资料进行了统一整理归档。

（六）竣工验收情况

近年来，我院加强了项目竣工验收工作，要求各单位不但要重视项目前期申报工作，还要重视项目的后期验收工作。各单位能较好地按照要求组织各专项验收、初步验收等，并做好整改工作；能按照验收范本的要求和院里的指导，做好竣工验收申报材料的编制。目前我院项目竣工验收工作已基本形成了良性循环，2010年来组织竣工验收的项目，一次通过率100%。

三、存在的主要问题与下一步工作安排

（一）存在的主要问题

1. 项目进展缓慢。进展缓慢的主要原因有：前期工作耗时长，办理规划、建设、环保、消防等前期手续耗费时间过长；相关批复周期较长；建设过程中存在非重大变更；管理力量不足，缺乏有效沟通；与设计、施工、监理、地方规划、建设、环保、消防等部门协调力度不够，导致项目收尾时间拖延；在建筑材料涨价、人工费调整等方面与施工单位存在分歧时，未能提出有力依据，导致结算周期过长，影响进度。

2. 部分项目档案管理不够规范。2个项目未能在竣工图上反映变更情况；少量项目未严格按照国家相关规定和规程归档。

3. 个别项目财务管理不严谨。1个项目出现支出凭证不完整的情况。

（二）下一步工作安排

1. 加快项目实施进度。要求各单位严格按照部重点项目建设进度情况统计表的要求和农科院［2012］67号文件制定的进度目标，落实责任，责任到人，全力推进项目建设进度。第一、抓紧抓实项目各项前期工作，加快办理项目建设相关手续，按照批复开展招标工作，争取项目早日开工建设；第二、督导各项目单位严格按照施工合同的约定，检查落实在建项目施工质量和进度，严格按照合同约定，加快支付工程款和货款，减少资金沉淀；第三、对收尾项目，要加快项目收尾，抓紧完成竣工结算及审计、财务

决算及审计工作、项目初验，尽快申报竣工验收。

2. 进一步规范基建档案和财务管理。要求各单位明确基建档案管理职责，专人负责，加强学习，提高业务水平。要求各单位严格按照国家档案管理规定，加强收集和归档管理工作，加强档案管理人员和项目管理人员的沟通。加强基建财务人员的培训，进一步规范资金支出与会计核算。

3. 进一步做好管理制度的建设和落实工作，规范管理。我院在出台《中国农业科学院基本建设管理办法》，推出《中国农业科学院基本建设项目实施关键点控制图》《基本建设管理"八要八不"》《中国农业科学院基本建设项目申报材料范本（试行）》《中国农业科学院施工总承包、设计、监理招标文件示范文本（试行）》《中国农业科学院基本建设项目管理指导手册（必读篇）》等制度规范的基础上，2012 年下半年，将总结近年来项目管理的经验与不足，修订完善有关管理制度与范本等，并推出《中国农业科学院基本建设项目实施指南》，进一步加强项目实施的业务指导，同时继续督促各单位在项目管理工作中严格遵守基本建设有关法律法规，引导各单位使用好范本，促进项目的规范化管理。

4. 加强人员培训。2012 年上半年，我院在部发展计划司的具体指导下，制定了比较详细的全院基建管理人员培训计划，组织参加了部发展计划司组织的基建财务现场剖析交流会，举办了基建合同管理培训班，8 月份我院还将举办基建档案管理培训班。在基建局内部，还将进一步加强职工自主选学活动的工作力度，聘请专家理论授课、现场观摩教学，并组织对自主选学情况进行交流与考核。

此外，还将根据工作需要，组织覆盖全局和片区业务指导员范围的业务培训。各片区也将根据本片区项目管理实际，有针对性地开展业务培训与交流。

中国农业科学院2012年基本建设项目立项情况

2012年批复立项的基本建设项目共17个，批复总资产17 805万元，其中，17 805万元为中央预算内投资。

序号	项目名称	建设年限	项目单位	总投资（万元）
1	国家蔬菜改良中心二期建设项目	2012—2013	蔬菜花卉研究所	470
2	国家食用菌改良中心建设项目	2012—2013	农业资源与农业区划研究所	1 275
3	河北省沽源县国家小麦育种夏繁基地建设项目	2012—2013	作物科学研究所	650
4	国家柑橘品种改良中心二期工程建设项目	2012—2013	柑橘研究所	510
5	国家级农作物品种抗性鉴定站建设项目	2012—2013	植物保护研究所	200
6	能源作物高效培育技术示范基地	2012	作物科学研究所	200
7	茶叶综合实验基地	2012—2013	茶叶研究所	2 400
8	砬山综合试验基地	2012—2013	果树研究所	2 100
9	农业环境重点实验室建设项目	2012—2013	农业环境与可持续发展研究所	1 180
10	产地环境质量重点实验室建设项目	2012—2013	天津环境保护科研监测所	730
11	粮油加工综合利用技术集成实验室建设项目	2012—2013	农产品加工研究所	2 350
12	弱电系统改造及防雷系统升级项目	2012	农业资源与农业区划研究所	160
13	植物工厂物联网应用研究项目	2012—2013	农业环境与可持续发展研究所	600
14	烟草质量安全监督检验中心建设项目	2012—2013	烟草研究所	1 820
15	农产品加工质量安全监督检验中心建设项目	2012—2013	农产品加工研究所	1 750
16	果蔬产品质量安全风险监测与预警能力建设项目（华北）	2012—2013	蔬菜花卉研究所	700
17	粮油产品质量安全风险监测与预警能力建设项目（华中）	2012—2013	油料作物研究所	710

备注：批复的建设期均为1年或2年。

中国农业科学院 2012 年基本建设投资计划概况

2012 年基本建设项目共下达 6 批计划，总投资 33 209万元，资金来源全部为中央预算内投资。

第一批计划文件《农业部关于下达 2012 年农产品质量安全检验检测体系建设项目中央预算内投资计划的通知》(农计发［2012］5 号) 下达投资 2 467万元。

第二批计划文件《农业部关于下达 2012 年高技术产业化项目中央预算内投资计划的通知》(农计发［2012］8 号) 下达投资 1 200万元。

第三批计划文件《农业部关于下达 2012 年部门自身建设项目中央预算内投资计划的通知》(农计发［2012］9 号) 下达投资 21 742万元。

第四批计划文件《农业部关于下达 2012 年种子工程中央预算内投资计划的通知》(农计发［2012］15 号) 下达投资 2 770万元。

第五批计划文件《农业部关于下达 2012 年部门自身建设项目中央预算内投资计划的通知》(农计发［2012］31 号) 下达投资 5 000万元。

第六批计划文件《农业部关于下达 2012 年旱涝保收标准农田建设和农业部重点实验室建设项目中央预算内投资计划的通知》(农计发［2012］36 号) 下达投资 30 万元。

中国农业科学院2012年基本建设投资计划情况表

序号	项目名称	建设性质	建设地点	建设规模及主要建设内容	建设年限	投资来源	下达投资（万元）
1	中国农业科学院新疆综合实验基地建设项目	新建	新疆维吾尔自治区阿克苏地区阿克苏市南工业园区、石河子总场、阿克苏市温宿县青年农场	新建综合用房5 483平方米，种子库和挂藏室1 472平方米，值班室、晒场等配套场区、田间工程，购置仪器设备33台（套），实验台和操作台450延米	2008—2012		300
						中央投资	300
						自有资金	
2	中国农业科学院图书馆	新建	北京市海淀区中关村南大街12号	总建筑面积31 936平方米，其中新建22 902平方米，改造9 034平方米	2008—2012		3 100
						中央投资	3 100
						自有资金	
3	中国农业科学院海南综合实验基地建设项目	新建	海南省三亚市市辖区田独镇荔枝沟	新建实验室及配套用房5 101.75平方米，建设标准化实验田500亩，田间工作用房716平方米，购置实验仪器设备、农机具及后勤用设备243台（套）	2008—2012		300
						中央投资	300
						自有资金	
4	中国农业科学院新乡综合试验基地基础设施建设项目	新建	河南省新乡市新乡县七里营镇	新建基地主入口次入口大门及门卫室各1座；铺设主干道路16 970平方米、人行道6 930平方米；购置并安装箱式变电设备，预埋供配电管线11 800米；新建中水回用系统，敷设生活及消防供水管线1 550米，雨水、污水排水管线5 315米；配套建设硬铺地广场4 879平方米、绿化5 689平方米、围墙1 610米	2011—2012		1 250
						中央投资	1 250
						自有资金	

（续表）

序号	项目名称	建设性质	建设地点	建设规模及主要建设内容	建设年限	投资来源	下达投资（万元）
5	中国农业科学院农业科技展示园	新建	北京市海淀区联想桥南侧	建设现代农业科技试验温室9 883平方米，植物科普温室4 035平方米，植物工厂温室和工作室1 616平方米，配电室173平方米，停车场2 940平方米，道路4 894平方米，广场2 300平方米，绿地2 959平方米、室外电缆600米等场区工程，并购置工作用面包车1辆	2009—2012		390
						中央投资	390
						自有资金	
6	中国农业科学院中关村院区排水系统及环境改造建设项目	新建	北京市海淀区中关村南大街12号	敷设雨、污水管线1 517米，新建雨、污水井65座；改造道路6 988平方米，新建人行道2 222平方米；拆除旧房4 600平方米，新建硬化广场7 389平方米；改造绿化38 745平方米；购置高空作业车、路面降尘清扫车、扫雪车、挖土车、水罐车等应急维护设备各1台	2012—2013		1 500
						中央投资	1 500
						自有资金	
7	中国农业科学院北京畜牧兽医研究所农业部奶业技术研究实验室建设项目	新建	北京市海淀区圆明园西路2号	新建农业部奶业技术研究实验室5 753平方米、微生物及免疫学检测区171平方米，配套购置实验台424延米，储藏柜203延米，培训用视频投影音响系统1组	2012—2013		900
						中央投资	900
						自有资金	
8	中国农业科学院生物技术研究所新型动物用基因工程产品生物反应器研究中心建设项目	改扩建	北京市海淀区中关村南大街12号	扩建实验室及辅助用房934平方米，改造实验室885平方米；购置仪器设备9台（套）	2012—2013		400
						中央投资	400
						自有资金	
9	中国农业科学院农业资源综合利用研究中心	新建	北京市海淀区中关村南大街12号	新建科研用房7 398平方米及室外工程，购置配套试验台	2008—2012		300
						中央投资	300
						自有资金	

（续表）

序号	项目名称	建设性质	建设地点	建设规模及主要建设内容	建设年限	投资来源	下达投资（万元）
10	中国农业科学院农业资源与农业区划研究所土壤肥料实验室建设项目	改扩建	北京市海淀区中关村南大街12号	拆除农业微生物菌种资源库及配套实验室1 929平方米，新建土壤肥料实验室5 260.6平方米，配套建设水、暖、电、道路等室外工程，购置实验台1 200延米及纯水设备1套	2012—2014		200
						中央投资	200
						自有资金	
11	中国农业科学院院所信息化建设项目	单纯购置	北京市海淀区中关村南大街12号	服务器及存储系统、网络系统、安全系统、备份系统等硬件设备57台（套），购置应用支撑平台和系统软件等软件50套，开发科研资源管理系统、信息共享与服务系统和科研网络协作等应用系统，并进行系统集成	2010—2012		910
						中央投资	910
						自有资金	
12	中国农业科学院农业信息研究所农业信息技术应用示范项目	新建	北京市海淀区中关村南大街12号	购置服务器、网络设备、存储设备、安全设备、物联网设备等硬件24台（套），购置服务器操作系统软件5套，定制开发用户交互构件、知识库支撑中间件、农技推广专家辅助支持系统，农情信息快速采集与监测系统、农技员及专家绩效评价管理系统等应用软件各1套，并进行系统集成	2012		970
						中央投资	970
						自有资金	
13	中国农业科学院研究生宿舍楼项目	新建	北京市海淀区中关村南大街12号	新建研究生宿舍楼15 506平方米	2008—2012		500
						中央投资	500
						自有资金	
14	中国农业科学院农业质量标准与检测技术研究所二噁英检测实验室建设项目	新建	北京市海淀区中关村南大街12号	改造二噁英检测实验室730平方米，其中负压洁净区430平方米，购置仪器设备90台（套）	2012—2013		1 123
						中央投资	1 123
						自有资金	

（续表）

序号	项目名称	建设性质	建设地点	建设规模及主要建设内容	建设年限	投资来源	下达投资（万元）
15	中国农业科学院水稻生物科学研究实验室建设项目	新建	浙江省杭州市富阳市水稻研究所	总建筑面积9 877平方米及室外工程	2008—2012		300
						中央投资	300
						自有资金	
16	中国农业科学院棉花研究所棉花生物学实验室建设项目	新建	河南省郑州市高新开发区	新建棉花生物学实验室8 613平方米，购置实验台537延米，配套建设室外道路及广场1 574平方米	2011—2013		1 684
						中央投资	1 684
						自有资金	
17	中国农业科学院油料作物研究所阳逻综合试验基地	新建	湖北省武汉市新洲区阳逻经济开发区	新建综合试验楼4 054平方米，种子仓库698平方米，挂藏室1 600平方米，种子工作间1 440平方米等场区工程，建设室外工程并购置农机具8台（套）	2008—2012		200
						中央投资	200
						自有资金	
18	中国农业科学院油料作物研究所北方繁育基地	新建	青海省海东地区平安县小峡镇上红庄村	新建综合实验室2 960平方米，种子仓库610平方米，挂藏室1 108平方米，智能温室240平方米，农机具库293平方米，锅炉房37平方米，配电室79平方米；建设田间工程180亩；购置农机具62台（套）	2009—2012		500
						中央投资	500
						自有资金	
19	中国农业科学院油料作物研究所油料产地加工技术集成基地建设项目	单纯购置	武汉市武昌区徐东二路2号	购置设备18台（套），进行油料清洁提制、节本增效与产地资源化利用加工技术集成	2012		420
						中央投资	420
						自有资金	

（续表）

序号	项目名称	建设性质	建设地点	建设规模及主要建设内容	建设年限	投资来源	下达投资（万元）
20	中国农业科学院郑州果树研究所综合实验室	新建	河南省郑州市管城回族区航海东路63号	新建总建筑面积8 713平方米，建设道路、绿化、管网等室外工程	2008—2012		300
						中央投资	300
						自有资金	
21	中国农业科学院哈尔滨兽医研究所新所区66KV变电所及园区电网项目	新建	黑龙江省哈尔滨市开发区哈平路西松花路南	新建66KV变电所（含10KV变电所）1 563平方米，66KV进线1回、10KV进线1回、10KV出线20回，购置并安装10 000KVA变压器、配电柜、控制电屏、运动系统、光端机等设备162台（套）	2009—2012		300
						中央投资	300
						自有资金	
22	中国农业科学院兰州畜牧与兽药研究所综合实验室建设项目	新建	甘肃省兰州市七里河区硷沟沿335号	新建综合实验室6 989平方米；购置实验台720延米，样品柜、通风柜、移动通风罩等204套；配套建设场区道路1 730平方米，敷设场区给排水管线576米、热力管线38米、电力管线960米	2010—2013		1 500
						中央投资	1 500
						自有资金	
23	中国农业科学院上海兽医研究所动物寄生虫病检测实验室建设项目	改建	上海市闵行区紫月路518号	改造标本馆、钉螺室等共计509平方米，购置仪器设备65台（套）	2012—2013		300
						中央投资	300
						自有资金	
24	中国农业科学院草原研究所农牧交错区试验示范基地基础设施建设项目	新建	内蒙古自治区呼和浩特市土默特左旗沙尔沁乡	新建混凝土主干道53 067平方米，砂石路15 720平方米，加固防护堤，防护沟清淤，建设围栏及水电等配套设施	2008—2012		200
						中央投资	200
						自有资金	

（续表）

序号	项目名称	建设性质	建设地点	建设规模及主要建设内容	建设年限	投资来源	下达投资（万元）
25	中国农业科学院特产研究所综合实验室二期工程项目	新建	吉林省长春市净月经济开发区	新建综合实验室11 768平方米，配套建设室外道路、绿化、水暖电外管网等基础设施，并购置安装实验台	2011—2012		1 400
						中央投资	1 400
						自有资金	
26	中国农业科学院特产研究所野生经济动物生物安全二级实验室改造工程建设项目	新建	吉林省长春市净月经济开发区	改造实验室及办公辅助用房1 394平方米，购置仪器设备55台（套）	2012—2013		400
						中央投资	400
						自有资金	
27	中国农业科学院沼气科学研究所厌氧微生物重点开放实验室改造项目	新建	四川省成都市武侯区人民南路四段13号	改造沼气厌氧微生物应用基础理论研究、沼气发酵工艺及装置、工农业有机废弃物厌氧物消化处理及资源化利用研究、生物质能资源综合利用技术研究等实验室6 325平方米，更新实验台柜，购置微生物学研究、分子生物学研究、分析等仪器设备93台（套）	2009—2012		188
						中央投资	188
						自有资金	
28	中国农业科学院南京农业机械化研究所农业机械化技术创新试验基地	新建	江苏省南京市溧水县白马镇	征用土地200亩，新建试验室1 869平方米，机修车间1 038平方米、机具库1 038平方米、传达室26平方米；配套建设晒场900平方米、绿化2 800平方米、围栏1 520米、供电管线2 188米；建设田间工程170亩，包括新建试验温室445平方米、道路14 436平方米、桥涵29座、蓄水塘1座、灌溉渠1 427米、排水沟2 023米；购置农机具及仪器设备17台（套）	2010—2013		1 130
						中央投资	1 130
						自有资金	
29	中国农业科学院家禽所国家种禽性能测定中心建设项目	新建	江苏省扬州市江都市邵伯镇小街2号	建设鸡舍4 869平方米，水禽舍1 780平方米，配套完善场区工程，购置仪器设备59台（套）	2011—2012		777
						中央投资	777
						自有资金	

（续表）

序号	项目名称	建设性质	建设地点	建设规模及主要建设内容	建设年限	投资来源	下达投资（万元）
30	国家畜禽改良研究中心项目	新建	北京市海淀区圆明园西路2号北京畜牧兽医研究所所内和北京市昌平区马池口镇北京畜牧兽医研究所实验基地内	总建筑面积29 778平方米，其中改造原有科研楼4 052平方米，新建25 726平方米。新建面积包括在中国农业科学院北京畜牧兽医研究所院内新建科研楼14 929平方米、SPF试验动物房1 832平方米，在昌平实验基地新建畜牧现场检测室1 273平方米、畜禽饲养舍7 692平方米。购置仪器设备583台（套）	2010—2013		5 000
						中央投资	5 000
						自有资金	
31	中国农业科学院农业资源与农业区划研究所耕地培育技术国家工程实验室项目	新建	北京市	建立高产土壤培肥、中低产田治理、土壤质量评价、新型肥料研制、高效施肥技术5个研发平台及相关的试验示范基地	2011—2013		600
						中央投资	600
						自有资金	
32	中国农业科学院农业环境与可持续发展研究所作物高效用水与抗灾减损国家工程实验室项目	新建	北京市	在现有基础上，建设农田增水技术、节水灌溉技术、生物性节水技术、作物抗灾减损技术和节水抗逆材料与制剂5个研发平台	2011—2013		600
						中央投资	600
						自有资金	
33	农业部特种经济动植物及制品质量安全监督检验中心	新建	吉林省长春市净月经济开发区	新建实验室2 946平方米，购置仪器设备104台（套）	2011—2013		1 516
						中央投资	1 516
						自有资金	
34	农业部肥料质量安全监督检验中心建设项目	新建	北京市海淀区中关村南大街12号	新建实验室1 500平方米，购置仪器设备218台（套）	2011—2013		951
						中央投资	951
						自有资金	

（续表）

序号	项目名称	建设性质	建设地点	建设规模及主要建设内容	建设年限	投资来源	下达投资（万元）
35	中国农业科学院农业环境与可持续发展研究所农业环境重点实验室建设项目	单纯购置	北京市海淀区中关村南大街12号	购置气体通量高频检测分析仪、植物逆境生理观测系统、环境扫描电子显微镜、稳态同位素质谱仪各1台（套），并建设农业环境学科物联网数据中心	2011—2013		30
						中央投资	30
						自有资金	
36	国家小麦改良中心二期建设项目	改扩建	北京市海淀区	建小麦加代生长室55.28平方米，购置仪器设备29台（套）	2011—2013		460
						中央投资	460
						自有资金	
37	河北省沽源县国家小麦育种夏繁基地建设项目	新建	河北省张家口市沽源县	建设小麦夏繁基地100亩。建设综合实验用房、挂藏考种室等土建工程1 590平方米，完善田间设施，购置农机具5台	2012—2013		300
						中央投资	300
						自有资金	
38	国家级农作物品种抗性鉴定站建设项目	新建	河北省廊坊市广阳区	建低温温室522平方米，完善场区工程	2012—2013		200
						中央投资	200
						自有资金	
39	国家蔬菜改良中心二期建设项目	改扩建	北京市昌平区	建连栋玻璃温室1 920平方米，日光温室3 248平方米，完善田间工程，购置仪器设备4台（套）	2012—2013		300
						中央投资	300
						自有资金	

（续表）

序号	项目名称	建设性质	建设地点	建设规模及主要建设内容	建设年限	投资来源	下达投资（万元）
40	国家食用菌改良中心建设项目	新建	河北省承德市平泉县	建食用菌实验用房等土建工程 2 442平方米，完善田间工程，购置仪器设备 38 台（套）	2012—2013		400
						中央投资	400
						自有资金	
41	国家瓜果改良中心兴城分中心二期建设项目	改扩建	辽宁省葫芦岛市兴城市	建高效节能日光温室 4 780.7平方米，灌溉用机井 8 眼，完善田间工程，购置仪器设备 13 台（套）	2011—2013		335
						中央投资	335
						自有资金	
42	国家瓜果改良中心二期建设项目	改扩建	河南省郑州市、新乡县	建西瓜甜瓜种子试材库 512.64 平方米，完善田间工程，购置仪器设备 42 台（套）	2011—2013		475
						中央投资	475
						自有资金	
43	国家柑橘品种改良中心二期工程建设项目	改扩建	重庆市北培区	建田间隔离网室等土建工程 9 900平方米，完善田间工程，购置仪器设备 23 台（套）	2012—2013		300
						中央投资	300
						自有资金	

中国农业科学院2012年建成项目一览表

（单位：万元）

序号	项目名称	项目单位	主要建设内容	完成投资（国拨）
1	中棉种业科技股份有限公司转基因抗虫杂交棉品种创新高技术产业化示范工程	棉花所	新建棉花种子仓库6 560平方米；箱式变压器1台、临时围墙832.9米；购置实验检验仪器设备29台套，种子包装流水线3条和棉种稀硫酸脱绒成套设备1套（中央补助资金）。新品种展示田土壤改良200亩、室外道路1 200平方米、室外给排水管道400米（其他资金解决）	2 846.96
2	阳逻综合实验基地	油料所	新建综合试验楼4 054平方米，种子仓库698.48平方米，挂藏室、种子工作间和风雨晒场4 396.22平方米，晒场3 248平方米，干旱棚及干旱池646.4平方米，智能温室320平方米，繁殖隔离网室7 968平方米，田间繁殖塑料大棚1 275平方米，建设配套外工程，购置农机具8台（套）	2 320
3	北方繁育基地	油料所	新建综合实验室2 984平方米，种子仓库771平方米，挂藏室919平方米，智能温室240平方米，农机具库288平方米，锅炉房37平方米，配电室30平方米；建设田间工程180亩，其中田块整治及护坡面积180亩，田间灌溉180亩，蓄水池1 200平方米；排灌渠3 000米，基地道路、护坡及田埂14 000平方米，田埂3 000米；建设配套场区工程，包括围墙1 850米，室外给水管道500米，室外排水管道490米，电缆1 300米，热力管道1 100米，绿化3 500米；购置仪器设备及农机具61台（套）	2 170
4	院麻类种质资源中期库	麻类所	新建麻类种质资源中期库及附属用房1 225.64平方米，购置仪器设备28台（套）	270.62

（续表）

序号	项目名称	项目单位	主要建设内容	完成投资（国拨）
5	麻类研究所所区配套设施	麻类所	新建正门传达室 161.32 平方米，所区道路 1 805平方米、青石板路 452 平方米、广场砖铺装 2 810平方米、篮球场 420 平方米、门球场 456 平方米；蓄水池贴面 302 平方米；围墙 777 米；挡土墙 1 977立方米；购置并安装大门 1 个，中央实验台 146 组，改造室外供电系统、排水系统并进行所区环境绿化	500
6	果树研究所综合实验楼	果树所	总建筑面积 6 127.32平米，框架结构、主体五层、局部六层	1 200
7	郑州果树研究所大院综合改造	郑果所	敷设天燃气管道 362 米，安装调压设备，建设综合管沟 821.97 米，安装市政给水管道 2 922米，包括支管沟 346.49 米，拓宽道路 718.5 米，购置 6 台 660KW 组合式全自动供热器及配套设备，室外采暖管网 2 565.6米等。完成总投资 597 万元，其中建筑安装工程 453.48 万元，供热设备购置费用 82.21 万元，工程建设其他费用 61.31 万元	597
8	部级果品及苗木质量安全监督检验中心	郑果所	新建冷藏室 53.5 平方米、人工气候室 49.3 平方米，通风空调、除湿、排烟和消防设施各 1 套，电气工程、试验台及配套各 1 项，购置仪器设备 87 台（套）	1 637
9	海南综合实验基地	院部	新建实验室及配套用房 5 101.75平方米，建设标准化实验田 500 亩，田间工作用房 716.82 平方米，购置试验仪器设备、农机具及后勤设备 244 台（套）	2 710
10	部级谷物质量安全监督检验中心	作科所	购置仪器设备 144 台（套）	1 665
11	畜禽舍搬迁	牧医所	建设实验猪场 2 199.54平方米，实验鸡场 2 539.01平方米，牛舍 491.14 平方米，实验鸭场 3 293.03平方米，配套用房 1 635.8 平方米，饲料加工车间 1 621.28平方米，值班室、中转站 55.1 平方米，购置生产工具车 1 台（套）	2 433

（续表）

序号	项目名称	项目单位	主要建设内容	完成投资（国拨）
12	部级乳制品及畜禽环境质量安全监督检验中心	牧医所	改造检验检测实验室 1 488.83平方米，购置仪器设备 75 台（套）	2 365
13	宠物源人畜共患病研究诊断实验室	牧医所	改造实验室 65 平方米，购置仪器设备 113 台（套）	548
14	国家蜜蜂遗传资源保护中心	蜜蜂所	建设国家蜜蜂遗传资源保护中心科研楼 1 550平方米，温室及室外配套工程；购置仪器设备 19 台（套），冷冻储藏室制冷系统及库体 1 套	570
15	饲料中药物基准实验室	饲料所	改造实验室 267.3 平方米，购置仪器设备 52 台（套）实验台、试剂架 100.4 延米	630
16	优势农产品产地加工技术研发中心（2011）	加工所	购置农产品加工研发、检测和中试等仪器设备 182 台（套）	1 200
17	农业资源综合利用研究中心	资划所	新建农业资源综合利用研究中心 6 762平方米，建设室外配套工程，购置配套实验台 1 套	2 800
18	水稻生物学研究实验室	水稻所	新建生物科学研究实验室总建筑面积 9 941.91平方米	3 136.48
19	部级草业产品质量安全监督检验中心	草原所	改扩建实验室 1 376平方米及相关附属工程，购置仪器设备 108 台（套）	1 569
20	作物分子育种国家工程实验室	作科所	建立重要性状的基因发掘和标记选择、品种分子设计、高效分子育种等技术研发平台	4 079

中国农业科学院机关固定资产管理暂行办法

第一章 总 则

第一条 为了规范和加强院机关固定资产管理，维护国有资产的安全和完整，根据《事业单位财务规则》（中华人民共和国财政部令第68号）、《中国农业科学院国有资产管理暂行办法》（农科院财［2011］47号）等规定，制定本办法。

第二条 固定资产是指使用期限超过1年，单位价值在1 000元以上（其中，专用设备单位价值在1 500元以上），并在使用过程中基本保持原有物质形态的资产，或单位价值虽不足规定标准，但使用年限在1年以上，批量价值在5万元（含）以上，且单件物品的名称、规格、型号相同的大批同类物资。

第三条 本办法适用于院机关占有、使用并依法确认为中国农业科学院产权的除土地、房屋及构筑物以外的固定资产。

后勤服务中心、万庄国际农业高新技术产业园管理委员会的资产出租、出借、对外投资、处置权限与院机关固定资产使用部门相同，资产登记等日常管理工作参照本办法执行。

因承担院机关项目等原因资产登记在院机关的有关研究所与院机关各部门一同视为院机关固定资产使用部门。

第四条 院机关固定资产管理的主要内容包括：固定资产的配置、使用、处置、会计核算、产权界定、价值评估、纠纷调处、盘点清查、统计报告、监督检查等。

第五条 院机关固定资产管理，应坚持规范、节俭、效能的原则，实现固定资产管理与预算管理相结合，与财务管理、会计核算相结合，与政府采购制度、基本建设财务制度相结合。

第六条 院机关固定资产管理实行归口管理、授权使用、分工负责的管理体制，接受农业部的指导和监督检查。管理流程参见“院机关固定资产管理流程图”（附件1）。

第二章 职责与分工

第七条 财务局是院机关固定资产管理部门，其主要职责是：

（一）贯彻执行国家有关法律、法规和规章，制定院机关固定资产管理实施办法。

（二）根据有关资产配置标准（附件2、附件3、附件4），审核汇总资产购置预算、计划等事项。

（三）根据固定资产采购发票等原始凭证，审核采购程序、办理固定资产登记等手续。

（四）对固定资产的日常使用管理进行统一指导和监督检查。

（五）按规定权限审核或审批固定资产出租、出借和处置事项，并监督固定资产使用收益和处置收入的上缴。

（六）组织开展资产盘点、清查、统计。

（七）组织开展院机关固定资产管理信息化工作。

第八条　院机关各部门是固定资产使用部门。各部门负责人是本部门国有资产管理的第一责任人，负有维护国有资产安全完整，发挥国有资产使用效益的责任。各部门应明确固定资产管理人员（以下简称“资产管理员”）负责本部门固定资产的日常管理，其主要职责是：

（一）根据院机关固定资产管理的有关规定，制定本部门固定资产管理的具体办法并组织实施。

（二）负责编报本部门资产购置预算、计划。

（三）负责本部门固定资产的购置、登记、日常使用管理等事项。

（四）负责办理本部门固定资产处置有关手续。

（五）负责本部门资产盘点、清查、统计。

（六）负责本部门资产管理信息系统电子数据的维护和更新。

第九条　直接使用固定资产的工作人员为固定资产使用人，其主要职责是：

（一）负责本人领用固定资产的保管与维护，避免丢失、损坏。如造成领用资产流失或损失，根据管理责任承担全部或部分经济损失。

（二）工作岗位发生变动时，到本部门资产管理员处办理领用资产的转移或退还手续。

（三）协助做好固定资产盘点、清查等工作。

第十条　各部门资产管理员要相对稳定，人员变动时必须按照“接班人先到，交班人后走”的规则并办理有关资产管理工作交接手续。交接过程要进行账账、账卡、账实核对，签署交接文书。

第三章　配置管理

第十一条　院机关固定资产配置应从履行职能的实际需要出发，充分考虑财力的可能性、技术的先进性和适用性，以及与现有固定资产的配套性，遵循保障公务需要、节俭适用、节能环保、从严控制的原则。

第十二条　资产配置方式主要包括购置、调剂、租赁、受赠等。使用部门有下列情形之一的，可以配置相应资产：

（一）现有资产无法满足本部门履行职能的需要。

（二）难以与其他单位、部门共享、共用相关资产。

（三）难以通过市场购买服务方式实现，或者采取市场购买服务方式成本过高。

第十三条 对于汽车、办公设备、办公家具等有规定配备标准的固定资产，应当严格按照标准进行配置。对没有规定配备标准的，应当从严控制，防止浪费。

第十四条 使用部门拟配置汽车、办公设备、办公家具等资产的，须编制资产配置计划；拟配置汽车和200万元及以上大型设备的，须编制新增资产配置预算；拟配置资产属于政府采购项目的，须编制政府采购预算和政府采购计划。

第十五条 凡能够通过调剂方式配置资产的，原则上不重新购置。

第十六条 拟配置资产属于政府采购项目的，应按照政府采购的有关规定程序执行，优先采购国产、节能、环保产品，促进中小企业发展。

第十七条 取得的固定资产应及时登记。登记的程序：购置资产的经办人提供发票、合同等有效凭证原件及复印件——使用部门资产管理员审核预算计划、采购程序后验收并登录资产管理信息系统分类填制卡片——财务局复核预算计划、采购程序、卡片等内容后入账并填制“资产购买登记单”——相关部门存档资料及财务报销。

拟登记资产已明确使用部门/使用人的，不需入库；未明确使用部门/使用人的，需入库待使用人明确后再办理领用手续。

院机关统采后分配的固定资产，由统采牵头部门负责资产分配、提供分配清单（统采牵头部门和使用部门盖章）后，由使用部门持分配清单、相关凭证等材料按程序办理登记手续。

多个部门共同使用某项固定资产的，由购置或建设部门明确管理部门后办理登记手续。

第四章 使用管理

第十八条 固定资产使用包括单位自用、出租、出借和对外投资等，固定资产使用应首先保证事业发展的需要。

权属关系不明确或者存在权属纠纷的资产，不得用于出租、出借和对外投资。

第十九条 院机关固定资产采用谁使用、谁负责的原则，应妥善保管和维护，防止使用中的不当损失和浪费。因使用人管理不善造成资产非正常损失或不当损坏的，相关责任人应承担经济责任。

第二十条 使用部门应建立固定资产领用交还制度。

（一）职工（含借调人员、挂职人员等，下同）领用固定资产，应在固定资产卡片上签字确认。

（二）职工退休和工作变动时，应及时交还使用的固定资产并办理相关手续。

第二十一条 院机关统一使用资产管理信息系统进行日常管理，使用部门应及时将资产变动情况录入该系统。

（一）变动固定资产使用部门（部门之间调剂）的，由划出部门填写“院机关固定资产管理信息变更单”（附件5），经划出部门、接收部门签字确认后，交由财务局审核填制“资产单笔变动”（附件6）或“资产批量变动”（附件7）并存档。

（二）变动固定资产使用部门（部门内部调剂）或者其他内容的，由使用部门资产管理员在资产管理信息系统填制“资产单笔变动”、“资产批量变动”或“资产回收入库”（附件8）等，由经办人签字确认后存档。

第二十二条 院机关固定资产原则上不得用于担保。

第二十三条 使用部门不得擅自将院机关固定资产用于出租、出借。出租、出借固定资产应按如下权限，严格履行申报审批：

（一）出租、出借资产单项或批量价值（账面价值，下同）800 万元以上（含 800 万元）的，经院常务会议审议同意后，报农业部审批。

（二）出租、出借资产单项或批量价值 800 万元以下的，经财务局审核后，报院领导审批。

第二十四条 使用部门不得擅自将院机关固定资产用于对外投资。对外投资固定资产应按如下权限，严格履行申报审批：

（一）对外投资资产单项或批量价值 800 万元以上（含 800 万元）的，经院常务会议审议同意后，报农业部审批。

（二）对外投资资产单项或批量价值 800 万元以下的，经相关部门审核、院领导审定后，报农业部审批。

第二十五条 出租、出借、对外投资固定资产取得的收入应当纳入预算，统一核算，统一管理。

第五章　处置管理

第二十六条 固定资产处置方式包括无偿调拨（划转）、对外捐赠、出售、出让、转让、置换、报废、报损等。

各部门拟处置的国有资产权属应当清晰。权属关系不明确或者存在权属纠纷的资产，须待权属界定明确后予以处置；被设置为担保物的国有资产处置，应当符合《中华人民共和国担保法》《中华人民共和国物权法》等法律的有关规定。

第二十七条 可进行处置的固定资产包括：

（一）闲置或超标准配置的。

（二）已达强制报废年限或因技术原因并经论证，无法正常使用或不能满足工作需要的。

（三）因机构撤销、合并、隶属关系改变等原因发生产权转移的。

（四）盘亏、呆账及非正常损失的。

（五）其他情形。

第二十八条 处置固定资产应按如下权限，严格履行申报审批：

（一）一次性处置资产单项或批量价值800万元以上（含800万元）的，经院常务会议审议同意后，报农业部审批。

（二）一次性处置资产单项或批量价值50万元以上（含50万元）、800万元以下的，经财务局审核，院领导审定后，报农业部审批。

（三）一次性处置资产单项或批量价值50万元以下的，经财务局审核后，报院领导审批。

第二十九条 处置固定资产应履行以下程序：

（一）使用人提出书面申请。

（二）使用部门组织专家小组进行审核鉴定，提出处置意见。专家小组不少于3人，应由熟悉相关资产行业标准，且具有副高级以上专业技术职务的人员组成。

（三）使用部门领导审签。

（四）按第二十八条规定的处置权限报批。

（五）按有关规定进行处置。处置收入及时上缴中央国库。

（六）使用部门、财务局依据批复文件及时进行账务处理。

第三十条 使用部门申请固定资产处置，须提供如下材料：

（一）处置申请。

（二）中央级事业单位国有资产处置申请表（附件9、附件10）、资产处置表（需登录资产管理信息系统填报打印，打印表样详见附件11）。

（三）资产价值凭证及产权证明，如购货发票或收据、工程决算副本、记账凭证、固定资产卡片等复印件（加盖单位公章）。

（四）使用部门同意处置资产的领导班子会议决议。

（五）其他有关材料。

第三十一条 固定资产处置除按第三十条规定提交材料外，根据不同处置形式，还应提交必要的补充材料：

（一）无偿调拨（划转）的，需提供资产的名称、数量、规格、单价等清单。属单位撤销、合并、分立移交资产的，需提供撤销、合并、分立的批文。

（二）对外捐赠的，需提供捐赠报告（包括捐赠事由、途径、方式、责任人、资产构成及其数额、交接程序等）、捐赠事项对本单位财务状况和业务活动影响的分析报告。

（三）出售、出让、转让的，需提供出售、出让、转让方案（包括资产的基本情况，处置的原因、方式等）和合同草案。

（四）置换的，需提供近期的财务报告，对方单位拟用于置换资产的基本情况说明、是否已被设置为担保物等，双方草签的置换协议，对方单位的法人证书或营业执照的复印件（加盖单位公章）。

（五）报废、报损的，需提供价值清单和技术鉴定意见。其中，属于非正常损失的，需提供责任事故的鉴定文件及对责任者的处理文件；属于因拆除构筑物等原因办理资产核销手续的，需提交相关职能部门的拆除批复文件、建设项目拆建立项文件、签定的拆迁补偿协议；属于申请仲裁或提起诉讼的，需提交相关法律文书。

第六章 盘点、清查与报告制度

第三十二条 每年年初，由财务局组织使用部门对院机关资产进行盘点。实物盘点应与固定资产“资产单笔变动”、“资产批量变动”、“资产回收入库”、“资产处置申报表”等相关账表、凭证进行核对。

存在盘盈、盘亏等情形的，应及时查明原因，说明情况，按有关规定进行处理。

第三十三条 发生下列情形之一的应当按有关规定进行资产清查：根据国家专项工作要求或实际工作需要，纳入统一组织清查范围的；机构变动（分立、撤销、合并、改制及隶属关系变动）的；因重大自然灾害等不可抗力造成严重损失的；会计信息严重失真或国有资产重大流失的；会计政策发生重大变更，相关资产核算方法发生重大变更；按照国家有关规定应当进行资产清查的其他情形。

第三十四条 使用部门和财务局应全面、完整、及时地整理归集资产盘点和清查过程中形成的各类资料并存档。

第三十五条 院机关固定资产管理实行报告制度。使用部门应当按规定编制国有资产决算等报表，由财务局审核汇总后报农业部。国有资产决算等报表应当内容完整、信息真实、数据准确。

第七章 附 则

第三十六条 各部门及其工作人员在国有资产管理中，有下列行为之一的，依据《财政违法行为处罚处分条例》的规定进行处罚、处分、处理，并视情节轻重暂停或取消其年度资产配置预算的申报资格。

（一）擅自占有、使用和处置国有资产的。

（二）擅自提供担保的。

（三）未按规定缴纳国有资产收益的。

第三十七条 各部门对涉及国家安全的固定资产配置、使用、处置等管理活动，要按照国家有关保密制度的规定，做好保密工作，防止失密和泄密。

第三十八条 各部门对资产配置、使用和处置过程中形成的各种决议、合同、协议、章程、批示、批准文件及各类凭证等资料，应按照有关规定，全面、完整、及时地整理归集存档。

第三十九条 本办法由财务局负责解释。

第四十条 本办法自发布之日起施行。

附件 1

院机关固定资产管理流程

主要流程	具体事项
预算	1. 拟配置汽车、办公设备、办公家具等资产的，须编制资产配置计划 2. 按有关配置标准编制事业单位支出预算 3. 拟配置资产属于政府采购项目的，须编制政府采购预算 4. 拟配置汽车和200万元及以上大型设备的，须编制新增资产配置预算
计划	1. 拟配置资产属于政府采购项目的，须编制政府采购计划 2. 拟配置台式计算机、打印机的，须编制批量采购计划
采购	1. 属于政府采购货物和服务的，遵照政府采购法有关规定集中或分散采购 2. 属于工程进行招标投标的，遵照招标投标法有关规定
验收登记	1. 取得资产应认真验收，及时登记
使用	1. 自用：使用维护，部门内变动，部门间变动 2. 出租、出借：800 万元以上资产，农业部审批；800 万元以下资产，农科院审批 3. 对外投资：均农业部审批
处置	1. 50 万元以上资产，农业部审批 2. 50 万元以下资产，农科院审批
收入上缴	1. 出租、出借、对外投资收入纳入预算，统一核算，统一管理 2. 资产处置收入上缴中央国库
统计报告	1. 政府采购信息统计报表 2. 国有资产年度决算报表 3. 保值增值考核报表 4. 不定期的车辆、房屋土地等统计报表 5. 部门决算中国有资产报表 6. 固定资产投资决算中国有资产报表等

附件 2

汽车配置标准

汽车用途	数量标准	排量、价格标准	使用年限
一般公务用车		排气量 1.8 升（含）以下、价格 18 万元以内的轿车，其中机要通信用车配备排气量 1.6 升（含）以下、价格 12 万元以内的轿车。配备享受财政补助的自主创新的新能源汽车，以补助后的价格为计价标准	8 年
执法执勤用车	由财政部门会同公安、国家安全、司法和纪检监察及其他行政执法机关主管部门，根据车辆保障装备标准和工作需要决定。执法执勤用车不得与一般公务车重复配备	除涉及国家安全、侦查办案、应急救援、警卫和特殊地理环境等因素外，依照一般公务车标准配备	8 年

注：1. 标准依据《党政机关公务用车配备使用管理办法》（中办发［2011］2 号）。

2. 达到更新年限仍能继续使用的，应当继续使用。

附件 3

通用办公设备配置标准

<table>
<tr><th colspan="2"></th><th colspan="2">实物量标准</th><th>价格
上限标准</th><th>使用年
限标准</th></tr>
<tr><td colspan="2">台式电脑</td><td>1 台/人（涉密电脑、外网电脑经批准另行配备）</td><td>单位台式电脑总数不得超过单位编制内实有人数的 150%</td><td>6 000 元/台</td><td>5 年</td></tr>
<tr><td colspan="2">笔记本电脑</td><td>1 台/局级岗位；2 台/处（或 1 台/3 人，不足 3 人按 3 人计算）</td><td>总数不超过编制内实有人数的 50%。外勤单位可增加笔记本电脑数量，但应同时减少相应数量的台式电脑</td><td>10 000 元/台</td><td>5 年</td></tr>
<tr><td rowspan="3">打印机（包括一体机）</td><td>A3</td><td>1 台/处</td><td rowspan="2">单位根据需要可以选择配备 A3、A4 打印机，但 A3 打印机不得超过单位编制内实有人数的 30%，打印机总数不得超过单位编制内实有人数的 100%</td><td>10 000 元/台</td><td>5 年</td></tr>
<tr><td>A4</td><td>1 台/局级岗位；其他 2 台/处（或 1 台/3 人，不足 3 人按 3 人计算）</td><td>2 500 元/台</td><td>5 年</td></tr>
<tr><td>其他：票证打印机</td><td>按需要配备</td><td></td><td>3 000 元/台</td><td>5 年</td></tr>
<tr><td colspan="2">中高速复印机</td><td>1 台/局</td><td>总数不得超过单位编制内实有人数的 5%，单位不足 20 人的，按 20 人计算</td><td>35 000 元/台</td><td>5 年或复印 30 万张</td></tr>
<tr><td colspan="2">传真机</td><td>1 台/局级岗位；1 台/处</td><td>总数不得超过单位编制内实有人数的 30%</td><td>2 100 元/台</td><td>5 年</td></tr>
<tr><td colspan="2">扫描仪</td><td>按需要配备</td><td></td><td>普通平板扫描仪 2 000 元/台、高速文档扫描仪 4 000元/台</td><td>5 年</td></tr>
<tr><td colspan="2">电话机</td><td>按需要配备</td><td></td><td>200 元/台</td><td>长期使用</td></tr>
<tr><td colspan="2">碎纸机</td><td>1 台/办公室</td><td>总数不得超过单位编制内实有人数的 40%</td><td>2 000 元/台</td><td>5 年</td></tr>
</table>

注：1. 标准依据《财政部关于印发〈中央行政单位通用办公设备家具购置费预算标准（试行）〉的通知》（财行［2011］78 号）。

2. 单位实有人数超过单位编制人数的，按编制人数计算。

3. 本表中所列通用办公设备不含特殊需要的专业类设备。

4. 本表中所列“长期使用”是指使用年限为 10 年以上；已达到规定使用年限，但尚可继续使用的，应当继续使用。

附件 4

办公家具配置标准

	实物量标准	价格上限标准	使用年限标准
办公桌椅	1 套/人	局级：6 000 元/套；处级以下：3 000 元/套	长期使用
沙发（含茶几）	1 组/局级办公室（包括 1 个三人沙发、2 个单人沙发、1 个大茶几，1 个小茶几）；1 组/处级以下办公室（包括 2 个单人沙发、1 个小茶几）	局级：5 000 元/组；处级以下：2 500 元/组	长期使用
桌前椅	按需要配备，不分级别，总数不得超过单位编制内实有人数的 50%	600 元/件	长期使用
折叠椅	按需要配备，不分级别，总数不得超过单位编制内实有人数的 100%	120 元/件	长期使用
书柜	2 组/办公室	1 500 元/组	长期使用
文件柜	按需要配备，不分级别	1 000 元/组	长期使用
保密柜	按需要配备，不分级别	3 000 元/组	长期使用
更衣柜	1 组/办公室	1 000 元/组	长期使用
茶水柜	1 组/办公室	1 000 元/组	长期使用
会议桌	根据会议室大小配备	1 500 元/延米（超过 80 平方米的会议室，800 元/延米）	长期使用
会议椅	按需要配备	600 元/件	长期使用

注：1. 标准依据《财政部关于印发〈中央行政单位通用办公设备家具购置费预算标准（试行）〉的通知》（财行［2011］78 号）。

2. 本表中所列“长期使用”是指使用年限为 10 年以上；已达到规定使用年限，但尚可继续使用的，应当继续使用。

附件5

院机关固定资产管理信息变更单

<table>
<tr><td>资产编号</td><td>名称</td><td>取得日期</td><td>规格型号</td><td>数量</td><td>计量单位</td><td>价值（元）</td><td>备注</td></tr>
<tr><td></td><td></td><td></td><td></td><td></td><td></td><td></td><td></td></tr>
<tr><td></td><td></td><td></td><td></td><td></td><td></td><td></td><td></td></tr>
<tr><td></td><td></td><td></td><td></td><td></td><td></td><td></td><td></td></tr>
<tr><td></td><td></td><td></td><td></td><td></td><td></td><td></td><td></td></tr>
<tr><td>划出部门</td><td colspan="2">资产管理员（签字）：
年 月 日</td><td colspan="3">处室负责人（签字）：
年 月 日</td><td colspan="2">部门负责人（签字）：
年 月 日</td></tr>
<tr><td>接收部门</td><td colspan="2">资产管理员（签字）：
年 月 日</td><td colspan="3">处室负责人（签字）：
年 月 日</td><td colspan="2">部门负责人（签字）：
年 月 日</td></tr>
</table>

附件 6

资产单笔变动

变动编号		变动日期	
资产编号		名称	
备注			
变动项目	变动前值	变动后值	变动原因

制单人： 确认人：

附件 7

资产批量变动

变动编号			变动日期		
变动项目			变动后值		
备注					
资产编号	资产名称	价值（元）	当前使用/管理部门	当前使用人	备注

制单人： 确认人：

附件 8

资产回收入库

<table>
<tr><td>入库单号</td><td colspan="3"></td><td>入库日期</td><td colspan="4"></td></tr>
<tr><td>入库原因</td><td colspan="3"></td><td>经办人</td><td colspan="4"></td></tr>
<tr><td>使用方向</td><td colspan="3"></td><td>使用状况</td><td colspan="4"></td></tr>
<tr><td>备注</td><td colspan="8"></td></tr>
<tr><td>资产编号</td><td>名称</td><td>价值（元）</td><td>使用方向</td><td>使用状况</td><td>使用/管理部门</td><td>管理人</td><td>存放地点</td><td>备注</td></tr>
<tr><td></td><td></td><td></td><td></td><td></td><td></td><td></td><td></td><td></td></tr>
<tr><td></td><td></td><td></td><td></td><td></td><td></td><td></td><td></td><td></td></tr>
<tr><td></td><td></td><td></td><td></td><td></td><td></td><td></td><td></td><td></td></tr>
</table>

制单人：　　　　　　　　　　确认人：

附件 9

中央级事业单位国有资产处置申请表
（出售、出让、转让、置换、报废报损、货币性资产核销等）

申报单位（签章）　　　　　　　申报日期　　　年　月　日　　　　　　　（金额：万元）

<table>
<tr><th rowspan="2">序号</th><th rowspan="2">资产名称</th><th colspan="5">资产类别</th><th rowspan="2">资产来源</th><th rowspan="2">型号规格</th><th rowspan="2">单位</th><th rowspan="2">数量（股份）</th><th rowspan="2">购置（投资）日期</th><th colspan="3">价值</th><th rowspan="2">处置方式</th><th rowspan="2">备注</th></tr>
<tr><th>流动资产</th><th>固定资产</th><th>无形资产</th><th>对外投资</th><th>其他资产</th><th>账面原值</th><th>已折旧额</th><th>账面净值</th></tr>
<tr><td></td><td></td><td></td><td></td><td></td><td></td><td></td><td></td><td></td><td></td><td></td><td></td><td></td><td></td><td></td><td></td><td></td></tr>
<tr><td></td><td></td><td></td><td></td><td></td><td></td><td></td><td></td><td></td><td></td><td></td><td></td><td></td><td></td><td></td><td></td><td></td></tr>
<tr><td></td><td></td><td></td><td></td><td></td><td></td><td></td><td></td><td></td><td></td><td></td><td></td><td></td><td></td><td></td><td></td><td></td></tr>
<tr><td></td><td></td><td></td><td></td><td></td><td></td><td></td><td></td><td></td><td></td><td></td><td></td><td></td><td></td><td></td><td></td><td></td></tr>
<tr><td colspan="2">处置原因</td><td colspan="15"></td></tr>
<tr><td>申报单位意见</td><td colspan="7">资产管理部门负责人（签章）
年　月　日</td><td colspan="5">预算（财务）管理部门负责人（签章）
年　月　日</td><td colspan="4">单位负责人（签章）
年　月　日</td></tr>
<tr><td>事业单位审核意见</td><td colspan="7">资产管理部门负责人（签章）
年　月　日</td><td colspan="5">预算（财务）管理部门负责人（签章）
年　月　日</td><td colspan="4">单位负责人（签章）
年　月　日</td></tr>
<tr><td>主管部门审核意见</td><td colspan="7">资产管理部门负责人（签章）
年　月　日</td><td colspan="5">预算（财务）管理部门负责人（签章）
年　月　日</td><td colspan="4">备注</td></tr>
</table>

说明：1. 本表适用于事业单位国有资产出售、出让、转让、置换、报废报损、货币性资产核销等处置事项申请。

2. 资产类别：（1）固定资产 ①土地、房屋及构筑物 ②通用设备③专用设备 ④交通运输设备 ⑤电气设备 ⑥电子产品及通信设备 ⑦仪器仪表及其他 ⑧文艺体育设备 ⑨图书、文物及陈列品 ⑩家具用具及其他；（2）流动资产 ①货币性资金 ②有价证券③应收账款 ④应付账款 ⑤其他；（3）无形资产 ①专利权 ②著作权 ③商标权 ④土地使用权⑤其他；（4）对外投资；（5）其他资产。

3. 资产来源：（1）财政性资金形成（包括预算外资金）；（2）单位自筹资金形成；（3）单位合并形成；（4）上级拨付资金形成；（5）上级调入形成；（6）接受捐赠形成；（7）其他。

4. 资产处置方式：（1）拍卖；（2）招投标；（3）协议转让；（4）其他方式。

5. 表中资产类别、资产来源、资产处置方式等均用代码填写。

附件 10

中央级事业单位国有资产处置申请表［无偿调拨（划转）、对外捐赠等］

申报单位（签章）　　　　　　　　　　申报日期　　年　月　日　　　　　　　　　　（金额：万元）

<table>
<tr><td rowspan="2">序号</td><td rowspan="2">资产名称</td><td colspan="5">资产类别</td><td rowspan="2">型号规格</td><td rowspan="2">单位</td><td rowspan="2">数量（股份）</td><td rowspan="2">购置（投资）日期</td><td colspan="4">价　值</td><td rowspan="2">处置方式</td><td rowspan="2">备注</td></tr>
<tr><td>流动资产</td><td>固定资产</td><td>无形资产</td><td>对外投资</td><td>其他资产</td><td>账面原值</td><td>已折旧额</td><td>账面净值</td><td>评估价值</td></tr>
<tr><td></td><td></td><td></td><td></td><td></td><td></td><td></td><td></td><td></td><td></td><td></td><td></td><td></td><td></td><td></td><td></td><td></td></tr>
<tr><td></td><td></td><td></td><td></td><td></td><td></td><td></td><td></td><td></td><td></td><td></td><td></td><td></td><td></td><td></td><td></td><td></td></tr>
<tr><td colspan="2">处置原因</td><td colspan="15"></td></tr>
<tr><td rowspan="3">划出方</td><td>单位意见</td><td colspan="5">资产管理部门负责人（签章）
年　月　日</td><td colspan="5">预算（财务）管理部门负责人（签章）
年　月　日</td><td colspan="5">单位负责人（签章）
年　月　日</td></tr>
<tr><td>事业单位审核意见</td><td colspan="5">资产管理部门负责人（签章）
年　月　日</td><td colspan="5">预算（财务）管理部门负责人（签章）
年　月　日</td><td colspan="5">单位负责人（签章）
年　月　日</td></tr>
<tr><td>主管部门审核意见</td><td colspan="5">资产管理部门负责人（签章）
年　月　日</td><td colspan="5">预算（财务）管理部门负责人（签章）
年　月　日</td><td colspan="5">备注</td></tr>
<tr><td rowspan="3">接收方</td><td>单位意见</td><td colspan="5">资产管理部门负责人（签章）
年　月　日</td><td colspan="5">预算（财务）管理部门负责人（签章）
年　月　日</td><td colspan="5">单位负责人（签章）
年　月　日</td></tr>
<tr><td>事业单位审核意见</td><td colspan="5">资产管理部门负责人（签章）
年　月　日</td><td colspan="5">预算（财务）管理部门负责人（签章）
年　月　日</td><td colspan="5">单位负责人（签章）
年　月　日</td></tr>
<tr><td>主管部门审核意见</td><td colspan="5">资产管理部门负责人（签章）
年　月　日</td><td colspan="5">预算（财务）管理部门负责人（签章）
年　月　日</td><td colspan="5">备注</td></tr>
</table>

说明：1. 本表适用于事业单位国有资产无偿调拨（划转）、对外捐赠等处置事项申请。

2. 资产类别：（1）固定资产 ①土地、房屋及构筑物 ②通用设备③专用设备 ④交通运输设备 ⑤电气设备 ⑥电子产品及通信设备 ⑦仪器仪表及其他 ⑧文艺体育设备 ⑨图书、文物及陈列品 ⑩家具用具及其他；（2）流动资产 ①货币性资金 ②有价证券③应收账款 ④预付账款 ⑤其他；（3）无形资产 ①专利权 ②著作权 ③商标权 ④土地使用权⑤其他；（4）对外投资；（5）其他资产。

3. 资产处置方式：（1）同部门之间不改变资产属性的调拨；（2）跨部门之间调拨；（3）中央级单位和地方单位之间资产无偿调拨；（4）固定资产捐赠；（5）流动资产捐赠；（6）无形资产捐赠；（7）其他形式捐赠；（8）其他。

4. 表中资产类别、资产处置方式等均用代码填写。

附件 11

资产处置申报表

资产大类：

<table>
<tr><td colspan="2">单据编号</td><td colspan="3"></td><td colspan="2">申报单位</td><td colspan="4"></td><td>审批状态</td><td colspan="2"></td></tr>
<tr><td rowspan="6">处置资产</td><td rowspan="2">项目</td><td colspan="5">账面价值</td><td colspan="4" rowspan="2">评估（鉴定）价值</td><td colspan="3" rowspan="2">确认价值</td></tr>
<tr><td colspan="3">原值</td><td colspan="2">净值</td></tr>
<tr><td>资产总额</td><td colspan="3"></td><td colspan="2"></td><td colspan="4"></td><td colspan="3"></td></tr>
<tr><td>其中：固定资产</td><td colspan="3"></td><td colspan="2"></td><td colspan="4"></td><td colspan="3"></td></tr>
<tr><td>货币性资产</td><td colspan="3"></td><td colspan="2"></td><td colspan="4"></td><td colspan="3"></td></tr>
<tr><td>无形资产</td><td colspan="3"></td><td colspan="2"></td><td colspan="4"></td><td colspan="3"></td></tr>
<tr><td rowspan="2">资产编号</td><td rowspan="2">资产类别</td><td rowspan="2">资产名称</td><td rowspan="2">规格型号</td><td rowspan="2">计量单位（平方米、台等）</td><td rowspan="2">数量</td><td rowspan="2">竣工（购入）日期</td><td colspan="5">资产价值</td><td rowspan="2">处置形式</td><td rowspan="2">是否按照集中处置</td></tr>
<tr><td>账面原值</td><td>已提折旧额</td><td>账面净值</td><td>评估（鉴定）价值</td><td>处置价值</td></tr>
<tr><td></td><td></td><td></td><td></td><td></td><td></td><td></td><td></td><td></td><td></td><td></td><td></td><td></td><td></td></tr>
<tr><td></td><td></td><td></td><td></td><td></td><td></td><td></td><td></td><td></td><td></td><td></td><td></td><td></td><td></td></tr>
<tr><td></td><td></td><td></td><td></td><td></td><td></td><td></td><td></td><td></td><td></td><td></td><td></td><td></td><td></td></tr>
<tr><td></td><td></td><td></td><td></td><td></td><td></td><td></td><td></td><td></td><td></td><td></td><td></td><td></td><td></td></tr>
<tr><td colspan="5">总合计</td><td></td><td></td><td></td><td></td><td></td><td></td><td></td><td></td><td></td></tr>
<tr><td colspan="2">说明</td><td colspan="12"></td></tr>
<tr><td colspan="2">单位申报原因</td><td colspan="12"></td></tr>
<tr><td colspan="4">申报单位意见：

经办人：
负责人：
（盖章）
年 月 日</td><td colspan="5">主管部门意见： （文号： ）

经办人：
负责人：
（盖章）
年 月 日</td><td colspan="5">财政部门意见： （文号： ）

经办人：
负责人：
（盖章）
年 月 日</td></tr>
</table>

科学规划修购专项资金　有效保障现代院所建设

——唐华俊在中国农业科学院2013—2015年修购专项规划和2013年项目申报会议上的讲话

（2012年7月2日）

同志们：

下午好！今天召集各研究所法人代表、所领导和专项管理人员，在北京召开我院2013—2015年修购专项规划和2013年项目申报答辩全体会议，首先对各位参会代表表示热烈的欢迎，对各位长期以来对我院修购专项管理工作的大力支持表示衷心感谢！

今年年初我院召开的工作会议，确立了今后10年左右的发展目标，就是要建设“世界一流农业科研院所”。今天，我们在这里召开会议，主要任务是与各单位共同研究编制中国农业科学院2013—2015年修购专项规划，集思广益，探索通过修购专项建设装备精良和较大规模科研设施条件、为把我院建设成为一流现代农业科研院所提供硬件保障，推动实现我院“顶天立地”和跨越发展。

下面，我主要讲以下6个方面的意见。

一、修购专项支持科研基础条件建设取得显著成效

2006—2008年，修购专项一期规划重点是瞄准“填平补齐，扶危济困”。2009—2012年，二期规划主题思路为“突出重点，集聚优势，整合资源，共建共享”，瞄准“谋划发展”，重点加强了基地建设和共建共享试点。前两期的规划均实行了普惠制，支持范围涵盖所有非营利研究所和拟转企研究所，力争使每个研究所每年均能获得专项资金支持。

通过修购专项的支持，我院科研条件得到极大改善，研究所面貌焕然一新，科研人员精神和科研积极性高涨，有力地支撑了农业科技创新能力建设，涌现了一大批国家重大农业科研成果，助推了大量重点科研项目的获得，促进了一批科研平台的建设。科研条件投入在科技创新中见效慢，但是效果大、影响深远，资金集聚效应开始凸显，并会持续显现。

今年4月底以来，农业部组织部分主流新闻媒体，对“十一五”以来部属科研机构实施的修购专项和基本科研业务费成果进行重点宣传。在现场采访基础上，人民日报、新华社的新华网、中央电视台新闻联播栏目、中国财经报、农民日报和农业部网站

6 家媒体陆续发表了 12 篇新闻宣传报道，影响很大，反响很好。

在此，我代表院里，向 30 个单位的专项管理人员再次表示衷心感谢!

二、2013—2015 年修购专项规划编制有序推进

2013—2015 年修购专项规划（以下简称三期规划）开始之前，我院积极配合农业部提前谋划，做好前期准备工作。按农业部要求，配合部科技教育司于 2010 年初组织了 2013—2015 年需求调查，配合财务司于 2011 年初开展了 2013—2017 年需求调研。

今年 5 月底，财政部正式发文布置 2013—2015 年修购专项规划编制和 2013 年项目申报工作。农业部财务司、科教司共同组织三院院级专项管理部门、有关专家先后召开了规划编写工作布置会和规划方案研讨会，传达了财政部相关文件精神，并明确和解读了农业部规划编报具体要求，研讨制定了农业部规划提纲。

我院积极行动，在第一时间将财政部文件和农业部文件通过信息系统转发给各研究所，组织财务局、基本建设局、院办公室、科技管理局、人事局、成果转化局、后勤服务中心（局）等有关职能部门，成立了规划编制领导小组和工作小组，先后召开了 3 次规划编制工作会议，研读文件，明确三期规划编制指导思想、基本原则、重点支持方向，安排人员任务分工和工作进度。今天召开全体会议，部署我院三期规划编制工作、组织开展答辩评审。

三、三期规划指导思想

瞄准建设“世界一流农业科研院所”战略目标，按照“顶天立地”、“跨越发展”的要求，三期规划要围绕国内产业重大需求和国际农业科技前沿，以提升科技创新能力为核心，统筹规划全院科技创新平台，综合运用基本建设、修购专项和科研项目等投入渠道，着力建设重大科研基础设施，建立起定位清晰、布局合理、功能强大的现代农业科研基础条件创新体系、支撑体系与服务体系，具备国内领先、世界一流农业科技创新中心必备的硬件保障，为提升自主创新能力，实现跨越式发展提供强有力的条件支撑。

四、三期规划编制原则

1. 明确定位，顶层设计

立足农业发展战略、科技发展趋势、公益性科研职能定位，院级充分发挥统一组织和协调作用，规划好全院科技创新平台框架，围绕全院科研重点目标、任务，结合项目单位的科研优势、研究重点、基础条件和人员队伍（包括科研、管理和技术支撑人员）现状等，以“提升能力”作为基本目标；院属各单位应以院级顶层设计为指导，立足本单位现有的存量资源，结合科研优势和研究重点、基础条件和人员队伍等现状安排项

目，并做好项目实施中的组织和管理工作。

2. 整合资源，共建共享

基于前两期修购专项规划和项目工作，立足本单位现有存量资源，有选择、有重点、有步骤地安排支持有一定基础条件和有突出创新能力的后续基础条件建设，以资金增量激活资源存量，集中使用有限资金，形成集聚效应，放大和提升已形成的科研能力。

统筹协调财政科技专项、基本建设投资、科研项目等各渠道资源，有效衔接国家和部、院、所有关建设和发展规划，综合考虑科研布局、功能区域和现实条件，谋划对全院科研发展有重要支撑作用的新一批项目体系，在总结试点经验的基础上逐步推进搭建“共建、共享、共用”重大设施平台。

3. 统筹安排，合理布局

以我国农业产业发展对科技创新的实际需求为出发点，围绕主要农产品产前、产中和产后的关键技术链条进行科研基础条件建设布局。遵循农业科研规律，合理布局核心区和试验基地台站，强化农业试验基地、科学观察台站网络的功能与作用。在研究所内部，以科技发展和学科建设规划为指导，着力解决制约学科体系建设中基础条件的短板问题，做好修购专项建设项目的布局，重视不同环节仪器设备装备的水平匹配，以及与基础设施条件间的功能匹配。

4. 突出重点，分步实施

以院所综合科研能力建设为根本出发点，以“学科群”建设为重点，不断提升农业部重点实验室、实验站等科研创新基地的物质装备水平，加强人才培养与引进，创新管理机制，努力造就一流的装备、一流的人才、一流的管理，切实发挥修购专项对项目单位科研能力建设和科技创新工作的积极推动作用。同时，根据行业特色、本单位的科研优势和学科特色认真规划，找准现有条件与近期、中期、长期发展目标间的差距进行重点建设，例如安全、短板、优势、特色、综合等科研条件建设内容，统筹安排，分步建设。

5. 充分论证，优化配置

吃透三期规划编制有关政策要求，在全面摸清本单位科技基础条件现状和需求的基础上，充分考虑项目立项的必要性和紧迫性，充分考虑预算执行的合理性和可行性，充分考虑修购项目实施和财务管理的规律和周期，既积极主动又留有余地，实事求是、客观准确、适度灵活地编制修购专项规划。从全院科研发展和资源统筹的大局出发，把握修购专项资金支持方向、支持范围、支持重点，优化资源配置效率，实行项目申报与关键节点预算执行进度挂钩制度，奖优惩劣，科学设计和分配单位控制规模、具体项目和年际布局，既要避免在各项目单位间进行预算规模和项目排序的简单平衡，也要避免在不具备基本实施条件的情况下虚报项目，还要避免遗漏重大需求。

五、规划编制重点

规划编制应重点包括以下5个方面：一是专项规划应符合单位职能定位和科技发展规划，并整合修购专项、基本建设、科研项目等不同渠道资金，形成合力，共同推进单位科技条件建设。二是重点瞄准“提升能力”，以激发能力、推动创新为核心，用增量激活存量，放大和提升已经建设形成的科研能力。专项项目应定位于“仪器设备国际一流、设施现代”的高水平。经过前两期修购专项等资金支持，尚未达到“提升能力”要求的单位，也应结合发展实际明确本单位规划重点，在此基础上谋划专项资金和设计安排项目。三是应以单位自身执行能力为基础安排规划资金和项目，综合考虑各单位历年预算执行情况和当年度预算执行能力。四是加强顶层设计，继续深入推进共建共享，在二期规划共享试点的基础上，全面实施共建共享，优先支持在研究所内部、研究所相对集中区域和全院范围实施共建共享。五是三期规划分修缮规划和购置规划两个子规划，在规划期内，修缮规划3年内不能调整，购置规划可在资金总量不变的情况下，对项目适当调整。当年不能完成的项目，应根据项目实施情况编制分年度预算。资金规模年际分布注意均衡，避免前重后轻或大起大落。

六、项目安排重点

具体项目设计和组装应重点注意以下几个方面：一是涉及消防、抗震加固、废弃物处理、有毒有害物品存放等安全的科研条件建设内容，给予重点支持。二是共建共享理念突出、措施明确、共享试点成效显著的项目。三是能切实发挥资金集聚效应，预期效果明显的项目。四是制约农业科技发展的科技条件“短板”相关项目。五是对历年预算执行进度排名前三名和后三名单位的项目安排分别给予适当奖励和控制。六是对加强院所环境整治，为形成协调统一、文化特色鲜明的现代农业科研院区、所区，开展的建筑物外立面及室内墙面的修缮、粉刷，院区、所区标识系统的升级改造，展览馆、标本馆、档案馆等展示场馆的修缮及其设备的升级改造等内容给予支持。七是保证创新团队、重点学科领域、新兴交叉学科和重大科研条件平台的引进人才的仪器设备需求。八是向院级重点实验室、科学研究中心、农产品质量安全研究中心、野外科学观测实验站等科技平台条件建设适当倾斜。九是研究所可以单独申报的试验基地有关项目由研究所自行申报，需要跨研究所联合申报的试验基地有关项目，由成果转化局负责统筹申报。

同志们，按照农业部文件下达的资金规模指导性控制数，我院每年的规划资金规模在5亿上下。据统计分析，我院前两期修购专项资金的财政部中介机构评审通过率达到90%，最终批复率为80%。请各单位务必做实做细申报材料，做好现场评审的配合，保证我院修购专项管理工作的专业性和连续性，确保并提高专项资金的命中率。

科技基础条件是科技创新的重要物质基础和保证，科技设施平台等硬件是建设一流农业科研院所的保障。作为我院农业科技条件建设的最主要资金之一，修购专项发挥着至关重要的作用。希望各单位一如既往地高度重视修购专项管理，并一如既往地做好修购专项管理。

同时，希望各单位在接下来的 3 天，好好准备，预祝答辩顺利。谢谢大家！

唐华俊在中国农业科学院 2012 年财务工作会议上的讲话

（2012 年 7 月 9 日）

尊敬的各位领导，同志们：

今天，我们召开 2012 年全院财务工作会，主要任务是：贯彻落实农业部财务工作会议精神，总结近几年全院财务管理工作，认真查找问题和不足，紧紧围绕把中国农业科学院“建设成为世界一流农业科研院所”的目标，统一思想，提高认识，创新思路，研究部署下一阶段财务工作。同时，举办领导干部财务培训班。本次会议，我们很荣幸的邀请到了财政部、科技部、农业部的有关领导，和农业部财会服务中心、水科院、热科院等兄弟单位的领导，我代表院党组对各位领导在百忙之中莅临会议、现场指导，表示热烈欢迎，对财政部、科技部、农业部和兄弟单位长期以来对中国农业科学院各项工作的关心、支持表示衷心的感谢！

借此机会，我讲 3 点意见。

一、我院财务工作成效显著

近年来，在财政部、科技部、农业部等部委的关心和大力支持下，在院党组的正确领导下，在大家的共同努力下，我院财务工作紧紧围绕全院中心和重点工作，积极适应财政体制改革，努力扩大财政资金收入，不断加强和规范财务管理，为我院科技创新事业发展提供了强有力的保障和支撑。

（一）财政资金持续快速增长，财务保障能力不断提升

我院财政拨款在“十一五”大幅增长的基础上，继续保持快速增长。2011 年全院部门预算财政拨款收入 21. 66 亿元（不含科技重大专项、国家科技计划专项等），同口径较 2010 年的 18. 81 亿元增加了 15. 15%。其中，基本支出经费 6. 57 亿元，项目支出经费 15. 09 亿元，同比分别增长 22. 35%、12. 28%。

2012 年部门预算批复财政拨款收入 21. 1 亿元，其中，基本支出 6. 68 亿元、项目支出 14. 42 亿元。基本支出比 2011 年预算批复增加 1. 18 亿元，增长 21%。

（二）资金争取取得突破，经费结构不断优化

近年来，我院积极学习和认真领会财政投入政策，不断加强调查研究，注重财务数据统计和分析，资金争取取得突破，缓解了人员经费、运转经费的不足。

2011 年，农业部追加全院 2010 年、2011 年离退休规范津贴补贴资金过亿元，基本解决了我院规范离退休人员津补贴资金需求，保证了单位的正常运转和稳定。2012 年部门预算中，非营利科研机构人员经费增加近 4 000万元，是 10 多年来非营利科研机构除定员定额试点外在职人员经费的首次明显增长。另外，积极申请将符合条件的单位纳入基本支出定员定额试点，2012 年新增棉花所、环发所、上海兽医所 3 家试点单位，至此我院已有 7 家单位纳入试点，基本解决了人员经费和公用经费的资金需求。

2011 年和 2012 年运转费分别增加 130 万元、840 万元，使我院有运转费的单位达到 18 家，总计 5 550万元。2012 年增加研究生培养费 3 504万元。

（三）预算执行进度稳中有升，财政资金效益不断提高

全院 2011 年底预算执行进度为 83. 58%，比 2010 年提高 1. 6 个百分点。剔除科技重大专项和基建项目因素，比 2010 年同期提高 2. 82 个百分点。前几年影响预算执行进度的修购专项资金执行力度大幅提高，2011 年执行进度达到 90. 14%，比 2010 年提高了 12. 1 个百分点。全院基本科研业务费专项执行进度达到 95. 36%，同比提高了 6. 2 个百分点。

预算执行力度加大，预算执行进度提高，同时结转财政资金逐年减少，2011 年全院结转 6. 85 亿元，比 2010 年减少 0. 58 亿元。

（四）加大检查和审计力度，切实做好审计整改工作

财务检查是规范财务管理的重要手段，因此我院每年坚持开展财务检查工作，并根据国家审计和检查发现的问题，不断调整我院的检查重点。继续深化“小金库”专项治理，建立长效机制，促使完善内控制度。认真落实审计决定，切实做好审计整改工作。2010 年和 2011 年，我院连续两年接受了审计署的预算执行情况审计，两次审计的重点都是科研经费。通过审计，对我院进一步规范财政资金使用、提高资金使用效益起到非常积极地促进作用。我院高度重视审计决定的整改落实工作，被审计单位能够在规定期限内完成。另外，我院结合实际，进一步加强内审工作，组织开展了多次经济责任审计、预算执行审计工作。

（五）加强信息化建设，提高财务工作效率

借力信息技术，不仅能提高工作效率，更能大幅提升管理水平。近些年，我院加强信息手段在财务管理中的应用。

一是建立了项目预算控制和实时查询系统。针对资金量大、项目多，财务部门难于监管的现状，以及项目执行信息不对称、执行进度不理想的问题，我院研发了项目预算控制和实时查询系统，并在15家单位实施。从运行效果看，该系统为提高研究所预算编制、预算控制和执行管理水平，更好地为科研人员服务，以及提高了财务工作效率，发挥了重要作用。

二是启用大型设备共享信息系统。该系统的投入使用，可以及时准确地了解我院大型仪器装备的总量、分布、使用率等数据，实现了数据的实时查询、及时跟踪。

三是实施"政府采购信息统计及计划管理系统"。一方面将政府采购预算、计划和执行相互衔接，加强了预算约束；另一方面通过使用合同填报方式替换以往手工汇总填报方式，实现了政府采购的精细化管理，使数据统计更加真实完整。

另外，烟草所、信息所、资划所、作科所、环发所等研究所，还研发了适合本单位管理需要的财务管理信息系统。

（六）着力推进共建共享，提高资产使用效率

我院资产总额稳步上升，截至2011年年底，资产总额为83.69亿元，其中固定资产39.59亿元。单价5万元以上大型科学仪器的数量及金额均呈快速增长势头。2011年年末比2005年年末总体数量增长231%，其中，单价100万元至200万元设备数量增长259%，单价200万元以上设备数量增长218%。

为推进大型科研仪器设备共享，提高资产使用效率，我院探索建立共建共享机制，并通过"中国农业科学院大型仪器设备信息共享管理系统"，初步实现了大型仪器设备使用动态管理，为我院大型仪器设备的合理配置和科学管理提供有效保障。

（七）加强制度建设、财务管理工作不断规范

一是院单设财务局，强化全院财务管理机构的职能。2007年在原计划财务局、科技产业局基础上组建了财务局（科技产业发展办公室），2009年将内部审计职能调整进入财务局，近期将科技产业职能划出。通过一系列调整，进一步强化了财务管理职能。二是加强财会队伍建设。近年来，院属单位设置处级的财务管理机构增多，会计队伍新进人员中财会专业毕业人员增多，财务工作的组织保障能力逐年增强。与此同时，全院每年都根据新增业务、新出台政策法规等组织财务培训，提高管理水平。三是加强制度

建设。“十一五”以来研究制定了《中国农业科学院财务管理办法》等 30 余项规章制度，2011 年编辑印发了《财务管理工作文件选编》。与此同时狠抓各项制度的落实，严格制度约束。四是搭建政策研究平台，为科技经济政策决策提供支撑。2009 年在我院成立了科技经济政策研究中心，开展了大量专项研究，积极利用研究成果建言献策，为上级部门决策提供支撑。

同志们，以上成绩的取得，得益于财政部、科技部、农业部的大力支持，得益于各单位领导和广大财务人员的努力工作，在此我再次代表院党组对财政部、科技部、农业部多年以来对我院的关心、关爱和大力支持表示衷心的感谢，对各单位领导和广大财务人员多年以来的辛勤劳动，表示崇高的敬意！

二、当前财务工作面临的主要问题

财务工作是我院科技创新等各项事业发展的基础。近年来，中央财政对农业科研投入持续大幅增加，我院的财务工作任务越来越重。财政管理科学化、精细化要求不断提高，审计检查力度不断加大，对我院财务工作的要求也越来越高。各单位要积极探索，创新思路，着力解决好以下 5 个问题。

（一）关于经费保障能力问题

1. 财政经费规模与科研工作需求仍有较大差距。近几年虽然国家加大了农业科研投入，但现有财政资金规模与需求相比还存在较大差距，2011 年全口径支出的财政保障率仅为 51.1%。随着我院科研事业的快速发展以及建设现代农业科研院所的需要，各单位在人才队伍与薪酬、实验室、试验基地、野外台站、科技资源共享平台建设和升级等方面的需求也在快速增加，资金不足的问题显得更为迫切。

2. 财政经费结构不尽合理。近年来，尽管财政经费规模大幅增长，但基本支出财政拨款增长相对缓慢。基本支出拨款中在职人员经费在 2011 年以前基本呈现“零增长”，已成为我院财政资金结构的突出问题。随着全院科研、产业开发等各项事业的开展，单位人员经费开支和日常运转经费迅速增加。2011 年实际基本支出比 2001 年增长了 210%，但同期基本支出财政拨款增长了 152%；2011 年实际人员支出比 2001 年增长了 321%，同期人员支出财政拨款增长了 172%，实际支出增长高于财政拨款的增长。另外，科技体制改革拟定的不同类型科研单位之间财政经费不均衡的矛盾越来越突出，表现在拟转企单位，缺少非营利改革启动费、离退休人员经费、基本科研业务费等支持，且每次人员经费、公用经费增长都被排除在外。

（二）关于预算编制和预算执行工作问题

1. 预算编制不够科学，编制质量需进一步提高。科学编制部门预算是预算执行的前提和基础。虽然近几年各单位预算编制质量不断提高，但仍有一些单位受人员编制、人员素质等因素的制约和影响，对预算编制缺乏足够的重视，导致预算编制不够准确合理，带有一定的随意性。表现在过于注重财政资金的编制，对除财政资金外的其他收入来源不够重视。有的单位非本级财政拨款收支没有编入部门预算，有的单位对自有资金收入预计不准等。

2. 预算执行进度相对缓慢，相应的工作机制需进一步健全。我院预算执行工作虽然逐年有所提高，但整体执行进度仍不理想，2011 年年底在农业部 50 个预算单位中排名第 38 位。2011 年结转资金仍占当年财政拨款的 31.6%。由于执行进度缓慢，2011 年我院非营利改革启动费和基本科研业务费被核减 620.3 万元，2012 年也有部分资金被核减。截至今年 5 月底我院财政资金执行进度为 26.38%，在农业部 50 个事业单位中排名第 35 位，仍然没有明显提高。一些单位还抱着“重要钱，轻花钱”传统想法。一些单位对实际需求了解不够，对执行力估计不足，为预算执行埋下隐患。此外，预算执行的基础和工作机制还比较薄弱。预算执行工作主要靠人为推动，缺乏有效的制度约束。

（三）关于资产管理的问题

目前我院资产管理方面的问题主要是“重购置、轻管理”，“只求拥有，不求效用”的现象比较普遍，尤其是大型仪器设备利用率较低。具体表现为：一是部分单位国有资产产权意识不强。具体表现为全院 58.1% 的房屋构筑物未及时办理产权登记，6.1% 的土地未办理土地使用权证，部分单位还存在擅自处置固定资产的问题。二是与快速增长的仪器设备相比，仪器设备的管理还比较薄弱。主要表现为还没有全面掌握全院仪器设备的整体运行情况，缺乏相应的管理制度，缺乏资源整合、共享共用的工作基础。三是资产管理人员缺位。目前资产管理人员基本上为兼职，对资产管理的政策领会不足，工作熟悉程度不够，很难实现各项资产的规范管理。

（四）关于财务机构和队伍建设的问题

1. 财务机构方面。最新修订的《科学事业单位财务制度》（即将正式颁布）明确规定，“具备一定规模的科学事业单位应当设置独立于业务部门的财务机构”。目前，院属单位中设置独立财务机构的单位 16 个，其中，处级 13 个，科级或财务室 3 个；不完全独立的财务机构 11 个，主要为包含基建项目等管理职能的条财处或计财处；另有

7 个隶属综合办公室管理，尚未独立。由于财务机构没有很好定位，导致财务机构在牵头组织预算编制、预算执行时不能充分发挥其应有的作用，财务监督弱化。

2. 财会队伍建设方面。据统计，全院 2011 年财会队伍总人数 249 人，其中，财会专业毕业 137 人，占 55%。财会队伍总人数比 2005 年的 213 人增长 16.9%，但同期我院年度收入、财政拨款分别增长了 102%、127%。在资金、资产存量急剧扩大、财务管理规范性程序性要求越来越多的情况下，财务和资产工作量的增长远远超过人员增长，财务和资产管理人员目前都处于超负荷运转状态。从职称水平来看，高级专业技术职称人数占 10.4%（其中，高级会计师 7.2%）、中级专业技术职称占 30.9%（其中，会计师 24.9%）、初级专业技术职称占 36.5%（其中，助理会计师 24.9%）。财务队伍总体上专业人员少、财务系列职称比例低，是目前财会队伍面临的主要问题。

（五）关于符合科研特点的科研经费管理政策问题

1. 国家政策方面。一是竞争性项目过多，加上研究所基本支出投入不够，科研人员迫于生计不得不四处争取项目，不能安心搞研究。二是项目经费管理中有些规定太细、太死，不符合科研实际。如目前项目预算要求精细化，要编制经济分类预算，年终还要对预算与执行差异进行分析、说明。但农业科研的特点决定了科研经费的预算编制不可能又细致又准确，经费使用也不可能完全按事前编制的预算执行。三是预算执行进度问题。中央财政要求加快预算执行进度，并与序时进度相比较。比如农业科研的季节性特征决定了科研经费的使用不可能完全按照序时进度执行。一旦预算执行缓慢，科研人员就不得不经常按照上级部门的要求写说明。四是各个部门的各类监督、检查、审计过多，但能切实解决问题的少，科研人员疲于应付，影响科研精力。

2. 单位内部管理制度方面。在国家制度的框架下，单位内部财务规定越来越细，管理制度越来越繁琐；比如按照有关要求，科研人员要编制项目经济分类预算、分析预算执行的差异，预算变动超过一定比例要按规定申请预算调整等，要求科研人员也要成为财务专家，影响了科研人员的科技创新工作。

3. 财务监管方面。近两年，我院每年对 9 个研究所进行财务检查。通过检查，我们发现科研经费的管理问题比较突出，个别问题也比较严重。如项目经费外拨问题、专用材料费管理问题、项目经费扩大支出范围问题、“三公”经费和会议费问题、资产管理问题、政府采购问题等。究其原因，主要是适合科研单位的监管措施、监管制度少和弱。大家要深入研究，找出办法。

三、提高认识、加强领导，扎实做好下一步财务工作

未来的 5～10 年是我院加快发展、建设“世界一流农业科研院所”的重要时期。财务工作要认清当前形势，紧密围绕院党组中心工作、紧贴科研工作的实际需求，深入

贯彻落实科学发展观，进一步解放思想，强化服务科研的理念，深入重大问题调研，加快创新工作方法，加快改进工作作风，努力为科研人员营造一个潜心研究的工作环境，为我院科研事业的发展提供支撑和保障，充分发挥院级宏观调控、科学决策和服务功能，优化配置学科、人才、项目、平台和资金等农业科技创新要素，建立良性互动的运行机制。要重点做好以下几个方面的工作。

（一）进一步提高认识、加强对财务工作的领导

财务工作是一项高度综合性的管理工作，从预算编制、项目申报、国库用款计划、政府采购计划，到会计核算、资金支付，再到决算编报、项目验收，以及审计和检查等等各项工作，环环相扣，紧密相连，这些大量工作，表面上看是财务工作，实际上是以科研等经济活动为基础，与各项工作紧密结合的财务管理，是单位各项事业发展的根本保障。因此需要各部门的支持和配合，特别是需要领导的重视、支持和积极协调。实践证明，单位领导真正重视财务工作，那么这个单位的财务管理就比较好、各项事业发展得也比较好。反之如果单位领导没有真正重视财务工作，这个单位的财务管理就相对比较薄弱。

（二）深入分析理解政策，解放思想，为科研人员提供更好的服务

1. 在国家政策方面，一要深入研究和理解国家政策，充分利用现有政策。如目前在预算编制的过程中，有的科研人员思维比较固化，将课题直接费用中各项支出简单地按比例编列，但实际执行时又感到束手束脚。预算的编制要认真研究政策，实事求是，以免在预算执行中出现问题。又如，财政部、科技部 2011 年 9 月发布《关于调整国家科技计划和公益性行业科研专项经费管理办法若干规定的通知》，调整了课题经费开支范围，规定间接费用按规定比例安排绩效支出；简化了预算调整程序等。我们要认真解读并利用好这些政策。二要增强理解、把握政策趋势的能力，并预见性地开展工作。如中央财政压缩出国费、公务接待费等三公经费支出之前，中央一直有政策要求厉行节约并压缩这些方面的支出，到 2009 年才将这一要求落实到了经费预算上。又如，关于房屋出租收入问题。《中央行政单位国有资产处置收入和出租出借收入管理暂行办法》（财行［2009］400 号）规定，中央行政单位（含参照公务员法管理的中央级事业单位）国有资产出租、出借收入上缴财政专户，支出从中央财政专户拨付。各单位应加强对相关政策的学习，认真领会相关精神，当前尤其要做好房屋出租、会议费、资产管理等相关工作。三要充分利用现有政策研究平台，为政府部门决策提供依据。充分利用科技经济政策研究中心这一平台，围绕目前制约农业科研院所发展的相关财务保障问题加强课题研究，有针对性地提出政策建议，为上级部门决策提供依据。

2. 进一步加强本单位内部财务管理。一是财务部门在制定内部财务管理规定时，

在国家政策范围内尽可能制定简便易行并能有效管理的措施，减少过度控制和干预科研活动；二是创新管理手段，提高项目经费管理的信息化程度，提高工作效率；三是职能部门之间加强协调配合，尽可能简化科研经费管理的工作流程，为科研人员提供更有效的服务。

（三）努力扩大预算规模，优化投入结构，提高经费保障能力

把握国家财政向农业科研倾斜的大好机遇，利用调查摸底、分析测算等研究成果，通过多种渠道建言献策，争取进一步扩大预算规模，改进经费投入结构，争取财政经费结构进一步优化。一是争取基本支出经费尤其是人员经费财政保障率逐步提高；二是争取稳定支持的项目经费不断增长，包括提高基本科研业务费专项支持力度，做好修购专项三期规划和项目申报，加大运转费项目的申报力度等；三是组织有条件的单位积极申报基本支出定员定额管理试点，使基本支出经费得到进一步增长；四是围绕院中心工作共同谋划大项目，为院党组确定的中心工作、科研一线的实际需求、院机关各业务部门重点工作等提供强有力的资金支持。

（四）加强预算编制和执行，完善制度建设和监管，保证单位各项工作顺利开展

1. 加强预算编制。预算编制是单位年度工作计划在资金方面的综合反映，是预算执行的基础。预算编制水平直接决定了财政资金的争取规模。各单位要高度重视这一工作，加强组织领导，加强测算分析，将单位的所有收支纳入预算，提高预算的完整性和准确性。

2. 加快预算执行进度。农业部财务工作会上，张桃林副部长指出，农业部对连续多年执行进度达不到要求的单位，要考虑控制预算总规模；对多年结转资金规模过大的项目，实行预算零增长，甚至负增长。农业部今年已经将项目申报与预算执行进度挂钩，例如对修购执行低于30%的单位，不允许申报下一年度项目。我院将考虑对基本科研业务费、非营利改革启动费、运转费等项目申报工作，与预算执行挂钩，不达到标准就不允许申报或者限制申报。这也是适应财政管理新的情况和要求。希望各单位：一是完善预算执行的责任制度，将责任落实到具体人；二是加强预算执行分析，对预算执行进行指导和督促；三是抓重点项目，当前尤其要抓好基本科研业务费、修缮购置和基建类项目的执行工作；四是制定本单位的预算执行考评制度，考核结果作为年度考评、奖励的依据；五是要在保证资金安全、规范、高效使用的基础上加快预算执行进度，防止简单的库款“搬家”，防止“以拨代支”、“虚列支出”等违规行为的发生。

3. 进一步加强制度建设。一要完善规章制度。对现有制度进行逐一梳理并及时修订补充完善，保证单位的各项业务活动都有章可循、有法可依。二要严格执行制度。单

位“一把手”要带头执行制度并积极支持财务人员严格执行制度，做到在制度面前人人平等。单位在进行重大经济活动决策时，应把财务决策纳入必要的决策程序。

4. 加强财务监督。继续开展全院财务联合检查工作，规范财务管理行为；做好内部预算执行审计和领导干部任期经济责任审计，帮助研究所防范财务风险；推进绩效评价试点，强化绩效管理，提高财务管理水平。

（五）创新工作机制，推动大型仪器设备调剂共享，提高国有资产使用效率

一是加强资产管理的基础工作，严格执行资产管理的相关制度，做好资产配置、使用、处置、收入等各环节的管理。二是要把好“入口”。资产采购环节，切记不要“贪大求洋、一律进口、一律要求高精尖”。各项资产购置，要与自己的需求相契合。三是做好基础工作。每项资产都应有自己的“户口、档案”，这是实现信息化和动态化管理、提高资产使用效率的基础。四是做到物尽其用。各单位要积极探索适合本单位的资产共享共用机制，充分利用“中国农业科学院大型仪器设备信息共享管理系统”，制定和完善仪器设备管理制度。

（六）认真做好审计整改工作

农业部财务工作会议上，张桃林副部长专门强调了抓好审计整改工作。要求对审计发现的问题，不管整改有多难、阻力有多大，一定要积极整改、尽快整改、坚决整改。张桃林副部长还专门强调了要加强科研单位的科研经费管理，他指出本年度审计中科研经费管理暴露出了不少问题，例如擅自调整预算用途、研究成果多头交账、使用虚假合同套取科研经费等；要求我们一定要高度重视，既尊重科研人员对科研经费的合理支配权，也要破除科研经费就是课题主持人私有财产的错误思想，落实好课题承担单位法人负责制，建立健全内控制度，规范科研经费管理。各研究所要深刻领会要求，认真落实审计整改工作，进一步强化审计结果运用，对审计整改情况进行监督检查。今后要进一步加强内部监督，重点审计科研经费、重大项目资金及所办企业与研究所之间的资金往来情况等。

（七）健全财务机构，加强财会队伍建设，进一步提高履职能力

按照全院科研、支撑、转化、管理4支队伍全面协调发展的思路，加强财务机构、财会队伍的建设，进一步提高财务服务保障能力。一是还未设立独立的财务会计机构的单位，首先要尽快设立独立的财务部门。二是根据单位预算规模、单位内部岗位设置需要等，配备相对合理的财会人员岗位，以保证单位财务管理工作正常、有序开展。三是加大力度引进高学历、高素质的财会专业人才，对新加入财会队伍的人员规定相应的专

业背景或学历要求。四是结合我院财务管理工作实际，以新出台的科技经费管理办法等为重点，开展多种形式的政策理论学习、业务知识培训与交流，进一步提高财务人员素质。

同志们，今年中央一号文件突出强调农业科技问题，我们应抓住机遇，顺势而为，精心谋划，狠抓落实，为我院建设现代农业科研院所，加快跨越式发展，早日实现“世界一流农业科研院所”，提供强有力的财力支持和保障！

谢谢大家。

七、研究生教育与管理

中国农业科学院研究生院 2012 年工作概况

2012 年，中国农业科学院研究生院认真贯彻落实科学发展观，紧密围绕农科院“建设世界一流农业科研院所”的战略目标，严格遵循教育发展规律和人才成长规律，按照“一体两翼”的发展思路，坚持“立足科研、质量为本、科教兴农”的办学理念，以提高教育质量为核心，全面推进研究生教育改革，各项工作取得较大进展。

一、教育改革全面推进

召开中国农业科学院第七次研究生教育工作会议。会议立足我国农业科技创新人才培养的新形势、新要求，全面分析了我院研究生教育发展的优势、挑战和需求，提出了相应的对策，研究制定了《中国农业科学院关于深化研究生教育改革的若干意见》（以下简称《意见》）。改革内容涉及生源选拔、联合培养、过程管理、课程建设、素质提升、激励机制、优博计划及管理体制 8 个方面。

为全面落实《意见》，研究生院利用暑期分组到京外所进行调研，了解当前各研究所的研究生培养现状及《意见》落实情况。调研后及时召开座谈会，分析现状、查找问题、提出对策、推动工作。目前，研究生院已从学位管理体制、招生宣传、四大讲堂、激励机制等环节全面展开落实，为全面推进研究生教育改革奠定基础。

着眼长远，谋划发展。根据农科院统一部署，在广泛征求各研究所意见的基础上提出了《研究生院中长期教育发展思路》，制定了研究生院年度考核指标体系。

（一）完善管理体制，加大所级管理力度

深入落实《意见》精神，完善学位与研究生教育管理体制，高效组织、推进、指导完成了 34 个研究所所级学位评定委员会、9 个学科评议组的组建工作，现已形成院级学位评定委员会、学科评议组和所级学位评定委员会三级学位管理构架，充分发挥研究所在研究生教育管理中的作用。

（二）调整课程体系，开设“四大讲堂”

课程建设。全年共开设课程 141 门，优化课程结构，精简、整合、调整课程 9 门，新增课程 5 门，开展研讨式教学 23 门、专题课程 28 门、实验课程 10 门，着力培养研

究生的创新思维和实践能力。网上教学评估课程优良率达 100%。为进一步落实《意见》精神，上半年到部分研究所和高校对课程建设情况进行调研，为全面推进课程改革奠定基础。

教师队伍建设。全年共聘用教师 436 人（新聘教师 35 人），其中，本院教师 260 人，占教师总数的 60%。继续实施网上教学评估办法，教学质量评估平均 94.3 分，教学评估 90 分以上教师占 91%。充分发挥教研室职能，完善专职教师队伍建设，现有专职教师 12 人，全年完成 16 门课程的教学工作。在北京市高教学会研究生英语分会举办的第三届青年教师基本功比赛中荣获一等奖。

开设“四大讲堂”。落实《意见》精神，全年开设“学术名家”、“企业精英”、“国际学者”和“文化名流”讲堂 18 次，先后邀请刘旭、秦大河、李宁、魏江春、郝伯林、吴孔明 6 位院士，北京大学长江讲座教授龙漫远，中国农业大学校长柯炳生，中国社科院研究生院院长刘迎秋，辽宁禾丰牧业股份有限公司董事长金卫东，瓦赫宁根大学校长，董事会主席 Aalt Dijkhuizen 博士，美国密苏里大学副校长，农业、食品和自然资源学院院长 Tom Payne 博士，英国伯明翰大学研究生院院长 Brian Ford-Lloyd 教授，中国政府“友谊奖”专家 Ulrich Kuhlmann 教授和 Eric Van Ranst 教授来院作讲座，受到广大学生的欢迎和好评。

（三）全部免收培养费，大幅提高学生待遇

从 2012 年开始，财政部全额拨付研究生培养经费，研究生院全部免收各研究所导师的培养经费，大幅提高研究生待遇。课程学习阶段，硕士生补贴由 500 元/（月·人）提高到 1 000元/（月·人），博士生补贴由 1 000元/（月·人）提高到 1 500元/（月·人）；回所科研阶段，硕士生补贴由不低于 900 元/（月·人）提高到不低于 1 300元/（月·人），博士生补贴由不低于 1 600元/（月·人）提高到不低于 2 500元/（月·人）。

（四）加大招生宣传力度，提高生源质量

在农科院领导的大力协助下，邀请教育部副部长杜占元来研究生院视察，杜副部长对研究生教育工作给予充分肯定。我院积极采取各项措施，加大宣传力度，提高生源质量。

强化院所联合招生宣传。首次到华中农业大学、南京农业大学等“211”工程大学举办招生专场宣讲会；成功举办首届“211”、“985”高校大学生夏令营，共 84 名学生参加；2012 年报考人数 1 900余人，增长 2%；2013 年共接收来自浙江大学等 8 所“211”高校的推免生 14 名，比 2012 年增加了 55.6%。借助会议机会到台湾大学和中兴大学进行招生宣传，正式启动港澳台招生工作。

（五）加强导师队伍建设，全面开展导师培训

分析研究生院博导队伍现状，总结博导队伍特点，修订了博导遴选方案，启动全院导师轮训，安排8期，现已完成3期培训，共培训导师370人。今年新增硕导60人、博导3人，其中，90%的导师进行了培训上岗，现有导师1 144人（博导418人）。

（六）强化激励机制，发挥正面导向作用

全面实行激励机制，形成了全过程、全方位的激励体系，充分调动导（教）师、学生及管理人员的积极性，营造积极向上的良好校园氛围。为吸引优秀生源，在“入学成绩优异奖”（3 000元/人）的基础上新增“优秀推免生奖”（5 000元/人）。评选“课程学习优秀生”95名、“中期考核优秀生”171名、“优秀毕业生”36名、“西部就业毕业生”63名，首次评选“研究生国家奖学金”博士生30名、硕士生48名，分别给予3万元/人、2万元/人奖励。在学生自我管理方面，评选表彰“先进班集体”8个、“优秀班干部”107人、“社会活动优秀奖”149人。

加大“优博计划”培育和优博论文奖励力度。进入优博计划的博士生增加科研津贴1 000元/（月·人），达到3 500元/（月·人），延期期间，科研津贴再增加1 000元/（月·人），达到4 500元/（月·人），研究生导师津贴增加至1 000元/（月·人），对优秀导师给予招生政策倾斜；评选2011年度院级优博论文3篇、提名2篇。从2013年开始，院级优博论文由5篇增至10篇，增加院级优秀硕士论文20篇。对获全国和北京市优博论文的导师和作者，研究生院给予相应的配套奖励。

评选表彰“2011—2012年度优秀教师”110名，在此基础上评选12名“教学名师”，给予教学名师提高讲课费标准的奖励；评选表彰“研究生管理先进集体”12个和“先进个人”22名，充分调动各研究所对研究生管理的积极性和主动性。

二、教育事业健康发展

（一）全日制研究生教育稳步发展

2012年招生规模突破900人，达到904人，比下达计划数多招收42人，实际招收博士生229名（少数民族骨干计划18名，联合培养25名），硕士生675名（学术型479名，专业学位型161名，少数民族骨干计划10名）。现有全日制在校生2 716人。

充分利用就业网站、就业简报、双选会、就业宣讲会等方式加强就业宣传，提高就业质量。2012年毕业生共计743人（含定向委培生69人），其中，博士198人、硕士

545 人，就业去向基本延续了博士以科研单位为主、硕士以企业为主的总体趋势，就业率为 96.05%，在北京市科研院所整体排名中名列前茅。

（二）专业学位教育管理规范

召开了专业学位研究生教育工作会议，全面、系统总结专业学位研究生教育 10 年来的发展历程，为下一步发展提供借鉴。加强招生宣传、提高培养质量。全年录取新生 283 人，授予学位 343 人，现有在校生 1 435人。积极做好黑龙江、西藏、云南等省自治区 15 个教学点的招生、培养等环节管理工作。全年组织开课 102 门，授课 1 660学时，安排 29 场论文开题和中期报告会，组织专家 164 人次参加现场考核，到教学点进行 GCT 考试辅导，吸引一线农技人员来院深造。继续全面实施学术不端行为检测和双盲评阅，严把质量出口关。启动专业学位管理信息系统，提高了专业学位教育管理的信息化水平。顺利完成工程硕士和工商管理硕士两个专业学位材料申报工作。

（三）留学生教育发展迅速

通过参加中国教育展、加强院所合作等形式，扩大国际招生宣传，通过政府奖学金等激励措施吸引优秀生源来院深造。全年实际录取留学生 49 人，毕业 11 人，结业 16 人。现有在校留学生 117 人，其中，97% 为学历研究生，博士研究生共 87 人，占学历留学生的 77%，生源来自亚洲、非洲、北美洲、欧洲 34 个国家，涉及培养单位 22 个、学科专业 25 个。

多渠道争取奖学金。今年争取中国政府奖学金名额 43 个，北京市政府奖学金 40 万元，外国奖学金名额 15 个。现有奖学金 11 种，金额 440 万元，98% 的留学生可以获得各类奖学金资助。

完善课程体系建设，新增《实验设计与生物统计》课程；顺利通过国家留学基金委年度奖学金评审；组织留学生参加“国际友人环昆明湖长走”、“来华杯游泳赛”、“我与北京”征文比赛等活动，丰富业余文化生活。

（四）培养质量不断提高

加强学科建设。完成 2011 年自主设置二级学科的公示和备案工作，发布学科专业新目录。现有博士一级学科 10 个，博士学位授权点 53 个，硕士一级学科 12 个，硕士学位授权点 65 个，学科专业设置更趋合理。组织 15 个一级学科参加全国第三轮学科评估工作，进展顺利。

规范学位管理。全年累计授予各类学位 1 049人，突破 1 000人大关，其中，博士学位 204 人，硕士学位 845 人（全日制硕士 493 人、同等学历硕士 9 人、专业学位硕士

343 人)。

严把论文质量关。继续实施学位论文学术不端行为检测，提高博士学位授予标准，对 2014 届以后毕业博士发表学术论文影响因子的要求由 1.0 提高到 2.0。2012 年全日制应届毕业生以第一作者发表论文 1 367篇，生均 1.96 篇，其中，SCI（科学引文索引）232 篇（JCR 一区 25 篇、二区 72 篇），单篇论文影响因子最高 8.987。

（五）交流合作日益广泛

拓宽国际合作渠道。与美国堪萨斯州立大学、比利时列日大学、埃及坦塔大学和巴基斯坦旁遮普省政府学院大学等签署了 4 个合作协议，进一步推动校际师资交流和留学生工作；顺利完成与比利时列日大学联合培养农学博士项目的材料申报；全年派出 5 个团组 11 人次赴肯尼亚、墨西哥等国参加“中国教育展”，接待美国、英国等 10 个国家 16 个团组 42 人次来访。

加强国内交流。7 月，组织 13 个院属单位的 20 名专家赴台湾参加“第二届海峡两岸农业科研与教育研讨会”，继续加强与台湾大学、中兴大学在农业科技创新和人才培养领域的交流与合作；2013 获得农业部台办专项资金支持，两岸交流实现常态化。积极参加北京市学联及兄弟院校的各项活动，在科研工作网举办的第三届研究生乒乓球团体赛中荣获亚军，在文艺汇演活动中获三等奖。

强化教育基地功能。利用科技资源和人才资源优势，充分发挥国家级专业技术人员继续教育基地作用，承担科技部、农业部、农科院等各类国内外培训项目 12 个，累计培训人员 900 余人次。首次举办发展中国家技术培训班项目——“2012 年资源高效利用型植物工厂技术国际培训班”，共有来自朝鲜等 7 个发展中国家的 13 名学员参加培训，取得良好效果。

2012 年研究生院教育工作及党建和精神文明建设得到了上级部门的肯定：通过中央国家机关文明单位复查、获农业部和农科院文明单位、农科院先进基层党组织、首批全国高等教育学籍学历管理工作先进集体，研究生工作处获农科院青年文明号。在武汉大学中国科学评价研究中心发布的《2012 年度中国研究生教育评价报告》中，中国农业科学院研究生院竞争力排名第二十九位，在农林学科类型排名第一，在北京地区综合排名第七，在 4 大国家级科学院中排名第二。2002 年以来，连续 10 年以农学门类第一名荣膺“中国一流研究生院”。

中国农业科学院学位授权点一览表（2012）

学科门类	一级学科名称及代码	二级学科名称及代码
理学	大气科学（0706）	气象学（070601）
	*生物学（0710）	*生理学（071003）
		*微生物学（071005）
		*生物化学与分子生物学（071010）
		*生物物理学（071011）
		生物信息学（0710Z1）
	*生态学（0713）	***农业生态学（0713Z1）***
		设施农业与生态工程（0713Z2）
		农业气象与气候变化（0713Z3）
		农业区域发展与规划（0713Z4）
工学	农业工程（0828）	农业机械化工程（082801）
		*农业水土工程（082802）
		农业生物环境与能源工程（082803）
	环境科学与工程（0830）	环境科学（083001）
		环境工程（083002）
	食品科学与工程（0832）	食品科学（083201）
		粮食、油脂及植物蛋白工程（083202）
		农产品加工及贮藏工程（083203）
		农产品加工装备（0832Z1）

（续表）

学科门类	一级学科名称及代码	二级学科名称及代码
农学	* 作物学（0901）	* 作物栽培学与耕作学（090101）
		* 作物遗传育种（090102）
		作物种质资源学（0901Z1）
		农产品质量与食物安全（0901Z2）
		药用植物资源学（0901Z3）
		农产品加工利用（0901Z4）
		作物土壤机械工程学（0901Z5）
	* 园艺学（0902）	* 果树学（090201）
		* 蔬菜学（090202）
		* 茶学（090203）
		观赏园艺（0902Z1）
	* 农业资源与环境（0903）	* 土壤学（090301）
		* 植物营养学（090302）
		农业水资源与环境（0903Z1）
		农业遥感（0903Z2）
		农业环境学（0903Z3）
	* 植物保护（0904）	* 植物病理学（090401）
		* 农业昆虫与害虫防治（090402）
		* 农药学（090403）
		杂草学（0904Z1）
		入侵生物学（0904Z2）
		转基因生物安全学（0904Z3）
		生物防治学（0904Z4）

（续表）

学科门类	一级学科名称及代码	二级学科名称及代码
农学	* 畜牧学（0905）	* 动物遗传育种与繁殖（090501）
		* 动物营养与饲料科学（090502）
		* 特种经济动物饲养（含：蚕、蜂等）（090504）
		畜禽环境科学与工程（0905Z1）
	* 兽医学（0906）	* 基础兽医学（090601）
		* 预防兽医学（090602）
		* 临床兽医学（090603）
		中兽医学（0906Z1）
		兽药学（0906Z2）
	林学（0907）	野生动植物保护与利用（090705）
	* 草学（0909）	***草地资源利用与保护（0909Z1）***
		饲草遗传育种与种子科学（0909Z2）
		饲草生产加工及利用（0909Z3）
管理学	管理科学与工程（1201）	
	* 农林经济管理（1203）	* 农业经济管理（120301）
		农业资源与环境经济学（1203Z1）
		国际农产品贸易（1203Z2）
		农业技术经济（1203Z3）
		农业信息管理（1203Z4）
		产业经济（1203Z5）
		农业信息分析学（1203Z6）
	图书情报与档案管理（1205）	情报学（120502）
		信息技术与数字农业（99J1）

备注：带 * 为博士学位授权点；斜体、加粗为自主设置二级学科（共 31 个），其中，博士学位授权二级学科 30 个；斜体、加粗及下划线即“信息技术与数字农业”为自主设置交叉学科，授“管理学”学位；共 53 个博士点，65 个硕士点

关于成立中国农业科学院所级学位评定委员会的决定

为了进一步加强研究所对研究生教育的领导和组织管理工作，理顺管理体制，切实提高研究生教育质量，按照《中国农业科学院关于深化研究生教育改革的若干意见》（农科院研生［2012］103 号）文件要求，决定各研究所成立所级学位评定委员会。相关事项如下。

一、工作原则

所级学位评定委员会必须严格遵守《中华人民共和国学位条例》《中华人民共和国学位条例暂行实施办法》和《中国农业科学院学位授予工作实施细则》，在中国农业科学院学位评定委员会的领导下开展工作。

二、组织构成

凡是具有研究生培养职能的研究所均须设立所级学位评定委员会，任务是协助学科评议组、院学位评定委员会完成学位评定及其他研究生教育管理相关工作。

所级学位评定委员会由 7～13 人组成，主要由本单位研究员、教授或具有相当专业技术职务的研究生导师担任，每届任期 4 年。所级学位评定委员会设主席 1 人，副主席 1～2 人；主席原则上由研究所所长担任，委员由研究所聘任。委员名单须报研究生院备案。

三、工作职责

所级学位评定委员会接受院学位评定委员会和相关学科评议组的指导和委托，研究和处理本单位学位与研究生教育管理工作，主要职责为：

（1）提出招收和培养研究生的学科、专业与类型；

（2）审查本单位学位申请人的有关情况，提出建议授予学位人员名单；

（3）提出因违反规定而建议撤销授予学位的人员名单；

（4）指导和督促研究生导师对研究生的指导；

（5）培养和推荐优秀博士、硕士学位论文；

（6）推荐博士生指导教师遴选名单；
（7）组织、协调学位授权点申报、评估及其他有关事宜；
（8）研究和处理研究生教育管理的相关事项。

四、议事方式

所级学位委员会根据院学位评定委员会的统一部署，定期召开会议，亦可根据本单位具体情况，自行召开会议研究有关事宜。

所级学位评定委员会举行会议，应有不少于全体委员 2/3 的人员出席方为有效。会议决定或决议应以不记名投票方式表决，同意票数超过全体委员半数以上为有效。表决结果应由主席或副主席当场宣布。

五、委员名单

中国农业科学院所级学位评定委员会名单

作物科学研究所

万建民　王述民　曹永生　贾继增　黎志康　李立会　赵　明
毛　龙　马有志　何中虎　李新海　邱丽娟　张卫建

植物保护研究所

吴孔明　邱德文　郭予元　陈万权　郑永权　王振营　王锡锋
曹坳程　李香菊　张泽华　彭于发　张桂芬　陈巨莲

蔬菜花卉研究所

杜永臣　孙日飞　王晓武　方智远　张宝玺　胡　鸿　刘玉梅
顾兴芳　连　勇　李锡香　谢丙炎　葛　红　于贤昌　黄三文
明　军

农业环境与可持续发展研究所

梅旭荣　张燕卿　董红敏　朱昌雄　李玉娥　许吟隆　游松财
杨其长　陶秀萍　郝卫平　严昌荣　杨正礼　李　勇　张国良

曾希柏

北京畜牧兽医研究所

李　明　文　杰　王加启　高洪文　佟建明　朱鸿飞　朱化彬
马月辉　罗绪刚　李　奎　李向林　杜立新　郑　彦

蜜蜂研究所

吴　杰　周　玮　李建科　周　婷　赵　静　石　巍　彭文君
刘凤彦　刁青云

饲料研究所

蔡辉益　齐广海　姚　斌　秦玉昌　刁其玉　高秀华　王建华
丁宏标　刘国华　杨培龙　石　波

农产品加工研究所

戴小枫　王　强　王凤忠　王志东　张德权　吕加平　木泰华
张　泓　刘　阳

生物技术研究所

林　敏　路铁刚　张春义　郭三堆　黄荣峰　张志芳　王志兴
赵　军　陈　明　孙国庆　张　锐

农业经济与发展研究所

秦　富　孙东升　王济民　毛世平　任爱胜　朱立志　吴敬学
李宁辉　李先德　赵芝俊　夏　英　蒋和平　曹汝华

农业资源与农业区划研究所

王道龙　任天志　徐明岗　周清波　邱建军　周　卫　梁永超
罗其友　蔡典雄　李　俊　逄焕成　辛晓平　陈仲新

农业信息研究所

许世卫　孟宪学　王文生　王东阳　张　峭　聂凤英　路文如
李秀峰　赵瑞雪　张学福　诸叶平　周国民　刘世洪

农业质量标准与检测技术研究所

叶志华　钱永忠　苏晓鸥　王　静　杨曙明　王　敏　陈　刚

农田灌溉研究所

段爱旺　黄修桥　齐学斌　孙景生　高　峰　王和洲　翟国亮
吕谋超　孟兆江

水稻研究所

程式华　胡培松　李西明　曹立勇　钱　前　庄杰云　朱德峰
朱智伟　傅　强　王　磊　胡慧英

棉花研究所

喻树迅　李付广　王坤波　宋国立　杨伟华　毛树春　杜雄明
袁有禄　崔金杰　邢朝柱　范术丽

油料作物研究所

王汉中　廖　星　廖伯寿　黄凤洪　李云昌　李培武　卢长明
刘胜毅　伍晓明　周新安　赵应忠　张春雷　张学昆

麻类研究所

熊和平　臧巩固　王朝云　李德芳　唐守伟　刘正初　龙超海
王玉富　粟建光　肖爱平　彭源德　喻春明　赵立宁

果树研究所

刘凤之　从佩华　程存刚　曹玉芬　王文辉　聂继云　姜淑苓

郑州果树研究所

刘君璞　王志强　方金豹　王力荣　刘崇怀　乔宪生　李秀根
过国南　陈汉杰　古勤生　徐永阳　刘文革　曹尚银

茶叶研究所

杨亚军　江用文　阮建云　陈宗懋　成　浩　陈　亮　林　智

哈尔滨兽医研究所

孔宪刚　王笑梅　步志高　吴东来　曲连东　陈化兰　仇华吉
刘胜旺　刘长明　于　力　刘思国　王云峰　王晓钧　冯　力
蔡雪辉

兰州兽医研究所

殷　宏　罗建勋　张永光　刘湘涛　柳纪省　逯忠新　朱兴全
蔡建平　刘在新　景志忠　常惠芸　刘光远　付宝权

兰州畜牧与兽药研究所

杨志强　张继瑜　刘永明　梁剑平　李剑勇　阎　萍　杨博辉
时永杰　郑继方

上海兽医研究所

童光志　林矫矫　薛飞群　丁　铲　马志永　周金林　李泽君

草原研究所

侯向阳　王育青　李志勇　王照兰　刘桂香　刘爱萍　闫志坚
孙启忠　师文贵　吴新宏　陈立波　赵来喜　袁　清

特产研究所

杨福合　李光玉　王英平　程世鹏　武　华　闫喜军　陈立志
魏海军　艾　军　李春义　张亚玉

环境保护科研监测所

高尚宾　周其文　朱　岩　李玉浸　沈　跃　刘仲齐　徐应明
张克强　杨殿林　刘潇威　程　波

沼气科学研究所

李　谦　邓　宇　胡国全　张　辉　赵跃新　何明雄　贺　静
邓良伟　梅自力　胡启春　施国中

南京农业机械化研究所

易中懿　胡志超　曹曙明　陈巧敏　梁　建　吴崇友　陈永生
谢焕雄　张礼钢　肖宏儒　陈小兵　薛新宇　曹光乔

烟草研究所

王元英　王树声　张忠锋　刘好宝　梁洪波　石　屹　孙玉合
冯全福　刘贯山　王凤龙　孔凡玉　王允白　孙福山

家禽研究所

邹剑敏　陈宽维　戴有理　高玉时　王克华　童海兵　窦新红

甘薯研究所

陈 萍　李 强　陈荣振　马代夫　唐 君　谢逸萍　李洪民

关于表彰中国农业科学院 2011 年度研究生管理工作先进集体和先进个人的决定

按照中国农业科学院研究生院农科研生〔2012〕4 号文件《关于评选中国农业科学院 2011 年度研究生管理工作先进集体和先进个人的通知》的精神，在各所推荐的基础上，经研究生院院务会研究决定，表彰作物科学研究所等 12 个研究所为我院 2011 年度研究生管理工作先进集体，陈巨莲等 22 位同志为我院 2011 年度研究生管理工作先进个人。

一、研究生管理工作先进集体

中国农业科学院作物科学研究所
中国农业科学院植物保护研究所
中国农业科学院农业环境与可持续发展研究所
中国农业科学院北京畜牧兽医研究所
中国农业科学院饲料研究所
中国农业科学院农业资源与农业区划研究所
中国农业科学院农业信息研究所
中国农业科学院油料作物研究所
中国农业科学院哈尔滨兽医研究所
中国农业科学院上海兽医研究所
中国农业科学院特产研究所
中国农业科学院烟草研究所

二、研究生管理工作先进个人

陈巨莲　植物保护研究所
邢丽丽　作物科学研究所
徐东辉　蔬菜花卉研究所
姬军红　农业环境与可持续发展研究所
郑　彦　北京畜牧兽医研究所
刁青云　蜜蜂研究所

赵利华　饲料研究所
孙国庆　生物技术研究所
王　艳　农业经济与发展研究所
于迎建　农业信息研究所
沈菊艳　农田灌溉研究所
陈亚东　果树研究所
李晓宁　郑州果树研究所
刘益民　哈尔滨兽医研究所
周　磊　兰州畜牧与兽药研究所
顾惠明　上海兽医研究所
张文静　草原研究所
范琳琳　特产研究所
周　莉　环境保护科研监测所
邱　坤　沼气科学研究所
曹光乔　南京农业机械化研究所
刘好宝　烟草研究所

2012 年博士、硕士研究生录取情况分析

研究生院 2012 年共录取研究生 904 名，其中，博士研究生 229 名，硕士研究生 675 名，较 2011 年各增加 1 名和 15 名。

一、博士生录取情况

2012 年，研究生院 28 个培养单位、39 个专业的 214 名导师共招收了 229 名博士研究生，其中，包含硕博连读生 28 人，与中国农业大学联合培养博士生 25 人，少数民族骨干计划博士生 21 人。

从录取类别看，非定向生 151 人，占 65.9%；定向委培生 78 人，占 34.1%。

从录取新生来源看，应届毕业生 131 人，占 57.2%；在职人员 78 人，占 34.1%；其他人员 20 人，占 8.7%。

从录取新生学位情况看，硕士学位（含硕博连读）228 人，占 99.6%；学士学位 1 人，占 0.4%。

从录取新生自然情况看，男生 135 人，占 58.9%；党员（含预备党员）155 人，占 67.7%，共青团员 43 人，占 18.8%；汉族 215 人，占 93.9%；25 岁以下 45 人，占 19.6%，26～35 岁 168 人，占 73.4%，36～49 岁 16 人，占 7.0%。

从录取学科门类情况看，农学门类占 68.1%，理学门类占 18.8%，工学门类占 2.6%，管理学门类占 10.5%。

二、硕士生录取情况

2012 年，研究生院 34 个培养单位、56 个专业（含 8 个专业学位领域）的 650 名导师共招收了 675 名硕士研究生，其中，包含少数民族骨干计划硕士生 2 人。

从录取新生学位类型看，学术型硕士 481 人，占 71.3%；全日制专业学位硕士 194 人，占 28.7%。

按考试方式统计，参加全国统考的有 667 人，占 98.8%；从应届本科毕业生中推荐免试入学的有 8 人，占 1.2%。

从录取类别看，非定向生 673 人，占 99.7%；定向生 2 人。

从录取新生来源看，应届本科毕业生 611 人，占 90.5%；在职人员 8 人，占 1.2%；其他人员 55 人，占 8.1%；科研人员 1 人。

从录取新生情况看，男生 293 人，占 43.4%；党员（含预备党员）296 人，占 43.8%，共青团员 367 人，占 54.4%；25 岁及 25 岁以下 621 人，占 92.0%，汉族 655 人，占 97.0%。

从学科门类录取情况看，农学门类录取 335 人，占录取总数的 49.6%；理学门类 68 人，占 10.1%；工学门类 51 人，占 7.6%；管理学门类 27 人，占 4.0%；全日制农业推广硕士 137 人，占 20.3%；全日制兽医硕士 57 人，占 8.4%。录取人数较多的专业有：预防兽医学（70 人）、兽医（57 人）、生物化学与分子生物学（46 人）、作物遗传育种（36 人）、作物（31 人）、植物保护（28 人）、动物营养与饲料科学（26 人）、食品科学（24 人）、蔬菜学（22 人）、植物病理学（22 人）和食品加工与安全（20 人）。

2012 年研究生奖学金、助学金评审情况

中国农业科学院研究生院积极推进落实奖学金评定工作，严格执行奖学金评审办法。根据奖学金的有关规定和评选办法，2012 年，评选出“三仪助学金”获得者 41 名、“三仪奖学金”获得者 10 名；“天根奖学金”获得者 15 名；“天邦研究生奖学金”获得者 10 名；“先正达”奖学金获得者 2 名；“拜耳”作物科学奖学金获得者 8 名；“孟山都奖学金”获得者 20 名；“大北农励志助学金”获得者 20 名，涉及奖励金额共计 37.8 万元。此外，2011 级博士研究生崔彦茹荣获孟山都 2012 年度 Beachell-Borlaug 国际奖学金。

关于公布2012年研究生国家奖学金获奖名单的通知

根据财政部、教育部关于印发《研究生国家奖学金管理暂行办法》（以下简称《办法》）的通知（财教［2012］342号）的文件精神，本着奖励优秀、激励引导、提升质量的宗旨，按照信息公开、过程公平公正、方法科学的原则，面向全日制在读研究生进行了研究生国家奖学金的评选。在本人申报、导师推荐的基础上，经过研究所初评、全院复评，确定了2012年研究生国家奖学金获奖名单。获奖名单在研究生院网站公示5个工作日无异议，现予以公布，具体获奖名单见附件。

根据《办法》规定，对获得国家奖学金的30名博士研究生、48名硕士研究生分别奖励人民币3万元、2万元，特此通知。

中国农业科学院2012年博士研究生国家奖学金获奖名单

序号	姓名	性别	公民身份证号	基层单位	专业	学号
1	王　娟	女	130427198507250023	生物所	生物化学与分子生物学	82101101021
2	胡　江	男	362202198001070013	水稻所	生物化学与分子生物学	82101091026
3	毛若雨	男	35011119840914241X	饲料所	生物化学与分子生物学	82101101014
4	李中媛	女	210624198602270040	饲料所	生物化学与分子生物学	82101101015
5	张增林	男	370521198306301631	作科所	生物化学与分子生物学	82101101005
6	张立超	男	110226198205094730	作科所	生物化学与分子生物学	82101101007
7	李　安	男	36242219851107351X	加工所	农产品质量与食物安全	82101101064
8	赵海燕	女	370683198407154225	加工所	农产品质量与食物安全	82101101069

（续表）

序号	姓名	性别	公民身份证号	基层单位	专业	学号
9	李　丹	男	42280219820919601X	哈尔滨兽医所	预防兽医学	82101101174
10	薛　美	女	370982198407242663	哈尔滨兽医所	预防兽医学	82101101181
11	王　琦	女	370213198611203628	哈尔滨兽医所	预防兽医学	82101111176
12	张　荣	男	510503198308025259	上海兽医所	预防兽医学	82101101172
13	张　兰	女	410204197710314026	蜜蜂所	特种经济动物饲养	82101101165
14	宋增廷	男	371122198103070939	牧医所	动物营养与饲料科学	82101091141
15	晁跃辉	男	370983198404270016	牧医所	草业科学	82101111149
16	齐建建	男	371402198410065751	蔬菜所	蔬菜学	82101101085
17	钱　伟	男	420683198509110930	蔬菜所	蔬菜学	82101101091
18	谷少华	男	130182198203266219	植保所	农业昆虫与害虫防治	82101101130
19	李远播	男	411330198603261591	植保所	农药学	82101101133
20	邹晓霞	女	370682198501084722	环发所	作物气象	82101101082
21	余强毅	男	432502198606250011	资划所	农业区域发展	82101101106
22	艾　超	男	30623198509120931	资划所	植物营养学	82101111102
23	宋　建	男	370982198412061015	水稻所	作物遗传育种	82101101054
24	胡德鹏	男	372501197505261136	信息所	作物信息科学	82101101077

（续表）

序号	姓名	性别	公民身份证号	基层单位	专业	学号
25	郝青南	女	13082719820825144X	油料所	作物遗传育种	82101091038
26	孙美玉	女	370784198302057826	油料所	作物遗传育种	82101091041
27	张宏军	男	152326198112281718	作科所	作物遗传育种	82101081033
28	陈　琼	女	421121198504164846	农经所	农业经济管理	82101101195
29	江　晶	女	142422198502284226	农经所	农业经济管理	82101101201
30	鲜国建	男	511321198203174410	信息所	农业信息管理	82101101213

中国农业科学院2012年硕士研究生国家奖学金获奖名单

序号	姓名	性别	公民身份证号	基层单位	专业	学号
1	陈宗祥	男	452226198811051319	生物所	生物化学与分子生物学	82101102032
2	王　平	男	421083198404031230	生物所	生物化学与分子生物学	82101112043
3	徐晓露	女	320981198809271728	饲料所	生物化学与分子生物学	82101102029
4	张　勇	男	421126198709297134	饲料所	生物化学与分子生物学	82101102031
5	房岩强	男	371481198601016659	加工所	食品科学	82101102116
6	路　威	男	140105198604190517	加工所	食品科学	82101102121
7	赵月亮	男	370481198708021852	加工所	农产品加工与贮藏工程	82101102141

（续表）

序号	姓名	性别	公民身份证号	基层单位	专业	学号
8	于昭洋	男	152122198706152132	农机化所	农业机械化工程	82101102082
9	郭虹波	女	37020519880202602X	哈尔滨兽医所	预防兽医学	82101102459
10	李　超	女	370681198710160027	哈尔滨兽医所	预防兽医学	82101102462
11	王文世	男	370283198711082631	哈尔滨兽医所	预防兽医学	82101102478
12	魏　鹏	男	230204198703281239	哈尔滨兽医所	预防兽医学	82101102480
13	负炳岭	男	370911198711152018	哈尔滨兽医所	预防兽医学	82101102487
14	王一平	男	513127198704192210	哈尔滨兽医所	预防兽医学	82101105077
15	张月娥	女	350622198604181023	上海兽医所	预防兽医学	82101102454
16	纪守坤	男	372922198604083775	饲料所	动物营养与饲料科学	82101102391
17	李志鹏	男	610526198411069418	特产所	野生动植物保护与利用	82101102519
18	胡小丽	女	513822198707161766	牧医所	动物营养与饲料科学	82101102406
19	杨晋辉	男	140522198709254511	牧医所	动物营养与饲料科学	82101102415
20	曹红利	女	510521198704197581	茶叶所	茶学	82101102254
21	龙　丹	女	340803198812122220	茶叶所	茶学	82101102256
22	舒金帅	男	130821198603071811	蔬菜所	蔬菜学	82101102244
23	殷万东	男	370921198707011514	果树所	农业昆虫与害虫防治	82101102352

（续表）

序号	姓名	性别	公民身份证号	基层单位	专业	学号
24	柳少燕	女	37068219870102592X	加工所	植物病理学	82101102300
25	施秀珍	女	37068419870807812X	蔬菜所	农业昆虫与害虫防治	82101102329
26	陈　宇	女	370404198812016823	水稻所	农业昆虫与害虫防治	82101102349
27	党国瑞	男	370481198703092213	植保所	农业昆虫与害虫防治	82101102330
28	刘朝阳	男	130128198710121817	植保所	农业昆虫与害虫防治	82101102335
29	孙梦婧	女	371302198902261446	植保所	农业昆虫与害虫防治	82101102339
30	陈　震	男	371324198509051918	灌溉所	农业水土工程	82101102084
31	姜　娜	女	120102198707152940	环保所	生态学	82101102079
32	郭智成	男	152529198703133012	环发所	植物营养学	82101102283
33	陶春爱	女	452427198702053187	牧医所	预防兽医学	82101102437
34	梁振飞	男	412825198909201054	资划所	环境科学	82101102094
35	林　蕾	女	350104198802094027	资划所	环境科学	82101102095
36	王桂珍	女	411323198809065322	资划所	环境科学	82101102096
37	于士凯	男	370923198704150052	资划所	农业遥感	82101102293
38	王倩华	女	130123198602216964	棉花所	作物	82101105008
39	陈俊宇	男	350103198711092716	水稻所	作物遗传育种	82101102182

（续表）

序号	姓名	性别	公民身份证号	基层单位	专业	学号
40	屈　旭	男	220422198604304118	烟草所	作物遗传育种	82101102192
41	白　岩	男	210904198708290518	烟草所	作物	82101105018
42	刘文文	女	370911198609275222	作科所	作物遗传育种	82101102158
43	王媛媛	女	130623198604182443	作科所	作物遗传育种	82101102164
44	祝秀亮	男	371424198707192135	作科所	作物遗传育种	82101102169
45	孙雪莲	女	320125198702181525	作科所	作物种质资源学	82101102197
46	张晶莹	女	210727198709083645	作科所	作物	82101105004
47	钟　鑫	女	130403198607091225	农经所	农业经济管理	82101102533
48	梁　毅	男	61240119880506001X	信息所	管理科学与工程	82101102523

关于表彰2010级中期考核优秀生的决定

按照《研究生院研究生中期考核办法》有关规定和我院攻读博士、硕士学位专业培养方案的要求，各研究所组织完成了2010级研究生的政治思想、课程学习、科研工作能力及表现、学位论文研究工作进展以及健康状况的全面考核。在研究所推荐的基础上，经研究生院院务会议研究决定，张吉清等46名博士研究生、李西良等125名硕士研究生为中期考核优秀生（名单附后）。

研究生院2010级中期考核优秀生名单

序号	学号	姓名	学位	专业	导师	研究所
1	82101101116	张吉清	博士	植物病理学	朱振东	作科所
2	82101101115	肖明纲	博士	植物病理学	李洪杰	作科所
3	82101101058	卢　敏	博士	作物种质资源学	王天宇	作科所
4	82101101046	张颖君	博士	作物遗传育种	何中虎	作科所
5	82101101012	刘旦梅	博士	生物化学与分子生物学	毛　龙	作科所
6	82101101106	余强毅	博士	农业区域发展	唐华俊	资划所
7	82101101099	袁　亮	博士	植物营养学	赵秉强	资划所
8	82101101073	杨　黎	博士	作物生态学	邱建军	资划所
9	82101111096	沈　浦	博士	土壤学	徐明岗	资划所
10	82101101082	邹晓霞	博士	作物气象学	李玉娥	环发所
11	82101101124	杨妮娜	博士	农业昆虫与害虫防治	张友军	蔬菜所
12	82101101149	汤海鸥	博士	动物营养与饲料科学	高秀华	饲料所
13	82101101150	董晓丽	博士	动物营养与饲料科学	刁其玉	饲料所
14	82101101016	马　尧	博士	生物化学与分子生物学	林　敏	生物所
15	82101101018	孟红岩	博士	生物化学与分子生物学	张春义	生物所
16	82101101195	陈　琼	博士	农业经济管理	王济民	农经所

（续表）

序号	学号	姓名	学位	专业	导师	研究所
17	82101101201	江　晶	博士	农业经济管理	蒋和平	农经所
18	82101101212	陈玛琳	博士	农业技术经济	赵芝俊	农经所
19	82101101213	鲜国建	博士	农业信息管理	赵瑞雪	信息所
20	82101101077	胡德鹏	博士	作物信息科学	王文生	信息所
21	82101101063	宫　官	博士	食品质量与安全	苏晓鸥	质标所
22	82101101132	颜冬冬	博士	农药学	曹坳程	植保所
23	82101101133	李远播	博士	农药学	郑永权	植保所
24	82101101125	邹德玉	博士	农业昆虫与害虫防治	陈红印	植保所
25	82101101025	周子珊	博士	生物化学与分子生物学	张　杰	植保所
26	82101101118	张丽勍	博士	植物病理学	冯　洁	植保所
27	82101101143	白立景	博士	动物遗传育种与繁殖	李　奎	牧医所
28	82101101140	王立刚	博士	动物遗传育种与繁殖	王立贤	牧医所
29	82101101155	汪　超	博士	动物营养与饲料科学	侯水生	牧医所
30	82101101069	赵海燕	博士	农产品质量与食物安全	魏益民	加工所
31	82101101064	李　安	博士	农产品质量与食物安全	哈益民	加工所
32	82101101165	张　兰	博士	特种经济动物饲养	李建科	蜜蜂所
33	82101101039	黄　玲	博士	农业水土工程	段爱旺	灌溉所
34	82101101049	林　敏	博士	作物遗传育种	喻树迅	棉花所
35	82101101071	王妍入	博士	农产品质量与食物安全	李培武	油料所
36	82101101028	吴　磊	博士	生物化学与分子生物学	卢长明	油料所
37	82101101031	成莉凤	博士	生物化学与分子生物学	刘正初	麻类所
38	82101101095	马建强	博士	茶学	陈　亮	茶叶所
39	82101101056	张兴伟	博士	作物遗传育种	孙玉合	烟草所
40	82101101083	雷秀娟	博士	药用植物资源学	王英平	特产所
41	82101101170	孙英杰	博士	预防兽医学	丁　铲	上海兽医所

（续表）

序号	学号	姓名	学位	专业	导师	研究所
42	82101101174	李　丹	博士	预防兽医学	仇华吉	哈尔滨兽医所
43	82101101180	李永峰	博士	预防兽医学	仇华吉	哈尔滨兽医所
44	82101101178	孙军峰	博士	预防兽医学	刘胜旺	哈尔滨兽医所
45	82101101188	宫晓炜	博士	预防兽医学	才学鹏	兰州兽医所
46	82101101161	王红梅	博士	草业科学	孙启忠	草原所
1	82101102167	张　建	硕士	作物遗传育种	徐建龙	作科所
2	82101102158	刘文文	硕士	作物遗传育种	谢传晓	作科所
3	82101102155	衡月芹	硕士	作物遗传育种	程治军	作科所
4	82101102195	黄　琛	硕士	作物种质资源学	高爱农	作科所
5	82101102197	孙雪莲	硕士	作物种质资源学	宗绪晓	作科所
6	82101105004	张晶莹	硕士	作物	孙君明	作科所
7	82101102300	柳少燕	硕士	植物病理学	戴小枫	作科所
8	82101102017	郭敏霞	硕士	生物化学与分子生物学	傅永福	作科所
9	82101102146	孙雪芳	硕士	作物栽培学与耕作学	赵　明	作科所
10	82101102074	周建娇	硕士	生态学	孙建光	资划所
11	82101092076	才吉卓玛	硕士	生态学	任天志	资划所
12	82101102278	李志坚	硕士	植物营养学	林治安	资划所
13	82101102280	杨　璐	硕士	植物营养学	曹卫东	资划所
14	82101102270	袁　敏	硕士	土壤学	文石林	资划所
15	82101102067	李树山	硕士	生物物理学	杨俊诚	资划所
16	82101102293	于士凯	硕士	农业遥感	姚艳敏	资划所
17	82101102004	梁　驹	硕士	气象学	许吟隆	环发所
18	82101102002	姜　帅	硕士	气象学	居　辉	环发所
19	82101102068	赵　翔	硕士	生物物理学	崔海信	环发所
20	82101102283	郭智成	硕士	植物营养学	李玉中	环发所

（续表）

序号	学号	姓名	学位	专业	导师	研究所
21	82101102089	邱志平	硕士	农业生物环境与能源工程	刘文科	环发所
22	82101102243	毛笈华	硕士	蔬菜学	庄飞云	蔬菜所
23	82101102245	宋为交	硕士	蔬菜学	贺超兴	蔬菜所
24	82101102251	赵云龙	硕士	蔬菜学	于贤昌	蔬菜所
25	82101102210	马智玲	硕士	农产品质量与食物安全	刘　肃	蔬菜所
26	82101102329	施秀珍	硕士	农业昆虫与害虫防治	吴青君	蔬菜所
27	82101105042	王　刚	硕士	植物保护	冯东昕	蔬菜所
28	82101102268	卫晶晶	硕士	观赏园艺	葛　红	蔬菜所
29	82101105022	冯慧颖	硕士	园艺	明　军	蔬菜所
30	82101102031	张　勇	硕士	生物化学与分子生物学	王建华	饲料所
31	82101102029	徐晓露	硕士	生物化学与分子生物学	杨培龙	饲料所
32	82101102025	陈叶雨	硕士	生物化学与分子生物学	赵　珩	饲料所
33	82101102391	纪守坤	硕士	动物营养与饲料科学	刁其玉	饲料所
34	82101102107	刘沙沙	硕士	食品科学	石　波	饲料所
35	82101102051	郑　洁	硕士	生物化学与分子生物学	王　磊	生物所
36	82101102045	孙　宁	硕士	生物化学与分子生物学	张　伟	生物所
37	82101102050	张小雪	硕士	生物化学与分子生物学	宛煜嵩	生物所
38	82101102047	王晓红	硕士	生物化学与分子生物学	黄其满	生物所
39	82101102008	陈清华	硕士	微生物学	陆　伟	生物所
40	82101102533	钟　鑫	硕士	农业经济管理	蒋和平	农经所
41	82101102532	张雪梅	硕士	农业经济管理	吕开宇	农经所
42	82101102539	王　禹	硕士	农业经济管理	许世卫	信息所
43	82101102538	宋淑婷	硕士	农业经济管理	张　峭	信息所
44	82101102523	梁　毅	硕士	管理科学与工程	刘世洪	信息所
45	82101102056	史玉杰	硕士	生物化学与分子生物学	刘晓辉	植保所

（续表）

序号	学号	姓名	学位	专业	导师	研究所
46	82101102058	尹凤翔	硕士	生物化学与分子生物学	张　杰	植保所
47	82101102059	张才智	硕士	生物化学与分子生物学	刘　峥	植保所
48	82101102309	李　波	硕士	植物病理学	何晨阳	植保所
49	82101102310	刘艳珂	硕士	植物病理学	彭德良	植保所
50	82101102316	王亚娇	硕士	植物病理学	刘　艳	植保所
51	82101102321	赵　洁	硕士	植物病理学	齐放军	植保所
52	82101102333	纪　萍	硕士	农业昆虫与害虫防治	张永军	植保所
53	82101102335	刘朝阳	硕士	农业昆虫与害虫防治	张泽华	植保所
54	82101102338	潘　攀	硕士	农业昆虫与害虫防治	罗礼智	植保所
55	82101102339	孙梦婧	硕士	农业昆虫与害虫防治	王桂荣	植保所
56	82101102360	叶玉涛	硕士	农药学	袁会珠	植保所
57	82101102361	张嘉坤	硕士	农药学	黄啟良	植保所
58	82101102368	胡晓文	硕士	病虫测报	程登发	植保所
59	82101102372	王兴云	硕士	生物安全	韩兰芝	植保所
60	82101102409	金　迪	硕士	动物营养与饲料科学	卜登攀	牧医所
61	82101102406	胡小丽	硕士	动物营养与饲料科学	王加启	牧医所
62	82101102416	易　渺	硕士	动物营养与饲料科学	熊本海	牧医所
63	82101102379	李　莹	硕士	动物遗传育种与繁殖	敖　红	牧医所
64	82101102377	何　微	硕士	动物遗传育种与繁殖	李　奎	牧医所
65	82101102436	梁欠欠	硕士	预防兽医学	朱鸿飞	牧医所
66	82101102141	赵月亮	硕士	农产品加工及贮藏工程	哈益明	加工所
67	82101102139	王琳琛	硕士	农产品加工及贮藏工程	张德权	加工所
68	82101102138	吕　健	硕士	农产品加工及贮藏工程	毕金峰	加工所
69	82101102122	马　菲	硕士	食品科学	李淑荣	加工所
70	82101102121	路　威	硕士	食品科学	周素梅	加工所

（续表）

序号	学号	姓名	学位	专业	导师	研究所
71	82101102428	孟丽峰	硕士	特种经济动物饲养	刁青云	蜜蜂所
72	82101105057	胡颖颖	硕士	养殖	徐书法	蜜蜂所
73	82101102084	陈　震	硕士	农业水土工程	黄修桥	灌溉所
74	82101102323	刘珊珊	硕士	植物病理学	古勤生	郑果所
75	82101102170	李海晶	硕士	作物遗传育种	喻树迅	棉花所
76	82101105008	王倩华	硕士	作物	李付广	棉花所
77	82101102374	路献勇	硕士	生物安全	崔金杰	棉花所
78	82101102284	朱　珊	硕士	植物营养学	廖　星	油料所
79	82101102177	季海雯	硕士	作物遗传育种	方小平	油料所
80	82101102206	丁　霞	硕士	作物种质资源学	张秀荣	油料所
81	82101102216	张　宁	硕士	农产品质量与食物安全	李培武	油料所
82	82101102207	刘　倩	硕士	作物种质资源学	粟建光	麻类所
83	82101105013	刘慧玲	硕士	作物	朱爱国	麻类所
84	82101102182	陈俊宇	硕士	作物遗传育种	庄杰云	水稻所
85	82101102186	张　静	硕士	作物遗传育种	沈希宏	水稻所
86	82101102184	林泽川	硕士	作物遗传育种	曹立勇	水稻所
87	82101102187	张选文	硕士	作物遗传育种	胡培松	水稻所
88	82101102263	岳　川	硕士	茶学	曾建明	茶叶所
89	82101102256	龙　丹	硕士	茶学	江和源	茶叶所
90	82101102254	曹红利	硕士	茶学	杨亚军	茶叶所
91	82101102013	丁　晨	硕士	微生物学	张　辉	沼科所
92	82101105038	李　斌	硕士	农业资源利用	王树声	烟草所
93	82101105039	彭　东	硕士	农业资源利用	梁洪波	烟草所
94	82101105040	张成尧	硕士	农业资源利用	石　屹	烟草所
95	82101102148	包自超	硕士	作物栽培学与耕作学	徐宜民	烟草所

（续表）

序号	学号	姓名	学位	专业	导师	研究所
96	82101102150	王丽丽	硕士	作物栽培学与耕作学	王允白	烟草所
97	82101102208	潘应花	硕士	作物种质资源学	王志德	烟草所
98	82101102519	李志鹏	硕士	野生动植物保护与利用	李光玉	特产所
99	82101102224	杨淑钦	硕士	药用植物资源学	艾　军	特产所
100	82101102352	殷万东	硕士	农业昆虫与害虫防治	仇贵生	果树所
101	82101102442	李丽薇	硕士	预防兽医学	袁世山	上海兽医所
102	82101102452	张石磊	硕士	预防兽医学	陈鸿军	上海兽医所
103	82101102453	张向乐	硕士	预防兽医学	丁　铲	上海兽医所
104	82101105061	艾德宙	硕士	兽医硕士	傅志强	上海兽医所
105	82101105067	张德鹏	硕士	兽医硕士	费陈忠	上海兽医所
106	82101102466	廖亚金	硕士	预防兽医学	仇华吉	哈尔滨兽医所
107	82101102486	尹曼曼	硕士	预防兽医学	翁长江	哈尔滨兽医所
108	82101102488	曾健雄	硕士	预防兽医学	于　力	哈尔滨兽医所
109	82101102463	李巧玲	硕士	预防兽医学	王云峰	哈尔滨兽医所
110	82101102487	贠炳岭	硕士	预防兽医学	高玉龙	哈尔滨兽医所
111	82101102490	张雅春	硕士	预防兽医学	孟庆文	哈尔滨兽医所
112	82101102476	汪志艳	硕士	预防兽医学	蔡雪辉	哈尔滨兽医所
113	82101102456	曹　俊	硕士	预防兽医学	刘思国	哈尔滨兽医所
114	82101102461	孔晖晖	硕士	预防兽医学	陈化兰	哈尔滨兽医所
115	82101102458	范　俊	硕士	预防兽医学	李呈军	哈尔滨兽医所
116	82101102493	赵　云	硕士	预防兽医学	步志高	哈尔滨兽医所
117	82101102506	王　帅	硕士	预防兽医学	才学鹏	兰州兽医所
118	82101102507	魏　蔚	硕士	预防兽医学	包慧芳	兰州兽医所
119	82101102514	周春雪	硕士	预防兽医学	李　冬	兰州兽医所
120	82101102508	谢志宙	硕士	预防兽医学	付宝权	兰州兽医所

（续表）

序号	学号	姓名	学位	专业	导师	研究所
121	82101105090	王松豪	硕士	兽医	郭建宏	兰州兽医所
122	82101102389	韩吉龙	硕士	动物遗传育种与繁殖	杨博辉	兰州牧药所
123	82101105096	刘晓磊	硕士	兽医	郑继方	兰州牧药所
124	82101102297	李西良	硕士	草地资源利用与保护	侯向阳	草原所
125	82101102082	于昭洋	硕士	农业机械化工程	胡志超	农机化所

关于批准衡月芹等 27 人为硕博连读研究生的通知

根据教育部有关文件精神，按照中国农业科学院研究生院硕博连读有关规定，2012 年 4 月 12 日我院组织召开了 2010 级硕士研究生硕博连读评审会。在研究所推荐的基础上，经专家组评审和研究生院审核，批准衡月芹等 27 人为硕博连读研究生（名单见附件），纳入 2012 年招生计划，自 2012 年 9 月起享受博士研究生待遇。

研究生院 2010 级硕博连读研究生名单

学号	姓名	专业名称	导师	研究所
82101102155	衡月芹	作物遗传育种	程治军	作科所
82101102021	秦腾飞	生物化学与分子生物学	赵开军	作科所
82101102194	陈　林	作物种质资源学	王天宇	作科所
82101102162	王　帅	作物遗传育种	万建民	作科所
82101102274	崔培媛	植物营养学	梁永超	资划所
82101102109	杜欣蔚	农产品质量与食物安全	王　静	质标所
82101102361	张嘉坤	农药学	黄啟良	植保所
82101102215	雷佳文	农产品质量与食物安全	李培武	油料所
82101102179	杨玉花	作物遗传育种	王汉中	油料所
82101102396	吴学壮	动物营养与饲料科学	高秀华	饲料所
82101102183	贺记外	作物遗传育种	胡培松	水稻所
82101102063	黄李超	生物化学与分子生物学	钱　前	水稻所
82101102328	郭兆将	农业昆虫与害虫防治	张友军	蔬菜所
82101102302	姚玉荣	植物病理学	谢丙炎	蔬菜所
82101102037	刘兴健	生物化学与分子生物学	张志芳	生物所
82101102442	李丽薇	预防兽医学	童光志	上海兽医所
82101102380	梁　晶	动物遗传育种与繁殖	王立贤	牧医所

（续表）

学号	姓名	专业名称	导师	研究所
82101102420	姜霁姗	草业科学	高洪文	牧医所
82101102405	高理想	动物营养与饲料科学	张宏福	牧医所
82101102204	王园园	作物种质资源学	王坤波	棉花所
82101102506	王　帅	预防兽医学	才学鹏	兰州兽医所
82101102501	连凯琪	预防兽医学	刘湘涛	兰州兽医所
82101102068	赵　翔	生物物理学	崔海信	环发所
82101102489	张礼洲	预防兽医学	王笑梅	哈尔滨兽医所
82101102456	曹　俊	预防兽医学	刘思国	哈尔滨兽医所
82101102488	曾健雄	预防兽医学	于　力	哈尔滨兽医所
82101102263	岳　川	茶学	杨亚军	茶叶所

中国农业科学院研究生院关于北京市普通高等学校优秀毕业生评选细则（试行）

根据北京市教委、共青团市委《关于进一步做好北京市普通高等学校优秀毕业生评选工作的意见》（京教学［2012］1号）文件的通知要求，为做好研究生院北京市优秀毕业生的评选工作，结合研究生院《学生奖励条例》“优秀毕业生”评选条件，特制定本细则。

一、评选对象和比例

研究生院在籍应届毕业博士、硕士研究生。评选名额占应届毕业生总数的5%以内。

二、评选条件

（一）认真学习中国特色社会主义理论，具有坚定正确的政治方向，拥护党和国家的路线、方针、政策。

（二）遵纪守法，品德优良，有较强的诚信意识和良好的学术道德。在校期间无违规违纪行为，无不良信用记录。

（三）学习认真刻苦，成绩优良，课程成绩单科不低于70分；努力掌握专业知识，积极参加社会实践和志愿服务，有较强的实践能力和创新能力。

（四）积极参加体育锻炼和文娱活动，身心健康。

（五）在校期间，被评为中期考核优秀生，并获得优秀学生干部、社会活动优秀奖、优秀党员等任一项奖励，或发表了高水平论文。

（六）学位论文评阅和答辩委员会专家80%以上评定为优秀。

（七）同等条件下，积极响应国家号召献身国防事业，自愿到西部、到艰苦边远和基层就业、创业的毕业生，可优先推荐评选。到特别艰苦边远和基层就业、创业的毕业生，可直接推荐评选。

（八）在校期间有重要发明创造或为学校、为社会作出突出贡献的毕业生，可直接推荐评选。

三、评选办法

（一）根据上述条件，由研究生工作处、招生就业处提名推荐；
（二）征求各研究所意见；
（三）校内网站公示 7 天；
（四）院务会审批；
（五）报北京市教委审核。

四、评选时间

每年 6 月初评选，6 月 15 日上报北京市教委。

五、奖励办法

北京市教委颁发“北京市普通高等学校优秀毕业生”荣誉证书，中国农业科学院研究生院颁发“中国农业科学院研究生院优秀毕业生”荣誉证书，并给予 1 000 元奖励。

本办法自 2012 年 6 月起实施，由研究生工作处负责解释。

关于表彰2012年度优秀毕业生的决定

为表彰在校期间表现突出，德智体全面发展的学生，根据《中国农业科学院研究生院学生奖励条例》的有关规定，经研究生院院务会研究决定，赵东明等36名研究生为2012年度优秀毕业生（名单附后），其中，博士研究生11人（含来华留学生1人），硕士研究生25人。

研究生院2012年度优秀毕业生名单

学号	姓名	性别	学历	研究所	专业	导师
82101081168	赵东明	男	博士	哈尔滨兽医所	预防兽医学	陈化兰
82101091061	赵多勇	男	博士	加工所	农产品质量与食物安全	魏益民
82101091112	潘慧鹏	男	博士	蔬菜所	农业昆虫与害虫防治	张友军
82101091121	李　晶	男	博士	植保所	农药学	郑永权
82101091172	黄立平	女	博士	哈尔滨兽医所	预防兽医学	刘长明
82101091090	代　快	女	博士	资划所	农业水资源利用	蔡典雄
82101091098	金云翔	男	博士	资划所	农业遥感	徐　斌
82101091146	李　燕	女	博士	牧医所	草业科学	杨青川
82101091173	郭龙军	男	博士	哈尔滨兽医所	预防兽医学	刘长明
82101091182	矫　健	男	博士	农经所	农业经济管理	钱克明
82101092005	伍　洋	男	硕士	环发所	气象学	李玉娥
82101092088	王楠楠	女	硕士	环保所	生态学	李玉浸
82101092108	郑　丹	女	硕士	沼科所	环境工程	邓良伟
82101092110	胡　佳	女	硕士	饲料所	食品科学	石　波
82101092115	陈　飞	男	硕士	加工所	食品科学	刘　阳
82101092120	睢　珂	女	硕士	加工所	食品科学	潘家荣

（续表）

学号	姓名	性别	学历	研究所	专业	导师
82101092157	马　磊	男	硕士	作科所	作物遗传育种	孙君明
82101092175	陈艳丽	女	硕士	水稻所	作物遗传育种	曹立勇
82101092192	刘　伟	女	硕士	作科所	作物种质资源学	张宗文
82101092206	吴　丽	女	硕士	作科所	农产品质量与食物安全	任贵兴
82101092226	方　璐	女	硕士	蔬菜所	蔬菜学	王晓武
82101092268	张艳艳	女	硕士	烟草所	土壤学	石　屹
82101092335	孔志强	男	硕士	植保所	农药学	郑永权
82101092384	汤建平	男	硕士	饲料所	动物营养与饲料科学	蔡辉益
82101092390	崔瑞莲	女	硕士	牧医所	动物营养与饲料科学	魏宏阳
82101092395	马新燕	女	硕士	牧医所	动物营养与饲料科学	罗绪刚
82101092436	颜丕熙	男	硕士	上海兽医所	预防兽医学	李泽君
82101092437	晏文君	男	硕士	上海兽医所	预防兽医学	马志永
82101092440	张彦雷	男	硕士	上海兽医所	预防兽医学	周金林
82101092494	田晓婷	女	硕士	兰州兽医所	预防兽医学	柳纪省
82101092500	杨　娟	女	硕士	饲料所	兽药学	李秀波
82101092510	李佳晓	女	硕士	农经所	农业经济管理	王明利
82101092519	任育锋	女	硕士	信息所	农业经济管理	许世卫
82101092525	杜　坤	女	硕士	农经所	农产品贸易	杨秀平
82101092531	张蓉婷	女	硕士	信息所	情报学	颜　蕴
2009Y90100002	Asad, Muha-mma Dazeem	男	博士	作科所	作物遗传育种	何中虎

关于准予唐平等743名2012届研究生毕业的决定

根据《中国农业科学院学生管理规定》第三十条“学生按照培养计划的规定，完成课程学习和必修环节，成绩合格，完成毕业（学位）论文并通过答辩，德智体合格者，准予毕业并发给毕业证书”的规定，研究生院33个研究所共计743名毕业生（具体名单附后），其中，博士毕业生204人（含来华留学生6人），学术型学位硕士毕业生493人（含来华留学生3人），全日制专业学位硕士毕业生46人，符合按期毕业规定，经院务会研究决定，准予毕业并发给毕业证书。

中国农业科学院2012届毕业生名单

博士毕业生名单

生物化学与分子生物学

唐　平　　闫　龙　　张荣志（女）　　袁铁铮

翟　逸　　郝薇薇（女）　　郑　旭　　王　丹（女）　　孟颖颖（女）

赵军旗　　邹良平　　玉山江麦麦提　　李　康　　陈相永

李　宁　　马小定　　宋仲戬　　李　芳（女）　　王　涛

乔　宇（女）　　苑　鹏　　郑小梅（女）　　孙　鹤（女）　　靳　茜（女）

张双宇　　石怀兴　　张　丽（女）　　梅德勇　　KHAN，SEHROON

生物物理学

卢艳敏（女）　　王　锋

农业水土工程

申孝军　陆建红（女）　刘战东　赵振国

作物栽培学与耕作学

常旭虹　刘好宝

作物遗传育种

孙友位　张　帆　陈建华　温　岚（女）
宗　浩　刘亚男（女）　任　妍（女）　孙　琦（女）
戴高兴　Asad，Muhamma Dazeem

作物种质资源学

罗中钦　李德芳　陈　丹（女）　王　为　郑永胜
姜晓东　薛仁风　王秋霞（女）　于　萍（女）

农产品质量与食物安全

张学杰　崔　莉（女）　孙敏杰（女）　刘昌盛　秦培友
石冬冬（女）　王　森　王培龙　张书文　李鹏高
王　丽（女）　秦海峰　赵多勇　张　苗（女）　李　鑫（女）

作物生态学

马　罡

作物信息科学

牛兴奎　鄂　越　赵俊峰　刘升平　吴定峰

作物气象学

苟诗薇（女）　　韩　雪（女）

蔬菜学

邓　杰　　杨晓慧（女）　　魏小春　　张　颖（女）　　李占省
乔海云（女）

土壤学专业

孙宝利（女）　　丛日环（女）　　宋宁宁（女）　　姜慧敏（女）
刘　杰　　王姗娜（女）
Tarafder，MD.　　Mahb　　Ubul　　Alam
Davaasuren　　Ngu War Nwe　　Davaa Dorj

植物营养学

吕双庆　　李　萍（女）　　郝小雨　　王志勇　　王　贺

农业水资源利用

董一威　　代　快（女）　　王　欣（女）　　翟治芬（女）

农业区域发展

王晋臣　　路亚洲　　周振亚　　吴洪伟　　马　强
王建平

农业遥感

邹金秋　　金云翔　　姜志伟

草地资源利用与保护

司丙文

植物病理学

杨凤环（女）　庞俊兰（女）　刘　蕾（女）　张志想　龙海波
曹学仁

农业昆虫与害虫防治

程云霞（女）　农向群（女）　刘佰明　潘慧鹏　吴惠惠（女）
蒋春先（女）
Khuhro, Niaz　Hussain

农药学

孙丽娜（女）　李　晶

杂草科学

房　锋

农业微生物学

赵杏利（女）　赵梦然（女）　张建萍（女）

动物遗传育种与繁殖

黄冬维　刘　利　沙日耐（女）　程笃学　汤茂学
刘佳森　武　珅

动物营养与饲料科学

陈永杏（女）　任立芹（女）　刘　洁（女）　王斯佳（女）　杨家军

张铁涛　　赵圣国　　刘松柏　　苟钟勇

草业科学

李玉荣（女）　董　洁（女）　李　燕（女）　王建光　徐　博

特种经济动物饲养

巴恒星

预防兽医学

王凤雪（女）　姜一峰　翟军军　陈国华（女）　蒙学莲（女）
白兴文　蔺国珍　陈建飞　赵东明　冷　雪（女）
杨健美（女）　孟春春　徐彦召　周　艳（女）　王亚欣（女）
陈普成　张　莹（女）　董秀梅（女）　郭东春　孙　元
柴　政（女）　王喜军　刘春国　孙恩成　黄立平（女）
郭龙军　孔冬妮（女）

兽药学

胡小艳（女）

农业经济管理

周雪松　苗水清　于　辉　矫　健　周建华（女）
赵龙华　王晓凌（女）　张忠明　李干琼　徐　磊

农业资源与环境经济学

徐玉波

农产品贸易

吕晓英（女）　任晓娜（女）刘启正

农业技术经济

沈银书　秦海旺

农业信息管理学

郑火国　寇远涛　王海峰　邬震坤（女）

农业经营管理

孙洪波　王　震

学术型学位硕士毕业生名单

气象学

马建勇　伍　洋　侯晓莉（女）　姜　江（女）　莫志鸿

微生物学

丁　毅　代淑贤（女）　杜广红（女）　孟繁露（女）　高海有
马银鹏　刘云浩　肖佳华　赵银瓶（女）　韩　川
牛　静（女）　朴玉华（女）　陈铭佳　贾芳芳（女）　解林奇

生物化学与分子生物学

尹　超　孙　磊　张　超　陈小燕（女）　郝艳华（女）
王树坤（女）　张少军　李　龙　陈扬勋　徐永学
冯　蕾（女）　张宇婷（女）　李　君（女）　单国芳（女）　鹿　晔（女）
刘　欣　张　亮　李　清　周利伟　黄　璐（女）
刘　琼（女）　张　彦（女）　杨德鑫　郑春宇　董　旭
孙亚莉（女）　张彦蕊（女）　沈晓炯　胡祥发　韩　蕾
孙朋卫　张莎莎（女）　邹自征　赵　璟　潘阳阳
孙晓晨（女）

生物物理学

于国红（女） 许舒婷（女） 杜 伟 贾 倩（女） 董国政
刘叶涵（女）

生态学

王楠楠（女） 张 静（女） 陈海燕（女） 房福力 郭亚奇
刘海静（女） 李际会 陈媛媛（女） 赵雪娇（女） 黄 剑
张丁辰 陈冬青（女）

农业机械化工程

陈 聪 高学梅（女）

农业水土工程

李 迎 邱新强

农业生物环境与能源工程

李 清（女）

环境科学

王芳丽（女） 刘 颖（女） 沈灵凤（女） 耿肖臣（女） 黄锦孙
刘景涛 张敬业

环境工程

王 夏（女） 王甜甜（女） 郑 丹（女） 郭海刚 谢荔草（女）

食品科学

王伏超（女） 史晓梅（女） 张国增 陈 飞 雎 珂（女）

王会娟（女）　刘　娟（女）　张建书（女）　周思静（女）　戴守辉
王　燕（女）　刘晓晔（女）　张燕燕（女）　胡　佳（女）　杜　寅
邓福明　孙　琦　李　慧（女）　梁　霄（女）　延　莎（女）
兰丽平（女）　Ojokoh，Eromosele　Abegunde，Oluwaseyi Kemi（女）

农产品加工与贮藏工程

王　沛　白沙沙（女）　张方娥（女）　贾红亮　薛丹丹（女）
王培培（女）　刘　锐　唐洪涛　程碧君（女）　朱金虎

作物栽培学与耕作学

王　琼（女）　孙恩虹（女）　尚瑞广　徐田军　韩证仿
刘帅帅　陈冉冉（女）　侯　娜（女）　高欣欣（女）　谭效磊

作物遗传育种

丁佳琦　刘艳春（女）　张金凤（女）　陈艳丽（女）　夏家平
习雨琳（女）　刘聪利（女）　张　洪（女）　奉保华　曹秀霞（女）
马　磊　孙子淇（女）　张　磊　林发壮　黄　姗（女）
王后苗（女）　宋　稀（女）　李卫华　金　慧（女）　程媛媛（女）
王金龙　张长静（女）　李见坤　赵百英（女）　谭龙涛
邓　飞　张　丽（女）　李光雷　郝　鲲　潘　磊　代军杰

作物种质资源学

马　钰（女）　白　丽（女）　杨钊钊　钟　敏　郭丹丹（女）
王洁琳（女）　刘　伟（女）　陆　莹（女）　徐新新　曹立荣（女）
代　程　宋　超　施　伟

农产品质量与食物安全

王海彬　江　燕（女）　吴　丽（女）　张利强　胡　珺（女）
刘景坤　齐琳娟（女）　张玉翠（女）　李园园（女）　赵方方（女）
孙帅帅

药用植物资源学

李　佳（女）　郑　颖（女）　高　明　焦竹青（女）

果树学

麻国升　程飞飞（女）　谢计蒙

蔬菜学

马　俊（女）　田　磊　李香景（女）　邱树亮　崔　娜（女）
尹　玲（女）　吕丽华（女）　李斯更（女）　房嫚嫚（女）　曹亚从（女）
方　璐（女）　孙玉燕（女）　李景涛　祝光涛　鲁亚辉
王彤彤　孙　娜（女）　杨双娟（女）　赵兴涛　靳　哲（女）
王柬人（女）　孙源文（女）　苏彦宾　袁平丽（女）

茶学

王　博　张成才　杨明臻　周小芬（女）　费旭元
白　艳（女）　李　乐（女）　邹玉亮　周晨阳　钟小玉（女）

观赏园艺

于　翠（女）　石　晓　石颜通　葛　亮

土壤学

刘自飞　孙　健（女）　安红艳（女）　张艳艳（女）　展晓莹（女）

植物营养学

尹　昌　王　淳　张　曦（女）　苗建国　徐新朋
王向阳　左红娟（女）　李　军　胡庆辉　潘晓丽（女）

农业水资源利用

Teclemariam, Saba Ghirmai（女）

农业区域发展

王红彦（女） 阴 晴 张莉娜（女） 邱 莉（女）

农业遥感

卫 炜 范丽颖（女）

植物病理学

亓晓莉（女） 刘璇（女） 宋丽云（女） 李祥晓 姜腾飞
王冬梅（女） 许存宾 宋莎莎（女） 杨振娟（女） 赵晓娟（女）
王艳丽（女） 许 韬 张凌娇（女） 周慧敏 赵景青（女）
王铁霖（女） 邢淑莲（女） 张峻铨 宗晓秋（女） 霍 欢（女）
王新朵（女） 宋凤景（女） 张静秋（女）

农业昆虫与害虫防治

王 乔（女） 邓 青（女） 张河庆 李 宁 陈文波
王 伟 石保坤 张英财 李银平（女） 周 正
王松莹 孙贝贝（女） 张 彦（女） 杨 莹（女） 侯文杰（女）
王 玲（女） 庄绪静（女） 张 聪 苏 奇 崔亚丽（女）

农药学

孔令娥（女） 田迎迎（女） 赵 建 渠云博（女） 裴 欣（女）
孔志强 刘卫国 梁艳辉（女） 谢红薇（女） 谭晓伟（女）
毛连纲 张琳娜（女）

杂草科学

陈景超　曹洪玉（女）

病虫测报

张丽（女）

生物安全

王园园（女）　张海静（女）　赵梅婷（女）　徐秀秀（女）　翟晓曼（女）
乔玮娜（女）　周　文

动物遗传育种与繁殖

马小军　刘　楠（女）　张立敏（女）　陈　翠（女）　唐倩倩（女）
王建起　朱　静（女）　张　磊　武　爽（女）　夏吉瀚
任晶晶（女）　余大为　杨　林　罗庆苗（女）　寇小琴（女）
刘　玲（女）　张小宁（女）　陈晓杰（女）

动物营养与饲料科学

马新燕（女）　孙　妍（女）　张俊辉（女）　赵一广　崔　虎
云春凤（女）　庄晓峰　李东卫　闻治国　崔瑞莲（女）
王鲁波（女）　汤建平　李　勋　唐　静　曹春燕（女）
邓会玲（女）　齐志国　杨晓岚（女）　徐　鹏　符运勤（女）
付胜勇　何科林　单　慧（女）　徐　磊　廖瑞波
刘清华（女）　吴　丹（女）　周　晓　高小明

草业科学

万江春　李银萍（女）　李　超　周国栋　赵　玥（女）
王清郦（女）

特种经济动物饲养

于　淼　　李淑芬（女）　杨　俊（女）　廖秀丽（女）　魏明立

动物信息科学

杨　露（女）

基础兽医学

王　磊（女）

预防兽医学

丁　娜（女）　刘闰夏（女）　况文东　　苏　文　　徐延伟
于德民　　刘翠云（女）　吴玉全　　苏　华　　晏文君
王　飞　　孙　见　　吴秀娟（女）　谷元兴　　桑晓宇
王寿山　　孙春清（女）　宋姗姗（女）　陈佳宁　　秦永丽（女）
王　芳（女）　孙晓东　　张飞雁（女）　周春景（女）　秦培兰（女）
王海春　　孙晓庆（女）　张文亮　　周　涛　　郭少娟（女）
韦华冕　　孙静静（女）　张　龙　　周　强　　高顺平
代　鹏　　师新川　　张彦雷　　宫苗苗（女）　屠　晶
冯肖肖（女）　成　云　　李茂中　　胡顺磊　　曹　阅（女）
卢国栋　　曲自刚　　李　婷（女）　赵双成　　黄　梦（女）
田大勇　　朱建平　　杜鹏飞　　赵　峰　　焦同路
田华彬　　朱　婷（女）　杨　非（女）　赵　晶（女）　韩　文（女）
田美杰（女）　朱鹏阳　　杨馥如（女）　倪兴维（女）　蔺文成
田晓婷（女）　祁国财　　汪月凤（女）　凌理军　　颜丕熙
田康乐（女）　许红丽（女）　沈　辉　　唐　续　　鞠美芳（女）
石　达　　闫　帅

兽药学

于丽佳（女）　杨　娟（女）　常晓辉

野生动植物保护与利用

张　杰（女）

管理科学与工程

王耀武　　侯晓磊（女）　郭永强

农业经济管理

王东杰　　任育锋（女）　张　锐　　杨丽杰（女）　郭晓东
乐　冬　　刘福江　　李向阳　　肖承蔚　　康　敏（女）
付伟铮　　曲　颂（女）　李佳晓（女）　侯　涛　　牛艳秋（女）
任伟宏　　张振兴　　李祥驰　　莒　琳（女）

农业资源与环境经济学

李倩倩（女）

农产品贸易

杜　坤（女）

情报学

王　乙（女）　刘家益　　孙秀焕（女）　张蓉婷（女）　李梦茜（女）

全日制专业硕士毕业生名单

农业推广硕士

作物领域

崔宇鹏（女）　张东辉　　许佳莹　　王全明　　杨　帆
高海燕（女）　赵　娜（女）　李湘伟　　王全贞　　翟熙伦（女）

周芳芳（女）　李　松　宛　祥

园艺领域

杨柳燕（女）　朱红菊（女）

农业资源利用领域

单鹤翔　孙蓟锋　王　萌（女）　肖　琴（女）　张亦涛

兽医硕士

康洪涛　杨云霞（女）　李　冰（女）　孟甄祥　吕占禄
王　松　付玉洁（女）　李建军　宋志强　库大亮
曹　燕（女）　何玉利　李　行（女）　孙美玉（女）　孙英军
李　玲（女）　侯仲杰　刘蒙蒙　王珊珊（女）　王　龙
宋宁宁（女）　胡卫杰　吕　闯　费媛媛（女）　张　晗（女）
王小兰（女）

2012年研究生就业情况分析

研究生院2012届毕业生共计734名（含定向委培生69人），其中，博士生196人，硕士生538人，毕业生总数比去年增加了7.3%。考取博士和继续做博士后研究103人，出国留学16人（表1），签署三方协议416人，灵活就业170人，总就业人数705人，其中，博士就业率为96.94%，硕士就业率为95.72%，总体就业率为96.05%，相较于去年95.77%的总就业率略有上升，在北京市科研院所整体排名中名列前茅；总体签约率64.16%，与2011年相比（60.10%）上升幅度较大。

表1　2012届毕业生就业去向

统计项目	读　研	出　国	已就业	待就业
合　计	103	16	586	29
博士生小计	14	3	173	6
硕士生小计	89	13	413	23

从就业性质看（表2）：到党政机关就业占6.75%，科研单位占26.27%，高等教育系统占6.19%，事业单位占6.94%，企业占21.95%；灵活就业与签劳动合同约占31.89%的毕业生基本上也在企业工作。仍延续了博士毕业生以科研单位为主、硕士毕业生以企业为主的大体就业趋势。从地区看，京内占39.3%，京外占60.7%，与2011年比例基本持平。

表2　2012届毕业生就业性质比例

就业性质	党政机关	高等教育单位	企　业	科研单位	事业单位	灵活就业
博士生毕业	1.95%	11.69%	5.85%	71.43%	3.90%	5.19%
硕士生毕业	8.71%	3.95%	28.50%	7.92%	8.18%	42.74%
总　计	6.75%	6.19%	21.95%	26.27%	6.94%	31.89%

中国农业科学院研究生院
“优秀博士论文培育计划”实施办法

按照研究生院“关于中国农业科学院研究生教育的若干意见”（农科研生［2009］118 号）文件的精神，为了做好“优秀博士论文培育计划”（以下简称优博培育计划）的各项工作，把优秀博士论文的培育与导师的重大科研项目结合起来，加强博士研究生创新能力的培养，从源头上培育优秀博士论文，特制定本办法。

一、总　则

优博培育计划实行申报制，国家重大科学工程、国家重点实验室、院级优秀创新团队和优势学科应制定优秀博士论文培育计划，每年至少 1 ~ 2 名博士研究生申报优博培育计划。院学位评定委员会统一指导优博培育计划的制定和实施，每年不超过 20 人进行优秀博士论文培育，研究生院具体组织实施和落实。

二、优博培育计划管理

（一）优博培育计划申报和评审

1. 申报条件

申请进入优博培育计划，需具备以下条件。

（1）思想品德好、学习成绩优秀、学风端正的在读博士生；

（2）论文选题一般应依托国家重大科研项目，应是对学科发展有重要影响的原创性学术研究，或具有应用前景的重大工程、技术创新研究；

（3）在本研究方向有一定的前期工作基础，并已在本学科高水平学术期刊上发表过创新性研究成果，且正在从事的博士论文研究有望再经过 1 年（或更长的时间）的深入研究，取得重大的突破。

2. 申报程序

（1）本人申请

符合申报条件的博士生自行提出申请，介绍本人的课题研究进展情况以及已取得的阶段性成果，对研究课题及博士学位论文的水平进行预测，明确预期取得成果，并提交有关研究成果的证明材料。申请书必须经过导师签字和研究所盖章。

（2）申报材料评审

研究生院对申报材料进行初步审查后，组织召开专家会议，对申请人进行审议。专家组成员主要由相关学科专家组成，申请人向评审专家汇报课题研究的前景、进展情况及所取得的阶段性成果。经专家会议审议，最终确定入选名单。

（二）优博培育计划进展检查

1. 检查时间和形式

进入优博培育计划的博士生，每半年需向研究生院汇报科研进展情况。接受进展检查的博士生需填写进展汇报表，以书面材料的形式向研究生院汇报科研进展情况，研究生院组织召开专家会议，对进展情况进行评估。

2. 检查结果处理

评估结果分为“优秀”、“良好”、“一般”、“差”4个等级。评估结果为“优秀”、“良好”，按照进度继续开展科研工作；评估结果为“一般”，建议加快科研进度；评估结果为“差”，责令退出优博培育计划。

（三）优博培育计划考核验收

1. 考核验收时间和标准

入选优博培育计划的博士生，需在答辩前两个月向研究生院提交考核验收材料，其所获研究成果应达到以下要求。

（1）在高水平学术期刊上至少发表3篇学术论文，具体要求由各学科评议组制定。发表与博士学位论文直接相关的学术论文和其他形式的研究成果第一署名单位须为导师所在的研究所，如果是学术论文须以本人为第一作者。

（2）完成的研究成果通过评审，达到出版学术专著的要求；或达到申请发明专利或申报省部级以上科技奖励的要求。

2. 考核验收形式和结果处理

由研究生院组织召开专家会议，依据验收标准进行考核，考核结果分为“优秀”、“良好”、“一般”、“差”4个等级。考核结果为“优秀”、“良好”、“一般”，均为通过考核验收，顺利完成优博论文培育计划；考核结果为“优秀”，推荐参加当年度院级优博评选；考核结果为“差”，责令退出优博培育计划。

（四）退出优博培育计划

除进展检查和考核验收责令退出的情况外，进入优博培育计划后一般情况下不得自行退出，特殊情况由本人提出申请，经导师和研究所签字盖章后报研究生院审批。

凡是退出优博培育计划的，从下月（以正式文件公布时间为准）开始停止发放优博计划津贴，并酌情退回已发放的优博计划津贴。

三、入选优博培育计划博士生的待遇

由研究生院每月发放1 500元的基本生活津贴，导师每月发放助研津贴不低于2 000元。对于根据科研需要推迟毕业继续从事博士论文研究的入选者，在延期毕业期间，研究生院保留其基本生活津贴1 500元/月的标准，导师每月再增加1 000元助研津贴，助研津贴不低于3 000元/月。

四、培育优博的导师资格、待遇及其职责

承担优秀博士论文培育工作的导师应满足以下条件中的一条。①院士；②国家重点开放实验室及重大科学工程的首席科学家、院级优秀创新团队首席科学家；③国家杰出青年基金获得者；④“973”等重大专项首席专家；⑤指导的博士生获得过全国优秀博士论文奖、北京市优秀博士论文奖、全国优秀博士论文提名奖或院级优秀博士论文奖；⑥已取得学术界公认的高水平科研成果。

培育优博的导师待遇：对于进入优博培育计划的导师，导师津贴可增加至1 000元/月（由研究所发放，其他的导师由研究所参照此标准酌情处理），其指导的优博培育计划博士生考核验收结果为“优秀”的，在下年度确保其1个全日制博士生的招生名额，招生指标直接下达至导师本人，且可以优先选择学生。

培育优博的导师职责：导师作为负责人应定期检查博士生科研工作的进展情况，并积极为博士生科研工作创造条件；应督促博士生将阶段性的研究成果撰写成学术论文，向高水平的学术刊物投稿，以争取发表更多的高水平学术论文。

五、优博培育计划的实施

由研究生院学位办公室牵头负责优博培育计划的组织实施和具体落实，负责与研究所、导师、博士生、研究生院各处室的沟通协调。学位办公室要加强与优博论文培育导师、博士生及所在研究所的交流和沟通，使其熟悉院级、北京市和全国优秀博士论文的评选标准、程序和奖励制度；加强优博培育的过程管理，参与进入优博计划博士生论文开题、中期考核和论文答辩等培养环节；加强与研究所和研究生院各处室的沟通协调，确保入选优博培育计划博士生、导师所享受待遇的落实。

本办法自发布之日起实行，由研究生院学位办公室负责解释。

关于公布2012年优博培育计划申报结果的通知

根据《中国农业科学院研究生院优秀博士论文培育计划实施办法》(以下简称《办法》)的相关规定，研究生院组织召开专家评审会，对2012年的优博计划申报进行了评审，评审结果报送中国农业科学院第七届学位评定委员会第八次会议审议通过，现将结果公布如下。

一、2012年进入优博计划名单

通过申报材料审核、现场答辩、专家组审议，最终有9名博士研究生和9名导师进入2012年优博计划。

姓名	学号	研究所	导 师	专　业	研究方向
崔培媛	82101102274	资划所	梁永超	植物营养学	土壤养分循环的微生物学机制
赵永敢	82101111076	资划所	逄焕成	作物生态学	农业生态学
余强毅	82101101106	资划所	唐华俊	农业区域发展	农业布局与区域发展
张凤启	82101101029	油料所	刘胜毅	生物化学与分子生物学	油料基因组与抗病分子网络
张增林	82101101005	作科所	林辰涛	生物化学与分子生物学	光生物学
王旭	82101091011	作科所	傅永福	生物化学与分子生物学	植物发育分子生物学
张立超	82101101007	作科所	刘　旭	生物化学与分子生物学	小麦基因组学
汪信东	82101091006	作科所	张增艳	生物化学与分子生物学	植物基因工程
李永锋	82101101180	哈尔滨兽医所	仇华吉	预防兽医学	动物疫苗

二、导师和学生待遇

1. 导师待遇：按照《办法》规定，进入优博计划的导师，导师津贴增加至 1 000 元/月，由研究所发放。

2. 研究生待遇：按照《办法》规定，进入优博计划的脱产博士生，研究生院发放生活津贴 1 500 元/月，导师发放助研津贴 2 000 元/月；若因科研需要推迟毕业继续从事博士论文研究的入选者，在延期毕业期间，研究生院发放生活津贴 1 500 元/月，导师发放的助研津贴标准提高到 3 000 元/月，逐月发放。

3. 说明：待遇落实时间从 2012 年 7 月开始，请各研究生培养单位遵照执行。

关于公布2012年优博培育计划中期检查和考核验收结果的通知

根据《中国农业科学院研究生院优秀博士论文培育计划实施办法》（农科研生［2012］32号，以下简称《办法》）的相关规定，研究生院组织召开专家会议，对列入优博计划的博士生进行了中期检查和考核验收，现将结果公布如下。

一、优博计划中期检查情况

共有4名优博计划的在读博士生提交了中期进展汇报材料，对目前科研工作的进展情况、取得阶段性成果、下一步工作计划、取得预期成果进行了书面汇报，经过专家组审议，对上述学生的科研进展工作进行考评，具体考评结果如下。

姓名	学号	研究所	导师	专业	研究方向	进入计划时间	考评结果
李远播	82101101133	植保所	郑永权	农药学	农药残留分析	2011.5	优秀
赵美霞	82101091025	油料所	刘胜毅	生物化学与分子生物学	比较基因组学	2011.5	良好
张宏军	82101081033	作科所	高用明	作物遗传育种	水稻新基因发掘和分子育种	2011.5	良好
陈浩东	82101091049	棉花所	王坤波	作物种质资源学	基因挖掘与功能验证	2011.5	良好

另外，为了取得进一步的研究成果，赵美霞、张宏军、陈浩东延期毕业。

二、2012年优博计划考核验收

共有5名优博计划博士研究生提交了考核验收材料，对优博计划期间研究工作、取得成果、发表论文情况进行了总结，专家组根据《办法》规定的考核验收标准进行审议，2人通过考核，3人未通过考核，通过考核的具体情况如下。

姓名	学号	研究所	导师	专业	研究方向	进入计划时间	考核结果
邹良平	8210181015	生物所	路铁刚	生物化学与分子生物学	基因组学	2009. 5	优秀
王　丹	8210108105	作科所	万建民	生物化学与分子生物学	水稻基因工程	2010. 5	优秀

三、优博计划退出情况

3 名进入优博计划博士研究生未达到优博计划考核验收标准，经专家组审议，决定让其退出优博计划，退出名单如下。

姓名	学号	研究所	导师	专　业	研究方向	进入计划时间
李千琼	82101091190	信息所	许世卫	农业经济管理	食物发展	2010. 5
郝薇薇	82101081001	作科所	张学勇	生物化学与分子生物学	细胞遗传	2010. 5
郑　旭	82101081003	作科所	杨建平	生物化学与分子生物学	发育生物学	2011. 5

四、导师和学生待遇

按照《办法》规定，优博计划导师和学生享受如下待遇。

（一）导师待遇：按照《办法》规定，进入优博计划的导师，导师津贴增加至 1 000元/月，由研究所发放；考核验收优秀的博士生导师（路铁刚研究员、万建民研究员）分别获得 1 个下年度的博士招生名额，指标由研究生院直接下达。

（二）研究生待遇：进入优博计划的脱产博士生，研究生院发放生活津贴 1 500元/月，导师发放助研津贴 2 000元/月；若因科研需要推迟毕业继续从事博士论文研究的入选者，在延期毕业期间，研究生院发放生活津贴 1 500元/月，导师发放的助研津贴标准提高到 3 000元/月，逐月发放。

（三）说明：从 2012 年 7 月起执行上述标准，请相关研究所遵照执行。

中国农业科学院优秀学位论文评选及奖励办法

第一章　总　则

第一条　为实现中国农业科学院党组提出的建设国际一流农业科研院所的发展目标，创建具有我院特色的研究生教育品牌，决定开展中国农业科学院优秀学位论文评选工作。

第二条　评选中国农业科学院优秀学位论文，旨在营造浓郁学术氛围，加强高层次农业科技人才创新能力的培养，提高中国农业科学院研究生教育的质量，激励研究生开展原创性的研究工作。中国农业科学院优秀学位论文评选工作包括优秀硕士学位论文评选和优秀博士学位论文评选，优秀博士学位论文评选为全国优秀博士学位论文的评选工作奠定基础。

第三条　为了保证优秀学位论文评选工作的正常进行，特制定本办法。

第二章　评选条件

第四条　优秀学位论文的参评范围为当年获得中国农业科学院学位者。

第五条　参评的博士学位论文用中文撰写，论文评阅及论文答辩成绩均为优秀，并符合下列条件。

1. 论文选题为学科前沿，有重要理论意义或现实意义；
2. 在理论、方法上有创新，取得突破性成果，达到国际或国内同类学科先进水平，具有较好的社会效益或应用前景；
3. 论文符合学术规范，材料翔实，推理严密，文字表达准确；
4. 以第一作者在《JCR 期刊分区表》2 区以上的期刊上发表学术论文 1 篇以上（含 1 篇），论文的署名为中国农业科学院或院属有关研究所。

参评的硕士学位论文用中文撰写，论文评阅及论文答辩成绩均为优秀，并符合下列条件。

1. 论文选题为学科前沿，有重要理论意义或现实意义；
2. 研究成果显著，在国际或国内同类学科产生一定影响，具有较好的社会效益或应用前景；
3. 论文符合学术规范，材料翔实，推理严密，文字表达准确；

4. 以第一作者在《JCR 期刊分区表》3 区以上的期刊上发表学术论文 1 篇以上（含 1 篇），论文的署名为中国农业科学院或院属有关研究所。

第三章　评选办法

第六条　优秀学位论文的评选工作遵循“科学公正、注重创新、严格筛选、宁缺毋滥”的原则，每年评选一次。

第七条　由申请者本人提出申请，所级学位评定委员会进行初审，审核通过后报送到研究生院。各研究所上报名额不超过本所建议授予学位人数的 10%。除常规的归档材料外，申请者应同时提交以下材料。

1. 学位论文；

2. 学位论文的中英文摘要；

3.《中国农业科学院优秀博/硕士学位论文推荐表》；

4.《作者简况表》；

5.《指导教师简况表》；

6. 在学期间学术水平的社会评价材料（发表的高水平学术论文、学术论文被 EI、SCI、ISTP 或 CSSCI 等检索系统收录情况及科研获奖、专利等）的复印件或相关证明材料。

上述申报材料有效期的截止时间为获得学位后 1 年内。

第八条　研究生院对申请人的材料进行审核后，由学科评议组复选并提名，每个学科评议组提名的优秀博士学位论文数量一般不超过本组申请授予学位人数的 10%，优秀硕士学位论文数量不超过本组申请授予学位人数的 5%。

第九条　院学位评定委员会确定优秀博/硕士学位论文候选名单，由学位办公室组织通讯评议。未进入优秀论文候选名单的研究生在学位评定委员会休会期间如果发表了高水平的学术论文，可由本人提出申请，经导师和研究所审核后报送到研究生院，可以参加当年优秀学位论文的通讯评议。根据通讯评议结果，经院学位评定委员会审议，确定优秀博/硕士学位论文入选名单。入选名单由研究生院公布，并在院网上予以公示，公示期 30 天。

第十条　任何单位或个人，如发现入选的论文存在剽窃、作假、失实等问题，可在入选名单公布之日起 30 天内，以书面方式向研究生院提出异议。书面材料应包括异议论文的题目、作者姓名、异议内容，支持异议的具体证据，以及提出异议者的真实姓名、工作单位、联系电话等。不符合上述规定的异议不予受理。

第十一条　研究生院负责处理异议，并对提出异议的单位或个人给予严格保密。异议论文的处理结果，提交给院学位评定委员会进行复议、终评。

第十二条　异议期结束后，由院长批准确定优秀学位论文名单，并予以正式公布，同时对论文作者和指导教师给予奖励。

第四章　表彰与奖励

第十三条　每年优秀博士学位论文奖励名额不超过 10 名，优秀硕士学位论文奖励名额不超过 20 名。

第十四条　对于院级优秀博士学位论文，颁发“中国农业科学院优秀博士学位论文”证书，奖励作者和指导教师各 10 000元，并可获得推荐参加当年度北京市优秀博士学位论文和全国优秀博士学位论文评选的资格。对于院级优秀硕士学位论文，颁发“中国农业科学院优秀硕士学位论文”证书，奖励作者和指导教师各 5 000元。

第十五条　对于北京市优秀博士学位论文，奖励作者和指导教师各 20 000元；对于全国优秀博士学位论文，奖励作者和指导教师各 50 000元；对于全国优秀博士学位论文提名，奖励作者和指导教师各 25 000元。同时获得北京市优秀博士学位论文和全国优秀博士学位论文，按高限进行奖励，不再重复奖励。

第十六条　对已获奖的论文，如发现有剽窃、作假、失实等严重问题，一经认定，取消“中国农业科学院优秀博/硕士学位论文”称号，撤销对作者及其指导教师的奖励并予以公布，对已授予的学位按照《中国农业科学院学位授予工作细则》的规定进行处理。

第五章　附　则

第十七条　本办法自公布之日起实行，由研究生院学位办公室负责解释。

关于表彰中国农业科学院2011年度优秀博士学位论文的决定

根据《中国农业科学院优秀博士论文评选及奖励办法》的规定，经过学位评定分委员会推荐和同行专家的通讯评议，最后经中国农业科学院第七届学位评定委员会第七次会议评审，确定了张道宏等5人入选2011年度院级优秀博士论文。其中，优秀博士论文奖3人，优秀博士论文提名奖2人，具体名单如下。

研究生院对获奖者颁发证书和奖金，奖励优秀博士论文作者和指导教师各10 000元，奖励优秀博士论文提名奖作者和指导教师各5 000元。上述获奖论文可以获得推荐参加当年度北京市优秀博士学位论文评选和全国优秀博士学位论文评选的资格。优秀博士学位论文获奖名单如下。

姓名	专业	导师	研究所	论文题目	获奖类型
张道宏	农产品质量与食物安全	李培武	油料所	黄曲霉毒素杂交瘤细胞株的选育及免疫层析检测技术研究	优秀
李卓夫	生物化学与分子生物学	黄荣峰	生物所	转录因子HY5在拟南芥乙烯生物合成及信号转导中的功能研究	优秀
宋家升	预防兽医学	陈化兰	哈尔滨兽医所	H5N1亚型禽流感病毒对家鸭致病力分子机制的研究	优秀
田　健	生物化学与分子生物学	范云六	生物所	利用计算机辅助分子设计提高蛋白质热稳定性的研究	提名
鲁玉清	草业科学	李　聪	牧医所	AtPPR2基因在拟南芥配子体和胚胎发育中的功能分析	提名

中国农业科学院关于研究生攻读学位期间发表学术论文要求的规定

研究生攻读学位期间发表学术论文的数量和质量是研究生培养质量和学位授予质量的重要标志之一，为进一步提高研究生培养质量和研究生学位论文水平，根据《中华人民共和国学位条例》和《中华人民共和国学位条例暂行实施办法》，结合我院的实际情况，特制定本规定。

第一条 研究生攻读学位期间发表学术论文是指研究生入学后至申请学位前以第一作者、第一单位（导师所在研究所）正式发表的与学位论文内容有关的论文，文献综述类论文不计入。

第二条 硕博连读研究生要求发表1篇以上高水平学术论文，论文发表的期刊须在“中国农业科学院院选核心期刊目录”内；其他全日制博士研究生要求发表1篇以上高水平学术论文，论文发表的期刊须在“中国农业科学院院选核心期刊目录”内，或在国内核心刊物上发表2篇以上学术论文，累计中文影响因子2.0以上。

第三条 全日制硕士研究生要求在国内核心刊物上发表1篇以上学术论文。论文研究成果暂时不宜公开发表的，由导师签字确认其学位论文达到发表学术论文的水平，两年内由导师将发表的相关内容的论文上报研究生院进行核销。两年内未能核销者，按照《中国农业科学院学位授予工作实施细则》撤销已授予的学位。

第四条 发表在影响因子3.0以上的SCI、EI、SSCI源刊物的学术论文，同等贡献的第二作者视同第一作者；发表在“增刊”上的学术论文，其累计影响因子最多只计算0.5。

第五条 获得省部级科技成果奖三等奖以上（以一级证书为准），或获得国家发明专利（排名前2名），其内容与学位论文内容密切相关，可视同为达到发表学术论文的要求。

第六条 研究生在论文投稿之前必须经导师审核签字后方可投稿，否则不予认可。研究生在发表论文中被发现有抄袭、剽窃、弄虚作假和一稿多投行为，经核实后将视其情节轻重，按照《学生管理规定》处理，本人承担相应的法律责任。

第七条 本规定中要求发表的学术论文是研究生申请学位的必要条件之一，研究生在申请学位前必须按照要求提交已发表学术论文的复印件，经审核合格后方可申请学位。各研究所可根据专业特点，在符合上述规定的基础上制定具体要求。

第八条 论文尚未公开发表但已被录用者，可以提交录用证明，并附上经导师签署意见的学术论文。录用证明中须明确注明拟刊发的时间、期号或DOI号（即Digital Object Identifier，其中文名称为“数字对象唯一标识符”，是对包括互联网在内的数字信息进行标识的一种工具），否则不予认可。由研究生院在当年对录用的论文是否正式发表进行追溯，一旦发现存在伪造录用证明或提供虚假证明者，将按照《中国农业科学院学位授予工作实施细则》规定，撤销已授予的学位。

第九条　因论文涉密而不能公开发表学术论文时，研究生应在中期考核前向研究所提出论文保密申请并报研究生院批准，具体要求见我院《关于涉密研究生学位论文管理的暂行规定》。

第十条　本规定自2014届毕业生起执行，由研究生院学位办公室负责解释。

关于授予吴发强等 27 人博士学位、陈果等 147 人硕士学位的决定

中国农业科学院第七届学位评定委员会第七次全体会议于 2012 年 1 月 13 日在北京召开，根据《中华人民共和国学位条例》和《中国农业科学院学位授予工作细则》规定，决定授予吴发强等 27 人博士学位、陈果等 147 人硕士学位，详细名单见附件，学位授予时间为 2012 年 1 月 13 日。

中国农业科学院 2011 年冬季授予博士学位名单（27 人）

序号	姓名	性别	身份证号	专业	学位类别	证书编号
1	吴发强	男	510112198110010056	生物化学与分子生物学	理学博士	8210122012001353
2	May Sandar Kyaing	女	OM134878	生物化学与分子生物学	理学博士	8210122012001352
3	闫　龙	男	132529197908191816	生物化学与分子生物学	理学博士	8210122012001354
4	张荣志	女	133024198111182249	生物化学与分子生物学	理学博士	8210122012001355
5	赵军旗	男	410311198102016037	生物化学与分子生物学	理学博士	8210122012001356
6	袁铁铮	男	230103197607040017	生物化学与分子生物学	理学博士	8210122012001357
7	万丽云	女	360111198406100961	生物化学与分子生物学	理学博士	8210122012001358
8	申孝军	男	610526198003027614	农业水土工程	工学博士	8210122012001359
9	陆建红	女	410711197312310020	农业水土工程	工学博士	8210122012001360

（续表）

序号	姓名	性别	身份证号	专业	学位类别	证书编号
10	孙友位	男	370421198201242211	作物遗传育种	农学博士	8210122012001361
11	张　帆	男	130302198110072916	作物遗传育种	农学博士	8210122012001362
12	李德芳	男	432302196212050316	作物遗传育种	农学博士	8210122012001363
13	雍洪军	男	220124198105012213	作物遗传育种	农学博士	8210122012001364
14	陈建华	男	430202196307036034	作物遗传育种	农学博士	8210122012001365
15	温　岚	女	510231198106146860	作物遗传育种	农学博士	8210122012001366
16	李文才	男	220281198208021414	作物生态学	农学博士	8210122012001367
17	孙宝利	女	211302197505193225	土壤学	农学博士	8210122012001368
18	吕双庆	男	610403196809300019	植物营养学	农学博士	8210122012001369
19	董一威	男	330719198206090031	农业水资源利用	农学博士	8210122012001370
20	邹金秋	男	422325197509280013	农业遥感	农学博士	8210122012001371
21	矫振彪	男	371421198102055972	农业昆虫与害虫防治	农学博士	8210122012001372
22	任航行	男	610125197306193510	动物遗传育种与繁殖	农学博士	8210122012001373
23	Rundassa, Desalegn Begna	男	EP0405951	特种经济动物饲养	农学博士	8210122012001374
24	王凤雪	女	370724197809226923	预防兽医学	农学博士	8210122012001375
25	姜一峰	男	230103198302162819	预防兽医学	农学博士	8210122012001376
26	周雪松	男	370827197803021614	农业经济管理	管理学博士	8210122012001377
27	苗水清	男	140424198008106011	农业经济管理	管理学博士	8210122012001378

中国农业科学院2011年冬季授予硕士学位名单（3人）

序号	姓名	性别	身份证号	专业	学位类别	证书编号
1	陈　果	男	511324198405180850	生物化学与分子生物学	理学硕士	8210132011003764
2	况文东	男	36012219850821271X	预防兽医学	农学硕士	8210132011003765
3	马　骏	男	130604198212061213	生物化学与分子生物学	理学硕士	8210132011003766

中国农业科学院2011年冬季授予同等学力硕士学位名单（3人）

序号	姓名	性别	身份证号	专业	学位类别	证书编号
1	邢锦丰	男	110224197401012000	作物遗传育种	农学硕士	T8210132011000454
2	张　莉	女	130503198006080000	环境工程	工学硕士	T8210132011000455
3	刘运霞	女	120221197210161000	蔬菜学	农学硕士	T8210132011000456

中国农业科学院2011年冬季授予专业硕士学位名单（141人）

序号	姓名	性别	身份证号	专业	学位类别	证书编号
1	陈　斌	男	352101197603100832	农村与区域发展	农业推广硕士	Z8210132012001010
2	陈　虹	女	532101197806090324	农村与区域发展	农业推广硕士	Z8210132012001011
3	陈雪梅	女	370727196509130043	农村与区域发展	农业推广硕士	Z8210132012001012
4	陈　颖	女	120104197603306026	农村与区域发展	农业推广硕士	Z8210132012001013
5	冯　涛	男	370703197308210016	农村与区域发展	农业推广硕士	Z8210132012001014
6	傅建勇	男	370703198109160815	农村与区域发展	农业推广硕士	Z8210132012001015
7	龚娅萍	女	110105197511024720	农村与区域发展	农业推广硕士	Z8210132012001016
8	韩伟青	男	370782198004200572	农村与区域发展	农业推广硕士	Z8210132012001017
9	韩众鑫	男	210802198102060058	农村与区域发展	农业推广硕士	Z8210132012001018

（续表）

序号	姓名	性别	身份证号	专业	学位类别	证书编号
10	郝金亮	男	370704198401020015	农村与区域发展	农业推广硕士	Z8210132012001019
11	胡　娟	男	522501198102230020	农村与区域发展	农业推广硕士	Z8210132012001020
12	胡晓敏	女	370705197801130020	农村与区域发展	农业推广硕士	Z8210132012001021
13	姬军红	女	110108196702096326	农村与区域发展	农业推广硕士	Z8210132012001022
14	贾　真	男	210621196908301534	农村与区域发展	农业推广硕士	Z8210132012001023
15	菅来礼	男	110352197010214150	农村与区域发展	农业推广硕士	Z8210132012001024
16	姜仁刚	男	21021919710204121X	农村与区域发展	农业推广硕士	Z8210132012001025
17	景　赫	女	231003197903051066	农村与区域发展	农业推广硕士	Z8210132012001026
18	李　彬	男	370723197311133336	农村与区域发展	农业推广硕士	Z8210132012001027
19	李　赓	男	350322198008180036	农村与区域发展	农业推广硕士	Z8210132012001028
20	李国胜	男	211203196312260010	农村与区域发展	农业推广硕士	Z8210132012001029
21	李纪周	男	120103196602246411	农村与区域发展	农业推广硕士	Z8210132012001030
22	李　理	女	650103196407143226	农村与区域发展	农业推广硕士	Z8210132012001031
23	李启立	男	520202197112050019	农村与区域发展	农业推广硕士	Z8210132012001032
24	李绍文	男	230103196308281334	农村与区域发展	农业推广硕士	Z8210132012001033
25	李　英	女	231083198301075120	农村与区域发展	农业推广硕士	Z8210132012001034
26	林天高	男	110108196502107210	农村与区域发展	农业推广硕士	Z8210132012001035
27	刘　恒	男	110108196806297210	农村与区域发展	农业推广硕士	Z8210132012001036
28	刘旭东	男	120222196803295812	农村与区域发展	农业推广硕士	Z8210132012001037
29	曲卫光	男	370602198008260735	农村与区域发展	农业推广硕士	Z8210132012001038
30	饶敏杰	男	110108196412037117	农村与区域发展	农业推广硕士	Z8210132012001039
31	任彩红	女	320402197906070840	农村与区域发展	农业推广硕士	Z8210132012001040
32	任兰华	女	370723197805183325	农村与区域发展	农业推广硕士	Z8210132012001041
33	宋成君	男	320322197404292515	农村与区域发展	农业推广硕士	Z8210132012001042
34	宋鹏飞	男	410511197910111717	农村与区域发展	农业推广硕士	Z8210132012001043

（续表）

序号	姓名	性别	身份证号	专业	学位类别	证书编号
35	孙丽惠	女	21062119800726478X	农村与区域发展	农业推广硕士	Z8210132012001044
36	唐毓懋	女	522401198510052045	农村与区域发展	农业推广硕士	Z8210132012001045
37	王东艳	女	370723197709243340	农村与区域发展	农业推广硕士	Z8210132012001046
38	王先刚	男	522424198309165210	农村与区域发展	农业推广硕士	Z8210132012001047
39	王修东	男	370723197509203336	农村与区域发展	农业推广硕士	Z8210132012001048
40	王永宝	男	110222196701230311	农村与区域发展	农业推广硕士	Z8210132012001049
41	闻　婷	女	360802198202282021	农村与区域发展	农业推广硕士	Z8210132012001050
42	吴金亮	男	152302197710250211	农村与区域发展	农业推广硕士	Z8210132012001051
43	谢　焱	男	110111197202040636	农村与区域发展	农业推广硕士	Z8210132012001052
44	徐　良	男	510107197310260097	农村与区域发展	农业推广硕士	Z8210132012001053
45	许　静	女	352225197304110025	农村与区域发展	农业推广硕士	Z8210132012001054
46	阎光明	男	210112196811130413	农村与区域发展	农业推广硕士	Z8210132012001055
47	杨　梅	女	522626198210101229	农村与区域发展	农业推广硕士	Z8210132012001056
48	杨学文	女	110222197411056428	农村与区域发展	农业推广硕士	Z8210132012001057
49	杨志芳	男	350102197610216117	农村与区域发展	农业推广硕士	Z8210132012001058
50	袁延冰	男	370703197712250511	农村与区域发展	农业推广硕士	Z8210132012001059
51	张　锋	男	210824197710160216	农村与区域发展	农业推广硕士	Z8210132012001060
52	张光琴	女	320102197506013226	农村与区域发展	农业推广硕士	Z8210132012001061
53	张华国	男	540125198303126511	农村与区域发展	农业推广硕士	Z8210132012001062
54	张加光	男	370723197608143316	农村与区域发展	农业推广硕士	Z8210132012001063
55	张　军	男	110221196707286213	农村与区域发展	农业推广硕士	Z8210132012001064
56	张俊涛	男	210602197410092013	农村与区域发展	农业推广硕士	Z8210132012001065
57	张小明	男	52011119730112003X	农村与区域发展	农业推广硕士	Z8210132012001066
58	张兴龙	男	370723197806252310	农村与区域发展	农业推广硕士	Z8210132012001067
59	张　艳	女	120224197601010046	农村与区域发展	农业推广硕士	Z8210132012001068

（续表）

序号	姓名	性别	身份证号	专业	学位类别	证书编号
60	张志平	男	370702197202206514	农村与区域发展	农业推广硕士	Z8210132012001069
61	赵慧颖	男	152101196303290935	农村与区域发展	农业推广硕士	Z8210132012001070
62	朱良田	男	370723197111170052	农村与区域发展	农业推广硕士	Z8210132012001071
63	庄怀宇	男	320825197212065373	农村与区域发展	农业推广硕士	Z8210132012001072
64	卢　闯	男	210321198007260010	农业信息化	农业推广硕士	Z8210132012001073
65	孟庆生	男	230822197206126415	农业信息化	农业推广硕士	Z8210132012001074
66	司智磊	男	320483198611297039	农业信息化	农业推广硕士	Z8210132012001075
67	张丽玲	女	130103197705021828	农业信息化	农业推广硕士	Z8210132012001076
68	赵晓红	女	130102197509122166	农业信息化	农业推广硕士	Z8210132012001077
69	白树升	男	232601196307120412	农业资源利用	农业推广硕士	Z8210132012001078
70	董树春	男	232330196808017777	农业资源利用	农业推广硕士	Z8210132012001079
71	高传东	男	210112196701270239	农业资源利用	农业推广硕士	Z8210132012001080
72	郭家文	男	532502197905110616	农业资源利用	农业推广硕士	Z8210132012001081
73	郭文义	男	232622196407055795	农业资源利用	农业推广硕士	Z8210132012001082
74	静广利	男	232602196203240838	农业资源利用	农业推广硕士	Z8210132012001083
75	康殿科	男	232622197001050112	农业资源利用	农业推广硕士	Z8210132012001084
76	孔宪一	男	230102196101110718	农业资源利用	农业推广硕士	Z8210132012001085
77	李丹丹	女	110108197912219325	农业资源利用	农业推广硕士	Z8210132012001086
78	李　强	男	231102198001210439	农业资源利用	农业推广硕士	Z8210132012001087
79	李伟群	男	230124198012040735	农业资源利用	农业推广硕士	Z8210132012001088
80	刘宏伟	男	230203196808270610	农业资源利用	农业推广硕士	Z8210132012001089
81	刘双全	男	230229197304154550	农业资源利用	农业推广硕士	Z8210132012001090
82	牛世伟	男	211224197912274711	农业资源利用	农业推广硕士	Z8210132012001091
83	任　洋	男	230103198408204810	农业资源利用	农业推广硕士	Z8210132012001092
84	王聪翔	男	230421197906081619	农业资源利用	农业推广硕士	Z8210132012001093

（续表）

序号	姓名	性别	身份证号	专业	学位类别	证书编号
85	王东旭	男	230107197102022492	农业资源利用	农业推广硕士	Z8210132012001094
86	王宏忠	男	232623196807276411	农业资源利用	农业推广硕士	Z8210132012001095
87	王金略	男	210624198111080058	农业资源利用	农业推广硕士	Z8210132012001096
88	王晓军	男	232622197902151236	农业资源利用	农业推广硕士	Z8210132012001097
89	徐军生	男	210104196812060955	农业资源利用	农业推广硕士	Z8210132012001098
90	张崇义	男	232601196503260631	农业资源利用	农业推广硕士	Z8210132012001099
91	张军民	男	230107197007286213	农业资源利用	农业推广硕士	Z8210132012001100
92	张喜林	男	230227197309180114	农业资源利用	农业推广硕士	Z8210132012001101
93	张　哲	男	230103198212181610	农业资源利用	农业推广硕士	Z8210132012001102
94	郑淑琴	女	232601196303180629	农业资源利用	农业推广硕士	Z8210132012001103
95	周宝库	男	230103196301044811	农业资源利用	农业推广硕士	Z8210132012001104
96	解占军	男	210112197209040217	农业资源利用	农业推广硕士	Z8210132012001105
97	曹彦卫	女	130102197705140345	食品加工与安全	农业推广硕士	Z8210132012001106
98	姜晓鹃	女	110227197202054743	养殖	农业推广硕士	Z8210132012001107
99	李　军	男	210211196604170411	养殖	农业推广硕士	Z8210132012001108
100	汤宪春	男	210511198102170011	养殖	农业推广硕士	Z8210132012001109
101	吴黎明	男	350102196510230494	养殖	农业推广硕士	Z8210132012001110
102	杨　文	男	532522197107107311	养殖	农业推广硕士	Z8210132012001111
103	高士伟	男	420582197906096697	园艺	农业推广硕士	Z8210132012001112
104	康国栋	男	220102197311105215	园艺	农业推广硕士	Z8210132012001113
105	李　娜	女	211223197609131826	园艺	农业推广硕士	Z8210132012001114
106	龙荣华	男	532228197301291978	园艺	农业推广硕士	Z8210132012001115
107	吴　健	男	320520198108230611	园艺	农业推广硕士	Z8210132012001116
108	于造辉	男	210603198008073050	园艺	农业推广硕士	Z8210132012001117
109	张　鹏	男	210782197808020033	园艺	农业推广硕士	Z8210132012001118

（续表）

序号	姓名	性别	身份证号	专业	学位类别	证书编号
110	张　昕	女	21130219830614162X	园艺	农业推广硕士	Z8210132012001119
111	张　优	男	342721197201010216	园艺	农业推广硕士	Z8210132012001120
112	章志芳	男	330719196605193012	园艺	农业推广硕士	Z8210132012001121
113	朱兴正	男	532128197509182716	园艺	农业推广硕士	Z8210132012001122
114	代雪芳	女	532224197911143168	植物保护	农业推广硕士	Z8210132012001123
115	张兴国	男	21090219711212153X	植物保护	农业推广硕士	Z8210132012001124
116	钟　键	男	511028197812048210	植物保护	农业推广硕士	Z8210132012001125
117	常　程	女	211122198202192427	作物	农业推广硕士	Z8210132012001126
118	郝　楠	女	210502198110281225	作物	农业推广硕士	Z8210132012001127
119	黄清梅	女	532301198310233761	作物	农业推广硕士	Z8210132012001128
120	蒋　聪	男	530102197905280013	作物	农业推广硕士	Z8210132012001129
121	李清华	男	350321197907253330	作物	农业推广硕士	Z8210132012001130
122	李树强	男	130426198308040510	作物	农业推广硕士	Z8210132012001131
123	李　微	女	211223197708070221	作物	农业推广硕士	Z8210132012001132
124	刘少春	男	532502196409110639	作物	农业推广硕士	Z8210132012001133
125	纳添仓	男	63212419720906365X	作物	农业推广硕士	Z8210132012001134
126	石松柏	男	511381198209065895	作物	农业推广硕士	Z8210132012001135
127	苏泽春	男	532932197705030312	作物	农业推广硕士	Z8210132012001136
128	徐海燕	女	530381198008085120	作物	农业推广硕士	Z8210132012001137
129	徐正荣	男	532223196702151339	作物	农业推广硕士	Z8210132012001138
130	杨　鹏	男	410503197905290511	作物	农业推广硕士	Z8210132012001139
131	禹盛苗	男	33010319570827161X	作物	农业推广硕士	Z8210132012001140
132	张国军	男	230306196908125319	作物	农业推广硕士	Z8210132012001141
133	张林辉	男	533001197404252111	作物	农业推广硕士	Z8210132012001142
134	赵　俊	男	532527198106290018	作物	农业推广硕士	Z8210132012001143

（续表）

序号	姓名	性别	身份证号	专业	学位类别	证书编号
135	赵培方	男	530126198106011613	作物	农业推广硕士	Z8210132012001144
136	中　奕	男	350321196204180732	作物	农业推广硕士	Z8210132012001145
137	周仕全	男	352122197105074215	作物	农业推广硕士	Z8210132012001146
138	邹利清	男	352124197302260431	作物	农业推广硕士	Z8210132012001147
139	高金源	男	220211196704160036	—	兽医硕士	Z8210132012001148
140	李继连	男	130702196708080032	—	兽医硕士	Z8210132012001149
141	刘子一	男	210102198110112219	—	兽医硕士	Z8210132012001150

关于授予邹国兴等 177 名博士、贾丽娥等 698 名硕士学位的决定

中国农业科学院第七届学位评定委员会第八次全体会议于 2012 年 7 月 3 日在北京召开，根据《中华人民共和国学位条例》和《中国农业科学院学位授予工作细则》的规定，决定授予邹国兴等 177 人博士学位、贾丽娥等 698 人硕士学位，其中，学术型硕士学位 490 名，同等学力硕士学位 6 名，全日制专业学位硕士 45 名，非全日制专业学位硕士 157 名，具体名单见附件。

中国农业科学院 2012 年夏季授予博士学位人员名单（177 人）

序号	姓名	性别	身份证件号码	专业	学位类别	证书编号
1	邹国兴	男	362229197108100417	生物化学与分子生物学	理学博士	8210122012001379
2	马雪峰	女	370983198101236945	生物化学与分子生物学	理学博士	8210122012001380
3	罗中钦	男	430524198011190036	作物种质资源学	农学博士	8210122012001381
4	陈　丹	女	211002198111030165	作物种质资源学	农学博士	8210122012001382
5	王　为	男	320825198011164732	作物种质资源学	农学博士	8210122012001383
6	王姗娜	女	110108198103055425	土壤学	农学博士	8210122012001384
7	农向群	女	110108196403207129	农业昆虫与害虫防治	农学博士	8210122012001385
8	陈永杏	女	44050619791221006X	动物营养与饲料科学	农学博士	8210122012001386
9	翟军军	男	610403198003203219	预防兽医学	农学博士	8210122012001387
10	陈国华	女	610403197812110069	预防兽医学	农学博士	8210122012001388
11	蒙学莲	女	620105197505082027	预防兽医学	农学博士	8210122012001389
12	白兴文	男	620105198111072031	预防兽医学	农学博士	8210122012001390
13	蔺国珍	男	620105197703182053	预防兽医学	农学博士	8210122012001391
14	徐玉波	男	320811197910090017	农业资源与环境经济学	管理学博士	8210122012001392

（续表）

序号	姓名	性别	身份证件号码	专业	学位类别	证书编号
15	孙洪波	男	210203197308148134	农业经营管理	管理学博士	8210122012001393
16	王　丹	女	411303198110131829	生物化学与分子生物学	理学博士	8210122012001394
17	孟颖颖	女	370403198306084528	生物化学与分子生物学	理学博士	8210122012001395
18	邹良平	男	513031197612065091	生物化学与分子生物学	理学博士	8210122012001396
19	孟志刚	男	610403197803170019	生物化学与分子生物学	理学博士	8210122012001397
20	玉山江麦麦提	男	650103197804053317	生物化学与分子生物学	理学博士	8210122012001398
21	刘　华	男	429004198606123899	生物化学与分子生物学	理学博士	8210122012001399
22	李　康	男	142201198205110374	生物化学与分子生物学	理学博士	8210122012001400
23	刘战东	男	410882198110298014	农业水土工程	工学博士	8210122012001401
24	张学才	男	411303198402183399	作物遗传育种	农学博士	8210122012001402
25	刘亚男	女	130627198204021822	作物遗传育种	农学博士	8210122012001403
26	努斯热提·吾斯曼	男	652201196412221633	作物遗传育种	农学博士	8210122012001404
27	郑永胜	男	37078419810818205X	作物种质资源学	农学博士	8210122012001405
28	姜晓东	男	142429196511260838	作物种质资源学	农学博士	8210122012001406
29	张学杰	男	370627197010260251	农产品质量与食物安全	农学博士	8210122012001407
30	崔　莉	女	372501198307262028	农产品质量与食物安全	农学博士	8210122012001408
31	孙敏杰	女	230604198205252226	农产品质量与食物安全	农学博士	8210122012001409
32	刘昌盛	男	420106197811153291	农产品质量与食物安全	农学博士	8210122012001410
33	牛兴奎	男	370982198109162497	作物信息科学	农学博士	8210122012001411
34	鄂　越	男	110103196906281572	作物信息科学	农学博士	8210122012001412
35	丛日环	女	21060319821223152X	土壤学	农学博士	8210122012001413
36	刘　杰	男	430422198202120411	土壤学	农学博士	8210122012001414
37	姜慧敏	女	230103198010140925	土壤学	农学博士	8210122012001415

（续表）

序号	姓名	性别	身份证件号码	专业	学位类别	证书编号
38	李　萍	女	210112197703010224	植物营养学	农学博士	8210122012001416
39	王晋臣	男	410102197312112017	农业区域发展	农学博士	8210122012001417
40	路亚洲	男	610124197405034818	农业区域发展	农学博士	8210122012001418
41	杨凤环	女	130638198209288023	植物病理学	农学博士	8210122012001419
42	钟　涛	男	21068219830113003X	农业昆虫与害虫防治	农学博士	8210122012001420
43	任立芹	女	372324198302263228	动物营养与饲料科学	农学博士	8210122012001421
44	陈建飞	男	370682197411271933	预防兽医学	农学博士	8210122012001422
45	赵东明	男	41282819821026187X	预防兽医学	农学博士	8210122012001423
46	于　辉	男	230106198003310833	农业经济管理	管理学博士	8210122012001424
47	马小定	男	420683198102237219	生物化学与分子生物学	理学博士	8210122012001425
48	王　涛	男	320305198112300016	生物化学与分子生物学	理学博士	8210122012001426
49	乔　宇	女	15010219790701202X	生物化学与分子生物学	理学博士	8210122012001427
50	苑　鹏	男	370784198608154530	生物化学与分子生物学	理学博士	8210122012001428
51	郑小梅	女	370724198411121229	生物化学与分子生物学	理学博士	8210122012001429
52	孙　鹤	女	230203198305031422	生物化学与分子生物学	理学博士	8210122012001430
53	张双宇	男	230224198309220337	生物化学与分子生物学	理学博士	8210122012001431
54	石怀兴	男	371502198501045575	生物化学与分子生物学	理学博士	8210122012001432
55	张　丽	女	421081198506245624	生物化学与分子生物学	理学博士	8210122012001433
56	梅德勇	男	420621198301191218	生物化学与分子生物学	理学博士	8210122012001434
57	翟　逸	男	372522198012183471	生物化学与分子生物学	理学博士	8210122012001435
58	卢艳敏	女	133022197707262728	生物物理学	理学博士	8210122012001436
59	王　锋	男	610403197411213219	生物物理学	理学博士	8210122012001437
60	赵振国	男	211021197803192311	农业水土工程	工学博士	8210122012001438
61	刘好宝	男	370721196409200018	作物栽培学与耕作学	农学博士	8210122012001439
62	任　妍	女	410104198401260027	作物遗传育种	农学博士	8210122012001440

（续表）

序号	姓名	性别	身份证件号码	专业	学位类别	证书编号
63	孙　琦	女	370902197802250966	作物遗传育种	农学博士	8210122012001441
64	戴高兴	男	43052219750402141X	作物遗传育种	农学博士	8210122012001442
65	宗　浩	男	370402198509178018	作物遗传育种	农学博士	8210122012001443
66	薛仁风	男	210106198211112731	作物种质资源学	农学博士	8210122012001444
67	王秋霞	女	370830198111133941	作物种质资源学	农学博士	8210122012001445
68	于　萍	女	152223198207146549	作物种质资源学	农学博士	8210122012001446
69	秦培友	男	371121198203080732	农产品质量与食物安全	农学博士	8210122012001447
70	王　森	男	130604198305101210	农产品质量与食物安全	农学博士	8210122012001448
71	王培龙	男	370722197912311015	农产品质量与食物安全	农学博士	8210122012001449
72	张书文	男	152629198309201596	农产品质量与食物安全	农学博士	8210122012001450
73	李鹏高	男	142701197406220636	农产品质量与食物安全	农学博士	8210122012001451
74	王　丽	女	210624198211110728	农产品质量与食物安全	农学博士	8210122012001452
75	秦海峰	男	150102196909284016	农产品质量与食物安全	农学博士	8210122012001453
76	赵多勇	男	652325198008012018	农产品质量与食物安全	农学博士	8210122012001454
77	张　苗	女	130528198406080426	农产品质量与食物安全	农学博士	8210122012001455
78	李　鑫	女	210404198304151223	农产品质量与食物安全	农学博士	8210122012001456
79	马　罡	男	230106198012202017	作物生态学	农学博士	8210122012001457
80	赵俊峰	男	64010319730113181X	作物信息科学	农学博士	8210122012001458
81	刘升平	男	422101198101280418	作物信息科学	农学博士	8210122012001459
82	吴定峰	男	429005198306187651	作物信息科学	农学博士	8210122012001460
83	荀诗薇	女	510202198208171264	作物气象学	农学博士	8210122012001461
84	韩　雪	女	152221198501101621	作物气象学	农学博士	8210122012001462
85	邓　杰	男	370683198212091535	蔬菜学	农学博士	8210122012001463
86	杨晓慧	女	37090219800601094X	蔬菜学	农学博士	8210122012001464
87	魏小春	男	412702198307093631	蔬菜学	农学博士	8210122012001465

（续表）

序号	姓名	性别	身份证件号码	专业	学位类别	证书编号
88	乔海云	女	371424198202144226	蔬菜学	农学博士	8210122012001466
89	李占省	男	410922198201100332	蔬菜学	农学博士	8210122012001467
90	张　颖	女	210104198409053420	蔬菜学	农学博士	8210122012001468
91	宋宁宁	女	37142419841005636X	土壤学	农学博士	8210122012001469
92	郝小雨	男	130706198105270034	植物营养学	农学博士	8210122012001470
93	王志勇	男	410423198211068013	植物营养学	农学博士	8210122012001471
94	王　贺	男	210112198101220210	植物营养学	农学博士	8210122012001472
95	代　快	女	430722198409112685	农业水资源利用	农学博士	8210122012001473
96	王　欣	女	142402197810271021	农业水资源利用	农学博士	8210122012001474
97	翟治芬	女	140321198308210027	农业水资源利用	农学博士	8210122012001475
98	周振亚	男	130984198109186016	农业区域发展	农学博士	8210122012001476
99	王建平	男	150102196003090514	农业区域发展	农学博士	8210122012001477
100	吴洪伟	男	110108197011022218	农业区域发展	农学博士	8210122012001478
101	马　强	男	150102197010012076	农业区域发展	农学博士	8210122012001479
102	金云翔	男	370902198307101538	农业遥感	农学博士	8210122012001480
103	姜志伟	男	150425198111201154	农业遥感	农学博士	8210122012001481
104	司丙文	男	230106197501212035	草地资源利用与保护	农学博士	8210122012001482
105	刘　蕾	女	110102198408282364	植物病理学	农学博士	8210122012001483
106	曹学仁	男	430903198412130616	植物病理学	农学博士	8210122012001484
107	张志想	男	372924198304031810	植物病理学	农学博士	8210122012001485
108	龙海波	男	430382198408173552	植物病理学	农学博士	8210122012001486
109	刘佰明	男	132629197910137312	农业昆虫与害虫防治	农学博士	8210122012001487
110	潘慧鹏	男	372930198304067351	农业昆虫与害虫防治	农学博士	8210122012001488
111	吴惠惠	女	23012419820806742X	农业昆虫与害虫防治	农学博士	8210122012001489
112	程云霞	女	410522198111162028	农业昆虫与害虫防治	农学博士	8210122012001490

（续表）

序号	姓名	性别	身份证件号码	专业	学位类别	证书编号
113	蒋春先	女	510623198111080028	农业昆虫与害虫防治	农学博士	8210122012001491
114	孙丽娜	女	372523198309120566	农药学	农学博士	8210122012001492
115	李　晶	男	420322198407130317	农药学	农学博士	8210122012001493
116	房　锋	男	370921198201250913	杂草科学	农学博士	8210122012001494
117	赵杏利	女	410181198402066923	农业微生物学	农学博士	8210122012001495
118	赵梦然	女	130203198306192128	农业微生物学	农学博士	8210122012001496
119	张建萍	女	320211197204293420	农业微生物学	农学博士	8210122012001497
120	黄冬维	男	430124198110217992	动物遗传育种与繁殖	农学博士	8210122012001498
121	刘　利	男	152102198208112714	动物遗传育种与繁殖	农学博士	8210122012001499
122	程笃学	男	142726197711271218	动物遗传育种与繁殖	农学博士	8210122012001500
123	汤茂学	男	342601198311147110	动物遗传育种与繁殖	农学博士	8210122012001501
124	刘　洁	女	130682198308210622	动物营养与饲料科学	农学博士	8210122012001502
125	王斯佳	女	140106198403060026	动物营养与饲料科学	农学博士	8210122012001503
126	张铁涛	男	130622198304246613	动物营养与饲料科学	农学博士	8210122012001504
127	杨家军	男	340123198311025075	动物营养与饲料科学	农学博士	8210122012001505
128	赵圣国	男	371328198410096513	动物营养与饲料科学	农学博士	8210122012001506
129	刘松柏	男	420528198205083515	动物营养与饲料科学	农学博士	8210122012001507
130	苟钟勇	男	513022198201032971	动物营养与饲料科学	农学博士	8210122012001508
131	董　洁	女	140106198211124822	草业科学	农学博士	8210122012001509
132	李　燕	女	152631198412110029	草业科学	农学博士	8210122012001510
133	王建光	男	150102196006132011	草业科学	农学博士	8210122012001511
134	徐　博	男	220381198302060810	草业科学	农学博士	8210122012001512
135	巴恒星	男	210404197905022115	特种经济动物饲养学	农学博士	8210122012001513
136	冷　雪	女	220102197912085221	预防兽医学	农学博士	8210122012001514
137	杨健美	女	32092619791114526X	预防兽医学	农学博士	8210122012001515

（续表）

序号	姓名	性别	身份证件号码	专业	学位类别	证书编号
138	孟春春	男	652801198404020016	预防兽医学	农学博士	8210122012001516
139	徐彦召	男	411023198409052016	预防兽医学	农学博士	8210122012001517
140	周　艳	女	372301198501190346	预防兽医学	农学博士	8210122012001518
141	王亚欣	女	130125198501263027	预防兽医学	农学博士	8210122012001519
142	陈普成	男	620421198307190917	预防兽医学	农学博士	8210122012001520
143	张　莹	女	210603198204093024	预防兽医学	农学博士	8210122012001521
144	董秀梅	女	232332197809200028	预防兽医学	农学博士	8210122012001522
145	郭东春	男	411303197901282418	预防兽医学	农学博士	8210122012001523
146	孙　元	男	230106198006042010	预防兽医学	农学博士	8210122012001524
147	柴　政	女	23010319820320282X	预防兽医学	农学博士	8210122012001525
148	王喜军	男	150102197702152117	预防兽医学	农学博士	8210122012001526
149	刘春国	男	231026197812277558	预防兽医学	农学博士	8210122012001527
150	孙恩成	男	210225198107140454	预防兽医学	农学博士	8210122012001528
151	黄立平	女	120222198011211229	预防兽医学	农学博士	8210122012001529
152	郭龙军	男	370785198304112792	预防兽医学	农学博士	8210122012001530
153	孔冬妮	女	230103198310260929	预防兽医学	农学博士	8210122012001531
154	胡小艳	女	61011119800304256X	兽药学	农学博士	8210122012001532
155	矫　健	男	23010319830401481X	农业经济管理	管理学博士	8210122012001533
156	周建华	女	62050219820301102X	农业经济管理	管理学博士	8210122012001534
157	赵龙华	男	320106196902021237	农业经济管理	管理学博士	8210122012001535
158	王晓凌	女	210213198303020526	农业经济管理	管理学博士	8210122012001536
159	张忠明	男	370783198408060218	农业经济管理	管理学博士	8210122012001537
160	李干琼	男	362122198011084611	农业经济管理	管理学博士	8210122012001538
161	徐　磊	男	320623197905300037	农业经济管理	管理学博士	8210122012001539
162	吕晓英	女	620105197612100024	农产品贸易	管理学博士	8210122012001540

（续表）

序号	姓名	性别	身份证件号码	专业	学位类别	证书编号
163	任晓娜	女	41042219770122812X	农产品贸易	管理学博士	8210122012001541
164	刘启正	男	371081198201071016	农产品贸易	管理学博士	8210122012001542
165	沈银书	男	320113196604054851	农业技术经济	管理学博士	8210122012001543
166	秦海旺	男	152826197109030013	农业技术经济	管理学博士	8210122012001544
167	郑火国	男	422128197911122812	农业信息管理学	管理学博士	8210122012001545
168	寇远涛	男	370811198201200512	农业信息管理学	管理学博士	8210122012001546
169	王海峰	男	130681198112056479	农业信息管理学	管理学博士	8210122012001547
170	邬震坤	女	231025197908035426	农业信息管理学	管理学博士	8210122012001548
171	王　震	男	130628197702074232	农业经营管理	管理学博士	8210122012001549
172	Khan seh roon	男	CB4113421	生物化学与分子生物学	理学博士	8210122012001550
173	Asad Muha mmad Azeem	男	AJ1879781	作物遗传育种	农学博士	8210122012001551
174	Davaa suren Davaa dorj	男	E0500227	土壤学	农学博士	8210122012001552
175	Ngu War Nwe	女	OM152444	土壤学	农学博士	8210122012001553
176	Khuhro Niaz Hussain	男	AF4143752	农业昆虫与害虫防治	农学博士	8210122012001554
177	MD. Mahb ubul Alam Tara fder	男	C1939056	土壤学	农学博士	8210122012001555

中国农业科学院 2012 年夏季授予学术型硕士学位人员名单（490 人）

序号	姓名	性别	身份证件号码	专业	学位类别	证书编号
1	贾丽娥	女	150430198402090782	作物遗传育种	农学硕士	82101320120003767
2	李金玉	女	430723198510293421	作物遗传育种	农学硕士	82101320120003768
3	云春凤	女	12010219860411532X	动物营养与饲料科学	农学硕士	82101320120003769
4	周　晓	男	421182198512264110	动物营养与饲料科学	农学硕士	82101320120003770
5	杜　彬	男	120103198306110711	农业经济管理	管理学硕士	82101320120003771
6	侯春彩	女	640323198402071423	农业信息管理学	管理学硕士	82101320120003772
7	侯晓莉	女	130535198604091146	气象学	理学硕士	82101320120003773
8	姜　江	女	14020219870304102X	气象学	理学硕士	82101320120003774
9	马建勇	男	654301198705200058	气象学	理学硕士	82101320120003775
10	莫志鸿	男	45032119851225701X	气象学	理学硕士	82101320120003776
11	伍　洋	男	420103198608274616	气象学	理学硕士	82101320120003777
12	杜广红	女	371302198601173741	微生物学	理学硕士	82101320120003778
13	解林奇	男	130105197802120951	微生物学	理学硕士	82101320120003779
14	马银鹏	男	37078519870315771X	微生物学	理学硕士	82101320120003780
15	丁　毅	男	230281198507200211	微生物学	理学硕士	82101320120003781
16	刘云浩	男	152122198801080237	微生物学	理学硕士	82101320120003782
17	肖佳华	男	35222919871207051X	微生物学	理学硕士	82101320120003783
18	代淑贤	女	130533198301073845	微生物学	理学硕士	82101320120003784
19	贾芳芳	女	130404198508030925	微生物学	理学硕士	82101320120003785
20	陈铭佳	男	32010219870221381X	微生物学	理学硕士	82101320120003786
21	孟繁露	女	371402198606301621	微生物学	理学硕士	82101320120003787
22	牛　静	女	530302198606201245	微生物学	理学硕士	82101320120003788
23	高海有	男	530423198411030316	微生物学	理学硕士	82101320120003789
24	韩　川	男	370282198701184611	微生物学	理学硕士	82101320120003790

（续表）

序号	姓名	性别	身份证件号码	专业	学位类别	证书编号
25	朴玉华	女	210411198406274121	微生物学	理学硕士	8210132012003791
26	赵银瓶	女	412323198410300045	微生物学	理学硕士	8210132012003792
27	董　旭	男	130602198402200314	生物化学与分子生物学	理学硕士	8210132012003793
28	李　龙	男	23010819840713041X	生物化学与分子生物学	理学硕士	8210132012003794
29	李　清	男	41282419861002435X	生物化学与分子生物学	理学硕士	8210132012003795
30	刘　欣	男	371328198601253518	生物化学与分子生物学	理学硕士	8210132012003796
31	张　彦	女	370781198711190768	生物化学与分子生物学	理学硕士	8210132012003797
32	孙　磊	男	150404198605210315	生物化学与分子生物学	理学硕士	8210132012003798
33	陈小燕	女	350781198106124822	生物化学与分子生物学	理学硕士	8210132012003799
34	黄　璐	女	362421198710132387	生物化学与分子生物学	理学硕士	8210132012003800
35	刘　琼	女	13058219861206402X	生物化学与分子生物学	理学硕士	8210132012003801
36	张宇婷	女	150121198606301120	生物化学与分子生物学	理学硕士	8210132012003802
37	陈扬勋	男	430511198512204537	生物化学与分子生物学	理学硕士	8210132012003803
38	冯　蕾	女	131024198509230747	生物化学与分子生物学	理学硕士	8210132012003804
39	郝艳华	女	410726198604205125	生物化学与分子生物学	理学硕士	8210132012003805
40	李　君	女	130130198609212724	生物化学与分子生物学	理学硕士	8210132012003806
41	鹿　晔	女	230105198602270523	生物化学与分子生物学	理学硕士	8210132012003807
42	潘阳阳	男	411121198604294515	生物化学与分子生物学	理学硕士	8210132012003808
43	孙朋卫	男	130634198403033539	生物化学与分子生物学	理学硕士	8210132012003809
44	孙晓晨	女	370687198511195268	生物化学与分子生物学	理学硕士	8210132012003810
45	王树坤	女	130421198902193649	生物化学与分子生物学	理学硕士	8210132012003811
46	杨德鑫	男	231181198608020215	生物化学与分子生物学	理学硕士	8210132012003812
47	尹　超	男	370923198602120354	生物化学与分子生物学	理学硕士	8210132012003813
48	张　超	男	130821198510091530	生物化学与分子生物学	理学硕士	8210132012003814
49	张　亮	男	120106198603205011	生物化学与分子生物学	理学硕士	8210132012003815

（续表）

序号	姓名	性别	身份证件号码	专业	学位类别	证书编号
50	张莎莎	女	513030198612220045	生物化学与分子生物学	理学硕士	8210132012003816
51	张少军	男	130634198701091358	生物化学与分子生物学	理学硕士	8210132012003817
52	郑春宇	男	220381198605010810	生物化学与分子生物学	理学硕士	8210132012003818
53	周利伟	男	411024198708150739	生物化学与分子生物学	理学硕士	8210132012003819
54	韩　蕾	男	430722198705146310	生物化学与分子生物学	理学硕士	8210132012003820
55	张彦蕊	女	130124198506114526	生物化学与分子生物学	理学硕士	8210132012003821
56	赵　璟	男	130603198702050318	生物化学与分子生物学	理学硕士	8210132012003822
57	单国芳	女	130522198406290361	生物化学与分子生物学	理学硕士	8210132012003823
58	孙亚莉	女	140602198610159047	生物化学与分子生物学	理学硕士	8210132012003824
59	邹自征	男	430802198202204435	生物化学与分子生物学	理学硕士	8210132012003825
60	沈晓炯	男	330483198509266617	生物化学与分子生物学	理学硕士	8210132012003826
61	于丽佳	女	152103198609163922	兽药学	农学硕士	8210132012003827
62	焦同路	男	130125198601247016	预防兽医学	农学硕士	8210132012003828
63	徐永学	男	371122198509276611	生物化学与分子生物学	理学硕士	8210132012003829
64	董国政	男	370403198704214519	生物物理学	理学硕士	8210132012003830
65	于国红	女	370305198401043721	生物物理学	理学硕士	8210132012003831
66	杜　伟	男	371325198703305615	生物物理学	理学硕士	8210132012003832
67	刘叶涵	女	320106198607210448	生物物理学	理学硕士	8210132012003833
68	贾　倩	女	142329198807012327	生物物理学	理学硕士	8210132012003834
69	许舒婷	女	372925198501093363	生物物理学	理学硕士	8210132012003835
70	陈海燕	女	370125198610271928	生态学	理学硕士	8210132012003836
71	刘海静	女	370724198610250787	生态学	理学硕士	8210132012003837
72	张丁辰	男	37012519870301463X	生态学	理学硕士	8210132012003838
73	张　静	女	372928198603041520	生态学	理学硕士	8210132012003839
74	陈媛媛	女	411402198608206161	生态学	理学硕士	8210132012003840

（续表）

序号	姓名	性别	身份证件号码	专业	学位类别	证书编号
75	房福力	男	370282198509203034	生态学	理学硕士	8210132012003841
76	郭亚奇	男	410611198705287510	生态学	理学硕士	8210132012003842
77	黄　剑	男	362526198509132294	生态学	理学硕士	8210132012003843
78	李际会	男	371311198609282877	生态学	理学硕士	8210132012003844
79	赵雪娇	女	130528198512018407	生态学	理学硕士	8210132012003845
80	陈冬青	女	131028198611202043	生态学	理学硕士	8210132012003846
81	王楠楠	女	150429198506160049	生态学	理学硕士	8210132012003847
82	陈　聪	男	430529198610092296	农业机械化工程	工学硕士	8210132012003848
83	高学梅	女	371422198402101949	农业机械化工程	工学硕士	8210132012003849
84	李　迎	男	410211198512312511	农业水土工程	工学硕士	8210132012003850
85	邱新强	男	410381198512054553	农业水土工程	工学硕士	8210132012003851
86	李　清	女	513021198604164323	农业生物环境与能源工程	工学硕士	8210132012003852
87	黄锦孙	男	452128198506035512	环境科学	工学硕士	8210132012003853
88	刘　颖	女	150403198503045420	环境科学	工学硕士	8210132012003854
89	张敬业	男	371202198510122951	环境科学	工学硕士	8210132012003855
90	耿肖臣	女	130530198504220025	环境科学	工学硕士	8210132012003856
91	沈灵凤	女	330211198710153021	环境科学	工学硕士	8210132012003857
92	王芳丽	女	372901198604262624	环境科学	工学硕士	8210132012003858
93	刘景涛	男	61042419851109003X	环境科学	工学硕士	8210132012003859
94	王　夏	女	140411198608085240	环境工程	工学硕士	8210132012003860
95	郭海刚	男	13042719851228595X	环境工程	工学硕士	8210132012003861
96	王甜甜	女	370304198701264423	环境工程	工学硕士	8210132012003862
97	谢荔草	女	411302198709043140	环境工程	工学硕士	8210132012003863
98	郑　丹	女	510184198612231467	环境工程	工学硕士	8210132012003864

（续表）

序号	姓名	性别	身份证件号码	专业	学位类别	证书编号
99	李　慧	女	140423198602042421	食品科学	工学硕士	8210132012003865
100	胡　佳	女	522101198708231624	食品科学	工学硕士	8210132012003866
101	王伏超	女	140402198609020848	食品科学	工学硕士	8210132012003867
102	戴守辉	男	36250219871222541X	食品科学	工学硕士	8210132012003868
103	刘晓晔	女	130627198612221823	食品科学	工学硕士	8210132012003869
104	史晓梅	女	37131219860827744X	食品科学	工学硕士	8210132012003870
105	陈　飞	男	360481198711274816	食品科学	工学硕士	8210132012003871
106	邓福明	男	362526198603163513	食品科学	工学硕士	8210132012003872
107	杜　寅	男	610326198610032035	食品科学	工学硕士	8210132012003873
108	兰丽平	女	130126198503262147	食品科学	工学硕士	8210132012003874
109	梁　霄	女	130123198704107582	食品科学	工学硕士	8210132012003875
110	睢　珂	女	410703198612042026	食品科学	工学硕士	8210132012003876
111	孙　琦	男	140581198706181935	食品科学	工学硕士	8210132012003877
112	王会娟	女	370785198502015184	食品科学	工学硕士	8210132012003878
113	王　燕	女	130684198604057020	食品科学	工学硕士	8210132012003879
114	张国增	男	130902198608280336	食品科学	工学硕士	8210132012003880
115	张建书	女	130582198610274824	食品科学	工学硕士	8210132012003881
116	张燕燕	女	370724198601111865	食品科学	工学硕士	8210132012003882
117	周思静	女	610424198506232865	食品科学	工学硕士	8210132012003883
118	刘　娟	女	371421198505030868	食品科学	工学硕士	8210132012003884
119	延　莎	女	140106198607223042	食品科学	工学硕士	8210132012003885
120	贾红亮	男	130627198506116018	农产品加工及贮藏工程	工学硕士	8210132012003886
121	白沙沙	女	410224198704072366	农产品加工及贮藏工程	工学硕士	8210132012003887
122	程碧君	女	140227198705280080	农产品加工及贮藏工程	工学硕士	8210132012003888
123	刘　锐	男	341227198911060036	农产品加工及贮藏工程	工学硕士	8210132012003889

（续表）

序号	姓名	性别	身份证件号码	专业	学位类别	证书编号
124	唐洪涛	男	412826198605068510	农产品加工及贮藏工程	工学硕士	8210132012003890
125	王培培	女	130984198604183621	农产品加工及贮藏工程	工学硕士	8210132012003891
126	王　沛	男	370982198611014393	农产品加工及贮藏工程	工学硕士	8210132012003892
127	薛丹丹	女	130603198708211821	农产品加工及贮藏工程	工学硕士	8210132012003893
128	张方娥	女	421002198604045022	农产品加工及贮藏工程	工学硕士	8210132012003894
129	朱金虎	男	640223198305131011	农产品加工及贮藏工程	工学硕士	8210132012003895
130	陈冉冉	女	37082919860701254X	作物栽培学与耕作学	农学硕士	8210132012003896
131	韩证仿	男	410782198507223576	作物栽培学与耕作学	农学硕士	8210132012003897
132	徐田军	男	371327198203015112	作物栽培学与耕作学	农学硕士	8210132012003898
133	孙恩虹	女	230402198404200222	作物栽培学与耕作学	农学硕士	8210132012003899
134	王　琼	女	420529198603171541	作物栽培学与耕作学	农学硕士	8210132012003900
135	尚瑞广	男	411123198609051515	作物栽培学与耕作学	农学硕士	8210132012003901
136	高欣欣	女	370321198612050024	作物栽培学与耕作学	农学硕士	8210132012003902
137	侯　娜	女	371328198511223542	作物栽培学与耕作学	农学硕士	8210132012003903
138	刘帅帅	男	370724198709016552	作物栽培学与耕作学	农学硕士	8210132012003904
139	谭效磊	男	371083198509162515	作物栽培学与耕作学	农学硕士	8210132012003905
140	丁佳琦	男	142323198405231019	作物遗传育种	农学硕士	8210132012003906
141	黄　姗	女	421083198705031226	作物遗传育种	农学硕士	8210132012003907
142	金　慧	女	210311198609131520	作物遗传育种	农学硕士	8210132012003908
143	李见坤	男	371326198605047911	作物遗传育种	农学硕士	8210132012003909
144	马　磊	男	140411198609130410	作物遗传育种	农学硕士	8210132012003910
145	潘　磊	男	130626198412145452	作物遗传育种	农学硕士	8210132012003911
146	孙子淇	女	411325198812247840	作物遗传育种	农学硕士	8210132012003912
147	王金龙	男	371122198701046613	作物遗传育种	农学硕士	8210132012003913
148	刁雨琳	女	130204198701120323	作物遗传育种	农学硕士	8210132012003914

（续表）

序号	姓名	性别	身份证件号码	专业	学位类别	证书编号
149	夏家平	男	340122198706272891	作物遗传育种	农学硕士	8210132012003915
150	林发壮	男	350425198508243712	作物遗传育种	农学硕士	8210132012003916
151	曹秀霞	女	411403198604278420	作物遗传育种	农学硕士	8210132012003917
152	程媛媛	女	130527198610130025	作物遗传育种	农学硕士	8210132012003918
153	代军杰	男	411421198703014431	作物遗传育种	农学硕士	8210132012003919
154	李光雷	男	412724198605194439	作物遗传育种	农学硕士	8210132012003920
155	张金凤	女	410725198502074826	作物遗传育种	农学硕士	8210132012003921
156	宋　稀	女	500225198703120344	作物遗传育种	农学硕士	8210132012003922
157	王后苗	女	371327198510250665	作物遗传育种	农学硕士	8210132012003923
158	张　洪	女	500227198605201645	作物遗传育种	农学硕士	8210132012003924
159	谭龙涛	男	230826198412260439	作物遗传育种	农学硕士	8210132012003925
160	陈艳丽	女	130281198701144328	作物遗传育种	农学硕士	8210132012003926
161	邓　飞	男	452601198502093018	作物遗传育种	农学硕士	8210132012003927
162	奉保华	男	431121198606058915	作物遗传育种	农学硕士	8210132012003928
163	刘聪利	女	410728198709060527	作物遗传育种	农学硕士	8210132012003929
164	刘艳春	女	210504198602270285	作物遗传育种	农学硕士	8210132012003930
165	李卫华	男	41282419870122471X	作物遗传育种	农学硕士	8210132012003931
166	张长静	女	371481198312042463	作物遗传育种	农学硕士	8210132012003932
167	张　磊	男	370882198803091216	作物遗传育种	农学硕士	8210132012003933
168	张　丽	女	142623198611124042	作物遗传育种	农学硕士	8210132012003934
169	赵百英	女	370782198503052025	作物遗传育种	农学硕士	8210132012003935
170	白　丽	女	370802198510184820	作物种质资源学	农学硕士	8210132012003936
171	曹立荣	女	13013119850407152X	作物种质资源学	农学硕士	8210132012003937
172	代　程	男	420624198702160059	作物种质资源学	农学硕士	8210132012003938
173	刘　伟	女	413026198510108468	作物种质资源学	农学硕士	8210132012003939

（续表）

序号	姓名	性别	身份证件号码	专业	学位类别	证书编号
174	马　钰	女	130104198705281241	作物种质资源学	农学硕士	8210132012003940
175	施　伟	男	320902198701258016	作物种质资源学	农学硕士	8210132012003941
176	宋　超	男	370782198812102014	作物种质资源学	农学硕士	8210132012003942
177	徐新新	男	370786198601061211	作物种质资源学	农学硕士	8210132012003943
178	杨钊钊	男	410711198609041516	作物种质资源学	农学硕士	8210132012003944
179	钟　敏	男	342425198712110052	作物种质资源学	农学硕士	8210132012003945
180	王洁琳	女	131126198703152429	作物种质资源学	农学硕士	8210132012003946
181	陆　莹	女	371323198709220863	作物种质资源学	农学硕士	8210132012003947
182	齐琳娟	女	410822198611104568	农产品质量与食物安全	农学硕士	8210132012003948
183	吴　丽	女	371521198512150927	农产品质量与食物安全	农学硕士	8210132012003949
184	张玉翠	女	370783198604200767	农产品质量与食物安全	农学硕士	8210132012003950
185	胡　珺	女	420106198401282845	农产品质量与食物安全	农学硕士	8210132012003951
186	李园园	女	372924198609075427	农产品质量与食物安全	农学硕士	8210132012003952
187	刘景坤	男	371329198609155417	农产品质量与食物安全	农学硕士	8210132012003953
188	王海彬	男	372325198603014416	农产品质量与食物安全	农学硕士	8210132012003954
189	赵方方	女	370883198702135343	农产品质量与食物安全	农学硕士	8210132012003955
190	江　燕	女	130503198708241224	农产品质量与食物安全	农学硕士	8210132012003956
191	张利强	男	410182198602211415	农产品质量与食物安全	农学硕士	8210132012003957
192	孙帅帅	男	370827198701011057	农产品质量与食物安全	农学硕士	8210132012003958
193	高　明	男	232700198410151012	药用植物资源学	农学硕士	8210132012003959
194	焦竹青	女	140581198702264848	药用植物资源学	农学硕士	8210132012003960
195	李　佳	女	410422198709014868	药用植物资源学	农学硕士	8210132012003961
196	郑　颖	女	370781198703230029	药用植物资源学	农学硕士	8210132012003962
197	麻国升	男	370784198604282535	果树学	农学硕士	8210132012003963
198	程飞飞	女	410322198702253844	果树学	农学硕士	8210132012003964

（续表）

序号	姓名	性别	身份证件号码	专业	学位类别	证书编号
199	谢计蒙	男	370826198503085112	果树学	农学硕士	8210132012003965
200	曹亚从	女	130128198602161547	蔬菜学	农学硕士	8210132012003966
201	崔　娜	女	110105198610055826	蔬菜学	农学硕士	8210132012003967
202	方　璐	女	142701198707300626	蔬菜学	农学硕士	8210132012003968
203	房嫚嫚	女	130123198512175441	蔬菜学	农学硕士	8210132012003969
204	靳　哲	女	130126198610033622	蔬菜学	农学硕士	8210132012003970
205	李景涛	男	37142419860710541X	蔬菜学	农学硕士	8210132012003971
206	李斯更	女	210124198801030229	蔬菜学	农学硕士	8210132012003972
207	李香景	女	130435198504292404	蔬菜学	农学硕士	8210132012003973
208	鲁亚辉	男	412725198402169117	蔬菜学	农学硕士	8210132012003974
209	吕丽华	女	371202198603047129	蔬菜学	农学硕士	8210132012003975
210	马　俊	女	230183198607110042	蔬菜学	农学硕士	8210132012003976
211	邱树亮	男	130502198709080016	蔬菜学	农学硕士	8210132012003977
212	苏彦宾	男	130125198410277079	蔬菜学	农学硕士	8210132012003978
213	孙　娜	女	130428198701180264	蔬菜学	农学硕士	8210132012003979
214	孙玉燕	女	372922198611110524	蔬菜学	农学硕士	8210132012003980
215	孙源文	女	130403198510181822	蔬菜学	农学硕士	8210132012003981
216	田　磊	男	130927198507031231	蔬菜学	农学硕士	8210132012003982
217	王柬人	女	371083198607018023	蔬菜学	农学硕士	8210132012003983
218	王彤彤	男	37092119881226365X	蔬菜学	农学硕士	8210132012003984
219	杨双娟	女	410782198606144267	蔬菜学	农学硕士	8210132012003985
220	尹　玲	女	370681198709262229	蔬菜学	农学硕士	8210132012003986
221	赵兴涛	男	370784198711152533	蔬菜学	农学硕士	8210132012003987
222	祝光涛	男	370781198612246711	蔬菜学	农学硕士	8210132012003988
223	袁平丽	女	410782198701153567	蔬菜学	农学硕士	8210132012003989

（续表）

序号	姓名	性别	身份证件号码	专业	学位类别	证书编号
224	白　艳	女	510823198701243887	茶学	农学硕士	8210132012003990
225	费旭元	男	51112319850103731X	茶学	农学硕士	8210132012003991
226	李　乐	女	430111198706035047	茶学	农学硕士	8210132012003992
227	王　博	男	411303198612280090	茶学	农学硕士	8210132012003993
228	杨明臻	男	431281198612093276	茶学	农学硕士	8210132012003994
229	张成才	男	370212198603042012	茶学	农学硕士	8210132012003995
230	钟小玉	女	330825198612273928	茶学	农学硕士	8210132012003996
231	周晨阳	男	371081198701086417	茶学	农学硕士	8210132012003997
232	周小芬	女	430681198610114628	茶学	农学硕士	8210132012003998
233	邹玉亮	男	360782198703066016	茶学	农学硕士	8210132012003999
234	葛　亮	男	371325198603082012	观赏园艺	农学硕士	8210132012004000
235	石　晓	男	411302198708295717	观赏园艺	农学硕士	8210132012004001
236	石颜通	男	231024198704032010	观赏园艺	农学硕士	8210132012004002
237	于　翠	女	371525198509280347	观赏园艺	农学硕士	8210132012004003
238	安红艳	女	152827198503086948	土壤学	农学硕士	8210132012004004
239	孙　健	女	370112198705018042	土壤学	农学硕士	8210132012004005
240	展晓莹	女	370923198511050346	土壤学	农学硕士	8210132012004006
241	张艳艳	女	370829198608294980	土壤学	农学硕士	8210132012004007
242	刘自飞	男	372928198605266037	土壤学	农学硕士	8210132012004008
243	苗建国	男	230183198604295512	植物营养学	农学硕士	8210132012004009
244	潘晓丽	女	370786198506234284	植物营养学	农学硕士	8210132012004010
245	王　淳	男	370831198612123959	植物营养学	农学硕士	8210132012004011
246	王向阳	男	411424198511125435	植物营养学	农学硕士	8210132012004012
247	徐新朋	男	130822198407086211	植物营养学	农学硕士	8210132012004013
248	尹　昌	男	370983198407293213	植物营养学	农学硕士	8210132012004014

（续表）

序号	姓名	性别	身份证件号码	专业	学位类别	证书编号
249	张　曦	女	372901198512064583	植物营养学	农学硕士	8210132012004015
250	左红娟	女	410221198604074824	植物营养学	农学硕士	8210132012004016
251	胡庆辉	男	370827198510022095	植物营养学	农学硕士	8210132012004017
252	李　军	男	371323198604082513	植物营养学	农学硕士	8210132012004018
253	邱　莉	女	341223198401012346	农业区域发展	农学硕士	8210132012004019
254	王红彦	女	130126198408220942	农业区域发展	农学硕士	8210132012004020
255	阴　晴	男	370983198301160033	农业区域发展	农学硕士	8210132012004021
256	张莉娜	女	140202198506163044	农业区域发展	农学硕士	8210132012004022
257	范丽颖	女	210603198604282529	农业遥感	农学硕士	8210132012004023
258	卫　炜	男	610525198607130050	农业遥感	农学硕士	8210132012004024
259	李祥晓	男	370684198602230517	植物病理学	农学硕士	8210132012004025
260	宋凤景	女	371525198411302325	植物病理学	农学硕士	8210132012004026
261	周慧敏	男	130624198501245313	植物病理学	农学硕士	8210132012004027
262	霍　欢	女	430681198608040949	植物病理学	农学硕士	8210132012004028
263	姜腾飞	男	371083198609166011	植物病理学	农学硕士	8210132012004029
264	亓晓莉	女	371203198705063521	植物病理学	农学硕士	8210132012004030
265	宋莎莎	女	371081198503210640	植物病理学	农学硕士	8210132012004031
266	王冬梅	女	411422198709115168	植物病理学	农学硕士	8210132012004032
267	王铁霖	女	370686198612080025	植物病理学	农学硕士	8210132012004033
268	王新朵	女	130632198408134424	植物病理学	农学硕士	8210132012004034
269	王艳丽	女	37108219860314742X	植物病理学	农学硕士	8210132012004035
270	邢淑莲	女	371327198611013044	植物病理学	农学硕士	8210132012004036
271	许存宾	男	330522198701032135	植物病理学	农学硕士	8210132012004037
272	许　韬	男	430321198207031539	植物病理学	农学硕士	8210132012004038
273	杨振娟	女	370724198706255769	植物病理学	农学硕士	8210132012004039

（续表）

序号	姓名	性别	身份证件号码	专业	学位类别	证书编号
274	张静秋	女	320981198709214240	植物病理学	农学硕士	8210132012004040
275	张凌娇	女	370682198604293527	植物病理学	农学硕士	8210132012004041
276	赵景青	女	371521198707174662	植物病理学	农学硕士	8210132012004042
277	赵晓娟	女	130126198610150028	植物病理学	农学硕士	8210132012004043
278	宗晓秋	女	230105198608302725	植物病理学	农学硕士	8210132012004044
279	刘　璇	女	370203198611095521	植物病理学	农学硕士	8210132012004045
280	宋丽云	女	370781198605055386	植物病理学	农学硕士	8210132012004046
281	张峻铨	男	370602198701210218	植物病理学	农学硕士	8210132012004047
282	侯文杰	女	140122198606281427	农业昆虫与害虫防治	农学硕士	8210132012004048
283	苏　奇	男	510303198601050516	农业昆虫与害虫防治	农学硕士	8210132012004049
284	陈文波	男	372321198503067611	农业昆虫与害虫防治	农学硕士	8210132012004050
285	邓　青	女	430682198706107082	农业昆虫与害虫防治	农学硕士	8210132012004051
286	李　宁	男	142725198703282839	农业昆虫与害虫防治	农学硕士	8210132012004052
287	李银平	女	130827198511100046	农业昆虫与害虫防治	农学硕士	8210132012004053
288	孙贝贝	女	370481198607200085	农业昆虫与害虫防治	农学硕士	8210132012004054
289	王　玲	女	500383198705040021	农业昆虫与害虫防治	农学硕士	8210132012004055
290	王　乔	女	210323198606105023	农业昆虫与害虫防治	农学硕士	8210132012004056
291	王松莹	男	372323198512032114	农业昆虫与害虫防治	农学硕士	8210132012004057
292	王　伟	男	420984198501244419	农业昆虫与害虫防治	农学硕士	8210132012004058
293	杨　莹	女	130622198609210021	农业昆虫与害虫防治	农学硕士	8210132012004059
294	张　聪	男	320582198704240516	农业昆虫与害虫防治	农学硕士	8210132012004060
295	张河庆	男	411123198605107016	农业昆虫与害虫防治	农学硕士	8210132012004061
296	张　彦	女	132439198507096625	农业昆虫与害虫防治	农学硕士	8210132012004062
297	张英财	男	371122198707236354	农业昆虫与害虫防治	农学硕士	8210132012004063
298	周　正	男	130133198607200016	农业昆虫与害虫防治	农学硕士	8210132012004064

（续表）

序号	姓名	性别	身份证件号码	专业	学位类别	证书编号
299	庄绪静	女	371327198508293041	农业昆虫与害虫防治	农学硕士	8210132012004065
300	崔亚丽	女	412722198409038460	农业昆虫与害虫防治	农学硕士	8210132012004066
301	孔令娥	女	371424198712153325	农药学	农学硕士	8210132012004067
302	孔志强	男	320125198605243317	农药学	农学硕士	8210132012004068
303	梁艳辉	女	370882198706211626	农药学	农学硕士	8210132012004069
304	刘卫国	男	372901198705216838	农药学	农学硕士	8210132012004070
305	毛连纲	男	370725198710270415	农药学	农学硕士	8210132012004071
306	渠云博	女	140624198503251524	农药学	农学硕士	8210132012004072
307	谭晓伟	女	371081198411079120	农药学	农学硕士	8210132012004073
308	田迎迎	女	370921198502124822	农药学	农学硕士	8210132012004074
309	谢红薇	女	460006198801011640	农药学	农学硕士	8210132012004075
310	张琳娜	女	231002198703103261	农药学	农学硕士	8210132012004076
311	赵　建	男	370883198706174817	农药学	农学硕士	8210132012004077
312	裴　欣	女	130185198710220521	农药学	农学硕士	8210132012004078
313	曹洪玉	女	372324198511292420	杂草科学	农学硕士	8210132012004079
314	陈景超	男	370781198505084032	杂草科学	农学硕士	8210132012004080
315	张　丽	女	152727198711254525	病虫测报	农学硕士	8210132012004081
316	乔玮娜	女	130703198510251524	生物安全	农学硕士	8210132012004082
317	王园园	女	370831198404166663	生物安全	农学硕士	8210132012004083
318	徐秀秀	女	371425198512233642	生物安全	农学硕士	8210132012004084
319	翟晓曼	女	130124198704030040	生物安全	农学硕士	8210132012004085
320	张海静	女	372301198608210722	生物安全	农学硕士	8210132012004086
321	赵梅婷	女	371327198510135122	生物安全	农学硕士	8210132012004087
322	周　文	男	430221198702222310	生物安全	农学硕士	8210132012004088
323	陈　翠	女	370882198508124724	动物遗传育种与繁殖	农学硕士	8210132012004089

（续表）

序号	姓名	性别	身份证件号码	专业	学位类别	证书编号
324	陈晓杰	女	120225198509023929	动物遗传育种与繁殖	农学硕士	8210132012004090
325	寇小琴	女	510824198501106542	动物遗传育种与繁殖	农学硕士	8210132012004091
326	刘　玲	女	230227198609052645	动物遗传育种与繁殖	农学硕士	8210132012004092
327	刘　楠	女	412823198705254821	动物遗传育种与繁殖	农学硕士	8210132012004093
328	罗庆苗	女	432524198702190045	动物遗传育种与繁殖	农学硕士	8210132012004094
329	马小军	男	142234198506190010	动物遗传育种与繁殖	农学硕士	8210132012004095
330	任晶晶	女	420621198701153405	动物遗传育种与繁殖	农学硕士	8210132012004096
331	唐倩倩	女	21112219851208152X	动物遗传育种与繁殖	农学硕士	8210132012004097
332	王建起	男	230304198503264050	动物遗传育种与繁殖	农学硕士	8210132012004098
333	武　爽	女	230103198609125721	动物遗传育种与繁殖	农学硕士	8210132012004099
334	夏吉瀚	男	500384198504258012	动物遗传育种与繁殖	农学硕士	8210132012004100
335	余大为	男	500237198605136778	动物遗传育种与繁殖	农学硕士	8210132012004101
336	张　磊	男	370911198704186412	动物遗传育种与繁殖	农学硕士	8210132012004102
337	张立敏	女	130635198502274027	动物遗传育种与繁殖	农学硕士	8210132012004103
338	张小宁	女	410782198612223607	动物遗传育种与繁殖	农学硕士	8210132012004104
339	朱　静	女	420822198702203723	动物遗传育种与繁殖	农学硕士	8210132012004105
340	赵　玥	女	150105198406277349	草业科学	农学硕士	8210132012004106
341	杨　林	男	37060219861225581X	动物遗传育种与繁殖	农学硕士	8210132012004107
342	曹春燕	女	320582198702272047	动物营养与饲料科学	农学硕士	8210132012004108
343	崔　虎	男	371327198401241815	动物营养与饲料科学	农学硕士	8210132012004109
344	单　慧	女	370403198605135647	动物营养与饲料科学	农学硕士	8210132012004110
345	邓会玲	女	429004198710201105	动物营养与饲料科学	农学硕士	8210132012004111
346	符运勤	女	411527198601017520	动物营养与饲料科学	农学硕士	8210132012004112
347	付胜勇	男	511025198512144951	动物营养与饲料科学	农学硕士	8210132012004113
348	廖瑞波	男	410323198605140537	动物营养与饲料科学	农学硕士	8210132012004114

（续表）

序号	姓名	性别	身份证件号码	专业	学位类别	证书编号
349	汤建平	男	350825198509273210	动物营养与饲料科学	农学硕士	8210132012004115
350	王鲁波	女	370786198509093624	动物营养与饲料科学	农学硕士	8210132012004116
351	徐　磊	男	232126198410113076	动物营养与饲料科学	农学硕士	8210132012004117
352	赵一广	男	370285198602230415	动物营养与饲料科学	农学硕士	8210132012004118
353	刘清华	女	371581198509016061	动物营养与饲料科学	农学硕士	8210132012004119
354	崔瑞莲	女	370786198607113027	动物营养与饲料科学	农学硕士	8210132012004120
355	高小明	男	342622198601274312	动物营养与饲料科学	农学硕士	8210132012004121
356	何科林	男	362423198609243018	动物营养与饲料科学	农学硕士	8210132012004122
357	李东卫	男	150429198611104815	动物营养与饲料科学	农学硕士	8210132012004123
358	李　勋	男	230623198707180436	动物营养与饲料科学	农学硕士	8210132012004124
359	马新燕	女	411526198510203524	动物营养与饲料科学	农学硕士	8210132012004125
360	齐志国	男	371425198608103252	动物营养与饲料科学	农学硕士	8210132012004126
361	孙　妍	女	15010519870330362X	动物营养与饲料科学	农学硕士	8210132012004127
362	唐　静	男	421002198601075031	动物营养与饲料科学	农学硕士	8210132012004128
363	闻治国	男	142229198501253317	动物营养与饲料科学	农学硕士	8210132012004129
364	吴　丹	女	320683198710256444	动物营养与饲料科学	农学硕士	8210132012004130
365	徐　鹏	男	411324198601015218	动物营养与饲料科学	农学硕士	8210132012004131
366	杨晓岚	女	152631198609074228	动物营养与饲料科学	农学硕士	8210132012004132
367	张俊辉	男	410184198611192511	动物营养与饲料科学	农学硕士	8210132012004133
368	庄晓峰	女	370704198809222024	动物营养与饲料科学	农学硕士	8210132012004134
369	李银萍	女	411403198708277545	草业科学	农学硕士	8210132012004135
370	万江春	男	50010119870214441X	草业科学	农学硕士	8210132012004136
371	李　超	男	500113198609222810	草业科学	农学硕士	8210132012004137
372	王清郦	女	612725198604094667	草业科学	农学硕士	8210132012004138
373	周国栋	男	620422198308124037	草业科学	农学硕士	8210132012004139

（续表）

序号	姓名	性别	身份证件号码	专业	学位类别	证书编号
374	廖秀丽	女	360301198610030022	特种经济动物饲养	农学硕士	8210132012004140
375	杨　俊	女	371202198701091529	特种经济动物饲养	农学硕士	8210132012004141
376	李淑芬	女	150404198610021826	特种经济动物饲养	农学硕士	8210132012004142
377	魏明立	男	371525198809011413	特种经济动物饲养	农学硕士	8210132012004143
378	于　森	男	220204198202210019	特种经济动物饲养	农学硕士	8210132012004144
379	杨　露	女	370784198610010544	动物信息科学	农学硕士	8210132012004145
380	宫苗苗	女	370902198510301586	预防兽医学	农学硕士	8210132012004146
381	田康乐	女	41133019850513154X	预防兽医学	农学硕士	8210132012004147
382	王海春	男	371323198702276311	预防兽医学	农学硕士	8210132012004148
383	曹　阅	女	220322198507051205	预防兽医学	农学硕士	8210132012004149
384	师新川	男	412728198210080010	预防兽医学	农学硕士	8210132012004150
385	孙　见	男	370612198602103014	预防兽医学	农学硕士	8210132012004151
386	许红丽	女	130626198509240309	预防兽医学	农学硕士	8210132012004152
387	丁　娜	女	320482198709250806	预防兽医学	农学硕士	8210132012004153
388	黄　梦	女	420114198502104124	预防兽医学	农学硕士	8210132012004154
389	李　婷	女	51062219861205514X	预防兽医学	农学硕士	8210132012004155
390	刘闰夏	女	371326198707310020	预防兽医学	农学硕士	8210132012004156
391	秦培兰	女	371121198508072960	预防兽医学	农学硕士	8210132012004157
392	孙春清	女	37072519860525398X	预防兽医学	农学硕士	8210132012004158
393	孙晓庆	女	320683198612128625	预防兽医学	农学硕士	8210132012004159
394	屠　晶	男	420112198510212771	预防兽医学	农学硕士	8210132012004160
395	吴秀娟	女	321088198801278526	预防兽医学	农学硕士	8210132012004161
396	颜丕熙	男	371324198601291930	预防兽医学	农学硕士	8210132012004162
397	晏文君	男	510129198611115515	预防兽医学	农学硕士	8210132012004163
398	杨馥如	女	620103198608191025	预防兽医学	农学硕士	8210132012004164

（续表）

序号	姓名	性别	身份证件号码	专业	学位类别	证书编号
399	张彦雷	男	37078219870416201X	预防兽医学	农学硕士	8210132012004165
400	周春景	女	371581198603200025	预防兽医学	农学硕士	8210132012004166
401	朱建平	男	510923198511235611	预防兽医学	农学硕士	8210132012004167
402	陈佳宁	男	320404198611123412	预防兽医学	农学硕士	8210132012004168
403	成　云	男	140106198703010012	预防兽医学	农学硕士	8210132012004169
404	冯肖肖	女	410724198407055065	预防兽医学	农学硕士	8210132012004170
405	韩　文	女	231121198508113928	预防兽医学	农学硕士	8210132012004171
406	胡顺磊	男	371329198508145113	预防兽医学	农学硕士	8210132012004172
407	李茂中	男	370923198510144711	预防兽医学	农学硕士	8210132012004173
408	蔺文成	男	371421198701050030	预防兽医学	农学硕士	8210132012004174
409	凌理军	男	430281198612276813	预防兽医学	农学硕士	8210132012004175
410	刘翠云	女	130225198605060924	预防兽医学	农学硕士	8210132012004176
411	秦永丽	女	370285198412303820	预防兽医学	农学硕士	8210132012004177
412	桑晓宇	男	230104198604010913	预防兽医学	农学硕士	8210132012004178
413	石　达	男	130183198506062594	预防兽医学	农学硕士	8210132012004179
414	宋姗姗	女	371426198606014826	预防兽医学	农学硕士	8210132012004180
415	苏　华	男	370784198709131530	预防兽医学	农学硕士	8210132012004181
416	苏　文	男	362331198507213015	预防兽医学	农学硕士	8210132012004182
417	孙晓东	男	371083198611120514	预防兽医学	农学硕士	8210132012004183
418	唐　续	男	140602198402058815	预防兽医学	农学硕士	8210132012004184
419	田大勇	男	410204198604016011	预防兽医学	农学硕士	8210132012004185
420	田华彬	男	13012319861107331X	预防兽医学	农学硕士	8210132012004186
421	田美杰	女	37098319870718182X	预防兽医学	农学硕士	8210132012004187
422	王　芳	女	51152219860905124X	预防兽医学	农学硕士	8210132012004188
423	王　飞	男	130682198506184218	预防兽医学	农学硕士	8210132012004189

（续表）

序号	姓名	性别	身份证件号码	专业	学位类别	证书编号
424	王寿山	男	370682198602012410	预防兽医学	农学硕士	8210132012004190
425	韦华冕	男	321181198704273775	预防兽医学	农学硕士	8210132012004191
426	吴玉全	男	341226198403046717	预防兽医学	农学硕士	8210132012004192
427	徐延伟	男	410422198612151073	预防兽医学	农学硕士	8210132012004193
428	闫　帅	男	13018319860804213X	预防兽医学	农学硕士	8210132012004194
429	杨　非	女	372330198603044683	预防兽医学	农学硕士	8210132012004195
430	于德民	男	370685198511120618	预防兽医学	农学硕士	8210132012004196
431	张飞雁	女	411521198704113920	预防兽医学	农学硕士	8210132012004197
432	张　龙	男	370982198602022674	预防兽医学	农学硕士	8210132012004198
433	张文亮	男	140225198601121111	预防兽医学	农学硕士	8210132012004199
434	赵　晶	女	372325198708200442	预防兽医学	农学硕士	8210132012004200
435	赵双成	男	371323198401258419	预防兽医学	农学硕士	8210132012004201
436	朱鹏阳	男	370826198804204015	预防兽医学	农学硕士	8210132012004202
437	朱　婷	女	371322198711164948	预防兽医学	农学硕士	8210132012004203
438	代　鹏	男	61272419840806101X	预防兽医学	农学硕士	8210132012004204
439	杜鹏飞	男	130106198611052432	预防兽医学	农学硕士	8210132012004205
440	高顺平	男	130125198609055537	预防兽医学	农学硕士	8210132012004206
441	谷元兴	男	371327198308271219	预防兽医学	农学硕士	8210132012004207
442	郭少娟	女	410185198410046565	预防兽医学	农学硕士	8210132012004208
443	鞠美芳	女	371081198504178427	预防兽医学	农学硕士	8210132012004209
444	卢国栋	男	13052719850529241X	预防兽医学	农学硕士	8210132012004210
445	倪兴维	女	522121198807151844	预防兽医学	农学硕士	8210132012004211
446	祁国财	男	630121198707128210	预防兽医学	农学硕士	8210132012004212
447	曲自刚	男	371427198410241353	预防兽医学	农学硕士	8210132012004213
448	沈　辉	男	620121198708081918	预防兽医学	农学硕士	8210132012004214

（续表）

序号	姓名	性别	身份证件号码	专业	学位类别	证书编号
449	孙静静	女	410426198610052528	预防兽医学	农学硕士	8210132012004215
450	田晓婷	女	370725198712220227	预防兽医学	农学硕士	8210132012004216
451	汪月凤	女	340827198804245221	预防兽医学	农学硕士	8210132012004217
452	赵　峰	男	51018419860826803X	预防兽医学	农学硕士	8210132012004218
453	周　强	男	130223198508276114	预防兽医学	农学硕士	8210132012004219
454	周　涛	男	511526198604040512	预防兽医学	农学硕士	8210132012004220
455	王　磊	女	411303198509123927	基础兽医学	农学硕士	8210132012004221
456	杨　娟	女	513821198703308824	兽药学	农学硕士	8210132012004222
457	常晓辉	男	610528198607193317	兽药学	农学硕士	8210132012004223
458	张　杰	女	370923199011190929	野生动植物保护与利用	农学硕士	8210132012004224
459	郭永强	男	371311198610192334	管理科学与工程	管理学硕士	8210132012004225
460	侯晓磊	女	210104198702280745	管理科学与工程	管理学硕士	8210132012004226
461	王耀武	男	411081198711084557	管理科学与工程	管理学硕士	8210132012004227
462	张　锐	男	150121198612088338	农业经济管理	管理学硕士	8210132012004228
463	张振兴	男	371082198507096730	农业经济管理	管理学硕士	8210132012004229
464	侯　涛	男	140203198505163911	农业经济管理	管理学硕士	8210132012004230
465	莒　琳	女	120223198608205362	农业经济管理	管理学硕士	8210132012004231
466	李佳晓	女	612731198703292826	农业经济管理	管理学硕士	8210132012004232
467	李向阳	男	41282519860521821X	农业经济管理	管理学硕士	8210132012004233
468	曲　颂	女	370681198701288088	农业经济管理	管理学硕士	8210132012004234
469	肖承蔚	男	362426198707188410	农业经济管理	管理学硕士	8210132012004235
470	康　敏	女	141181198610110082	农业经济管理	管理学硕士	8210132012004236
471	乐　冬	男	411502198711270538	农业经济管理	管理学硕士	8210132012004237
472	李祥驰	男	370826198808247450	农业经济管理	管理学硕士	8210132012004238
473	刘福江	男	362323198305030077	农业经济管理	管理学硕士	8210132012004239

（续表）

序号	姓名	性别	身份证件号码	专业	学位类别	证书编号
474	任伟宏	男	140302198502271211	农业经济管理	管理学硕士	8210132012004240
475	任育锋	女	410926198802010020	农业经济管理	管理学硕士	8210132012004241
476	王东杰	男	371481198512074814	农业经济管理	管理学硕士	8210132012004242
477	郭晓东	男	370983198801146959	农业经济管理	管理学硕士	8210132012004243
478	杨丽杰	女	130622198501036420	农业经济管理	管理学硕士	8210132012004244
479	李倩倩	女	410181198601134028	农业资源与环境经济学	管理学硕士	8210132012004245
480	杜　坤	女	130632198601270022	农产品贸易	管理学硕士	8210132012004246
481	牛艳秋	女	130534198506210061	农业经营管理	管理学硕士	8210132012004247
482	刘家益	男	429001198610225434	情报学	管理学硕士	8210132012004248
483	孙秀焕	女	130682198612276925	情报学	管理学硕士	8210132012004249
484	王　乙	女	370702198611026228	情报学	管理学硕士	8210132012004250
485	张蓉婷	女	320404198511122826	情报学	管理学硕士	8210132012004251
486	付伟铮	男	350783198110170234	农业经济管理	管理学硕士	8210132012004252
487	李梦茜	女	410711198804130020	情报学	管理学硕士	8210132012004253
488	Saba Ghirmai Tecle mariam	女	0342623	农业水资源利用	农学硕士	8210132012200001
489	Ojokoh Eromo sele	男	A01169768	食品科学	工学硕士	8210132012200002
490	Abeg unde Oluwa seyi Kemi	女	A01014933	食品科学	工学硕士	8210132012200003

中国农业科学院 2012 年夏季授予同等学力硕士学位人员名单（6 人）

序号	姓名	性别	身份证件号码	专业	学位类别	证书编号
1	王家农	男	133001198110030273	农业经济管理	管理学硕士	T8210132012000457
2	魏　赛	女	130181198206065424	农业经济管理	管理学硕士	T8210132012000458
3	何夙旭	男	320381198212180337	动物营养与饲料科学	农学硕士	T8210132012000459
4	计怀春	男	412727198001183017	作物遗传育种	农学硕士	T8210132012000460
5	章振羽	男	340821198209052216	植物病理学	农学硕士	T8210132012000461
6	王晶静	女	110222198202221428	农业经济管理	管理学硕士	T8210132012000462

中国农业科学院 2012 年夏季授予全日制专业学位硕士学位人员名单（45 人）

序号	姓名	性别	身份证件号码	专业	学位类别	证书编号
1	杨柳燕	女	410182198603216541	园艺	农业推广硕士	Z8210132012100001
2	朱红菊	女	412721198710124660	园艺	农业推广硕士	Z8210132012100002
3	单鹤翔	男	131024198611117230	农业资源利用	农业推广硕士	Z8210132012100003
4	孙蓟锋	男	120225197711240033	农业资源利用	农业推广硕士	Z8210132012100004
5	王　萌	女	220723198712172223	农业资源利用	农业推广硕士	Z8210132012100005
6	肖　琴	女	430922198612253863	农业资源利用	农业推广硕士	Z8210132012100006
7	张亦涛	男	37232519860219243X	农业资源利用	农业推广硕士	Z8210132012100007
8	崔宇鹏	女	410611198510267528	作物	农业推广硕士	Z8210132012100008
9	高海燕	女	152822198503123321	作物	农业推广硕士	Z8210132012100009
10	周芳芳	女	152602198506257226	作物	农业推广硕士	Z8210132012100010
11	张东辉	男	130125198603020018	作物	农业推广硕士	Z8210132012100011
12	李　松	男	342224198709200973	作物	农业推广硕士	Z8210132012100012
13	许佳莹	男	230503198409130210	作物	农业推广硕士	Z8210132012100013
14	李湘伟	男	130922198410211613	作物	农业推广硕士	Z8210132012100014

（续表）

序号	姓名	性别	身份证件号码	专业	学位类别	证书编号
15	宛　祥	男	342622198611135279	作物	农业推广硕士	Z8210132012100015
16	王全明	男	412728198512020339	作物	农业推广硕士	Z8210132012100016
17	王全贞	男	371325198505205613	作物	农业推广硕士	Z8210132012100017
18	杨　帆	男	211402198711235035	作物	农业推广硕士	Z8210132012100018
19	翟熙伦	女	230811198505152424	作物	农业推广硕士	Z8210132012100019
20	康洪涛	男	230104198505100016		兽医硕士	Z8210132012100020
21	王　松	男	230921198503241413		兽医硕士	Z8210132012100021
22	曹　燕	女	320623198704091464		兽医硕士	Z8210132012100022
23	李　玲	女	320582198708212328		兽医硕士	Z8210132012100023
24	宋宁宁	女	370322198602260227		兽医硕士	Z8210132012100024
25	王小兰	女	51062319870209902X		兽医硕士	Z8210132012100025
26	杨云霞	女	371482198704213221		兽医硕士	Z8210132012100026
27	付玉洁	女	210404198507112427		兽医硕士	Z8210132012100027
28	何玉利	男	13092119851001563X		兽医硕士	Z8210132012100028
29	侯仲杰	男	130104198502161514		兽医硕士	Z8210132012100029
30	胡卫杰	男	513822198509217079		兽医硕士	Z8210132012100030
31	李冰	女	230108198510151323		兽医硕士	Z8210132012100031
32	李建军	男	14022519850105007X		兽医硕士	Z8210132012100032
33	李　行	女	130128198509160961		兽医硕士	Z8210132012100033
34	刘蒙蒙	男	23230219841117003X		兽医硕士	Z8210132012100034
35	吕　闯	男	230103198603240614		兽医硕士	Z8210132012100035
36	孟甄祥	男	370181198603077714		兽医硕士	Z8210132012100036
37	宋志强	男	370902198604201252		兽医硕士	Z8210132012100037
38	孙美玉	女	37061319860703152X		兽医硕士	Z8210132012100038
39	王珊珊	女	130681198507173223		兽医硕士	Z8210132012100039

（续表）

序号	姓名	性别	身份证件号码	专业	学位类别	证书编号
40	费媛媛	女	610423198704076422		兽医硕士	Z8210132012100040
41	吕占禄	男	632801198510150056		兽医硕士	Z8210132012100041
42	库大亮	男	620302197907190612		兽医硕士	Z8210132012100042
43	孙英军	男	370523198504142419		兽医硕士	Z8210132012100043
44	王　龙	男	410102198605010211		兽医硕士	Z8210132012100044
45	张　晗	女	620421198611270428		兽医硕士	Z8210132012100045

中国农业科学院2012年夏季授予非全日制专业学位硕士学位人员名单（157人）

序号	姓名	性别	身份证件号码	领域	学位类别	证书编号
1	白希泰	男	110102198109182750	农村与区域发展	农业推广硕士	Z8210132012001151
2	陈言超	男	510102196810028458	农村与区域发展	农业推广硕士	Z8210132012001152
3	董浩军	男	640204197110230518	农村与区域发展	农业推广硕士	Z8210132012001153
4	董仙峤	男	230306196708025719	农村与区域发展	农业推广硕士	Z8210132012001154
5	付玉龙	男	230321196605270010	农村与区域发展	农业推广硕士	Z8210132012001155
6	高志翔	男	130185198401240035	农村与区域发展	农业推广硕士	Z8210132012001156
7	韩　昀	女	372822196710160725	农村与区域发展	农业推广硕士	Z8210132012001157
8	何健南	男	230103198201254810	农村与区域发展	农业推广硕士	Z8210132012001158
9	侯立群	男	210621197409275217	农村与区域发展	农业推广硕士	Z8210132012001159
10	侯祥保	男	320830196704212014	农村与区域发展	农业推广硕士	Z8210132012001160
11	焦光婧	女	410503197211091526	农村与区域发展	农业推广硕士	Z8210132012001161
12	焦国成	男	54010219731227201X	农村与区域发展	农业推广硕士	Z8210132012001162
13	金　涛	男	540102197303254012	农村与区域发展	农业推广硕士	Z8210132012001163
14	李　春	男	230303197004225718	农村与区域发展	农业推广硕士	Z8210132012001164
15	李广杰	男	210112196908280653	农村与区域发展	农业推广硕士	Z8210132012001165

（续表）

序号	姓名	性别	身份证件号码	领域	学位类别	证书编号
16	李海臣	男	23032119701005003X	农村与区域发展	农业推广硕士	Z8210132012001166
17	李　强	男	230306197702015311	农村与区域发展	农业推广硕士	Z8210132012001167
18	李　松	男	13244019800811031X	农村与区域发展	农业推广硕士	Z8210132012001168
19	李宪栋	男	370602198304221319	农村与区域发展	农业推广硕士	Z8210132012001169
20	梁培敏	男	150404197403150057	农村与区域发展	农业推广硕士	Z8210132012001170
21	刘成林	男	533025198304280014	农村与区域发展	农业推广硕士	Z8210132012001171
22	刘淑芬	女	232301196809010647	农村与区域发展	农业推广硕士	Z8210132012001172
23	刘秀芬	女	130904196710220640	农村与区域发展	农业推广硕士	Z8210132012001173
24	罗广妍	女	152104198203150685	农村与区域发展	农业推广硕士	Z8210132012001174
25	马金英	女	540102197109142527	农村与区域发展	农业推广硕士	Z8210132012001175
26	马晓川	男	110228198104160017	农村与区域发展	农业推广硕士	Z8210132012001176
27	南云洲	男	132801197508110810	农村与区域发展	农业推广硕士	Z8210132012001177
28	尼　玛	女	54010219720228102X	农村与区域发展	农业推广硕士	Z8210132012001178
29	庞念厂	男	372801197607065335	农村与区域发展	农业推广硕士	Z8210132012001179
30	彭　君	男	422721197812093313	农村与区域发展	农业推广硕士	Z8210132012001180
31	戚　俊	男	530322197912122634	农村与区域发展	农业推广硕士	Z8210132012001181
32	乔　巍	男	211323197908010413	农村与区域发展	农业推广硕士	Z8210132012001182
33	秦爱琼	女	632801197505140529	农村与区域发展	农业推广硕士	Z8210132012001183
34	任利军	男	230227196910030139	农村与区域发展	农业推广硕士	Z8210132012001184
35	石效莲	女	230305197708204029	农村与区域发展	农业推广硕士	Z8210132012001185
36	宋　涛	男	230302197309124719	农村与区域发展	农业推广硕士	Z8210132012001186
37	孙慧文	男	152527198507020034	农村与区域发展	农业推广硕士	Z8210132012001187
38	孙　庆	男	370784198412015811	农村与区域发展	农业推广硕士	Z8210132012001188
39	孙晓祥	男	220302196709240210	农村与区域发展	农业推广硕士	Z8210132012001189
40	孙一鸣	男	231002198410140018	农村与区域发展	农业推广硕士	Z8210132012001190

（续表）

序号	姓名	性别	身份证件号码	领域	学位类别	证书编号
41	王　波	女	370728197511200240	农村与区域发展	农业推广硕士	Z8210132012001191
42	王丹鹤	女	231084198402274029	农村与区域发展	农业推广硕士	Z8210132012001192
43	王浩田	男	120223197503014813	农村与区域发展	农业推广硕士	Z8210132012001193
44	王丽萍	女	230304197412104444	农村与区域发展	农业推广硕士	Z8210132012001194
45	王　倩	女	130183198609161149	农村与区域发展	农业推广硕士	Z8210132012001195
46	王生学	男	370723198004103318	农村与区域发展	农业推广硕士	Z8210132012001196
47	王晓锋	男	230306197908174019	农村与区域发展	农业推广硕士	Z8210132012001197
48	王晓辉	女	410901198003284028	农村与区域发展	农业推广硕士	Z8210132012001198
49	王晓清	女	230306197404065126	农村与区域发展	农业推广硕士	Z8210132012001199
50	王晓宇	男	230302198006264014	农村与区域发展	农业推广硕士	Z8210132012001200
51	炜斯白央	女	540102196911093529	农村与区域发展	农业推广硕士	Z8210132012001201
52	吴继东	男	211323197112220212	农村与区域发展	农业推广硕士	Z8210132012001202
53	吴雪峰	男	230302197211194014	农村与区域发展	农业推广硕士	Z8210132012001203
54	辛宗绪	男	211382198003251030	农村与区域发展	农业推广硕士	Z8210132012001204
55	邢志晓	男	37108119821110001X	农村与区域发展	农业推广硕士	Z8210132012001205
56	杨　静	女	370702197607031329	农村与区域发展	农业推广硕士	Z8210132012001206
57	杨思富	男	522323198005287516	农村与区域发展	农业推广硕士	Z8210132012001207
58	杨　瑛	女	140303198006010027	农村与区域发展	农业推广硕士	Z8210132012001208
59	杨　颖	女	210102198206106323	农村与区域发展	农业推广硕士	Z8210132012001209
60	姚　军	男	659001197707302430	农村与区域发展	农业推广硕士	Z8210132012001210
61	岳福菊	女	32010619700823286X	农村与区域发展	农业推广硕士	Z8210132012001211
62	张昊岚	女	230302197804085024	农村与区域发展	农业推广硕士	Z8210132012001212
63	张瑞芳	女	110107197906110642	农村与区域发展	农业推广硕士	Z8210132012001213
64	张忠明	男	230303197604075717	农村与区域发展	农业推广硕士	Z8210132012001214
65	赵洪绪	男	210682198207192373	农村与区域发展	农业推广硕士	Z8210132012001215

（续表）

序号	姓名	性别	身份证件号码	领域	学位类别	证书编号
66	周慧生	男	653101195802090019	农村与区域发展	农业推广硕士	Z8210132012001216
67	周　杰	女	230302197707105046	农村与区域发展	农业推广硕士	Z8210132012001217
68	朱　楠	男	32030319800517121X	农村与区域发展	农业推广硕士	Z8210132012001218
69	邹本忠	男	230302196401124039	农村与区域发展	农业推广硕士	Z8210132012001219
70	毕洪文	女	230107196409182488	农业信息化	农业推广硕士	Z8210132012001220
71	金　攀	男	110103197612090337	农业信息化	农业推广硕士	Z8210132012001221
72	屈　磊	女	110108198504058221	农业信息化	农业推广硕士	Z8210132012001222
73	王永江	男	220181198106095310	农业信息化	农业推广硕士	Z8210132012001223
74	张宏志	男	130322198302142216	农业信息化	农业推广硕士	Z8210132012001224
75	朱弘博	男	220104198407031553	农业信息化	农业推广硕士	Z8210132012001225
76	姜　涛	男	220202197911283619	农业资源利用	农业推广硕士	Z8210132012001226
77	李凤鸣	男	210921198109125218	农业资源利用	农业推广硕士	Z8210132012001227
78	栗　红	女	130429197505170028	农业资源利用	农业推广硕士	Z8210132012001228
79	刘国一	男	522725197908241252	农业资源利用	农业推广硕士	Z8210132012001229
80	刘生伟	男	63010519650512065X	农业资源利用	农业推广硕士	Z8210132012001230
81	刘唯一	女	110104198602011245	农业资源利用	农业推广硕士	Z8210132012001231
82	柳金库	男	220122197902235914	农业资源利用	农业推广硕士	Z8210132012001232
83	王大蔚	男	232301198505200010	农业资源利用	农业推广硕士	Z8210132012001233
84	王元勇	男	522529198006230051	农业资源利用	农业推广硕士	Z8210132012001234
85	谢立亚	女	610403197311190080	农业资源利用	农业推广硕士	Z8210132012001235
86	杨　军	男	230227196811252836	农业资源利用	农业推广硕士	Z8210132012001236
87	姚殿立	男	342122197605051739	农业资源利用	农业推广硕士	Z8210132012001237
88	赵旭珍	女	140203197802063920	农业资源利用	农业推广硕士	Z8210132012001238
89	高　伟	女	220402197701252241	食品加工与安全	农业推广硕士	Z8210132012001239
90	李　超	男	230103198208240913	食品加工与安全	农业推广硕士	Z8210132012001240

（续表）

序号	姓名	性别	身份证件号码	领域	学位类别	证书编号
91	邱　城	男	511381198208218378	食品加工与安全	农业推广硕士	Z8210132012001241
92	任　瑞	男	133026197609052415	食品加工与安全	农业推广硕士	Z8210132012001242
93	王　戬	男	220102196810215238	食品加工与安全	农业推广硕士	Z8210132012001243
94	吴兴壮	男	211021197502245336	食品加工与安全	农业推广硕士	Z8210132012001244
95	许锴霖	男	350623197901152714	食品加工与安全	农业推广硕士	Z8210132012001245
96	阿秀兰	女	540122197504170021	养殖	农业推广硕士	Z8210132012001246
97	次仁德吉	女	540102196911271022	养殖	农业推广硕士	Z8210132012001247
98	普布次仁	男	54010219761210101X	养殖	农业推广硕士	Z8210132012001248
99	曲广鹏	男	372923198107075615	养殖	农业推广硕士	Z8210132012001249
100	宋连喜	男	210881197011280857	养殖	农业推广硕士	Z8210132012001250
101	王鸿英	女	120103197004122640	养殖	农业推广硕士	Z8210132012001251
102	央　金	女	540102196505011022	养殖	农业推广硕士	Z8210132012001252
103	张成福	男	632124197511113638	养殖	农业推广硕士	Z8210132012001253
104	戴希尧	男	210122197810030311	园艺	农业推广硕士	Z8210132012001254
105	董敬超	女	211224197912200720	园艺	农业推广硕士	Z8210132012001255
106	耿　伟	男	220104198403180017	园艺	农业推广硕士	Z8210132012001256
107	胡晓林	男	540102198405094034	园艺	农业推广硕士	Z8210132012001257
108	居　敏	女	321084198010290064	园艺	农业推广硕士	Z8210132012001258
109	李树发	男	530111196404041411	园艺	农业推广硕士	Z8210132012001259
110	刘彩迪	女	330323197504214029	园艺	农业推广硕士	Z8210132012001260
111	刘国宇	男	210123197908261018	园艺	农业推广硕士	Z8210132012001261
112	刘政权	男	340123197503120312	园艺	农业推广硕士	Z8210132012001262
113	裴新辉	男	21142219780107001X	园艺	农业推广硕士	Z8210132012001263
114	山　春	男	210881197905130436	园艺	农业推广硕士	Z8210132012001264
115	尚　楠	女	341225198310308929	园艺	农业推广硕士	Z8210132012001265

（续表）

序号	姓名	性别	身份证件号码	领域	学位类别	证书编号
116	申屠姣	女	33012219830902004X	园艺	农业推广硕士	Z8210132012001266
117	司立英	男	37250119740926111X	园艺	农业推广硕士	Z8210132012001267
118	孙佳岩	女	22028319811014032X	园艺	农业推广硕士	Z8210132012001268
119	张爱军	男	110222197402042454	园艺	农业推广硕士	Z8210132012001269
120	张　峰	男	130184197602030017	园艺	农业推广硕士	Z8210132012001270
121	赵丽丽	女	211022198201150086	园艺	农业推广硕士	Z8210132012001271
122	彭　宇	女	152101198405200928	植物保护	农业推广硕士	Z8210132012001272
123	孙　爻	女	110105198707058628	植物保护	农业推广硕士	Z8210132012001273
124	吐尔逊·阿合买提	男	650103196910153376	植物保护	农业推广硕士	Z8210132012001274
125	张俊博	女	210724196612270067	农村与区域发展	农业推广硕士	Z8210132012001275
126	赵艳丽	女	370883197212127223	植物保护	农业推广硕士	Z8210132012001276
127	郑铉爽	女	220381197809120849	植物保护	农业推广硕士	Z8210132012001277
128	白　石	男	210422198010220011	作物	农业推广硕士	Z8210132012001278
129	陈芦根	男	352202197711150070	作物	农业推广硕士	Z8210132012001279
130	郭先锋	男	612525197507251952	作物	农业推广硕士	Z8210132012001280
131	黄　武	男	452223197807302011	作物	农业推广硕士	Z8210132012001281
132	贾鸿昌	男	230229198002053417	作物	农业推广硕士	Z8210132012001282
133	金　光	男	350103196501150034	作物	农业推广硕士	Z8210132012001283
134	冷建田	男	23023019750427021X	作物	农业推广硕士	Z8210132012001284
135	李　刚	男	220817197101133034	作物	农业推广硕士	Z8210132012001285
136	李秀丰	女	350403197908110027	作物	农业推广硕士	Z8210132012001286
137	刘振兴	男	130225197210233718	作物	农业推广硕士	Z8210132012001287
138	陆永法	男	330227196304192019	作物	农业推广硕士	Z8210132012001288
139	罗　琳	男	513401198411040611	作物	农业推广硕士	Z8210132012001289

（续表）

序号	姓名	性别	身份证件号码	领域	学位类别	证书编号
140	任建军	男	41272619810930841X	作物	农业推广硕士	Z8210132012001290
141	施良平	男	330104196703051635	作物	农业推广硕士	Z8210132012001291
142	孙宾成	男	152103196911034217	作物	农业推广硕士	Z8210132012001292
143	孙建锋	男	370721197712227779	作物	农业推广硕士	Z8210132012001293
144	王淑玲	女	220381197705182025	作物	农业推广硕士	Z8210132012001294
145	王天军	男	510781197805258518	作物	农业推广硕士	Z8210132012001295
146	王晓琳	女	21011219720903022X	作物	农业推广硕士	Z8210132012001296
147	王　永	男	370721196911074037	作物	农业推广硕士	Z8210132012001297
148	闻其生	男	53032219731229001X	作物	农业推广硕士	Z8210132012001298
149	吴亚宏	男	42100219730508051X	作物	农业推广硕士	Z8210132012001299
150	肖如芳	女	533325198210101624	作物	农业推广硕士	Z8210132012001300
151	闫树平	女	372501197807198224	作物	农业推广硕士	Z8210132012001301
152	杨洪昌	男	53252419780716095X	作物	农业推广硕士	Z8210132012001302
153	尹　洪	男	512201197009040318	作物	农业推广硕士	Z8210132012001303
154	张素芳	女	372522197804143924	作物	农业推广硕士	Z8210132012001304
155	赵俊卿	男	412728198108161236	作物	农业推广硕士	Z8210132012001305
156	黄东风	男	110221196910288353	—	兽医硕士	Z8210132012001306
157	李喜旺	男	320113196702014896	—	兽医硕士	Z8210132012001307

李家洋在2012级研究生开学典礼上的讲话

（2012年9月8日）

各位来宾、老师、同学们：

今天我们怀着喜悦的心情在这里隆重举行2012级研究生开学典礼。我的心情非常激动，因为我高兴地看到，又有一批优秀青年走进了中国农业科学院这座神圣的科学殿堂，加入到科学探索和科技创新的行列中来。看到各位新同学精神饱满，意气风发，作为院长和导师，我感到无比的喜悦和欣慰。

首先，我谨代表中国农业科学院党组和研究生院全体师生向在百忙之中应邀光临典礼的各位领导、来宾表示热烈的欢迎和诚挚的谢意！向刚刚迈进中国农业科学院的2012级954名博士、硕士研究生以及留学生表示衷心的祝贺和热烈的欢迎；并在教师节即将来临之际，向辛勤工作在教学、科研第一线的教师和导师们致以诚挚的问候和崇高的敬意！

同学们，中国农业科学院成立于1957年，是全国规模最大、学科最全、综合研究实力最强的国家级综合性农业科研机构。目前，中国农业科学院有39个研究所和一个研究生院、一个中国农业科学技术出版社，分布在全国17个省（市、自治区）。现有两院院士11人，在职国家级专家8人，省、部级专家151人，政府特殊津贴专家134人，国家“百千万人才工程”人选29人。我院现拥有国家重大科学工程2个、国家重点实验室5个、农业部重点开放实验室32个、国家工程技术研究中心5个、国家工程实验室和工程研究中心5个，国家及部级质量监督检测中心40个、国家农作物、畜禽改良中心（分中心）16个、国家和部级野外台站29个、拥有保存数量居世界第一的国家作物种质资源长期库1座、拥有藏书量居世界第三、亚洲第一的国家农业图书馆1座。

经过50多年的发展和建设，中国农业科学院在我国农业科技攻关、攀登科学高峰、服务宏观决策和经济建设主战场，支撑国家农产品供给实现总量平衡、丰年有余的历史性转变，走向全面建设小康社会的伟大历史进程中作出了不可替代的重要贡献。

一是自主创新能力不断提升。2000年以来，我院紧紧围绕国家重大需求，着力加强自主创新，取得了一批具有自主知识产权的重大科技成果。共获得国家奖54项，其中国家技术发明奖5项，国家科技进步奖49项，占全国农业领域的19.41%；获得一等奖10项，其中，以第一完成单位获奖6项，参加4项，占农业领域一等奖的62.50%。突破性成果不断涌现，获得了禽流感疫苗、转基因三系杂交棉、矮败小麦、超级稻、双低油菜、植酸酶玉米等一批具有自主知识产权、世界领先的重大农业科技成果。一批高水平论文在《Science》《Nature》等期刊上发表，凸显了我院作为农业科技创新国家队的地位。

二是对产业的支撑能力显著增强。10 年来，我院累计推广农作物新品种 3 000多个，农业新技术近 2 000余项，新品种新技术累计推广 20 亿亩以上、畜禽新品种 15 亿头（只），有力促进了农业农村经济的发展；我院科学家承担了国家产业技术体系 17 个首席科学家、182 个岗位专家的职责，为农业产业发展提供了技术支持。全院科技产业收入连续 10 年稳定增长，年均增长率超过 17%，累计实现产业收入近 80 亿元。

三是国际合作交流渠道不断扩展。我院与 81 个国家、33 个国际组织、6 个跨国公司以及盖茨基金会等建立合作关系，13 个国外机构在我院设立了驻华办事处，与美国、日本、荷兰等国家及国际玉米小麦改良中心等共建联合实验室、研究中心 23 个；组织申请各类国际合作项目 1 458项，争取国际合作总经费超过 6. 5 亿元。

同学们，中国农业科学院研究生院成立于 1979 年，是我国第一批具有博士学位与硕士学位授予单位之一。建院 30 多年来，一直秉承“明德格物、博学笃行”的办学宗旨，坚持“立足科研，质量为本，科教兴农”的办学理念，以“院所结合，两段式培养”为特色，通过更新教育理念，深化研究生教育改革，创新管理制度和机制，建立了适合科研单位的科学、严谨、完善的研究生培养体系。现已形成包括硕士、博士、留学生和港澳台学生以及专业学位教育在内的多层次、多类型的人才培养体系，研究生教育事业取得了骄人的成绩：一是学科建设不断增强。我院学科专业以农科为优势，农、理、工、管等多学科相结合，涵盖了 15 个一级学科，现拥有 10 个博士学位一级学科授权点和 56 个二级学科授权点；12 个硕士学位一级学科授权点和 65 个二级学科授权点。设有农业推广硕士和兽医硕士 2 个专业学位，以及在职人员以同等学力申请硕士和博士学位授权点；二是办学规模迅速扩大，在校生从“九五”末的 500 余名增长到目前的 4 300多名，长期留学生规模超过 100 人，已与世界上 60 多个国家或地区的农业科研机构、大专院校建立了多种形式的双边交流与合作关系；三是师资队伍不断壮大，拥有 500 多位博士生导师和 1 200多位硕士生导师；四是培养质量显著提高，先后被授予“全国学位与研究生教育管理先进集体”、“北京市学位与研究生教育管理先进集体”和“北京地区研究生学位工作优秀单位”。有 4 篇博士学位论文荣登“全国百篇优秀博士学位论文”，6 篇获提名，3 篇获“北京市优秀博士学位论文”。2002 年以来，连续以农学门类第一名荣膺“中国一流研究生院”，在全国研究生院竞争力总排名第二十九位，在农林学科排名第一，在科研单位排名第二。

同学们，当今世界正处在大发展、大变革、大调整时期，世情、国情、农情继续发生深刻变化，在全面建设小康社会的伟大征程中，在我国实现“十二五”发展规划的关键时期，农业和农村经济发展既面临重要机遇期，又面临诸多风险挑战。科技进步始终是我国农业农村经济发展的主要动力源泉。作为农业科研的国家队，我们一定要认清形势，不畏艰难，承担起发展我国农业科学技术的历史重任。为此，我们提出了建设世界一流农业科研院所的发展目标。未来 5 年到 10 年，中国农业科学院要按照“引领创新、支撑产业、开放合作、和谐有序”的总要求，全面提升学术水平和影响力，成为国家农业科技创新新思想、新理论、新技术和重大科技命题的策源地；全面提升对高层次科研人才的吸引力和凝聚力，成为国家农业高层次科研人才的培养基地和创新创业基地；全面提升宏观决策咨询能力，成为国家“三农”问题和农业科技发展战略研究的学术重镇。

同学们，今天，你们选择中国农业科学院作为迈向新的人生历程的起点，我相信，几年后当你们满载收获向更高的目标迈进时，将无悔于今天的这一选择，同时也将为自己能够亲历中国农业科学院的变化与发展，并成为这一历史进程的参与者和推动者而感到骄傲和自豪。

在同学们即将掀开人生新的一页的时候，我想对你们提几点希望：

第一，希望你们志存高远，脚踏实地。胸怀大志，心系人民，扎实拼搏，追求卓越。要树立远大的理想，将个人的追求目标和祖国的农业科技发展紧密结合起来，立志做一个“顶天立地”的农科人。“顶天”就是希望同学们能够发奋努力，追求卓越，力争在农业科技前沿技术和基础研究上取得突破，在农业发展的关键技术和共性技术上取得突破，勇攀国际农业科技前沿高峰；“立地”就是希望同学们深入基层，在农业科技产业化、农业科技成果应用过程中发挥应有的作用。

第二，希望你们追求真理，勇于创新。独立思考，不断开拓，持之以恒。要勇于追踪学术前沿，以自己的辛勤劳动，创造优异的成绩。科学之路无坦途，也没有捷径可走，你们必须要有勇于创新、攀登高峰的开拓进取精神，探索求真、实验取证的理性和求实精神，协作共事、淡泊名利的团队和包容精神，克服浮躁，刻苦钻研，坚定笃行，才能走向成功。

第三，希望你们德才兼备，全面发展。“明德格物、博学笃行”是我们的校训。大学之道，在于明德。治学与修身并重，做人与做事兼修，希望同学们学会学习、学会做人、学会做事，做到知行合一。

同学们，同志们，新的画卷已经展开，美好的明天正在等待我们去创造，让我们紧密团结在以胡锦涛同志为总书记的党中央周围，坚定信心，共同努力，以优异成绩迎接党的第十八次全国代表大会胜利召开！为把我院研究生院建设成为国际知名、国内一流的培养和造就高层次农业科技人才基地的宏伟蓝图而共同奋斗！为了中国农业科学院世界一流农业科研院所建设的不断推进而努力拼搏！让青春在建设中国特色社会主义的伟大事业中焕发出更加绚丽的光彩！

李家洋在 2012 届研究生毕业典礼暨学位授予仪式上的讲话

（2012 年 7 月 4 日）

尊敬的各位来宾、老师们，亲爱的同学们：

今天是一个充满光荣与梦想、幸福与感动的日子，我们如期所至地迎来了一年一度的研究生毕业盛典。首先请允许我代表中国农业科学院党组，向圆满完成学业、即将踏上崭新人生旅程的 2012 届研究生致以最热烈的祝贺和最美好的祝愿！向为研究生教育工作付出辛勤劳动的院属各单位领导和老师致以崇高敬意！向全力支持同学们完成学业的各位家长和亲友们表示衷心感谢！

春华秋实，2012 年我院共有全日制研究生 743 人毕业，其中，博士毕业生 198 人，硕士毕业生 545 人。

同学们，毕业典礼对学校来说是一种收获，母校因为你们又增添了新的成就、新的自豪，祖国建设和发展又增添了新生力量。在我院推进现代科研院所建设行动中，在攻克科学难关和技术瓶颈工作中，在农业科技创新研究中，正是你们刻苦钻研、勇于创新和大胆实践，为我院一项项科研难题的攻克做出了重要的贡献，为我院勇攀科技高峰付出了辛勤的汗水。你们的拼搏精神、你们的快速成长、你们的骄人成绩，才是母校今夏最为宝贵的收获。

同学们，当今世界正处在大发展、大变革、大调整时期，世情、国情、农情继续发生深刻变化，在全面建设小康社会的伟大征程中，在我国实现“十二五”发展规划的关键时期，农业和农村经济发展既面临重要机遇期，又面临诸多风险挑战。未来我国要在高起点上突破资源环境制约瓶颈，应对农村劳动力加快转移等新挑战，保障主要农产品有效供给和农业农村经济持续稳定发展，根本依靠是加快农业科技创新，提高科技应用水平，不断提升科技支撑引领能力。实现农业科技进步，建设创新型国家，迫切需要高层次农业科技人才。时势造英雄，同学们，作为时代的弄潮儿，你们是幸运的，你们肩负的责任也更加重大和艰巨。在你们即将踏上人生新的征程之时，我谨提出几点希望，与同学们共勉。

第一，要有“胸怀祖国，勇于奉献”的爱国之心。胡锦涛总书记《在庆祝中国共产党成立 90 周年大会上的讲话》曾特别号召：“全国广大青年一定要深刻了解近代以来中国人民和中华民族不懈奋斗的光荣历史和伟大历程，永远热爱我们伟大的祖国，永远热爱我们伟大的人民，永远热爱我们伟大的中华民族”。我认为，爱国不仅是一种信念，更是一种实力，要将爱国信念有效地转换为理性的思考与行动，你们要坚定理想信念，增长知识本领，锤炼品德意志，矢志奋斗拼搏，在人生的广阔舞台上充分发挥聪明才智、尽情展现人生价值，用实际行动努力创造出无愧于时代的青春业绩。

第二，希望你们做到“志存高远，脚踏实地”。古往今来，凡成大事者，一定是志存高远、奋发努力的人。人的志向通常和他们的能力成正比例！人的目标有多高，他的智慧就发挥多充分！做为中国农业科学院培养的研究生，同学们一定要树立远大的理想，将个人的追求目标和祖国的农业科技发展紧密结合起来，不辜负母校对你们的期望，做一个“顶天立地”的人，“顶天”就是希望同学们能够发奋努力，追求卓越，力争在农业科技前沿技术和基础研究上取得突破，在农业发展的关键技术和共性技术上取得突破，勇攀国际农业科技前沿高峰；“立地”就是希望同学们深入基层，在农业科技产业化、农业科技成果应用过程中发挥应有的作用。

第三，希望你们树立“终身学习，努力成才”的观念。我们生活在一个伟大变革和知识不断更新的时代，我们所面临的这个社会的变化之快更是难以想象。我们只有不断的加强学习，才能看清形势，看清社会的变化，才能跟上时代的步伐。正如我们经常所说的，人生没有毕业的学校，而学习则是终身的职业。当今社会是竞争非常激烈的社会，竞争主要是人才的竞争，人才的竞争归根结底是知识、能力和综合素质的竞争。希望同学们树立终生学习的观念，不断学习，学会认知、学会做事、学会合作、学会生存，成为国家的栋梁之材，成为终身学习理念的实践者和传播者。

第四，希望你们“锐意创新，勇攀高峰”。当今世界，科技进步日新月异，面对许多从未遇到过的挑战和问题，需要我们保持和发扬勇于创新的精神，创造性地解决问题和开展工作。要有所创新，就要勇于向权威挑战、勇于向思维定势挑战，要有求得新知和标新立异的欲望；要有所创新，还要具有团结互助和独立思考的精神，虚心学习、相互信任、严谨求实、独立思考；要有所创新，同样需要敢于坚持、执著追求，因为创新有时不会被接受和理解，也常常具有不确定性、偶然性和一定的风险，要有百折不挠的坚强意志和锲而不舍的执著追求。作为毕业研究生，你们已经具备了一定的创新能力，在建设创新型国家的新形势下，希望你们能抢抓机遇，树立创新意识，加强创新能力，不断攀登新的高峰。

亲爱的同学们，无论你们今后走到哪里、工作在什么岗位，都要一如既往地秉承“明德格物，博学笃行”的院训精神，你们所取得的每一项成绩，都是对祖国、对母校最好的支持与回报！

亲爱的同学们，母校永远是你们的家，母校永远爱你们！

最后，祝各位同学前程似锦！祝各位老师工作顺利、合家幸福！

八、综合政务管理

中国农业科学院常务会议议事规则

（2012 年 3 月 12 日）

为进一步提高院常务会议质量和效率，实现会议管理工作的规范化、制度化，根据《中国农业科学院工作规则》和 2012 年第三次院常务会议精神，制定本规则。

一、会议时间、地点

院常务会议一般每月召开一次，会议时间安排在每月第一周的星期五，如有需要可作调整。会议地点一般安排在院机关办公楼 530 会议室或 533 会议室。

二、参加会议人员

院常务会议由院长召集和主持，院领导出席，院办公室主任列席。根据需要，可安排议题所涉及部门（单位）的主要负责人和其他有关人员列席会议。每次会议须有半数以上常务会议组成人员出席方可召开。

三、会议议题

（一）议题范围

1. 传达贯彻上级重要指示、决定；
2. 研究向上级部门请示的重要事项和重要决策建议；
3. 听取重要工作汇报，研究布置阶段性工作；
4. 讨论审议院改革发展有关综合规划和专项规划、院年度计划、年度经费预决算、重要科研项目和投资项目、院重要规章制度等；
5. 研究中国农业科学院机构设置、职能、人员编制等事项；
6. 讨论决定其他重要事项。

（二）议题征集

按照农业部等上级部门的工作部署和我院中心工作任务和年度工作计划，院机关各部门在每月 20 日前以《院内签报》形式向分管院领导呈报拟提请下月院常务会审议的议题，经分管院领导审核并报院长同意后作为待议议题；院办公室于会前一周向院领导征集会议议题。

（三）材料准备

院领导批示提交院常务会议讨论的文件，原件转院办秘书处，由秘书处列入院常务会议待议议题，并打印《中国农业科学院常务会议待议议题通知》（附件 1），与议题文件一起发送主办部门，提前准备汇报材料。

议题承办部门在广泛调研的基础上认真准备会议材料。议题内容涉及多个部门和单位的，主办部门在会前应主动征求意见，有关部门应及时提出意见并经主要负责人签署；经协调仍达不成一致的，提请主管副院长协调；协调后意见仍有分歧的，主办部门应如实向常务会作出说明。

四、会前准备

1. 会议呈报。院办秘书处根据议题收集情况和会议时间安排，及时报送《中国农业科学院常务会议呈报单》（附件 2），提出召开常务会议的初步安排意见，经院办负责人审核后，请主管院领导签报院长审定。秘书处要根据议题内容和参加部门（单位）情况，合理安排汇报顺序。

2. 会议通知。按照院领导批准同意的会议安排，院办秘书处负责起草《会议通知》（附件 3），由院办负责人审定后，印发或传真通知有关部门和单位，以纸质形式呈报院领导。同时，院办秘书处预订好会议室。

3. 会议材料。院有关部门或单位接到会议通知后，落实参加会议人员，准备会议材料。会议材料要突出重点，简明扼要，将有关背景情况和需要研究的问题阐述清楚。会议材料由主办部门或单位按照统一格式（附件 4）印制。会议材料应提前一天按通知份数报送院办公室秘书处。

五、参会要求

1. 各部门主要负责同志要按要求参加会议，如有特殊情况不能参加，必须以书面形式向会议主持人请假，经同意后再安排其他同志参加。

2. 参加会议人员要做好充分准备，议题要由单位（部门）主要负责人或分管领导汇报，汇报尽可能用PPT形式，汇报应简明扼要，突出重点，讲清主要问题和需要会议议定的事项，汇报时间一般不超过15分钟。

3. 参加会议人员要按时到会，集中精力听会，无特殊情况，不得在会场处理其他事务。

六、会议服务

1. 每次会议秘书处安排两人负责会务工作。一位负责会议记录，另一位负责会议衔接工作。

2. 会务工作人员要提前半小时到达会场，负责摆放桌签、测试话筒和分发材料等工作。会前5分钟，检查与会人员到会情况，催请有关人员准时参加会议。

3. 会务工作人员要及时处理会场内的有关事宜，维护好会场秩序，及时通知相关列席人员到会，做好议题之间的衔接。某个议题结束前5分钟左右，请下一个议题汇报人先进入会场等待。

七、会议纪要

1. 会议纪要由院办秘书处负责起草。纪要拟稿在半个工作日内完成，呈报《会议纪要送审稿》，经院办负责人审核后，请主管院领导签报院长审定。

2. 会议纪要分送院领导、院办主任，以及会议议题涉及的部门和单位。

八、督查督办

1. 常务会议议定事项的落实工作，由会议确定的主办部门和协办部门办理。各部门主要负责同志是落实常务会议议定事项的第一负责人。院办负责督查督办，可根据实际需要发送议定事项通知（附件5）。

2. 已明确承办部门的议定事项，相关部门要认真分解工作任务，落实具体责任。涉及两个以上部门办理的事项，由主办部门牵头，有关部门和单位要积极配合。

九、立卷归档

秘书处及时整理会议有关材料，将常务会议呈报单、会议通知、会议纪要送审稿、会议纪要、督办情况等全套资料收集完整，为年终统一归档做好基础工作。

附件 1

中国农业科学院常务会议待议议题通知

×××：

根据院领导批示精神，院常务会议将于近期审议×××××××××××××，由你部门（单位）汇报，×××、×××、×××等参加。具体安排另行通知。

请尽快起草汇报材料，涉及其他部门（单位）业务的要事先充分征求意见，并在汇报材料中说明征求意见及采纳情况。汇报材料定稿后，请即将电子稿发院办秘书处。

联系人：×××

联系电话：×××

院办公室

××××年×月×日

附件2

中国农业科学院会议呈报单

<table>
<tr><td colspan="2">院领导批示：</td></tr>
<tr><td>院办主任审核：</td><td>秘书处负责人：

年　月　日</td></tr>
</table>

会议名称：院常务会议

会议时间：2012年×月×日（星期×）　上午×：×

会议地点：530会议室

主 持 人：李家洋院长

出　　席：院领导

列　　席：院办公室主任，其他列席人员见议题

议　　题：

1. ××××××××××××××××

汇报人：×××

列　席：×××、×××、×××、×××

附件 3

会 议 通 知

会议名称：院常务会议

会议时间：2012 年 × 月 × 日（周五）　　上午 ×：×

会议地点：院机关办公楼 530 会议室

主 持 人：李家洋院长

出　　席：院领导

列　　席：院办公室主任，其他列席人员见议题

会议议题：

1. × × × × × × × × × × × × × × × × ×

汇报人：× × ×

列　席：× × ×、× × ×、× × ×、× × ×

请议题主办部门准备汇报材料一式 × 份；请相关部门（单位）于 × 月 × 日下班前将参加人员名单和会议材料报院办公室秘书处。

联系人：× × ×

联系电话：× × × ×

院办公室

× 年 × 月 × 日

附件4 密级：

中国农业科学院2012年第×次常务会议材料
（议题×）

标题（上空两行下空一行，华文中宋二号）

一、主要做法和特点（黑体三号字）

（一）高度重视，全面部署（楷体字三号并加粗）

中国农业科学院××××××××××××××××××）（××××××××××××。（仿宋三号）

1. 领导带头（仿宋三号加粗）。××××××××××）（××××××××××。

2. 全体动员。×××××××××××××××。

（二）深入学习，武装头脑

××

（三）结合实际，加强调研

××

附件：1. ××××××××××××××××××××
××××××××××（仿宋三号）
2. ××××××××××××××××××××

说明：材料标题用二号华文中宋体字或小标宋体字，根据字数多少可分一行或多行居中排列。正文的文字大小一律用三号字，除各层次标题外，均用仿宋字体。文中标题结构层次如下。

第一层用“一、”“二、”“三、”……标序，标题用黑体字；第二层用“（一）”

“（二）”“（三）”……标序，标题用楷体字并加粗；第三层用“1.”“2.”“3.”……标序，标题用仿宋体字并加粗；第四层用“（1）”“（2）”“（3）”……标序，标题用仿宋体字。

正文用固定值 31 磅行距。

附件 5

中国农业科学院常务会议议定事项通知

×××：

×月×日，×××主持召开了×××年第×次院常务会议，听取了你部门（单位）关于×××××××××的汇报，会议提出以下意见：

一、×××××××××××××××××××××××××。

二、×××××××××××××××××××××××××。

请于×月×日前将会议议定事项的落实情况反馈给院办秘书处（×××房间，电话×××）。

院办公室

××××年×月×日

关于进一步完善领导干部外出请假制度的通知

农科办办［2012］190号

院属各单位、院机关各部门：

为了进一步规范我院领导干部出国（境）、出差等活动的请假制度，确保我院各项工作的正常开展，现将我院所局级以上领导干部外出请假制度调整和完善如下。

一、院领导离京外出，应事前向院长报告。院长和院党组书记离京外出，按照农业部关于领导干部外出报告制度的有关规定执行。

二、院机关各部门领导班子成员及研究生院主要负责同志离京外出，须事前填写“中国农业科学院领导干部外出请假单”，由院办公室呈送分管院领导审批（核），其中，各部门主要负责同志经分管院领导审核同意后报院长审批。批准后，方可外出，回单位后及时销假。

三、我院领导干部出国（境）按外事规定程序报批，不再单独履行请假手续。国际合作局要对出国材料严格审查，要求出国任务目标明确、日程安排紧凑和地点选择恰当。其中，院领导和院机关各部门、院属各单位主要负责同志出国（境）的《签报》经分管外事的院领导审核同意后，报院长审批。

上述负责同志最终落实实施的出国（境）情况，由国际合作局于每月初将本月领导干部出国（境）情况编制安排表，报送院领导参阅。

中国农业科学院办公室

2012年9月4日

中国农业科学院主要节假日值班和领导干部带班工作规范

（2012 年 12 月 28 日）

一、总　则

第一条　为进一步做好主要节假日期间我院值班和领导带班工作，确保院里各项紧急工作和各类突发事件得到及时处理和紧急应对，根据农业部办公厅关于领导干部主要节假日带班工作规范和其他相关要求，结合我院实际，制定本规范。

第二条　主要节假日是指国家规定的元旦、春节、清明节、劳动节、端午节、中秋节、国庆节等法定节假日及其调休日和节假日期间的公休日。

第三条　主要节假日期间，我院每天安排一位院领导带班，安排一名院办公室工作人员值班。院属各单位、院机关各部门按要求安排一位所、局级领导干部负责本单位（部门）的带班工作，同时，安排好值班员做好值班值守工作。

二、职责任务

第四条　带班院领导主要负责我院节假日期间的政务工作，指导处置院内各项紧急工作和各类突发事件。对于重大事项，院带班领导要即时向院主要领导报告。

第五条　院属各单位、院机关各部门带班领导指导做好主要假日期间本单位（部门）日常工作，指导处置本单位（部门）各项紧急工作和各类突发事件。并按规定程序向院及相关部门报告。

第六条　院及各单位（部门）值班同志具体做好值班、值守工作。值班工作的基本职责是：

（一）接收农业部等上级部门和地方有关单位来文来电；答复电话查询，办理紧急文电；

（二）按程序向带班领导和上级部门报告节假日期间的重要事项，并协助带班领导处置紧急事务；

（三）做好值班记录，并按要求向农业部等上级部门报告值班信息；

（四）领导交办的其他事项。

第七条　院值班室设在院机关办公楼 507 室。

值班电话：82109398，传真：82103001

三、排班原则

第八条　院领导带班原则上由各院领导按全年假期轮流排班。每次放假前一周，院办公室负责协调并确定本次假期的带班院领导。如遇特殊情况需要临时调整的，由院办公室根据院领导日程安排进行调整。院值班员由院办公室工作人员轮流排班。

第九条　院属各单位、院机关各部门领导带班和值班工作安排，由各单位（部门）综合处（办公室）协调落实，并于节前 3 天将值班表报院值班室备案。

第十条　主要节假日前，院办公室负责汇总我院带班院领导和院办公室值班员值班安排，经院办公室负责同志审核后，于节前 4 天报农业部值班室备案。主要节假日的值班安排表报备后，原则上不再变动；确因特殊情况需要调整的，由院办公室按程序重新上报农业部值班室。

四、带班、值班要求

第十一条　院领导可以在院机关在岗带班，也可以电话带班。电话带班时，不能离开本市区，应保持 24 小时通讯畅通。对院内报告的重要政务事项，应即时作出处理意见；如院内出现紧急情况或发生重特大突发事件，应及时赶到院机关指导处置；如遇特别重大的事项，应即时向院主要领导报告。

第十二条　院属各单位、院机关各部门的带班领导，一般应在单位在岗带班，电话带班时，不得离开本市区，应保持 24 小时通讯畅通。对单位（部门）报告的重要事项，应即时作出处理意见；如本单位（部门）出现紧急情况或发生重大突发事件，应及时赶到单位（部门）指导处置，并即时报告主要负责同志，同时向院值班室报告。

第十三条　院及各单位（部门）值班人员按照值班表安排，必须按时到岗，保证接听值班电话迅速、及时；保证手机 24 小时联络畅通；如遇突发情况要即时向带班领导汇报。

第十四条　主要节假日期间，院值班室按规定对各单位（部门）领导带班和值班工作进行随机电话抽查，并通报抽查结果。

五、附　则

第十五条　中央召开重要会议或举办重大活动期间，如中共中央办公厅、国务院办公厅、农业部办公厅要求领导干部带班和值班的，相关安排参照本规范执行。

第十六条　本规范由院办公室负责解释。

第十七条　本规范自印发之日起执行。

中国农业科学院关于调整院领导班子成员分工的通知

农科院办［2012］26号

院属各单位、院机关各部门：

鉴于中国农业科学院领导人事变动，经院党组研究决定，对院领导班子成员分工作相应调整。现将调整后的分工安排通知如下。

李家洋 院 长

主持院全面工作。负责宏观战略研究、干部队伍、人才团队建设和研究生教育工作。

薛 亮 院党组书记

主持院党组工作。负责院综合政务、人事、保密和信息化建设工作。分管院办公室、人事局。

王 韧 副院长

负责院国际合作、科技成果转化推广、院地合作、知识产权工作。分管国际合作局。

刘 旭 副院长

负责院科研管理、学术委员会和学术刊物管理工作。分管科技管理局。

罗炳文 院党组副书记、院党组纪检组组长

负责院党务、纪检监察、安全生产和老干部工作。分管机关党委、监察局。

李金祥 副院长

负责院基本建设和后勤服务工作。分管基建局、院后勤服务中心。

唐华俊 副院长

负责院财务和资产管理工作。分管财务局。

贾连奇 院党组成员、人事局局长

协助负责院干部人事与人才工作。

中国农业科学院

2012年2月17日

中国农业科学院电子邮件系统管理办法

（2012 年 12 月 4 日）

第一章　总　则

第一条　为了规范中国农业科学院电子邮件系统（以下简称邮件系统）的使用和管理，保障邮件系统安全、可靠、高效运行，根据《中华人民共和国计算机信息系统安全保护条例》《互联网电子邮件服务管理办法》《计算机信息网络国际联网安全保护管理办法》等法律法规，特制定本办法。

第二条　邮件系统为中国农业科学院院属各单位、院机关各部门的公务电子邮件系统，公务活动应使用本邮件系统。各单位应申请一个院内信息沟通的公务电子邮箱账号（以下简称邮箱账号），应为职工申请个人公务邮箱账号。

第三条　邮箱账号申请服务不对社会上其他个人或组织开放。

第二章　职责分工

第四条　中国农业科学院信息化工作领导小组是全院信息化工作的领导机构，负责邮件系统重大问题的决策。

第五条　中国农业科学院农业信息研究所是邮件系统的运行管理机构，负责邮件系统的规划、建设、运维和服务的组织工作。

第六条　中国农业科学院信息网络中心（以下简称信息网络中心）负责邮件系统的建设、管理、运维和服务等日常工作，以及对信息网络中心邮件管理员（以下简称管理员）、各单位邮件联络员（以下简称联络员）的技术培训、指导等。

第七条　管理员负责全院邮箱账号的新增、修改和注销等工作；经由相关单位提出申请、院信息化工作领导小组办公室审核后，负责公共性、服务性、安全性通知、公告等邮件的群发工作；负责全院组织通讯录的构建及修订。

第八条　联络员负责各单位邮箱账号的申请、变更、注销等业务的审核、报送工作；经单位领导审核同意，负责本单位通知、公告等邮件的群发工作。

第三章　系统配置

第九条　邮件系统域名为 caas. cn，邮箱账号为 xxx@ caas. cn。

第十条 邮件系统 web 访问地址为 http：//mail. caas，cn；客户端配置 smtp 服务器为 mail. caas. cn，pop3 服务器为 mail. caas. cn。

第十一条 个人邮箱容量 1GB，邮件系统支持最大附件容量为 50MB，邮箱容量、附件容量随系统性能升级逐步扩大。

第十二条 邮件系统文件中转站负责保存用户的大附件文件，超过 50MB 的附件应使用文件中转站转发，最大支持 1GB，默认保存期限为 7 天，可续期。

第十三条 邮件系统支持的个人邮件群发数为 100 个，单位邮件群发数根据需要向信息网络中心申请。

第四章 账号管理

第十四条 账号申请人（单位）

（1）中国农业科学院在职正式职工；

（2）各单位正式合同工作人员等中长期工作人员（应按聘用合同等约定年限确定使用有效期）；

（3）中国农业科学院离退休职工；

（4）研究生院在读研究生、博士后（应按照学籍确定使用有效期）；

（5）院属各单位、院机关各部门。

第十五条 账号命名

（1）个人用户的邮箱账号命名一般采用用户姓和名的全部拼音字母组成。例如，张庆祥的账号为 zhangqingxiang@ caas. cn。若个人用户的邮箱账号出现重名，可在用户名后增加 2 位以内的数字。例如，zhangqingxiang12@ caas. cn。

（2）单位公务邮箱账号的命名，可以采用与工作内容相关的命名方式。例如，邮件系统故障报修邮箱账号为 support①caas. cn。

第十六条 账号申请与变更

（1）用户本人向所在单位联络员提交申请；

（2）联络员填写《中国农业科学院电子邮箱账号申请表》并加盖单位公章，提交信息网络中心；

（3）信息网络中心受理与批准；

（4）管理员填写《中国农业科学院电子邮箱账号开通通知书》或《中国农业科学院电子邮箱账号变更通知书》，并通知联络员。

第十七条 账号注销

职工调离中国农业科学院或者研究生毕业后，由所在单位联络员通知管理员，对邮箱账号予以注销。

连续 6 个月不使用的账号，管理员将发邮件通知予以提示，10 个工作日没有反馈，将予以注销。

第十八条 账号密码设置

邮箱账号密码长度至少8位，建议为数字、字母、特殊字符的组合。

新增用户应在初次登录系统后修改初始密码，防止邮箱账号被盗用。

第五章 安全管理

第十九条 用户应遵守《中华人民共和国保守国家秘密法》《中华人民共和国计算机信息系统安全保护条例》《计算机软件保护条例》等有关计算机及互联网的法律规定。

第二十条 用户要严格保守用户密码，严禁将密码泄露给无关人员。

第二十一条 严禁用户使用本邮件系统传送涉密信息，严禁使用本邮件系统将内部信息泄露给其他无关人员。

第二十二条 禁止用户以任何形式利用本邮件系统从事以下活动，如有发现，信息网络中心将取消其账号，所造成的一切后果由责任人负责。

（1）传送反动、非法、有害、胁迫、骚扰、侵害、中伤、粗俗、猥亵、诽谤、淫秽、侵害他人隐私、种族歧视的资讯、资料、文字、软件、音乐、照片、图形、信息或其他资料；

（2）传送伪造标题或以其他方式伪造识别信息，使人误认为该内容为他人所传送的内容；

（3）传送侵犯任何人的专利、商标、著作权、商业秘密或其他专属权利的内容；

（4）传送广告函件、促销资料、垃圾邮件等；

（5）传送有关干扰、破坏或限制任何计算机软件、硬件或通讯设备功能的软件病毒或其他计算机代码、档案和程序；

（6）传送与工作内容无关的音频、视频等大文件；

（7）传送其他违反国家法律法规、道德规范的信息。

第二十三条 各联络员、用户如发现故意传播非法信息，通过病毒、垃圾邮件等方式破坏邮件系统的行为，应及时向信息网络中心反映。信息网络中心对违反安全管理规定的行为进行教育，如触及相关法律造成严重后果的，则移交司法机关处理。

第二十四条 邮件系统用户要合理使用群发功能，保持信箱的畅通，不得擅自群发与公务活动无关的邮件信息。

第六章 故障处理

第二十五条 用户如遇到无法解决的系统故障或其他使用问题，可采用电话、电子邮件、网上填报（邮件帮助中心的“问题反馈”栏目）等方式直接与管理员联系。

第七章　附　则

第二十六条　本办法由中国农业科学院信息化工作领导小组办公室负责解释。

第二十七条　本办法自2012年12月1日起实施。

附表1

中国农业科学院单位公务电子邮箱账号申请表

<table>
<tr><td rowspan="2">单位</td><td rowspan="2"></td><td>联络员姓名</td><td></td><td>联系电话</td><td></td></tr>
<tr><td>E-mail</td><td></td><td>传真</td><td></td></tr>
<tr><td>说明</td><td colspan="5"></td></tr>
</table>

拟申请的单位公务账号	账号所属部门	账号管理人	管理人职务

附表 2

中国农业科学院电子邮箱账号申请表

<table>
<tr><td rowspan="2">单位</td><td colspan="2" rowspan="2"></td><td>联络员姓名</td><td colspan="2"></td><td>联系电话</td><td></td></tr>
<tr><td>E-mail</td><td colspan="2"></td><td>传真</td><td></td></tr>
<tr><td>说明</td><td colspan="7"></td></tr>
<tr><td>序号</td><td>姓名</td><td>拟申请个人公务账号</td><td>电话</td><td>部门</td><td>职务</td><td>身份*</td><td>使用期限</td></tr>
<tr><td>1</td><td></td><td></td><td></td><td></td><td></td><td></td><td></td></tr>
<tr><td>2</td><td></td><td></td><td></td><td></td><td></td><td></td><td></td></tr>
<tr><td>3</td><td></td><td></td><td></td><td></td><td></td><td></td><td></td></tr>
<tr><td>4</td><td></td><td></td><td></td><td></td><td></td><td></td><td></td></tr>
<tr><td>5</td><td></td><td></td><td></td><td></td><td></td><td></td><td></td></tr>
<tr><td>6</td><td></td><td></td><td></td><td></td><td></td><td></td><td></td></tr>
<tr><td>7</td><td></td><td></td><td></td><td></td><td></td><td></td><td></td></tr>
<tr><td>8</td><td></td><td></td><td></td><td></td><td></td><td></td><td></td></tr>
<tr><td>9</td><td></td><td></td><td></td><td></td><td></td><td></td><td></td></tr>
<tr><td>10</td><td></td><td></td><td></td><td></td><td></td><td></td><td></td></tr>
</table>

* 注：身份包括①在职正式②合同③退休④学生⑤访问学者

附表 3

中国农业科学院电子邮箱账号开通通知书

联络员姓名		联系电话	
E-mail			
使用说明			
序号	姓名/部门	账号	密码
1			
2			
3			
4			
5			
6			
7			
8			
邮件管理员签名		签名时间	
备注：			

附表 4

中国农业科学院电子邮箱账号变更通知书

<table>
<tr><td colspan="2">联络员姓名</td><td></td><td>联系电话</td><td></td></tr>
<tr><td colspan="2">E-mail</td><td colspan="3"></td></tr>
<tr><td colspan="2">使用说明</td><td colspan="3"></td></tr>
<tr><td rowspan="2">序号</td><td rowspan="2">姓名</td><td rowspan="2">账号</td><td colspan="2">变更事项：</td></tr>
<tr><td>变更前</td><td>变更后</td></tr>
<tr><td>1</td><td></td><td></td><td></td><td></td></tr>
<tr><td>2</td><td></td><td></td><td></td><td></td></tr>
<tr><td>3</td><td></td><td></td><td></td><td></td></tr>
<tr><td>4</td><td></td><td></td><td></td><td></td></tr>
<tr><td>5</td><td></td><td></td><td></td><td></td></tr>
<tr><td>6</td><td></td><td></td><td></td><td></td></tr>
<tr><td>7</td><td></td><td></td><td></td><td></td></tr>
<tr><td>8</td><td></td><td></td><td></td><td></td></tr>
<tr><td colspan="2">邮件管理员签名</td><td></td><td>签名时间</td><td></td></tr>
<tr><td colspan="5">备注：</td></tr>
</table>

中国农业科学院
信息宣传工作考核奖励办法

（2012 年 3 月 21 日）

第一条　为进一步提升中国农业科学院的社会形象和影响力，推动科技创新，促进科学技术传播，扩大对外宣传力度，提高中国农业科学院信息宣传工作水平，促进院属各单位、院机关各部门加强新闻宣传和信息报送工作，调动各单位及通讯员、各媒体记者及编辑的积极性，特制定本办法。

第二条　奖励种类和对象

奖励种类包括：信息宣传工作先进单位、优秀通讯员和优秀新闻。

信息宣传工作先进单位的奖励对象为院属各单位、院机关各部门。优秀通讯员的奖励对象为院属各单位、院机关各部门报院办公室备案的通讯员。优秀新闻的奖励对象为各有关媒体的记者、编辑撰写的宣传我院各项工作的文章。

第三条　评选条件

（一）信息宣传工作先进单位评选条件

1. 坚持新闻宣传的正确舆论导向，重视新闻宣传和信息报送工作，建立健全信息宣传制度和机制；

2. 积极宣传院所的主要工作、发展成就和优秀人物（团队）等；

3. 向院及时、准确地提供本单位重要信息、新闻稿件、新闻线索和新闻材料；

4. 多渠道、多形式向上级部门提供决策参考信息；

5. 主动联系和配合新闻媒体进行宣传报道；

6. 及时应对失实报道，消除不良影响；

7. 信息宣传报道（送）工作中无失泄密事件。

（二）优秀通讯员评选条件

1. 具有较高的政治理论素养，熟悉新闻宣传和信息报送工作的程序和规范，有较高的文字水平；

2. 主动挖掘重大新闻宣传素材，积极配合院所重大宣传活动，积极组织和策划本单位的新闻宣传活动；

3. 主动、及时、准确地撰写或推荐新闻稿件，稿件质量和采用率高。

（三）优秀新闻评选条件

1. 各媒体记者、编辑撰写的有关中国农业科学院及其所属单位的稿件；

2. 稿件在省部级以上主要新闻媒体或主要内参资料发表；

3. 报道客观及时，文笔生动流畅，对于宣传我院各项工作、提升形象、争取社会支持有较大推动作用。

第四条 考核评选指标

（一）信息宣传工作先进单位的考核指标包括：组织机构建设、制度建设、信息渠道建设、宣传培训、重大宣传活动组织、发稿数量、发稿档次、网站建设等。

（二）优秀通讯员的考核指标包括：组织策划能力、撰稿发稿数量、撰稿发稿档次和影响力等。

（三）优秀新闻的评选指标包括：发表稿件媒体影响力、稿件撰写水平、产生的社会效果和影响等。

第五条 申报时间与材料

参评单位和个人于每年2月底以前向院办公室宣传处提交上一年度申报材料。

1. 信息宣传工作先进单位申报材料：中国农业科学院信息宣传工作先进单位申报表（见附表1）、单位信息宣传工作总结及下一年度工作计划、相关证明材料；

2. 优秀通讯员申报材料：中国农业科学院优秀通讯员申报表（见附表2）及相关证明材料；

3. 优秀新闻申报材料：稿件复印件或清样，发表的媒体名称、版次、栏目（期次），社会效果和影响证明等材料。

第六条 表彰奖励

各奖项每年表彰奖励一次，对信息宣传工作先进单位颁发奖状，对优秀通讯员颁发证书和奖金，对优秀新闻获得者颁发证书和奖金。

第七条 本办法由院办公室负责解释。

第八条 本办法自公布之日起施行。

附表 1

中国农业科学院信息宣传工作先进单位申报表

申报单位：　　　　　　　　　　　　申报时间：　　　年　月　日

综合类别	序号	考核内容	评分依据	自评分数	核实分数
（一）组织与制度	1.	宣传机构健全	出示相关书面材料。成立由主要领导或分管领导任组长的信息宣传工作领导小组（3 分），明确主管处室（1 分）和通讯员（1 分）。		
	2.	建立信息宣传管理工作规范	出示相关书面材料（2 分）。		
	3.	当年工作总结、下年度工作计划	出示相关书面材料（材料较好 5 分，一般 3 分，未报送 0 分）。		
	4.	中文网站	提供网址进行检查（较好 5 分，一般 3 分，没有网站 0 分）。		
（二）新闻宣传	5.	专题宣传活动	出示策划方案、新闻稿，每次活动 5 分。		
	6.	院网、院报采用稿件	院网按稿件数量得分：每篇 1 分。 按栏目增加分值： 头条栏目，每篇 1 分； 科研进展栏目，每篇 1 分； 农科讲坛栏目，每期 5 分； 专题栏目，每篇 2 分； 专家观点栏目，每篇 2 分。 院报头版稿件（不含简讯）增加分值：每篇 1 分。		
	7.	媒体报道	及时向院报送省部级以上媒体有关我院的报道稿件：每篇 1 分。		
	8.	农业部网站新闻栏目采用稿件	每篇增加 2 分。		
（三）信息报送	9.	院简报采用稿件	每篇增加 2 分。		
	10.	院政务信息报送采用稿件	每篇增加 2 分。		
	11.	部办公厅刊物采用稿件	每篇增加 5 分。		
	12.	部领导批示稿件	每篇增加 5 分。		

（续表）

综合类别	序号	考核内容	评分依据	自评分数	核实分数
（三）信息报送	13.	中办和国办刊物采用稿件	每篇增加5分。		
	14.	中央领导批示稿件	每篇增加5分。		
	15.	向有关部门报送内部资料信息	提供刊物名称，每种资料5分。		
（四）宣传培训	16.	组织专题宣传培训和讲座	出示相关书面材料，每次5分。		
合计		—	—		

附表 2

中国农业科学院优秀通讯员申报表

申报人：　　　　　　　　　　　　　　申报时间：　　　年　月　日

综合类别	序号	考核内容	考核依据	自评分数	核实分数
(一)组织策划	1.	组织策划宣传活动	出示策划方案、新闻稿，每次活动 5 分。		
	2.	与主要媒体沟通联系情况	配合院重大宣传活动以及媒体采访宣传（较好 5 分，一般 3 分，不配合 0 分）。		
(二)新闻宣传	3.	院网、院报采用稿件	按稿件数量得分：通讯员推荐稿每篇 1 分，自撰稿每篇 3 分。 院网按栏目增加分值： 头条栏目，每篇 1 分； 科研进展栏目，每篇 1 分； 农科讲坛栏目，每期 2 分； 专题栏目，每篇 2 分； 专家观点栏目，每篇 2 分。 院报头版稿件（不含简讯），每篇增加 1 分。		
	4.	媒体报道	及时向院报送省部级以上媒体有关我院的报道稿件，每篇 1 分；其中，通讯员自撰稿每篇 3 分。		
	5.	农业部网站新闻栏目采用稿件	每篇增加 2 分。		
(三)信息报送	6.	院简报采用稿件	每篇增加 2 分。		
	7.	院政务信息报送采用稿件	每篇增加 2 分。		
	8.	部办公厅刊物采用稿件	每篇增加 5 分。		
	9.	部领导批示稿件	每篇增加 5 分。		
	10.	中办和国办刊物采用稿件	每篇增加 5 分。		
	11.	中央领导批示稿件	每篇增加 5 分。		
合计		—	—		

中国农业科学院 2011—2012 年度“好公文”评选结果

农科办办［2012］242 号

院属各单位、院机关各部门：

根据中国农业科学院《关于开展“好公文”评选活动的通知》（农科办办［2012］35 号）精神，各单位积极参加该项活动，共推荐参评公文 102 份。中国农业科学院 2011—2012 年度“好公文”评审组根据《中国农业科学院公文处理办法》，对报送的公文进行了认真评选，在综合平时成绩的基础上，评选出 10 名优秀奖，现将评选结果公布如下。

好公文评选获奖单位：

研究生院、作物科学研究所、农产品加工研究所、生物技术研究所、水稻研究所、棉花研究所、茶叶研究所、哈尔滨兽医研究所、兰州畜牧与兽药研究所、烟草研究所。

希望院属各单位、院机关各部门进一步加强公文管理工作，严格执行《中国农业科学院公文处理办法》，不断规范公文管理，提高综合政务能力，为建设世界一流的农业科研院所做好服务和保障工作。

中国农业科学院办公室

2012 年 11 月 12 日

关于表彰中国农业科学院2011年度信息宣传工作先进单位和优秀通讯员的通知

农科办办［2012］249号

院属各单位、院机关各部门：

为进一步推动全院新闻宣传和信息报送工作，提高宣传质量与水平，参照《中国农业科学院信息宣传工作考核奖励办法》，经各单位申报、院办公室核实、评委会评审，共评选出15个2011年度信息宣传工作先进单位和23名2011年度优秀通讯员，现予以表彰。

希望院属各单位和通讯员向他们学习，突出重点，统筹兼顾，增强信息宣传工作的针对性与时效性，全面提升新闻宣传和信息报送水平，努力为推动院所跨越式发展营造良好的舆论氛围。

附件：中国农业科学院2011年度信息宣传工作先进单位和优秀通讯员名单。

中国农业科学院办公室

2012年11月15日

附件

中国农业科学院2011年度
信息宣传工作先进单位和优秀通讯员名单

一、中国农业科学院2011年度信息宣传工作先进单位

科技局、国合局、机关党委、作科所、蔬菜所、加工所、农经所、资划所、信息所、研究生院、水稻所、油料所、茶叶所、哈尔滨兽医所、兰州牧药所

二、中国农业科学院2011年度优秀通讯员

机关党委	马　骁	作科所	卫　斐
植保所	徐　军	蔬菜所	李海芬
环发所	田佳妮	生物所	崔　艳
农经所	曹新明	资划所	孟秀华
信息所	王　踽	质标所	刘全吉
研究生院	王仕龙	水稻所	章蓉蓉
棉花所	冯文娟	油料所	余　波
果树所	杜长江	茶叶所	张璐君
哈尔滨兽医所	张晓鹏	兰州牧药所	符金钟
环保所	姚金玲	农机化所	陆秉宏
烟草所	迟立鹏	蚕业所	王福海
柑橘所	陈　云		

中国农业科学院关于同意加挂中国农业科学院深圳试验基地牌子的批复

农科院办［2012］107 号

深圳生物育种创新研究院：

你院《关于加挂“中国农业科学院深圳试验基地”牌子的请示》（深圳院请［2012］第 46 号）收悉。经研究，同意你院加挂“中国农业科学院深圳试验基地”牌子。

特此批复。

中国农业科学院办公室

2012 年 5 月 7 日

九、党建、反腐败与精神文明建设

中国农业科学院直属机关 2012 年党的工作要点

（2012 年 2 月 27 日）

2012 年是党的十八大召开之年，是“十二五”规划承上启下的重要一年，也是农业科技促进年、我院“现代农业科研院所建设行动”启动实施年。中央一号文件以加快推进农业科技创新持续增强农产品供给保障能力为主题，突出强调了农业科技创新在保障农产品供给方面的重要作用和重大任务，对我院实现新时期跨越发展具有重要的指导意义。加强院直属机关党的建设，为我院科技创新和各项事业全面发展提供政治、思想和组织保证，意义重大。

院直属机关 2012 年党的工作总体要求是：高举中国特色社会主义伟大旗帜，以邓小平理论和“三个代表”重要思想为指导，深入贯彻落实科学发展观，按照中央关于加强和改进新形势下党的建设的总体部署，深入学习贯彻党的十七大和十七届三中、四中、五中、六中全会精神，以迎接党的十八大召开和学习贯彻十八大精神为主线，坚持围绕中心、服务大局，继续推进学习型党组织建设，深化创先争优活动，扎实做好抓基层打基础工作，以改革创新精神和求真务实作风全面加强院直属机关党的思想、组织、作风、制度和反腐倡廉建设，不断提高党建工作科学化水平，使各级党组织和广大党员积极投身农业科技创新和现代农业科研院所建设，为建设世界一流农业科研院所、推动我院跨越发展提供坚强的政治、思想和组织保证。

一、树立高度的政治责任感和历史使命感，做好迎接党的十八大和贯彻十八大精神工作

（一）认真做好十八大代表推选工作

坚持先进性和代表性相统一，严格把握代表思想政治素质关和中央提出的代表结构要求，最大限度地反映广大党员的意愿，结合我院实际，推荐出符合条件的代表候选人。严格按照规定程序，充分发扬党内民主，采取自下而上、上下结合、反复酝酿、逐级遴选的办法，精心组织好推荐提名。同时，按照上级党组织部署，做好中央国家机关

党代表的推选工作。

（二）为迎接十八大召开营造浓厚氛围

大力宣传党的十七大以来经济建设、政治建设、文化建设、社会建设、生态文明建设以及党的建设的伟大成就与宝贵经验；宣传我院坚持科学发展、加快科技创新、促进院所和谐取得的显著成绩；宣传我院各级党组织和党员干部中的先进典型，引导广大党员干部紧密团结在以胡锦涛同志为总书记的党中央周围，继续解放思想、坚持改革开放、推动科技创新、促进和谐发展，以优异成绩迎接党的十八大胜利召开。

（三）抓好十八大精神的学习宣传贯彻

党的十八大召开以后，各级党组织要把学习宣传贯彻会议精神作为重大政治任务抓紧抓好，充分利用中心组学习、专题培训、辅导报告等多种形式，精心组织会议精神的学习宣讲，迅速掀起学习宣传贯彻十八大精神的热潮，全面把握十八大报告的科学内涵，深刻领会精神实质，切实把党员干部的思想和行动统一到十八大精神上来，把智慧和力量凝聚到实现十八大确定的宏伟目标和各项任务上来。要根据中央的精神和要求，团结带领广大党员和职工群众，牢牢把握新时期农业科技发展方向，围绕国家农业农村发展的目标和需求，加强自主创新能力建设和科研人才队伍建设，促进科技成果的不断涌现和决策咨询能力的提升，不断提高我院对全国农业科技事业发展的引领能力和对产业发展的支撑能力。

二、大力加强思想理论建设，努力提高党员干部思想政治素质

（四）坚持用中国特色社会主义理论武装党员干部

按照武装头脑、指导实践、推动工作的要求，坚持不懈地用中国特色社会主义理论体系武装党员干部，引导党员干部深入学习党的基本理论、基本路线、基本纲领、基本经验，系统掌握马克思主义立场、观点、方法。加强思想建设，教育引导广大党员坚定理想信念，坚守共产党人的精神家园，加强党性修养和党性锻炼，不断增强坚持中国特色社会主义道路、理论体系和制度的自觉性和坚定性，不断增强党的意识、政治意识、危机意识、责任意识，保持党的先进性和纯洁性。

（五）抓好社会主义核心价值体系学习教育

深入开展理想信念教育，加强革命传统教育和改革开放教育，引导党员干部真正保持对马克思主义的坚定信仰和对中国特色社会主义的坚定信念。深入开展民族精神教育、时代精神教育和民族团结进步教育，大力宣传以“祁阳站精神”为核心的“农科精神”和以科技创新为己任的“农科英才”的先进事迹。按照树立和践行社会主义荣辱观的要求，学习宣传先进典型，深化精神文明创建活动。

（六）强化学习型党组织建设

坚持以领导干部中心组为龙头、处以上干部为重点、党支部抓落实的理论武装工作格局，坚持和完善中心组学习制度，充分发挥中心组的龙头作用和领导干部的带动作用。采取形势报告会、专题讲座、集中学习、座谈讨论等形式，开展国情教育和形势政策教育。弘扬理论联系实际的学风，紧密联系发展现代农业、推进农业科技创新、实现跨越发展的要求和实际，深入学习 2012 年中央一号文件精神、全国“两会”精神，自觉运用理论指导实践，把学习成效体现在促进中心工作上。

三、深入推进创先争优活动，推动创先争优常态化、长效化

（七）进一步深化创先争优工作

紧密结合农业科研工作实际，认真贯彻中央创先争优活动领导小组《深入开展创先争优活动 2012 年工作要点》精神，紧紧围绕落实韩长赋部长“五个围绕”的要求创先争优，认真做好农业科技促进年各项工作。紧紧围绕解决职工群众反映强烈的突出问题创先争优，切实为职工群众解难事、做实事、办好事。紧紧围绕加强基层党组织和党员队伍建设创先争优，切实增强基层党组织的生机和活力，提高广大党员推动科学发展、促进院所和谐的素质和能力，为“现代农业科研院所建设行动”的启动实施提供支持和保障。

（八）组织开展先进典型评选表彰活动

把培养、树立和宣传先进典型作为推进创先争优活动的重要内容和有效措施，各级党组织要按照“五个好”和“五带头”的标准，认真组织好 2010—2011 年度“先进基层党组织、优秀共产党员和优秀党务工作者”评选表彰工作，指导工青妇组织做好先

进个人和优秀集体的评选表彰工作。4 ~ 5 月，部署创先争优活动专项表彰工作，“七一”前夕，召开创先争优活动总结表彰大会。同时，积极向上级党组织推荐先进典型。要采取多种形式宣传先进典型事迹，充分发挥示范引领作用，营造学习先进、崇尚先进、争当先进的浓厚氛围。

（九）积极探索创先争优长效机制

要加强对创先争优理论内涵、时代特征和现实意义的研究。积极探索创先争优活动与我院党建经常性工作有机衔接的方式方法，通过深入开展创先争优活动，推进党建制度和方式方法的创新，切实提高党建工作科学化水平。认真总结创先争优活动开展以来的经验，查找存在的问题，明确努力的方向。结合我院实际，将经验总结提升为理性认识，推动理论成果转化应用，用理论研究成果指导创先争优实践和党的建设。

四、继续做好抓基层打基础工作，不断增强党组织和党员干部队伍活力

（十）深入开展“基层组织建设年”活动

按照中央部署，紧紧围绕“强组织、增活力、创先争优迎十八大”的主题，按照“抓落实、全覆盖、求实效、受欢迎”的工作要求，深入贯彻落实《中国共产党党和国家机关基层组织工作条例》，进一步规范党组织工作，着力解决基层党组织建设中的突出问题，加强基层党组织建设，健全基层党建工作制度体系、组织体系、保障体系，不断增强基层党组织的创造力、凝聚力和战斗力。突出党支部建设这一重点，总结推广“基层党支部工作法”，不断提高基层党支部工作水平。

（十一）加强党员教育、管理和服务

根据不同类别、不同层次、不同岗位党员的特点和成长需求，不断完善党员经常性教育的方式方法，加强党员学习教育，提高党员的党性修养和宗旨观念。严格程序和要求，进一步做好党员发展工作，规范党员组织关系接转和党费收缴使用管理，做好党员信息管理和党内统计工作。健全党内激励、关怀、帮扶机制，组织好对生活困难党员和老党员的走访慰问工作。

（十二）进一步增强基层党组织活力

认真贯彻《中国共产党党员权利保障条例》和《关于党的基层组织实行党务公开的意见》，完善党务公开和党内民主制度建设，切实保障广大党员的民主权利，发挥党员在党内生活中的主体作用，进一步调动广大党员干事创业的积极性，发挥党组织和党员在促进农业科技自主创新中的政治核心作用、战斗堡垒作用和先锋模范作用，提高围绕中心、服务大局的意识和能力。

（十三）加强党务干部队伍建设

各级党组织认真做好换届工作，选好配强基层党组织负责人。加强对党务干部的培养使用，关心党务干部成长成才，激发党务干部的工作热情和干劲。加强对党务干部的教育培训和实践锻炼，开展以党委书记、党办主任和党支部书记为重点的党务干部培训，着力提高思想政治素质和业务能力，建设高素质党务干部队伍。

五、全面落实惩防体系建设各项任务，不断推进党风廉政建设

（十四）加强廉洁从政教育

认真学习贯彻中央纪委七次全会精神和《廉政准则》，加强党风党纪教育、理想信念教育和廉洁从政教育。坚持开展示范教育、警示教育和岗位廉政教育，加强对身边党风廉政先进典型的宣传，不断提高党员领导干部的政治敏锐性和政治鉴别力，提高拒腐防变能力和抵御风险能力。创新教育载体，丰富廉政教育形式，积极开展广大干部职工喜闻乐见、富于实效的廉政教育活动，不断增强反腐倡廉教育的针对性和实效性。

（十五）建立健全反腐倡廉制度

以建立健全惩治和预防腐败体系各项制度为重点，以制约和监督权力运行为核心，把制度建设贯穿于反腐倡廉各项工作中。紧密结合制度创新，把贯彻落实《廉政准则》与完善制度相结合，细化廉洁从政要求。认真抓好廉政风险防控机制建设的延伸工作，把深化廉政风险防控机制建设与业务工作有机结合，确保廉政风险防控管理工作效果。完成院反腐倡廉制度汇编工作。

（十六）强化监督检查

加强对部、院党组重大决策部署执行情况的督促检查工作，坚决纠正有令不行、有禁不止的行为，确保政令畅通。加强对单位领导班子和党政主要领导作风建设和廉洁自律情况的监督检查。加强对干部选拔任用工作全过程的监督，防止选人用人上的不正之风。以基建项目、科研经费使用、科研成果转化 3 个方面为监督重点，继续加大对基建和政府采购招投标的监督力度，积极探索加强对科研经费使用情况和科研成果转化监督检查的新举措。

（十七）抓好信访和查办案工作

进一步畅通群众反映问题、表达诉求的渠道，从源头上防范和化解信访问题，提升信访举报工作质量和水平。严格依纪依法查办案件，要将查办案件工作与加强教育、完善制度、强化监督有机结合，充分发挥查办案件的治本功效。

六、不断丰富文化引领的内涵和载体，进一步加强文化建设

（十八）深入学习贯彻党的十七届六中全会精神

认真组织党员干部深入学习贯彻六中全会精神，准确把握全会精神的主要内容和精神实质，高度重视文化对于我院全面协调可持续发展的重要意义，增强对文化建设重要性、必要性和紧迫性的认识，明确我院文化建设的目标和方向，进一步加强我院文化建设。

（十九）深入推进创新文化建设

坚持以创新文化建设为重点，深入挖掘院所核心价值和优良传统，在强化理念、提炼精神上下功夫，完善和丰富具有时代特征、符合院所实际的创新文化理念。同时，继续抓好标识文化的推广应用、制度文化的科学规范、园区文化的雅致美观。

（二十）积极推动特色文化建设

努力发掘中华传统农业文化和现代农业科学文化，加强对传统农耕文化的挖掘和整理，加强现代农业科学文化的普及与推广，建设特色文化展示窗口，运用现代化手段提

升文化表现力，突出农科特色，充分展示院所文化形象和文化品牌。

（二十一）大力加强廉政文化建设

在反腐倡廉建设中融入文化的力量，加强廉政文化传播，筑牢廉政文化教育阵地，组织开展丰富多彩的廉政文化创建活动，营造崇尚廉洁的风尚，在全院干部职工中着力培育廉洁的价值理念，培育廉荣贪耻、诚实守信的道德观念，提高干部职工的思想道德修养和廉洁从政、廉洁从业意识。

（二十二）积极开展和谐文化建设

深化社会主义核心价值体系学习教育，大力倡导、研究、阐释、传播以和谐理念为主要内容的文化，使之融入全院广大职工和科技人员的思想观念、价值体系、行为规范。丰富和谐文化建设载体，营造和谐的舆论氛围，形成知荣辱、做贡献、促和谐的良好风尚。

七、广泛开展群众性精神文明创建活动，进一步加强和谐院所建设

（二十三）不断深化全院精神文明建设

加强人文关怀和心理疏导，做深做细做实思想政治工作，不断增强思想政治工作的针对性和实效性。深入开展精神文明创建活动，扎实推进文明单位创建和文明职工评选表彰工作，认真做好 2011—2012 年度文明单位和文明职工评选表彰。

（二十四）认真做好工青妇组织工作

加强对工青妇组织的领导和支持，工青妇组织要按照各自章程、结合自身特点开展有特色、有新意、有影响的活动。院工会组织好中国农业科学院第六届职工运动会，大力支持并积极推进在职工中建立多种形式的业余文化、体育团体，丰富职工的业余文化生活；院团委以团结凝聚全院青年、为我院跨越发展做贡献为主题，组织开展好“五四”青年节系列活动；院妇工委组织开展好“科技服务巾帼争先”主题实践活动。

（二十五）扎实做好统战工作

加强对统战工作的领导，进一步完善和落实联系交友、走访看望、通报情况和信息沟通等统战工作制度。积极做好党外人士举荐工作。鼓励和支持党外人士参政议政、建言献策，履行好民主监督职能。

（二十六）积极开展军民共建工作

深入开展科技拥军活动，为军队蔬菜基地建设继续提供科技支持、技术服务和培训。与解放军艺术学院积极开展多种形式的文化共建活动，继续支持解放军艺术学院做好“共建杯”优秀学员的评选、表彰和奖励工作，积极组织开展两院联谊活动。

八、深化党建研究和宣传舆论工作，进一步加强党建工作创新

（二十七）加强党建工作调查研究

积极引导各基层党组织就党建重点难点热点问题开展调查研究，充实研究力量，加强研讨交流，提升研究水平。组织召开院“两研会”理事会和全国“两研会”理事会，开展多种形式的学习研讨，加强研究成果的交流与运用，注重研究成果的激励和转化，促进党建工作创新。认真组织领导干部撰写理论学习论文，开展所局级领导干部理论学习论文推荐和评选活动。

（二十八）提升党建工作舆论影响

加强党建宣传有关媒介平台的建设和管理，及时准确地发布和更新信息，不断丰富内容、完善样式，增强党建宣传的时效性和可读性。充分利用好农科院报、院网、宣传栏、机关党委网页和闭路电视等宣传媒体，注重发挥各单位网站、信息栏和图书室等的作用。加强党建宣传整体策划，注重宣传资源整合，不断拓展舆论引导工作平台，精心设计并大力开展对重要活动的主题宣传，提高宣传工作的声势、氛围和针对性。积极向上级党组织所办党报党刊推荐刊载院所党建工作好的做法和经验，加强工作的宣传和交流，扩大我院党建工作影响力。

中国农业科学院直属机关 2012年党的工作概况

2012年，院直属机关党委在院党组的领导下，坚持以邓小平理论、“三个代表”重要思想和科学发展观为指导，认真贯彻落实上级党组织工作部署和院党组要求，围绕建设“世界一流农业科研院所”的战略目标，紧密联系科研单位实际和党员队伍实际，加强基层党组织建设，切实履行职责，不断拓展工作的内容和载体，扎实做好党建各项工作，提高党的建设科学化水平，圆满完成了各项工作任务，努力为跨越式发展提供坚强的政治、思想和组织保证。

一、认真组织学习贯彻党的十八大精神，推动我院跨越式发展

党的十八大是在我国进入全面建成小康社会决定性阶段召开的一次十分重要的大会。十八大召开前，积极做好农业部出席党的第十八次全国代表大会代表和出席中央国家机关党代表大会代表的推荐工作，李家洋、景蕊莲、何萍3名同志当选为十八大代表，吴孔明、贾连奇、刘玉梅3位同志当选为中央国家机关党代表。努力营造喜迎十八大召开的浓厚氛围，大力宣传党的十六大以来特别是近5年来我院取得的成绩和涌现出的先进典型，组织参观“科学发展成就辉煌”大型图片展，使广大党员和职工切身感受党领导下的建设成就，增强信心和自豪感。

十八大召开后，把学习宣传贯彻十八大精神作为首要政治任务，第一时间组织党员干部收听收看十八大盛况，及时为京区3 500多名党员购买发放十八大报告和新党章等学习资料，代院党组起草印发《中国农业科学院学习宣传贯彻党的十八大精神工作方案》，积极组织专题学习和集中性学习活动，采取多种方式传达会议精神。参与组织了我院传达学习十八大精神干部大会和院党组理论中心组学习会；组织召开“学习贯彻十八大精神推进农科院跨越式发展研讨会”，为贯彻十八大精神、推进现代院所建设、全面加强党的工作进行动员部署；举办“贯彻落实十八大精神扎实推进现代农业科研院所建设”专题报告会，邀请中国科学院专家作辅导报告，为我院的现代院所建设提供启发和借鉴；组织26名直属党组织主要负责人和160名基层党支部负责人参加农业部学习宣传贯彻党的十八大精神基层党组织书记轮训班，进一步深化对十八大精神的理解和把握。开展学习宣传贯彻十八大精神活动的集中宣传，通过专题展板、网上专栏等形式，营造学习十八大精神的浓厚氛围。生物所、蜜蜂所、农经所等单位党组织通过党

员干部大会、党委扩大会、党委理论中心组学习会、党支部集中学习、开展培训学习等方式，全面深入学习会议精神，掀起学习十八大精神的热潮。

通过系列学习宣传活动，广大党员和干部职工对于学习贯彻十八大精神、推进我院的跨越式发展进一步统一了思想、提高了认识、振奋了精神，并结合十八大对“三农”工作和科技创新工作提出的新要求，努力把学习成果转化为加强和改进本单位本部门工作的实际成效。

二、深入开展创先争优活动，激发党组织和党员生机活力

把创先争优作为加强党的先进性建设和基层组织建设的有效载体和抓手，按照韩长赋部长提出的“五围绕”要求，不断提升农业科技的支撑引领能力、服务“三农”能力、引才聚才能力、持续发展能力和服务保障能力。认真做好评选表彰活动，围绕农业科技创新重点工作、重大农业科技创新成果、农业科技推广与服务“三农”，积极培育树立先进典型。30 个基层党组织、90 名党员被评为院“两优一先”，1 个党组织、3 名党员被评为农业部“两优一先”，院妇女工作委员会被全国妇联授予“全国妇女创先争优先进集体”荣誉称号。

大力宣传创先争优工作中好的做法和经验，使各级党组织和广大党员更准确地理解和把握创先争优的目标、内容、方式方法和要求等；大力宣传创先争优活动中涌现出的先进典型，用身边事教育身边人，不断提高党组织和党员创先争优的自觉性和主动性，增强基层党组织的生机和活力，提高广大党员推动科学发展、促进院所和谐的素质和能力，以党组织和党员的创先争优带动整个单位的创先争优。各单位党组织也结合实际，不断丰富活动载体，推进创先争优工作。如蔬菜所党委开展了党支部“科技下乡服务基层”活动，增强支部的凝聚力和创造力，提高党员扎根基层、服务“三农”的意识；环发所党委组织开展“坚定党员理想信念，推进现代院所建设”主题实践活动，到河南新乡试验基地及周边红色教育基地参观学习，进一步坚定党员为民服务创先争优的理念，增强做好本职工作的责任感和使命感；资划所党委开展“基层党支部工作法”专题交流，总结归纳基层党支部在创先争优活动中形成的有效做法和经验，深入推进基层组织建设年活动；加工所党委通过组织支部专题学习会，促进学习交流，加强学习型创新型党支部建设。通过一系列形式多样、针对性强的活动，使创先争优工作更加全面深入，更能充分调动基层党支部的生机活力和积极性。

全面总结深入开展创先争优活动以来的做法和经验，巩固和扩大创先争优活动成果，把创先争优与中央决策、上级党组织要求和本单位发展目标相结合，与科研工作相融合，积极探索创先争优与党建经常性工作有机衔接的方式方法，不断丰富党建工作的活动载体，探索建立创先争优组织发动、氛围营造、激励考核、督促检查、综合评价等方面的长效机制，提高党的工作的活力和科学化水平。在创先争优活动中加强基层党组织建设方面开展的工作，得到上级党组织充分肯定，在农业部创先争优总结交流会上，

作了典型发言。

三、全面加强党的建设，提高党建工作科学化水平

思想建设方面，注重党员理论武装，加强形势政策教育和领导干部思想建设，认真组织传达贯彻全国“两会”精神等，组织撰写领导干部理论学习论文，获农业部表彰6篇，获奖数量和层次显著提升，近5年来首次获得一等奖。扎实推进学习型党组织建设，加强党员干部和职工群众学习教育。各单位党组织结合实际和院所发展，积极组织开展专题学习教育活动，如牧医所党委、研究生院党委分别邀请中央党校专家以“当前时局变化与中国共产党的应对之策”和“加强党的纯洁性建设”为题开展主题教育，质标所党委开展现代研究所建设大讨论等，努力搭建平台，展示党员职工风采，增进学习交流，提高工作能力和思想认识水平。

组织建设方面，代院党组起草印发了《关于加强党的工作有关问题的意见》，充分发挥党组织的政治核心作用，加强对全院党的工作统筹协调。落实党建工作责任制，制定《研究所党的工作评价指标》，将党建工作作为重要内容列入研究所综合考核评价体系。加强基层党支部建设，扎实开展基层组织建设年活动。建设高素质党员队伍，开展全院党务干部培训，组织参加农业部基层党组织书记轮训、入党积极分子培训和新党员培训，累计培训260余人次，不断提高党务干部的业务水平，增强党员的宗旨意识和党性观念。

作风建设方面，代院党组起草印发了《中国农业科学院改进工作作风的有关规定》，促进全院形成良好作风，赢得职工群众的信任和支持。加强党内监督和班子建设，督促开好党员领导干部民主生活会，推动党员领导干部纯洁性教育。开展党务公开，保证党员知情权和参与权，推动党内基层民主建设。

宣传工作方面，坚持正确的舆论导向，针对重大活动和重点工作，通过展板、网上专栏、闭路电视等，开展专题宣传，充分发动、扩大声势，营造良好的舆论氛围。积极宣传院所党建工作的有效做法和亮点工作，全年审核基层信息120篇，发布108篇，修改上报农业部直属机关党委42篇。党建信息报送及时规范，数量和质量稳步提升，被评为农业部直属机关党建宣传信息工作先进单位。

党建研究方面，结合重点工作和重大活动，认真组织力量对热点难点问题进行深入研究，开展了《院所长负责制下科研院所党组织发挥政治核心作用研究》《中国农业科学院文化建设研究与实践》和《中国农业科学院思想政治工作中加强人文关怀和心理疏导问题研究》3项课题，分别获得中央国家机关党建研究会课题研究成果一等、二等奖和全国党建研究会科研院所专委会调研课题三等奖。建设并利用好党建研究平台，召开全国“两研会”三届四次会议和院“两研会”六届一次会议，完成相应换届和理事增补工作，充实研究力量，促进学习交流。

统战工作方面，积极支持和参与各民主党派活动，认真开展京内外各研究所党外知

识分子统计，全面了解掌握我院党外知识分子基本情况。加强党外人士举荐工作，推荐2位同志为第十二届北京市政协委员候选人，2位同志为北京市侨联专家委员会特聘专家。

四、加强党风廉政教育，推进惩防体系建设

认真开展党性党风党纪教育，积极开展廉政文化建设，加强示范教育和警示教育，通过组织观看惩防体系建设成果展、在闭路电视播放警示教育片、举办展板展示和专题讲座、参观警示教育基地等多种形式，加强廉政宣传教育。认真梳理可行适用的反腐倡廉制度，积极编撰口袋书《廉政手册》和工具书《制度汇编》，制定《中国农业科学院直属机关违纪党员党纪处分工作细则（试行)》。进一步明确责任，制定党风廉政建设工作任务分工意见，修订并继续签订《党风廉政建设责任书》，初步建成了符合实际、具有特色的惩防体系基本框架，党风廉政建设进一步融入院所中心工作，服务农业科技发展。

五、深入开展文化和精神文明建设，营造良好氛围

组织召开院“学习贯彻十七届六中全会精神推进文化建设座谈会”，学习党的十七届六中全会精神，进一步提高对文化建设重要性的认识，领会文化发展的新要求，就院所文化建设的现状和问题进行充分交流研讨，明确文化建设的方向和重点。组织召开特色文化建设现场会，就如何加强文化资料的收集、整理、保护和研究，宣传普及农业科学知识，展示特色文化成果进行研讨。

推进文明单位创建工作，开展中国农业科学院2011—2012年度文明单位评选，在无记名投票基础上，增加了实地考核内容。由各单位党组织负责人组成8个考核组，对35个申报单位进行考核，出具考核报告，提出本组排序，院文明委投票评选出21个院级文明单位。作科所、环发所、农经所、资划所和研究生院被评为2010—2012年度农业部直属机关文明单位，资划所和研究生院继续保持中央国家机关文明单位称号。

六、以人为本扎实做好群众工作，积极构建和谐院所

高度重视职工思想政治工作，以思想政治工作实效推进和谐院所建设。开展家庭困难职工情况调查，积极为困难家庭争取“阳光助学金”等。坚持开展“送温暖、献爱心”和走访慰问活动，关心困难党员和困难职工生活，帮助解决实际困难。坚持以人为本，根据新形势新任务，将人文关怀和心理疏导作为党的工作重要内容，作为党群干部培训及职工教育的重要内容。一年两次在京区职工中开展思想状况调查分析，总结经验，发现问题，提出对策建议。

充分发挥工青妇组织作用，广泛动员职工群众，举办丰富多彩的群众性文化体育活动，满足职工文化需求，缓解情绪和心理压力，增强职工身体素质和文化修养。努力扩大活动覆盖面，强调团体参赛形式和队伍建设主题，使职工在参与和协作中树立集体意识和竞争意识，营造和谐进取的良好氛围。

在职工中对文体活动需求进行摸底调查，依托群众，组建文艺、瑜伽、羽毛球、篮球、乒乓球和摄影6个群众文体协会，挖掘和培育职工特长，活跃职工业余文化生活。普及第九套广播体操，举办京区单位职工第九套广播体操比赛，增强职工身体素质。举办全院第六届职工运动会，精心组织安排开幕式的入场仪式和广播操表演，院属京内外35个代表队的1 038名运动员参加了37个项目的角逐，参赛人数创历史之最，充分展示了我院职工良好的竞技水平、昂扬的精神风貌和过硬的综合素质，增强了院所的凝聚力和向心力。工会组织还通过评选优秀工会工作奖、优秀工会干部和优秀工会积极分子，带动各单位健全工会组织、加强工作力量、促进工作深入。配合民主开放办院，以“加强职代会建设提升民主管理水平”为主题，举办工会干部培训班，为职工代表大会制度的实施提供思想、理论和制度准备。

在团员青年中开展了2008—2011年度院“十佳青年”和“青年文明号”评选，评选表彰了2009—2011年度院级先进基层团组织、优秀团员和优秀团干部，授予8名同志院“青年之友”荣誉称号，通过表彰先进，树立青年典型，引导青年职工成才建功。积极向上级组织推荐青年先进典型，5个青年集体被授予“农业部青年文明号”，资划所呼伦贝尔草原生态系统国家野外科学观测研究站被授予“中央国家机关青年文明号”，环发所魏灵玲荣获“中央国家机关五四青年奖章”。服务青年生活情感需求，培养青年职工的集体归属感，为京区单位11对新人举办了“情定农科　真爱永恒”集体婚礼，并组织我院及兄弟单位120余名单身青年举办联谊活动，为青年职工展示风采和增进交流搭建平台。

在女职工中开展学习交流和服务“三农”活动，组织妇女干部和女科技工作者通过科技下乡、结对帮扶等形式，深入开展“科技服务巾帼争先”活动，举办“共赴春天的约会”主题活动等，取得显著成效。加强妇女干部队伍建设，积极组织参加各类培训、走基层活动及片区交流活动等，提升妇女工作的能力和水平。

2012年我院党建各项任务圆满完成，院直属机关党委被评为农业部先进基层党组织，这些成绩的取得，是院党组和农业部直属机关党委高度重视、正确领导的结果，是院属各级党组织扎实工作、共同努力的结果，也是广大党员干部关心支持、积极参与的结果。在肯定成绩的同时，也应当清醒地认识到，院直属机关党的工作与中央加强党的建设的新要求、与我院跨越发展的新目标、与广大党员成长进步的新期待相比，还存在差距，做好新形势下我院党的工作，党建工作科学化水平还有待进一步提高，这些都需要在今后的工作中不断加以改进。新的一年，院直属机关党的工作要在院党组和农业部直属机关党委领导下，深入贯彻落实党的十八大精神，扎实工作、开拓创新，不断开创我院党建工作新局面，为建设世界一流农业科研院所、实现我院跨越式发展作出新的更大的贡献。

中国农业科学院学习宣传贯彻党的十八大精神工作方案

（2012 年 11 月 26 日）

为贯彻落实《中共农业部党组关于认真学习宣传贯彻党的十八大精神的通知》（农党组发［2012］79 号）精神，组织我院干部职工全面深入学习宣传贯彻党的十八大精神，切实把广大干部职工的思想和行动统一到党的十八大精神上来，特制定本工作方案。

我院学习宣传贯彻党的十八大精神分三个阶段推进，第一阶段为动员部署阶段，第二阶段为集中学习阶段，第三阶段为深入贯彻阶段。具体安排如下。

一、动员部署阶段

1. 十八大召开前，印发《中国农业科学院贯彻落实十八大精神系列活动实施方案》（院办公室、直属机关党委）。

2. 十八大结束后，及时召开全院干部大会，传达贯彻党的十八大精神（院办公室）。

3. 院党组召开理论中心组学习会，专题学习党的十八大精神，集中交流研讨学习体会，研究现代农业科研院所建设和农科院跨越式发展等重大问题，讨论明年工作思路（院办公室、直属机关党委）。

4. 邀请我院十八大代表介绍参加党的第十八次全国代表大会的体会和今后工作打算（直属机关党委）。

5. 在中国农业科学院网、中国农业科学院直属机关党建网、院闭路电视、中国农科院报等媒体上，开展中国农业科学院学习宣传贯彻十八大精神集中宣传（院办公室、直属机关党委）。

二、集中学习阶段（2012 年 11 月下旬至 12 月底）

1. 组织我院京区直属党组织主要负责人、基层党支部书记参加农业部学习贯彻党的十八大精神基层党组织书记培训班（直属机关党委）。

2. 参加农业部创先争优活动总结交流会，我院在会上作经验介绍，深刻学习领会十八大精神，总结交流我院创先争优活动成果，推进经常性创先争优，全面加强我院党的建设（直属机关党委）。

3. 组织召开“学习贯彻十八大精神　推进中国农业科学院跨越式发展”研讨会暨院“两研会”第六届理事会第一次会议，围绕贯彻落实党的十八大精神，推进跨越式发展，开展集中学习交流和研讨（直属机关党委）。

4. 举办“贯彻落实党的十八大精神　扎实推进现代农业科研院所建设”专题报告会，邀请中国科学院副秘书长、规划战略局局长潘教峰作辅导报告（直属机关党委）。

5. 组织开展十八大精神集中学习贯彻活动，由院机关各部门、院属各单位的各级党组织，结合工作实际，采取集体学习十八大报告、书记讲党课、参观科学发展成就展等形式、带领全院干部职工和科技人员集中学习党的十八大精神，在全院掀起学习贯彻党的十八大精神的热潮（院机关各部门、院属各单位）。

6. 院机关各部门和院属各单位结合总结今年工作、谋划明年工作，学习贯彻十八大精神，做到学深学透，深入调查研究，转化为推进工作的思路和措施，切实用十八大精神指导实际工作（院机关各部门、院属各单位）。

7. 利用中国农业科学院网、中国农业科学院直属机关党建网、院闭路电视、中国农业科学院报、宣传展板等媒介，开展中国农业科学院学习宣传贯彻十八大精神集中宣传（院办公室、直属机关党委）。

三、深入贯彻阶段（2013 年初开始）

1. 组织召开中国农业科学院党的工作会，总结 2012 年工作，部署 2013 年工作，选择一批典型党组织，交流学习体会和学习成果，促进十八大精神的转化落实（直属机关党委）。

2. 组织举办中国农业科学院党办主任、党支部书记培训班，以学习贯彻党的十八大精神为主题，培训党务干部，交流党务工作经验，提高党务工作水平（直属机关党委）。

3. 组织工会干部、妇女干部、青年干部“贯彻落实十八大精神”专题培训和“走进基层”等主题实践活动（院工会、院妇工委、院团委）。

4. 利用中国农业科学院网、中国农业科学院直属机关党建网、院闭路电视、中国农业科学院报、宣传展板等媒介，开展中国农业科学院学习宣传贯彻十八大精神集中宣传（院办公室、直属机关党委）。

中共中国农业科学院党组关于学习贯彻党的十八大精神情况的报告

（农科院组发［2012］46号）

农业部党组：

党的十八大胜利闭幕后，中国农业科学院党组根据农业部党组的工作部署，立即组织开展系列学习宣传贯彻活动，在全院干部职工中迅速掀起学习贯彻十八大精神的热潮。院党组和全体共产党员坚决拥护党的十八大通过的各项决议、作出的各项部署，衷心拥护以习近平同志为总书记的新一届中央领导集体。全院各级党组织和广大共产党员把学习贯彻十八大精神作为当前和今后一个时期的首要政治任务，坚决把思想和行动统一到十八大精神上来，坚持把十八大精神贯彻到推进农科院跨越式发展的实际行动中去，扎实推进我院农业科技创新工程、现代农业科研院所建设、新院区建设三大行动，努力产出农业科技重大成果，为加快发展现代农业提供更加有力的科技支撑。现将有关情况报告如下。

一、开展系列学习宣传贯彻活动

按照《中共中央关于认真学习宣传贯彻党的十八大精神的通知》《中共农业部党组关于认真学习宣传贯彻党的十八大精神的通知》和《农业部学习宣传贯彻党的十八大精神工作方案》的部署要求，院党组提早谋划，广泛动员，精心组织开展一系列学习宣传贯彻活动。

一是制定下发方案，对活动作出总体部署和安排。根据中央和上级党组织有关安排，第一时间制定下发工作方案，11月8日下发《中国农业科学院贯彻落实十八大精神系列活动实施方案》，11月26日下发《中国农业科学院学习宣传贯彻党的十八大精神工作方案》，明确我院学习宣传贯彻活动分动员部署、集中学习、深入贯彻三个阶段，要求各单位紧密联系现代农业科研院所建设实际，联系农业科技创新实际，联系干部职工思想实际，创新方式方法，注重实际效果，制定具体工作方案，迅速掀起学习宣传贯彻党的十八大精神热潮。

二是召开全院干部大会，传达学习十八大精神。11月21日，我院召开干部大会，传达贯彻党的十八大精神及韩长赋部长在农业部党员干部大会和部党组中心组学习会上的重要讲话精神。李家洋院长在会上全面分析了农科院发展面临的新机遇、新要求、新挑战，要求全院干部职工要站在全局和时代的高度，解放思想、转变观念，准确把握推进农科院跨越式发展的要义，增强使命感、紧迫感、责任感，不等待、不懈怠，抢抓机遇、主动谋划、超常规发展。要紧盯国际先进、瞄准世界前沿，把握国家需求、明确重点方向，着力在管理机制、人才队伍建设、科技平台支撑、科技创新等方面实现突破，加快科技创新步伐，引领支撑农业农村经济又好又快发展。

三是召开院党组理论中心组学习会。11 月 21～22 日，院党组召开理论中心组学习会，深入学习十八大报告，围绕如何贯彻落实十八大精神、抓住机遇推动全院跨越式发展的主题，立足本职工作，交流学习体会和工作打算。通过学习交流，进一步加深了对十八大精神的理解和把握，统一了思想认识。要求全院各部门把智慧和力量凝聚到十八大精神上来，把学习成果转化为加强和改进本部门的实际成效，扎实工作，狠抓落实，全力以赴推进中国农业科学院各项事业发展，为跨越式发展、建设世界一流农业科研院所作出应有贡献。

四是召开“学习贯彻十八大精神。推进农科院跨越式发展”研讨会。11 月 29～30 日，我院召开“学习贯彻十八大精神　推进农科院跨越式发展”研讨会，着重学习领会十八大对“三农”工作和科技创新的部署，密切联系推进我院跨越式发展，就加强全院党的工作开展研讨交流。要求全院党的工作把加快农业科技创新作为出发点和落脚点，坚持围绕创新、服务创新、促进创新的基本定位，积极创造条件、优化环境、营造氛围，突出抓好转变作风推进落实和坚持以人为本切实做好思想政治工作两项重点工作，为我院实现跨越式发展保驾护航。

五是举办“贯彻落实党的十八大精神。扎实推进现代农业科研院所建设”专题报告会。邀请中国科学院副秘书长、规划战略局局长潘教峰为全院党组织主要负责人作了题为“科研管理创新的实践与思考”的专题辅导报告，系统介绍了中国科学院“知识创新工程”、“创新 2020”等科研管理创新的实践探索和研究成果，并与参会人员进行了互动交流，为推进我院现代科研院所建设拓宽了视野，启发了思路。

六是制定下发改进工作作风有关规定。为贯彻落实中央关于改进工作作风、密切联系群众有关规定的精神，我院在第一时间组织召开专题座谈会进行学习交流。举行院党组会集中学习中央精神，结合我院实际，制定下发《中国农业科学院关于改进工作作风的有关规定》，从改进调查研究、精简会议、改进文风、改进工作作风、改进接待活动、厉行勤俭节约和密切联系群众七个方面作出具体规定，要求院党组成员要从自身做起，带头作贯彻中央八项规定的表率，以实际行动带动全院形成良好作风。

七是建立工作落实督办机制。建立工作落实督办机制，加强院办公室督查职能，设置专人、建立专门制度开展督办，重点督办院务会、院党组会决定的重大事项，特别是贯彻十八大精神和推进三大行动提出的具体要求，实行每月报告、年中小结和年底总结制度，切实增强执行力，做到事事有着落、件件有回音，全力以赴把各项重要部署落到实处，确保取得百分之百的实效。

八是组织参加各类培训学习活动。积极参加上级党组织和地方党组织举办的各类学习培训活动。京区 26 名直属党组织主要负责人和 160 名基层党支部负责人参加了农业部学习宣传贯彻党的十八大精神基层党组织书记轮训班；院属京外各研究所也纷纷参加所属地方党组织开展的培训学习活动，进一步深化对十八大精神的理解和把握。

九是组织参观“科学发展　成就辉煌”大型图片展览。积极拓展学习宣传渠道，组织京区职工和学生赴北京展览馆参观“科学发展　成就辉煌”大型图片展览，观看《信仰》等教育宣传片，全面感受党的十六大以来科学发展的成功实践和国家建设、人民生活的历史性变化。

二、学习宣传贯彻十八精神的初步成效

目前，我院学习贯彻活动的动员部署阶段已经结束，取得了初步成效。

一是统一了思想。通过系列学习宣传贯彻活动，全院干部职工充分认识到，党的十八大是在我国进入全面建成小康社会决定性阶段召开的一次十分重要的大会，是一次高举旗帜、凝聚力量、继往开来、团结奋进的大会；党的十八大报告是一篇旗帜鲜明、思想深刻、部署全面的报告，是中国共产党人面向现代化、面向世界、面向未来的政治宣言，是一篇蕴涵一系列新思想、新观点、新举措的马克思主义纲领性文献。以习近平同志为总书记的新一代中央领导集体德才兼备、年富力强，充分反映出我们党兴旺发达、朝气蓬勃、富有活力，充分体现了全党的意志和全国各族人民的心愿。

二是加深了理解。通过学习，广大党员干部深刻理解了坚定不移走中国特色社会主义道路的新要求，进一步增强坚持和发展中国特色社会主义的道路自信、理论自信、制度自信；深刻理解了科学发展观作为党的指导思想，进一步坚定了解放思想、深化改革的决心；深刻理解中央对做好“三农”工作和走中国特色自主创新道路的要求，深化了对农业发展和农业科技创新面临的新形势新任务新要求的认识，进一步明确了实践农业现代化、推动城乡发展一体化、大力推进生态文明建设的发展理念。

三是明确了任务。各单位、各部门把学习贯彻十八大精神与工作实际紧密结合，研究确定了今后的重点任务。一是启动实施研究所综合评价工作，在 2012 年底全面试行。二是结合十八大提出的新要求和我院实际，开展宏观战略研究，及早谋划明年工作。三是强力推进农业科技创新工程，完成机构组建、组织动员、选择试点单位，建立健全管理办法，启动创新任务，创新考评机制等系列工作。四是扎实推进现代农业科研院所建设，陆续出台《现代农业科研院所建设制度的指导意见》以及系列配套文件，细化措施，推进落实。五是努力加快农业科研试验基地建设，重点推进通州院区建设。

四是推动了工作。院属各单位对照年初计划，对完成进度缓慢的工作任务深入分析原因，采取有力措施，加大工作力度，确保全年各项目标任务顺利完成，目前年底各项工作正扎实推进。现代院所建设步伐明显加快，“现代农业科研院所建设行动方案”正研究制定，研究所综合评价指标体系已初步建立并开始试运行，试验基地建设和科技创

新工程建设均取得积极进展。全院上下对推进农科院跨越式发展充满信心、充满干劲，转变工作作风抓落实的氛围更加浓厚，呈现团结向上、奋力拼搏的新气象。

三、下一步学习宣传贯彻十八大精神的安排

我院将进一步加强组织领导，以理论学习为龙头，采取多种形式，把学习宣传贯彻活动不断引向深入。

一是继续抓好理论学习。通过集体学习、讲党课、参观展览等形式，组织全院干部职工和科技人员深入开展理论学习，不断加深对十八大精神的理解把握，用十八大精神指导实际工作，将学习成果切实转化为推进工作的思路措施。

二是开好2012年度院党组和党员领导干部民主生活会。按照中央和农业部党组关于民主生活会制度的有关规定和要求，围绕学习贯彻党的十八大精神的主题，广泛征求群众意见，认真开展对照检查，切实抓好整改落实，确保民主生活会质量。

三是组织召开2013年党的工作会。认真总结2012年全院党的工作，全面部署2013年工作，选择一批典型党组织交流学习体会和学习成果，促进十八大精神的转化落实。

四是举办党办主任和党支部书记培训班。以学习贯彻党的十八大精神为主题，按照十八大报告的有关要求，加强党务干部培训，提高党务工作水平。

五是开展贯彻落实十八大精神主题实践活动。发挥工青妇组织作用，开展专题培训和征文演讲等主题实践活动。

六是做好宣传引导。利用中国农业科学院网、直属机关党建网、院闭路电视、院报、宣传展板等媒介，加强对十八大精神的宣传解读，广泛宣传我院在学习贯彻活动中涌现的典型人物事例，积极营造比学习、比工作、比作风的良好氛围。

中国共产党中国农业科学院党组
2012年12月12日

党的工作要为跨越式发展保驾护航

——陈萌山在中国农业科学院“学习十八大精神　推进农科院跨越式发展研讨会”上的讲话

（2012 年 11 月 30 日）

同志们：

根据院党组安排，我们在这里召开学习贯彻十八大精神、推进我院跨越式发展研讨会。这次会议是我院学习贯彻党的十八大精神系列活动的一个重要组成部分，时间虽短，内容丰富，成果显著。翟虎渠老院长出席会议并作了专题报告，院人事局、监察局、直属机关党委作了专题发言，与会同志围绕学习领会党的十八大精神、密切联系推动我院跨越式发展进行了热烈而充分的交流讨论。刚才，4 位同志交流了学习体会。今天上午，会议特别邀请中国科学院副秘书长、规划战略局局长潘教峰同志作了现代科研院所建设辅导报告，大家反映深受教育、深受启发、收获很大。

我来农科院工作时间很短，还处在熟悉情况的过程，参加这次会议主要是向大家学习，听取大家意见。下面，围绕这次研讨会的主题，结合个人的一些思考，讲一点体会和想法，与同志们交流。

一、中国农业科学院进入跨越式发展的新阶段

长期以来，尤其是进入 21 世纪以来，中国农业科学院创造了一大批农业科技成果，有力支撑了我国农业农村经济发展；创造了很有特色的农业科技精神，形成了中国农科院的优良传统和作风，特别是老领导、老专家为农科院的发展奠定了坚实基础，积累了许多有利条件。

党的十八大提出，科技创新是提高社会生产力和综合国力的战略支撑，必须摆在国家发展全局的核心位置，并要求走中国特色自主创新道路。这些重要精神为我们指出了前进的方向。当前，我国已进入加快发展现代农业的新的历史时期，一个重要标志就是农业发展转入主要依靠科技进步的新轨道、进入以农机作业为主的新阶段，科学技术对农业增产的贡献超过 50%，农业机械化水平超过 50%。农业进一步发展受资源环境的约束越来越大，对科技创新的要求越来越迫切，对科技支撑的依赖越来越强烈，可以说，农业科技进步已经成为我国现代农业发展的主要引擎，探索自主创新，实施创新驱动发展是我们的历史使命。

中国农业科学院的责任使命是什么？就是要成为农业科技创新的源头，成为农业科技转化的示范中心，成为推进现代农业发展引擎的火车头。面对新的形势、新的任务，每一个农科院的同志尤其是领导干部都要有强烈的机遇意识和忧患意识，既要看到我们有有利条件，更要看到我们存在的差距，面临的巨大挑战。作为农业科学的“国家队”，不仅要出成果，更要出大成果；不仅要出人才，更要出领军人才和人才团队；不仅要出思想，更要出有重大影响的战略思想。只有这样，才能够与国家队的身份相符、使命相称，才能够适应现代农业发展对我们提出的要求。

中国农业科学院现状怎么样？今天上午潘教峰副秘书长的报告中有大量信息，让我们情不自禁地在比较中体会到差距。家洋院长在11月21日全院干部大会上作了深入分析，我体会，**一是优势学科偏少。**领军型人才不足，总体竞争力不强，目前面临中国科学院涉农研究所、农业高校和省级农科院发展势头的威逼，优秀人才争夺和各种科研资源竞争的压力前所未有；**二是体制机制不够活。**制约创新和发展的困难和问题很多，尤其是我们还没有像中国科学院“知识创新工程”、“创新2020”这样的手段来推动发展；**三是各研究所发展很不平衡。**有的所处在“小作坊式”、“单打独斗”或“原始自然”式的发展状态中，有的所还在为生存而苦苦挣扎，有的所还游离在国家级创新体系之外，近10年来，有一半的研究所没有获得国家级任何奖励；**四是突破性的大成果少。**杂交水稻和黄淮海盐碱地综合治理都是我院牵头的，对改革开放以后中国农业发展起到了巨大的推动作用，这样的重大成果近年来还没有再出现。

一面是我们面临的问题、存在的差距，一面是我们肩负的责任、面临的任务，我们的态度是什么？态度就是要时不我待、自强不息。我们的目标是什么？目标就是要实现跨越式发展、全面发展。什么叫跨越式发展？就是不能按照目前的发展速度，不能满足于现有的发展条件，按部就班地发展、等待观望发展、消极被动发展，就是要认真谋划、主动争取实施一批重大项目、重大工程，就是要建设一批优势学科、创立一批科研平台，就是要引进和培养一批领军人才和创新团队，就是要完善建立科技创新的新机制新办法，遵循科学发展规律，达到科学发展、快速发展，加快实现世界一流农业科研院所建设的目标。

目前，院党组围绕农科院跨越式发展，谋划了三大行动，寻求四个方面重点突破。

三大行动，一是现代院所建设。院里正在制定《现代农业科研院所建设制度的指导意见》以及系列配套文件，即将陆续出台。下一步要细化措施，推进落实。通过现代院所建设，主要是为跨越式发展提供运行机制，提供发展动力。**二是农业科技创新工程。**在农业部和财政部的大力支持和指导下，已经取得积极进展。接下来的任务更加繁重，要按照工程方案实施的要求，组建机构、组织动员、选择试点，建立健全管理办法，启动创新任务，创新考评机制等一系列的工作。实施科技创新工程，主要是围绕国家重大需求，整合学科力量，发挥全院整体优势，推动科技创新，为跨越式发展搭建创新平台。**三是建设新的院区。**北京正在大力推进在郊区新建院区的工作，同时支持京外所新建科研综合试验基地，为我院跨越式发展开拓空间、奠定基础。

四大突破，一是在管理机制方面实现重点突破。加快建立现代法人治理结构，加快建立科学的评价机制，探索建立合理有效的薪酬体系，建立和完善科技人员的评价激励机制，大力吸引凝聚人才。积极开展创新文化建设。**二是在人才队伍建设方面重点突破。**科学设置科研、技术支撑和管理三类岗位，抓紧完善青年英才计划，组建300个左右重点研究科研团队。**三是在科技平台支撑方面重点突破。**加强重点科技设施、科技平台和仪器设备建设，按照综合性与专业性基地并举、院地共建与共享结合的原则，充分考虑农业区域特点，科学设置试验基地，大力提升科研服务保障能力，形成完善的试验基地网络。**四是在科技创新方面实现重点突破。**统筹使用资源，理顺资源使用的优先顺序和轻重缓急，发展快的早支持，发展好的多支持。坚持质量优先、有序发展的原则，协调考虑产业需求、国际前沿和研究基础，凝练优化学科领域，加快内部结构调整，突破重点科技命题。

实现以上目标任务，我们完全可以相信，中国农科院跨越式发展，将一步一个脚印、一年一个台阶，扎实向世界一流农业科研院所迈进，源源不断地为我国现代农业发展提供强有力的科技支撑。

二、党的工作要为科技创新和跨越式发展
创造条件　优化环境　营造氛围

中国农业科学院的跨越式发展，要成为全院上下共同的意志、共同的行动，核心是落实中央创新驱动发展战略，大力推动科技创新。党的工作要为跨越式发展保驾护航，加快农业科技创新要作为党建工作的出发点和落脚点，坚持围绕创新、服务创新、促进创新的基本定位，为我院跨越式发展和科技创新创造条件、优化环境、营造氛围。

创造条件。人才能不能引进来、留得住，人才能不能调动积极性、发挥创造性，取决于我们能不能提供干事创业的条件，这些条件既包括科研平台和实验基地，还包括解决好领军型科学家生活、家庭的一系列具体实际问题。如住房（Housing）、子女就业和配偶工作（Home）、健康（Health），这三个“H”非常现实。可以讲，我们现有的手段也不太多，能不能够满足引来人才、留住人才的要求，就在于我们开拓性的工作，采取超常规的措施，以对科学家充满感情、对科研工作充满热情，带着对事业的激情和痴情，为科研工作创造条件。

最近我到了一些所调研，没有一个所不反映人才团队不足、领军型人才不足。为解决这个问题，院里面已经下决心加大措施力度，各个所也要下决心，在人才引进和人才培养上出重拳、出实招，作为院所优先解决、长抓不懈的重大工作。院里的英才计划方案近期将印发大家，出台一些重大措施。希望各个所要竭尽所能，进一步细化措施、加大力度。现在还没有到砸锅卖铁引人用人的地步。我希望党委书记要做科学家的“后勤部长”，把为科技工作者服务、解决科技工作者实际困难作为己任，兢兢业业、尽职尽责，解决科技人员的后顾之忧。这项工作要做得细而又细，要做到一个科学家一个方

案，有什么问题解决什么问题，用我们的实际行动、有效的作为，来赢得尊重和信任，激励他们留下来创新创业。

优化环境。要为科技人员创造宜居型的创新生态环境，这种环境要有“肥沃的土壤”和“充足的阳光”，有利于快出成果、出大成果。我希望党委书记是科技工作者的“园丁”，重要的是创造有效机制，完善相关制度，优化操作办法，使科技人员能够在一个充满激励、公平发展、保障有力的环境里潜心科研。

中国农业科学院机关和各个研究所都要对现有的制度办法进行清理和完善，对现有的支撑、管理系统进行清理和完善，看看是不是有利于鼓励科技人员创新，更要剔除妨碍科技创新的不合时宜的规定。

环境问题非常重要，尤其在今天人人都是发布者、传播者的网络社会。从全社会来讲，有一个如何形成崇尚理性的社会环境的问题，要防止极端思维和极端情绪的蔓延。极端情绪是社会共识的天敌，而极端情绪在社会转型时期尤其容易产生、发展。极端民族主义、民粹主义、自由主义、平均主义，在现实生活中对社会危害很大，它们是社会共识的最大障碍。必须从制度上阻止极端情绪影响党和国家的重大决策。同样，一个所、一个单位如果被极端思维、极端势力左右，这个所、这个单位就不会有健康、理性的发展环境。

营造氛围。科学研究不等于竞技场，只有不断地在失败中坚守，才能迎来最后的成功。茶叶育种要 15 年甚至更长，动物育种要 10 年甚至更长时间。科技工作者要有科学精神，不断地探索、揭示自然的本质；更要有人文的关怀，如果没有人文精神，科学工作将缺乏温暖和美丽，将缺乏道德基础。人文关怀正是科技工作者超越日常生活的浮躁和功利性，百折不挠地探索真理和内在价值的生命力。我希望党委书记要成为科技工作者的“灵魂工程师”，为研究所创造宽松的工作环境、宽容的人际关系、宽厚的人文关怀，牢固树立为国服务、为民造福、不懈创造的科技价值观，努力构建充满活力、包容兼蓄、和谐有序、开放互动的农业科技研究发展的生态系统。“家和万事兴”，“和”就是良好的工作环境、良好的人际关系；家，能保持良好的心情和健康的身体，融洽的人际氛围。

我们提倡要用历史的眼光看事，不斤斤计较；用天文学家的眼光看人，做到立体、全面。这里，我提议，我们各单位、各所党委书记每年都要主动研究一些热点问题，确定几个关爱对象，积极联系、主动服务，探索更加有效的方法，当好党委书记“后勤部长”、“园丁”、“灵魂工程师”，甚至成为科学工作者的良师益友，为科技工作服好务。

三、突出抓好当前重点工作

推动科技创新、实现跨越式发展，工作千头万绪，需要统筹谋划、全面推进。作为党的工作，当前要突出抓好转变作风推进落实和坚持以人为本切实做好思想政治工作两项重点工作。

第一，关于转变作风推进落实

现在，全院上下对中国农业科学院跨越式发展翘首以待，寄予厚望。我们能不能够抓住历史性机遇，我认为一刻都不能耽搁、一刻都不能停顿，有力地推进农科院快速发展、科学发展，关键是要用科学务实的态度谋事，雷厉风行的作风落实，切实抓好党的十八大精神落实，一定要在实际工作中见成效，让广大群众看到变化、感受变化。

要增强责任意识。院一级机关、所一级机关，每一个岗位都有组织和群众赋予的一份重大职责，都是一种重托，我们必须胸怀敬畏之心，以大恭大敬的态度对待。我们不能对身边的问题、眼前的问题、自己职责中的问题视而不见、置若罔闻，我们不能对问题马马虎虎、得过且过，我们不能怕事、避事、躲责任，相互推诿，或者推一下动一下，甚至推三下才动一下。责任重于泰山，无论大责任小责任，大家都尽职尽责，我们才能抓住当前难得的机遇、好的发展势头，我们的事业就一定会成功。院机关各局办、各研究所都要主动清理一下自己各项职能职责是否到位，做到跨越式发展，重担众人挑，人人肩上有压力。我们要以对历史负责、为现实服务、替未来着想的态度对待自己的使命和责任。农科院发展的接力棒放在我们手中，我们就要以时不我待、如履薄冰、十分敬畏的态度对待，恪尽职守。人事、纪检、党建等党的工作，都要增强执行意识和执行能力，加大工作力度。

要健全制度规范。要用制度保证执行力，对院所现有的各项制度规定，根据形势的变化要求，按照精而管用的原则进行梳理。现在常常是查制度一大本，管用、实用、落实的制度不够用、不到位。院机关、各研究所的领导一定要有强烈的制度意识，带头用制度、落实制度，做到一个领域有一个规章、一项工作有一个制度、一件事情有一个程序。要对制度规定简化文字、制定流程，增强可操作性。制度不能太复杂，要简洁明了，好记，好用。

要建立督办机制。这是推动我院重大决策部署落实的重要环节，是确保各项措施落实的有效手段，是检验各方面执行力的有效方法。根据家洋院长的指示，院办公室将加强督查职能，建立督办机制。要有专人、建立专门制度开展督办，每个月报告进展情况，年中小结，年底要全面总结。当前督办工作的重点是院务会、院党组会决定的重大事项，特别是家洋院长就贯彻十八大精神提出的具体要求，要做到事事有着落、件件有回音，增强执行力，提高决策的权威性。每一项工作都由相互联系的若干环节组成，只有每一个环节都切实提高执行力，工作才能真正落实到位。有一个数学算式，5 个 90% 相乘，最后得到的只是 59%。这个算式告诉我们，如果每个环节执行力不足，只做到 90%，最后的结果就是不及格。我们执行的过程，各个环节都不能打折扣，要以百分之百的重视和努力，全力以赴把我院各项重大部署落到实处，确保百分之百的实效。这里特别强调院所领导班子要带头执行制度，成为执行制度的表率。制度主要是管权力的，院所领导是权力的持有者，首先要受制度的约束。

要加强考核评估。要加强对院重大工作部署的考核评估，纳入现代院所评价指标体系。现在事业在发展，事情在增加，院所机关都反映人手紧张。这是客观事实。但我们也要看到，现在每一个岗、每一位同志是不是在满负荷工作，工作状态怎么样，积极性是不是都调动起来了，我们缺少评估和考核，急需进一步加强。要尽快做到各项重大工作事前有要求，事中有督查，事后有考评。建立奖惩机制，加大问责力度，努力做到有功有绩、必褒必奖，失职渎职、必罚必究，树立良好的责任导向，调动各方面积极性，有效地推动各项工作顺利开展。

第二，关于以人为本切实做好思想政治工作

加强思想政治工作是机关党的基层组织的重要职责，根本任务是服务科研工作，服务队伍建设。我到中国农业科学院工作后，上门反映问题的多，上访的信件多（领导批办的不少），也会同有关单位处理了一些问题。新来一位领导，期待你帮助解决问题是正常的。通过接触这些材料、这些事件，我体会到有必要进一步强化思想政治工作，而且还要创新思想政治工作的方法，尤其是党委书记要成为思想政治工作的模范。

当前社会快速发展变化，人们的思想面临哪些新问题？给我们带来哪些新挑战？

一是主流价值的影响力在下降。主流价值观包括热爱社会主义，热爱祖国，勤奋敬业，克己奉献。但现在有的人理想信念发生动摇，盲目追求西方社会制度和生活方式。追求创新的国家使命感还不够强，无私无畏、无怨无悔的氛围还不够优，如何用社会主义核心价值观武装头脑，教育大家始终追求人生的价值，要注意思想政治工作面临的新挑战。统一到建设世界一流科研院所的目标上来。

二是新型媒体海量的信息和形形色色的观点，对人们思想特别是对年轻人的影响在不断加深，主流意识形态在信息的浪潮中被削弱。在微博等信息平台上，每个人既可以是信息的接收者，也是信息的发布者，来自各方面的声音往往对主渠道的权威性带来挑战，甚至误导社会舆论。因此，在信息化条件下做思想政治工作，必须充分认识到新媒体的压力挑战，仅靠传统的方式方法不行。农科院每个人都有一个邮箱，每个邮箱就是一个发布平台。

三是70后、80后的科研人员逐步成为农科院主体。他们有思想活跃、积极进取的一面，也由于他们多数是独生子女，缺乏艰苦环境、艰苦条件的磨练，不少同志遇到挫折，思想上容易波动。这些情况表明，思想政治工作面临新的重点和难点，必须因势利导，在加强针对性上下功夫。同时，我院是一个大院，历经50多年，为老同志服务的任务，既是政治责任，又是现实任务。还有一些老同志，特别是部分内退人员有一些实际问题，有的问题已经存在了几十年，如果这些实际问题处理不好，就容易影响机关的和谐，影响我们正常工作。

四是科研人员承受的科研工作和社会生活压力，呼唤着更多的人文关怀。随着我院现代院所评价体系的建立和评价工作的开展，将对科研人员、管理人员、支持队伍提出更新更高的要求，对全院同志的素质提出更高要求。从实际运行看，现在不适应的问题还十分突出，要充分考虑科学管理、严格考核带来的新的心理压力。特别是院里要实施科技创新工程，谁先进、谁后进，谁进、谁不进，都是客观存在的问题，有大量的思想政治工作要做，很迫切、很现实。创新工程是我院的“1号工程”，不能有杂音。

上述因素导致的身心压力如果得不到释放，往往表现为心理健康出问题，不仅影响个人工作和生活，还可能对集体、对单位产生负面影响。这就要求思想政治工作必须进一步拓宽领域，切实作好人文关怀这篇大文章。

中国农业科学院正处在转型发展的关键时期，内部稳定十分重要。但我们必须转变传统的稳定观，努力从“以堵为主”的静态稳定，转变为“以疏为主”的动态稳定，努力把全院同志组织引导到民主办院、科学发展的轨道上来。

如何做好思想政治工作？

一要把思想政治工作作为一项硬任务来落实。切实提高对做好新时期思想政治工作重要性必要性的认识，调动和依靠党委、党支部的积极性，切实增强工作的主动性和有效性。主动性很重要，很多矛盾可能是聚小成多、因长而大，今天解决了就是小问题，拖延了就成大问题。我们对可能发展为热点问题的，一定要早发现、早应对，及时化解。

二要把思想政治工作作为一门专业来研究。坚持以人为本，以理解人、关心人、教育人、启发人、激励人为出发点，研究推出一批有分量、有深度、对工作有指导借鉴作用的成果和方法，切实增强工作的科学性。要形成思想政治工作的制度体系，建立思想政治工作激励和约束机制，制定思想政治工作的专题研究计划。

三要把以人为本，回应科技人员的合理需求作为抓好思想政治工作的着力点。面对不同的声音、不同的心态，我们的所长、党委书记不仅要有包容心态，还要善于倾听，最大限度地去尊重他，哪怕他只有1%的合理表达，也要用100%的耐心、热情对待。一定要防止简单地把谈话对象、上访人推到对立面。同时，要防止一部分人和群体的诉求因为没有相应的表达渠道，没有得到足够的重视，从而走入上访的途径。切实做到合理的需求要千方百计研究解决，对一时解决不了或无法满足的，要先行做好解释疏导工作。还要会用法律做思想政治工作。同时，要分类指导，有针对性地回应不同群体的需求。要加强科技人员和机关干部职工的心理健康教育，帮助提高应对心理危机和自我调适的能力。总之，思想政治工作要与解决实际问题相结合，把思想政治工作做到心坎上、落到点滴中。

四要创新思想政治工作的方法载体。思想政治工作不能单打独奏，要融入科研创新管理过程中，首先要融于日常科研管理活动中，使思想政治工作内化为对待工作的态度和习惯；第二要充分利用网络等媒体方法，开辟效率更高、互动性更强的思想政治工作阵地；第三，在机关文化建设中，把思想政治工作结合进去；第四，充分发挥工青妇等群众组织的桥梁纽带作用，把思想政治工作做细、做活。

五要把思想政治工作作为一项重要指标来考核。建立心理疏导机制、帮扶救助机制，及时把握干部职工的思想动向和价值取向，掌握他们的实际需求，解决他们的实际困难，切实增强工作的实效性。

研究生院及研究生导师承担着教书育人创新的重任，思想政治工作更加迫切、更加重要、更加艰巨。对研究生导师的要求不仅要教好知识，更应作为思想政治教育的首要责任人，管理研究生的同志要及时掌握思想状况，有效化解成长困惑，引导身心健康发展。

最后，我再强调一下党风廉政建设。完成三大任务，推进跨越式发展，涉及的资金项目多，牵扯的利益群体多，潜藏的廉政风险大，加强党风廉政建设事关重大，是我院顺利实现跨越式发展的根本保障。院机关各局办、各研究所必须时刻紧绷反腐倡廉这根弦，把党风廉政建设摆在更加突出的位置，同业务工作一起部署、一起落实、一起检查。要从思想作风、工作作风、领导作风和学术作风入手，切实加强廉政风险点防控，覆盖重大决策、科研经费管理、基本建设、成果转化、干部选拔任用等重点领域和关键环节，制定有针对性、可操作性的防控措施，狠抓制度执行，确保廉洁风险“防得严、控得住”。要选好配强各单位党委班子和党务干部，加强基层党组织建设，深入开展以为民务实清廉为主要内容的党的群众路线教育活动，院机关各局办、各研究所党员领导干部要以身作则、严格自律、当好表率，积极推动廉政文化活动。要层层签订党风廉政建设责任承诺书，明确具体责任，严格责任考核、责任追究，进一步凝聚全院力量，共同抓好反腐倡廉建设。

我到农科院工作一段时间，更加重视关注党的工作开展情况。我感到，农科院党的工作基础很好，我们有很好的党建工作基础，我们有一支很好的党建工作队伍，特别是有一批从事党建工作的党委书记、支部书记。长期以来，同志们热情投入、全心探索、默默奉献、辛勤耕耘，取得了可喜的成绩，创造了丰富的经验，值得我学习，是我们进一步做好工作的基础和保障。

同志们，新时期推进我院跨越式发展，使命光荣，责任重大，任务艰巨，需要中国农业科学院各级党组织和广大党员充分发挥政治核心作用、战斗堡垒作用和先锋模范作用。我们要认真贯彻落实党的十八大精神，按照院党组的要求部署，坚持以人为本、服务为先，坚持团结一心、开拓向前，全力以赴做好党的各项工作，为建设世界一流农业科研院所、实现我院跨越式发展作出新的更大的贡献！

中共中国农业科学院党组
关于加强党的工作有关问题的意见

（农科院党组发［2012］24 号）

院属各单位、院机关各部门：

党中央、国务院历来对坚持和加强事业单位党的领导十分重视，最近又对在推进事业单位改革中加强和改进党的建设工作提出了指导意见。为进一步加强中国农业科学院党的建设，充分发挥党组织的政治、思想、组织保证作用，现就有关问题提出如下意见。

一、充分发挥党组织的政治核心作用

中国农业科学院是实行行政领导人负责制的事业单位，按照党章和中央有关规定，党组织发挥政治核心作用。据此，院属各单位党委要充分发挥政治核心作用，把党的建设工作与本单位改革发展紧密结合起来，同步规划，同步推进。凡涉及本单位改革发展稳定和事关职工群众切身利益的重大决策、重要人事任免、重大项目安排、大额度资金使用事项，党组织必须参与决策，也可以采取党政联席会议等方式进行上述决策。坚持党管干部原则，在选人用人中发挥党委的主导作用。党委要对确保党的路线方针政策和国家法律法规在本单位贯彻执行，积极发挥监督保障作用。

中国农业科学院设立党组，院党组发挥领导核心作用。为更好地贯彻落实院党组的各项工作部署，统筹推进全院党的工作，院党组决定增加院直属机关党委指导京外研究所党的工作的职责。院直属机关党委要加强对全院党的工作的统筹协调。

二、健全党委、纪委领导班子和办事机构

院属各单位党委、纪委要不断加强自身建设，按照党章要求，按时进行党委、纪委换届；党委、纪委领导班子人员有变动时要及时调整充实。党委书记和行政主要领导由同一人担任的，一般应配备 1 名专职副书记；党委书记和行政主要领导分开任职的，党委书记一般应兼任行政副职，党员行政主要领导人一般应进入党委领导班子。院属各单位党委、纪委班子换届和成员调整按规定程序办理，京外各研究所党委、纪委换届的相

关请示和结果分别抄送院直属机关党委、纪委备案。

院属各单位党组织要按照精干高效、有利于加强党的建设和思想政治工作、促进院所改革和发展的原则，设置办事机构。凡设立党委的单位均要设置党委办公室，党委办公室可以与其他处室合署办公，加挂党委办公室牌子，并配备专职党务工作人员。

三、加强党务干部队伍建设

院属各单位党组织要不断加强党务干部队伍建设，把党务工作岗位作为培养人才的重要平台，注重选拔有党务工作经历的同志担任行政领导，注重从业务骨干中选拔优秀人才充实党务工作队伍，后备干部要有计划地安排到党务岗位上进行锻炼。要定期开展党办主任和群团组织干部的集中培训，并加强实践锻炼，努力使党务工作干部成为既精通党务和思想政治工作，又熟悉业务和管理工作的复合型人才。

四、加强工青妇组织工作

院属各单位党委要加强对工青妇组织的领导，支持工青妇组织按照各自章程独立负责地开展工作，为工青妇组织配备相应的工作人员和必要的经费支持。要进一步健全工青妇组织，配备专（兼）职工青妇组织干部，工会主席一般应由领导班子成员兼任。院工会、院团委、院妇工委要加强对京外研究所工青妇组织的指导，京外工青妇组织的设立、换届等有关事宜应抄送院工青妇组织备案。

五、坚持开展评优表彰活动

各级党组织和工青妇组织要坚持深入开展创先争优活动，并使创先争优常态化、长效化。全院范围内每两年组织开展一次“优秀共产党员、优秀党务工作者和先进基层党组织”、“文明单位”、“先进工作者”、“巾帼建功标兵”、“巾帼文明岗”评选表彰活动；每四年开展一次“十佳青年”、“青年文明号”评选表彰活动，充分发挥先进典型的示范引领作用，不断推进农业科技创新与和谐院所建设。

六、创造良好的党建工作条件

院属各单位党组织年初要制定本单位年度党的工作计划，根据《中国共产党党和国家机关基层组织工作条例》的规定，将每年的党建工作经费列入单位年度经费预算，以保障工作需要。积极创造条件，因地制宜建立党员学习和活动场所。

七、落实党建工作责任制

各单位党组织要全面抓好党建工作各项任务落实，党组织书记要切实履行党建工作第一责任人职责，担任党内职务的行政领导人要按照“一岗双责”要求，积极做好党建工作。各单位要确保党建工作各项任务贯彻落实，为实现我院新时期跨越发展提供坚强的政治、思想和组织保证。

中国共产党中国农业科学院党组

2012 年 4 月 12 日

中国农业科学院
关于改进工作作风的有关规定

（2012年12月11日）

为贯彻落实中央关于改进工作作风、密切联系群众的有关规定精神，结合我院实际，现制定以下规定。

1. 改进调查研究。调研要有明确主题，要深入研究所和科研一线调研；要把解决各种实际问题作为调研重点，特别是上访问题，使调研的过程成为了解情况、解决问题、推动工作的过程。院办公室要加强对调研活动的统筹协调，避免多头和重复调研。调研人员要精干，不增加研究所负担。

2. 精简会议。全院性会议要严格控制，能不开就不开，能合并开的就尽量合并开，能在京内开的不到外地开；提倡召开视频或电话会议，减少京外研究所派人来京频次。不开无关紧要、无实质性内容会议，提倡开短会，讲短话。除院年度工作会议和现代院所建设战略研讨会外，没有特殊需求一般不召开所长都参加的会议。

3. 改进文风。要统筹安排工作，尽可能减少发文数量。能电话通知的就不发文，能在院本级解决问题的，就不向研究所发文，不发无实质性内容和泛泛提要求的文件。提倡写短文，少写套话、空话，文件不要穿衣戴帽，内部材料不要俗套。要尽快建设院机关内网，推进电子化、信息化办公，减少纸质文件。

4. 改进工作作风。要切实履行岗位职责，提高政治敏感性，提高工作效率和工作质量，提高执行力。要树立为研究所、为科研一线服务的理念。要认真落实院党组会、院常务会议确定事项和上级领导批办事项，建立督办制度，确保件件有落实、事事有回音。凡是上级有要求的，必须坚决贯彻落实，做到雷厉风行。

5. 改进接待活动。要减少应酬活动，各类庆典、剪彩、研讨会、课题论证会要从严控制参加；可去可不去的活动，坚决不去；与本职业务和分管工作无关的活动，坚决不去。确需参加的活动，减少陪同人员，简化接待，不摆排场，不超规格接待和不超标准消费。院领导到研究所调研和参加活动，有招待所要住招待所，不安排套间，不送纪念品、礼品，不安排宴请，不参加商业娱乐活动。

6. 厉行勤俭节约。严格遵守廉洁自律各项规定，严格执行工作和住房、用车等生活待遇有关规定。严格采购程序，按规定规格采购，不奢侈，不浪费。提倡绿色办公和无纸化办公，积极开展节水、节电、节暖、节约办公纸张等活动。

7. 密切联系群众。加大院务、所务公开力度，全力推进开放办院、民主办院。实施院领导接待日、院领导联系民主党派知名人士、在院网设立专门听取职工意见的电子邮箱等制度，畅通职工表达诉求渠道。关心职工工作和生活，为职工群众解难事、办实事，建设和谐农科院。

院党组成员要从自身做起，严格要求自己，带头作贯彻中央八项规定的表率，以实际行动带动全院形成良好的作风，赢得职工群众的信任和拥护。

关于在中国农业科学院直属机关党的基层组织中全面实行党务公开的实施方案

（直党字［2012］1号）

为认真贯彻落实党的十七大和十七届四中全会精神，根据中共中央办公厅《关于党的基层组织实行党务公开的意见》（中办发［2010］29号）、中央国家机关工委《关于在中央国家机关党的基层组织中全面实行党务公开的实施意见》（国工发［2011］19号）和农业部直属机关党委《关于在农业部直属机关党的基层组织中全面实行党务公开的实施方案》（农（党委）［2011］39号）的要求，扎实推进中国农业科学院直属机关党的基层组织党务公开工作，加强和改进新形势下党的基层组织建设，促进农业科技事业发展，现结合我院实际，制定如下实施方案。

一、指导思想、基本原则和目标要求

（一）指导思想

高举中国特色社会主义伟大旗帜，以邓小平理论和“三个代表”重要思想为指导，深入贯彻落实科学发展观，围绕中心、服务大局，坚持党要管党、从严治党，尊重党员主体地位，推进党内基层民主建设，不断提高基层党组织的创造力、凝聚力、战斗力，激发广大党员的积极性、主动性、创造性，为促进农业科技事业发展提供有力保证。

（二）基本原则

院直属机关党的基层组织实行党务公开，必须坚持以下基本原则。

发扬民主，广泛参与。以落实党员的知情权、参与权、选举权、监督权为重点，进一步提高对基层党组织事务的参与度，充分发挥党员在党内生活中的主体作用。拓宽党员意见表达渠道，充分营造党内民主讨论、民主监督环境，调动广大党员干事创业和建言献策的积极性。

依法依纪，积极稳妥。坚持自上而下的指导和自下而上的探索相结合，坚持先党内后党外、因地制宜、先易后难、循序渐进。党内事务除涉及党和国家秘密等依照规定不宜公开或不能公开的外，都应向党员公开。

分类指导，规范科学。针对不同类型的基层党组织，根据其职责和特点，确定相应的公开内容和方式，规范共性、突出个性，提高党务公开的针对性和有效性。公开内容应真实、具体，公开方式应多样、便捷，公开程序应规范、严谨，并保证党务公开的时效性和经常性。

统筹兼顾，改革创新。把党务公开与政务公开、办事公开等有机结合起来，统筹谋划、整合资源，互相促进、协调运转。积极适应党内民主建设的新要求，不断完善公开制度，丰富公开内容，创新公开形式，积极探索党员发挥作用的途径和方式。

（三）目标任务

到 2012 年，我院直属机关基层党组织全面推行党务公开。按照上级党组织的整体部署开展工作，促使党务公开真正成为基层党组织的一项基本制度，党员参与党内事务的权利得到较好落实，党内监督在权力规范运行中作用更加明显，党务工作的科学化、民主化程度显著增强，党员群众对基层党组织工作的满意度不断提高。

二、党务公开的内容、程序、方式和时限

（一）党务公开的内容

1. 党组织决议、决定及执行情况。执行中央和国务院重大决定、重要精神，院党组和上级党组织决议、决定和工作部署情况，本部门本单位党组织年度工作计划、阶段性工作重点（重要工作事项）及工作完成等情况。

2. 党的思想建设情况。本级党组织开展思想政治工作、党员及中心组理论学习计划及落实、开展学习型党组织创建活动、党员干部培训计划及落实、开展文明单位创建活动、开展文化建设等情况。

3. 党的组织管理情况。党组织机构设置、职责分工、换届选举，党员发展、民主评议、创先争优，党费收缴、管理和使用，党务工作经费管理和使用，党员权利保障、党建带群建等情况。

4. 领导班子建设情况。领导班子职责分工、议事规则和决策程序，执行民主集中制，召开党员领导干部民主生活会，群众满意度测评，年度考核评价等情况。

5. 干部选拔任用和考核奖惩。干部选拔任用、轮岗交流、考核奖惩，干部监督制度及执行等情况。

6. 联系和服务党员、群众情况。听取、反映和采纳党员、群众意见和建议，帮助

党员、群众解决生产生活实际困难，接待来信来访、排查化解矛盾纠纷，办理涉及党员、群众切身利益重要事项等情况。

7. 党风廉政建设情况。落实党风廉政建设责任制、执行廉洁自律规定、落实党内监督制度、推进惩治和预防腐败体系建设、廉政文化建设、处理违纪党员等情况。

8. 其他应当公开的事项。

不同类型的基层党组织，应根据职责和特点，突出公开重点，确定相应的党务公开内容。

（二）党务公开的程序

1. 制定目录。院机关各直属党支部参照《中国农业科学院机关党组织党务公开目录》、各直属单位党组织参照《中国农业科学院直属单位党组织党务公开目录》，结合本单位实际情况，制定党务公开目录。其他基层党组织党务公开目录由其上一级党组织制定，规范公开的内容、范围、方式、时限和承办部门等。

2. 实施公开。各级基层党组织党务公开依照目录进行。如有目录外需要公开的事项，基层党组织应制定工作方案，报经制定党务公开目录的党组织审核同意后进行公开。公开的时限应与公开的内容和范围相适应。党务公开内容的真实性、可靠性，由提供公开内容的部门负责。

3. 收集反馈。各级基层党组织可通过建立电子邮箱、设置意见箱、公布联系电话、安排接待日等方式，收集党员群众对党务公开情况的意见和建议，及时作出处理或整改，并将结果以适当方式向党员、群众反馈。

4. 归档管理。将党务公开的内容和党员、群众的意见、建议以及处理情况等资料，及时登记归档，并做好管理利用工作。

（三）党务公开的方式

党务公开坚持形式服从内容，注重实效，把传统方式和现代手段结合起来。基层党组织应根据党务公开的内容和范围，主要通过党内会议、文件、简报、公告栏等形式进行公开。积极探索运用网络、电子显示屏、手机短信等方式进行公开。健全党内情况通报制度，及时发布党内信息，畅通信息渠道。开展党内事务问询和党员定期评议等活动。

（四）党务公开的时限

党务公开要充分体现及时性和经常性，做到常规性工作长期公开，阶段性工作定期公开，临时性工作和重点事项即时公开。

1. 长期公开。主要指具有长期性、稳定性的工作，需在长时间内对党员群众公开，如党组织设置、党内工作机构和主要职责、党内规章制度等。如遇修订和调整，应当及时更新。

2. 定期公开。主要指一定时期内相对稳定的阶段性工作，如党建工作年度计划、党内重要会议、理论学习计划及落实、党员干部教育培训计划及落实、党费收缴及管理使用等情况。可根据实际情况确定更新周期。

3. 即时公开。主要指动态性、临时性、应急性的工作，如阶段工作重点、领导讲话、评选表彰、换届选举、发展党员公示以及相关干部考察预告、任前公示等，应及时进行公开。跨年度工作除即时公开外，还应当随年终总结进行公开。

三、建立健全党务公开工作保障制度

把党务公开与贯彻落实党内监督条例规定的党内情况通报、情况反映、重大决策征求意见、党员意见建议处理回复、党代表常任制等制度结合起来，健全和完善以规范党务公开内容、形式、程序、反馈意见落实及工作责任追究为主体的具体制度。要在实践中不断总结完善，建立健全各项行之有效的制度，使党务公开工作科学化、制度化、规范化。

（一）例行公开制度

列入基层党组织党务公开目录的事项，应按照职责分工和有关规定，及时主动公开。暂时不宜公开或不能公开的，报上一级党组织备案。公开事项如需变更、撤销或终止，由制定党务公开目录的党组织批准，报农业部党组备案后及时公布并作出说明。

（二）依申请公开制度

党员按照有关规定向基层党组织申请公开相关党内事务。对申请的事项，可以公开的，基层党组织应向申请人公开或在一定范围内公开；暂时不宜公开或不能公开的，及时向申请人说明情况。申请事项及办理情况应报上一级党组织备案。

（三）监督检查制度

各直属单位党组织要加强对所属基层党组织党务公开工作的检查和指导，推动工作落实。基层党组织可通过聘请党务公开监督员、组织民主评议等方式，加强对党务公开工作的监督。

（四）信息反馈制度

按照“谁公开、谁负责，谁收集、谁反馈”的原则，收集整理党员群众围绕党务公开提出的意见和建议，及时做好信息反馈工作；涉及重要事项和重大问题，要认真讨论研究，并根据需要实行再次公开。

（五）考核评价制度

把基层党组织党务公开工作情况作为党组织及其主要负责人年度工作考核和机关党建工作考核的重要内容，作为推优评先的重要依据。适时组织党员对基层党组织党务公开情况进行评议，并及时公布评议结果。把基层党组织党务公开工作纳入党风廉政建设责任制的评价体系中，对不按规定公开或弄虚作假的，要批评教育，限期整改；情节严重的，要追究有关领导和直接责任人的责任。

四、切实保证党务公开各项工作落到实处

（一）加强对党务公开工作的领导

成立由院党组副书记、直属机关党委书记罗炳文任组长，院党组成员、人事局局长贾连奇、直属机关党委常务副书记高淑君任副组长，院直属机关党委、院办公室、人事局、监察局负责同志为成员的中国农业科学院直属机关基层党组织党务公开工作领导小组，统一组织、协调和指导基层党组织党务公开工作。成员单位要充分发挥职能作用，加强协调配合，积极开展工作。领导小组下设办公室，办公室设在院直属机关党委，负责组织实施党务公开工作。

（二）落实党务公开工作责任

各级党组织要把基层党组织党务公开工作列入重要议事日程，切实做好组织实施工作。机关各部门直属各单位党组织是本级组织实行党务公开的责任主体，要成立党务公开工作领导机构，党组织主要负责人作为实行党务公开第一责任人，负责本单位党务公开工作。要紧密结合实际，制定具体方案，确保党务公开在所有基层党组织中全面实行。

（三）加强党务公开宣传教育

采取多种形式，帮助各级党组织和党员全面掌握党务公开工作的主要内容和基本要求，引导广大党员正确行使民主权利、切实履行党员义务，让党员群众在了解中参与，在明白中监督，把各级党组织和广大党员的思想与行动统一到中央要求和部署上来。充分运用媒体等各种舆论阵地，大力宣传党务公开的重大意义、主要内容、目标要求和方式方法，发挥典型示范作用，努力营造党务公开的良好氛围。

（四）强化党务公开监督检查

坚持对党务公开实行全程监督，不定期对党务公开工作进行检查。院直属机关党委将重点对各单位党组织党务公开工作进行调查研究和督促指导，及时解决党务公开实践中存在的困难和问题。各单位党组织对所属基层党组织党务公开进行监督检查，并结合民主生活会、组织生活会、年终评议等定期组织党员群众对党务公开情况进行评议，并及时公开评议结果。

（五）不断提升党务公开工作水平

党的基层组织实行党务公开是一项新的实践，各级党组织要从工作实际出发，积极探索有效途径和方法，不断总结经验，把握规律，逐步建立起党务公开工作长效机制。加强调查研究和督促指导，及时解决党务公开实践中存在的困难和问题，不断提高党务公开工作科学化水平。

附件：1. 中国农业科学院直属机关党委党务公开目录
2. 中国农业科学院机关党组织党务公开目录
3. 中国农业科学院直属单位党组织党务公开目录

2012 年 2 月 10 日

附件 1

中国农业科学院直属机关党委党务公开目录

一级目录	二级目录	公开方式	公开范围	公开时限	责任部门
一、全局和中心工作	1. 学习贯彻上级党组织决议、决定及执行情况	文件、会议	院内	即时	组宣处
	2. 贯彻落实院党组决议、决定和工作部署情况	文件、会议	院内	即时	组宣处
	3. 年度工作计划	文件、会议	院内	定期	组宣处
	4. 重要工作部署和阶段性工作重点	文件、会议	院内	即时	组宣处
	5. 年度（重要）工作完成情况	文件、会议或院网	院内	定期	组宣处
二、思想建设情况	6. 学习型党组织建设有关情况	文件、会议	院内	定期	组宣处
	7. 所局级领导干部理论学习论文评选情况	文件、会议	院内	定期	组宣处
	8. 党员干部教育培训情况	文件、会议或院网	院内	即时	组宣处
	9. 干部职工思想政治工作情况	文件	院内	定期	群工处
	10. 精神文明建设情况	文件、会议或院网	院内	定期	群工处

（续表）

一级目录	二级目录	公开方式	公开范围	公开时限	责任部门
三、组织建设情况	11. 直属机关党委机构设置、职责分工、换届选举等情况	文件、会议	院内	长期	办公室、组宣处
	12. 直属机关党委民主评议党员情况	会议	直属机关党委内	定期	办公室
	13. 直属机关党委年终考核情况	会议	直属机关党委内	定期	办公室
	14. 贯彻落实部党组《关于贯彻落实〈中国共产党党和国家机关基层组织工作条例〉的实施意见》情况	文件、会议或院网	院内	即时	组宣处
	15. 党员队伍建设情况（入党积极分子、党员发展等）	文件、会议	院内	即时	组宣处
	16. 创先争优、评选表彰情况	文件、会议或院网	院内	即时	组宣处
	17. 批准基层党组织设置、换届选举、增补情况	文件	院内	即时	组宣处
	18. 工会、共青团、妇女组织工作情况	文件、会议或院网	院内	定期	群工处
	19. 党费收缴、使用和管理情况	文件、会议	院内	定期	组宣处

（续表）

一级目录	二级目录	公开方式	公开范围	公开时限	责任部门
四、作风建设情况	20. 机关和直属单位党员领导干部民主生活会情况	文件	院内	定期	组宣处
	21. 下基层调研、深入联系点情况	文件、会议或院网	直属机关党委内	即时	办公室
	22. 听取、反映、采纳党员、群众意见和建议情况	文件、会议	直属机关党委内	即时	办公室
	23. 慰问老党员和生活困难党员情况	文件、会议或院网	院内	定期	组宣处
	24. 为干部职工解决困难和办实事情况	文件、会议或院网	院内	定期	群工处
五、制度建设情况	25. 落实党建工作责任制情况	文件、会议	院内	长期	组宣处
	26. 各项工作制度	文件、会议	院内	长期	办公室、组宣处群工处
六、反腐倡廉建设情况	27. 落实党风廉政建设责任制情况	文件、会议	院内	长期	直属机关纪委
	28. 推进惩治和预防腐败体系建设情况	文件	院内	长期	直属机关纪委
	29. 反腐倡廉宣传教育和廉政化建设情况	文件、会议	院内	即时	直属机关纪委
	30. 党员领导干部执行廉洁自律规定情况	文件	院内	定期	直属机关纪委
	31. 落实党内监督制度情况	文件、会议	院内	即时	直属机关纪委
	32. 处理违纪党员情况	文件	院内	即时	直属机关纪委
七、党组织或广大党员认为需要公开的其他事项		文件、会议或院网	院内	即时	办公室、组宣处群工处

附件2

中国农业科学院机关党组织党务公开目录

一级目录	二级目录	三级目录	公开方式	公开范围	公开时限	责任单位（部门）	备注
一、全局和中心工作	（一）贯彻上级党组织决议、决定及执行情况	1. 学习贯彻党中央、国务院重大决定和重要精神情况					
		2. 执行院党组决议、决定和工作部署情况					
		3. 落实上级党组织决议、决定和工作部署情况					
	（二）重要工作部署和阶段性工作重点	4. 党组织年度工作计划					
		5. 党组织阶段性工作重点（重要工作事项）					
		6. 党组织年度（重要）工作完成情况					
二、思想建设情况	（三）理论学习	7. 党员及中心组理论学习计划及落实情况					
		8. 开展学习型党组织创建活动情况					
	（四）党员干部教育培训	9. 党员干部教育培训计划及落实等情况					
	（五）精神文明建设	10. 干部职工思想政治工作情况					
		11. 开展文明单位创建活动情况					
		12. 开展机关文化建设情况					

（续表）

一级目录	二级目录	三级目录	公开方式	公开范围	公开时限	责任单位（部门）	备注
三、组织建设情况	（六）党组织建设	13. 党组织机构设置、职责分工、换届选举等情况					
		14. 领导班子执行民主集中制情况					
		15. 落实“三会一课”制度的情况					
		16. 开展主题党日活动情况					
	（七）党员队伍建设	17. 民主评议党员情况					
		18. 年终考核情况					
		19. 创先争优、评选表彰情况					
		20. 入党积极分子培养、党员发展等情况					
		21. 保障党员权利情况					
	（八）党建带群建	22. 工会、共青团、妇女等群众工作情况					
	（九）经费管理	23. 党费收缴、使用和管理情况					
四、作风建设情况	（十）党员领导干部民主生活会	24. 民主生活会会前准备（制定方案、开展谈心、征求群众意见）、会议召开及整改措施等情况					
		25. 群众对上年度整改落实情况满意度测评情况					
	（十一）联系和服务群众	26. 听取、反映和采纳党员群众意见建议情况					

（续表）

一级目录	二级目录	三级目录	公开方式	公开范围	公开时限	责任单位（部门）	备注
四、作风建设情况	（十一）联系和服务群众	27. 帮助党员群众解决工作和生活实际困难情况					
		28. 办理涉及党员群众切实利益重要事项情况					
五、制度建设情况	（十二）制度规定和执行	29. 党内有关制度规定					
六、反腐倡廉建设情况	（十三）党风廉政建设	30. 党风廉政责任制分工情况					
		31. 落实党风廉政建设责任制情况					
		32. 落实党内监督制度情况					
		33. 廉政教育和廉政文化建设情况					
	（十四）党风廉政建设	34. 落实党内监督制度情况					
	（十五）惩治和预防腐败体系建设	35. 廉政风险防控机制建设情况					
	（十六）廉洁自律	36. 党员领导干部落实《廉政准则》等廉洁自律规定情况					

（续表）

一级目录	二级目录	三级目录	公开方式	公开范围	公开时限	责任单位（部门）	备注
七、党组织或广大党员认为需要公开的其他事项							

说明：1. “中国农业科学院机关党组织”指中国农业科学院机关各部门党支部、机关离退休党总支、机关党委；

2. 本目录供各级党组织制定党务公开目录参考；

3. “一级目录、二级目录、三级目录”内容可由各级党组织根据实际情况进行增减；

4. “公开方式”包括会议、文件、网络等；

5. “公开范围”包括所在单位、社会等；

6. “公开时限”包括长期、定期、即时等；

7. “责任单位（部门）”包括所在单位、处室等。

附件3

中国农业科学院直属单位党组织党务公开目录

<table>
<tr><th>一级目录</th><th>二级目录</th><th>三级目录</th><th>公开方式</th><th>公开范围</th><th>公开时限</th><th>责任单位（部门）</th><th>备注</th></tr>
<tr><td rowspan="6">一、全局和中心工作</td><td rowspan="3">（一）贯彻上级党组织决议、决定及执行情况</td><td>1. 学习贯彻党中央、国务院重大决定和重要精神情况</td><td></td><td></td><td></td><td></td><td></td></tr>
<tr><td>2. 执行院党组决议、决定和工作部署情况</td><td></td><td></td><td></td><td></td><td></td></tr>
<tr><td>3. 落实上级党组织决议、决定和工作部署情况</td><td></td><td></td><td></td><td></td><td></td></tr>
<tr><td rowspan="3">（二）重要工作部署和阶段性工作重点</td><td>4. 年度工作计划</td><td></td><td></td><td></td><td></td><td></td></tr>
<tr><td>5. 阶段性工作重点（重要工作事项）</td><td></td><td></td><td></td><td></td><td></td></tr>
<tr><td>6. 年度（重要）工作完成情况</td><td></td><td></td><td></td><td></td><td></td></tr>
<tr><td rowspan="6">二、思想建设情况</td><td rowspan="2">（三）理论学习</td><td>7. 党员及中心组理论学习计划及落实情况</td><td></td><td></td><td></td><td></td><td></td></tr>
<tr><td>8. 开展学习型党组织创建活动情况</td><td></td><td></td><td></td><td></td><td></td></tr>
<tr><td>（四）党员干部教育培训</td><td>9. 党员干部教育培训计划及落实等情况</td><td></td><td></td><td></td><td></td><td></td></tr>
<tr><td rowspan="3">（五）精神文明建设</td><td>10. 干部职工思想政治工作情况</td><td></td><td></td><td></td><td></td><td></td></tr>
<tr><td>11. 开展文明单位创建活动情况</td><td></td><td></td><td></td><td></td><td></td></tr>
<tr><td>12. 开展单位文化建设情况</td><td></td><td></td><td></td><td></td><td></td></tr>
</table>

（续表）

一级目录	二级目录	三级目录	公开方式	公开范围	公开时限	责任单位（部门）	备注
三、组织建设情况	（六）党组织建设	13. 党组织机构设置、职责分工、换届选举等情况					
		14. 贯彻落实部党组《关于贯彻落实〈中国共产党党和国家机关基层组织工作条例〉的实施意见》情况					
		15. 领导班子执行民主集中制情况					
		16. 落实“三会一课”制度的情况					
		17. 开展主题党日活动情况					
	（七）党员队伍建设	18. 民主评议党员情况					
		19. 入党积极分子培养、党员发展等情况					
		20. 创先争优、评选表彰情况					
	（八）干部选拔任用、考核奖惩	21. 干部选拔任用、轮岗交流、竞争上岗、考核奖惩等情况					
		22. 年终考核情况					
	（九）党建带群建	23. 工会、共青团、妇女等群众工作情况					
	（十）经费管理	24. 党费收缴、使用和管理情况					
	（十一）经费管理	25. 党建工作经费使用情况					

（续表）

一级目录	二级目录	三级目录	公开方式	公开范围	公开时限	责任单位（部门）	备注
四、作风建设情况	（十二）党员领导干部民主生活会	26. 民主生活会会前准备（制定方案、开展谈心、征求群众意见）、会议召开及整改措施等情况					
		27. 群众对上年度整改落实情况满意度测评等					
	（十三）联系和服务群众	28. 听取、反映和采纳党员群众意见建议情况					
		29. 帮助党员群众解决工作和生活实际困难情况					
		30. 接待来信来访、排查化解矛盾纠纷情况					
		31. 办理涉及党员群众切身利益重要事项等情况					
五、制度建设情况	（十四）制度规定和执行	32. 议事规则和决策程序					
		33. 党内各项制度规定和工作规则					
六、反腐倡廉建设情况	（十五）党风廉政建设	34. 党风廉政责任制分工情况					
		35. 落实党风廉政建设责任制情况					
	（十六）党风廉政建设	36. 廉政教育和廉政文化建设情况					
		37. 落实党内监督制度情况					

（续表）

一级目录	二级目录	三级目录	公开方式	公开范围	公开时限	责任单位（部门）	备注
六、反腐倡廉建设情况	（十七）惩治和预防腐败体系建设	38. 廉政风险防控机制建设情况					
		39. 处理违纪党员情况					
	（十八）廉洁自律	40. 党员领导干部落实《廉政准则》等廉洁自律规定情况					
七、党组织或广大党员认为需要公开的其他事项							

说明：1. “中国农业科学院直属单位党组织”指中国农业科学院后勤服务中心党委、京区研究所党委、研究生院党委、出版社党支部；

2. 本目录供各级党组织制定党务公开目录参考；

3. “一级目录、二级目录、三级目录”内容可由各级党组织根据实际情况进行增减；

4. “公开方式”包括会议、文件、网络等；

5. “公开范围”包括所在单位、社会等；

6. “公开时限”包括长期、定期、即时等；

7. “责任单位（部门）”包括所在单位、处室等。

李家洋在中国农业科学院纪念建党91周年暨创先争优表彰大会上的讲话

（2012年6月26日）

同志们：

刚才薛书记代表院党组作了重要讲话，我完全赞同。会上，表彰了在创先争优活动中作出优异成绩的先进基层党组织、优秀共产党员、优秀党务工作者及十佳青年、青年文明号。在此，我向受到表彰的先进集体和先进个人表示衷心的祝贺。

再过4天，就是中国共产党成立91周年的喜庆节日。中国共产党91年的光辉历史，给我们留下了宝贵的精神财富和物质财富。多年来，我院在上级党组织的正确领导下，坚持以邓小平理论和“三个代表”重要思想为指导，全面落实科学发展观，紧紧围绕全院中心工作，开拓创新党建工作，深化精神文明建设，加强创新文化建设，为全院的科学发展提供了坚强的政治、思想和组织保证，尤其是通过深入开展创先争优活动，有效地促进了我院科技创新、科技成果转化、优秀人才队伍建设、体制机制建设以及党的建设等各方面工作积极开展，党建工作成效显著。

今年的中央一号文件，把依靠农业科技创新、保障农产品持续有效供给等提到了国家战略的高度，充分体现出党中央、国务院对发展和依靠农业科技解决“三农”问题，确保国家粮食及食物安全的信心和决心。年初召开的院工作会议上，我们提出了经过10年左右的时间，建设“世界一流现代农业科研院所”、实现跨越发展的工作目标。在这里，我想讲三点意见。

第一，要深刻认识加快推进农业科技创新的重要性。今年中央一号文件突出强调农业科技创新，指出实现农业持续稳定发展、长期确保农产品有效供给，根本出路在科技。文件围绕农业科技创新出台一系列重大政策措施，提出一系列具体要求和明确部署，为我国农业科技发展和创新指明了方向。我院各级党组织和广大党员要认真贯彻落实中央一号文件精神，全力以赴加快农业科技创新，强化农技推广服务，不断提升农业科技对粮食等主要农产品有效供给的保障能力，对促进农民持续增收的支撑能力，对转变农业发展方式的引领能力，为新时期我国农业科技跨入世界前列而执著努力，为我国农业农村经济持续稳定发展作出新的更大贡献。

第二，要勇于承担农业科研国家队的重要使命。中国农业科学院是中国农业科技进步的领头羊，是重大农业科技研发的主力军，是农业科研工作的国家队，任何时候都要按照这个基本定位来谋划发展，真正发挥好国家队应有的作用。要努力使我院在农业基础理论研究、前沿技术研发、种质资源创新、领军人才培养、重大科研协作等方面始终走在全国前列，引领全国农业科技发展方向，占领世界农业科技制高点，凸显中国农业科学院国家队的地位和使命。

第三，要充分发挥党组织在现代院所建设中的政治核心作用。当前，我院正处在跨越发展和现代农业科研院所建设的关键时期，机遇和挑战并存。党组织是全院各项工作的政治核心和战斗堡垒，党员是我院科技创新和发展的主力和模范，在科技创新中发挥着主导作用。全院各级党组织和广大党员同志要深刻领会年初院工作会议精神和5月召开的现代农业科研院所建设战略研讨会精神，深刻理解院党组的工作部署和发展思路，解放思想，转变观念，努力增强事业心、责任感和使命感，围绕我院跨越发展和现代农业科研院所建设的中心工作，继续在各自的岗位上发挥先锋模范作用。通过发挥各级党组织和党员作用，充分调动全院职工的工作积极性，凝聚全院力量，为现代农业科研院所建设作贡献。

同志们，伟大光荣的中国共产党已经创造了91年的辉煌历史，中国农业科学院也走过了55年的光荣岁月。传承和发扬好历史赋予我们的神圣使命、实现中国农业科学院新时期跨越发展的重任就落在了我们这一代人的肩上。我们要振奋精神，不辱使命，努力工作，迎接挑战，以优异的成绩向党的十八大献礼。

薛亮在中国农业科学院纪念建党91周年暨创先争优表彰大会上的讲话

（2012年6月26日）

同志们：

今天，我们在这里召开会议，隆重庆祝党的91岁生日，全面总结3年来我院深入开展创先争优活动的工作，表彰在深入开展创先争优活动中涌现出来的先进基层党组织、优秀共产党员、优秀党务工作者和十佳青年、青年文明号。首先，我代表院党组，向全院360多个基层党组织、7 000多名党员，致以节日的问候！向受表彰的先进基层党组织、优秀共产党员、优秀党务工作者、青年文明号和十佳青年，表示衷心的祝贺！

在党的基层组织和广大党员中深入开展创先争优活动，是党的十七大和十七届四中全会作出的重要部署，是加强党的执政能力建设和先进性建设的重要举措。根据中央的要求和部署，2010年5月以来，我院在党的基层组织和广大党员中深入开展了创先争优活动。两年多来，我院按照中央提出的“五个好”、“五带头”要求，围绕科技创新中心工作，联系各单位工作实际和党员干部思想实际，确定了“增强党性作表率　科技创新当先锋”的争创主题。

为保证创先争优活动取得实效，我院不断加强面上指导，先后7次组织召开全院创先争优工作会议，对各个阶段的工作进行动员、部署和推进，坚持加强领导、精心组织、明确主题、创新形式、突出特色的工作要求，认真抓好公开承诺、领导点评和群众评议等关键环节。京区24个直属党组织共2 007人对基层党组织开展创先争优活动的6个方面进行了群众评议。在群众评议中，对创先争优活动的基本评价满意率达98.36%。全院创先争优活动取得了显著成效。

农业部韩长赋部长对我院创先争优活动高度重视，提出要围绕推进农业科技创新、提升农业技术服务能力、强化人才队伍建设、创新农业科技体制机制和加强党性党风建设等“五个围绕”开展创先争优。全院各级党组织积极响应，认真贯彻落实，努力做到创先争优与中央决策、部党组要求和本单位发展目标紧密结合。各级党组织和广大党员根据工作特点和岗位实际，积极履职尽责，认真践诺，针对农业科技创新的重点难点问题，开展农业科技攻关；深入田间地头，调研农民需求、了解农业农村发展中的突出问题，指导农业生产、推广新品种新技术，使公开承诺成为推动农业科技创新和推动各项事业科学发展的实际行动，提高了我院的农业科技创新能力和服务“三农”能力。

在创先争优活动中，我院紧密结合农业科研国家队的定位和服务“三农”的使命，充分发挥党组织和党员的示范带动作用，认真研究解决科技创新、能力建设、人才队伍、体制机制、党的建设等方面的关键问题，以党组织和党员的创先争优带动整个单位的创先争优，加快构建科研、教育、推广三位一体的新型农业科技体系，努力形成农业科技发展的强大合力，推动科技创新和服务“三农”工作提高到新水平，切实把党的政治优势转化为院所的科学发展优势。

两年多来，科研立项创新高，研究成果喜人，新增主持项目2 626项，主持“973”计划课题16项、“863”计划21项，国家自然科学基金405项，获奖成果143个，其中，国家奖9项，省部级奖57项；154个农作物新品种通过国家或省级审定，获国家专利478项。

科技支农行动蓬勃展开，积极组织专家参加农业部的科技服务行动、高产创建活动、标准茶园果园建设、畜牧兽医科技行动、科技救灾活动和农产品质量监督检测工作；继续以“三百”科技支农行动为重点，开展科技兴农工作，建立和完善了一批各类科技示范基地，推广了一批新品种和实用技术。全院共组织科技下乡68 395人·天，开展技术咨询等活动7 400余场次，推广新品种429个、新技术390项，新品种、新技术示范推广面积超过2亿亩。

高层次人才队伍建设稳步推进，实施杰出人才工程、科技创新团队建设工程、海外高层次人才引进工程，积极构建有利于人才科学发展的体制机制。2名同志当选为中国工程院院士，5名“千人计划”人选通过评审，2名同志获全国粮食生产突出贡献农业科技人员荣誉称号，1名同志获中国青年科技奖。领军人才培养工程、科技创新团队建设工程等5大科技人才专项工程建设已见成效。

我院把创先争优作为推动党建工作的重要抓手。为进一步凝聚基层党组织和党员力量，加强党员党性教育和党风建设，京区各级党组织以加强党员队伍建设为目标，开展形式多样的主题活动，重点开展了学习“井冈山精神”和“红岩精神”两项大型主题实践活动；以营造良好争创氛围和构建长效工作机制为目标，加强对创先争优的宣传和课题研究，大力学习宣传先进典型，营造学先进、赶先进、作贡献、当表率的良好氛围；以纪念中国共产党成立90周年为契机，通过开展主题知识竞赛、举办征文演讲活动、发放党史资料、举办图片展和职工书画摄影展、观看献礼影片和组织党史辅导报告等，开展系列宣传教育活动。

我院的创先争优工作，得到了上级党组织和广大职工群众的高度认可。中共中央政治局委员、中组部部长李源潮同志到农业部调研时，对我院农业资源与农业区划研究所党员干部扎根基层，把“论文写在大地上、成果留在千万家”的做法予以充分肯定。在去年庆祝建党90周年开展的评选表彰活动中，我院总结提炼的“祁阳站精神”成为农业部系统学习宣传的“三种精神”之一。我院4个基层党组织被评为农业部先进基层党组织，18名同志被评为农业部优秀共产党员，7名同志被评为农业部优秀党务工作者。农业资源与农业区划研究所党委被评为中央国家机关先进基层党组织，蔬菜花卉研究所刘玉梅、作物科学研究所肖世和被评为中央国家机关优秀共产党员，农业经济研究所任爱荣被评为中央国家机关优秀党务工作者。今年，我院又表彰了 30 个先进基层党组织、60 名优秀共产党员、30 名优秀党务工作者、10 个青年文明号、10 名十佳青年。希望全院各级党团组织、广大共产党员和团员青年要以受表彰的先进集体和先进个人为榜样，立足本职、创先争优，使创先争优与我院的科技创新和改革发展紧密结合、融为一体，在推进我国农业科技自主创新和现代农业发展的伟大事业中建功立业。

同志们，在党的基层组织和广大党员中深入开展创先争优活动只有起点，没有终点。我们要认真总结开展创先争优活动的做法和经验，不断巩固和扩大创先争优活动成果，不断健全创先争优长效机制。创先争优活动还要紧密结合自身农业科研国家队的定位和服务“三农”的使命，持续深入开展，始终提供动力和保障。

在今年年初召开的院工作会议上，我院提出了实现新时期跨越发展和建设世界一流农业科研院所的宏伟目标。要实现全院的跨越式发展，坚持党的领导是保证，加强党的建设是关键。对此，我院各级党组织和广大共产党员，负有义不容辞的重任。

实现全院的跨越发展，要以改革创新的精神加强党的建设。发展科学技术是我们党执政兴国的重要方略，加强党的建设是新形势下夺取新胜利的法宝。我们要自觉运用马克思主义中国化的最新成果指导新的实践，紧紧围绕现代农业科研院所建设的实际，认真研究新情况，探索新思路，采用新方法，解决新问题。认真贯彻落实《中国农业科学院党组关于加强党的工作有关问题的意见》精神，不断加强全院党的思想、组织、作风、制度和反腐倡廉建设。要在加强党建工作与科技创新中心工作、创新文化建设、人才队伍建设等方面的结合上下功夫，增强党建工作的导向性、针对性和实效性。要进一步解放思想、实事求是，改革创新、与时俱进，不断创新基层党建工作的载体、方式和内容，总结和推广党建工作的新鲜经验和有效做法，不断提高党的建设科学化水平，使我院的党建工作不断焕发新的生命力，为实施我院跨越发展和现代农业科研院所建设提供坚强有力的组织保证和强大的精神动力。

实现全院的跨越发展，要充分发挥基层党委的政治核心作用、党支部的战斗堡垒作用和共产党员的先锋模范作用。全院各级党组织和广大党员要在服务大局中充分发挥作用，就是要坚持党建工作“围绕创新、服务创新、促进创新”，不断强化“科技创新为中心”的意识，不断增强“推动和促进科技创新”的本领，在思想上统一认识，在行动上积极探索，在实践中大胆创新，使各级党组织成为各单位各部门的政治核心和战斗堡垒，使广大党员成为改革创新发展的先锋和模范。各级党组织要进一步增强政治责任感和历史使命感，党的工作要紧密结合各单位实际，结合科技创新实际，结合党组织和党员需要实际，特别是在组织实施现代农业科研院所建设的各项工作实践中充分发挥党组织的作用和影响力。广大党员要努力学习和弘扬中国农业科学院老一辈科学家热爱祖国、热爱农科院，献身农业科技、淡泊名利、服务“三农”的光荣传统和优秀品质，努力成为科技创新的模范、服务“三农”的模范、科学民主的模范、求真务实的模范、清正廉洁的模范。

实现全院的跨越发展，要组织全院广大科技工作者在现代科研院所建设、科技创新和改革发展中创先争优。全院各单位要认真总结我院深入开展创先争优活动的好做法和好经验，结合实施现代农业科研院所建设的实际，建立健全我院创先争优活动的长效机制，丰富创先争优活动载体，突出中国农业科学院特色，拓展创先争优活动内涵，使创先争优为跨越发展提供坚强的保证。要继续落实韩长赋部长提出的“五个围绕”要求，在服务科研和推进全院跨越发展中创先争优；要认真开展基层组织建设年活动，做好抓基层打基础工作，在加强基层组织建设中创先争优。各单位要进一步研究和落实推进创先争优活动常态化、制度化的工作机制，努力把基层党组织和广大党员的积极性、创造性转化为推动科技创新的持久动力，为推进现代农业科研院所建设提供坚强保证。

同志们，党的十八大即将召开，我们要以邓小平理论和“三个代表”重要思想为指导，深入贯彻落实科学发展观，认真实施科教兴国战略和人才强国战略，扎实推进我院的现代农业科研院所建设，锐意进取，开拓创新，真抓实干，不负重托，在以科技促进全国现代农业发展中作出新的更大贡献，以优异成绩向党的十八大献礼！

薛亮在中国农业科学院深入贯彻党的十七届六中全会精神　推进文化建设和创先争优工作座谈会上的讲话

（2012 年 1 月 12 日）

同志们：

今天，我们在这里召开深入贯彻党的十七届六中全会精神、推进全院文化建设和创先争优工作座谈会。刚才，大家就当前的现状和问题进行了交流研讨，并对进一步做好文化建设和创先争优工作提出了很多积极的意见，讲得都很好。下面，我讲两点意见，供大家讨论。

一、关于文化建设

院党组对文化建设始终高度重视，自 2004 年起，我院就开始进行“现代农业科研院所文化建设”的课题研究，2006 年，在全院正式启动了创新文化建设。实践证明，文化建设对于我院的科技创新事业和协调稳定发展具有重要意义，全院各级党组织和领导干部要以深入学习贯彻党的十七届六中全会精神为契机，把院所的文化建设工作进一步抓紧抓好。

（一）深化全会精神学习，提高对文化建设重要性认识

党的十七届六中全会作出了《深化文化体制改革推动社会主义文化大发展大繁荣若干重大问题的决定》（本文以下简称《决定》），总结了我国文化发展的丰富实践和宝贵经验，分析了我国文化建设的新形势新要求，阐明了发展社会主义先进文化的重大意义、指导思想、奋斗目标和重要方针，部署了文化改革发展的重点任务，强调了党对文化工作领导的政治和组织保障，是新形势下推动社会主义文化大发展大繁荣的纲领性文献。

《决定》深刻阐述了推进文化改革发展的重要性和紧迫性，提出了一系列新思想、新观点和新要求。提出，社会主义先进文化是马克思主义政党思想精神上的旗帜，文化建设是中国特色社会主义事业总体布局的重要组成部分；没有文化的积极引领，没有人民精神世界的极大丰富，没有全民族精神力量的充分发挥，一个国家、一个民族就不可

能屹立于世界民族之林；物质贫乏不是社会主义，精神空虚也不是社会主义，没有社会主义文化繁荣发展，就没有社会主义现代化；发展面向现代化、面向世界、面向未来的，民族的科学的大众的社会主义文化，培养高度的文化自觉和文化自信，提高全民族文明素质，增强国家文化软实力，弘扬中华文化，努力建设社会主义文化强国。这些重要论断，我们都要深刻领会、准确把握。

《决定》要求把文化繁荣发展作为坚持发展是硬道理、发展是党执政兴国第一要务的重要内容，作为深入贯彻落实科学发展观的基本要求。提出到2020年文化改革发展6个方面的战略目标和任务，为建设社会主义文化强国作出了全面部署，丰富了中国特色社会主义理论体系。

《决定》具有很强的思想性、指导性、针对性和可操作性，充分体现了党中央对肩负历史使命的深刻把握、对国内外形势的科学判断、对文化建设的高度自觉，充分反映了全国各族人民的共同愿望，我们一定要深入学习、深刻领会，并以全会精神为指导，全面推动我院文化建设的发展。

（二）深刻领会文化发展新要求，明确文化建设方向

文化是对个人、社会、民族、国家有着独特塑造作用的元素，它的影响潜移默化而又历久弥新。思想文化的进步、人的精神力量的提升和发挥，将成为带动各个领域整体进步的强大动力。从中国农业科学院来看，我院的核心竞争力不仅表现为人力资源、技术水平等“硬实力”，还表现为农科精神、核心价值观等文化“软实力”，随着硬实力水平不断提高，也越来越凸显软实力的差距和增强软实力的重要性紧迫性。因此，我们要从提高全体农科院人的文明素质、增强农科院的文化软实力的高度来大力推进我院的文化建设，充分尊重和发挥职工的个性特点和创新精神，满足职工日益增长的精神文化需求，充分激发职工的科研积极性和创造性，积极营造团结和谐的院所文化氛围。

中国农业科学院文化建设的总的方向，应从以下3个方面来把握。

一是传承和弘扬中国农业科学院的优良传统和科学精神。中国农业科学院成立55年来，丁颖、金善宝等一批中国农业科学先驱和前辈以及一代又一代科学家，秉承热爱祖国、淡泊名利的政治品质，爱岗敬业、甘于奉献的高尚情怀，勇于探索、求实创新的科学精神，潜心科研、清正刚直的人格学风，勤俭节约、艰苦奋斗的工作作风，推动了农业科研事业的不断发展。在中国农业科学院取得的一系列科研成果中，无不凝结、体现了这种科学精神和献身精神，这是我们无价的精神财富，也是我们宝贵的文化资源。我们要倍加珍惜和用好这些精神财富和文化资源，传承和保持我院的优良传统，弘扬科学精神，在社会主义核心价值体系指引下提炼和确立我院的核心价值观，不断增强文化的辐射力和影响力，使我院的优良传统和先进文化深入人心。

二是培养新一代有理想、有道德、能创新的农业科学家群体。随着时代发展、社会进步以及农业科技工作者年龄结构、知识结构、思想观念等的变化，我院的思想政治文

化领域也面临着一些新情况新问题。社会上存在的一些领域道德失范、诚信缺失，一些社会成员人生观、价值观扭曲的问题，也必然会影响、渗透到我院科研队伍中来，因此，对于科技创新人才的培养、创新团队的建设，在抓好业务能力建设的同时，思想文化建设也是一项重要任务。要通过全方位的培养、锻炼和激励，真正使中国农业科学院科技人员的主流群体成为新一代具有建设社会主义现代化强国的理想、勇于攀登科学高峰、甘于献身科学事业、具备科技道德和诚信、富于创造能力的农业科学家群体。

三是打造有特色、有内涵、有魅力的农业科学文化。我国有五千年的农耕历史，我国古代农业科技几千年来在世界上独领风骚，近现代由于西方科学技术的大突破使我们落后了，而现代科学技术的引入又使我国农业有了新的进步。我院各个研究所都有一些本领域科技历史资料的积累，有的所还相当丰厚，同时还有一大批现代科技成果的积淀，把这些内容从历史总结和科学普及的角度进行整理、提炼、展示、传播，就是具有重要历史意义和社会意义的农业科学文化建设。作为农业科研单位和农业科技工作者，在进行农业科学技术创新的基础上做好农业科学文化建设，是我们应尽的社会责任和义务。各研究所要把农业科学文化建设作为一项重要工作任务，根据不同领域的特点，结合有关项目建设进行安排，持之以恒，切实抓出成效。

以上关于我院文化建设的方向、思路还很不成熟，提出来供大家讨论，以求集思广益，并形成全院的共识。

（三）深入推进文化建设，增强文化引领作用

现代农业科研院所建设，必须充分发挥先进文化的引领作用，用社会主义核心价值体系指导我们的行为，用优秀的学术风尚引领和促进全院科技事业的发展。根据中央有关文化建设的要求和我院文化建设的需要，当前应着重做好以下 4 项工作。

继续深入推进创新文化建设。创新文化建设是我院文化建设的重要组成部分，已有良好的工作基础。下一步的创新文化建设，要着重做好三方面的工作：一是通过创新文化建设进一步解放思想、更新观念。要更多地关心、爱护广大科技工作者，尊重他们的创造和劳动，认真倾听、坦诚相见，营造生动活泼、宽松包容的文化氛围，创造鼓励人才干事创业的良好环境。二是扎实推进创新文化建设各项工作。要通过深入持续的工作，做到理念文化求深入，使之成为广大职工的共同价值观念和精神家园；标识文化抓应用，塑造良好形象，彰显农科特色，传播农科文化；制度文化促规范，加快形成激励创新的制度环境和利益导向；园区文化重美感，建设环境优美、和谐宁静、服务便捷的优美园区。今年要下大力气做好大院环境规划和整治工作，完善基础服务设施建设，改善服务质量，为科技创新和职工工作、学习、生活创造良好优美的环境，建设具有时代特征、农科特色和良好风貌的文化氛围。三是创新文化建设要向深层次发展。要由浅入深，由外在工作向理念精神发展，下一步工作要注重把中国农业科学院以及广大科技人员的核心价值理念、科学精神发掘出来、确立起来，进而带动文化建设的各个方面上档

次、上水平。

抓紧推动特色文化建设。悠久灿烂的农耕文明和深厚的农本思想，是中华文化大家园的瑰宝。我院作为农业科研的国家队，农业科学文化就是我院特色文化的旗帜，它具有中华传统农耕文化底蕴和现代农业科学特点。建设特色文化，一是要加强对传统农耕文化的挖掘和整理。依托农业遗产室和院图书馆的馆藏优势，加强对农耕文化典籍的整理和出版、研究和保护，推进文化资源数字化，促进传统文化古为今用。二是要加强现代农业科学文化的普及与推广。充分利用现有的信息基础、资源优势和宣传渠道，发挥研究所的主体作用，发挥专家学者的研究专长，积极开展农业科学文化知识的宣传普及，倡导科学方法，弘扬科学精神。三是要建设特色文化展示窗口。各研究所要结合各自研究领域和专业优势，挖掘文化元素和文化资源，打造特色文化品牌，展示独特文化魅力。目前，水稻所稻文化、茶叶所茶文化等都已具备良好基础，蜜蜂所设立蜜蜂博物馆、举办蜜蜂文化节等已产生了积极广泛的社会影响。我院不少研究所的研究领域历史悠久，只要重视历史厚重与时代特色融合，根据文化建设的新特点，积极运用现代手段提升文化表现力，就能充分展示相关科研领域的文化内涵以及研究所文明、开放、创新、执著的文化形象。

大力加强廉政文化建设。廉政文化是我院反腐倡廉建设的重要文化力量，是保证反腐倡廉制度和措施有效运行、增强反腐倡廉建设整体效能的必要条件。大力加强廉政文化建设，在全院范围内形成有利于反腐倡廉建设的思想观念和文化氛围，一是要进一步培育和弘扬廉洁价值理念。在领导干部中树立秉公用权、廉洁从政的执政理念，在科技人员和职工群众中倡导遵守科研道德的良好风尚，培育廉荣贪耻、诚实守信的道德观念，不断提高干部职工的思想道德修养和廉洁从政、廉洁从业意识。二是要进一步加强廉政文化传播。充分利用院报、网络、闭路电视等渠道，加强对“廉”文化和党风廉政建设进展、成效、经验和先进典型的宣传报道，以举办展览、放映影视作品、提供图书资料等多种形式，加大反腐倡廉宣传力度。三是要筑牢廉政文化教育阵地。将廉政文化纳入党课学习、理论研讨和形势政策教育等各项学习活动中，广泛开展示范教育及警示教育；在网络信息平台中增设廉政文化栏目并不断丰富内容，提高廉政文化的开放度和参与度；注重挖掘各类历史文化名胜、旅游景点中蕴含的廉政文化资源，组织职工参观学习，寓教于乐。四是要组织开展丰富多彩的廉政文化创建活动。将廉政文化建设和文明单位创建、干部人才队伍建设等结合起来，开展反腐倡廉知识测试、签订廉政责任书、机关服务承诺等活动，形成有利于反腐倡廉建设的广泛群众基础和良好文化氛围。

积极开展和谐文化建设。和谐文化是建设和谐院所的文化源泉、精神动力和思想根基，要坚持以人为本，大力倡导和谐理念、弘扬和谐精神，积极培育植根职工、服务职工、教育职工的和谐文化。一是要深化社会主义核心价值体系学习教育，弘扬以爱国主义为核心的民族精神和以改革创新为核心的时代精神，坚持用社会主义荣辱观引领风尚，深入推进社会公德、职业道德、家庭美德和个人品德建设，在全院职工中形成共同的理想追求、精神支柱和思想道德基础。二是要营造和谐的舆论氛围。大力宣传农科精神、祁阳站精神等，弘扬主旋律，用正确的指导思想引导各种思潮沿着健康的轨道、朝着积极的方向发展，以推动改进工作、解决问题、维护稳定，形成积极、健康、向上的舆论环境。三是要着力加强人文关怀和心理疏导。要关心职工的成长进步，促进相互间的尊重、理解、信任和帮助，消解矛盾，树立平和、乐观、开放、宽容的心态，促进心理和谐。四是要丰富和谐文化建设的载体。充分发挥职工在和谐文化建设中的主体作用，发挥工青妇等群众组织在文化建设中的组织发动作用，支持职工自发组织各类文化活动兴趣团体，引导和扶持他们开展形式多样的文化活动，调动职工群众参与文化建设的积极性和主动性，真正做到职工关心文化、参与文化、享受文化。

加强对文化建设工作的领导。加强对文化工作的领导，是深入推进文化建设的根本保证。根据我院实际，文化建设总的由院直属机关党委牵头组织，其中，创新文化建设由直属机关党委抓总，特色文化建设以各研究所结合实际开展为主，廉政文化建设由院监察局牵头，和谐文化建设可由工青妇组织主抓。要切实把文化建设摆在更加突出的位置，纳入重要议事日程，纳入院所发展总体规划。要把加强文化建设与各项工作一同研究部署、一同组织实施、一同督促检查。当前，一是要以深入学习贯彻党的十七届六中全会为契机，广泛宣传动员，使广大干部职工充分认识深化文化建设的重要性和紧迫性，成为文化建设的积极行动者。二是要落实深化文化建设的具体措施，在认真分析院所文化建设的新情况新问题的基础上，提出院所文化建设的具体方案和措施，加快推进院所文化发展和文化引领进程。三是要建立分工明确、机制完善、责任落实的管理机制，确保责任到位、措施到位，逐步把推进文化建设发展的“软任务”变成硬要求，形成党政推动、政策牵动、群众联动的文化建设合力，形成文化促研、文化育人、文化强院的良好局面。

二、关于创先争优

（一）创先争优活动达到了预期效果

深入开展创先争优活动以来，我院各基层党组织和广大党员按照中央提出的“五个好”、“五带头”要求，紧紧围绕“增强党性作表率　科技创新当先锋”的活动主题，扎实推进创先争优工作，取得了显著成效。

一是认真落实“五个围绕”，推动我院各项工作开展。各级党组织和广大党员按照农业部韩长赋部长在我院调研创先争优时提出的“五个围绕”的要求，根据“十二五”时期农业科技发展的战略目标，大力加强农业科技自主创新，强力支撑农业农村经济发展，持续加快人才队伍建设，深入开展国际合作，全面加强科研平台建设，强化引领农业科研协作，扎实推进和谐院所建设，不断提升农业科技创新能力和支持服务“三农”事业的水平。各级党组织以中国共产党成立 90 周年为契机，将创先争优活动与加强党史党性教育结合起来，开展了主题鲜明、形式多样的系列纪念活动，使广大党员干部在接受革命传统教育和理想信念教育的过程中，受教育、长才干、作贡献，推动“十二五”良好开局起步，为农业农村经济发展提供强有力的支撑。

二是大力表彰先进典型，树立创先争优学习标杆。我院大力宣传各类先进典型，其中，祁阳站精神在农业部纪念建党90周年暨部系统“三种精神”报告会上作了专题展示，祁阳站精神作为农业部“三种精神”之一，已成为我院一代代优秀科技人员继往开来、无私奉献铸就的精神丰碑。2011年以来，我院有4个先进基层党组织、18名优秀共产党员和7名优秀党务工作者获得中央国家机关工委和农业部表彰。1个单位被授予“中央国家机关先进基层党组织”荣誉称号，2名同志被授予“中央国家机关优秀共产党员”荣誉称号，1名同志被授予“中央国家机关优秀党务工作者”荣誉称号。通过深入开展创先争优活动，全院党员和广大职工学习先进，自觉比思想、比作风、比党性、比贡献的良好氛围正在形成。

三是切实做好公开承诺，确保创先争优取得实效。在创先争优活动中，我院对公开承诺提出明确要求。各级党组织高度重视，紧密结合实际，把党员群众的意愿作为承诺的重要内容，把解决事业发展的突出问题纳入承诺范围，确定明确、具体、实在的承诺事项，并通过会议、文件、宣传栏、网络等多种形式公开承诺事项，接受群众监督。各级党组织和广大党员积极履职尽责、践行承诺，积极开展农业科技攻关，深入田间地头推广农业先进实用技术，不断加强自身建设，使公开承诺真正成为推动农业科技创新和推动各项事业科学发展的实际行动，充分体现党组织的战斗堡垒作用和党员的先锋模范作用。各单位党组织还结合年终述职考评和党员民主评议等工作，开展公开承诺“回头看”活动，通过领导点评和群众评议，考核上一年度的践诺情况，并结合新形势新任务，研究确定下一年的承诺事项，增强承诺的针对性和可操作性。

总体看来，我院2011年的创先争优活动，突出了农业科研单位特色，促进了基层党组织建设，增强了党员的先锋模范意识，达到了“组织创先进、党员争优秀、群众得实惠”的效果。广大基层党组织作为创先争优活动的组织者、推动者和实践者，凝聚力和战斗力进一步提高，围绕中心、服务大局的意识进一步增强，为进一步做好科研单位党的工作打下了坚实基础，广大党员把通过创先争优活动焕发出的热情积极投入本职工作中，推动了我院各项工作的开展。

我院的创先争优工作，得到了中组部和农业部党组的充分肯定。中共中央政治局委员、中组部部长李源潮同志到农业部调研为民服务创先争优工作时，对我院资源区划所党员干部扎根基层，把“论文写在大地上、成果留在千万家”的做法予以充分肯定。农业部党组对我院2011年上半年创先争优活动开展情况的点评是：农科院认真落实“五个围绕”，扎实推进创先争优活动，大力推进科技创新工作，科学编制“十二五”发展规划，努力做好农业科技支撑服务，不断强化人才队伍建设，取得了积极成效。

（二）明确 2012 年创先争优工作重点

我院下一阶段的创先争优工作，要按照中央部署和上级党组织的要求，紧密结合我院实际，紧紧围绕加快农业科技创新、服务“三农”大局，着力做好以下工作。

一是要以创先争优为抓手，推动我院跨越发展。要继续按照“五个围绕”的要求，结合我院“农业科技促进年”和“现代农业科研院所建设行动”，进一步深入开展创先争优活动，不断增强广大党员和干部职工的爱岗敬业意识和开拓创新意识，提高履职水平和创新能力，推动农业科技创新和农技推广服务，促进科研成果稳步增长和突破性成果不断涌现，加强人才队伍和创新团队建设，推进党的建设，为粮食连续增产、农民持续增收提供强有力的科技支撑，为全面落实我院“十二五”各项目标任务、实现我院新的跨越发展提供动力和保障。

二是要继续表彰宣传先进典型，巩固创先争优成果。今年是创先争优活动总结年，也是“两优一先”评比表彰年，能否涌现出一批站得住、声望高、影响大的先进典型，是检验创先争优活动成果的重要标准。各单位党组织要认真总结、提炼成果，尤其要注重发掘和表彰先进典型。要围绕农业科技创新重点工作、重大农业科技创新成果、农业科技推广与服务“三农”，培育树立典型。要大力宣传先进典型，用身边的典型事例教育和引导广大党员群众，增强做好本职工作的动力，形成学习先进、争当先进、赶超先进的良好风气，推动各项工作再上新台阶。全院要认真选拔一批争取获得国家级奖励的先进典型。

三是要不断总结创先争优工作成效，推动党建工作再上新台阶。要全面总结深入开展创先争优活动两年来的做法和经验，探索建立创先争优活动的长效机制。认真研究创先争优与科技创新、日常党建工作、重大活动等有机结合的方式和途径，抓住科研工作与党建工作的契合点，不断丰富党建工作的活动载体，提高党的工作的活力和科学化水平。

同志们，让我们把握社会主义文化大发展大繁荣的有利时机，抓住农业农村经济发展更加依靠科技进步的良好机遇，开拓进取、真抓实干，以良好的精神风貌和出色的工作业绩向党的十八大献礼！

关于表彰中国农业科学院 2010—2011 年度先进基层党组织、优秀共产党员和优秀党务工作者的决定

（直党字［2012］17 号）

院属各单位、院机关各部门党组织：

根据中央和上级党组织的有关要求，自 2010 年深入开展创先争优活动以来，我院各级党组织、广大共产党员和党务工作者在院党组的领导下，高举中国特色社会主义伟大旗帜，以邓小平理论和“三个代表”重要思想为指导，深入贯彻落实科学发展观，按照“五个好”、“五带头”要求，以“增强党性作表率、科技创新当先锋”为主题，紧紧围绕农业科技创新中心工作，精心组织、创新形式，以积极的态度、严格的标准、有力的措施扎实推进创先争优活动，充分发挥了党委的政治核心作用、党支部的战斗堡垒作用和共产党员的先锋模范作用。我院创先争优活动成效显著，多次得到农业部党组的高度肯定。

为表彰先进，树立典型，经各单位党组织申报，评委会投票评选，院直属机关党委常委会审定并报院党组同意，决定授予植物保护研究所党委等 30 个党组织为中国农业科学院 2010—2011 年度“先进基层党组织”称号；授予刁其玉等 60 名同志为中国农业科学院 2010—2011 年度“优秀共产党员”称号；授予于学礼等 30 名同志为中国农业科学院 2010—2011 年度“优秀党务工作者”称号。希望本次表彰的集体和个人珍惜荣誉，牢记使命，再接再厉，为农业科技创新作出新贡献。

全院各级党组织、共产党员和党务工作者要向受到表彰的先进典型学习。学习先进基层党组织扎实做好党的基层组织建设，切实做到领导班子好、党员队伍好、工作机制好、工作业绩好和群众反映好；学习优秀共产党员立足本职岗位争创一流业绩，切实做到带头学习提高，带头争创佳绩，带头服务群众，带头遵纪守法，带头弘扬正气；学习优秀党务工作者忠于党的事业，切实做到爱岗敬业、勤奋工作、锐意创新、淡泊名利、甘于奉献。

全院各级党组织要以本次表彰为契机，认真总结创先争优活动中的好做法和好经验，建立创先争优岗位化、经常化、长效化的工作制度，健全党员承诺机制、保障激励机制、监督评价机制等创先争优长效机制。要通过持之以恒的创先争优活动，不断加强党的先进性和纯洁性建设，不断提高党建工作的活力和科学化水平，不断为我院现代农

业科研院所建设和跨越式发展提供坚强的政治、思想和组织保证。

附件：中国农业科学院 2010—2011 年度先进基层党组织、优秀共产党员和优秀党务工作者名单

2012 年 6 月 19 日

附件

中国农业科学院 2010—2011 年度先进基层党组织优秀共产党员和优秀党务工作者名单

一、先进基层党组织（30 个）

植物保护研究所党委
农业环境与可持续发展研究所党委
北京畜牧兽医研究所党委
蜜蜂研究所党委
农业经济与发展研究所党委
农业资源与农业区划研究所党委
农业信息研究所党委
农业质量标准与检测技术研究所党委
研究生院党委
哈尔滨兽医研究所党委
兰州畜牧与兽药研究所党委
特产研究所党委
环境保护科研监测所党委
烟草研究所党委
人事局党支部
科技局党支部
后勤服务中心幼儿园党支部
作物科学研究所第五党支部
蔬菜花卉研究所第一党支部
农产品加工研究所离退休党支部
生物技术研究所第二党支部
院机关离退休党总支“三局”支部
水稻研究所国家水稻改良中心党支部
棉花研究所科研二支部
油料作物研究所质量标准与食品安全研究室党支部
果树研究所科研第一党支部
茶叶研究所第三党支部

兰州兽医研究所家畜传染病研究室党支部
上海兽医研究所行政党支部
南京农业机械化研究所第三党支部

二、优秀共产党员
（60 名，按姓氏笔画排序）

刁其玉	饲料所党委委员、室主任、研究员
马　骁	机关党委组宣处干部，助理研究员
文　学	科技局项目管理处处长、研究员
王　欣（女）	基建局综合处处长、副研究员
王　萍（女）	兰州兽医所科长、助研
王志兴	生物所室主任、研究员
冯文娟（女）	棉花所办公室科长、助理研究员
冯艳秋（女）	信息所期刊编辑部主任、编审
田国彬	哈尔滨兽医所研究员
刘宝良	离退休党总支老干部支部组织委员
刘贯山	烟草所研究员
巩亚东	兰州牧药所条件建设与财务处副处长
朱化彬	牧医所副主任、研究员
朱昌雄	环发所副所长、研究员
牟维东	兰州兽医所副研究员
闫立金	环保所主管会计
闫艳春（女）	研究生院党委委员、室主任、研究员
阮刘青	水稻所信息中心支部书记、副研究员
齐秀娟（女）	郑果所助理研究员
何　萍（女）	资划所研究员
余永廷	麻类所助理研究员

（续表）

张　苏（女）	质标所实验师
张　杰	植保所研究员
张丹君（女）	后勤服务中心保洁部主管
张孝安	出版社种植业编辑室主任、编审
张应禄	院办公室调研处处长、研究员
张琴梅（女）	茶叶所编辑
李云昌	油料所室主任、研究员
李少昆	作科所副主任、研究员
李红康（女）	人事局干部处处长、副研究员
李应中	资划所原所长、研究员
李秀根	郑果所室主任、研究员
李继莲（女）	蜜蜂所副系主任、副研究员
杨其长	环发所室主任、研究员
迟立鹏	烟草所助理研究员
陈幼春	牧医所原所长、研究员
陈志荣	上海兽医所基建后勤处主任科员
侯向阳	草原所党委副书记、所长、研究员
修伟明	环保所副研究员
姜文来	资划所副主任、研究员
姜淑苓（女）	果树所研究员
赵国磐（女）	离退休党总支科技局支部宣传委员、副研究员
夏春华	农机化所副处长、副研究员
秦玉田	国合局交流服务处干部、研究员
郭建英（女）	植保所研究室副主任、副研究员
钱永忠	质标所副所长、研究员
高富欣	蔬菜所副研究员

（续表）

寇丽梅（女）	财务局资产处干部、助理研究员
崔学哲	特产所副研究员
阎　萍（女）	兰州牧药所室主任、研究员
黄凤洪	油料所副所长、研究员
景蕊莲（女）	作科所副系主任、研究员
程须珍（女）	作科所第二支部书记、研究员
董　辉	上海兽医所团委书记、副研究员
蒋和平	农经所室主任、研究员
解小慧	监察局监察一处处长、副研究员
路文如	信息所研究员
雷云辉	沼科所高级工程师
樊向阳	灌溉所室主任、副研究员
戴小枫	加工所所长、党委副书记、研究员

三、优秀党务工作者（30 名，按姓氏笔画排序）

于学礼	离退休党总支委员（原副书记）、研究员
王　农	环保所综合办主任、副研究员
王　安（女）	蜜蜂所党委委员、党办主任、副研究员
王丹莉（女）	牧医所综合处副处长、副研究员
王先觉（女）	蔬菜所综合处处长、副研究员
王道龙	资划所党委书记、所长、研究员
邓　祥	监察局支部委员、综合处处长、副研究员
刘　俐（女）	信息所党委副书记、研究员
刘继芳	院办公室支部书记、院办公室主任、研究员

（续表）

孙丽萍（女）	生物所党委副书记、研究员
吴　洁	烟草所党办副主任、支部书记、副研究员
吴限忠（女）	人事局支部副书记、综合处处长、副研究员
张晓鹏	哈尔滨兽医所党办主任兼办公室副主任、助研
李光明	油料所党委副书记、副所长、研究员
李思经（女）	研究生院党委副书记、副院长、研究员
李恩普（女）	质标所党委书记、副所长、副研究员
杨　修	国合局支部委员、综合处处长、研究员
杨　瑾（女）	上海兽医所党委书记、研究员
杨克理	作科所人事党办处副处长（正处级）、副研究员
杨振刚	兰州牧药所党委委员、党办人事处处长、副研究员
杨慧芬（女）	农经所党办主任、人事处长、副研究员
林定根	机关党委副书记、研究员
侯志勇	棉花所党委副书记、副所长
赵俊辉	加工所党委副书记、研究员
郝志强	果树所党委书记、副所长、副研究员
姬军红（女）	环发所党办副主任、正处级纪检监察员
徐　伟	后勤服务中心保卫处支部书记、处长、助研
高文洪	财务局纪检委员、综合处处长、副研究员
曹曙明	农机化所党委书记、副所长、研究员
蒋红云（女）	植保所党委委员、党办主任、研究员

中国农业科学院关于京区各单位召开党员领导干部民主生活会情况的报告

农业部直属机关党委：

根据农业部直属机关党委《关于开好 2012 年度党员领导干部民主生活会的通知》的要求，中国农业科学院机关各部门、京区各单位按照通知要求，认真组织召开了民主生活会。现将有关情况报告如下。

一、领导重视，全面提高认识

一是高度重视，认真组织部署。接到通知后，院直属机关党委高度重视，及时研究部署，印发了《关于开好 2012 年度党员领导干部民主生活会的通知》（直党字［2012］26 号），布置本年度民主生活会有关工作，确定了院人事局、直属机关党委、监察局为分工联系单位，对此次民主生活会进行督促检查。各单位根据文件要求也制定了详细的工作方案，合理地安排时间进度，对民主生活会中征求群众意见、开展谈心活动、撰写发言提纲等环节提出了具体的要求。

二是积极开展学习活动。各单位按照农业部和院直属机关党委的要求，紧密结合本次民主生活会的主题，组织多种形式的自学和集体学习，特别是理论中心组的学习。重点学习了党的十八大报告和十七大以来历次全会精神，学习胡锦涛总书记在省部级主要领导干部专题研讨班上的重要讲话、在庆祝建党 90 周年大会上的重要讲话和十七届中央纪委第七次全会上的重要讲话，学习《党员领导干部廉洁从政若干准则》、《关于领导干部报告个人有关事项的规定》等党纪条规，进一步增强政治意识、大局意识、廉政自律意识和遵纪守法观念，全面提高了思想认识，为开好民主生活会奠定坚实的思想基础。

二、积极动员，做好各项准备工作

一是确定主题，制定方案。我院各单位根据有关文件要求，围绕本单位中心工作，制定本单位民主生活会方案，精心研究确定本单位民主生活会主题。如植物保护研究所“认真学习贯彻党的十八大精神，加强领导班子和领导干部作风建设”，蔬菜花卉研究所“学习贯彻党的十八大精神，坚持讲政治、顾大局、守纪律，加强思想和作风建设”，后勤服务中心“贯彻十八大精神，全面提升后勤服务保障能力”，监察局“学习十八大精神，改进工作作风”，等等。

二是广泛征求意见。我院各单位在党员领导干部民主生活会前，充分发扬民主，采取多种形式广泛深入地征求干部群众对领导班子、班子成员和上年度民主生活会整改措施落实情况的意见，并将意见原汁原味地向领导班子及其成员反馈。农业经济与发展研究所、作物科学研究所等单位采用直接反馈和书面征求意见相结合的方式征求意见；农产品加工研究所等单位专门设立了意见箱、电子邮箱等用于征求意见；饲料研究所等单位召开党政联席会、杰出人才恳谈会等不同层面的座谈会，并通过发放调查问卷等方式深入基层征求群众意见和建议。

三是开展会前谈心。各单位领导班子成员开展了“一对一”、“一对多”、“多对多”、“面对面”的多种形式的交流谈心活动，沟通思想，坦诚相见，加深了解，明确努力方向。领导班子成员与中层干部之间也相互谈心，增进理解，消除误解，增强团结，对民主生活会要解决的主要问题形成比较全面客观的认识，增强民主生活会的针对性。

四是认真撰写发言提纲。各单位领导班子成员结合学习心得和个人实际，对照检查内容和党内外群众的意见和建议，围绕本单位的建设与发展，仔细查找自身存在的突出问题，系统思考整改办法，认真撰写了个人发言提纲，为开好专题民主生活会做了充分的准备。

三、深刻剖析，开好民主生活会

中国农业科学院直属机关党委所属的24个党组织先后召开了领导干部民主生活会。院人事局、直属机关党委、监察局都按照各自分工派人参加。

一是结合主题，深入开展党性分析。各单位领导班子成员深刻反思与挖掘在党性修养方面存在的差距与不足，重点对照检查遵守政治纪律，贯彻落实党的路线方针政策和重大决策部署的情况；检查密切联系群众，解决干部群众反映最突出问题的情况；检查坚持党的干部路线，公道正派选人用人的情况；检查贯彻落实民主集中制，按照集体领导、民主集中、个别酝酿、会议决定的原则决定重大事项的情况；检查落实党风廉政建设责任制的情况；检查贯彻落实党建工作责任制等党内制度情况，并结合分管的工作进行自我剖析，肯定成绩，分析问题，明确今后努力的方向。蜜蜂研究所等单位的党政一把手都围绕本单位的职能和中心工作，作了全面的发言，对自身情况进行了深刻的总结分析。

二是以诚相待，大胆开展批评和自我批评。各研究所领导班子成员和机关各局领导针对征求到的意见实事求是地开展批评和自我批评。各单位主要负责同志对班子成员的发言逐个进行评议，班子成员之间也互相进行评议，帮助查找存在的问题，提出改进的意见建议，达到了增进团结，促进工作的目的。农业环境与可持续发展研究所等单位在领导班子民主生活会上敞开思想，实事求是，勇于触及问题，认真开展了批评和自我批评；农业资源与农业区划研究所等单位认真回顾了一年来在思想、工作、学习等方面的情况，结合工作实际分析原因，查找不足，相互开展批评和自我批评并提出了改进的建议。

三是认真研究制定整改措施。在民主生活会上，各单位班子成员根据征求到的意见和建议，逐条分析，查找、剖析原因，研究制定整改措施。对民主生活会上暴露出的党员群众普遍关心、反映强烈的问题，特别是涉及群众利益的突出问题，制定有针对性的具体整改方案，并积极创造条件，明确重点，落实到人。领导班子成员也制定和落实了个人的整改措施。北京畜牧兽医研究所、生物技术研究所、农业质量标准与检测技术研究所等单位结合学习贯彻党的十八大精神，对研究所发展、科研条件建设、工作作风、人事管理、离退休工作等方面的意见和建议认真制定整改措施，明确整改时间表和责任人，将整改措施落到实处。

四、及时通报会议情况，自觉接受监督

在民主生活会的过程中，我院各单位都主动向联系单位沟通协调，及时汇报情况，自觉接受上级监督。院机关各局、信息研究所等单位通过职工大会、简报、网站等多种形式将民主生活会的召开情况和整改情况等向本单位党员群众进行了及时的反馈和通报，自觉接受群众的监督。

中国农业科研院所党建和思想政治工作研究会第三届理事会第四次会议的工作报告

（2012 年 10 月 10 日）

根据全国“两研会”的章程，今天，中国农业科研院所党建和思想政治工作研究会召开第三届理事会第四次会议。前不久中央宣布，11 月 8 日，中国共产党第十八次全国代表大会将在北京隆重开幕。党的十八大，是在我国全面建设小康社会关键时期和深化改革开放、加快转变经济发展方式攻坚时期召开的一次十分重要的大会，将对全面推进我国改革开放和社会主义现代化建设、全面推进党的建设新的伟大工程作出战略部署，对进一步动员全党全国各族人民，坚定不移沿着中国特色社会主义道路前进，继续推动科学发展、促进社会和谐，继续改善人民生活、增进人民福祉，为全面建成小康社会而奋斗都具有十分重要的意义。

我们这次理事会议是在党的十八大前夕召开的，非常有意义。这次理事会的主要任务是，认真学习贯彻全国“两研会”会长会精神，全面总结全国“两研会”2011—2012 年工作，研究部署 2013—2014 年的工作，表彰优秀研究论文，交流中国农业科研院所各单位党建和思想政治工作的经验。

下面，我受第三届理事会委托，向大会作工作报告。

一、2011—2012 年主要工作回顾

第三届理事会第三次会议以来，中国农业科研院所“两研会”在中国思想政治工作研究会的指导下，在各理事单位的大力支持下，坚持以邓小平理论和“三个代表”重要思想为指导，深入贯彻落实科学发展观，围绕中心、服务大局，紧密联系全国农业科研院所党建和思想政治工作实际，深入开展课题研究，取得了新的成绩。主要工作如下。

（一）以研为本，联系实际，取得了一批高质量的研究成果

研究会的生命在于研究，上次理事会我们提出要围绕四个方面内容进行研究，这四个方面的内容分别是：**“关于加强和改进思想政治工作”**、**“深入推进创先争优活动”**、

“加强学习型党组织建设”和“提高农业科研院所党建科学化水平”。在2011年第三次会长会上，又根据实际情况，作了进一步梳理，进一步确定了6个重点研究课题和10个自选课题，这些课题以会长会纪要的形式印发给了各理事单位。这些选题参阅了中国思想政治工作研究会、中央国家机关党建研究会、全国党建研究会科研院所专委会的研究课题，结合了我们农业科研院所的特点和党建工作，主要为各理事单位开展课题研究提供研究方向。

两年来，各理事单位根据全国“两研会”确定的题目，结合自身实际广泛开展调查研究，并认真撰写研究论文。这次理事会，36个理事单位有32个单位报送研究论文42篇，其中，东北片4篇，华北片5篇，中南片12篇，华东片7篇，西南片6篇，西北片8篇论文。这些论文注重理论和实际相结合，着重突出各自单位特色，具有一定的创新性，或提出新的理论观点，或运用新的研究方法，或探索新的问题，或提出新的对策和建议，具有较强的针对性和参考性。

如四川农科院关于《加强领导班子思想建设　促进农业科技事业发展》的论文，针对农业科研单位的特点和现状，对加强农业科研单位党的思想建设、特别是加强党的理论学习和思想建设的重要性及存在的问题，提出了特别需要强化四个方面观念和加强四种能力。**吉林农科院**关于《在事业单位改革中进一步加强和改进党的建设为构建现代农业科研院所提供坚强保证》的论文，深入分析了进一步加强和改进农业科研院所党的建设的重要性和必要性，提出了进一步加强和改进农业科研院所党建工作的对策和方法。**北京农林科学院**关于《以创先争优为动力　提升基层党建科学化水平》的论文，着力从加强领导班子建设、基层组织建设和党员队伍建设三个方面，阐述了基层党组织提升工作科学化水平的内容和方法。**江苏农科院**关于《加强先进文化系统建设　提升农业科研院所的核心竞争软实力》的论文，提出了农业科研院所核心竞争力及软实力的内涵要素和先进文化系统建设的概念，阐述了开展文化建设与提升农业科研院所核心竞争力的关系。**广东农科院**关于《新时期农业科研院所青年思想政治工作探讨》的论文，在开展青年思想状况调查的基础上，对青年职工队伍结构特点和思想特点进行了分析研究，提出了把青年思想政治工作和青年文化建设融合起来、共同推进的对策措施。**新疆畜牧科学院**关于《新形势下农业科研院所发挥党建助推科研创新与发展作用的探讨》的论文，系统阐述了科研院所党建工作如何与科研工作有机结合，大力助推现代畜牧业发展的工作设想与思路。由于时间关系，各单位的研究成果就不在这里一一列举了，今天下午还要作大会交流，“两研会”秘书处已经将论文汇编成册，供大家学习借鉴。

作为全国“两研会”理事单位中的一员，**中国农业科学院**也十分重视党建课题的研究和转化，将其作为指导和推动实践的有效抓手。以重点难点工作为研究的方向，以促进工作实践作为研究的目的。中国农业科学院直属机关党委也是两研会秘书处，每年都会选择1~2项党建课题重点研究，并申报当年院里的中央级科研院所基本科研业务费支出项目，院里给予经费支持，把党建研究课题与农业科研项目研究一起进行布置和考核，有力地推动了党建研究课题水平的提高。两年来，党建研究成果已经成为中国农业科学院党组加强和改进全院党的建设和党务工作重要决策的依据，为全面提高全院党建工作科学化水平作出了贡献。如2010年《中国农业科学院深入开展创新文化建设对策研究》提出的对策建议已作为院党组文件下发，并已列入我院“十二五”科学发展规划内容。2011年开展的《中国农业科学院构建创先争优活动长效机制研究》，全面梳理了我院30多年来开展的以“创建先进党支部，争当优秀党员”为主题的创先争优活动的做法、经验与成绩，提出了构建我院深入开展创先争优活动的长效机制。该课题研究成果荣获“全国党建研究会科研院所专委会2011年度课题研究成果二等奖”、“中央国家机关党建研究会2011年度调研报告二等奖”。2012年，又围绕《贯彻十七届六中全会精神深入推进文化建设》和《在思想政治工作中加强人文关怀和心理疏导》等方面内容深入开展课题研究。这两个课题都是围绕当前中国农业科学院党建工作实际开展调研，目前两个课题初稿已经完成，其研究成果将会转化为新的工作思路和工作措施，推动我院党的工作的新的实践。

（二）以片为组，广泛交流，片区活动丰富多彩

两年来，“两研会”各片区牵头单位高度重视、认真组织，按照理事会、会长会的要求，结合片区实际和课题进展情况及时召开片会，开展片区理事单位之间的探讨和交流，达到了明确任务、交流经验、增进友谊、提高水平的目的。中南片于2011年11月在海南召开片会，会议围绕深入学习贯彻十七届六中全会精神、纪念建党90周年和深入开展创先争优活动，针对如何强化思想政治教育和基层组织建设，推进作风转变和党风廉政建设，完善党建工作制度等进行了广泛热烈的讨论和交流。2012年9月，又在湖南召开了片区第十二次党建和思想政治工作研讨会。**华东片**分别于2011年10月底和2012年9月底，在江西南昌和上海市召开了年度片会。各单位围绕重点课题开展研讨交流，并在“农业科研院所深入推进创新文化建设”、“院所党建工作的目标管理体系、评价体系”和“农业科研院所扎实开展基层组织建设年活动”等自选研究课题方面进行探讨。同时，还就各单位改革发展中的共性问题和热点问题难点问题，进行交流研讨。**华北片**2011年结合内蒙古院院庆，齐聚内蒙古呼和浩特市，共同讨论了新时期农业类研究院所党建及思想政治工作和事业单位新一轮改革亟需解决的有关问题。**东北片、西南片、西北片**也通过多种方式了解各理事单位调查研究情况，并以论文的形式对近年来党建和思想政治工作开展情况进行了交流。丰富多彩的片区活动不断推动“两研会”研究工作的有效开展。

（三）不断创新，立足服务，研究会自身建设不断加强

“两研会”秘书处高度重视自身建设，两年来重点做好四个方面工作。

一是加强与中国思想政治工作研究会的联系。作为中国思想政治工作研究会的团体会员，“两研会”秘书处积极与上级研究会沟通，争取中国政研会的指导和帮助，2012年2月份，秘书处的同志就研究会的工作专门向中国政研会秘书处作了汇报。王学勤秘书长听完汇报后，对研究会工作的规范和成绩给予了充分肯定，并立即决定今后在专题培训、信息报送和论文评选等多个方面给予大力支持。今天下午，王学勤秘书长将到会并于明天上午为大家作专题报告，体现了中国政研会对全国科研院所“两研会”的重视和支持。此外，“两研会”秘书处还认真传达学习中国政研会的有关精神和要求，并积极参与中国政研会有关工作；两年来，秘书处推荐北京农林科学院、河北农林科学院、湖北农科院、黑龙江农科院4家单位的论文参与中国政研会人文关怀和心理疏导现场交流会，其中，黑龙江农科院的论文在大会上进行了书面交流；向中国政研会上报了12篇思想政治工作创新征文，派人参加行业政研会工作信息交流座谈会等。结合农业科研院所实际，对2012年中国政研会工作安排、课题选题提出书面意见和建议。

二是组织开好会长会。理事会休会期间，于2011年组织召开了第三次会长会，探讨了各片区开展活动的方式和内容，确定了研究重点，并就各理事单位开展好研究工作提出了要求。

三是做好第三届理事会第四次会议的筹备工作。为切实做好会议召开的各项组织工作，四川院承办了本次理事会，就所有会务准备做了认真细致、严谨周密的安排，使我们有了宾至如归的感觉，秘书处经多次沟通协调，研究提出了召开理事会会议的日程安排和有关事项，交由会长会确定。与以往理事会相比，此次大会优秀论文评选的方式作了较大改动，第一次以公开无记名投票的方式评选研究会优秀论文，第一次由全体理事单位评选优秀论文。2012年8月份以来，36个理事单位中的32个单位共上交论文42篇，通过全体理事单位无记名投票，评选出21篇优秀论文，并在此次理事会会议上进行了表彰。秘书处将优秀论文和提供了摘要的论文一并汇编，已印发给各理事单位。

四是认真做好“两研会”秘书处的日常工作。“两研会”秘书处切实发挥好上通下达的作用，加强与各理事单位之间的工作联系，及时向各理事单位印发中国政研会有关文件精神，组织协调各理事单位积极参与中国政研会工作和“两研会”工作，以积极、热情、负责、务实的态度认真做好各项服务工作。

中国农业科学院作为全国科研院所“两研会”的会长单位，院直属机关党委承担了“两研会”秘书处工作，这是大家对我们的信任。在中国农科院党组的大力支持下，在各理事单位的积极配合下，农科院直属机关党委将进一步加强“两研会”秘书处自身建设，强化服务意识，提高服务质量，做好服务工作，为“两研会”各项工作开展提供可靠保障。

各位理事、同志们，两年来，在各理事单位的共同努力下，“两研会”做了很多工作，也取得了不少成绩，但在肯定成绩的同时，我们也应看到工作中存在的不足，主要是课题研究还不够深入，论文质量还有待提高，成果交流还要加强等。这些需要在今后的工作中改进和提高。

二、2013—2014 年工作安排

今后两年，全国“两研会”工作的总体要求是：坚持以邓小平理论和“三个代表”重要思想为指导，深入贯彻落实科学发展观，按照中国思想政治工作研究会的总体部署，以学习贯彻落实党的十八大精神为主线，紧密结合农业科研单位党建和思想政治工作实际，加强对农业科研院所党的建设和思想政治工作中重点、难点、热点问题的研究，增强研究的思想性、理论性、前瞻性和现实针对性，提高研究成果转化运用能力，努力开创农业科研院所党建和思想政治工作新局面。

（一）紧紧围绕学习贯彻十八大精神开展党建工作研究

胡锦涛总书记在 2012 年省部级主要领导干部专题研讨班上发表了重要讲话，对加强新形势下党的建设和思想政治工作提出了新的更高的要求。党的十八大还将对加强和改进党的建设作出重大部署，我们要认真学习胡锦涛总书记重要讲话精神和即将召开的党的十八大会议精神，按照中央的统一部署，结合各单位实际，以改革创新精神加强党建和思想政治工作研究。党的十八大召开后，各片区要认真开展各种学习研讨活动，特别是围绕十八大关于党的建设和思想政治工作的新思想、新举措，深入开展调查研究，力争形成一批有分量的研究成果，不断推进科研院所党建工作科学化水平。

（二）确定好党建研究的重点课题

为不断提高农业科研院所党建科学化水平，参考中国政研会和全国党建研究会的课题，建议各理事单位在明后两年围绕以下 3 个方面的重点开展课题研究。

1. 关于保持党的纯洁性研究。重点研究在新形势下，如何经受住“四个考验”，防止“四个危险”；如何保持思想纯洁，加强思想理论建设和道德建设，坚守共产党人精神家园；如何保持队伍纯洁，加强党员教育、管理和发展工作，巩固党执政的组织基础；如何保持作风纯洁，加强联系和服务群众工作，保持同群众的血肉联系；如何保持清正廉洁，完善惩治和预防腐败体系建设，促进党员干部廉洁从政。

2. 关于农业科研院所文化建设的研究。重点研究在党的十七届六中全会对深化文化体制改革、推动社会主义文化大发展大繁荣作出重大部署的背景下，农业科研院所如何深入学习贯彻中国特色社会主义理论体系和社会主义核心价值体系，提高党员干部思想理论素养、坚定理论信念；如何形成具有院所特色的核心价值观、院所文化和行业精神；如何发挥院所党组织在单位文化建设中的作用等一系列现实问题。

3. 关于农业科研院所党组织建设研究。重点研究如何进一步贯彻落实《中国共产党党和国家机关基层组织工作条例》，创新基层党支部工作方法，切实提高基层组织建

设水平，并不断总结党的基层组织建设经验和成绩；如何推动创先争优工作常态化、长效化，建立健全长效机制；如何加强党员教育、管理、服务和发展工作，加大在科研骨干中发展党员力度；如何加强思想政治工作，注重人文关怀；如何发展党内民主，推进党务公开，进一步保障党员民主权力；如何健全基层党组织评价体系。

除以上三个方面内容，各理事单位也可根据本单位实际确定自选课题进行调研。

（三）抓好党建研究课题的调研

课题调研的组织实施是研究工作的重要环节，能否组织实施好课题调研，关系课题研究能否取得高质量的成果。做好课题调研，一是要坚持提前谋划、科学设计，组织好党建课题调研活动，提高调研工作的质量和效率。二是要加强同各方面的沟通联系，把握调研进展，深入地分析研究归纳整理调研成果，总结出规律性的东西。三是要组织好课题的研讨交流，注重党建调研向实践学习、向基层群众学习，向先进单位学习。

（四）加强研究会自身建设，做好服务和协调工作

加强研究会的自身建设，是研究会的一项重要任务。今后要进一步提高为农业科研院所党建和思想政治工作研究工作的服务水平。要更加重视理论学习，坚持用中国特色社会主义理论武装头脑，提高运用科学理论指导研究的能力。要有计划地组织相关培训，充分利用党建和思想政治工作的专家资源，为各理事单位进行系统的培训，不断提高各理事开展课题研究的能力和水平。

各位领导、各位理事、同志们，新形势新任务为党建和思想政治工作提出了更高的要求，希望大家振奋精神，锐意进取，开拓创新，扎实工作，努力取得高质量的研究成果，为全面推进全国农业科研院所党的建设和思想政治工作作出新的更大贡献！

唐华俊在中国农业科学院党的建设和思想政治工作研究会第五届理事会上的工作报告

（2012 年 11 月 29 日）

尊敬的翟虎渠会长、陈萌山书记、各位理事：

今天，我们召开中国农业科学院党的建设和思想政治工作研究会第六届理事会第一次会议，会议主要任务是：深入学习贯彻党的十八大会议精神，系统总结过去 4 年院“两研会”工作，完成“两研会”换届，部署安排今后一个时期研究会的工作任务，为我院现代农业科研院所建设和跨越式发展提供坚强保证。

下面，我受理事会委托，向大会作工作报告。

一、四年工作回顾

4 年来，“两研会”在院党组领导下，在中央国家机关党的建设研究会指导下，紧密围绕农业科研院所党建和思想政治工作实际，不断加强对全院党的建设和思想政治工作中重点、热点和难点问题研究，取得了不少高水平研究成果，为促进我院党建工作开展发挥了积极作用。

（一）紧紧围绕全院中心工作尤其是党建任务开展调查研究，有效提高了全院党建工作科学化水平

4 年来，“两研会”坚持把研究作为工作重点。研究的内容，既有理论问题，也有实践问题，更有我们当前正在开展的工作。特别是注意做好总结经验这篇文章，把总结几十年来农科院开展党的建设的成功经验作为党建工作的一项重要任务，及时总结，用于指导工作。比如：2009 年，承担了全国党建研究会重点课题“实行院所长负责制的农业科研院所党组织和党员如何发挥作用”的研究任务。通过调研，总结了中国农业科学院自 1985 年实行院所长负责制以来，24 年党的建设基本经验，深入分析了存在的问题，提出了针对性强的对策措施及建议。比如：2011 年，为配合开展创先争优活动，组织开展了“中国农业科学院构建创先争优活动长效机制研究”，总结了我院自 1981 年起，30 年来组织开展以“创建先进党支部，争当优秀共产党员”为主题的争创活动

经验和做法，提出了构建统筹部署、宣传导向、整体推进、组织保障和综合评价等 5 个方面的创先争优长效机制。通过深入开展党建研究，努力探索和把握了农业科研院所党的建设的特点和规律，积极推动了全院党建工作上水平、上台阶。4 年来，院“两研会”共完成 7 个调研报告，有四项成果荣获中央国家机关党的建设研究会二等奖和三等奖，两项成果荣获全国党建研究会科研院所专委会二等奖，一项成果荣获中央统战部“统战规律论坛”二等奖。

（二）通过院“两研会”带动，全院各级党组织开展党建工作研究蔚然成风

4 年来，各理事单位根据两研会安排部署，围绕关于开展创先争优活动、创建学习型党组织和提高党建工作科学化水平等内容，结合工作实践确定研究选题，开展全面深入的调查研究，共撰写论文或报告 300 余篇，其中，受到农业部表彰的有 20 余篇。论文内容包括保持党员先进性、落实科学发展观、学习十七届四中、五中、六中全会精神、开展创先争优活动、新形势下思想政治工作、和谐社会与和谐院所建设、文化建设、廉政文化建设等多个方面。2012 年，“两研会”对 2011—2012 年间各理事单位上交的 51 篇论文进行了评选，评选出一等奖 3 篇、二等奖 5 篇、三等奖 10 篇。秘书处已经将论文汇编成册，供大家学习交流。4 年来，各理事单位以党建研究为契机，认真分析各级党组织和党员干部在思想观念、工作方式、工作作风和工作能力上存在的问题并提出改进思路和举措，为做好本单位党建发挥了积极的促进作用。

（三）通过院“两研会”工作，扩大了我院在党建研究领域的影响力

我院自 20 世纪 90 年代起，就是中央国家机关党的建设研究会团体会员，是中央国家机关党的建设研究会中为数不多的事业单位团体会员。2010 年 5 月，中央国家机关工委委员、中央国家机关党建研究会会长张德成同志到我院调研党建工作，对我院党建研究工作给予了充分肯定。2010 年 9 月，中央国家机关工委《机关党建研究》杂志专门为我院出专刊，介绍我院“两研会”紧密结合农业科研实际，开展党建研究的做法和经验。4 年来，我院先后有 11 篇党建文章在中央国家机关工委《紫光阁》杂志、《科研院所党建》、农业部《交流与参考》等刊物上刊登，有力扩大了我院党建和党建研究工作的影响力。

（四）加强自身建设，提高研究会工作水平

“两研会”重视自身建设，4 年来重点做好 3 方面工作。一是认真组织好每年一次的理事会议。本届理事会自 2008 年换届以来，共召开了 4 次理事会议。2008 年在青岛召开理事会议，围绕创新文化建设开展研讨交流；2009 年在南京召开理事会议，围绕

院所长负责制下党组织党员如何发挥作用开展研讨交流；2010 年在上海召开理事会议，围绕深入推进创新文化建设开展研讨交流；2011 年在重庆召开理事会议，围绕创先争优工作开展研讨交流，充分发挥了研究会的学习交流研讨平台作用，有力地推动了工作。二是注重整合资源。将中国农业科学院党建和思想政治工作研究会、全国农业科研院所党建和思想政治工作研究会和全国党建研究会科研院所专委会的相关研究统筹安排，既充分发挥三个研究会特点，又合理利用三个研究会的研究平台和研究资源。三是认真做好秘书处日常工作。切实加强与各理事单位之间的联系，组织协调各理事单位积极参与院“两研会”工作，以务实的态度做好有关服务工作。

通过 4 年工作，各理事单位对开展党建研究重要性的认识不断提高，做好党建研究工作的责任感和使命感不断增强，对抓好党建才能更好地推动党的建设的认识不断深化，开展党建研究的能力、方法和水平不断提升，培养和凝聚了一大批高素质的党建研究工作者队伍。

回顾 4 年来的工作，我们有以下 3 点体会。

（一）领导重视是做好研究会工作的关键

“两研会”工作的关键是领导重视。翟虎渠院长亲自担任会长，领导研究会工作并给予大力支持。院党组重视发挥研究会作用，多次听取汇报，作出指示。各理事单位党委也对研究会工作给予大力支持，使得“两研会”各项工作顺利推进。

（二）不断开拓创新是做好研究会工作的根本要求

研究工作本身就是知识创新的过程，要不断创新党建研究的方法，通过文献研究、访谈调查、问卷调查、实地考察等方式获得一手资料，不断拓宽新视野，总结经验，形成高质量的研究报告。

（三）紧密联系实际是做好研究会工作的基础

党建研究的根本是服务于党建工作。只有紧密结合我院科学研究实际，紧密结合党组织和党员需要，紧密结合农业科技创新需要，才能通过党建研究推动党的建设。

回顾 4 年来党建研究工作，我们取得了不少成绩，但也存在许多不足，有三个方面需要进一步加强：在研究选题针对性方面有待进一步加强，联系农科院实际方面有待进一步加强，研究成果应用方面有待进一步加强。这三个加强需要我们在今后工作中不断改进。

二、今明两年工作安排

举世瞩目的十八大已经胜利闭幕，这次盛会是我国改革开放、实现民族复兴道路上的一个重要里程碑，是推进中国特色社会主义伟大征程中的新起点。根据十八大精神，今明两年院“两研会”工作总体思路是：认真学习贯彻党的十八大会议精神，高举中国特色社会主义伟大旗帜，坚持以邓小平理论、“三个代表”重要思想和科学发展观为指导，紧密联系我院科研实际，以为建设现代农业科研院所和跨越式发展提供保障为重点开展研究，不断提高研究成果的转化运用，努力开创我院党建研究工作新局面。

（一）坚持围绕中心任务，确定工作重点

明年是贯彻落实十八大精神的第一年，是落实推进“十二五”规划的关键一年，也是我院推进“现代农业科研院所建设”的关键年，是启动“农业科技创新工程”的第一年。科技创新、跨越式发展的各项任务十分繁重，这些都给全院党建工作和思想政治工作提出了新的课题。要进一步加强对新形势下农科院党建工作面临的新情况、新问题以及全院上下普遍关注的热点、难点问题的研究等，力求在党建研究工作方面取得新成效。

根据我院中心任务，建议今明两年围绕三个方面内容开展研究：

一是如何贯彻落实党的十八大精神，践行科学发展观，解放思想，实事求是，全面加强党的建设，为我院“建设世界一流农业科研院所”和跨越式发展提供保证。

二是新形势下怎样加强和改进思想政治工作，加强人文关怀和心理疏导，建设和谐农科院所。

三是如何推进院所创新文化建设，营造科技创新良好氛围。

（二）扎实开展课题研究，不断提高研究质量

各理事单位要扎实开展党建研究，努力提高课题研究质量和水平。一要着眼全局，突出重点，关注难点，选好主题，大胆拓展领域，理论联系实际。二要精心组织，合理谋划，做好研究力量和研究资源的统筹规划，注意提高课题质量，研究报告不在长，关键要有新意。三要认真深入分析，真正解决问题。掌握一手资料，提出切实可行的对策和建议，确保研究成果能够转化为促进本单位工作发展的有效动力。

（三）积极开展交流，促进研究成果应用

做好各理事单位研究成果的交流和研讨，实现成果共享。一要开好一年一度的理事

会，通过交流研讨加强各理事之间的相互学习。二要根据课题研究需要，组织开展调研。通过调研，进一步加强院属各单位之间、我院与相关单位之间的学习交流，相互借鉴。三要充分发挥理事的模范带头作用，激发各级党务工作者的积极性和创造性，撰写更多高质量的研究报告。各理事单位每年要提交1篇高质量报告，研究会每两年开展一次评选和表彰，根据报告质量将优秀论文汇编成册，并向各级党建刊物和媒体推荐，促进研究成果的传播和转化。

（四）不断加强“两研会”自身建设，提高工作水平

一要加强学习。各理事单位要结合实际情况，创新学习形式，拓展学习内容。二要做好服务。秘书处要加强工作的主动性，进一步提高服务工作质量。三要加大宣传。有关调研成果要通过院网、院报、宣传栏等媒体进行宣传。通过宣传报道，使全院上下充分了解“两研会”工作，分享“两研会”研究成果，及时采纳“两研会”提出的对策和建议等。

同志们，党的十八大对于我们做好研究会工作提出了新的要求，指明了前进的方向。特别是十八大报告指出，科技创新是提高社会生产力和综合国力的战略支撑，必须摆在国家发展全局的核心位置。《国家中长期科学和技术发展规划纲要》也明确提出到2020年全面实现创新型国家、农业科技率先进入世界先进行列的发展目标。让我们振奋精神，努力工作，在院党组领导下，在中央国家机关党的建设研究会的指导下，锐意进取，开拓创新，不断开创中国农业科学院党的建设和思想政治研究工作新局面、为全面提高中国农业科学院的创新能力而努力奋斗。

关于印发院“两研会”第六届理事会领导机构成员名单和理事名单的通知

（农科研发［2012］3 号）

根据《中国农业科学院党的建设和思想政治工作研究会章程》，2012 年 11 月 29 日，研究会召开第六届理事会第一次会议，会议上通过了第六届理事会领导机构成员名单和理事名单，现予以印发。

附件：1. 第六届理事会领导机构成员名单
　　　2. 第六届理事会理事名单

中国农业科学院党的建设和思想政治工作研究会
2012 年 12 月 26 日

附件1

第六届理事会领导机构成员名单

名誉会长	翟虎渠
会　　长	陈萌山
常务副会长	唐华俊
副 会 长	史志国
副 会 长	魏　琦
副会长兼秘书长	高淑君
副会长	张逐陈

附件2

第六届理事会理事名单

序号	姓名	性别	单位	职务
1	陈萌山	男	中国农业科学院	院党组书记
2	唐华俊	男	中国农业科学院	院党组副书记、副院长
3	史志国	男	中国农业科学院	院党组成员、纪检组组长
4	魏　琦	男	中国农业科学院	院党组成员、人事局局长
5	高淑君	女	机关党委	常务副书记
6	张逐陈	男	监察局	党支部书记、局长
7	汪飞杰	男	院办公室	党支部书记、主任
8	王小虎	男	科技局	党支部书记、局长
9	付静彬	男	基建局	党支部书记、局长
10	袁龙江	男	成果局	党支部书记、局长
11	张陆彪	男	国合局	局长
12	林定根	男	机关党委	副书记
13	赵玉林	男	后勤中心	党委副书记、副主任
14	张保明	男	作科所	党委书记、副所长
15	张步江	男	植保所	党委书记、副所长
16	孙日飞	男	蔬菜所	党委书记、副所长
17	栗金池	女	环发所	党委书记、副所长
18	袁学志	男	牧医所	党委书记、副所长
19	刘凤彦	男	蜜蜂所	党委副书记
20	康　威	男	饲料所	党委书记
21	赵俊辉	男	加工所	党委副书记

（续表）

序号	姓名	性别	单位	职务
22	王晓举	男	生物所	党委书记、副所长
23	任爱荣	女	农经所	党委书记、副所长
24	陈金强	男	资划所	党委书记、副所长
25	刘继芳	男	信息所	党委书记、副所长
26	李恩普	女	质标所	党委书记、副所长
27	韩惠鹏	男	研究生院	党委书记、常务副院长
28	李锁平	男	出版社	党支部书记、社长
29	黄修桥	男	灌溉所	党委书记、副所长
30	姜仁华	男	水稻所	党委副书记
31	侯志勇	男	棉花所	党委副书记、副所长
32	李光明	男	油料所	党委副书记、副所长
33	王朝云	男	麻类所	党委副书记、副所长
34	郝志强	男	果树所	党委书记、副所长
35	王志强	男	郑果所	党委书记、副所长
36	陈　直	男	茶叶所	党委书记、副所长
37	高士军	男	哈尔滨兽医所	党委书记、副所长
38	张永光	男	兰州兽医所	党委书记、副所长
39	刘永明	男	兰州牧药所	党委书记、副所长
40	杨　瑾	女	上海兽医所	党委书记、副所长
41	王育青	男	草原所	党委书记、副所长
42	程世鹏	男	特产所	党委书记、副所长
43	朱　岩	男	环保所	党委书记、副所长
44	方　向	男	沼科所	党委书记、副所长
45	曹曙明	男	农机化所	党委书记、副所长
46	管　辉	男	烟草所	党委书记

（续表）

序号	姓名	性别	单位	职务
47	龙　力	男	柑橘所	党委书记
48	韩卫平	男	甜菜所	党委书记
49	张兴军	男	蚕业所	党委副书记
50	王思明	男	农业遗产室	主任

中国农业科学院直属京区单位违纪党员党纪处分实施细则

第一章 总 则

第一条 为规范对违纪党员的处分程序，根据《中国共产党章程》和《中国共产党纪律处分条例》及《农业部直属机关违纪党员党纪处分工作细则（试行）》等相关规定，制定本实施细则。

第二条 对违纪党员的处分必须坚持以事实为依据，以党纪为准绳，做到事实清楚、证据确凿、定性准确、处理恰当、程序合法、手续完备。严格遵守有关纪律。

第三条 本细则适用对象是党的关系隶属于中国农业科学院直属机关党委的副所（局）级、处级及以下违纪党员。

第四条 党的关系隶属于中国农业科学院直属机关党委的正所（局）级违纪党员的违纪处分，依据《农业部直属机关违纪党员党纪处分工作细则（试行）》执行。

第二章 处分的权限

第五条 对副所（局）级、处级违纪党员党纪处分的批准权限，按以下规定执行。

给予开除党籍处分的，经党支部大会讨论决定，经由所在单位纪委、党委和院直属机关纪委、党委逐级审议后，报农业部直属机关纪委审议，农业部直属机关党委批准。

给予留党察看、撤销党内职务处分的，经党支部大会讨论决定，经本单位纪委、党委和院直属机关纪委、院直属机关党委逐级审议后，报农业部直属机关纪委批准。

给予严重警告、警告处分（含免予处分）的，经党支部大会讨论决定，由本单位纪委、党委审议后报院直属机关纪委批准，报农业部直属机关纪委备案。

第六条 对科级（含科级）以下党员党纪处分的批准权限，按以下规定执行。

给予开除党籍处分的，经党支部大会讨论决定，经本单位纪委、党委审议后报院直属机关纪委审议，院直属机关党委批准。

给予留党察看、撤销党内职务、严重警告、警告处分（含免予处分）的，经党支部大会讨论决定，经本单位纪委、党委审议批准后报院直属机关纪委备案。

第七条 受到留党察看处分的党员，察看期满，确已改正错误的，由其所在党支部作出恢复其党员权利的决定，经逐级审议后报原批准处分的党组织批准。本人坚持错误不改或者又发现其他应受党纪处分错误的，应开除其党籍，由所在党支部作出开除其党籍的处分决定，经逐级审议后报上级党组织批准。

第三章　处分的程序

第八条　对违纪党员的党纪处分，除特殊情况下可由院直属机关党委或纪委直接作出处分决定外，都必须经过其所在支部大会讨论决定，经其所在单位纪委、党委审议后报院直属机关纪委。

违纪党员所在部门、单位党组织应在接到院直属机关党委、纪委移交的违纪党员案件材料 30 个工作日内作出处分决定。

第九条　院直属机关党委或纪委遇有以下情况时，告知违纪党员所在部门、单位党组织后，直接作出给予违纪党员的党纪处分决定。

（一）违纪党员的工作涉密程度较高，或其违纪问题涉密程度较高，不宜由基层党组织讨论的；

（二）违纪党员所在部门、单位党组织瘫痪，或该党组织领导人同违纪问题有直接牵连关系的；

（三）违纪党员问题已经查清，其所在部门、单位党组织拒不处理或故意拖延不作处理的；

（四）违纪党员原所在部门、单位党组织被撤销或合并，无法由原所在部门、单位党组织或其现所在部门、单位党组织作出处理的；

（五）需由院直属机关党委、纪委一并作出处理的跨部门、单位的集团性违纪案件；

（六）遇紧急情况，需要迅速对违纪党员作出处理的；

（七）其他必须由院直属机关党委、纪委直接作出处理决定的情况。

第十条　召开党支部大会讨论处分决定之前，应做好以下准备工作。

（一）召开支委会研究提出处分意见，草拟处分决定文稿。支委会应认真研究党委、纪委移交的违纪党员的案件材料，如有必要可请调查组成员进一步介绍有关情况。在熟悉案情、学习相关党纪处分条规的基础上，支委会提出处分意见，并草拟好处分决定文稿。处分决定文稿应写明违纪党员的基本情况，所犯错误的事实、情节、后果、本人责任、错误性质和处分意见及本人申诉权利等内容。作出处分决定时，应认真考虑党委、纪委的意见。

（二）遇有处分 2 名以上共同违纪党员时，应先拟制负主要责任或受较重处分违纪党员的处分决定，其他违纪党员的处分决定在格式、附件等方面与其保持一致。

（三）处分决定文稿应在召开党支部大会讨论、表决处分决定前和本人见面，听取本人意见，并让本人签署意见，其合理的意见，应予以采纳。

1. 党组织至少委派 2 人共同将处分决定文稿直接交与违纪党员并当场阅读。派出人员应制作处分决定文稿见面笔录，如实记录见面时间、地点、见证人、见面过程、违纪党员对处分决定文稿的意见。违纪党员应在处分决定文稿和见面笔录的每页页脚处签署姓名和日期，并在所有签名上捺印指纹。

2. 违纪党员若没有不同意见，应在处分决定文稿尾页文字最后一行下方齐行签署“以上处分决定我已经看过，同意处理意见”。

3. 违纪党员若有不同意见，应在处分决定文稿尾页文字最后一行下方齐行签署“以上处分决定我已经看过，不同意处理意见”或“以上处分决定我已经看过，同意处理，保留个人意见”。违纪党员需将向组织陈述的意见写成书面材料当面或事后交予派出人员。

4. 处分决定文稿与本人见面时，其所提意见如与错误事实见面材料上签署的意见相同，可用同一个说明材料。如不同，调查部门、单位应对违纪党员提出的不同意见进行核实，作出全面、详细的书面说明。

5. 违纪党员脱离组织长期外出不归或叛逃、出走国（境）外或处于拘留期间，党组织无法将处分决定文稿同本人见面时，可以不履行材料见面手续，但可以其他方式告知本人或其亲属。

第十一条 召开党支部大会，讨论、表决对违纪党员的处分决定。

（一）党支部大会必须有4/5以上有表决权的正式党员出席（预备党员和受留党察看处分的党员没有表决权）。

（二）应通知违纪党员参加，并告诉本次会议内容。如违纪党员被司法、执法机关采取强制措施，可以不通知其到会。

（三）会议主持人说明大会内容，宣读犯错误党员的错误事实，按照党纪条规支委会提出应给予处分的意见，提交党支部大会讨论。

（四）违纪党员做检查，汇报思想认识。其他到会党员发言，对违纪党员进行帮助，明确改正错误的方向，同时对支委会提出的处理意见发表赞成或反对的意见。

（五）违纪党员有权说明情况或申辩，其他党员可以为其辩护和作证。

（六）到会正式党员对处分决定进行表决，赞成票超过支部应到正式党员半数以上方可通过。违纪党员也可以对处分决定投赞成票或反对票。

（七）违纪党员应在党支部大会通过的处分决定上签署意见。

（八）党支部书记应在党支部大会通过的处分决定上签字。

第十二条 党支部将支部大会表决情况写成请示报告，并附材料上报纪委、党委审议。报告要写明召开支部大会的时间，应到会和实际到会的正式党员人数，党支部大会表决情况，通过处分决定的赞成票数、反对意见及票数、弃权票数、党支部大会通过的表决意见。党支部书记应在请示报告上签名。上报材料还包括：党支部大会通过的处分决定，违纪党员的检查及对处分的意见。

第十三条 院直属机关党委、纪委召开会议讨论直接给予违纪党员党纪处分的，违纪党员不参加会议，由直属机关党委副书记和纪委书记共同在会议召开前与其谈话，听取意见。其合理意见，应予采纳。如违纪党员被司法、执法机关采取强制措施，不需与其谈话、征求意见。

第十四条 违纪党员所在单位党组织向院直属机关纪委报送审议的材料包括：

（一）呈报审议的请示；

（二）立案依据、调查报告、主要证据材料、违纪党员的检查；

（三）违纪党员已签署意见的错误事实见面材料，调查部门、单位对违纪党员所提意见的书面说明；

（四）案件审理报告；

（五）有关纪委或党组织讨论处分决定的会议记录、报告；

（六）处分决定。

以上材料中主要证据材料报 3 套，其他材料各一式 20 份。

报批违纪党员处分决定材料时，对已受法纪、政纪处分的，须附已生效判决、裁定文书或行政处罚、处理决定及有关证据材料（原件或者复印件）。

第十五条 院直属机关纪委接到报请审议的处分材料后，应于 7 个工作日内起草对处分决定的审议意见，并召开院直属机关纪委全委会议审议。院直属机关纪委全委会议必须有 2/3 以上委员到会为有效，会议由院直属机关纪委书记主持，办案单位或上报单位负责人可以列席会议。

审议过程分为 3 个阶段：

（一）阅卷。应将待审议材料提前发放给院直属机关纪委委员审查。必要时会上可请办案单位或上报单位负责人介绍案情。

（二）审议。院直属机关纪委有关人员向院直属机关纪委委员报告违纪党员所犯错误的适用纪律处分条款，并对上报处分请示提出建议，全体委员对将要作出的处分决定进行审议。

（三）形成审议（审批）意见。院直属机关纪委应及时将审议结果形成审议（审批）意见，对于需要报送院直属机关党委、农业部直属机关纪委、党委审议或审批的，需按规定的程序及时报送。

第十六条 院直属机关党委接到院直属机关纪委审议意见后，应于 7 个工作日内召开直属机关党委常委会议审议处分决定。直属机关党委常委会议必须有三分之二以上常委到会为有效，会议由直属机关党委书记或常务副书记主持，根据需要办案单位或上报单位负责人可以列席会议。

审议过程分为三个阶段：

（一）阅卷。应将待审议材料提前发放给直属机关党委常委审查。会上办案单位或上报单位负责人介绍案情，解答直属机关党委常委相关提问。

（二）审议。直属机关纪委书记报告直属机关纪委全委会议审议意见，并对违纪党员所犯错误适用纪律处分条款作出说明，直属机关党委常委对审议意见进行表决。

（三）形成会议记录。会后直属机关党委形成会议纪要，报直属机关党委书记审定。

第十七条 院直属机关纪委全委会议和院直属机关党委常委会议讨论处分决定时，参会人员应充分发表意见，按照少数服从多数的原则形成决议。若对处分意见不一致，出现重大分歧，或者讨论中出现两种或两种以上意见并在人数上较为接近时，应再次开会进行讨论，尽量达成一致意见。意见仍不一致且在人数上接近时，可将不同意见同时上报上一级党组织征求意见。

第十八条 对于违纪党员给予党纪处分的决定，经有批准权的党组织批准之日起生效。

第四章 处分的执行

第十九条 违纪党员所在单位的党委或纪委在接到上级党组织对违纪党员给予党纪处分的正式批复后，制作并下达处分决定。自处分决定生效之日起算，受处分党员所在部门、单位党组织应于 30 个工作日内向受党纪处分党员宣布并送达处分决定。

第二十条 宣布和送达处分决定不得少于 2 人，应向受处分党员告知其享有的权利，询问和记录其对处分决定的意见，并要求其在处分决定送达回证上签字。

（一）由受处分党员所在部门、单位党组织通知受处分党员在指定时间、地点接收处分决定。如遇特殊情况（受处分党员服刑、生病或由于其他原因无法前往指定地点接收处分决定），可在有见证人在场的情况下，将处分决定送达本人。

（二）送达的处分决定共 6 份，受处分党员在处分决定尾页文字最后一行齐行签署签收意见。签收意见根据受处分党员对处分决定的意见分为两种，服从组织处理的，应签写："我已经收到处分决定，服从组织处理。"不服从组织处理的，则应在处分决定上签写："我已经收到处分决定，不服从组织处理。"或"我已经收到处分决定，对处分决定有不同意见，将另行申诉。"

（三）受处分党员应在处分决定尾页签收意见之后签写本人姓名和接受日期，在处分决定首页至倒数第二页尾处签写本人姓名，在其所有签名上捺印指纹，并将处分决定各页右侧错距均匀排列后捺印骑缝指纹。应使用右手食指捺印指纹，右手食指残缺、无纹线、有疤痕的，可用其他手指代替，但应在处分决定最后一页说明、记录。

（四）处分决定交本人留存 1 份，交院直属机关党委、直属机关纪委、人事局、受处分党员所在部门、单位党组织各 1 份。处分决定应归入本人档案。

第二十一条 受处分党员所在部门、单位党组织必须在处分决定生效之日起 30 个工作日内，在党委、党总支或党支部的范围内宣布处分决定。

第二十二条 处分决定的宣布和送达由受处分党员所在党委或党支部组织实施，遇有以下情况可由院直属机关党委或纪委直接送达、宣布：

（一）受处分党员工作涉密程度较高，或其违纪问题涉密程度较高，不宜公开宣布的；

（二）受处分党员所在部门、单位党组织瘫痪，或该党组织领导人同违纪问题有直接牵连关系的；

（三）受处分党员所在部门、单位党组织拒不宣布或故意拖延不宣布处分决定的；

（四）受处分党员所在部门、单位党组织被撤销或合并，无法由原所在部门、单位党组织或其现所在部门、单位党组织宣布的；

（五）受处分党员属集团性违纪，涉及多个部门、单位的；

（六）院直属机关党委、纪委认为其他必须直接宣布处分决定的情况。

第二十三条　受处分党员所在部门、单位党组织接到处分决定之日起，须在 30 个工作日内将《处分决定执行情况报告表》和处分决定送达回证上报。对于副所（局）级、处级违纪党员党纪处分的执行情况，由院直属机关纪委报农业部直属机关党委、纪委备案。对于科级（含科级）以下违纪党员党纪处分的执行情况，报院直属机关纪委备案。

第二十四条　因特殊情况无法按时宣布和送达处分决定的，要及时向院直属机关纪委报告，说明原因。对既不按规定时间宣布和送达处分决定，又不向院直属机关党委或纪委说明原因的党组织，应追究有关责任人和领导的责任。

第二十五条　受处分党员对违纪处分不服提出申诉，按以下程序进行复议、复查，申诉期间不停止处分的执行。

（一）对研究所违纪党员党纪处分按以下程序进行复议、复查。

1. 由作出处分决定单位党委或纪委进行复议、复查。原调查部门、单位如已撤销，由申诉人现所在党委或纪委承办。复议、复查决定要送交本人 1 份，并抄报院直属机关纪委。

2. 受处分党员对本单位党委或纪委的复议、复查结论不服，或者院直属机关党委、纪委认为该单位党委或纪委复议、复查结论不妥时，由院直属机关党委或纪委进行复议、复查。此次复议、复查做出维持、改变或者撤销原处分的决定后，该单位党委或纪委不再受理申诉人的继续申诉。

3. 受处分党员对两级复议、复查结论仍然不服时，由院直属机关党委或纪委将其申诉材料、原处分材料和两级复议、复查材料一并报请农业部直属机关纪委。农业部直属机关纪委复议、复查作出维持、改变或者撤销原处分的决定后，院直属机关党委和直属机关纪委不再受理申诉人的继续申诉。

（二）对院机关受处分党员的复议、复查由院直属机关纪委、党委进行；受处分党员对院直属机关纪委、党委的复议、复查不服时，依据有关规定向上级党组织申诉。

（三）所有报院直属机关纪委复议、复查的申诉案件，需报送以下材料一式 2 份。

1. 呈请复议、复查的请示；

2. 复议、复查报告及主要证据材料；

3. 复议、复查处理决定及有关党组织的意见；

4. 受处分党员对复议、复查处理决定的意见，调查部门、单位对其意见的书面说明；

5. 原处分决定、调查报告及主要证据材料。

第五章 处分材料的归档

第二十六条 处分工作完成后，应及时将处分决定、错误事实调查报告、上级批复、本人检查及本人对处分决定的意见各一式3份抄送单位人事部门，归入本人档案。

第二十七条 处分材料档案实行承办部门立卷制度，承办人员在受理之始，注意收集全过程形成的材料，案结卷成。

第二十八条 院直属机关纪委保存处分审批、执行过程中产生的材料原件。调查和审理部门、单位，保存调查、审理材料原件。属于院直属机关纪委的自办案件，由其负责保存全部相关材料。

（一）案件材料的归档范围

1. 办案依据材料：举报、申诉材料，领导批示，会议决定；

2. 初核材料、立案报告；

3. 转办的文字材料；

4. 办案计划或调查方案；

5. 调查报告和证明材料；

6. 有关案件处理决定的材料：会议记录、审议报告、会议纪要、决定事项通知等；

7. 批复材料：批复通知、复核决定等；

8. 正式文件的印件、签发稿及调查部门、单位领导修改的重要文稿；

9. 审理报告；

10. 与当事人见面材料；

11. 结案报告；

12. 与案件有关的通报、报道；

13. 与案件有关的声像材料等。

（二）案卷材料组合排列应遵循以下原则

1. 卷内材料原则上应按照实际办案程序依次排列；

2. 可根据案件材料的多少，一案一卷或一案数卷；

3. 证据材料，可按材料所反映的问题或材料的名称等特征分类，每一类再按时间顺序排列，可按证据材料的重要程度，将主要证据材料排列在前，旁证材料排列在后。

（三）档案的卷内排列顺序

1. 下级报送或调查部门、单位移送的案件处理待审批材料：

（1）下级党组织或审理组对案件的审查意见、请示；

（2）调查报告及主要证据材料；

（3）受处分党员所在部门、单位党组织的处分决议；

（4）受处分党员的检查、对处分决议的意见及党组织对其意见的书面说明。

2. 审理报告；

3. 处分决议或处分决定见面笔录、征求有关部门意见的材料；

4. 院直属机关纪委全委会议的审议意见，院直属机关党委常委会议的会议纪要，院党组意见等；

5. 院直属机关纪委报农业部直属机关纪委的请示；

6. 农业部直属机关纪委的批复；

7. 农业部直属机关党委或纪委下达的批复和处分决定等；

8. 下级执行批复和处分决定情况的报告和《处分决定执行情况报告表》及回证；

9. 对案件的通报、报道、反映等材料。

第二十九条 归档的案件材料不论办案时间长短，均应在结案年度归档。案件承办部门应将当年结案后整理完毕的案卷，在翌年第二季度移交档案部门。

第三十条 归档时立卷单位编制移交目录一式 2 份。1 份随卷交档案部门，1 份留立卷部门备查。

第六章 附 则

第三十一条 院属京内单位党委或纪委在处分违纪党员之前，须向院直属机关纪委书面报告有关情况；在处分工作完成后，须向院直属机关纪委书面报告处分情况。

第三十二条 本实施细则由院直属机关纪委负责解释。

第三十三条 本实施细则自发布之日起施行。

中国农业科学院贯彻落实2012年反腐倡廉工作任务的分工意见

为贯彻落实第十七届中央纪委第七次全会精神，按照《农业部贯彻落实2012年反腐倡廉工作任务的分工意见》《中国农业科学院党组贯彻落实〈建立健全惩治和预防腐败体系2008—2012年工作规划〉的实施办法》和中国农业科学院2012年党风廉政建设工作会议部署和要求，根据党风廉政建设责任制的规定，现对落实2012年反腐倡廉工作任务提出以下分工意见。

一、严明党的纪律，加强党的作风建设

1. 严格执行党的政治纪律，深入开展政治纪律教育，加强对政治纪律执行情况的监督检查，对违反政治纪律的，要给予严肃的批评教育或组织处理，对造成严重不良影响和后果的，要依纪依法严厉惩处（纪检组监察局、直属机关党委、院属各单位）。

2. 严格执行组织人事工作纪律，加强对干部选拔任用全过程的监督，加强对拟提拔干部的廉政考察（人事局、纪检组监察局、直属机关党委）。

3. 加强党的纯洁性教育，从思想纯洁、队伍纯洁、作风纯洁、清正廉洁及加强监督和严明纪律几个方面，查找存在问题，制定改进措施，把保持党的纯洁性工作贯穿于领导班子和干部队伍建设之中（直属机关党委、人事局、纪检组监察局、院属各单位）。

4. 大力弘扬求真务实和艰苦奋斗的优良作风，继续开展厉行节约、制止奢侈浪费工作，督促各单位严格执行财经制度和经济工作纪律。从严控制楼堂馆所建设（财务局、院办、基建局、直属机关党委、纪检组监察局）。

5. 进一步推进勤政建设，大力提倡恪尽职守、锐意进取、攻坚克难、毫不懈怠的精神状态，加大慵懒散问题治理力度，严肃处理不作为、乱作为等行为（院办、人事局、直属机关党委、纪检组监察局）。

6. 大力弘扬密切联系群众的优良作风，大兴调查研究之风，进一步加强群众观点和群众立场教育，创新群众工作的途径和方法（直属机关党委、院办、人事局、纪检组监察局）。

7. 坚持为基层和群众办实事，为机关干部职工办实事，着力解决群众最关心、最直接、最迫切的问题（院办及机关其他部门）。

二、加强惩治和预防腐败体系建设，深入推进反腐倡廉各项工作

8. 认真落实党风廉政建设责任制，自上而下签订责任书，真正把责任落实到人。抓好责任分解、责任考核、责任追究，督促各级领导干部特别是主要领导干部对所管辖范围内的党风廉政建设切实负起领导责任（纪检组监察局、人事局）。

9. 对各单位落实《建立健全惩治和预防腐败体系 2008—2012 年工作规划》情况进行专项检查，对我院下一个 5 年惩治和预防腐败体系建设规划做好调研（纪检组监察局、人事局、直属机关党委、院办）。

10. 贯彻落实《中国农业科学院廉政文化建设意见》。深入开展理想信念教育、党性党风党纪教育和从政道德教育，大力开展示范教育、警示教育和岗位廉政教育（纪检组监察局、直属机关党委、院办、后勤服务局）。

11. 把培育廉洁价值理念贯穿于党员干部培养、选拔、考察、管理和使用的全过程。对新任用干部和新录用工作人员，按照干部管理权限进行任职谈话必须包括廉政教育内容。在干部任职培训、初任培训等各类培训中开设廉政教育课程，并保证不少于半天的课时量。在组织专业技术人员和各类人才培训中增加廉政教育内容（人事局、院属各单位）。

12. 对人财物管理的重点岗位，要加强经常性教育，特别是在项目审批、资金安排、出差、出国（境）、开展工作检查、政府采购、招投标等活动之前，都要进行廉政教育和提醒（财务局、科技局、基建局、国际合作局）。

13. 加强和改进信访举报工作，畅通举报渠道。建立健全查办案件工作组织协调机制，坚持纪检监察、审计、组织人事和检察机关相互配合支持的合作机制（纪检组监察局、院办、人事局、财务局）。

14. 发挥查办案件的治本功能，充分利用发生在部院系统的典型案件开展警示教育，督促完善相关制度，强化管理监督措施（纪检组监察局、直属机关党委、院办、院属各单位）。

15. 认真贯彻执行党内监督条例，加强对领导干部特别是党政主要领导干部的监督，规范权力运行。严格执行领导干部述职述廉、诫勉谈话、函询等制度（纪检组监察局、人事局、直属机关党委）。

16. 加强对民主集中制执行情况的监督检查，凡属重大决策、重要干部任免、重大项目安排和大额度资金使用等重要问题，必须经集体讨论决定（人事局、直属机关党委、院办、财务局、基建局、纪检组监察局）。

17. 进一步加强和完善巡视工作，注重巡视成果运用（纪检组监察局、人事局、直属机关党委）。

18. 加强科研经费规范管理，严格执行科研经费管理各项规定。加强对国有产权交易的监管。审计和监察部门要加强对科研经费的审计和监督，发现问题，及时纠正

（财务局、院属各单位）。

19. 加强科研成果管理，采取有效措施防止成果转化过程中侵占和损害国家集体利益的行为。监督部门要加强对科研成果转化的监督（科技局、财务局、纪检组监察局、院属各单位）。

20. 加强领导干部任期经济责任审计（院办公司经理任期审计）和基建项目竣工决算审计，加大揭示问题和整改力度，对涉嫌违纪违法的问题进行严肃查处（财务局、人事局、纪检组监察局）。

21. 严格执行党政领导干部选拔任用工作有关规定，加强对《党政领导干部选拔任用工作责任追究办法（试行）》等四项监督制度落实情况的监督检查，防止和纠正用人上的不正之风，进一步提高选人用人公信度（人事局、直属机关党委、纪检组监察局）。

22. 全面落实《关于领导干部报告个人有关事项的规定》和《关于对配偶子女均移居国（境）外的国家工作人员加强管理的暂行规定》，领导干部要按规定主动、如实报告有关内容（人事局、纪检组监察局）。

23. 严肃查办领导干部贪污贿赂、失职渎职的案件，严重损害群众经济权益、政治权益、人身权利的案件，发生在工程建设领域的腐败案件，严重违反政治纪律和组织人事纪律的案件。严肃查办商业贿赂案件，加大对行贿行为的惩处力度（纪检组监察局）。

24. 坚持和完善民主集中制，积极开展批评和自我批评，加强对领导干部民主生活会的指导和监督，进一步提高民主生活会质量（直属机关党委、人事局、纪检组监察局）。

25. 继续推进廉政风险防控管理，完善防范制度和措施，健全长效机制（纪检组监察局、院属各单位）。

26. 推进制度廉洁性评估工作，对起草制定中的规章和规范性文件进行廉洁性、合法性、利益冲突和科学性评估（纪检组监察局）。

27. 深化干部人事制度改革，完善干部考核评价、管理监督和激励保障机制（人事局）。

28. 推进办事公开，确保权力公开透明运行（院办、纪检组监察局、院属各单位）。

29. 进一步完善规范院所企业监督管理及干部职工在企业持股、兼职等相关制度（财务局、人事局、院办、纪检组监察局、院属各单位）。

30. 加快推进党务公开工作，切实推进协会社团组织防治腐败工作（直属机关党委、院属各单位、纪检组监察局）。

31. 积极开展党风廉政建设和反腐败理论研究，坚持理论联系实际，用研究成果指导新的实践，不断拓展工作的广度和深度（纪检组监察局、院属各单位）。

三、进一步加大专项治理力度，切实解决群众反映强烈的突出问题

32. 进一步加强基建项目规范化管理，深入推进工程建设领域突出问题专项治理。重点抓好项目决策、招标投标、规划管理、建设实施、资金管理、物资采购等环节的治理，加强工程建设项目质量安全管理，严肃查处违纪违法案件。推进工程建设项目信息公开和诚信体系建设，健全相关制度（基建局、财务局、科技局、纪检组监察局）。

33. 深化庆典、研讨会、论坛过多过滥问题专项治理，严格审批程序和经费管理，完善相关制度规定，坚决制止和取消增加基层负担、形式重于内容的活动（院办、科技局、财务局、纪检组监察局）。

34. 深化公务用车问题专项治理。抓好对违规车辆的纠正处理，完善和落实公务用车编制管理、购置审批、经费预算管理等制度，加强日常监管（后勤服务局、财务局、院办、基建局、纪检组监察局）。

35. 巩固“小金库”等专项治理成果，建立监管工作长效机制（财务局、纪检组监察局）。

36. 巩固公款出国（境）旅游等专项治理成果，建立监管工作长效机制（国际合作局、纪检组监察局）。

37. 深入治理党员领导干部在廉洁自律方面存在的突出问题，全面落实廉政准则。对领导干部报告个人有关事项和对配偶子女均已移居国（境）外的国家工作人员加强管理等制度的执行情况，做好综合分析和对策研究，完善相关措施（纪检组监察局、人事局）。

38. 继续整治领导干部违规收受礼金、有价证券、支付凭证、商业支付卡等问题，治理违规建房或多占住房、违规和出租买卖经济适用房或廉租住房等保障性住房问题，治理违规放贷以及利用职权以委托理财等形式谋取不正当利益等问题（纪检组监察局、财务局）。

39. 严格落实领导干部离职或退休后从业有关规定（人事局、纪检组监察局）。

40. 组织开展对各单位党风廉政建设责任制和惩防体系建设任务落实情况的监督检查（纪检组监察局、人事局、直属机关党委）。

负责单位中列在第一位的为牵头单位。各单位要严格执行党风廉政建设责任制。院党风廉政建设工作领导小组各成员单位要把党风廉政建设列入工作日程，按照本《意见》的分工落实各项工作任务，做好承担任务的分解细化，落实责任和工作进度，制定切实可行的实施方案，组织实施并强化监督检查。对本《意见》中确定的反腐倡廉工作具体任务，各成员单位要在年底前写出各自完成任务的书面材料，向院党风廉政建设领导小组作全面汇报。

罗炳文在中国农业科学院贯彻落实 2012 年反腐倡廉工作任务分工会议上的讲话

（2012 年 3 月 6 日）

同志们：

今天的会议，主要是贯彻农业部反腐倡廉工作任务分工会议精神，落实我院 2012 年党风廉政建设工作会议部署和要求，对我院反腐倡廉工作任务进行分工。刚才，张逐陈同志传达农业部 2012 年反腐倡廉工作任务分工会议精神，贾连奇同志宣读了《中国农业科学院贯彻落实 2012 年反腐倡廉工作任务的分工意见》（以下简称《分工意见》）。下面，我就落实朱组长讲话精神，抓好《分工意见》的落实，加强我院党风廉政建设，讲几点意见。

一、2011 年任务分工完成情况

2011 年，在院党组的正确领导下，各成员单位结合自身工作实际，积极主动地开展工作，有力地推动了我院党风廉政建设和反腐败各项工作。

一是认真落实党风廉政责任制和《廉政准则》，促进领导干部廉洁从政。院党组及时传达农业部 2011 年反腐倡廉工作任务分工会议精神，制定印发我院 2011 年《分工意见》，将反腐倡廉工作任务分解到党风廉政建设领导小组各成员单位，把党风廉政建设责任制落实情况作为领导班子民主生活会和年度考核的一项重要内容。自上而下签定党风廉政建设责任书，认真履行“一岗双责”，一级抓一级、层层抓落实，确保党风廉政建设和反腐败各项任务落到实处。

积极开展贯彻执行《廉政准则》宣传教育活动，采取会议学习、发放光盘、闭路电视播放等多种形式开展廉政示范及警示教育，以案说纪，以案促廉。将廉政教育列入干部入职培训、任前谈话重要内容；在干部考察、巡视监督等工作开展前，加强经常性的教育和提醒。通过教育培训，筑牢广大党员干部拒腐防变的思想防线。按照农业部统一部署，组织院属各单位对照《廉政准则》，积极开展清理防止利益冲突相关法规和规范性文件专项工作，逐步建立完善符合防止利益冲突和廉洁性要求的制度体系。结合巡视工作开展了 2011 年《廉政准则》贯彻执行情况专项检查工作，多管齐下，确保《廉政准则》贯彻落实。

二是深化改革和制度创新，进一步做好治本抓源头工作。围绕突出重点、分步实施、扎实推进、务求实效的总体要求，全面启动了廉政风险防控机制建设工作。通过扎实有效地开展工作，全院共查找出廉政风险点3 032个，提出防控措施4 227条，编制完成院及院属各单位《廉政风险防控手册》43份，初步建立了具有我院特色的“院—所—处室”三级廉政风险防控网。

组织开展了对党风廉政建设领导小组各成员单位反腐倡廉制度建设情况的调查。调查表明，《中国农业科学院贯彻落实胡锦涛同志重要讲话精神加快推进反腐倡廉制度建设的意见》部署的25项制度建设任务，绝大部分已经落实。在此基础上，还健全完善了政务公开有关规章制度，制定出台了《中国农业科学院外汇财务管理办法》《中国农业科学院国有资产管理暂行办法》《中国农业科学院基本建设项目管理指导手册》等多项管理制度，制度体系进一步完善。

三是坚持分工协作，各单位各负其责、齐抓共管的良好局面进一步形成。院办牵头推进机关勤政建设，完善公车管理制度，不断推进政务公开，切实改进机关工作作风。科技局积极改进科技管理工作方式，强化工作落实机制，完善督促检查制度，提高服务意识。人事局加强对民主集中制和“三重一大”决策监督检查，严把选人用人关，进一步提高领导班子决策规范化、民主化。财务局组织开展了全院财务检查和“小金库”治理“回头看”工作，制定出台多项经费和资产管理制度，进一步规范全院财务管理工作。基建局组织开展基本建设项目检查，出台规范文件，切实依靠制度预防腐败，提高了全院基本建设领域反腐倡廉工作水平。国际合作局完善因公出国（境）管理制度，实行经费审核与任务审批联动机制，建立健全禁止公款出国（境）旅游长效机制。机关党委认真落实《关于党的基层组织实行党务公开的意见》，积极推进基层党组织党务公开。坚持和完善民主集中制，加强对领导干部民主生活会的指导和监督，进一步提高民主生活会质量。纪检组监察局加强反腐倡廉宣传教育，认真开展巡视工作，严肃核查党员领导干部违反《廉政准则》行为，全面推进我院廉政风险防控机制建设，初步形成了反腐倡廉建设长效化机制。后勤服务局坚持公开、公平、公正的原则，确保经适房登记与分配工作顺利完成。充分发挥闭路电视的媒介优势，积极开展廉政宣传教育，取得了较好的效果。

总体来看，各成员单位按照《分工意见》的要求，齐抓共管，各负其责，协调配合，坚持围绕中心、服务大局，把反腐倡廉工作纳入了业务工作整体部署，认真贯彻执行党风廉政建设责任制，较好地完成了反腐倡廉牵头任务和配合任务，做到年初有责任分工，年中有督促推动，年终有总结汇报，确保了中央和部、院党组各项决策部署的贯彻落实，基本达到了我们年初的工作目标，情况是令人满意的。

二、2012 年工作安排

认真抓好今年的党风廉政建设和反腐败工作，对于我院加快推动现代农业科研院所建设，实现跨越发展的总目标具有十分重要的战略意义。按照中纪委七次全会要求和农业部 2012 年党风廉政建设工作会议部署，今年我院的《分工意见》对反腐倡廉工作共分解了 3 个方面 40 项任务。各单位要严格执行党风廉政建设责任制，切实履行“一岗双责”，将反腐倡廉各项工作任务落到实处。

（一）严明党的纪律，加强党的作风建设

今年下半年，党的十八大即将召开，严明党的纪律、加强党的作风建设意义重大。各单位要把严明党的政治纪律、组织人事纪律放在首位，加强对党员干部纪律教育，引导和督促广大党员、干部讲政治、顾大局、守纪律，坚定政治立场和政治方向。领导干部要严格要求自己，切实担负起本单位、本部门严格执行党的纪律、加强党的作风建设的领导责任。严禁公开发表和传播同中央的决定相违背的言论，严禁编造和传播政治谣言及丑化党和国家形象的言论。严格执行组织人事工作纪律，加强对拟提拔干部的廉政考察，对干部选拔任用工作全程监督，防止选人用人上的不正之风。加强党性修养，贯彻群众路线，严格执行中央有关厉行节约、反对铺张浪费的规定，大力弘扬优良作风。

（二）加强惩治和预防腐败体系建设，深入推进反腐倡廉各项工作

今年是《建立健全惩治和预防腐败体系 2008—2012 年工作规划》的收官之年，也是我院“现代农业科研院所建设行动”的启动年。要结合我院实际，圆满完成惩防体系建设阶段性目标，为现代农业科研院所建设营造良好环境。《分工意见》在这方面提出了 24 项任务，涉及 6 个牵头单位和 9 个主要参加单位。各单位要对照院党组落实《工作规划》实施办法部署的任务，加大工作力度，继续抓好各项任务落实。重点做好以下几方面的工作：一是各单位要大力推进廉政文化建设。继续深入开展廉政教育、党性党风党纪教育，营造领导干部模范遵守党纪国法、风清气正的氛围。开展多种形式的廉政文化建设活动，将廉政文化建设与创建文明单位相结合，与加强作风建设和提高管理水平相结合，大力推动廉政文化进院所、进处室。建立健全反腐倡廉教育的相关制度，使教育工作和教育活动在领导、组织、时间、经费上得到切实保障。二是进一步加强对基建和政府采购招投标、科研经费使用、成果转化等领域的廉政监督。认真总结院内外在重点领域、关键环节监督的经验，积极探索我院加强监督的新举措。三是加强对领导干部及权力运行过程的监督。进一步健全议事决策机制，综合运用巡视等多种方式，加强监督检查，做好院党组重大决策执行情况的督促检查工作。四是把贯彻落实

《廉政准则》与完善制度结合起来，进一步健全制度，规范程序，深化我院廉政风险防控机制建设。五是要加大查办案件的力度。坚持党要管党、从严治党，对腐败案件发现一起坚决查处一起，决不手软、决不姑息。要严肃查办发生在领导机关和领导干部中的贪污贿赂案件；严肃查办发生在工程建设领域的案件；严肃查办违反政治纪律和组织人事工作纪律的案件；落实信访督查督办制度，切实解决群众反映强烈的突出问题。发挥查办案件的治本功能，通过查办典型案件，达到整饬风纪、教育干部、建章立制的目的。

（三）进一步加大专项治理力度，切实解决群众反映强烈的突出问题

我院《分工意见》在这方面提出了9项任务，涉及7个牵头单位和9个主要参加单位。这些年来，按照中纪委、农业部统一部署，结合我院实际，开展了一系列专项治理，取得了积极进展。各单位要在巩固成果的基础上，继续加大工作力度，着力在健全长效机制上下功夫。要深入推进工程建设领域突出问题专项治理，重点抓好项目决策、招标投标、建设实施、资金管理、物资采购等环节的治理，严肃查处违纪违法案件，健全相关制度措施。要全面落实《廉政准则》，认真执行领导干部报告个人有关事项等制度，深入治理党员领导干部在廉洁自律方面存在的突出问题。继续深化公务用车问题专项治理，建立健全禁止公款出国（境）旅游、防治“小金库”等长效机制。

三、几点要求

各单位要按照《分工意见》，严格贯彻党风廉政建设责任制，切实加强领导，采取有力措施，确保各项分工任务顺利完成。

第一，加强领导，细化分工。各成员单位要高度重视反腐倡廉建设，认真落实党风廉政建设责任制，把贯彻《分工意见》摆上重要议事日程，同业务工作一起推进，切实加强领导，细化责任分工。对涉及本单位的任务要认真研究和分析，将任务分解到处室，落实到人，明确时间进度、工作要求和具体责任，形成“一岗双责”的有效工作机制，确保反腐倡廉各项工作落到实处。

会后，各牵头单位要研究制定工作方案，工作方案要包括工作目标、组织保证、部门协调、实施步骤、具体措施、时间进度、监督检查等方面的内容，这些工作做好了，落实任务就有了好的基础。

第二，相互配合，整体推进。反腐倡廉是一项系统性工程，落实任务分工既要分工明确，又要相互配合，整体推进。各单位要通力协作，密切配合，及时沟通情况，经常研究工作。牵头单位要全面负起责任，主动与协办单位协商，研究提出具体落实意见，要在组织协调和监督检查上发挥主要作用；协办单位要积极配合，认真负责地落实好职责范围内的工作。

第三，加强监督，确保落实。反腐倡廉工作任务分解的目的是确保落实。各单位要做好日常性、阶段性监督检查，坚持“两手抓、两手都要硬”，积极主动地抓好党风廉政建设工作。各牵头单位要按照《分工意见》要求，加强对所承担的工作任务完成情况的监督检查，及时掌握工作情况，解决实际问题。年底前向院党风廉政建设工作领导小组报告任务的完成情况。

同志们，我院已经进入到实现跨越发展的新阶段，深入推进党风廉政建设和反腐败工作，为我院中心工作保驾护航，使命光荣，任务艰巨，责任重大。让我们同心协力，扎实工作，为我院实现跨越发展作出新的贡献。

科学谋划　整体推进 为我院跨越发展提供重要保障

——李家洋在中国农业科学院 2012 年党风廉政建设工作会议上的讲话

（2012 年 1 月 11 日）

同志们：

今天，我们召开 2012 年党风廉政建设工作会议，深入贯彻中央十七届六中全会和中纪委七次全会精神，把广大党员干部的思想统一到中央新的要求上来，开拓我院党风廉政建设工作新局面，为实现我院跨越发展提供重要保障。刚才，炳文同志代表院党组作了我院党风廉政建设工作报告，稍后，董涵英同志还要传达刚刚闭幕的中纪委七次全会精神，并代表部党组和驻部纪检组监察局对我院 2012 年党风廉政建设工作作重要指示。会后，各单位要组织全体党员干部认真学习领会，抓紧制订 2012 年党风廉政建设工作计划，把这次会议精神落到实处。

2011 年，在部党组的正确领导下，在驻部纪检组监察局的悉心指导下，紧密结合我院实际，我们认真贯彻中纪委六次全会及农业部廉政会议精神，坚持标本兼治、综合治理、惩防并举、注重预防的方针，在贯彻落实党风廉政建设责任制、惩治和预防腐败体系建设、廉政风险防控机制建设，以及反腐倡廉教育、制度、监督、惩处等各个方面取得了明显的成效，为我院的中心工作创造了良好环境，提供了重要保障。希望各级领导和同志们再接再厉，把今后的工作做得更好。下面，我就如何进一步加强我院党风廉政建设讲 3 点意见。

一、科学分析，准确把握我院党风廉政建设形势

中央纪委七次全会从党和国家事业发展全局和战略的高度，全面总结了党风廉政建设和反腐败斗争取得的新成效和新经验，科学分析了当前的反腐倡廉形势，明确提出了今年党风廉政建设和反腐败工作的总体要求和主要任务，深刻阐述了保持党的纯洁性的极端重要性、紧迫性，以及总体要求、工作重点。强调全党要不断增强党的意识、政治

意识、危机意识、责任意识，坚持党要管党、从严治党，坚持强化思想理论武装和严格队伍管理相结合、发扬党的优良作风和加强党性修养与党性锻炼相结合、坚决惩治腐败和有效预防腐败相结合、发挥监督作用和严肃党的纪律相结合，不断增强自我净化、自我完善、自我革新、自我提高能力，始终坚持党的性质和宗旨，永葆共产党人政治本色。要求大力保持党员、干部思想纯洁，大力保持党员、干部队伍纯洁，大力保持党员、干部作风纯洁，大力保持党员、干部清正廉洁，大力加强监督和严明纪律，把党建设成为坚强有力的马克思主义执政党。各单位要认真学习贯彻落实胡锦涛、贺国强在中央纪委七次全会的重要讲话精神，通过学习，科学分析和准确把握反腐倡廉形势，把思想统一到中央的要求上来，把力量凝聚到实现全会确定的各项任务上来，紧密联系本单位实际，研究制定工作计划。

近年来，教育科研领域发生的腐败案件明显增多，已经成为当前党风廉政建设和反腐败斗争面临的新情况、新问题之一。我院作为国家级农业科研单位，党风廉政建设和反腐败工作同全国一样，面临不少新情况、新问题。随着国家对农业科技的投入大幅度增加，我院的科研经费、政府采购、基本建设、产业开发总量和规模都越来越大。此外还掌握着不少土地、房屋、科技成果等公共资源。在经费的使用，土地、房屋利用，成果转化，基建和政府采购招投标等方面存在着较大风险。如果管理监督不到位，就可能会出现决策失误和腐败问题。

今年中央一号文件以农业科技为主题，表明我国已经到了必须更加依靠科技进步促进现代农业发展的新阶段。我们正在谋划进一步解放思想，开拓创新，努力破解制约我院发展的观念、体制、机制和管理障碍，抓住机遇，乘势而上，推动我院跨越发展。在这个重要、关键的时期，我院党风廉政建设和反腐败工作如何发挥好重要保障和促进作用，是我院各级领导和纪检监察工作者应深入思考并努力去实践的大事。我们一定要以科学的理念和思路谋划党风廉政建设工作，按照中纪委全会和农业部党风廉政建设工作会议要求，部署和推进我院党风廉政建设各项工作。要在坚持和完善以往行之有效方式方法的同时，积极探索新办法、掌握新手段、开辟新途径，不断提高反腐倡廉建设科学化水平，努力为我院跨越发展提供坚强保障。

二、周密部署，整体推进我院党风廉政建设工作

周密部署、整体推进党风廉政建设各项工作是提高反腐倡廉建设科学化水平的必然要求。我们要高度重视，周密部署，整体推进教育、制度、监督、惩处等各项工作。这里重点强调以下几点。

（一）认真贯彻六中全会精神，深入推进廉政文化建设

加强廉政文化建设是一项长期的战略任务，党的十七届六中全会通过的《关于深

化文化体制改革推动社会主义文化大发展大繁荣若干重大问题的决定》，对廉政文化建设提出了新的更高的要求。2010 年，中央纪委、中宣部等 6 部委联合下发了《关于加强廉政文化建设的意见》，我院党组也制定印发了我院《加强廉政文化建设的意见》。我们要认真学习领会其主要内容和基本精神，大力培育和弘扬廉政文化的价值理念，加强廉政文化传播，筑牢廉政文化教育阵地，组织开展丰富多彩的廉政文化创建活动，为我院科研工作的顺利开展和跨越发展营造良好氛围。

（二）进一步学习《廉政准则》，做好贯彻落实工作

要进一步加大学习、宣传、贯彻落实廉政准则的力度，严格执行领导干部廉洁从政的各项规定。各单位要继续将《廉政准则》作为理论中心组学习的重要内容，认真学习、深刻领会《廉政准则》的基本精神和主要内容，增强贯彻落实的自觉性。要全面落实《关于领导干部报告个人有关事项的规定》。党员领导干部要严于律己，洁身自好，按照规定，认真述职述廉，主动、如实报告个人有关事项。要做认真学习的表率、贯彻落实的表率、接受监督的表率。纪检监察部门要认真履行职责，抓好《廉政准则》的贯彻实施。要坚持监督检查从严、批评教育从严、问责追究从严，对违反《廉政准则》的党员领导干部果断查处。

（三）加强重点领域、重要岗位和关键环节的监督

继续以改革创新的精神，探索实施有效监督的途径和方式。要对权力的运行进一步规范、制约和监督。对“三重一大”，即重大决策、重要干部任免、重要项目安排和大额资金使用必须严格按规定程序，民主决策。要切实加强对基建、课题经费使用和成果转化的监督，相关管理部门要采取更加有力的措施，进一步严格管理，监督部门要进一步加大监督检查力度。

基建和政府采购项目，必须严格遵守国家的招投标法和政府采购法，该公开招标的必须公开招标，严格按规定程序办事。公开招标的项目不按规定进行公开招标，或者对项目进行肢解，有意规避招标，是违反《中国共产党纪律处分条例》的行为，要引起高度重视。

科技经费使用的管理监督也是一个重点。最近一段时间，媒体时有对这方面违纪违法的报道，尽管我院到目前还没有这样的事情发生，但千万不能掉以轻心。我院的科技经费总量和人均量都非常可观，管好用好科技经费很重要。研究所要加强管理，对上级部门有关科技经费的管理制度要吃透精神、严格执行、准确运用，建立健全本单位科技经费使用管理制度。要加强对科技人员特别是课题组长科技经费预算编制、使用等方面管理制度的宣传普及，加强相关的教育培训，使他们掌握制度，自觉执行制度，避免稀里糊涂犯错误。审计和监察部门要加强这方面的审计和监督，及时发现问题，及时

纠正。

科技成果是科研单位实力的体现，也是有价值的无形资产。科技成果的转化，既产生社会效益，又创造经济效益。因此，一定要加强科技成果转化的管理和监督。科技管理部门要制定相关规定，加强以成果转化为中心的科技成果管理。要严格区分职务发明和非职务发明，防止把职务发明作为非职务发明被个人侵占。监督部门要加强监督，切实履行保护单位无形资产的责任。

三、加强领导，为我院跨越发展提供重要保障

今年是“十二五”规划承上启下的重要一年，我院将进入跨越发展的新阶段。新形势在给我们带来新机遇的同时，也带来了新的挑战。我们要坚决贯彻中央关于党风廉政建设的部署和要求，紧密结合我院实际，加强领导，积极工作，探索符合科技创新活动规律、具有我院特色的反腐倡廉建设新路，为我院改革创新跨越发展提供强有力的保障。

（一）加强对党风廉政建设工作的领导

各单位领导班子是党风廉政建设工作的责任主体。各单位“一把手”作为第一责任人，要切实担负起领导党风廉政建设的政治责任。要带头学习中央和农业部关于党风廉政建设指示精神，学习政策法规，自觉把党风廉政建设工作列入重要议事日程，纳入工作总体规划，寓于各项改革和重要政策措施之中，整体把握工作进展情况。要与科研管理改革发展各项工作同计划、同部署、同检查、同落实，做到“两手抓、两手硬”。要认真落实党风廉政建设责任制，要对班子内部和管辖范围内的党风廉政建设工作负总责，做到重要工作亲自部署、重大问题亲自过问、重点环节亲自协调、重要案件亲自督办。要管住自己，管住班子，管住下属单位和部门的一把手。领导班子其他成员要抓好自己职责范围内的党风廉政建设工作。要坚持和完善党风廉政建设领导体制和工作机制，发挥好各部门的职能作用，共同推进科研、党风廉政建设等各项工作。要加强监督检查，防患于未然，努力创造良好的科研工作环境。

（二）充分发挥纪检监察部门的作用

纪检监察部门承担着我院党风廉政建设和自身反腐倡廉任务，要充分认识纪检监察工作的地位和作用，坚决贯彻落实中央、农业部和院党组的决策部署，牢牢把握纪检监察工作正确的政治方向，把思想和行动统一到中央的要求上来，统一到促进我院跨越发展上来。要坚持教育、制度、监督和惩处并重，把以人为本的要求真正落到实处。教育是基础，要把教育作为反腐倡廉的第一道防线。制度建设是根本，要坚持用制度管人管

事。监督是关键，要坚持让权力在阳光下运行，自觉接受监督。严肃查处违纪违法案件，发挥查办案件的治本功能。纪检监察部门要切实加强自身建设，以更高的标准、更严的要求抓好自身建设，并自觉接受监督。

（三）加强纪检监察干部队伍建设

纪检监察干部队伍是反腐倡廉建设的骨干力量和生力军。深入推进党风廉政建设和反腐败斗争，必须建设一支与形势发展相适应的高素质的纪检监察干部队伍。

一是要加大纪检监察干部教育培训力度。要拓宽学习培训渠道，加大学习培训投入，提高学习培训质量。通过学习培训，提高纪检监察干部整体素质。纪检监察干部不仅要学懂弄通纪检监察专业知识，还要扩大知识面，掌握法律、财经、科技、管理等方面的理论知识，熟悉本单位的主要业务，注重在纪检监察工作实践中得到提高。炳文同志在工作报告中提出今年要举办纪委书记培训班，是一项非常好的举措。研究所的纪委书记，大多是做科研业务工作的，纪检监察业务相对生疏，学习培训可以帮助这些同志变得更加内行。希望纪检监察工作者努力学习，不断提高政治业务素质，成为纪检监察工作的行家里手。

二是要加强纪检监察干部锻炼和交流。各单位要高度重视纪检监察队伍建设，选好配强纪检监察干部，给他们创造锻炼的机会。可以选派干部到上级部门锻炼，从更宏观的角度了解党风廉政建设情况，学习他们好的工作思路、工作方法，提高工作水平。可以选派干部到研究所锻炼，了解基层状况，熟悉研究所业务。要加大交流力度，稳步推动纪检监察干部轮岗交流。把思想作风和业务素质过硬的同志充实到纪检监察队伍中来，同时把条件成熟的纪检监察干部交流到其他业务管理岗位。通过交流，使纪检监察干部更加熟悉单位主要业务，使业务干部更加了解纪检监察工作，形成纪检监察业务与单位主要业务相互融合、互相促进的良好局面。

同志们，党风廉政建设工作关系到党和国家的命运，关系到我们事业的兴衰成败。我们一定要坚持以科学发展观为指导，全面贯彻党风廉政建设的新任务、新部署、新要求，准确把握反腐倡廉建设面临的新形势、新问题，增强党风廉政建设的整体性、协调性、系统性、实效性，使我院党风廉政建设各项工作迈上一个新的台阶，有力地促进我院跨越发展。

元旦的钟声刚刚响过，春节的爆竹又将鸣起。希望广大党员领导干部在轻松愉悦的同时不放松对自己的要求，过一个健康、文明、节俭的春节。同时，请各级领导切实关心群众生活，做好春节前访贫问苦、解决困难职工生活问题的工作。

预祝大家新春愉快、美满幸福、万事如意！

扎实推进反腐倡廉建设
全力保障我院各项事业跨越发展

——罗炳文在中国农业科学院2012年党风廉政建设工作会议上的工作报告

（2012年1月11日）

为进一步加强我院反腐倡廉建设，院党组决定召开党风廉政建设工作会议。这次会议的主要任务是：认真学习贯彻第十七届中央纪委第七次全会精神，回顾总结2011年中国农业科学院党风廉政建设和反腐败工作，部署2012年反腐倡廉工作任务。下面，我受院党组委托，向大会作工作报告。

一、2011年党风廉政建设工作回顾

2011年，我院党风廉政建设和反腐败工作在农业部党组、驻部纪检组的正确领导下，认真学习贯彻中纪委全会和农业部廉政会议精神，以推行廉政风险防控管理为重点，严格落实党风廉政建设责任制，切实加强领导干部作风建设，反腐倡廉教育、制度、监督、惩处等各项工作整体推进，具有中国农业科学院特点的惩治和预防腐败体系不断完善，党风廉政建设和反腐败工作呈现了新的亮点，创造了新的经验，取得了新的成效。

（一）贯彻落实上级会议精神，全面部署党风廉政建设工作

院党组高度重视党风廉政建设和反腐败工作，切实把党风廉政建设和反腐败工作摆到重要议事日程，及时传达上级会议精神，并结合我院实际扎实推进反腐倡廉各项工作。

1. 及时传达上级会议精神。及时召开2011年我院党风廉政建设工作会议，传达学习胡锦涛总书记在中纪委六次全会上的讲话、中纪委全会和农业部廉政工作会议精神，总结2010年我院党风廉政建设工作，全面部署2011年反腐倡廉各项工作。

院属各单位召开会议，传达学习中纪委、部、院党风廉政建设会议精神，并围绕我

院 2011 年反腐倡廉工作任务要求，紧密结合本单位实际作出具体安排和部署，切实做到反腐倡廉工作与业务工作“两手抓、两手硬”。

2. 分工落实反腐倡廉各项工作任务。制定印发《中国农业科学院贯彻落实 2011 年反腐倡廉工作任务的分工意见》，将反腐倡廉工作任务分解到党风廉政建设工作领导小组各成员单位，把党风廉政建设责任制落实情况作为领导班子民主生活会和年度考核的一项重要内容，确保党风廉政建设和反腐败各项任务落到实处。

院党风廉政建设工作领导小组各成员单位按照院党组的工作部署，进一步细化分工，明确任务，落实责任。在抓好本单位党风廉政建设工作的同时，积极做好反腐倡廉牵头任务和配合任务的落实，做到年初有责任分工，年中有督促推动，年终有总结汇报。各级领导干部认真履行“一岗双责”，一级抓一级、层层抓落实的工作机制不断巩固和完善。

为进一步加强对全院纪检监察工作的领导，2011 年 3 月，在浙江杭州召开纪检监察工作会议，对我院纪检监察工作进行了具体部署。

（二）加强宣传教育，营造风清气正的廉政文化氛围

院党组率先垂范，将党风廉政教育纳入中心组理论学习的重要内容，充分发挥学习示范带动作用，有力地推动了全院反腐倡廉宣传教育的深入开展。

1. 积极开展示范教育和警示教育。挖掘先进典型，用先进的人和事教育干部职工。将我院祁阳站精神、贾继增等先进集体和个人的优秀事迹材料和光盘发到院属各单位，组织广大党员干部观看学习，用先进事迹激励，用先进典型引路。组织全院领导干部参加农业部警示教育大会。会后，院与院属各单位通过召开处级以上干部会议、党员大会、职工大会等多种形式，及时传达学习警示教育大会精神，并组织集中观看影片《迟来的忏悔——李洋系列案件警示录》。此外，我院还在院闭路电视播放了《学廉政准则　做廉政模范——〈廉政准则〉52 集系列情景短剧》等 12 部警示教育片，以案说纪，以案促廉。院属各单位结合实际、因地制宜，积极开展了专题讲座、参观警示教育基地、观看案例巡展等活动，进一步增强教育的针对性和实效性。

2. 将廉政教育列入干部培训规划。在 2011 年处级干部任职培训班、新入职人员岗前培训班上，将廉政教育列入培训的重要课程；对新任命的所（局）级领导干部进行任前谈话时，将廉政教育作为谈话的重要内容；在干部考察、巡视监督等工作开展前，加强经常性的教育和提醒。通过教育培训，使广大党员干部树立正确的人生观和价值观，筑固拒腐防变的思想道德防线。

3. 大力推进廉政文化建设。进一步加大廉政文化的宣传力度，通过在院报、院网发布廉政工作动态，编发《党风廉政建设简报》，在党风廉政建设网开辟文化专栏等潜移默化的教育方式引导党员干部学廉、思廉、为廉，起到了推进廉政文化建设的良好效果。通过组织观看反腐倡廉话剧《这是最后的斗争》、廉政格言警句征集等活动，引导

广大党员干部亲自参与到廉政文化建设中来，进一步营造风清气正的文化氛围。

（三）坚持改革创新，进一步完善制度体系建设

积极推进《中国农业科学院贯彻落实胡锦涛同志重要讲话精神　加快推进反腐倡廉制度建设的意见》（以下简称《意见》）的贯彻落实，不断健全完善体制机制，反腐倡廉各项工作逐步走上规范化轨道。

1. 扎实开展具有我院特色的廉政风险防控机制建设。院党组高度重视这项工作，制定了《中国农业科学院推进廉政风险防控机制建设实施方案》。围绕突出重点、分步实施、扎实推进、务求实效的总体要求，全面启动了廉政风险防控机制建设工作。在2011年3月召开的全院纪检监察工作会议上，对廉政风险防控机制建设工作进行阶段性总结，周密部署下一阶段的工作。会议邀请浙江省纪委领导介绍了他们开展廉政风险防控机制建设工作的经验。通过扎实有效地开展工作，全院共查找出廉政风险点3 032个，其中一级风险点214个，二级风险点939个，三级风险点1 879个，共提出防控措施4 227条，编制完成院及院属各单位《廉政风险防控手册》43份，初步建立了具有我院特色的“院—所—处室”三级廉政风险防控网。为推动全院廉政风险防控机制建设向纵深发展，2011年7月，在黑龙江召开了东北四所廉政风险防控管理交流会，各所围绕廉政风险防控机制建设进程、取得成效、存在问题和对策作了交流发言，会议对进一步构建我院廉政风险防控管理长效机制建设提出了明确要求。

2. 继续实行《中国农业科学院党风廉政建设责任书》制度。按照中央、国务院新修订的《关于实行党风廉政建设责任制的规定》的要求，修订我院2011年度党风廉政建设责任书，进一步充实责任内容，细化考核办法和责任追究。组织院与院属各单位、机关各部门签订责任书，院属各单位、机关各部门与其下属部门分别签订责任书。通过实行党风廉政建设责任书制度，对院属各单位、机关各部门严格落实党风廉政建设责任制起到了积极的推动作用。

3. 加强对反腐倡廉制度建设情况的检查。组织开展了对党风廉政建设领导小组各成员单位反腐倡廉制度建设情况的专项检查工作。检查表明，《意见》部署的25项制度建设任务，绝大部分已经落实。在此基础上，还健全完善了政务公开有关规章制度，制定出台了《中国农业科学院外汇财务管理办法》《中国农业科学院国有资产管理暂行办法》《中国农业科学院基本建设项目管理指导手册》等多项管理制度，制度体系进一步完善。

4. 整理防止利益冲突相关法规和规范性文件。按照农业部统一部署，积极开展整理防止利益冲突相关法规和规范性文件专项工作。组织院属各单位对照《中国共产党党员领导干部廉洁从政若干准则》（以下简称《廉政准则》）关于防止利益冲突的4个方面18项具体规定，对本单位制定的规范性文件和规章制度进行认真核对、检查，按照保留、废止、修订、新起草进行分类，逐步建立完善符合防止利益冲突和廉洁性要求

的制度体系。

（四）强化监督检查，进一步规范和制约权力运行

将监督检查作为贯彻落实部、院党组决策部署的重要手段，重点加强对领导干部特别是主要领导干部的监督，加强对人财物管理使用和关键岗位的监督，让权力在阳光下运行。

1. 认真开展巡视工作。根据院党组 2011 年巡视工作计划，院巡视组完成了对特产所、哈尔滨兽医所、果树所、牧医所、蜜蜂所、环保所 6 个单位的巡视检查，提出整改意见与建议 21 条。协助农业部巡视组完成对南京农机化所的巡视回访。督促 2010 年度被巡视的 6 个单位根据反馈意见及时制定上报整改措施。巡视工作的开展，对加强被巡视单位领导班子建设、促进党员领导干部廉洁从政、加强党风廉政建设起到了积极作用。

2. 加强基建和政府采购招投标监督力度。按照分级监督的原则，对院本级和院属各单位 244 个基建和政府采购招投标项目进行了全过程的廉政监督，涉及金额 5.1 亿元。其中，由院纪检组监察局直接监督院本级项目 35 个，金额 0.95 亿元；督导研究所项目 27 个，金额 1.81 亿元；由研究所自行监督项目 182 个，金额 2.34 亿元。保证了招投标工作有序、规范。

3. 加强干部选拔任用工作的监督。按照干部选拔任用工作的相关规定，对 21 名拟任职的干部逐一进行审核，负责任地出具党风廉政建设方面的审核意见，加强干部选拔任用工作的监督。还为拟申报评优的 21 名优秀党员、11 名优秀党务工作者和 7 个先进基层党组织认真进行了廉政鉴定，出具了廉政审核意见。

4. 积极开展专项检查工作。组织开展了全院财务检查和“小金库”治理“回头看”工作，对院属各单位资金使用情况和财政专项项目开展情况进行全面调研，及时发现问题并提出整改措施，督促相关单位改进管理，提高资金使用效益、加快财政专项执行进度。组织开展了 2011 年惩治和预防腐败体系建设检查与民主测评、《廉政准则》贯彻执行情况专项检查工作，还结合巡视工作重点抽查了 6 个单位的惩治和预防腐败体系建设情况。将这些专项检查的结果作为衡量各单位落实党风廉政建设责任制和反腐倡廉工作成效的重要依据，作为考核评价单位领导班子和主要负责同志工作业绩的重要依据。

通过强化监督制约和专项检查，领导干部廉洁自律的自觉性进一步增强。2011 年，全院领导干部述职述廉 590 人次，领导干部任前廉政谈话 106 人次，执行党员领导干部报告个人有关事项 1 057 人次，主动上交礼金和有价证券合计 0.51 万元。

（五）严肃查办案件，进一步发挥以惩促廉的综合效果

坚持实事求是的原则，认真受理信访举报，严格依纪依法查办案件，充分发挥办案治本功效。

1. 认真受理来信来访。严格按照信访工作规定，认真做好信访举报件的受理、转办、督办和反馈等各环节的工作。对来信来访，认真分析，分类处理，保证信访举报办理质量和效果。实行分级管理制度，加强对各研究所处理信访举报问题的指导或督办。

2011 年共收到信访举报件 56 件，去除重复件 10 件，实际为 46 件。信访件的数量与上一年度基本持平。信访举报涉及院属 18 个单位和部门，涉及正所级干部 12 人，副所级干部 6 人，处级干部 2 人。

信访反映的主要问题：涉及领导干部工作作风、工作管理问题的 13 件，占 28.3%；涉及领导干部涉嫌违反廉洁自律有关规定的 12 件，占 26%；涉及职称评审、职工招聘、执行退休制度、工资等人事方面问题的 8 件，占 17.4%；涉及领导干部涉嫌行贿、受贿、贪污等经济问题的 6 件，占 13%；涉及工程质量和招投标问题的 2 件，占 4.4%；申述问题 2 件，占 4.4%；其他问题 3 件，占 6.5%。

2. 依纪依法查办案件。坚持重要信访举报件经由院纪检组监察局信访举报和案情分析小组讨论制度，提高信访举报和查办案件工作的民主决策和科学性。

院纪检组监察局办理 23 件，转院属有关单位 10 件，线索不清或不属纪检监察业务 11 件，正在处理中的 2 件。协助农业部直属机关纪委办理部属单位案件 1 件，协助海淀区人民检察院初查案件 2 件，对 3 人进行了诫勉谈话。院属各单位自行收到信访举报件 9 件，研究所对 1 人进行了党纪、政纪处分。

3. 发挥办案的治本功效。通过对信访件调查核实，梳理总结，发现党风廉政建设的薄弱环节，帮助有关单位健全制度，堵塞漏洞。通过案件的处理，以案说纪，用身边的事教育广大干部职工，着力发挥查办案件的治本作用。

（六）加强队伍建设，提高纪检监察干部履职能力

坚持从业务培训、理论研究两个方面着手，着力提高全院纪检监察干部队伍整体素质，以适应我院反腐倡廉新形势、新任务的需求。

1. 强化教育培训。积极选派纪检监察干部参加中纪委案件检查、申诉复查等业务知识培训，举办全院纪检监察干部培训班，邀请中纪委有关专家作辅导讲座等，通过开展形式多样、内容丰富的教育培训，全院纪检监察干部的政治意识和责任意识得到了进一步增强，工作作风不断改进，政治素质和业务能力不断提高。

2. 抓好理论研究。组织开展农业科研单位预防学术腐败机制课题研究，为下一步开展工作做好理论储备。充分发挥农科监察研究会的作用，组织全院纪检监察干部深入

开展反腐倡廉理论研究，形成了一批优秀理论成果。2010—2011 年，征集反腐倡廉论文共 51 篇，经中国监察学会农业分会评审，32 篇论文获奖，其中，一等奖 3 篇，二等奖 8 篇，三等奖 8 篇，优秀奖 13 篇。

3. 加强团队建设。高度重视纪检监察干部素质的培养和团队建设，积极开展学习型组织、创先争优、创建先进党支部、选派青年干部下基层锻炼等活动，有效提高了干部素质，增强了凝聚力，形成了工作分工不分家，相互配合，密切合作的良好局面。

总体来看，我院党风廉政建设和反腐败工作的形势是好的，驻部纪检组监察局多次给予了积极评价。在肯定成绩的同时，必须清醒地认识到我院党风廉政建设和反腐败工作仍然存在一些问题，一是少数单位对党风廉政建设重要性认识还不够，存在“一手硬，一手软”的现象，落实党风廉政建设责任制还有差距；二是少数领导干部廉洁从政意识较弱，反腐倡廉教育的针对性、实效性还有待提高，法规制度和政策措施落实不够；三是个别单位领导放松对政策法规的学习，出现决策失误，有的甚至出现了违反廉洁自律有关规定和财经纪律的情况，被诫勉谈话；四是一些单位仍然存在制度不全、监督不严的问题，管理出现漏洞，违纪违规现象仍时有发生，个别干部职工因贪污、挪用公款被判刑；五是对反腐倡廉建设面临的新情况新问题研究得还不够，从体制机制上研究并解决突出问题探索的不够，提出解决的办法和措施还不多等等。为此，我们必须高度重视，以更加坚定的信心，更加坚决的态度，更加有力的措施，努力做好工作，不断开创我院党风廉政建设和反腐败工作的新局面。

二、2012 年工作安排

2012 年，我院党风廉政建设和反腐败工作要坚持以邓小平理论和“三个代表”重要思想为指导，深入贯彻落实科学发展观，认真学习贯彻中纪委十七届七次全会和农业部党风廉政建设工作会议精神，坚持标本兼治、综合治理、惩防并举、注重预防的方针，以党风廉政建设责任制为抓手，以完善惩防体系建设为重点，深化廉政文化建设，推进反腐倡廉制度创新，强化权力制约和监督，以党风廉政建设新成效保障我院各项事业的健康发展。在继续抓好教育、制度、监督、惩处等工作的基础上，重点抓好以下几方面的工作。

（一）落实党风廉政建设责任制，形成反腐倡廉工作合力

以贯彻落实新修订的《关于实行党风廉政建设责任制的规定》为契机，坚持和完善反腐败领导体制和工作机制，充分调动各方面的积极性、主动性，形成推动反腐倡廉工作的强大合力。

院属单位要继续把党风廉政建设责任制纳入本单位总体工作，与业务工作一起通盘

考虑、协调推进。院纪检组监察局要认真履行组织协调职能，积极协助院党组做好责任分解和检查考核。要把检查考核结果作为领导干部业绩评定、奖励惩处、选拔任用的重要依据，进一步加大责任追究力度，确保党风廉政建设责任制的贯彻落实。今年，将继续组织院属单位逐级签订《2012 年党风廉政建设责任书》。

（二）推进廉政文化建设，增强教育的针对性和实效性

认真学习贯彻十七届六中全会精神，按照《中国农业科学院关于加强廉政文化建设的意见》的要求，进一步加强反腐倡廉宣传教育，加大廉政文化建设力度。以领导干部为重点对象，以学习贯彻《廉政准则》为重点内容，加强党风党纪教育、理想信念教育和廉洁从政教育。坚持开展示范教育、警示教育和岗位廉政教育，加强对身边廉洁从政先进典型的宣传，通过组织观看时代楷模影视片、警示教育展、警示教育片等活动，不断提高党员领导干部的政治敏锐性和政治鉴别力，提高拒腐防变能力和抵御风险能力。创新教育载体，丰富廉政文化建设形式，积极开展干部职工喜闻乐见、易于参加的廉政文化创建活动，不断增强廉政文化建设的感染力和渗透力，增强反腐倡廉教育的针对性和实效性。

（三）建立健全反腐倡廉制度，提高制度的执行力

以建立健全惩治和预防腐败体系各项制度为重点，以制约和监督权力运行为核心，把制度建设贯穿于反腐倡廉工作中，最大限度减少体制障碍和制度漏洞。要紧密结合制度创新，把贯彻落实《廉政准则》与完善制度结合起来，细化廉洁从政要求。认真抓好廉政风险防控机制建设的延伸工作，把深化廉政风险防控机制建设与业务工作有机结合，落实到权力结构和权力运行的各个环节，确保廉政风险防控管理工作取得实实在在的效果。院纪检组监察局要加强对制度执行的组织领导和监督检查，建立健全保障制度执行的工作机制，提高制度执行力。今年，要将反腐倡廉制度汇编成册并向院属各单位发放，希望各级领导干部特别是领导班子主要负责人带头学习制度、严格执行制度、自觉维护制度。

（四）强化监督检查，力争在重点领域和关键环节取得突破

加强对部、院党组重大决策部署执行情况的督促检查工作，坚决纠正有令不行、有禁不止的行为，确保政令畅通，保障反腐倡廉各项工作任务不折不扣地落实到位。深入开展巡视工作、惩治和预防腐败体系建设专项检查工作，加强对单位领导班子和“一把手”作风建设和廉洁自律的监督，提高巡视工作成效，加强巡视成果运用。加强对干部选拔任用工作全过程的监督，进一步规范干部选拔任用行为，防止选人用人上的不

正之风。围绕我院实际，以基建项目、科研经费使用、科研成果转化 3 个方面为监督重点，继续加大对基建、政府采购招投标监督力度，积极探索加强对科研经费使用情况、科研成果转化监督检查的新举措，力争在一些易于滋生腐败的重点领域和关键环节取得新突破。

（五）抓好信访和查办案工作，发挥案件查办治本功效

进一步完善信访工作制度，畅通群众反映问题、表达诉求的渠道，从源头上防范和化解信访问题，提升信访举报工作质量和水平。严格依纪依法查办案件，对调查属实者，要从严处理，维护党纪政纪的严肃性；对有轻微违纪现象但够不上纪律处分的要按照干部管理权限诫勉谈话，以教育和帮助为主；对不实反映要及时澄清，积极化解矛盾，支持和保护党员干部敢抓敢管、干事创业的积极性。要将信访举报和查办案件工作与加强教育、完善制度、强化监督、深化改革有机结合，充分发挥治本功效。院纪检组监察局要帮助相关研究所认真分析原因，找准切入点，制定切实有效的整改措施，有效减少信访和重复信访量。

（六）加强干部队伍建设，为反腐倡廉工作提供组织保证

院属单位要高度重视纪检监察组织建设和队伍建设，加强对纪检监察干部的培养和选拔，支持纪检监察部门依法履行职责，充分发挥其监督保障作用。院纪检组监察局要加强对全院反腐倡廉建设和纪检监察工作的领导，认真总结经验，着力推广一些解决实际问题、切实可行的制度和举措。继续组织全院纪检监察干部深入开展调研和理论研究，认真研究反腐倡廉建设的规律和深层次问题，积极推广和运用优秀理论研究成果，增强反腐倡廉工作的科学性和有效性，推动工作向纵深发展。继续多渠道、多形式地加大对院系统纪检监察干部的培训力度，提高培训质量。今年，将举办一期全院纪委书记培训班，同时也将继续为纪检监察干部积极创造教育培训的机会。

同志们，2012 年是贯彻落实中央《建立健全惩治和预防腐败体系 2008—2012 年工作规划》的收官之年，做好 2012 年的党风廉政建设和反腐败工作，意义深远、任务艰巨、责任重大。我们要把反腐倡廉建设放在更加突出的位置，开拓创新，扎实工作，以党风廉政建设新成效为我院跨越发展提供有力保障。

2012年度院京区各单位获全国、省（部）级奖励情况表

荣誉称号	获奖集体和个人	授予单位
全国妇女创先争优先进集体（1个）	中国农业科学院妇工委	全国妇联
党的十八大代表（3人）	李家洋、景蕊莲（作科所）、何萍（资划所）	中央国家机关
中央国家机关党代表（3人）	吴孔明、贾连奇、刘玉梅（蔬菜所）	
2010—2012年度中央国家机关文明单位（2个）	资划所、研究生院	中央国家机关团工委
第二届“中央国家机关五四青年奖章”（1人）	魏灵玲（环发所）	
2011—2012年度中央国家机关青年文明号（1个）	资源区划所呼伦贝尔草原生态系统国家野外科学观测研究站	农业部直属机关党委
2010—2011年度农业部直属机关先进基层党组织（1个）	院直属机关党委	
2010—2011年度农业部直属机关优秀共产党员（2人）	景蕊莲（作科所）、何萍（资划所）	
2010—2011年度农业部直属机关优秀党务工作者（1人）	王道龙（资划所）	
2010—2012年度农业部文明单位（5个）	作科所、环发所、农经所、资划所、研究生院	农业部直属机关工会
农业部直属机关党建宣传信息工作先进单位（1个）	院直属机关党委	
农业部直属机关党建宣传信息工作先进个人（1人）	马骁（机关党委）	
2009—2011年度农业部优秀工会工作奖（4个）	中国农业科学院工会、植物保护研究所工会、农业经济与发展研究所工会、农业资源与农业区划研究所工会	

（续表）

荣誉称号	获奖集体和个人	授予单位
2009—2011年度农业部优秀工会干部（2人）	郑永权（植保所工会主席）、徐晓慧（资划所工会副主席）	农业部直属机关团委
2009—2011年度农业部优秀工会积极分子（6人）	刘继华（作科所）、孙京瑞（植保所）、陈红（蔬菜所）、李哲敏（信息所）、雍振国（加工所）、薛莉（农经所）	
农业部直属机关青年文明号（5个）	植物保护研究所棉花害虫研究组、农业资源与农业区划研究所呼伦贝尔草原生态系统国家野外科学观测研究站、农业质量标准与检测技术研究所国家饲料质量监督检验中心、农业环境与可持续发展研究所设施农业研究团队、农产品加工研究所粮油加工团队	
2011—2012年度农业部直属机关先进基层妇女组织（1个）	中国农业科学院妇工委	农业部 直属机关妇工委
2011—2012年度农业部直属机关巾帼建功标兵（3人）	高淑君（机关党委）、杨丽（作科所）、居辉（环发所）	中央统战部
2011—2012年度农业部直属机关优秀妇女工作干部（3人）	任爱荣（农经所）、李恩普（质标所）、汤承超（机关党委）	
2012年度党外知识分子建言献策信息工作先进单位（1个）	中国农业科学院直属机关党委	
中央国家机关党建研究会课题研究成果一等奖（1篇）	《院所长负责制下科研院所党组织发挥政治核心作用研究》课题组	中央国家机关党建研究会
中央国家机关党建研究会课题研究成果二等奖（1篇）	《中国农业科学院文化建设研究与实践》课题组	全国党建研究会科研院所专委会
全国党建研究会科研院所专委会调研课题三等奖（1篇）	《中国农业科学院思想政治工作中加强人文关怀和心理疏导问题研究》课题组	

中国农业科学院工会组织及职代会基本情况

一、京区职工及会员概况

中国农业科学院院属京区现有职工 2 722人，科研人员 2 331人，占职工总数的85.63%。工会会员 2 722人，占职工总数的 100%。

二、院工会基本情况

中国农业科学院工会于 1957 年成立。第十五届工会委员会和经费审查委员会于2011 年 12 月经第十五次会员代表大会选举产生。第十五届工会委员会委员 21 名；第十五届工会经费审查委员会委员 5 名（名单附后）。

三、基层工会组织情况

我院现有 17 个基层工会组织，136 名兼（专）职工会干部，139 个工会小组，工会会员 2 722人。17 个基层工会主席中，所局级领导干部 17 人，全部为中共党员，大学以上学历；副主席中，处级干部 20 人，全部为中共党员，大学以上学历 19 人，大专学历 1 人。

四、院属（京区）研究所职工代表大会组织机构状况

截至 2012 年 12 月 31 日，我院 17 个单位除院机关、后勤服务中心、质标所、出版社外，13 个单位建立了职工代表大会制度。职工代表共计 454 人，占所属职工总数的22.2%；代表中，处以上领导干部代表 111 人，占所属代表总数的 26.1%。

中国农业科学院第十五届工会委员会委员名单

主　　席　高淑君　机关党委常务副书记（兼）
常务副主席　项伯纯
副 主 席　吴京凯　机关党委群工处处长
委　　员　汪飞杰　院办主任、院机关工会主席
周　霞　基建局副局长、院机关工会副主席
孙启刚　后勤中心副主任、工会主席
杨克理　作科所党办主任、工会副主席
郑永权　植保所副所长、工会主席
张宝玺　蔬菜所副所长、工会主席
惠　燕　环发所工会副主席
王加启　牧医所副所长、工会主席
李桂芬　蜜蜂所副处长、工会副主席
秦玉昌　饲料所副所长、工会主席
赵俊辉　加工所副书记、工会常务副主席
宋　斌　生物所副处长、工会副主席
任爱荣　农经所党委书记、工会主席
徐晓慧　资划所工会副主席
刘　俐　信息所党委副书记、工会主席
韩小玲　质标所工会副主席
李思经　研究生院副书记、工会主席
王红军　出版社工会组织委员

中国农业科学院第十五届工会经费审查委员会委员名单

主　任　范　静　财务局副局长
副主任　谢惠娟　财务局处长
委　员　王秀芳　资划所处长
　　　　　张卫平　植保所副处长
　　　　　章以吉　作科所会计

中国农业科学院工会 2012 年工作要点

2012 年是中国农业科学院实施“十二五”发展规划和战略目标的关键之年。院工会工作的总体要求是：坚持邓小平理论和“三个代表”重要思想为指导，深入贯彻落实科学发展观，认真学习党的十七届六中全会精神，在农业部直属机关工会和院直属机关党委的领导下，紧密围绕院党组提出的“十二五”发展规划的目标和任务，围绕中心、服务大局、履行职责，深入开展创先争优活动，进一步加强职工文化建设和各级工会组织自身建设，增强工会组织的吸引力和凝聚力，培养一支高素质的职工队伍，团结带领广大职工为实现“十二五”发展规划建功立业，为我院农业科技创新事业和构建和谐院所作出贡献，以优异的成绩迎接党的十八大的胜利召开。

一、认真学习贯彻党的十七届六中全会精神，进一步加强职工文化建设

党的十七届六中全会对推动社会主义文化大发展大繁荣作出了重要决定和全面部署。中国农业科学院各级工会组织要把学习贯彻全会精神与工会工作紧密结合起来，准确把握全会的指导思想、奋斗目标、重点任务和有关要求，高度重视文化建设对于我院全面协调可持续发展的重要意义，找准工会组织参与文化建设的切入点和着力点，研究深入开展职工文化建设的新思路，研究加强和提升职工队伍文化素质的新办法，积极探索主题教育活动的方式、载体和手段。积极配合党组织，认真开展以社会主义核心价值体系为内容的教育活动，大力倡导、研究、阐释、传播以和谐理念为主要内容的文化，使之融入全体职工的思想观念、价值体系、行为规范。努力营造积极向上、健康和谐的文化氛围。

院各级工会组织要进一步发挥广泛联系职工群众的工作优势和广大职工在院、所创新文化建设中的主体作用。认真开展学习院“两则”、“创建学习型组织　争做知识型职工”活动和以社会主义核心价值体系为主题的教育实践活动，引导广大会员真正保持对马克思主义的坚定信仰和对中国特色社会主义的坚定信念。大力宣传以“祁阳站精神”为核心的“农科精神”和以科技创新为己任的“农科英才”的先进事迹。进一步加强思想政治教育和业务能力培训，不断提高职工队伍思想道德品质和实际工作能力，努力建设一支学习型、知识型、创新型的职工队伍。进一步加强“职工书屋”建设，鼓励职工树立热爱读书、善于读书、自觉读书的良好习惯，努力提升职工队伍文化素质。

进一步加强院各类文体协会建设，积极组织开展职工喜闻乐见的文化活动，广泛吸收人才，拓展活动内容，不断提高职工参与文化活动的积极性和覆盖面。2012 年院工会将组织成立中国农业科学院文化体育协会。

二、坚持围绕中心、服务大局，深入开展创先争优活动

围绕中心、服务大局是对工会工作的必然要求，也是工会工作发挥作用、突出特色、体现价值的关键所在。中国农业科学院各级工会组织在当前新的形势下，要继续牢固树立围绕中心、服务大局的工作观念，认真按照各级党组织的新要求和职工群众的新期待，紧紧围绕农业科技事业的发展大局，紧紧围绕本单位的中心任务，制定切实可行的工作目标，明确职工期盼的工作重点，积极出主意、想办法、提建议，充分发挥好工会组织的桥梁和纽带作用，努力使工会工作做出成效、做成品牌。

认真学习贯彻全国总工会《关于在工会组织中深入开展创先争优活动的通知》精神，深入开展创先争优活动。院各级工会组织在实际工作中，要紧紧围绕解决职工群众反映强烈的突出问题创先争优，切实为职工群众解难事、做实事、办好事。紧紧围绕加强工会组织和职工队伍建设创先争优，切实增强基层工会组织的生机和活力，提高广大会员推动科学发展、促进院所和谐建设的素质和能力，为“现代农业科研院所建设行动”的启动和实施提供支持和保证。配合所在单位的党组织重点做好发现、培育、树立、推荐和宣传先进典型工作，特别是要围绕农业科技重点工作、重大农业科技创新成果、农业科技推广和管理服务等方面发现和树立先进典型，引导广大职工学有榜样、见贤思齐，鼓励职工立足岗位、建功立业，争创一流业绩，号召广大职工学习院农科英才模范人物的先进事迹，营造学先进、比先进、做先进、赶先进的良好氛围，在职工队伍中形成知荣辱、讲正气、作奉献、促和谐的良好风尚。

进一步建立健全基层工会组织和会员创先争优活动长效机制，积极探索工会经常性工作与创先争优活动有机衔接的方式方法，推进工会工作的不断创新，切实提高工会工作科学化水平。认真总结创先争优活动开展以来的经验，查找存在的问题，明确努力的方向。

根据深入开展创先争优活动的总体安排，2012 年，院工会将开展院 2009—2011 年度“优秀工会工作奖”、“优秀工会干部”和“优秀工会积极分子”的评选表彰活动。

三、坚持以人为本，进一步加强思想政治工作

院各级工会组织要深入学习贯彻院党组《关于进一步加强和改进思想政治工作的意见》，坚持以人为本，切实做好新形势下职工思想政治工作，把广大职工的思想和认识统一到中央的决策部署上来，把智慧和力量凝聚到提高农业科技自主创新能力、推动我院跨越发展上来；切实解决实际问题，理顺情绪、化解矛盾。

要积极配合所在单位的党组织，做好一年两次的职工队伍思想状况分析工作，深入了解职工的思想动态和心理状况，及时发现倾向性、苗头性问题。不断提高思想政治工作的针对性和实效性，坚持把加强职工思想政治工作与教育人、引导人、鼓舞人、理解人和关心人结合起来，与解决职工的思想问题和实际困难结合起来，切实做到政治上关心、思想上关注、生活上关怀，努力了解职工实际需求，认真倾听职工呼声，关心职工思想情绪，关注职工身心健康，面对面地联系职工、心贴心地了解职工，实打实地帮助职工，要尊重职工主体地位，保障职工的知情权、参与权、选择权、监督权，让职工有话愿说、有要求愿提、有意见敢讲、有困难愿意找组织，积极引导职工为构建和谐院所，构建和谐家庭做贡献。

2012 年，院工会将进一步注重人文关怀和加强心理疏导工作。通过组织开展调查研究、理论辅导报告和心理咨询讲座，进一步推动解决职工最关心、最直接、最现实的问题，努力疏导职工情绪，缓解工作压力，化解各类矛盾和纠纷，保持良好的心理状态，为职工的身心健康提供服务和保障，达到团结引导、凝聚力量、振奋精神、鼓舞士气的目的。

各级工会组织要坚持为职工办实事、办好事、解难事，切实加强帮扶工作，以开展送温暖、献爱心、走访慰问困难职工和阳光助学活动为载体，以困难职工为主要对象，不断拓展活动的内涵，丰富活动的形式，加大对困难职工的日常关心和帮扶力度，实现帮扶工作的常态化和长效化，努力提升职工的生活质量和幸福指数。

四、提高职工身体素质，积极开展文化体育活动

中国农业科学院各级工会组织要认真学习贯彻国务院颁布的《全民健身计划的通知》精神，进一步提高职工身体素质，促进职工身心健康，结合本单位实际，积极组织开展丰富多彩、形式多样的各类文体活动。通过生动活泼、富有吸引力的业余文化生活，达到陶冶情操、强身健体、增进友谊、凝聚队伍的目的，让广大职工走上舞台、走进球场，走入教室，在角色调整中消除疲劳，在享受欢乐中释放激情，在喜闻乐见中充电加油，使广大职工以良好的身体素质，愉悦的身心状态，为我院农业科技创新事业和构建和谐院所作出更大的贡献。

2012 年，院工会将开展第九套广播体操的普及活动，组织举办全院第六届职工运动会，成立院文化体育协会，并充分发挥各类文体协会的作用，鼓励他们利用业余时间开展丰富多彩、各具特色的活动，以最大限度地吸引职工参与，丰富职工的业余文化生活。各级工会组织也要结合单位实际组织开展各类文体活动，院工会年底将对各单位工会开展的重点活动图片集结成册，印发各工会组织，便于工作交流。

五、以改革创新精神，进一步加强工会组织自身建设

院各级工会组织要认真学习贯彻全国总工会《关于加强和改进新形势下工会组织自身建设的决定》，以院工会选举成立新一届领导班子为契机，进一步加强工会组织、干部队伍、制度建设和作风建设，全面提高工会组织的凝聚力和吸引力。

加强各级工会组织建设，指导到届的工会组织按时换届，对新成立的院机关工会工作给予及时指导，帮助其开展好院机关工会工作。加强工会干部队伍建设，2012 年将继续组织开展工会干部培训班，明确培训主题、丰富培训内容、创新培训形式，通过培训进一步提高工会干部的业务素质和工作能力。加强作风建设，引导工会组织进一步牢固树立职工意识，针对工会工作，深入开展调查研究活动，多为职工办实事、办好事。充分发挥职代会作用，真正做到职工参与民主管理、民主决策和民主监督。要进一步加强工会工作制度建设，制定和完善工会工作有关的各项规章制度。要严格执行工会财务各项规章制度，认真做好经费上缴和收缴工作，做到工会经费管理规范化、制度化。

关于表彰中国农业科学院工会 2009—2011 年度优秀工会工作奖、优秀工会干部和优秀工会积极分子的决定

农科工会〔2012〕2 号

院直属各单位工会：

2009—2011 年度，中国农业科学院各级工会组织和工会干部，在农业部直属机关工会和院直属机关党委的领导下，坚持以邓小平理论和“三个代表”重要思想为指导，深入贯彻落实科学发展观，围绕中心，服务大局，充分发挥工会组织的优势，积极开展有特色的工作和活动，在服务职工、丰富生活、维护权益、凝聚人心、促进和谐、推动发展中发挥了积极作用。为选树典型、宣传先进，引导我院广大干部职工在开展农业科技创新与和谐院所建设中创先争优、岗位建功，充分发挥基层工会组织和工会干部的作用，经院工会研究决定，并报请院直属机关党委批准，授予作物科学研究所工会等 7 个工会组织“2009—2011 年度中国农业科学院优秀工会工作奖”荣誉称号，授予侯希闻等 17 名同志“2009—2011 年度中国农业科学院优秀工会干部”荣誉称号，授予赵英杰等 36 名同志“2009—2011 年度中国农业科学院优秀工会积极分子”荣誉称号。

希望受到表彰奖励的集体和个人，珍惜荣誉，扎实工作，再接再厉，充分发挥表率作用，不断取得新的成绩。院工会号召各单位工会和广大工会干部以先进典型为榜样，立足本职岗位，努力开拓创新，不断创先争优，在服务中心工作、创建文明和谐单位中切实发挥工会的作用和优势，不断开创工会工作新局面，为促进农业科技创新和我院跨越式发展作出应有的贡献。

附件：中国农业科学院 2009—2011 年度优秀工会工作奖、优秀工会干部和优秀工会积极分子名单

中国农业科学院工会

2012 年 4 月 9 日

附件

中国农业科学院 2009—2011 年度
优秀工会工作奖、优秀工会干部和优秀工会积极分子名单

一、中国农业科学院 2009—2011 年度优秀工会工作奖（7 个）

作物科学研究所工会
植物保护研究所工会
蔬菜花卉研究所工会
农业环境与可持续发展研究所工会
农业经济与发展研究所工会
农业信息研究所工会
农业资源与农业区划研究所工会

二、中国农业科学院 2009—2011 年度优秀工会干部（17 名）

侯希闻（女）	院机关工会副主席
朱渝生	后勤服务中心工会文体委员
刘继华（女）	作物科学研究所工会文体委员
张　杰	植物保护研究所工会文体委员
张宝玺	蔬菜花卉研究所工会主席
惠　燕（女）	农业环境与可持续发展研究所工会副主席
郑姗姗（女）	北京畜牧兽医研究所工会文体委员
李桂芬（女）	蜜蜂研究所工会副主席
赵兰芝（女）	饲料研究所工会副主席
董　维（女）	农产品加工研究所工会副主席
吕雅楠（女）	生物技术研究所工会宣传委员
崔忠良	农业经济与发展研究所工会副主席
徐晓慧（女）	农业资源与农业区划研究所工会副主席
曾枝连	农业信息研究所工会副主席
李恩普（女）	农业质量标准与检测技术研究所工会主席
刘宇航	研究生院工会文体委员

王红军	中国农业科学技术出版社工会组织委员

三、中国农业科学院2009—2011年度优秀工会积极分子（36名）

赵英杰	院办公室秘书处干部
高　于	院监察局监察一处干部
孟　波	后勤服务中心保卫处副处长
崔国华（女）	后勤服务中心幼儿园园长
薛　文	后勤服务中心物业部职工
王山茳（女）	作物科学研究所副研究员
张丽娜（女）	作物科学研究所助理研究员
王鸿凤（女）	作物科学研究所高级工
刘明娜（女）	植物保护研究所干部
孙京瑞（女）	植物保护研究所高级实验师
王秋霞（女）	植物保护研究所副研究员
陈　红（女）	蔬菜花卉研究所工会副主席
赵志伟	蔬菜花卉研究所助理研究员
沈　镝（女）	蔬菜花卉研究所副研究员
李　颖（女）	蔬菜花卉研究所助理研究员
田佳妮（女）	农业环境与可持续发展研究所干部
赵　军	农业环境与可持续发展研究所助理研究员
贾　河	农业环境与可持续发展研究所干部
刘宗康	北京畜牧兽医研究所干部
岳　琳（女）	蜜蜂研究所职工
张　帆（女）	饲料研究所助理研究员
雍振国	农产品加工研究所干部
王　英（女）	农产品加工研究所会计师
陈　明	生物技术研究所研究室主任
郭惠明	生物技术研究所助理研究员
薛　莉（女）	农业经济与发展研究所助理研究员
白丽梅（女）	农业资源与农业区划研究所处长
孙静文	农业资源与农业区划研究所副研究员
张　华（女）	农业资源与农业区划研究所室主任
牛淑玲（女）	农业资源与农业区划研究所副主任
赵颖波（女）	农业信息研究所研究室副主任
王强华	农业信息研究所职工

李哲敏（女）	农业信息研究所研究室常务副主任
赵小阳（女）	农业质量标准与检测技术研究所高级实验师
高　雷	研究生院干部
徐　毅	出版社室主任

中国农业科学院 2012 年团的工作要点

2012 年中国农业科学院共青团工作的总体思路是：高举中国特色社会主义伟大旗帜，以邓小平理论和“三个代表”重要思想为指导，深入贯彻落实科学发展观，重点围绕提高团员青年的综合素质这一主题，着力参与文化建设，着力开展“讲文明、树新风、强作风”主题活动，进一步做好青年工作，深入开展创先争优活动和加强自身建设，不断提升我院共青团工作的能力和水平，为农业科研院所现代化建设贡献力量。

一、学习贯彻党的十七届六中全会精神，积极参与文化建设

党的十七届六中全会，是在全面建设小康社会关键时期和深化改革开放、加快转变经济发展方式攻坚时期召开的重要会议，全会专题研究部署深化文化体制改革、推动社会主义文化大发展大繁荣，意义重大。院各直属团组织要把学习贯彻党的十七届六中全会精神作为首要政治任务，要紧密结合农业科技工作实际和各单位岗位工作实际，认真学习建设社会主义先进文化的重要意义，深刻领会发展社会主义先进文化的指导思想、奋斗目标、重要方针和重点任务，将学习贯彻的成果体现到推动农业科技创新的各项任务中。要充分发挥团干部的示范带动作用，各直属团组织负责人要带头学习并撰写学习体会或论文，积极为院团委参加全院文化建设建言献策。院团委将通过组织集中学习、专题辅导、研讨交流等多种形式，增强团干部的学习效果。

二、组织开展“讲文明、树新风、强作风”主题活动

2012 年，院团委按照中央国家机关团工委“坚持走在前面　当好先锋”的要求，结合我院实际，鼓励和引导全院团员青年在“树立文明新风尚　增强工作好作风”方面走在前面，当好先锋。注重引导团员青年在大兴读书学习之风上下功夫，结合学习型团组织建设，继续组织开展读书征文活动，做到以征文活动促读书学习，不断提高团员青年的文化素质；注重引导团员青年在大兴文明礼仪之风上下功夫，组织好全院青年集体婚礼和集体舞表演，展现团员青年良好的精神风貌；注重引导团员青年在大兴踏实工作之风上下功夫，院团委将 2012 年定位为改进作风年，号召全院团员青年踏实工作、敬业奉献，进一步改进工作作风。

三、继续开展好创先争优活动

2012 年，中国农业科学院团委将继续按照关于在工会、共青团、妇女组织深入开展创先争优活动指导意见的通知精神，按照“四个好”、“四带头”的要求，深入开展创先争优活动。上半年，我院要组织评选 2008—2011 年度中国农业科学院“十佳青年”、首届中国农业科学院“青年文明号”，积极向上级推荐先进，并大力宣传表彰涌现出来的优秀青年典型和先进集体，树立可学、可比、可信的榜样，引导广大团员青年立足本职、建功立业。

四、进一步推进青年工作的深入开展

在 2011 年开展青年状况调研的基础上，密切结合我院青年工作的实际，进一步研究新形势下青年的特点和青年工作的规律，创新工作思路，拓展工作领域，扩大共青团工作的覆盖面，用共同理想团结青年，用先进文化凝聚青年，重点在健全组织上下功夫，充分发挥全院青年在农业科技事业的生力军和突击队作用。院团委将进一步梳理各单位关于青年工作的调研情况，形成我院关于加强和改进青年工作的调研报告，为我院青年工作的有力开展提供决策依据和参考。组织召开全院团员青年干部座谈会，听取意见，交流经验，推动我院青年工作不断深入开展。

五、加强团组织自身建设

继续贯彻落实全国基层党建带团建会议精神，按照上级党团部门的要求，进一步加强团组织自身建设。一是要加强团的组织建设，指导各直属团组织做好换届改选和委员的增补工作，为团的工作的开展奠定坚实组织基础。二是要加强团干部的培训，积极组织团员干部参加院党委、团委的各项培训，切实提高团员干部的工作能力。三是要加大对团的工作的宣传，探索运用新手段、新媒体等方式扩大团的影响力，提高工作的信息化、网络化水平。各直属团组织要紧密加强与本单位党组织的沟通联系，积极主动地向本单位党组织请示汇报，争取党政主要领导和分管领导的重视支持和工作指导。

中国共产主义青年团中国农业科学院委员会

2012 年 4 月 13 日

关于表彰2008—2011年度中国农业科学院“十佳青年”和“青年文明号”的决定

直党字〔2012〕18号

（2012年6月21日）

院属各单位、机关各部门：

2008年以来，我院各级团组织和广大青年在党组织的领导、关心和支持下，以邓小平理论和“三个代表”重要思想为指导，深入贯彻落实科学发展观，积极开展“青年文明号”创建和青年成长成才活动，有力地推进了创先争优活动的深入开展，涌现了一批立足本职岗位、弘扬农科精神、创造一流业绩的优秀个人和优秀青年集体。为表彰先进、学习典型、推广经验，激励各级团组织和广大青年更加奋发进取，为现代农业科研院所建设多做贡献，经各单位推荐评选，院直属机关党委、人事局决定授予王立浩等10名同志2008—2011年度中国农业科学院“十佳青年”荣誉称号，授予院人事局干部处等10个青年集体2008—2011年度中国农业科学院“青年文明号”荣誉称号。

希望受表彰的同志珍惜荣誉、谦虚谨慎、再接再厉、再创佳绩，希望受表彰的青年集体继续带领广大青年开拓创新、锐意进取，为全院各项事业科学发展和青年成长成才作出贡献。各级党团组织要采取座谈会、交流会等多种形式，组织广大团员青年向先进个人和集体学习，立足岗位创先争优，在建设现代农业科研院所中创造新的业绩，以优异成绩迎接党的十八大胜利召开！

附件：1. 2008—2011年度中国农业科学院“十佳青年”名单

2. 2008—2011年度中国农业科学院“青年文明号”名单

附件 1

2008—2011 年度中国农业科学院“十佳青年”名单（按姓氏笔画排序）

王立浩　蔬菜所茄科研究室副研究员
刘永生　兰州兽医所抗体工程课题组研究员
乔传玲　哈尔滨兽医所国家禽流感参考实验室副研究员
邢秀梅　特产所生物技术研究室主任、副研究员
李义强　烟草所农药残留重点实验室副研究员
杨　鹏　资划所科研处副处长、副研究员
陆宴辉　植保所植物病虫害生物学国家重点实验室副主任、副研究员
郭立平　棉花所棉花育种研究室副研究员
高清竹　环发所气候变化研究室研究员
韩　进　院团委副书记、农业部青联委员

附件 2

2008—2011 年度中国农业科学院“青年文明号”名单（按单位序列排序）

人事局干部处
研究生院学生工作处
水稻所科技信息中心稻作发展研究室
油料所油料作物优质高效功能基因组课题组
果树所果树应用技术研究中心葡萄课题组
兰州牧药所“牦牛高原低氧适应”项目团队
特产所人兽共患病研究室
环保所生态农业研究室
农机化所植保与环境工程技术中心
烟草所烟草基因组研究课题组

中国农业科学院妇女组织基本情况

一、京区女职工概况

中国农业科学院京区在职女职工人数为1 173人，占京区在职职工总数的43%。京区女科技工作者人员中的女性研究员145人，占京区研究员总数的19.2%；女性副研究员494人，占京区副研究员总数的37%，学科研究涉及农业科研工作各领域，是农业科技战线上的一支重要的生力军。截至2012年12月31日，京区有所（局）级女性领导干部共18名。

二、院妇工委基本情况

2005年，我院成立了妇女工作委员会（全书简称妇工委）。2011年11月10日召开了中国农业科学院妇工委换届大会，顺利完成换届工作，委员22名，常务委员会委员13名，其中，主任1名，副主任4名（名单附后）。

三、基层妇女组织情况

根据工作需要于2011年下半年成立了院机关妇女委员会，截至目前，我院共有妇女委员会16个，妇女小组1个，共17个基层妇女组织。

中国农业科学院第二届妇女工作委员会委员名单

主　任	高淑君	机关党委常务副书记
副主任	孟祥云	监察局纪检监察专员（正所级）
	栗金池	环发所党委书记
	任爱荣	农经所党委书记
	李恩普	质标所党委书记
常　委	范　静	财务局副局长
	周　霞	基建局副局长
	冯东昕	国合局副局长
	孙　红	研究生院副院长
	齐秀改	作科所副所长
	胡　鸿	蔬菜所副所长
	孙丽萍	生物所党委副书记
	刘　俐	信息所党委副书记、副所长

中国农业科学院2012年妇女工作要点

（2012年3月28日）

2012年中国农业科学院妇女工作的总体要求：以邓小平理论和“三个代表”重要思想为指导，深入贯彻落实科学发展观，学习贯彻党的十七届六中全会精神、中国农业科学院党的工作会议精神和农业部妇女工作要点，围绕中心、服务大局，以“巾帼展风采　建功促跨越”为主线，以创先争优活动为载体，积极开展“科技服务　巾帼争先”的主题实践活动，不断提升广大女职工的综合素质和能力，加强妇女组织建设和干部队伍建设，努力开创妇女工作新局面，为我院跨越发展和现代院所建设作出积极贡献，以优异成绩迎接党的十八大召开。

一、深入贯彻落实党的十七届六中全会精神，充分发挥广大女职工在我院文化建设中“半边天”的作用

（一）认真贯彻落实党的十七届六中全会精神

党的十七届六中全会研究了深化文化体制改革、推动社会主义文化大发展大繁荣若干重大问题，提出了关于文化改革发展一系列重要论断、重要部署和重要举措。我院各级妇女组织要认真学习全会文件，全面把握全会精神，集中开展面向我院广大女职工的学习宣传活动，运用多种形式、多种渠道开展宣传，把思想和行动统一到全会的决策部署上来。把学习贯彻党的十七届六中全会精神与我院妇女工作紧密结合起来，研究女职工和妇女组织在推动我院文化建设的思路和做法，研究如何在文化建设工作中加强和提升女职工的综合素质、促进她们的身心健康与全面发展，为她们在全院“十二五”发展中建功立业，为在科技创新、社会发展、人类进步中作出更大贡献提供坚强的思想、组织和政治保障。

（二）积极开展适合女职工特点的文化活动

以三八妇女节、重大节日、纪念日等为契机，结合农业科研院所实际和女性自身特点，开展形式多样、健康向上的活动，促进我院和谐文化建设。积极配合党组织做好迎接党的十八大宣传教育活动，会同院工会组织好下半年全院第六届职工运动会，组织参加“喜迎十八大”农业部和中央国家机关女干部职工书画摄影作品评比。院妇工委将

以提升农科巾帼个人魅力为内容，在三八妇女节期间举办“共赴春天的约会”主题活动。

二、围绕中心、创先争优，深入开展“科技服务　巾帼争先”的主题实践活动

（三）发挥女职工科技优势，促进跨越发展

2012 年中央一号文件以农业科技创新为主要内容，中国农业科学院工作会议明确提出新时期农业科技创新跨越发展的目标，院各级妇女组织要牢牢把握新时期我院的战略目标、主要任务、科研布局和重点方向，找准凝聚广大女职工力量的切入点和着力点，明确充分发挥农业科技优势的途径和方式，引领女职工围绕中心、服务大局，积极投身农业科技创新工作，立足本职岗位，在科技创新、建设现代科研院所和现代农业中发挥积极作用。

（四）深入开展“科技服务　巾帼争先”主题活动

要以创先争优活动为载体，按照中央国家机关妇工委和农业部妇工委的工作部署，开展“科技服务　巾帼争先”主题实践活动。积极开展科技下乡活动，送科技、送信息到农村和农民手中，引导农村妇女依靠科技增收致富。积极开展结对帮扶活动，与基层妇女组织加强联系，提供科技支持与服务。通过主题实践、经验交流、风采展示等符合女职工特点的方式，引导她们提升素质和能力，在推动跨越发展、促进现代农业中再立新功，彰显风采。院妇工委将适时组织女科技工作者开展科技下乡活动。

（五）组织开展评选活动

持续深入开展“巾帼建功”评选表彰活动，把培养、树立妇女先进典型作为推进创先争优活动的重要内容和有效措施，认真组织好 2011—2012 年度巾帼文明岗、巾帼建功标兵、先进基层妇女组织、优秀妇女工作干部和五好文明家庭 5 项评选活动，进一步激励广大女职工立足岗位、勇于创新，在推进我院改革发展的各项事业中争创一流业绩，并积极主动做好向上级妇女组织的推优工作。

三、加强人文关怀和心理疏导，营造和谐、良好的工作氛围

（六）积极开展人文关怀和心理疏导工作

党的十七大提出：要加强和改进思想政治工作，注重人文关怀和心理疏导。中国农业科学院各级妇女组织要注重关爱女职工的身体健康和精神健康，积极开展人文关怀和心理疏导工作。通过心理讲座、心理咨询以及面对面交流、丰富多彩的文体活动等多种途径和形式，开展心理疏导和排解压力等工作，各单位要组织女职工进行专项体检，促进女职工身心健康。

（七）努力为女职工办实事、解难事

切实维护好妇女群众的合法权益，解决好妇女群众最关心、最直接、最现实的困难和问题。加强对特困女职工的帮扶，继续开展对病残子女家庭和困难女职工慰问帮扶活动。会同共青团积极为大龄、单身女性提供交友、交流的平台，努力营造人文关怀氛围。

四、注重教育和培训，为女职工搭建成长、成才、成功的发展平台

（八）加强女职工思想道德建设

以弘扬妇女“自尊、自信、自立、自强”为重点，引导广大女职工做“四自”精神的自觉践行者、文明风尚的示范引领者。认真贯彻落实中央关于深入开展学雷锋活动的精神，把学雷锋活动与创先争优活动结合起来，倡导学雷锋、树新风、促先进，弘扬雷锋精神，以实际行动为社会主义核心价值体系建设做贡献。组织参加农业部和中央国家机关开展的“加强机关女职工思想道德文化建设”征文活动。

（九）加强女干部职工的教育和培训

院各级妇女组织作为各级党组织联系妇女群众的桥梁和纽带，要积极探索新形势下加强广大女干部职工教育和培养的有效途径。利用多种平台和资源，多角度、多层次地做好各类专题培训，积极推荐女干部职工参加相关培训班，组织妇女干部参加院群工干

部培训班和农业部妇女干部培训班，通过培训提高妇女干部理论水平和实践能力，提升妇女工作整体水平。要鼓励和引导女职工加强政治理论和业务知识的学习，多参加各类继续教育和与业务紧密结合的培训，以提升业务能力，为女职工发挥聪明才智和选拔使用女干部奠定良好基础。要积极探索培养和交流女干部的新方法新途径，倡导立足岗位、为促进农业科技创新事业发挥应有的作用。

五、强化妇女组织自身建设，切实建设成为“坚强阵地”和“温暖之家”

（十）加强基层妇女组织建设

以开展“基层组织建设年”为契机，进一步加强基层妇女组织建设。自觉围绕院所的中心工作，全面履行妇女组织的各项职能，坚持在服务大局中加强能力建设，以建设“坚强阵地”“温暖之家”为目的，在服务大局中建设“学习型、创新型、服务型”妇女组织。进一步完善工作制度，做好年度基层妇女组织数据统计工作。及时做好换届工作，为妇女组织注入新的血液和活力，充分发挥妇女组织在农业科技创新和构建和谐院所中的作用。

（十一）进一步丰富妇女工作活动载体

积极探索符合时代特征、富有农业科研院所特色、具有妇女特点的工作新思路，积极主动争取党政领导的重视和支持，充分发挥女领导干部和妇女之友的作用，加强与工会、共青团等群众组织的协调和沟通，不断创新工作机制和活动载体。通过组织专题调研、征文等形式，扎实做好妇女工作规律性研究，更好地发挥妇女组织在扩大党的群众基础、巩固党的执政基础中的重要作用。加强与兄弟单位、行业系统间、地方妇女组织的交流、联系和互动。通过网络、宣传栏、报纸等媒介及时宣传交流基层妇女工作新经验和新做法。

十、人物介绍

根植黑土地 香飘黄淮海

——记国家科技进步奖一等奖获得者王连铮研究员

近年来，一个振奋人心的消息传来，广适高产优质大豆新品种中黄13选育成功，连续5年实现全国大豆中黄13品种种植面积最大，它的选育者是我国著名的大豆遗传育种学家王连铮研究员，他从事大豆科学研究50余载，辛勤耕耘，硕果累累，2012年获国家科技进步一等奖。他老骥伏枥，情系“三农”，足迹遍布华夏大地，为我国大豆科技和生产事业奉献了青春和智慧。

志存高远 立志学农报国

1930年，王连铮出生于辽宁省海城县腾鳌堡镇福安村，他的幼年时光是在日伪的铁蹄下度过的，他目睹日本人残害中国老百姓，从小以“非学无以广才，非志无以成学”为座右铭，努力学习文化，立志报效国家。

1945年8月日本投降，由于日伪学校解散，王连铮回到了乡下，此时局势动荡，在东北民主联军的影响下他第一次听到“没有共产党，就没有新中国”这气宇轩昂的歌曲，思想为之一振。1948年11月沈阳解放，12月他由于务农爱农考入沈阳农学院，1949年1月转入哈尔滨东北农学院学习农学专业。由于学校是公费，吃穿用不愁，他感觉政府十分重视学生，因此学习无任何顾虑，并且学校加强思想引导，对共产党逐渐有了认识，感觉国家有了希望，个人有了前途，政治觉悟也逐渐提高，同年9月，他加入中国新民主主义青年团。入团以后，他通过听党课、学党章，多次学习中国共产党的历史、任务，逐步认识到中国共产党是无产阶级先锋队，是全心全意为人民服务的革命队伍。1953年4月，他加入了中国共产党，成为工人阶级先锋队的一员。

1949年7月，响应毛主席在《论人民民主专政》中提出要向苏联“一边倒”，向苏联学习，走十月革命的道路的号召，王连铮参加了学校组织的俄文学习班，由俄文老师讲课，学习俄语两年，期间还学习部分植物学、动物学的知识，通过阅读大量的俄文教材，丰富了专业知识。

“民以食为天”，农是国之基础。他在东北农学院学习期间从理论和实践两个方面，全面提高了专业素质和思想文化水平。清华大学梅贻琦校长曾说过“所谓大学者，非有大楼之谓也，有大师之谓也”。当时的东北农学院院长刘成栋重视聘请国内的名流专家，像留美博士、著名畜牧专家许振英教授、著名农业机械专家余友泰教授、著名大豆专家王金陵教授、著名兽医专家黄祝封教授、著名林学家杨衔晋教授、阳含熙教授、邵均教授，著名植物分类专家刘慎谔教授及前苏联植物学家斯克沃尔绰夫等。王连铮正是在这些大师的教导下，在知识的海洋中畅游，打下了坚实的农学理论基础，积累了丰富的实践经验，使其受益终生。

初出茅庐　开发大兴安岭

1954 年 5 月，王连铮从东北农学院毕业后，被分配到中央人民政府林业部调查设计局工作，参与大兴安岭的调查开发设计工作。他作为俄文翻译陪同苏联经济专家塔拉辛克和斯米尔诺夫到内蒙古海拉尔野外考察，调查当地的经济状况、开发情况，铁路和桥梁的建设情况等，然后再结合航测，汇总研究提出大兴安岭整体的开发方案。当时条件十分艰苦，林区蚊虫肆虐，没有蔬菜，只能采集野菜、蘑菇充饥。虽然条件艰苦，但为国家事业他从不抱怨。通过 4 个多月的调查，他足迹遍布大兴安岭，深深感受到中国幅员辽阔、资源丰富、景观壮丽，并为祖国的大好河山而自豪。

为了更好地开发利用大兴安岭，1956—1957 年他随同中央人民政府林业部的专家组到前苏联学习林业调查设计。一行 5 人，由林业部调查设计局赵百武处长带队去莫斯科学习。在莫斯科首先参观考察了第七森林经理调查设计大队，随后到郊区的谢尔普霍夫禁猎区参观欧洲野牛的保护和饲养繁殖，该林场是专门划出的禁猎区，严禁开发，以保护欧洲野牛的生长。在前苏联考察期间，学习了先进的林木管理经验。

年轻的王连铮第一次出国，在异国他乡感觉十分新鲜，尤其对苏联的文学艺术十分着迷。那个时候中苏友好，苏联人民十分热情。1956 年 5 月 1 日和十月革命节，他受苏方邀请登上了红场观礼台观礼，看苏联红军部队和莫斯科市民的盛大游行，场面相当壮观。他也很喜欢苏联的芭蕾舞和歌剧，如《叶夫根尼・欧涅金》《伊万・苏萨宁》《天鹅湖》等。另外，他还参观了列宁博物馆、苏军博物馆、克里姆林宫、高尔基文化公园等文化设施，受到苏联俄罗斯等民族深厚文化艺术的熏陶。

1956 年毛主席提出“向科学进军”的号召，他听到后跃跃欲试。在前苏联学习期间，他对苏联森林的开发设计工作有了比较全面的了解，自己的俄文水平也有很大的进步，同时对苏联人的文化生活也有了深入了解。回国后却总觉得单搞翻译和所学专业结合不够，甚至有些脱节，他毅然决然放弃翻译工作，专心投身农业科学。

赴苏深造　收获真知而归

1957 年 5 月，王连铮怀着对农业科研的满腔热情，来到哈尔滨黑龙江省农业科学研究所（1960 年改为黑龙江省农业科学院），开始了自己在农业科技战线上的探索。他被分配到作物育种系，师从沙锡敏先生开展小麦育种研究。1957 年底被调到马铃薯组，参加马铃薯的品种观察、杂交、温室管理和田间选种等工作，1958—1960 年他参加了

“克新1号”的选育工作。该品种产量高，受到农民的普遍欢迎，累计推广1.49亿亩，连续10年推广面积居全国第一。1987年获国家技术发明二等奖。

在三年困难时期，他深刻感悟到“民以食为天”这个颠扑不破的真理的内涵。为了提高农业科研水平，1959年他通过努力考取了留苏研究生，1960年10月，赴前苏联莫斯科季米里亚捷夫农学院的农学系植物遗传育种教研室攻读农学专业，他希望通过学习国外先进育种知识提高我国粮食作物的产量，以解决我国人民的温饱问题。他在国外留学期间，满怀报国热情，不负众望，勤奋努力、谦虚好学，完成了作物育种学、植物学、生物生理学和生物化学等专业课程。他深知实践出真知，搞科研工作，需要站在前人的肩膀上攀登，不可能抛弃人类千百年来积累的成果和经验，特别是前辈大师们的宝贵经验。在学余期间，他遍访名师，刻苦钻研，收获了丰富的科研第一手资料和实践经验，为回国后的科研工作打下了坚实的理论和实践基础。

潜心大豆科研　奉献累累成果

1963年王连铮从前苏联回国后，到黑龙江省农业科学院大豆研究所和育种研究所，主要从事大豆遗传育种和栽培生理研究。1963—1966年，他主要参与开展大豆营养生理研究。为了提高大豆亩产，他从矿质营养入手，对不同土壤如何提高肥力，进而提高大豆产量问题进行了专题研究，提出了低产土壤施氮肥效果优于施磷钾肥，高肥力土壤施磷钾肥优于施氮肥的论点。1967—1969年，他与王培英合作开展大豆辐射育种研究，探讨不同辐射源如热中子、钴60、X射线和理化因子对大豆诱变的作用。利用X线处理中国大豆品种——满仓金，育成了“黑农4号”、“黑农6号”、“黑农8号”、“哈钴1669”等大豆品种，其含油量都比原有品种提高1%～2%。

1970年2月，王连铮回到黑龙江省农业科学院作物育种所工作，他接手王彬如的大豆育种材料，将其放在不同肥力条件下进行鉴定，培育出“黑农26”大豆品种，含油量达21.6%，累计推广3 000多万亩，1984年获国家技术发明二等奖。1970—1978年他与王彬如、胡立成共同主持育成大豆品种12个，其中，“黑农35”获黑龙江科技进步二等奖，“黑农16”获全国科学大会奖，还育成黑农10、黑农11、黑农34等大豆品种，累计推广7 500多万亩，增产7亿多公斤。

他创新大豆育种理论，改进育种方法。在开展大豆品种选育的同时，对大豆产量性状及抗病性等性状的遗传规律进行了系统研究，对大豆育种方法进行了探索。1980年他提出在育种上降低大豆株高的4种途径：即利用有限结荚习性品种与无限结荚品种杂交、有限结荚品种间杂交、辐射育种以及从地方品种筛选矮秆材料，对大豆高产育种具有较大指导意义。利用这一理论育成两个大豆品种，较好解决了高产与高蛋白的矛盾，同时育成了在生育期和蛋白质含量上均超双亲的大豆品种。在研究大豆品种性状演变规律的过程中，他发现单株粒重与群体产量呈极显著正相关，并用于育种实践。他重视在不同肥水条件下对杂交后代进行鉴定，并采用南繁北育、温室加代、适当缩短株行距、加大优良组合株行数和优良株系早期繁殖等行之有效的方法，加快育种进程，同时提出利用不同纬度、地理远缘、遗传背景差异大的材料进行杂交，结合异地鉴定，选育广适应性大豆品种。

王连铮在野生大豆考察、研究与利用方面取得显著成绩。1979—1982 年他主持黑龙江省野生大豆考察研究，采集野生大豆 576 份，蛋白含量在 52% 以上的 4 份，发现抗病材料。认为野生大豆具有蛋白质含量高、含油量低、油酸含量低、亚麻酸含量高等特点，可作为进化程度高低的评价标准；提出了野生和半野生大豆变种和变型分类新体系，认为 Glycine gracilis 不宜作为独立种。

他率先开展大豆基因型致瘤反应及基因工程研究。1980—1985 年，他与邵启全研究员主持开展大豆对农杆菌致瘤反应的研究，选出易致瘤品种 94 个，并获无菌愈伤组织，愈伤组织含有胭脂碱，证明 Ti 质粒可作载体将胭脂碱基因转入大豆基因组并得到整合和表达，建立了大豆基因工程载体和受体系统及大豆体细胞培养实验系统。

王连铮还积极组织黑龙江省及全国大豆科研协作，推动大豆生产发展。1981—1989 年，他任联合国开发计划署资助的“加强黑龙江大豆科研促进生产发展”项目主任，项目实施后大豆总产增加了 83%，单产提高了 29.3%，向上级提出多份发展大豆科研和生产的建议。

老骥伏枥　谱写大豆辉煌

1987 年 12 月，王连铮调任中国农业科学院院长，组织大豆联合攻关。1995 年从行政岗位退下后，全身心投入大豆科研生产中，共主持育成大豆新品种 22 个，累计推广 7 500多万亩，取得了突出成绩。他选育的中黄 13 大豆品种，通过了国家及 9 个省市审定。适宜区域在北纬 29°~42°，跨三个生态区 13 个纬度，是迄今为止我国纬度跨度最大，适应最广的大豆品种。该品种光周期钝感，蓝光受体基因（GmCRY1a）研究揭示了适应性广的分子机理；该品种在黄淮区域创亩产 312.4 公斤，安徽区试亩产 202.73 公斤，增产 16.0%，全部区试点增产，列首位；蛋白含量 45.8%，百粒重 23~26 克。连续 8 年被农业部列为全国主推品种，连续 5 年居全国大豆品种年种植面积首位，累计推广 7 000多万亩，增产大豆 15 亿公斤，新增产值 60 亿元，2010 年获北京市科技进步一等奖，2012 年获国家科技进步一等奖。

他主持选育的中黄 35 连创全国高产纪录。该品种通过了黄淮北片、北方春大豆、内蒙古和吉林审定，属高产高油品种。在新疆创亩产 371.8 公斤，被 547 位院士评为 2007 年十大科技进展新闻之一。他通过良种良法结合创高产，利用中黄 35 结合滴灌施肥化控调酸等方法连续创高产，做到水肥同步，减少化肥流失，创新了栽培模式。2009 年在新疆创亩产 402.5 公斤，实收 86.83 亩，亩产 364.68 公斤，创我国大豆大面积单产纪录。2012 年在新疆再创小面积亩产 421.37 公斤的全国高产纪录，连续 4 年被农业部列为主导品种。83 岁高龄的王连铮，老骥伏枥，仍然活跃在大豆科研第一线，为我国的大豆事业殚精竭虑，鞠躬尽瘁。

注重国际交流　享誉世界同仁

王连铮十分重视国际交流，多次参加世界作物科学大会，与国际农学界有广泛交往，介绍我国农业持续发展的经验。诺贝尔和平奖得主 N. 布劳格给他写信认为，中国农业取得了重大成就，同意他的观点，认为 L. Brown 的观点不公正，后者提出谁养活中国问题，危言耸听。王连铮于 1994 年、1999 年和 2009 年 3 次代表中国在世界大豆研究大会作大会报告。我国申办、筹备和主办第八届世界大豆研究大会时，他担任大会组委会副主席、学术委员会主席，在会议组织、经费筹措等方面发挥了重大作用。他被聘为联合国粮农组织顾问访问印尼、越南和孟加拉等国，应邀作了 5 次学术报告，对上述国家的大豆科研和生产提出了建议。

他的学术水平和在中外农业科技交流中的贡献得到国际同行的广泛认可。1982 年他被美国密西根州立大学授予名誉校友，1988 年 6 月当选前苏联农科院院士，1992 年当选俄罗斯农科院院士，1994 年当选印度农科院院士，同年当选英国国际农业生物科学中心理事会理事，1991 年当选粮农组织亚太区农业科研理事会常务理事。

重视成果转化　提升科技水平

王连铮深刻领会“实践出真知”的真谛，经常深入农村和大豆生产第一线了解存在的问题及技术需求，根据生产需要开展研究，使科研成果具有很强的针对性和实用性。他注意通过高产创建、现场观摩、集中培训，发放资料、电视宣传、企业参与等方式，加快新品种、新技术的推广力度，使优良品种的推广速度大大提高。在担任黑龙江省领导职务期间，他积极开展科技兴农，大力推广先进实用技术。在组织实施三江平原开发项目时，他提出的“挡住外水，排除内水，以稻治涝，全面发展”的策略得到省政府的采纳，通过改善三江平原的水利设施和建设人工湿地（稻田），较好解决了生态环境保护与农业生产发展的矛盾，使三江地区成为我国优质水稻的生产基地，对保障全国粮食安全发挥了重大作用。

另外，王连铮在任中国农业科学院院长期间，十分重视科研成果的转化与应用，1987—1994 年全院共获得国家级奖励 52 项，平均每年 7.4 项，其中，“中棉 12”获国家技术发明一等奖，累计推广面积 5 000多万亩，这对巩固和加强我院作为国家农业科研的龙头地位起到了举足轻重的作用。

解分子密码　让稻花更香

——记国家科技进步奖一等奖获得者 万建民研究员

分子很微小，但却构成了人间万物，也决定着世间万物的纷繁与枯荣。当 200 年前，分子被意大利化学家阿伏加德罗提出后，无数的科学家便开始了在神奇的分子世界中寻觅着它的奥妙，找寻和开启着一个个可以让人类生活因此而变得绚烂和丰硕的密码。而在中国水稻分子遗传与育种领域，正活跃着一位颇有建树的科学家，他就是国家科技进步一等奖获得者万建民。

学海行舟　倾心水稻育种事业

1960 年，万建民出生于江苏省泰州市一个普通的农民家庭。农村的贫困，农业的落后和农民的艰辛，都给他留下了深刻的记忆。

1978 年，他以优异成绩考入南京农业大学农学系，1982 年毕业后师从水稻遗传育种专家朱立宏先生，继续攻读作物遗传育种专业硕士学位，从此就再也没有离开过稻田。

1990 年，万建民留学日本千叶大学，两年后到日本京都大学攻读农学博士学位。1995 年取得博士学位后，他又在京都大学做一年博士后，从 1996 年起任职于日本农林水产省农业研究中心。

在日本留学和工作期间，他时刻关注祖国的发展，多次自费或应邀回国到华中农业大学、安徽省农业科学院、云南省农业科学院、湖南国家杂交水稻工程中心、中国水稻研究所、四川省农业科学院、南京农业大学以及中国农业科学院等多所农业院校和科研单位进行讲学和学术交流。在介绍国际上水稻研究的新进展、新技术的同时，他还积极为国内引进国际合作研究与开发资金，先后促成了日本烟草公司与南京农业大学杂交水稻育种合作研究项目、日本东棉公司与南京农业大学合作的优质稻米开发项目、日本石丸公司与苏州市农业局合作的农产品国际市场开发项目等。此外，他还多次积极组织中国留学生支持“希望工程”和向灾区人民捐款捐物等活动。

在受聘担任日本农林水产省农业研究中心的研究员期间，他曾主持“日本农林水产省 21 世纪水稻研究计划”中的“水稻耐直播性状遗传分析”等项目，参加该计划中的“水稻耐储藏特性的遗传和育种研究”课题；主持“日本农林水产省水稻基因组计划”中“水稻广亲和基因定位”与“水稻广亲和基因 S5n 的克隆”两个课题的研究工作。当 1999 年 4 月万建民被教育部聘为首批“长江学者奖励计划”特聘教授后，他毅然放弃了日本优厚的工作条件，带着一批宝贵的水稻遗传研究资料回到了祖国。

作为南京农业大学首位“长江学者奖励计划”特聘教授，他清楚地意识到，一个人的力量，相对于整个国家的水稻分子遗传育种事业而言是十分微小的，而造就一批批、一代代的优秀人才，才是事业永续发展的根本。怀着这样一个中国科技工作者的心迹，他迅速地启动了育人工程和水稻遗传育种工作。

他一手紧抓实验室的建设，另一手紧抓新品种选育与引种的关键——育种基地的筹建。从基地的选址到系统管理，他每每都要亲自作出详细的规划。没过多久，就在南京土桥建起了占地 200 多亩的水稻育种基地，在海南陵水建立了水稻南繁基地，从而保障了水稻种质资源鉴定、新品种选育、栽培示范等科研工作的展开。为了使育种和实验材料在从播种直至整个生长期田间管理都能准确无误地按试验要求操作到位，从 2000 年至今的每个夏季，万建民都会脚穿水靴、头戴草帽、顶着炎炎烈日，穿梭于田间地头，一边做着必要的指导，一边和大家一起运秧、排秧、栽秧，从晨曦破晓一直忙到夕阳落下。伴着华灯初上，他又走进实验室，在灯光的映衬下，修改起学生们的研究工作报告，直到深夜。

2003 年 7 月，万建民走上了中国农业科学院作物科学研究所所长岗位。尽管主持一个刚刚整合成立的新研究所，已经让他百事缠身、异常繁忙，但他更笃信“科研比天大”。很快就在作科所建立起了他的研究团队，稍有空闲就会走进实验室，去看看试验的进展，点拨指导年轻科研人员和学生。10 年来，每逢周末和节假日，他都会风尘仆仆地赶到南京农业大学，在实验室或水稻育种的秧田里，察看育种材料，指导学生，进行科研。他就是这样北京、南京双城往返，两地奔波。

他曾先后主持过国家“863”计划，国家科技支撑计划、国家自然科学基金、农业部超级稻专项和国际合作项目等多项重大课题，组织和协调全国南方粳稻的分子育种与推广工作。他带领团队建立了相关研究体系，并在水稻产量、品质及抗性形成的分子机理研究上取得重要进展，在国内外著名刊物上相继发表具有影响的论文，同时，在国内较早提出和实践作物分子设计育种的概念，构建了水稻分子育种技术体系，促进和推动了中国作物分子育种的发展。

砥砺开拓　创新成果不断涌现

作为水稻分子遗传育种专家，万建民在广泛收集水稻种质资源的同时，以扎实的理论知识，严谨的科学态度，开阔的思维方法，认真观察、选择和挖掘形成水稻高产、优质的关键基因，在水稻遗传育种研究的最前沿开展创新性的研究工作。

1993 年以来，他带领研究生相继发现了 9 个籼粳交雌配子不育位点和 3 个雄配子不育位点，并在相应不育位点上均发现了广亲和基因，从而解决了严重影响籼粳杂种存在半不育和超亲晚熟、生育期超亲迟熟等问题，使籼粳杂种优势得以在生产上利用。该成果获 2000 年中国高校自然科学一等奖。

早在 1991 年，万建民就开始了水稻稳定半不育突变体的筛选，获得了稳定的天然突变水稻花粉半不育材料 w207－2，并进行了更深入的基因精细定位研究发现：w207－2 半不育是由于 OsKinesin－1 基因（pss1）中一个单碱基的突变导致其编码的驱动蛋白中与微管结合相关的一个关键氨基酸的改变，最终造成部分花粉染色体缺失而产生的。这一成果为研究亚种间杂交引起的半不育分子机制提供了借鉴。

他还指导研究生通过设置长、短日照和高、低温 4 种环境，分析了来自我国各稻区的 83 份粳稻和 51 份籼稻主栽品种的抽穗期感光性、感温性及其基本营养生长性，并利用一套抽穗期近等基因系，对这 134 份品种抽穗期基因型进行了分析，明确了我国各稻区或各种类型水稻抽穗期主基因的基因型分布特点。同时还发现了光钝感基因 Dth8，进而提出在籼粳亲本选配中利用光钝感基因、感光性基因型相同、感光性基因型非互补的分子设计育种方法，设计目标基因型和最佳育种方案，从中获得了熟期理想的籼粳交新组合。

水稻的分蘖是决定水稻株型并影响水稻产量的一个重要因子，是植物发育生物学中植物株型建成的一个热点课题，也是高产水稻育种的重要内容之一。在过去十几年，他的课题组的秦瑞珍研究员等通过花粉培养研究，构建了水稻的一系列突变体材料，其中 MONOCULM 1（MOC1）编码一个植物特有的 GRAS 转录因子，是水稻分蘖的主控因子。万建民指导研究生通过对多分蘖突变体 TE 以及少分蘖突变体 moc1－5 的遗传分析，发现和揭示了被称作 APC/C 的蛋白酶参与调控植物株型建成的新功能，为塑造理想株型奠定了基础。

他指导其团队利用分子标记和辅助选择的方法，培育出广适强优恢复系 W107，使培育的籼粳交新组合结实率稳定在 85% 以上，组配的协优 107 和Ⅱ优 107 分别通过国家和省级审定。2006 年协优 107 在云南省永胜县亩产达 1 287 公斤，刷新了世界水稻亩产最高纪录。而利用籼粳育性位点等位基因定点置换的方法，创制了与籼型亲和力强的粳型不育系 509S，在与籼稻配制杂交组合后，选育出“南农优 102”新品种，在 2010 年和 2011 年南方晚籼杂交稻区试中排名第一，现该不育系已供给 11 家育种单位利用。这些研究，为籼粳交杂种优势利用、进一步提高水稻产量奠定了材料和技术基础。

稻米胚乳中积累着大量的储藏蛋白，占籽粒干重的 8%～10%，其中谷蛋白占 70%～80%，醇溶蛋白占 18%～20%，而任何对谷蛋白含量和组成的改变都会引起稻米品质的变化。例如，提高水稻谷蛋白含量并降低其醇溶蛋白含量将使稻米的营养价值增加，但谷蛋白增加却对肾脏病和糖尿病患者不利。对此，万建民强烈地认识到，深入研究水稻储藏蛋白合成与积累的分子机制，对培育满足不同人群蛋白含量需求的水稻品种具有重要意义。

他指导研究生大规模地鉴定和筛选国内外种质资源的突变体材料，从 14 000多份材料中，筛选获得了包含 3 种类型的 17 份蛋白突变体，并发现其中的 8 份低谷蛋白突变体，可以作为培育适合肾脏病人和糖尿病人食用的低谷蛋白水稻品种。另7份谷蛋白前体增加突变体，则可用以克隆谷蛋白转运、沉积途径中的关键基因。而2份球蛋白缺失突变体，则有助于培育可溶性蛋白含量更低的水稻品种。

万建民与其团队经过对一个谷蛋白前体巨增、相应谷蛋白成熟亚基减少的水稻谷蛋白天然突变体进行遗传分析和基因定位，并图位克隆了突变基因后发现，利用这些突变体及其基因标记可为低谷蛋白水稻品种选育提供材料和分子育种的基础。

他带领团队利用与水稻产量、品质等性状形成的关键基因及其紧密连锁的分子标记或功能标记，构建出品质改良分子育种技术体系，并培育出宁粳1号、2号、3号、4号、5号和中稻1号等优质粳稻新品种。这些品种经国家、省级审定，已在南方粳稻区大面积应用。而利用低谷蛋白基因 lgc-1 培育出的适合肾脏病人食用的新品种 W3660 和 W1721，以及利用 Lox-3 育成耐贮藏新品种 W017，均获植物新品种权，对优质高产粳稻育种获得了重要突破。

协同攻关　抗击条纹叶枯病

1999年万建民从日本留学回到母校任教不久，在南京农业大学实验基地的试验田里发现了发病的水稻，他敏锐地判断为水稻条纹叶枯病，并且认为这是至关我国水稻生产的天大的事，不容小觑，刻不容缓。为了得到最终的科学认定，他旋即邀请江苏省农科院植保所专家进行鉴定，其结果证实了他的最初判断。于是他们即刻到苏北进行大范围调研，调研结果让他们倍感问题的严峻。

由于当时大面积应用的品种均不具有抗性，加之冬季气温持续偏高，病毒传播介体灰飞虱发生量大以及耕作制度多样化等综合原因，导致该病害成为南方粳稻区历史上罕见的重大暴发性病害。2004年仅江苏省发病面积就达2 300多万亩，其中绝收7.8万亩，稻谷减收25亿公斤。然而由于当时尚没有可以有效防治该病害的农药，人们对这一病害的防治可谓束手无策。

在充分调研和科学分析的基础上，他会同范永坚和周益军研究员立刻向江苏省农林厅作了汇报，并在2000年由江苏省农林厅、南京农业大学和江苏省农科院联合向省政府提出水稻条纹叶枯病危害的严重性和加强联合攻关的报告。省主管领导立即作出批示，增列经费。2001年设立了“江苏省重大暴发性病害水稻条纹叶枯病控制技术研究与推广”重大研究项目计划，万建民受命担任该计划的水稻育种首席执行专家，负责水稻育种攻关。

这是一次全局性和整体性的多学科、多部门的科技攻关大协作，也是长线作战和短期突破相结合的成功之举。面对紧迫的形势，先是由江苏省种子管理站组织对现有主栽水稻品种进行了抗性筛选，筛选出可用的现有品种，以解燃眉之急。而为了长远解决这一问题，万建民组织全省主要育种单位的众多育种专家同心协力进行抗水稻条纹叶枯病品种的选育工作。在国家科技部、农业部以及江苏省农林厅、江苏省科技厅、江苏省财政厅等部门的大力支持下，先后完成国家“863”项目、“948”项目、跨越计划、科技支撑计划以及江苏省科技厅高技术项目、省三项工程项目等课题。在这个过程中，他带领团队摸索出了条纹叶枯病抗性鉴定方法，建立了规模化抗病鉴定技术体系，对10 977份种质资源进行了抗性鉴定，筛选出高抗种质212份；并从高抗种质中挖掘抗条纹叶枯病基因QTL 24个，占国内外已报道的71%；精细定位主效抗病基因Stv－bi；创建了抗条纹叶枯病高产优质水稻分子标记聚合育种技术体系，创制抗条纹叶枯病优质新种质16份。他所领衔的协作攻关组打破了以往水稻品种选育各单位各自为政的做法，通过种质、基因、技术和信息的共享，构建了南方粳稻品种选育与应用的综合平台展开联合攻关。各协作单位根据不同生态区的育种目标，利用常规育种与现代分子育种相结合的方法，利用自主创新形成的抗病新种质、规模化抗病鉴定技术，在短短的几年间，快速选育出适应不同生态区的早中晚熟系列抗条纹叶枯病高产优质新品种10个，并迅速得到大面积的推广应用。同时，该项目还研制了新品种栽培的定量化实用指标，制定栽培技术规程13个。2007年至2009年新品种推广8 314万亩，2009年推广面积占南方粳稻区种植面积的78%，累计推广13 634万亩。

万建民作为“抗条纹叶枯病高产优质粳稻新品种选育及应用”项目研究第一完成人，2010年获国家科技进步一等奖。该成果在短时间内，有效解决了南方粳稻区受条纹叶枯病流行危害的难题，极大地促进了水稻生产的发展，对保障我国粮食安全、农民增收和农业可持续发展作出了重要贡献。该成果所建立的一系列水稻抗病优质高产新品种选育与应用的新技术、新方法和新平台，也为我国水稻生产提供了强有力的科技保障。

学养行德　建设过硬科研团队

1999年5月，回到南京农业大学的万建民，再次站上三尺讲台，承担起作物育种学、高级遗传学、作物遗传改良原理与方法和作物学进展等本科生及硕士、博士生课程的教学工作，将长期积淀的深厚的作物育种理论知识和盘传授给同学们。在他的课堂上，那些深涩而枯燥的理论被他讲得浅显易懂，妙趣横生。时至今日，许多聆听过他授课的学生们依然对往日课堂上的情景记忆犹新，也从中受益颇丰。

即便是担任了中国农科院作科所所长后，他仍然承担着作物遗传育种学的教学任务。经常为学生们作学术报告，向他们讲授国内外作物遗传育种的基础知识和研究进展，带领他们进入水稻分子生物学实验室和水稻育种基地，讲解水稻重要性状形成的分子机制，水稻育种原理、方法以及实验室主要开展的研究工作，增加学生们的感性认识，培养他们对作物遗传育种的学习兴趣。

在科研中，万建民推崇操行、学问和素质，他在自我践行的同时，把这种做人做事的“三要求”传授给年轻人。他说，操行就是要有献身和协作精神，不仅要“己欲利而利人，己欲达而达人”，而且还要“己所不欲，勿施于人”。他放弃节假日，常年来往于北京与南京，几乎每天都要工作到子夜时分。即便是春节，只要一过初三，他的身影就会出现在办公室，也会行走在海南岛的南繁基地。他经常说“理论研究要有创新，技术探索要有突破，研究结果要真实可靠”，在工作中一定要“全力以赴、实事求是”。他不仅严格要求研究生掌握熟练的试验操作技能，更注重培养他们的科研创新意识、勤于思考和单独开展科学研究的能力。研究所每周五下午的学术研讨会，博士生每两周的学术论坛，他都会准时参加。他以“知其然，知其所以然”要求自己和研究生。他提出科研人员要具备“说、写、组织能力、循序渐进”四要素。每次研讨会他都要求自己和研究生一样，必须在30分钟内讲完，而且要讲清楚，会前必须要演练多次，不要大致想一想就上场，要准备到每一句话。写就是要把论文、报告和信件写清楚，要由近及远，由浅入深，还要触类旁通。他要求博士生参与课题申请书的撰写，懂得在有限的申请书内既要抓住重点，写清楚重要的关键点，又要能说服人。从课题酝酿、撰写、打印和呈交，整个过程都要清楚熟悉。组织能力和循序渐进就是要求研究生参与导师的各项课题，从小事做起，增强自身的组织能力和交往能力，为独立开展科研工作打下良好的基础。

为时刻与国外同行保持密切的合作，开阔科研人员的视野和学识，万建民还经常举办学术交流活动。多年来，他先后邀请或促成日本、美国、中国香港等国家和地区数十名知名学者、教授来到中国进行学术访问和交流。其中，有的专家甚至自愿来到中国进行合作研究，并长期无偿协助研究生培养工作。为紧跟国际研究前沿和加强国际交流，每年他都会应邀到国外的知名学府访问、考察和协商合作，并多次前往菲律宾国际水稻所出席国际水稻遗传学大会。

30年，能够执著而专致于一项自己钟情的事业，并将其纵贯人生，乐在其中，对万建民来说，无疑是一件个人的幸事；而30年遨游于水稻的分子世界，在解码与编码中，让祖国的万亩稻田花香四溢，葱郁茁壮，硕果丰实，这亦是件莫大的国之幸事！

小麦锈病的克星

——记国家科技进步奖一等奖获得者 陈万权研究员

见到陈万权，初看上去他中等身材，人瘦瘦的，貌不惊人，质朴、温和，典型的南方人的模样。可能是由于过于忙碌，脸上带着几分疲倦，但一双眼睛透着神采。光看外表，很难让人把眼前这个像农村基层干部的人和一个足迹遍及中国和世界很多地方、见多识广的知名科学家联系在一起。但与他一交谈，谈起他年轻时立志学农的往事，谈起对小麦锈病的研究和治理，谈起他的科研团队，谈起他下一步要搞的项目……很快，一个对事业和理想始终不懈追求，孜孜不倦、刻苦攻关、成就斐然的农业科学家的形象就出现在人们眼前。

走出山区求学　又进深山奋战

1962 年 9 月，陈万权出生于重庆市丰都县贫困山区的一个普通农民家庭。一生务农的父亲对他的期望是能够当上个农村医生，给缺医少药的乡亲们看看病，要不然，就搞搞农业机械，学点儿农业技术，将来能开上拖拉机。父亲的影响使中学时代的陈万权对农村有着深深的眷恋；长江沿岸，山川秀美的家乡又使他对大自然的千变万化产生了浓厚的兴趣。他高中毕业后，1979 年考入了原西南农业大学植物保护系，虽说没有按父亲的期望学医或学习农业机械，但面向农村的植保专业也符合他的意愿。从此他与农业植保结下了不解之缘。在著名农业科学家侯光炯、蒋书楠、李隆术的影响下，他学习刻苦，成绩优秀。1983 年夏天，他大学毕业后被分配到北京中国农业科学院植物保护研究所，开始了小麦病害的研究工作，他在这个领域一干就是 30 年。

刚到所里不久，陈万权就被派往四川阿坝和甘肃陇南研究基点负责小麦条锈病的观察和试验工作，一待就是三四年。

小麦条锈病俗称麦疸病、黄疸病，是一种随高空气流远距离传播的流行性病害，是我国小麦生产上的大敌。在各个种植小麦的地区都有发生，特别是在我国西北、西南的贫困山区发生为害最为严重。病害流行起来可使小麦减产 40% 以上，甚至造成绝产。据统计，新中国成立后，1950 年、1964 年、1990 年和 2002 年 4 次全国性病害流行就使小麦分别减产 60 亿公斤、32 亿公斤、26.5 亿公斤和 14 亿公斤。特别是 1950 年的全国病害大流行，损失的小麦占小麦总产量的 41.4%，超过当年全国夏季征粮的总数。显然，攻克小麦条锈病的问题对于我国小麦生产和粮食安全意义重大，而四川阿坝和甘肃陇南地区正是小麦条锈病的发源地。

当时，对于刚出校门的陈万权来说，虽然他来自重庆，也是四川人，但阿坝藏族地区的生活环境与重庆地区、学校生活的环境截然不同，阿坝的饮食、住宿、交通条件都比较差。由于观察小麦锈病越夏越冬的调查点分布在不同海拔高度地区，很多的地方偏远，无法行车。陈万权经常靠两条腿步行几十里山路，去远离城镇的藏族寨子开展调查和试验工作，而且由于时间紧张还经常吃不上饭，只能啃几口自带的凉干粮充饥。为了掌握第一手锈病发生资料，有时天晚了，就住在藏民的帐篷里过夜，时间久了，他的身上长出几个大疮，又痒又痛，难以入睡。但这一切都难不住陈万权，他依然坚持干下去。他不怕苦、不叫累，反而为自己能一出校门就有机会到科研一线，在老同志的指导下，深入田间地头独立地进行农业科研考察，培养自己的科研能力和工作作风，感到十分高兴和自豪。

“‘阿坝蹲点’对我的影响太大了，虽然辛苦，但收获很多，搞农业科技就是要下农田，与农民交朋友。”在回忆起当年的情景时，他笑着讲了个小插曲，那就是他带着一身病疮返回北京时，买不到卧铺票，只能坐硬座，可臀部的病疮，痛痒难熬，无法坐下，只能侧躺。他灵机一动，学着一些民工，干脆侧躺到了硬座椅下，把列车地板当作卧铺，熬了一天两夜到了北京。由于他工作中的出色表现，1985 年被评为中国农业科学院的先进工作者。随后，他又到小麦锈病的菌源区甘肃甘谷等地蹲点观察，试验基点位于甘谷县芦家山旁的五甲庄村，当时细粮和大米都很少，缺油少肉，他与当地群众一样吃着粗粮，坚持从事着艰苦的科研工作。而且还必须在黄土高坡上频繁奔波，调查病害的发生规律与动态。条件艰苦不说，还意外横生，在 1986 年的冬季，有一次他去陇南调查锈病，在拥挤的人群中，购买从成县去康县的长途汽车票时遇上了一伙盗贼，旅行包被盗，身无半文，一筹莫展，只好依靠当地公安部门帮助安排了食宿，留下来等待单位的汇款救急，继续坚持完成了调查任务。这一时期的艰苦调查实践，为他以后的科研成就打下了坚实的基础。

传承前辈精神　力克锈病恶魔

小麦条锈病在中国发生范围广、危害损失大，而且具有长期性、复杂性、流行性和变异性等特点，锈病治理的难题一直困扰着我国的科学家们。新中国成立后，国家对小麦锈病的研究和治理工作十分重视，周恩来总理为此作了专门的指示，投入了大量的人力物力开展科学研究。老一代的植物病理学家陈善铭、汪可宁、李振岐、曾士迈、谢水仙等人经过几十年努力，在 20 世纪 80 年代末完成了“中国小麦条锈病流行体系”研究，查明了条锈病的越夏越冬区域和大区流行规律，对指导小麦锈病的研究和防治发挥了重要作用。这些成果于 1987 年获得了国家自然科学二等奖，在国内外产生了很大的影响。虽然陈万权也参与其中，作出了自己的贡献，但他想得更多的是，如何在老一辈科学家取得的基础研究成果上更进一步，握好接力棒，将小麦锈病的研究继续深入下去，实现病害的持久控制，保障小麦的生产安全。这也是摆在陈万权等新一代植物保护科技工作者面前的一道难题。

从 1991 年起，中国农业科学院植物保护研究所就与西北农林科技大学、中国农业大学、甘肃农科院植保所、四川农科院植保所、全国农业技术推广服务中心等 10 多个单位开展大协作，继续对小麦条锈病菌源地综合治理技术进行科技攻关。陈万权一开始就是这一科研项目的参加者、推动者，经过科研实践的考验，他逐步成为最主要的研究者、主导者。对农业科研热爱的他，经常深入一线调查研究，坚持不懈地刻苦工作，科研成果很快就脱颖而出，最终成了新一代"解难题"的带头人。1989 年，27 岁的他担任了麦类病害研究室副主任，1993 年还被破格晋升为副研究员。随后，又先后去美国、墨西哥、荷兰、澳大利亚等国家做访问学者和开展合作研究，国内外的科研经历极大地丰富了他的知识，开拓了他的视野，提高了他的科研能力和水平。2001 年底他担任了植物病害系主任，研究员，2003 年又担任了植物保护研究所副所长，接过前辈的接力棒，对小麦条锈病重大科研负起了全责。在取得前期成果的基础上，陈万权所在的麦类病害创新课题组又确定了以下几项科研重任。

一是要查明小麦条锈病春季和秋季菌源地的精确范围，找到病害源头与治理重点区域；二是要系统揭示小麦条锈菌致病性变异和品种抗病性变异规律与原因，建立品种抗锈性鉴定评价与病菌变异监测平台；三是要进一步与生产实际相结合，研发出病害监测与防控关键技术，创建小麦条锈病菌源地综合治理技术体系。最终的目标是要将这些研究成果广泛应用于农业生产中，为小麦增收服务，为国家粮食安全服务，真正做到科研面向生产第一线。

目标既定，陈万权带领他的创新团队开始了艰苦卓绝的科研攻关活动。

——在陇南、川西北等小麦条锈病越夏菌源地密切观察菌源的变化，不断探查病害发生的规律，研究菌源数量、当地气候和栽培条件对条锈病发生的影响；

——大力研发抗锈良种、药剂拌种、停麦改种、适时晚种以及带药侦察、打点保面和实时监测、统防统治等多种防病关键技术，构建综合治理技术体系，减轻小麦锈病的流行危害；

——培训一线防治人员，编写有关的教材和书籍，在基层普及病害防治知识，为农民提供实实在在的服务；

——向主管部门和地方政府部门及时介绍病害动态和科研进展，为国家制定相关政策提供决策咨询和科技支撑，推动科研成果的及时应用和转化；

——广泛开展国内外学术交流，学习和运用国内外先进的技术手段，从基因突变、异核作用、遗传重组等多方面，探索条锈菌变异的机制和主要途径。

与此同时，这个项目组，还出版了学术著作 8 部，发表了近 330 篇论文，其中 SCI 期刊论文 50 多篇。制定了国家、行业和地方标准 3 项，获得国家专利 5 项和其他知识产权 6 项，培养了研究生 150 多名，其中博士研究生 30 多名。更让他们感到欣慰的是，据农业部有关司局统计，2009—2012 年这一成果累计推广应用了 3 亿多亩，每年可减少小麦损失 20 亿公斤以上，增收节支 120 多亿元。为国家粮食增产和农民增收作出了突出贡献，每年全国小麦条锈病的发生面积从前几年的 6 000多万亩降低到目前的 2 000 万～3 000万亩，实现了我国小麦条锈病的“有病无灾”和持续控制。

功夫不负苦心人，“解题人”不负众望。2012 年底，一个让整个农科界振奋的好消息传来，陈万权作为主持人的“中国小麦条锈病菌源基地综合治理技术体系的构建与应用”项目，分别在 2010 年、2011 年连获中国植物保护学会科技奖一等奖和中华农业科技奖一等奖之后，2012 年又获得了国家科技进步奖一等奖，这是我国植保界近 30 年来唯一的一项国家级一等奖！

凝聚团队力量　协同科技攻关

在这丰硕的成果中，从课题的总体设计到组织实施；从实地调查研究到技术培训和决策咨询；从对条锈病的菌源地勘界、发生规律研究到病害监测预警和关键防治技术研发；从病害综合治理技术体系构建到农业技术人才的培养……作为组织者和第一完成人的陈万权，近 20 年来凝聚了多少汗水和心血，又度过了多少个不眠之夜啊！但他却很少声张，只是兢兢业业、不辞辛劳、做好每一件事。课题组的同事们提起陈万权都称他性格温和、低调，甚至有的人说他“没霸气”，然而却都异口同声说他是个有凝聚力的科研管理者，和他在一起搞科研很愉快。

应该说，这些年由于种种原因，农业科研的全国协作组已经不多了。但是，由中国农业科学院植物保护研究所牵头的全国小麦锈病和白粉病研究协作组，从 20 世纪 70 年代建立以来一直没有间断工作，无论有没有项目和经费支持，都坚持不懈地开展科研协作活动。统一设计试验方案，分工负责地进行全国小麦锈病生理小种鉴定和品种抗病性变异监测；每年都要组织 2～3 次病害越冬越夏考察和秋苗病情调查；每年组织召开 1 次协作组年会，交流研究进展，研讨防治对策；联合举办病害防治现场会和技术培训班，指导农民科学防病。全国小麦锈病和白粉病研究协作组已成为全国农业科研大协作的一个典型。那么，能凝聚全国 20 多家科研教学单位和技术推广部门一起成立课题组，长期协作攻关，让大家又感到愉快的陈万权究竟是怎么做的呢?

“陈老师是全国小麦锈病和白粉病研究协作组的组长，他经常亲自带领协作组的同事们进行田间病害调查。下田里搞病害调查统计时，三个人调查的面积只能和他一个人比，他弯腰低头，漫步踏查，两眼视野就是宽，标准步子就是长，一趟走下来又快又准，有多少病害和麦株真是一目了然。”一位同事这样介绍他。

“他总为协作单位着想，总说地方科研单位搞课题研究更不容易，无论经费分配还是评奖什么的，咱们作为牵头单位更应高姿态、高风格，一碗水要端平，要让大家口服心服。”一位课题组成员说。

“一个刚从国外回来的外单位农科人员有个项目急着要做，可一时申请不到经费，找到陈所长，经过考察，陈所长认为，这个项目的确很重要，虽说我们的经费也不宽裕，可还是勒紧腰带，接济他开展科研工作。”一位研究员提起了这件事情。

“陈老师一点也没有架子，见了我们总是主动打招呼，问寒问暖；有问题去找他，他总是给我们耐心解答，还经常带我们一起下基点开展调查研究，他经常说，我们搞农业科学研究不能只待在实验室，‘既要见树木，也要见森林’。”几位学生给予了他这样的评价。

称赞之余，也有人为他惋惜，“其实他完全可以在荷兰瓦赫宁根大学时拿个博士学位，他已经被该校正式录取了，但他为了所里的工作，放弃了学业，没有读完就回来了，太可惜了。”

也有人似乎有微词，“他脾气挺好的，可有一次他着急，朝我发了火，因为我不知怎么把一些实验数据在上载时搞没了。”一位研究人员不好意思地又补充了一句，“多年了，这是他唯一的一次。”

……

脚踏实地、一步一个脚印；公平公正、善于为别人着想；团结协作、始终发挥团队力量；平易近人、真诚关心学生；放弃机会，把学位看得比工作轻；为人和气、但不容忍科研疏忽失误……这就是人们眼中的陈万权。他的凝聚力就来源于他的以身作则和团结协作，来源于他对同事的善待和理解，来源于他对人的平等尊重和处事的公平公正，来源于他为了大事业舍得小利益的理想和对工作一丝不苟、严谨求实的作风。

正是在他的身体力行和亲自带领下，课题组的大协作搞得有声有色，成绩突出，得到国际同行的高度称赞和认同。2012 年他带领全国协作组成员单位，互相配合、互相支持，成功承办了“第十三届国际禾谷类作物锈病和白粉病会议”和“全球锈病协作网年会”，这是首次在中国举办。

现在，面对种种荣誉，陈万权的心却早已飞向了新的目标，他说得最多的是这样几句话：大成果需要大协作，需要长期坚持。获奖只是我们的一个新起点，与小麦锈病的斗争是一场没有终点的战争。目前，小麦锈病的变异问题还没有解决，气候条件和耕作制度也在不断地变化，菌源地的综合治理技术体系还需不断优化和完善，还有很多理论性和技术性的难题有待探索，还有小麦的白粉病、叶锈病、秆锈病、赤霉病、纹枯病……众多的病害有待深入研究，农业植保科研任重而道远。

面对着这样一位科学家，人们有理由期待，陈万权和他的协作伙伴们，一定能为中国麦类作物病虫害的有效防控和国家粮食稳产增产再交上一份出色的答卷。

创新繁育未来

——记国家技术发明奖二等奖获得者李奎教授

他是一位优秀的学者，几十年来始终奋斗在科研战线上，硕果累累。他是严谨谦和的实验室主任，对待工作一丝不苟。他是良师益友，对待学生关怀备至。他就是北京畜牧兽医研究所的李奎教授。

李奎教授是中国农业科学院一级岗位杰出人才，2004 年来到农科院北京畜牧兽医研究所工作。他以多年的科研经验与灵活创新的风格出色地领导科研团队，在十年里做出了无数令人侧目的成果。同时，他也担任农业部畜禽遗传资源与种质创新重点开放实验室主任，农业部和中国农业科学院“猪基因资源与种质创新”优秀科技创新团队首席科学家，农业部转基因动物及饲料安全监督检验测试中心常务副主任，国家五指山猪保种场（北京）和中国实验用小型猪种质资源中心负责人。在他的带领下，他的科研团队在猪功能基因组与分子育种、转基因动物研发、转基因动物与饲料安全检测方面已经建立起一套成熟的体系与方法，搭建起了完善的实验平台。

求索之路

李奎教授出生于湖北省松滋县，性格中有湖北人的精明和执著。1984 年毕业于武汉大学生物系，1984—1988 年在华中农业大学任助教。工作 4 年后，李奎教授回到母校武汉大学，继续在生命科学学院攻读硕士、博士研究生，1991 和 1994 年分获硕、博士学位。1994 年，他在华中农业大学畜牧兽医学院任副教授、1996 年晋升为教授，1998 年被聘为博士生导师，历任动物遗传育种系主任，动物分子生物学与育种研究室主任。1997 年至 1998 年、1999 年至 2000 年，李奎教授两次来到澳大利亚悉尼大学作为动物科学系访问学者。2001 年至 2003 年，他作为首批唐-康奈尔-中国学者，在美国康奈尔大学动物科学系任全职访问教授。由于工作成绩突出，李奎教授 1999 年获得国家杰出青年科学基金并被评为农业部中青年有突出贡献专家，2000 年获国务院政府特殊津贴，2004 年入选国家新世纪百千万人才工程，2012 年入选全国农业科研杰出人才，农业部和中国农业科学院优秀创新团队首席科学家。

硕果累累

李奎教授先后主持转基因生物新品种培育专项重大课题、“863”计划、国家自然科学基金重点和面上项目、国家科技攻关重点项目、“973”课题、霍英东青年教师基金等省部级以上项目，以及欧盟第五、六框架计划、国际科学基金和霍英东青年教师基金等国际合作项目共计 53 项，其中 44 项已顺利完成。李奎教授带领的科研团队围绕猪基因资源和种质创新，进行理论和技术创新，开展育种材料创制，在国内外产生了广泛的影响，取得了显著的社会经济效益。因此，他也获得了众多奖励，2012 年以第一完成人获国家技术发明二等奖，十年间共获得省部级奖励 10 项。在研究获得丰硕成果的同时，他也积极地将成果转化为学术论文，累计发表英文 SCI 论文 115 篇，其中不乏《Genome Biology》《The Journal of Biological Chemistry》《BMC Molecular Biology》《Gene》《Animal Genetics》等高水平杂志。SCI 刊物他引 1 152次，在学术界颇有影响；发表在中文核心期刊上的学术论文 95 篇。李奎教授的科研成果同时也具有独创性和应用性，共申请国际专利 2 项，国内专利 49 项，其中，已授权的专利多达 34 项；他获得软件著作权 2 项；制定行业标准 4 项；参编的专著 7 部。在多年的教学生涯中，李奎教授诲人不倦，共指导毕业博士生 30 多名，博士后 8 名。他的学生现在已活跃在国内外的各大高校、研究所的科研一线上。

开拓创新

李奎教授任农业部畜禽遗传资源与种质创新重点实验室主任，农业部和中国农业科学院“猪基因资源与种质创新”优秀科技创新团队首席科学家后，基于我国丰富且独特的猪种资源，利用中外猪种产肉性状的显著差异和互补性，提出了基于比较发育遗传学、比较转录组学以及整合表观生物学发掘猪基因和表观因子的研究策略，率先系统分析比较猪出生前后 28 个发育点全基因组水平差异和调控网络，建立了 FineQTL、M-GL-GI、MiRFinder 等研究方法，创建了高效发掘猪基因资源的技术体系，鉴定了 2 000多个猪产肉性状相关差异表达基因和非编码 RNA。他带领的团队鉴定猪产肉性状候选基因和表观因子 200 多个，并对其中 191 个进行了深入生物学功能研究。基于比较发育遗传学发掘猪产肉性状基因的研究成果被国际著名教授评价为“高通量技术应用于猪产肉性状基因挖掘的成功案例”。开发分子标记 50 余个，其中 30 多个获国内外专家认可，并被多种 SCI 刊物良好评价 60 余次。改进分子育种理论和方法，培育肉质嫩美优质猪“鄂青一号”，进行引进商用猪种遗传改良。多项研究成果应用于生产实践，取得了显著的社会经济效益。

作为农业部转基因动物及饲料安全监督检验测试中心常务副主任，带领中心全体工作人员在质检一线辛勤耕耘，2012 年 1 月顺利通过国家认监委和农业部的“三合一”

评审和复评，建立了一系列转基因动物检测标准和规范，成为我国唯一一个转基因动物与饲料质检中心，为转基因动物研发和应用保驾护航。

李奎教授与国际上的学术联系也非常紧密。他任欧盟第五、第六框架计划中方课题负责人，同时也承担着国际科学基金的项目。在这些合作项目中，他不仅提高了本实验室的科研水平与实力，也在合作中得到了更多的启迪，获取国外先进的科研经验。他在1997年至2003年间，数次漂洋过海，前往澳大利亚悉尼大学访问学习，并被聘为美国康奈尔大学全职访问教授。多次在国际会议作大会报告。这些经历使得李奎教授具有全球化的视野与思维。

2012年，李奎教授主持完成的“猪产肉性状相关重要基因发掘，分子标记开发及其育种应用”获国家技术发明奖二等奖，这是祖国对他工作的又一次肯定。在多年的科研生涯中，李奎教授历经求学的艰辛，工作的变迁，始终孜孜不倦地坚持在最前沿的科学探索上，为了祖国农业的发展，为了我国畜禽种质资源能够有自己的一片天地，他坚持创新，为畜禽繁育工作的未来积蓄力量。我们相信，他会继续在科研的道路上走下去，创造新的辉煌！

信念塑造品格　创新成就梦想

——记国家科技进步奖二等奖获得者唐华俊研究员

唐华俊长期从事遥感技术应用研究，在农作物遥感估产、农业土地利用变化、气候变化对我国粮食生产的影响研究等方面作出了突出贡献。他现任中国农业科学院党组副书记、副院长、研究员、博士生导师，比利时皇家科学院通讯院士，国务院扶贫领导小组专家咨询委员会副主任委员，农业部专家咨询委员会委员，北京市人民政府专家咨询委员会委员，中国土地学会副理事长，联合国粮农组织高级专家，亚太经合组织农业技术合作工作组主席，《中国农业科学》副主编，美国《Journal of Sustainable Agriculture》《资源科学》编委等。

孜孜求学　立志农业科研

1960年1月，唐华俊出生于四川省阆中市的一个小山村，从小家庭贫困，又时逢我国“三年自然灾害”，饱尝了缺衣少粮的艰辛生活，也历经了农村的艰苦环境，对土地有着深厚的感情。从进入学校的那一刻起，他就刻苦学习，立志成为一名农业科学家，利用知识改变农村的落后面貌和艰苦环境，服务国家“三农”事业。在求学的道路上，因家庭贫困曾几次辍学，但他从没有放弃自己的信念，努力把握好每一次学习机会。1978年，他如愿考入西南农业大学农业经济系，1982年以优异成绩毕业并分配到中国农业科学院农业自然资源和农业区划研究所从事科研工作。

20世纪80年代初，大学生是时代的宠儿，但唐华俊丝毫不觉得这是骄傲的资本，反而深切感受到自己身上的责任和重担，更加刻苦钻研，挖掘自身潜能。为了尽快适应科研环境，他倾注大量心血，一方面阅读相关研究书籍和报刊资料，拓宽知识视野，提高业务水平；另一方面不耻下问，虚心向前辈学习、向同事学习、向实践学习。谦虚，踏实，肯干，使他很快进入了科研工作的角色。但是，工作中他也明显感觉到，知识积累仍然欠缺，需要进一步拓宽知识面，提升科研能力。为此，他几乎放弃了所有业余休息时间，加强各方面知识储备和弥补，下定决心深造学习。1985年，他以优异成绩考取比利时政府提供的“阿波斯”奖学金，赴比利时根特大学土地资源系攻读硕士学位，1987年以“全优”的成绩获理学硕士学位，1991年以根特大学少有的“greatest distinction”的优异成绩获该大学土地资源系理学博士学位。1991年至1993年在该大学从事遥感及GIS应用博士后研究工作。在比利时根特大学学习和从事科学研究的8年多时间里，他把对信念的追求、对祖国农业科学事业的热爱化为刻苦学习、勤奋工作的动力，他严谨的学风和卓越的工作成绩赢得了导师及师生们的尊敬和赞扬。

1993 年 9 月，在比利时完成学位和博士后工作后，唐华俊面临人生的重要抉择，导师劝他留在比利时继续从事他的科研工作，也有同学劝他到美国等发达国家做科学研究，甚至有人劝他移民加拿大或澳大利亚，尽管对于当时绝大多数中国留学生来说，这是最为优先和普遍的选择。但他却没有太多思索，毫不犹豫地给时任所领导写信，他信中只字未提有关“票子（报酬），房子，位子”的任何特殊待遇要求，只说他将如期归国，回到从前的科研岗位。他说，“没什么好犹豫的，作为农民的儿子，我要为中国的农民做事、为中国的农业发展做事，这个想法从来都没有变过”，就是这样朴实无华的话语，却最好地诠释了他对祖国这片土地的热爱和对农业科研事业的坚定信念。

矢志不渝　潜心科学研究

他如期回国，并重返出国前的工作岗位，做起了一名普普通通的科研人员，就像大学毕业分配到农科院时一样，一切又重新开始。后来有人问他，当时国内各方面条件还比较差，有没有后悔选择回国？他说，“从来没有，相反，庆幸我回来了，回到祖国，我才更自信，这里是我为之奋斗的地方。生活条件的艰苦都是暂时的，事业上的机遇，挑战和战胜挑战的快乐却是无穷的。”

相比国外科研条件和水平，唐华俊深深意识到我国农业科学事业基础薄弱，科研人才较为欠缺，亟待开展的工作还有很多。回国 20 年来，他紧盯专业方向和领域发展趋势，把业余休息时间几乎都用在了办公室，经过长期的潜心研究和积累，他在农作物遥感估产、农作物空间分布和结构变化对我国粮食安全的影响研究等方面取得了重大成绩。建立了服务于政府宏观决策、覆盖全国的农作物遥感估产工程化运行系统，系统运行结果成为国家农业主管部门监测粮食生产的主要数据来源，为每年及时客观掌握全国粮食生产状况、指导粮食生产发挥了重要作用；牵头组织完成了我国水稻、小麦等主要农作物高精度真实种植本底图，解决了我国长期缺乏农作物真实种植面积和空间分布等基础科学数据的难题；系统揭示了过去 30 年我国主要农作物空间分布及结构的变化过程和机理机制，为研究国家粮食安全、制定相关规划提供了重要科技支撑；定量评估了未来 30 年我国主要农作物空间分布及结构变化趋势和增产潜力，为制定未来粮食安全战略对策提供了科学依据。2012 年，他主持完成的“主要农作物遥感监测关键技术研究及业务化应用”获国家科技进步奖二等奖。唐华俊还先后获北京市科技进步一等奖 1 项、北京市科技进步二等奖 3 项、北京市科技进步三等奖 2 项、农业部软科学优秀成果二等奖 1 项、农业部神农奖二等奖 1 项、农业部科技进步三等奖 1 项，中国农业资源与区划学会科学技术奖一等奖 1 项。

在他的领导和组织下，农业遥感研究团队在各个方面取得了重大成绩。农业遥感研究室成为国家遥感中心农业应用部、农业部重点开放实验室，科研基础条件大为改善，人才队伍不断壮大，人才结构得到优化，科研成果不断涌现，团队创新能力和影响力显著增强。研究团队与比利时、荷兰、美国和多个国际组织建立了长期的科技合作关系，成为国内外农业遥感应用研究的主力军。

唐华俊先后主持国家“973”计划项目、国家自然科学基金重点项目、农业部“948”重点项目和国际科技合作重大项目等多项国家科学研究计划项目。

他 1995 年荣获中国农业科学院优秀青年；1997 年被评为中国农业科学院首批跨世纪学科带头人；1999 年入选农业部“神农计划”；2001 年被授予农业部有突出贡献中青年专家和享受国务院特殊津贴；2004 年被选为比利时皇家科学院通讯院士；2006 年被聘为中国农业科学院一级岗位杰出人才。

作为国际合作的积极推动者和践行者，2009 年以来，他连续担任亚太经合组织农业技术合作工作组主席，推动了亚太地区粮食安全科技合作与交流。2010 年至今担任“联合国粮农组织”粮食安全高级专家组唯一中国专家，牵头组织了系列全球粮食安全评估报告，提高了我国在国际粮农事务中的影响力和话语权。他也先后 10 余次应邀参加国际遥感与摄影测量大会、全球粮食安全峰会等全球性学术大会，并作主旨报告。

创新管理　促进跨越式发展

唐华俊不仅科研出色且具有优秀的管理才能。先后担任研究室主任、副所长，并于 1996 年 7 月提任农业自然资源和农业区划研究所所长。上任以来，他积极推进研究所改革，在人事制度、分配制度和人才培养等方面推行了多项创新性的管理举措，率先在全院实行了职工全员聘任制；在人事管理上实行分类管理；薪酬分配上实行多种分配形式并存、体现收入与工作业绩挂钩；加速中青年学术和技术带头人的培养，所内先后有 4 人被评为中国农业科学院首批跨世纪学科带头人，先后多人进入农科院杰出人才岗位，3 人获农业部有突出贡献的中青年专家称号等。

2003 年 5 月，土壤肥料研究所和农业自然资源和农业区划研究所合并重组为“中国农业科学院农业资源与农业区划研究所”，作为新研究所所长的唐华俊又一次站在了改革的风头浪尖上，他意识到对有近 50 年历史的研究所实施重组改革，难度更大，需要更多的智慧和勇气。他积极团结所班子成员，多次深入研究室、课题组倾听职工改革意愿，围绕国家战略需求和研究所实际，确立了“强化重点、保持优势、兼顾基础、合并类似学科、发展新兴学科”的调整思路，使学科结构得到优化，学科优势更加突出，领域特色更加明显，使广大科研人员由原来的不愿改、不想改，到支持改、主动参与改。在改革中，他表现出强烈的大局意识和丰富的领导技巧，团结和带领班子成员为职工服务，为科研服务，研究所科研项目、科研经费和获奖成果不断增加，研究所风气正，人心齐。

在他的正确领导下，研究所连续被评为院级精神文明先进单位，2004 年在全国 1 217个农业研究机构综合实力和科技创新评估中荣获第二名，2005 年研究所体制改革工作被院评为第一名。他领导的所班子被中国农业科学院评为 2002 年度优秀所级领导班子。他个人也在全院所、局级干部考核中，连续 10 年获得“优秀”。

他常说，作为科研机构，行政管理工作是为科研工作服务，最终目的是多出科研成果、多出人才、多出思想。10 多年来，他始终践行创新管理理念，推动研究所跨越式发展，经常超负荷运转，有人问他，你累不累呀，他说，我干的都是我喜欢的事情，所以再累我也觉得充实，觉得高兴。

2007 年，唐华俊提任中国农业科学院副院长。2012 年，他任中国农业科学院党组副书记、副院长。

“书山有路勤为径，学海无涯苦作舟”。唐华俊研究员始终秉持这样的信念，以对中国农业科研事业的热忱和优秀的管理才能，充满信心地迎接新的挑战。

坚持科技创新　服务奶业发展

——记国家科技进步奖二等奖获得者王加启研究员

王加启，博士，研究员，中国农业科学院北京畜牧兽医研究所副所长，兼任中国奶业协会副会长、动物营养学国家重点实验室主任、国家重点基础研究发展计划（973 计划）项目首席科学家、农业部奶及奶制品质量监督检验测试中心（北京）和农业部奶产品风险评估实验室主任。

艰苦创业，夯实基础

艰苦磨炼是一种财富。1993 年，王加启博士毕业分配到中国农业科学院北京畜牧兽医研究所从事反刍动物营养研究。当时反刍动物营养研究在中国农业科学院是薄弱环节，缺试验场所，缺专业设备，缺人才团队。在研究所领导和老一辈科学家的大力支持下，王加启同志知难而进，艰苦创业。始于一砖一瓦，脚踏实地，终于在 1996 年建成国内首个标准化的瘘管牛试验基地，率先研制出关键科研设备——“自动化人工瘤胃系统”，并主持完成国家重大科技攻关课题“主要畜禽营养参数研究”，获得了“九五”国家科技攻关优秀成果，反刍动物营养实验室初具雏形。

2001 年王加启实验室通过科技成果转化，筹资扩建了一千四百多平方米的反刍动物营养专业实验楼，研究团队也从 3 人逐步发展到 40 余人，成为全国反刍动物营养研究的核心力量，其中乳脂肪和乳蛋白形成机理研究在国际上已处于先进水平，实现了科研平台和团队建设的跨越式发展。在此基础上，以反刍动物营养实验室团队为依托，先后建立了国家牛奶质量改良中心、农业部奶及奶制品质检中心、农业部奶产品风险评估实验室和中国农业科学院奶产品风险评估中心等机构，连续 10 年主持国家奶业科技专项课题，为政府科学决策、提升质量安全，推动奶业发展作出了重要贡献。2005 年，反刍动物营养实验室团队被团中央授予“全国青年文明号”荣誉称号。

科学管理，培育人才

人才是事业发展的核心。王加启实验室十分注重人才培养和团队建设。自 1995 年起，反刍动物营养实验室就建立了面向全国的有序开放、合作研究、资源共享机制，与国内 10 余家大学和科研单位建立了联合培养研究生的模式。每年 7 月份，来自全国各地的10余名研究生都汇集在反刍动物营养实验室，接受一个月的规范化培训，包括团队文化、规章制度、消防安全、生活保障、设备仪器、新生交流、导师座谈等内容。通过规范化培训，新生对实验室的定位、发展和要求有了全面清楚的认识，知道有问题该找谁，该如何自我管理。反刍动物营养实验室建立了完善的学术报告制度，每周都安排试验进展Seminar和读书报告会，探讨最新发表的文章、试验进展、存在难题，让每一位研究生都有平等的机会发展。到2012年，反刍动物营养实验室已经培养出站博士后16名、博士毕业生26名、硕士毕业生132名。

静心科研，专注一点

反刍动物营养学科值得用一辈子去研究。近20年来，在反刍动物营养领域，王加启团队先后主持完成国家自然科学基金项目、国际科技合作重点项目和国家科技专项等重大科研课题。在研究中系统探索了反刍动物营养学的研究方法和技术，编著出版《反刍动物营养学研究方法》；构建了反刍动物饲用微生物的人工瘤胃评价方法，通过测定瘤胃微生物区系变化、数量变化、酶活变化和代谢产物的形成，科学评价了饲用微生物的作用机理；系统研究了瘤胃微生物对不同氮源的利用效率，测定了寡肽、氨基酸和无机氮对瘤胃微生物生长的影响，研究了提高瘤胃微生物对尿素氮利用效率的方法。反刍动物营养实验室团队针对我国牛奶质量偏低、优质乳生产不足的重大产业难题，组织全国优势单位联合开展科研攻关，围绕优质乳生产的奶牛营养调控与规范化饲养技术开展了系统研究，取得较大进展：一是研究揭示了我国奶牛生产实际中乳脂肪和乳蛋白偏低的内在机理，开发出粗饲料利用优化组合、蛋白质饲料高效利用等奶牛营养调控关键技术；二是系统研究揭示了奶牛合成活性脂肪酸和活性乳蛋白的调控机理，建立了提高生鲜乳中共轭亚油酸（CLA）、免疫球蛋白和乳铁蛋白含量的调控技术，实现了优质乳的产业化生产；三是研发了提高奶牛围产期、泌乳高峰期、热应激期牛奶品质的系列营养调控技术和专用饲料产品，建立了以《良好农业规范奶牛控制点与符合性规范》（GAP）为核心，优质乳生产全过程控制的奶牛规范化饲养技术体系，其核心技术已作为全国奶牛科技入户示范工程和中国奶业协会的主推技术得到应用，提高了牛奶品质和饲料转化效率，增加了养殖户收益，丰富了市场优质乳供给，经济效益和社会效益显著，为现代奶业发展提供了强有力的技术支撑。

2005年，我国奶业面临进口奶粉的严重冲击，复原乳泛滥，出现全国范围的奶农倒奶杀牛现象。国务院办公厅于2005年9月18日发布了《关于加强液态奶生产经营管理的通知》，而如何鉴定复原乳则是落实《通知》的最核心的问题。为此，农业部向反刍动物营养实验室下达了《巴氏杀菌乳和UHT灭菌乳中复原乳的鉴定》标准的制定任务。王加启团队临危受命，面对时间紧迫，国际上没有相关标准可借鉴的困难，整个团队知难而进，充分利用近10年在牛奶营养品质研究上的深厚基础和技术积累，组织技术攻关队伍，完成了制定《巴氏杀菌乳和UHT灭菌乳中复原乳的鉴定》标准的紧急任务，为落实国办《关于加强液态奶生产经营管理的通知》提供了急需的技术手段，刹住了复原乳扰乱产业发展、侵犯消费者权益的歪风。

面对我国奶业发展中的质量安全问题，农业部奶及奶制品质检中心和农业部奶产品风险评估实验室依托王加启团队近 20 年在奶牛营养饲养领域积累的优势，厚积薄发，先后开展了奶产品风险评估研究、质量安全关键检测方法研究和预警技术研究，建立了涵盖奶牛生产全过程的质量安全规范化技术。从 2009 年开始，按照农业部的整体部署，农业部奶及奶制品质检中心和农业部奶产品风险评估实验室负责组织协调全国 47 家质检及风险评估机构开展奶产品质量安全监测和预警的技术工作，使得我国生鲜乳质量安全的研究团队从无到有，研究技术从空白到起步，研究方向从分散到整合，为提升我国奶业质量安全技术水平发挥了重要作用。

在王加启同志的带领下，反刍动物营养实验室团队先后获国家科技进步二等奖 2 项、省部级科技奖 8 项，制订国家及行业标准 9 项，获发明专利 10 项、实用新型专利 5 项，计算机软件等级证书 3 项，主编著作 11 部，发表 SCI 论文 48 篇，ISTP 103 篇。在荣誉面前不自满，在困难面前不低头，在国家需要的时候不退缩。这个团队勤奋进取、学以致用，力争为奶业发展作出更大贡献。

农业环境保护科研领域的“耕耘者”

——记国家科技进步奖二等奖获得者 董红敏研究员

董红敏，女，博士，河北新乐人，现任中国农业科学院农业环境与可持续发展研究所研究员，副所长，博士生导师。作为一位具有爱国、求实、奉献精神的女科学家，她不畏艰苦，毅然选择环境恶劣的畜禽养殖业污染防治这一国家急需的科研任务开展研究。20多年来，董红敏一直拼搏奋斗在畜禽养殖环境和温室气体排放研究的第一线，先后主持完成国家课题5项，重大国际合作项目12项，发表论文80篇，出版著作3部，获得国家科技进步奖二等奖1项，三等奖1项，省部级科技奖一等奖1项、二等奖1项、三等奖2项。作为中国政府气候谈判成员参加了哥本哈根、德班气候大会并受到表彰，是2007年诺贝尔和平奖获得者－政府间气候变化专家委员会（IPCC）集体奖团队重要成员。荣获1997—1998年度国家机关巾帼建功十杰，2000年度全国三八红旗手，第五届全国优秀科技工作者等荣誉称号。

心系“三农”　艰苦奋斗

董红敏是我国自己培养的第一位农业生物环境工程专业博士，畜禽环境工程学科首席科学家。她始终把“瞄准国际前沿、服务生产实际”作为从事科学研究的唯一宗旨。她坚持服务国家需求，服务“三农”事业，中央一号文件下发后，她总是积极地进行学习和研读，以便及时把握国家重大方针政策，更有针对性地开展科研工作。为了跟踪国际领先技术，掌握国际前沿研究动态，她先后赴美国依阿华州立大学农业工程系、日本国立环境研究所、日本国立畜产草地研究所和荷兰农业环境技术研究所等国际知名研究机构进行合作研究。董红敏秉承科学技术服务生产的宗旨，瞄准农业生产一线的技术需求，针对全社会广泛关注的已经成为制约畜牧业发展瓶颈的养殖废弃物环境污染问题，毅然放弃了在美国和联合国机构任职的机会，不顾畜禽粪尿和污水的脏和臭，置身恶臭的粪场和猪鸡舍开展研究，将解决畜禽养殖的污染问题作为自己义不容辞的责任。冬季的猪鸡舍氨气有时熏得人睁不开眼睛，夏天的猪鸡场不仅有臭气，而且苍蝇漫天飞，但是这些恶劣的工作环境从来没有动摇过她解决环境问题的决心。不怕脏、不怕累，她对所热爱的工作倾注了最大的热情，同时也投入了几乎所有的节假日和晚间时间，只求将工作完成得最好，不辜负大家的期望。她带领团队开发出系列的畜牧环境技术，不仅为解决我国畜禽养殖中的重要环境问题提供了坚实的基础，而且使我国的畜牧环境研究受到国际同行专家们的重视。其研究团队在畜牧业废弃物处理技术、温室气体排放和沼气 CDM 方法学和技术领域取得的成果为我国减少畜牧业污染作出了突出贡献。

潜心科研　连创佳绩

董红敏带领科研团队围绕农业环境领域热点难点问题，在全国范围内率先开展了畜禽养殖环境和温室气体排放的研究，她主持开发的“畜禽粪便沼气处理清洁发展机制项目开发与示范”建立了全球第一个户用沼气 CDM 方法学，被联合国清洁发展机制专家委员会批准为“农户/小规模农场农业活动甲烷回收方法学（AMS-III . R），成为定量评价和监测沼气温室气体减排效果的国际通用方法。她成功开发了我国农业领域第一个户用沼气 CDM 项目和第一个大型养殖场沼气清洁发展机制项目，为农业环境国际补偿机制的应用提供了技术和方法，并获 2011 年中华农业科技奖一等奖。她主持建立了我国第一套畜禽养殖业产污系数、排污系数，该系数是全国农业环境相关的 56 个单位在对 210 个监测点进行监测基础上，建立的我国首套畜禽养殖业产污系数、排污系数，作为国务院第一次污染源普查中畜牧业源污染测算的主要科学依据，为摸清全国污染源底数，污染防治战略制定提供数据基础。她本人也被评为第一次全国污染源普查先进个人，所在研究所荣获全国污染源普查先进集体称号。她作为协调人组织美国、英国、荷兰、巴西、俄罗斯、新西兰等国畜牧环境专家共同编写联合国政府间气候变化专业委员“2006IPCC 温室气体排放清单指南 - 畜禽养殖业温室气体排放一章”，该指南成为全球所有国家编写温室气体报告必须遵循的指南。作为获 2007 年诺贝尔和平奖 IPCC 集体奖团队的主要贡献者，获得二级证书。她还先后主持开展了“我国动物甲烷排放测定与国家清单编制”，在示踪测试技术及模型方面达国际领先水平，结果被联合国气候变化专业委员会评估报告多次引用，成为在国内外有影响的成果。她主持开展的“规模化猪鸡场环境调控关键技术与设备的研制”课题，首次对畜牧业环境进行系统研究，提出的组合式猪场高浓度污水处理技术和空气净化技术解决了达标排放问题，并降低了 20% 的投资，成果在全国 11 个省市进行推广应用。在“节能高效太阳能猪舍环境控制技术”方面，课题组研究开发的太阳能暖棚猪舍，为解决北方地区因寒冷造成的“一年养猪半年长”的问题提供了关键技术支持，成果在北方 11 省市推广，产生经济效益 20 亿元。温家宝总理曾参观该猪舍并给予好评，中央电视台经济半小时栏目对此进行专门报道。2012 年她作为“畜禽粪便沼气处理清洁发展机制方法学和技术开发与示范”第一完成人，荣获国家科技进步奖二等奖，并荣获全国优秀科技工作者称号。

立足岗位　倾情奉献

董红敏来自于河北农村，她对农业、农村有着割舍不断的情感，并勤于向老一辈农业科学家学习，努力传承甘于寂寞，拼搏奉献的精神。不仅是显著的科研成绩，其热情、奉献的精神也获得了广泛的赞誉。2008 年 10 月，她克服自身困难，积极响应党和国家号召，作为中组部和团中央第九批“博士服务团”成员之一，赴任新疆畜牧科学院副院长，支援西部边疆地区建设。在疆期间，她积极帮助所在单位规划科研项目，还深入基层和 20 多个县乡调研，了解新疆农业农村社会现状，向当地干部群众请教学习，提高服务的能力，为新疆农业的可持续发展建言献策，受到了上级和当地的表扬。她走上农业环境与可持续发展研究所副所长岗位以来，积极参加上级组织的理论学习和培训，不断加强思想政治学习，加强党性修养和作风养成，自觉加强自身综合能力的学习和提高。作为分管科研和国际合作的副所长，她积极配合所领导班子谋划研究所的学科建设与发展，梳理科研思路，探索开展国内外合作与交流的新方式，促进研究所科研能力的提升。作为新一代的领头学者，在业务上真正起到了承上启下的作用。她虚心向老专家学习，得到老专家的全力支持；她热情帮助新同志，受到新同志的尊敬。她还兼任研究所妇委会主任，对女职工的工作、生活和成长给予了很多关注和帮助，让大家感到了集体的温暖和贴心的关爱！这就是真实的董红敏，是一位清白做人、勤恳做事、不畏艰苦、勇于攀登，为农业环境保护科研事业无私奉献的女科学家。

手把青秧插满田　俯首净心书新篇

——记国家科技进步奖二等奖获得者胡培松研究员

“手把青秧插满田，低头便见水中天，六根清净方为道，退步原来是向前”。无论搬迁，这首颇有哲理意味的“插秧”诗一直挂在胡培松研究员的办公室里，足见他对此诗的喜爱，也是他从事水稻科研实践的真实写照。因为作为一个水稻科技工作者，要的就是时时保持自性的清净，潜心科研、埋头苦干的精神。1991 年炎夏，胡培松毕业后来到中国水稻研究所，师从我国著名育种家黄发松研究员，开始了日复一日、年复一年的优质稻育种研究，并重复着“杭州—海南—杭州”的候鸟式的生活，无论炎夏在杭州富阳基地的试验地里，还是在海南陵水的南繁田中，他追赶着一个又一个炎热的生长季节，始终在实验室、温室、田间穿梭忙碌，时刻播种新的“希望”。

专注品质　推动学科快速发展

与一直居国际领先地位的高产育种相比，我国水稻品质研究起步晚，基础薄。水稻品质遗传改良成为胡培松研究团队主攻方向。历经 20 余年的执著追求，他们在香型优质稻品种培育及应用基础研究、优质种质材料创制、品质高效评价技术等方面取得 3 项国家级获奖成果，其中，国家科技进步奖二等奖 2 项，国家发明四等奖 1 项；伴随品质创新成果，水稻品质遗传育种研究影响力日益提升，与国际水稻研究所（IRRI）联合建立“中国-IRRI 稻米品质与营养联合研究中心”，并多次组织主办“稻米品质研究国际研讨会”；“水稻品质遗传改良”团队 2011 年获得农业部农业科技杰出人才资助。

在优质品种选育上，培育了“中优早 3 号”、“中香 1 号”、“中鉴 100”、“中鉴 99-38”、“中健 2 号”等优质、高产、抗病新品种 16 个，在湖南、江西、湖北等地进行示范推广，累计推广面积超过 1 亿亩，成为多家企业产业化开发的主要原料，社会经济效益显著。如“中香 1 号”成为我国第一家粮食上市企业“金健米业股份有限公司”上市的核心技术，“超泰型”优质香稻“中健 2 号”是农业部稻米制品质量检验监督测试中心检测到的品质最优的品种，相继开发出了金健牌天然香米、泰香米等多个品牌多次获国家、省级优质稻米博览会金奖，使国产高档籼型香米品牌在国内高档优质香米市场的占有率显著提升，发挥了重要的进口替代作用。

创新理念，一个品种增产亿斤粮食

胡培松在与课题组内年轻人交流时，常用“一个鸡蛋，从外打破是食物，从内打破是生命；人也一样，从外打破，是压力，从内打破，是成长”这句话与大家共勉，作为科研工作者，应时刻保持创新理念，实现自我突破。

目前，市场上所指的优质稻通常是食用优质稻，但从消费的角度看，优质加工稻也十分受市场青睐。为此，面对早稻种植经济效益低下、早稻产量和面积连续下降的现状，他深入思考早稻育种中灌浆成熟期间的高温逼熟严重、早籼外观和加工品质差、直链淀粉含量两极分化等难题，果断调整研究思路，依据早稻的生产特点和市场需求，开展具有优良加工特性（高直链淀粉含量）的团粒型（易加工、耐贮藏）的超高产早稻育种工作，突破了稻米高直链淀粉含量和硬胶稠度遗传相关，培育了高直链淀粉含量和软胶稠度的优质专用超高产早稻“中嘉早32”和“中嘉早17”，两个品种分别于2009年和2010年被农业部认定为超级稻品种，特别是“中嘉早17”以704.35千克的最高亩产量刷新了浙江农业吉尼斯早稻百亩示范方纪录，一般农户大面积种植亩增产50千克以上。2010年起连续4年被农业部认定为全国30个主导品种之一。根据种子销售量测算，2012年“中嘉早17”推广面积将超过500万亩，累计推广面积1 000万亩，增产稻谷5亿千克，已成为全国推广面积最大的早籼稻品种。

情定香稻　稻米香味烙上中国标签

茉莉花香型的泰国大米一直是国际高档大米市场的宠儿。香稻的香型有差异吗？不同香型的香味基因有什么区别？爱钻研、喜创新的胡培松一直琢磨这些不为人关注的差异问题。他始终认为，我国香稻资源丰富，种植历史悠久，香稻育种有着得天独厚的优势，特别是泰国香米事件使他深深地意识到，国际上许多大公司正通过各种手段来获取香稻资源，知识产权的竞争已经开始，因此，充分挖掘和利用珍贵的香稻资源，深入开展香米基因研究，获得具有自主知识产权的基因越来越迫切。

“舟车劳顿袭千里，不负四周稻花香”。从2002年起，其研究团队系统收集、评价香稻资源1 163份，发掘出具有较强爆米花香型的等位香味基因多个新缺失位点，并开发功能标记，已应用于分子育种，申请发明专利多项，其中，“一种水稻香味基因及其功能标记”已授权。对收集香稻资源进行遗传多样性和遗传进化研究发现，香味基因（*BADH2*）的起源存在多样性，突破水稻香味基因（*BADH2*）起源于粳稻的结论，相关论文发表在*Genomics*等国际学术期刊。中国香稻研究开始自信地走向世界。

俯首净心　以自身魅力感染人

“倚天照海花无数，流水高山心自知”。一个人的力量是有限的，只有依靠团队的智慧才能战胜挑战。胡培松所在研究团队从他刚进所时的 2 人小组发展到现在 30 余人的研究集体，团队精神的塑造十分重要。该团队有两句口头语：“吃亏就是便宜”、“水稻人生就是寂寞人士”。他始终认为，做研究，必须摒弃繁花掠影，因此，要耐得住寂寞，潜心向学，并时时觉察、觉照，使本性清澈显见，未必得如佛向禅，但须净心静气，知道自己处在哪里，该做什么，在做什么，每日一省，才能不断向善、向前。

成熟的水稻，厚实饱满，头却是俯向地面的。俯首净心，谦冲自牧，才能真正地认识自己，认识世界。胡培松就是这样执著和实践着自己的信念的，并感染和感动着周围的人。

勤于钻研的精神在探索中发光

——记中华农业英才奖获得者 何中虎研究员

何中虎把对事业的追求落实到每天的工作和每一件小事上。经过近20年的不懈努力，他领导的课题组在小麦品质研究、实用型分子标记发掘与应用、新品种培育和国际合作方面取得了突出成绩。

立志献身中国小麦研究

1963年，何中虎出生于陕西渭南蒲城县的农民家庭，小时候曾目睹干旱和吸浆虫对小麦生产的为害，每天能吃白面馍是他儿时的梦想，学习农业便成了他的最终选择。1980年他考取了中国农业大学（原北京农业大学）作物遗传育种专业，经过9年刻苦学习，1989年提前一年获得博士学位。在张树榛教授的指导下，他的业务能力有了显著提高。张先生的敬业精神、严谨学风和对学生认真负责的态度对他产生了深刻影响。位于墨西哥的国际玉米小麦改良中心（CIMMYT）不仅是绿色革命的发源地，而且是小麦良种和育种人才的摇篮。经庄巧生院士推荐，1990年他有幸获得了到CIMMYT做博士后的机会。

在国际知名专家Rajaram博士的指导下，他全面掌握了田间育种技术，比较全面地认识和了解了与小麦育种密切相关的学科如谷物品质、生理与栽培、抗病性、远缘杂交等，也深切体会到多学科合作以及国内和国际协作网的重要性。在完成本职工作的同时，他还在国际期刊发表了5篇论文，他的敬业精神和出色工作赢得了Rajaram博士的高度赞赏。1992年9月，他来到美国堪萨斯州立大学考察和访问，为回国工作做准备，并在美国农业部小麦品质实验室完成了中国小麦醇溶蛋白的研究工作。1993年春天，他携带妻子和不满半岁的儿子回到了北京，热切期待着能在国内发挥一技之长，为祖国的小麦研究贡献自己的力量。

突破小麦品质研究难关

1993年5月，何中虎来到中国农科院作物所工作。当时的工作条件并不太好，但他没有抱怨，而是兢兢业业地做好每一件事，他的工作很快赢得了同事们和院所领导的大力支持。中国农科院、人事部和国家教委相继为他提供了科研启动资金。他深知只有努力工作才能报答组织和同事的厚爱，他虚心向庄巧生院士、辛志勇先生等老专家请教，向周围的同事们学习，在工作中勇挑重担，承担了所里交给的小麦品质研究的重任。

我国小麦品质研究始于20世纪80年代中期，而美国早在30年代就已建成较为完善的小麦品质常规评价技术体系。当时国内对中国小麦品质家底尚不清楚，更谈不上国际发言权。对何中虎来说，这是一项异常艰巨的任务，也是严峻的挑战。他清楚地意识到，一个人的力量是有限的，只有通过团队努力才能应对这一挑战。在庄巧生院士的指导下，课题组得到了较快发展，从最初的2人增加到现在的9名科技人员，初步建立了一支以海外回国人员为主，常规育种、谷物化学、植物病理、分子生物学相结合，与国内外密切合作的开放型国家小麦育种课题组。

何中虎将CIMMYT的工作模式和理念用于课题组的管理，初步实现了分工明确、团结协作、集体和个人共赢、事业较快发展的目标，也为后来取得小麦品质研究的快速进展奠定了基础。他以传统食品面条品质为切入点，带动全国品质测试方法标准化，形成了我国品质研究的特色；他集中力量，重点突破面筋质量和面粉颜色两个关键性状，力争在新技术应用领域走在国际前列。经过近20年的艰辛努力，他领导的课题组在小麦品质评价体系建立与分子改良技术研究方面取得突出进展。有关方法不仅在国内相关单位较广泛地应用，也使我国小麦品质研究在国际上占有重要一席之地。

不同食品对品种品质要求差异很大，西方对面包和饼干品质进行了近百年的研究，但对我国传统食品面条和馒头品质的研究很少，如何对育种材料进行准确的实验室评价和选择是国内外面临的一大难题。为此，他们建立了中国面条标准化实验室制作与评价方法，其准确性和可操作性显著优于1993商业部颁布的标准；确定了面条品质的选种指标（面筋强度等3个指标）和分子标记选择体系（PPO18等9个标记），在基因层次阐释面条品质遗传机理，使品质育种有规可循。在优化实验室评价方法的同时，确定了中国小麦的馒头、饺子、面包和饼干品质选择指标。在此基础上，建立了表型分析与基因鉴定相结合，包括磨粉品质评价、加工品质间接评价和5种主要食品实验室评价与选择指标的中国小麦品种品质评价体系，被20多家育种单位和面粉公司采用。

改进面筋强度和面制品颜色是我国品质育种的两大关键目标。面筋强度主要由麦谷蛋白高、低分子量亚基组成共同决定，前者鉴定技术成熟并已广泛应用，而低分子量亚基的快速准确快速鉴定近20年一直未能解决，严重影响品质育种效率。他们在国际上首次明确了低分子量谷蛋白亚基与基因的对应关系，建立了准确快速的基因标记鉴定技术，提出的低分子量亚基命名30个标准品种在国际上广泛应用，解决了低分子量亚基用于育种的难题；还改进SDS－PAGE技术，可同时鉴定高、低分子量亚基，为育种提供了简易可信的方法。国内外从基因水平研究面制品颜色的报道很少。采用比较基因组学方法系统解析并正式命名面制品颜色等13个基因位点的60个等位基因，在明确主要等位基因与表型关系的基础上，发掘并验证育种可用的基因标记38个（基于基因内部多态性设计，可直接对育种家关注的等位基因进行检测，不受材料遗传背景影响），分别占国际已报道的小麦品质基因位点的 50%、品质育种可用标记的 70%（Theor Appl Genet，2012，125：1～10）。利用基因标记育成的 4 个优质品系已参加区域试验，为实现品质性状的分子辅助育种迈开了第一步。这些基因标记已在国内 10 多个单位和澳大利亚、美国、法国、印度、国际玉米小麦改良中心等广泛应用。

针对优质品种产量偏低的突出问题，他们利用建立的品质评价体系育成 12 个高产优质新品种，3 个主栽品种累计推广 2 500万亩。在前人工作基础上，肯定了中优 9507 的生产利用价值，其面包品质仍是国内最好的少数几个品种之一，曾是本区推广面积最大的强筋品种；育成的面条品种北京 0045 曾是河北北部第一大品种（2007—2010）；中麦 175 实现了高产优良面条品质和广泛适应性的良好结合，通过北部冬麦区和黄淮旱肥地两次国家审定，已成为北部冬麦区东片第一大品种和国家区试对照品种，2012 年秋播约 350 万亩。近 10 年服务地区逐渐扩大到黄淮麦区，育成的中麦 895（与本院棉花所合作）高产、抗倒、抗高温，面条品质好，2012 年通过国家审定，正在大面积示范推广。中麦 816 等 5 个后备品种，有望 1～2 年内审定后在生产中应用。

以何中虎为第一完成人、与首都师范大学等合作完成的“中国小麦品质评价体系建立与分子改良技术研究”2008 年获国家科技进步奖一等奖，与山东省农业科学院合作完成的“高产优质面条小麦新品种济麦 19 选育和面条品质遗传改良研究”和“优质高产广适强筋小麦新品种济麦 20”分获 2005 年和 2009 年国家科技进步奖二等奖，小麦品质团队 2011 年获农业部“中华农业科技创新团队奖”。他还担任国际 SCI 期刊 Journal of Cereal Science 编委，在国际小麦遗传学会议等影响较大的学术会议作特聘发言和大会报告 30 多次，出版 A History of Wheat Breeding in China 等专译著 4 部，获授权发明专利 15 项。

推动科研合作走向国际

考虑到国外种质对国内育种的战略重要性，何中虎利用兼任 CIMMYT 中国办事处联络科学家的有利条件，从 CIMMYT 及 10 多个国家引进品种资源 3.6 万份，将筛选的 7 632份有一定利用价值的资源发放给 40 多个育种单位并交国家种质库保存，为国内遗传育种研究提供了丰富的品种资源。自 1997 年至今，国内合作单位用从 CIMMYT 引进的种质直接审定 13 个品种、作亲本育成 95 个优良品种，在新疆和四川等地年种植约 2 000万亩，CIMMYT 种质对提高我国小麦的抗病性和加工品质发挥了重要作用。为从根本上解决国内白粉病和条锈病抗性频繁丧失的问题，借鉴 CIMMYT 在叶锈慢病性（又称持久抗性）利用中的成功经验，在不放松主效基因抗性的同时，对引进种质和国内品种的慢白粉病特性进行了系统发掘。筛选出慢病性品系 90 份，发掘新的慢白粉病和慢条锈 QTL 8 个及其紧密连锁分子标记 15 个，发现 6 个慢条锈 QTL/基因也表现慢白粉病，为培育兼抗两种病害的持久抗性品种提供了亲本、基因和分子标记；建立了分子标记与常规育种相结合的慢病性育种新方法，育成兼抗白粉病和条锈病的持久抗性品系20 份。作为第一完成人与四川省农科院等合作完成的“中国 - CIMMYT 小麦合作育种与新品种培育”2011 年获北京市科学技术一等奖。

他负责建立了中国 - CIMMYT 小麦品质实验室、中 - 澳小麦品质分子改良联合实验室及中 - 美小麦品质和抗病性研究联合实验室，与法国、英国和日本也建立起实质性的合作关系，为我国小麦研究融入国际小麦研究体系、提升自主创新能力，初步构建了合作平台。

他还主持举办国内、双边及国际学术研讨会 12 次，参加人数超过 2 000人次，其中，第 4 届（2000）、第 5 届（2005）和第 6 届（2010）全国小麦遗传育种学术研讨会、2004 年国际小麦品质学术研讨会和 2012 年第 11 届国际谷蛋白研讨会等在国内外都产生了较大影响。

注重培养人才提升团队

除注意自身学习提高外，何中虎还十分注重课题组成员业务能力的培养。课题组成员除一名高级农艺师受语言限制外，其他 7 名业务骨干都多次到国外学习，这不仅提高了他们的业务素质，还为实现科研国际化提供了有利条件。

受 CIMMYT 国际合作网的成功经验和庄巧生院士的影响，何中虎向同行开放他管理的实验室，无偿接受全国各地的访问学者和培训人员来课题组进行研究和技术培训。近 20 年来，已有 70 多人到课题组进行合作研究。他曾无偿举办小麦品质培训班 6 次，参加培训的人数超过 120 位，为提高我国小麦品质研究水平起到了重要作用。1998 年至今，他共培养研究生 54 名（多数与其他单位合作培养），5 人获中国农科院或省级优秀论文奖、1 人获全国优秀博士论文提名奖，毕业的研究生中有 15 人被评为研究员或教授，在省市科研院所发挥着骨干作用。他还经常为研究生和全国科技人员提供出国深造和合作研究的机会，已推荐或资助 150 多名小麦研究人员到 CIMMYT、澳大利亚和美国等进行培训、合作研究或出席国际会议。

由于何中虎在小麦研究、国际合作和人才培养方面的突出成绩，2009 年他当选为美国作物学会 Fellow（会士，学会最高荣誉，当选率为会员的 0.3%），2010 年获光华工程科技奖，2012 年当选为 CIMMYT Distinguished Scientist（杰出科学家，180 名科学家中仅 2 人），2012 年获第四届中华农业英才奖，这是国内外同行对他本人及其课题组工作的充分肯定和最高奖赏。面对荣誉和成绩，他并没有安于现状，他将所获 20 万元奖金捐献给主要用于奖励省地一线科技人员的庄巧生小麦奖励基金会，与课题组同事和全国同行一道，继续致力于小麦科技创新能力的提高，实现理论研究与品种的双丰收。

为动物防疫事业执著奉献

——记中华农业英才奖获得者童光志研究员

他渊博宽厚，赤子之心，三十春秋献身我国畜牧兽医事业，他的经历生动刻画了一位年轻科学家拼搏奋斗的励志路径：他29岁破格晋升为副研究员，30岁破格晋升为研究员，成为当时我国农业系统中最年轻的高级专家，同年获政府特殊津贴。他33岁被评为中国农业科学院有突出贡献的中青年专家，34岁入选农业部首批百千万人才工程，35岁被评为中国农业科学院跨世纪学科带头人，农业部有突出贡献中青年专家。之后又相继获得哈尔滨市青年科技奖以及哈尔滨市十大杰出青年、中国农业科学院十佳青年、黑龙江省和哈尔滨市劳动模范等荣誉称号。他就是“973”项目首席科学家、曾任中国农业科学院哈尔滨兽医研究所副所长，兽医生物技术国家重点实验室主任，现任中国农业科学院上海兽医研究所所长、中国动物卫生与流行病学中心上海分中心主任童光志。

艰苦奋斗　天道酬勤

童光志，1962年出生于普通农家，祖籍是李时珍的故乡——湖北蕲春。出自贫寒农家的他，从小养成了吃苦耐劳、脚踏实地、坚韧不拔的性格，为他以后的成长打下了坚实的基础。

童光志与“兽医”结缘纯属偶然。1978年——国家恢复高考的第二年，不满16岁的他参加完高考就继续回家务农，直到老师拿着成绩单找到家里，才知道高考成绩已过分数线。但当填报志愿时，他反而满脸愁容，因为当时对于一名农村家庭背景出身的学生来说，大学的概念在脑海中很模糊。班主任老师为了确保村里这唯一通过高考分数线的学生能顺利进入大学，“包办”为童光志填报了兽医专业。就这样，从此他与兽医结下了不解之缘。大学毕业时，年轻的他并没有像其他同学一样选择当时令人羡慕的“铁饭碗”工作，而是在梦想的指引下选择了考研深造这条路。通过几年坚持不懈的努力，在1985年和1990年先后以优异的成绩获得硕士和博士学位。他的硕士导师是当时中国唯一的兽医行业院士沈荣显教授，他的博士导师也是我国兽医行业受人尊敬和爱戴的院士殷震教授。作为一名学生能有这样声名显赫的导师，令很多莘莘学子为之羡慕。

“宝剑磨砺锋始出，梅花苦寒香自来”。在光鲜的背后，更多的是辛勤的耕耘与艰辛的付出。从1982年到现在，童光志大部分的时间和精力都花在了科学研究上。众所周知，搞基础研究是一项既艰苦又枯燥的工作。尤其是想要在生物技术这个崭新的领域里取得突破性进展更是难上加难。然而，他以严谨治学的优良学风、一丝不苟的工作态度和水滴石穿的钻研精神，一步一步脚踏实地在科学道路上前行。在攻读研究生期间，他每天总是第一个来到实验室，又总是最后一个离开，实验室里经常会有他苦读和做试验的身影。参加工作后，更是一心扑在科研上，即使是之后担任了研究所领导职务，他对科研也从没有放下过，按他的话说："我工作的时间中 60% 是用在科研上。"他既担任所里的行政职务，还作为课题的主持人，扮演着双重角色。他经常外出开会和参加学术交流，但凡外出，他一直都随身携带电脑，这样可以随时随地收发邮件，了解相关领域的最新进展，在他认为，这些"功课"都是可以在出差路上完成的。用他的话说：即使是在登山，他也会把电脑背上山顶。为了不耽误实验室的工作，他常常会在会议结束当天赶最近一班飞机回到上海，然后直接回到所里继续实验室工作，常常会看到深夜他办公室的灯还亮着。在周末，只要没有外出，都会到所里忙碌研究工作。因此在他的生活工作中，几乎没有节假日之分。

功夫不负有心人。在过去的 30 多年间，他不仅以优异的成绩出色地完成了学业，而且以数百篇颇有见地的学术论文，令许多兽医界的前辈刮目相看。他勤奋的工作，出色的成绩，获得了多项荣誉：1999 年被评为首届全国优秀农业科技工作者，2003 年获人事部、中组部、教育部、中宣部、统战部、科技部共同颁发的留学人员成就奖，2004 年获科技部颁发的国家重点实验室计划先进个人奖（金牛奖），2009 年获中国畜牧兽医学会评选的第二届振兴中国畜牧贡献奖（杰出人物），2010 年被评为全国优秀科技工作者，2011 年被评为上海市十大科技精英。童光志相继被聘为国家农业转基因生物安全委员会委员、农业部科学技术委员会委员、"863"计划专家组成员、兽医生物技术国家重点实验室学术委员会副主任委员；他被聘为浙江大学、上海交通大学、中国农业大学等 8 所大学的客座教授，中国畜牧兽医学会生物技术分会副理事长，中国微生物学会兽医微生物分会副主任委员、中国畜牧兽医学会禽病学分会副理事长、中国畜牧兽医学会动物传染病学分会副理事长、《预防兽医学进展》和《中国动物传染病学报》主编，《病毒学报》《中国农业科学》《生物工程学报》《中国预防兽医学报》等十几种专业刊物的编委等。

艰苦奋斗、天道酬勤。他带着执著的追求与坚定的梦想，在农业科研这片热土上充满着激情，奉献着青春。

赤子之心　归国之路

上本科时童光志学的外语是日语。上研究生时接触到的相关专业文献都是英语，因此学习英语对他来说迫在眉睫。他以常人无法想象的坚持不懈的精神和毅力，一边自学英语，一边阅读英文文献成为了他研究生学习中的生活习惯，之后还报名参加英语培训班并顺利通过了考试，这为日后的学习和工作打下了坚实的基础。"机会总是青睐于有准备的人”。由于不仅专业基础知识扎实，而且英语成绩优异，他先后两次应邀到美国华盛顿州立大学做访问学者和客座教授，进行了长达5年的合作研究工作。第一次是恰逢世界银行贷款公派到美国留学这一机遇，他被公派到美国华盛顿州立大学从事博士学位论文研究。当以优异的成绩顺利完成学位论文研究工作之后，他毅然回到祖国，回到曾经培养和教育他的哈尔滨兽医研究所工作。第二次是20世纪90年代初，当时童光志已担任哈兽研所兽医生物技术国家重点实验室副主任一职，但由于那时国内的试验条件相对较差，国家重点实验室研究生招生名额特别少，实验室的工作难以正常开展。于是，他选择再次出国继续深造。当时正值大批国内人才外流的高峰期，很多人都认为童光志肯定会一去不回，但只有他自己坚信“我一定会回国的”。果然，1996年年初他再次如期回到了祖国。

面对国外优越的实验条件、高度现代化的实验设备、高层次的研究平台和丰厚的待遇，童光志并没有因此动摇自己回国的决心，而是履行了自己出国时的诺言：“我一定会回国”。这句话，5年之间验证了两次。他并没有什么豪言壮语，只是平淡地说：“上要对得起国家的培养，下要对得起父母的养育，还要对得起自己做人的良心。要不是因为赶上国家重新高考招生，就不会有我的今天。我个人的命运与国家的命运是紧密相连的，回来后我可以更好地发挥作用”。

三万里回国路，二十年砺剑心。他的心中始终澎湃着一颗滚烫的“中国心”。他用实际行动履行了自己的诺言，用渊博的学识报效祖国母亲。

潜心科研　再创佳绩

归心似箭的童光志回国后，正赶上国家“九五”开局之年。由于他扎实的专业功底和较高的知名度，在申请“九五”课题时，受到国家有关部委的大力支持。经过不懈努力，不负众望的他一连串获得了国家“863”高科技项目、国家自然科学基金、黑龙江省杰出青年基金、农业部重点项目、中华农业科教人才基金项目和中国农业科学院跨世纪人才项目等资助。值得一提的是，他作为总负责人主持的“863”高科技项目“鸡传染性喉气管炎、马立克氏病和新城疫二价、三价基因工程疫苗的研究”，获得研究经费250万元，这样的经费支持力度当时在国内是少有的。之后童光志在国内兽医界的学术声望和地位节节攀升。“十五”以来，他共主持承担了35项国家和省部级重大科研项目。2005年他被聘为国家“973”项目首席科学家，承担总经费为2 000万元的“973”计划专项“动物重大传染病病原变异与致病的分子机制”和“863”计划重大专项课题“家畜病毒病基因工程疫苗的研究”。

在申请获得了多项科研项目的同时，他自“九五”以后，开始将工作重点转向动物基因工程疫苗的研究与应用。经过多年的潜心研究和勤奋努力，在国际上率先研制成功鸡痘和传染性喉气管炎病毒二价基因工程疫苗，并在全国大面积推广应用。该疫苗于2005年获得新兽药证书，是我国批准的第一个禽用基因工程疫苗，也是国际上第一个成功预防传染性喉气管炎病毒的基因工程疫苗。该项成果获得 2006 年国家科技进步奖二等奖。

之后，他又成功构建了表达猪蓝耳病病毒 GP5 蛋白的重组伪狂犬病毒疫苗。该疫苗可以同时预防猪伪狂犬病和蓝耳病，可显著降低母猪流产和死胎率，提高仔猪成活能力，为养猪业带来了巨大的经济效益。该疫苗于 2007 年被农业部批准进行临床试验，目前已完成全部临床试验，正申报新兽药证书。与此同时，他成功研制出表达鸡传染性喉气管炎病毒 gB 蛋白和新城疫病毒 F 蛋白的重组鸡痘病毒疫苗、鸡传染性支气管炎病毒 S1 蛋白和 IFN 的重组鸡痘病毒疫苗、猪伪狂犬病毒 TK/gE/gI 三基因缺失疫苗、表达 H3 亚型猪流感病毒 HA 蛋白的重组伪狂犬病毒疫苗，这 4 种基因工程疫苗均已获得转基因生物安全证书。

猪繁殖与呼吸综合征（PRRS）是 20 世纪 80 年代在欧美几乎同时暴发的一种新的传染病，俗称猪蓝耳病，主要表现为妊娠母猪发生早产、流产、产死胎、弱仔和木乃伊胎，仔猪和育肥猪发生呼吸道疾病，影响生长速度。中国于 1995 年首次暴发此病，随后几年迅速传遍全国。近 10 年来，童光志带领他的团队，从全国各地猪群分离 PRRS 病毒，进行分子遗传学分析，并针对经典 PRRS 研制了一系列诊断技术方法和两种疫苗（均获得新兽药证书），这些防制技术产品已在生产实际中得到广泛应用，并取得了巨大的经济效益。该项成果获得 2010 年国家科技进步奖二等奖。

2006 年，我国大部分地区猪场均出现一种“高热综合征”，几乎各种年龄的猪群均有发生，死亡率很高（30% ~100%）。为了有效防控猪高致病性蓝耳病，童光志研制成功高致病性猪蓝耳病弱毒疫苗，并于 2010 年被农业部批准生产应用，已产生的直接经济效益达 2 亿元以上。

他并不仅仅满足于此，他还有更远大的目标和努力方向，即在高致病性猪蓝耳病弱毒疫苗的基础上，利用反向遗传操作技术研制新一代 HP—PRRS 基因工程弱毒标记疫苗。此疫苗一旦投入使用，可以通过抗体鉴别技术区分疫苗免疫动物和野毒感染动物，极大地促进猪蓝耳病病毒的净化或根除，因此具有重要的应用前景和巨大的经济效益。

每当人们谈起这些成绩，童光志总是坦然表白：许多科学家穷其一生也未必能成就一种疫苗。因此，虽然这些基因工程疫苗的研究和开发都历时很长的时间，但有机会能完成，觉得非常幸运。

他以创新的思维，潜心科研的态度，丰硕的研究成果，2012 年荣获中华农业英才奖，展示了一名当代青年科学家的人生风采。

惜才纳贤　打造团队

2007 年，童光志由中国农业科学院哈尔滨兽医研究所副所长被提拔为中国农业科学院上海兽医研究所所长、中国动物卫生与流行病学中心上海分中心主任。他就职后仔细分析研究所的实际情况，果断作出决策：要牢牢抓住“发展”这个第一要务，大胆改革，锐意创新，力创一流的人才队伍、学科研究和条件平台，大量引进一批批优秀的人才。随后的几年中研究所共引进了30多名国内外优秀人才。为了使引进人才尽快适应新的环境，比较快地成长起来，他想方设法做好“扶上马”工作。一方面通过加大院所长基金的资助力度，为人才提供科研工作启动经费。另一方面他将自己申请到的科研项目让给年轻人主持，充分给予年轻人施展才华的机会，为他们搭建良好的科研平台。几年下来，研究所由原先名不见经传的小所，一举成为同行关注和普遍看好的研究单位，尤其是国内外高层次人才纷纷将目光聚焦到上海兽医研究所并愿意献身上海所的科研事业。在他任职的几年中，所里的科研实力得到了显著提升，科研工作走上了良性循环的道路。

刚到上海所，他从“零”开始创建自己的科研团队。一开始设备仪器缺乏，做一个很简单的试验都要绕很大的弯儿才能完成。在他的领导下，一步步发展到如今的实验室设备齐全，管理规范，老师学生都紧密联系在一起，各司其职，共同为科研能力的提升添砖加瓦。在他的领衔下，团队现有中国农业科学院一级岗位杰出人才2名，高级职称人员7名，固定人员中90%以上都具有博士学位，科研辅助人员数量达到30多名。无论是承担的科研项目还是科研产出都是研究所里的“大户”，为提升研究所的整体科研创新实力发挥了重要作用。

以前是一名优秀的学生，如今作为一名优秀的导师，童光志为培养动物医学人才倾注了大量的心血。自1989年到现在共培养了14名博士后、46名博士、68名硕士，大多已成为各高等院校和科研院所的教授和研究员，在科研一线为动物医学事业共同奋斗。其中曾有多人获得中国农业科学院优秀博士论文。2010年由他亲自指导的1篇博士研究生论文被评为全国百篇优秀博士论文。对此他颇感欣慰和自豪。他对同事真诚、坦率，对学生要求严格、治学严谨。他有句话经常挂在嘴边：“天上不会掉馅饼”，以此鼓励青年学生勤奋学习、踏实科研，多想奉献，少讲索取。尽管担任所级领导职务后工作更加繁忙，但他对于学生的培养工作毫不松懈。对于每一届研究生的开题、中期和毕业答辩的PPT都是仔细审阅，和学生一起讨论修改，同时对学生的毕业论文指导更是亲力亲为，一丝不苟，甚至连一些很小的问题都能一一指出。这些繁重的审阅工作对他来说，是很费时间和精力的。但是他认为，作为学生，毕业论文就是学生自己的作品，学生要做到最好，老师同样也要给予最好的指导，这是对学生负责，也是对学生以后科学文章写作的培养，马虎不得。

童光志惜才、识才、用才，在他热爱的科研领域中不断地培养优秀的人才，为国家未来的科研事业源源不断地输送新鲜的“血液”，给农业科学带来了不竭的生机和能量。

在过去，童光志用慷慨激昂的斗志，艰苦奋斗的意志，赤子的拳拳报国之心和对科研的执著追求，在畜牧兽医界书写下了他成功的篇章；在未来，依旧艰苦的科研道路上，他继续会以热爱、责任、奉献和执著为理念，创造出崭新而更加辉煌的明天。

做一个纯粹的水稻人

——记国家基金委创新群体项目获得者 钱前研究员

1983 年炎夏，钱前从南开大学毕业，来到中国水稻研究所，从此与水稻结下不解之缘。从田间到实验室再到田间，从杭州到海南，海南到杭州，30 个寒暑，汗水加心血，铸就了一个优秀的水稻科研工作者。

不懈的坚持，才有丰满的收获

钱前研究员长期从事作物种质资源学和遗传育种研究。工作中善于继承老一辈科研人员的经验，并加以拓展；同时注重学科内外的协作，将遗传资源和生物技术有机融合到水稻育种中，形成了鲜明的研究特色。

在水稻种质资源和遗传材料的发掘创制研究中，从为我国水稻全基因组测序构建基因型纯合的籼稻广陆矮 4 号开始，到带领团队构建国际上第一套籼稻背景的近等基因系；为水稻功能基因组学研究创建突变体库，发掘近 5 万份功能基因研究和遗传分析工具材料；建立含 4 000余份高产、优质、高抗水稻分子育种的亲本资源库。一系列的基础工作持续了 20 多年，构建的材料成为水稻遗传学研究的常用材料，被国内外水稻研究单位广为引用；并出版专著《水稻遗传学与功能基因组学》。通过重要种质资源的创新性挖掘及遗传群体的构建，为我国水稻遗传学与功能基因组学研究奠定了重要的材料基础，丰富了水稻育种的亲本资源，在我国超级稻高产育种、水稻分子育种研究及水稻功能基因组学研究中发挥了不可替代的重要作用。

长期坚持不懈的努力，换来了硕果累累，上述系统性成果“水稻重要种质创新及其应用”获得 2010 年国家科技进步奖二等奖。

生产的需求，就是研究的选题

钱前把自己全部的心思，都付予水稻科研事业。长期科研一线的实践，练就了敏锐的观察力和理解力，他总是将着眼点聚焦在水稻生产中产生的重大科学问题上，提炼出团队的研究方向和目标。

杂交稻技术为解决我国粮食安全作出了重大贡献，但因制种环节多、周期长，混杂时有发生，成为杂交稻生产中提高纯度的主要制约因素之一。他瞄准这一问题，在国内率先将 DNA 分子标记技术引入杂交稻品种鉴定研究，相关研究结果在《中国水稻科学》等期刊发表，引用频次达 400 余次，为我国农作物品种相关检测技术的发展奠定了基础。袁隆平院士等在鉴定该项成果时认为：该成果解决了杂交水稻品种真实性鉴定和种子纯度检测的关键技术问题，达到了国际领先水平，对保障国家粮食安全起到了有力的支撑作用。

随着生物技术研究不断突破，钱前和他的团队发现了水稻单蘖突变体，与中国科学院合作克隆了控制水稻分蘖的关键基因 *MOC*1 并解析了其功能，研究结果在 *Nature* 发表，这也是生命科学基础理论研究领域我国科学家在这一权威杂志上发表的第一篇原始性论文，该研究还被评为 2003 年中国十大科技进展。相关成果“高等植物株型的分子基础”获 2005 年国家自然科学二等奖（排名第二）。发现并利用具理想株型特征的少蘖粗秆资源，合作克隆了控制理想株型基因 *IPA*1，为塑造水稻理想株型提供了具有重要应用价值的新基因，研究论文发表于 *Nature Genetics*，研究成果分别入选 2010 年中国科学十大进展和中国十大科技进展新闻。

长期以来，钱前研究员对调控水稻株型及产量形成的重要基因进行了系统深入研究，主持或参与克隆了重要农艺性状基因达 52 个，在 *Nature*、*Science*、*Nature Genetics*、*PNAS* 等影响因子 6.0 以上学术刊物发表研究论文 43 篇，SCI 他引次数 2 060，为水稻分子育种提供了重要基因资源。

他一直针对我国水稻生产的重大需求提出新观点，2003 年提出了“水稻基因设计育种将成为第三次水稻育种突破口”，致力于水稻分子育种的理论与实践相结合；2007 年，主编《水稻基因设计育种》，系统介绍了水稻转基因和分子标记辅助育种的基本原理与方法，阐述了水稻主要性状遗传分析及分子育种的最新进展和基因设计育种的展望；2012 年，主编《水稻分子育种技术指南》，从技术与应用的层面，对水稻分子设计育种的具体实施进行阐述，加强对应用的指导。

稻米品质是水稻最复杂的农艺性状之一，而随着生产技术的进步，消费者对稻米品质的要求也日益提高。钱前研究员与中国科学院合作，通过全基因组关联分析等手段对淀粉生物合成途径基因开展了系统研究，揭示出调控稻米食用和蒸煮品质的精细调控网络，在该理论指导下，主持选育出优质高产的水稻新品种广两优 7203，进行了江西、浙江和南方区试，并通过了浙江省品种审定。

踏实的作风，总有曙光在前头

钱前研究员潜心科研、心无旁骛，求真求实就是他的座右铭。1986 年至 1989 年，他赴日本攻读硕士学位，取得学位后，立即回国投身科研事业。1996 年又赴日进行博士后研究，一年后学有所成，如期归来，更是全身心投入到水稻研究中去。

他不但对自己要求严格，更注重锻炼和培养团队的合作精神。他通过承担国家杰出青年基金、“973”计划、国家基金委创新群体等项目，汇聚优秀的科研人才，充分发挥团队成员的特长，多学科协作攻关，共同取得重要成果。他总是强调，每一次获奖，每一篇优秀论文，都是合作的成果。

他在注重合作的同时，还注重开放和交流。为加强水稻遗传学家和育种家的相互交流，促进基础理论研究成果向育种实践的转化，从 2005 年起，根据研究进展，已组织举办了四届“全国水稻突变体、功能基因组及生物技术育种研讨会”，受到国内外同行的普遍支持和好评。从 2009 年起，已组织三届“中日水稻形态建成国际研讨会”，促进了中日科学家在水稻遗传学和分子育种领域的学术交流。

多年的辛苦付出，荣誉纷至沓来，2 项国家级科技奖励、7 项省部院级科技奖励纳入囊中；获国务院特殊津贴及浙江省和农业部中青年突出贡献专家称号；入选国家百千万人才工程第一层次、中国农业科学院一级岗位杰出人才；被评为浙江省特级专家、获浙江省科学技术重大贡献奖。他还带领团队取得国家杰出青年基金、国家基金委创新研究群体资助，获科技部授予的“十一五”国家科技计划执行优秀团队奖、中华农业科技优秀创新团队奖。

但对钱前研究员来说，获奖只代表对过往工作的总结，下一个目标，仍须脚踏实地地一步步去实现。让我们共同努力，曙光就在前头。

自强不息意飞扬

——记国家杰出青年科学基金项目获得者 姚斌研究员

翻开姚斌研究员的工作履历，是一个个闪光点，1999 年被评为中国农业科学院跨世纪学科带头人；2001 年，主持完成的研究成果“利用基因工程酵母生产植酸酶”获得国家科学技术进步奖二等奖，获国家“863”15 周年先进个人、重要贡献奖，并破格晋升为研究员、博士生导师；2004 年获农业部有突出贡献的中青年专家称号，同年入选“新世纪百千万人才工程国家级人选”；2005 年入选中国农业科学院一级岗位杰出人才并获得政府特殊津贴；2012 年获得国家杰出青年科学基金项目，获评农业部“农业科研杰出人才”。

初出茅庐担大任

1994 年姚斌博士从中国农业科学院研究生院毕业后，来到饲料研究所工作，从此开始了他把高新生物技术与传统饲料工业相结合的创新之路，率先开辟了饲料研究中极具发展潜力的新领域——饲料酶制剂分子生物学与基因工程的研究。

20 世纪 90 年代中后期，中国已成为世界第二大饲料生产国，但是，饲料添加剂尤其是饲料酶制剂的研究水平与西方发达国家相距甚远。饲料酶制剂不仅可以减少饲料中抗生素及其他化学添加剂的使用，提供更为安全、优质的动物产品，而且能大幅度减少动物排泄物中的氮磷等有机物含量，减轻环境污染。同时，酶制剂还可以提高饲料利用率并拓展新的饲料资源。饲用酶制剂的质量取决于酶的活性高低、酶分子的性质及稳定性。当时国内酶制剂研究的主要途径是利用传统方法筛选优良菌种，酶制剂的活性较低，产量和性质都难以满足实际应用需要。国内的酶制剂市场主要由国外公司占有。

在此情况下，他潜心研究基因工程、蛋白质工程、发酵工程等酶制剂技术发展的前沿技术，建立了国内饲料研究第一个分子生物学实验室。1998 年，他出色完成了“863”项目在饲料行业的第一个课题——“饲料用（酸性）植酸酶的研究”，使植酸酶在重组酵母中的最终表达量提高了 37 倍，并在国际上首次成功利用酵母表达系统作为高效表达生产植酸酶的生物反应器，表达量达到 5mg/ml。最终实现了植酸酶的产业化生产，一举打破了酶制剂工业的研发一直由国际上少数大企业垄断的局面，取得了饲料酶制剂发展里程碑式的成就。2001 年，年仅 34 岁的姚斌博士获得了国家科技进步奖二等奖。

溯本求源筑基础

进入 21 世纪以来，饲料用酶的应用效果已在世界范围内得到公认，但到目前为止，除少数品种得到广泛使用外，其他酶种在饲料中的使用量总和不足 30%。相对而言，中国添加酶制剂的饲料的比例远远低于欧美等发达国家水平。为何国际上众多的研究单位、公司投入大量人力物力不能有效解决这些问题？姚斌经过长期的探索与思考认为，其主要原因在于可利用的饲料用酶资源匮乏、酶的性能不能满足需求且生产成本高。他意识到解决这些问题必须回到饲料用酶分子生物学基础研究的科学问题上，只有通过这些深入研究，才能系统性地解决饲料用酶的广泛应用问题。他凝炼出饲料用酶研究中的关键科学问题：①针对饲料用酶的特殊性，有目的地挖掘性质优良的酶基因资源；②酶的催化机制、结构与功能（pH 值、温度、抗蛋白酶、催化效率）的分子基础和生化机理的研究；③ 酶蛋白高效表达的机制问题。多年来，通过这种以饲料用酶的结构与功能、抗逆机制等分子生物学理论研究为基础，以旨在拥有自主知识产权的新微生物和基因资源的挖掘为源头，以基因工程、蛋白质工程和发酵工程研究为手段，以揭示酶的分子催化机制等生命本质和酶产品的产业化开发为目标的系统工作，姚斌带领他的团队实现了饲料用酶从基础研究到产业化生产的完整技术链条构建。

科研转化结硕果

凭借从基础研究到产业化生产的完整技术链条，姚斌率领研究团队开发出多种具有达国际领先水平的饲料用酶新品种。已有植酸酶、β-葡聚糖酶等 10 余种产品实现产业化生产且技术水平在国际上处于领先地位。其中，植酸酶产品占据了 95% 以上的国内市场和较大份额的国际市场。在酶分子的耐酸碱、耐热以及催化效率机制研究方面也有较大突破，并由此指导了酶的进一步分子改良。获得了几百个具有基础理论研究价值或应用价值的新酶或新基因。近 5 年已发表 SCI 论文 130 篇（通讯作者 120 篇），申请发明专利 50 项（32 项已授权）。近 5 年技术转让金额超过 4 000万元，并实现了向发达国家——美国的技术转让（二项次）。进一步确立了在饲料用酶的基础研究和饲料高新技术实际应用上的领先地位，在行业内起到示范作用。

志在未来育新人

熟悉姚斌的人都知道，周末或者节假日在实验室准能看到他的身影。他领导的团队，已经由原来的几个人扩大到几十个人，团队固定的科研工作报告会已经坚持了很多年。作为团队的领导者，他不仅在科研上有前瞻性和创新性，更清醒地看到，任何一项事业的成功，都离不开团队的力量。他认为，高层次创新型科技人才在提高科技发展水平和团队核心竞争力方面具有不可替代的作用，培养和使用好这些人才资源才能占领科技创新的制高点。科研团队是一支由 30 岁左右的青年科学家和研究生为主组成的队伍，针对这一实际情况，他明确团队每个成员的工作重点，团队成员之间的关系既是竞争又是合作。鼓励团队成员自由发挥想像力和创造力，激发与培养团队成员研究问题的兴趣，为团队成员成长为独当一面的人才提供充分的科研资源与话语权。他尤其着重培养交叉学科人才，使各具专长和特点的科技人才之间有充分的思想交流与碰撞，加速科学思想的形成、科研水平的提高。同时，针对这些处于“上有老下有小”状态的科技人员的实际困难，努力为他们改善生活待遇，解决后顾之忧，使他们能够心无旁骛地潜心学术，充分发挥自己的创造力。

在团队中，涌现多名德才兼备，技术拔尖的人才，他们以科学严谨的敬业精神，为更年轻的研究生一代作出了榜样。也有在专业知识海洋里默默无闻，勤恳劳作的耕耘人，他们把自己的专业知识和工作经验毫无保留地传授给身边的研究生和年轻人，无数次地帮助他们解决技术上的疑点和难题，培养出不少技术上过硬的研究生。

姚斌研究员最常说的就是“每个人做好一个点的工作，点多了就连成了线，线多了，就形成了面”，他也正在科研工作中带领他的团队形成一个又一个闪光点，这些闪光点，终将会支撑饲料及酶制剂领域更好更快的发展！

破译蔬菜遗传密码　助力蔬菜分子育种

——记国家杰出青年科学基金项目获得者黄三文研究员

黄三文，1971 年 9 月出生于湖南岳阳。中国农业科学院研究员，博士生导师。1996 年硕士毕业于北京农业大学，2005 年获荷兰瓦赫宁根大学博士学位。现任中国农业科学院蔬菜花卉研究所生物技术研究室主任，功能基因课题组组长，国家“973”项目“主要蔬菜重要品质性状形成的遗传机理与分子改良”首席科学家、国际黄瓜基因组计划首席科学家、国际茄科基因组研究联盟的执行委员、《Journal of Integrative Plant Biology》《Euphytica》和《农业生物技术学报》编委。2012 年获国家杰出青年科学基金、入选科技部中青年科技创新领军人才。

十几年来，黄三文一直拼搏奋斗在蔬菜分子遗传育种研究的第一线，先后主持或参加完成国家级、省部级、国家自然科学基金和国际合作等研究项目 10 余项，获国家科技进步奖二等奖 1 项。在黄瓜和马铃薯等基因组研究、分子遗传学研究上取得了突破性进展，为确立我国在蔬菜基因组学领域的国际先进地位作出了突出贡献。先后发表 SCI 论文 40 篇，SCI 论文累计影响因子达到 280，其中，以第一作者或通讯作者在 Nature、Nature Genetics、Plant Journal 等杂志发表 SCI 论文 17 篇。2011 年获得科技部颁发的“十一五国家科技计划执行优秀团队奖”和 2012 年中国园艺学会颁发的“华耐园艺科技奖”。

初出茅庐

作为洞庭湖边、汨罗江畔的一名农家子弟，有一件事影响了黄三文一生的追求。20 世纪 80 年代，他家种植了袁隆平培育的杂交水稻后产量翻了一番。农业科技的魅力使他报考了北京农业大学，并爱上了植物育种学。1996 年，他如愿来到中国农业科学院蔬菜花卉研究所从事蔬菜遗传育种研究。通过几年的学习和实践，他基本掌握了蔬菜常规育种的技术流程，也逐步认识到这种以表型为选择对象的育种方法存在着育种效率低、数量性状改良难度大的缺陷。当时分子标记技术在国内蔬菜育种研究中尚未应用，他大胆地采用 RAPD 标记方法分析了辣椒育性恢复性状，发现了与主效恢复基因连锁的 RAPD 标记，并在 Euphytica 上发表了第一篇 SCI 论文，并成功地申请了一项国际科研项目。初出茅庐，黄三文就显示出了优秀的科研潜质。

负笈荷兰

2000年9月，研究所推荐他前往荷兰瓦赫宁根大学攻读博士学位，导师是瓦赫宁根大学植物育种系主任Evert Jacobsen教授。晚疫病是马铃薯第一大病害，瓦赫宁根大学当时开展抗病基因克隆工作已经有10年了，尚未取得显著进展。通过深入思考，黄三文认为，失败的主要原因是克隆基因的方法存在问题。他精心准备了一封信，向导师提议应该采取更加可靠的图位克隆法。导师欣然采纳了他的建议，让他放手去做。没有基因组图谱，图位克隆基因仍然是一项非常艰巨的工程，为此黄三文全身心投入了工作。别的学生每天工作8小时，他工作12小时以上；周末对荷兰学生来说是雷打不动的休息时间，而对于他则是利用实验室仪器的大好时间。经过长时期、高强度的努力工作，他成功地克隆了一个重要的抗病基因*R3a*，并与英国科学家合作克隆了*R3a*识别的晚疫病菌无毒基因*Avr3a*。如今*R3a-Avr3a*这一分子互作系统已经成为马铃薯－晚疫病菌互作研究的模式体系。他也因其博士期间的突出表现而获得了2004年度“国家优秀留学生奖学金”。

参与和突破

2005年2月4日，蔬菜花卉研究所生物技术室成立了功能基因课题组，引进了一批优秀科技人才，组成了一支团结精干的队伍。课题组一成立就参与了由荷兰瓦赫宁根大学于2004年发起的大型国际合作项目——国际马铃薯基因组计划（Potato Genome Sequencing Consortium, PGSC）。这是中国参加的第一个蔬菜基因组国际计划，对于我国蔬菜基因组研究起步具有至关重要的作用。后来共有14个国家的28家科研机构参加了PGSC。黄三文作为中方首席科学家负责项目的组织和执行。

2005年至2006年期间，PGSC的研究面临严重困难，主要原因有两个：一是在测序策略上采用了依赖于传统测序技术和高质量物理图谱的技术方案；二是在合作方式上采用按染色体分工的策略，使得项目进度很难掌握。

2006年，新一代DNA测序技术（454、Illumina、SOLiD）刚刚开始浮出水面，新技术的优点是数据产出量高，但缺点是读长短。当时尚无利用新技术对大基因组进行从头测序的先例。黄三文敏锐地意识到新一代DNA测序技术为蔬菜基因组计划带来的机会，也认识到基因组学对园艺学科基础研究整体提升的重要意义，他经过深思熟虑后向研究所提出了书面建议，认为必须发起我方主导的计划来带动我国蔬菜基因组学研究的快速发展。2007年年初，蔬菜花卉所决定自筹经费发起国际黄瓜基因组计划。与其他国际基因组计划不同的是，黄瓜基因组计划大胆地采用了最新的Illumina技术与传统Sanger技术相结合的测序手段和全基因组鸟枪法（Whole Genome Shotgun）的测序策略，并改变了按染色体分工的合作方式，采用了按任务分工的方式。

由于采取了正确的测序策略和高效的组织方式，黄瓜基因组计划进展顺利，其研究成果在2009年11月的《Nature Genetics》上作为封面文章发表，并通过社论对论文重要性进行了评述。这是第一个蔬菜作物全基因组分析论文，也是中国园艺界第一次在高影响因子的学术期刊上发表论文。

从跟跑到领跑

到2008年上半年，PGSC进行的马铃薯基因组计划进度仍然缓慢，黄三文下决心另辟蹊径，采用单倍体材料、全基因组鸟枪法策略和新一代DNA测序技术，于2009年初完成了单倍体马铃薯全基因组序列图的绘制，并初步阐明了马铃薯自交衰退的基因组学机理并发现一批与马铃薯块茎发育相关的基因。在2009年3月爱尔兰会议上，PGSC决定把所有资源集中在中方组织的单倍体马铃薯测序计划上来。此后，该研究进展顺利，在2011年7月《Nature》以封面长篇幅论文发表了马铃薯基因组分析的成果，引起了国内外学界和新闻界的广泛关注，被两院院士评为2011年度“世界十大科技进展新闻”。2012年初，美国植物基因组专家Edward Buckler博士在其发表在《Nature Review Genetics》综述论文中指出：“马铃薯基因组论文是基因组比较分析的优秀范例，作者们采用了单倍体来测序克服了马铃薯基因组的杂合度带来的困难。”

黄瓜、马铃薯基因组计划为我国蔬菜基因组研究凝聚了团队，锻炼和培养了人才。其研究策略被以后开展的白菜、番茄和西瓜基因组计划所采纳。我国取得了国际白菜基因组计划的主导权、发起制定了西瓜基因组计划、并在番茄基因组计划中发挥了重要作用，论文先后在《Nature》和《Nature Genetics》上发表。在2011年《美国植物生物学年会》上，黄三文受邀作了我国蔬菜基因组研究最新进展的大会报告。通过几年来的努力，中国农业科学院蔬菜花卉研究所基因组学研究团队实现了从参与者到引领者的角色转变。

从基因组到新品种

从组织黄瓜和马铃薯基因组研究计划开始，黄三文始终牢记这些基础研究的最终目的是培育拥有自主知识产权的优良品种。为了打通从基因组到新品种这条“顶天立地”的道路，他以黄瓜为研究对象，在三方面狠下功夫，并开始取得可喜进展：

一是继续深化功能基因组研究。黄三文团队与国内外研究团队合作，已经完成了100多个组织的转录组测序，重测序了115份核心种质并绘制了黄瓜的变异组图谱，构建了黄瓜突变体库并正完善遗传转化的技术体系，为发掘、验证黄瓜重要性状基因提供了利器。目前已经产生了超过1Tb（10^{12}bp）的组学数据，在国际园艺学科，黄瓜遗传学和分子生物学研究中率先进入了大数据时代。

二是加强遗传学和分子生物学研究。他的团队构建了第一张遗传－细胞遗传整合图谱、遗传－物理整合图谱、黄瓜－甜瓜－西瓜比较遗传图谱以及变异组图谱，黄瓜可用的分子标记由200个迅速增长到400万个。有了这些图谱，迅速精细定位了30多个重要性状基因，重点对性别决定、苦味形成、果实发育这三个重要性状的遗传和分子机理进行深入研究。目前，在黄瓜苦味形成的分子机制研究上已经取得了重大突破。

三是开展全基因组设计育种。利用变异组数据，设计开发了一张遗传背景选择芯片，模拟证明在超过95%回交组合中可以实现对轮回亲本的遗传背景选择，将在黄瓜分子育种中发挥关键作用。对于重要农艺性状遗传和分子机理的研究，也为分子育种提供了前景选择所需的诊断标记。

黄三文对于国家、中国农业科学院和蔬菜花卉研究所的培养一直怀有一颗感恩的心，他和他的团队正在基因组学的道路上努力奔跑。他说："破译了蔬菜的遗传密码，我们的全基因组设计育种研究才刚刚起步。"

十一、大事记

中国农业科学院2012年大事记

1月

1月5日 为贯彻落实中央农村工作会议和全国农业工作会议精神，配合2012年中央一号文件的实施，财政部教科文司司长赵路、副巡视员宋秋玲等来中国农业科学院就推动农业科技创新工作进行调研。农业部副部长、中国农业科学院院长李家洋，院党组书记薛亮以及有关部门负责人参加座谈。

1月9日 中国农业科学院召开2012年工作会议，农业部副部长、中国农业科学院院长李家洋出席会议并作了题为“解放思想 开拓创新 跨越发展”的工作报告。院党组书记薛亮主持会议，院领导王韧、刘旭、罗炳文、李金祥、唐华俊、贾连奇出席会议。

1月9日 教育部副部长杜占元、科技司司长王延觉，国务院学位委员会办公室副主任郭新立一行5人到中国农业科学院调研指导研究生教育工作。农业部副部长、中国农业科学院院长李家洋，院党组书记薛亮以及院属有关单位的领导参加座谈。

1月13日 中国农业科学院春节团拜会在北京举行。农业部部长韩长赋出席会议，向为我国农业科技进步作出突出贡献的各位院士、广大科技工作者致以新春祝福。农业部副部长张桃林，农业部副部长、中国农业科学院院长李家洋，农业部党组成员、人事司司长梁田庚，农业部总经济师、办公厅主任陈萌山，农业部科教司司长白金明，以及中国农业科学院领导班子成员出席团拜会。来自院属各单位、院机关各部门的主要负责人、在京院士、离退休院领导、在京全国政协委员、各民主党派负责人、科技人员代表共150人参加。团拜会由中国农业科学院党组书记薛亮主持。

1月13日 中国农业科学院在京举办老干部新春团拜会。农业部副部长、中国农业科学院院长李家洋，院党组书记薛亮，院领导王韧、刘旭、李金祥、唐华俊、贾连奇等出席团拜活动。

1月13日 解放军艺术学院与中国农业科学院迎新春联谊会在北京举办。中国农业科学院党组书记薛亮代表中国农业科学院致辞。院领导王韧、刘旭、李金祥、唐华俊、贾连奇等出席联谊会。

1月13日 中国农业科学院党组书记薛亮会见泰国农业与合作部部长顾问塔玛拉特·王里（Tamarat Wanglee）先生一行，双方就加强农业科技领域的合作等问题交换了意见。

1月16日 龙年新春佳节前夕，农业部副部长、中国农业科学院院长李家洋，院党组书记薛亮，院领导王韧、刘旭、罗炳文、李金祥、唐华俊、贾连奇分别看望了院级老领导、在京院士、红军时期老干部以及遗属，向他们送去新春的祝福和节日的慰问。

1月17日　农业部发展计划司司长钱克明、副司长郭红宇一行4人到中国农业科学院座谈，征求对《全国农业科技创新能力条件建设规划》的意见。农业部副部长、中国农业科学院院长李家洋，副院长李金祥等出席座谈会。

1月17日　中国农业科学院召开2012年第一次安全生产工作会议。院安全生产委员会委员和院属京区各单位、院机关各部门主管安全生产工作的领导出席会议。会上传达了国务院安全生产有关会议精神和韩长赋部长对安全生产工作的批示。院党组副书记、院安全生产委员会主任罗炳文对全院2011年安全生产工作进行了回顾与总结，布置了2012年的工作重点，同时强调要做好春节期间的安全稳定工作。

1月18日　中国农业科学院副院长李金祥深入马连洼住宅小区和图书馆项目工地进行节前安全检查和慰问。李金祥仔细询问了春节期间工地值班安排、安全防范措施、应急预案等情况，强调一定要加强消防防范，做好易燃易爆物的清理和消防设施配备工作，特别是小区物业部门要对住户进行安全燃放烟花的教育和管理。

1月18日　中国农业科学院召开党外人士迎春团拜会。院京区全国政协委员、北京市政协委员，各民主党派、侨联负责人和无党派人士代表参加了团拜会。院党组副书记罗炳文代表院党组通报了全院2011年完成的重点工作、取得的成绩以及2012年院工作会议的有关精神，回顾了院统战工作的主要成绩，并对2012年的工作提出了要求。

1月19日　农业部副部长、中国农业科学院院长李家洋会见来访的国际马铃薯中心亚太中心主任卢肖平先生一行，双方就进一步推动国际马铃薯中心亚太中心的建设工作交换了意见。唐华俊副院长参加会见。

1月19日　农业部科技教育司司长白金明率领全司领导和各处处长13人来中国农业科学院调研，农业部副部长、中国农业科学院院长李家洋，副院长王韧、刘旭等出席座谈会。

1月21日　龙年春节即将到来之际，农业部副部长、中国农业科学院院长李家洋，院党组书记薛亮，先后到院保卫处、收发室、热力站、配电室、职工食堂、门诊部、派出所、车管部、院办公室秘书处看望慰问在春节期间仍需坚守岗位的一线职工，向他们送去院领导的关怀和温暖。

2月

2月6日　在龙年元宵佳节到来之际，中国农业科学院召开新闻媒体座谈会，与记者沟通情况，座谈对2012年中央一号文件的学习体会，介绍中国农业科学院农业科技创新工作的思路和打算。农业部副部长、中国农业科学院院长李家洋，院党组书记薛亮，副院长刘旭、唐华俊等出席座谈会。

2月7日　中国农业科学院副院长李金祥主持召开科研条件建设工作协调座谈会，

探讨2012年及今后一段时期全院科研条件建设工作的思路和打算，并就2012年重点工作进行了部署。

2月9日 农业部副部长、中国农业科学院院长李家洋会见了国际农业生物技术应用服务组织（ISAAA）董事会主席克莱夫·詹姆士（Clive James）博士一行。双方就20国集团（G20）会议、生物技术安全等共同关注的问题交换了意见。王韧副院长参加会见。

2月10～13日 农业部副部长、中国农业科学院院长李家洋专程赴院海南试验基地视察。分别听取了水稻所、棉花所、作科所、蔬菜所、生物所关于南繁基地的工作汇报，并深入试验田和实验室与科研人员交谈，详细了解科研试验及职工生活等情况。

2月11日 由科技部、农业部、林业局、教育部、海南省人民政府共同主办的“第二届中国博鳌农业（种业）科技创新论坛”在海口召开。农业部副部长、中国农业科学院院长李家洋应邀出席论坛并作了题为“加强种业科技创新 确保中国粮食安全”的主旨报告。

2月14日 为贯彻落实2012年工作会议精神，推动全院国家自然科学基金重点、重大、优青、杰青及创新研究群体等项目的申请工作，中国农业科学院在京组织召开了2012年国家自然科学基金项目发展工作会。农业部副部长、中国农业科学院院长李家洋出席会议并讲话。国家自然科学基金委员会生命科学部常务副主任杜生明应邀作专题报告。会议由刘旭副院长主持。

2月14～15日 由中国种业知识产权联盟主办的“种业知识产权研讨会暨第五届全国农业知识产权论坛”在京举行。中国农业科学院王韧副院长出席会议并讲话。

2月16日 中国农业科学院副院长唐华俊赴美参加由中美两国农业部共同主办的首届中美农业高层研讨会，并就如何加强中美农业可持续发展问题作了发言。

2月20日 科技部农村科技司司长陈传宏率全司领导及各处处长一行8人到中国农业科学院调研。农业部副部长、中国农业科学院院长李家洋，刘旭副院长参加座谈，介绍了中国农业科学院的基本情况、2011年科技工作进展及下一步发展目标与重点工作。

2月23日 农业部副部长、中国农业科学院院长李家洋会见来访的荷兰瓦赫宁根大学及研究中心校长兼董事会主席戴克豪森博士（Dr. Aalt Dijkhuizen）一行。双方就20国集团（G20）会议、全球食品安全研究联盟第二次筹备会议等共同关注的问题交换了意见。唐华俊副院长参加会见。

2月24日 中国农业科学院召开直属机关2012年党的工作会议，总结回顾2011年院直属机关党的工作，研究部署2012年的工作。院党组书记薛亮出席会议并讲话。院党组副书记、直属机关党委书记罗炳文作工作报告。

2月24日 中国农业科技创新海南（文昌）基地规划研讨会在海南省文昌市召开。中国农业科学院、中国热带农业科学院、中国水产科学研究院、农业部规划设计研究院、西藏自治区农牧科学院等筹建单位的领导和专家50余人参加会议。会议由中国农业科学院李金祥副院长主持。

2 月 29 日　农业部副部长、中国农业科学院院长李家洋会见了江西省人民政府姚木根副省长以及省政府、省农业科学院的有关领导。双方就进一步加强农业科技合作进行座谈。王韧副院长出席了座谈会。

3 月

3 月 1 日　中国农业科学院副院长王韧会见来访的阿根廷全国科技研究委员会（CONICET）主任法乌斯蒂诺·斯涅里斯（Faustino Sineriz）一行。王韧介绍了我国的农业科研和推广体系、科研投入以及中国农业科学院的基本情况。

3 月 1 日　农业部副部长、中国农业科学院院长李家洋会见了比尔及梅琳达·盖茨基金会农业发展部副主任罗伊·斯坦一行。李家洋对斯坦的来访表示欢迎，并简要介绍了中国农业科学院的科研情况。王韧副院长参加会见。

3 月 1 日　中国农业科学院农业经济与政策顾问团新一届顾问聘任仪式暨 2012 年工作会议在京召开。农业部副部长、中国农业科学院院长李家洋为顾问团新一届顾问颁发聘书。会议由唐华俊副院长主持。

3 月 5 日　中美农业战略合作规划研讨会在中国农业科学院召开。农业部副部长、中国农业科学院院长李家洋出席会议并讲话。农业部国际合作司司长王鹰、副司长谢建民，科教司司长白金明，质监局局长马爱国，中国农业科学院副院长王韧、唐华俊以及相关单位专家参加会议。

3 月 6 日　中国农业科学院召开贯彻落实 2012 年反腐倡廉工作任务分工会议。院党组副书记、纪检组组长罗炳文出席会议并讲话。院机关各部门负责同志和纪检监察干部参加了会议。会议传达了农业部 2012 年反腐倡廉工作任务分工会议精神。院党组成员、人事局局长贾连奇宣读了《中国农业科学院贯彻落实 2012 年反腐倡廉工作任务的分工意见》。

3 月 6 日　农业部种子管理局组织中国农业科学院作物科学研究所与来自北京、内蒙古、辽宁、黑龙江、河南 5 省（市、自治区）的 8 家种子企业签署了玉米种业科企联合创新合作协议，旨在创建玉米商业化育种新机制方面实现突破。农业部副部长、中国农业科学院院长李家洋出席签字仪式并讲话。他强调，这次合作要在机制上进行积极探索，通过机制创新，突破体制障碍，探索出一条适合中国国情的商业化育种新模式，实现互惠共赢，为全面提升我国民族种业竞争力，促进我国农业生产长期稳定发展，确保粮食安全作出新的、更大的贡献。党组书记薛亮、副院长王韧出席会议。

3 月 10 日　中国农业科学院棉花研究所举行棉花生物学国家重点实验室揭牌仪式。刘旭副院长出席揭牌仪式。

3 月 12 日　中国农业科学院副院长王韧会见罗马尼亚农业及兽药大学校长索兰·钦皮亚努教授（Sorin Cimpeanu）一行，双方就加强农业科技合作等问题交换了意见。

3 月 13 日　中国农业科学院副院长王韧会见了来访的越南农业科学院院长阮文部

(Nguyen Van Bo) 一行。双方签署了合作谅解备忘录，并商讨在作物遗传育种、畜牧业管理和人才培养等领域的进一步合作。

3月14日 外交部国际司参赞谈践一行5人到中国农业科学院调研。农业部国际合作司王维琴调研员、中国农业科学院副院长唐华俊等出席座谈会。

3月14日 新当选的海淀区第十五届人大代表、中国农业科学院副院长李金祥与中国农业科学院社区代表座谈，认真倾听居民诉求，广泛征求居民对社区建设和社区管理的意见建议。

3月15~16日 由中国农业科学院、先正达基金会共同举办的"亚洲农业技术推广专家咨询会"在京召开。来自中国、越南、印度和印度尼西亚等国以及联合国粮农组织、国际农业发展基金会、国际应用生物科学中心、国际食物政策研究所的60余位代表出席会议。中国农业科学院副院长王韧出席会议并在开幕式上致辞。

3月18日 中国农业科学院棉花研究所在京召开新闻发布会宣布，由棉花所联合全国40多家科研、教学单位，经过多年的协作攻关，成功创制了优质纤维、优质大铃转基因棉花种质新材料，标志着我国第二代转基因棉花新品种研究取得重大突破。

3月19日 农业部副部长、中国农业科学院院长李家洋到新乡综合试验基地调研，详细考察了基地科研办公区和田间试验区项目建设进展，听取新乡基地建设及工作情况的汇报。河南省副省长刘满仓专程赶赴新乡与李家洋就加强院地科技合作交换意见。

3月20日 中国农业科学院召开传达贯彻"两会"精神干部大会。院党组成员、人事局局长贾连奇传达了"两会"概况、主要精神。院党组副书记、直属机关党委书记罗炳文出席大会并就中国农业科学院贯彻落实全国"两会"精神讲话。

3月21日 中国农业科学院王韧副院长会见来访的国际马铃薯中心（CIP）首席运营官兼国际马铃薯中心亚太中心（CCCAP）筹建专门工作组组长大卫·泰瑞浩特（David Theriault）先生一行，双方就CIP改革、CCCAP筹建以及加强合作等问题交换了意见。

3月22日 中国农业科学院召开特色文化建设座谈会，来自院属12个研究所的负责同志介绍了各单位展室、陈列室、标本馆、图书馆、科普出版物等特色文化的建设情况，畅谈了下一阶段的工作打算，并就推进全院特色文化整合，形成特色文化品牌提出了意见和建议。院党组书记薛亮出席会议并讲话。

3月26日 由中国农业科学院、河北省廊坊市广阳区委区政府共同主办的"广阳模式"经验交流会在广阳召开。中国农业科学院副院长刘旭，农业部科教司推广处处长王青立、科技发展中心成果转化处处长郭瑞华，广阳区区委书记尹广泰、区长陈斌等领导出席会议并讲话。

3月27~29日 由中国农业科学院、辽宁省人民政府共同主办的中国锦州农业科技博览会暨第十六届中国（锦州）北方农业新品种新技术展销会在锦州举行。中国农业科学院王韧副院长出席开幕式并讲话。

3月29~30日 中国农业科学院在北京召开了第七届学术委员会第二次会议。来自全国有关省（市、自治区）农业科学院、高等院校、中国科学院以及中国农业科学院的 130 余位委员出席会议。会议由刘旭副主任委员主持。农业部副部长、中国农业科学院院长、院学术委员会主任委员李家洋作了题为“建设一流现代院所　支撑服务现代农业”的工作报告。

3 月 31 日　农业部副部长余欣荣率办公厅、计划司、种植业司、种子局等相关司局领导到中国农业科学院作物科学研究所调研我国现代种业发展情况。党组书记薛亮、副院长刘旭陪同调研。余欣荣先后考察了国家农作物种质资源长期库和农作物基因资源与基因改良国家重大科学工程有关实验室，听取了相关科研进展情况汇报。

4 月

4 月 4 日　农业部副部长、中国农业科学院院长李家洋会见来访的泰国公主诗琳通一行。双方就如何加强中泰农业科技合作深入交换了意见。王韧副院长等参加会见。

4 月 5 日　农业部副部长、中国农业科学院院长李家洋会见来访的国际食物政策研究所（IFPRI）所长樊胜根博士一行，双方回顾了合作进展，并就加强农业科技领域的合作及其他共同关注的问题交换了意见。王韧副院长等参加了会见。

4 月 6 日　农业部副部长、中国农业科学院院长李家洋会见了来访的墨西哥国家林业、农业和牧业研究院院长佩德罗·布拉哈奇·加耶戈斯博士（Pedro Brajcich）一行。双方就加强中墨农业科技合作有关问题深入交换了意见，并签署科技合作协议。

4 月 9 ~ 10 日　中国农业科学院第七次研究生教育工作会议在京召开。农业部副部长、中国农业科学院院长兼研究生院院长李家洋，农业部科教司副司长石燕泉，中国农业科学院副院长王韧、唐华俊，以及院机关、京内外研究所的 120 余位代表出席了会议。

4 月 15 日　农业部副部长、中国农业科学院院长李家洋到海南三亚看望正在一线指导超级稻育种的袁隆平院士。李家洋高度评价了袁先生长期以来为保障国家粮食安全所作出的巨大贡献，对袁先生在水稻研究领域的坚持不懈表示敬意。

4 月 16 日　中国农业科学院副院长王韧会见来访的国际原子能机构副总干事夸库·安宁（Kwaku Aning），介绍了中国农业科学院农业科研成就以及我国的农业技术推广体系。双方就加强农业科技领域合作问题进行了探讨。

4 月 17 日　中国农业科学院副院长王韧会见了来访的作物国际协会（CropLife International）生物技术法规事务代表团，双方就加强生物技术法规等领域的合作交换了意见。

4 月 17 日　由中国农业部和爱尔兰农业、食品和海事部共同主办、中国农业科学院与爱尔兰驻华大使馆承办的“中国 – 爱尔兰保障未来食品生产安全与可持续发展研讨会”在中国农业科学院举行。爱尔兰农业、食品和海事部部长西蒙·科文尼（Simon Coveney），爱尔兰驻华大使戴克澜（Declan Kelleher），农业部国际合作司副司长刘英杰，中国农业科学院王韧副院长出席研讨会并致辞。

4月21日 中国农业科学院副院长王韧会见来访的比尔和梅琳达·盖茨基金会全球发展项目总裁克里斯托弗·伊莱亚斯（Christopher J. Elias）先生一行。王韧向来宾介绍了我国现代农业体系的整体发展情况、面临的挑战以及未来的发展战略。双方高度评价已有的合作，并就如何拓展合作领域进行了探讨。

4月21日 中国农业科学院机关工会组织召开了首届工会成立大会暨春季踏青长走活动。院党组副书记、直属机关党委书记罗炳文，院党组成员、人事局局长贾连奇，院机关工会80余名会员参加了活动。

4月21日 由农业部、重庆市人民政府、中国农业科学院农业经济与政策顾问团共同主办的“2012中国农村经济论坛”在重庆开幕。重庆市市长黄奇帆，农业部副部长、中国农业科学院院长李家洋，农业部副部长陈晓华出席论坛。开幕式由顾问团团长万宝瑞主持。李家洋在会上作了题为“加强农业科技创新　助力现代农业发展”的演讲。

4月25～28日 中国农业科学院纪委书记及纪检监察干部培训班在成都举办。院党组副书记、纪检组组长罗炳文出席开班仪式，并就办好培训班和做好纪检监察工作提出意见。来自院属各单位、院机关各部门的纪委书记和纪检监察干部共计80余人参加了培训。

4月26日至5月6日 应美国国家科学院、国际食物政策研究所、美国农业部农业研究局以及加拿大农业与农业食品部等机构的邀请，农业部副部长、中国农业科学院院长李家洋率中国农业科学院代表团访问了美国和加拿大，进一步推进了与两国政府部门、高等院校及国际组织在农业科研和教育领域的深入合作。

4月28日 我国著名农业机械工程专家，农业部南京农业机械化研究所和我国高校农业工程系的奠基人，为我国水稻机械化科技创新作出重大贡献的农机化所研究员蒋耀先生百岁华诞祝寿会在深圳举行。中国农业科学院党组书记薛亮，院党组成员、人事局局长贾连奇等有关领导、专家、学者以及蒋耀先生家属共80多人出席了祝寿会。

4月28日 中国农业科学院党组书记薛亮，院党组成员、人事局局长贾连奇到中国农业科学院深圳生物育种创新研究院调研，先后考察了华大基因研究院和深圳院试验基地、建设用地、科研办公生活用房等基础设施建设情况，并与大鹏新区管委会主任何永志、副书记黄伟等进行了交流。

4月29日 农业部发展计划司司长钱克明到中国农业科学院调研指导基地建设工作。中国农业科学院副院长李金祥表示，中国农业科学院将按照部发展计划司的要求，进一步加强研究，凝练工作思路，科学规划，强化项目管理，确保投资发挥最大效益。

4月29日 农业部副部长陈晓华在中国农业科学院副院长唐华俊陪同下到柑橘研究所调研。陈晓华实地考察了国家柑橘工程技术研究中心加工中试车间、国家柑橘苗木脱毒中心无病毒良种繁育圃、国家果树种质（重庆）柑橘圃、农业部柑橘及苗木质量监督检验测试中心实验室等地，听取了柑橘所关于中国柑橘产业发展和柑橘所改革发展情况的汇报。

5 月

5 月 3 ~ 4 日 为贯彻落实 2012 年中央一号文件精神和农业科技促进年有关活动，中国农业科学院党组书记薛亮率领科技管理局、蔬菜花卉研究所、北京畜牧兽医研究所、农业资源与农业区划研究所、果树研究所有关领导对大连市都市型现代农业发展情况进行了考察调研，并就中国农业科学院与大连市农业科技合作情况进行座谈。

5 月 4 日 中国农业科学院第四期加拿大英语强化培训班开班仪式在圭尔夫大学举行。农业部副部长、中国农业科学院院长李家洋，圭尔夫大学校长阿拉斯泰尔 · 萨穆瑞（Alastair Summerlee）教授，安大略省议员莉兹 · 桑德斯（Liz Sandals）女士出席开班仪式并致辞。第四期培训班 24 名学员和圭尔夫大学相关人员共 50 余人参加了开班仪式。

5 月 8 日 中国农业科学院副院长刘旭会见了来访的美国农业部农业研究局北大西洋区域项目主任达里乌兹 · 斯威特利克（Dariusz M. Swietlik）博士。

5 月 9 日 来自中国农业科学院院属单位的 11 对新人在国家农业科技展示园举办集体婚礼。院党组副书记罗炳文、副院长唐华俊出席活动，为 11 对新人证婚并送上了祝福。

5 月 9 日 中国农业科学院在京召开基本科研业务费增量项目启动会，以进一步明确增量项目的管理要求，为确保预算执行进度、促进项目顺利实施奠定基础。刘旭副院长出席会议并讲话。院属各研究所分管科研的副所长或科研处处长共 40 多人参加了会议。

5 月 9 日 农业部畜牧业司副司长王宗礼一行 3 人到中国农业科学院农业信息研究所调研，就农业监测预警工作进行座谈。李金祥副院长，信息所部分科研人员参加了座谈会。

5 月 10 日 农业部副部长、中国农业科学院院长李家洋会见来访的拜耳作物科学公司生物科学部全球总裁玛蒂耶斯 · 克莱曼（Mathias Kremer）先生一行。双方就进一步加强农业科技领域的合作交换了意见。李家洋介绍了中国农业科学院的基本情况和发展战略，并对双方已有的合作成果表示肯定和赞赏。

5 月 10 ~ 19 日 中国农业科学院副院长李金祥应邀率团访问美国堪萨斯州立大学、佛罗里达大学、北卡罗来纳州立大学和墨西哥农林牧研究院以及国际玉米小麦改良中心等机构，进一步推进了中国农业科学院与两国高等院校及国际组织在农业科研和教育领域的合作。

5 月 11 日 中国农业科学院党组副书记罗炳文带队参加了农业部直属机关工会举办的“拥抱阳光　健康生活”农业部职工健步走活动。

5 月 12 日 中国农业科学院副院长王韧带队参加了农业部在湖北恩施召开的武陵山区定点扶贫暨行业扶贫工作会议。

5月13日 中国农业科学院、北京雷力（集团）公司在京举办院企战略合作启动仪式。中国农业科学院副院长王韧同北京雷力（集团）公司董事长郭占武在战略合作协议上签字。根据协议，双方将共同打造“移动大讲堂”、“智能农博士”、“身边样板田”等基层农业技术推广活动品牌，促进农业科技推广服务与成果转化，创新基层农业技术推广新模式，形成院企和农民、政府部门、社会等多方共赢的局面。

5月14日 农业部副部长、中国农业科学院院长李家洋会见中粮集团公司总裁助理岳国君一行。双方就科技合作和人才培养等方面的事宜进行深入探讨。李家洋向客人介绍了中国农业科学院科研机构、学科布局以及成果转化方面的情况。

5月16日 农业部副部长、中国农业科学院院长李家洋会见了来访的国际玉米小麦改良中心（CIMMYT）主任托马斯·拉普金（Thomas Lumpkin）博士一行。双方就进一步加强农业科技合作及共同关注的问题交换了意见。双方签署了关于深圳生物育种创新研究院合作研究协议备忘录。

5月17日 中国农业科学院副院长王韧会见来访的美国密苏里大学副校长汤姆·佩恩教授（Tom Payne）一行。王韧介绍了中国农业科学院最新科研进展和发展战略等方面的情况，以及我国当前阶段农业发展面临的重大选择和挑战。

5月18日 中国农业科学院党组书记薛亮、王韧副院长会见了来访的悉尼大学校长迈克尔·斯宾塞先生（Michael Spence）一行，并向外宾介绍了中国农业科学院的机构设置、优势领域、发展战略以及国际合作等方面的基本情况。王韧向斯宾塞先生介绍了中国农业科学院国际合作的发展思路和国际留学生等方面的情况。会后，双方共同签署了科技合作谅解备忘录。

5月21日 中国农业科学院现代农业科研院所建设战略研讨会在京开幕。农业部部长韩长赋、科技部副部长张来武、财政部教科文司副司长宋秋玲应邀出席会议并作专题报告。农业部副部长、中国农业科学院院长李家洋主持会议。院领导薛亮、王韧、刘旭、罗炳文、李金祥、唐华俊、贾连奇出席会议。院属京外单位党政主要领导，院属京内各单位及院机关各部门领导班子成员约110人参加了会议。

5月23日至6月8日 应韩国农村振兴厅、俄罗斯农业部和联合国粮农组织世界粮食安全委员会的邀请，中国农业科学院副院长唐华俊率团访问韩国和俄罗斯，并出席了第16届亚太经合组织（APEC）农业技术合作工作组（ATCWG）年会、APEC粮食安全主席之友会议、第二届APEC粮食安全部长级会议和第五届世界粮食安全委员会粮食安全与营养问题高级专家组（HLPE）指导委员会会议。

5月24日 中国农业科学院副院长王韧与来访的安徽省蚌埠市市长周春雨一行座谈。王韧介绍了中国农业科学院在科技创新、人才队伍、科技平台、成果转化以及未来发展战略等方面的情况，希望与蚌埠进一步加强农业科技方面的合作。

5月25日 中国农业科学院党组书记薛亮会见前来调研的外交部外事管理司林松添司长一行。林松添应邀作了题为“国际形势与中国外交”的专题报告，并参观了国家农业科技展示园。王韧副院长等陪同座谈。

5 月 26 日 中国农业科学院农业资源与农业区划研究所举行祁阳红壤实验站中长期（2012—2020 年）发展规划论证会。院党组书记薛亮、副院长李金祥出席会议。会议听取了祁阳站基本情况、功能定位与发展需求、建设目标与布局、建设内容与规模、投资估算与建设进度、预期效益与保障措施 6 个方面的汇报。与会领导和专家进行了讨论，对规划的修改提出了意见和建议。

5 月 29 日 海淀区政协主席彭兴业率队到中国农业科学院座谈，并走访了在中国农业科学院的海淀区政协委员。会上，院党组书记薛亮介绍了中国农业科学院在科技创新、人才队伍、科技平台、成果转化、未来发展战略等方面的情况。

5 月 29 日 中国农业科学院中西部 9 所廉政文化建设经验交流会在长沙召开。院党组副书记、院党组纪检组组长罗炳文出席会议。中南、西北片的 9 个研究所的分管领导、纪检干部共计 20 余人参加会议。

5 月 30 日 中国农业科学院与江西省人民政府合作共建鄱阳湖生态经济区现代农业科技创新示范基地协议签字仪式在南昌举行。农业部副部长、中国农业科学院院长李家洋和江西省副省长姚木根代表双方在协议书上签字，并为基地揭牌。王韧副院长出席签字仪式。

5 月 30 日至 6 月 8 日 为进一步加深中国农业科学院与非洲国家农业科研单位的沟通与了解，深入挖掘中非双方在农业科技方面的合作潜力，刘旭副院长应邀率团对南非和博茨瓦纳进行访问，与两国有关科研单位就加强双边农业科技合作和能力建设进行磋商，制定和落实了合作工作计划。

6 月

6 月 1 日 中国农业科学院副院长王韧来到院幼儿园，和孩子们一起欢度节日。他充分肯定了幼儿园在教书育人、服务京区各单位、服务科研等方面取得的成绩，代表院党组向全体教职员工致以慰问，祝愿孩子们茁壮成长。

6 月 2 日 中国农业科学院与内蒙古自治区巴彦淖尔市人民政府签署农业科技合作协议。王韧副院长和巴彦淖尔市常务副市长王建平分别代表双方在协议书上签字，并为“中国农业科学院巴彦淖尔市农业高新技术示范基地”揭牌。

6 月 12 日 智利国家农牧研究院院长瓦尔迪维亚先生（Pedro Bustos Valdivia）和国际合作部主任卡斯摩先生（Oscar Paredes Carcamo）到中国农业科学院访问。唐华俊副院长会见了外宾。双方就进一步深化在农业科研和能力建设方面的合作进行了探讨。

6 月 13 日 农业部副部长、中国农业科学院院长李家洋会见欧盟委员会农业委员达契安 · 乔罗什一行，双方就进一步加强中欧农业科技合作深入交换了意见。访问期间，欧盟代表团参观了国家农业科技展示园和国家农作物种质资源长期库。王韧副院长参加会见并陪同参观。

6 月 15 日 农业部副部长、中国农业科学院院长李家洋会见了安徽农业大学党委书记赵庆良、校长宛晓春一行。双方就加强协同创新和人才培养等进行了交流。王韧副院长参加会见。

6月15日 中国农业科学院副院长刘旭会见来访的美国马里兰大学副教务长、研究生院院长查尔斯·卡梅乐教授（Charles Caramello）一行。双方围绕合作平台建设、研究生交换等方面的工作交换了看法，并达成初步合作意向。

6月19日 农业部副部长牛盾、中纪委驻部纪检组组长朱保成一行9人来中国农业科学院调研，座谈总结参加亚太经合组织（APEC）“粮食安全周”系列会议情况，并听取和了解我国作为APEC农业技术合作工作组（ATCWG）牵头国以来的工作进展。农业部副部长、中国农业科学院院长李家洋及院党组书记薛亮参加了座谈会。

6月21日 农业部副部长、中国农业科学院院长李家洋会见了来访的加拿大农业及农业食品部助理副部长乔迪·爱劳德（Jody Aylard）女士一行，双方就共同感兴趣的合作议题交换了看法并达成共识。

6月25日 中国农业科学院机关离退休党总支召开“两优一先”表彰暨庆祝建党91周年红歌演唱会。院党组副书记罗炳文，院党组成员、人事局局长贾连奇出席演唱会。院机关离退休党员及院老年艺术团部分成员近200人参加了活动。

6月26日 中国农业科学院副院长王韧会见孟山都公司副总裁杰瑞·耶里（Jerry Hjelle）先生一行4人。双方就进一步加强在农业科技领域的合作交换了意见。

6月26日 中国农业科学院召开纪念建党91周年暨创先争优表彰大会。会议表彰了2010—2011年度先进基层党组织30个、优秀共产党员60名和优秀党务工作者30名，表彰了2008—2011年度“十佳青年”和“青年文明号”。农业部副部长、中国农业科学院院长李家洋，在京院领导薛亮、王韧、刘旭、罗炳文、唐华俊、贾连奇出席会议。

6月27~30日 为进一步加强与东南沿海经济发达地区的合作，充分利用沿海地区的资源、资金、区域优势以及发挥中国农业科学院技术、成果、人才等优势，中国农业科学院党组书记薛亮带领院属有关单位负责人到厦门市和福建省农业科学院调研考察，就进一步加强科技合作等事宜进行了交流。

6月29日 由农业部农产品加工局、中国农业科学院和山东省农业科学院联合主办，农产品加工研究所牵头承办的全国农产品加工百家院所百家企业对接活动在济南举行。来自全国120多家科研院所、高等院校和200多家农产品加工企业的400余名代表参加了此次活动。王韧副院长出席开幕式并讲话。

6月30日至7月6日 应罗马尼亚农林科学院、罗马尼亚农业科学与兽医药大学及德国顶级新能源类沼气公司（MT-ENERGIE）的邀请，中国农业科学院副院长王韧率团访问罗马尼亚和德国。期间，了解了罗马尼亚科研院所和德国新能源产业在农业科研方面的进展、管理机制及国际合作重点领域；深入探讨合作潜力及可能性，寻找合作渠道及途径；签署了中罗共建农业科技园合作协议。

7月

7月2～4日 中国农业科学院2013—2015年度修缮购置专项工作规划和2013年度项目申报答辩会议在北京举行。中国农业科学院副院长唐华俊出席会议。院属30个研究所有关负责人及相关管理人员100余人参加会议。

7月4日 我国著名动物病毒及免疫学家、中国工程院院士、中国农业科学院哈尔滨兽医研究所一级研究员沈荣显的遗体告别仪式在哈尔滨天河园观天厅举行。中共中央总书记、国家主席胡锦涛对沈荣显院士的逝世表示哀悼，并对其家属表示慰问。党和国家领导人温家宝、李长春、习近平、李克强、周永康、刘延东、李源潮、张德江对沈荣显院士的逝世表示哀悼，对其家属表示慰问并送花圈。农业部、黑龙江省有关部门以及相关大学、省农科院、中国农业科学院的领导和代表，沈荣显院士的学生、生前好友、亲属和同事参加了遗体告别仪式。

7月4日 中国农业科学院第五期英语培训班结业典礼在南京农业大学举行。南京农业大学副校长陈利根教授出席典礼并致辞，中国农业科学院党组成员、人事局局长贾连奇作总结讲话。结业典礼上表彰了11位优秀学员，为29位学员颁发了结业证书。

7月4日 中国农业科学院研究生院2012届研究生毕业典礼暨学位授予仪式在北京举行。农业部副部长、中国农业科学院院长兼研究生院院长李家洋，中国农业科学院党组副书记罗炳文，院属各单位、院机关各部门的领导，研究生导师、研究生院教职工及企业代表、2012届全体毕业生参加毕业典礼。

7月9～11日 中国农业科学院财务工作会暨领导干部财务培训班在青岛召开。中国农业科学院副院长唐华俊、农业部财务司巡视员邓庆海及财政部教科文司、农业部科教司有关领导出席会议。全院36家单位分管财务的领导和财务机构负责人共计101人参加了会议。

7月10日 农业部部长韩长赋视察中国农业科学院柑橘研究所，实地查看了国家柑橘种质资源圃、国家柑橘苗木脱毒中心良种繁育圃和国家柑橘工程技术研究中心加工中试车间，听取了柑橘所的汇报。韩长赋希望，柑橘所要认真贯彻落实中央一号文件和全国科技创新大会精神，按照中央发展现代农业的部署要求，紧紧抓住发展机遇，加快发展，建立健全现代农业科研院所制度，把柑橘所建设成为国际一流的研究所。

7月10日 中国农业科学院召开成果转化局领导干部任职宣布会。王韧副院长出席会议并讲话。王韧指出，成立成果转化局是农业部党组和中国农业科学院党组进一步加强全院科技成果转化工作的一项重要部署，对于推进中国农业科学院科技创新与成果转化、提升支撑服务现代农业发展能力、加快实现“顶天立地”的目标具有重要意义。会议由院党组成员、人事局局长贾连奇主持。

7月12日 中国农业科学院副院长王韧会见了来访的非洲能力建设基金会执行秘书傅兰妮·李奥蒂尔（Frannie Léautier）博士。双方就如何开展合作交换了意见，并签署合作谅解备忘录。

7月13日 中国农业科学院与意大利巴里大学联合建立的“中-意果树科学联合实验室”在辽宁省葫芦岛市揭牌。该实验室是我国与意大利在果树学领域建立的第一个联合实验室，是落实农业部提出的实施全球农业合作战略布局的重要内容，将对中意双方果树产业的发展起到积极的推动作用。中国农业科学院副院长王韧出席揭牌仪式并讲话，科技部国际合作司陈霖豪副司长、农业部种植业司何才文副巡视员出席了揭牌仪式。

7月16日 中国农业科学院第五期外事培训班在青岛举办。王韧副院长出席开幕式并讲话。来自院属33个单位的近100名代表参加了会议。

7月17日 中国农业科学院副院长刘旭会见来访的泰国国家科技发展署高级顾问、诗琳通公主科技项目委员会副主席泰勒什·达查雅蓬（Pairash Thajchayapong）教授一行。双方就中泰农业科技合作和共同举办中泰研讨会等事宜进行了深入交流。

7月18~19日 中国农业科学院举办博士后管理人员业务培训班。院党组成员、人事局局长贾连奇出席开班仪式并讲话。全院32个单位的60余名人事部门负责人和博士后工作管理人员参加了培训。

7月18~20日 中国农业科学院2012年工会干部培训班在云南省昆明市召开。院属京内外各单位工会主要负责人共50多人参加培训。

7月20日 中国农业科学院副院长王韧会见了比尔与梅琳达·盖茨基金会首席执行官杰夫·雷克（Jeff Raikes）一行。

7月20日 中国农业科学院副院长王韧会见来访的澳大利亚国际农业研究中心（ACIAR）首席执行官尼古拉斯·奥斯丁（Nicholas Richard Austin）博士一行。双方就如何进一步加强中澳农业科技领域的合作交换了意见。

7月21日 中国农业科学院与山东省临沂市人民政府签署了科技合作协议。王韧副院长和临沂市尹长友副市长代表双方在协议上签字。蔬菜花卉研究所与临沂市苍山县签署了蔬菜科技合作协议。期间，王韧一行考察了临沂市城市发展规划和苍山县现代农业示范园、蔬菜产销合作社及优质蔬菜生产示范区。

7月24日 中国农业科学院与安徽省蚌埠市人民政府签署农业科技合作协议。王韧副院长以及蚌埠市委书记陈启涛，市长周春雨，副市长张孝成、操龙灿等领导出席签字仪式。王韧和操龙灿代表双方在协议书上签字。王韧应邀在蚌埠市委中心组学习会议上作“农业科技创新与现代农业建设”的专题报告，考察了蚌埠现代花卉科技产业园、禾泉农庄及淮丰现代农业装备有限公司等。

7月25日 在八一建军节即将到来之际，中国农业科学院与解放军艺术学院举办军民共建20周年暨八一拥军座谈会。座谈会由中国农业科学院党组书记薛亮主持，并向第七届“共建杯”优秀学员颁发奖学金。唐华俊副院长参加座谈会。

7月25日 农业部2011年度“西部之光”访问学者、新疆和西藏特培学员培养工作总结座谈会在中国农业科学院召开。中国农业科学院党组书记薛亮，人力资源和社会保障部专业技术人员管理司副司长俞家栋，农业部人事劳动司副司长潘学峰，中组部人才工作局三处副处长杨艳等出席会议。会议由院党组成员、人事局局长贾连奇主持。

7 月 26 日　农业部副部长、中国农业科学院院长李家洋会见了来访的国际马铃薯中心主任帕米拉·安德森女士（Pamela Anderson）和理事会主席彼得·范德泽格先生（Peter VanderZaag）一行，双方就进一步深化科技合作交换了意见。王韧副院长参加会见。

7 月 27 日　中央纪委副书记干以胜带领中央纪委法规室工作人员到中国农业科学院考察并开展党日活动。农业部副部长、中国农业科学院院长李家洋，院党组书记薛亮，副院长唐华俊，院党组成员、人事局局长贾连奇等陪同考察并参加座谈。会后，干以胜一行参观了国家农业科技展示园、国家农作物种质资源长期库及农作物基因资源与基因改良国家重大科学工程。

7 月 30 日　中国农业科学院副院长王韧会见美国农业部总经济师约瑟夫·葛乐伯（Joseph Glauber）博士一行，双方就如何进一步加强中美农业科技合作，具体落实《中美农业战略合作规划》等事宜达成共识。

7 月 30 日　农业部副部长、中国农业科学院院长李家洋于 2012 年 7 月当选为德意志利奥波第那自然科学院院士。

8 月

8 月 1 日　原农垦部副部长、原中国农业科学院党组书记杨岩同志遗体告别仪式在北京八宝山革命公墓举行。中共中央总书记、国家主席胡锦涛对杨岩同志的逝世表示哀悼并向其家属致以慰问。习近平、李克强、周永康、王岐山、回良玉、刘延东、李源潮等党和国家领导人对杨岩同志的逝世表示哀悼，向其家属致以慰问，并送花圈。农业部副部长、中国农业科学院院长李家洋，院党组书记薛亮，院党组成员、人事局局长贾连奇，院属各单位、院机关各部门的领导和代表，以及杨岩同志的亲属、生前好友、同事等约 160 人参加了遗体告别仪式。

8 月 11～16 日　中国农业科学院党组书记薛亮率团到西藏调研考察。西藏自治区党委书记陈全国，区党委常委、组织部部长梁田庚，自治区副主席多托，区党委秘书长王瑞连在拉萨会见薛亮一行。在藏期间，薛亮一行参加了农业环境与可持续发展研究所向西藏自治区农牧科学院捐赠科研仪器设备仪式暨首届青藏高原农业资源环境研讨会，并与西藏农牧科学院院长喻达瓦等就进一步开展科技合作等事宜进行了座谈研讨。

8 月 15 日　农业部副部长、中国农业科学院院长李家洋会见来访的伊朗农业部副部长伯哈迈德（Porhemmat）先生一行。双方就加强在农业领域的合作深入交换了意见并达成共识。

8 月 15 日　农业部副部长、中国农业科学院院长李家洋会见澳大利亚联邦科工组织（CSIRO）副总干事阿拉斯泰尔·罗伯特森（Alastair Robertson）教授一行。双方就加强农业科技领域的合作交换了意见。

8月21日 中国农业科学院信息化工作领导小组召开第一次会议，听取全院信息化工作相关项目进展汇报，研究部署下一阶段重点工作。会议由中国农业科学院党组书记、信息化工作领导小组组长薛亮主持。院信息化领导小组成员及农业信息研究所相关领导参加会议。

8月21日 中国农业科学院副院长王韧会见拉美国家媒体代表团，回答了记者们关心的问题。陪同来访的还有中央外宣办、外交部拉美司、人民日报社和中央人民广播电台的代表。

8月23日 农业部副部长、中国农业科学院院长李家洋会见来访的美国农业部副部长兼首席科学家凯瑟琳·渥特基（Catherine Woteki）博士一行。双方就加强农业科技合作进行了深入交流。

8月23~25日 中国农业科学院副院长王韧赴新乡综合试验基地调研，并与新乡市联合召开院地科技合作座谈会，交流探讨合作思路与设想。王韧考察了新乡综合试验基地建设与科研进展情况，以及新乡县、辉县、原阳县的新农村建设和现代农业发展情况，并为新乡市、县领导作了题为《农业科技创新与现代农业发展》的报告。

8月26日 由中国农业科学院棉花研究所主持，深圳华大基因研究院、北京大学等单位共同完成的二倍体棉花—雷蒙德氏棉的全基因组草图于8月26日发表在国际权威学术期刊《自然—遗传学（*Nature Genetics*）》，标志着我国棉花基因组学研究取得了国际领先的地位。

8月26~30日 由中国农业科学院等单位主办，农业资源与农业区划研究所和北京市通州区人民政府共同承办的第十八届国际食用菌大会在北京召开。来自53个国家和地区的700余名代表参加了会议。

8月26~28日 由中国农业科学院果树研究所等单位主办的“首届全国果园农机研发与应用现场观摩会”在山东省高密市召开。刘旭副院长出席会议并讲话，来自15个省（市、自治区）的160多名代表参加会议，并实地观摩了农机操作情况。

8月27日 中国农业科学院副院长王韧会见来访的加勒比开发银行行长沃伦·史密斯（Warren Smith）和国际植物营养研究所（IPNI）副总裁亚德里安·约翰斯顿（Adrian Johnston）博士。双方就共同感兴趣的话题交换了意见。

8月27~31日 中国农业科学院2012年新入职人员岗前培训在北京举行。院机关和京内外各研究所新接收的高校毕业生、博士后、留学生、社会在职人员等近200人参加培训。院党组成员、人事局局长贾连奇出席培训班开幕式并讲话。

8月28日 中国蔬菜协会成立大会暨揭牌仪式在北京举行。中国农业科学院党组书记薛亮当选协会会长。农业部党组成员、中央纪委驻部纪检组组长朱保成出席会议并讲话。

8月29日 农业部副部长、中国农业科学院院长李家洋会见来访的德国食品、农业和消费者保护部国务秘书戈尔德·米勒博士（Gerd Müller）一行。双方就进一步加强在农业科技领域的合作交换了意见。唐华俊副院长代表中国农业科学院与德国联邦风险评估研究所所长安德里亚斯·亨泽尔博士（Andreas Hensel）签署合作协议。

8月29～31日　由欧洲和地中海锈病基金会、中国农业科学院共同主办，植物保护研究所承办的第十三届国际禾谷类锈病和白粉病会议在北京召开。农业部副部长、中国农业科学院院长李家洋出席会议并致辞。国际禾谷类锈病和白粉病基金会主席詹姆斯·布朗（James Brown），农业部种植业管理司司长叶贞琴、国际合作司副司长屈四喜、科教司副司长孙文龙，科技部国际合作司副司长陈霖豪出席会议。大会开幕式由中国农业科学院副院长唐华俊主持。来自全球40多个国家（地区）和国际组织的300多名代表参加了会议。

8月29日至9月7日　中国农业科学院副院长王韧陪同农业部部长韩长赋访问瑞典、芬兰和丹麦北欧3国。访问期间，王韧代表中国农业科学院分别与瑞典农业大学和芬兰农业食品研究院签署农业科技合作协议。

8月30日　农业部副部长、中国农业科学院院长李家洋会见了来访的联想控股有限公司高级副总裁陈绍鹏一行。双方就加强农业科技成果转化合作进行了座谈交流。

9月

9月1～2日　中国农业经济学会第九次会员代表大会暨2012年学术研讨会在天津市召开。国务院副总理回良玉致电表示祝贺，天津市委书记张高丽会见了部分参会代表。天津市市长黄兴国、农业部副部长陈晓华分别致辞。中央农村工作领导小组副组长陈锡文、中国农业经济学会会长尹成杰、国务院扶贫开发领导小组副组长范小建、国务院发展研究中心副主任韩俊、中央政策研究室原副主任肖万钧等作大会主题报告。来自全国的160多名代表参加会议。会议选举产生了中国农业经济学会第九届理事会，尹成杰当选会长，中国农业科学院农业经济与发展研究所所长秦富等15人当选为副会长。

9月3日　中国农业科学院党组书记薛亮会见爱尔兰环境、社区和地方政府部部长霍根（Phil Hogan）先生，双方就进一步加强农业领域科技合作交换了意见。

9月5～6日　中国农业科学院在兰州召开农产品质量安全风险评估研究中心建设启动暨质检中心工作研讨会。中国农业科学院刘旭副院长、农业部农产品质量安全监管局副局长金发忠等出席会议。院属部级农产品质量安全风险评估实验室、院农产品质量安全风险评估研究中心以及各级质检中心的近100名专家参加了会议。

9月6日　中国农业科学院工会举办院属京区单位职工第九套广播体操比赛。院党组书记薛亮、副院长李金祥为获奖单位颁奖。此次京区各单位共有17支代表队近600名职工参加了比赛。

9月7日　院人事局召开干部大会，宣布部党组关于魏琦同志任中国农业科学院党组成员、人事局局长的决定。中国农业科学院党组书记薛亮、农业部人事劳动司司长曾一春出席大会并讲话。

9月8日 中国农业科学院2012级研究生开学典礼在北京举行。农业部副部长、中国农业科学院院长兼研究生院院长李家洋，中国农业科学院副院长李金祥，范云六院士出席会议。京区各单位领导及研究生导师代表、优秀教师代表、2012级全体新生和在校生、留学生代表共1 000余人参加大会。

9月8日 中国农业科学院副院长李金祥会见了来访的罗马尼亚农业和乡村发展部部长达尼埃尔·康斯坦丁（Daniel Constantin）先生一行。双方就加强农业领域科技合作交换了意见。罗马尼亚驻华大使馆公使衔参赞奥古斯汀·伊索费斯库（Augustin Iosifescu）及农业部外经中心有关人员参加座谈。

9月10日 在第28个教师节来临之际，农业部副部长、中国农业科学院院长兼研究生院院长李家洋致慰问信，祝研究生院全体教师和导师节日快乐，身体健康，工作顺利，家庭和睦，万事如意。

9月10日 在第28个教师节来临之际，中国农业科学院副院长李金祥来到院幼儿园，亲切慰问全体教师，并祝全体教职员工节日快乐。

9月13日 财政部国际司司长邹加怡来中国农业科学院调研。王韧副院长接待了邹加怡一行。

9月14日 中国农业科学院副院长王韧会见来访的国际农业分子生物学应用研究组织（CAMBIA）首席执行官查德·杰弗逊（Richard Jefferson）博士，双方就加强农业知识产权创新和成果转化方面的合作交换了意见，同意通过青年学者的短期交流访问和联合培养研究生等方式进一步加深了解，促进合作。

9月14日 美国驻华大使馆公使衔农业参赞辛思凯（Scott Sindelar）博士拜会了中国农业科学院副院长王韧。双方就促进中美农业政策和信息领域的合作进行交流，就“中美农业信息与政策联合实验室概要设计方案”深入交换意见，并制定了下一步工作计划。

9月15日 农业部副部长张桃林到江苏省金坛市考察了中国农业科技院部南京农业机械化研究所研发的系列茶园综合作业机械。农业部农机化司司长宗锦耀、江苏省农机局局长徐顺年、常州市副市长张耀钢等陪同考察。

9月17日 农业部国际合作司司长王鹰、科技教育司司长唐珂一行来中国农业科学院调研指导工作。院党组书记薛亮主持座谈会。唐华俊副院长就全院机构设置、科研平台、科研进展、国内外合作、研究生教育和近期重点工作等进行了汇报。李金祥副院长、院有关部门和京区研究所的领导参加座谈。

9月17~21日 应国际原子能机构（IAEA）总干事天野之弥先生的邀请，中国农业科学院副院长王韧赴奥地利维也纳参加了国际原子能机构2012年大会期间举办的科学论坛，并作为特邀嘉宾就“增加粮食产量”作主题演讲。

9月19~30日 中国农业科学院党组书记薛亮率团访问了美国、阿根廷和秘鲁，以深化与相关国家农业科研机构、国际组织和跨国公司的合作，开拓新的农业科技国际合作伙伴关系。访问期间，代表团与美国密苏里大学签署了科技合作谅解备忘录，与普渡大学、泛美开发银行农业技术区域基金和秘鲁国家农业创新研究院等达成合作意向。

9 月 22 日　中国农业科学院第六届职工运动会在北京举行。农业部副部长、中国农业科学院院长李家洋，农业部直属机关党委常务副书记、科教司司长唐珂，农业部直属机关工会主席张广卿，院领导刘旭、李金祥、唐华俊、魏琦等出席开幕式和闭幕式。

9 月 27 日　中国农业科学院副院长唐华俊会见来华参加 2012 年度中国政府“友谊奖”颁奖仪式的德国籍专家乌尔里希·库尔曼（Ulrich Kuhlmann）和比利时籍专家埃里克·范·兰斯特（Eric Van Ranst）。2 位外籍专家分别作了题为“加强国际合作共同应对生物入侵”和“中国农业科学院与比利时根特大学科技合作 20 年”的讲座。

9 月 26 ~ 28 日　中国农业科学院协办的第 16 届中国（廊坊）农产品交易会在廊坊国际会展中心举办。李金祥副院长应邀出席开幕式。成果转化局组织有关研究所设立了特装展区。

9 月 28 日　在中秋、国庆两节来临之际，农业部副部长余欣荣到中国农业科学院看望并慰问困难党员。农业部办公厅副主任王小兵、直属机关党委副书记胡永万，中国农业科学院副院长李金祥等有关领导陪同看望。

10 月

10 月 1 日　农业部副部长、中国农业科学院院长李家洋会见联合国粮农组织总干事何塞·格拉希亚诺·达席尔瓦（José Graziano da Silva）一行。双方就进一步加强农业科技领域的合作交换意见。达席尔瓦一行参观了国家农作物种质资源长期库、农业部作物遗传育种重点实验室和国家农业科技展示园。王韧副院长参加了会见。

10 月 9 ~ 10 日　为落实农业部副部长、中国农业科学院院长李家洋与大连市市长李万才达成的全面开展合作的意向，王韧副院长带领有关部门负责人到大连市考察，就合作共建现代都市农业研究所等事宜进行了洽谈研究。王韧一行先后与大连市农委、普兰店市政府及有关部门负责人座谈，就共建现代都市农业研究所选址等问题考察了普湾新区，并就有关事项与相关负责人进行磋商，达成了共识。

10 月 10 日　农业部科技教育司司长唐珂一行专程来到中国农业科学院生物技术研究所和蔬菜花卉研究所，分别看望了范云六院士和方智远院士，并征询对科教管理工作的意见。刘旭副院长陪同看望。

10 月 10 ~ 11 日　中国农业科研院所党建和思想政治工作研究会（简称全国“两研会”）第三届理事会第四次会议在四川成都召开。中共中央候补委员、全国“两研会”会长翟虎渠作主题报告。会议邀请中国政研会秘书长、中宣部政研所所长王学勤就当前关注的思想政治工作中诚信建设和人文关怀问题作专题报告。会议还通过了新增理事单位、新任理事、副会长名单，表彰了全国“两研会”2011—2012 年度优秀论文。来自全国 30 个省（市、自治区）的 35 个理事单位的代表参加会议。

10 月 12 日　国务院台湾事务办公室常务副主任郑立中一行 5 人来中国农业科学院

调研指导工作，并就对台科技交流等有关问题进行了座谈。院党组书记薛亮主持座谈会。国台办经济局局长徐莽，中国农业科学院副院长王韧、唐华俊，院办公室、科技管理局、研究生院等主要负责同志出席座谈会。郑立中一行还参观了国家农作物种质资源长期库、农作物基因资源与基因改良国家重大科学工程和国家农业科技展示园。

10月12日 中国农业科学院副院长王韧会见美国杜邦先锋公司全球总裁保罗塞·谢克勒（Paul E. Schickler）一行，就加强在农业科研领域合作交换了意见，并表签署了合作谅解备忘录。

10月12日 中国农业科学院召开机关年轻干部实践锻炼第一批总结暨第二批启动会，李金祥副院长出席会议并讲话，院党组成员、人事局局长魏琦主持会议。院属京区单位、院机关各部门负责人及机关综合处处长，参加实践锻炼活动的全体成员和机关35岁以下年轻干部近100人参加了会议。

10月16日 中国农业科学院召开干部大会，宣布干部任免事宜。中共中央决定，陈萌山同志任中国农业科学院党组书记（副部长级）。

10月16日 中国农业科学院副院长刘旭会见来访的英国伯明翰大学副校长杰夫·贝尔（Jeff Bale）教授一行，双方就如何进一步开展合作研究和人员交流等事宜交换了意见。

10月18日 中国农业科学院副院长王韧会见美国密歇根州立大学（MSU）副校长琼·尤厄特（June Youatt）女士。双方就加强农业科技合作事宜交换了意见。会后，客人参观了农业质量标准与检测技术研究所。

10月19日 农业部副部长、中国农业科学院院长李家洋会见来访的国际水稻研究所（IRRI）所长罗伯特·齐格勒博士。双方就进一步开展合作研究交换了意见。副院长王韧参加会见。

10月23日 农业部副部长余欣荣一行到中国农业科学院农业资源与农业区划研究所调研。院党组书记陈萌山，副院长李金祥、唐华俊等陪同。余欣荣考察了农业遥感与数字农业研究室，听取了资划所在农业遥感应用方面取得的最新成果汇报，参观了遥感技术农业应用等方面的成果展示。农业部办公厅副主任方军、发展计划司副司长郭红宇陪同考察。

10月25日 中国植物保护学会成立50周年庆祝大会暨全国农作物重大病虫科学防控高层论坛在北京举行。农业部部长韩长赋为大会作出批示。农业部副部长余欣荣出席论坛并作题为“建设现代植保　服务现代农业”的主题报告。会议由中国农业科学院党组书记陈萌山主持。中国科协副主席赵沁平、国际植物保护科学协会理事长诺顿（Geoff Norton）出席并致辞。来自农业部有关司局领导，9个省（市、自治区）农业部门负责人，以及全国生产、科研、教学单位的1 000多名植保科技工作者参加了会议。

10月27日 中国农业科学院北京畜牧兽医研究所举行新闻发布会，由该所水禽育种专家、国家水禽产业技术体系首席科学家侯水生研究员率领的研究团队，历经

10 多年的协作攻关，成功选育出饲料转化率与瘦肉率高、皮脂率低、肉质好、抗病力强的“Z 型北京鸭瘦肉型配套系”。这是我国北京鸭种质资源与育种创新研究取得的重大成果，也是具有战略意义的技术突破，其应用推广将有望扭转国外肉鸭品种垄断我国市场的局面。

10 月 29 日　何梁何利基金 2012 年度颁奖大会在北京钓鱼台国宾馆举行。中国农业科学院原院长王连铮研究员和作物科学研究所所长万建民研究员获何梁何利基金科学与技术进步奖，棉花研究所副所长李付广研究员获何梁何利基金科学与技术创新奖。

10 月 29～31 日　为落实中国农业科学院与陕西省安康市人民政府签署的农业科技战略合作协议，王韧副院长带领有关专家到陕西省安康市开展调研，先后考察安康市农科所、汉阴县秦园食用菌科技有限公司等单位和企业，并听取了相关情况的汇报。

10 月 31 日　农业部 2012 年度“西部之光”访问学者、新疆和西藏特培学员欢迎座谈会在中国农业科学院召开。中组部人才工作局副巡视员李志刚，农业部人事劳动司副司长潘学峰，中国农业科学院党组成员、人事局局长魏琦出席会议。

11 月

11 月 5 日　中国农业科学院召开京区维护社会稳定工作会议。李金祥副院长对近期安全维稳工作进行部署，提出了工作目标和要求。院属京区各单位、院机关各部门的主要领导参加会议。会后，李金祥带队对京区大院内的水、电、气、暖、食堂、出租房、交通安全等进行检查。

11 月 6 日　为落实农业部关于部属农业科研院校与国家现代农业示范区开展科技对接活动的指示精神，中国农业科学院组织 17 个研究所参加了农业部举办的部属科研院校与国家现代农业示范区科技专项对接活动，并与有关示范区签署了合作协议。王韧副院长出席开幕式并讲话。

11 月 7 日　中国农业科学院副院长王韧会见来访的美国密西西比州立大学副校长格雷戈里·伯哈赤（Gregory Bohach）博士一行。双方就进一步推进双方在农业科技教育领域的合作进行了深入探讨，并一致同意适时签署合作谅解备忘录。

11 月 7 日　河南省委常委、副省长刘满仓，在省财政厅副厅长张中亮、省农业厅副厅长薛豫宛、新乡市委副书记杨崇林、副市长王晓然等陪同下到中国农业科学院农田灌溉研究所调研。

11 月 13 日　中国农业科学院副院长王韧会见英国北爱尔兰农业与农村发展部部长米雪儿·欧尼尔（Michelle O’Neill）女士一行，双方就农业发展领域共同关注的话题交换了意见。会谈结束后，农产品加工研究所与北爱尔兰农业食品与生物科学研究所签署了“建立肉品加工联合研究中心”的合作协议。

11 月 16～21 日　中国农业科学院副院长刘旭率团参加第十四届中国国际高新技术

成果交易会。全国人大常委会副委员长路甬祥，全国政协副主席、科技部部长万钢等参观了中国农业科学院展区。

11月16~19日 第十二届中国农业园区论坛在河北、天津召开。此次论坛由中国农学会、中国农业科学院联合主办。中国农业科学院副院长王韧、刘旭参加了大会。会议同期举行了中国农学会农业科技园区分会第三次会员代表大会，并选举王韧担任新一届会长。

11月19日 中国农业科学院副院长王韧会见哥斯达黎加科学技术部部长阿莱杭德罗·克鲁斯先生（Alejandro Cruz）一行，就进一步推进农业科技和教育合作交换意见。双方签署了科技创新协议。这是在2008年双方合作协议基础上续签的协议。

11月21日 中国农业科学院召开干部大会，宣布干部任职事宜。农业部人事劳动司副司长潘学峰宣布了农业部党组决定，中国农业科学院副院长唐华俊同志兼任中国农业科学院党组副书记；吴孔明同志任中国农业科学院副院长、党组成员；史志国同志任中国农业科学院纪律检查组组长、党组成员。

11月21日 中国农业科学院召开干部大会，传达学习党的十八大精神及韩长赋部长在农业部党员干部大会和部党组中心组学习会上的重要讲话精神。农业部副部长、中国农业科学院院长李家洋作讲话，会议由院党组书记陈萌山主持。在京院领导、院级老领导、院属京区各单位领导班子成员、离退休党总支成员、院机关各部门处级以上干部约150人参加了会议。

11月21~22日 中国农业科学院党组召开理论中心组学习会议，学习贯彻党的十八大精神。院党组成员和机关各部门、后勤服务中心、研究生院主要负责人参加会议。会议由院党组书记陈萌山主持。

11月22日 国家外国专家局与中国农业科学院签署“引进国外智力为农业科技发展服务行动计划”协议。该协议旨在全面提升中国农业科学院农业国外智力引进和高层次人才培养工作，加速实现中国农业科学院以人才建设助推世界一流农业科研院所建设目标。人社部副部长、国家外国专家局局长张建国，农业部副部长、中国农业科学院院长李家洋代表双方签字。

11月23~25日 中国农业科学院2012年综合政务会议在重庆召开。院属各单位、院机关各部门综合处（办公室）负责人和相关工作人员100余人参加了会议。

11月29日 中国农业科学院与中粮集团有限公司签署“科技战略合作框架协议”。农业部副部长、中国农业科学院院长李家洋与中粮集团有限公司总裁于旭波代表双方签字，标志着双方科技战略合作正式拉开序幕。

11月29~30日 中国农业科学院“学习贯彻党的十八大精神 推进农科院跨越式发展研讨会”在杭州召开。院党组书记陈萌山出席会议并讲话。院属各单位、院机关各部门党组织主要负责人参加会议。

11月30日 中国农业科学院副院长王韧会见美国加州大学戴维斯分校（UC-DAVIS）副校长容思伟（William Lacy）教授，双方就进一步加强农业科研创新和教育等领域的合作进行了深入交流。

11 月 30 日　河南省省委常委、副省长刘满仓一行 5 人到中国农业科学院郑州果树研究所调研，与郑果所部分中层以上领导及科研骨干人员进行座谈。刘满仓还视察了郑果所新办公区、农业部果品及苗木质量测试中心、国家葡萄桃资源圃等地。

11 月 30 日至 12 月 2 日　中国农业科学院副院长李金祥率团参加第三届江门市农业博览会，并考察了国家现代农业示范区——江门开平农业科技园，商讨了合作共建试验站、示范基地、高层次产学研合作等问题。

12 月

12 月 1 ~ 2 日　《中国农业科学》英文版创刊 10 周年纪念暨第五届世界农业科学前沿论坛在北京举行。农业部副部长、中国农业科学院院长、《中国农业科学》编委会主任李家洋到会祝贺并致辞。中国农业科学院副院长、《中国农业科学》主编刘旭出席论坛。会议表彰了优秀审稿专家、高影响力论文和高关注度论文。会议邀请数十位国内外著名农业科学家就目前各相关学科前沿、发展动态进行了大会与分组交流。

12 月 1 日　中国农业科学院副院长王韧率领院属有关单位负责人和专家到辽宁省朝阳市出席由辽宁省人民政府主办、中国农业科学院和朝阳市人民政府共同承办的“中国北方 · 朝阳设施农业发展高峰论坛”，并参观了朝阳市凌源万亩设施蔬菜和花卉生产基地。

12 月 3 日　中国农业科学院植物保护研究所吴孔明院士、作物科学研究所何中虎研究员、上海兽医研究所童光志研究员荣获第四届中华农业英才奖。

12 月 4 日　农业部副部长牛盾到中国农业科学院考察。院党组书记陈萌山陪同并主持座谈会。牛盾考察了国家农业科技展示园，听取包括植物工厂、甘薯“空中结薯”、立体无土栽培以及家庭园艺技术等现代农业科技成果的介绍。农业部国际合作司司长王鹰、渔业局局长赵兴武、离退休干部局局长陶永平、机关服务局局长吴占义、对外经济合作中心主任杨易、农业贸易促进中心主任倪洪兴、国际交流服务中心主任童玉娥参加考察。

12 月 6 日　中国农业科学院副院长王韧会见来访的国际植物营养研究所（IPNI）泰利 · 罗伯特（Terry Roberts）一行，双方就加强在农业科研领域合作交换了意见。

12 月 6 日　中国农业科学院召开“学习贯彻落实中央政治局八项规定座谈会”。院党组副书记、副院长唐华俊主持会议。院办公室等 10 个单位的局所领导参加座谈。

12 月 7 日　农业部农产品加工重点实验室学科群建设 2012 年度总结会议在广州召开。中国农业科学院副院长、综合性重点实验室学术委员会主任委员刘旭出席会议并讲话。6 个专业性重点实验室主任、秘书、信息员等近 50 人参加会议。

12 月 10 日　国际农业科技合作创新联盟技术转移恳谈会在中国农业科学院召开。王韧副院长和北京市科委领导出席开幕式并致辞。来自爱尔兰、巴基斯坦、赞比亚、印度尼西亚等24国大使馆的32名农业官员，中粮集团、华彬集团等40余家企业，以及中国农业科学院、中国农业大学、中国林业科学研究院等单位的代表共计120余人参加了会议。

12月10~13日 中国农业科学院在上海举办了科技产业与知识产权培训班。院原党组书记薛亮，副院长王韧、吴孔明出席会议。开班仪式由院党组成员、人事局局长魏琦主持。院属32个单位的主要领导、分管领导及相关处室负责同志共98人参加了培训。

12月12日 农业部副部长余欣荣到中国农业科学院考察。院党组书记陈萌山汇报全院总体情况和重点工作。李金祥副院长汇报了新院区筹备进展情况及规划方案。余欣荣考察了国家农业科技展示园，听取了植物工厂与物联网应用、立体无土栽培以及家庭园艺技术等现代农业科技成果的介绍。

12月13日 第一届深圳国际生物科技创新论坛暨展览会举行。中国农业科学院副院长吴孔明出席开幕式并考察深圳生物育种创新研究院和华大基因研究院。

12月13~14日 由中国农业科学院主办、山东省农业科学院承办的第17届全国农科院系统外事协作网会议在济南市召开。农业部国际合作司巡视员屈四喜、国家留学基金委副秘书长杨新育应邀出席会议并讲话。中国农业科学院副院长王韧、山东省农业科学院院长周林出席会议并致开幕辞。来自全国22个省（市、自治区）农科院、中国水产科学研究院、中国热带农业科学院、西北农林科技大学以及中国农业科学院有关研究所的代表近百人参加了会议。

12月14日 中国农业科学院举行方悴农百岁华诞祝寿会。农业部部长韩长赋敬送了花篮。院党组书记陈萌山出席祝寿会并讲话。会议由院党组成员、纪检组组长史志国主持。农业部老领导何康、石山、万宝瑞，中国农业科学院老领导王连铮、沈桂芳、翟虎渠、薛亮，两院院士李振声、庄巧生、张子仪等出席。农业部人事劳动司、科教司、离退休干部局、中国农学会和中国农民大学有关领导，在京院党组成员，院机关各部门和作科所、研究生院相关负责人，京区部分离退休老领导、老专家，方悴农的老同事、老朋友、亲属和部分同乡近百人参加了祝寿会。

12月17日 中央国家机关妇工委为中国农业科学院妇工委“全国妇女创先争优先进集体”称号授牌。中央国家机关妇工委主任曹博慧，中国农业科学院党组书记陈萌山，农业部党组成员、妇工委主任张玉香，农业部机关党委常务副书记胡元坤、妇工委常务副主任张广卿等出席。与会领导参观了国家农业科技展示园。农业部妇工委常委、农业部系统西片区单位妇女组织负责人、院妇工委常委近40人参加了授牌。

12月18日 为提升电子邮件系统服务能力，更好地为广大用户的科研创新、管理和教育活动提供服务，中国农业科学院正式启用新版邮件系统。

12月19日 中国农业科学院副院长王韧会见世界银行非洲区副行长马克塔·迪奥普（Makhtar Diop）一行，双方就加强农业相关领域的合作交换了意见，还就推动中国农业科技在非洲国家的传播与应用、农业技术人员教育与培训等议题进行了交流。

12 月 26 日　中国空间技术研究院陆地资源领域总指挥张庆君一行 13 人来到中国农业科学院，就国家民用空间基础设施规划，调研现代农业对卫星遥感的需求。院党组书记陈萌山，院党组副书记、副院长唐华俊，副院长刘旭以及有关单位的领导、专家共 30 余人参加了座谈会。

12 月 28 日　中国农业科学院党组召开理论中心组第二次学习会，传达学习中央经济工作会议、中央农村工作会议、全国农业工作会议和中央领导重要批示精神，研究部署全院贯彻落实工作。院党组成员和机关各部门、后勤服务中心、研究生院主要负责同志参加会议。会议由院党组书记陈萌山主持。

12 月 31 日　中国科协会员日活动期间，中国科协书记处书记王春法莅临中国农业科学院植物保护研究所，慰问吴孔明院士及科研团队。院党组书记陈萌山出席座谈会并讲话。王春法一行参观了植物病虫害生物学国家实验室和国家农业生物安全科学中心。

十二、附　录

中国农业科学院科技期刊及报纸一览表

序号	主办单位	主管单位	刊物名称	创刊时间	类别	主编	副主编/主任	电话	刊号	联系人及电话	电子邮件	网址	刊期
1	中国农业科学院（信息所承办）	农业部	中国农业科学	1960	学术类	刘旭	孙雷心	82106282	CN11-1328/S ISSN0578-1752	孙雷心 82109808	zgnykx@caas.cn	www.chinaa-grisci.com	半
2	中国农业科学院（信息所承办）	农业部	Journal of Integrative Agriculture (JIA)	2002	学术类	刘旭	张以民	82106280	CN10-1039/S, ISSN 2095-3119	张以民 82106280	asc@caas.cn	www.chinaa-grisci.com	月
3	中国农业科学院（质标所承办）	农业部	农产品质量与安全	2003	综合类	翟虎渠	钱永忠	82106522	CN11-5896/S ISSN1674-8255	李艳 82106522	aqs@caas.net.cn	www.iqstap.com	双
4	中国农业科学院（信息所承办）	农业部	农业科技通讯	1972	技术类	侯连德	刘东	82109664	CN11-2395/S ISSN1000-6400	刘东 82109664	tongxun@caas.cn	aii.caas.cn	月
5	中国农业科学院/国家食物与营养咨询委员会	农业部	中国食物与营养	1995	综合类	许世卫	李哲敏	82109761	CN11-3716/TS ISSN1006/9577		foodandn@263.net	www.sfncc.org.cn	月
6	中国作物学会/作科所	中国科协	作物学报	1950	学术类	万建民	程维红	82108548	CN11-1809/SISSN0496-3490		xbzw@chinajournal.net.cn	www.chinacrops.org/zwxb/	月
7	中国作物学会/作科所	中国科协	作物杂志	1985	技术类	赵　明	姚　杰	82108790	CN11-1808/S ISSN1001-7283		zwzz304@mail.caas.net.cn zwzz@chinajournal.net.cn	zwzz.chinajournal.net.cn zwzz.periodicals.net.cn	双

（续表）

序号	主办单位	主管单位	刊物名称	创刊时间	类别	主编	副主编/主任	电话	刊号	联系人及电话	电子邮件	网址	刊期
8	中国作物学会\中国农业科学院作物科学研究所	中国科协	The Crop Journal	2012	学术类	万建民	程维红	82108548	CN10-1112/S ISSN2095-5421				双
9	作科所/中国种子协会	农业部	中国种业	1982	技术类	王述民	刘根泉	82109494	CN11-4413/S ISSN1671-895X		chinaseedqks@sina.com	zgzy.periodicals.net.cn	月
10	作科所/中国农学会	农业部	植物遗传资源学报	2000	学术类	刘　旭	刘根泉	82109494	CN11-4996/SISSN1672-1810		zwyczyxb2003@sina.com	www.zwyczy.cn	双
11	中国植物保护学会（植保所承办）	中国科协	植物保护	1963	技术类	吴孔明	王音	62819059	CN11-1982/S ISSN0529-1542		zwbh1963@263.net	www.plantprotection.ac.cn	双
12	植保所/中国植物保护学会	农业部	中国生物防治学报	1985	学术类	杨怀文	王立霞	82109774	CN11-3515/S ISSN1005-9261		zgswfzxb@126.com	www.zgswfz.comc.n	季
13	蔬菜所	农业部	中国蔬菜	1981	技术类	孙日飞	龚一凡	82109550	CN11-2326/S ISSN1000-6346		zgsc@mail.caas.net.cn	www.cnveg.org	月
14	中国园艺学会（蔬菜所承办）	中国科协	园艺学报	1962	技术类	杜永臣	赵华	82109523	CN11-1924/S ISSN0513-353X		yuanyixuebao@126.com	www.ahs.ac.cn	月
15	环发所	农业部	中国农业气象	1979	学术类	雷水玲		82109774	CN11-1999/S ISSN1000-6362		leishl@ieda.org.cn	www.ieda.org.cn	季
16	中国畜牧兽医学会（牧医所承办）	中国科协	畜牧兽医学报	1956	学术类	文　杰	任鹏	62815987	CN11-1985/S ISSN0366-6964		xmsyxb@263.net	www.xmsyxb.com	月
17	牧医所	农业部	中国畜牧兽医	1974	技术类	李　琍	赵连生	62816020	CN11-4843/S ISSN1671-7236		gwxm@263.net	www.chivm.net	月

（续表）

序号	主办单位	主管单位	刊物名称	创刊时间	类别	主编	副主编/主任	电话	刊号	联系人及电话	电子邮件	网址	刊期
18	蜜蜂所/中国养蜂学会	农业部	中国蜂业	1934	科技类	李海燕	李海燕	62595931 13910930000	CN-5358/S ISSN0412-4367	刘世丽 62595931	haiyanonly @ 126. com zgyf2004 @ yahoo. com. cn	www. bee1934. org	旬
19	中国原子能学会/原子能所	农业部	核农学报	1987	学术类	华跃进	杨洋	62815961	CN11-2265/S ISSN1000-8551	裴颖 62815961	hnxb5109 @ 263. net	www. hnxb. org	双
20	中国农业经济学会/农经所	农业部	农业经济问题	1980	学术类	秦　富	李玉勤	82108705	CN11-1323/F ISSN1000-6389		nyjjwt@ mail. caas. net. cn	www. iaecn. com	月
21	中国农业技术经济研究会/农经所	农业部	农业技术经济	1982	学术类	朱希刚	李玉勤	82108705	CN11-1883/S ISSN1000-6370		nyjjwt@ mail. caas. net. cn	www. iaecn. com	双
22	资划所/中国植物营养与肥料学会	农业部	中国土壤与肥料	1964	技术类	黄鸿翔	张　华	82108656	CN11-5498/S ISSN1673-6257		trfl@ caas. ac. cn	chinatrfl. all-journal. net. cn	双
23	中国植物营养与肥料学会	农业部	植物营养与肥料学报	1994	学术类	金继运	张成娥	82108653	CN11-3996/S ISSN1008-505X		zwyf@ caas. ac. cn	www. plantnutifert. org	双
24	资划所/中国农业资源与区划学会/全国农业资源区划办公室	农业部	中国农业资源与区划	1980	学术类	唐华俊	张　华	82109637	CN11-3513/S ISSN1005-9121		Quhuabjb0141 @ 126. com	zgnyzyqh. all-journal. net	双
25	资划所/中国农学会农业信息分会	农业部	中国农业信息	1989	技术类	王道龙	张　华	82109637	CN11-4922/S ISSN1005-9121		Zgnyxx001 @ 126. com	www. cjarrp. com	月
26	中国农学会（资划所承办）	中国科协	农业科研经济管理	1993	学术类	史志国	刘瀛弢 张　华	82109637	CN11-3801/S		nykygl@ 126. com	www. cjarrp. com	季
27	信息所	农业部	农业图书情报学刊	1984	学术类	贾善刚		82109667	CN11-2711/G2 ISSN1002-1248		xuekan@ caas. cn	aii. caas. cn	月

（续表）

序号	主办单位	主管单位	刊物名称	创刊时间	类别	主编	副主编/主任	电话	刊号	联系人及电话	电子邮件	网址	刊期
28	信息所	农业部	中国乳业	2002	技术类	冯艳秋		62110897/82109890	CN11-4768/S ISSN1671-4393		zhgry@caas.cn	aii.caas.cn	月
29	信息所	农业部	生物技术通报	1985	学术类	路铁刚	孙国凤	82109925	CN11-2396/Q ISSN1002-5464		biotech@caas.cn	aii.caas.cn	双
30	信息所	农业部	农业网络信息	1986	技术类	刘世洪	曾祥秀	82109657	CN11-5065/TP ISSN1672-6251		nywlxx@caas.cn	aii.caas.cn	月
31	信息所	农业部	农业展望	2005	学术类	许世卫	潘月红	82109913	CN11-5343/S ISSN1673-3908		nyzw@caas.cn	aii.caas.cn	月
32	信息所	农业部	中国园艺文摘	1985	技术类	赵瑞雪		82109897	CN11-4921/S		zgyywz@caas.cn	aii.caas.cn	月
33	信息所	农业部	中国猪业	2006	技术类	冯艳秋		62143579	CN11-5435/S		zhuye@caas.cn	aii.caas.cn	月
34	信息所	农业部	中国畜牧兽医文摘	1985	技术类	赵颖波		82109897	CN11-4919/S		zgxmsywz@caas.cn	aii.caas.cn	月
35	信息所	农业部	中国畜禽种业	2005	技术类	孟宪学		82106257	CN11-5342/S		zgxq@caas.cn	aii.caas.cn	月
36	灌溉所/中国水利学会/中国国家灌溉排水委员会	水利部/农业部	灌溉排水学报	1982	学术类	段爱旺	李赞堂	0373-3393346	CN41-1337/S ISSN1672-3317		gfid@sina.com	www.ggps.cb.cnki.net	双
37	水稻所	农业部	中国水稻科学	1986	学术类	程式华	阮刘青	0571-63370480	CN33-1146/S ISSN1001-7216		cjrs@263.net	www.ricesci.cn	双
38	水稻所	农业部	Rice Science（水稻科学）	1990	学术类	程式华	阮刘青	0571-63371017	CN33-1317/S ISSN1672-6308		crrn@fy.hz.zj.cn	www.rice-science.org	双

（续表）

序号	主办单位	主管单位	刊物名称	创刊时间	类别	主编	副主编/主任	电话	刊号	联系人及电话	电子邮件	网址	刊期
39	水稻所	农业部	中国稻米	1994	技术类	李西明	庞乾林	0571-63370271	CN33-1201/S ISSN1006-8082		zgdm@163. com	www. zgdm. net	双
40	棉花所	农业部	中国棉花	1958	技术类	喻树迅	牛巧鱼	0372-2525361/2/9	CN41-1140/S ISSN1000-632X		journal @ cricaas. com. cn	journal. cri-caas. com. cn	月
41	中国农学会（棉花所承办）	中国科协	棉花学报	1989	学术类	喻树迅	张末喜	0372-2525361	CN41-1163/S ISSN1002-7807		journal @ cricaas. com. cn	journal. cri-caas. com. cn	双
42	油料所	农业部	中国油料作物学报	1979	学术类	王汉中	肖唐华	027-86813823	CN42-1429/S ISSN1007-9084		ylxb @ public. wh. hb. cn	www. journal-crops. cn	双
43	麻类所	农业部	中国麻业科学	1979	学术类	熊和平	谢国炎	0731-88998521	CN43-1467/S ISSN1671-3532		csibfc@ sina. com	www. chi-naibfc. com	双
44	果树所	农业部	中国果树	1959	技术类	米文广	赵进春	0429 – 3598131	CN21-1165/S ISSN1000-8047		zggsbjb @ vip. 163. com		双
45	果树所	农业部	果树实用技术与信息	1994	科普类	米文广	赵进春	0429-3598131	CN21-1342/S		gsjsxx@ 126. com		月
46	郑果所	农业部	果树学报	1984	学术类	王志强	陈新平	0371-65330927	CN41-1308/S ISSN1009-9980		chinagsxb @ 163. com		双
47	郑果所	农业部	中国瓜菜	1988	技术类	刘君璞	陈新平	0371-65330928/65330927	CN41-1374/S ISSN1673-2871		zggc@ 163. com		双
48	郑果所	农业部	果农之友	2000	科普类	陈新平		0371-65330928	CN41-1343/S				月
49	茶叶所	农业部	中国茶叶	1979	技术类	黄飞	尤韶华	0571-86650241	CN33-1117/S ISSN1000-3150		chinatea@ mail. hz. zj. cn	www. e-chinat-ea. cn	月

（续表）

序号	主办单位	主管单位	刊物名称	创刊时间	类别	主编	副主编/主任	电话	刊号	联系人及电话	电子邮件	网址	刊期
50	中国茶叶学会（茶叶所承办）	中国科协	茶叶科学	1964	学术类	陈宗懋	朱永兴	0571-86651902	CN33-1115/S ISSN-1000-369X		zyx@ mail. tricaas. com cykx @ vip. 163. com	www. tea-science. com	季
51	茶叶所/生物所	农业部	生物技术进展	2011	学术类	林敏		010-82106118	CN33-1375/Q ISSN2095-2341		curr _ biotech @ 163. com		半
52	哈尔滨兽医所	农业部	中国预防兽医学报	1979	学术类	孔宪刚	赵晓岩	18946066140	CN23-1417/S ISSN1008-0589		zgyfsyxb @ vip. sina. com. cn	www. zgyfsyxb. com	月
53	哈尔滨兽医所	农业部	畜牧兽医科技信息	2002	技术类	王笑梅	秦红丽	18946066051	CN23-1501/S ISSN1671-6027		Xmsykjxx2004@ sohu. com		月
54	兰州兽医所	农业部	中国兽医科学	1971	学术类	殷宏	左翠萍	0931-8342195	CN62-1192/S ISSN1673-4696		zgsykx @ zgsykx. com	www. zgsykx. com	月
55	兰州牧药所	农业部	中国草食动物科学	1981	技术类	杨耀光	魏云霞	0931-2656124	CN62-1206/Q ISSN1007-9726		xumuchj@ 163. com	zgcsdw. periodicals. net. cn/	双
56	中兽医所（兰州牧药所）	农业部	中兽医医药杂志	1982	学术类	杨志强	赵四喜	0931-2656034 13919078833	CN62-1063/R ISSN1000-6354		zsyyyz @ periodicals. net. cn	zscc. china-journal. net. cn	双
57	上海兽医所	农业部	中国动物遗传病学报	1993	学术类	童光志		021-34293142	CN31-2031 ISSN1674-6422		bianjibu @ shvri. ac. cn	www. cjaid. com	双
58	草原所	农业部	中国草地学报	1979	学术类	侯向阳	刘天明	0471－4926880	CN15-1344/S ISSN1673-5021		zgcdxb@ 126. com	zgcd. china-journal. net. cn	双
59	特产所/中国农学会特产学会	农业部	特产研究	1962	技术类	沈育杰	刘艳环	0432-6513069	CN22-1154/S ISSN1001-4721		tcyjbjb@ 126. com		季

（续表）

序号	主办单位	主管单位	刊物名称	创刊时间	类别	主编	副主编/主任	电话	刊号	联系人及电话	电子邮件	网址	刊期
60	特产所	农业部	特种经济动植物	1982	技术类	杨福合	周淑荣	0432-6513067	CN22-1155/S ISSN1001-4713		tzjjdzw@163. com		月
61	环保所/中国农业生态环境保护协会	农业部	农业环境与发展	1984	综合类	高尚宾	胡 梅	022－23674336	CN12-1233/S ISSN1005-4944		caed @ vip. 163. com	www. aed. org. cn	双
62	环保所/中国农业生态环境保护协会	农业部	农业环境科学学报	1982	综合类	李文华	潘淑君	022－23674336	CN12-1347/S ISSN1672-2043		caed @ vip. 163. com	www. aes. org. cn	双
63	中国沼气学会/沼科所	农业部	中国沼气	1983	技术类	王锡吾		028-85230681	CN51-1206/S ISSN1000-1166		cbso @ mail. sc. cninfo. net		双
64	农机化所	农业部	中国农机化学报	1984	学术类	易中懿	王利民	025-84346270	CN32-1123/S ISSN1006-7205		cnnnhgxx @ pub-lic1. ptt. js. cn		双
65	农机化所	农业部	农业开发与装备	1995	综合类	陈巧敏	王利民	025-84346220	CN32-1779/THI-SSN1673-9205		njjzy2189 @ sina. com	www. nriam. com/njjzy/	双
66	烟草所	农业部	中国烟草科学	1979	学术类	王元英	张久权	0532-88703238	CN37-1277/S ISSN1007-5119		zgyckx @ sina. comzgyckx @ 21cn. com	www. tric. cn	双
67	中国农村技术开发中心（生物所承办）	科技部	中国农业科技导报	1999	技术类	范云六	孙丽萍	62127682	CN11-3900/S ISSN1008-0864		nykjdb@163. com; nkdb@caas. net. cn	www. nkdb. net	双

全院现有期刊67种，较去年相比，新增《The Crop Journal》。按主管单位分，农业部主管56种，科技部主管1种，水利部、农业部共同主管1种，中国科协主管9种。

中国农业科学院通讯录

单位名称	通讯地址	邮编	区号	电话	传真
院办	北京市海淀区中关村南大街 12 号	100081	010	82109398	82103005
科技局	北京市海淀区中关村南大街 12 号	100081	010	82109427	82105534
人事局	北京市海淀区中关村南大街 12 号	100081	010	82109437	82105563
财务局	北京市海淀区中关村南大街 12 号	100081	010	82105658	82105668
基建局	北京市海淀区中关村南大街 12 号	100081	010	82109471	82105582
国合局	北京市海淀区中关村南大街 12 号	100081	010	82109477	62174060
转化局	北京市海淀区中关村南大街 12 号	100081	010	82105192	82105192
机关党委	北京市海淀区中关村南大街 12 号	100081	010	82105708	82105708
监察局	北京市海淀区中关村南大街 12 号	100081	010	82109502	82109502
后勤中心	北京市海淀区中关村南大街 12 号	100081	010	82109668	82109668
研究生院	北京市海淀区中关村南大街 12 号	100081	010	82109689	82106609
作科所	北京市海淀区中关村南大街 12 号	100081	010	82109715	82105819
植保所	北京市海淀区圆明园西路 2 号	100193	010	62815905	62895365

（续表）

单位名称	通讯地址	邮编	区号	电话	传真
蔬菜所	北京市海淀区中关村南大街12号	100081	010	82109520	62146160
环发所	北京市海淀区中关村南大街12号	100081	010	82109567	82109567
牧医所	北京海淀区圆明园西路2号	100193	010	62815851	62895372
蜜蜂所	北京市海淀区香山北沟1号	100093	010	62593512	62593512
饲料所	北京市海淀区中关村南大街12号	100081	010	82109812	82106054
加工所	北京市海淀区圆明园西路2号	100193	010	62815836	62895382
生物所	北京市海淀区中关村南大街12号	100081	010	82106405	82106405
农经所	北京市海淀区中关村南大街12号	100081	010	82109801	62187545
资划所	北京市海淀区中关村南大街12号	100081	010	82109640	82106225
信息所	北京市海淀区中关村南大街12号	100081	010	82109915	82103127
质标所	北京市海淀区中关村南大街12号	100081	010	82106515	82106500
食物营养所	北京市海淀区中关村南大街12号	100081	010	82105179	
出版社	北京市海淀区中关村南大街12号	100081	010	82109700	82109700
灌溉所	河南省新乡市牧野区宏力大道（东）380号	453002	0373	3393354	3393344
水稻所	杭州市体育场路359号	310006	0571	63370235	63370989
棉花所	河南省安阳市黄河大道西段38号	455000	0372	2562206	2562256

（续表）

单位名称	通讯地址	邮编	区号	电话	传真
油料所	湖北省武汉市武昌区徐东二路 2 号	430062	027	86811837	86816451
麻类所	湖南省长沙市岳麓区咸嘉湖西路 348 号	410205	0731	88998505	88998528
果树所	辽宁省兴城市兴海南街 98 号	125100	0429	3598108	3598288
郑果所	郑州市航海东路金色港湾南	450009	0371	65330901	65330987
茶叶所	杭州市梅灵南路 9 号	310008	0571	86650180	86650056
哈尔滨兽医所	哈尔滨市南岗区马端街 427 号	150001	0451	51997177	51997166
兰州兽医所	甘肃省兰州市城关区盐场堡徐家坪 1 号	730046	0931	8342489	8340977
兰州牧药所	兰州市七里河区硷沟沿 335 号	730050	0931	2115192	2115191
上海兽医所	上海市闵行区紫月路 518 号	200241	021	54082828	54081818
草原所	内蒙古呼和浩特市新城区乌兰察布东街 120 号	010010	0471	4961330	4961330
特产所	吉林省长春市净月经济开发区聚业大街 4899 号	130112	0431	81919856	81919800
环保所	天津市南开区复康路 31 号	300191	022	23613820	23613820
沼科所	四川省成都市人民南路四段 13 号	610041	028	85230689	85230691
农机化所	江苏省南京市玄武区中山门外柳营 100 号	210014	025	84346212	84432672
烟草所	山东省青岛市崂山区科苑经四路 11 号	266101	0532	88701030	88702056

（续表）

单位名称	通讯地址	邮编	区号	电话	传真
柑橘所	重庆市北碚区歇马镇柑橘村15号	400712	023	68349709	68349712
甜菜所	黑龙江省哈尔滨市南岗区学府路74号	150080	0451	86609312	86609312
蚕业所	江苏省镇江市四摆渡	212018	0511	85616572	85628183
农业遗产室	南京市卫岗1号南京农业大学院内	210095	025	84396771	84396771
水牛所	广西省南宁市邕武路24－1号	530001	0771	3338589	3338814
草原生态所	兰州市嘉峪关西路768号	730020	0931	8910979	8910979
家禽所	江苏省扬州市邗江区仓颉路58号	225125	0514	85599000	85599010
甘薯所	江苏省徐州市经济技术开发区徐海路高铁站北	221131	0516	82189208	82189209
长春兽医所	吉林省长春市净月经济开发区柳莺西路666号	130122	0431	86985807	86985828
深圳生物育种创新研究院（筹）	深圳市大鹏新区鹏城片区	518120	0755	22377816	25273835

各省、自治区、直辖市农（牧、林）业科学院通讯录

单位名称	通讯地址	邮编	区号	电话	传真
北京市农林科学院	北京市海淀区曙光中路9号	100097	010	51503241	51503300
天津市农业科学院	天津市南开区白堤路268号	300192	022	23678666	23678667
河北省农林科学院	石家庄市和平西路598号	050051	0311	87652019	87066140
山西省农业科学院	太原市农科北路64号	030031	0351	7073032	7040092
内蒙古自治区农牧业科学院	呼和浩特市玉泉区昭君路22号	010031	0471	5295455	5295644
辽宁省农业科学院	沈阳市沈河区东陵路84号	110161	024	31027396 31023112 （一楼大厅收发室）	31027397
吉林省农业科学院	吉林省长春市净月旅游开发区彩宇大街1363号	130124	0431	87063135	87063132
黑龙江省农业科学院	哈尔滨市南岗区学府路368号	150080	0451	86662295	86662295
黑龙江省农垦科学院	黑龙江省佳木斯市安庆街382号	154007	0454	8359120	8359120
上海市农业科学院	上海市奉贤区金齐路1000号	201403	021	62200183	62201221
江苏省农业科学院	南京市孝陵卫钟灵街50号	210014	025	84390014	84432691
浙江省农业科学院	杭州市石桥路198号	310021	0571	86404011	86400481
安徽省农业科学院	合肥市庐阳区农科南路40号	230031	0551	5160537	2160337

（续表）

单位名称	通讯地址	邮编	区号	电话	传真
福建省农业科学院	福州市五四路247号	350003	0591	87884606	87884262
江西省农业科学院	南昌市南昌县莲塘北大道1738号	330200	0791	87090310	87090001
山东省农业科学院	济南市工业北路202号	250100	0531	83179224	88604644
河南省农业科学院	郑州市花园路116号	450002	0371	65729140	65711374
湖北省农业科学院	武汉市洪山区南湖瑶苑特1号	430064	027	87389499	87389545
湖南省农业科学院	长沙市芙蓉区远大二路	410125	0731	84637168	84691124
广东省农业科学院	广州市天河区金颖路29号	510640	020	87511099	87503358
广西壮族自治区农业科学院	南宁市大学东路174号	530007	0771	3243866	3244521
海南省农业科学院	海口市琼山区流芳路9号	571100	0898	65313090	65314539
四川省农业科学院	成都市锦江区静居寺路20号	610066	028	84504011	84504198
重庆市农业科学院	重庆市九龙坡区白市驿镇	401329	023	65705208	65703532
贵州省农业科学院	贵阳市小河区金竹镇	550006	0851	3761026	3761504
云南省农业科学院	昆明市白云路761号江岸小区	650231	0871	65136637	65136633
西藏自治区农牧科学院	拉萨市金珠西路130号	850000	0891	6862174	6862174
西北农林科技大学（陕西省农业科学院）	陕西省杨凌示范区	712100	029	87082809	87082810
甘肃省农业科学院	兰州市安宁区农科院新村1号	730070	0931	7616187	7616187
青海省农林科学院	西宁市城北区宁大路253号	810016	0971	5311151	5311192

（续表）

单位名称	通讯地址	邮编	区号	电话	传真
宁夏农林科学院	银川市黄河东路590号	750002	0951	6886710	6886712
新疆农业科学院	乌鲁木齐市南昌路403号	830091	0991	4502057	4516057
新疆畜牧科学院	乌鲁木齐市克拉玛依东街151号	830000	0991	4832351	4832351
中国热带农业科学院（华南热带农业大学）	海南省海口市城西学院路4号	571101	0898	66962965	66962904

农业部有关司局及直属单位电话号码

单位	电话	单位	电话	单位	电话
办公厅	59193127	乡镇企业局	59192718	人力资源开发中心、中国农学会	59194204
部值班室	59192316	渔业局	59192936	农村经济研究中心	66115901
人事劳动司	59192510	农产品质量安全监管局	59193168	农村合作经济经营管理总站	59193126
产业政策与法规司	59192730	直属机关党委	59192416	信息中心	59192709
农村经济体制与经营管理司	59193197	驻部纪检组监察局	59192419	农产品质量安全中心	62191443
市场与经济信息司	59193146	离退休干部局	59192411	中国绿色食品发展中心	62191402
发展计划司	59192532	机关服务中心	59192259	规划设计研究院	65002616
财务司	59192514	中国水产科学研究院	68673938	工程建设服务中心	62126228
国际合作司	59192440	中国热带农业科学院	089866962965	财会服务中心、中华农业科教基金会	59194361
科技教育司	59193024	全国农业展览馆	65919095	对外经济合作中心	59194805
种植业管理司	59192806	中国农业电影电视中心	82101700	农业贸易促进中心	59194627

（续表）

单位	电话	单位	电话	单位	电话
种子管理局	59192813	农民日报社	85834842	国际交流服务中心	59192672
农业机械化管理司	59192822	中国农业出版社	59195133	中央农业广播电视学校	59196013
畜牧业司	59191873	中国农村杂志社	68131899	科技发展中心	59199373
兽医局	59193307	中国农民体育协会	59194391	农业生态与资源保护总站	59196398
农垦局	59192648	管理干部学院	81706299	全国农业技术推广服务中心	59194544
农药检定所	59194067	中国动物疫病预防控制中心	59194658	东海区渔政局	02152755808
优质农产品开发服务中心	65521802	中国兽医药品监察所	62160625	南海区渔政局	02087300715
农业机械试验鉴定总站	59199012	中国动物卫生与流行病学中心	053285610280	渔业船舶检验局	59199257
农业机械化技术开发推广总站	67634176	中国农垦经济发展中心	59199509	全国水产技术推广总站	59195075
中国农机安全报社	59199211	农村社会事业发展中心	59199673	中国水产学会	59199605
草原监理中心	59193013	渔政指挥中心	59192919	华龙实业发展有限责任公司	59194436
全国畜牧总站、中国饲料工业协会	59194608	黄渤海区渔政局	05356223752		

有关单位通讯录

单位	通讯地址	邮编	区号	电话	电子邮件
科学技术部	北京市复兴路乙15号	100862	010	58881800	
国家发展和改革委员会	北京市西城区月坛南街38号	100824	010	68502000	bgt@ ndrc. gov. cn
国家机关事务管理局	北京市西城区西安门大街22号	100017	010	66036447	webmaster@ggj. gov. cn
中国农业大学	北京市海淀区圆明园西路2号	100193	010	62736518	xbglq@ cau. edu. cn
中国农学会	北京市朝阳区麦子店街22号	100125	010	59194203	
中国科学技术协会	北京市海淀区复兴路3号	100863	010	68571878	